회로이론

APPLIED CIRCUIT ANALYSIS

APPLIED CIRCUIT ANALYSIS

MATTHEW SADIKU
SARHAN MUSA
CHARLES ALEXANDER

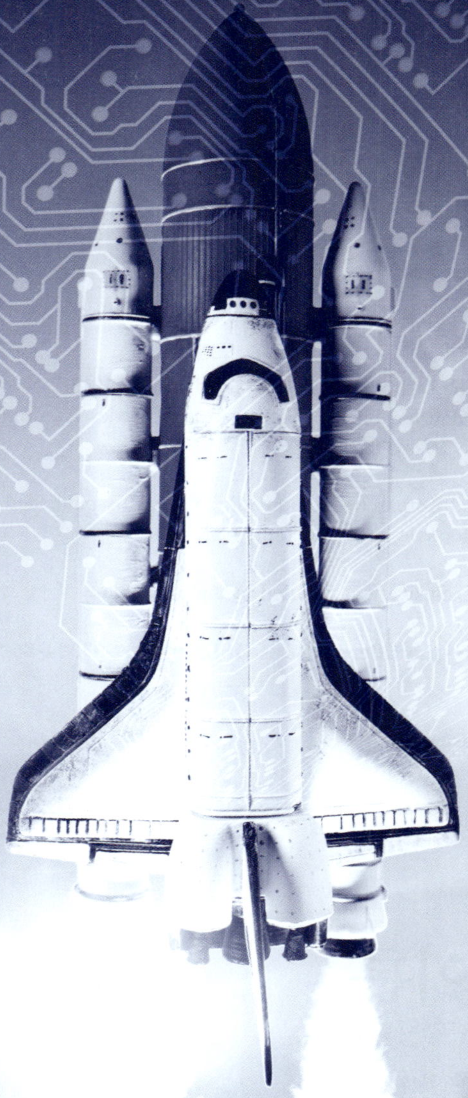

회로이론

김정구 | 이병렬 | 전태현 | 조현묵 | 홍영진 | 황인갑 옮김

McGraw Hill Education

JIPHIL MEDIA
(주)지필미디어

Mc Graw Hill Education

Applied Circuit Analysis, 1st Edition

1 2 3 4 5 6 7 8 9 10 JP 20 15

Original: Applied Circuit Analysis, 1st Edition © 2013
By Matthew Sadiku, Sarhan Musa, Charles Alexander
ISBN 978-0-07-802807-6

This authorized Korean translation edition is jointly published by McGraw-Hill Education Korea, Ltd. and Jiphil Media. This edition is authorized for sale in the Republic of Korea.

This book is exclusively distributed by Jiphil Media.

When ordering this title, please use ISBN 978-89-97394-86-9

Printed in Korea

회로이론

APPLIED CIRCUIT ANALYSIS

발 행 일 2015년 2월 25일
저 자 Matthew N. O. Sadiku, Sarhan M. Musa, Charles K. Alexander
역 자 김정구, 이병렬, 전태현, 조현묵, 홍영진, 황인갑
발 행 인 김성남
발 행 처 (주)지필미디어

주 소 서울특별시 서대문구 충정로6안길 29 (미근동) 미근빌딩 101호
전 화 (02) 362-4504
팩 스 (02) 393-4509
이 메 일 book@jiphil.co.kr
홈페이지 www.jiphil.co.kr
등록번호 제 312-1997-000043호 (1997년 7월 16일)

I S B N 978-89-97394-86-9 93560
편 집 디자인 콤마
정 가 34,000원

목차

머리말

이 책은 공학 기술을 배우는 학생들에게 다른 교재보다 더 명확하고 재미있고 쉽게 회로를 분석하는 방법을 제시하고자 한다. 이러한 목표는 다음에 열거되는 방법들을 통하여 달성된다.

- 회로 분석은 아마도 전기공학을 접하는 학생들에게 첫 과정일 것이다. 우리는 학생들이 관련 주제에 대하여 편안함을 느낄 수 있도록 여러가지 기능을 포함하였다. 각 장은 역사적 프로필이나 경력에 대한 이야기로 시작한다. 이전 장과 연관성을 가지는 내용과 각 장의 목표를 명시하는 서론이 뒤따른다. 각 장은 핵심 포인트와 수식을 요약하며 끝맺는다.
- 모든 원리는 명료하고 논리적이며 단계적인 방식으로 제시된다. 개념 파악과 전반적인 이해를 방해하는 장황하거나 너무 세밀한 설명은 가능한 피할 것이다.
- 학생들이 필수적인 내용들을 구분해내는 것을 돕기 위해 중요한 수식은 상자에 넣어 정렬하였다. 또한 학생들이 문제에 대한 요점을 명확하게 파악할 수 있도록 주요 용어를 정의하고 강조 표시하였다.
- 매 절의 마지막에는 상세히 설명된 예제가 충분하게 주어진다. 이 예제들은 매 장의 한 부분으로 간주되며 빠진 부분 없이 명확하게 설명되어 독자들이 충분히 이해할 수 있게 하였다. 이러한 예제들은 학생들이 문제에 대해 잘 이해하고 스스로 문제를 푸는 것에 대해 자신감을 가질 수 있게 도와줄 것이다. 몇몇의 문제는 서로 다른 접근 방식을 비교하고 이해를 돕기 위하여 몇 가지 다른 방법으로 풀이된다.
- 학생들에게 연습기회를 주기 위해, 각각의 설명된 예제의 바로 뒤에 실전문제와 답이 따른다. 학생들은 실전문제를 풀기 위해서 책장을 뒤적이거나 답을 보기 위해 책 뒷부분을 볼 필요없이 단계적으로 예제의 내용을 따르면 된다. 실전문제의 또 다른 목적은 학생들이 이전 예제를 이해했는지 확인하기 위함이다. 이는 다음 장으로 넘어가기 전 학생들이 충분히 내용을 파악하는데 도움이 될 것이다.
- 각 장의 마지막 절은 그 장에서 다루는 개념의 적용에 중점을 두었다. 적어도 한 가지 이상의 실제적인 문제나 장치에 그 장의 내용을 적용하였다. 이는 개념이 실제 상황에 어떻게 적용되는지를 파악하는데 학생들에게 도움이 될 것이다.

- 각 장의 마지막에 객관식 형태의 복습 문제와 해답이 열 개씩 제공된다. 이 복습 문제는 예제와 각 장의 끝에 나타난 문제들에서 다루지 않는 몇 가지 방법을 설명한다. 이는 자가진단 장치로 활용될 수 있으며 학생들이 각 장을 얼마나 잘 이해했는지를 알아보는데 도움이 된다.
- 컴퓨터 도구를 통합시키라는 ABET(공학 기술 인증 위원회)의 요구 사항에 따라 PSpice® 및 NI Multisim™의 사용이 학생들이 접근하기 쉬운 방식으로 권장된다. 부록 C는 Windows용 PSpice에 대한 설명서로 제공되며 부록 D에서는 Multisim이 소개된다. 이 책에서는 이러한 소프트웨어 패키지의 최신 버전을 다룬다. 또한 TI-89 티타늄 계산기와 MATLAB®의 사용을 권장한다.

구성

이 책은 선형 회로 분석을 위한 두 학기 혹은 세 분기 강좌를 위해 집필되었다. 이 책은 또한 강사가 적절하게 장과 절을 선택한다면 한 학기 코스로 사용될 수도 있다. 이 책은 크게 두 부분으로 나뉜다. 1장부터 10장까지로 구성된 첫 번째 부분은 직류 회로에 대한 내용이다. 11장부터 19장까지를 포함하는 두 번째 부분은 교류 회로를 다룬다. 두 부분에 대한 내용은 2개의 학기로 구성된 강좌의 내용을 초과할 수 있으며 강사는 강좌에서 다룰 장과 절을 선택해야만 한다. 앞에 단검 기호가 표시된 장은 넘어가거나 간단하게 설명하거나 과제로 할당할 수 있다.

선행지식

대부분의 입문 회로 과정과 마찬가지로 본 교재를 이용하는 강좌에 대한 주요 선행 지식은 물리학이다. 복소수에 대한 지식은 책의 후반부에 유용하긴 하지만 필수 사항은 아니다.

온라인 자료

본 교재과 관련된 웹사이트는 www.mhhe.com/sadiku이다. 이 사이트는 암호로 보호된 솔루션 매뉴얼, PSpice과 Multisim와 관련된 해답 그리고 강사를 위한 관련 이미지 모음이 포함되어 있다. 강사는 또한 본 교재를 위한 COSMOS

에 대한 접근 권한을 가질 수 있다. COSMOS는 Complete Online Solutions Manual Organization System의 약어로, 시험 및 과제 출제, 사용자지정 콘텐츠를 만들고 제공된 문제와 솔루션을 편집하는데 사용할 수 있다.

McGraw-Hill Create™

여러분의 강의 방법에 적합한 교육 자료를 제작하길 바란다. McGraw-Hill Create, www.mcgrawhillcreate.com를 이용하여 장(chapter)을 쉽게 재정렬하고 다른 자료들과 결합하여 신속하게 당신이 준비한 교육 과정의 강의계획서 또는 강의 자료를 업로드할 수 있다. 당신은 수천 개의 관련 분야를 선도하는 맥그로힐 교재를 검색하여 제작에 필요한 내용을 찾을 수 있다. 당신의 강의 스타일에 맞게 교재를 정렬할 수 있다. 표지를 선택하고 이름, 학교 및 강좌 정보를 추가하여 책의 외관을 직접 디자인하여 제작할 수 있다. 제작한 책을 주문하면 3~5 영업일 내에 무료 프린트 검토 사본 또는 이메일을 통해 무료 전자 검토 사본을 받게 된다. 오늘 www.mcgrawhillcreate.com에서 등록하고 McGraw-Hill Create를 통해 당신만의 강의 스타일로 학생들을 가르치는 방법을 경험하기 바란다.

전자 교재 선택

본 교재는 강사와 학생 모두 CourseSmart를 통하여 제공된다. CourseSmart는 학생들에게 기존의 교재 대비 거의 절반의 비용으로 구매할 수 있는 온라인 자료이다. eTextbook 구매를 통해 학생들은 전체 교재 검색, 메모 및 강조 그리고 친구들과 노트를 공유할 수 있는 이메일 도구 등과 같은 CourseSmart가 제공하는 학습을 위한 웹 도구를 활용할 수 있다. CourseSmart 선택 사양에 대한 더 자세한 내용은 영업 담당자에 문의하거나 www.CourseSmart.com에 방문하여 얻을 수 있다.

감사의 글

Multisim을 위해 많은 도움을 준 Robert Prather와 Warsame Ali 박사에게 특별히 감사드린다. 우리는 Prairie View A&M 대학의 공학대학의 학장인 Kendall Harris 박사로부터 받은 지원에 감사드린다. John Attia 박사에게도 그의 지원과 이해에 대해 감사의 말씀을 전한다. 교재의 문장과 문제 해답의 정확성을 검토해 준 Karl J. Huehne 박사에게도 감사를 드린다. 마지막으로 맥그로힐 팀(Raghu Srinivasan, Darlene Schueller, Lora Neyens, Curt Reynolds, Lisa Bruflodt, Margarite Reynolds, LouAnn Wilson, Ruma Khurana, and Dheeraj Chahal)으로부터 받은 통찰력과 협력에 대해서도 감사를 드린다.

우리는 아래의 검토자들에게도 감사의 말씀을 전한다.

Ryan Beasley, *Texas A&M University*
Michael E. Brumbach, *York Technical College*
Thomas Cleaver, *University of Louisville*
Walter O. Craig III, *Southern University*
Chad Davis, *University of Oklahoma*
Mark Dvorak, *Minnesota State University–Mankato*
Karl Huehne, *Indiana University–Purdue University Indianapolis*
Rajiv Kapadia, *Minnesota State University–Mankato*
Mequanint Moges, *University of Houston*
Jerry Newman, *University of Memphis*
Brian Norton, *Oklahoma State University*
Norali Pernalete, *California State Polytechnic University–Pomona*
John Ray, *Louisiana Tech University*
Barry Sherlock, *University of North Carolina–Charlotte*
Ralph Tanner, *Western Michigan University*
Wei Zhan, *Texas A&M University*

M. N. O. Sadiku, S. M. Musa and C. K. Alexander

학생 참고 사항

이 강좌는 전기공학 기술의 첫 번째 과목들 중 하나일 것이다. 비록 전기공학 기술이 흥미진진하고 도전적인 분야지만, 어려울 수 있다. 이 책은 그런 것을 방지하기 위해 쓰여졌다. 배움에 있어서 좋은 교재와 좋은 교수님은 하나의 장점이다. 그러나 배우려는 의지가 중요하다. 만약 다음과 같은 생각들을 염두에 둔다면 이 과목을 아주 잘 해낼 것이다.

- 이 과목은 전기공학 교육과정에서 다른 대부분의 과목들의 기초이기 때문에 많은 노력을 기울여야 한다.
- 문제 풀이는 배우는 과정에서 필수적인 부분이다. 가능한 많은 문제를 풀어라. 먼저 매 예제마다 따라오는 실전문제를 풀고, 각 장의 마지막의 문제들을 풀어보라. 배우는데 가장 좋은 방법은 많은 문제를 푸는 것이다. 앞에 별이 표시된 문제는 난이도가 높은 문제이다.
- 컴퓨터 회로 분석 프로그램 Spice는 교재에서 전반적으로 사용된다. Spice의 개인용 컴퓨터 버전인 PSpice는 대부븐의 대학에서 사용하는 표준 회로 분석 프로그램이다. Windows용 PSpice는 부록 C에 기술되어 있다. PSpice를 배우는데 노력을 기울여라. 왜냐하면 PSpice를 이용하여 회로 문제를 확인하고 올바른 해답을 제출하는지를 확인할 수 있기 때문이다.
- Multisim은 도면, 부품 및 실제 전기기기의 동작을 시뮬레이션하는데 도움을 주는 또 다른 도구이다. 부록 D에서 Multisim의 간단한 소개가 나타나 있다.
- MATLAB은 회로 분석과 다른 수강 과목들어서도 매우 유용하게 활용되는 소프트웨어 패키지이다. 간략한 MATLAB 사용법은 부록 E에 제시된다. MATLAB을 배우는 가장 좋은 방법은 몇 가지 명령어를 먼저 학습하는 것이다.
- 각 장의 마지막은 실제 상황에 그 장에서 다룬 내용을 적용하는 방법에 대한 절로 구성된다. 이 절의 개념은 새롭고 어려운 내용일 수 있다. 틀림없이 당신은 다른 과목에서 이 부분에 대한 자세한 내용을 배우게 될 것이다. 여기서는 주로 이러한 생각들에 익숙해지고 흥미를 가지는데 주안점이 있다.
- 각 장의 끝 부분에 나타나 있는 복습 문제를 풀도록 시도하라. 그 문제

들은 당신이 수업이나 교재에서 다루지 않았던 방법들을 발견하는데 도움된다.

행렬식에 대한 간략한 복습은 부록 A, 복소수에 대해서는 부록 B, Windows용 PSpice는 부록 C, Multisim은 부록 D, MATLAB은 부록 E 그리고 TI-89 티타늄 계산기는 부록 F에 수록되어 있다. 마지막으로 부록 G에는 홀수번 문제에 대한 답이 수록되어 있다.

PART ONE

DC Circuits

1

기본 개념

기술은 자신을 기른다. 기술은 더 기술적인 것을 가능하게 한다.

— Alvin Toffler

역사 프로필

Alessandro Volta(1745~1827) 이탈리아 물리학자로서 최초로 전기가 연속적으로 흐르는 전지와 캐패시터를 발명했다.

이탈리아 코모의 귀족 집안에서 태어난 볼타는 18세에 전기 실험을 시작하였다. 1796년에 볼타가 발명한 전지는 전기 사용에 혁명을 가져왔다. 1800년에 발표된 그의 논문은 회로이론의 시작을 상징한다. 볼타는 평생 많은 영예를 얻었고, 전압, 즉 전위차의 단위는 그의 이름을 기리기 위해 **볼트**를 사용하게 되었다.

Alessandro Volta
© The Huntington Library, Burndy Library, San Marino, California

Andre-Marie Ampere(1775~1836) 프랑스의 수학자이며 물리학자로서 전기역학(현재는 전자기학이라 불리는)의 기초를 마련하였다. 그는 1820년대에 전류를 정의하고 이를 측정하는 방법을 개발하였다.

프랑스 리옹에서 태어난 그는 수학에 큰 흥미를 느꼈으며, 그 당시 고급 수학은 라틴어로 기술되어 있었기 때문에 라틴어를 어린 나이에 통달하였다. 그는 명석한 과학자였고 다작의 저술가였으며 전자기학의 법칙을 공식화하였고 또한 전자석과 전류계를 발명하였다. 전류의 단위인 **암페어**는 그의 이름에서 유래되었다.

Andre-Marie Ampere
© Pixtal/age Fotostock RF

1.1 서론

회로이론은 전기공학 기술의 기본이다. 여러 전기공학 분야, 예를 들어 전력, 전동기, 피드백과 제어 시스템, 전자, 컴퓨터, 통신 및 계측은 회로이론에 바탕을 두고 있다. 회로이론은 전기공학 기술교육을 받기 시작하는 학생의 출발점이자 가장 중요한 과정이다. 회로이론은 또한 자연과학의 다른 여러 분야를 전공하는 학생들에게도 중요한데, 이는 회로가 일반적인 에너지 시스템을 비롯해서 응용수학, 물리학 그리고 기하학 등과 연관된 과목을 다루는데 좋은 모델을 제공하기 때문이다. 콘센트에 플러그로 연결되거나, 전지를 사용하거나 또는 다른 형태로 전기를 사용하는 사실상 모든 것들은 이 책에서 설명된 기술을 사용하여 분석될 수 있다.

전기공학 기술에서는 우리는 종종 한 지점에서 다른 지점으로 에너지를 전달하거나 통신을 하는데 관심이 있다. 이러한 일을 하기 위해서는 전기 소자들의 상호연결이 필요하다. 그러한 상호연결을 우리는 **전기회로**라고 부르며, 그 회로를 구성하는 부품을 **요소**라고 한다. 그러므로

> **전기회로**는 전기요소의 상호연결이다.

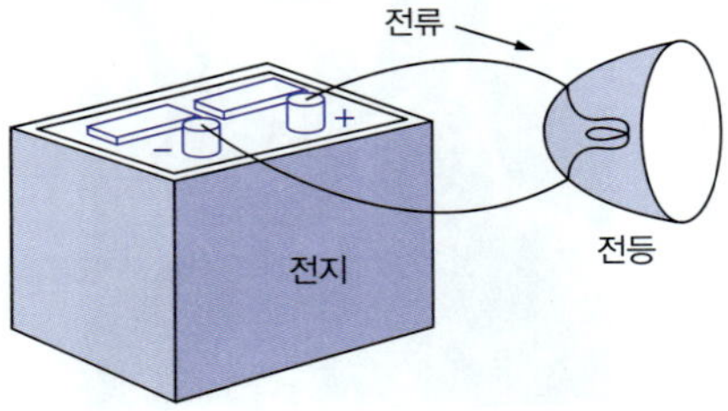

그림 1.1
간단한 전기회로

그림 1.1에 간단한 전기회로를 나타내었다. 이 회로는 세 개의 요소(전지, 전구, 전선)로 이루어져 있다. 이러한 간단한 회로는 회중전등, 탐색등과 같은 여러 장치에서 찾아볼 수 있다.

좀 더 복잡한 회로를 그림 1.2에 나타내었다. 이 회로는 라디오 송신기의 배선도이다. 이 회로는 조금 복잡해 보이지만, 이 책에서 배울 여러 해석법을 이용하여 분석할 수 있다. 이 교재에서 우리의 목표는 이러한 회로의 특성을 기술할 수 있도록 여러 분석 기술과 컴퓨터 소프트웨어 응용을 습득하는 것이다.

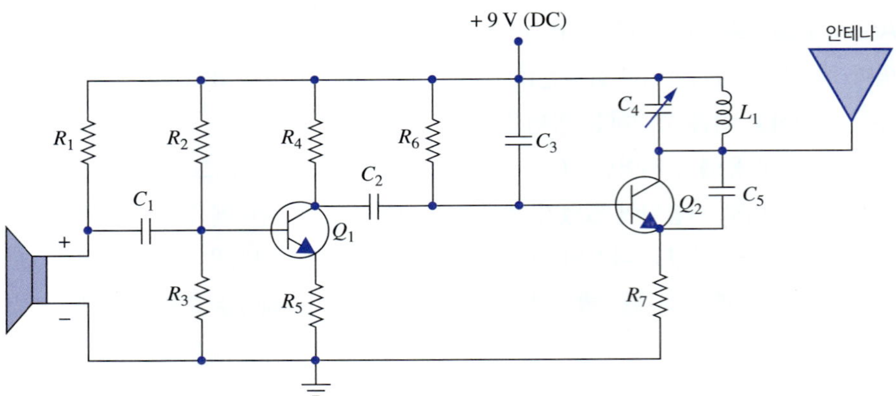

그림 1.2
라디오 수신기의 전기회로

전기회로는 여러 전기시스템에서 다양한 작업을 수행하는데 사용된다. 이 책에서 우리의 목표는 회로의 여러 쓰임새와 응용만을 공부하는 것이 아니다. 오히려 우리의 주된 관심사는 회로의 해석에 있다. 회로해석이란 회로의 동작 특성을 이해하는 것이다. 즉, 주어진 입력에 대해 이 회로는 어떻게 반응하는가? 회로 내에서 서로 연결된 요소와 소자들은 어떻게 상호작용하는가? 와 같은 것들이다. 우리는 먼저 전하, 전류, 전압, 회로 요소, 전력 그리고 에너지와 같은 기본적인 개념을 정의한다. 이러한 개념들을 정의하기 이전에, 먼저 이 책에서 사용될 단위 시스템을 확립해야 한다.

1.2 국제 단위의 시스템

공학 기술자로서 우리는 측정 가능한 양을 다룬다. 그 측정은 측정이 행해지는 국가에 상관없이 모든 전문가들이 이해할 수 있도록 공통적인 표준 언어로 의사소통 되어야 한다. 그러한 국제 측정 언어가 바로 **SI**(International System of Units)인데, 이는 1960년에 도량형에 대한 국제 학회에서 채택되었다. 이 시스템에서는 7개의 주요 단위가 있는데, 이들로부터 여러 다른 물리적인 단위를 유도해낼 수 있다. 표 1.1에는 이 책에 적절한 6개의 주요 단위와 1개의 유도된 단위가 나타나 있다.

SI 단위는 공식적으로 전기전자공학(IEEE)의 연구원에 의해 채택되었으며 이 책에서 사용하고 있지만, 미국에서는 일부 영국 단위(비 SI 단위)를 일반적으로 사용한다. 왜냐하면 미국은 SI 시스템을 인정하고 있지만 공식적으로 의무화하지 않았기 때문이다. 예를 들어 전기 모터가 마력으로 측정되고, 거리는 여전히 피트나 마일로 측정된다. 그러므로 표 1.2를 사용하여 비 SI 단위를 SI 단위로 변환해야 한다.

예제 1.1

42인치를 미터로 변환하라.

풀이

표 1.2로부터 1인치 = 0.0254미터. 그러므로

$$4.2\text{인치} = 42 \times 0.0254\text{미터} = 1.0668\text{미터}$$

연습문제 1.1

36마일을 킬로미터로 변환하라.

해답 57.924킬로미터

표 1.1

여섯 개의 기본 SI 단위와 이 책과 관련된 하나의 유도된 단위.

물리량	기본 단위	기호
길이	meter	m
질량	kilogram	kg
시간	second	s
전류	ampere	A
열역학 온도	kelvin	K
광도	candela	cd
전하	coulomb	C

표 1.2

환산인자.

변화값	기준	배율
길이		
inches (in)	meters (m)	0.0254
feet (ft)	meters (m)	0.3048
yards (yd)	meters (m)	0.9144
miles (mi)	kilometers (km)	1.609
mils (mil)	millimeters (mm)	0.0254
부피		
gallons (gal)(U.S.)	liters (L)	3.785
cubic feet (ft^3)	cubic meter (m^3)	0.0283
질량/무게		
pounds (lb)	kilogram (kg)	0.4536
시간		
hours (h)	seconds (s)	3600
힘		
pounds (lb)	newtons (N)	4.448
동력		
horsepower (hp)	watts (W)	746
에너지		
foot-pounds (ft-lb)	joules (J)	1.356
kilowatt-hours (kWh)	joules (J)	3.6×10^6

예제 1.2

전기 모터가 900와트로 측정되었다. 이것을 마력으로 표현하라.

풀이

표 1.2로부터 1마력 = 746와트. 그러므로 1와트 = 1/746마력. 그러므로

$$900\text{와트} = 900 \times 1/746 = 1.206\text{마력}$$

연습문제 1.2

50뉴턴의 힘이 어떤 물체에 적용되었다. 이 때 힘을 파운드로 표현하라.

해답 11.241파운드

1.3 과학 및 공학적 표기법

과학과 공학 기술에서 종종 매우 작거나 큰 숫자를 접한다. 이러한 매우 작거나 큰 숫자는 다음과 같이 널리 사용되는 표기법 중 하나를 사용하여 표현될 수 있다.

- 과학적 표기법
- 공학적 표기법

과학적 표기법은 10의 거듭제곱을 사용한다. 과학적 표기법에서 숫자는 일반적으로 X.YZ × 10^n로 표현된다.

> **과학적 표기법**에서 우리는 소수점 왼쪽에 0이 아닌 숫자와 10의 거듭제곱으로 나타낸다.

과학적 표기법으로 숫자를 표현하려면 숫자의 계수와 10의 거듭제곱과의 곱으로 나타낸다. 예를 들어 0.000578을 과학적 표기법으로 변환하려면 소수점을 오른쪽으로 4번 이동한다. 즉 5.78 × 10^{-4}이다. 마찬가지로 과학적 표기법으로 423.56은 소수점을 왼쪽으로 두 번 이동함으로써 4.2356 × 10^2이 된다. 따라서 과학적 표기법으로 32.76 × 10^5가 아니라 3.276 × 10^6라는 것을 알 수 있다.

> 표 1.3에서와 같이 **공학적 표기법**에서는 10의 특정 거듭제곱을 이용하여 숫자를 표현한다.

일반적으로 공학 기술과 특히 회로이론에서는 공학적 표기법에 더 관심이 있다. 즉, 공학적 표기법은 10의 거듭제곱을 3의 배수로 제한하는 과학적 표기법의 응용이다. 사실 SI 단위의 큰 장점 중 하나는 기본 단위에 크거나 작은 단위를 관련시키는 10의 거듭제곱에 기반을 둔 접두사를 사용하는 것이다. 이러한 SI 접두사와 그 기호는 표 1.3에 표시되어 있다. 접두사는 10의 3제곱의 단위로 배열되어 있는 것을 주목해라. 공학적 표기법에서 소수점 왼쪽의 자리수는 하나부터 세 자리까지 가능하다. 예를 들어 0.0006 s는 공학적 표기법으로 600 μs로 표현할 수 있다.

소수점을 오른쪽으로 6번 이동하면 10^{-6}을 나타내는 접두사가 μ(마이크로)로 표현되는 것을 알 수 있다. 마찬가지로 145,300 m는 공학적 표기법으로

표 1.3

SI 접두사.

10의 거듭제곱	표기법	기호
10^{24}	yotta	Y
10^{21}	zetta	Z
10^{18}	exa	E
10^{15}	peta	P
10^{12}	tera	T
10^{9}	giga	G
10^{6}	mega	M
10^{3}	kilo	k
10^{-3}	milli	m
10^{-6}	micro	m
10^{-9}	nano	n
10^{-12}	pico	p
10^{-15}	femto	f
10^{-18}	atto	a
10^{-21}	zepto	z
10^{-24}	yocto	y

145.3 km와 동일하다. 이 경우 우리는 소수점을 왼쪽으로 3번 이동하면 10^{+3}을 나타내는 접두사가 k(킬로)로 표현되는 것을 알 수 있다.

전기공학 기술에서 10의 거듭제곱이나 과학적 표기법보다는 공학적 표기법을 사용하는 것이 좋다. 물론 당신이 읽고 사용할 것으로 예상되는 모든 교과서, 기술 매뉴얼, 그리고 다른 기술 자료에서 공학적 표기법을 찾을 수 있을 것이다. 비록 처음에는 어려워 보일 수 있지만, 계속하여 이러한 접두사를 사용하다 보면 익숙해질 것이다.

예제 1.3

다음 숫자를 과학적 표기법으로 표현하라.

(a) 621,409 (b) 0.00000548

풀이

(a) 소수점은 (표현되어 있진 않지만) 9 뒤에 있다. 즉, 621409.0이다. 소수점을 왼쪽으로 5번 이동하면, 과학적 표기법인 $621409.0 = 6.21409 \times 10^5$를 얻는다.

(b) 소수점을 오른쪽으로 6번 이동하면, 과학적 표기법인 $0.00000548 = 5.48 \times 10^{-6}$을 얻는다.

연습문제 1.3

다음 숫자를 과학적 표기법으로 표현하라.

(a) 46,013,000 (b) 0.000245

해답 (a) 4.6013×10^7 (b) 2.45×10^{-4}

예제 1.4

다음 숫자를 과학적 표기법으로 표현하라.

(a) 2,563 m (b) 23.6 μs

풀이

(a) $2563 \text{ m} = 2.563 \times 10^3 \text{ m}$

(b) $23.6\ \mu\text{s} = 23.6 \times 10^{-6} \text{ s} = 2.36 \times 10^{-5} \text{ s}$

연습문제 1.4

다음 숫자를 과학적 표기법으로 표현하라.

(a) 0.921 s (b) 145.6 km

해답 (a) 9.21×10^{-1} s (b) 1.456×10^{5} m

예제 1.5

다음 숫자를 공학적 표기법으로 표현하라.

(a) 451,000,000 m (b) 0.0000782 s

풀이

(a) 451,000,000 m $= 451 \times 10^{6}$ m $=$ 451 Mm (또는 451,000 km)

(b) 0.0000782 s $= 78.2 \times 10^{-6}$ s $= 78.2\ \mu$s

연습문제 1.5

다음 숫자를 공학적 표기법으로 표현하라.

(a) 34,700,000,000 m (b) 0.0032 s

해답 (a) 34.7 Gm (b) 3.2 ms

1.4 †과학용 계산기[1]

회로 해석은 큰 숫자 계산을 포함하기 때문에, 당신은 전자 계산기의 사용법을 숙달해야 한다. 휴대용 계산기의 속도와 정확도는 투자할 가치가 있다. 휴대용 계산기의 단순함이 개인용 컴퓨터의 복잡함보다 낫다. 수시로 계산기 사용법이 주어질 것이다. 이 책 전반에 걸쳐 계산기 예제는 그림 1.3에 보여진 TI-89 티타늄 계산기를 기준으로 할 것이다. 사실 우리가 1.2 및 1.3절에서 배운 것은 (변환, 과학적 표기법, 공학적 표기법) TI-89 티타늄 계산기를 사용하면 쉽게 할 수 있다. 계산기를 사용하는 방법에 대한 간략한 설명은 부록 F에서 설명하였다. 이러한 타입의 계산기가 없다면 적어도 다음과 같은 작업을 수행할 수 있는지 확인하라: 연산(+, −, ×, ÷), 제곱근, 사인, 코사인, 탄젠트, 자연로그, 상용로그, x^y(지수) 및 지수함수(e)와 직각 좌표를 극 좌표로, 또는 그 반대가 가능하여야 한다. 이러한 기능들이 다 가능하다면, 프로그래밍 기능을 업그레이드 할 필요가 없다.

대부분의 계산기는 숫자를 8 또는 10 자리로 표시할 수 있다. 그러나 화면에 표시되는 모든 숫자를 보는 것은 바람직하지 않다. 실제로 숫자는 보통 세 개 또는 네 개의 유효 자릿수로 반올림된다. 예를 들어 숫자 1.648247143은 1.65로 반올림을 해서 표현하고 0.007543128은 0.00754로 표현한다.

그림 1.3
Texas instruments사의 TI-89 티타늄 계산기
© Sarhan M. Musa

1 각 절의 제목 앞에 위치한 단도 기호는 강사가 생략하거나, 간단히 설명하거나 혹은 학생들에게 과제로 할당할 수 있는 부분을 나타낸다.

예제 1.6

계산기를 사용하여 23,600을 공학적 표기법으로 표현하라.

풀이

TI-89 계산기를 사용하여, 다음 단계를 수행하라.

1. 모드 메뉴를 사용하기 위해 MODE 를 누르고,
2. 지수 형식을 사용하기 위해 아래 버튼을 누르고, Engineering 을 눌러라.
3. 설정 화면을 나가기 위해 ENTER 를 눌러라
4. 숫자 2 3 6 0 0 EE 0 을 입력하고 ENTER 를 입력하라.

그 결과는 다음과 같이 표시된다.

23.6E3

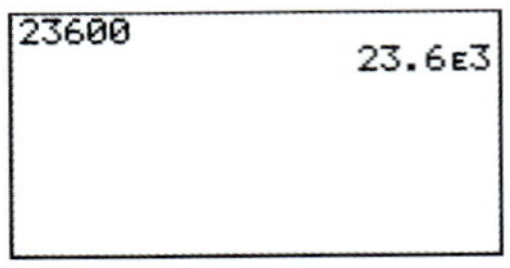

연습문제 1.6

계산기를 사용하여 124,700을 공학적 표현으로 표시하라.

해답 124.7E3

예제 1.7

계산기를 사용하여 다음을 구하라.

$$\sqrt{\frac{45-7}{2}}$$

풀이

다양한 방법이 있다. 아마도 그것은 제곱근 기호의 용어를 파악한 다음에 제곱근을 사용하는 것이 쉬울 것이다.

1. (45 − 7)/2를 입력하고 ENTER 를 눌러라. 결과는 19이다.
2. 2nd 를 누르고 √ 를 눌러라. 1 9) 를 입력하고 ♦ ENTER 를 눌러라.

결과는 4.3589로 표시된다.

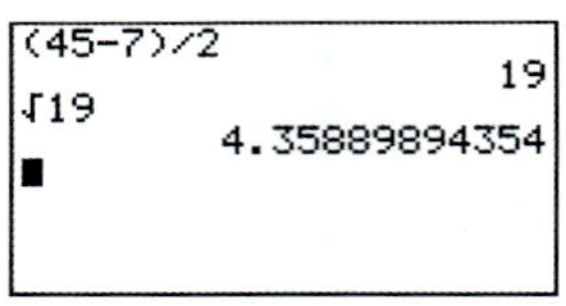

연습문제 1.7

계산기를 사용하여 $\frac{125\pi}{\sqrt{36 + 17}}$를 구하라.

해답 53.941

1.5 전하와 전류

이제 우리는 SI 접두사와 공학용 계산기를 배웠고, 회로 해석으로의 여행을 시작할 준비가 되었다. 전기 회로의 가장 기본적인 양은 **전하**이다. 우리 모두는 울 스웨터를 벗으려고 하면 스웨터가 우리 몸에 붙으려고 할 때 전하의 효과를 경험하였다.

반대 극성의 전하가 서로를 당기는 반면에, 동일한 극성(또는 기호)의 전하는 서로를 밀어낸다. 모든 전기 현상은 전하의 현상을 의미한다. 전하는 극성을 가지는데, 전하는 양극(+) 또는 음극(–)이다.

> **전하**(Q)는 쿨롱(C)으로 측정된 전기 현상에 대한 책임이 있는 물질의 전기적 속성이다.

우리는 기초 물리학에서 모든 물질은 원자라는 기본적인 구성 요소로 이루어지며, 그림 1.4에 나타낸 것처럼 각 원자는 전자, 양성자 그리고 중성자로 이루어진다는 것을 알고 있다. 왜냐하면 전자가 음의 전하를 가지고 있기 때문에, 전자에 의해 운반되는 전하는

$$e = -1.60 \times 10^{-19}\ \text{C} \tag{1.1}$$

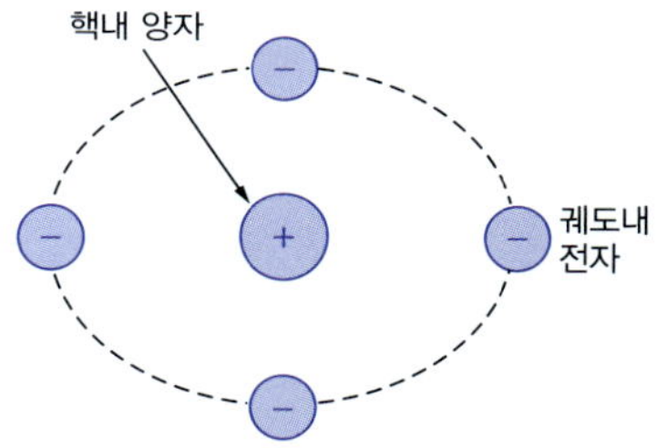

그림 1.4
원자핵과 전자를 설명하는 원자 구조

양성자는 같은 양의 전하를 운반하지만 양극이다. 양성자와 전자가 같은 수로 존재한다면 원자는 전기적으로 중성이다. 전하는 전자나 양자 전하의 배수이다.

과잉 전자를 가진 어떠한 재료나 물질은 음이온으로 대전되는 반면에, 과잉 양성자(혹은 전자의 결핍)를 가진 어떠한 재료나 물질은 양이온으로 대전된다. 그림 1.5에 나타낸 것처럼 같은 전하는 서로를 밀어내지만 다른 전하는 서로를 끌어당긴다.

다음은 전하에 대한 중요한 요점들이다.

1. 쿨롱은 전하에 대해 큰 단위이다. 1 C의 전하에는 $1/(1.602 \times 10^{19}) = 6.24 \times 10^{18}$개의 전자가 존재한다. 그러므로 실제 실험실에서 사용하게 되는 전하의 양은 pC, nC 또는 μC정도이다.
2. 실험적 관측에 의하면, 자연계에 존재하는 전하는 전자의 전하량 $e = 1.602 \times 10^{-19}$ C의 정수배이다. 즉 N이 정수일 때 $Q = Ne$이다.

(a) (b)

그림 1.5
(a) 다른 전하는 당김, (b) 같은 전하는 반발

3. 전하 **보존법칙**에 의하면 전하는 생성되거나 파괴될 수 없으며 단지 이동될 뿐이다. 그러므로 시스템에서 전하의 대수적 합은 변하지 않는다.

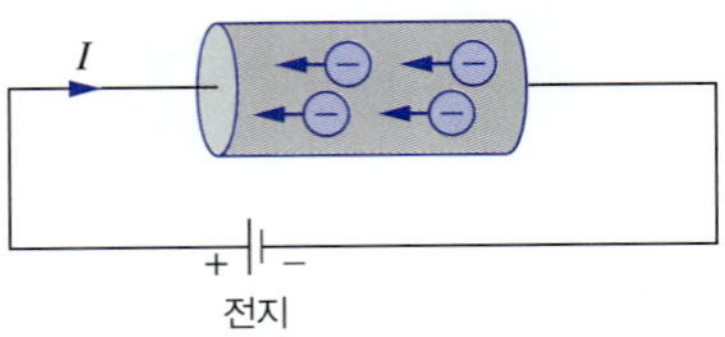

그림 1.6
도체 내에서 전하의 흐름에 의한 전류

이제 우리는 전하의 흐름을 고려할 것이다. 수 조(trillion)의 원자들로 구성된 도선이 전지(기전력의 근원)에 연결되어 있는 경우 전하는 이동하게 된다. 양자는 전자가 이동하는 방향의 반대 방향으로 이동한다. 이러한 전하의 움직임은 전류를 생성한다. 그림 1.6(전지의 양극은 더 긴 선을 가진 기호란 것을 참고하라)에 그려진 것처럼 전류의 방향은 양자의 움직임(즉, 음전하의 흐름과 반대)과 같다는 것이 보편적이다. 이 규약은 미국의 과학자이자 발명가인 벤자민 프랭클린(1706-1790)에 의해 도입되었다.[2] 금속성 전도체 안의 전류는 음의 전하를 가진 전자들 때문이지만, 우리는 전류가 양전하의 흐름이라는 보편적인 규약을 따를 것이다. 그러므로

> **전류**(I)는 전하의 시간에 따른 변화량이며, 암페어(A)의 단위로 측정된다.

수학적으로 전류 I, 전하 Q, 시간 t 사이의 관계는

$$I = \frac{Q}{t} \tag{1.2}$$

여기서 전류는 암페어(A)로 측정되는데, 즉 1암페어는 초당 1쿨롱이다. 전류에는 여러 종류가 있다. 전하는 시간의 변화에 따라 분류될 수 있으며 이는 서로 다른 수학 함수들로 표현될 수 있다. 전류가 시간에 따라 변하지 않는 경우 **직류**(dc)라 부른다. 이것은 전지에 의해 생성된 전류이다. 기호 I는 일정한 전류를 나타내는 데 사용한다.

> **직류 전류**(dc)는 시간에 따라 값이 일정한 전류이다.

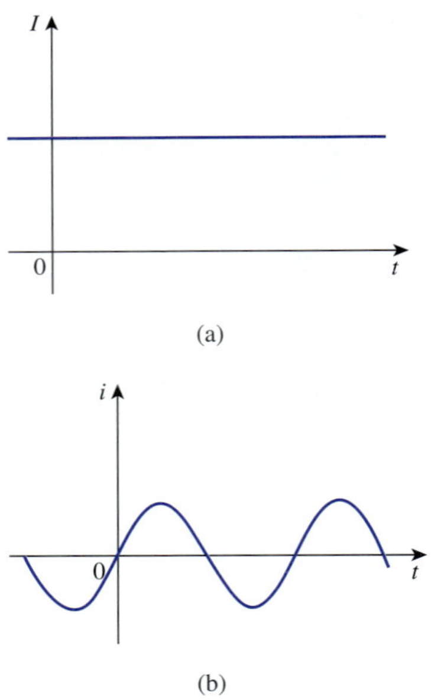

그림 1.7
두 가지의 일반적인 전류: (a) 직류 전류(dc), (b) 교류 전류(ac)

시간에 따라 변하는 전류는 기호 i로 나타낸다. 시간에 따라 변하는 전류의 일반적인 형태는 정현파 전류 또는 **교류 전류**(ac)이다. 이러한 전류는 가정에서 히터, 에어컨, 냉장고, 세탁기 그리고 다른 가전 기구들에서 사용된다. 그림 1.7은 직류와 교류 전류의 시간에 대한 크기를 나타내며 이들 전류가 가장

2 우리는 이 책 전반에서 IEEE 규약을 사용할 것이다. 여기서 규약이란 우리가 의미하는 바를 다른 사람도 이해할 수 있도록 만들어진 표준화된 기술 방법을 말한다.

흔히 사용되는 전류이다. 일반적으로, 교류 전류는 전류 흐름의 방향이 주기적으로 반대로 변하는 전류이다. 정현파 전류는 가장 일반적이고 중요한 유형이다. 이 책의 후반부에 다른 형태의 전류를 살펴보도록 하겠다.

> **교류 전류**(ac)는 시간에 따라 주기적으로 변하는 전류이다.

일단 전하의 이동을 전류로 정의하면, 전류는 그와 연관된 방향을 나타내야 한다. 앞에서 언급된 바와 같이, 전류의 방향은 통상적으로 양전하의 이동 방향으로 나타낸다. 이 약속에 의해 5 A의 전류가 그림 1.8과 같이 양수 또는 음수로 나타낼 수 있다. 즉, −5 A의 전류가 그림 1.8(b)에 나타낸 바와 같이 흐른다면 +5 A의 전류는 그림 1.8(a)에 나타낸 것처럼 그 반대방향으로 흐르게 된다.

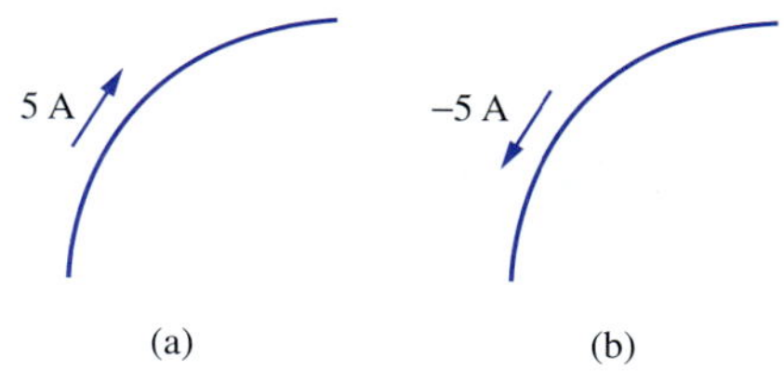

그림 1.8
일반적인 전류의 흐름: (a) 양의 전류, (b) 음의 전류

우리가 다루게 될 여러 물질들을 고려하자. 일반적으로 물질은 얼마나 쉽게 전하를 흐를 수 있도록 하는지에 따라 세 가지 범주로 나눌 수 있다.

- 도체(예: 구리, 금, 은).
- 반도체(예: 실리콘, 게르마늄).
- 절연체(예: 고무, 나무, 플라스틱).

각 물질의 종류는 물질의 외각 껍질 안에 있는 공유 전자의 수에 근거한다. 대부분의 물질은 도체 또는 절연체 중 하나이다. 도체에서는 전자가 원자에 느슨하게 묶여있어서 전자들이 자유롭게 이동한다. 즉, 도체는 하나의 원자에서 다른 원자로 이동할 수 있는 자유 전자를 포함하는 물질이다. 반면에 절연체는 전자가 원자에 훨씬 더 단단하게 결합해 있어서 전자의 흐름이 자유롭지 않다. 반도체는 도체와 절연체의 특징 사이에 속하는 물질이다.

예제 1.8

4,600개의 전자는 얼마만큼의 전하를 가지고 있는가?

풀이

각각의 전자는 -1.602×10^{-19} C의 전하를 가지고 있다. 그러므로 4,600개의 전자는 다음과 같다.

$$-1.602 \times 10^{-19}\,\text{전자} \times 4{,}600\,\text{전자} = -7.3692 \times 10^{-16}\ \text{C}$$

연습문제 1.8

2백만 개의 양자에 의한 전하의 양을 계산하라.

해답 $+3.204 \times 10^{-13}$ C

예제 1.9

0.2초 동안 요소를 통해 4.5 C의 전하가 흐른다. 이 요소를 통해 흐르는 전류의 양을 결정하라.

풀이

$$I = \frac{Q}{t} = \frac{4.5}{0.2} = 22.5 \text{ A}$$

연습문제 1.9

특정 요소를 통해 흐르는 전류가 8.6 A로 측정된다. 2 mC의 전하가 요소를 통해 흐르도록 하려면 얼마만큼의 시간이 필요한가?

해답 0.2326 ms

1.6 전압

도체에서 특정 방향으로 전자를 이동하려면 몇 가지 작업 또는 에너지 전송이 필요하다. 이 일은 그림 1.6에 나타낸 전지, 외부 전동력(emf)에 의해 행해진다. 이 emf는 또한 **전압**(*voltage*) 또는 **전위차**(*potential difference*)로 알려져 있다. 회로에서 두 지점 a와 b 사이의 전압 V_{ab}는 a 지점에서 b 지점으로 단위 전하를 옮기는 데 필요한 에너지(또는 일) W이며, 수학적으로는

$$V_{ab} = \frac{W}{Q} \tag{1.3a}$$

여기서 W는 주울(J)의 에너지이며, Q는 쿨롱(C)의 전하이다. 식 (1.3a)를 이용하여 다음 식을 구할 수 있다.

$$W = QV_{ab} \tag{1.3b}$$

$$Q = \frac{W}{V_{ab}} \tag{1.3c}$$

전압 V_{ab} 또는 간략하게 V는 최초의 전압 전지를 발명한 이탈리아 물리학자 볼타의 이름을 기념하기 위해 볼트(V) 단위로 측정된다. 그러므로

> **전압**(또는 전위차)은 단위 전하가 요소를 통과하기 위해 필요한 에너지이고, 볼트(V) 단위로 측정된다.

그림 1.9에 점 a와 b에 연결된 직사각형 블록으로 표시된 한 요소의 양단 전

압을 나타내고 있다. 양(+)과 음(−)의 기호는 기준점의 방향 또는 전압의 극성을 정의하는데 사용된다. V_{ab}는 다음 두 가지로 이해할 수 있다: (1) a점의 전압이 b점의 전압보다 V_{ab}만큼 높다, 또는 (2) b점에 대한 a점의 전위는 V_{ab}이다. 일반적으로 다음과 같은 논리가 성립된다.

$$V_{ab} = -V_{ba} \tag{1.4}$$

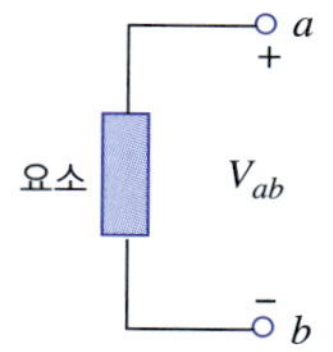

그림 1.9
전압 V_{ab}의 극성

예를 들어, 그림 1.10에서 같은 전압에 대해 두 가지 표현을 할 수 있다. 그림 1.10(a)에서 점 a는 점 b에 비해 +9 V 높다. 그림 1.10(b)에서는 b점이 a점에 비해 −9 V 높다. 우리는 그림 1.10(a)에서 a점에서 b점으로 이동할 때 9 V 전압 강하가 있다고 하거나 또는 등가적으로 b점에서 a점으로 9 V의 **전압 상승**이 있다고 한다. 다시 말해서 a점에서 b점으로의 전압 강하는 b점에서 a점으로의 전압 상승과 같다.

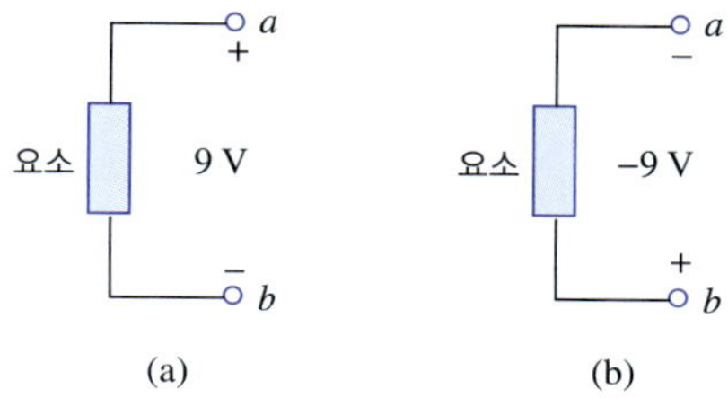

그림 1.10
전압 V_{ab}에 대한 두 가지의 등가적인 표현: (a) a점이 b점에 비해 9 V 높다, (b) b점이 a점에 비해 −9 V 높다.

전류와 전압은 전기회로에서 기본적인 두 가지 변수이다. 전류와 마찬가지로 시간에 따라 일정한 전압은 직류 전압으로 부르고, 시간에 따라 정현파 형태로 변하는 전압은 교류 전압으로 부른다. 직류 전압은 그림 1.11에 나타낸 것처럼 전지에 의해 일반적으로 생성되고, 교류 전압은 그림 1.12처럼 발전기에 의해 생산된다.

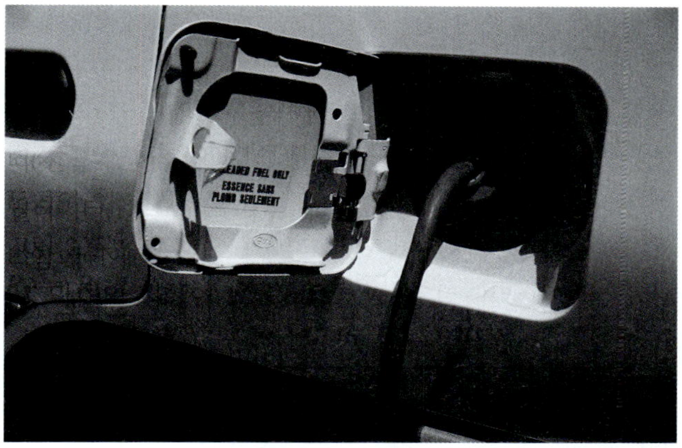

그림 1.11
전기 자동차
© VisionsofAmerica/Joe Sohm/Photodisc/Getty RF

예제 1.10

요소를 통해 5 mC의 전하를 움직이는데 20 J의 에너지가 필요한 경우, 요소의 전압은?

풀이

$$V = \frac{W}{Q} = \frac{20}{5 \times 10^{-3}} = 4 \times 10^3 \text{ V} = 4 \text{ kV}$$

그림 1.12
수력 발전소에서 ac 발전기의 두 가지 사진
© Corbis RF

연습문제 1.10

12 V 배터리를 이용하여 4.25 C을 이동하는 데 얼마나 많은 에너지가 필요한가?

해답 51 J

예제 1.11

8초 동안 도체에 전류가 5 mA 흐를 경우 3 V 배터리에 의해 수행되는 일의 양은?

풀이

총 전하의 이동량은

$$Q = It = 5\text{ mA} \times 8\text{ s} = 40\text{ mAs} = 40\text{ mC}$$

일의 양은

$$W = VQ = 3\text{ V} \times 40\text{ mC} = 120\text{ m-VC} = 120\text{ mJ}$$

연습문제 1.11

0.2 A의 전류가 요소를 통해 흐르고 3 s 동안 9 J의 에너지를 방출한다. 요소에 걸리는 전압을 계산하라.

해답 15 V

1.7 전력과 에너지

전기회로에서 전류와 전압이 두 개의 기본적인 변수이지만, 회로의 입력과 출력은 전력 또는 에너지로 표현될 수 있다. 실용적인 목적으로 우리는 전기 기기가 얼마나 많은 전력을 사용할 수 있는지 알 필요가 있다. 우리는 100와트 전구가 60와트 전구보다 더 많은 빛을 낸다는 것을 경험을 통해 알고 있다. 우리는 또한 전기회사에 전기요금을 낼 때 일정한 시간 동안 우리가 사용한 전기에너지에 대해 비용을 지불한다는 것도 알고 있다. 그러므로 전력과 에너지 개념은 회로 해석에 있어 중요하다.

전력과 에너지를 전압과 전류에 연관시키기 위해서 물리학에서 배운 지식을 이용한다.

> **전력**은 단위 시간당 에너지를 흡수하거나 사용하는 양으로 와트(W)의 단위로 측정된다.

그러므로

$$P = \frac{W}{t} \tag{1.5}$$

로 표시하는데 여기서 P는 와트(W)로 표시되는 전력이고, W는 주울(J)로 표시되는 에너지, 그리고 t는 초(s)로 표시되는 시간이다. 식 (1.2), (1.3), 그리고 (1.5)에서 다음 결과가 유도된다.

$$P = \frac{W}{t} = \frac{W}{Q}\frac{Q}{t} = VI \tag{1.6}$$

또는

$$P = VI \tag{1.7}$$

그러므로 요소에 의해 흡수되거나 공급된 전력은 요소의 양단 전압과 요소를 통과하는 전류의 곱이 된다. 전력이 + 기호를 가지면 전력은 요소로 전달되거나 흡수되는 것이다. 반대로 전력이 − 기호를 가지면 요소에 의해 전력이 공급되는 것이다. 그런데 전력이 양수인지 음수인지는 어떻게 알 수 있는가?

전류의 방향과 전압의 극성은 전력의 기호를 결정하는데 중요한 역할을 한다. 부하 또는 요소는 전력을 흡수하거나 전달할 수 있다. 그림 1.13(a)에서 나타낸 바와 같이, 전위가 상대적으로 높은 (+)점에서 전류가 요소로 흐를 경우, 요소는 전력을 흡수한다. 반면에 전위가 상대적으로 낮은 (−)점에서 전류가 요소로 유입되는 경우, 요소는 전력을 공급한다. 실제로 모든 전기회로에서 **에너지 보존법칙**은 성립해야 한다. 이 이유 때문에, 어떤 회로에서 모든 시간에

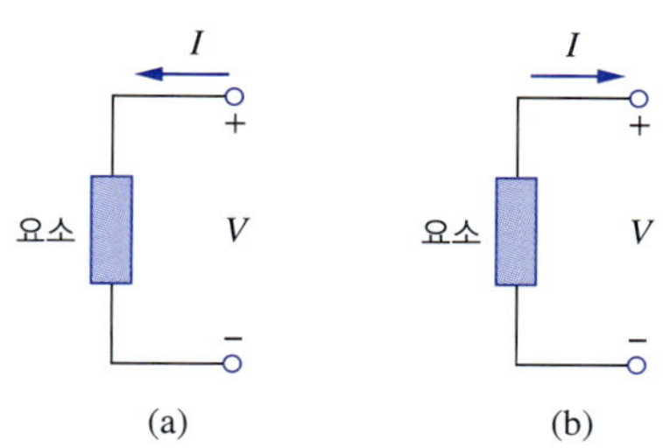

그림 1.13
(a) 요소가 흡수하는 전력, (b) 요소가 공급하는 전력

대해 전력의 대수적 합은 0이어야 한다. 즉,

$$\sum P = 0 \tag{1.8}$$

이것은 또한 회로에 공급된 모든 전력이 회로에서 흡수된 모든 전력과 균형을 이루어야 한다는 것과 같다.

식 (1.5)에서 시간 t 동안 요소에 의해서 흡수되거나 공급된 에너지는

$$W = Pt = VIt \tag{1.9}$$

전력회사는 에너지를 와트-시(Wh)의 단위를 사용해서 측정한다.

$$1 \text{ Wh} = 3{,}600 \text{ J}$$

예제 1.12

24 V 전원은 양의 방향으로 3 A를 제공한다. 전원에 의해 제공되는 전력은 얼마인가?

풀이

$$P = VI = 24 \times 3 = 72 \text{ W}$$

연습문제 1.12

30 W의 등이 120 V 전원에 연결되어 있다. 전류를 통해 얼마만큼의 전류가 흐르는가?

해답 0.25 A

예제 1.13

2시간 동안 100-W 전구가 소모한 에너지는 얼마인가?

풀이

$$W = Pt = 100 \text{ W} \times 2 \text{ h} = 200 \text{ Wh}$$

이는 다음과 같다.

$$\begin{aligned} W = Pt &= 100 \text{ (W)} \times 2 \text{ (h)} \times 60 \text{ (min/h)} \times 60 \text{ (s/min)} \\ &= 720{,}000 \text{ J} = 720 \text{ kJ} \end{aligned}$$

연습문제 1.13

스토브기가 120-V 전원에 연결되어 15 A의 전류를 공급받을 때, 30 kJ의 에

너지를 소모하는데 걸리는 시간은 얼마인가?

해답 16.67 s

1.8 †응용

이 절에서는, 이 장에서 전개된 개념의 실제적인 두 가지 응용을 살펴본다. 첫째는 TV 음극선관이고 다른 한 가지는 어떻게 전력회사가 전기요금을 계산하는지에 관한 것이다.

1.8.1 TV 음극선 튜브

전자의 이동을 이용한 중요한 응용은 TV 신호의 송신과 수신의 두 가지 모두에서 찾을 수 있다. 송신단에서 TV 카메라는 광학 이미지의 한 장면을 전기적 신호로 바꾸어준다. 스캐닝은 카메라의 아이콘스코프(iconoscope) 카메라 튜브에서 전자의 얇은 빔으로 행해진다.

수신단에서는 TV 수신단의 음극선관(CRT)에 의해 이미지가 재생된다.[3] 그림 1.14에 CRT를 나타내었다. 일정한 세기의 전자빔을 발생시키는 아이콘스코프와는 달리 CRT빔은 들어오는 신호에 따라 빔의 세기를 바꾼다. 높은 전위로 유지되는 전자총은 전자빔을 발사한다. 그 전자빔은 수평과 수직 편향

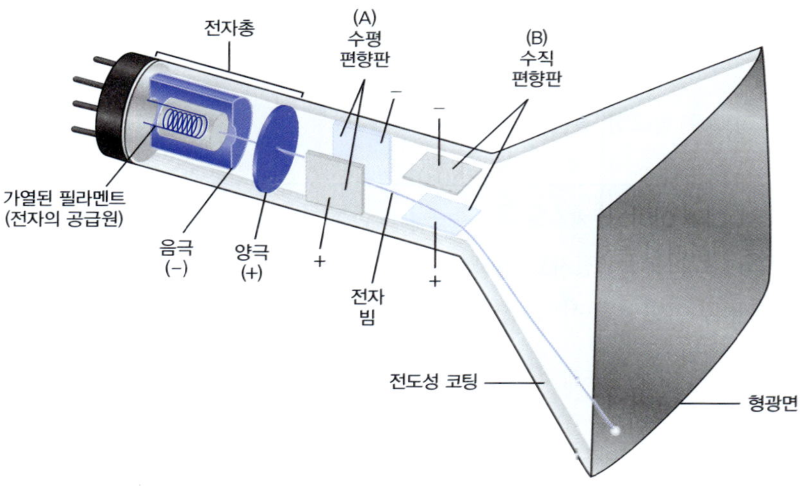

그림 1.14
음극선관

3 실제로, 현대의 TV 튜브는 다른 기술을 이용한다. 대부분의 카메라는 입력되는 빛을 수신하기 위해 CCD를 사용한다.

을 위해 사용되는 두 개의 평판 사이를 지나게 되어 빔이 부딪히는 스크린상의 한 점이 상하좌우로 움직일 수 있게 된다. 전자빔이 형광 스크린에 부딪히게 되면 그 점에서 빛을 발산하게 된다. 이런 방식으로 TV 스크린 상에 그림 한 장을 그리게 된다. TV 튜브는 우리가 이 장에서 했던 것을 설명하지만, 더 현대적인 장치는 전하 결합 소자(CCD) 카메라가 될 것이다. 사실 액정 디스플레이 텔레비전(LCD TV)은 CRT 기반의 TV보다 더욱 우수하다.

예제 1.14

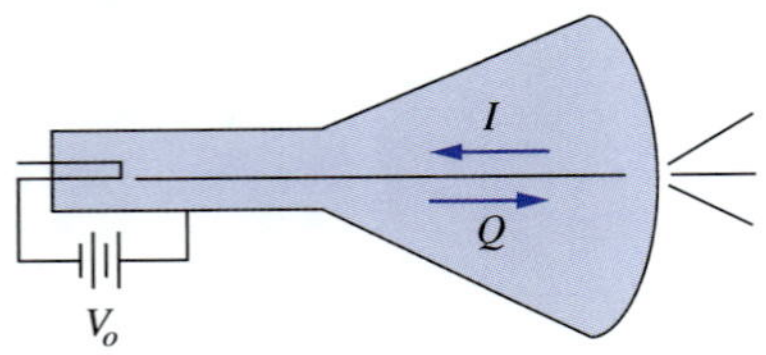

그림 1.15
예제 1.14의 음극선 튜브의 단순화된 그림

TV 음극선 튜브에서 전자빔이 초당 10^{15}개의 전자를 운반한다. 설계자로서 4 W의 전력을 얻기 위해 전자빔으로 가속하는데 필요한 전압을 구하라.

풀이

한 개의 전자가 가진 전하는

$$e = -1.6 \times 10^{-19}\ \text{C}$$

이다. 전자의 개수가 N이라면, $Q = Ne$이고,

$$I = \frac{Q}{t} = e\frac{N}{t} = (-1.6 \times 10^{-19})(10^{15}) = -1.6 \times 10^{-4}\ \text{A}$$

이다. 음수기호는 전류의 흐름이 전자의 흐름과 반대방향이라는 것을 나타내고, 그림 1.15에 나타낸 바와 같이 CRT의 수직 편향판이 전하를 가지고 있지 않을 때의 개략적 그림을 나타낸다. 빔의 전력은

$$P = V_o I \qquad \text{또는} \qquad V_o = \frac{P}{I} = \frac{4}{1.6 \times 10^{-4}} = 25{,}000\ \text{V}$$

이다.

그러므로 필요한 전압은 25 kV이다.

연습문제 1.14

TV 음극선 튜브에서 전자빔이 초당 10^{13}개의 전자가 이동하고, 30 kV의 전위차로 유지되는 편향판 사이를 통과할 때, 그 빔의 전력을 구하라.

해답 48 mW

1.8.2 전기료

두 번째 응용에서는 전기회사가 사용자들에게 전기료를 어떻게 부과하는가를 다룬다. 전기료는 킬로와트시(kWh)의 단위로 소모된 에너지의 양에 의해 결

표 1.4

가전 제품의 일반적인 월평균 소비량.

가전제품	소비된 kWh	가전제품	소비된 kWh
온수기	500	전자레인지	25
세탁기	120	전기 다리미	15
냉장고/냉동고	100	개인용 컴퓨터	12
조명	100	TV	10
난로	100	라디오	8
드라이어	80	토스트기	4
식기세척기	35	시계	2

정된다. 전기료를 결정하는 다른 요소들은 수요와 역률(power factor)이다. 이것들은 지금은 무시되지만 이후의 장에서 다루어질 것이다. 사용자가 전기를 전혀 사용하지 않아도 최소 사용요금을 지불해야 하는데, 이것은 집과 전력선 사이의 연결을 유지하는데 소요되는 비용 때문이다. 어너지의 소모가 증가할수록, kWh당 가격은 감소한다. 표 1.4에 나타낸 바와 같이 5인 가족들이 사용하는 가전기구의 월 평균 소모량을 살펴보는 것은 흥미롭다.

예제 1.15

한 가구가 1월에 3,300 kWh의 전력을 소모한다. 다음에 나타낸 주거 요율을 이용하여 이 달의 전기료를 계산하라.

월 기본료 = $12.00

월별 최초 100 kWh는 16센트/kWh

월별 그 다음 200 kWh는 10센트/kWh

월별 300 kWh 초과에 대해서는 6센트/kWh

풀이

다음과 같이 전기료를 계산한다.

월 기본료 = $12.00

최초 100 kWh @ $0.16/kWh = $16.00

다음 200 kWh @ $0.10/kWh = $20.00

나머지

(3,300 − 300) = 3000 kWh @ $0.06/kWh = $180.00

합계 요금 = $228.00

평균 가격 = $228/3300 = 6.9센트/kWh

연습문제 1.15

예제 1.15에 나타낸 가정 요율을 참고하여 가족이 대부분의 시간을 휴가로 보낸 7월에 400 kWh의 전력만을 사용했을 때 kWh당 평균 가격을 계산하라.

해답 13.5센트/kWh

1.9 요약

1. 전기 회로는 여러 전기 요소의 연결로 구성된다.
2. 국제단위 시스템(SI)은 국제적인 측정 언어로, 엔지니어들 사이에서 그들의 측정 결과에 대한 의사소통을 원활하게 해준다. 일곱 개의 주요 단위로부터, 다른 물리적인 양에 대한 단위가 유도된다.
3. 매우 크거나 작은 수량은 10의 지수 표기법이나 과학적 표기법 또는 공학적 표기법으로 표현될 수 있다.
4. 과학적 계산기는 학생이 반드시 습득해야 하는 중요한 도구이다.
5. 전류는 전하의 시간에 따른 흐름의 변화량이다.

$$I = \frac{Q}{t}$$

   I는 전류(암페어)이고, Q는 전하(쿨롱)이며, t는 시간(초)
6. 전압은 요소를 통해 1C의 전하를 이동하는데 필요한 에너지이다.

$$V = \frac{W}{Q}$$

   V는 전압(볼트)이고, W는 에너지 또는 일(주울)이며 Q는 전하(쿨롱)
7. 전력은 단위시간당 공급되거나 흡수된 에너지이다. 이것은 또한 전압과 전류의 곱이다.

$$P = \frac{W}{t} = VI$$

   P는 전력(와트)이고, W는 에너지(주울)이며, t는 시간(초)이고, V는 전압(볼트), I는 전류(암페어)
8. 시간 t 동안 요소에 의해 흡수되거나 생성된 에너지는

$$W = Pt = VIt$$

9. 모든 전기회로에서 에너지 보존법칙은 성립해야 한다. 그러므로 어떤 회로에서 모든 시간에 대해 전력의 대수적 합은 0이어야 한다.

$$\sum P = 0$$

10. 이 장에서 논의된 두 가지 응용 분야는 TV 음극선 튜브와 전기료의 계산 과정이다.

복습문제

1.1 1밀리볼트는 1볼트의 백만분의 1이다.
(a) 참 (b) 거짓

1.2 접두사 **마이크로**(*micro*)는 다음의 어떤 것을 뜻한다.
(a) 10^6 (b) 10^3
(c) 10^{-3} (d) 10^{-6}

1.3 2,000,000 V는 공학적 표기법으로 표기하면?
(a) 2 mV (b) 2 kV
(c) 2 MV (d) 2 GV

1.4 한 지점을 통과하는 초당 2 C의 전하는 2A의 전류이다.
(a) 참 (b) 거짓

1.5 절연체를 충전하는 4 A의 전류는 6초 후에 24 C의 전하를 축적한다.
(a) 참 (b) 거짓

1.6 전류의 단위는?
(a) 쿨롱 (b) 암페어
(c) 볼트 (d) 주울

1.7 전압은 다음의 어느 단위로 측정되는가?
(a) 와트 (b) 암페어
(c) 볼트 (d) 주울/초

1.8 10 A의 전류를 공급하는 1.1-kW의 토스트기의 양단 전압은?
(a) 11 kV (b) 1100 V
(c) 110 V (d) 11 V

1.9 와트는 무엇의 단위인가?
(a) 전하 (b) 전류
(c) 전압 (d) 전력 (e) 에너지

1.10 다음 중 전기적 양이 아닌 것은?
(a) 전하 (b) 시간
(c) 전압 (d) 전류 (e) 전력

해답: 1.1b, 1.2d, 1.3c, 1.4a, 1.5a, 1.6b, 1.7c, 1.8c, 1.9d, 1.10b

문제

1.2절 국제 단위의 시스템

1.1 아래의 길이를 미터로 변환하라.
(a) 45피트 (b) 4야드
(c) 3.2마일 (d) 420밀

1.2 다음을 줄로 표현하라.
(a) 28피트파운드 (b) 4.6킬로와트시

1.3 32마력을 와트로 표현하라.

1.4 124마일을 킬로미터로 변환하라.

1.3절 과학 및 공학적 표기법

1.5 다음 숫자를 공학적 표기법으로 표현하라.
(a) 0.004500 (b) 0.00926
(c) 7,421 (d) 26,356,000

1.6 다음 숫자를 과학적 표기법으로 표현하라.
(a) 0.0023 (b) 6,400 (c) 4,300,000

1.7 다음 숫자를 과학적 표기법으로 표현하라.
(a) 0.000126 (b) 98,000 (c) $\dfrac{1}{2{,}000{,}000}$

1.8 다음 숫자를 공학적 표기법으로 표현하라.
(a) 160×10^{-7} s (b) 30×10^4 V
(c) 1.3×10^{-3} J (d) 0.5×10^{-9} W

1.9 다음 식을 계산하고, 과학적 표기법으로 표현하라.
(a) $(2 \times 10^4)(6 \times 10^5)$
(b) $(3.2 \times 10^{-3})(7 \times 10^{-6})$
(c) $\frac{(30{,}000)^2}{(0.04)^2}$
(d) $\frac{(500)^3(100)^2}{10^7}$

1.10 다음 식을 계산하고, 과학적 표기법으로 표현하라.
(a) $0.003 + 542.8 + 641 \times 10^{-3}$
(b) $(25 \times 10^3)(0.04)^2$
(c) $\frac{(40 + 10)^{-3}(6000)}{(3 \times 10^{-2})^2}$
(d) $\frac{(0.002)^2(100)^4}{10^6}$

1.4절 과학용 계산기

1.11 계산기를 사용하여 다음 식을 계산하라.
(a) $12(8 - 6)$ (b) $\cos^{-1}\frac{2}{3}$

1.12 계산기를 사용하여 다음 식을 계산하라.
(a) $\sqrt{\frac{120}{3^2 + 4^2}}$ (b) $\frac{\pi}{6^2 + 8^2}$

1.13 계산기를 사용하여 다음 식을 계산하라.
(a) 825×0.0012
(b) $(42.8 \times 11.5)/(12.6 + 7.04)$

1.14 계산기를 사용하여 다음 식을 평가하라.
(a) $(3.6 \times 10^3)^2$
(b) $(8.1 \times 10^4)^{1/2}$
(c) $\frac{2 \times 10^2}{5 \times 10^{-1}}$

1.5절 전하와 전류

1.15 다음 전자의 수는 몇 쿨롱으로 표현되는가?
(a) 6.482×10^{17} (b) 1.24×10^{18}
(c) 2.46×10^{19} (d) 1.628×10^{20}

1.16 2분 4초 동안 도선을 통해 2 mA 전류가 통과하면 얼마만큼의 전자가 통과하는가?

1.17 10^{20}의 전자의 전하량은?

1.18 6×10^{22}개의 전자가 42초 동안 도선을 통과할 때 발생하는 전류는?

1.19 10초 동안 도선을 통해 36 C의 전하가 통과하였다. 이 때 도선을 통해 흐르는 전류는?

1.20 전하 2.4 μC은 얼마나 많은 전자를 표현하는가?

1.21 전류가 24 mA인 경우 50 μC의 전하가 그 지점을 통과하기 위해서 얼마만큼의 시간이 걸리는가?

1.22 5분 동안 한 지점에 700 C 전하가 흐를 때 발생하는 전류는?

1.23 어떤 회로에 4A의 전류가 흐를 때, 0.65 C의 전하가 이동하는데 걸리는 시간은?

1.24 120 ms 동안 8.5 mC의 전하가 도체의 한 지점을 통과할 때, 전류를 결정하라.

1.6 및 1.7절 전압 및 전력과 에너지

1.25 그림 1.16의 회로에서 전압 V_{ab}와 V_{bc}, V_{ac}, V_{ba}를 구하라.

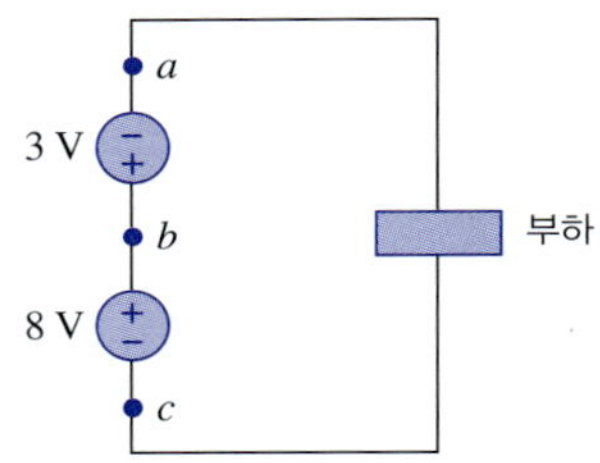

그림 1.16
문제 1.25의 회로

1.26 점 A와 B 사이의 전위차는 32 V이다. 2-C의 전하를 a부터 b까지 움직이는데 필요한 일의 양은?

1.27 40 W의 모터가 120-V 전원에서 작동한다. 모터가 끌어오는 전류의 양은?

1.28 전력 전송 라인의 정격은 1.04×10^6 V이다. 이것을 kV로 표현하라.

1.29 한 지점에서 다른 지점까지 2.6×10^{20}개의 전자를 움직이는데 450 J의 에너지가 필요하다. 두 점 사이의 전위차를 구하라.

1.30 그림 1.17에서 전등에 의해 소비되는 전력을 구하라.

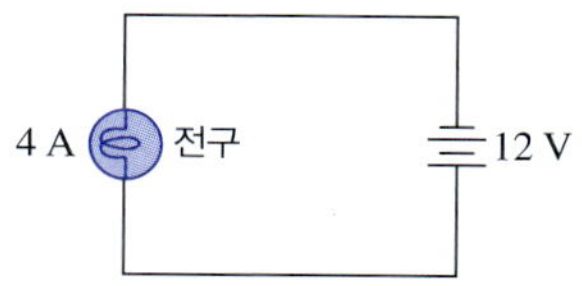

그림 1.17
문제 1.30의 회로

1.31 40-W, 120-V 전등을 통해 얼마나 많은 전류가 흐르는가?

1.32 전지는 18 C의 전자에게 120 J의 에너지를 제공한다. 이 전지의 단자 전압을 구하라.

1.33 45 W의 납땜 인두가 120 V에서 동작할 때 전류를 구하라.

1.34 전원이 10초 동안 2 A의 전류를 전구에 공급하였다. 만약 2.3 kJ의 에너지가 빛과 열의 형태로 방출되었다면, 이때 전구에서의 전압 강하를 계산하라.

1.35 점 a에서 점 b로 전하 Q를 이동하려면 30 J이 필요하다. Q가 다음과 같이 주어졌을 때 전압 강하를 구하라.
(a) $Q = 2$ C (b) $Q = -6$ C

1.36 자동차 헤드라이트가 8 V, 2.5 A를 사용할 때, 헤드라이트에 의해 소비되는 전력은?

1.37 전기 오븐은 120 V, 38 A를 사용한다. 사용되는 전력을 계산하라.

1.38 전기 토스트기의 정격은 800 W이고 7 A를 사용한다. 이 토스트기의 동작 전압을 구하라.

1.39 점 a와 점 b 사이의 전압은 120 mV이다. 점 a부터 점 b까지 전하 Q가 360 μJ의 일을 할 때 전하 Q를 구하라.

1.40 70 W 전구를 가진 전등이 120-V의 전원에 연결되어 있는 경우, 이 회로에 얼마나 많은 전류가 흐르는가?

1.41 12 V 전지는 5초 동안 100 A를 제공한다. 전지에 의해 수행되는 일의 양을 구하라.

1.8절 응용

1.42 하나의 전자를 방출시키기 위해서는 8개의 광자가 광 검출기의 표면에 부딪혀야 한다. 초당 4×10^{11}개의 광자가 광 검출기의 표면에 부딪힐 경우, 전류의 양을 계산하라.

1.43 당신의 집에 있는 다음 전기 제품의 전력 소요량을 구하라.
(a) 전구 (b) 라디오 세트
(c) TV 세트 (d) 냉장고
(e) 개인용 컴퓨터 (f) PC 프린터
(g) 전자 레인지 (h) 믹서기

1.44 1.5 kW의 전기 히터가 120-V의 전원에 연결되어 있다.
(a) 히터에 의해 발생하는 전류의 양은?
(b) 히터가 45분 동안 동작하는 경우, 얼마나 많은 에너지가 소비되는지 킬로와트시(kWh)로 표현하라.
(c) 에너지 요금이 10센트/kWh인 경우, 45분 동안 히터를 사용했을 때의 요금을 계산하라.

1.45 1.2 kW의 토스트기가 빵 네 조각을 가열하기 위해서는 약 4분 정도 소요된다. 한 달 동안(30일) 하루에 한 번 토스트기를 사용했을 때의 요금을 구하라. 에너지 요금을 9센트/kWh로 가정한다.

1.46 손전등의 전지가 0.8암페어-시간(Ah)의 정격과 10시간 (h)의 수명을 가지고 있다.
(a) 전지가 제공하는 전류의 양은?
(b) 전지의 단자 전압이 1.5 V인 경우, 전지는 얼마만큼의 전력을 생산하는가?
(c) 전지에 저장되어 있는 에너지의 양을 킬로와트-시간(kWh)으로 표현하라.

1.47 20 W의 백열 전구는 120-V의 전원에 연결되어 있고, 어두운 곳에서 계속해서 켜져 있었다. (a) 전구를 통해 흐르는 전류를 결정하라. 그리고 (b) 1년이 365일이고, 전기 요금이 1 kWh당 12센트라 할 때 전기 요금을 계산하라.

1.48 네 개의 버너와 오븐을 가진 전기 스토브는 식사를 준비하는데 다음과 같은 시간이 걸린다.

버너 # 1	20분
버너 # 2	40분
버너 # 3	15분
버너 # 4	45분
오븐	30분

각 버너의 정격은 1.2 kW이고 오븐의 정격은 1.8 kW이다. 그리고 전기 요금이 12센트/kWh일 때, 식사를 준비하는데 사용되는 전기 요금을 계산하라.

1.49 PECO(필라델피아 전기 회사)는 한 달 동안 215 kWh를 사용하는 소비자에게 \$ 34.24를 청구하였다. 기본 요금이 \$ 5.10 일 때, PECO에서 kWh당 얼마의 요금을 청구하는가?

1.50 600 W의 TV 수신기가 아무도 보지 않는 상태에서 4시간 동안 켜져 있었다. 전기요금이 10센트/kWh이라면 얼마만큼의 돈이 낭비되었는가?

1.51 공익 기업은 8.5센트/kWh를 청구한다. 소비자가 하루 동안 40 W의 전구를 계속해서 사용했을 경우, 얼마의 요금이 청구되는가?

1.52 릴라이언트 에너지(휴스턴, 텍사스 전기 회사)는 다음과 같이 고객에게 청구한다.

월 기본 요금 = $ 6
처음 250 kWh @ $ 0.02/kWh
추가 kWh @ $ 0.07/kWh

고객이 한 달에 1,218 kWh를 사용했을 경우, 릴라이언트 에너지는 고객에게 얼마만큼의 요금을 청구하는가?

1.53 건물 안에 있는 엘리베이터는 30 s 동안 60 ft 높이에서 7,000 lb를 나를 수 있다. 엘리베이터를 작동하는 데 필요한 마력(hp)은? 1 hp = 550 ft-lb/s로 가정하자.

1.54 가정에서 다음과 같은 가전 제품이 사용되었다.

9시간 동안 3.2 kW의 에어컨
7시간 동안 8개의 60 W 전등
3시간 동안 400-W TV 수신기

(a) 소비되는 총 에너지를 kWh로 구하라.
(b) 공익 기업이 $ 0.06/kWh을 청구하는 경우, 이러한 가전 제품들을 사용하기 위한 총 비용을 구하라.

1.55 (a) 70 W 전구가 매일 밤 8시간 동안 켜져 있을 경우, 한 주간 사용된 에너지를 구하라.
(b) 전기 요금이 $ 0.09/kWh일 경우, 한 달(30일) 요금을 구하라.

1.56 전화선을 통해 20 μA의 전류가 흐르고 있다. 15 C의 전하가 전화선을 통과하는데 걸리는 시간은?

종합문제

1.57 번개는 2 kA의 전류를 운반하고 3 ms 동안 지속된다. 번개에 포함된 전하는 몇 쿨롱인가?

1.58 전지는 전류-시간(Ah)으로 나타낸다. 알카라인 배터리의 정격은 160 Ah이다.
(a) 40시간 동안 공급할 수 있는 최대 전류는 얼마인가?
(b) 1 mA로 방전될 경우 전지는 얼마만큼 지속되는가?

1.59 양극에서 음극으로 5×10^{20}개의 전자가 이동할 때 12-V 자동차 전지가 하는 일의 양은?

1.60 30분 동안 얼마나 많은 에너지가 10-hp 모터에 의해 전달되는가? 1 hp = 746 W로 가정한다.

1.61 2-kW의 전기 다리미는 120-V선에 연결되어 있다. 철에 의해 소비되는 전류를 계산하라.

1.62 30 kA의 번개가 2 ms 동안 비행기를 강타했다. 몇 쿨롱의 전하가 비행기에 전달되었는가?

1.63 12-V의 전지는 충전을 하는 동안 40 Ah의 전하를 필요로 한다. 이 때 얼마만큼의 줄이 전지에 공급되는가?

1.64 자동차 라디오가 20분 동안 12 V에서 작동했다. 그 시간 동안 108 J의 에너지가 라디오에 전달되었다.
(a) 라디오를 통해 흐르는 전류를 계산하라.
(b) 이 시간 동안 몇 쿨롱의 전하가 사용되는가?

1.65 휴대용 계산기가 45분 동안 0.2 mA를 생성하는 4-V 전지 팩을 가지고 있다.
(a) 회로에 흐르는 전하를 계산하라.
(b) 회로에서 전지에 의해 전달되는 에너지를 계산하라.

CHAPTER 2

저항

아픔 없이는 승리도 없고, 가시의 고통이 없으면 왕좌도 없다. 쓴 고통 없이는 영광도 없고, 십자가가 없으면 왕관도 없다.

— William Penn

역사 프로필

Georg Simon Ohm(1787~1854) 독일의 물리학자로 1826년에 저항에 대한 전압과 전류의 관계를 규정하는 가장 근본적인 법칙을 실험적으로 증명하였다. 옴의 이러한 실험은 초기에는 비판자들로부터 거부되었다.

Bavaria의 Erlangen에서 출생한 옴은 전기공학 연구에 일생을 바쳤다. 옴의 주요 관심은 Alessandro Volta의 전지 발명에 의해 진보되었던 전류였다. 옴은 그의 실험 결과를 사용하여 전압, 전류, 저항 사이의 근본적인 관계를 정의할 수 있었다. 이것이 이번 장에서 다뤄질 그 유명한 옴의 법칙(Ohm's Law)이다. 그는 1841년에는 런던 왕립협회로부터 Copley Medal을 수상하였다. 1849년에 뮌헨 대학의 물리학과 학장의 직위를 받았다. 그의 이러한 공적을 기리기 위해, 저항의 단위인 옴은 그의 이름을 따서 사용되었다.

Georg Simon Ohm
© SSPL via Getty Images

Ernst Werner von Siemens(1816~1892) 전신 개발에 중요한 역할을 한 독일의 전기 공학자이자 기업가였다.

독일의 Hanover, Lenthe에서 태어난 지멘스는 4형제 중 맏이였다. 그 4형제는 기업가이거나 공학자였다. 뤼벡에서 중등학교를 다닌 후, 지멘스는 17살 때 아버지로부터 지원을 받지 못해 공학기술 훈련을 받기 위하여 프러시안 포병대에 지원했다. 1837년에 찰스 휘트스톤이 발명한 전기 전신의 초기 모델을 보면서 지멘스는 전신의 개선과 국제 통신의 가능성을 인식했다. 그는 모스 부호를 사용하는 대신에 문자를 가리키는 바늘을 사용하는 전신을 발명했다. 그는 그의 형제인 윌리엄 지멘스, 칼 폰 지멘스와 함께 독일에서 처음으로 전신선을 설치했다. 컨덕턴스의 단위는 그를 기리기 위해 명명되었다.

Ernst Werner von Siemens
© Hulton Archive/Getty

2.1 서론

이전 장에서는 전기 회로에서의 전류, 전압 그리고 전력에 대한 개념을 소개하였다. 실제로 주어진 회로에서 이러한 변수의 값을 구하기 위해서는, 전기회로에 적용되는 기본적인 법칙을 이해하여야 한다. 이러한 법칙, 즉 옴의 법칙, 키르히호프의 법칙은 회로해석 방법의 기초적인 토대가 된다. 옴의 법칙은 이 장에서 설명하며, 키르히호프의 법칙은 4장과 5장에서 설명할 것이다.

먼저 저항의 특성에 대하여 설명할 것이다. 그리고 옴의 법칙, 컨덕턴스, 원형 도선을 다룰 것이다. 또 물리적으로 작은 저항에 대한 띠 색상을 보여줄 것이다. 마지막으로 이 장에서 배운 개념들을 직류 측정에 적용할 것이다.

2.2 저항

그림 2.1
저항을 나타내는 기호

일반적인 물질은 전하의 흐름을 방해하는 특성을 가진다. 이 특성은 물질을 구성하는 전자들 사이의 충돌로 인해 발생한다. 이러한 물리적인 성질 또는 전류를 방해하는 성질을 저항(*resistance*)이라고 하고 기호 R로 표시한다. 저항은 옴으로 표현되며(Georg Simon Ohm의 이름을 따라서) 그리스 문자 오메가(Ω)로 표시한다. 저항기 또는 저항의 회로도 기호는 그림 2.1에 표시되어 있는데, 여기서 R은 저항의 저항 값을 나타낸다.

> 요소의 **저항** R은 전류의 흐름에 저항할 수 있는 능력을 의미하며, 그것은 옴(Ω)의 단위로 측정된다.

물질의 저항은 다음 네 가지 요소에 의해 결정된다.

1. 물질의 성질—물질에 따라 전류의 흐름을 방해하는 정도가 다르다.
2. 길이—길이 ℓ이 더 길수록 충돌 확률이 더 증가하므로 저항이 증가한다.
3. 단면적—면적 A가 클수록 전자가 더 쉽게 흐르기 때문에 저항이 감소한다.
4. 온도—일반적으로 금속의 온도가 높아지면 저항이 증가한다.

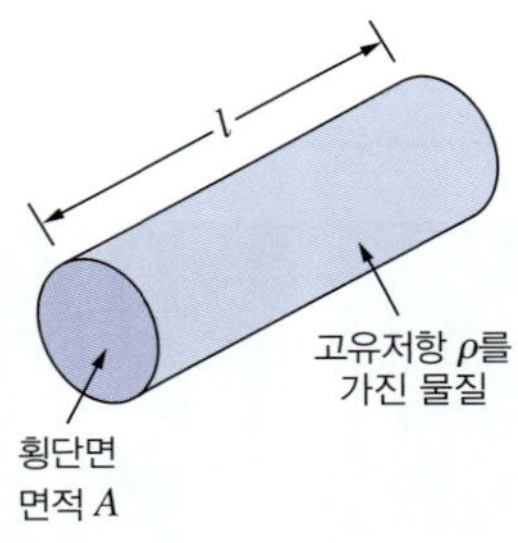

그림 2.2
균일한 단면적을 가진 도체

일정한 단면적 A와 길이 ℓ을 가지는 물질의 저항 R(그림 2.2에 나타낸 바와 같이)은 길이와는 비례하고 단면적과는 반비례한다. 수식으로는 다음과 같이 표현된다.

$$R = \rho \frac{\ell}{A} \tag{2.1}$$

여기서 ρ는 물질의 고유저항(*resistivity*)이다. 고유저항은 물질의 물리적인 특성이고 옴-미터(Ω-m)의 단위로 표시된다.

요소의 단면은 원형, 정사각형, 직사각형 등이 될 수 있다. 대부분의 도체 단면은 원형이어서, 단면적은 다음과 같이 도체의 반경 r과 직경 d로 결정된다.

$$A = \pi r^2 = \pi\left(\frac{d}{2}\right)^2 = \frac{\pi d^2}{4} \tag{2.2}$$

고유저항 ρ는 온도에 따라 다르며 보통 상온에서의 값으로 명시된다.

표 2.1은 몇 가지 일반적인 물질에 대하여 상온(20°C)에서의 ρ값을 보여준다. 또한 이 표는 물질이 용도에 따라 세 그룹으로 분류되는 것을 보여준다: 도체, 절연체, 반도체. 구리와 알루미늄과 같은 양도체들은 고유저항이 낮다. 표 2.1에서 은은 최고의 도체이다. 그러나 구리는 비슷한 성능을 가지고 훨씬 저렴하여, 많은 도선들이 구리로 만들어진다. 일반적으로 도체의 저항은 온도의 상승에 따라 증가한다. 운모나 종이와 같은 절연체는 높은 저항성을 가지고 있어서 구리 도선의 절연 코팅을 위해 사용된다. 게르마늄과 실리콘같은 반도체는 너무 높거나 낮지 않은 고유저항을 가지고 있어서 트랜지스터와 집적 회로를 만드는데 사용된다. 또한 도체의 범위에 속해있기도 한다. 니크롬(니켈, 크롬, 철의 합금)은 구리보다 약 58배의 고유저항을 가지고 있다. 이러한 이유로, 니크롬은 저항과 발열체를 만드는 데 사용된다.

물질의 전류에 저항하는 특성을 모델링하는데 사용되는 회로 요소는 저항이다. 회로를 구성하기 위한 목적으로, 저항은 그림 2.3에서 나타낸 것처럼 일반적으로 금속 합금 및 탄소 화합물로 만들어진다. 저항은 단순한 수동 요소이다.

표 2.1

보편적인 물질들의 저항.

물질	고유저항 (Ω-m)	용도
은	$1\ 64 \times 10^{-8}$	도체
구리	$1\ 72 \times 10^{-8}$	도체
알루미늄	2.8×10^{-8}	도체
금	$2\ 45 \times 10^{-8}$	도체
철	1.23×10^{-7}	도체
납	2.2×10^{-7}	도체
게르마늄	$4\ 7 \times 10^{-1}$	반도체
규소	6.4×10^{2}	반도체
종이	10^{10}	절연체
운모	5×10^{11}	절연체
유리	10^{12}	절연체
테플론	3×10^{12}	절연체

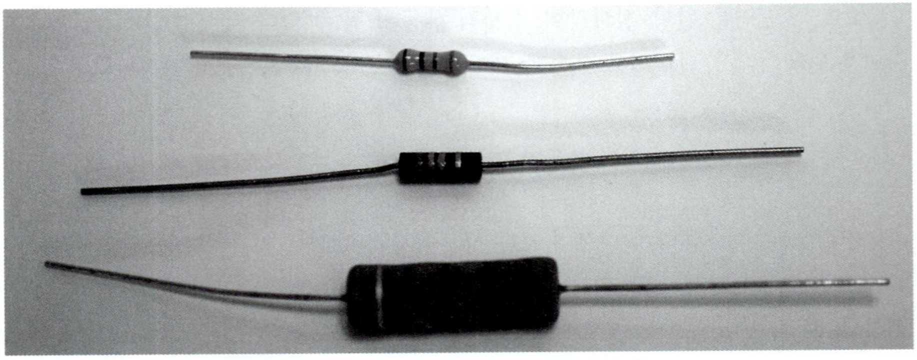

그림 2.3
위에서부터 차례로 $\frac{1}{4}$-W, $\frac{1}{2}$-W 그리고 1-W 저항

예제 2.1

길이가 2 m이고 직경이 1.5 mm인 원형 단면을 가진 알루미늄 도선의 저항을 계산하라.

풀이

먼저 단면적을 계산한다.

$$A = \frac{\pi d^2}{4} = \frac{\pi(1.5 \times 10^{-3})^2}{4} = 1.767 \times 10^{-6}\ \text{m}^2$$

표 2.1에서, 알류미늄의 고유저항이 $\rho = 2.8 \times 10^{-8}$ Ω-m인 것을 알 수 있다. 그러므로,

$$R = \frac{\rho \ell}{A} = \frac{2.8 \times 10^{-8} \times 2}{1.767 \times 10^{-6}} = 31.69\ \text{m}\Omega$$

연습문제 2.1

길이가 30 m이고 2 mm 직경을 가진 철 도선의 저항을 구하라.

해답 1.174 Ω

예제 2.2

그림 2.4는 구리로 만든 모선이다. 모선의 저항이 0.5 Ω일 때 모선의 길이를 계산하라.

풀이

모선은 균일한 단면을 가지고 있으므로 식 (2.1)을 적용한다. 단면이 직사각형이므로 단면적은

$$
\begin{aligned}
A &= \text{Width} \times \text{Breadth} = (2 \times 10^{-3}) \times (3 \times 10^{-3}) \\
&= 6 \times 10^{-6}\,\text{m}^2 = 6\,\mu\text{m}^2
\end{aligned}
$$

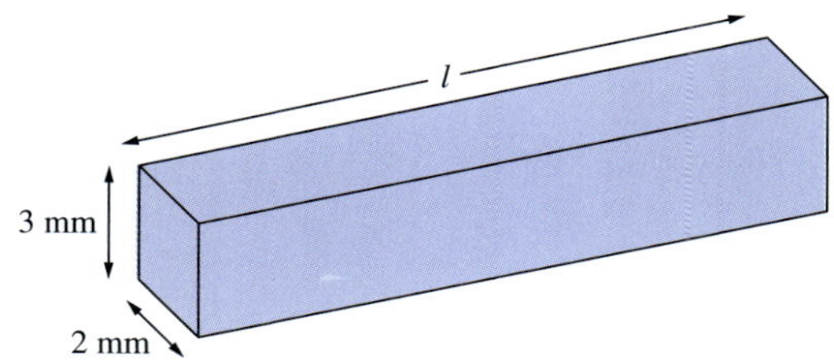

그림 2.4

예제 2.2에 대한 구리 모선

표 2.1에서, 구리의 고유저항이 $\rho = 1.72 \times 10^{-8}$ Ω-m인 것을 알 수 있다. 그러므로,

$$
R = \rho\frac{\ell}{A} \longrightarrow \ell = \frac{RA}{\rho}
$$

$$
\ell = \frac{0.5 \times 6 \times 10^{-6}}{1.72 \times 10^{-8}} = 174.4\ \text{m}
$$

연습문제 2.2

그림 2.5는 삼각형 모양의 단면을 가진 막대이다. 이 각대가 납으로 만들어졌고, 막대의 저항이 1.25 mΩ일 때 이 막대의 길이를 구하라.

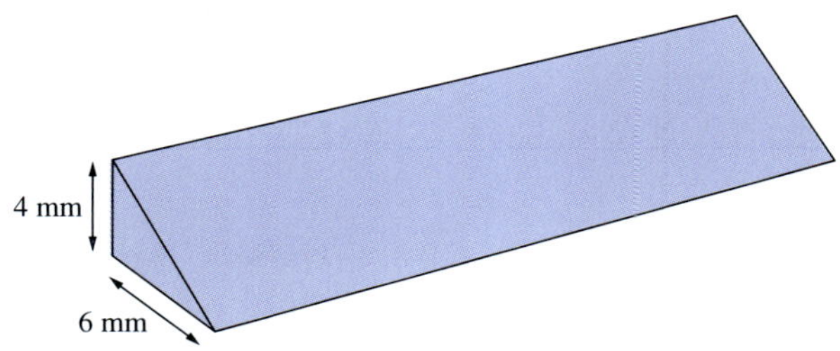

그림 2.5

연습문제 2.2

해답 6.82 cm

2.3 옴의 법칙

독일 물리학자인 옴(Georg Simon Ohm, 1787-1854)은 어떤 저항의 전류와 전압의 관계를 발견한 공로를 인정받았다. 그 관계는 옴의 법칙(*Ohm's law*)으로 알려져 있다. 즉,

$$V \propto I \tag{2.3}$$

옴의 법칙에서 저항 양단의 전압 V는 저항을 흐르는 전류 I와 직접적으로 비례한다.

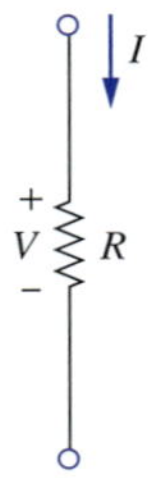

그림 2.6
전류 I의 방향과 저항 R 양단에 걸리는 전압 V의 극성

옴은 저항의 비례상수를 저항 R로 정의하였다(저항은 물질의 고유한 성질로서 내부 및 외부적 상태가 변형되면, 예를 들어 온도가 변하면 값이 바뀐다). 그러므로 식 (2.3)은

$$V = IR \tag{2.4}$$

이 되며, 이것이 옴의 법칙의 수학적인 형태이다. 식 (2.4)에서 전압 V는 볼트, 전류 I는 암페어, 저항 R은 옴으로 측정된다. 식 (2.4)로부터 다음의 식을 추론할 수 있다.

$$R = \frac{V}{I} \tag{2.5}$$

그리고

$$1\ \Omega = 1\ V/1\ A \tag{2.6}$$

또한 식 (2.4)로부터 다음의 식도 추론할 수 있다.

$$I = \frac{V}{R} \tag{2.7}$$

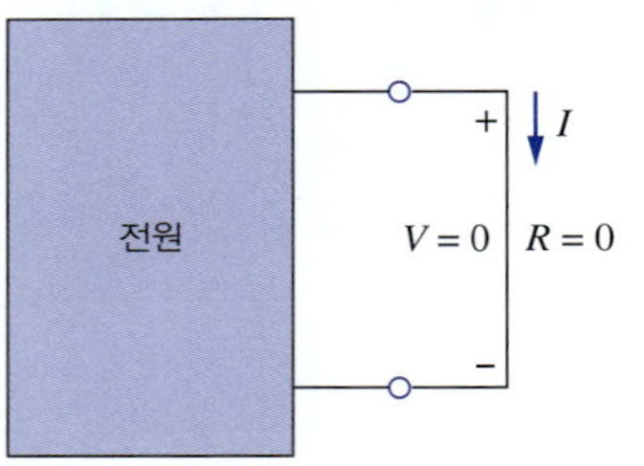

(a)

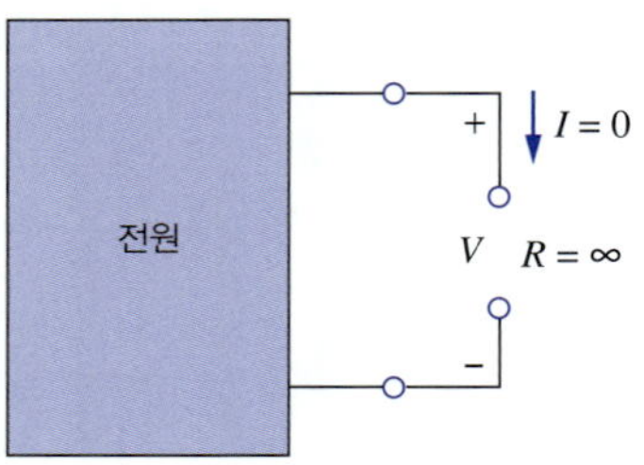

(b)

그림 2.7
(a) 단락회로 ($R = 0$), (b) 개방회로 ($R = \infty$)

따라서, 옴의 법칙은 식 (2.4), (2.5) 그리고 (2.7) 이렇게 세 가지 형태로 명시될 수 있다.

식 (2.4)에 나타낸 옴의 법칙을 적용하기 위해서는, 특히 전류의 방향과 전압의 극성에 주의하여야 한다. 전류 I의 방향과 전압 V의 극성은 그림 2.6에 나타낸 수동부호 규정과 일치해야 한다. 이것은 $V = IR$을 만족하기 위해 전류는 높은 전위에서 낮은 전위로 흘러야 함을 의미한다. 만약 전류가 낮은 전위에서 높은 전위로 흐른다면 $V = -IR$이 된다(저항 양단의 전압의 극성이 명시되지 않았을 때 전류가 들어오는 단자에 양의 부호를 명시하라).

저항값 R이 0에서 무한대까지 범위를 가지기 때문에, 저항 R값의 두 극단의 경우를 고려해보는 것이 중요하다. 그림 2.7(a)에 나타낸 $R = 0$인 요소는 단락회로(*short circuit*)라고 한다. 단락회로의 경우,

$$V = IR = 0 \tag{2.8}$$

이고, 이는 전압은 0이지만 전류는 임의의 값을 가질 수 있음을 나타낸다. 실제로 단락회로는 완전도체인 연결선을 의미한다. 그러므로

> **단락회로**는 저항이 0에 가까운 회로 요소를 의미한다.

이와 유사하게, 그림 2.7(b)에 나타낸 저항 $R = \infty$인 요소는 개방회로(*open circuit*)라고 한다. 개방회로의 경우

$$I = \frac{V}{R} = \frac{V}{\infty} = 0 \tag{2.9}$$

이고, 이는 전류는 0이지만 전압은 임의의 값을 가질 수 있음을 의미한다.

> **개방회로**는 저항이 무한대인 회로 요소이다.

예제 2.3

전기 다리미가 120 V에서 2 A의 전류를 흡수한다. 그 저항을 구하라.

풀이

옴의 법칙에서

$$R = \frac{V}{I} = \frac{120}{2} = 60\ \Omega$$

연습문제 2.3

토스트기의 핵심 소자는 전기에너지를 열에너지로 변화하는 전기 요소(저항)이다. 110 V의 전압에서 12 Ω의 저항을 가진 토스트기는 얼마의 전류를 흡수하는가?

해답 9.17 A

예제 2.4

그림 2.8의 회로에서 전류 I를 구하라.

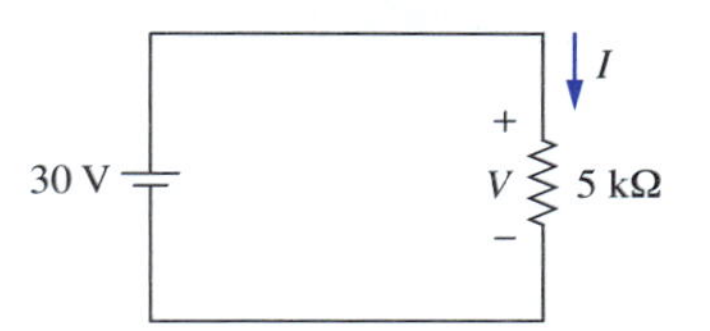

그림 2.8
예제 2.4

풀이

저항과 전압 전원이 동일한 단자의 양단에 연결되어 있기 때문에 저항 양단의 전압이 전원 전압(30 V)과 동일하다. 따라서,

$$I = \frac{V}{R} = \frac{30}{5 \times 10^3} = 6\ \text{mA}$$

연습문제 2.4

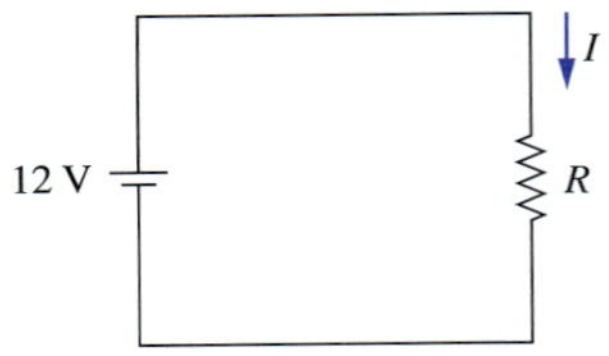

그림 2.9
연습문제 2.4

그림 2.9의 회로에서 $I = 8$ mA일 때 저항 R 값을 구하라.

해답 1.5 kΩ

2.4 컨덕턴스

저항 R의 역수인 컨덕턴스(*conductance*)는 회로해석에서 유용한 양으로 G로 표시한다.

$$G = \frac{1}{R} = \frac{I}{V} \tag{2.10}$$

컨덕턴스는 요소가 얼마나 전기적 전류를 잘 흐르게 하는지를 나타내는 척도이다. 컨덕턴스의 단위는 *mho*(ohm의 철자를 거꾸로 쓴)이며 오메가를 거꾸로 쓴 기호 ℧로 나타낸다. 공학자들은 여전히 mho를 사용하지만, 이 책에서는 베르너 폰 지멘스를 기념하여, 컨덕턴스의 SI 단위인 지멘스(S)를 사용하고자 한다.

$$1\ S = 1\ ℧ = 1\ A/1\ V \tag{2.11}$$

따라서,

> **컨덕턴스**는 전류를 전도할 수 있는 능력을 나타내며 mho(℧) 또는 지멘스(S)로 측정된다.

[지멘스의 S와 시간의 s(초)를 혼동해서는 안된다.] 동일한 저항을 옴(ohm)이나 지멘스(siemens) 단위로 나타낼 수 있다. 예를 들어 10 Ω은 0.1 S와 같다. 식 (2.1)과 (2.10)에서 우리는

$$G = \frac{A}{\rho \ell} = \frac{\sigma A}{\ell} \tag{2.12}$$

그리스 글자 시그마 $\sigma = 1/\rho$ = 물질의 전도성이다(S/m).

예제 2.5

다음 저항의 컨덕턴스를 구하라: (a) 125 Ω (b) 42 kΩ

풀이

(a) $G = 1/R = 1/(125\ \Omega) = 8$ mS
(b) $G = 1/R = 1/(42 \times 10^3\ \Omega) = 23.8\ \mu$S

연습문제 2.5

다음 저항의 컨덕턴스를 구하라.

(a) 120 Ω

(b) 25 MΩ

해답 (a) 8.33 mS (b) 40 nS

2.5 원형 도선

원형 도선은 일반적으로 여러 응용 분야에서 사용된다. 요소들을 연결하기 위해 도선을 사용하는데, 이러한 도선들에는 저항과 최대 허용 전류가 있다. 따라서 알맞은 크기를 선택해야 한다. 도선은 AWG(미국 도선 규격)로 알려져 있는 표준 규격 번호로 정렬된다. 이러한 케이블 및 도선의 명칭은 영국 시스템이다. 영국 시스템에서,

$$1{,}000 \text{ mils} = 1 \text{ in} \tag{2.13a}$$

또는

$$1 \text{ mil} = \frac{1}{1000} \text{ in} = 0.001 \text{ in} \tag{2.13b}$$

도선에 사용되는 단면적의 단위는 직경이 1 mil인 원의 면적을 나타낸 서큘러 밀(*circular mil*, CM)이다. 식 (2.2)로부터

$$A = \frac{\pi d^2}{4} = \frac{\pi (1 \text{ mil})^2}{4} = \frac{\pi}{4} \text{ sq mil} \tag{2.14}$$

따라서,

$$1 \text{ CM} = \frac{\pi}{4} \text{ sq mil} \tag{2.15a}$$

또는

$$1 \text{ sq mil} = \frac{4}{\pi} \text{ CM} \tag{2.15b}$$

원형 도선의 직경을 mil로 나타낸다면, 서큘러 밀로 나타낸 면적은

$$\boxed{A_{\text{CM}} = d_{\text{mil}}^2} \tag{2.16}$$

표 2.2에 도포되지 않은 표준 동선의 목록을 나타내었다. 여기서 d는 직경이

표 2.2

20°C에서 미국 전선 규격(AWG) 크기.

AWG #	d(mil)	면적(CM)	R(Ω/1000 ft)	최대 허용 전류(A)
0000	460	211,600	0.0490	230
000	409.6	167,810	0.0618	200
00	364.8	133,080	0.0780	175
0	324.9	105,530	0.0983	150
1	289.3	83,694	0.1240	130
2	257.8	66,373	0.1563	115
3	229.4	52,634	0.1970	100
4	204.3	41,740	0.2485	85
5	181.9	33,102	0.3133	—
6	162	26,250	0.3951	65
7	144	20,820	0.4982	—
8	128.5	16,510	0.6282	50
9	114.4	13,090	0.7921	—
10	101.9	10,381	0.9989	30
11	90.74	8,234	1.260	—
12	80.81	6,530	1.588	20
13	71.96	5,178	2.003	—
14	64.08	4,107	2.525	15
15	57.07	3,257	3.184	
16	50.82	2,583	4.016	
17	45.26	2,048	5.064	
18	40.30	1,624	6.385	
19	35.89	1,288	8.051	
20	31.96	1,022	10.15	
21	28.46	810.10	12.80	
22	25.3	642.40	16.14	
23	22.6	509.5	20.36	
24	20.1	404.01	25.67	
25	17.9	320.40	32.37	
26	15.94	254.10	40.81	
27	14.2	201.50	51.57	
28	12.6	159.79	64.90	
29	11.26	126.72	81.83	
30	10.03	100.50	103.2	
31	8.928	79.70	130.1	
32	7.95	63.21	164.1	
33	7.08	50.13	206.9	
34	6.305	39.75	260.9	
35	5.6	31.52	329.0	
36	5	25	414.8	
37	4.5	19.83	523.1	
38	3.965	15.72	659.6	
39	3.531	12.47	831.8	
40	3.145	9.89	1049	

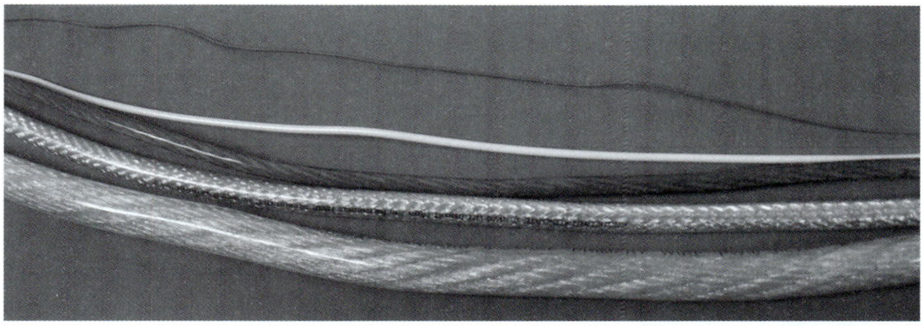

그림 2.10
다른 치수의 절연 전선

고 R은 1000 ft에 대한 저항이다(규격 번호가 증가할수록 도선의 직경이 작아지는 것에 주목하라). 최대 허용 전류는 대략적인 값이다. 표 2.2의 목록을 철선에 적용할 수 없기 때문에 철강 산업에서는 다른 번호 체계를 사용하여 도선 두께 규격을 사용한다(예를 들어 미국 철선 규격). 그림 2.10은 다른 크기의 도선을 나타내었다. 일반적인 가정용 배선은 AWG 번호 12 또는 14의 규격으로 한다. 전화선은 보통 22, 24 또는 26의 규격을 사용한다. 다음 예제에서는 표를 사용하는 방법을 설명할 것이다.

예제 2.6

AWG #6의 840 ft 동선의 저항을 계산하라.

풀이

표 2.2로부터, AWG #6의 1000 ft 동선의 저항은 0.3951 Ω이다. 따라서 840 ft일 때는

$$R = 840 \text{ ft}\left(\frac{0.3951\ \Omega}{1000 \text{ ft}}\right) = 0.3319\ \Omega$$

연습문제 2.6

AWG #10의 1200 ft 동선의 저항을 구하라.

해답 199 Ω

예제 2.7

AWG #9의 직경이 111.4 mil이라 할 때, 단면적을 구하라.

$$A_{\text{CM}} = (114.4)^2 = 13{,}087 \text{ CM}$$

연습문제 2.7

0.0036 in의 직경을 가진 도선의 단면적을 CM으로 나타내라.

해답 12.96 CM

2.6 저항의 종류

저항의 종류는 다양한 요구 사항을 충족하기 위해 만들어졌다. 그림 2.11에 몇 개의 저항을 나타내었다. 저항의 주요 기능은 전류를 제한하거나, 전압을 분배하고 열을 방출하는 것이다.

저항은 고정된 값을 갖거나 또는 가변시킬 수 있다. 대부분의 저항은 고정된 값을 가지며 이는 그 저항값이 일정하다는 것을 의미한다. 보편적인 두 가지 고정형 저항(권선형과 복합형)을 그림 2.12에 나타내었다. 복합형 저항은 큰 저항값이 필요할 때 사용되지만, 권선형 저항은 많은 열을 방출해야 할 때 사용된다.

그림 2.1에 고정형 저항의 회로 기호를 나타내었다. 가변 저항은 저항 조정부가 있다. 가변 저항의 기호를 그림 2.13에 나타내었다. 가변 저항에는 2가지의 주요 종류가 있다: **전위차계**(*potentiometer*)와 **가변 저항기**(*rheostat*). 전위차계 또는 줄여서 **포트**(*pot*)는 3단자 요소로 슬라이딩 접점 또는 와이퍼(wiper)를 가지고 있다. 와이퍼를 움직임으로서, 와이퍼 단자와 고정 단자간의 저항 값이 변화한다.

전위차계는 일반적으로 그림 2.14와 같이 회로에 공급되는 전압의 양을 조절하는 데 사용된다. 전위차계의 조정자가 그림 2.15에 있다. 일반적으로 그림 2.16과 같이 **가변 저항기**는 2개 또는 3개의 단자가 달린 장치이고, 회로 내에

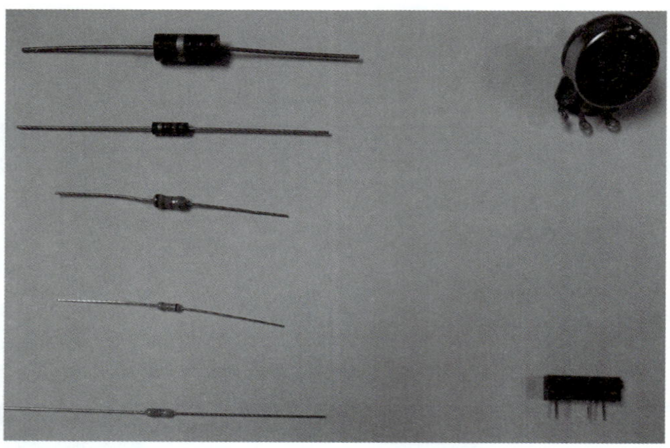

그림 2.11
다른 종류의 저항
© Sarhan M. Musa

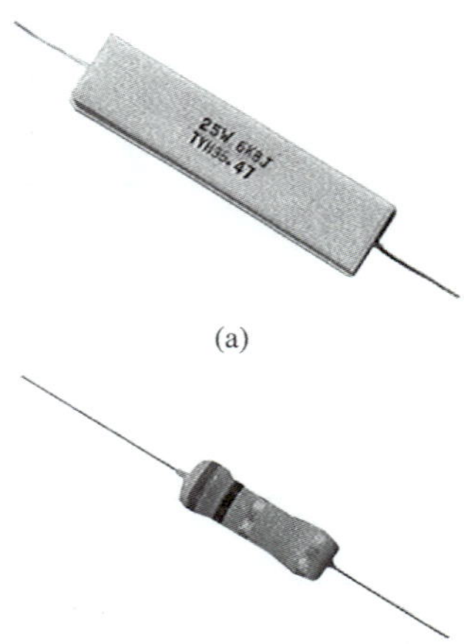

(a)

(b)

그림 2.12
고정형 저항: (a)권선형, (b) 카본 필름형

서 전류의 양을 제어하는 데 사용된다. 가변 저항기의 저항을 높여주면 전류는 낮아지고, 전동기의 속도는 느려진다. 그 반대의 경우도 마찬가지이다. 연결 방법에 따라, 같은 가변 저항을 전위차계 또는 가변 저항기로 사용할 수 있다.

고정형 저항의 경우와 같이 가변 저항의 경우도 그림 2.17에 나타낸 것처럼 권선형 또는 복합형이 될 수 있다. 그림 2.12에 나타낸 저항을 회로설계에 사용할 수 있지만, 현재 대부분의 회로부품(저항을 포함하는)은 그림 2.18에 나타낸 것과 같이 표면 실장형 또는 집적형이다. 표면 실장 기술(SMT)은 디지털 및 아날로그 회로를 모두 구현하는 데 사용된다. SMT 저항은 그림 2.19에 나타내었다.

여기서 모든 저항이 옴의 법칙을 만족하는 것은 아니라는 것을 지적해야 한다. 옴의 법칙을 만족하는 저항은 **선형** 저항이다. 선형 저항은 일정한 저항을 가지고 있어 그림 2.20(a)에 나타낸 것과 같은 전압-전류 특성을 나타낸다. 선형 저항의 *V-I* 그래프는 원점을 통과하는 직선이다. 비선형 저항은 옴의 법칙을 만족하지 않는다. 그 저항 값은 전류에 따라 바뀌며 *V-I* 특성을 그림 2.20(b)에 나타내었다. **비선형** 저항을 가지는 소자의 예로는 전구와 다이오드[1] (그림 2.21)가 있다. 실제로 모든 저항은 어떤 특정한 조건에서 비선형성을 나타낼 수 있으나 이 책에서는 저항으로 표시된 모든 소자는 선형으로 간주한다.

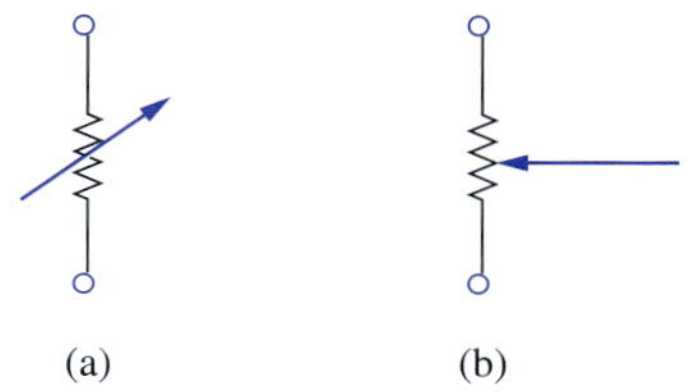

그림 2.13
가변 저항의 기호

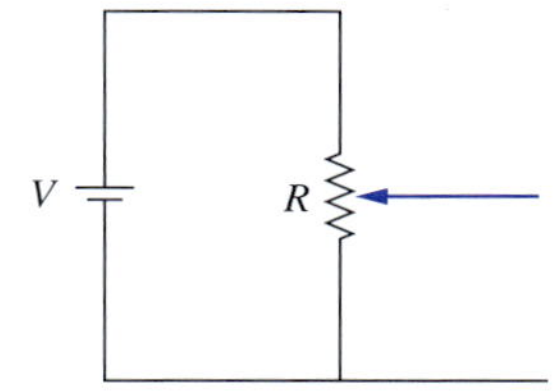

그림 2.14
전위차계로 사용되는 가변 저항

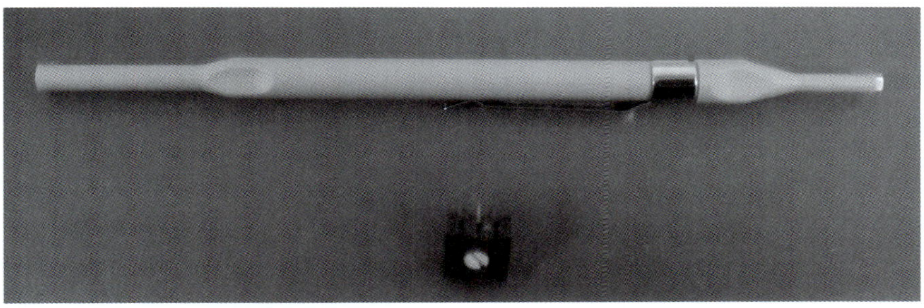

그림 2.15
조정자가 있는 전위차계
© Sarhan M. Musa

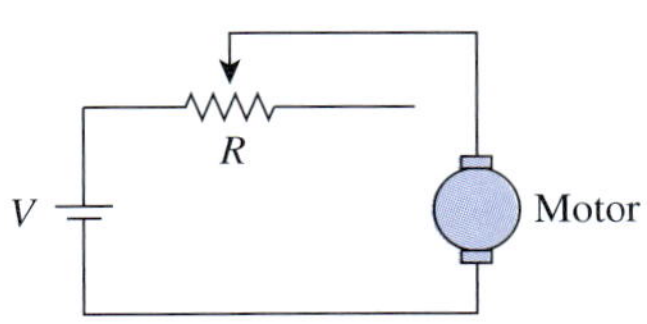

그림 2.16
가변 저항기로 사용되는 가변 저항

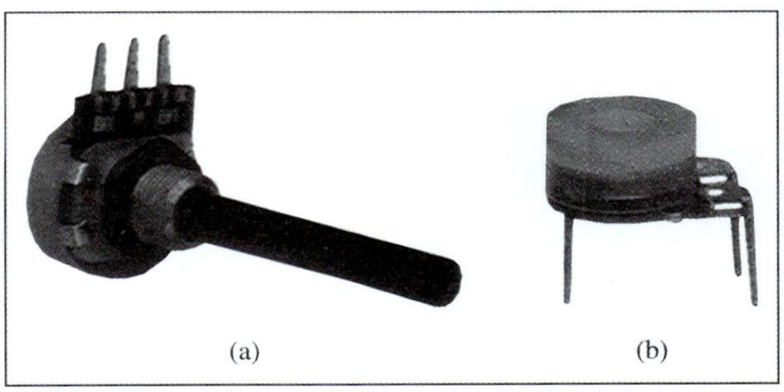

그림 2.17
가변 저항: (a) 복합형, (b) 슬라이더 포트

1 다이오드는 스위치와 같은 역할을 하는 반도체 장치이다. 그것은 전하/전류가 한 방향으로만 흐를 수 있다.

그림 2.18
집적 회로 보드에서의 저항
© Eric Tomey/Alamy RF

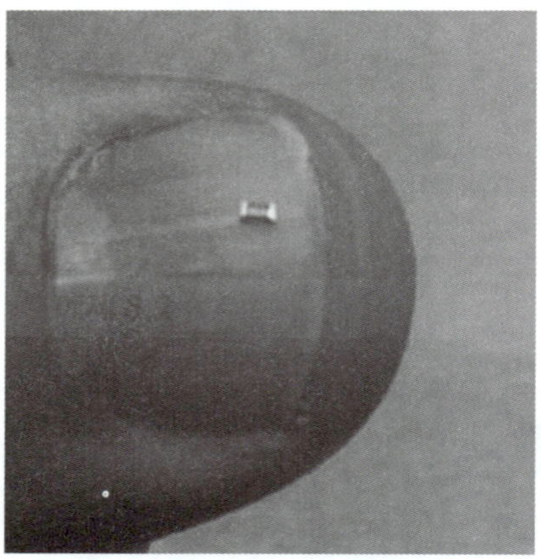

그림 2.19
표면 실장 저항
© Greg Ordy

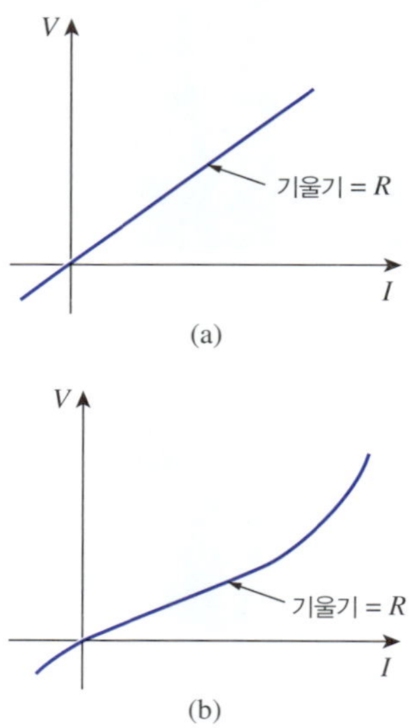

그림 2.20
V-I 특성
(a) 선형 저항, (b) 비선형 저항

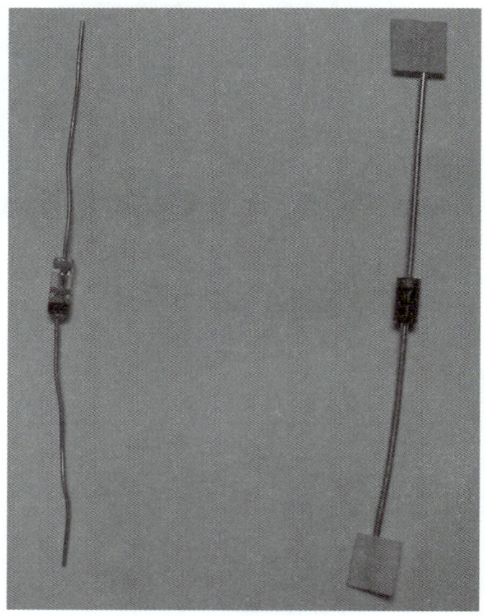

그림 2.21
다이오드
© Sarhan M. Musa

2.7 저항 색상 코드

어떤 저항은 크기가 충분히 크기 때문에 저항 값을 저항 위에 직접 새길 수 있다. 그러나 어떤 저항은 너무 작아서 저항의 값을 새길 수 없다. 이러한 크기가 작은 저항의 값을 확인하는 방법으로 색상 코드를 사용한다. 그림 2.22에 나타낸 것처럼 색상 코드는 저항을 둘러싸는 3, 4 또는 5개의 색 띠로 이루어져 있다. 표 2.3에 띠에 대한 그림이 있고 설명은 다음과 같다.

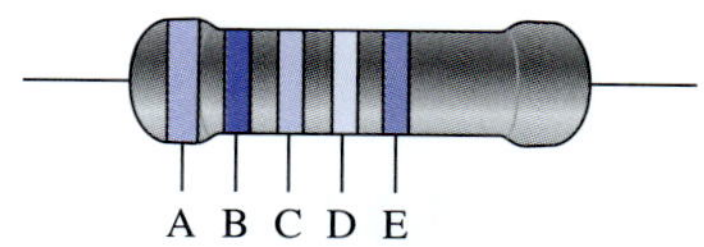

그림 2.22
저항 색상 코드

A = 저항값의 첫 번째 유효 숫자

B = 저항값의 두 번째 유효 숫자

C = 저항값의 저항 승수

D = 허용 오차 (%)

E = 신뢰성 계수 (%)

---

* 띠는 왼쪽에서 오른쪽으로 읽는다.

0		검은색	Big
1		갈색	Boys
2		붉은색	Race
3		주황색	Our
4		노란색	Young
5		초록색	Girls
6		파란색	But
7		보라색	Violet
8		회색	Generally
9		흰색	Wins

그림 2.23
색상 코드를 기억하기 위한 방법

처음 세 개의 띠(A, B 및 C)는 저항의 값을 보여준다. 띠 A와 B는 저항값의 첫 번째 그리고 두 번째 자리의 숫자를 나타낸다. 띠 C는 표 2.3에 나타낸 것처럼 10의 거듭제곱을 나타낸다. 만약 네 번째 띠 D가 존재한다면, 띠 D는 허용 비율을 나타낸다. 예를 들어 5퍼센트의 허용 오차는 실제 저항의 값이 색상 코드 값의 ±5 % 이내에 있다는 것을 말해준다. 네 번째 띠가 없을 경우, 허용 오차는 ±20 %이다. 다섯 번째 띠 E는 저항에 표시되어 있다면 신뢰성 계수를 표시하는 데 사용된다. 이것은 1,000시간 동안 작동된 후 명시된 저항

표 2.3

저항 색상 코드.

색	띠A 유효숫자	띠B 유효숫자	띠C 승수	띠D 허용오차	띠E 신뢰성계수
검은색	N/A	0	10^0		
갈색	1	1	10^1		1%
붉은색	2	2	10^2		0.1%
주황색	3	3	10^3		0.01%
노란색	4	4	10^4		0.001%
초록색	5	5	10^5		
파란색	6	6	10^6		
보라색	7	7	10^7		
회색	8	8	10^8		
흰색	9	9	10^9		
금색			0.1	5%	
은색			0.01	10%	
무색				20%	

값을 갖는데 실패한 부속품의 예상 계수를 통계학적으로 표시한 것이다. 그림 2.23에 나타낸 바와 같이 문장 "Big Boys Race Our Young Girls, But Violet Generally Wins"는 색상 코드를 기억하기 쉽게 해준다.

예제 2.8

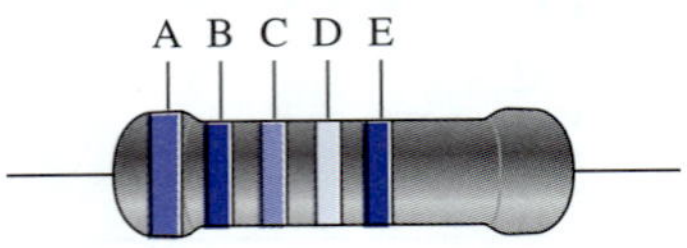

그림 2.24
예제 2.8

그림 2.24에 나타낸 색상 코드 저항의 값을 구하라.

풀이

띠 A는 파란색 (6)이고, 띠 B는 붉은색 (2), 띠 C는 주황색 (3)이며 띠 D는 금색 (5%), 그리고 띠 E는 붉은색 (0.1%)이다. 따라서

$$R = 62 \times 10^3\ \Omega \pm 5\% \quad \text{신뢰성 계수 } 0.1\%$$
$$= 62\ \text{k}\Omega \pm 3.1\ \text{k}\Omega \quad \text{신뢰성 계수 } 0.1\%$$

색상 코드 저항의 실제 값은58.9 kΩ (62 − 3.1) kΩ과65.1 kΩ (62 + 3.1) kΩ 사이에 있다. 신뢰성 계수 0.1%는 1,000개 중의 1개가 1,000시간의 사용 이후 오차 범위 내에 들지 못한 것을 나타낸다.

연습문제 2.8

그림 2.25
연습문제 2.8

그림 2.25에 나타낸 색상 코드 저항의 값, 허용 오차, 신뢰성 계수를 구하라.

해답 3.3 MΩ ± 10% 신뢰성 계수 1%

예제 2.9

초록색, 검은색, 은색의 세 개의 띠를 가진 저항이 있다. 이 저항의 값과 허용 오차를 구하라.

풀이

띠 *A*는 초록색 (5), 띠 B는 검은색 (0), 그리고 띠 C는 은색 (0.01)이다. 따라서

$$R = 50 \times 0.01 = 0.5\ \Omega$$

네 번째 띠가 없기 때문에 허용 오차는 20퍼센트이다.

연습문제 2.9

주황색, 보라색, 흰색 그리고 검은색 띠를 가진 저항의 값과 허용 오차를 구하라.

해답 47 GΩ ± 5%

예제 2.10

어떤 회사에서 허용 오차가 10퍼센트이고 값이 5.4 kΩ인 저항을 만들려고 한다. 이 저항의 색상 코드를 결정하라.

풀이

$$R = 5.4 \times 10^3 = 54 \times 10^2$$

표 2.3으로부터 초록색은 5를 나타내고 노란색은 4, 그리고 붉은색은 10^2을 나타낸다. 허용 오차 10퍼센트는 은색과 일치한다. 따라서 이 저항의 색상 코드는

초록색, 노란색, 붉은색, 은색이다.

연습문제 2.10

예제 2.10의 회사가 허용 오차가 5퍼센트이고 신뢰성 계수가 1퍼센트, 그리고 값이 7.2 MΩ인 저항을 만들려고 할 때, 이 저항의 색상 코드는 어떻게 되는가?

해답 보라색, 붉은색, 초록색, 금색, 갈색

2.8 표준 저항값

사람들은 모든 값에 해당하는 저항을 시중에서 구매할 수 있다고 생각한다. 그렇지만 현실적인 이유로 이것은 불가능하다. 오직 저항값들 중 일부만 적정한 비용으로 구매할 수 있다. 표 2.4는 시중에서 이용할 수 있는 표준 저항값의 목록이다. 이것들은 탄소화합저항(carbon composition resistors)의 표준값들이다. 저항값의 범위는 0.1 Ω부터 22 MΩ이다. 굵은 글씨로 표시된 10퍼센트의 허용 오차의 저항들은 적정한 가격으로 이용할 수 있다. 5퍼센트의 허용 오차를 가진 저항은 모든 저항값에서 구매할 수 있다. 예를 들어 330 Ω의 저항은 5 또는 10퍼센트 중 하나의 허용 오차를 가질 수 있지단, 110 kΩ의 저항은 5퍼센트의 허용 오차밖에 가질 수 없다.

회로를 설계할 때, 계산값은 거의 표준이 아니다 이 때에는 가장 표준에 근접한 값을 선택하거나 표준값을 조합해서 표현할 수 있다. 대부분의 경우, 가장 표준에 근접한 값을 선택하면 적절한 성능을 지공한다. 계산을 쉽게 하기 위해서 이 책에서 사용된 저항값의 대부분은 표준이 아니다.

표 2.4

시중에서 구매 가능한 저항의 표준값.

Ohms (Ω)					Kilohms (kΩ)		Megohms (MΩ)	
0.10	**1.0**	**10**	**100**	**1000**	**10**	**100**	**1.0**	**10.0**
0.11	1.1	11	110	1100	11	110	1.1	11.0
0.12	**1.2**	**12**	**120**	**1200**	**12**	**120**	**1.2**	**12.0**
0.13	1.3	13	130	1300	13	130	1.3	13.0
0.15	**1.5**	**15**	**150**	**1500**	**15**	**150**	**1.5**	**15.0**
0.16	1.6	16	160	1600	16	160	1.6	16.0
0.18	**1.8**	**18**	**180**	**1800**	**18**	**180**	**1.8**	**18.0**
0.20	2.0	20	200	2000	20	200	2.0	20.0
0.22	**2.2**	**22**	**220**	**2200**	**22**	**220**	**2.2**	**22.0**
0.24	2.4	24	240	2400	24	240	2.4	
0.27	**2.7**	**27**	**270**	**2700**	**27**	**270**	**2.7**	
0.30	3.0	30	300	3000	30	300	3.0	
0.33	**3.3**	**33**	**330**	**3300**	**33**	**330**	**3.3**	
0.36	3.6	36	360	3600	36	360	3.6	
0.39	**3.9**	**39**	**390**	**3900**	**39**	**390**	**3.9**	
0.43	4.3	43	430	4300	43	430	4.3	
0.47	**4.7**	**47**	**470**	**4700**	**47**	**470**	**4.7**	
0.51	5.1	51	510	5100	51	510	5.1	
0.56	**5.6**	**56**	**560**	**5600**	**56**	**560**	**5.6**	
0.62	6.2	62	620	6200	62	620	6.2	
0.68	**6.8**	**68**	**680**	**6800**	**68**	**680**	**6.8**	
0.75	7.5	75	750	7500	75	750	7.5	
0.82	**8.2**	**82**	**820**	**8200**	**82**	**820**	**8.2**	
0.91	9.1	92	910	9100	91	910	9.1	

2.9 응용: 측정

저항은 보통 전기적 에너지를 열이나 다른 형태의 에너지로 변환하는 소자를 모델링하는데 사용된다. 이러한 소자로는 도선, 전구, 전기 히터, 스토브, 오븐 그리고 확성기 등이 있다. 또한 본래의 특성으로 저항은 전류의 흐름을 제어하는 데 사용된다. 전위차계, 계량기와 같은 여러 응용 분야에서 이러한 특성을 이용한다. 이 장에서는, 우리는 계량기를 고려할 것이다. 그 종류에는 전류계, 전압계, 저항계가 있는데, 각각 전류, 전압 및 저항을 측정한다. 전류 I, 전압 V, 저항 R을 측정할 수 있다는 것은 매우 중요하다.

> **전압계**는 전압을 측정하는 장비이다. **전류계**는 전류를 측정하는 장비이다. **저항계**는 저항을 측정하는 장비이다.

요즘엔 세 가지 장비가 하나로 결합된 아날로그 또는 디지털 멀티미터(multimeter)가 일반적이다. 아날로그 계량기는 측정된 수치를 표시하는 방법

(a) (b)

그림 2.26

(a) 아날로그 멀티미터, (b) 디지털 멀티미터

(a) © iStock, (b) © Oleksy Maksymenko/Alamy RF

으로 바늘과 눈금이 새겨진 계량기를 사용한다. 디지털 계량기는 측정된 수치를 디지털로 표시하는 형태로 보여준다. 요즘엔 디지털 계량기가 더 많이 사용된다. 업계에서는 아날로그와 디지털 계량기 모두 사용하기 때문에, 우리는 두 가지 사용에 모두 익숙해야 한다. 그림 2.26에 전형적은 아날로그 멀티미터(전압계, 전류계, 저항계가 합쳐진)와 디지털 멀티미터를 나타내었다. 디지털 멀티미터(DMM)는 가장 넓게 사용되는 장비이다. 아날로그로는 전압 저항 밀리암페어계(VOM)가 있다.

그림 2.27에서와 같이 전압을 측정하기 위해서는 전압이 요구되는 요소의 양단에 전압계/멀티미터를 연결한다. 전압계는 부하 양단에 걸리는 전압을 측정하기 때문에 요소와 병렬[2]로 연결한다.

그림 2.28에서와 같이 전류를 측정하기 위해서는 시험 대상 요소와 직렬[3]

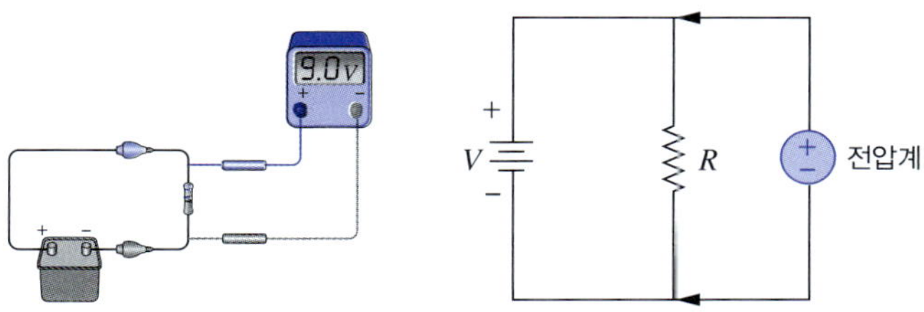

그림 2.27

전압 측정

2 두 요소가 동일한 두 점에 연결되었을 때 두 개의 요소는 병렬연결되어 있다.

3 두 요소가 연달아 혹은 연속적으로 연결되었을 때 두 개의 요소는 직렬연결되어 있다.

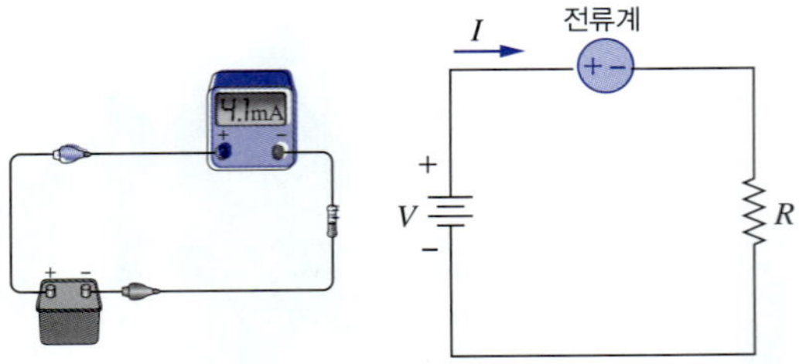

그림 2.28
전류 측정

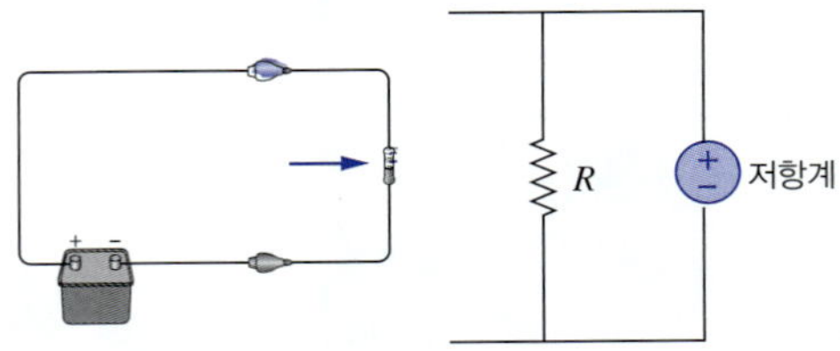

그림 2.29
저항 측정

로 전류계/멀티미터를 연결한다. 계량기는 양의 수치를 얻기 위해 전류가 양극의 단자를 통해서 들어가도록 연결해야 한다. 회로는 "끊어져야" 하는데, 전류가 전류계를 통해 흘러갈 수 있도록 전류의 경로는 방해되어야 한다[앰프클램프(ampclamp)는 교류 전류를 측정하는 또 다른 장비이다].

그림 2.29에서와 같이 요소의 저항을 측정하려면 요소 양단에 저항계/멀티미터를 연결한다. 요소가 회로에 연결되어있는 경우, 우리는 저항을 측정하기 전에, 요소의 한쪽 끝을 먼저 회로에서 분리해야 한다. 끊어지지 않은 도선의 저항이 0이기 때문에, 저항계는 연속성을 시험하는 데 사용할 수 있다. 도선이 끊어져 있다면 그것의 양단에 연결된 저항계는 무한대로 읽을 것이다. 따라서 저항계는 단락 회로(낮은 저항)와 개방 회로(높은 저항)를 감지하는 데 사용할 수 있다.

이 절에서 언급된 계량기들로 작업을 하려고 할 때, 다음 사항을 준수하는 것이 좋다.

1. 가능하면 계량기를 연결하기 전에 회로의 전원을 꺼라.
2. 장비의 손상을 방지하려면, 계량기를 항상 가장 높은 범위로 설정하고 적절한 범위 아래로 이동하는 것이 가장 좋다(대부분의 DMM은 자동 범위다).
3. 직류 전류 또는 전압을 측정할 때, 적절한 극성을 확인하라.
4. 멀티미터를 사용하는 경우, 시험할 해당 단자에 적절하게 이동하는 것은 물론, 올바른 모드(ac, dc, V, A, Ω)로 설정해야 한다.
5. 측정이 완료되면, 계량기 내부 전지의 급격한 소모를 방지하기 위해 계량기를 끈다.

이것은 전기 측정의 안전성 문제로 이어진다.

2.10 전기 안전을 위한 주의사항

이제 우리는 전류, 전압 및 저항을 측정하는 방법을 배웠으므로, 전기로부터의 충격이나 손상을 피하기 위하여 장비를 다루는 방법에 주의해야 할 필요가 있다. 전기로 죽을 수도 있기 때문에 안전하고 정확한 측정을 하는 것은 당신이 반드시 습득해야 하는 지식의 필수적인 부분이다.

2.10.1 감전

전기 회로를 다룰 때, 감전을 당할 가능성이 있다. 감전은 신체를 통해서 전류가 흐르기 때문에 발생한다. 또한 당신을 놀라게 함으로써 넘어지거나 아래로 떨어질 수도 있다. 심각한 근육의 수축이 발생할 수 있고 그 결과 골절, 탈구, 그리고 의식을 잃을 수 있다. 호흡계가 마비될 수 있고 심장이 불규칙하게 뛰거나 완전히 멈출 수도 있다. 전기 화상은 피부에 나타나고 깊은 조직으로 확장될 수 있다. 강한 전류는 전류가 들어가는 지점과 나오는 지점 사이에 위치한 신체 조직들이 죽는 원인이 될 수 있다. 조직들이 크게 부풀어 오름으로써 혈관에 있는 혈액이 응고하고 근육이 팽창할 수 있다. 따라서 전기 충격은 근육 경련, 약화, 얕은 호흡, 빠른 맥박, 심한 화상, 의식 불명 또는 사망을 일으킬 수 있다.

감전은 전류가 몸을 통해 흐름으로써 발생하는 부상이다.

인간의 몸의 저항은 신체 질량, 피부 습기 및 전기기구와 몸의 접촉점 등 여러 가지 요인에 따라 결정된다. 표 2.5에 밀리암페어(mA)전류의 수치에 따른 효과를 나타냈다.

2.10.2 주의사항

특정 규칙을 엄격하게 준수하지 않으면, 전기를 다루는 것은 위험할 수 있다. 전기를 다룰 때는 다음과 같은 안전 규칙을 따라야 한다.

- 항상 작업을 시작하기 전에 회로가 실제로 작동하지 않는지 확인하라.
- 항상 전구나 다른 기기들을 수리하기 전에 플러그를 뽑아라.
- 항상 주 개폐기, 빈 퓨즈 소켓 또는 당신이 작업하는 회로 차단기에 테이프를 감아야 한다. 그리고 그곳에 메모를 남겨서 실수로 다른 사람이 전기를 작동시키지 않게 하라. 어떠한 퓨즈라도 당신의 주머니에 남기지 마라.

표 2.5

전기 충격.

전류	생리적 영향
1 mA 이하	감지하지 못함
1 mA	따끔거림
5~20 mA	무의식적인 근육 수축
20~100 mA	계속 지속된다면 호흡 정지, 사망

- 적절한 공구를 사용하고 금속 공구에 대한 절연 상태가 양호한지 확인하라.
- V 또는 I를 측정하는 경우 전원을 켜고 그 수치를 읽어라. 그러나 R을 측정하는 경우, 전원을 꺼라.
- 느슨한 옷을 입는 것을 자제하라. 느슨한 옷은 동작하는 기기에 잡힐 수도 있다.
- 항상 긴 바지와 긴소매 옷과 신발을 착용하고 건조하게 유지하라.
- 금속 또는 젖은 바닥에 서 있지 마라(전기와 물이 닿아서는 안 된다).
- 작업 영역 주변에 적절한 조명이 있는지 확인하라.
- 반지, 시계, 팔찌 또는 다른 귀금속을 착용하고 작업해서는 안 된다.
- 혼자서 작업해서는 안 된다.
- 높은 전압을 가지고 있는 커패시터를 방전시켜라.
- 전압이 높은 곳에서는 한 손으로 작업하라.

부상이나 위험에서 자신을 보호하는 것은 매우 중요하다. 이러한 안전 규칙을 따른다면, 감전이나 이와 관련된 사고를 방지할 수 있다. 따라서 우리의 규칙은 항상 "안전이 최우선"이어야 한다.

2.11 요약

1. 저항이라는 요소에서는, 저항 양단의 전압 V는 저항을 통과하는 전류 I와 직접적으로 비례한다.
   즉, 저항은 옴의 법칙을 따르는 요소이다.
   $$V = IR$$
   여기서 R은 저항기의 저항이다.
2. 균일한 단면적 A를 가진 사물의 저항 R은 고유저항 ρ와 길이 ℓ의 곱을 단면적 A로 나눈 것이다. 즉
   $$R = \frac{\rho\ell}{A}$$
3. 단락 회로는 (완전한 도선) 저항이 0($R = 0$)인 저항이다. 개방 회로는 저항이 무한대($R = \infty$)이다.
4. 저항의 컨덕턴스 G는 저항 R의 역수이다.
   $$G = \frac{1}{R}$$
5. 원형 도선의 경우 단면적은 서큘러 밀(CM)단위로 측정된다. 밀의 직경은 다음과 같이 CM과 관련되어
   $$A_{\text{CM}} = d_{\text{mil}}^2$$

6. 미국 도선 규격은 도선의 직경을 지정하기 위한 표준 시스템이다.
7. 저항에는 고정 또는 가변, 선형 또는 비선형 유형이 있다. 전위차계(potentiometer) 및 가변 저항기(rheostat)는 각각 전압과 전류를 조절하는데 사용되는 가변 저항이다. 저항의 일반적인 유형에는 탄소 또는 콤퍼지션 저항, 권선 저항, 칩 저항, 피막 저항, 전력 저항이 있다.
8. 저항의 크기가 작아 그 저항의 수치를 새기지 못할 때 색상 코드를 사용한다. "Big Boys Race Our Young Girls, But Violet Generally Wins" 구문으로 색상 코드를 기억하기 쉽다: 검은색, 갈색, 붉은색, 주황색, 노란색, 초록색, 파란색, 보라색, 회색, 흰색.
9. 탄소 합성 저항에 대한 표준값은 0.1 Ω에서 22 MΩ 범위에서 상업적으로 이용할 수 있다.
10. 전압, 전류, 저항은 각각 전압계, 전류계 및 저항계를 사용하여 측정한다. 이 세 가지는 디지털 계량기(DMM) 또는 볼트-옴-밀리암미터(VOM)같은 멀티미터를 사용하여 측정한다.
11. 안전은 사고 예방에 관한 모든 것이다. 우리가 몇 가지 안전 주의사항을 준수한다면 전기회로를 다루는데 아무런 문제가 없다.

복습문제

2.1 다음 물질 중 도체가 아닌 것은?
(a) 구리 (b) 은 (c) 운모
(d) 금 (e) 납

2.2 회로에서 저항의 주요 목적은?
(a) 전류의 변화를 저항하는 것
(b) 열을 발생하는 것
(c) 전류를 증가시키는 것
(d) 전류를 제한하는 것

2.3 어떠한 요소가 120-V 라인으로부터 10 A를 흡수한다. 이 요소의 저항은?
(a) 1200 Ω (b) 120 Ω
(c) 12 Ω (d) 1.2 Ω

2.4 저항의 역수는?
(a) 전압 (b) 전류
(c) 컨덕턴스 (d) 전력

2.5 다음 중 컨덕턴스의 단위가 아닌 것은?
(a) 옴 (b) 지멘스
(c) 모 (d) ℧

2.6 10-mΩ 저항의 컨덕턴스는?
(a) 0.1 mS (b) 0.1 S
(c) 10 S (d) 100 S

2.7 전위차계는 무엇의 유형인가?
(a) 고정형 저항 (b) 가변 저항
(c) 계량기 (d) 전압 조정기

2.8 0.03인치의 직경을 가진 도선의 면적을 서큘러 밀의 단위로 나타낸다면 얼마인가?
(a) 0.0009 (b) 9
(c) 90 (d) 900

2.9 모든 저항은 색상 코드가 있다.
(a) 참 (b) 거짓

2.10 디지털 계량기(DMM)는 전기 측정 장비들 중에서 가장 많이 쓰인다.
(a) 참 (b) 거짓

해답: 2.1c, 2.2d, 2.3c, 2.4c, 2.5a, 2.6d, 2.7b, 2.8d, 2.9b, 2.10a

문제

2.2절 저항

2.1 250-m 길이 동선의 직경이 2.2 mm이다. 이 도선의 저항을 계산하라.

2.2 동선의 저항이 0.5 Ω이고 직경이 2 mm일 때 길이를 구하라.

2.3 2-in × 2-in인 구리로 만들어진 각재의 길이가 4 ft이다. 이 각재의 저항을 구하라.

2.4 전기 열판의 정격전력이 1200 W이고 6 A의 전류를 흡수할 때 이 열판의 저항을 구하라.

2.5 니크롬($\rho = 100 \times 10^{-8}$ Ωm) 도선은 발열체를 구성하는데 사용된다. 이 도선의 직경이 2-mm이고, 저항이 1.2 Ω일 때 도선의 길이는?

2.6 알루미늄 도선의 반지름이 3 mm일 때 저항은 6 Ω이다. 이 도선의 길이는?

2.7 흑연 실린더의 반지름이 0.4 mm이고 길이가 4 cm일 때 저항은 2.1 Ω이다. 이 실린더의 고유저항을 구하라.

2.8 어떤 원형 도선의 길이가 50 m이고 직경이 0.5 m일 때 실온에서의 저항은 410 Ω이다. 이 도선을 구성하는 물질을 구하라.

2.9 도체의 길이가 짧아졌을 때 도체의 저항이 감소하는 이유는?

2.10 두 개의 도선이 같은 물질로 만들어졌다. 첫 번째 도선의 저항은 0.2 Ω이다. 두 번째 도선의 길이는 첫 번째 도선의 2배이고 반지름은 첫 번째 도선의 절반이다. 두 번째 도선의 저항을 구하라.

2.11 두 개의 도선의 길이와 저항이 같다. 첫 번째 도선은 구리로 만들어졌고 두 번째 도선은 알루미늄으로 만들어졌다. 이 동선과 알루미늄 도선의 단면적 비율을 구하라.

2.12 고압 송도선은 장거리에서 많은 전력을 전송하는데 사용된다. 알루미늄 케이블은 구리 케이블보다 저렴하기 때문에 선호된다. 고압 송도선에 사용되는 알루미늄 케이블의 단면적이 4.7×10^{-4} m^{2}라고 가정하자. 이 케이블의 길이가 20 km일 때 저항을 구하라.

2.3절 옴의 법칙

2.13 그림 2.30의 그래프 중에서 옴의 법칙을 반영하는 그래프는?

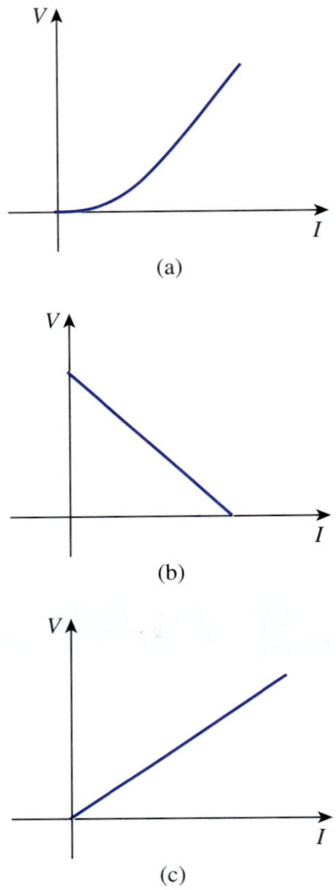

그림 2.30
문제 2.13의 회로

2.14 저항 양단의 전압이 60 V일 때 50 mA의 전류가 흐른다. 이 저항의 값을 구하라.

2.15 5-kΩ 저항 양단의 전압이 16 V이다. 이 저항을 통해 흐르는 전류를 구하라.

2.16 저항이 12-V 전지에 연결되어 있다. 저항의 값이 다음과 같이 주어질 때 전류를 계산하라.

(a) 2 kΩ

(b) 6.2 kΩ

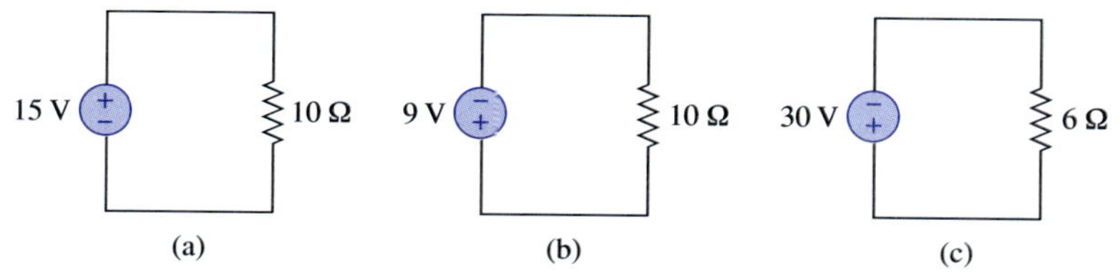

그림 2.31
문제 2.24의 회로

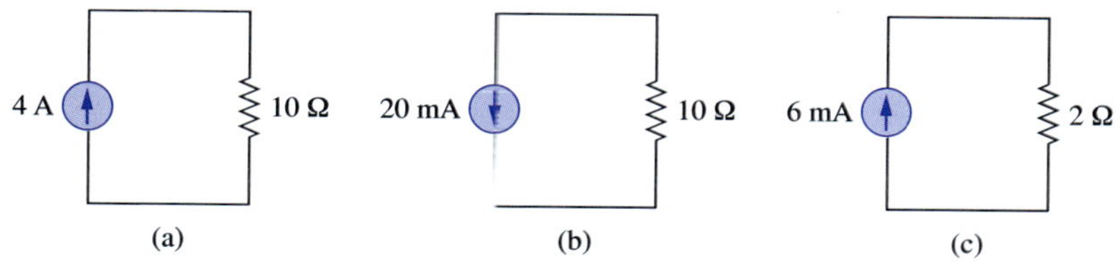

그림 2.32
문제 2.25의 회로

2.17 공기 압축기의 저항이 6 Ω이다. 압축기가 240-V 전원에 연결되어 있다면 이 회로를 통해 흐르는 전류를 구하라.

2.18 12 V 전원이 순전히 저항으로 이루어진 전구와 연결되어 있고 3 A를 흡수한다. 이 전구의 저항은?

2.19 30 μA의 전류가 5.4-MΩ의 저항을 통해 흐를 때 전압을 구하라.

2.20 2 mA의 전류가 25-Ω의 저항을 통해 흐를 때 저항 양단의 전압을 구하라.

2.21 어떤 요소가 12-V 전지에 연결되어 있을 때 28 mA의 전류가 흐른다. 이 요소의 저항을 계산하라.

2.22 50-Ω의 저항에서 10 mA의 전류를 생성할 때 이 전원의 전압을 구하라.

2.23 비선형 저항의 전류 $I = 4 \times 10^{-2}\ V^2$이다. 전압 $V = 10$, 20, 그리고 50 V일 때 전류 I를 구하라.

2.24 그림 2.31에서 각각 회로에서의 저항과 관련된 전류의 방향과 크기를 구하라.

2.25 그림 2.32에서 각각 회로에서의 저항 양단의 전압의 극성과 크기를 구하라.

2.26 손전등은 0.7 A의 전류를 필라멘트에 보내기 위해 3-V 전지 2개를 직렬로 사용한다. (a) 손전등 전구의 전위차를 구하라. (b) 필라멘트의 저항을 계산하라.

2.4절 컨덕턴스

2.27 다음 저항의 컨덕턴스를 구하라.
(a) 2.5 Ω (b) 40 kΩ (c) 12 MΩ

2.28 다음 컨덕턴스의 저항을 구하라.
(a) 10 mS (b) 0.25 S (c) 50 S

2.29 저항 양단의 전압이 120 V일 때 이 저항을 통해 2.5 mA의 전류가 흐른다. 이 저항의 컨덕턴스를 계산하라.

2.30 구리 막대의 길이가 4 cm이고 컨덕턴스가 500 mS일 때 이 막대의 직경을 구하라.

2.31 그림 2.33 회로에서 전지의 전압 V를 구하라.

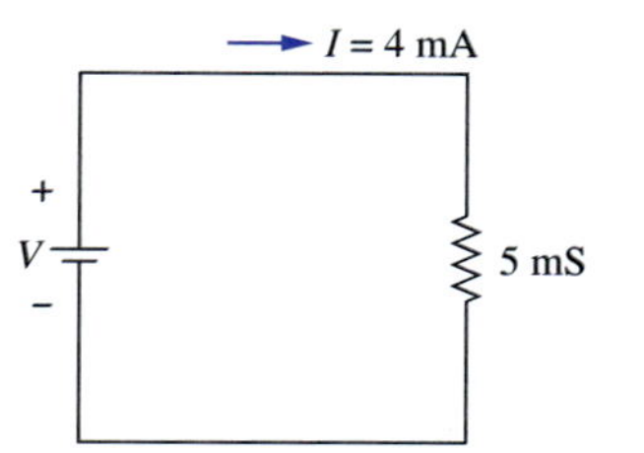

그림 2.33
문제 2.31의 회로

2.5절 원형 도선

2.32 표 2.2를 사용하여 600 ft의 #10 및 #16 AWG 구리의 저항을 구하라.

2.33 구리 전송선로의 저항은 0.001 Ω을 넘지 못한다. 그리고 부하에 의해 흡수되는 최대 전류는 120 A이다. 길이가 10 ft라고 가정할 때, 이 도선의 적절한 규격은?

2.34 도선의 단면적이 다음과 같을 때 이 도선의 직경을 인치로 나타내어라.

(a) 420 CM (b) 980 CM

2.35 도체가 다음과 같을 때 이 도체의 면적을 서큘러 밀로 계산하라.

(a) 직경이 0.012 in인 원형 도선

(b) 치수가 0.2 in. × 0.5 in인 직사각형 모선

2.36 1 mi 길이의 #16 동선이 1.5 V 전지와 연결되어 있을 때, 동선을 통해 흐르는 전류의 크기를 구하라.

2.7절 저항 색상 코드

2.37 다음의 색상 코드를 갖는 저항의 값을 구하라.

(a) 파란색, 붉은색, 보라색, 은색

(b) 초록색, 검은색, 주황색, 금색

2.38 저항의 띠 색이 다음과 같을 때 저항의 범위(옴의 단위로)를 구하라.

	띠 A	띠 B	띠 C	띠 D
(a)	갈색	보라색	초록색	은색
(b)	붉은색	검은색	주황색	금색
(c)	흰색	붉은색	회색	—

2.39 다음 저항이 5퍼센트의 허용 오차를 가질 때 색상 코드를 구하라.

(a) 52 Ω (b) 320 Ω

(c) 6.8 kΩ (d) 3.2 MΩ

2.40 다음 저항의 색상 코드를 구하라.

(a) 240 Ω (b) 45 kΩ (c) 5.6 MΩ

2.41 문제 2.37에서 각각의 저항에 대해 허용 오차 내에서 최소 및 최대 저항을 구하라.

2.42 다음 저항들의 색상 코드를 구하라.

(a) 10 Ω, 10퍼센트 허용 오차

(b) 7.4 kΩ, 5퍼센트 허용 오차

(c) 12 MΩ, 20퍼센트 허용 오차

2.9절 응용: 측정

2.43 그림 2.34 계량기에서 전압을 읽으면 얼마인가?

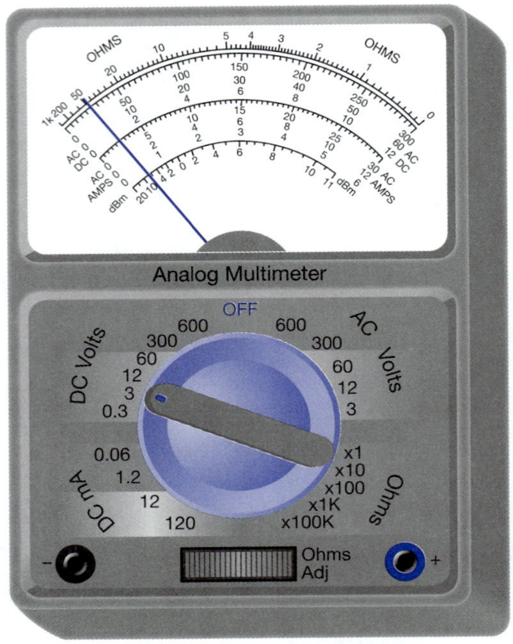

그림 2.34

문제 2.43의 회로

2.44 그림 2.35 계량기에서 전압을 읽으면 얼마인가?

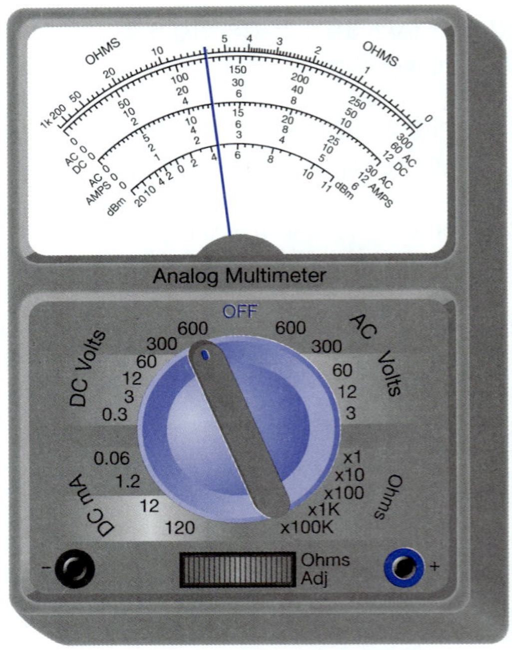

그림 2.35

문제 2.44의 회로

2.45 당신은 불이 켜지는 지 확인하기 위해 전구를 검사하기로 했다. 저항계를 사용하여 어떻게 확인해야 하는가?

2.46 그림 2.36 회로에서 측정하는 방법이 어떻게 잘못되었는가?

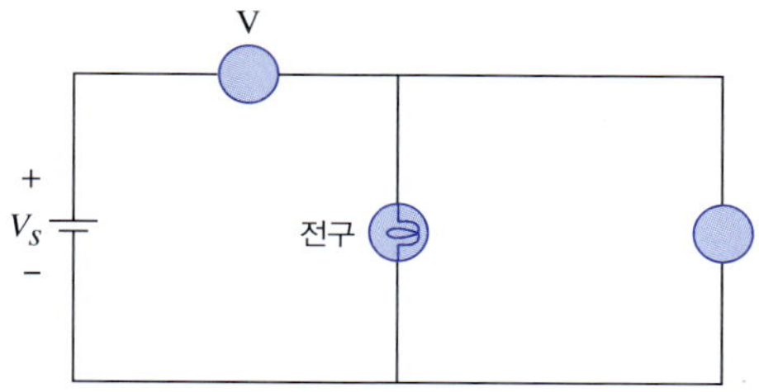

그림 2.36
문제 2.46의 회로

2.47 그림 2.37에서 저항 R_1 양단의 전압을 측정하기 위해서 전압계를 어떻게 설치해야 하는지 그려라.

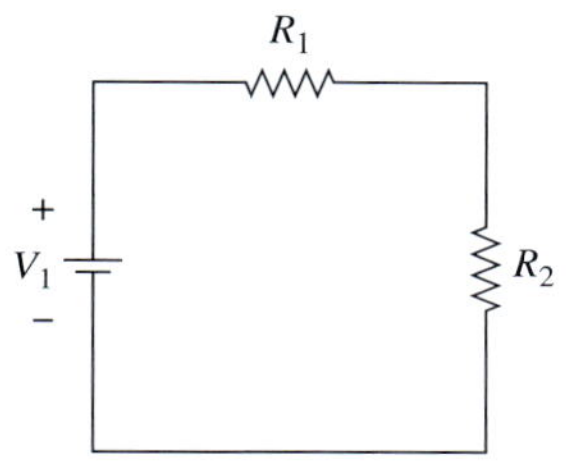

그림 2.37
문제 2.47, 2.48 및 2.49의 회로

2.48 그림 2.37에서 저항 R_2를 통해 흐르는 전류를 측정하기 위해서 전류계를 어떻게 설치해야 하는지 그려라.

2.49 그림 2.37에서 저항 R_2를 측정하기 위해서 저항계를 어떻게 연결해야 하는지 설명하라.

2.50 스위치의 온, 오프 상태를 확인하기 위해서 저항계를 어떻게 사용해야 하는가?

2.10절 전기 안전을 위한 주의사항

2.51 무엇이 감전을 유발하는가?

2.52 측정 할 때 안전을 위한 주의사항을 적어도 네 가지 언급하라.

CHAPTER 3

전력 및 에너지

당신의 동의 없이는 아무도 당신에게 열등감을 느끼게 하지 못한다.

— Eleanor Roosevelt

역사 프로필

James Watt(1736~1819) 스코틀랜드의 발명가이자 기계 공학자이고 증기 기관을 발명한 것으로 유명하다.

스코틀랜드 그리녹에서 태어난 와트는 건강하지 못했기 때문에 정규 교육을 오래 받지 못했다. 그는 1년 동안 런던에 가서 기계 제작을 공부하였고 그 후 가게를 내기 위해 글래스고로 갔다. 하지만 와트는 7년 동안 도제생활을 하지 않았기 때문에 길드에서 허가를 하지 않았다. 그는 대학 후원으로 연수를 받았다. 그곳에서 그는 자신의 기계 제작 사업을 설립하였고 이후에 그의 관심사였던 증기 기관을 개발했다. 와트는 또한 운하 노선을 조사한 유명한 토목 기술자였다. 1785년에 제임스 와트는 왕립 학회의 연구원으로 선출되었다. 전력의 단위 **와트**는 그를 기리기 위해 명명되었다.

James Watt
Courtesy University of Texas Library

James Prescott Joule(1818~1889) 다양한 형태의 에너지(기계적, 전기적, 열)는 기본적으로 동일하며 하나의 형태에서 다른 형태로 변형될 수 있음을 확립한 영국의 물리학자이다.

영국 맨체스터에서 부유한 양조장 아들로 태어난 주울은 집에서 교육을 받았다. 그는 저명한 영국의 화학자 존 돌턴 밑에서 공부하기 위해 16살 때 캠브리지로 보내졌다. 주울은 증기 기관을 전기 전동기로 대체하고자 하는 희망을 가지고, 먼저 전기 전동기의 효율 개선에 대한 연구를 시작하였다. 그는 열량과 기계적 일 사이의 동등성을 확립했다. 이것은 에너지는 사용하면 다른 형태로 다시 나타나고, 절대 사라지지 않는다는 에너지 보존의 법칙(열역학 제1법칙)으로 이어졌다. 그의 실험은 전류에 의해 도선에서 생성되는 열의 양을 설명하는 주울의 법칙으로 이어졌다. 에너지의 국제 단위 **줄**은 그를 기리기 위해 명명되었다.

James Prescott Joule
© National Bureau of Standards Archives, courtesy AIP Emilio Segre Visual Archives, E. Scott Barr

3.1 서론

이전 장에서 주요한 관심사는 요소의 저항을 찾는 것이었다. 이전 장 끝에서 옴의 법칙을 소개했다. 이 장에서의 주요한 관심사는 전력과 에너지(1장에서 소개했던)를 계산하는 것과 회로에서 그것들을 연관시키는 것이다.

에너지는 열에너지, 운동에너지, 위치에너지, 전자기에너지를 포함하는 다른 형태로 변화될 수 있는 양이다. 그것은 일을 하는 능력이다. 세상에 존재하는 변화 가능한 에너지의 대부분은 화석 연료에서 비롯된다. 이러한 화석 연료가 연소되면 열이 발생하고, 이 열은 기계적 혹은 다른 형태로의 변환을 위한 변환 매체로 사용되어 원하는 작업을 완료할 수 있다. 전력은 에너지의 이동률이거나 작업이 완료되는 속도이다.

전력은 전기 기기 및 전자 시스템에서 가장 중요한 양이다. 왜냐하면 이러한 시스템은 한 지점에서 다른 지점으로 전력의 전송을 포함하기 때문이다. 또한, 모든 산업 및 가정용 전기 장비—모든 종류의 환풍기, 전동기, 전구, 철, TV, 개인용 컴퓨터—는 필요한 전력이 얼마인지를 나타내는 전력 소요량이 있는데, 전력 소요량을 초과하면 전기 장치에 영구적인 손상을 입힐 수 있다.

에너지와 전력, 그리고 주어진 회로 안에서 그것들을 어떻게 계산하는지 정의함으로써 장을 시작한다. 우리는 전력의 기호를 결정하는 수동부호규정(passive sign convention)을 소개하고, 저항의 와트 정격이나 전력 소요량 및 에너지 변환 장치의 효율에 대해 설명한다. 마지막에 전력계를 사용한 전력 측정과 전력량계를 사용한 에너지 측정의 응용 분야를 고려할 것이다.

3.2 전력 및 에너지

전력은 소비되는 에너지의 비율인 반면, 에너지는 일을 할 수 있는 능력이다. 1.7절에서 언급했듯이, 전력 P와 에너지(또는 일) W는 다음과 관련이 있다.

$$P = \frac{W}{t} \tag{3.1}$$

또는

$$W = Pt \tag{3.2}$$

여기서 t는 초 단위의 시간이다. 에너지가 줄(Joule, 제임스 주울을 기리기 위하여)로 측정되는 반면에, 전력은 와트(Watt, 제임스 와트를 기리기 위하여)로 측정된다.

제임스 와트는 기계적인 힘의 단위로 마력을 소개했다. 마력은 힘에 대한 오래된 단위이지만, 오늘날 여전히 사용된다. 와트로 표현되는 전력(W)은 마력(hp)으로 표현되는 기계적인 힘에 다음과 같이 관련이 있다.

$$1 \text{ hp} = 746 \text{ W} \tag{3.3}$$

즉, 1마력은 약 0.75 kW와 같다.

전력회사는 소비된 에너지의 양에 따라 소비자에게 요금을 청구한다. 전력회사는 많은 양의 에너지를 다루기 때문에, 에너지의 단위인 줄(혹은 와트 세컨드(watt-second))을 사용하는 대신에 와트시(Wh) 혹은 킬로와트시(kWh)를 사용하는 것을 선호한다. 식 (3.2)로부터

$$\boxed{\text{에너지(와트-시)} = \text{전력(와트)} \times \text{시간(시)}} \tag{3.4}$$

예제 3.1

전기 전동기는 2분 동안 30 kJ의 에너지를 제공한다. 전력은 얼마인지 와트로 표현하라.

풀이

$$P = \frac{W}{t} = \frac{30 \times 10^3 \text{ J}}{2 \times 60 \text{ s}} = 250 \text{ W}$$

연습문제 3.1

5분 동안 600 J의 에너지가 소비되었을 때 소비되는 전력을 구하라.

해답 2 W

예제 3.2

250 W전구가 16시간 동안 켜져 있었을 때 얼마나 많은 킬로와트시(kilowatt-hours)가 소비되는가? 전기 요금이 6.5센트/kWh인 경우에 전구를 작동시키기 위한 비용은 얼마인가?

풀이

$$W = Pt = 250 \times 16 = 4000 \text{ Wh} = 4 \text{ kWh}$$
$$\text{Cost} = 4 \times 6.5 = 26 \text{ cents}$$

연습문제 3.2

8시간 동안 480와트가 사용되었을 때 킬로와트시(kilowatt-hour)로 에너지 소비량과 전기 요금이 8센트/kWh인 경우에 요금을 구하라.

해답 3.84 kWh, 31센트

3.3 전기 회로에서의 전력

우리는 항상 전기 회로에서 전력을 다룬다. 식 (3.1)은 전류 I와 전압 V로 다음과 같이 쓸 수 있다.

$$P = \frac{W}{t} = \frac{WQ}{Qt} = VI$$

또는

$$\boxed{P = VI} \tag{3.5}$$

의 법칙($V = IR$)을 적용하여, 식 (3.5)를 다음과 같이 표현할 수 있다. 식 (3.5)에 $V = IR$로 대체하면,

$$P = VI = (IR)I$$

또는

$$\boxed{P = I^2R} \tag{3.6}$$

식 3.5를 $I = V/R$로 대체하면 다음과 같이 된다.

$$P = VI = V\left(\frac{V}{R}\right)$$

즉

$$\boxed{P = \frac{V^2}{R}} \tag{3.7}$$

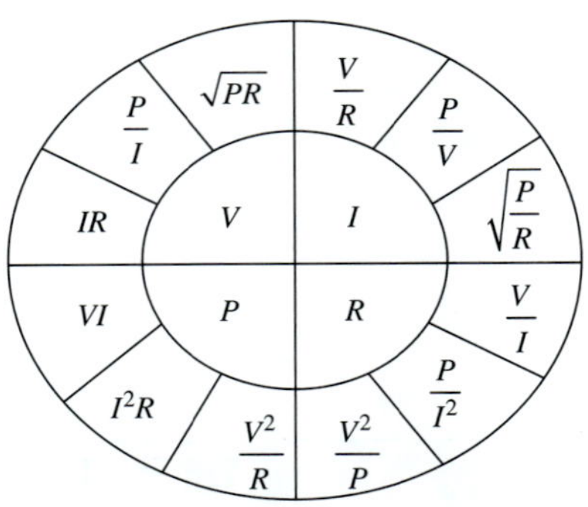

그림 3.1
V, I, P 및 R 사이의 관계

식 (3.5), (3.6) 및 (3.7)의 공식들은 와트의 법칙으로 알려져 있고, 저항에서 소비된 전력을 찾아내는 것과 동일한 표현이라는 것을 주목하라. 당신이 가진 정보에 따라 공식들이 달라진다. 그림 3.1에서 나타낸 것처럼 네 개의 양, I, V, P 및 R이 관련되어 있다. 내부 원의 각 사분면에 있는 용어는 외부 원 각각의 세 수식과 동일하다. 예를 들어 V는 $V = IR$, $V = P/I$ 또는 $V = \sqrt{PR}$을 통해 찾을 수 있다.

전력은 전류의 방향과 전압의 극성에 따라 전달되거나 흡수될 수 있다. 저항에 전달되는 모든 전력은 흡수되고 열의 형태로 방출된다.

예제 3.3

그림 3.2에 나타낸 회로에서 각각의 전력을 구하라.

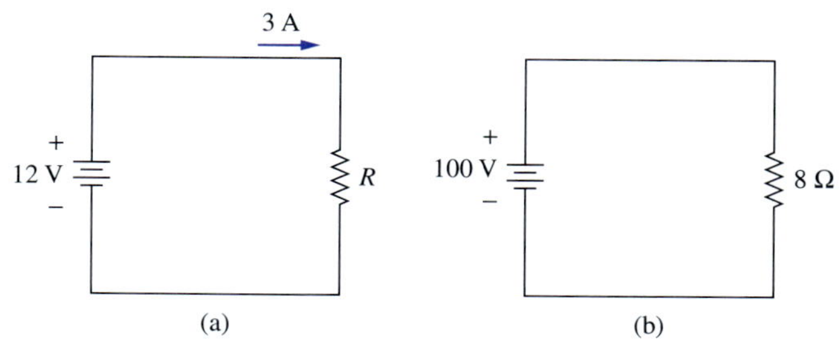

그림 3.2
예제 3.3의 회로

풀이

(a) 그림 3.2(a)의 회로에서는

$$P = VI = (12)(3) = 36 \text{ W}$$

(b) 그림 3.2(b)의 회로에서는

$$P = \frac{V^2}{R} = \frac{(100)^2}{8} = 1.25 \text{ kW}$$

연습문제 3.3

그림 3.3에 나타낸 회로에서 각각의 전력을 계산하라.

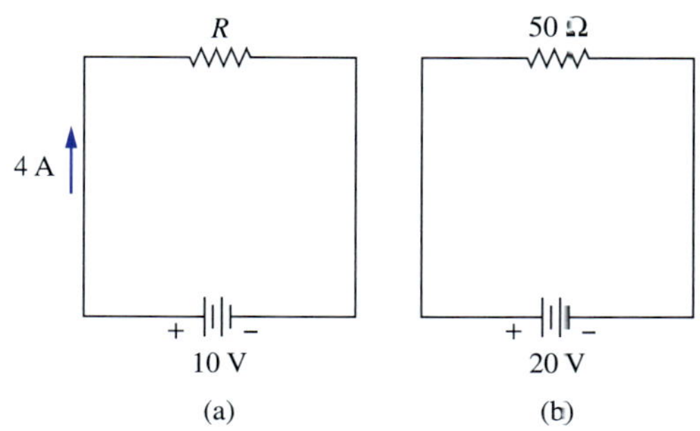

그림 3.3
연습문제 3.3의 회로

해답 (a) 40 W (b) 8 W

예제 3.4

정격을 초과하지 않으면서 6-kΩ, 4-W 저항을 통해 흐르는 최대 허용 전류를 구하라.

풀이

식 (3.6)을 다음과 같이 다시 쓸 수 있다.

$$P = I^2R \quad \longrightarrow \quad I = \sqrt{\frac{P}{R}}$$

최대 허용 전류는

$$I = \sqrt{\frac{4}{6 \times 10^3}} = 25.82 \text{ mA}$$

연습문제 3.4

회로에서 40-Ω 저항을 통해 10-mA 전류가 흐르고 있다. 이때 저항에 의해 소비되는 전력을 구하라.

해답 4 mW

3.4 수동부호규정

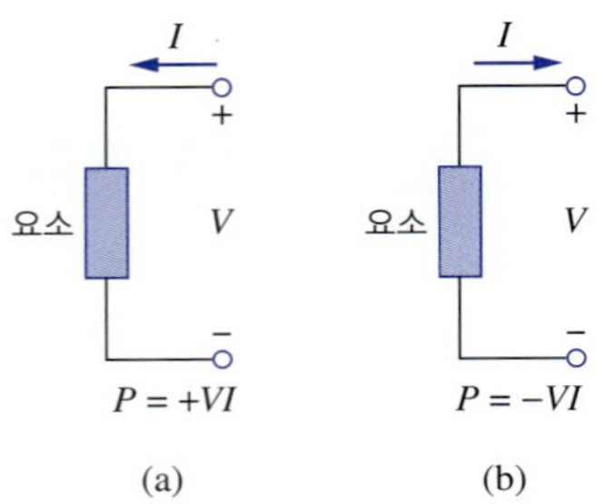

그림 3.4
수동부호 규정을 이용하였을 때 전압의 기준 극성: (a) 전력흡수, (b) 전력공급

전류의 방향과 전압의 극성은 전력의 기호를 결정하는 데 중요한 역할을 한다. 그러므로 그림 3.4(a)에 나타낸 전류 I와 전압 V 사이의 관계에 대해 주의를 기울이는 것이 중요하다. 전력이 양의 기호를 가지기 위해 전압의 극성과 전류의 방향은 그림 3.4(a)와 같이 나타내야 한다. 이것을 **수동부호규정**(*passive sign convention*)이라고 한다. 수동부호규정에 의해 전류는 전압이 양수인 곳으로 들어간다. 이 경우 $P = +VI$ 또는 $VI > 0$은 전력을 흡수하는 것을 의미한다. 반대로, $P = -VI$ 또는 $VI < 0$은 그림 3.4(b)에 나타낸 것처럼 요소가 전력을 방출하거나 공급하는 경우이다. 따라서

> **수동부호규정**은 전류가 요소의 양의 단자로 들어갈 때 만족되며 $P = +VI$이다. 반대의 경우는 $P = -VI$이다.

달리 규정하지 않을 때, 이 책에서 우리는 수동부호규정을 따를 것이다.

예를 들어 그림 3.5의 두 회로에서 요소는 +12 W를 흡수하는데 이는 양의 전류가 양의 단자로 두 경우 모두 들어가기 때문이다. 그러나 그림 3.6에서는 요소가 −12 W의 전력을 공급하는데 이는 양의 전류가 음의 전압 단자로 들어가기 때문이다. 물론 +12 W의 전력을 흡수하는 것은 −12 W의 전력을 공급하는 것과 같다. 일반적으로

$$\boxed{\text{전력 흡수} = -\text{전력 공급}} \tag{3.8}$$

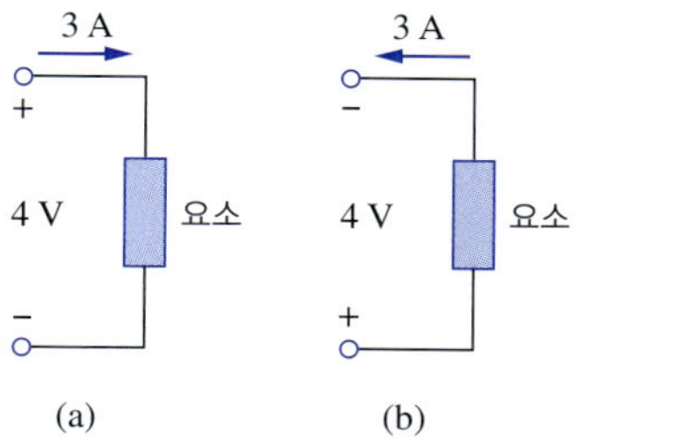

그림 3.5
요소가 12 W의 전력을 흡수하는 두 경우
(a) $P = 4 \times 3 = 12$ W,
(b) $P = (-4) \times (-3) = 12$ W.

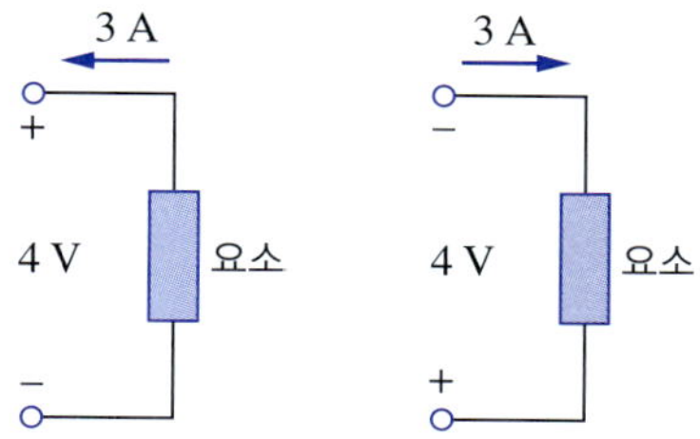

그림 3.6
요소가 12 W의 전력을 공급하는 두 경우
(a) $P = 4 \times (-3) = -12$W,
(b) $P = 4 \times (-3) = -12$ W.

3.5 저항의 전력 소요량

저항의 저항값을 지정하는 것 이외에도, 저항의 전력 소요량 또한 일반적으로 지정된다.[1] 이러한 이유로 저항은 전력 소요량 또는 와트 정격으로 전력을 평가한다.

> 저항의 **전력 소요량**은 저항이 너무 뜨거워지거나 손상되지 않고 소비할 수 있는 최대 전력이다.

저항은 너무 뜨거워지지 않고 저항을 통해 흐르는 전류에 의해 생성된 전력을 소비할 정도로 충분히 높은 전력 소요량 또는 와트 정격을 가지고 있어야 한다. 저항의 전력 소요량은 저항성이 아니라 실제 크기에 달려있다. 왜냐하면 물질의 표면 면적이 클수록 더 많은 양의 열을 쉽게 방출하기 때문이다. 같은 저항값의 저항은 다른 전력값에 사용할 수 있다. 예를 들어 탄소 저항은 일반적으로 $\frac{1}{8}, \frac{1}{4}, \frac{1}{2}$, 1 또는 2 W의 와트 정격으로 만들어졌다. 그림 3.7에 와트 정격에 따른 저항의 상대적 크기를 나타내었다. 그림 3.7에서와 같이 실제 크기가 클수록 더 높은 전력 소요량을 나타낸다. 또한 저항의 와트 정격이 높을수록 그 정격보다 작은 전력을 방출할 때 더 높은 온도에서 작동한다. 5 W보다 높은 와트 정격의 저항이 필요한 경우에는 권선 저항이 종종 사용된다. 권선 저항은 5부터 200 W 사이의 전력 소요량으로 만들어졌다.

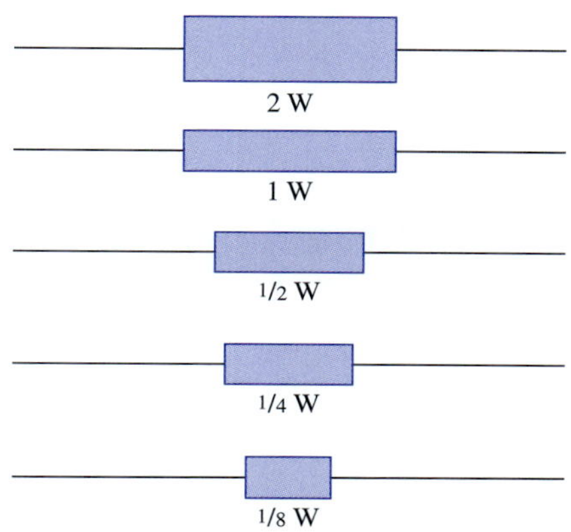

그림 3.7
$\frac{1}{8}$ W, $\frac{1}{4}$ W, $\frac{1}{2}$ W, 1 W, 2 W의 표준 전력 소요량을 가진 금속막 저항기

예제 3.5

0.2 Ω 저항의 정격이 6 W이다. 이 저항이 8 A의 전류에서 수행될 때 안전한가?

풀이

전력 공식을 사용하면

1 일반적으로, 전기적 구성요소는 전력 소요량이 주어진다.

$$P = I^2R = (8)^2(0.2) = 12.8\ \text{W}$$

계산된 전력이 6 W의 정격전력보다 크기 때문에 저항은 과열될 것이고 손상을 입을 것이다.

연습문제 3.5

54-Ω, 4-W 저항의 최대 허용 전류를 계산하라.

해답 272 mA

3.6 효율

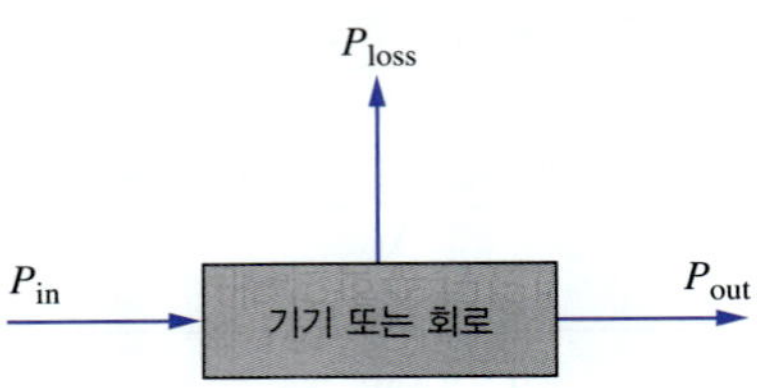

그림 3.8
에너지 변환으로 인한 전력 손실

장치나 회로의 효율은 유용한 출력을 입력에 비교하는 방법이다. 에너지 보존의 법칙은 에너지는 생성되거나 사라지지 않고 한 형태에서 다른 형태로 변화한다는 것이다. 이 법칙의 예시는 저항에 의해 전기에너지가 열에너지로 변하거나 전기 전동기에 의해 전기에너지가 기계 에너지로 변하는 데서 찾아볼 수 있다. 에너지 변환 과정에서 에너지의 일부는 유용하지 않은 형태로 변환한다. 우리는 그것을 "손실(lost)" 에너지로 부른다. 이 손실 에너지는 시스템의 효율을 감소시킨다.

효율은 총 입력 전력에 대한 유용한 출력 전력의 비율이다.

에너지 변환 장치는 유용한 에너지로 변환할 수 있는 입력 에너지의 양이 효율이고, 그리스 문자 eta(η)로 표시한다. 에너지 전환 과정에서 에너지 또는 전력의 일부는 그림 3.8에서와 같이 손실된다.

$$P_{in} = P_{out} + P_{loss} \tag{3.9}$$

장치나 회로의 효율은 입력 전력 P_{in}에 대한 출력 전력 P_{out}의 비율이다.

효율 η는 전력 또는 에너지로 표현될 수 있다(항상 1 또는 100퍼센트 보다 작다). 전력의 측면에서

$$\eta = \frac{P_{out}}{P_{in}} \times 100\% \tag{3.10}$$

에너지의 측면에서

$$\eta = \frac{W_{out}}{W_{in}} \times 100\% \tag{3.11}$$

$W = Pt$이기 때문에 식 (3.10)과 (3.11)에서의 두 관계는 같다는 사실을 주목해야 한다.

예제 3.6

110-V 전동기가 15 A를 흡수하고 1.8 hp의 출력 전력을 생산한다고 할 때 효율을 구하라. 얼마만큼의 전력이 손실되는가? (1 hp = 746 W)

풀이

$$P_{\text{in}} = VI = 110 \times 15 = 1650 \text{ W}$$
$$P_{\text{out}} = 1.8 \times 746 = 1342.8 \text{ W}$$
$$\eta = \frac{P_{\text{out}}}{P_{\text{in}}} \times 100\% = \frac{1342.8}{1650} \times 100\% = 81.38\%$$
$$P_{\text{loss}} = P_{\text{in}} - P_{\text{out}} = 1650 - 1342.8 = 307.2 \text{ W}$$

연습문제 3.6

전동기의 입력 전력은 3260 W인 반면에 유용한 출력 전력은 2450 W이다. 이 전동기의 효율을 계산하라.

해답 75.15%

예제 3.7

전기 전동기가 88퍼센트의 효율을 가진 20 hp의 기계 동력을 생산한다. 이 전동기의 입력 전력을 구하라.

풀이

$$P_{\text{out}} = 20 \times 746 = 14{,}920 \text{ W}$$
$$P_{\text{in}} = \frac{P_{\text{out}}}{\eta} = \frac{14{,}920}{0.88} = 16{,}955 \text{ W} = 16.955 \text{ kW}$$

연습문제 3.7

전기 전동기가 85퍼센트의 효율과 220-V 전원으로부터 8 A의 전류를 흡수할 때 출력 전력을 구하라. 얼마만큼의 전력이 손실되는가?

해답 1.496 kW, 264 W

3.7 퓨즈, 회로 차단기 및 GFCI

이미 알다시피, 저항 R에서 소모되는 전력은 전류 I의 제곱에 따라 달라진다.

즉 $P = I^2R$이다. 전류가 2배 증가하면 전력은 4배 증가된다. 전력의 증가는 저항의 온도 상승을 동반한다. 이와 같은 이유로 건물 내의 도선이 과열될 정도로 충분히 뜨거워질 수 있으며, 심지어 건물 구조 물질에 불이 붙어서 연기 또는 화재를 일으킬 수 있다. 따라서 과전류로부터 회로를 보호하기 위해 보호 장치가 필요하다. 보호 장치는 라인을 통해 흐르는 전류가 정격 값을 초과하지 않는지 확인한다.

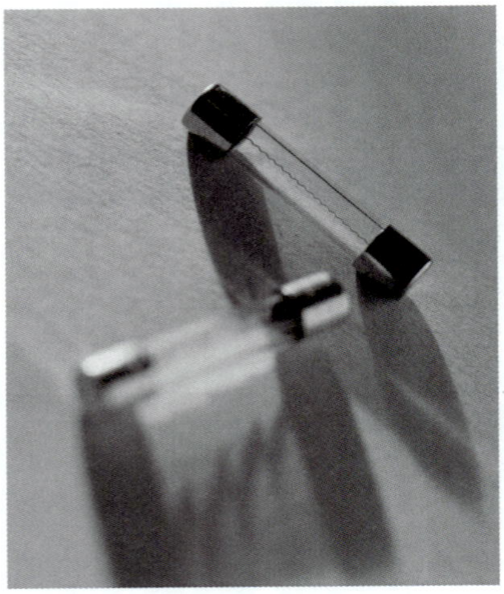

그림 3.9
전기 퓨즈
© Steve Cole/Getty RF

> **퓨즈**는 정격이 초과될 때 전류의 흐름을 방해할 수 있는 전기 장치이다.

퓨즈는 가정이나 자동차의 전기 및 전자 장치의 일부를 보호한다. 그림 3.9는 몇 개의 전기 퓨즈를 보여준다. 전력이 순간적으로 상승할 경우, 여분의 전기가 장치에 도달하지 않도록 퓨즈는 "폭발"할 것이다. 좋은 퓨즈는 거의 단락 회로이고 저항계로 0 Ω이거나 매우 작은 값으로 읽혀지는 반면에 터진 퓨즈는 개방 회로이고 무한대로 읽혀진다. 그림 3.10은 퓨즈가 어떻게 회로를 보호하는지 보여준다. 그림 3.10(a)와 같이 회로가 정상적으로 작동하는 동안 퓨즈를 통해 흐르는 전류는 퓨즈를 폭발시킬 만큼 높지 않다. 그림 3.10(b)와 같이 부하가 단락되었을 때 퓨즈를 통해 흐르는 높은 전류는 퓨즈를 녹이거나 폭발시킬 수 있다. 그림 3.10(c)에서와 같이, 결과적으로 부하를 통해 전류가 흐르지 않는다면 부하는 파괴되지 않는다. 퓨즈는 처리할 수 있는 전류의 양에 따라 정격이 매겨진다. 퓨즈 내부의 도선이 얇을수록, 정격전류가 감소한다. 예를 들어 자동차 퓨즈는 일반적으로 10에서 30 A의 정격전류를 가진다.

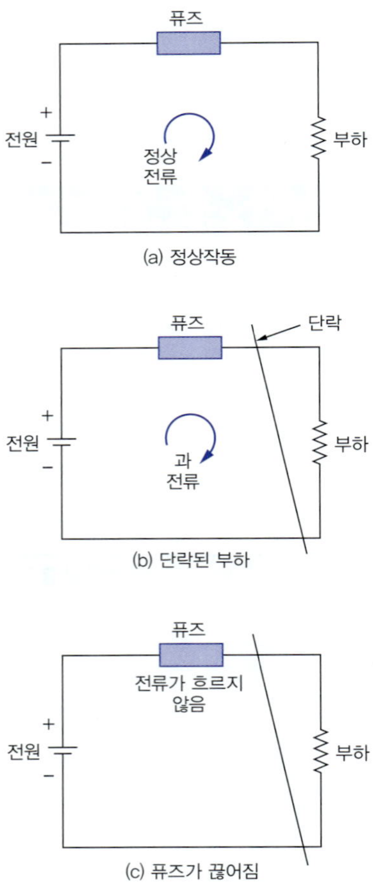

그림 3.10
부하를 보호하기 위한 퓨즈 사용

최근 몇 년 동안, 가정용 퓨즈는 회로 차단기로 대체되었다. 회로 차단기의 기능은 퓨즈와 같이 정해진 양의 전류가 회로를 통과할 때 회로 경로를 차단하는 것이다. 퓨즈와 회로 차단기의 주요 차이점은 이것이다. 퓨즈가 끊어지거나 녹으면, 고장을 일으킨 원인은 수정되어야 하고 같은 정격의 퓨즈로 대체되어야 한다. 반면에 회로 차단기를 사용하면, 쉽게 원위치시키고 다시 사용할 수 있다. 그림 3.11은 여러 개의 회로 차단기를 포함하는 일반적인 가정용 분전반을 보여준다. 회로 차단기는 열에 의해 팽창하고 전류가 정격을 초과하면 회로를 개방시키는 스프링을 가지고 있다. 작동된 회로 차단기는 스위치를 누름으로써 원위치된다. 심지어 과열된 스프링이 식은 후에 스스로 다시 작동하는 자동 회로 차단기도 있다.

> **누전 차단기**(GFCI)는 회로 차단기같이 지상에 누전이 있는 경우 관련 회로를 차단하는 장치이며 빠르게 작동한다.

전기 접지는 전류에 대한 일반적으로 되돌아오는 경로이고, 또는 땅과의 직접적인 물리적 연결이다. 그림 3.12에서 보여주는 것처럼 모든 전기 제품은 안전을 위해서 반드시 접지를 해야 한다. 누전 차단기(GFCI)는 잠재적으로 위

그림 3.11
회로 차단기의 전기 패널
© Tetra Images/Getty RF

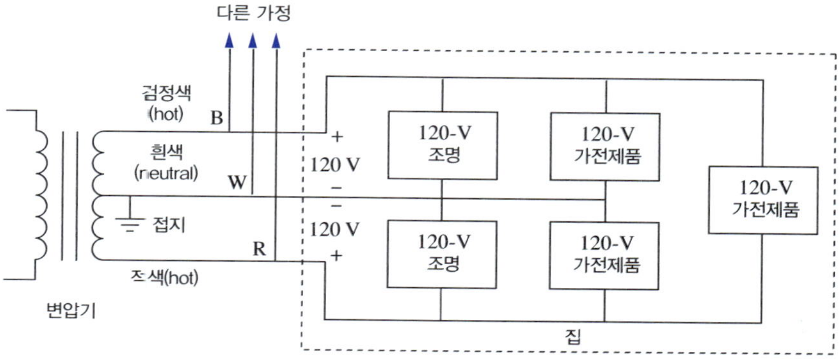

그림 3.12
삼선 주거 배선

험한 접지 오류를 감지하고 신속하게 회로의 전원을 차단하여 사람들을 보호하는 전기 장치이다. 퓨즈 및 회로 차단기는 장치 또는 회로가 과부하되는 것을 보호한다. 그것들은 충격으로부터 사람들을 보호하진 않는다. 그러나 GFCI는 충격 또는 감전으로부터 사람들을 보호할 수 있다.

GFCI는 새 집에서, 일반적으로 감전의 위험이 큰 주방, 욕실, 세탁실, 차고 및 외부 콘센트에서 찾을 수 있다. 때때로 GFCI는 접지 오류로부터 건물 전체를 보호하기 위해 주 차단기 상자에 설치된다. GFCI에는 많은 종류가 있다. 그림 3.13에 일반적인 GFCI를 나타내었다. GFCI는 회로로 들어오는 전류의 양(검정색 선)과 나가는 양(중립 또는 빨간색 선)을 비교함으로써 작동한다. 만약 중성 선을 통해 나가는 전류보다 더 많은 전류가 빨간색 선을 통해 회로로 들어온다면 전류의 누출 또는 접지 오류가 있다. GFCI는 적어도 5 mA의 누출을 감지할 수 있으며, 그것은 회로를 0.025 s(25 ms)이내에 단락시킴으로써 심각한 전기 충격을 방지하는 데 도움을 준다. 당신은 접지 사고를 가질 수 있는 모든 회로에 GFCI를 추가하는 것을 진지하게 고려해야 한다. GFCI 보호는 습하거나 젖어있는 환경 및 사람이 상해를 입을 수 있는 모든 위치에서 제공되어야 한다. 사람은 젖거나 습기찬 장소에 서 있는 것을 포함해서, 지면과 접촉하는 동안 어떤 가전제품의 빨간색 또는 검은색 선과 접촉함으로써 실수로, 의도치 않게 접지 회로를 형성할 수 있다.

그림 3.13
일반적인 누전 차단기
© TRBfoto/Getty RF

3.8 †응용: 전력계 및 전력량계

이번 절에서, 우리는 두 가지 중요한 응용을 다룰 것이다. 전력회사가 전력과

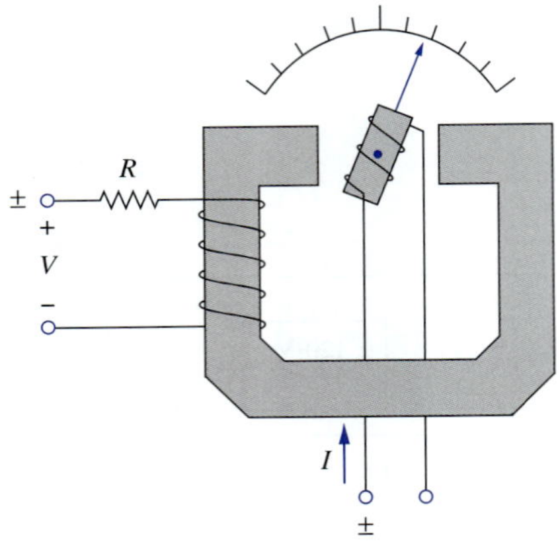

그림 3.14
아날로그 전력계

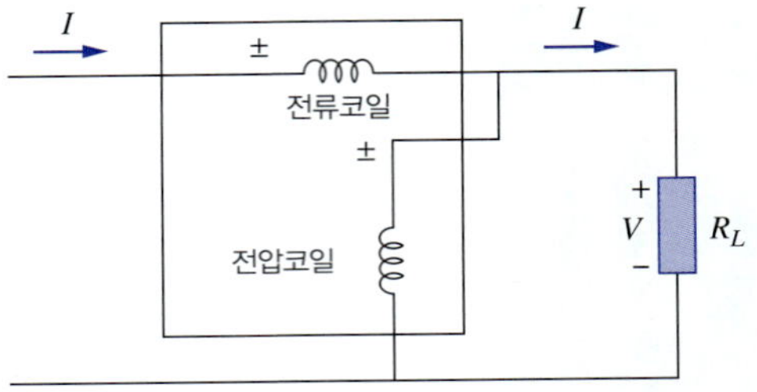

그림 3.15
부하에 연결된 전력계

소비에너지를 측정하는 방법에 대해 다룬다.

3.8.1 전력계

전력은 그림 3.14에 나타낸 것처럼 전력계에 의해 측정된다. 전력계는 기본적으로 전류 코일과 전압 코일로 이루어져 있다. 전력을 전압과 전류의 곱으로 정의하기 때문에 전력을 측정하기 위해 설계된 모든 계량기는 전압과 전류를 모두 고려해야 한다. 전력계는 동력계의 움직임을 기반으로 하며 이는 전압과 전류 코일이 바늘을 구동하는 구조로 이루어진다. 그림 3.15에 나타난 바와 같이 하단(수직) 코일이 부하 전압을 측정하는 반면에 상단(수평) 코일은 부하전류를 측정한다. 전력계를 동작시키는 힘은 전류 코일의 장과 전압 코일의 장으로부터 나온다. 움직이는 코일에 영향을 주는 힘은 전선에 흐르는 전류와 전압의 순시 값의 곱과 비례한다. 비록 디지털 전력계가 있지만, 일반적으로 사용되는 대부분의 전력계는 아날로그이다. 최근의 에너지 보존에 대한 강조는 벽면 콘센트에 연결되어 있는 작은 디지털 전력계의 가능성을 가지고 왔고, 더 나아가 당신이 측정하고자 하는 가전기기들까지 전력계가 적용되었다.

3.8.2 전력량계

전력량계는 에너지를 측정하는 장비이다. 에너지는 전력과 시간의 곱이기 때문에 전력량계는 전력과 시간 모두를 고려해야만 한다. 이 계량기는 어떠한 전기 시스템에서든지 누적된 킬로와트시를 측정하도록 설계되어 있다. 계량기는 모터와 등록기로 이루어져 있다. 모터의 토크는 모터에 흐르는 전류에 비례하고, 등록기는 모터의 회전 수를 계산한다. 그림 3.16에 일반적인 전력량계를 나타내었다. 이 경우, 계량기는 4 문자반 유형이다. 오른쪽 문자반의 지시계는 각각의 눈금을 의미하는 1 kWh(또는 1,000와트시)를 나타낸다. 첫 번째 문자반이 한 바퀴를 돌면 두 번째 문자반의 눈금 하나가 움직이고, 이것은 10 kWh를 의미한다. 두 번째 문자반이 한 바퀴를 돌면 세 번째 문자반의 눈금 하나가 움직이고, 이것은 100 kWh를 의미한다. 나머지는 이와 동일하다. 전력회사는 과거와 현재의 전력량계의 눈금의 차이를 기초로 하여 요금

그림 3.16
일반적인 전력량계
© Comstock Images/Jupiterimages RF

을 부과할 것이다. 현대의 많은 전력량계는 디지털로 표시된다.

첨단 통신 시스템인 요즘, 스마트 미터는 전력 소비를 읽는데 사용된다. 일반적으로 스마트 미터는 기존의 계량기보다 더 자세한 내용(사용시간과 같은) 안의 소비를 식별하고 관찰 및 청구를 위해 지역 전력회사에 다시 몇 가지 네트워크를 통해 해당 정보를 전달하는 전기 계량기이다. 스마트 미터는 에너지 사용에 대한 정보를 수집하고 전송할 수 있는 통신 시스템이고, 소비자들에게 그들의 전력 사용에 대한 더 좋은 정보를 얻어내는 것을 가능하게 해준다.

3.9 요약

1. 전력은 소비되는 에너지의 비율이다.

$$P = \frac{W}{t}$$

2. 저항에 의해 소비되는 전력은

$$P = VI$$

또는

$$P = I^2R$$

또는

$$P = \frac{V^2}{R}$$

3. 마력(hp)은 오늘날 여전히 사용하는 단위이다.

$$1 \text{ hp} = 746 \text{ W}$$

4. 수동부호규정에 따르면 전력은 전류가 요소 양단의 전압의 양극으로 들어갈 때 양의 기호라고 가정한다.

5. 저항의 와트 정격 또는 전력 소요량은 저항의 일반적인 작동 전력보다는 저항이 최대로 소모할 수 있는 전력을 나타낸다.
6. 장치의 효율 η는 입력 전력에 대한 유용한 출력 전력의 비율이다.

$$\eta = \frac{P_{\text{out}}}{P_{\text{in}}} \times 100\%$$

7. 퓨즈, 회로 차단기 및 GFCI는 회로에서 고장 때문에 전류가 설정값을 초과하여 그것들을 통과할 때 고의적으로 개방 회로를 만드는 데 사용되는 보호 장치이다. 퓨즈 및 회로 차단기는 장치만을 보호하는 반면에, GFCI는 사용자를 보호한다.
8. 에너지는 전력량계를 사용하여 측정하는 반면에 전력은 전력계를 사용하여 측정한다.

복습문제

3.1 사용된 에너지의 비율을 정의한 양은?
(a) 열 (b) 전압
(c) 전류 (d) 전력

3.2 저항의 전력은 전류와 전압의 곱이다.
(a) 참 (b) 거짓

3.3 전기 난방기가 110-V 전원에서 2 A를 소모할 때 난방기에 의해 흡수되는 전력은?
(a) 220 W (b) 55 V
(c) 27.5 W (d) 18.18 mW

3.4 1마력은 약 3/4 kW와 동일하다.
(a) 참 (b) 거짓

3.5 다음 중 에너지의 단위가 아닌 것은?
(a) 줄 (b) 와트
(c) 와트세컨드 (d) 킬로와트시

3.6 저항으로 전류가 흐를 때, 전기에너지는 열에너지로 전환된다.
(a) 참 (b) 거짓

3.7 60-W 전구가 10시간 동안 사용되었을 때 에너지는?
(a) 6 J (b) 600 J
(c) 0.6 kWh (d) 6 kWh

3.8 특정 모터는 3마력의 입력에 대하여 2마력의 기계적 출력을 발생시킨다. 이 모터의 효율은 얼마인가?
(a) 33.33% (b) 50%
(c) 66.67% (d) 120%

3.9 120%의 효율을 가질 수 있다.
(a) 참 (b) 거짓

3.10 에너지를 측정하기 위해 설계된 장비는 어떤 이름으로 불리는가?
(a) 전압계 (b) 에너지 계량기
(c) 전력계 (d) 전력량계

해답: 3.1d, 3.2a, 3.3a, 3.4a, 3.5b, 3.6a, 3.7c, 3.8c, 3.9b, 3.10d

문제

3.2절 전력 및 에너지

3.1 2시간 동안 2,600 J의 에너지가 소비되었을 때 소비되는 전력은 얼마인가?

3.2 어떤 장치가 8분 동안 560 J의 에너지를 흡수하였을 때, 장치에 의해 흡수되는 전력을 구하라.

3.3 저항이 7 W를 소모할 때 280 J의 에너지를 소모하려면 얼마만큼의 시간이 걸리는가?

3.4 40-W 라디오가 5시간 작동하였다. 8센트/kWh라면 라디오가 작동하는 동안 얼마만큼의 요금이 부과되었는가?

3.5 가전기기가 420 W를 사용한다. 이 기기가 6일 동안 작동한다면 소비되는 킬로와트시를 계산하라.

3.6 120-W 납땜용 인두가 1.5 kJ을 소모하였을 때 얼마만큼의 시간이 걸리는가?

3.7 다음을 킬로와트시로 변환하라.
(a) 56초 동안의 200 W
(b) 2시간 동안의 180 W
(c) 4시간 동안의 40,000 W

3.8 어떤 전동기가 부하에 4.2 hp를 전달한다. 전달되는 가력을 와트로 표현하면 몇 와트인가?

3.9 저항이 8-V 전원에 연결되어있고 4 A의 전류가 흐를 때 저항이 600 J을 소모하기 위한 시간을 구하라.

3.10 3-kW 난방기가 120-V 전원에 연결되어 있다. 난방기의 저항을 구하라.

3.11 110-V 텔레비전이 185 W의 정격을 가지고 있다. 이 텔레비전의 정격 전류를 구하라.

3.12 12-V 전지가 6시간 동안 2 A의 정격을 가지고 충전된다. 이때 소모되는 에너지의 양을 계산하라.

3.13 65-W 납땜용 인두가 0.56 A의 전류를 소모한다. 이 인두를 작동시키기 위한 전압은 얼마인가?

3.14 다음 표를 완성하라.

R (Ω)	*V* (V)	*I* (A)	*P* (W)
—	120	0.04	—
60	—	—	0.8
—	24	—	2.2
42	—	0.1	—

3.15 어떤 전지가 36시간 동안 2.4 A의 전류를 제공한다. 이 전지의 암페어시를 계산하라.

3.16 40-W 라디오가 0.2 kWh의 에너지를 사용하기 위해서는 얼마만큼의 시간이 필요한가?

3.17 뜨거운 위치에서 120-V 퍼컬레이터(percolator)의 발열체의 저항은 4 Ω이다. 다음을 구하라: (a) 요소에 의해 소모된 전류, (b) 요소에 의해 소모된 전력, (c) 모든 전기 전력이 열로 변환되었을 때 열 전력을 Btu/min으로 나타내어라. 단 1 W = 0.0569 Btu/min으로 가정하자.

3.18 진공청소기가 120 V의 전압에서 작동한다. 이 청소기의 정격 전류가 5 A일 때 진공청소기에 의해 얼마만큼의 전력이 소비되는가?

3.19 전기 전문가가 30-A 퓨즈를 만들기로 하였다. 퓨즈가 3초 동안 30 J보다 큰 에너지 소비가 발생하였을 때 녹을 것이다. 퓨즈를 녹이기 위해 얼마만큼의 전력이 요구되는가?

3.20 토스트기의 저항은 12 Ω이다. 토스트기가 1분 동안 120-V 콘센트에 연결되었을 때 토스트기로 얼마만큼의 에너지가 전달되는가?

3.21 전동기의 정격이 1/4 hp이다. 전동기가 120-V 전원으로 작동될 때 전동기에 얼마만큼의 전류가 흐르는가?

3.3절 전기 회로에서의 전력

3.22 10-Ω 저항 양단의 전압 강하는 12 mV이다. 저항에 의해 흡수되는 전력을 계산하라.

3.23 그림 3.17에서 각각의 저항으로 전달되는 전력을 구하라.

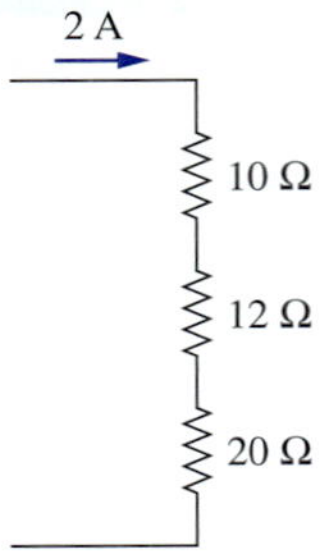

그림 3.17
문제 3.23의 회로

3.24 그림 3.18에서 각각의 저항에 의해 흡수되는 전력을 구하라.

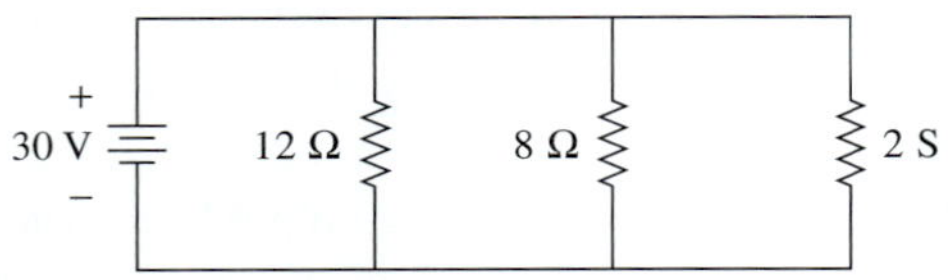

그림 3.18
문제 3.24의 회로

3.25 50-kΩ 저항에 의해 소모되는 전력이 400 mW일 때 저항을 통해 흐르는 전류와 양단의 전압을 계산하라.

3.26 브라운관의 전열기는 8.2 V, 0.8 A의 정격을 가지고 있다. 열로 변환되는 에너지의 비율을 구하라.

3.27 30-Ω 전열기가 4시간 동안 110-V 전원에 연결되어 작동할 때 사용된 에너지를 계산하라.

3.28 그림 3.19 회로에서, 2시간 동안 회로가 흡수할 에너지의 양을 구하라.

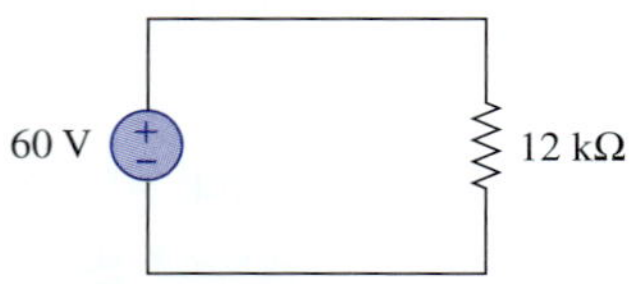

그림 3.19
문제 3.28의 회로

3.29 어떤 회로에서, 저항을 기존 값의 절반으로 감소시키고 전압을 두 배로 증가시켰다. 소비전력에는 어떠한 변화가 일어나는가?

3.30 그림 3.20 회로에서 저항 R_1 및 R_2로 전달된 전력을 계산하라.

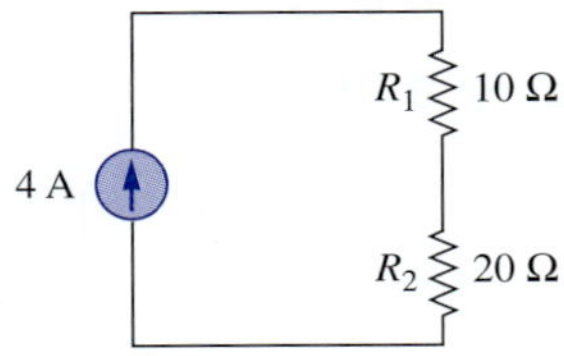

그림 3.20
문제 3.30의 회로

3.31 그림 3.21 회로에서 저항 R_1 및 R_2로 전달된 전력을 구하라.

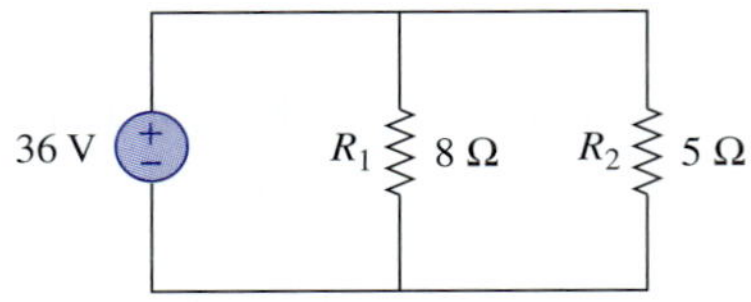

그림 3.21
문제 3.31의 회로

3.32 다음 각각의 전압과 저항 조합들의 전력을 구하라.
(a) $V = 12$ V, $R = 3.3$ kΩ
(b) $V = 8.8$ V, $R = 150$ Ω
(c) $V = 120$ V, $R = 820$ Ω

3.4절 수동부호규정

3.33 그림 3.22에 나타낸 각각의 요소에 대하여 전력을 구하라.

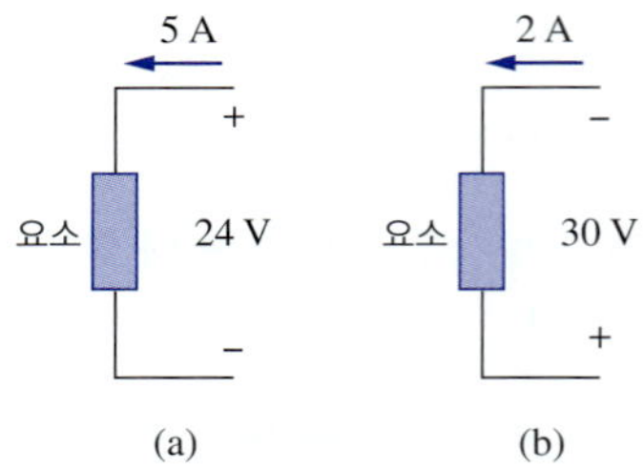

그림 3.22
문제 3.33의 회로

3.34 그림 3.23에 나타낸 각각의 요소는 부하 혹은 전원이다. 각각의 요소에 대하여 전력을 구하고 전력을 생산하는지, 흡수하는지 서술하라.

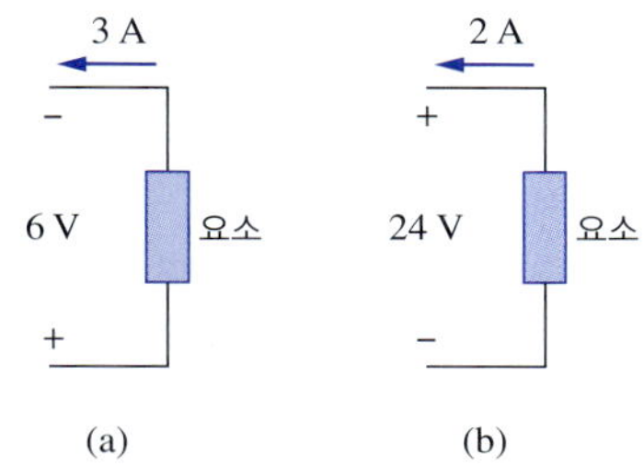

그림 3.23
문제 3.34의 회로

3.5절 저항의 전력 소요량

3.35 1-W, 2kΩ 저항이 있다. 안전하게 다룰 수 있는 최대 전류를 구하라.

3.36 8-kΩ, 1/4-W 저항 양단에 50 V를 적용하면 안전한가?

3.37 다음 저항들이 과열에 의해 손상될 것인지 결정하라.
(a) 저항 양단의 전압이 110 V인 850 Ω, 1 W
(b) 저항을 통해 흐르는 전류가 1 mA인 8 Ω, $\frac{1}{2}$ W
(c) 저항을 통해 흐르는 전류가 4 A인 2 Ω, 10 W

3.38 저항을 통해 흐르는 5 mA 전류가 저항 양단의 전압 60 V를 발생시킨다. 이 저항의 최소 와트 정격을 구하라.

3.39 2-W, 5.6 kΩ 저항에 안전하게 적용될 수 있는 최대 전압을 구하라.

3.40 0.3-Ω 저항이 8 W의 정격이라면 15 A의 전류가 흐를 때 얼마나 저항이 안전한지 구하라.

3.41 에어컨이 1.5 kW의 정격이고 10 h/day 작동한다. 전기 요금이 $0.085/kWH라면, 에어컨을 30일 동안 작동했을 때 요금이 얼마나 되는가?

3.6절 효율

3.42 전력 증폭기가 260 W를 스피커에 전달하는 동안 320 W의 전력 손실이 발생한다. 이 시스템의 효율은?

3.43 자동차 시동 전동기를 사용할 때 12-V 전원으로부터 70 A를 흡수한다. 전동기의 정격이 1.2 hp일 때 효율을 계산하라.

3.44 500 W 입력에 대하여 0.6 hp 출력을 가지는 전동기의 효율을 계산하라.

3.45 어떤 입체 음향 시스템이 출력이 200 W일 때 110 V에서 3.2 A를 흡수한다. 이 시스템의 효율과 손실 전력을 계산하라.

3.46 어떤 시스템이 92퍼센트의 효율에서 동작한다. 손실이 12 kW라고 할 때 P_{in}과 P_{out}을 계산하라.

3.47 전동기가 84퍼센트의 효율을 가진다. 이 전동기가 에너지 전원으로부터 1.6 kW를 공급받는다고 하였을 때 기계적 출력을 마력으로 계산하라.

3.48 시스템이 두 개의 동일한 장치로 이루어져있다. 각각의 장치가 70퍼센트의 효율로 동작하고 입력 에너지가 40 J일 때 출력 에너지를 계산하라.

3.49 백열 전구가 75 W의 입력에 대하여 10 W의 유용한 출력을 제공한다. 효율을 계산하라.

3.50 전동기가 85퍼센트의 효율과 2 hp의 정격을 가진 기계적 에너지를 만든다. 220-V 전원으로부터 전동기로 흡수되는 전류는 얼마나 되는가?

3.51 60퍼센트의 효율을 가진 무선국이 24 h/day동안 32 kW를 전송한다. 하루 동안 8센트/kWh의 요금이 청구된다고 했을 때 무선국을 작동시키기 위한 요금을 구하라.

3.52 5-hp 전동기가 80퍼센트의 효율을 가지고 7일의 20퍼센트 동안 동작한다. 전기 요금이 6센트/kWh라면 사용자에게 청구되는 요금은?

3.53 입력 전력이 800 W이고 출력 전력이 0.6 hp를 가진 전동기의 효율을 계산하라. 1 hp = 746 W라고 가정한다.

3.54 70-W 전구가 빛을 발생하기 위하여 60 W를 사용하고 나머지 10 W는 열로 방출된다. 이 전구의 효율을 계산하라.

3.55 전동기가 30 kJ 입력에 대하여 24 kJ의 기계적 출력을 만든다. (a) 전동기의 효율을 구하라. (b) 전동기가 유용한 출력으로 변환시키기 못한 에너지를 구하라. (c) 손실된 전력은 어떻게 되었는가?

3.56 어떤 5-hp 전동기가 82퍼센트의 효율에서 동작한다. 입력 전류가 8.2 A일 때 입력 전압을 계산하라. 입력 전력은 얼마인가?

3.57 200-V 직류 전동기가 15 A를 흡수하고 2.1 hp의 출력 전력을 만든다. (a) 전동기의 효율을 구하라. (b) 손실 전력

을 계산하라.

3.58 두 개의 변환기는 40 mW의 출력 전력을 제공한다. 첫 번째 변환기는 80퍼센트의 효율을 가지고 두 번째 변환기는 95퍼센트의 효율을 가질 때 입력 전력을 구하라.

3.59 120 V의 직류 전원공급장치가 20 A를 흡수하고 전동기와 연결되었을 때 1.5 hp의 출력 전력을 만든다. 1 hp = 746 W라고 가정할 때 다음을 구하라: (a) 전동기의 입력 전력 P_{in}, (b) 전동기의 출력 전력 P_{out}, (c) 전동기의 효율, (d) 전동기의 손실 전력, (e) 손실 전력이 전부 열로 변환되었다면 전동기에 의해 방출된 열 전력을 Btu/min으로 구하라 (1 W = 0.0569 Btu/min).

3.8절 응용: 전력계 및 전력량계

3.60 빵 2조각을 토스트하는데 1분 또는 30초가 소요되는 1200-W 토스트기가 있다. 에너지 요금이 $0.08/kWh이고 한 봉지에 20조각이 있다. 한 봉지의 빵을 토스트하는데 소요되는 요금을 계산하라.

CHAPTER

4

직렬 회로

어리석은 사람은 용서하지도, 그것을 잊지도 않는다. 순진한 사람은 용서해주고, 그것을 깨끗이 잊어버린다. 현명한 사람은 용서해주지만 그것을 잊지 않는다.

— Thomas Szasz

역사 프로필

Gustav Robert Kirchhoff
© Pixtal/age Fotostock RF

Gustav Robert Kirchhoff(1824~1887) 독일의 과학자로 전기 회로, 분광학 및 가열 물체에 의한 흑체 복사 방출의 기본적인 이해에 기여했다.

동 프러시아 콘니스버그(Konigsberg)에서 법률가의 아들로 태어난 키르히호프는 18세에 콘니스버그 대학에 입학하여 나중에 베를린에서 대학 강사가 되었다. 독일 화학자 로버트 번스타인과의 분광학에 다한 공동 작업은 1860년에 세슘의 발견을, 1861년에는 루비듐의 발견을 가져왔다. 그는 1847년에 전기회로에서의 전류와 전압 사이의 관계에 관한 두 개의 기본 법칙을 제창하였다. 키르히호프의 법칙은 옴의 법칙과 함께 회로이론의 기반이 되는 법칙이다. 키르히호프는 또한 키르히호프의 복사 법칙으로도 유명하다. 이처럼 키르히호프는 공학자, 화학자 그리고 물리학자들 사이에서 유명하다.

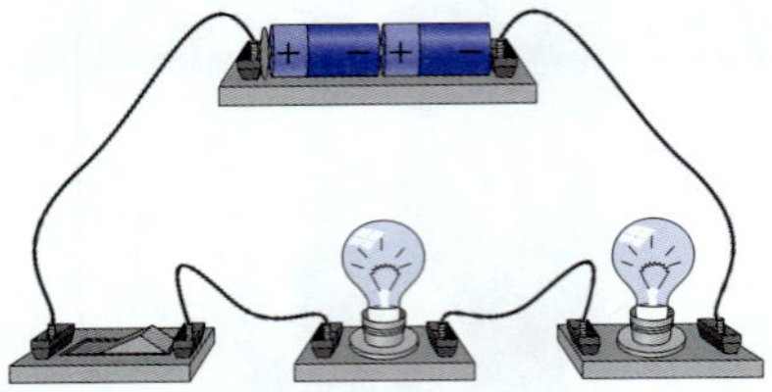

그림 4.1
직렬 회로의 예. 조광기와 직렬로 연결된 두 개의 전구

4.1 서론

이전 장에서 대부분 단일 저항을 가지는 회로만 다루었다. 지금부터, 한 개 이상의 저항을 가진 회로를 고려할 것이다. 이러한 저항 회로는 직렬 또는 병렬이거나 혹은 둘 다 아닐 수 있다. 그림 4.1에 직렬 회로의 간단한 예를 나타내었다. 우리는 이 장에서 직렬 회로를 해석하는 방법을 고려할 것이고, 다음 장에서 병렬 회로를 다룰 것이다. 이후의 장에서 직렬 또는 병렬 회로 둘 다 아닌 회로에 대해 설명할 것이다.

첫 번째로 노드, 가지, 루프, 직렬 및 병렬의 기본 개념을 소개하면서 장을 시작한다. 그리고 직렬 회로가 무엇인지 배울 것이다. 다음으로 옴의 법칙과 함께, 회로 해석에 매우 유용한 키르히호프의 전압 법칙을 소개할 것이다. 또 직렬 회로에서의 전압 전원, 전압 분배기, 그리고 직렬 회로에서의 전력을 논의할 것이다. 그리고 PSpice와 Multisim을 사용하여 직렬 회로를 해석하는 방법에 대해 배울 것이다. 마지막으로 직렬 회로의 두 가지 간단한 응용-저항을 전류 제한기와 전기 조명 시스템으로 사용하는 경우에 대해 알아볼 것이다.

4.2 노드, 가지 및 루프

회로에서 찾을 수 있는 두 가지의 유형의 요소가 있다. **수동 요소 및 능동 요소**. 능동 요소는 에너지를 생성할 수 있지만, 수동 요소는 그렇지 않다. 수동 요소의 예로는 저항, 커패시터, 인덕터가 있다. 일반적인 능동 요소에는 발전기, 전지, 증폭기가 있다.

전기회로의 요소는 여러 가지 방법으로 연결될 수 있기 때문에, 네트워크 토폴로지의 기본 개념을 이해할 필요가 있다. **네트워크 토폴로지**란 네트워크에서 요소의 배치와 네트워크의 기하학적 구성과 관련된 속성을 의미한다. 이러한 속성에는 가지, 노드 및 루프가 있다.

가지는 두 단자를 가진 모든 요소이다. 그림 4.2에 나타낸 회로는 다섯 개의 가지를 가지고 있는데, 즉 10 V 전압원 그리고 네 개의 저항이 그것이다.

> **가지**는 한 개의 전압원 또는 한 개의 저항 같은 한 개의 요소를 나타낸다.

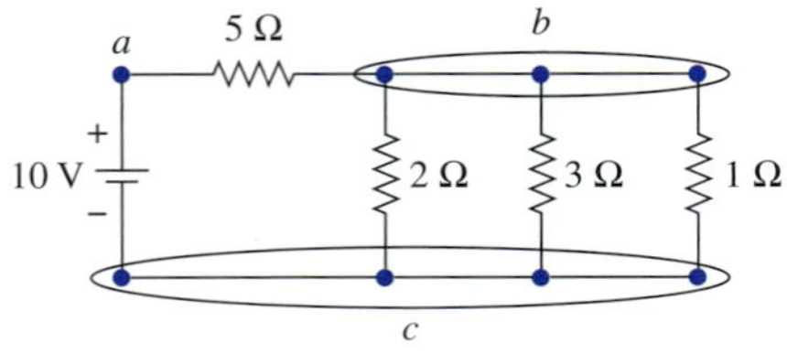

그림 4.2
노드, 가지 및 루프

노드는 대부분 회로에서 한 개의 점으로 표시되지만, 이 책에서는 이 규정을 따르지 않는다. 단락회로(연결 도선)가 두 개의 노드를 연결할 경우, 두 개의 노드는 한 개의 노드가 된다. 그림 4.2의 회로에는 세 개의 노드 a, b, c가 있다. 노드 b를 형성하는 세 개의 점은 도선에 의해 연결되어 있으므로 한 개의 점이 된다는 것을 주의하라. 노드 c를 형성하는 네 개의 점에서도 마찬가지이다. 그림 4.2에 나타낸 회로는 세 개의 노드를 가지고 있는데 이는 그림

4.3과 같이 회로를 다시 그림으로서 알 수 있다. 그림 4.2와 4.3 두 개의 회로는 동일하다. 그러나 명확성을 위해 노드 b와 c는 그림 4.2에서와 같이 완전한 도체로 연결되어 있다.

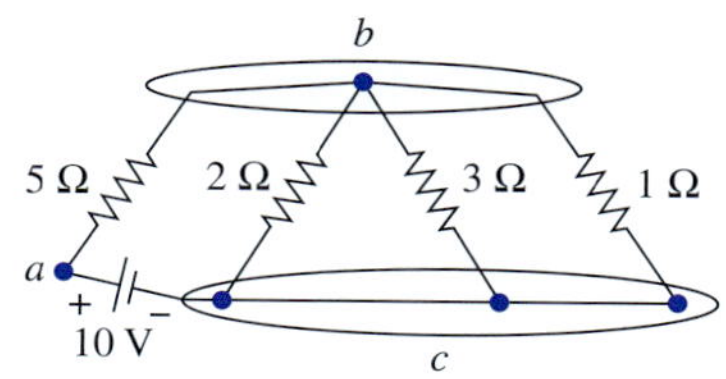

그림 4.3

그림 4.2의 세 개의 노드를 가진 회로를 다시 그린 그림

> **노드**는 두 개 또는 그 이상의 가지의 연결점이다.

예를 들어, 그림 4.3에 나타낸 2-Ω 저항을 포함한 폐경로 $abca$는 루프이다. 다른 루프는 3-Ω 저항과 1-Ω 저항을 가진 폐경로 bcb이다. 그림 4.3의 회로에서 여섯 개의 루프를 찾을 수 있지만 오직 세 개의 루프만이 독립적이다. 어떤 루프가 다른 독립 루프(independent loop)의 일부가 아닌 적어도 한 개의 가지를 가지고 있으면 독립 루프를 형성한다. 독립 루프 또는 경로는 상호 독립적인 여러 개의 방정식을 형성한다.

> **루프**는 회로에서의 모든 폐경로이다.

b개의 가지, n개의 노드, 그리고 l개의 단일 루프들 가진 네트워크는 다음의 네트워크 토폴로지의 기본 법칙을 만족한다.

$$b = \ell + n - 1 \tag{4.1}$$

다음의 두 정의가 나타내듯이, 회로의 토폴로지는 회로의 전압과 전류를 공부하는데 유용한 가치를 가지고 있다.

> 두 개 또는 그 이상의 요소가 순차적으로 연결되면, 이들은 **직렬** 연결되며 결과적으로 같은 전류가 흐른다.

> 두 개 또는 그 이상의 요소가 두 개의 같은 노드에 연결되면, 이들은 **병렬** 연결되며 결과적으로 이들 양단의 전압은 같다.

요소들이 직렬 연결될 때 그들은 체인-연결 또는 순차적으로 끝과 끝이 연결된다. 예를 들어 두 요소는 한 개의 공통 노드를 공유하고 다른 요소들은 그 공통 노드에 연결되지 않을 때 직렬 연결이 된다. 병렬 연결된 요소들은 동일한 한 쌍의 단자에 연결된다. 요소들은 직렬이나 병렬이 아닌 다른 어떤 방식으로 연결될 수 있다. 그림 4.2에 나타낸 회로에서 전지와 5-Ω 저항은 직렬 연결인데, 이는 연결된 요소들을 통해 같은 전류가 흐르기 때문이다. 2-Ω 저항과 3-Ω 저항, 그리고 1-Ω 저항은 병렬 연결인데, 이는 연결된 요소들이 모두 두 개의 같은 노드(b와 c)에 연결되어 있어 동일한 전압을 유지하고 있기 때문이다. 5-Ω 저항과 2-Ω 저항은 상호 간에 직렬 연결도 병렬 연결도 아니다.

예제 4.1

그림 4.4에 나타낸 회로에서 가지와 노드의 개수를 결정하라. 직렬 및 병렬인 요소를 구별하여 나타내어라.

풀이

회로에 네 개의 요소가 있으므로 네 개의 가지가 있다. 즉 10 V, 5 Ω, 6 Ω 그리고 12 V이다. 이 회로에는 그림 4.5에 나타낸 것처럼 세 개의 노드가 있다. 5-Ω의 저항은 10-V 전압원과 직렬인데, 이는 같은 전류가 그들을 통해 흐르기 때문이다. 6-Ω의 저항은 12-V 전압원과 병렬인데 이는 두 개 모두 같은 노드 2와 3에 연결되어 있기 때문이다.

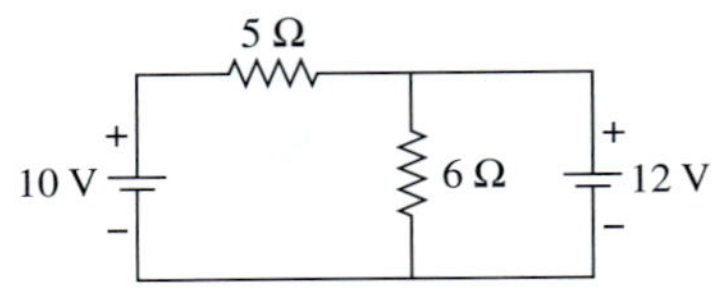

그림 4.4
예제 4.1의 회로

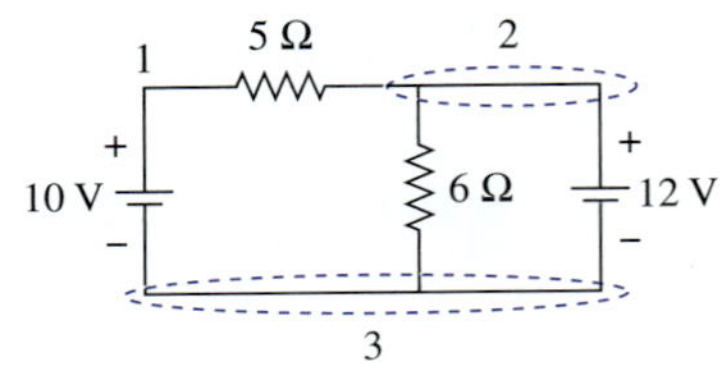

그림 4.5
그림 4.4의 세 개의 노드를 가진 회로

연습문제 4.1

그림 4.6에는 몇 개의 가지와 노드가 있는가? 직렬 및 병렬인 요소를 구별하여 나타내어라.

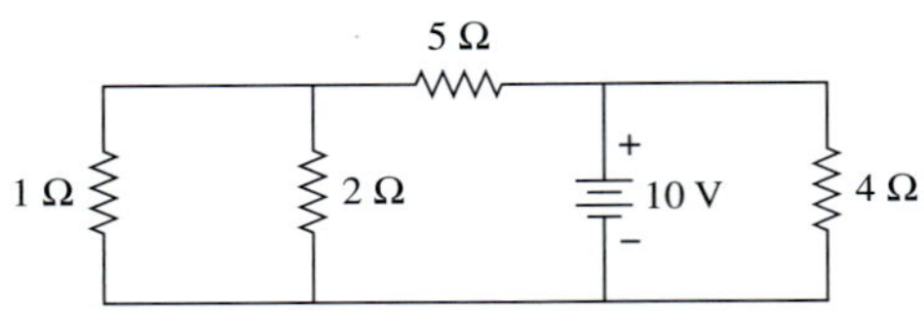

그림 4.6
연습문제 4.1의 회로

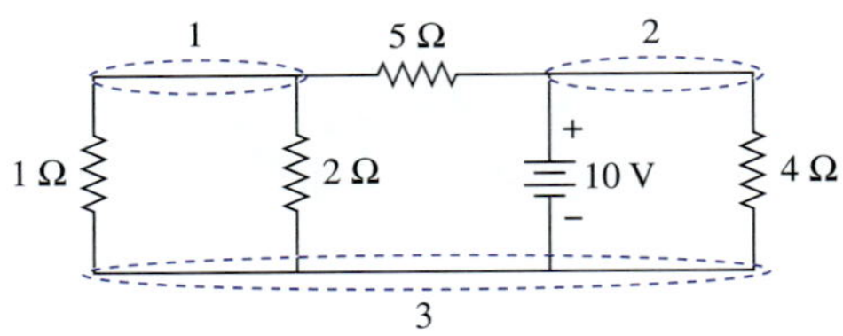

그림 4.7
연습문제 4.1의 답

해답 다섯 개의 가지와 세 개의 노드를 그림 4.7에서 확인할 수 있다. 1-Ω과 2-Ω의 저항은 병렬이다. 4-Ω의 저항과 10-V 전압원 또한 병렬이다.

4.3 직렬 연결된 저항

저항을 직렬(또는 병렬)로 연결하는 경우가 자주 발생하기 때문에 특별한 주의를 요한다. 그림 4.8은 브레드보드(Breadboard)에 직렬로 연결된 저항을 보여준다. 두 개 또는 그 이상의 저항이 하나의 끝과 다른 하나의 끝에(혹은 나

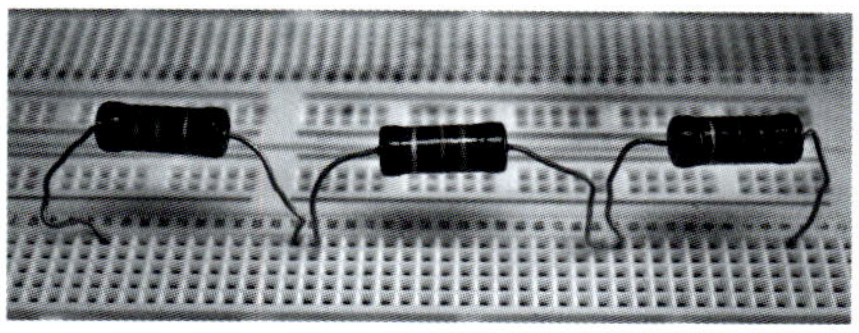

그림 4.8

브레드보드에 직렬로 연결된 저항

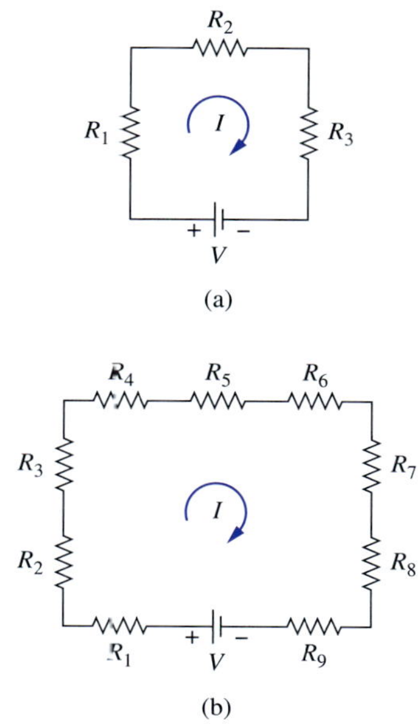

그림 4.9

직렬 회로의 예

란히) 연결되었을 때 저항이 **직렬**로 연결되어 있다고 한다. 전류에 대한 경로가 오직 하나만 있기 때문에 직렬 저항을 통해 동일한 전류가 흐른다. 그림 4.9에 직렬 회로의 예를 나타내었다.

> **직렬 회로**에서는 저항이 나란히 연결되어 있고, 동일한 전류가 저항을 통해 흐른다.

그림 4.9(a)의 총 저항은 $R_T = R_1 + R_2 + R_3$이다. 그림 4.9(b)의 총 저항은 $R_T = R_1 + R_2 + R_3 + \cdots + R_9$이다. 일반적으로,

> 직렬 연결된 저항의 **총 저항**은 개별 저항의 합과 같다.

N개의 직렬 연결된 저항은 다음과 같이,

$$\boxed{R_T = R_1 + R_2 + R_3 + \cdots + R_N} \tag{4.2}$$

동일한 전류 I가 각각의 저항을 통해 흐르므로, 각 저항 양단에 걸리는 전압을 계산할 수 있고(옴의 법칙을 사용해서), 저항에 의해 흡수되는 전력은 다음과 같다.

$$\begin{aligned} V_1 &= IR_1, \quad P_1 = IV_1 = I^2R_1 \\ V_2 &= IR_2, \quad P_2 = IV_2 = I^2R_2 \\ &\vdots \\ V_N &= IR_N, \quad P_N = IV_N = I^2R_N \end{aligned} \tag{4.3}$$

이것은 직렬 회로에서 각 저항에 의한 전압 강하는 저항에 따라 달라짐을 나타낸다. 직렬 회로에 전달되는 총 전력은

$$\begin{aligned} P_T &= P_1 + P_2 + P_3 + \cdots + P_N \\ &= I^2(R_1 + R_2 + R_3 + \cdots + R_N) = I^2 R_T \end{aligned} \tag{4.4}$$

예제 4.2

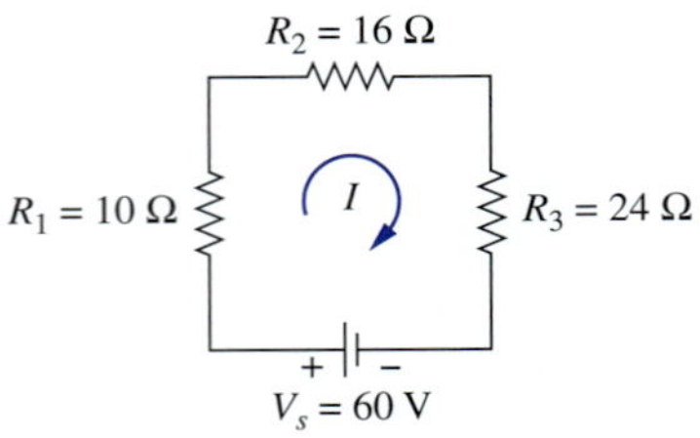

그림 4.10
예제 4.2의 회로

그림 4.10의 직렬 회로를 고려하여 다음을 구하라.

(a) 총 저항
(b) 전류 I
(c) R_1, R_2, R_3 양단의 전압
(d) R_1, R_2, R_3가 흡수하는 전력
(e) 전원이 전달하는 전력

풀이

(a) 총 저항은

$$R_T = R_1 + R_2 + R_3 = 10 + 16 + 24 = 50\ \Omega$$

(b) 옴의 법칙을 사용해서

$$I = \frac{V_s}{R_T} = \frac{60}{50} = 1.2\ \text{A}$$

(c) 저항 양단의 전압은 다음과 같이 구할 수 있다.

$$\begin{aligned} V_1 &= IR_1 = 1.2 \times 10 = 12\ \text{V} \\ V_2 &= IR_2 = 1.2 \times 16 = 19.2\ \text{V} \\ V_3 &= IR_3 = 1.2 \times 24 = 28.8\ \text{V} \end{aligned}$$

이것은 저항 값에 비례하여 전원 전압이 세 개의 저항에 분배되는 것을 나타낸다.

(d) 저항이 흡수하는 전력은

$$\begin{aligned} P_1 &= IV_1 = 1.2 \times 12 = 14.4\ \text{W} \\ P_2 &= IV_2 = 1.2 \times 19.2 = 23.04\ \text{W} \\ P_3 &= IV_3 = 1.2 \times 28.8 = 34.56\ \text{W} \end{aligned}$$

저항이 흡수하는 총 전력은

$$P_T = P_1 + P_2 + P_3 = 14.4 + 23.04 + 34.56 = 72\ \text{W}$$

(e) 전원이 전달 혹은 공급하는 전력은

$$P_d = V_s I = 60 \times 1.2 = 72\ \text{W}$$

이것은 저항이 흡수하는 총 전력과 동일하다.

연습문제 4.2

그림 4.11의 직렬 회로를 고려하여 다음을 구하라.

(a) 총 저항
(b) 전류 I
(c) R_1, R_2, R_3, R_4 양단의 전압
(d) R_1, R_2, R_3, R_4가 흡수하는 전력
(e) 전원이 전달하는 전력

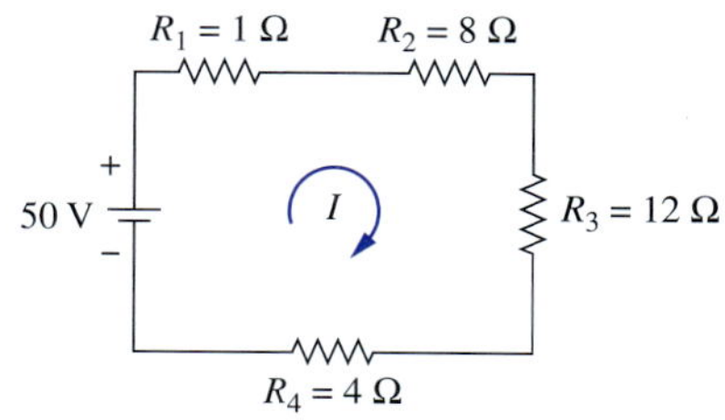

그림 4.11
연습문제 4.2의 회로

해답 (a) 25 Ω (b) 2 A (c) 2, 16, 24, 8 V (d) 4, 32, 48, 16 W (e) 100 W

4.4 키르히호프의 전압 법칙

옴의 법칙은 그 자체로서는 회로 해석에 충분하지 않다. 그러나 키르히호프의 법칙과 같이 사용하게 되면, 많은 종류의 회로를 해석할 수 있다. 키르히호프의 법칙은 1847년 독일 물리학자 키르히호프(Gustav Robert Kirchhoff)에 의해 처음 소개되었다. 이 법칙은 공식적으로 키르히호프의 전압 법칙(KVL)으로 알려져 있으며 이 장에서 설명할 것이다. 그리고 키르히호프의 전류 법칙(KCL)이 있으며 다음 장에서 설명할 것이다.

> **키르히호프의 전압 법칙**(KVL)은 한 개의 폐경로(또는 루프)에서 전압의 대수적 합은 0(zero)인 것을 말한다.

키르히호프의 전압 법칙은 회로에서 에너지 보존의 법칙을 기반으로 한다(전위 또는 전압이 단위 전하당 에너지라는 점을 명심하라). 에너지 보존의 법칙은 회로에서 전위 차의 대수적 합이 0이 되어야 한다는 것을 의미한다.

수학적으로 표현하면 한 개의 루프 혹은 폐경로에서 N개의 전압이 있다면

$$V_1 + V_2 + V_3 + \cdots + V_N = 0 \tag{4.5}$$

상징화된 형태로 표현하면 $\sum$는 합계를 나타내고, KVL은 다음과 같이 언급될 수 있다.

$$\boxed{\sum_{i=1}^{N} V_i = 0} \tag{4.6}$$

N은 루프 안에서 전압의 수이고 V_i는 i번째 전압이다.

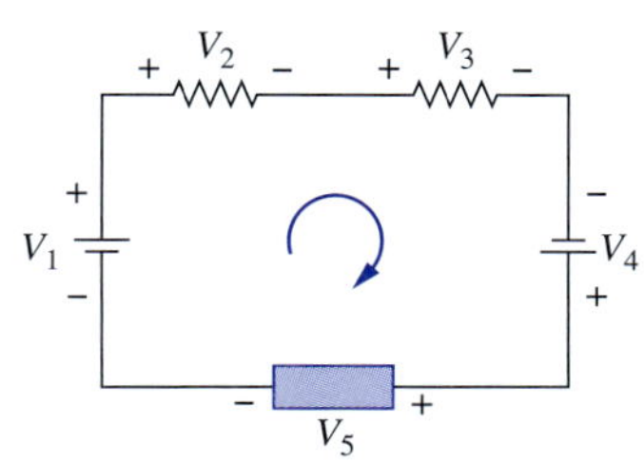

그림 4.12
KVL을 설명하는 단일 루프 회로

KVL을 설명하기 위해서 그림 4.12를 살펴보자. 각 전압의 기호는 그 루프를 돌 때 처음 만나는 단자의 극성이다(그림 2.6에서 보여준 것처럼 저항 양

단 전압의 극성과 전류의 방향 사이의 관계를 명심하라). 우리는 어떤 가지에서도 시작할 수 있고, 그 루프를 시계 방향 또는 반시계 방향으로 돌 수 있다.[1] 전압원 V_1에서부터 시작한다고 가정하고 그림에 나타낸 것처럼 시계 방향으로 움직이자. 그러면 전압은 $-V_1$, $+V_2$, $+V_3$, $-V_4$ 그리고 $+V_1$, 이 같은 순서로 될 것이다. 예를 들어 가지 3에 도달할 때, 양의 단자를 먼저 만난다. 그러므로 $+V_3$가 된다. 가지 4번에서는 음의 단자를 먼저 만난다. 따라서 $-V_4$가 된다. 그러므로 KVL에 의해

$$-V_1 + V_2 + V_3 - V_4 + V_5 = 0 \tag{4.7}$$

이 된다. 각 항들은 다시 쓰면

$$V_2 + V_3 + V_5 = V_1 + V_4 \tag{4.8}$$

이것은 다음과 같이 해석된다.

$$\sum \text{voltage drops} = \sum \text{voltage rises} \tag{4.9}$$

이것은 KVL의 다른 형태이다. 만약 V_1에서 시작해서 시계 반대방향으로 움직였다면 결과는 $+V_1$, $-V_5$, $+V_4$, $-V_3$ 그리고 $-V_2$가 되고, 이는 앞의 결과와 같고 단지 기호가 반대로 된다. 그러므로 식 (4.7)과 (4.8)은 같다. 또한 요소를 통해 −에서 +로 움직일 때 전압 상승이 발생하는 반면에, +에서 −로 움직이면 전압 강하가 발생하는 것을 주의해라. 전압 강하(+에 비하여 −)는 수동요소에서 일어나지만, 전압 상승(−에 비하여 +)은 능동 요소에서 일어난다는 것은 언급할 가치가 있다.

예제 4.3

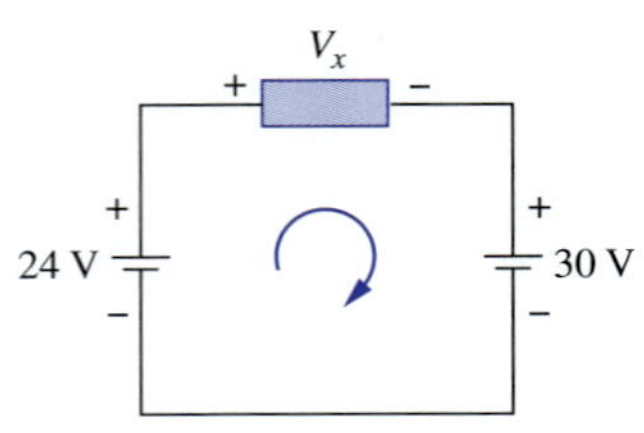

그림 4.13

예제 4.3의 회로

그림 4.13의 회로에서 전압 V_x를 구하라.

풀이

화살표 방향으로 루프를 돌려 키르히호프의 전압 법칙을 적용하고, 다음 식을 구할 수 있다.

$$-24 + V_x + 30 = 0$$

또는

$$V_x = 24 - 30 = -6 \text{ V}$$

---

1 KVL은 두 가지 방법으로 적용될 수 있다. 시계 방향 혹은 반시계 방향으로 루프를 돌려 적용할 수 있다. 어느 방법이든 루프 주위 전압들의 합은 0이다.

연습문제 4.3

그림 4.14의 회로에서 전압 V_x를 구하라.

해답 8 V

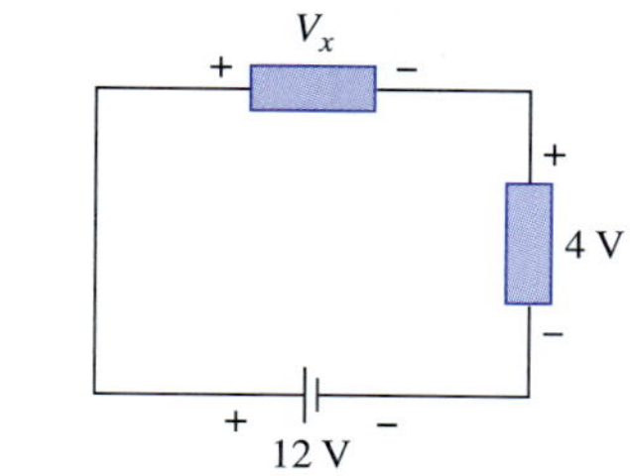

그림 4.14
연습문제 4.3의 회로

예제 4.4

그림 4.15의 회로에서 전압 V_1과 V_2를 구하라.

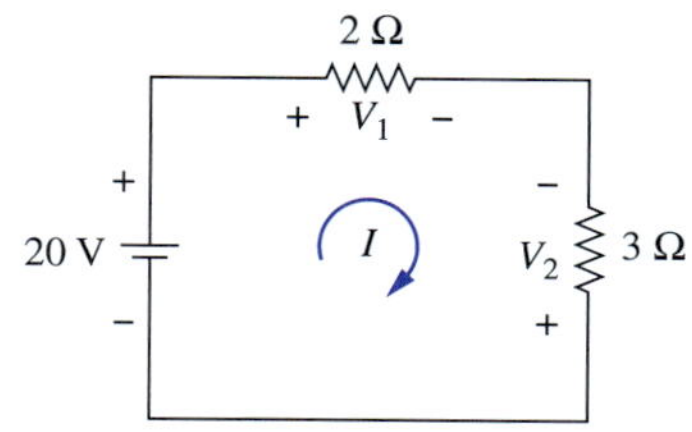

그림 4.15
예제 4.4의 회로

풀이

V_1과 V_2를 구하기 위해서 옴의 법칙과 키르히호프의 전압 법칙을 적용한다. 그림 4.15에서 나타낸 루프를 통해 전류 I가 흐른다고 가정하자. 옴의 법칙으로부터,

$$V_1 = 2I, \quad V_2 = -3I \tag{4.4.1}$$

루프에 KVL을 적용하면

$$-20 + V_1 - V_2 = 0 \tag{4.4.2}$$

식 (4.4.1)을 식 (4.4.2)에 대입하면 다음을 얻을 수 있다.

$$-20 + 2I + 3I = 0$$

또는

$$5I = 20 \longrightarrow I = \frac{20}{5} = 4\text{ A}$$

식 (4.4.1)에서 I를 대체하면 마침내 다음을 얻는다.

$$V_1 = 2I = 8\text{ V}, \qquad V_2 = -3I = -12\text{ V}$$

V_2의 극성이 음극이라는 사실은 그림 4.15에서 극성이 반전되어야 함을 나타낸다. 즉, 그림 4.15에서 화살표가 저항의 +극을 먼저 통과할 것이고 V_2 = 12 V이다.

연습문제 4.4

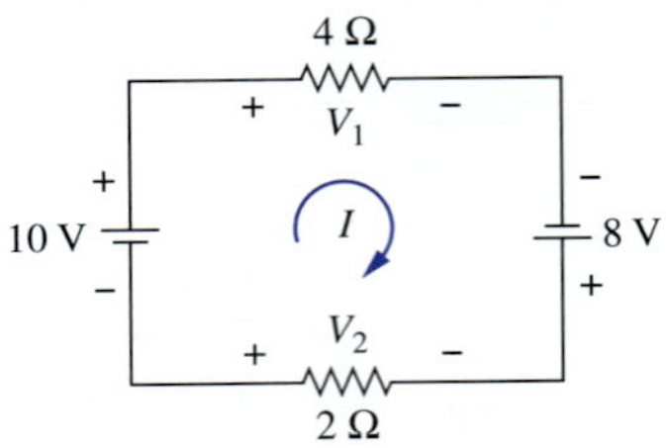

그림 4.16
연습문제 4.4의 회로

그림 4.16의 회로에서 V_1과 V_2를 구하라.

해답 12 V, −6 V

예제 4.5

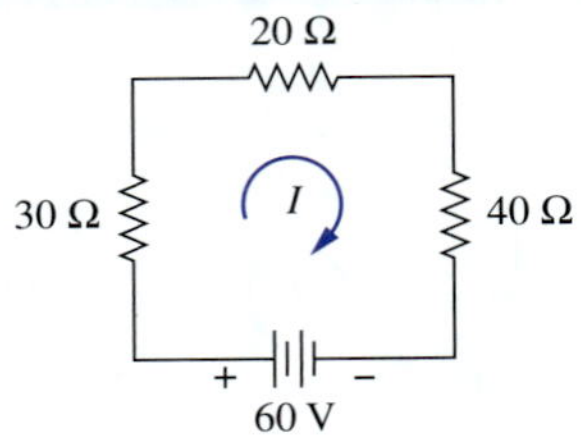

그림 4.17
예제 4.5의 회로

키르히호프의 전압 법칙을 사용하여 그림 4.17의 회로에서 전류 I를 구하라.

풀이
이 문제는 두 가지 방법으로 풀 수 있다.

■ **방법 1** 저항이 직렬 연결되어 있으므로

$$R_T = 30 + 20 + 40 = 90\ \Omega$$

옴의 법칙을 사용하여

$$I = \frac{V_s}{R_T} = \frac{60}{90} = 0.667\ \text{A}$$

■ **방법 2** 루프에 KVL을 적용하면

$$-60 + 30I + 20I + 40I = 0$$

또는

$$90I = 60 \quad \text{i.e.,} \quad I = 60/90 = 0.667\ \text{A}$$

앞에서 얻은 값이다.

연습문제 4.5

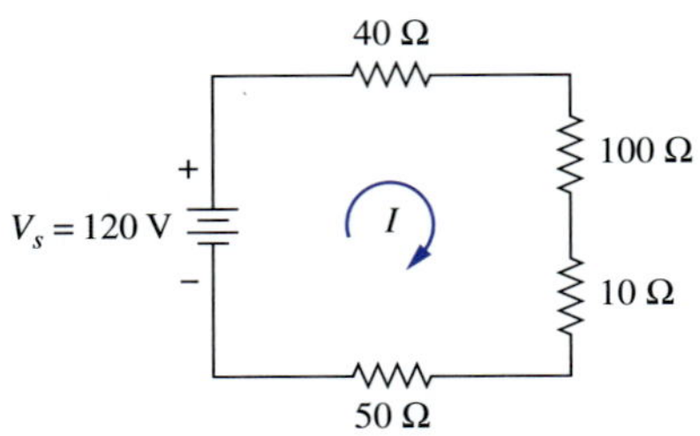

그림 4.18
연습문제 4.5의 회로

키르히호프의 전압법칙을 사용하여 그림 4.18의 회로에서 전류 I를 구하라.

해답 0.6 A

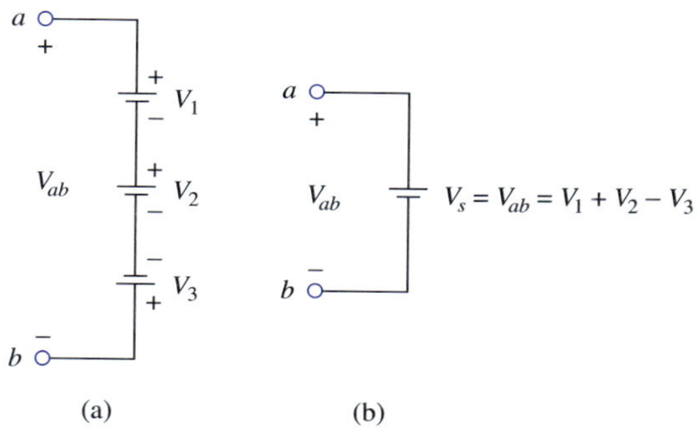

그림 4.19

직렬 연결된 전압원: (a) 원래 회로, (b) 등가 회로

4.5 직렬 연결된 전압원

KVL의 두 가지 중요한 응용은 직렬 연결된 전압원과 다음 절에서 살펴볼 전압 분배의 개념이다. 전압원이 직렬로 연결되어 있는 경우, KVL은 전체 전압을 얻기 위해 적용할 수 있다. 결합된 전압은 각 전원들의 전압의 대수적 합이다. 예를 들어 그림 4.19(a)에 나타낸 전압원에 대하여, 그림 4.19(b)의 결합 또는 등가 전압원은 그림 4.19(a)에 KVL을 적용하여 얻을 수 있다.

$$-V_{ab} + V_1 + V_2 - V_3 = 0 \tag{4.10a}$$

또는

$$V_{ab} = V_1 + V_2 - V_3 \tag{4.10b}$$

그림 4.19(a)에서의 상황은 이론적이라는 것을 언급해야 한다. 실제로 전원(전지와 같은)을 역방향으로 연결하면 역효과를 가져올 것이다. 다이오드 또는 LED(발광 다이오드)와 같은 일부 요소는 역방향으로 연결된 전원으로 모델링된다.

4.6 전압 분배기

직렬 저항은 종종 전압 분배를 제공하는 데 사용된다. 각 저항 양단의 전압을 결정하기 위해, 그림 4.20의 회로를 살펴보라. 각각의 저항에 옴의 법칙을 적용하면, 다음을 얻을 수 있다.

$$V_1 = IR_1, \quad V_2 = IR_3, \quad \cdots \quad V_n = IR_n \tag{4.11}$$

저항은 직렬 연결되었기 때문에 총 혹은 등가 저항은

$$R_{eq} = R_1 + R_2 + \cdots + R_n \tag{4.12}$$

저항을 통해 흐르는 전류 I는

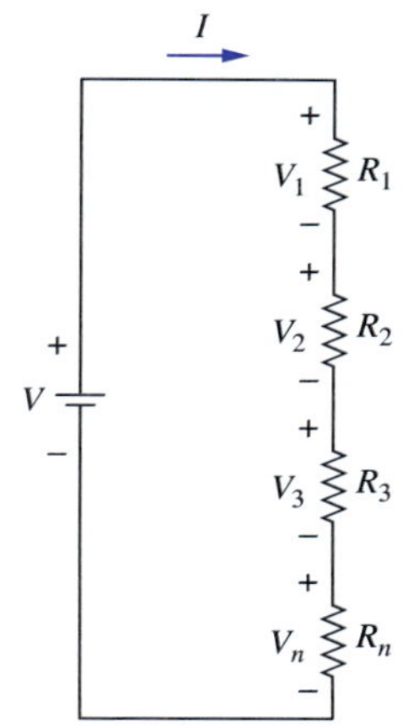

그림 4.20

일반적인 전압 분배

$$I = \frac{V}{R_{eq}} \tag{4.13}$$

식 (4.13)을 식 (4.11)에 대입하면

$$V_1 = \left(\frac{R_1}{R_{eq}}\right)V, \qquad V_2 = \left(\frac{R_2}{R_{eq}}\right)V, \qquad \cdots \qquad V_n = \left(\frac{R_n}{R_{eq}}\right)V \tag{4.14}$$

여기서 R_n은 양단에 전압 강하를 갖는 저항이고, R_{eq}는 직렬 연결된 저항의 총 저항이고, V는 직렬 연결된 저항 양단의 전압이다. 식 (4.14)에서 전압원 V는 저항에 직접 비례하여 저항 사이에서 분배되는 것을 주목하라. 더 큰 저항에서 더 큰 전압 강하를 가진다. 이것을 **전압 분배 법칙**(VDR)이라 하고, 그림 4.20의 회로는 **전압 분배기**라고 한다.

> **전압 분배기**에서, 저항 양단의 전압 강하는 저항의 크기에 비례한다.

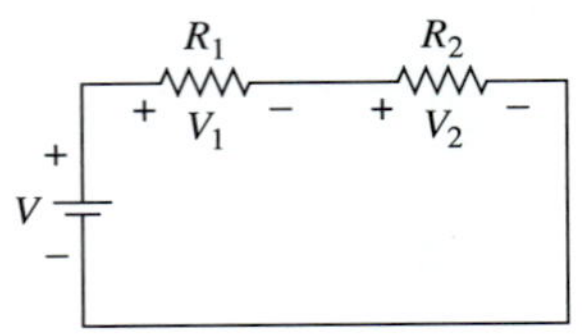

그림 4.21
두 개의 저항에 대한 전압 분배

이제 우리는 그림 4.21과 같이 직렬로 연결된 두 저항의 예를 살펴본다. 이 경우, 등가 저항은

$$R_{eq} = R_1 + R_2 \tag{4.15}$$

그리고 식 (4.14)는 다음과 같이 된다.

$$\boxed{V_1 = \left(\frac{R_1}{R_1 + R_2}\right)V, \qquad V_2 = \left(\frac{R_2}{R_1 + R_2}\right)V} \tag{4.16}$$

두 개의 저항을 통해 동일한 전류가 흐를 때 VDR을 사용해야 한다. 이전에 보았듯이, 분배 법칙은 두 개 이상의 저항에도 확장될 수 있다. 2.6절에서 논의된 바와 같이, 전위차계는 조절 가능한 전압 분배기로 사용될 수 있음에 주목하라.

예제 4.6

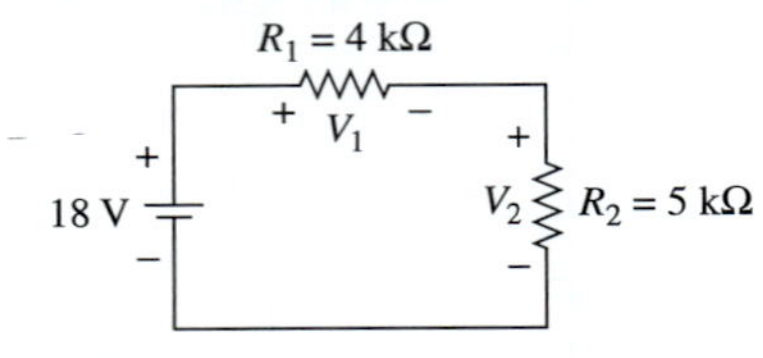

그림 4.22
예제 4.6의 회로

그림 4.22의 회로를 살펴보고 각 저항 양단의 전압을 구하라.

풀이

두 개의 저항만 있기 때문에 식 (4.16)을 사용한다. $R_{eq} = 4 + 5 = 9$ kΩ

$$V_1 = \frac{R_1}{R_{eq}}V = \frac{4}{9}(18) = 8 \text{ V}$$

$$V_2 = \frac{R_2}{R_{eq}}V = \frac{5}{9}(18) = 10 \text{ V}$$

V_1과 V_2를 더하면 18 V의 전압원이 됨을 주목하라.

연습문제 4.6

전압 분배를 사용하여 그림 4.23의 V_1과 V_2를 구하라.

해답 $V_1 = 60$ V, $V_2 = 40$ V

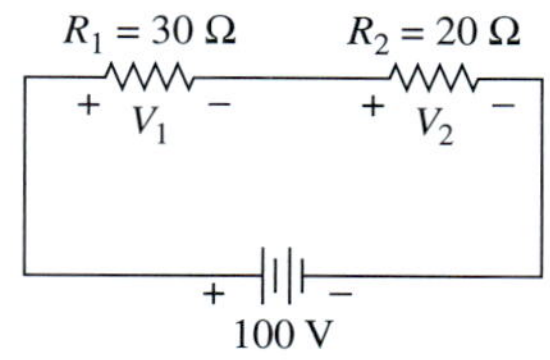

그림 4.23
연습문제 4.6의 회로

예제 4.7

그림 4.24의 회로에서 전압 분배 법칙을 사용하여 V_1, V_2, V_3를 구하라.

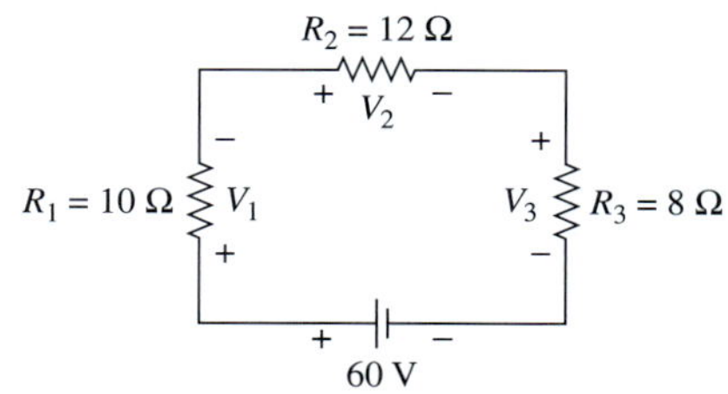

그림 4.24
예제 4.7의 회로

풀이

이 경우, 식 (4.14)를 사용한다. $R_{eq} = 10 + 12 + 8 = 30\ \Omega$. 따라서

$$V_1 = \frac{R_1}{R_{eq}}V = \frac{10}{30}(60) = 20\text{ V}$$

$$V_2 = \frac{R_2}{R_{eq}}V = \frac{12}{30}(60) = 24\text{ V}$$

$$V_3 = \frac{R_3}{R_{eq}}V = \frac{8}{30}(60) = 16\text{ V}$$

연습문제 4.7

그림 4.25의 회로에서 V_1, V_2, V_3를 구하라.

해답 $V_1 = 25$ V, $V_2 = 10$ V, $V_3 = 15$ V

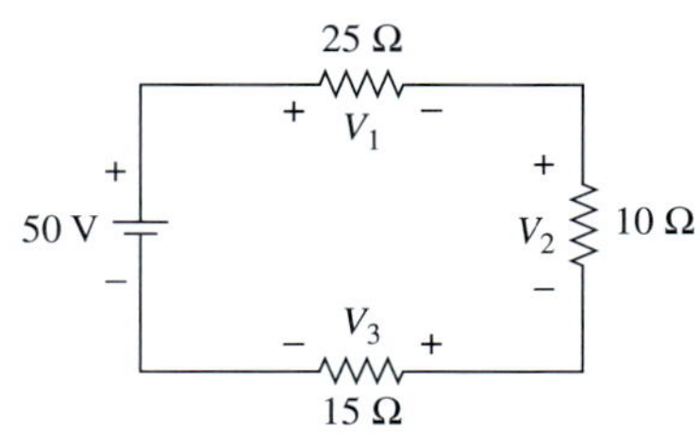

그림 4.25
연습문제 4.7의 회로

4.7 접지

거리를 측정하는 것처럼 전위(전압)는 항상 기준점에서 측정해야 한다. 가장 자주 사용되는 기준점은 지구 또는 더 구체적으로 당신의 건물이 세워진 땅이다. 이 기준 전위는 0(zero) 볼트로 선언되며, 일반적으르 **접지**라고 한다. 땅에 연결된 전기 기기는 **접지**(*grounded*, *earthed*)되었다고 달한다. 모든 건물의 전기 배선의 일부는 땅 깊은 곳에 있는 큰 금속 막대에 연결되어 있고, 이는 좋은 접지 연결을 보장한다.

접지는 지구와의 전기적 연결이다.

적절한 접지를 사용하는 것은 전기 기기의 안전한 사용을 위해 매우 중요하다(예외는 무선 전화나 휴대폰이 있다). 많은 장치(예를 들어, 스코프)는 부동 접지를 해야 한다. 나무 탁자에 올려진 접지가 안된 전기 장치를 고려해보자. 탁자는 절연체이다. 장치가 망가져서 전하가 장치의 프레임에 생성되기 시작한다고 가정하자. 사람들은 도체이고, 바닥, 벽 등과 접촉하기 때문에 거의 대지 전위를 갖고 있다. 장치와 사람 사이의 전위차 때문에 장치를 만지거나 가까이 접근하는 사람은 축적된 전하가 흐를 수 있는 경로를 제공한다. 충분히 큰 전압과 전류로 인하여 화상을 입거나 사망할 수 있다. 적절히 접지된 장치는 주변과 동일한 전위일 것이며, 불꽃(spark) 또는 원치 않는 전류도 없을 것이다.

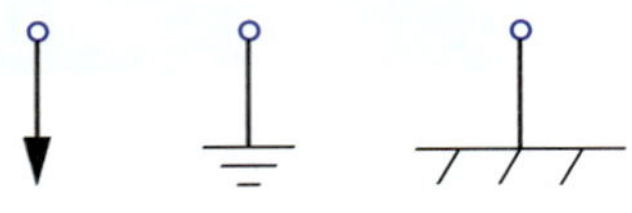

그림 4.26
공통 접지를 표시하는 기호들:
(a) 신호 접지, (b) 접지, (c) 섀시 접지

오래된 가정집에 있는 전기 시스템은, 결합선으로 알려진 굵은 구경의 구리 접지선을 주 급수관에 연결함으로써 접지되었다. 그 당시에 주 급수관은 우수한 전기 전도체인 아연 도금 강판으로 구성되었다. 그리고 이 파이프는 땅 밑으로 상당한 거리까지 연결되어 있기 때문에, 전체 전기 시스템의 접지에 대한 충분한 기초를 제공했다. 그러나 이러한 급수관이 오래되면서 녹슬게 되었고, 결국 교체를 필요로 하는 문제가 발생하였다. 이러한 변질된 관을 교체하는 배관공 중 일부는 전기 시스템의 상태보다는 주로 배관 문제에 집중하였다. 따라서 이러한 급수관의 대부분은 PVC(폴리염화비닐)플라스틱 관으로 대체되었다. 플라스틱은 전기를 전도하는 능력이 없기 때문에 이러한 집들에 대한 접지 효과가 사라졌다.

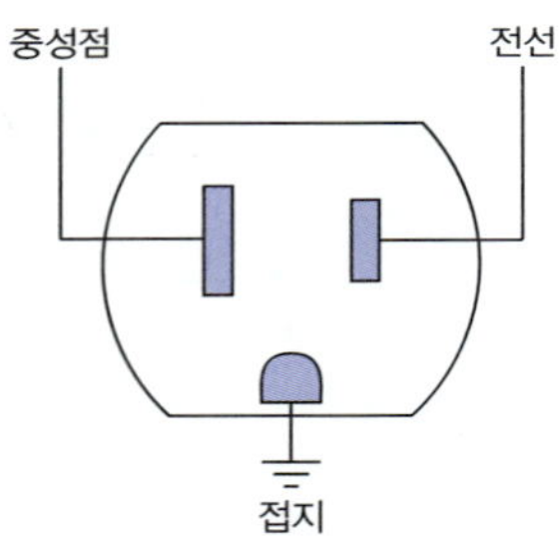

그림 4.27
120-V 콘센트의 접지 연결

접지는 회로에서 기준점 또는 공통 지점이다. 회로 안의 다른 지점들은 접지를 0 V의 기준 전위로 여긴다. 이는 그림 4.26의 세 개의 기호 중 어느 것으로 표시하여도 좋다. 그림 4.26(c)의 접지 형태는 **섀시** 접지라고 불리며, 외피나 섀시가 모든 회로의 기준점으로 사용되는 전기 장치에 사용된다. 대지의 전위가 기준 전위로 사용될 때는 그림 4.26(a)나 (b)의 대지 접지를 사용한다. 우리는 그림 4.26(b)의 기호를 항상 사용할 것이다. 그림 4.27에 나타낸 바와 같이 120-V 전기 콘센트의 둥근 단자는 접지 단자이고, 그것과 직접 연결된 회로에 대하여 공통 지점을 제공한다. 전기 회로가 접지 유무에 관계없이 동일한 방식으로 작동될지라도 안전 예방 조치 때문에 필요하다.

4.8 컴퓨터 해석

우리는 이 책에서 두 개의 컴퓨터 패키지를 사용할 것이다. 하나는 케이던스(Cadence)의 PSpice이고 다른 하나는 내셔널 인스트루먼트(National Instruments)그룹의 일렉트로닉 워크벤치(Electronics Workbench)의 Multisim이다. 두 가지 모두 전기 회로를 만들기 전 시뮬레이션에 매우 유용하다. 그리고 하나의 최종 설계를 해석할 수 있도록 허용한다. 부록 D는 Multisim의 간단한 사용법을 제공하고, PSpice의 간단한 사용법은 부록 C에 나와있다. 우리는 곧 PSpice와 Multisim이 기본적으로 유사하다는 것을 알 수 있을 것이다.

4.8.1 PSpice

PSpice는 우리가 이 교재에서 점차적으로 사용하는 방법을 배울 회로 해석을 위한 컴퓨터 소프트웨어이다. 이 절에서는 우리가 지금까지 공부한 직류 회로를 해석하는 Windows용 PSpice를 사용하는 방법을 보여준다. 독자는 이 장을 진행하기 전에 부록 C의 C.1절부터 C.3절을 검토할 것으로 예상된다. 그것은 PSpice가 모든 회로 구성 요소의 숫자 값을 알고 있을 때, 가지 전압과 전류를 결정하는 경우에만 도움이 되는 것을 주목해야 한다.

예제 4.8

그림 4.28의 회로에서 노드 전압을 찾기 위해 PSpice를 사용하라. 전류 I를 구하라.

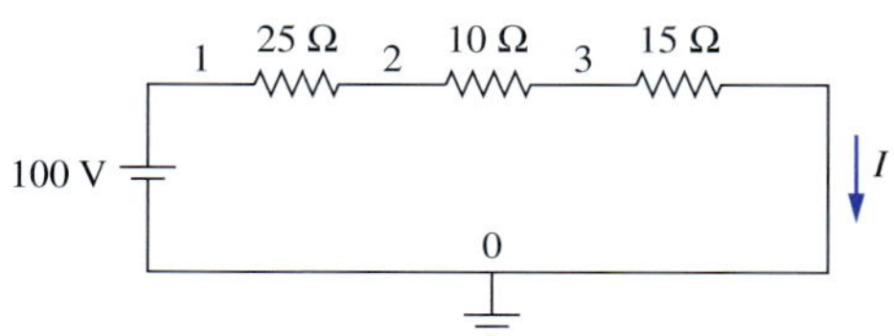

그림 4.28
예제 4.8의 회로

풀이

첫 번째 단계는 Schematics를 사용하여 주어진 회로를 그린다. 부록 C, C.2 및 C.3절에서 주어진 지침에 따르면 그림 4.29의 회로도가 생성된다. 이것은 직류 해석이기 때문에 전압원은 VDC를 사용한다. 회로를 그리고 exam48.dsn으로 저장하면 **PSpice/New Simulation Profile**을 선택함으로써 회로를 시뮬레이션 할 수 있다. 새로운 시뮬레이션 대화 상자가 나오면, 파일의 이름으로 "exam48"을 입력하고 Create를 클릭하라. 이것은 시뮬레이션 설정 대화 상자를 뜨게 하는데, 이 대화 상자는 과도 현상과 교류 해석에 중요하다. 직류 해석이므로 OK를 클릭한다. 그리고 **PSpice/Run**을 선택한다. 회로가 시뮬레이션되고 결과의 일부가 그림 4.29의 회로도와 같이 표시된다. 다른 결과는 출력 파일에 있다. 출력 파일을 보려면 **PSpice/View Output File**을 선택하라. 출력 파일에는 다음 내용이 포함된다.

```
NODE      VOLTAGE  NODE      VOLTAGE  NODE      VOLTAGE
(N00127)  30.0000  (N00131)  50.0000  (N00135)  100.0000

VOLTAGE SOURCE CURRENTS

NAME      CURRENT
V_V1      -2.000E+00
```

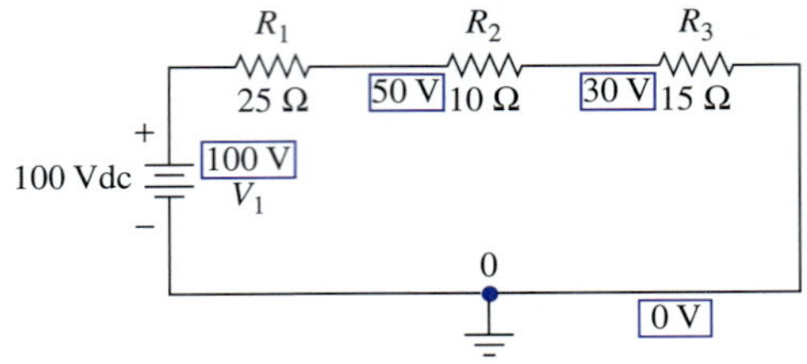

그림 4.29
예제 4.8. 그림 4.28의 회로에 대한 회로도

$V_1 = 100$ V, $V_2 = 50$ V 그리고 $V_3 = 30$ V를 나타낸다. 전압원을 통과하는 전류는 −2 A이고, 이것은 $I = 2$ A를 의미한다. V_2는 노드 N0031과 접지 사이의 전압임을 주목하라. 이것은 R_2 양단의 전압이 아니다. 이는 V_3도 마찬가지다.

연습문제 4.8

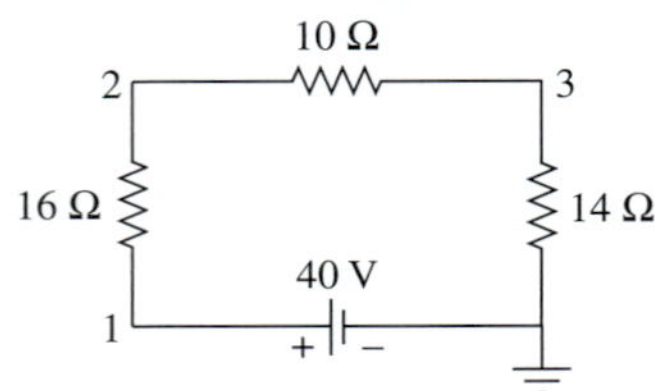

그림 4.30
연습문제 4.8의 회로

그림 4.30의 회로에 대하여 노드 전압을 구하기 위해 PSpice를 사용하라.

해답 $V_1 = 40$ V, $V_2 = 24$ V, $V_3 = 14$ V

4.8.2 Multisim

Multisim과 PSpice는 비슷하지만 동일하지 않다. 이러한 이유로 우리는 이것들을 분리해서 다룬다. 부록 D는 Multisim에 대한 간략한 소개를 제공하고, 독자는 이 절을 진행하기 전에 부록 D(특히 D.1과 D.2절)를 읽을 것을 권장한다.

예제 4.9

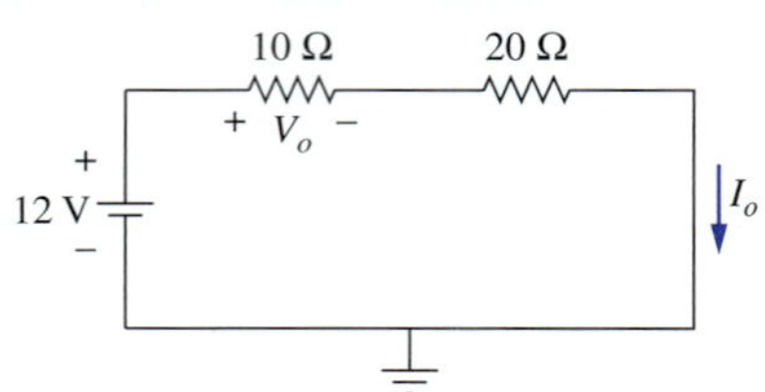

그림 4.31
예제 4.9의 회로

그림 4.31의 회로에서 Multisim을 사용하여 V_o와 I_o를 구하라.

풀이

부록 D, D.2절에서 주어진 지침에 따라 회로를 그린다. 그 결과는 그림 4.32에서 찾을 수 있다. V_o를 측정하기 위해 전압계를 추가하고, I_o를 측정하기 위해 전류계를 추가한다. 전압계는 10-Ω의 저항과 병렬로 연결하지만, 전류계는 저항과 직렬로 연결하는 것을 주의하라. 회로를 시뮬레이션하기 위해 접지를 추가해야 한다. 전원 스위치를 누르거나 **Simulate/Run**을 선택하여 회로를 시뮬레이션 할 수 있다. 이것은 그림 4.32에 나타낸 것처럼 전압계와 전류계의 측정값을 생성한다. 즉,

$$V_o = 4 \text{ V}, \qquad I_o = 0.4 \text{ A}$$

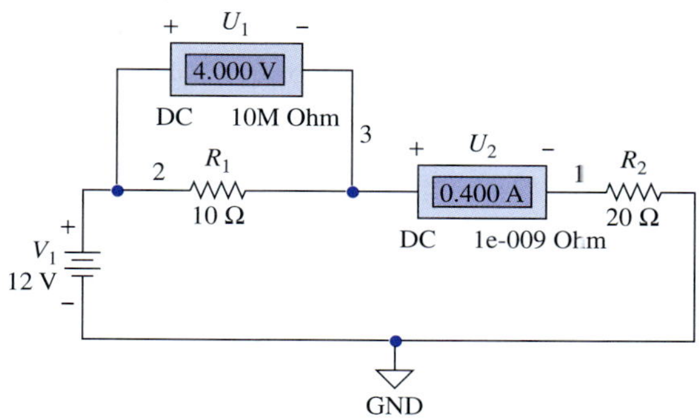

그림 4.32

그림 4.31의 회로에 대한 Multisim 시뮬레이션

연습문제 4.9

그림 4.33의 회로에서 Multisim을 사용하여 V_x와 I_x를 구하라.

해답 12 V, 2 A

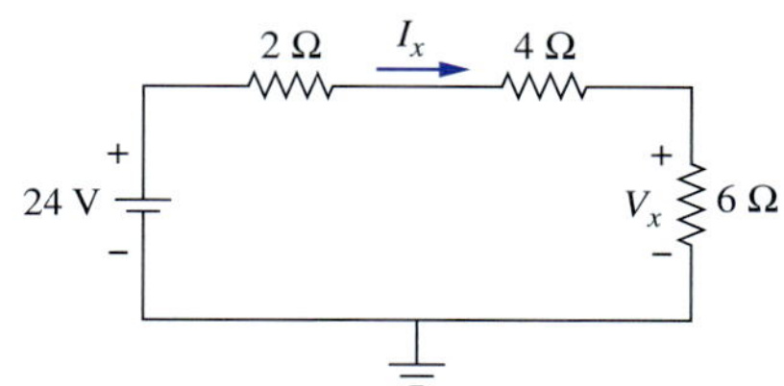

그림 4.33

연습문제 4.9의 회로

4.9 응용

이 절에는 이 장에서 고려된 직렬 회로의 여러 응용이 있다. 하나의 간단한 예는 그림 4.34에 나타낸 것처럼 발광 다이오드(LED) 회로이다. 이 회로는 다이오드를 통해 흐르는 일정한 양의 전류를 제한하도록 설계된다. 저항 R이 다이오드와 직렬로 연결되지 않는 경우, 다이오드를 통해 흐르는 전류가 너무 클 때 다이오드가 손상될 수 있다. 따라서 전류 제한은 직렬 저항의 일반적인 응용이다.

다른 예로는 집 또는 크리스마스 나무와 같은 조명 시스템이다. 그것은 종종 그림 4.35에 나타낸 것과 같이 각각 직렬 또는 병렬(다음 장에서 논의될)

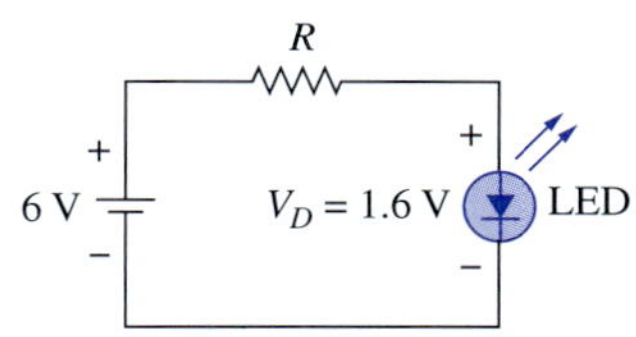

그림 4.34

전류의 흐름을 제한하기 위한 직렬 저항의 사용

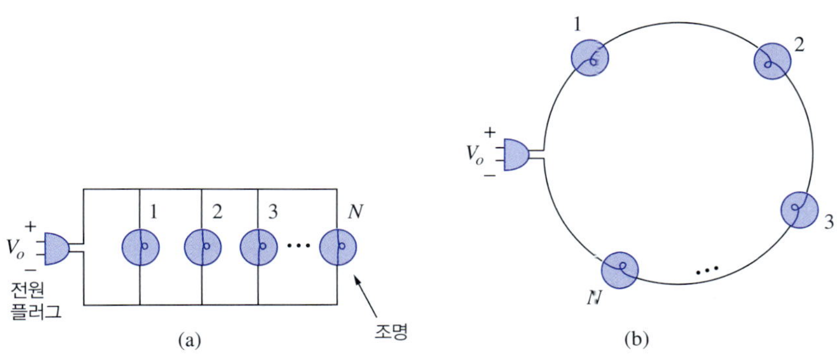

그림 4.35

(a) 전구의 병렬 연결, (b) 전구의 직렬 연결

로 연결된 N개의 전구로 구성되어 있다. 각각의 전구는 저항으로 모델링 된다. 모든 전구는 동일하고 V_o는 전력선의 전압이라고 가정한다면, 각 전구의 양단에 걸리는 전압은 직렬 연결이기 때문에 V_o/N이다. 직렬 연결은 만들기 쉬우나 적어도 두 가지 이유 때문에 실제로 사용되지 않는다. 먼저 하나의 전구가 고장났을 경우에 모든 전구가 꺼지기 때문에 신뢰하기 힘들다. 둘째로 하나의 전구가 잘못되었을 경우에 잘못된 것을 찾을 때까지 모든 전구를 일일이 시험해야 하기 때문에 유지에 어려움이 있다. 그럼에도 불구하고 현대의 크리스마스 조명에서는 각각의 전구에 걸리는 양단의 전압이 120 V가 되는 것을 피하기 위해 대부분 직렬 연결을 사용한다.

예제 4.10

그림 4.34의 다이오드에 12 mA의 전류가 흐를 때 R을 구하라.

풀이

루프에 키르히호프의 전압 법칙을 적용하면

$$-6 + IR + 1.6 = 0$$

따라서,

$$R = \frac{6 - 1.6}{I} = \frac{4.4}{12 \text{ mA}} = 366.7\ \Omega$$

연습문제 4.10

그림 4.34의 회로에서 저항이 270 Ω일 때 다이오드에 흐르는 전류를 구하라.

해답 16.3 mA

4.10 요약

1. 가지는 전기회로에서 2단자 요소이다. 노드는 가지의 두 개 또는 여러 개의 연결점이다. 루프는 회로에서 폐경로이다. 네트워크 내 가지의 개수 b, 노드의 개수 n, 그리고 독립적인 루프의 개수 ℓ은 다음 관계를 만족한다.

$$b = \ell + n - 1$$

2. 직렬 연결된 두 개의 요소는 순차적으로 하나의 끝과 다른 하나의 끝이 연결된다. 요소가 직렬로 연결될 때, 그들을 통해서 같은 전류가 흐른다.
3. 직렬 회로에서 총 저항(혹은 등가 저항)은 각 저항의 합과 같다. 즉,

$$R_T = R_1 + R_2 + R_3 + \cdots + R_N$$

4. 키르히호프의 전압 법칙(KVL)에 의해 폐경로를 한 바퀴 돌 때, 전압의 대수적 합은 0이다. 즉, 전압 강하의 합은 전압 상승의 합과 같다.
5. 전압원이 직렬로 연결되었을 때, 총 전압은 각 전압의 대수적 합이다.
6. 전압 분배에서 저항 양단의 전압은 저항의 크기에 다라 나뉘어진다. 두 개의 저항이 직렬일 때 전압 분배 법칙은

$$V_1 = \left(\frac{R_1}{R_1 + R_2}\right)V, \quad V_2 = \left(\frac{R_2}{R_1 + R_2}\right)V$$

7. 접지는 지구와의 전기적 연결이고, 이것은 0 V를 가진 기준점으로 제공한다.
8. PSpice와 Multisim은 이 장에서 논의된 직렬 회로를 해석하는데 사용되는 컴퓨터 패키지이다.
9. 우리는 직렬 회로의 두 가지 간단한 응용-저항을 전류 제한기와 전기 조명 시스템으로 사용하는 경우에 대해 알아보았다.

복습문제

4.1 12개의 가지와 8개의 독립적인 루프를 가진 네트워크가 있다. 이 네트워크에는 몇 개의 노드가 있는가?

(a) 19 (b) 17
(c) 5 (d) 4

4.2 직렬 연결된 저항의 일반적인 전기적 양은?

(a) 전력 (b) 에너지
(c) 전압 (d) 전류

4.3 한 직렬 회로가 4개의 저항 40 Ω, 50 Ω, 120 Ω 및 160 Ω을 가지고 있다. 총 저항은?

(a) 90 Ω (b) 280 Ω
(c) 370 Ω (d) 740 Ω

4.4 하나 혹은 그 이상의 요소가 개방되었을 때, 직렬 회로에서의 전류는 0(zero)이다.

(a) 참 (b) 거짓

4.5 직렬 회로에서 전류 또는 총 저항에 영향을 주지 않고 물리적으로 저항의 위치를 변경할 수 있다.

(a) 참 (b) 거짓

4.6 키르히호프의 전압 법칙(KVL)에 따라 회로에서 전압 강하의 대수적 합은 전압원의 대수적 합과 같아야 한다.

(a) 참 (b) 거짓

4.7 직렬 회로가 10-V 전지와 두 개의 저항(12 Ω 및 8 Ω)으로 이루어져 있다. 회로를 통해 얼마만큼의 전류가 흐르는가?

(a) 1.25 A (b) 0.5 A
(c) 2 A (d) 200 A

4.8 그림 4.36의 회로에서 V_x는?

(a) 30 V (b) 14 V
(c) 10 V (d) 6 V

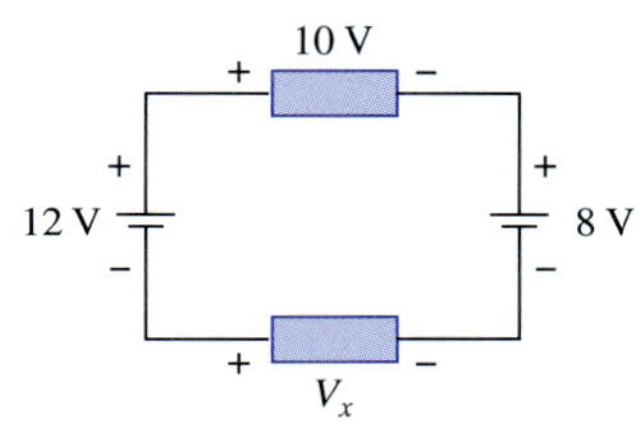

그림 4.36
복습문제 4.8의 회로

4.9 그림 4.37의 회로에서 단자 전압 V_{ab}는?

(a) 9 V (b) 7 V

(c) 6 V (d) 2 V

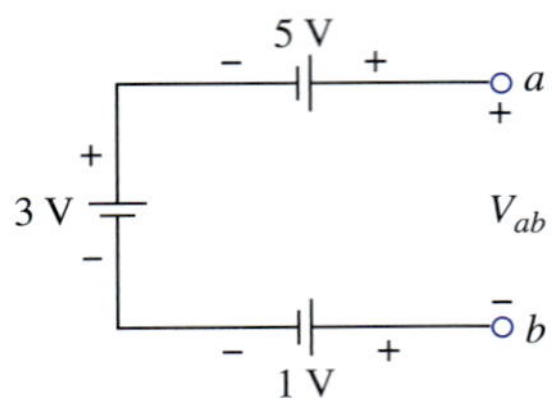

그림 4.37
복습문제 4.9의 회로

4.10 직렬 회로가 3개의 저항(12 kΩ, 20 kΩ 및 50 kΩ)을 가졌을 때, 가장 낮은 전압을 가진 저항은?

(a) 12 kΩ

(b) 20 kΩ

(c) 50 kΩ

(d) 주어진 정보로는 구할 수 없다.

해답 4.1c, 4.2d, 4.3c, 4.4a, 4.5a, 4.6a, 4.7b, 4.8d, 4.9b, 4.10a

문제

4.2절 노드, 가지 및 루프

4.1 그림 4.38의 회로에서 노드, 루프 및 가지의 수를 구하라.

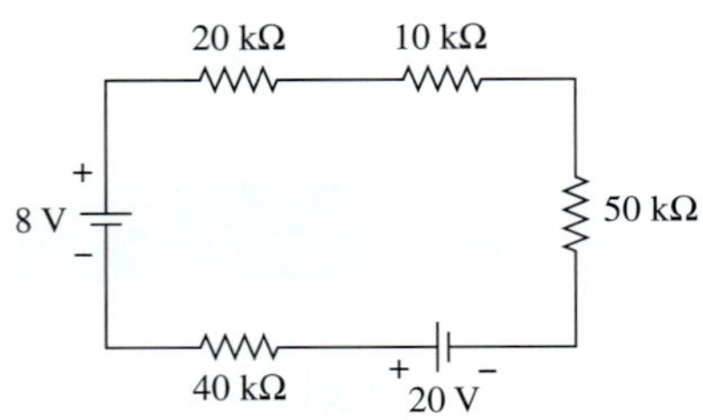

그림 4.38
문제 4.1의 회로

4.2 그림 4.39의 네트워크에 대하여 노드, 가지 및 루프의 수를 구하라.

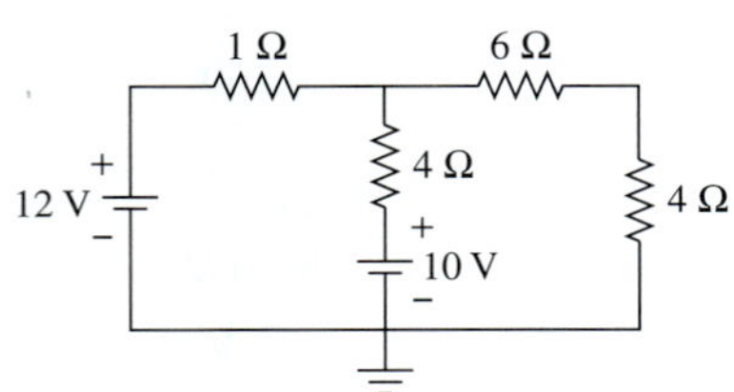

그림 4.39
문제 4.2 및 4.48의 회로

4.3 그림 4.40의 네트워크에 대하여 (여기서 각각의 선은 요소를 나타낸다) 노드, 가지 및 루프의 수를 구하라.

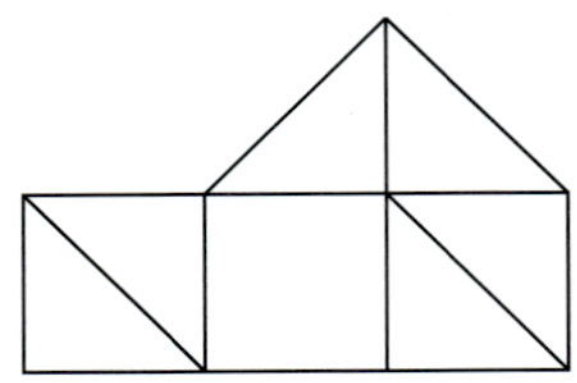

그림 4.40
문제 4.3의 회로

4.3절 직렬 연결된 저항

4.4 $R_1 = 5.6\ \text{k}\Omega$, $R_2 = 47\ \text{k}\Omega$, $R_3 = 22\ \text{k}\Omega$ 및 $R_4 = 12\ \text{k}\Omega$이고, 저항이 직렬 연결되었을 때, 총 저항을 구하라.

4.5 그림 4.41의 회로에서 총 저항을 구하라.

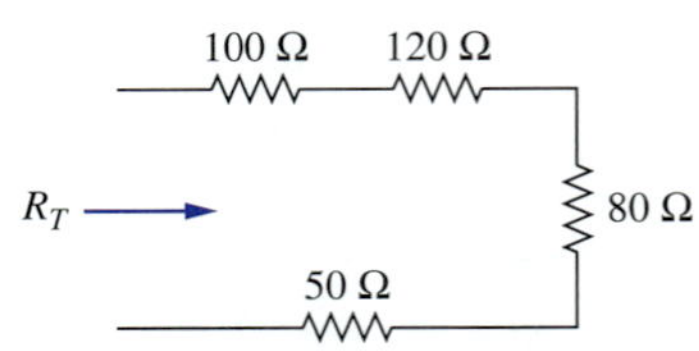

그림 4.41
문제 4.5의 회로

4.6 그림 4.42의 회로에서 R_{ab}를 구하라.

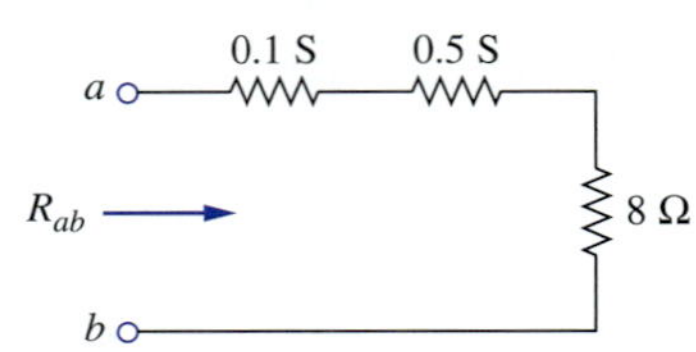

그림 4.42
문제 4.6의 회로

4.7 그림 4.43의 회로에서 R_T를 구하라.

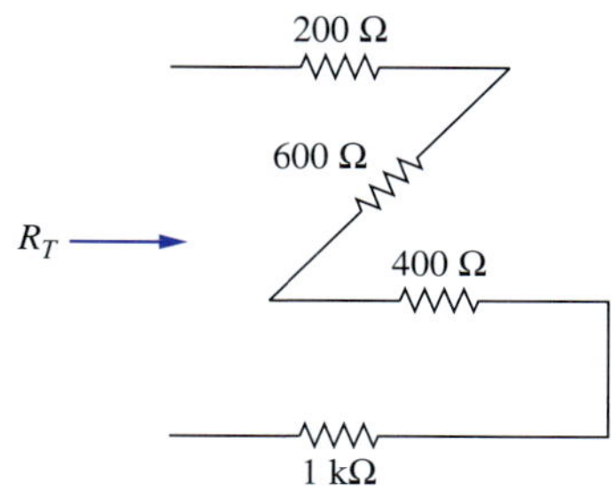

그림 4.43
문제 4.7의 회로

4.8 4개 저항이 한 줄로 그림 4.44처럼 연결되어있다. 총 저항을 계산하라.

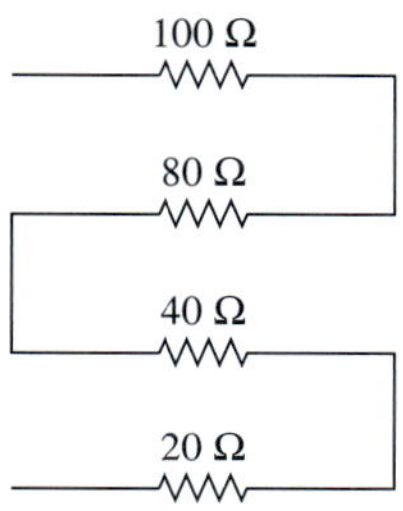

그림 4.44
문제 4.8의 회로

4.9 직렬로 47-kΩ 저항 다섯 개로 구성된 회로의 총 저항은 얼마인가?

4.10 다음 그룹의 직렬 저항 각각의 등가 저항을 계산하라.

(a) 120 Ω 및 560 Ω

(b) 22 kΩ, 60 kΩ, 및 34 kΩ

(c) 450 kΩ, 1.2 MΩ, 960 kΩ 및 2.5 MΩ

4.11 다음 저항이 직렬로 연결되었을 때, 총 저항을 구하라.

2.4 MΩ 480 kΩ 56 kΩ 4.2 MΩ

4.12 110-V 전원이 직렬로 결합되었고 80-Ω 저항이 20 W를 소비할 때, 80-Ω 저항과 직렬로 연결된 저항의 값을 계산하라.

4.13 그림 4.45의 회로에서 R_1 및 R_2의 값을 구하라.

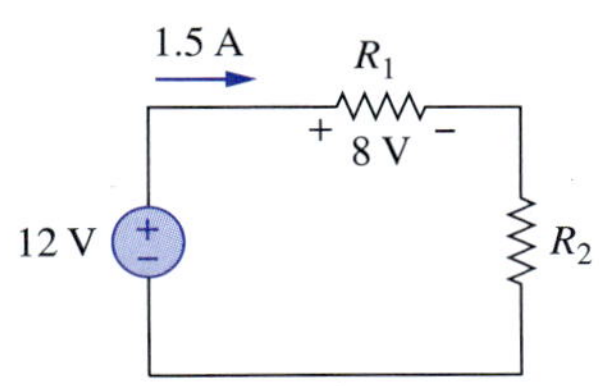

그림 4.45
문제 4.13의 회로

4.14 세 개의 저항 R_1, R_2, R_3가 120-V 전원과 직렬 연결되어 있다. R_1과 R_2 양단에 걸리는 전압 강하는 90 V이고, R_2와 R_3 양단에 걸리는 전압 강하는 80 V이다. 총 저항이 12 Ω이라면 각 저항의 값은 얼마인가?

4.15 그림 4.46의 회로를 사용하라. $V_s = 120$ V, $R_1 = 8\ \Omega$ 및 $P_2 = 400$ W이다. R_2의 값을 계산하라.

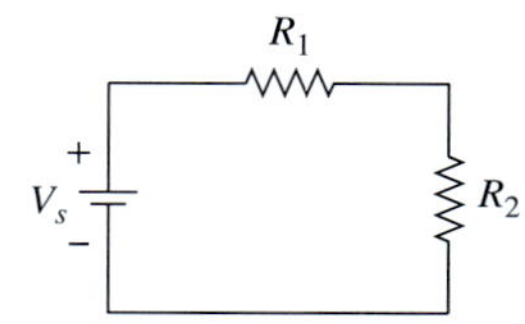

그림 4.46
문제 4.15의 회로

4.16 세 개의 저항 R_1, R_2, R_3와 42-V의 전원이 직렬로 연결된 회로가 있다. R_1 양단의 전압이 10 V이다. R_2를 통해 흐르는 전류는 2A이다. R_3가 소비하는 전력은 40 W이다. R_1, R_2, R_3의 값을 계산하라.

4.17 네 개의 저항 $R_1 = 80\ \Omega$, $R_2 = 120\ \Omega$, $R_3 = 160\ \Omega$ 그리고 $R_4 = 40\ \Omega$이 6-V 전지와 직렬로 연결되어 있다. 저항을 통해 흐르는 전류를 구하라.

4.4절 키르히호프의 전압 법칙

4.18 그림 4.47의 회로에서 전류 I를 구하라.

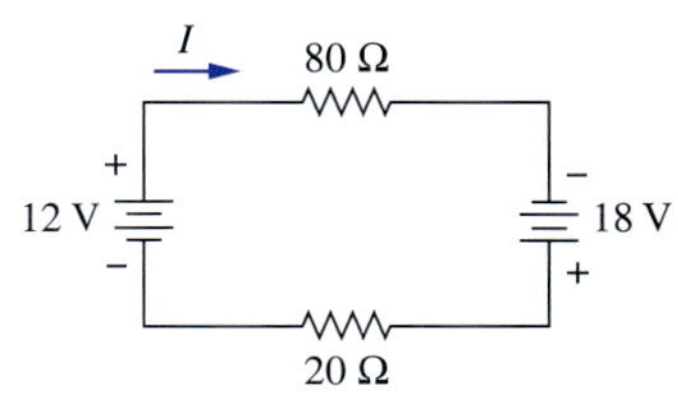

그림 4.47
문제 4.18의 회로

4.19 그림 4.48의 회로에서 전류 I_x를 구하라. 각 저항에 의해 흡수되는 전력을 구하라.

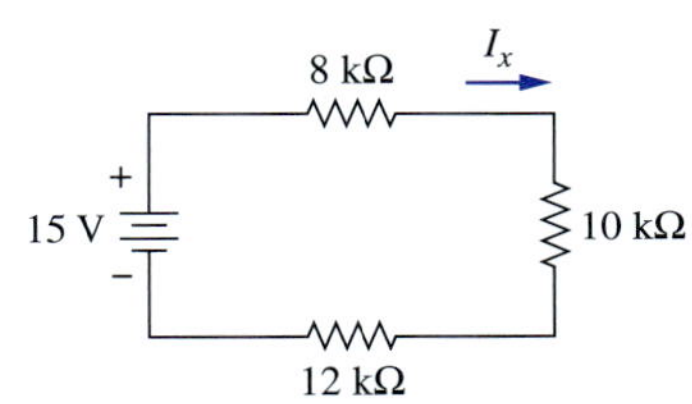

그림 4.48
문제 4.19의 회로

4.20 그림 4.49의 회로에서 전류 I를 구하기 위해 키르히호프의 전압 법칙을 사용하라.

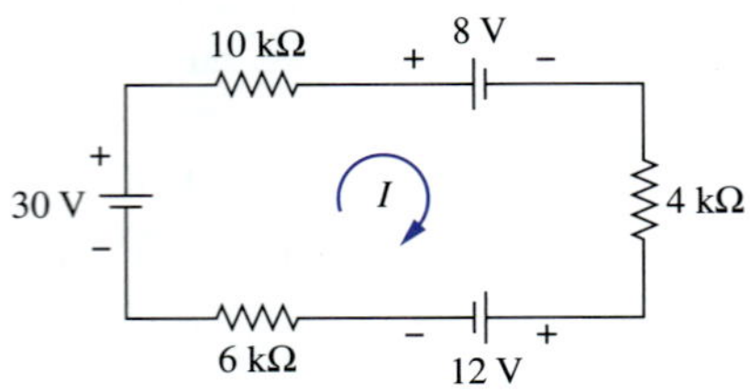

그림 4.49
문제 4.20의 회로

4.21 그림 4.50의 회로에서 전압 V_x를 구하라.

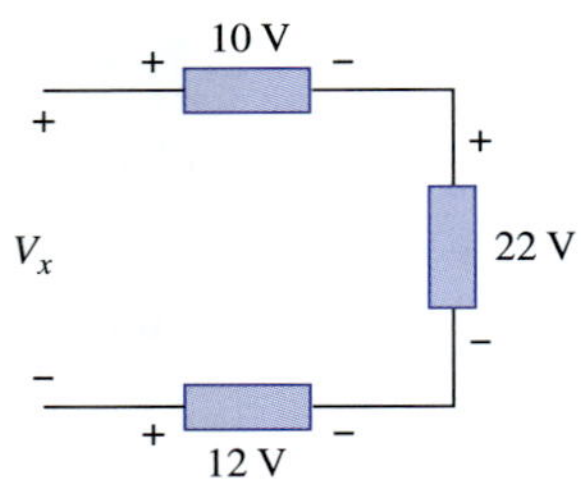

그림 4.50
문제 4.21의 회로

4.22 그림 4.51의 회로에서 R_x를 구하라.

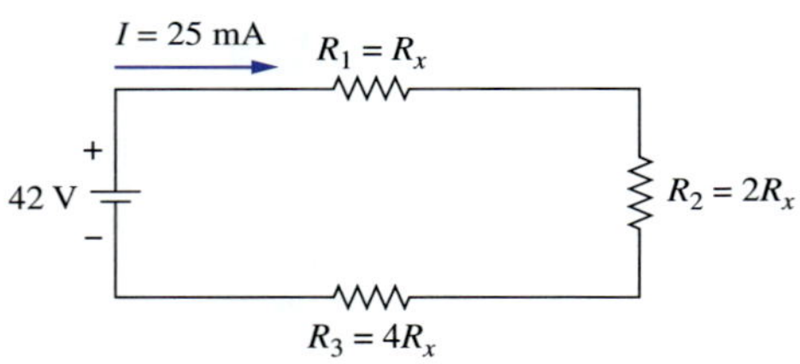

그림 4.51
문제 4.22의 회로

4.23 그림 4.52의 회로에 대하여 V와 R을 구하라.

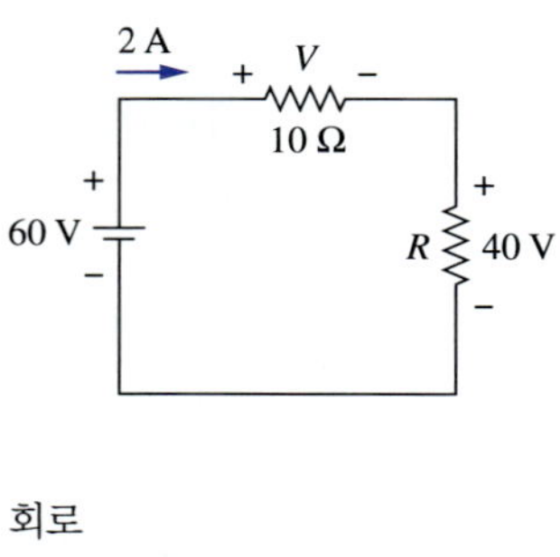

그림 4.52
문제 4.23의 회로

4.24 그림 4.53의 회로에서 V_x와 I_x를 구하라.

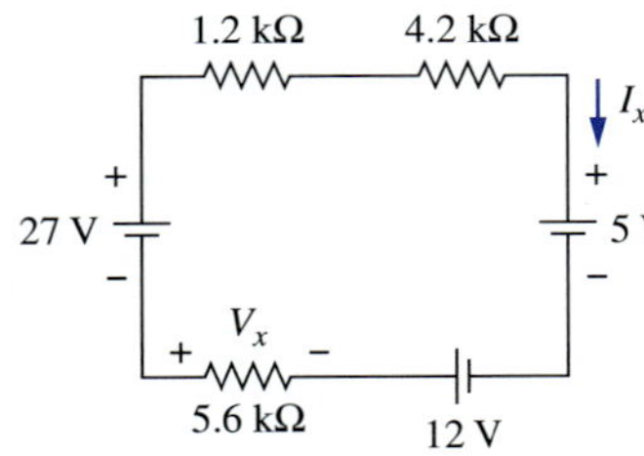

그림 4.53
문제 4.24의 회로

4.25 그림 4.54에서 나타낸 회로에서 I와 V를 구하라.

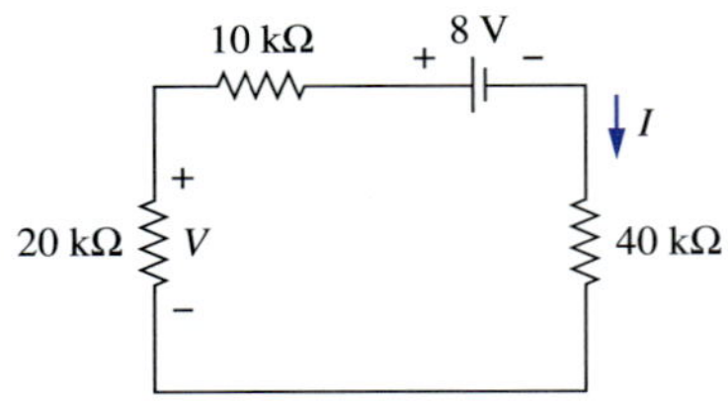

그림 4.54
문제 4.25의 회로

4.26 그림 4.55의 회로에서 V_1과 V_2를 구하라.

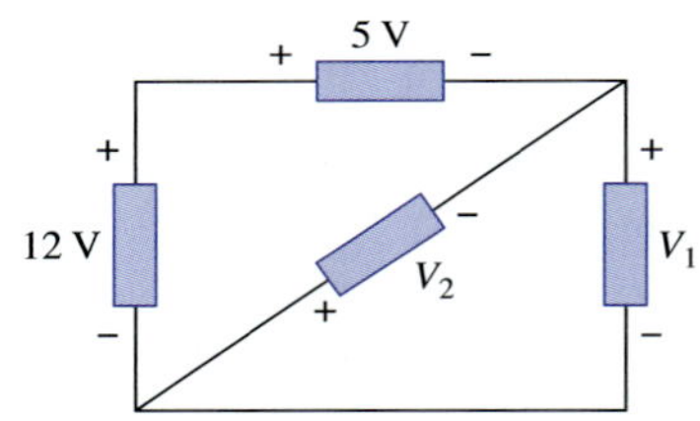

그림 4.55
문제 4.26의 회로

4.27 그림 4.56의 회로에서 I_x를 구하라.

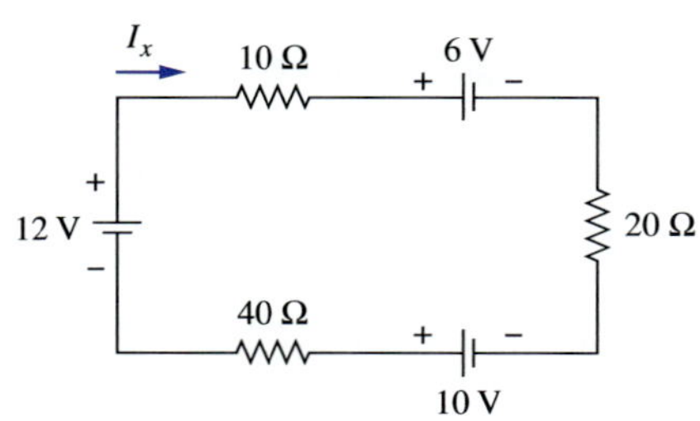

그림 4.56
문제 4.27의 회로

4.28 한 직렬 회로는 전압이 각각 12 V, 16 V, 24 V, 32 V 떨어지는 소자들이 포함되어 있다.

(a) 적용된 전압 V_s는 얼마인가?

(b) 전원을 포함하는 루프 주변 전압의 대수적 합은 얼마인가?

4.29 그림 4.57의 회로에서 I와 V_{ab}를 구하라.

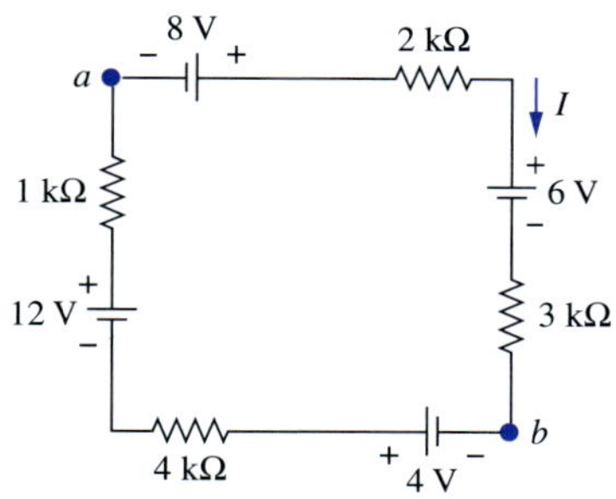

그림 4.57
문제 4.29의 회로

4.30 그림 4.58의 회로에서 I와 V_{ab}를 구하라.

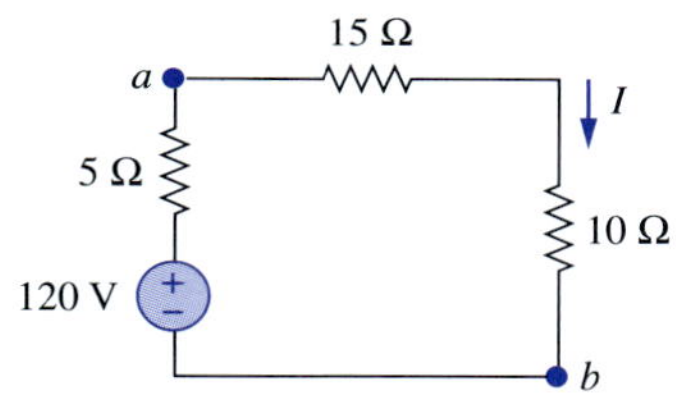

그림 4.58
문제 4.30의 회로

4.31 그림 4.59의 회로에서 전류 I를 구하라. 점 x와 y 사이의 전압을 구하라. 어떤 점(x 혹은 y)이 더 높은 전위를 가지고 있는가?

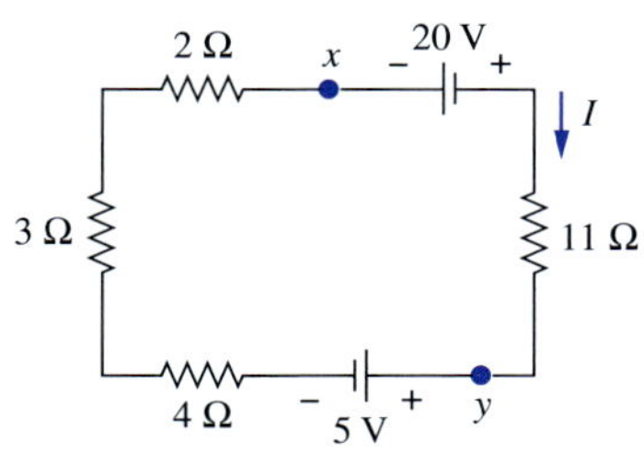

그림 4.59
문제 4.31의 회로

4.32 그림 4.60의 회로를 사용하라. 다음 사이의 전위차를 구하라.

(a) x와 y (b) x와 z

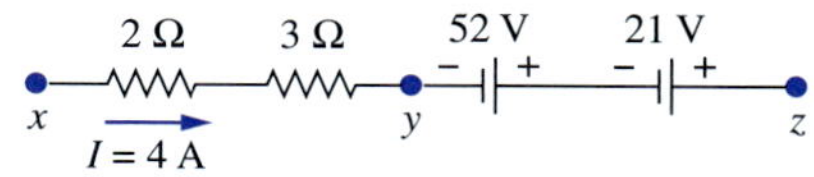

그림 4.60
문제 4.32의 회로

4.5절 직렬 연결된 전압원

4.33 그림 4.61의 회로에서 V_{ab}를 구하라.

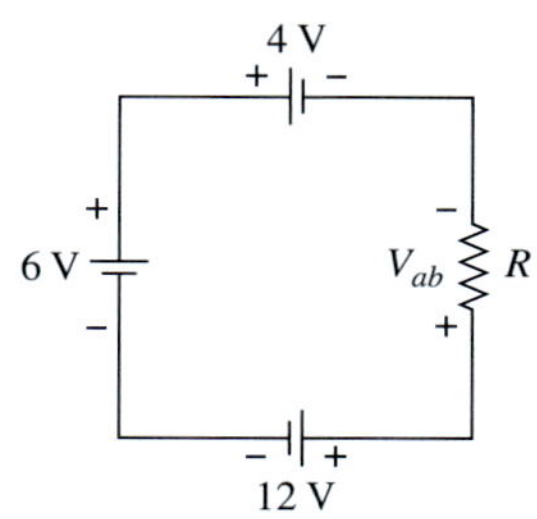

그림 4.61
문제 4.33의 회로

4.34 손전등 안에 네 개의 1.2-V 전지 중 하나가 거꾸로 들어갔다. 전구 양단의 전압을 구하라.

4.35 12 V를 만들기 위하여 몇 개의 1.5-V 전지가 직렬로 연결되어야 하는가?

4.36 그림 4.62의 회로에서 전류 I를 구하라.

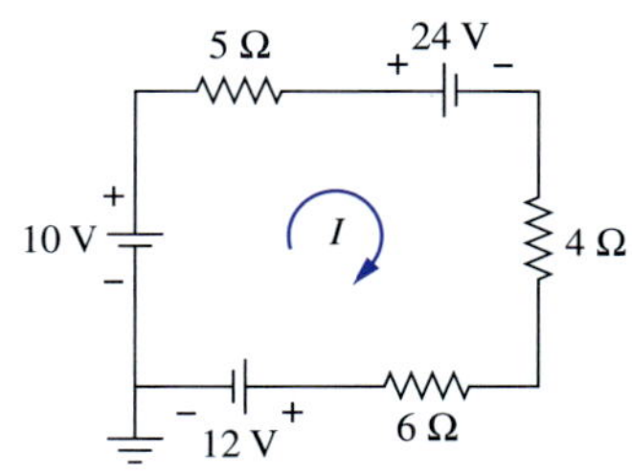

그림 4.62
문제 4.36 및 4.50의 회로

4.37 그림 4.63의 회로를 저항과 하나의 전원으로 단순화하라. 저항을 통해 흐르는 전류를 구하라.

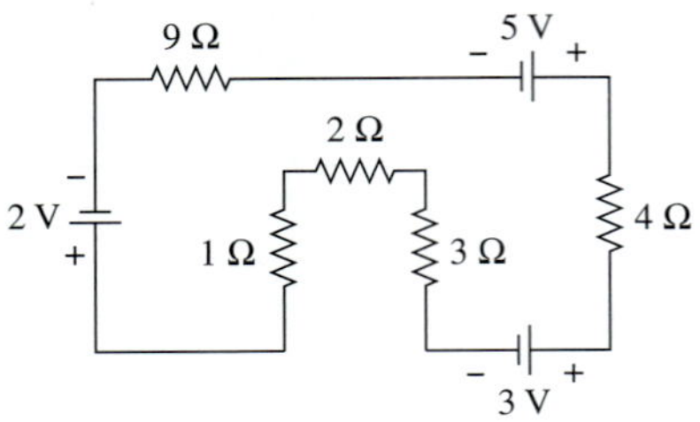

그림 4.63
문제 4.37의 회로

4.6절 전압 분배기

4.38 그림 4.64에 나타낸 회로에서 점 a와 b 사이의 전압을 구하라.

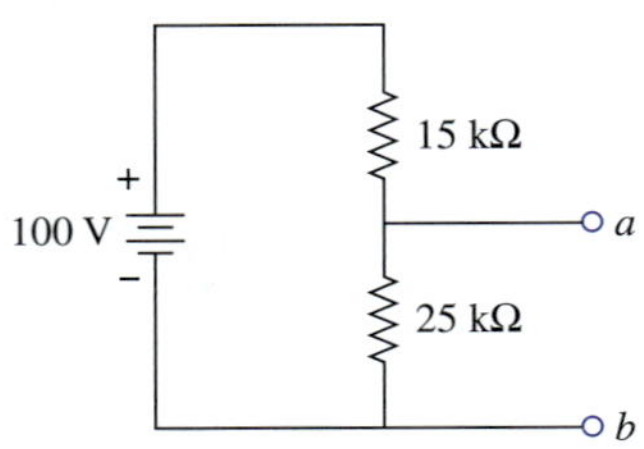

그림 4.64
문제 4.38 및 4.51의 회로

4.39 그림 4.65의 회로에서 전압 V_{ab}를 구하라.

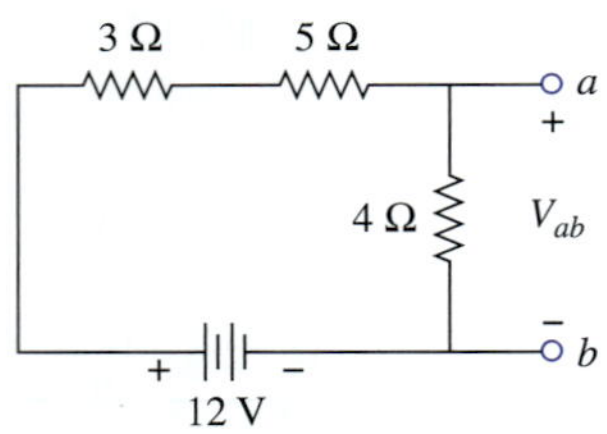

그림 4.65
문제 4.39 및 4.53의 회로

4.40 그림 4.66의 회로에서 전압 분배 법칙을 적용하여 각 저항 양단에 걸리는 전압을 구하라.

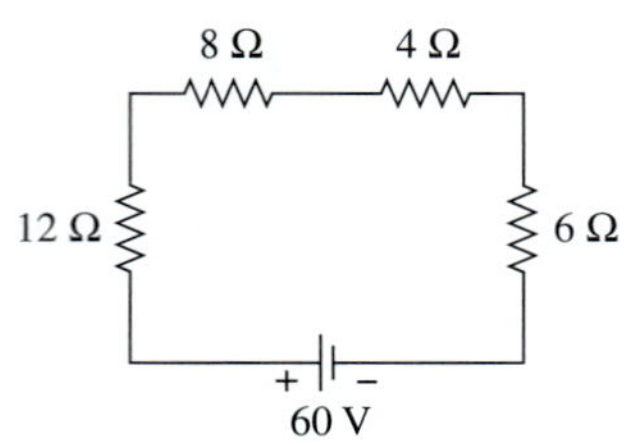

그림 4.66
문제 4.40의 회로

4.41 한 전압 분배기가 저항 R_1과 R_2, 그리고 12-V 전지로 이루어져 있다. $R_1 = 5.6\ \text{k}\Omega$이고 양단에 걸리는 전압은 4.5 V이다. 저항 R_2를 계산하라.

4.42 그림 4.67의 회로를 사용하라. $V_s = 24$ V이고 $R_s = 100\ \Omega$이며, $V_L = V_s/2$라고 할 때 R_l을 계산하라. 이 상태일 때 R_l과 R_s가 소비하는 전력은 얼마인가?

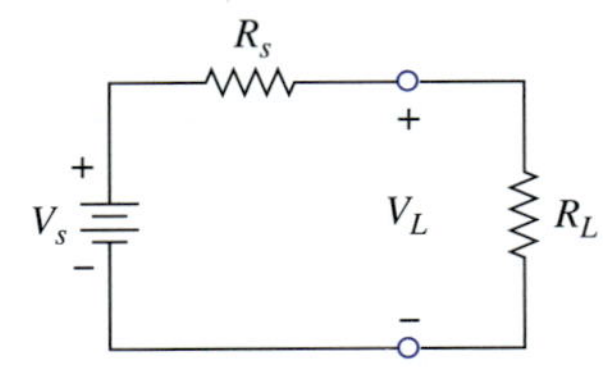

그림 4.67
문제 4.42의 회로

4.43 그림 4.68의 회로에서 R_2가 5-kΩ인 전위차계(가변 저항)이다.

(a) V_x의 최대, 최소값을 계산하라.

(b) R_3가 단락되었을 때 V_x의 최대, 최소값을 계산하라.

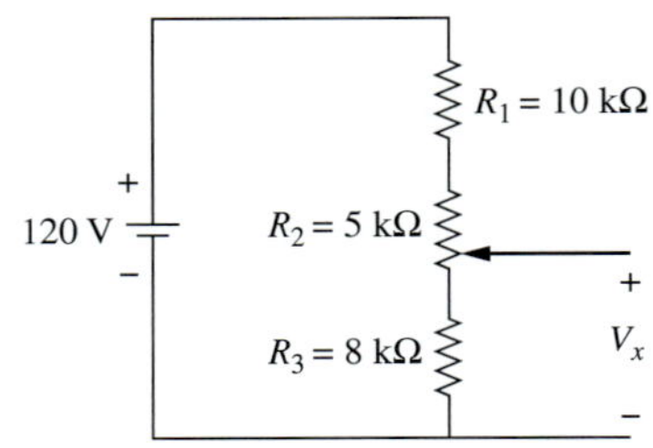

그림 4.68
문제 4.43의 회로

4.44 30-kΩ 저항과 50-kΩ 저항이 120-V 전원과 직렬로 연결되어 있다.

(a) 30-kΩ 저항 양단의 전압 강하를 구하라.

(b) 50-kΩ 저항이 소모하는 전력을 구하라.

4.45 그림 4.69에서 점 A의 전압을 구하라.

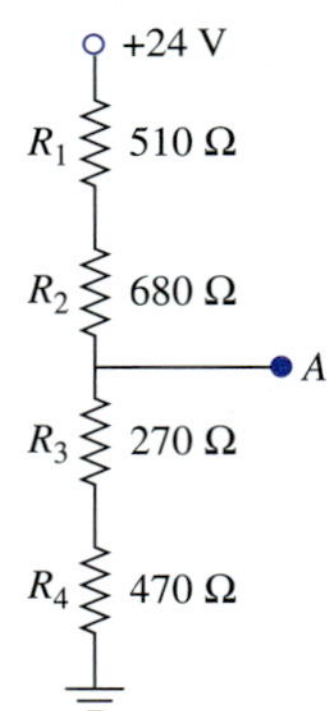

그림 4.69
문제 4.45의 회로

4.46 28-V 전압원이 250 mΩ의 내부 저항을 가지고 있다. 전압원이 7 Ω의 부하 저항과 연결되었을 때 단자 전압을 구하라.

4.8절 컴퓨터 해석

4.47 그림 4.70의 회로에서 PSpice를 사용하여 전압 V_1, V_2, 및 V_3를 구하라.

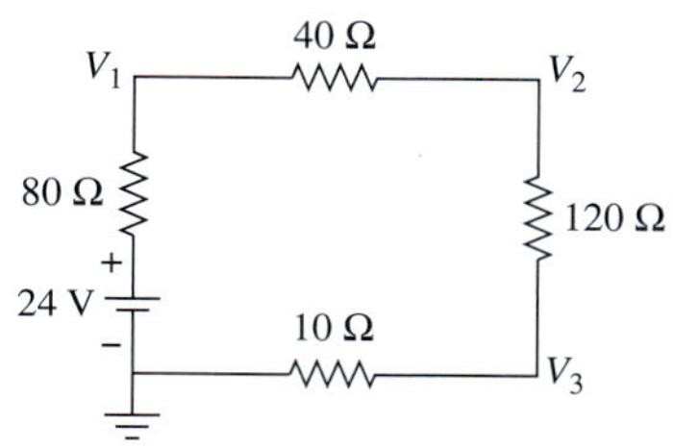

그림 4.70
문제 4.47의 회로

4.48 그림 4.39의 회로에서 PSpice를 사용하여 각 저항 양단의 전압을 구하라.

4.49 그림 4.71의 회로에서 PSpice를 사용하여 노드 전압 V_1, 및 V_2를 구하라.

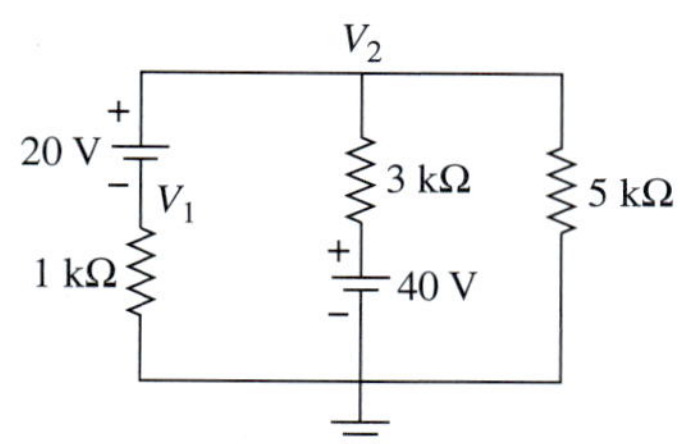

그림 4.71
문제 4.49의 회로

4.50 그림 4.62에서 PSpice를 사용하여 전류 I를 구하라.

4.51 그림 4.64의 회로에서 Multisim을 사용하여 V_{ab}를 구하라.

4.52 주어진 그림 4.72의 회로에서 Multisim을 사용하여 각 저항 양단의 전압과 I_O를 구하라.

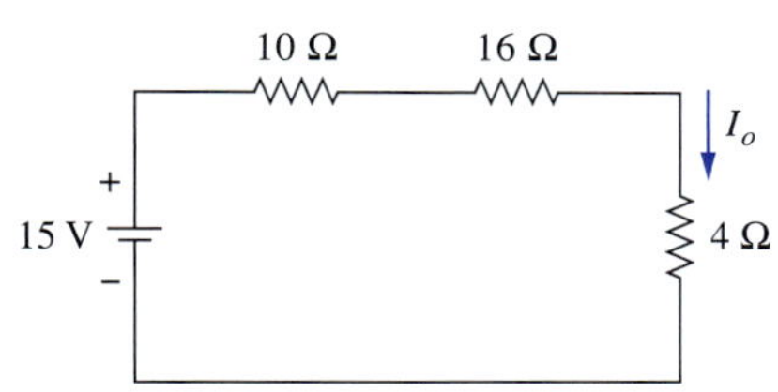

그림 4.72
문제 4.52의 회로

4.53 그림 4.65에서 Multisim을 사용하여 V_{ab}를 구하라.

4.9절 응용

4.54 크리스마스 트리 조명 세트가 10개의 직렬 연결된 8-W 전구로 이루어져 있다. 조명 세트가 120-V 전원과 연결되었을 때 각 전구의 "열(hot)" 저항을 계산하라.

4.55 그림 4.73에 나타낸 것처럼 세 개의 백열전구가 100-V 전지와 직렬로 연결되어 있다. 전구를 통과하는 전류 I를 구하라.

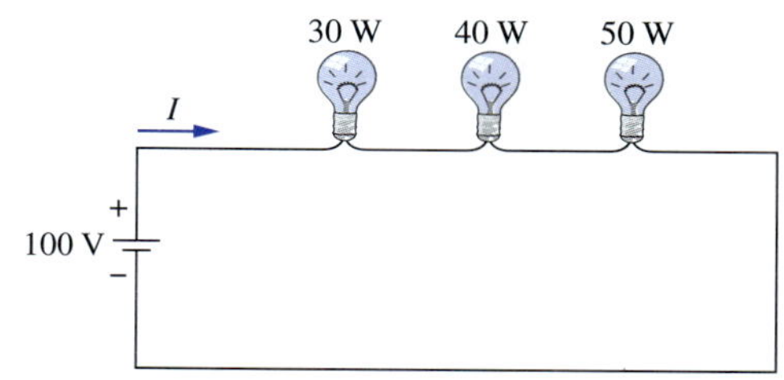

그림 4.73
문제 4.55의 회로

4.56 그림 4.74의 전위차계(가변 저항기) R_x는 전류 I_x를 1 A부터 10 A까지 조정할 수 있도록 설계되었다. 이를 달성하기 위해 필요한 R과 R_x의 값을 계산하라.

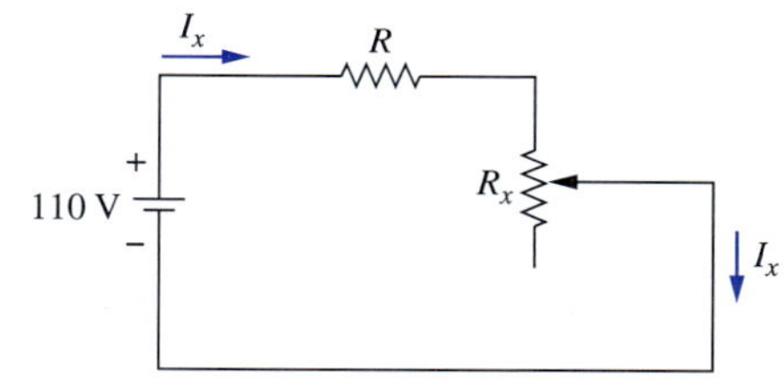

그림 4.74
문제 4.56의 회로

4.57 그림 4.75는 태양 광전지 패널의 모형을 보여준다. $V_s = 30$ V, $R_1 = 20$ Ω, $I = 1$ A로 주어졌을 때 R_L을 구하라.

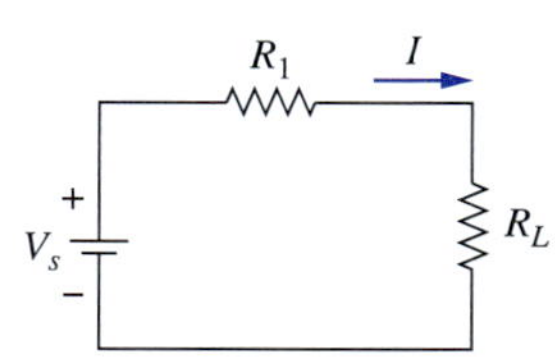

그림 4.75
문제 4.57의 회로

4.58 그림 4.76에서 전류를 2 mA로 흐르도록 제한하는 R의 값을 구하라. LED 전압 강하는 1.6 V라고 가정한다.

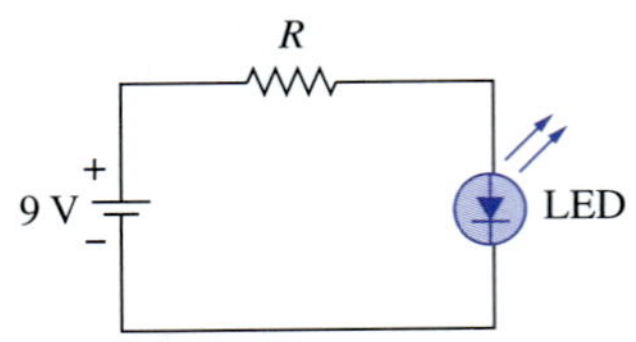

그림 4.76
문제 4.58의 회로

4.59 그림 4.77에서 각 스위치 상태에 따라 전류계로 측정되는 전류를 구하라.

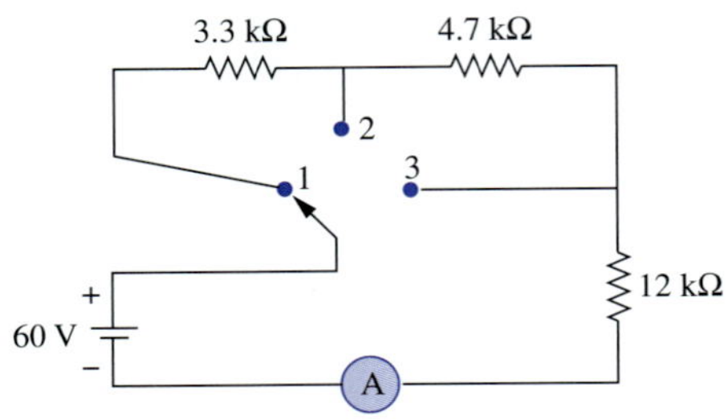

그림 4.77
문제 4.59의 회로

4.60 세 개의 0.7-A 전구가 직렬로 연결되어 있고, 각 전구의 전압 강하는 120 V이다.
(a) 총 전류를 구하라.
(b) 총 전압을 구하라.
(c) 사용된 총 전력을 구하라.

4.61 크리스마스 트리는 직렬로 연결된 여덟 개의 전구를 가지고 있다. 각 전구가 14 V와 0.2 A의 전압과 전류를 필요로 할 때,
(a) 총 전류를 구하라.
(b) 총 전압을 구하라.
(c) 사용된 총 전력을 구하라.

4.62 세 개의 12-V 전지가 2 Ω의 부하 저항과 직렬로 연결되어 있다. 전지의 내부 저항이 1 Ω, 2 Ω, 3 Ω이라고 가정하자.
(a) 부하를 통해 흐르는 전류를 구하라.
(b) 부하 양단의 전압을 구하라.
(c) 부하에 의해 소모되는 전력을 구하라.
(d) 전지에 의해 공급되는 전력을 구하라.

4.63 그림 4.78은 어떠한 회로가 11.7 Ω의 저항을 가진 전구와 내부 저항 R_i = 0.3 Ω인 전지로 이루어져있는 것을 보여준다.
(a) 전지로부터 나오는 전류를 구하라.
(b) 내부 저항 R_i 양단의 전압 강하를 구하라.
(c) 전지의 단자 전압을 구하라.
(d) 전지에 의해 내부적으로 소모되는 전력을 구하라.
(e) 부하에 의해 전달되는 전력을 구하라.
(f) 전지의 효율을 구하라.

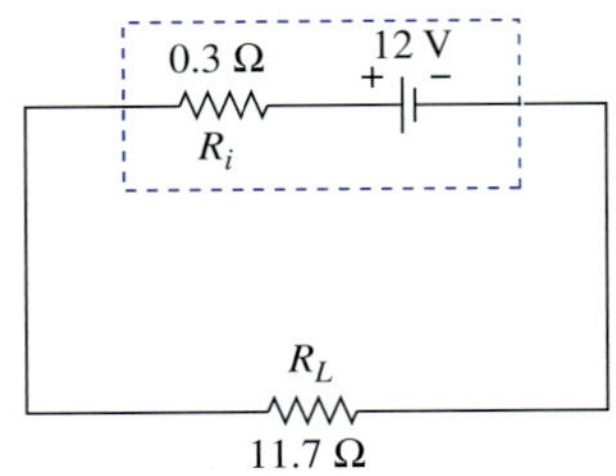

그림 4.78
문제 4.63의 회로

4.64 손전등은 두 개의 전지를 가지고 있다. 각 전지는 3 V의 개방 회로 단자 전압이고, 0.2 Ω의 내부 저항을 가지고 있다.
(a) 부하가 없을 때 전지의 총 단자 전압을 구하라.
(b) 총 내부 저항을 구하라.
(c) 단락되었을 때 전지에 흐르는 전류를 구하라.

CHAPTER

5

병렬 회로

문제의 양면에 대하여 순방향과 역방향으로 사고하는 법을 배우라.

— Abraham Lincoln

경력 향상

질문하기

컴퓨터 수업시간에 손을 든 학생
© Photodisc/Getty RF

나는 교육의 30년 이상을 학생들의 학습에 도움이 되는 최고의 방법을 결정하는데 노력했다. 학생들이 강좌를 위한 공부를 하는데 얼마나 많은 시간을 쓰는지에 관계없이, 학생들의 가장 유용한 활동은 수업 시간에 어떻게 질문하는지 배우는 것이고, 그 질문을 하는 것이다(온라인 강좌여도 학생들은 여전히 질문을 할 수 있다). 학생들은 질문을 함으로써 적극적으로 학습 과정에 참여하고, 더 이상 정보를 단순히 수동적으로 받아들이지 않는다. 나는 이 적극적인 참여가 학습 과정에 많은 기여를 하며, 아마도 교육의 발전에 있어서 가장 중요한 점이라고 생각한다. 사실 질문하기는 과학과 기술의 기초이다. Charles P. Steinmetz는 "사람은 질문하기를 멈추면 바보가 된다"라고 분명히 말했다. 질문하는 것은 매우 간단하고 쉬워 보인다. 누구나 질문을 해 본 경험이 있을 것이다. 그러나 사실 적절한 방법으로 질문하고 학습과정을 극대화하기 위해서는 생각과 준비가 필요하다. 나는 당신이 효과적으로 사용할 수 있는 몇 가지 모델이 있다고 확신한다. 나에게 효과가 있었던 것을 공유해 보자. 가장 중요한 것은 당신이 완벽한 형식의 질문을 할 필요가 없다는 것이다. 질문과 답변 형식을 사용하면 질문을 쉽게 개선할 수 있다. 나는 종종 학생들에게 수업시간에 자신의 질문을 읽어도 좋다고 말한다.

여기에 당신이 질문을 할 때 명심해야 할 세 가지가 있다. 먼저, 질문을 준비한다. 당신이 많은 학생들처럼, 수줍어하거나 수업시간에 질문하는 것을 배운 적이 없다면, 수업 외의 시간에 작성한 질문으로 시작할 수 있다. 둘째, 질문할 적절한 시간을 기다린다. 그것은 당신이 판단해야 한다. 예를 들어 효율성에 대해 배우고 있는 도중에 회로 차단기에 대한 질문을 하고 싶지는 않을 것이다. 셋째, 당신이 질문을 다시 하도록 요청 받는 경우에 그 질문을 다른 말로 바꾸어 표현하거나 다른 방식으로 말함으로써, 질문을 명확히 하기 위한 준비를 한다.

마지막 코멘트: 교수들이 학생들에게 수업시간에 질문을 해도 좋다고 하는 경우에도, 모든 교수들이 학생들이 질문하는 것을 좋아하는 것은 아니다. 당신은 어떤 교수가 수업시간에 질문 받기를 좋아하는지 알아내야 한다. 기술자로서 가장 중요한 기술 중 하나를 향상시키기 바란다.

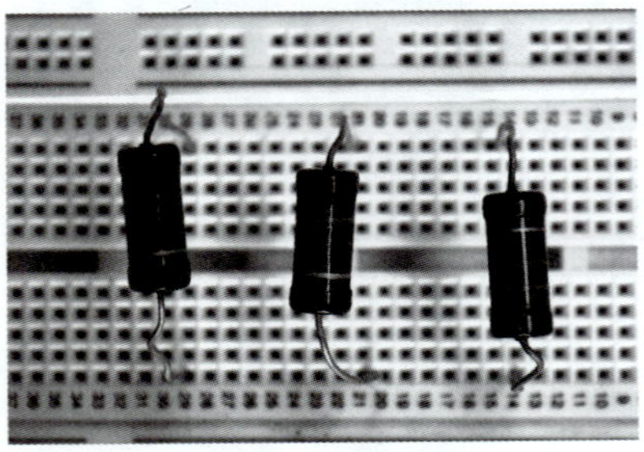

그림 5.1
브레드보드에 병렬로 연결된 저항
© Sarhan M. Musa

5.1 서론

이전 장에서 우리는 직렬 회로를 고려했고, 그것을 해석하기 위해 키르히호프의 전압 법칙(KVL)을 적용했다. 이 장에서 우리는 병렬 회로를 배울 것이고, 이러한 회로를 해석하기 위해 키르히호프의 전류 법칙(KCL)을 적용할 것이다. 복잡한 회로는 직렬 또는 병렬 회로의 일부분을 포함하고 있지만, 일부 회로는 병렬 회로 토폴로지만을 포함한다. 병렬 회로의 간단한 예는 그림 5.1에 나타내었다. 예를 들어 많은 자동차 부품은 병렬 회로를 사용하여 전지에 연결되어 있다. 또한 대부분의 가정용 전기 배선에서도 병렬 회로를 찾을 수 있다. 이것은 당신이 TV를 껐을 때, 전등이 꺼지지 않도록 한다.

이 장에서는 병렬 회로의 특성을 보는 것으로 시작한다. 우리는 병렬 회로가 직렬 회로와 유사하지만 반대되는 몇 가지 특성을 가지고 있다는 것을 알게될 것이다. 우리는 키르히호프의 전류 법칙(KCL)을 제시한다. 병렬 연결된 전류원, 전류 분배기 및 병렬 연결된 저항에 KCL을 적용한다. 그리고 우리는 병렬 회로의 일부 응용을 고려할 것이다. 마지막으로 병렬 회로를 해석하기 위해 PSpice와 Multisim을 사용하는 방법을 살펴볼 것이다.

5.2 병렬 회로

병렬 회로는 일반적으로 두 개의 공통 노드를 가진 저항(또는 요소)으로 구성되어 있다. 결과적으로 각 저항(또는 요소) 양단에 같은 전압을 가진다.

병렬 연결된 두 개의 저항은 동일한 두 개의 단자나 노드에 연결된다. 일반적으로 두 개 이상의 저항이 두 개의 노드에 연결되어 있을 때, 그것을 병렬이라고 한다.

병렬 회로의 예를 그림 5.2에 나타내었다. 이러한 예로부터 병렬 회로의 특징이 나타난다.

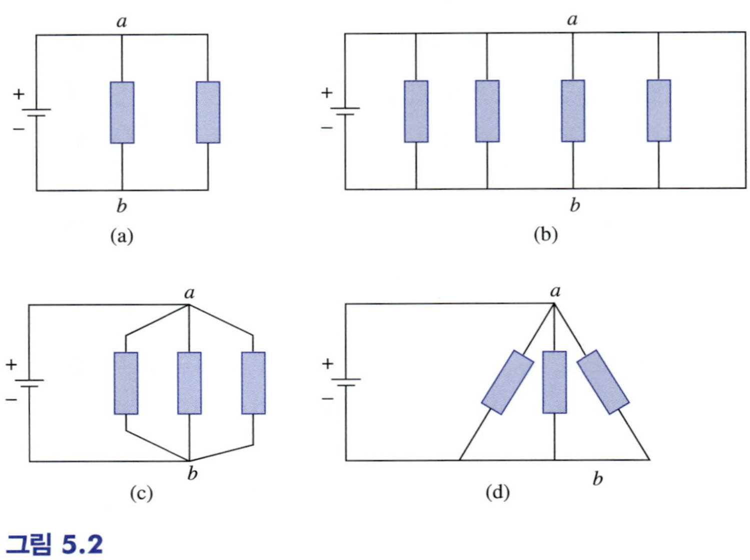

그림 5.2
병렬 회로의 예

1. 모든 요소는 다른 요소들과 같이 두 개의 노드에 연결되어있다.
2. 전류가 흐르기 위한 두 개 혹은 그 이상의 경로가 있다.
3. 각각의 병렬 요소 양단의 전압은 같다.

직렬 회로와 비교하여 병렬 회로가 갖는 장점 중 하나는, 하나의 요소가 개방되었을 때 다른 요소가 영향을 받지 않는다는 것이다.

예제 5.1

그림 5.3의 회로에 대하여 각각의 저항을 통해 흐르는 전류와 각 저항이 소모하는 전력을 구하라.

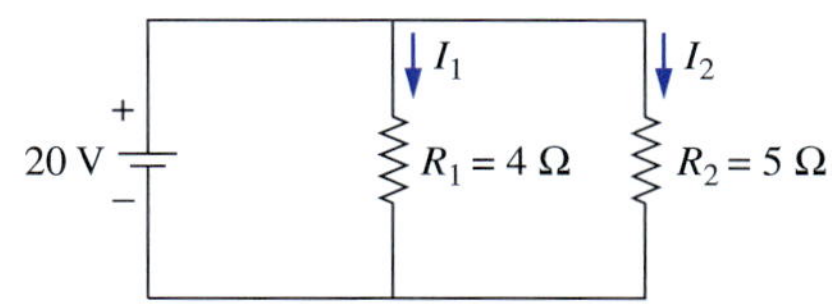

그림 5.3
예제 5.1 및 문제 5.51의 회로

풀이

저항이 병렬로 연결되어 있기 때문에, 저항 양단은 20 V로 같은 전압을 가진다. 옴의 법칙을 적용하면,

$$I_1 = \frac{V}{R_1} = \frac{20}{4} = 5\text{ A}$$

$$I_2 = \frac{V}{R_2} = \frac{20}{5} = 4\text{ A}$$

R_1에 의해 소모되는 전력은

$$P_1 = VI_1 = 20 \times 5 = 100\text{ W}$$

그리고 R_2에 의해 소모되는 전력은

$$P_2 = VI_2 = 20 \times 4 = 80\text{ W}$$

연습문제 5.1

그림 5.4의 회로에서 R_1, R_2, R_3에 의해 소모되는 전력을 계산하라.

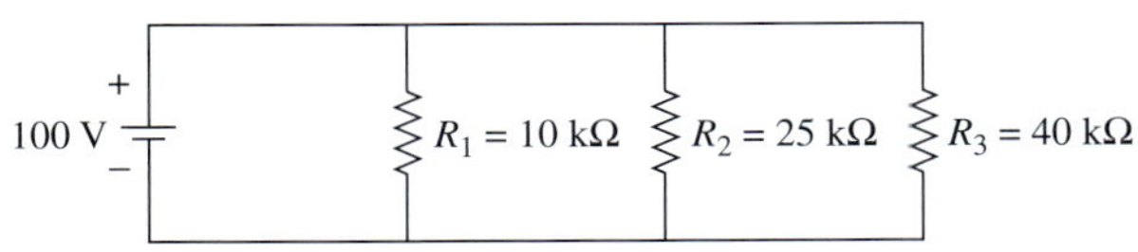

그림 5.4
연습문제 5.1

해답 1 W, 0.4 W, 0.25 W

5.3 키르히호프의 전류 법칙

키르히호프의 전류 법칙은 전하 보존 법칙에 기반을 두고 있는데, 이 법칙에

의해 시스템 내 전하의 대수적 합은 변할 수 없다.

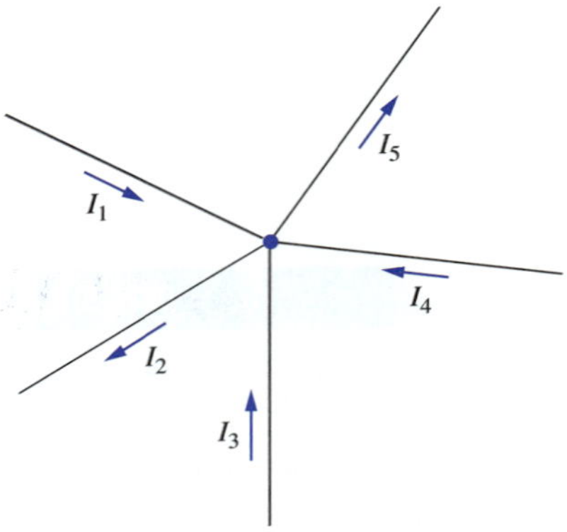

그림 5.5
KCL을 설명하는 하나의 노드에서의 전류

> **키르히호프의 전류 법칙**(KCL)은 한 개의 노드에 들어가는 전류의 대수적 합이 0(zero)인 것을 말한다.

수학적으로, KCL은

$$I_1 + I_2 + I_3 + \cdots + I_N = 0 \tag{5.1}$$

인 것을 의미하며, 여기서 N은 노드에 연결된 가지의 개수이며 I_n은 그 노드로 들어가는 (또는 나오는) n번째 전류이다. $n = 1, 2, 3, \cdots, N$. 이 법칙에 의해 한 노드로 들어가는 전류는 양수로, 그 노드를 떠나는 전류는 음수로 또는 이와 반대로 생각할 수 있다.

그림 5.5의 노드를 살펴보자. KCL을 적용하면

$$+I_1 - I_2 + I_3 + I_4 - I_5 = 0 \tag{5.2}$$

전류 I_1, I_3 그리고 I_4는 그 노드로 들어가는 반면, I_2와 I_5는 그 노드에서 나온다. 이 항들을 정리하면 다음과 같은 식을 얻는다.

$$I_1 + I_3 + I_4 = I_2 + I_5 \tag{5.3}$$

식 (5.3)은 KCL의 다른 형태이다.

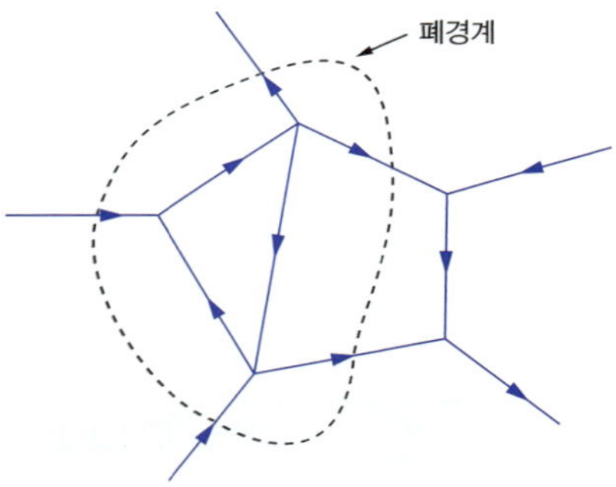

그림 5.6
하나의 폐경로에서의 KCL 적용

> 한 개의 노드에 들어가는 전류의 합은 그 노드에서 나오는 전류의 합과 같다.

KCL 또한 한 개의 폐경계에 적용된다는 것을 주의하라. 이것은 일반적인 경우로 간주할 수 있는데, 왜냐하면 한 개의 노드는 닫힌 표면이 한 개의 점으로 줄어든 것으로 볼 수 있기 때문이다. 2차원에서 한 개의 폐경계는 한 개의 닫힌 경로와 같다. 그림 5.6에 나타낸 것과 같이, 닫힌 표면으로 들어가는 전체 전류는 그 표면에서 나오는 전체 전류의 합과 같다.

예제 5.2

그림 5.7의 회로에서 전류 I_3를 구하라.

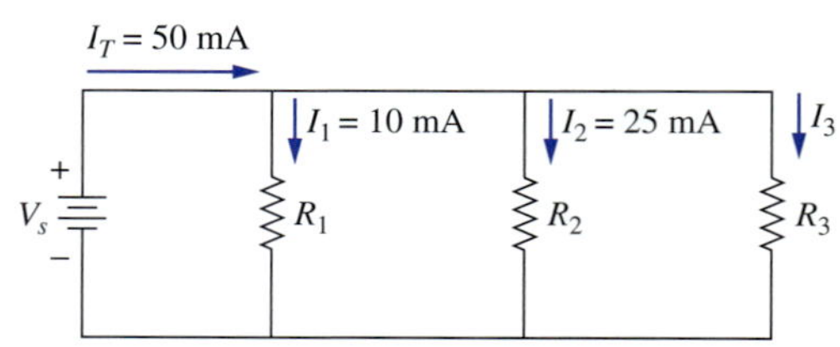

그림 5.7
예제 5.2

풀이

위의 노드에 KCL을 적용하여 다음 식을 얻는다.

$$I_T = I_1 + I_2 + I_3$$

또는

$$I_3 = I_T - I_1 - I_2 = 50\text{ mA} - 10\text{ mA} - 25\text{ mA} = 15\text{ mA}$$

연습문제 5.2

그림 5.8의 회로에서 전류 I_2를 구하라.

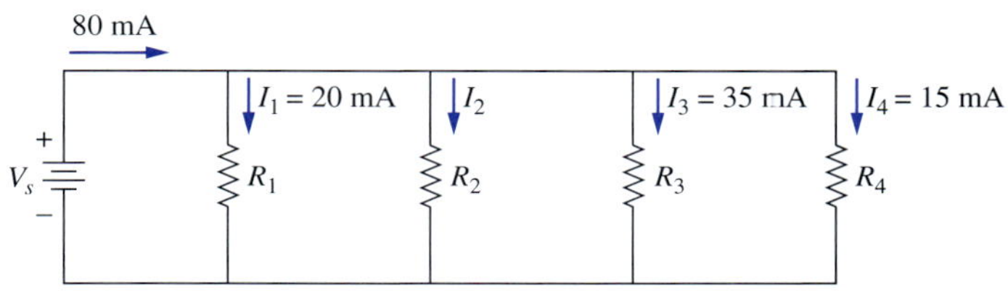

그림 5.8
연습문제 5.2

해답 10 mA

예제 5.3

그림 5.9의 회로에서 I_1, I_2, I_3 를 구하기 위해 KCL을 사용하라.

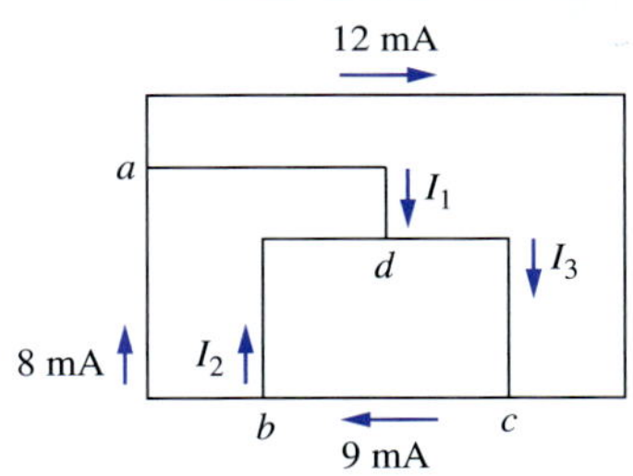

그림 5.9
예제 5.3의 회로

풀이

노드 a에서,

$$8\text{ mA} = 12\text{ mA} + I_1$$

또는

$$I_1 = 8\text{ mA} - 12\text{ mA} = -4\text{ mA}$$

음수 부호는 실제 전류의 흐름이 가정한 방향과 반대임을 보여준다.

노드 b에서,

$$9\text{ mA} = 8\text{ mA} + I_2$$

또는

$$I_2 = 9\text{ mA} - 8\text{ mA} = 1\text{ mA}$$

노드 c에서,

$$9\text{ mA} = 12\text{ mA} + I_3$$

또는

$$I_3 = 9\text{ mA} - 12\text{ mA} = -3\text{ mA}$$

전류의 값을 확인하기 위해 노드 d에 KCL을 적용한다.

$$I_3 = I_1 + I_2 \quad \Rightarrow \quad -3\text{ mA} = -4\text{ mA} + 1\text{ mA}$$

확인되었다.

연습문제 5.3

그림 5.10의 회로에서 I_1, I_2, I_3를 구하라.

해답 11 A, 4 A, 1 A

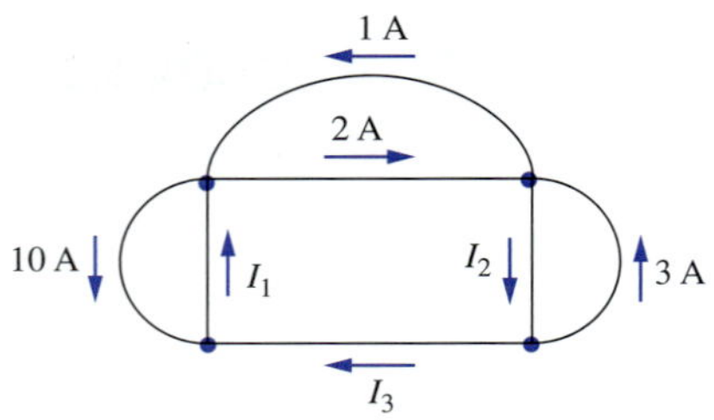

그림 5.10

연습문제 5.3의 회로

5.4 병렬 연결된 전류원

전류원은 전압원과 대응되는 에너지원이다. 전류원은 그것과 연결된 부하에 일정한 전류를 제공하는 에너지원이다. 전류원은 일정한 전류가 요구되는 응용 분야에서 유용하게 사용된다. 전류원의 회로 기호는 그림 5.11(a)에 나타내었다. 그림 5.11(b)에서와 같이 현실에서나 또는 실제에서의 전류원은 전원 저항 R_s를 가지고 있다. 이상적인 전류원은 그림 5.11(a)에서와 같이 무한한 전원 저항($R_s \rightarrow \infty$ Ω)을 가지고 있다. 그림 5.12에 나타낸 것처럼 실제로 정전류원은 LM2576 조정기(regulator) 집적 회로를 사용한다. 이것의 전체 내용은 이 책의 범위를 벗어난다. 정확히 어떻게 LM2576가 작동하는지는 모를 수 있지만, 우리는 그것이 정전류원을 만든다는 것은 알 수 있다.

KCL의 간단한 응용은 전류원과 병렬로 결합하는 것이다. 결합된 전류는

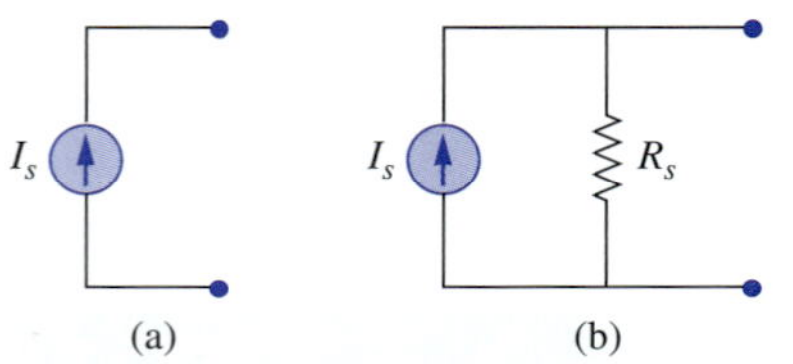

그림 5.11

전류원: (a) 이상적인 전류원, (b) 실제 전류원

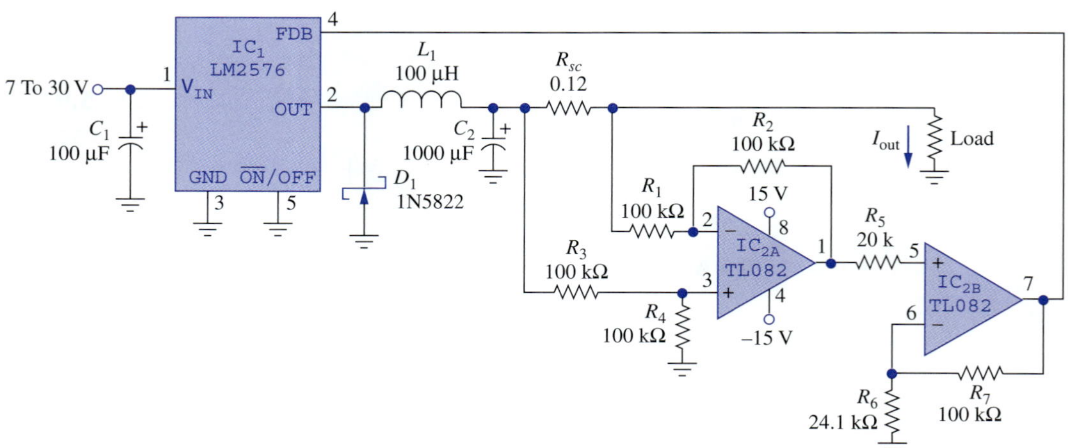

그림 5.12

정전류원

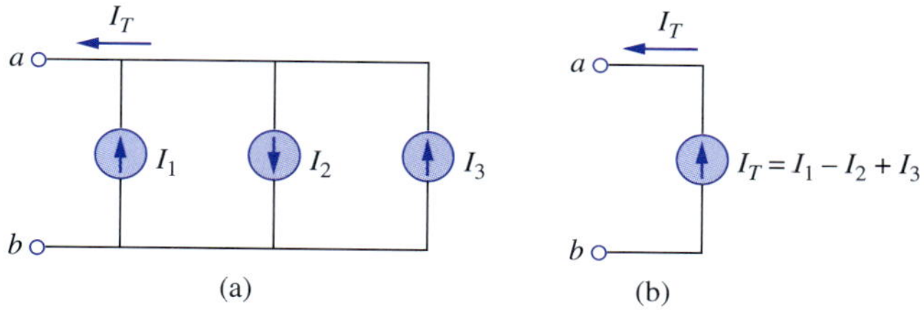

그림 5.13
병렬로 연결된 전류원: (a) 원래의 회로, (b) 등가 회로

각 전원에 의해 공급되는 전류의 대수적 합이다. 예를 들어 그림 5.13(a)에 나타낸 전류원은 그림 5.13(b)와 같이 결합할 수 있다. 그림 5.13(b)의 회로는 그림 5.13(a)의 **등가 회로**라고 한다. 두 회로가 동일한 전류-전압(I-V) 특성이 있는 경우에 동등하다고 말할 수 있다. 결합 또는 등가 전류원은 노드 a에 KCL을 적용하여 찾을 수 있다.

$$I_T + I_2 = I_1 + I_3$$

또는

$$I_T = I_1 - I_2 + I_3 \tag{5.4}$$

회로는 $I_1 = I_2$이지 않는 한, 직렬 연결된 서로 다른 두 개의 전류원 I_1, I_2를 포함할 수 없다. 그렇지 않으면 KCL을 위반한다.

5.5 병렬 연결된 저항

두 개의 저항이 병렬로 연결되어 있어 그 양단에 같은 전압을 가지는 그림 5.14의 회로를 고찰해보자(두 개의 저항은 같은 전압 강하가 나타난다. 왜냐하면 같은 전압을 가지고 있기 때문이다). 옴의 법칙에 의해

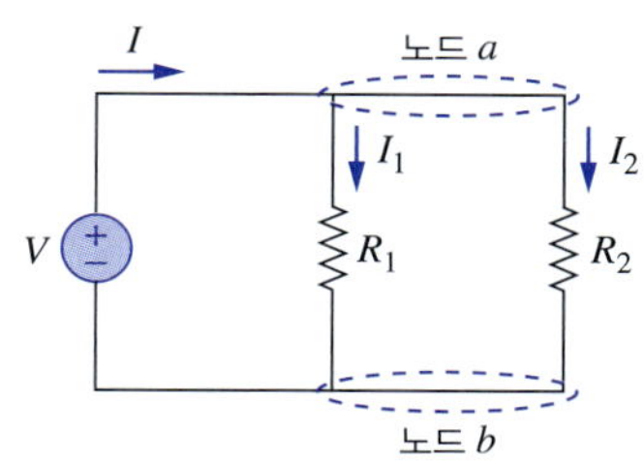

그림 5.14
병렬로 연결된 두 개의 저항

$$V = I_1R_1 = I_2R_2$$

또는

$$I_1 = \frac{V}{R_1}, \qquad I_2 = \frac{V}{R_2} \tag{5.5}$$

노드 a에 KCL을 적용하면 전체 전류 I는

$$I = I_1 + I_2 \tag{5.6}$$

식 (5.5)를 식 (5.6)에 대입하면

$$I = \frac{V}{R_1} + \frac{V}{R_2} = V\left(\frac{1}{R_1} + \frac{1}{R_2}\right) = \frac{V}{R_{eq}} \tag{5.7}$$

을 얻는다. 여기서 R_{eq}는 병렬 연결된 저항의 등가 저항이다.

$$\frac{1}{R_{eq}} = \frac{1}{R_1} + \frac{1}{R_2} \tag{5.8}$$

또는

$$\frac{1}{R_{eq}} = \frac{R_1 + R_2}{R_1 R_2}$$

또는

$$R_{eq} = \frac{R_1 R_2}{R_1 + R_2} \tag{5.9}$$

이것은 *product-over-sum* 방정식으로 알려져 있다. 그러므로,

> 병렬 연결된 두 저항의 **등가 저항**은 두 저항의 곱을 두 저항의 합으로 나눈 것과 같다.

이것은 두 개의 저항이 병렬로 연결된 경우에만 적용된다는 것을 주의해야 한다. 식 (5.9)로부터 $R_1 = R_2$이면 $R_{eq} = R_1/2$이다.

식 (5.8)의 결과는 N개의 저항이 병렬 연결된 일반적인 경우로 확장될 수 있다. 이 때 등가 저항은

$$\frac{1}{R_{eq}} = \frac{1}{R_1} + \frac{1}{R_2} + \frac{1}{R_3} + \cdots + \frac{1}{R_N} \tag{5.10}$$

R_{eq}는 병렬 연결된 저항 중 가장 작은 저항값보다 항상 작음을 주의하라. 만약 $R_1 = R_2 = \cdots = R_N = R$라면,

$$R_{eq} = R/N \tag{5.11}$$

예를 들어, 4개의 100 Ω 저항이 병렬로 연결된다면, 등가 저항은 25 Ω이다.

병렬 연결된 저항을 다룰 때는 저항을 사용하는 것보다 컨덕턴스를 사용하는 것이 더 편리하다. 식 (5.10)로부터 N개 병렬 연결된 저항[1]의 등가 컨덕턴스는

$$G_{eq} = G_1 + G_2 + G_3 + \cdots + G_N \tag{5.12}$$

여기서 $G_{eq} = 1/R_{eq}, G_1 = 1/R_2, G_2 = 1/R_2, G_3 = 1/R_3, \ldots, G_N = 1/R_N$이다. 식 (5.12)는 다음을 말한다.

---

1 병렬로 연결된 컨덕턴스는 각 컨덕턴스의 합과 동일한 값을 가지는 하나의 컨덕턴스로 동작한다.

> 병렬 연결된 저항의 **등가 컨덕턴스**는 개별 컨덕턴스의 합과 같다.

이것은 그림 5.14의 회로를 그림 5.15의 회로로 대체할 수 있음을 의미한다. 즉, 그림 5.15의 회로는 그림 5.14의 회로와 등가 회로이다. 식 (4.2)와 (5.12)의 유사성에 주목하라. 병렬 연결된 저항의 등가 컨덕턴스는 직렬 연결된 저항의 등가 저항을 구하는 것과 마찬가지 방법으로 얻는다. 직렬 연결된 저항의 등가 컨덕턴스도 병렬 연결된 저항을 얻을 때와 동일한 방법으로 얻는다.

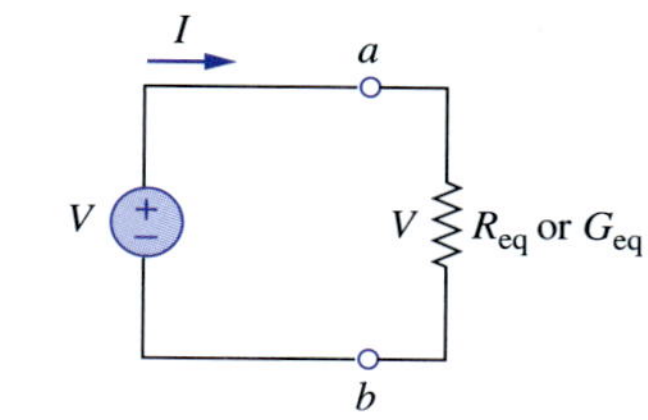

그림 5.15
그림 5.14의 등가회로

예제 5.4

그림 5.16의 회로에서 등가 저항 R_{eq}와 전류 I_T를 구하라. 전압원에 의해 공급되는 전력을 구하라.

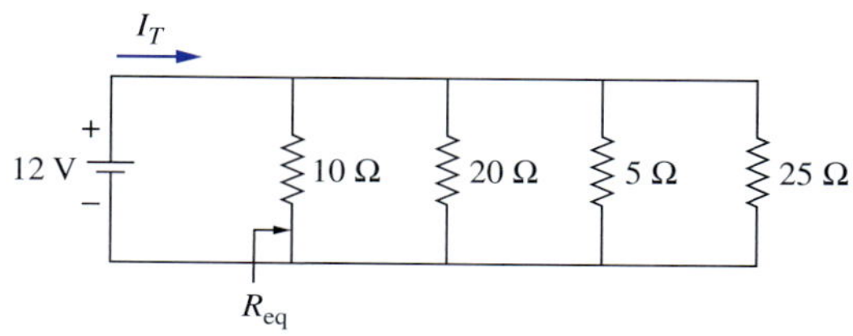

그림 5.16
예제 5.4

풀이

$$\frac{1}{R_{eq}} = \frac{1}{R_1} + \frac{1}{R_2} + \frac{1}{R_3} + \frac{1}{R_4} = \frac{1}{10} + \frac{1}{20} + \frac{1}{5} + \frac{1}{25} = 0.39\ \text{S} \qquad \textbf{(5.4.1)}$$

TI-89 티타늄 계산기로 이것을 구하기 위해 다음 과정을 따르라.
1/10 + 1/20 + 1/5 + 1/25를 입력하고 [♦] [Enter]를 눌러라.

$$R_{eq} = 1/0.39 = 2.564\ \Omega$$

0.39를 보여준다.

여기서 슬래시(/)는 나눗셈 기호(÷)를 나타낸다. 등가 저항 R_{eq}는 그림 5.16의 가장 작은 저항보다 작다는 것에 주의하라.

옴의 법칙을 사용하여

$$I_T = \frac{V}{R_{eq}} = \frac{12}{2.564} = 4.68\ \text{A}$$

공급되는 전력은

$$P = VI_T = 12 \times 4.68 = 56.16\ \text{W}$$

연습문제 5.4

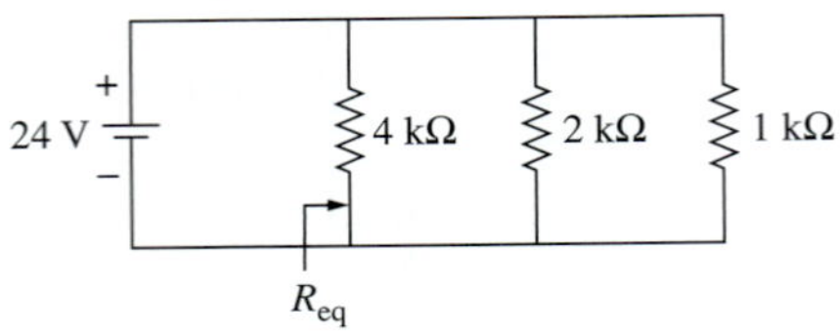

그림 5.17
연습문제 5.4의 회로

그림 5.17의 회로에서 등가 저항 R_{eq}를 구하라. 전압원에 의해 공급되는 전력을 구하라.

해답 571.43 Ω, 1.008 W

예제 5.5

그림 5.18의 회로에서 전압 V_{ab}, I_1, I_2를 구하라.

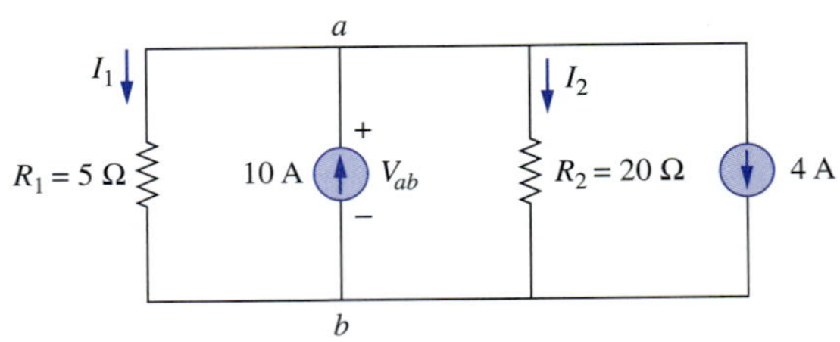

그림 5.18
예제 5.5 및 5.8의 회로

풀이

V_{ab}는 b에 대한 a의 전위이다. 이것은 두 가지 방법으로 구할 수 있다.

■ **방법 1** 다음의 방법으로 등가 저항을 구할 수 있다.

$$R_T = \frac{R_1 R_2}{R_1 + R_2} = \frac{5 \times 20}{5 + 25} = 4\ \Omega \tag{5.5.1}$$

그리고 노드 a로 들어오는 전류원은

$$I_T = 10 - 4 = 6\ \text{A}$$

따라서 그림 5.18의 회로를 그것의 등가 회로인 그림 5.19로 대체할 수 있다. 옴의 법칙을 적용하면

$$V_{ab} = I_T R_T = 6 \times 4 = 24\ \text{V} \tag{5.5.2}$$

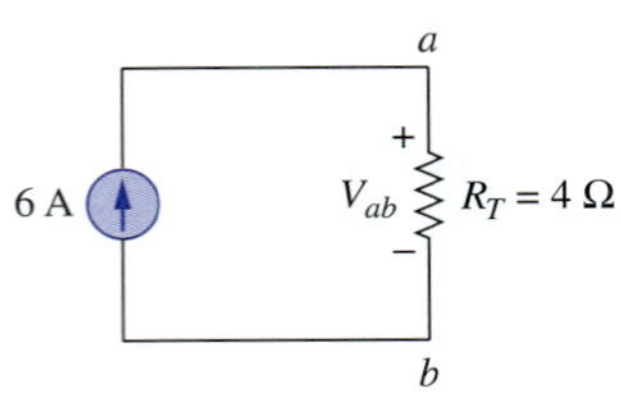

그림 5.19
그림 5.18의 등가회로

■ **방법 2** 노드 a에 KCL을 적용하면

$$10 = 4 + I_1 + I_2 \tag{5.5.3}$$

그러나

$$I_1 = \frac{V_{ab}}{R_1} = \frac{V_{ab}}{5}, \qquad I_2 = \frac{V_{ab}}{R_2} = \frac{V_{ab}}{20}$$

이 식을 식 (5.5.3)에 대입하면

$$6 = \frac{V_{ab}}{5} + \frac{V_{ab}}{20}$$

양 변에 20을 곱하면

$$120 = 4V_{ab} + V_{ab} = 5V_{ab}$$

또는

$$V_{ab} = 120/5 = 24 \text{ V}$$

로 이전에 얻은 것이다.

V_{ab}를 구하면 전류 I_1, I_2를 구하기 위해 옴의 법칙을 적용한다.

$$I_1 = \frac{V_{ab}}{R_1} = \frac{24}{5} = 4.8 \text{ A}$$

$$I_2 = \frac{V_{ab}}{R_2} = \frac{24}{20} = 1.2 \text{ A}$$

연습문제 5.5

그림 5.20의 회로에서 전압 V_{ab}를 계산하고 I_1, I_2, I_3를 구하라.

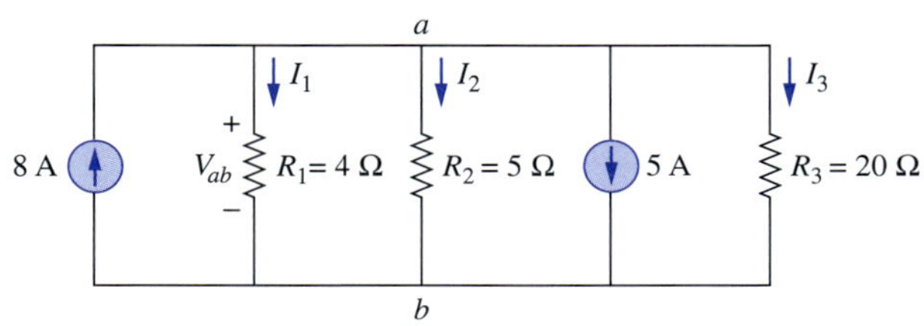

그림 5.20
연습문제 5.5 및 5.8의 회로

해답 6 V, 1.5 A, 1.2 A, 0.3 A

5.6 전류 분배기

그림 5.21에서 노드 a로 들어가는 전체 전류 I_T가 주어질 때, 전류 I_1과 I_2를 어떻게 얻을 수 있는가? 등가 저항은 같은 전압을 가지는 것을 알고 있으므로

$$V = I_T R_{\text{eq}} = \frac{I_T R_1 R_2}{R_1 + R_2} \tag{5.13}$$

식 (5.5)와 (5.13)을 결합하면 다음 결과가 된다.

$$I_1 = \frac{R_2}{R_1 + R_2} I_T, \qquad I_2 = \frac{R_1}{R_1 + R_2} I_T \tag{5.14}$$

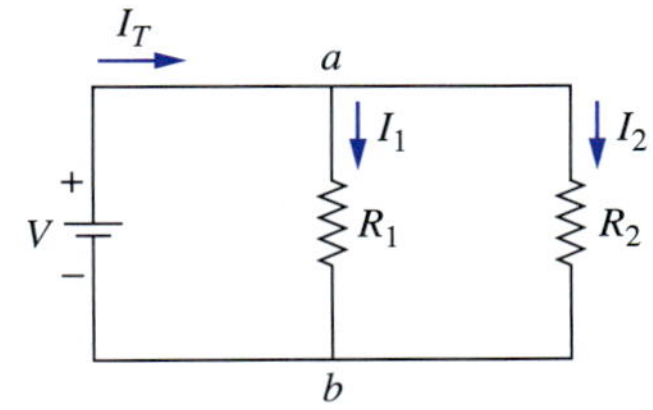

그림 5.21
전류를 분배하는 병렬 저항

또는

$$I_1 = \frac{R_{eq}}{R_1} I_T, \qquad I_2 = \frac{R_{eq}}{R_2} I_T \tag{5.15}$$

이것은 전체 전류 I가 저항 값에 반비례해서 각 저항에 의해 분배됨을 나타낸다. 이는 **전류 분배 법칙**(CDR)으로 알려져 있고, 그림 5.21의 회로는 전류 분배 회로이다. 작은 저항으로 더 많은 전류가 흐르고, $I_T = I_1 + I_2$는 KCL을 만족함을 주목하라.

극단적인 경우로서, 그림 5.21의 저항 중 한 개가 0, 예를 들어 $R_2 = 0\ \Omega$, 즉 R_2가 그림 5.22(a)에 나타낸 것과 같은 단락 회로라고 가정하자. 식 (5.14)로부터 $R_2 = 0\ \Omega$은 $I_1 = 0$ A, $I_2 = I$를 의미한다. 이것은 전체 전류 I가 R_1을 우회하여 단락 회로 $R_2 = 0\ \Omega$인 가장 저항이 작은 경로로 흐름을 의미한다. 그러므로 그림 5.22(a)에 나타낸 것과 같이 한 회로가 단락될 때, 두 가지 사실을 기억해야 한다.

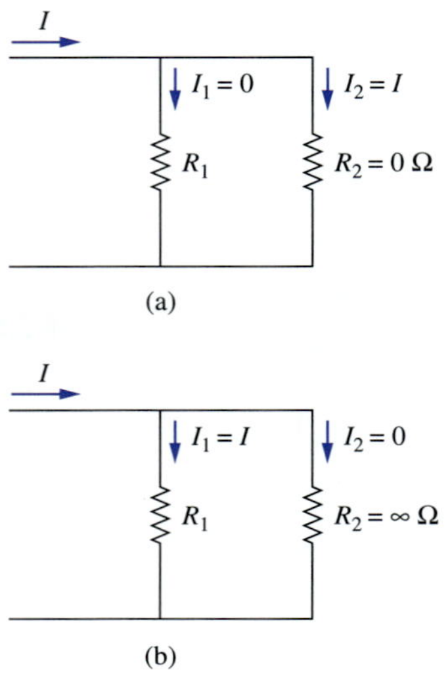

그림 5.22
단락과 개방: (a) 단락 회로, (b) 개방 회로

1. 등가 저항 $R_{eq} = 0\ \Omega$이다[식 (5.9)에서 $R_2 = 0\ \Omega$인 경우 어떤 일이 발생하는지 살펴보라].
2. 단락 회로로 모든 전류가 흐른다.

다른 극단적인 경우로서, $R_2 = \infty\ \Omega$, 즉 R_2가 그림 5.22(b)에 나타낸 것과 같이 개방 회로라고 가정하자. 전류는 가장 저항이 작은 경로인 R_1을 통해 흐를 것이다. 식 (5.9)에서 R_2를 무한대로 하여 극한값을 취하면 이 경우$R_{eq} = R_1$이다.

전류 분배 법칙은 두 개 이상의 저항이 있는 경우로 확장된다. 그림 5.23의 네트워크를 고려하라. 저항이 병렬이기 때문에 저항 양단은 같은 전압 V를 갖는다. R_{eq}가 등가 저항이라면,

$$V = I_T R_{eq} \quad \Rightarrow \quad I_T = \frac{V}{R_{eq}} \tag{5.16}$$

유사하게,

$$I_x = \frac{V}{R_x} \tag{5.17}$$

식 (5.17)에 (5.16)을 대입하면 다음 식을 얻을 수 있다.

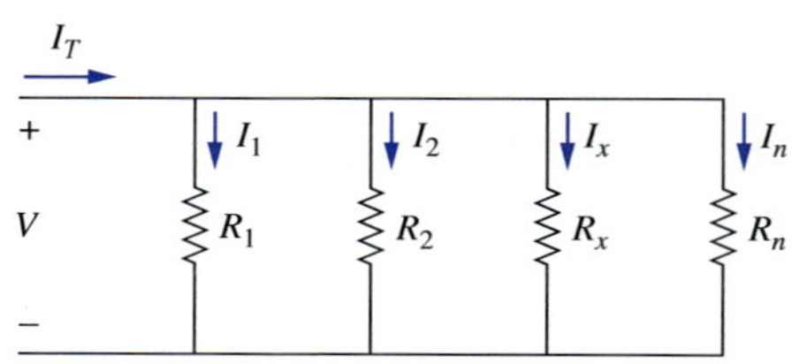

그림 5.23
n개의 가지에 대한 전류 분배 법칙

$$I_x = \frac{R_{eq}}{R_x} I_T \tag{5.18}$$

또한 전류 분배 법칙은 컨덕턴스의 단위로 표현될 수 있다. 위 식에서 분자와 분모를 R_1R_2로 나누면, 식 (5.14)는 다음 식이 된다.

$$I_1 = \frac{G_1}{G_1 + G_2} I_T, \qquad I_2 = \frac{G_2}{G_1 + G_2} I_T \tag{5.19}$$

그러므로 일반적으로 전류 분배 회로에서 N개의 도체($G_1, G_2, \cdots, G_N$)가 전원 전류 I_T에 병렬 연결되어 있을 경우, k번째 도체(G_N)는 다음의 전류를 가진다.

$$I_k = \frac{G_k}{G_1 + G_2 + \cdots + G_N} I_T \tag{5.20}$$

또는

$$I_k = \frac{G_k}{G_{eq}} I_T \tag{5.21}$$

예제 5.6

그림 5.24의 회로를 사용하라. (a) 등가 저항이 4 kΩ일 때 R_2를 구하라. (b) 전류 I_1, I_2를 구하라.

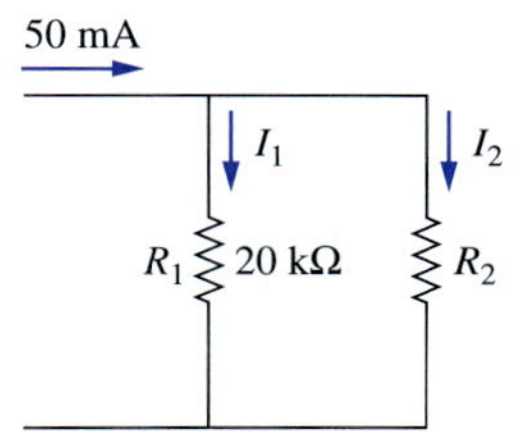

그림 5.24
예제 5.6의 회로

풀이

두 개의 저항이 병렬로 연결되어 있으므로, R을 kΩ 단위로 가정하면 다음을 얻을 수 있다.

$$4 = \frac{20 \times R_2}{20 + R_2}$$

또는

$$80 + 4R_2 = 20R_2$$

또는

$$16R_2 = 80$$
$$R_2 = 80/16 = 5\ \text{k}\Omega$$

전류 분배 법칙을 적용하여 전류를 구할 수 있다.

$$I_1 = \frac{R_2}{R_1 + R_2}(50\ \text{mA}) = \frac{5}{20 + 5}(50\ \text{mA}) = 10\ \text{mA}$$

$$I_2 = \frac{R_1}{R_1 + R_2}(50\ \text{mA}) = \frac{20}{20 + 5}(50\ \text{mA}) = 40\ \text{mA}$$

연습문제 5.6

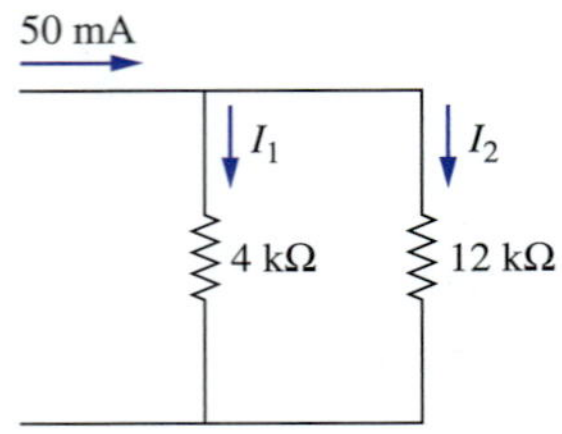

그림 5.25
연습문제 5.6의 회로

그림 5.25의 회로에서 전류 I_1 및 I_2를 구하기 위해 전류 분배 법칙을 적용하라.

해답 3.5 mA, 12.5 mA

예제 5.7

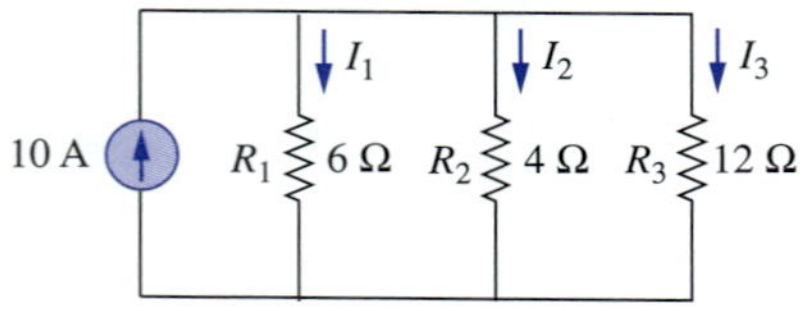

그림 5.26
예제 5.7의 회로

그림 5.26의 회로에서 전류 I_1, I_2 및 I_3를 구하라.

풀이

두 가지의 방법으로 풀 수 있다.

■ **방법 1** 이 방법은 컨덕턴스를 사용하고 식 (5.21)을 적용하는 것을 포함한다.

$$G_{eq} = \frac{1}{6} + \frac{1}{4} + \frac{1}{12} = 0.5\ \text{S}$$

그러므로

$$I_1 = \frac{G_1}{G_{eq}} I = \frac{1/6}{0.5}(10) = 3.333\ \text{A}$$

$$I_2 = \frac{G_2}{G_{eq}} I = \frac{1/4}{0.5}(10) = 5\ \text{A}$$

$$I_3 = \frac{G_3}{G_{eq}} I = \frac{1/12}{0.5}(10) = 1.667\ \text{A}$$

■ **방법 2** 이 방법은 저항을 사용하고 식 (5.14)를 적용하는 것을 포함한다. 여기서 두 개의 저항을 한 번에 고려해야 한다. 이를 위하여 그림 5.27에 나타낸 것처럼 회로를 다시 그려야 한다. 4 Ω과 12 Ω의 병렬 결합은

$$R_T = 4 \parallel 12 = \frac{4 \times 12}{4 + 12} = 3\ \Omega$$

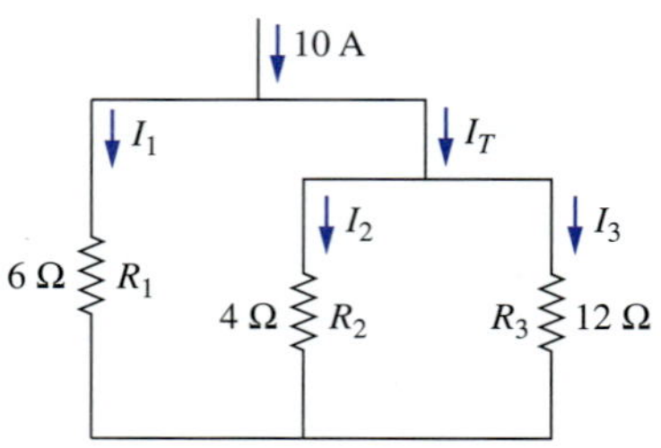

그림 5.27
예제 5.7의 회로

이제 식 (5.14)에서 사용한 R_T와 6-Ω 사이에 전류원으로부터 나온 10 A를 분배할 것이다.

$$I_1 = \frac{R_T}{R_1 + R_T} I = \frac{3}{6 + 3}(10) = 3.333\ \text{A}$$

$$I_T = \frac{R_1}{R_1 + R_T} I = \frac{6}{6 + 3}(10) = 6.667\ \text{A}$$

전류 I_T는 4-Ω과 12-Ω 저항 사이에서 공유된다.

$$I_2 = \frac{R_3}{R_2 + R_3} I_T = \frac{12}{4 + 12}(6.667) = 5 \text{ A}$$

$$I_3 = \frac{R_2}{R_2 + R_3} I_T = \frac{4}{4 + 12}(6.667) = 1.667 \text{ A}$$

이것은 우리가 이전에 구한 것이다. 가장 작은 저항이 가장 큰 전류를 갖고, 가장 큰 저항은 가장 작은 전류를 갖는 것에 주의하라.

연습문제 5.7

그림 5.28의 회로에서 전류 I_1, I_2 및 I_3를 구하라.

해답 6 A, 4.8 A, 1.2 A

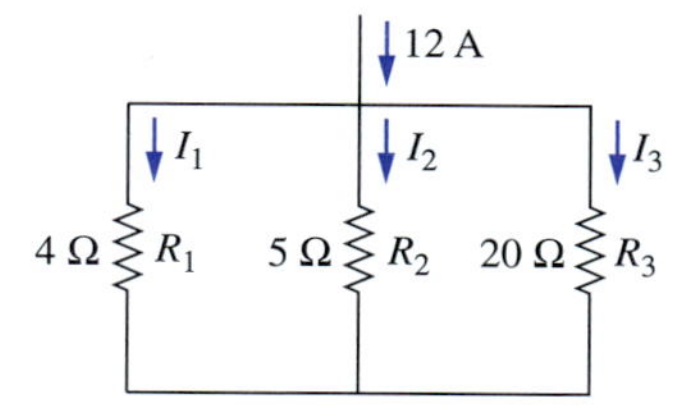

그림 5.28
연습문제 5.7의 회로

5.7 컴퓨터 해석

5.7.1 PSpice

PSpice는 병렬 회로를 해석하는 데 유용한 도구이다. 다음 예제는 이러한 회로를 다루는데 PSpice를 어떻게 사용하는지 설명한다. 이것은 독자가 이 부분을 진행하기 전에, 부록 C의 C.1절부터 C.3절까지 검토한 것으로 가정한다.

예제 5.8

예제 5.5를 풀기 위해 PSpice를 사용하라(그림 5.18을 보라).

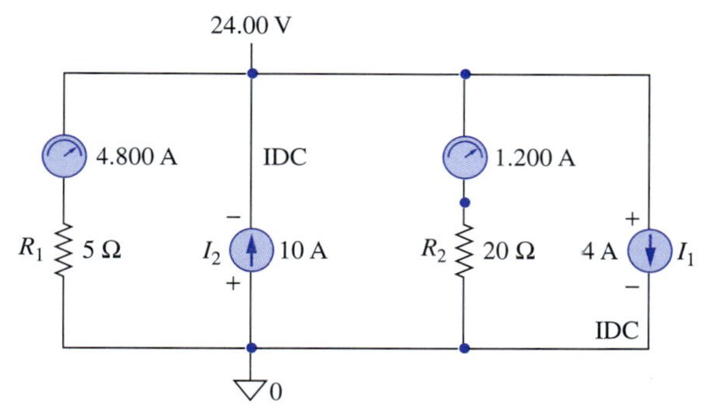

그림 5.29
예제 5.8의 Pspice 회로도

풀이

회로도는 그림 5.29에 나타내었다. 이것은 직류 해석이기 때문에, 전류원 IDC를 사용한다. 먼저 회로를 그리고 exam58.dsn로 저장하면, **PSpice/New**

Simulation Profile을 선택하여 회로를 시뮬레이션할 수 있다. 그러면 시뮬레이션 대화 상자가 열린다. 파일 이름을 "exam58"로 입력하고 Create를 클릭한다. 그러면 시뮬레이션 설정 대화 상자가 열린다. 이것은 직류 해석이기 때문에 OK를 클릭한다. 다음으로 **PSpice/Run**을 선택한다. 회로는 시뮬레이션될 것이다. 그리고 결과의 일부가 그림 5.29의 회로처럼 표시될 것이다. 다른 결과는 출력 파일에 있다. 출력 파일을 보려면 **PSpice/Vew Output File**을 선택하라. 결과는

$$V_{ab} = 24\text{ V}, \quad I_1 = 4.8\text{ A}, \quad I_2 = 1.2\text{ A}$$

예제 5.5에서 얻어진 것이다.

연습문제 5.8

PSpice를 사용하여 연습문제 5.5를 다시 풀어라.

해답 6 V, 1.5 A, 1.2 A, 0.3 A

5.7.2 Multisim

Multisim을 사용하여 병렬 회로를 쉽게 시뮬레이션할 수 있다. 이러한 회로에서 Multisim을 사용하는 방법은 직렬 회로에서 다룬 방법과 유사하다. 다음 예제는 병렬 회로를 시뮬레이션하기 위해 어떻게 Multisim을 사용하는지 설명해준다.

예제 5.9

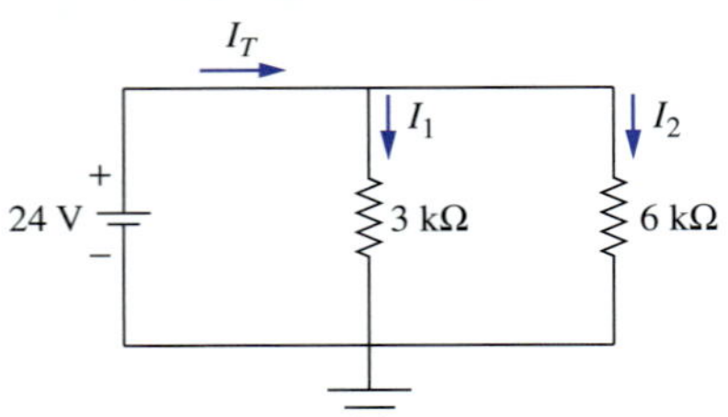

그림 5.30
예제 5.9의 회로

그림 5.30의 회로에서 전류 I_T, I_1 및 I_2를 구하기 위해 Multisim을 사용하라.

풀이

그림 5.31에서와 같이 회로를 그린다. 전류 I_T, I_1 및 I_2를 측정하기 위해 전류계를 삽입한다(전류계를 사용하는 대신에 우리는 전류, 전압 및 저항을 측정

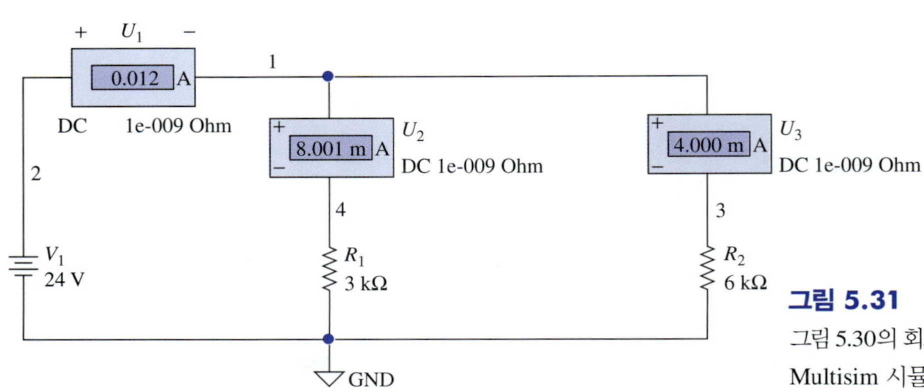

그림 5.31
그림 5.30의 회로에 대한 Multisim 시뮬레이션

하는데 사용되는 멀티미터를 사용할 수 있다). 접지를 추가하고 회로를 저장한 후, 전원 스위치를 누르거나 **Simulate/Run**을 선택하여 시뮬레이션할 수 있다. 결과는 그림 5.31에 표시했다. 즉,

$$I_T = 12\text{ mA},\quad I_1 = 8\text{ mA},\quad I_2 = 4\text{ mA}$$

연습문제 5.9

그림 5.32의 회로를 사용하라. I_T와 I_2를 구하기 위해 Multisim을 사용하라.

해답 $I_T = 14\text{ mA}; I_2 = 2\text{ mA}$

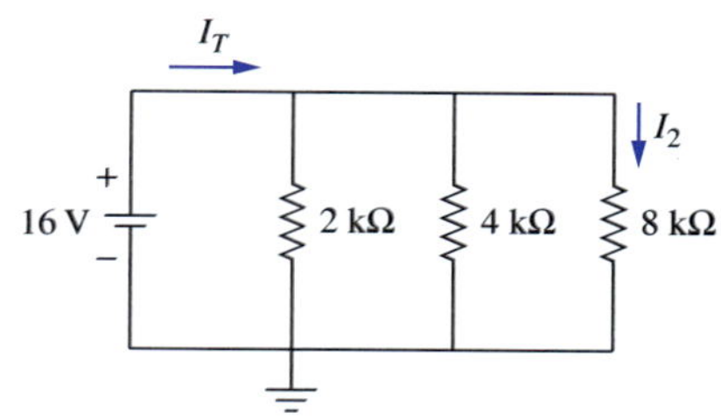

그림 5.32
연습문제 5.9의 회로

5.8 문제 해결

기술 분야 전문가 또는 기술자는 구성 요소, 장치 또는 시스템에 대한 문제를—트랜지스터부터 오디오 수신기, 개인용 컴퓨터 또는 그 너머서까지—해결하도록 요청받는다. 모든 종류의 문제 해결은 경험, 생각, 올바른 연역적 추리와 원인에서 결과까지의 추적이 필요하다.

문제 해결은 결함이 있는 회로를 진단하는데 지식과 경험이 사용되는 과정이다.

회로는 여러 가지 이유로 결함이 있거나, 또는 제대로 작동하지 않을 수 있다. 전원공급장치가 제대로 연결되지 않았거나, 연결이 느슨하거나 열려있거나, 요소가 단락되었거나 손상을 입거나, 또는 퓨즈가 끊어졌을 수도 있다. 이러한 결함 회로를 해결하기 위해 우선 회로 작동 방법에 대해 잘 알고 있어야 한다. 전기 회로의 기본 법칙에 대한 경험과 지식을 가지고 주어진 회로에서 결함의 원인을 찾을 수 있다. 따라야 하는 몇 가지 경험에 의한 규칙은 다음과 같다.

- 연결을 확인하라.
- V(전원)에서 접지, 접지에서 $-V$(전원), $-V$(전원)에서 접지 또는 처음으로 모든 라인을 따라가라.
- 모든 구성 요소의 다리가 있어야 할 곳에 연결되어 있는지, 연결되지 않아야 할 곳에 연결된 것은 없는지 확인하라.

우리는 하나의 구성 요소 수준에서의 문제 해결로 시작한다. 우리가 할 일은 문제를 일으키는 가지 또는 요소를 식별하고 교체하는 것이다. 회로의 문제를 찾는데 사용할 수 있는 몇 가지 전략이 있다. 찾기 쉬운 두 가지 문제는 개방 및 단락이다. 이러한 상태를 확인하려면, 전원을 분리하고 저항계를 사용한다.

회로에서 직렬 혹은 병렬로 연결된 구성 요소가 무한한 저항을 가지고 있

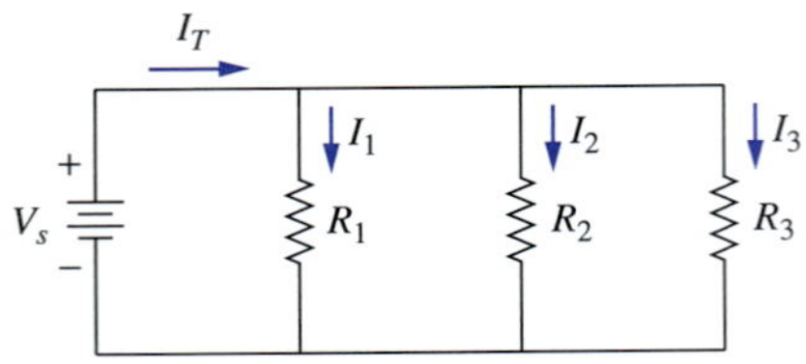

그림 5.33
병렬 회로의 개방

다면, 이 고장의 유형은 개방(*open*)이라고 한다. 구성 요소는 "타버렸다". 하나 혹은 그 이상의 회로 요소가 개방 상태를 만들 수 있다. 그림 5.33의 회로를 고려하라. R_2가 타버렸기 때문에 이 회로는 개방된 병렬 회로이다. 우리는 다음과 같은 현상을 관찰할 수 있다.

1. R_2가 개방되었기 때문에, $R_2 = \infty\Omega$, $I_2 = 0$ A이다.
2. 총 전류 I_T는 평상시보다 낮아질 것이다.
3. 전압은 변화 없을 것이다.
4. R_1과 R_3가 전구라면, 켜진 상태일 것이다.
5. 결함있는 장치 R_2는 작동하지 않을 것이다, R_2가 전구라면 꺼질 것이다.

회로에서는 단락(*short*)으로 알려진 다른 유형의 고장이 발생할 수 있다. 그림 5.34의 병렬 회로를 고려하라. 요소가 0 Ω에 근접한 단락이 있다. 회로에서 다음과 같은 현상을 관찰할 수 있다.

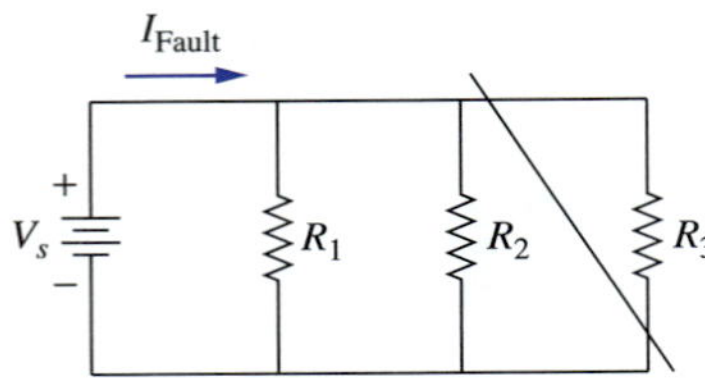

그림 5.34
병렬 회로의 단락

1. 가장 작은 저항의 경로를 통해 전류가 흐르기 때문에, 모든 전류가 단락된 곳을 통해 흐르고, 다른 가지를 통해서는 전류가 흐르지 않는다.
2. 총 전류의 흐름이 정상보다 커질 것이다.
3. 어떤 부하도 작동하지 않을 것이다.

예를 들어 가정용 전기 문제에 대하여, 당신은 다음 접근 방법을 따를 수 있다. 만약 한 가지가 작동하지 않는 경우, 전원을 켜거나 교체한다. 두 개 혹은 그 이상이 작동하지 않는 경우, 차단기 및 GFCI를 리셋하라. 그것들이 여전히 작동하지 않으면, 회로의 살아있거나 죽은 부분 사이에서 (당신이 회로를 알고 있다면) 또는 죽은 부분과 근처의 살아있는 어떠한 부분 사이에서 (당신이 회로를 모른다면) 접점의 연결을 개선하여 잘못된 연결을 찾아라. 그것들이 여전히 작동하지 않으면, 차단기를 교체하고 패널에서 중성 연결을 확인한다.

많은 경우 회로가 단락되거나 과부하 되었음을 알기는 쉽지만,—결함이 있는 토스트기를 전원에 연결했을 때 조명이 꺼지는 경우—시스템에서 고장이 어디서 발생했는지 파악하기는 항상 간단한 것은 아니다. 모든 벽 스위치를 끄고 모든 조명과 가전 제품의 플러그를 뽑는 것으로 시작하라. 그런 후 회로 차단기를 리셋하거나 퓨즈를 교체한다. 알고 있는 모든 방법을 시도했는데도 고장 원인을 찾지 못했을 경우에는, 경험이 많은 사람과 상담하라.

예제 5.10

그림 5.33의 회로를 사용하라. 정상 혹은 비정상시 작동하는 동안의 전류와 전력을 계산하라. $V_s = 60$ V, $R_1 = 20\ \Omega$, $R_2 = 10\ \Omega$, 그리고 $R_3 = 5\ \Omega$이다.

풀이

정상 작동에서

$$I_1 = \frac{V_s}{R_1} = \frac{60}{20} = 3\text{ A}$$

$$I_2 = \frac{V_s}{R_2} = \frac{60}{10} = 6\text{ A}$$

$$I_3 = \frac{V_s}{R_3} = \frac{60}{5} = 12\text{ A}$$

총 전류는

$$I_T = 3 + 6 + 12 = 21\text{ A}$$

총 전력은

$$P_T = V_1I_1 + V_2I_2 + V_3I_3 = 60 \times 3 + 60 \times 6 + 60 \times 12 = 1260\text{ W}$$

비정상시에 작동하는 조건에서는, R_2는 개방되므로 $I_2 = 0$ 그리고 $R = \infty$이다.

$$I_1 = \frac{V_s}{R_1} = \frac{60}{20} = 3\text{ A}$$

$$I_2 = \frac{V_s}{\infty} = 0\text{ A}$$

$$I_3 = \frac{V_s}{R_3} = \frac{60}{5} = 12\text{ A}$$

총 전류는

$$I_T = 3 + 0 + 12 = 15\text{ A}$$

가 아니다. 총 전력은

$$P_T = V_1I_1 + V_2I_2 + V_3I_3 = 60 \times 3 + 0 + 60 \times 12 = 900\text{ W}$$

고장 때문에 전력이 감소된 것을 보여준다.

연습문제 5.10

그림 5.35를 사용하라. 정상 혹은 비정상시 작동하는 동안 전류 I를 구하라. $V_s = 120$ V, $R_1 = 10\ \Omega$, $R_2 = 20\ \Omega$, 그리고 $R_3 = 5\ \Omega$이다.

해답 정상시: 3.429 A, 비정상시: 4.8 A

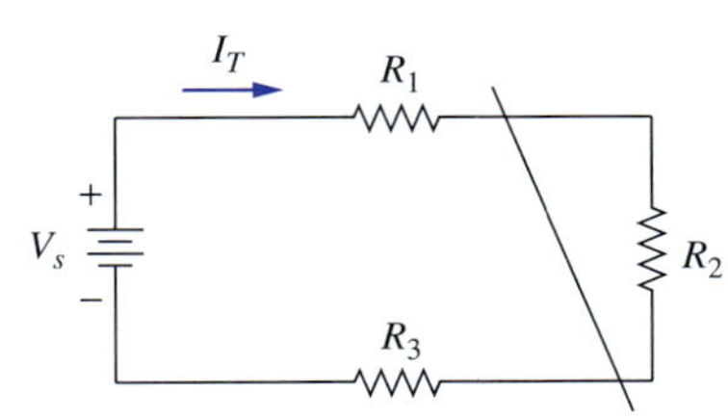

그림 5.35
연습문제 5.10의 회로

5.9 †응용

병렬 회로는 실제 생활에서 여러 부분에 응용된다. 이러한 응용에는 크리스마스 조명(우리가 4.9절에서 본 것처럼), 자동차의 조명 시스템 및 주거 내 배선 등이 있다. 여기서는 이것들 중 두 가지를 고려한다.

병렬 회로는 특히 주거 전기 시스템에서, 전원 분배에 사용된다. 모든 가

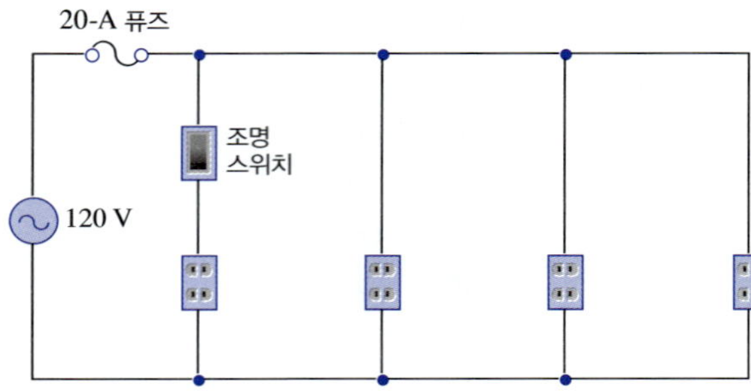

그림 5.36

전기 콘센트는 병렬로 연결되어 있다

전 제품과 전구는 병렬로 연결되어 있다. 전기 콘센트가 병렬로 연결되어 있음을 나타내는 그림 5.36을 고려하라. 즉, 모든 콘센트에서 동일한 전압을 사용할 수 있음을 의미한다. 총 소비되는 전류는 모든 병렬 가지에 대한 전류의 합이다. 전기의 위험성 때문에 가정 내 배선은 신중하게 현지 법령, 또는 국제 전기 코드(NEC)에서 만든 규약에 의해 규제된다. 절연, 접지, 퓨즈와 같은 문제를 방지하기 위해서 회로 차단기가 사용된다. 현대 배선 규약은 별도의 접지에 대한 세 번째 전선이 필요하다. 접지선은 중성선과 같이 전력을 운반하지는 않지만, 가전 제품이 별도의 접지 연결을 가질 수 있게 해준다.

병렬 회로의 또 다른 일반적인 사용은 자동차의 조명 시스템에서 찾을 수 있다. 그림 5.37에 시스템이 단순화된 버전을 나타내었다. 병렬 연결이기 때문에 전조등이 나가버렸을 때(개방), 다른 전조등에 영향을 주지 않는다. 자동차의 전기 시스템은 직류 시스템으로 작동된다. 12 V로 충전된 전지는 전체 시스템에서 필요한 직류를 제공할 것으로 예상된다. 전기 시스템은 기본적으로 병렬 시스템이다. 각 구성 요소는 전지와 접지 또는 섀시에 연결되어 있다.

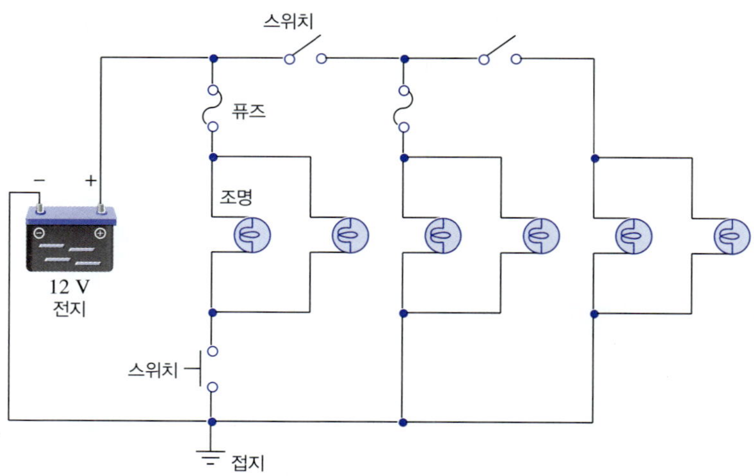

그림 5.37

자동차 조명 시스템의 단순화된 형태

5.10 요약

1. 두 개의 저항이 두 개의 같은 노드에 연결되었을 때 병렬로 연결되어 있다. 병렬로 연결된 요소는 항상 양단에 같은 전압을 가진다.
2. 키르히호프의 전류 법칙(KCL)에 의해 모든 노드에서 전류의 대수적 합은 0이다. 즉, 한 개의 노드로 들어가는 전류의 합은 그 노드를 빠져나오는 전류의 합과 같다.
3. 병렬로 연결된 전류원은 대수적으로 더한다.
4. 두 개의 저항 R_1 $(=1/G_1)$과 R_2 $(=1/G_2)$가 병렬일 때, 그 등가 저항 R_{eq}와 등가 컨덕턴스 G_{eq}는 다음과 같다.

$$R_{eq} = \frac{R_1 R_2}{R_1 + R_2}, \qquad G_{eq} = G_1 + G_2$$

5. 병렬로 연결된 두 개의 저항에 대한 전류 분배 법칙은

$$I_1 = \frac{R_2}{R_1 + R_2} I, \qquad I_2 = \frac{R_1}{R_1 + R_2} I$$

전류 분배기가 전류원 I와 함께 병렬로 연결된 N개의 도체(G_1, G_2,. ..., Gn)를 가지고 있을 때, k번째 도체(G_k)는 다음과 같은 전류를 가진다.

$$I_k = \frac{G_k}{G_{eq}} I$$

6. 결함이 있는 회로에서 문제 해결은 고장이 일어난 위치를 찾는 과정이다.
7. 이 장에서 고려된 병렬 회로의 두 가지 응용은 주거 내 배선 시스템과 자동차의 조명등 시스템이다.

복습문제

5.1 저항이 병렬로 연결되어 있을 때, 다음 중 같은 값을 가지는 것은 무엇인가?

(a) 전류 (b) 전압
(c) 전력 (d) 저항

5.2 다른 전압의 전압원들을 병렬로 연결할 수 있다.

(a) 참 (b) 거짓

5.3 병렬 회로에서 R_{eq}의 값은 가장 작은 저항보다 항상 작다.

(a) 참 (b) 거짓

5.4 세 개의 저항 240 Ω, 560 Ω, 100 Ω이 병렬로 연결되어 있다. 대략 등가 저항은?

(a) 900 Ω (b) 63 Ω
(c) 56 Ω (d) 22 Ω

5.5 그림 5.38의 저항 R_1과 R_2는 병렬로 연결되어 있다.

(a) 참 (b) 거짓

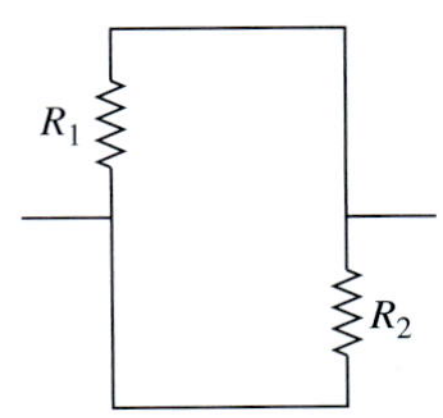

그림 5.38
복습문제 5.5의 회로

5.6 병렬로 연결된 저항 중 하나가 단락일 때 총 저항은?
(a) 2배 (b) 증가 (c) 증가 (d) 0

5.7 그림 5.39의 전류 I_o는?
(a) −4 A (b) −2 A (c) 4 A (d) 16 A

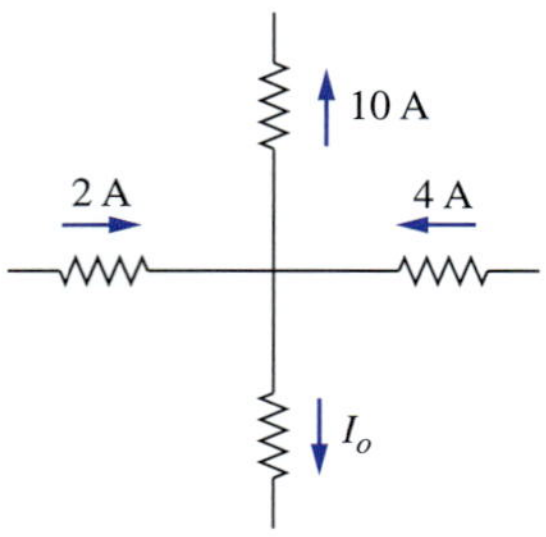

그림 5.39
복습문제 5.7의 회로

5.8 전류 분배 법칙은 저항이 병렬로 연결되어 있을 때 사용한다.
(a) 참 (b) 거짓

5.9 저항 40 Ω, 60 Ω, 80 Ω 그리고 100 Ω이 전류원과 병렬로 연결되어 있을 때, 가장 작은 전류가 통과하는 저항은?
(a) 40 Ω (b) 60 Ω
(c) 80 Ω (d) 100 Ω

5.10 두 개의 저항 40 Ω과 60 Ω이 10 mA의 전류원과 병렬로 연결되어 있다. 40 Ω을 통과하는 전류는?
(a) 10 mA (b) 6 mA
(c) 4 mA (d) 0 mA

해답: 5.1b, 5.2b, 5.3a, 5.4b, 5.5 a, 5.6d, 5.7a, 5.8a, 5.9d, 5.10b

문제

5.3절 키르히호프의 전류 법칙

5.1 그림 5.40에서 $I_1 = -12$ A, $I_2 = 3$ A 그리고 $I_4 = 5$ A일 때, I_3를 구하라.

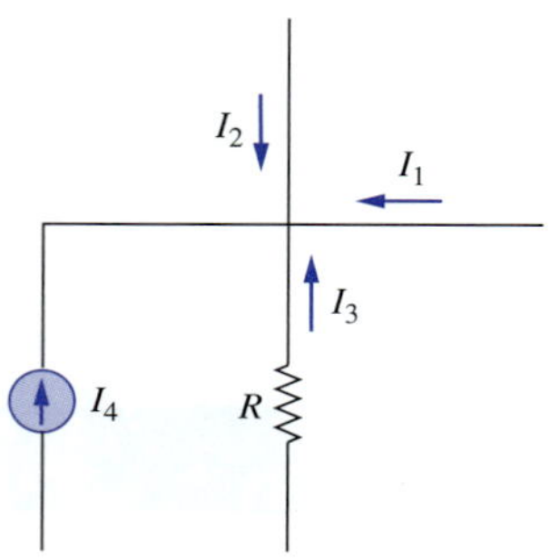

그림 5.40
문제 5.1의 회로

5.2 그림 5.41의 회로에서 전류를 구하라.

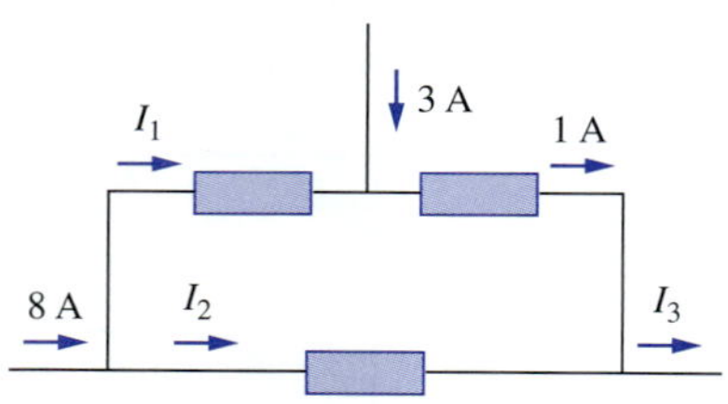

그림 5.41
문제 5.2의 회로

5.3 그림 5.42의 회로에서 전류 I_1, I_2 그리고 I_3를 구하기 위해서 KCL을 사용하라.

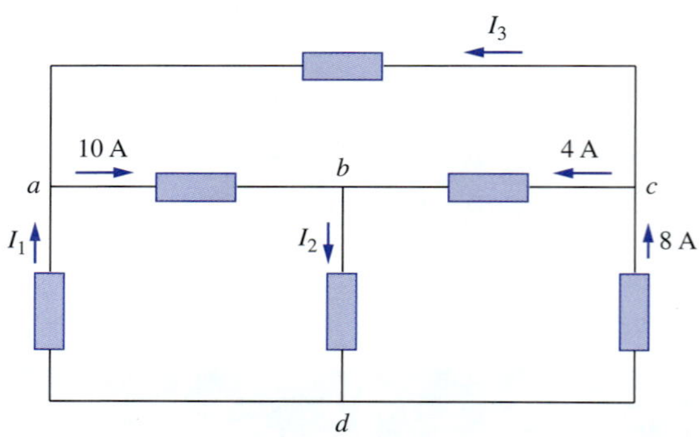

그림 5.42
문제 5.3의 회로

5.4 그림 5.43의 회로에서 I_3 및 I_4를 구하라.

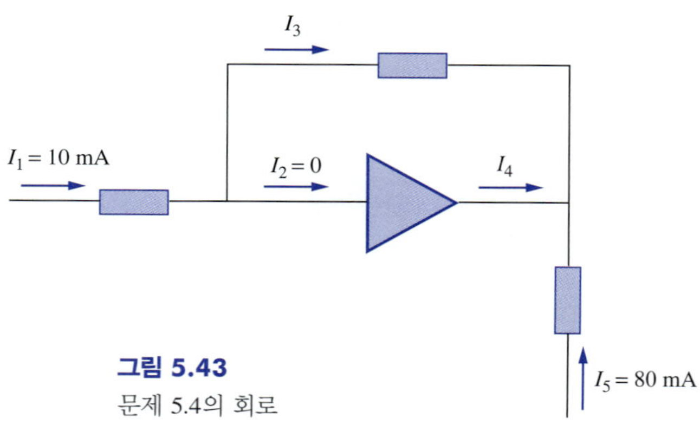

그림 5.43
문제 5.4의 회로

5.5 그림 5.44의 회로에서 I_1 및 I_2를 구하라.

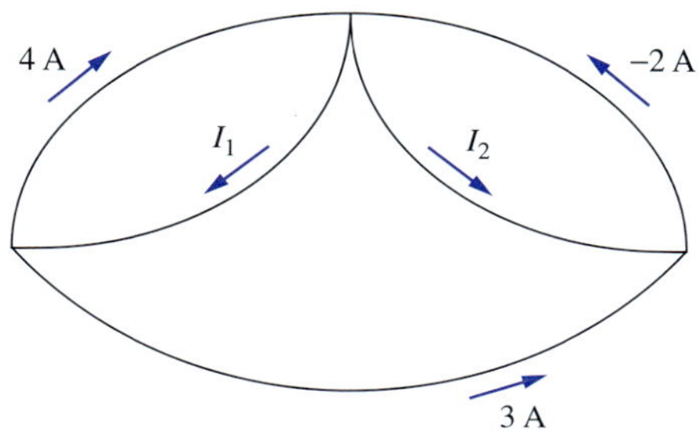

그림 5.44
문제 5.5의 회로

5.6 그림 5.45에서 I_o를 구하라.

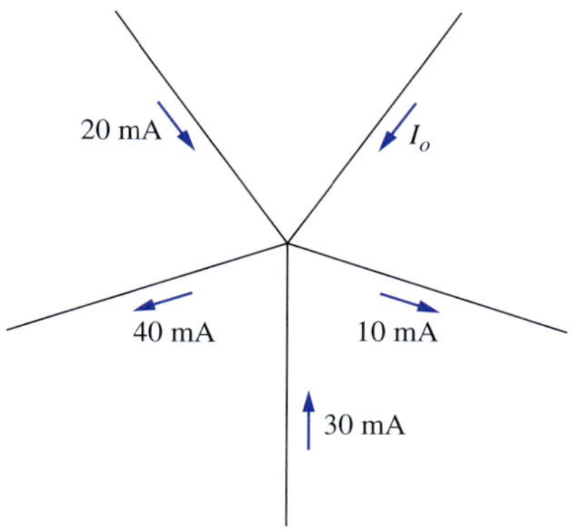

그림 5.45
문제 5.6의 회로

5.7 그림 5.46의 회로에서 전류 I_1을 구하라.

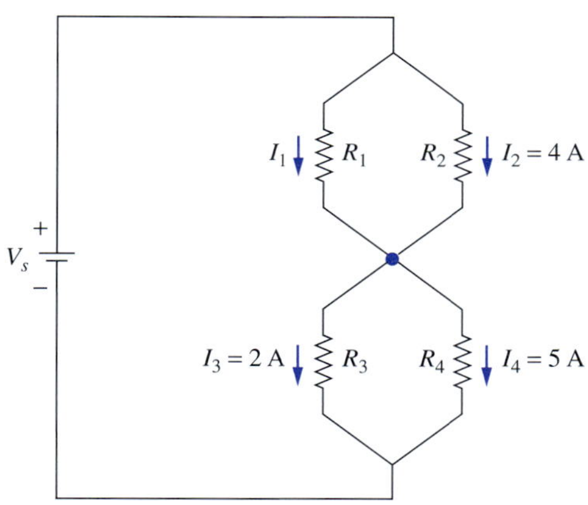

그림 5.46
문제 5.7의 회로

5.8 그림 5.47에서 $I_1 = 4$ A, $I_2 = 3$ A, 그리고 $I_3 = -12$ A이다. I_4, I_5 및 V를 구하라.

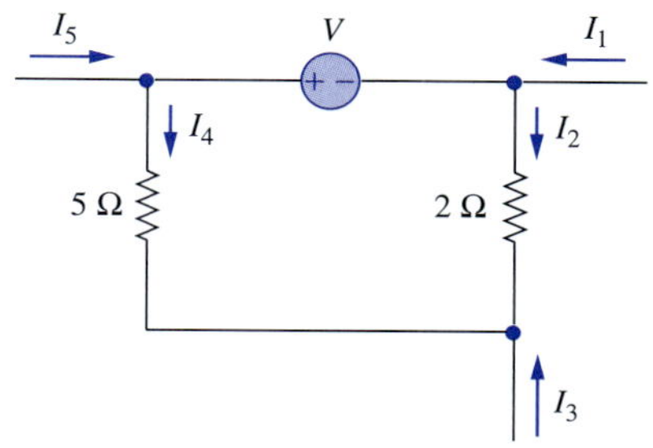

그림 5.47
문제 5.8의 회로

5.4절 병렬 연결된 전류원

5.9 그림 5.48에서 저항을 통해 흐르는 전류를 구하라.

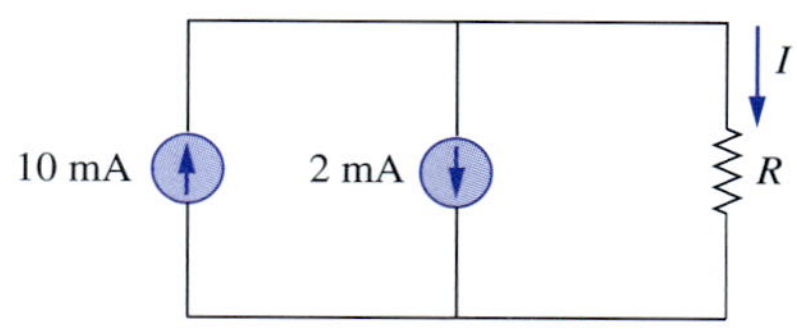

그림 5.48
문제 5.9의 회로

5.10 그림 5.49를 사용하여 저항을 통해 흐르는 전류를 구하라.

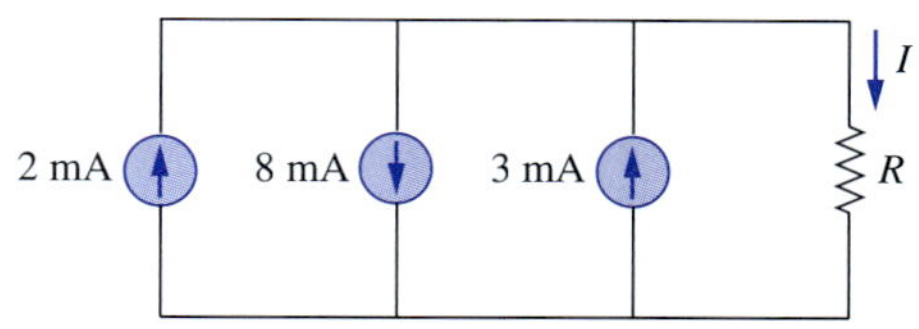

그림 5.49
문제 5.10의 회로

5.5절 병렬 연결된 저항

5.11 각각 30 Ω의 저항을 가지고 있는 세 개의 전구가 병렬로 연결되어 있다. 이 전구의 총 저항을 구하라.

5.12 두 개의 50-Ω 저항이 병렬로 연결되어 있다. 총 저항을 구하라.

5.13 다음 제시된 각 병렬 저항들의 총 저항을 구하라.
(a) 56 Ω 및 82 Ω
(b) 12 kΩ, 36 kΩ 및 75 kΩ
(c) 1.2 MΩ, 5.6 MΩ 및 680 kΩ

5.14 병렬로 연결된 열 개의 24-kΩ 저항들의 총 저항과 컨덕턴스는 얼마인가?

5.15 네 개의 병렬 가지에 각각 750 mS, 640 mS, 480 mS 및 300 mS의 컨덕턴스를 가지고 있을 때 등가 컨덕턴스는 얼마인가?

5.16 병렬로 연결된 세 개의 저항이 4.2 kΩ의 등가 저항을 가지고 있다. $R_1 = 20$ kΩ 및 $R_2 = 25$ kΩ일 때, R_3의 저항은 얼마인가?

5.17 그림 5.50의 회로에서 R_T를 구하라.

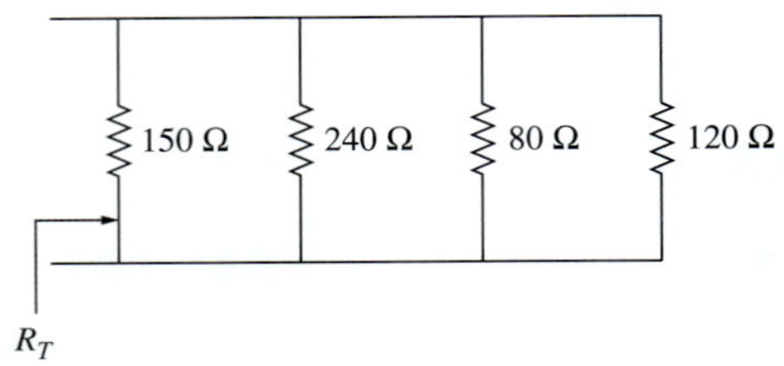

그림 5.50
문제 5.17의 회로

5.18 그림 5.51의 회로에서 G_{eq}를 구하라.

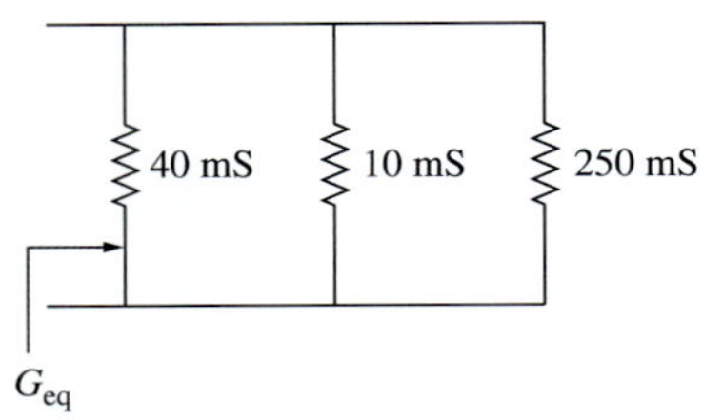

그림 5.51
문제 5.18의 회로

5.19 그림 5.52의 회로에서 저항 R_x를 구하라.

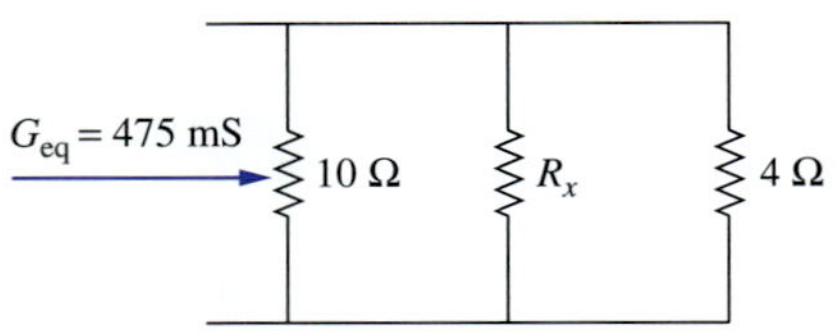

그림 5.52
문제 5.19의 회로

5.20 그림 5.53의 회로에서 R_{eq}와 G_{eq}를 구하라.

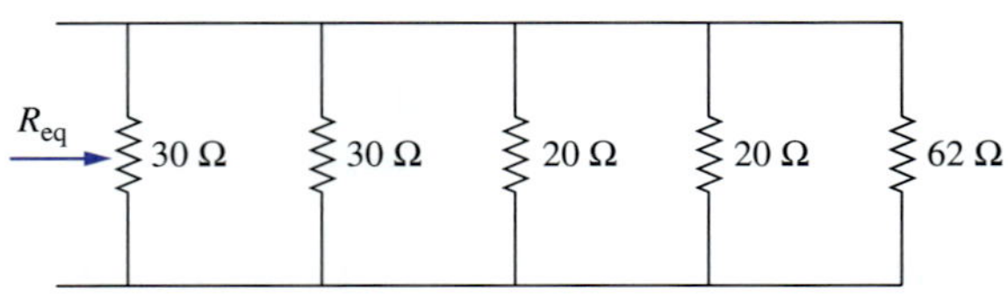

그림 5.53
문제 5.20의 회로

5.21 그림 5.54의 회로에서 R_T를 구하라.

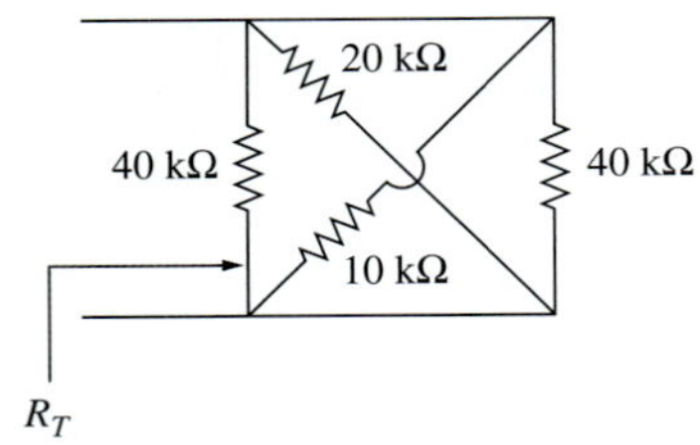

그림 5.54
문제 5.21의 회로

5.22 그림 5.55의 회로에서 등가 저항을 구하라.

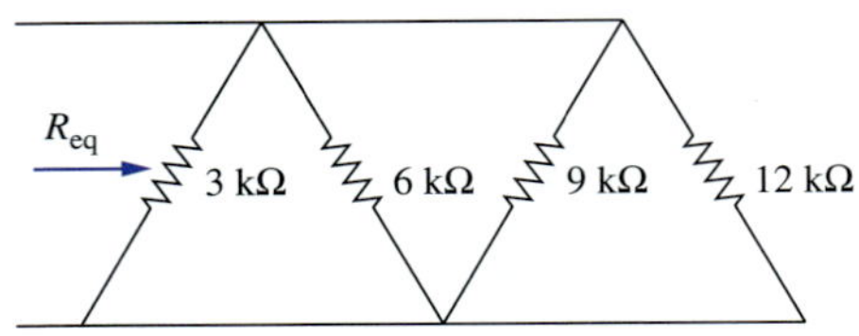

그림 5.55
문제 5.22의 회로

5.23 네 개의 1.2-kΩ 저항과 두 개의 300-Ω 저항이 병렬로 연결되어 있다. 등가 저항을 구하라.

5.24 그림 5.56에서 R_L의 값을 구하라. (a) 전류원의 단자 전압 8 V를 감소시킨다, (b) 전류원의 4분의 1을 소모한다.

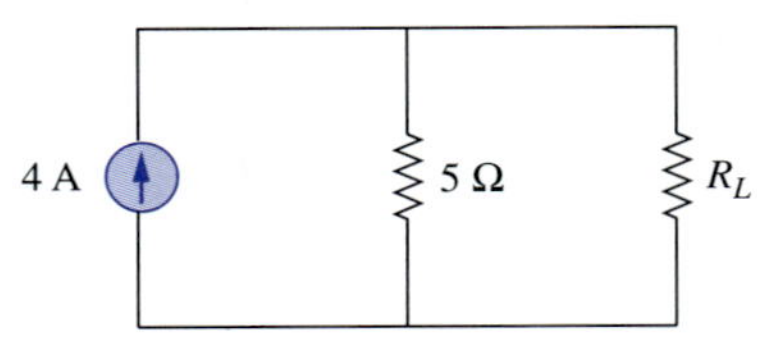

그림 5.56
문제 5.24의 회로

5.25 그림 5.57에서 두 개의 전류계가 읽는 값을 구하라. 전류계의 내부 저항이 0이라고 가정하라.

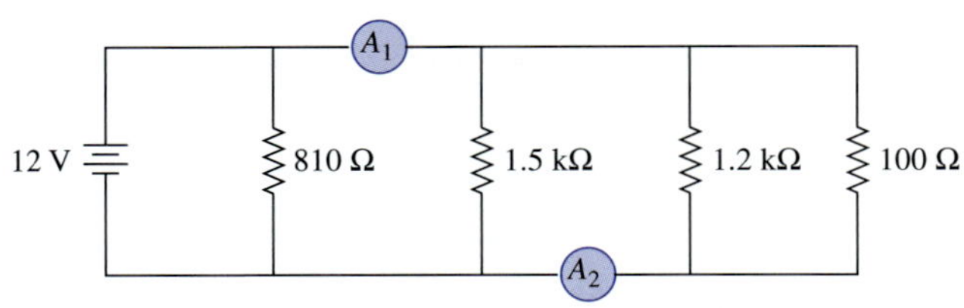

그림 5.57
문제 5.25의 회로

5.26 두 개의 컨덕턴스 $G_1 = 750$ μS와 $G_2 = 500$ μS가 병렬로 연결되어 있다. 이 병렬 결합은 20-Ω의 저항과 병렬로 연결되어 있다. 이 병렬 회로의 총 등가 저항을 구하라.

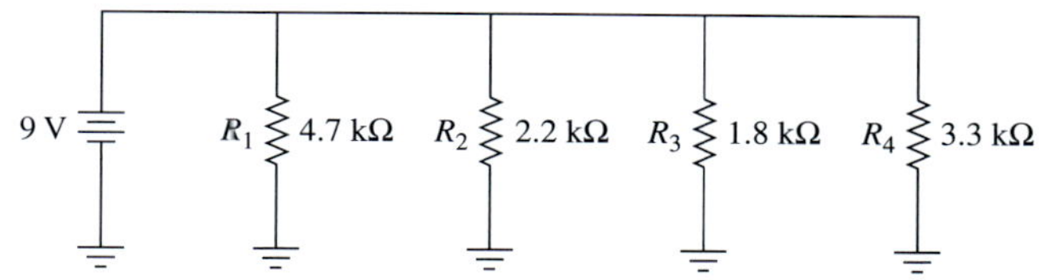

그림 5.58
문제 5.27의 회로

5.27 그림 5.58에서 가지 전류를 구하고 각 저항에 의해 흡수되는 전력을 구하라.

5.28 그림 5.59에서 각 저항을 통해 흐르는 전류와 총 전지에서의 전류를 구하라.

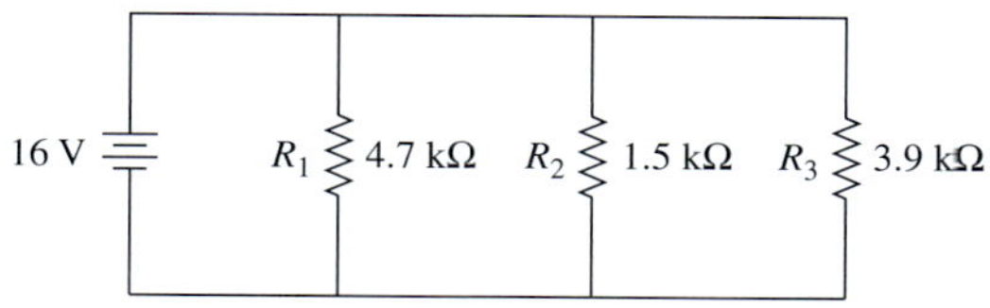

그림 5.59
문제 5.28의 회로

5.29 세 개의 0.7-A 전류가 120-V 전원 양단에 병렬로 연결되어 있다. (a) 총 전류, (b) 총 전압, (c) 전구에 의해 소비되는 총 전력을 구하라.

5.30 그림 5.60의 회로에서 R_T를 구하라.

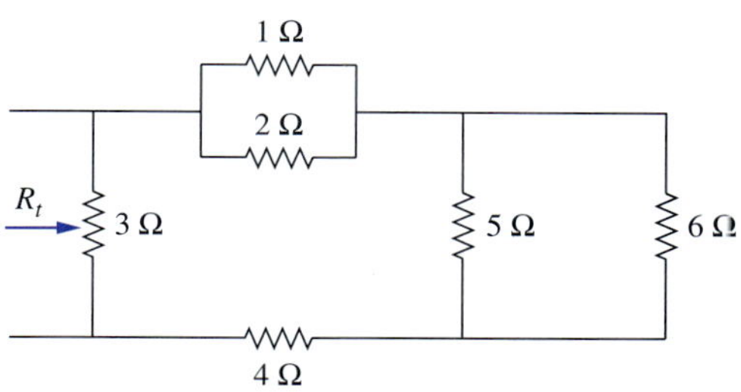

그림 5.60
문제 5.30의 회로

5.31 그림 5.61에 나타난 바와 같이 이상적인 전압계가 병렬 회로와 연결되어 있다. (a) 전압계에 의해 측정되는 전압, (b) 두 개의 저항에 의해 각각 흡수되는 전력, (c) 전류원에 의해 공급되는 전력을 구하라.

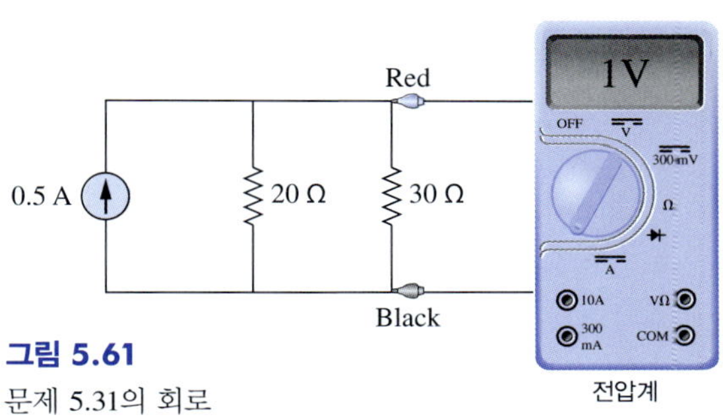

그림 5.61
문제 5.31의 회로

5.32 그림 5.62의 회로에서 (a) $I_R = 2$ A일 때 저항 R을 구하고 (b) 700 W의 전력을 흡수할 때 R을 구하라.

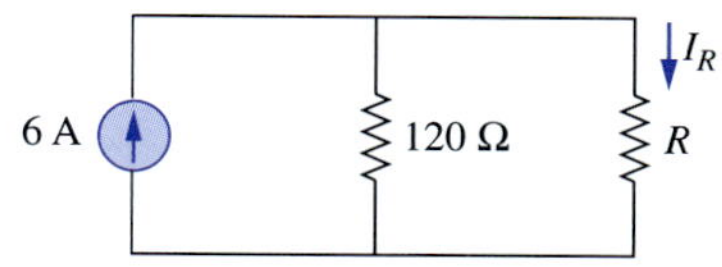

그림 5.62
문제 5.32의 회로

5.33 그림 5.63의 병렬 회로에서 $I = 3$ A일 때 저항 R을 구하라. 또한 단자 전압 V를 구하라.

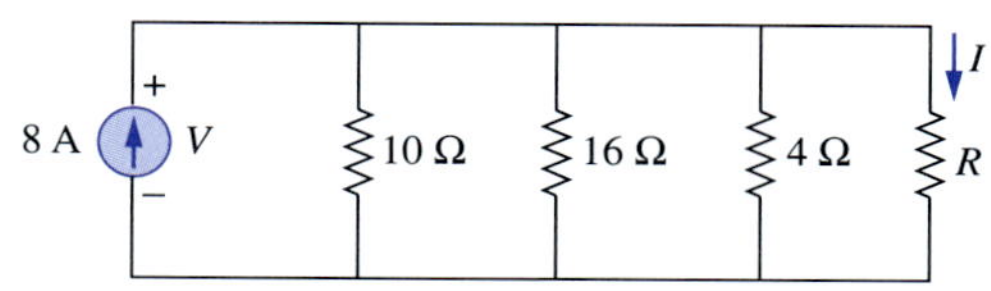

그림 5.63
문제 5.33의 회로

5.34 총 8 Ω의 저항을 제공하기 위해 20-Ω의 저항과 병렬로 연결되어야 하는 저항을 구하라.

5.6절 전류 분배기

5.35 그림 5.64의 회로에서 I_1과 I_2를 구하라.

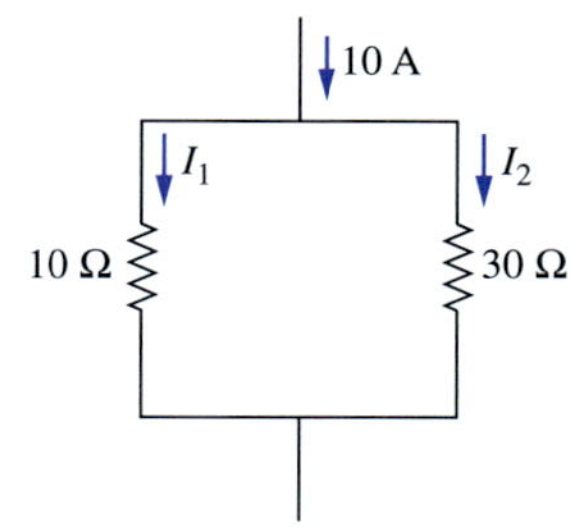

그림 5.64
문제 5.35의 회로

5.36 그림 5.65의 회로에서 I_1, I_2 및 I_3를 구하라.

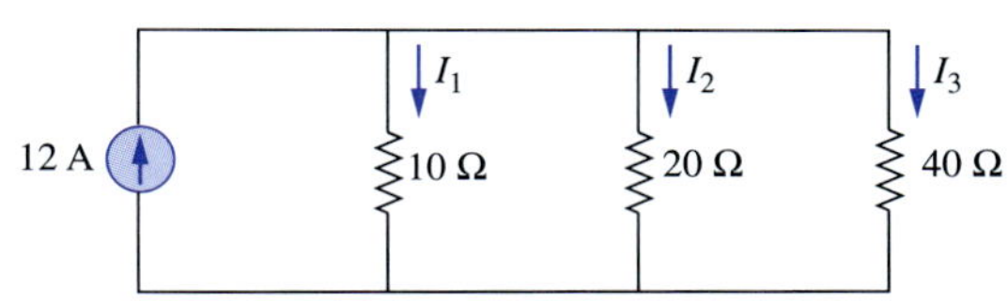

그림 5.65
문제 5.36 및 5.47의 회로

5.37 그림 5.67의 회로에서 I_1, I_2 및 I_3를 구하라.

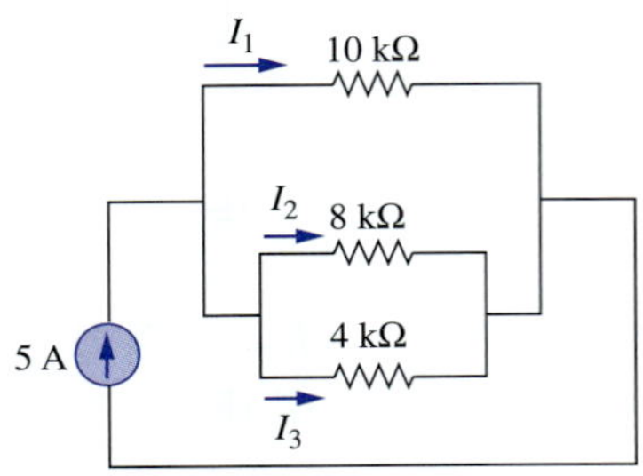

그림 5.66
문제 5.37 및 5.48의 회로

5.38 그림 5.67의 회로에서 각 저항을 통해 흐르는 전류를 구하라.

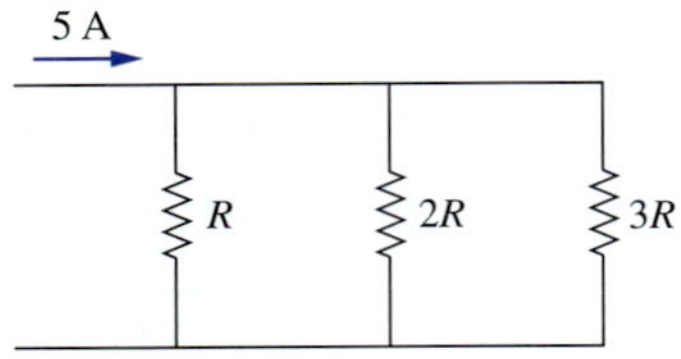

그림 5.67
문제 5.38의 회로

5.39 병렬로 연결된 세 개의 컨덕턴스 100 mS, 300 mS 및 600 mS가 250 mA의 총 전류를 흡수한다. 각 컨덕턴스를 통해 흐르는 전류를 계산하라.

5.40 그림 5.68의 회로에서 삽입된 두 개의 전류계에 의해서 측정되는 전류는 얼마인가?

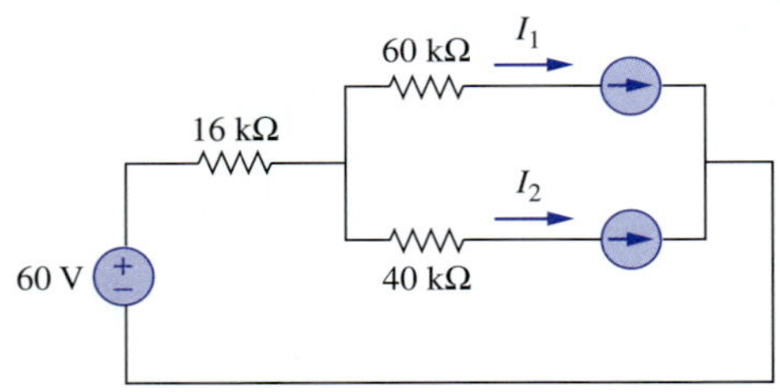

그림 5.68
문제 5.40 및 5.52의 회로

5.41 그림 5.69의 회로에서 (a) G_T 그리고 (b) R_T, I_T 및 P_3를 구하라.

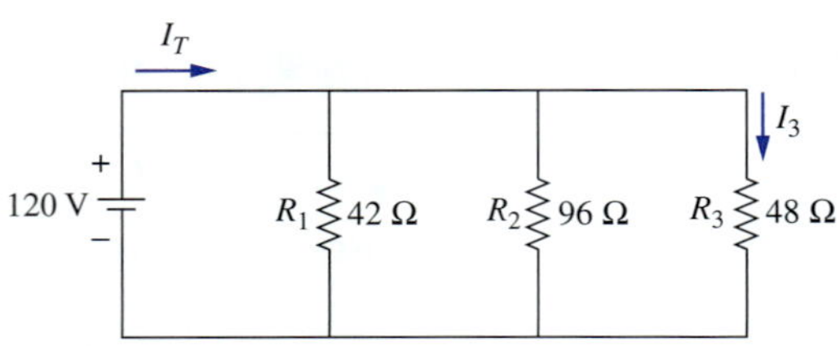

그림 5.69
문제 5.41의 회로

5.42 그림 5.70의 회로에서 I_1과 I_2를 구하라.

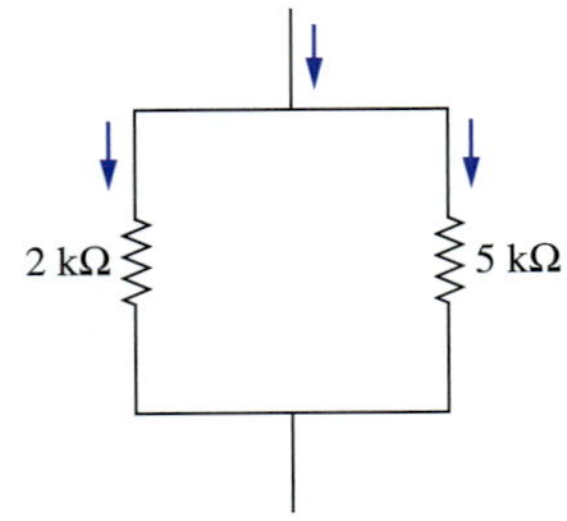

그림 5.70
문제 5.42의 회로

5.43 그림 5.71의 회로에서 I_1, I_2 및 I_3를 구하라.

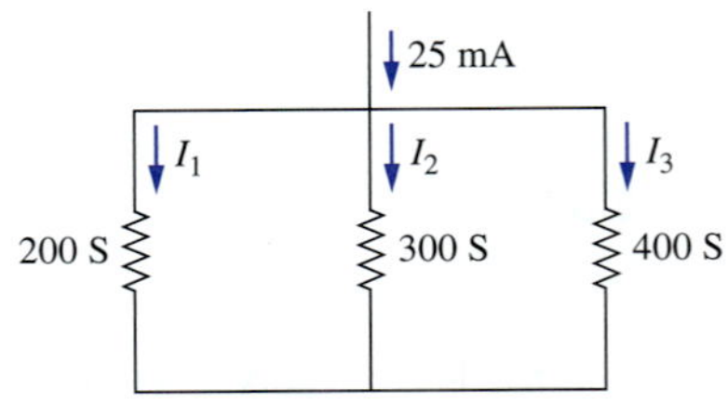

그림 5.71
문제 5.43의 회로

5.44 주어진 그림 5.72의 회로에서, (a) V_s 및 (b) I_x를 구하라.

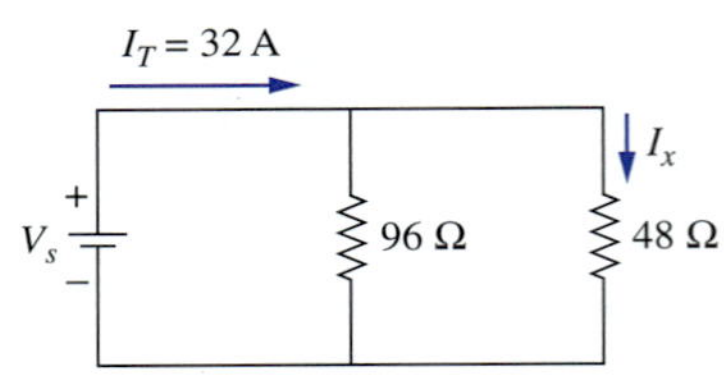

그림 5.72
문제 5.44의 회로

5.45 그림 5.73의 회로를 사용하라. (a) R_T, (b) G_T 그리고 (c) I_T 및 I_x를 구하라.

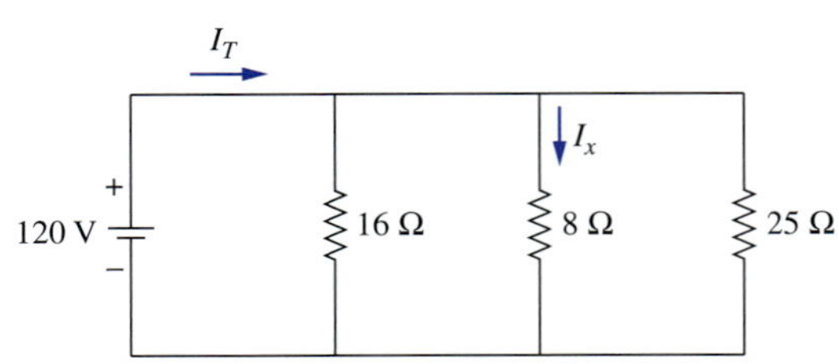

그림 5.73
문제 5.45의 회로

5.46 그림 5.74에서 각 전류계로 측정되는 전류를 구하라.

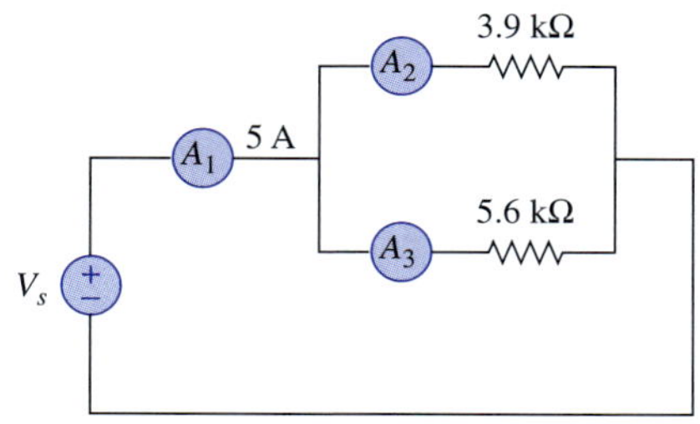

그림 5.74
문제 5.46의 회로

5.7절 컴퓨터 해석

5.47 그림 5.65의 회로에서 전류 I_1부터 I_3를 구하기 위해 PSpice를 사용하라.

5.48 문제 5.37을 PSpice를 사용하여 다시 풀어라.

5.49 그림 5.75의 회로에서 전류 I_T를 구하기 위해 Multisim을 사용하라.

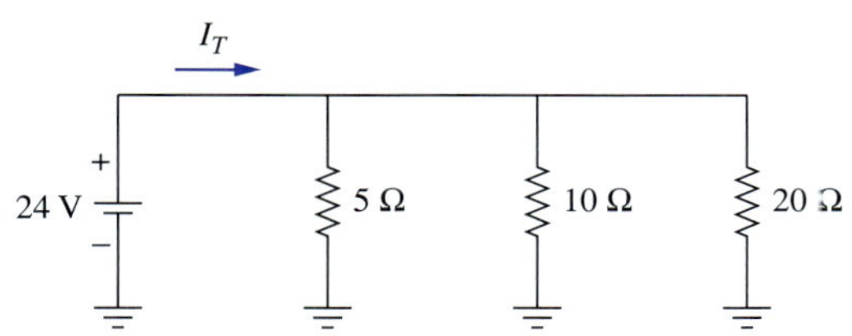

그림 5.75
문제 5.49의 회로

5.50 그림 5.76의 회로에서 Multisim을 사용하여 I_1부터 I_5를 구하라.

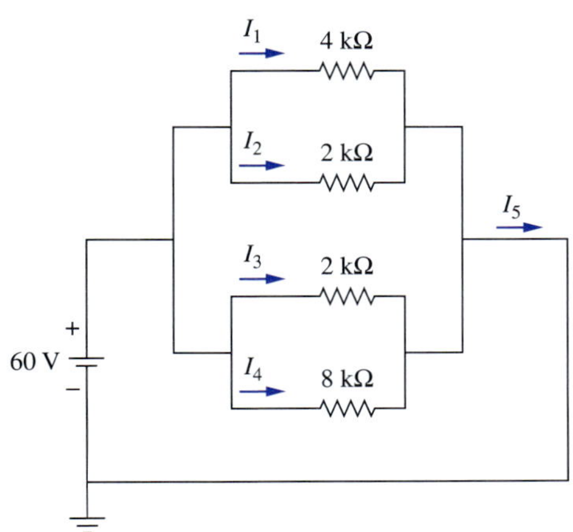

그림 5.76
문제 5.50의 회로

5.51 그림 5.3에서 I_1과 I_2를 구하기 위해 Multisim을 사용하라(예제 5.1을 보라).

5.52 그림 5.68의 회로에서 Multisim을 사용하여 I_1과 I_2를 구하라.

5.53 그림 5.77의 회로를 사용하라. 각 저항을 통해 흐르는 전류를 구하기 위해 Multisim을 사용하라.

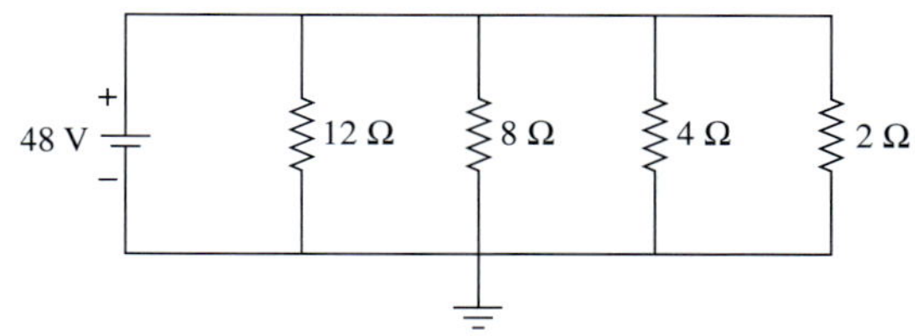

그림 5.77
문제 5.53의 회로

5.8절 문제 해결

5.54 그림 5.78에서 R_3가 개방되었다고 가정하자. V_1, V_2, V_3 및 V_4의 값은 얼마인가?

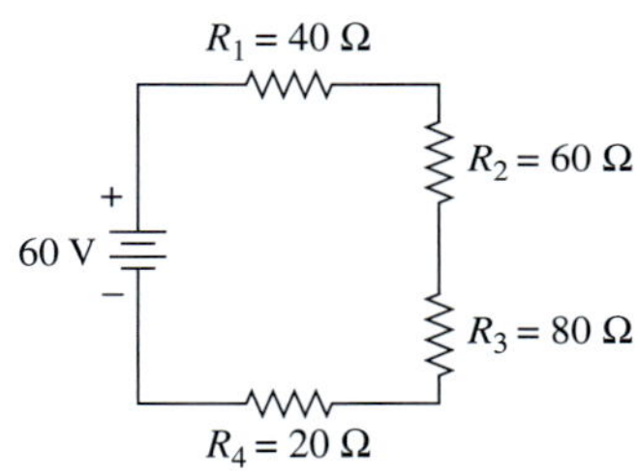

그림 5.78
문제 5.54 및 5.55의 회로

5.55 문제 5.54에 대하여 R_3가 단락되었을 때 다시 풀어라.

5.56 그림 5.79의 회로에서 I_o와 V_{ab}를 구하라.

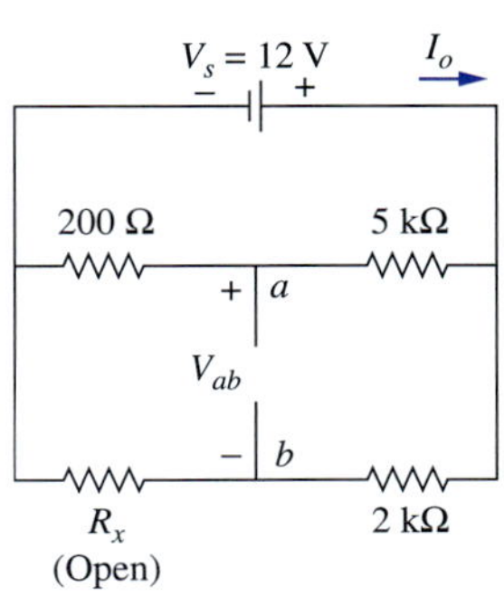

그림 5.79
문제 5.56의 회로

5.57 그림 5.80의 회로에서 전압이 측정되었다. 다음 표는 측정값을 보여준다. 각 열에 대하여, 어떤 구성 요소가 결함이 있는지와 결함의 유형을 식별하라.

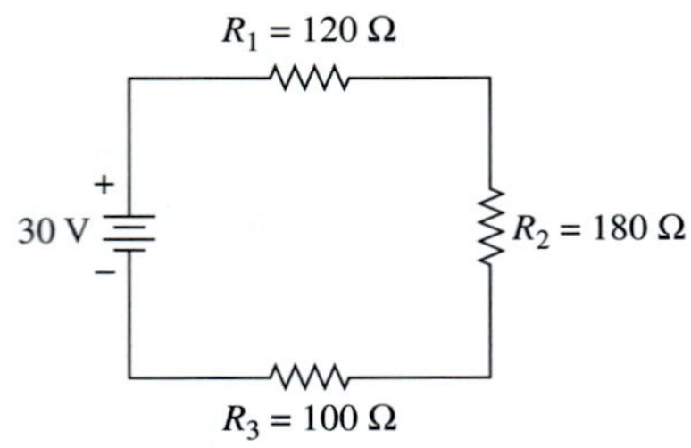

그림 5.80
문제 5.57의 회로

	V_1	V_2	V_3
정상	**9**	**13.5**	**7.5**
문제 1	0	30	0
문제 2	30	0	0
문제 3	0	0	30

5.58 그림 5.81의 회로를 사용하라. 정상시와 R_2가 단락되었을 때의 비정상시에 전류 I를 구하라.

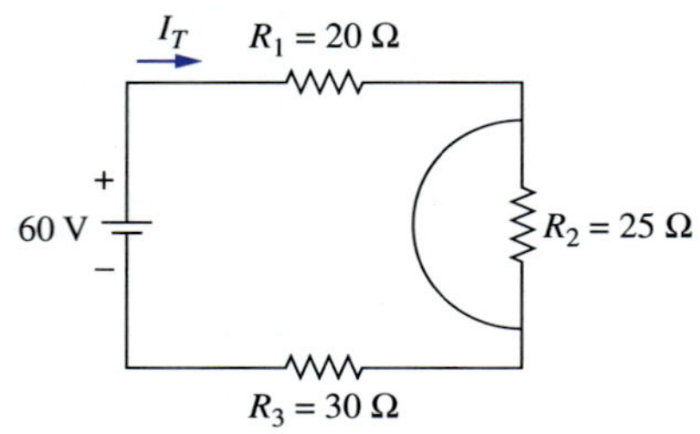

그림 5.81
문제 5.58의 회로

5.59 그림 5.82의 회로에서 R_2가 개방되었다. 정상시와 비정상시(R_2 개방)에 전류 I_T를 구하라.

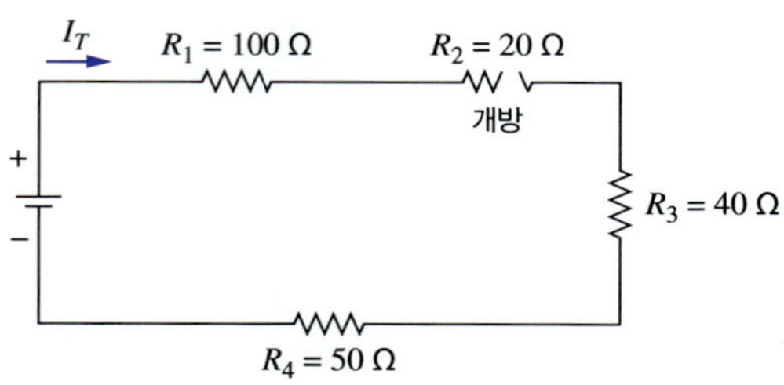

그림 5.82
문제 5.59의 회로

5.60 수많은 직렬 가지를 가지고 있는 직렬 회로에 결함이 있을 때, 문제를 해결하려면 어떠한 기술이 필요한가?

5.9절 응용

5.61 세 개의 병렬 연결된 전구가 110-V 전원을 사용한다. $P_1 =$ 120 W, $P_2 =$ 80 W 및 $P_3 =$ 45 W이다. 공급되는 전류가 4 A를 초과하지 않을 때, 추가되는 전구의 전력을 구하라.

5.62 네 개의 전구가 110-V 전원과 병렬로 연결되어 있다. 전구의 정격은 $P_1 =$ 120 W, $P_2 =$ 80 W, $P_3 =$ 60W 그리고 $P_4 =$ 40 W이다. 각 전구를 통해 흐르는 전류를 구하라.

5.63 전기 기술자가 7 Ω, 6 Ω 및 5 Ω의 저항을 가진 전구가 9-V 전압원과 병렬로 연결되어 있는 손전등을 설계하고 있다. 각 전구를 통해 흐르는 전류를 구하라. 총 전류를 구하라.

5.64 집의 벽 콘센트는 120 V를 공급한다. 토스트기와 전구는 벽 콘센트를 사용하여 전원 전압과 병렬로 연결되어 있다. 토스트기의 정격은 640 W, 전구는 62 W라고 가정하자. 다음을 구하라. (a) 토스트기의 저항, (b) 전구의 저항, (c) 전압원에 의해 보여지는 총 저항, (d) 토스트기와 전구를 통해 흐르는 전류.

5.65 그림 5.83은 어떤 전기 그릴용 조리 기기를 보여준다. 조리 기기는 두 개의 저항 발열체와 직렬 또는 병렬로 개별적으로 전압원과 연결되는 특별한 스위치로 구성되어 있다. R_1 = 10 Ω, $R_2 =$ 14 Ω 및 $V_s =$ 120 V일 때, 최대와 최소의 총 가열 전력을 구하라.

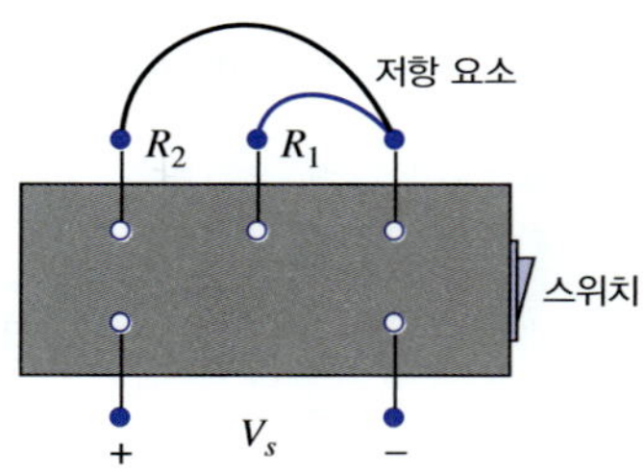

그림 5.83
문제 5.65의 회로

5.66 커피 퍼컬레이터(percolator), 토스트기와 전기 다리미는 각각 18 Ω, 17 Ω 그리고 15 Ω의 저항을 가지고 있다. 이 모든 것들이 120-V와 병렬로 연결되어 있을 때 (a) 총 저항과 (b) 총 전류를 구하라.

CHAPTER 6

직렬-병렬 회로

현명한 사람은 스스로 결정하고 어리석은 사람은 대중의 결정에 따른다.

— 중국 속담

경력 향상

전자공학에서의 경력

전기회로 해석이 응용되는 중요한 분야 중 하나는 전자공학이다. 전자공학이라는 용어는 원래 매우 작은 전류가 흐르는 회로를 구분하기 위하여 사용하였다. 그러나 전력 반도체 소자는 매우 강한 전류로 구동되기 때문에 이러한 구별은 더 이상 의미가 없다. 오늘날 전자공학은 가스, 진공 또는 반도체 안에서 전하들의 움직임을 설명하는 소자 안에서 전자의 역할과 효과에 대한 연구로 간주하고 있다. 또한 현대 전자공학은 트랜지스터나 그것들로 이루어진 전자회로를 다룬다. 전자회로는 각 소자 요소들의 결선으로 구성되는데 요즘은 반도체 기판이나 칩 안에 회로가 집적된다.

300-mm (12-in.) silicon wafer
© Corbis RF

전자회로의 응용은 자동화, 제어, 방송, 컴퓨터, 계측장치 등 많은 분야에서 찾을 수 있다. 전자회로를 사용하는 장치의 범위는 오직 상상력의 한계에 의해서만 제한된다고 할 정도로 광대하다. 라디오, TV, 컴퓨터, 음향기기 같은 장치들은 극히 일부에 불과하다.

전기공학 기술자는 일반적으로 다양한 기능을 수행하고 전자회로를 포함하는 시스템을 사용하거나 설계하거나 제작한다. 그러므로 전자회로의 동작원리를 이해하거나 분석하는 일은 전기공학 기술자에게 매우 중요하다. 전자공학은 일반적인 전기공학의 다른 기술 분야와는 달리 매우 독특한 전문 분야가 되었다. 전자공학은 획기적으로 발전하는 분야이기 때문에 전자공학 기술자는 추가적인 학교 연수, 세미나, 온라인 수업 수강 등을 통해 수시로 새로운 지식을 갱신해야 한다. 다른 좋은 방법으로는 Institute of Electrical and Electronics Engineers (IEEE), American Society of Certified Engineering Technicians (ASCET), National Institute for Certification in Engineering Technologies (NICET), Applied Science Technologists and Technicians of British Columbia (ASTTBC), 및 Instrumentations, Systems, and Automation (ISA)와 같은 전문 학회의 회원이 되는 것이다. 회원은 다양한 잡지, 저널(학술지), 회보, 학회/심포지움 발표지 등으로부터 많은 기술적 혜택을 받을 수 있다. 이들 학회 중 최소한 한 곳의 회원이 되는 것을 고려하기 바란다.

6.1 서론

직렬 회로와 병렬 회로에 대해 숙지하였다면 일반적으로 좀 더 복잡한 직-병렬 회로를 살펴보자.

직-병렬 회로는 직렬 회로와 병렬 회로 둘 다 포함된 회로이다.

직-병렬 회로는 직렬 회로 구성의 특성과 병렬 회로 구성의 특성이 결합된 회로이다. 그림 6.1은 전형적인 직-병렬 회로의 예를 보여준다. 그림에서 R_1과 R_2, R_3와 R_4는 각각 직렬인 반면 R_5와 R_6는 병렬이다. 일반적으로 직-병렬 회로는 직렬 회로나 병렬 회로보다 복잡하지만 회로 해석에서는 똑같은 원리가 적용된다. 직-병렬 회로를 해석하기 위해서 KVL, KCL과 함께 옴의 법칙이 적용된다.

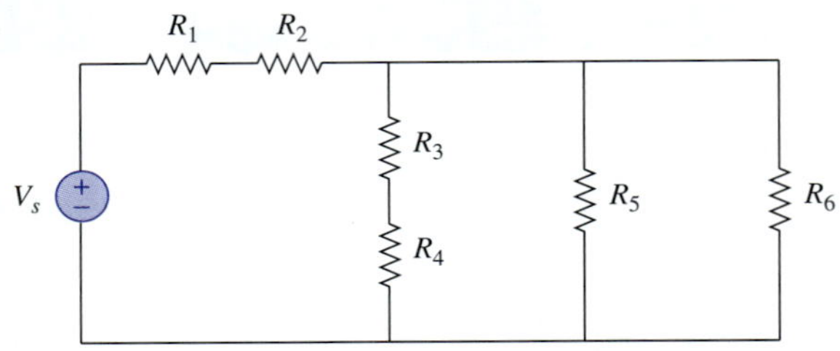

그림 6.1
직-병렬 회로의 예

이 장에서는 일반적인 직-병렬 회로를 살펴보고, 그 다음 래더 네트워크와 휘트스톤 브릿지에 대해 알아본다. 마지막으로 컴퓨터를 사용하여 직-병렬 회로를 분석하기 위하여 PSpice와 Multisim의 사용방법을 배운다.

6.2 직-병렬 회로

직-병렬 회로를 해석하기 위하여 순전히 직렬로 연결된 저항과 순전히 병렬로 연결된 저항의 등가 저항을 구한다. 이 과정을 필요한 만큼 수행한다. 바꿔 말하면, 원래의 회로가 단순 직렬 회로 또는 병렬 회로가 될 때까지 회로의 여러 직렬 연결 또는 병렬 연결들을 등가 저항으로 대치한다. 그러므로 직-병렬 회로의 해석은 다음에 제시된 회로 해석 원리의 조합을 통하여 이루어진다.

- 직렬 연결 저항의 합성
- 병렬 연결 저항의 합성
- 키르히호프의 전압 법칙(KVL)
- 키르히호프의 전류 법칙(KCL)
- 옴의 법칙

- 전압 분배 원리
- 전류 분배 원리

예제들을 통하여 이것을 살펴보기로 하자.

예제 6.1

그림 6.2의 회로에서 전류 I_1, I_1, I_3를 구하라. 그리고 각각의 저항에서 소비하는 전력을 계산하라.

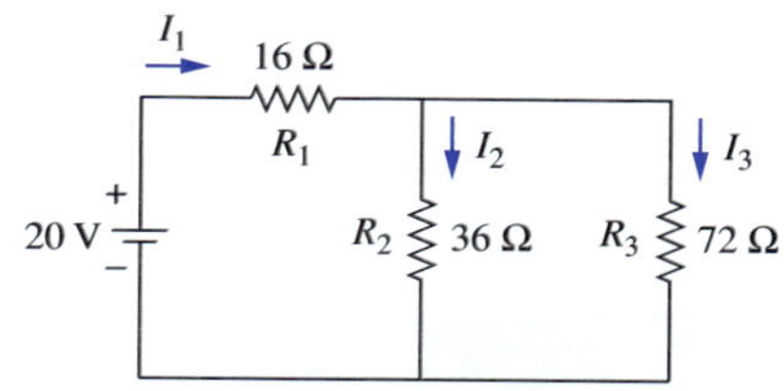

그림 6.2
예제 6.1의 회로

풀이

먼저 저항 R_2와 R_3은 같은 두 점에 연결되었기 때문에 병렬이다. 그러므로 이 두 저항의 등가 저항은 다음과 같다.

$$R_{eq} = R_2 \| R_3 = \frac{R_2R_3}{R_2 + R_3} = \frac{36 \times 72}{36 + 72} = 24\ \Omega$$

(심벌 ‖는 병렬 합성을 나타내는 데 사용된다.) 저항 R_2와 R_3을 등가 저항 R_{eq}로 대체한 등가 회로는 이제 그림 6.3에 보여진 단순 직렬 회로이다. 이 회로에 KVL을 적용하면 다음과 같이 된다.

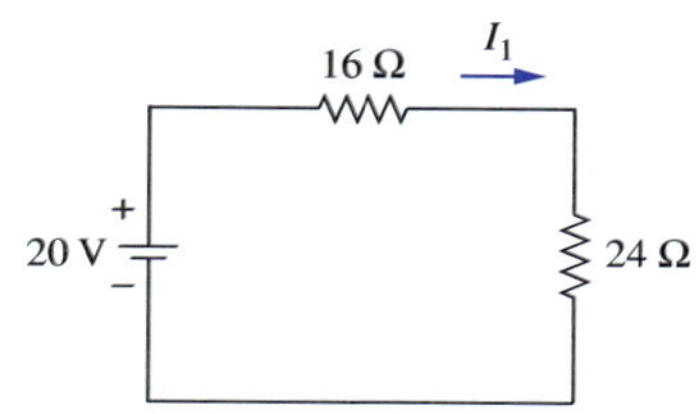

그림 6.3
예제 6.1의 회로

$$-20 + I_1(16 + 24) = 0 \quad \Rightarrow \quad I_1 = 20/40 = 0.5\text{ A}$$

전류 I_1을 구하면 전류 분배 원리를 이용하여 전류 I_2와 I_3을 구할 수 있다. 그림 6.2의 병렬 부분을 주시하라.

$$I_2 = \frac{R_3}{R_2 + R_3} I_1 = \frac{72}{36 + 72}(0.5) = 333.3\text{ mA}$$
$$I_3 = \frac{R_2}{R_2 + R_3} I_1 = \frac{36}{36 + 72}(0.5) = 166.7\text{ mA}$$

회로의 가지들을 통하여 흐르는 전류를 안다면 그에 해당하는 저항에서 소비되는 전류를 구할 수 있다.

$$P_1 = I_1^2R_1 = (0.5)^2 16 = 4\text{ W}$$
$$P_2 = I_2^2R_2 = (0.3333)^2 36 = 4\text{ W}$$
$$P_3 = I_3^2R_3 = (0.1667)^2 72 = 2\text{ W}$$

그러므로 회로 전체에서 소비된 전력은 10 W이다. 회로에 공급된 전체 전력을 계산하여 이 결과를 검증할 수 있다.

$$P_s = V_sI_1 = 20 \times 0.5 = 10\text{ W}$$

연습문제 6.1

그림 6.4의 회로에서 전류 I_1, I_1, I_3을 구하고 각 저항에서 소비되는 전력을 계산하라.

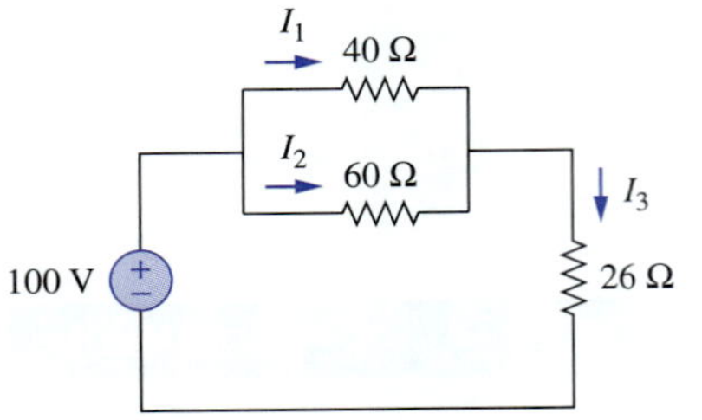

그림 6.4
연습문제 6.1의 회로

해답 1.2 A, 0.8 A, 2 A, 57.6 W, 38.4 W, 104 W

예제 6.2

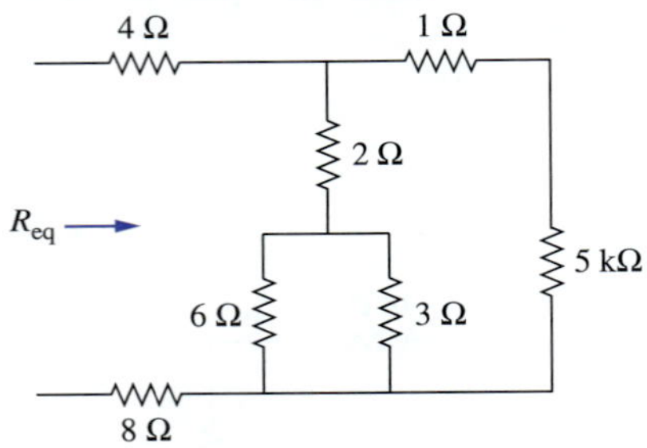

그림 6.5
예제 6.2의 회로

그림 6.5의 회로에서 저항 R_{eq}를 구하라.

풀이

저항 R_{eq}를 구하기 위하여 직렬 및 병렬 연결된 저항을 합성한다. 저항 6-Ω과 3-Ω은 같은 노드에 연결되어 있으므로 병렬이다. 그러므로 이 병렬 연결의 등가 저항은

$$6 \parallel 3 = \frac{6 \times 3}{6 + 3} = 2\ \Omega$$

이다. 그리고 저항 1-Ω과 5-Ω은 동일한 전류가 각각의 저항을 통해 흐르므로 직렬 연결이다. 그러므로 이 직렬 연결의 등가 저항은 다음과 같다.

$$1 + 5 = 6\ \Omega$$

그러므로 그림 6.5의 회로는 그림 6.6(a)의 회로와 같이 줄일 수 있다. 그림 6.6(a)에서 두 개의 2-Ω 저항이 직렬이다. 그러므로 이 직렬 연결의 등가 저항은

$$2 + 2 = 4\ \Omega$$

이다. 구해진 합성 저항 4-Ω은 그림 6.6(a)의 저항 6-Ω과 병렬 연결이다. 등가 저항은 다음과 같다.

$$4 \parallel 6 = \frac{4 \times 6}{4 + 6} = 2.4\ \Omega$$

이제 그림 6.6(a)의 회로는 그림 6.6(b)의 회로로 대치할 수 있고, 그림 6.6(b)의 회로에서 세 개의 저항은 직렬 연결이다. 그러므로 주어진 회로의 등가 저항은 다음과 같다.

$$R_{eq} = 4 + 2.4 + 8 = 14.4\ \Omega$$

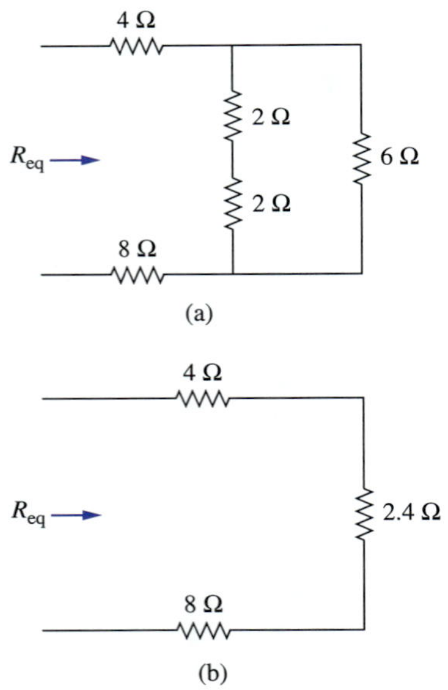

그림 6.6
예제 6.2의 등가회로

연습문제 6.2

그림 6.7의 회로에서 저항의 결합을 통하여 등가 저항 R_{eq}를 구하라.

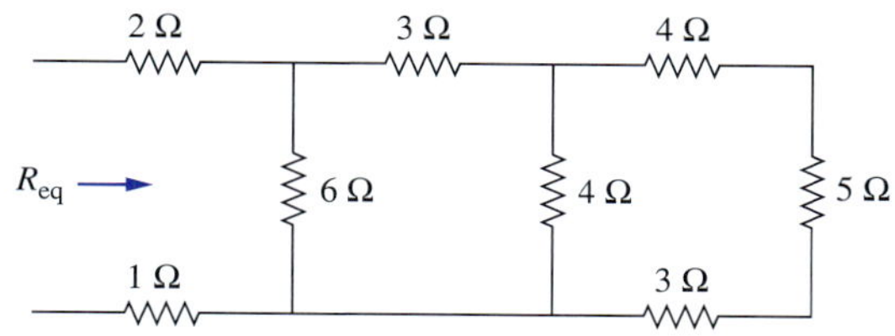

그림 6.7
연습문제 6.2의 회로

해답 6 Ω

예제 6.3

그림 6.8의 회로에서 등가 저항 R_{ab}를 구하라.

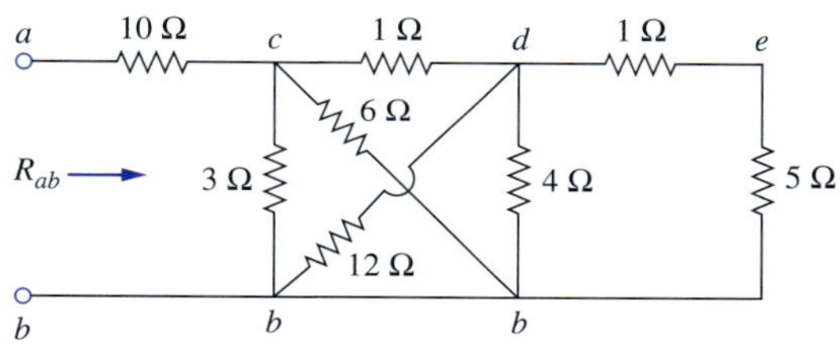

그림 6.8
예제 6.3의 회로

풀이

저항 3-Ω과 6-Ω은 동일한 두 노드 c와 b에 연결되어 있으므로 병렬 연결이다. 결합된 저항은

$$3 \parallel 6 = \frac{3 \times 6}{3 + 6} = 2\,\Omega \tag{6.3.1}$$

이다. 비슷하게 저항 12-Ω과 4-Ω도 동일한 두 노드 d와 b에 연결되어 있으므로 병렬 연결이다. 그러므로

$$12 \parallel 4 = \frac{12 \times 4}{12 + 4} = 3\,\Omega \tag{6.3.2}$$

이고 저항 1-Ω과 5-Ω은 직렬 연결이므로 이들의 등가 저항은

$$1 + 5 = 6\,\Omega \tag{6.3.3}$$

이다. 이 세 결합으로 그림 6.8의 회로는 그림 6.9(a) 회로로 대치할 수 있다. 그림 6.9(a)에서 3Ω과 병렬 연결된 6Ω은 수식 (6.3.1)에서 계산한 바와 같이 2Ω이 된다. 이 등가 저항 2-Ω은 다시 저항 1-Ω과 직렬 연결되어 결합된 저항

은 $1 + 2 = 3\ \Omega$이 된다. 그러므로 그림 6.9(a)의 회로는 그림 6.9(b)의 회로로 대치할 수 있다. 그림 6.9(b)에서 병렬 연결된 저항 2-Ω과 3-Ω의 합성 저항은

$$2 \parallel 3 = \frac{2 \times 3}{2 + 3} = 1.2\ \Omega$$

이다. 이 저항 1.2-Ω은 저항 10-Ω과 직렬 연결된다. 그래서

$$R_{ab} = 10 + 1.2 = 11.2\ \Omega$$

이 된다.

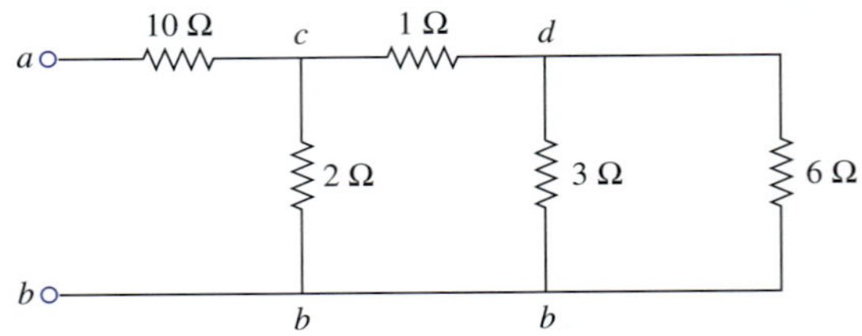

(a)

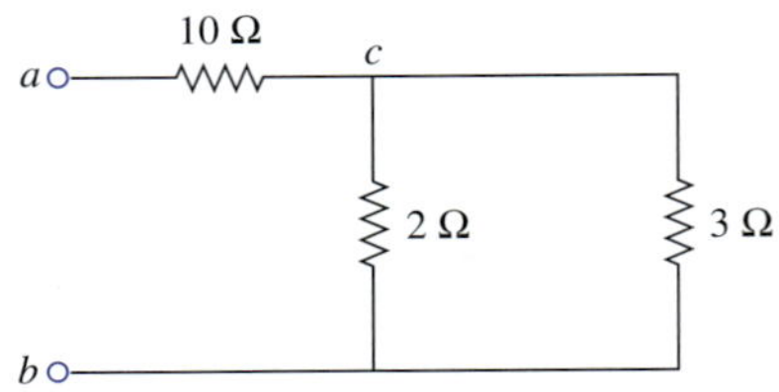

(b)

그림 6.9
예제 6.3의 등가회로

연습문제 6.3

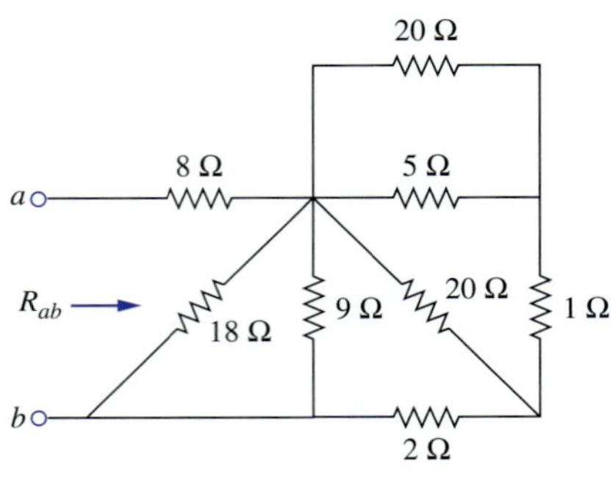

그림 6.10
연습문제 6.3의 회로

그림 6.10의 회로에서 저항 R_{ab}를 구하라.

해답 11 Ω

예제 6.4

그림 6.11(a)의 회로에서 등가 컨덕턴스 G_{eq}를 구하라.

풀이

이 문제는 두 가지 풀이 방법이 있는데 하나는 컨덕턴스를 이용하는 것이고

다른 하나는 저항을 이용하는 것이다.

■ **방법 1** 저항 8-S와 12-S는 병렬 연결이고 합성 컨덕턴스는

$$8 + 12 = 20 \text{ S}$$

이다. 이 저항 20-S는 그림 6.11(b)에 나타낸 것처럼 저항 5-S와 직렬이다. 그러므로 결합된 컨덕턴스는

$$\frac{20 \times 5}{20 + 5} = 4 \text{ S}$$

이다. 이것은 다시 저항 6-S와 병렬이므로

$$G_{\text{eq}} = 6 + 4 = 10 \text{ S}$$

이다.

■ **방법 2** 그림 6.11(c)의 회로는 그림 6.11(a)의 회로와 동일함을 명심하자. 그림 6.11(a)에서 저항이 지멘스로 표시된 반면, 그림 6.11(c)에서는 옴으로 표시되어있다. 두 회로가 동일하다는 것을 보이기 위해서 그림 6.11(c) 회로의 등가 저항 R_{eq}를 구하자.

$$R_{\text{eq}} = \frac{1}{6} \left\| \left(\frac{1}{5} + \frac{1}{8} \right\| \frac{1}{12} \right) = \frac{1}{6} \left\| \left(\frac{1}{5} + \frac{1}{20} \right) = \frac{1}{6} \right\| \frac{1}{4} = \frac{\frac{1}{6} \times \frac{1}{4}}{\frac{1}{6} + \frac{1}{4}} = \frac{1}{10} \, \Omega$$

여기서

$$\frac{1}{8} \left\| \frac{1}{12} = \frac{\frac{1}{8} \times \frac{1}{12}}{\frac{1}{8} + \frac{1}{12}} = \frac{\frac{1}{96}}{\frac{20}{96}} = \frac{1}{20} \right.$$

이다. 그러므로

$$G_{\text{eq}} = \frac{1}{R_{\text{eq}}} = 10 \text{ S}$$

이다. 이것은 방법 1에서 얻은 해답과 동일한 결과이다.

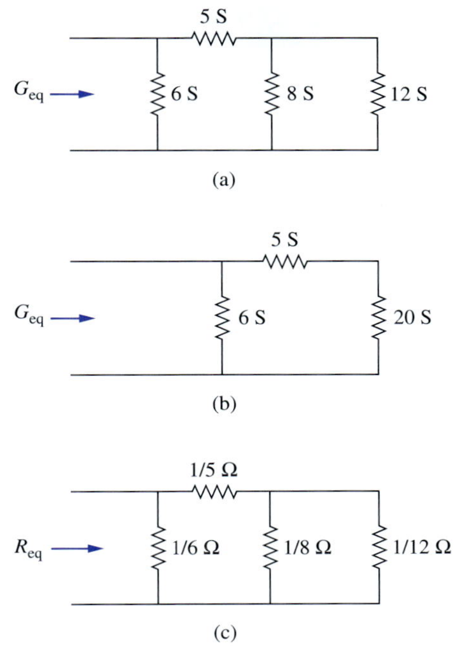

그림 6.11

예제 6.4의 (a) 원래 회로, (b) 등가 회로, (c) 저항 옴으로 나타낸 (a)와 같은 회로

연습문제 6.4

그림 6.12의 회로에서 등가 컨덕턴스 G_{eq}를 계산하라.

해답 4 S

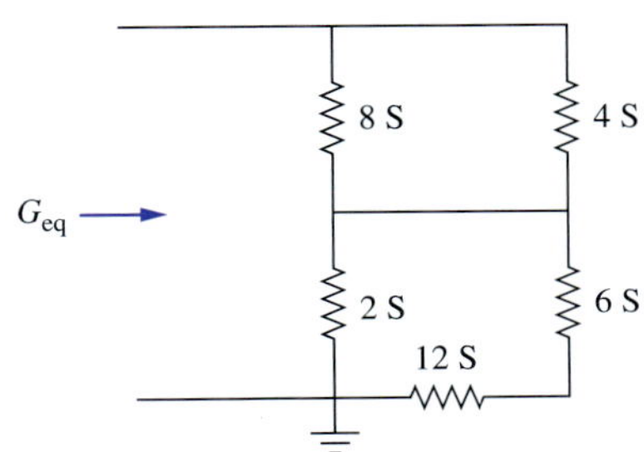

그림 6.12

연습문제 6.4의 회로

예제 6.5

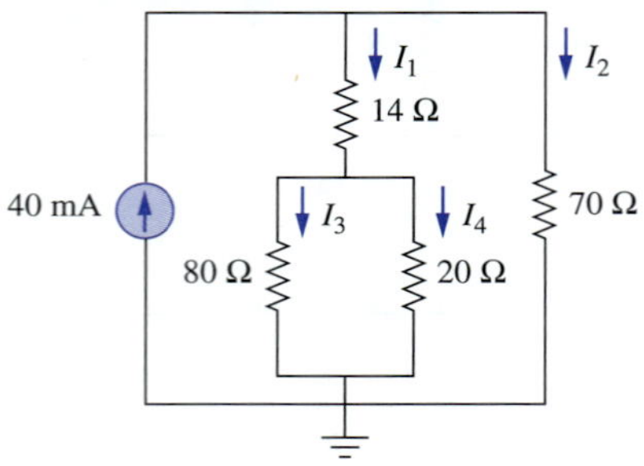

그림 6.13
예제 6.5와 6.12의 회로

그림 6.13의 직-병렬 회로에서 각 저항에 걸리는 전압을 구하라.

풀이

저항 80-Ω과 20-Ω은 병렬 연결이다. 이들의 합성 저항은

$$80 \parallel 20 = \frac{80 \times 20}{80 + 20} = 16\ \Omega$$

이다. 이 16-Ω 저항은 저항 14-Ω과 직렬이다.

$$16 + 14 = 30\ \Omega$$

전류 I_1과 I_2를 구하기 위해 전류 분배 법칙을 적용하면

$$I_1 = \frac{70}{70 + 30}(40\text{ mA}) = 28\text{ mA}$$

$$I_2 = \frac{30}{70 + 30}(40\text{ mA}) = 12\text{ mA}$$

을 얻는다. 여기서 전류 I_1을 공유하는 전류 I_3과 I_4를 구하기 위해 전류 분배 법칙을 다시 적용하면

$$I_3 = \frac{20}{20 + 80}(28\text{ mA}) = 5.6\text{ mA}$$

$$I_4 = \frac{80}{20 + 80}(28\text{ mA}) = 22.4\text{ mA}$$

을 얻는다. 가지 전류를 결정했다면 각 저항에 걸리는 전압을 결정하기 위하여 옴의 법칙을 적용할 수 있다. 저항 70-Ω에 대해서는

$$V_{70} = 70I_2 = 70 \times 12 \times 10^{-3} = 0.84\text{ V}$$

이다. 저항 14-Ω에 걸리는 전압은 다음과 같다.

$$V_{14} = 14I_1 = 14 \times 28 \times 10^{-3} = 0.392\text{ V}$$

그리고 저항 80-Ω과 20-Ω은 병렬 연결이기 때문에 같은 전압을 가진다.

$$V_{20} = V_{80} = 80I_3 = 80 \times 5.6 \times 10^{-3} = 0.448\text{ V}$$

연습문제 6.5

그림 6.14의 직-병렬 회로에서 각 저항에 걸리는 전압을 결정하라.

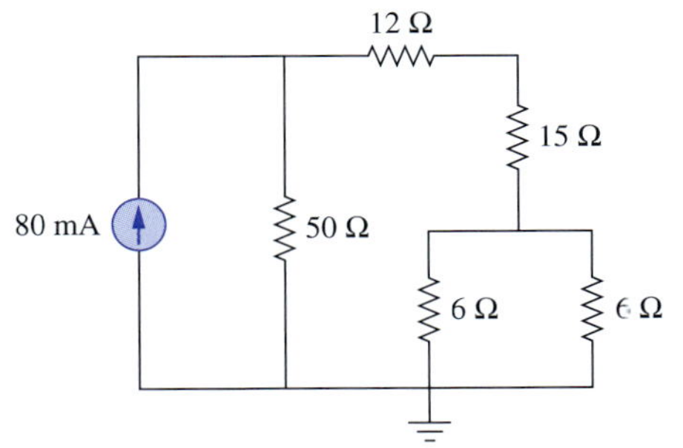

그림 6.14

연습문제 6.5와 6.12를 위한 회로

해답 $V_{50} = 1.5$ V, $V_{12} = 0.6$ V, $V_{15} = 0.75$ V, $V_6 = 0.15$ V

예제 6.6

그림 6.15의 회로에서 전압 V_{ab}를 구하라.

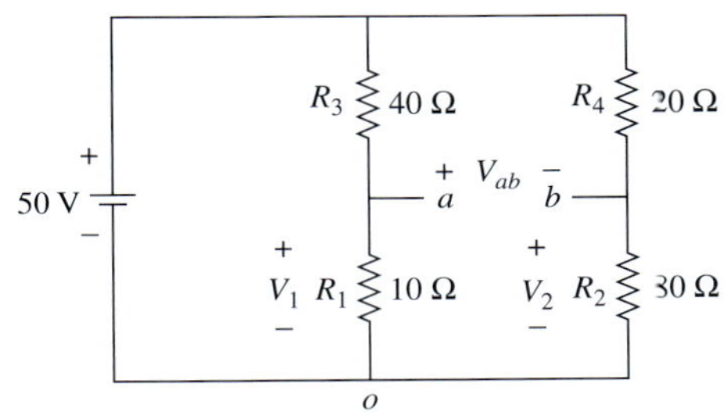

그림 6.15

예제 6.6의 회로

풀이

저항 40-Ω과 10-Ω의 직렬 합성과 저항 20-Ω과 80-Ω의 직렬 합성에 50-V 전압원이 병렬 인가되기 때문에 전압 분배 법칙을 이용하여 전압 V_1과 V_2를 구할 수 있다.

$$V_1 = \frac{10}{10 + 40}(50) = 10 \text{ V}$$

$$V_2 = \frac{80}{80 + 20}(50) = 40 \text{ V}$$

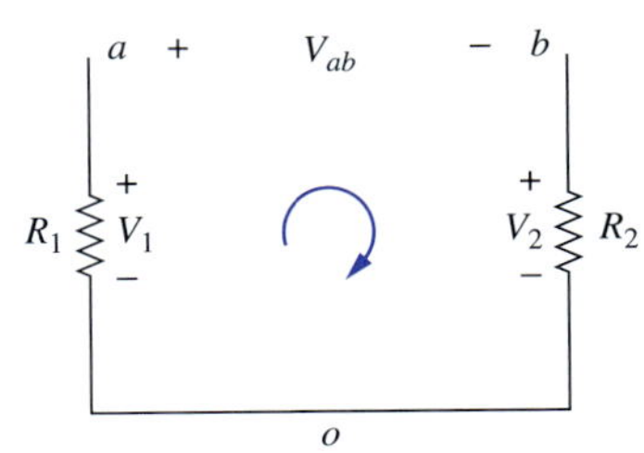

그림 6.16

예제 6.6의 회로

그리고 그림 6.16에 나타낸 것처럼 루프 *oabo*를 따라 KVL을 적용한다.

$$-V_1 + V_{ab} + V_2 = 0$$

또는

$$V_{ab} = V_1 - V_2 = 10 - 40 = -30 \text{ V}$$

연습문제 6.6

그림 6.17의 회로에서 전류 I를 결정하라.

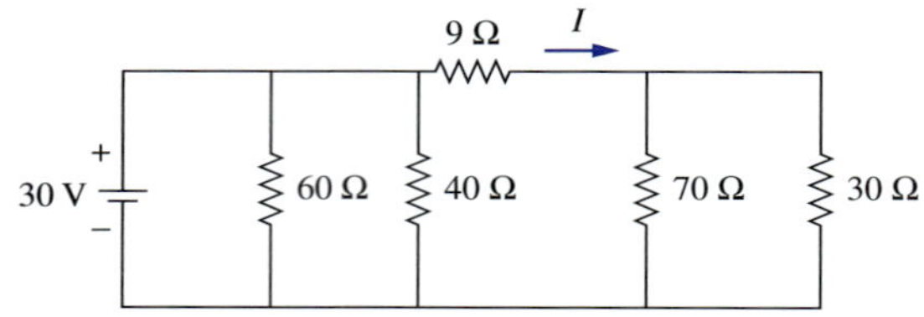

그림 6.17
연습문제 6.6의 회로

해답 1 A

6.3 래더 네트워크

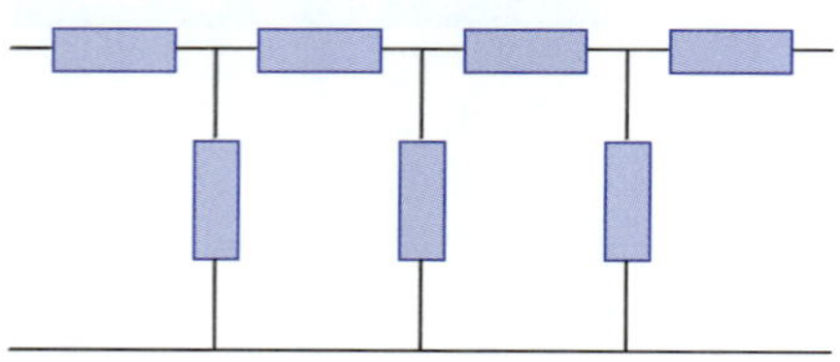

그림 6.18
래더 회로

래더 네트워크(ladder network)는 직-병렬 회로의 특별한 경우다. 전형적인 래더 네트워크를 그림 6.18에 나타내었다. 이것은 직렬과 병렬 저항의 묶음으로 구성되어있다. 래더 네트워크는 회로가 사다리(ladder)처럼 구성되었기 때문에 가끔 "래더"로 표현한다.

래더 네트워크는 디지털 아날로그 변환기(DAC)에 공급 전압원의 $\frac{1}{2}$, $\frac{1}{4}$, $\frac{1}{8}$ 등이 되는 기준전압을 제공하기 위하여 사용된다. DAC에 사용되는 특별한 래더는 그림 6.19에 나타낸 $R/2R$ 래더이다(LSB = least significant bit, MSB = most significant bit). 디지털 정보는 접지와 기준전압 사이에서 전환되는(스위칭되는) 디지털 워드의 개별 비트로 래더에 제공된다.

래더 회로는 사다리와 닮은 꼴을 한 직-병렬 회로이다.

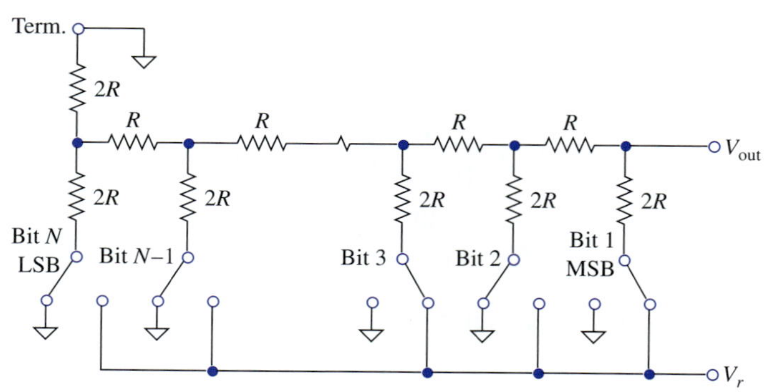

그림 6.19
디지털 아날로그 변환기에 사용되는 N 비트 $R/2R$ 래더. TT Electronics IRC의 허가

래더 네트워크는 다른 직-병렬 회로와 같은 방법으로 해석된다. 그러나 해석은 일반적으로 역순으로 시작된다. 이것은 예제에 가장 잘 표시되어 있다.

예제 6.7

그림 6.20의 래더 네트워크에서 전압 V_o를 구하라.

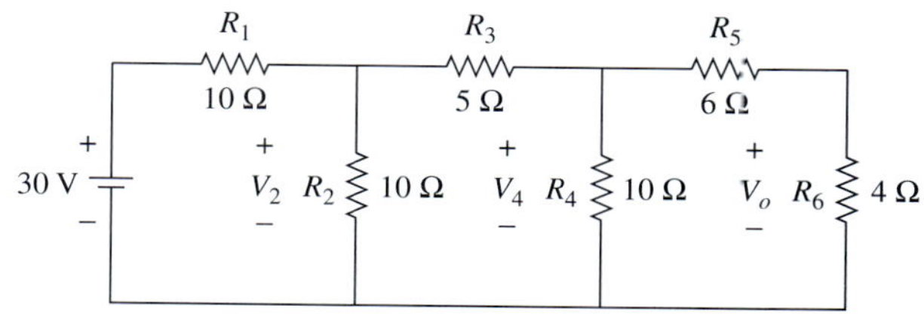

그림 6.20
예제 6.7의 회로

풀이

그림 6.20으로부터 저항 R_5와 R_6는 직렬이고 합성 저항은

$$6 + 4 = 10\ \Omega$$

임을 알 수 있다. 이 10 Ω은 $R_4 = 10\ \Omega$과 병렬이고 합성 저항

$$10 \parallel 10 = 5\ \Omega$$

이 시점에서 주어진 회로의 등가 회로를 그림 6.21(a)에 나타내었다. 저항 5-Ω은 $R_3 = 5\ \Omega$과 직렬이고 합성 저항 값은

$$5 + 5 = 10\ \Omega$$

다시 이 저항 10-Ω은 다른 저항 10-Ω과 병렬이고 합성 저항은 5 Ω이다. 그러므로 등가 회로는 그림 6.21(b)와 같다. 전압 분배 법칙에 의해서

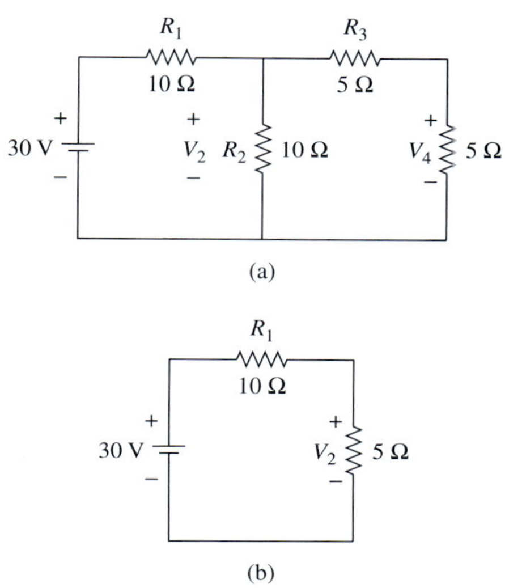

그림 6.21
예제 6.7의 등가회로

$$V_2 = \frac{5}{5+10}(30\ \text{V}) = 10\ \text{V}$$

이제 전압 V_o를 구하기 위해서 순방향 해석을 한다. 전압 $V_2 = 10$ V는 그림 6.21(a)의 두 5-Ω 저항에 똑같이 분배된다. 즉 $V_4 = 10/2 = 5$ V이다. 이 전압 $V_4 = 5$ V는 그림 6.20의 저항 6-Ω과 4-Ω 사이에 공유된다. 그러므로 전압 분배에 의하여

$$V_o = \frac{4}{4+6}(5\ \text{V}) = 2\ \text{V}$$

연습문제 6.7

그림 6.22의 회로는 $R/2R$ 래더라 불린다. $R = 10$ kΩ일 때 I_x를 구하라.

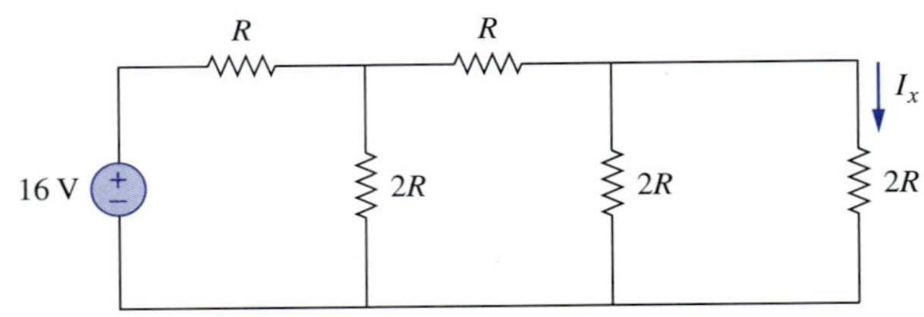

그림 6.22
연습문제 6.7의 회로

해답 0.2 mA

6.4 종속 전원

그림 6.23
(a) 독립 전압원, (b) 독립 전류원

지금까지 독립 전원을 가지는 회로를 해석하였다. 독립 전압원에 대한 심벌을 그림 6.23(a)에 나타내었고 독립 전류원에 대한 심벌을 그림 6.23(b)에 나타내었다. 독립 전원은 회로의 나머지 부분에서 진행되고 있는 것에 영향을 받지 않고 일정한 전압 또는 전류를 공급한다.

종속 전원은 전자회로 소자를 모델링하는데 사용되기 때문에 매우 중요하다. 종속 전원은 일반적으로 그림 6.24에 보여진 것처럼 다이아몬드 형태의 심벌로 표기된다. 종속 전원은 회로의 어떤 소자의 전압이나 전류에 의해서 제어되고 전원은 전압이나 전류가 될 수 있기 때문에 다음과 같이 네 가지 형태의 종속 전원이 가능하다.

1. 전압 제어 종속 전압원(voltage-controlled voltage source: VCVS), 그림 6.24(a).
2. 전압 제어 종속 전류원(voltage-controlled current source: VCCS), 그림 6.24(b).
3. 전류 제어 종속 전압원(current-controlled voltage source: CCVS), 그림

6.24(c).

4. 전류 제어 종속 전류원(current-controlled current source: CCCS), 그림 6.24(d).

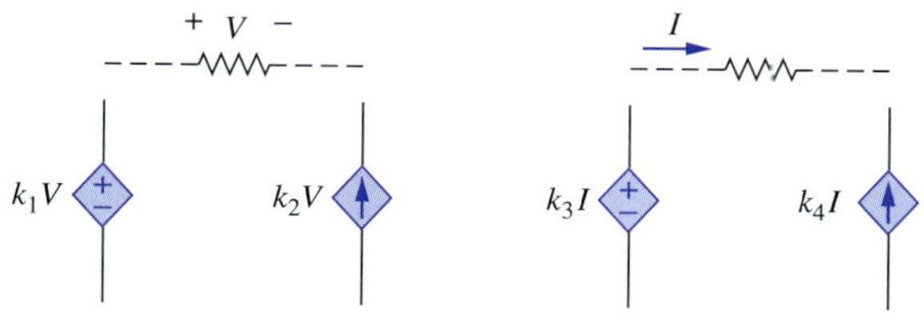

그림 6.24

(a) 전압 제어 종속 전압원, (b) 전압 제어 종속 전류원, (c) 전류 제어 종속 전압원, (d) 전류 제어 종속 전류원

종속 전원은 독립 전원처럼 회로의 입력으로 동작하지 않고 능동 전자 회로 소자를 모델링하는데 사용된다. 예를 들어 연산 증폭기(op amp)는 전압 제어 종속 전압원으로 설명할 수 있다.

> **종속 전원**은 회로 내의 다른 전압 또는 전류에 비례되는 값으로 나타나는 전압 또는 전류원이다.

예제 6.8

그림 6.25의 회로에서 전압 V_x를 구하라.

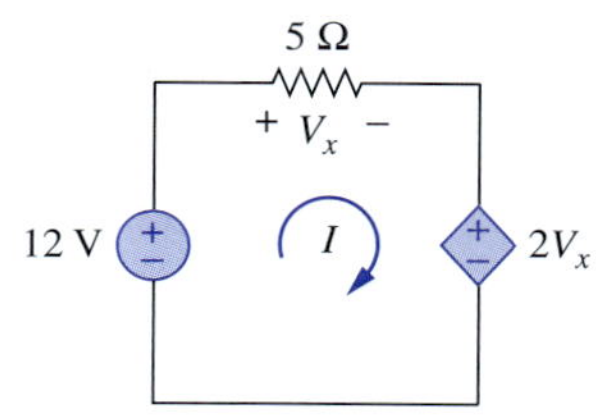

그림 6.25

예제 6.8의 회로

풀이

회로의 루프를 따라 KVL을 적용하면

$$-12 + 5I + 2V_x = 0$$

이다. 여기서 $5I = V_x$이므로

$$-12 + V_x + 2V_x = 0 \quad \Rightarrow \quad 3V_x = 12$$

$$V_x = 4\text{ V}$$

연습문제 6.8

그림 6.26의 회로에서 전압 V_x를 구하라.

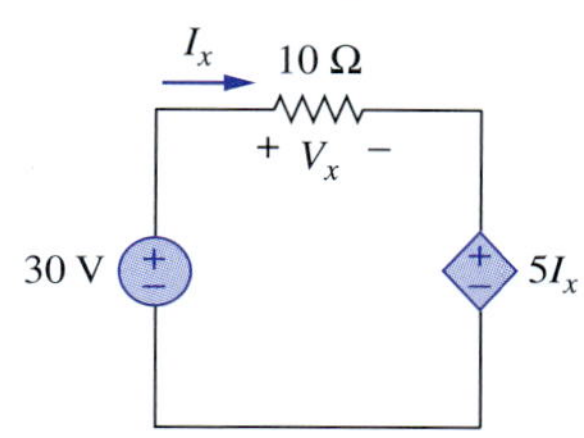

그림 6.26

연습문제 6.8의 회로

해답 20 V

예제 6.9

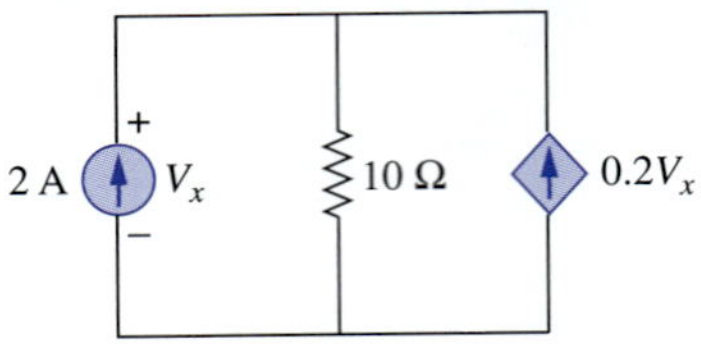

그림 6.27
예제 6.9의 회로

그림 6.27의 회로에서 전압 V_x를 계산하라.

풀이

전류 I를 저항 10-Ω의 위에서 아래로 흐르는 전류라고 하자.

$$I = 2 + 0.2V_x$$
$$V_x = 10I = 20 + 2V_x$$

전압 V_x를 구하면

$$V_x = -20\text{ V}$$

연습문제 6.9

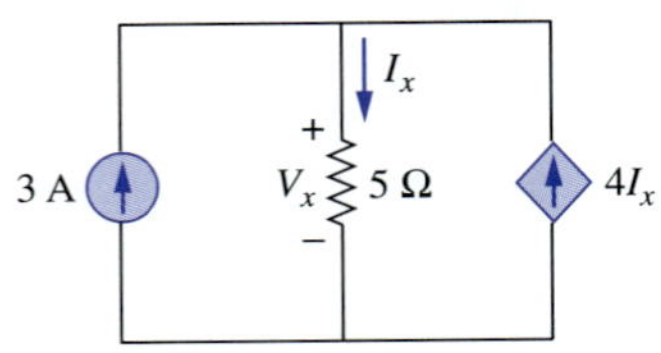

그림 6.28
연습문제 6.9의 회로

그림 6.28의 회로에서 전압 V_x를 구하라.

해답 −5 V

6.5 계측기의 로딩 효과

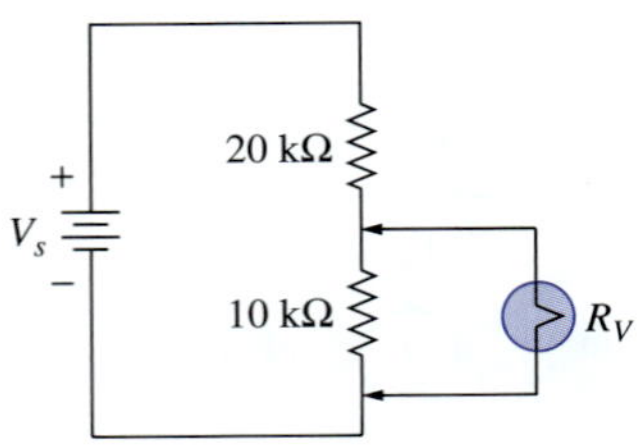

그림 6.29
전압계의 로딩 효과

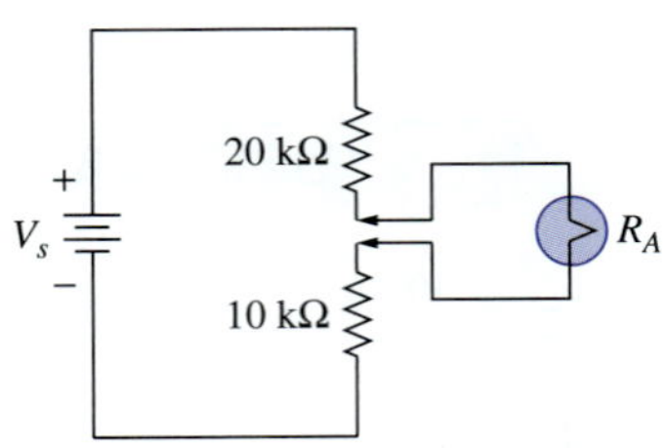

그림 6.30
전류계의 로딩 효과

전압계나 전류계 같은 계측기가 회로에 연결되었을 때, 계측기의 내부 저항과 회로로부터 계측기가 흡수하는 에너지 때문에 계측기 자체가 회로의 계측에 영향을 미친다. 이러한 효과를 "로딩"이라 부른다. 정확도가 주요 관심사일 때 이 로딩 효과는 매우 중요하다.

그림 6.29와 같이 회로의 가지에 전압계가 병렬로 연결되었을 때, 전압계의 내부 저항이 무한대이면 이상적일 것이다. 하지만 실제 전압계는 유한한 저항 R_V를 가진다. 로딩 효과를 줄이기 위해서 전압계의 내부 저항은 가능한 커야 한다. 더 큰 값의 저항 R_V일수록 더 적은 로딩 효과를 가져온다.

비슷하게, 그림 6.30과 같이 회로의 가지에 전류계가 직렬로 연결되었을 때, 그 가지의 저항이 그대로 있기 위해서는 전류계의 내부 저항이 0이 되어야 한다. 하지만 실제 전류계는 작지만 유한한 값의 내부 저항 R_A을 가진다. 만약 전류계가 큰 저항에 직렬로 연결되었다면 저항 R_A는 무시할 수 있다. 하지만 전류계가 비교적 작은 저항에 직렬로 연결된다면 저항 R_A는 무시할 수 없다

계측기에 의해 발생하는 백분율 오차(percentage error)는 다음과 같이 계산된다.

$$\text{Error (\%)} = \frac{\text{Ideal value} - \text{Measured value}}{\text{Ideal value}} \times 100 \tag{6.1}$$

여기서 이상적인 값(Ideal value)은 계측기가 연결되지 않았거나 이상적일 때 얻는 값인 반면 계측값(Measured value)은 실제 계측기가 연결되었을 때 얻는 값이다. 허용되는 오차는 처해진 상황에 따라 다르지만 일반적으로 오차가 5퍼센트 이하이면 로딩 효과는 무시할 수 있다.

예제 6.10

그림 6.31의 회로를 고려하자. 내부 저항 10 MΩ을 가진 전압계가 전압 V_1과 V_2를 측정하는 데 사용되었을 때 로딩 효과를 계산하라.

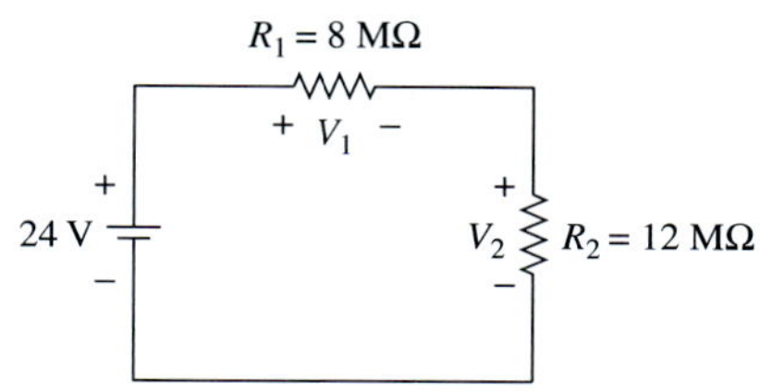

그림 6.31
예제 6.10의 회로

풀이

부하가 있는 전압과 없는 전압을 계산하여야 한다. 부하가 없는 전압(이상적인 전압)은 전압계를 연결하지 않았을 때의 전압 V_1과 V_2이다. 전압 분배 법칙을 사용하면

$$V_1 = \frac{R_1}{R_1 + R_2}V_s = \frac{8\ \text{M}\Omega}{8\ \text{M}\Omega + 12\ \text{M}\Omega}(24\ \text{V}) = 9.6\ \text{V}$$

$$V_2 = \frac{R_2}{R_1 + R_2}V_s = \frac{12\ \text{M}\Omega}{8\ \text{M}\Omega + 12\ \text{M}\Omega}(24\ \text{V}) = 14.4\ \text{V}$$

부하가 있는(계측) 전압은 전압계를 연결하였을 때의 전압 V_1과 V_2이다. 전압 V_1에 대해 전압계는 그림 6.32(a)에 보여진 것과 같이 저항 R_1과 병렬로 연결되어 있다. 저항 R_V와 R_1의 병렬 합성은

$$R_{T1} = R_1 \| R_V = \frac{R_1 R_V}{R_1 + R_V} = \frac{8 \times 10}{8 + 10}\text{M}\Omega = 4.444\ \text{M}\Omega$$

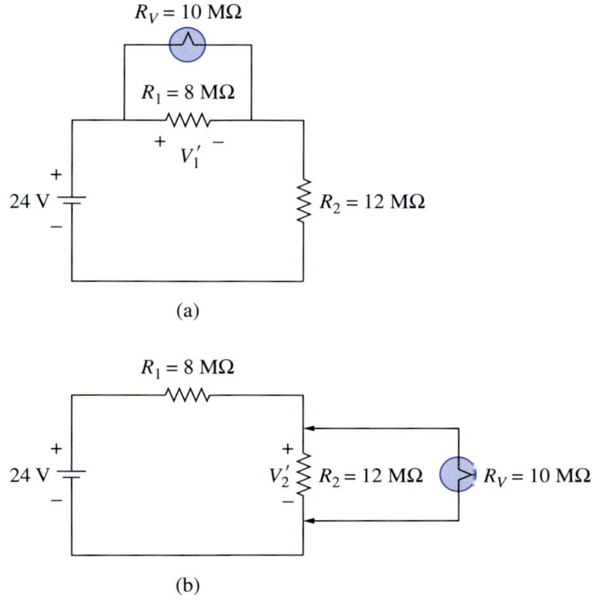

그림 6.32
계측 효과: (a) V_1 측정, (b) V_2 측정

따라서,

$$V_1' = \frac{R_{T1}}{R_{T1} + R_2} V_s = \frac{4.444\ \text{M}\Omega}{4.444\ \text{M}\Omega + 12\ \text{M}\Omega}(24\ \text{V}) = 6.486\ \text{V}$$

전압 V_2에 대해 전압계는 그림 6.32(b)에 보여진 것과 같이 저항 R_2과 병렬로 연결되어 있다. 저항 R_V와 R_2의 병렬 합성은

$$R_{T2} = R_2 \parallel R_V = \frac{R_2 R_V}{R_2 + R_V} = \frac{12 \times 10}{12 + 10}\text{M}\Omega = 5.455\ \text{M}\Omega$$

그러므로,

$$V_2' = \frac{R_{T2}}{R_{T2} + R_1} V_s = \frac{5.455\ \text{M}\Omega}{5.455\ \text{M}\Omega + 8\ \text{M}\Omega}(24\ \text{V}) = 9.730\ \text{V}$$

전압 V_1을 측정하는 데 전압계에 의해 발생하는 오차는

$$\text{오차}(\%) = \frac{V_1 - V_1'}{V_1} \times 100 = \frac{9.6 - 6.486}{9.6} \times 100 = 32.44\%$$

반면 전압 V_2을 측정하는 데 발생하는 오차는

$$\text{오차}(\%) = \frac{V_2 - V_2'}{V_2} \times 100 = \frac{14.4 - 9.730}{14.4} \times 100 = 32.43\%$$

오차 백분율이 비교적 높다는 사실을 명심하자. 이것은 저항 R_V가 R_1과 R_2와 비교할 만한 값을 가지기 때문이다. 그러므로 이 오차는 저항 R_V를 증가시킴으로 줄일 수 있다.

연습문제 6.10

그림 6.33의 회로에서 전압 V_3을 측정하는 데 발생하는 백분율 오차를 계산하라. 전압계의 내부 저항은 12 MΩ으로 가정한다.

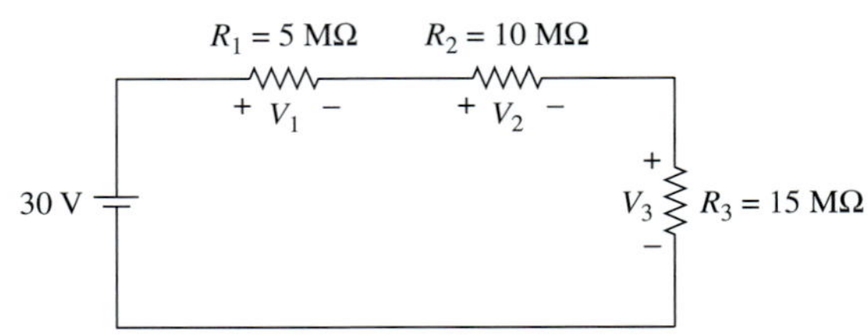

그림 6.33
연습문제 6.10의 회로

해답 38.46%

예제 6.11

그림 6.34의 회로에서 전류 I_1, I_2와 I_T의 이상적인 값과 5-Ω의 전류계를 사용하여 측정한 계측값을 구하라.

풀이

전류의 이상적인 값은 전류계를 연결하지 않았을 때나 내부 저항이 0일 때 얻는 값이다. 옴의 법칙에 의해,

$$I_1 = \frac{V_s}{R_1} = \frac{12}{10} = 1.2 \text{ A}$$

$$I_2 = \frac{V_s}{R_2} = \frac{12}{30} = 0.4 \text{ A}$$

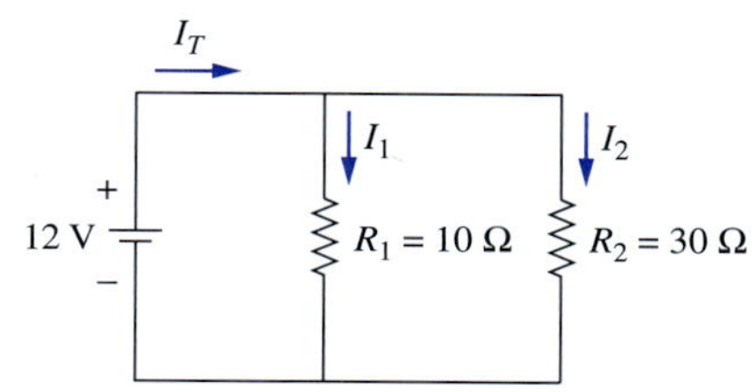

그림 6.34
예제 6.11의 회로

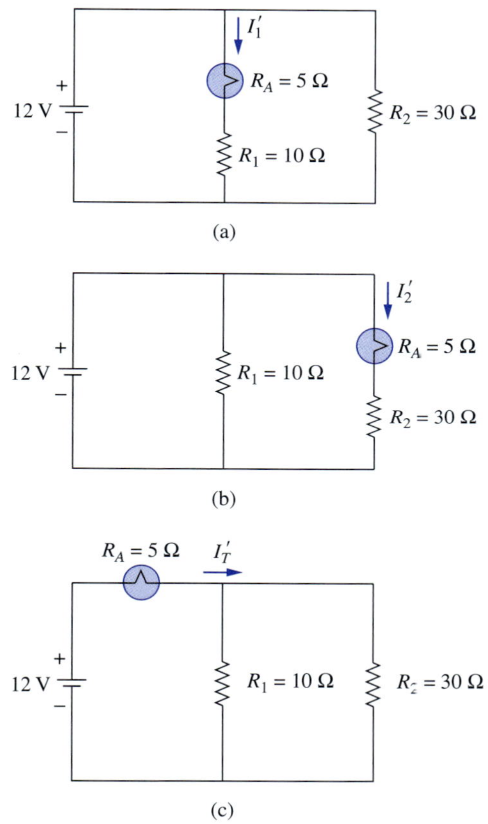

그림 6.35
측정: (a) I_1, (b) I_2, (c) I_T

키르히호프의 전류 법칙을 사용하면,

$$I_T = I_1 + I_2 = 1.2 + 0.4 = 1.6 \text{ A}$$

각각의 가지들에 전류계를 직렬로 삽입하여 계측값을 구한다. 전류 I_1을 측정하기 위하여 그림 6.35(a)를 참고하자. 전류계를 흐르는 전류는

$$I_1' = \frac{V_s}{R_1 + R_A} = \frac{12}{10 + 5} = 0.8 \text{ A}$$

전류 I_2을 측정하기 위하여 그림 6.35(b)를 참고하자.

$$I'_2 = \frac{V_s}{R_2 + R_A} = \frac{12}{30 + 5} = 0.343 \text{ A}$$

전류 I_T을 측정하기 위하여 그림 6.35(c)를 참조하자. 전체 저항은

$$R_T = R_A + R_1 \parallel R_2 = 5 + \frac{10 \times 30}{10 + 30} = 5 + 7.5 = 12.5 \ \Omega$$

옴의 법칙에 의하여,

$$I'_T = \frac{12}{12.5} = 0.96 \text{ A}$$

다음을 주의하라.

$$I'_T \neq I'_1 + I'_2$$

연습문제 6.11

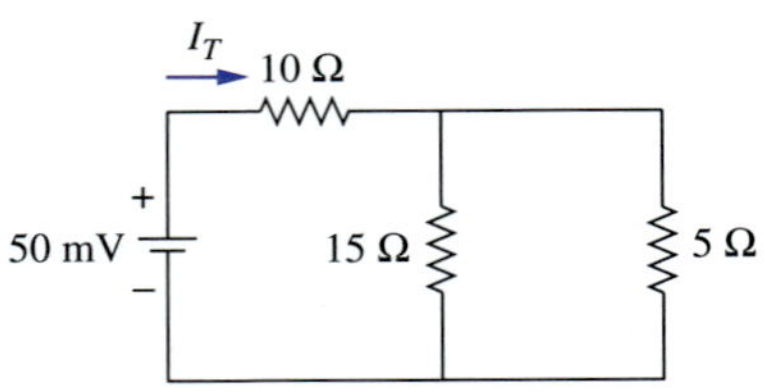

그림 6.36
연습문제 6.11의 회로

그림 6.36의 회로에서 전류 I_T의 이상적인 값과 계측값을 구하라. 전류계의 내부 저항은 2 Ω으로 가정한다.

해답 3.636 A, 3.175 A

6.6 컴퓨터 분석

6.6.1 PSpice

PSpice를 사용하면 직-병렬 회로의 노드 전압과 가지 전류를 쉽게 구할 수 있다. 다음의 예제는 이 사실을 잘 보여준다.

예제 6.12

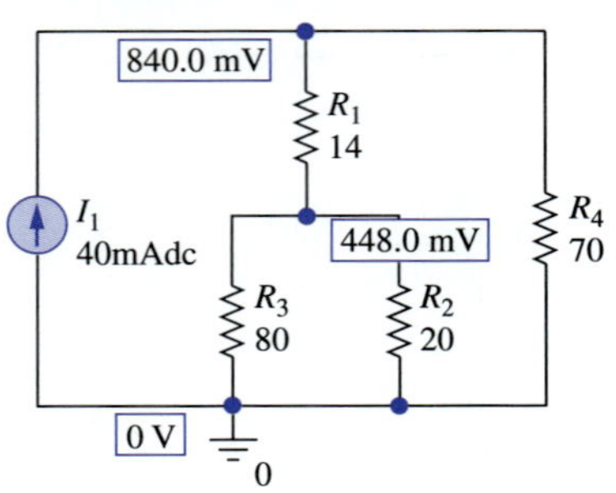

그림 6.37
예제 6.12의 PSpice 스키매틱

그림 6.13의 회로에서 I_1에서 I_4까지의 전류를 구하라.

풀이

먼저 그림 6.37과 같은 스키매틱을 작성하자. 직류 해석을 위하여 전류원 IDC를 사용한다. 일단 스키매틱이 작성되고 exam612.dsn으로 저장되면 **PSpice/New Simulation Profile**을 선택하여 회로를 시뮬레이션한다. 그러면 New simulation 대화 상자가 열린다. 여기서 파일 이름 "exam612"를 입력하고 Create를 클릭하면 다시 Simulation Setting 대화 상자가 열린다. 대화 상자에서 우리는 직류 해석을 하기 때문에 OK만 클릭하고 **PSpice/Run**을 선택하면 된다. 그러면 회로는 시뮬레이션되고 그림 6.37에 나타낸 것과 같이 노드 전압이 회

로 위에 표시된다. 가지 전류는 손으로 계산할 수 있다.

$$I_1 = \frac{840 - 448}{14} = 28\ \text{mA}$$

$$I_2 = \frac{840}{70} = 12\ \text{mA}$$

$$I_3 = \frac{448}{80} = 5.6\ \text{mA}$$

$$I_4 = \frac{448}{20} = 22.4\ \text{mA}$$

이것은 예제 6.5의 결과와 일치한다.

연습문제 6.12

앞에 나타낸 그림 6.14의 직-병렬 회로에서 각 저항 양단의 전압 강하를 PSpice를 이용하여 구하라.

해답 $V_{50} = 1.5\ \text{V}$, $V_{12} = 0.6\ \text{V}$, $V_{15} = 0.75\ \text{V}$, $V_6 = 0.15\ \text{V}$

6.6.2 Multisim

Multisim은 이전 장에서 직렬 회로와 병렬 회로를 해석할 때 사용한 것처럼 직-병렬 회로의 해석에 사용할 수 있다. 또한 Multisim은 저항을 측정하는데 사용할 수 있는 멀티미터와 전력을 측정하기 위한 전력계를 제공한다.

예제 6.13

그림 6.38의 회로를 참조하라. (a) Multisim을 이용하여 R_{eq}를 구하라. (b) Multisim을 이용하여 V_o를 구하라.

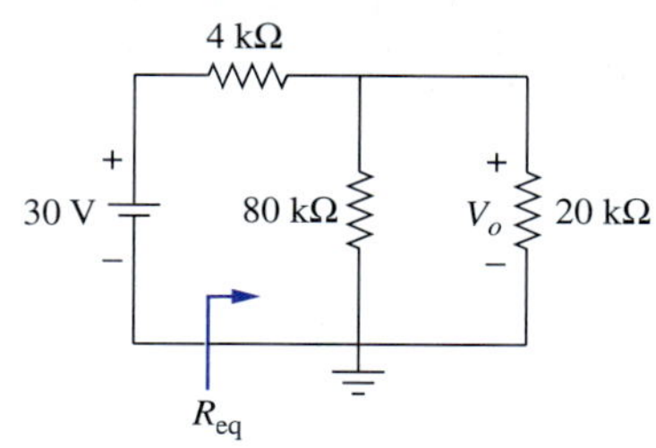

그림 6.38
예제 6.13의 회로

풀이

(a) 회로는 그림 6.39(a)에 보여진 것처럼 결선되어 있다. 전압원은 전압과 전류 또는 저항을 측정할 수 있는 멀티미터로 대체되었다. 여기서 멀티미터는 저항 R_{eq}를 측정하는데 사용된다. 멀티미터를 더블클릭하고 옴미터(Ω) 기능을 선택한다. 회로를 저장하고 시뮬레이션 하면 다음을 얻을 수 있다.

$$R_{eq} = 20\ \text{k}\Omega$$

전압계와 전류계는 측정된 결과를 바로 표시하지만 멀티미터는 결과를 바로 표시하지 않는다. 시뮬레이션 이후 멀티미터를 더블클릭 하여야 그 결과가 표시된다.

(b) 회로는 그림 6.39(b)에 보여진 것처럼 결선되어 있다. 전압계를 사용하여 전압 V_o를 구할 수 있지만, 사용의 숙달을 위해 전압계 대신 멀티미터를

선택한다. 여기서 20-kΩ 저항과 병렬 연결하고 멀티미터의 dc-전압계 기능을 선택하여 전압 V_o를 측정한다. 일단 회로가 저장되고 시뮬레이션되면, 멀티미터를 더블클릭하여 다음을 얻는다.

$$V_o = 24\text{ V}$$

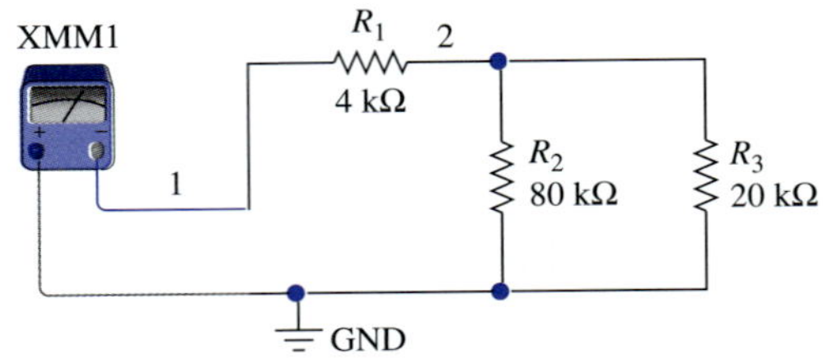

(a)

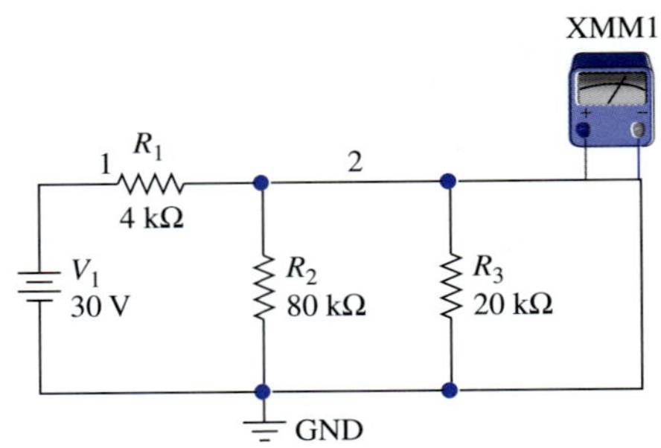

(b)

그림 6.39
예제 6.13의 (a) R_{eq} 측정, (b) V_o 측정

연습문제 6.13

Multisim을 이용하여 그림 6.40의 회로에서 가지 전류 I_o를 구하라.

해답 0.5 mA

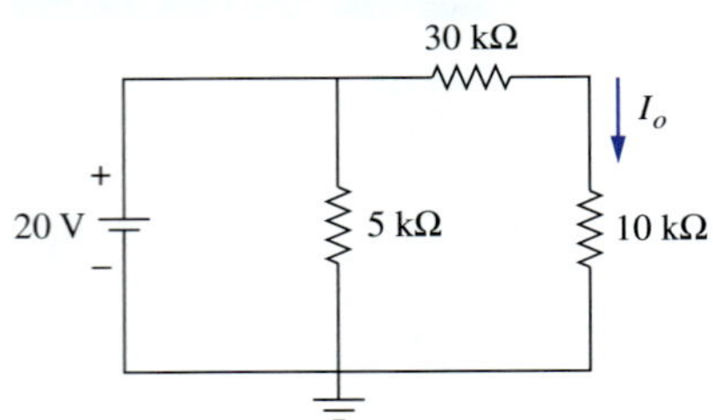

그림 6.40
연습문제 6.13의 회로

6.7 †응용: 휘트스톤 브릿지

래더 회로뿐만 아니라 직-병렬 회로의 몇몇 다른 응용들이 있다. 라디오, 텔레비전, 컴퓨터와 같은 대부분의 전자 장치는 직-병렬 회로를 포함하고 있다. 이 절에서는 중요한 응용 중 하나인 휘트스톤 브릿지 회로를 다루겠다.

휘트스톤 브릿지는 측정되는 전류가 0이 되도록 알고 있는 저항값을 조절하여 미지의 저항값을 측정하는 데 사용되는 전기 회로이다.

옴미터를 이용한 측정 방법이 가장 간단한 저항 측정 방법을 제공하지만, 휘트스톤 브릿지를 이용하면 더욱 정확한 측정이 가능하다. 옴미터는 작은 범위, 중간 범위, 큰 범위에 따라 설계되는데, 휘트스톤 브릿지는 1 Ω에서 1 MΩ 정도의 중간 범위의 저항 측정에 사용된다. 아주 작은 값의 저항은 저저항계인 **밀리옴미터**로 측정하며, 아주 큰 값의 저항은 절연저항계인 **메거테스터**로 측정한다.

휘트스톤 브릿지[1](저항 브릿지) 회로는 많은 응용에 사용된다. 이제 이것을 이용하여 미지의 저항을 측정할 것이다. 미지의 저항 R_x를 그림 6.41과 같이 브릿지에 연결한다. 가변 저항은 검류계인 갈바노미터(그림 6.42을 보라)를 통해 전류가 흐르지 않도록 조정한다. 갈바노미터는 다르송발(d'Arsonval) 운동을 이용해 매우 약한 전류를 측정하는 가동 코일 검류계이며 아날로그 전류계와 비슷하다. (다르송발 운동은 강한 영구자석 자극 사이에 달린 전자기 코어의 dc 코일형 운동이다.) 갈바노미터는 가동 코일 전류 검출기의 이름이며 아날로그 전류계와 비슷하다. 자기장 속에 있는 코일을 통해 전류가 흐르면, 코일은 흐르는 전류에 비례하여 회전한다. 갈바노미터를 통하여 전류가 흐르지 않으면 $V_1 = V_2$가 되고 이때 브릿지는 **"평형"**이라 한다. 갈바노미터를 통하여 전류가 흐르지 않으므로 저항 R_1과 R_2 그리고 저항 R_3과 R_4는 직렬로 동작한다. 전압 분배 법칙을 적용하면,

$$V_1 = \frac{R_2}{R_1 + R_2}V = V_2 = \frac{R_x}{R_3 + R_x}V \tag{6.2}$$

따라서 다음 수식이 성립할 때 갈바노미터에는 전류가 흐르지 않는다.

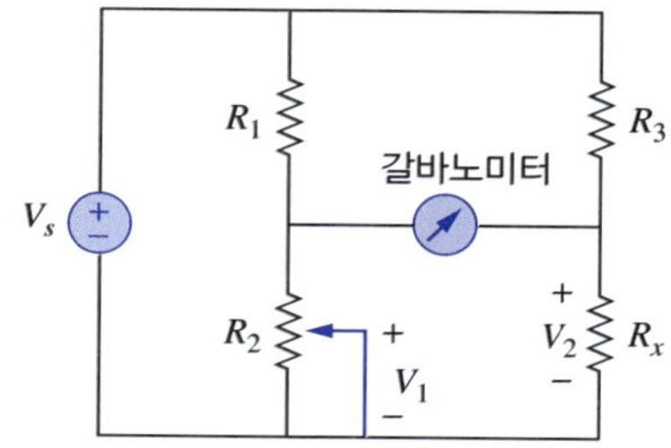

그림 6.41
예제 6.14와 문제 6.63을 위한 휘트스톤 브릿지

그림 6.42
갈바노미터
© Sarhan M.Musa

1 역사적 노트: 휘트스톤 브릿지는 영국인 교수 Charles Wheastone(1802~1875)에 의해 발명되었다. 그는 미국인 Samuel Morse가 발명한 텔레그래프도 독립적으로 발명하였다.

$$\frac{R_2}{R_1 + R_2} = \frac{R_x}{R_3 + R_x} \quad \Rightarrow \quad R_2R_3 = R_1R_x$$

또는

$$R_x = \frac{R_3}{R_1}R_2 \tag{6.3}$$

만약 $R_1 = R_3$이고 갈바노미터에 전류가 흐르지 않도록 R_2를 조정하면 미지 저항값은 $R_x = R_2$이다. 저항의 측정과 더불어 휘트스톤 브릿지는 커패시턴스 및 인덕턴스의 측정에도 사용된다. 이것은 다음 장에서 다룰 것이다.

휘트스톤 브릿지는 평형 모드와 불평형 모드 둘 다 사용될 수 있다. 휘트스톤 브릿지가 **불평형**일 때 갈바노미터에 흐르는 전류는 어떻게 구할 수 있을까? 비슷한 상황을 다루었던 예제 6.6과 같이 KVL을 적용한다. 불평형 휘트스톤 브릿지는 압력, 온도, 기압 등과 같은 몇몇 형태의 물리량을 측정하는 데도 유용하다. 측정되는 물리량의 값은 휘트스톤 브릿지의 불평형 정도에 의해 결정된다.

예제 6.14

그림 6.41에서 $R_1 = 500\ \Omega$, $R_3 = 200\ \Omega$이다. 저항 R_2가 125 Ω으로 조정되었을 때 브릿지는 평형 상태가 된다. 미지 저항 R_x를 구하라.

풀이

수식 (6.3)을 이용하여

$$R_x = \frac{R_3}{R_1}R_2 = \frac{200}{500}125 = 50\ \Omega$$

연습문제 6.14

휘트스톤 브릿지가 저항 $R_1 = R_3 = 1\ \text{k}\Omega$을 가진다. 여기서 저항 R_2는 갈바노미터를 통해 전류가 흐르지 않도록 조정된다. 이 때 $R_2 = 3.2\ \text{k}\Omega$이었다. 미지 저항의 값은 얼마인가?

해답 3.2 kΩ

6.8 요약

1. 직-병렬 회로는 직렬 회로와 병렬 회로가 결합된 형태이다.
2. 직-병렬 회로의 전체 저항을 구하기 위하여 직렬 저항과 병렬 저항을 결합한다.

3. 가지 전류와 가지 전압을 구하기 위하여 KVL, KCL, 저항 법칙, 전압 분배 법칙, 전류 분배 법칙을 적용한다.
4. 래더 네트워크는 사다리를 닮은 스키매틱을 가지는 직-병렬 회로이다.
5. 능동 전자 회로 소자를 모델링하기 위하여 종속 전원을 사용한다. 종속 전원의 값은 회로 내 다른 소자의 전압 또는 전류에 비례한다.
6. 로딩 효과 때문에 전압계 또는 전류계에 의한 측정에서 오류가 발생한다.
7. PSpice와 Multisim을 사용하여 직-병렬 회로를 분석할 수 있다.
8. 휘트스톤 브릿지는 저항의 정밀한 측정을 위한 전기 회로이다. 브릿지의 전압이 0일 때 브릿지는 평형이다. 평형의 조건은 브릿지 한 쪽의 저항값과 다른 쪽의 저항값이 동일할 때 만족된다. 그러므로

$$R_x = \frac{R_3}{R_1}R_2$$

복습문제

6.1 60-Ω과 40Ω 저항의 병렬 결합과 10-Ω과 30-Ω저항의 직렬 결합이 다시 직렬 결합되었다. 전체 저항은?

(a) 140 Ω (b) 64 Ω
(c) 31.5 Ω (d) 7.5 Ω

6.2 그림 6.43의 회로에서 전류 I_x는?

(a) 12 A (b) 7A
(c) 5A (d) 2A

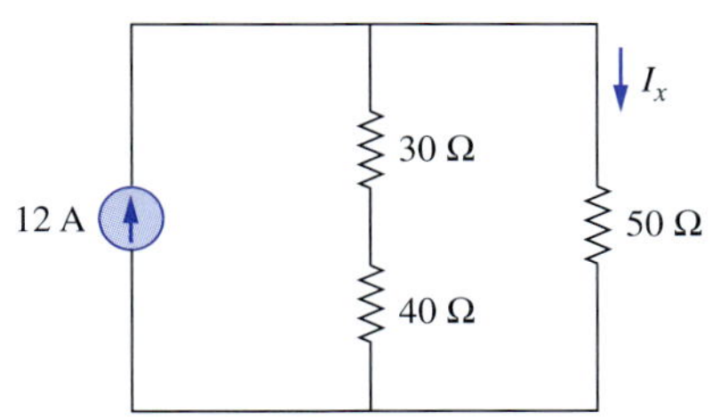

그림 6.43
복습문제 6.2에서 6.4까지의 회로

6.3 그림 6.43에서 저항 30-Ω이 단락 되면 전류 I_x는?

(a) 12 A (b) 6.777 A
(c) 5.333 A (d) 0 A

6.4 그림 6.43에서 저항 40-Ω이 개방 되면 전류 I_x는?

(a) 12 A (b) 7.5 A
(c) 4.5 A (d) 0 A

6.5 그림 6.44는 무슨 회로인가?

(a) 직렬 (b) 병렬
(c) 래더 (d) 휘트스톤 브릿지

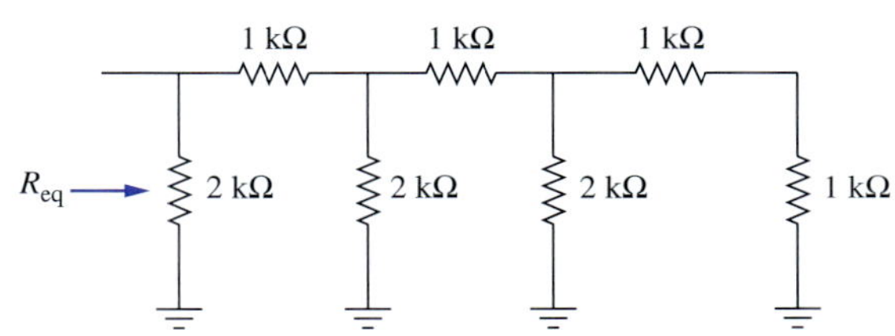

그림 6.44
복습문제 6.5와 6.6의 회로

6.6 그림 6.44에서 회로의 등가 저항 R_{eq}는?

(a) 1 kΩ (b) 2 kΩ
(c) 3 kΩ (d) 10 kΩ

6.7 래더 회로에서 회로의 단순화를 시작하는 곳은?

(a) 전원
(b) 중간
(c) 전원에 가장 가까운 저항
(d) 전원에서 가장 먼 저항

6.8 휘트스톤 브릿지는 저항의 매우 작은 변화를 측정하는데 유용한 기구이다.

(a) 참 (b) 거짓

6.9 그림 6.45의 휘트스톤 브릿지는 평형이다.

(a) 참 (b) 거짓

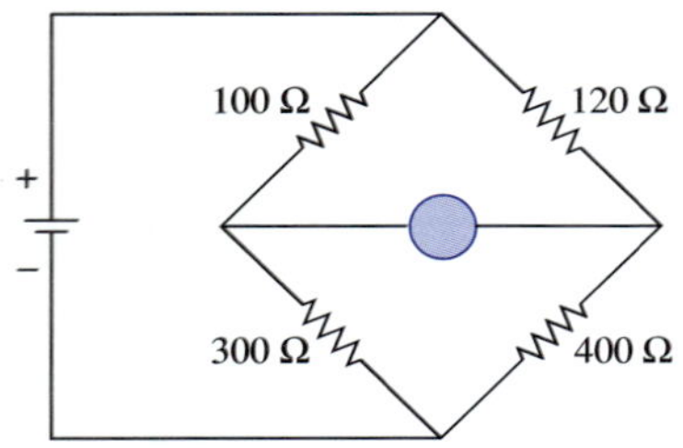

그림 6.45
복습문제 6.9의 회로

6.10 다음에서 휘트스톤 브릿지로 측정할 수 없는 물리량은?

(a) 저항 (b) 인덕턴스
(c) 온도 (d) 전력

해답: 6.1b, 6.2b, 6.3c, 6.4a, 6.5c, 6.6a, 6.7d, 6.8a, 6.9b, 6.10d

문제

6.2절 직-병렬 회로

6.1 그림 6.46의 회로에서 저항의 직렬과 병렬 관계를 확인하라.

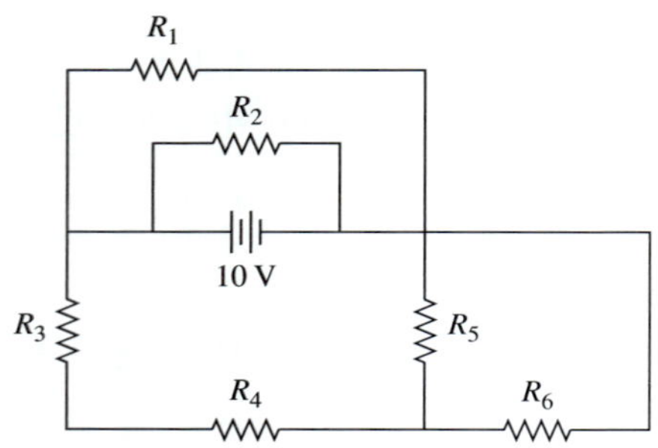

그림 6.46
문제 6.1의 회로

6.2 그림 6.47에서 R_{ab}를 구하라.

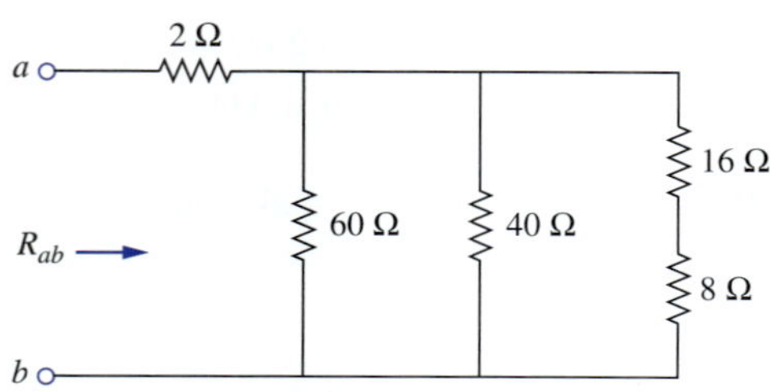

그림 6.47
문제 6.2의 회로

6.3 그림 6.48에서 R_T를 구하라.

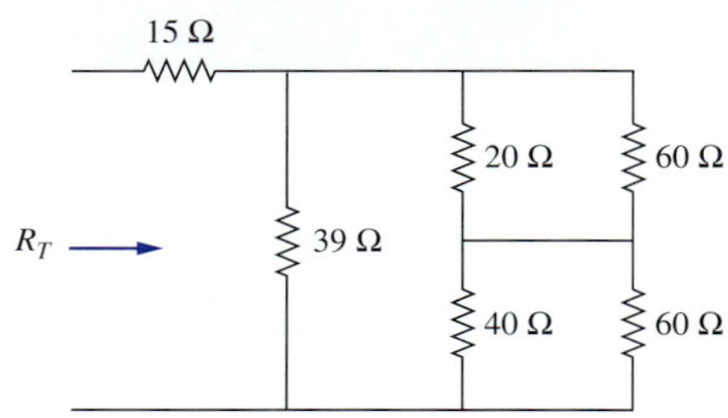

그림 6.48
문제 6.3의 회로

6.4 그림 6.49의 회로에서 단자 a-b 사이의 등가 저항을 구하라.

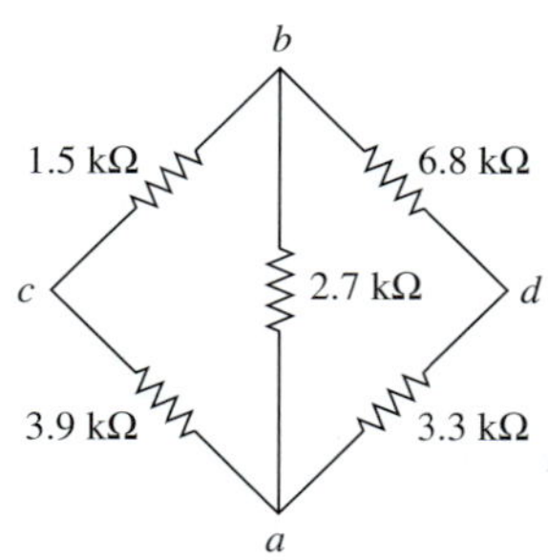

그림 6.49
문제 6.4의 회로

6.5 그림 6.50의 회로에서 등가 저항을 구하라.

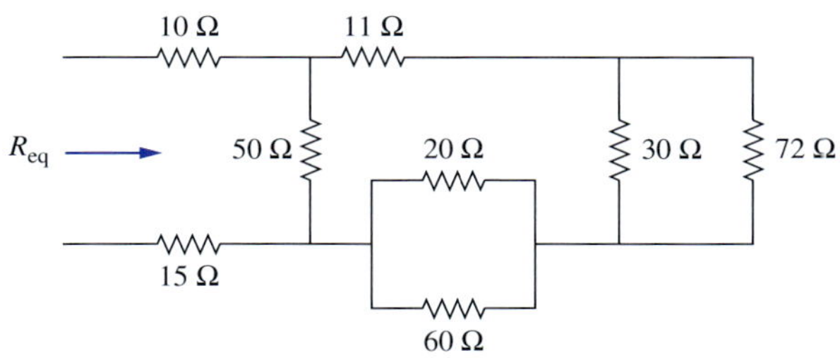

그림 6.50
문제 6.5의 회로

6.6 그림 6.51의 회로에서 R_{eq}를 구하라. R = 5 kΩ이다.

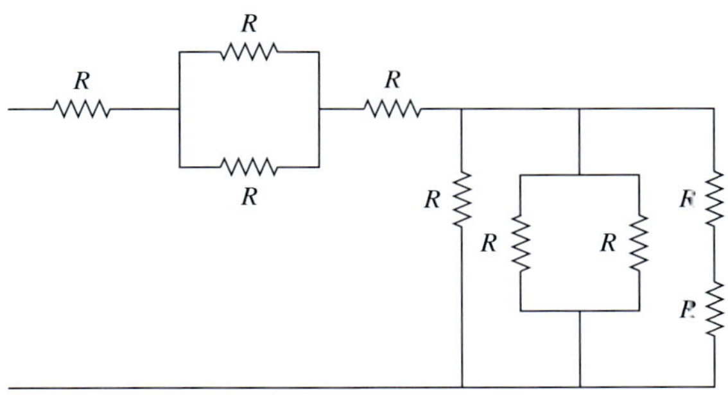

그림 6.51
문제 6.6의 회로

6.7 그림 6.52의 회로에서 저항 R_{ab}를 구하라.

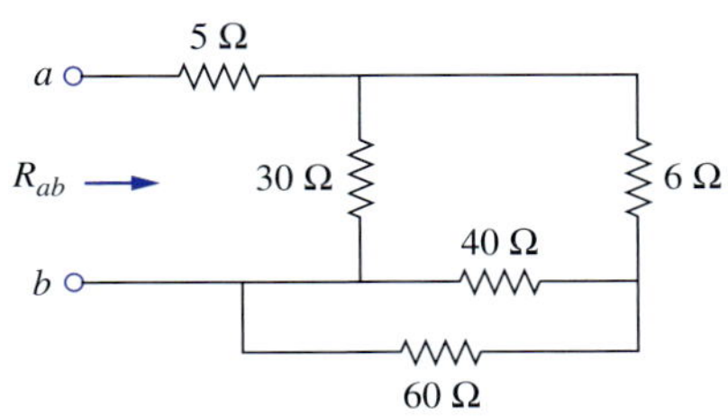

그림 6.52
문제 6.7의 회로

6.8 그림 6.53의 회로에서 등가 저항 R_{ab}를 구하라.

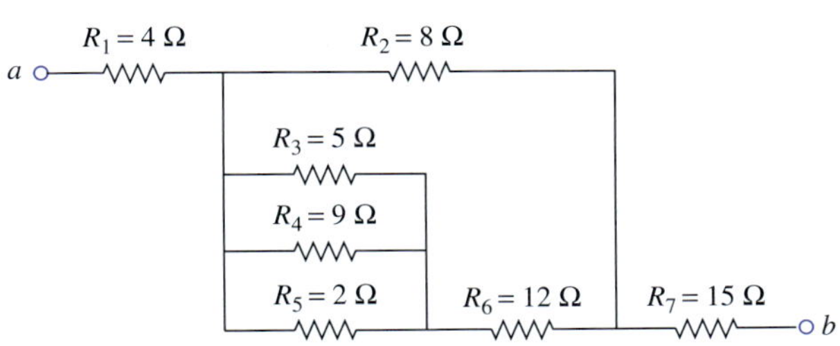

그림 6.53
문제 6.8의 회로

6.9 그림 6.54의 회로에서 전체 저항 R_T를 구하라.

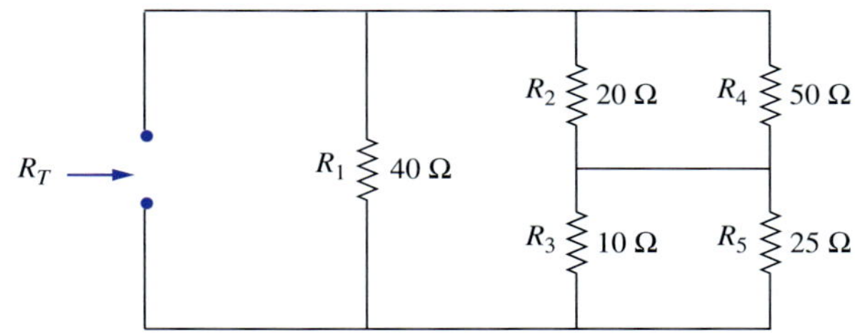

그림 6.54
문제 6.9의 회로

6.10 그림 6.55의 회로에서 등가 저항 R_{eq}와 전류 I_T를 구하라.

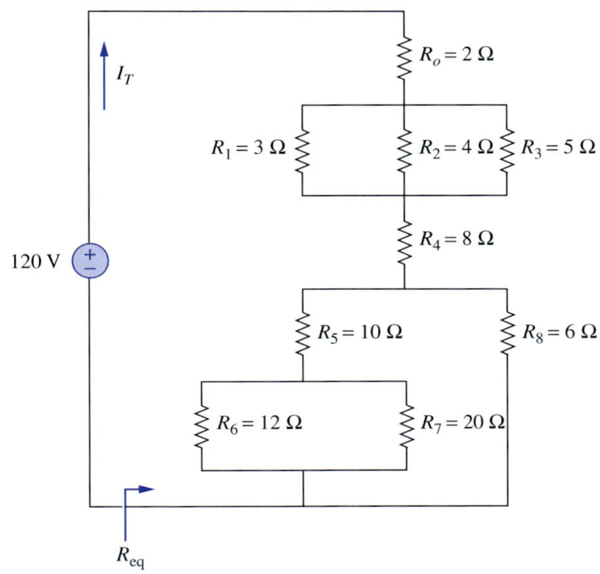

그림 6.55
문제 6.10의 회로

6.11 그림 6.56의 회로에서 전류 I_o를 계산하라.

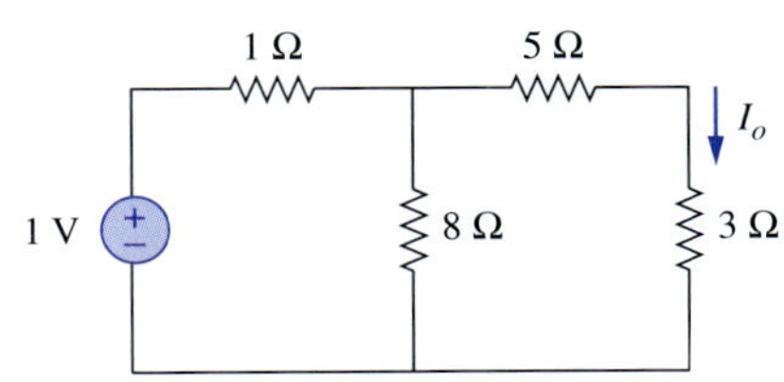

그림 6.56
문제 6.11의 회로

6.12 그림 6.57의 회로에서 각 저항에 걸리는 전압을 구하라.

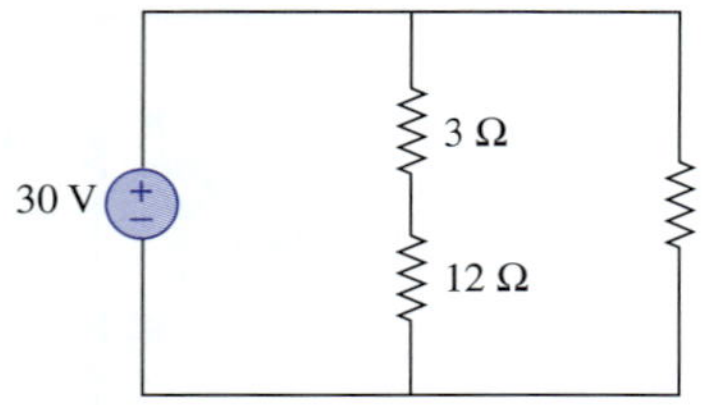

그림 6.57
문제 6.12의 회로

6.13 그림 6.58의 회로에서 전류 I를 구하라.

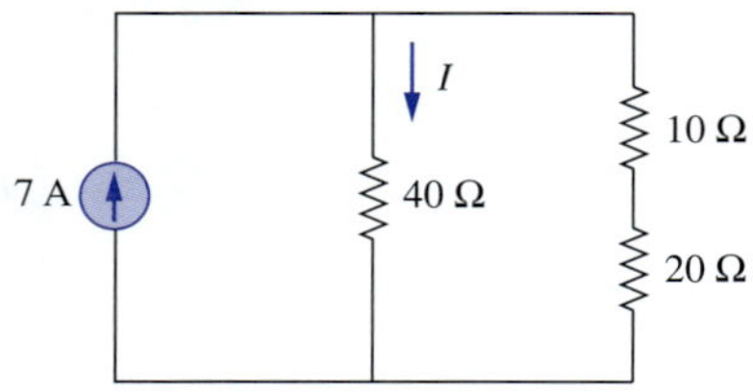

그림 6.58
문제 6.13의 회로

6.14 그림 6.59의 회로에서 전압 V_{ab}를 구하라.

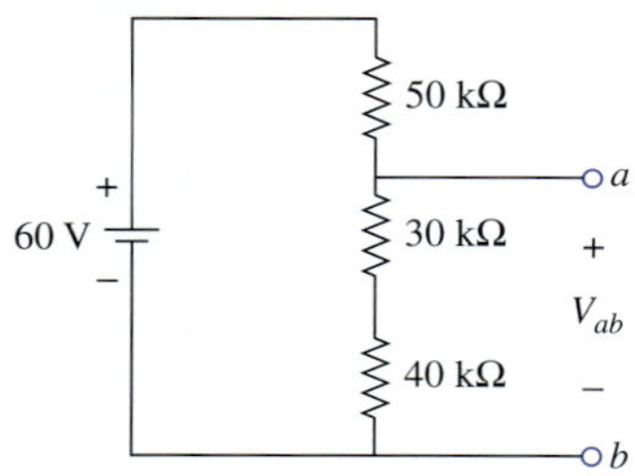

그림 6.59
문제 6.14의 회로

6.15 그림 6.60의 회로에서 전압 V_o를 구하라.

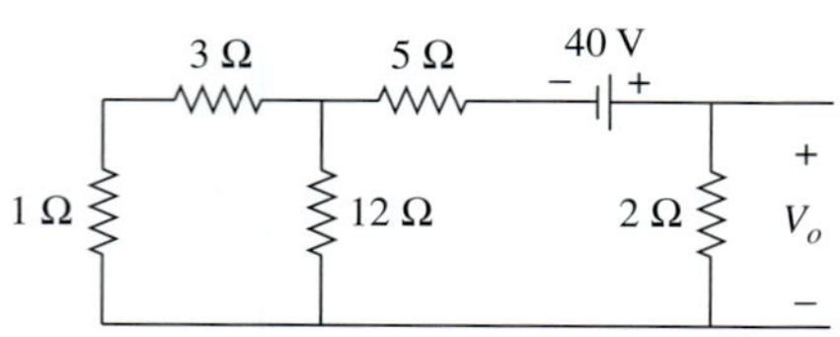

그림 6.60
문제 6.15의 회로

6.16 그림 6.61의 회로에서 전류 I_o를 구하라.

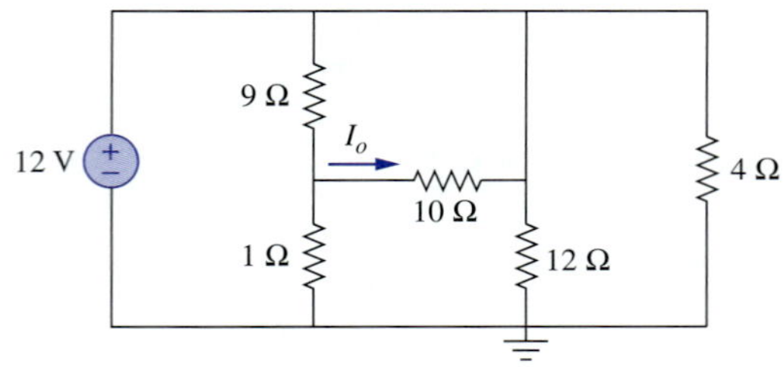

그림 6.61
문제 6.16과 6.51의 회로

6.17 그림 6.62의 회로에서 각 저항에 걸리는 전압을 구하라.

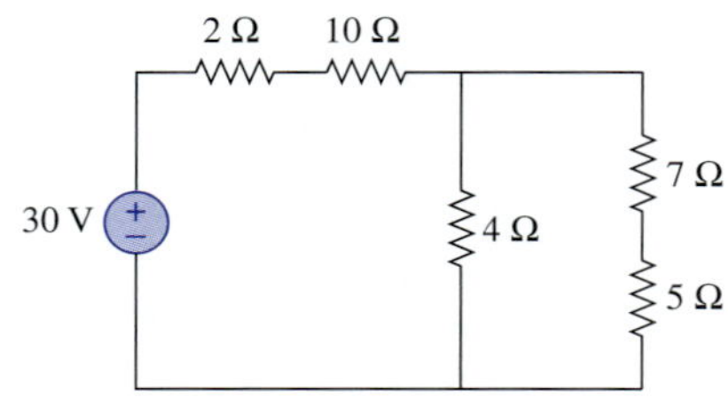

그림 6.62
문제 6.17의 회로

6.18 그림 6.63의 회로에서 전류 I_x를 구하라.

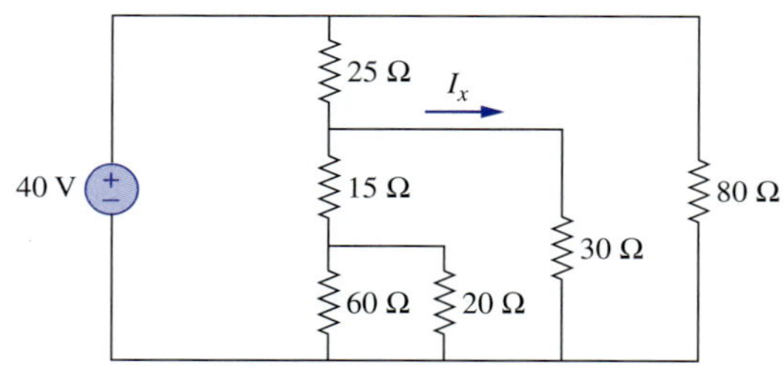

그림 6.63
문제 6.18의 회로

6.19 그림 6.64의 회로에서 각 저항에 걸리는 전압을 구하라.

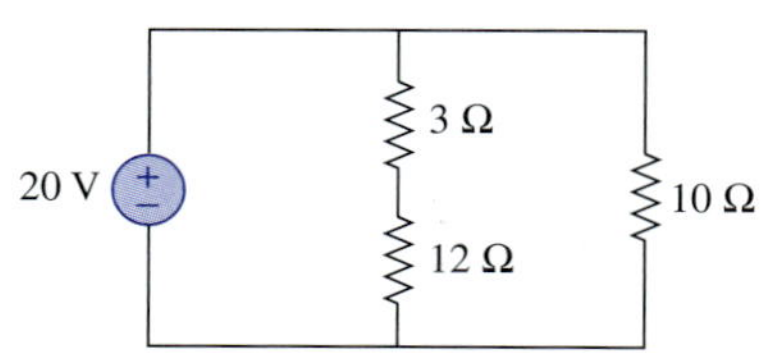

그림 6.64
문제 6.19의 회로

6.20 그림 6.65의 회로에서 노드 전압 V_1과 V_2를 구하라.

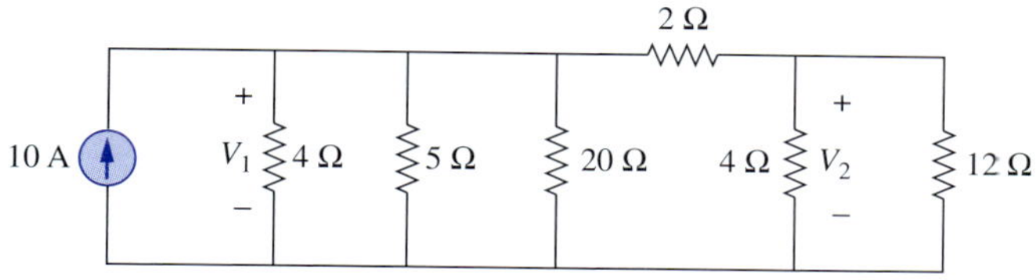

그림 6.66
문제 6.20의 회로

6.21 그림 6.66의 회로에서 전류 I_T를 구하라.

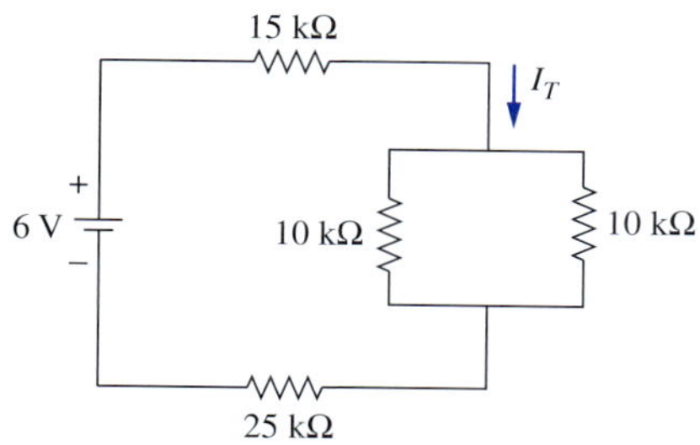

그림 6.66
문제 6.21의 회로

6.22 그림 6.67의 회로에서 전압 V_s와 V_o를 구하라.

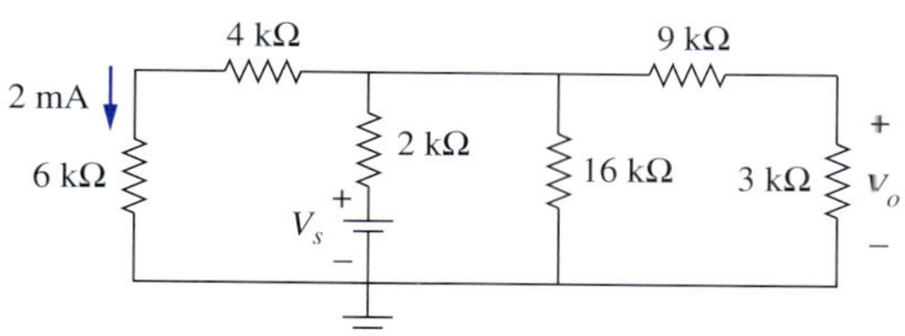

그림 6.67
문제 6.22의 회로

6.23 그림 6.68의 회로에서 모든 저항은 1 Ω이다. (a) 단자 a-b와 (b) 단자 c-d의 저항 R_T를 구하라.

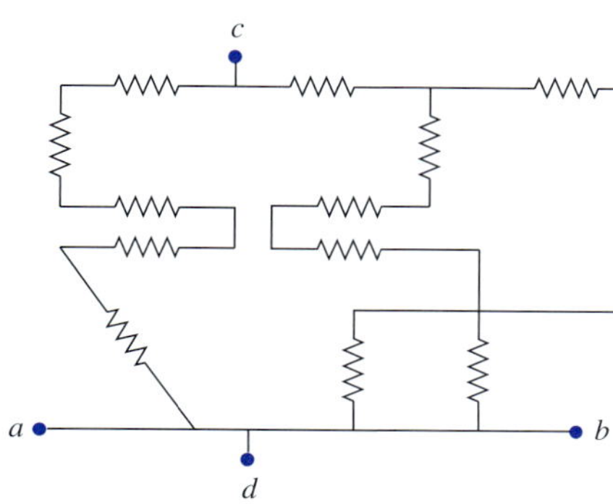

그림 6.68
문제 6.23의 회로

6.24 그림 6.69의 회로에서 (a) 전압 V_o를 구하라. (b) 저항 R_4가 단락일 때 문제 (a)를 다시 구하라. (c) 저항 R_5가 개방일 때 문제 (a)를 다시 구하라.

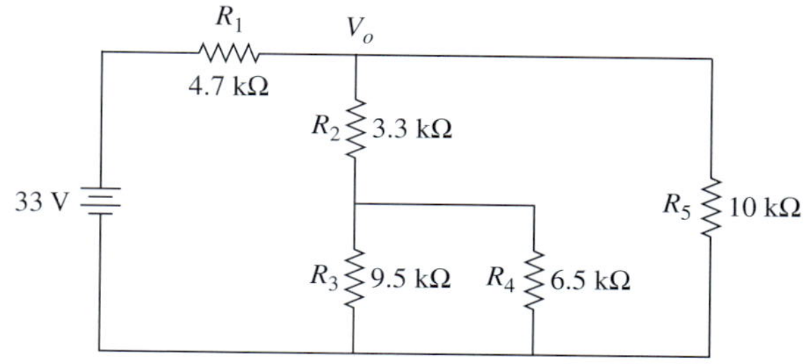

그림 6.69
문제 6.24의 회로

6.25 그림 6.70의 회로에서 AB가 개방일 때 전압 V_{AB}를 구하라.

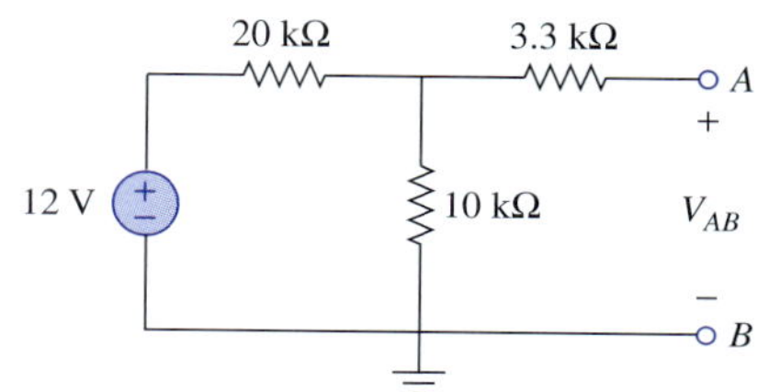

그림 6.70
문제 6.25의 회로

6.26 그림 6.71의 회로에서 다음 조건에 대하여 저항 R_{AB}를 구하라.

(a) 출력 단자는 개방이다.

(b) 출력 단자는 단락이다.

(c) 출력 단자에 저항 200-Ω이 연결되었다.

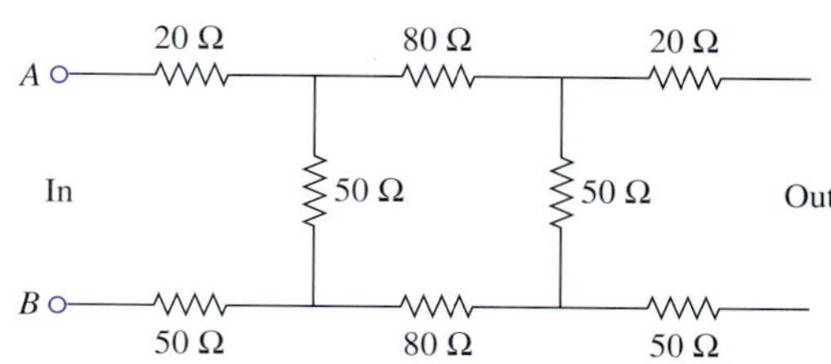

그림 6.71
문제 6.26의 회로

6.27 그림 6.72의 회로에서 등가 저항 R_{AB}를 구하라.

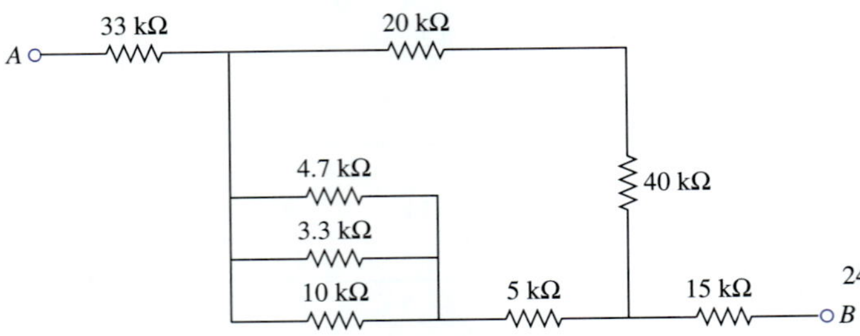

그림 6.72
문제 6.27의 회로

6.28 그림 6.73의 회로에서 다음을 구하라.

(a) 등가 저항 R_{eq}.

(b) 전류 I.

(c) 전체 소모 전력.

(d) 전압 V_1과 V_2.

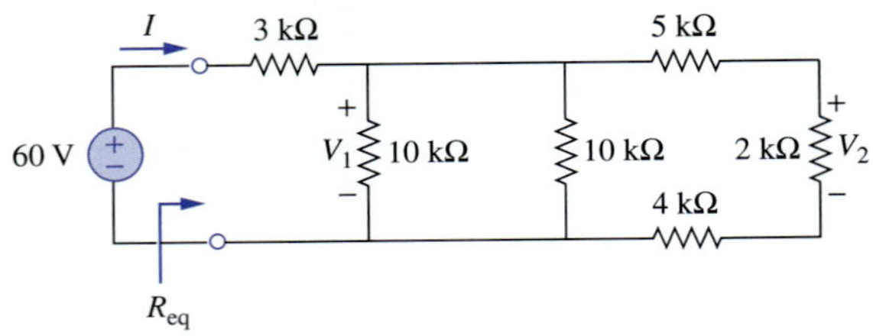

그림 6.73
문제 6.28의 회로

6.29 그림 6.74의 회로에서 등가 저항 R_{eq}와 전류 I를 구하라.

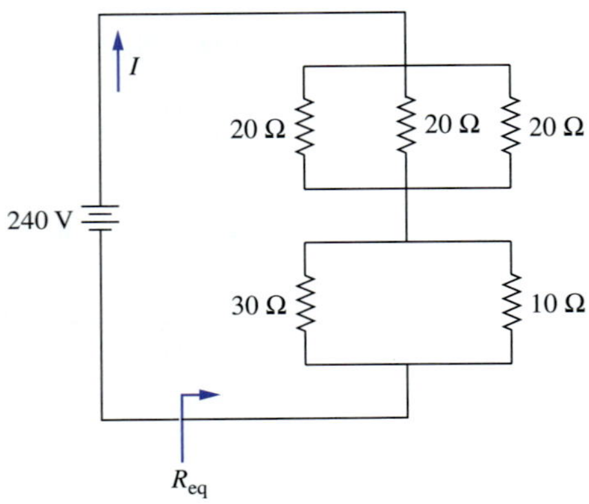

그림 6.74
문제 6.29의 회로

6.30 그림 6.75의 회로를 참조하라. 등가 저항 R_{eq}와 전류 I_t를 구하라.

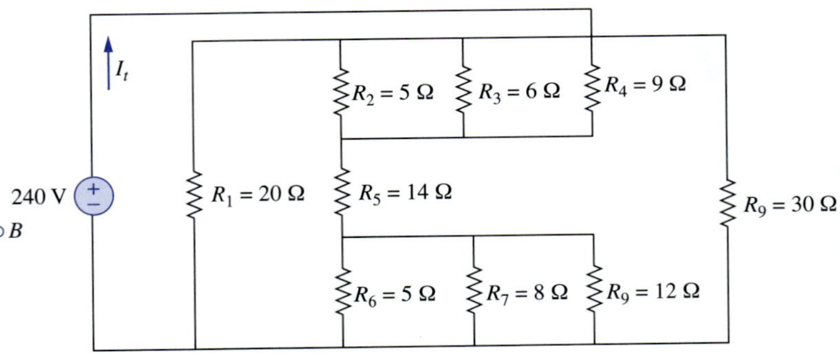

그림 6.75
문제 6.30의 회로

6.3절 래더 네트워크

6.31 그림 6.76의 회로에서 각 저항을 통해 흐르는 전류를 구하라.

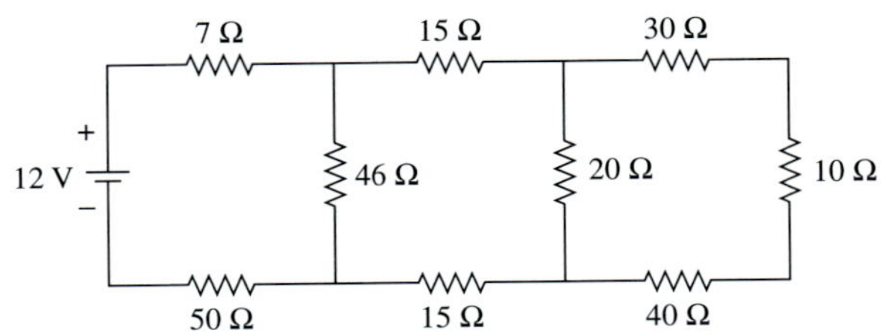

그림 6.76
문제 6.31과 6.32의 회로

6.32 그림 6.76의 회로에서 각 저항에 걸리는 전압을 구하라.

6.33 그림 6.77의 회로에서 전압 V_o를 구하라.

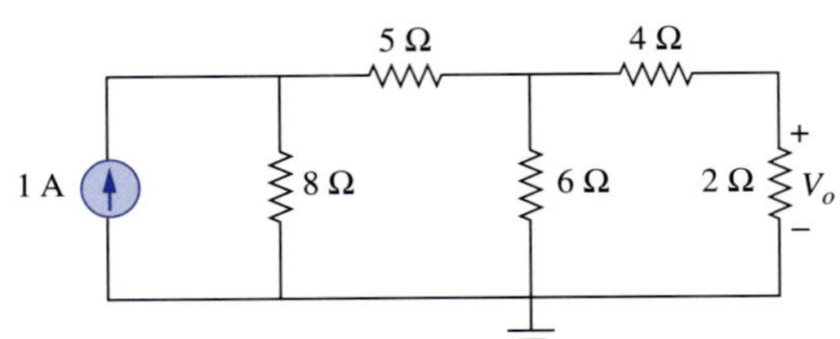

그림 6.77
문제 6.33과 6.52의 회로

6.34 그림 6.78의 회로에서 전압 V_x를 구하라.

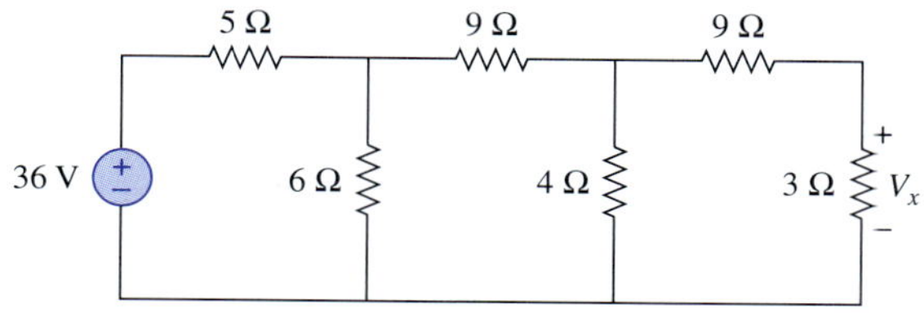

그림 6.78
문제 6.34의 회로

6.35 그림 6.79의 회로에서 전류 I_1에서 I_6을 I_o의 항으로 나타내라.

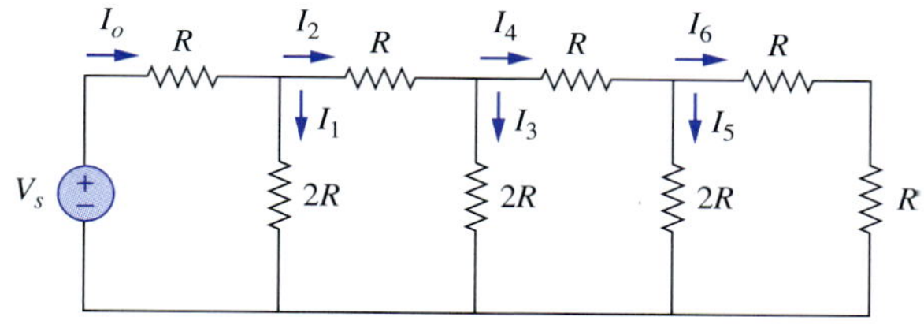

그림 6.79
문제 6.35의 회로

6.4절 종속전원

6.36 그림 6.80은 전압 제어 전압원을 보여준다. 전류 I와 전압 V_o를 구하라.

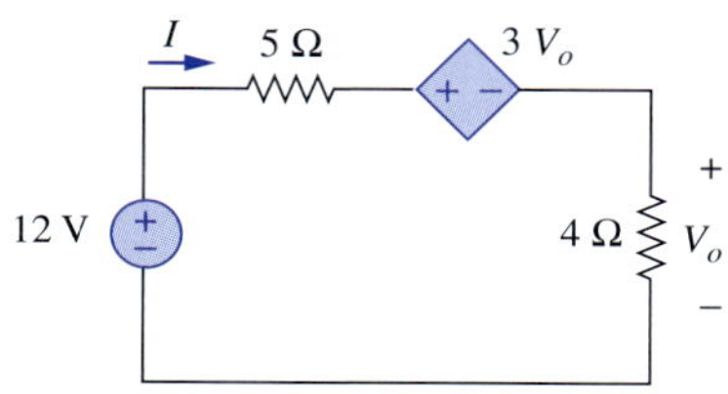

그림 6.80
문제 6.36의 회로

6.37 그림 6.81의 회로에서 저항 R과 전압 V를 구하라.

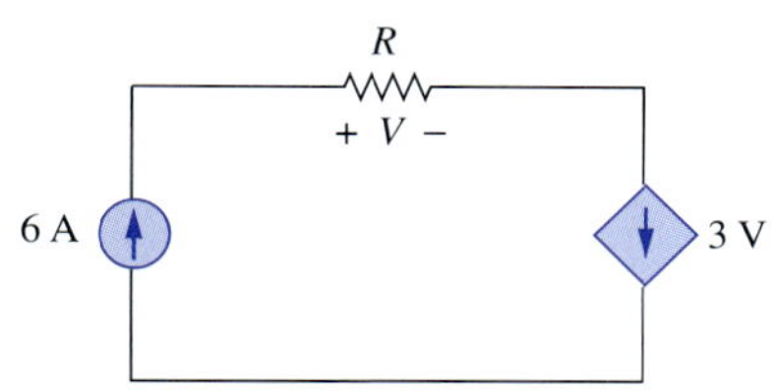

그림 6.81
문제 6.37의 회로

6.38 그림 6.82의 회로에서 전류 I_o가 2 A일 때 저항 R을 구하라.

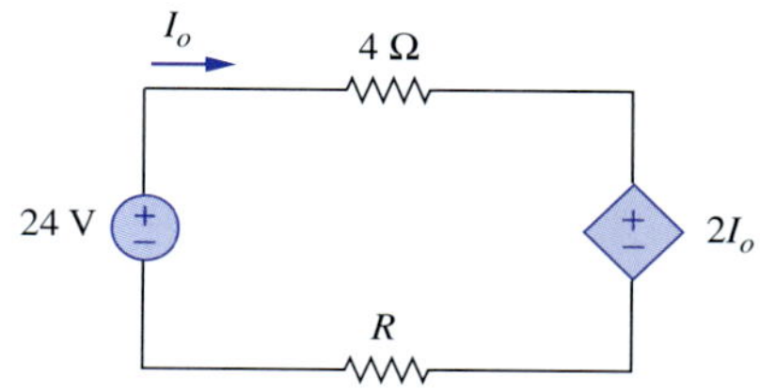

그림 6.82
문제 6.38의 회로

6.39 그림 6.83의 회로에서 전류 I를 구하라.

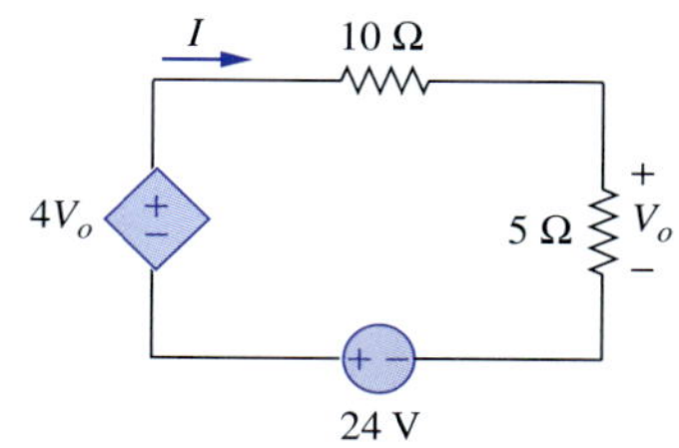

그림 6.83
문제 6.39의 회로

6.40 그림 6.84의 회로에서 전류 I를 구하라.

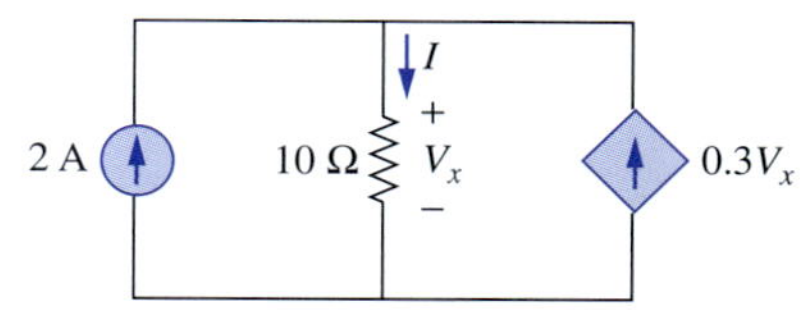

그림 6.84
문제 6.40의 회로

6.41 그림 6.85의 회로에서 전압 V_o를 구하라.

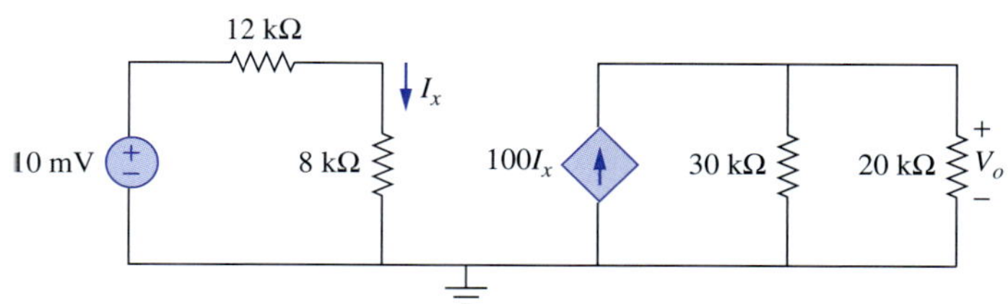

그림 6.85
문제 6.41의 회로

6.5절 계측기의 로딩 효과

6.42 그림 6.86의 회로에 대하여 (a) 전압 V_1, (b) 저항 R_1 양단에 연결된 10-MΩ 전압계의 측정값, 그리고 (c) 발생된 백분율 오차를 구하라.

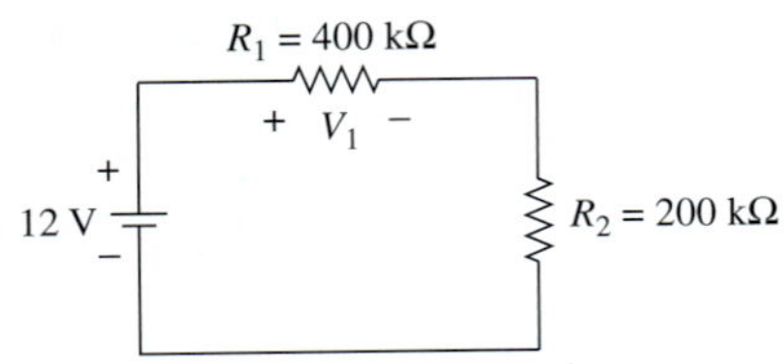

그림 6.86
문제 6.42의 회로

6.43 그림 6.87의 회로를 고려하자. (a) 개방 회로 전압 V_{ab}와 (b) 내부 저항이 12 MΩ인 전압계로 측정한 전압 V_{ab}를 구하라.

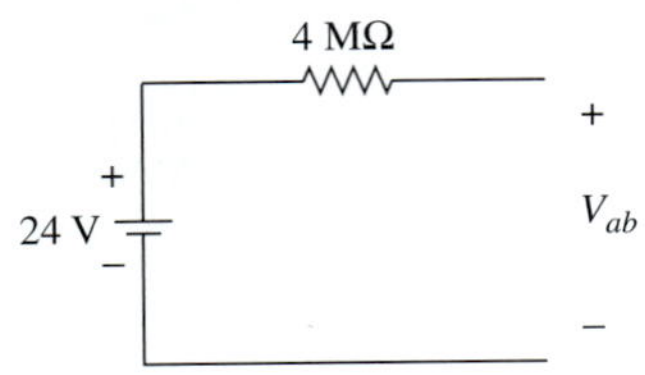

그림 6.87
문제 6.43의 회로

6.44 그림 6.88의 회로에서 전류 I_T를 측정하기 위해 내부 저항이 0.5 Ω인 전류계를 사용하였다. 발생되는 백분율 오차를 계산하라.

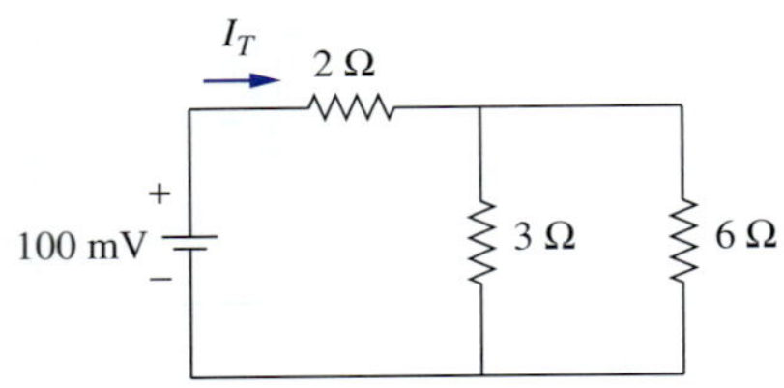

그림 6.88
문제 6.44의 회로

6.45 그림 6.88에 보여진 40-kΩ 저항 양단에 200-kΩ 전압계가 연결되었다.
(a) 전압계로 측정한 값은 무엇인가?
(b) 전압 V_1의 이상적인 값은 무엇인가?
(c) 백분율 오차를 계산하라.

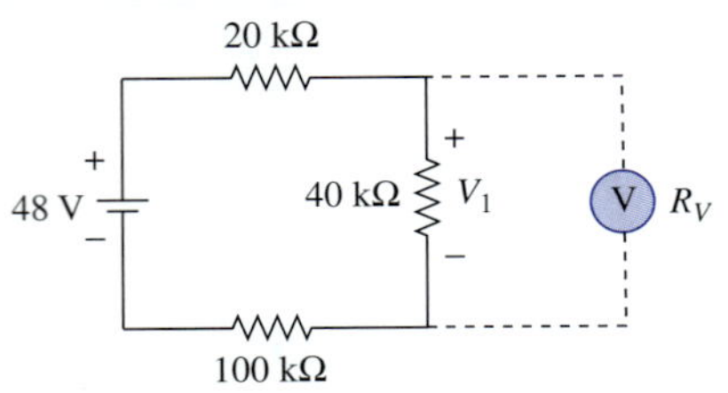

그림 6.89
문제 6.45의 회로

6.46 그림 6.90의 회로에서 저항 R_3 양단의 전압을 측정하기 위하여 어떤 전압계를 사용하였다. 측정된 전압은 이상적인 또는 실제 전압에 비해 얼마나 더 적은가? 전압계의 내부 저항 R_v = 20 kΩ이라 가정한다.

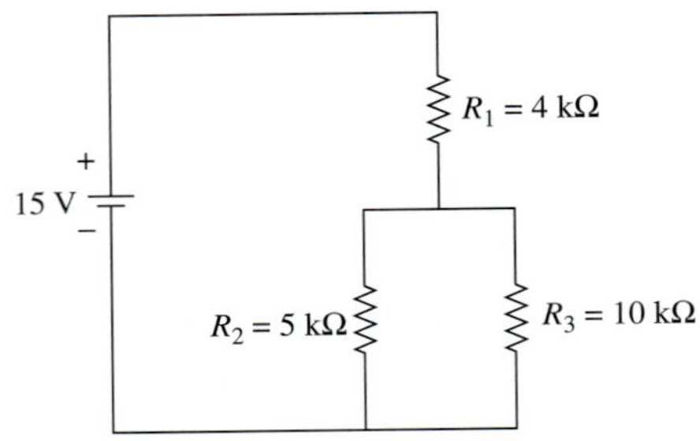

그림 6.90
문제 6.46의 회로

6.47 내부 저항이 10 MΩ인 디지털 멀티미터(DMM)로 그림 6.91의 2-MΩ 저항 양단의 전압을 측정하였다. 만약 미터의 값이 20 V라면 공급 전압 V_s의 값을 계산하라.

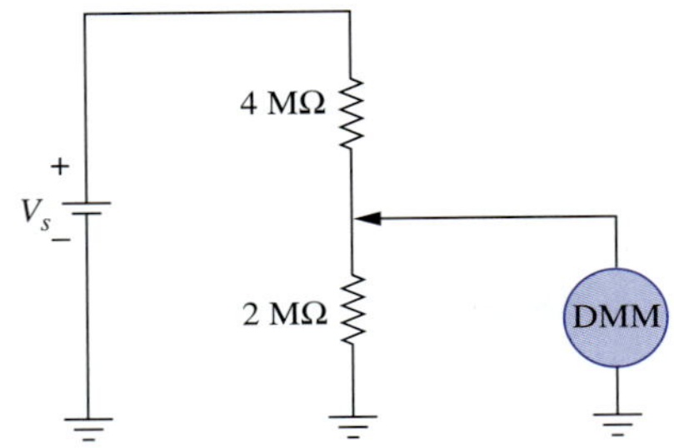

그림 6.91
문제 6.47의 회로

6.48 두 850-kΩ 저항이 30-V 전압원과 직렬로 연결되었다. 만약 이 두 저항 양단의 전압을 측정하기 위하여 내부 저항이 10 MΩ인 DMM을 사용하였다면 미터기가 지시하는 값은 얼마인가? 백분율 오차는?

6.6절 컴퓨터 분석

6.49 PSpice를 이용하여 그림 6.92의 래더 회로에서 V_1에서 V_3까지의 전압을 구하라.

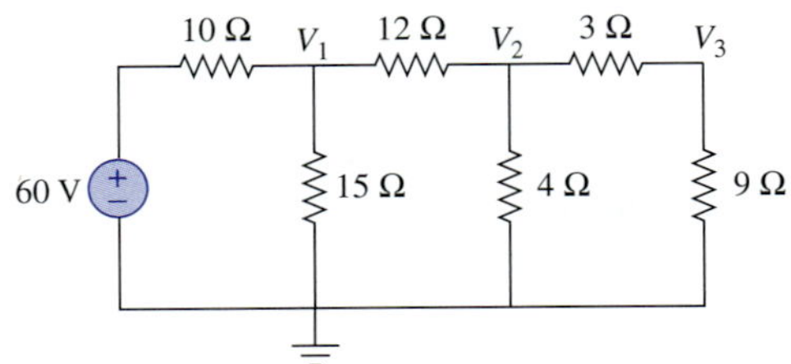

그림 6.92
문제 6.49의 회로

6.50 PSpice로 그림 6.93의 회로를 시뮬레이션하여 V_1에서 V_3까지의 전압을 구하라.

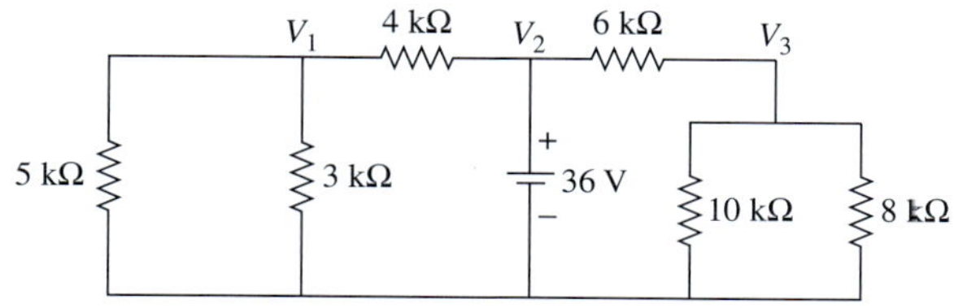

그림 6.93

문제 6.50과 6.56의 회로

6.51 PSpice를 이용하여 그림 6.61 회로의 전류 I_o를 구하라.

6.52 PSpice를 이용하여 그림 6.77 회로의 전압 V_o를 구하라.

6.53 PSpice를 이용하여 그림 6.94 회로의 전압 V_x를 구하라.

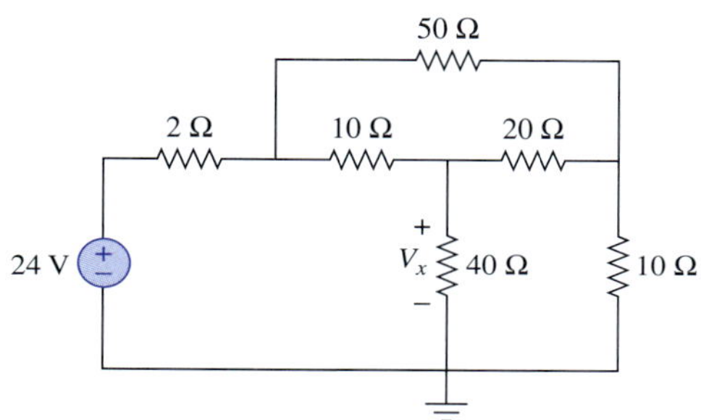

그림 6.94

문제 6.53과 6.55의 회로

6.54 Multisim을 이용하여 그림 6.95 회로의 저항 R_o를 구하라.

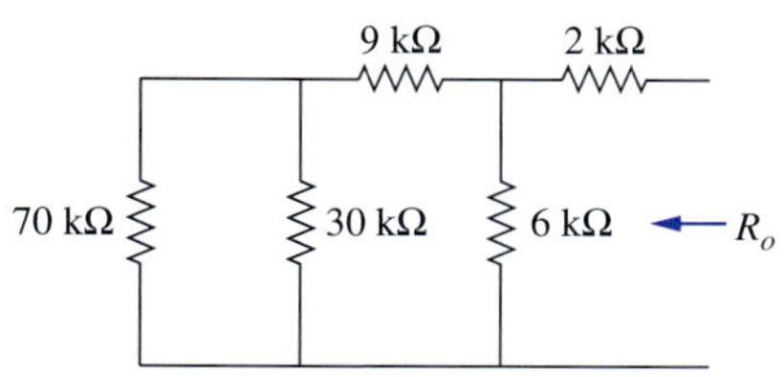

그림 6.95

문제 6.54의 회로

6.55 Multisim을 이용하여 그림 6.94 회로의 전압 V_x를 구하라.

6.56 Multisim을 이용하여 그림 6.93 회로의 V_1에서 V_3까지의 전압을 구하라.

6.57 그림 6.96의 회로를 참조하라. (a) Multisim을 이용하여 등가 저항 R을 구하라. (b) Multisim을 이용하여 전류 I_1과 I_2를 구하라.

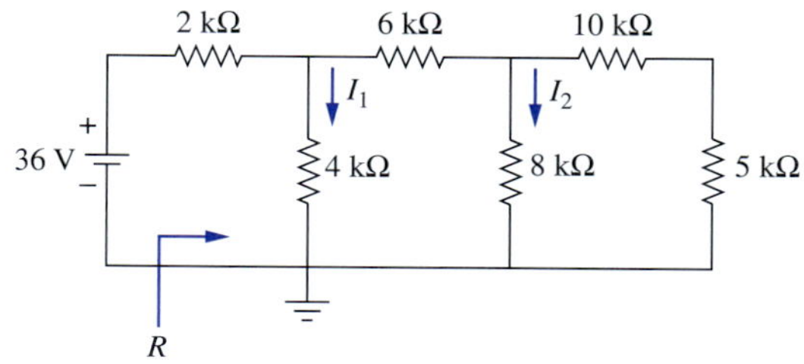

그림 6.96

문제 6.57의 회로

6.58 그림 6.97에 보여진 회로에 대하여 Multisim 또는 PSpice를 이용하여 접지에 대한 각 노드 전압을 구하라.

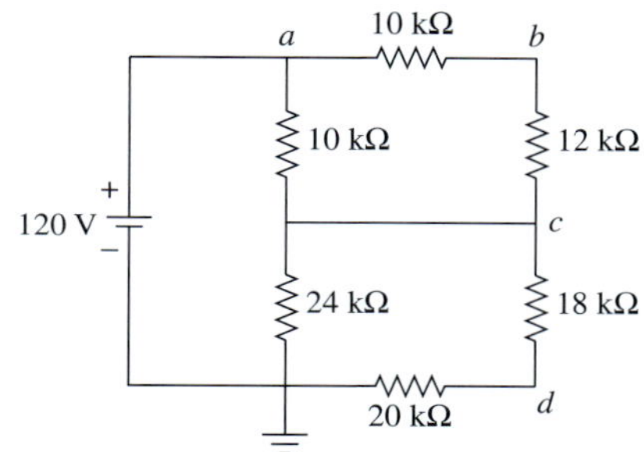

그림 6.97

문제 6.58의 회로

6.7절 응용: 휘트스톤 브릿지

6.59 그림 6.98의 브릿지 회로는 저항 $R_1 = 120\ \Omega$, $R_2 = 800\ \Omega$, 그리고 $R_3 = 300\ \Omega$일 때 평형이다. 저항 R_x의 값은?

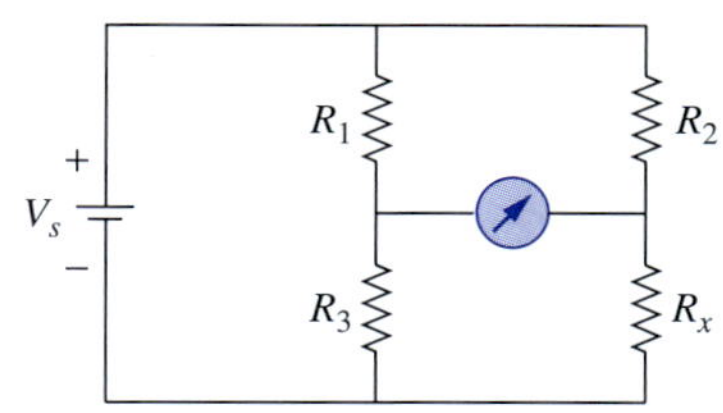

그림 6.98

문제 6.59의 회로

6.60 그림 6.99의 휘트스톤 브릿지는 평형 상태에서 동작한다. 저항 $R_1 = 50\ \text{k}\Omega$, $R_2 = 30\ \text{k}\Omega$ 그리고 $R_3 = 100\ \Omega$일 때 R_x를 구하라.

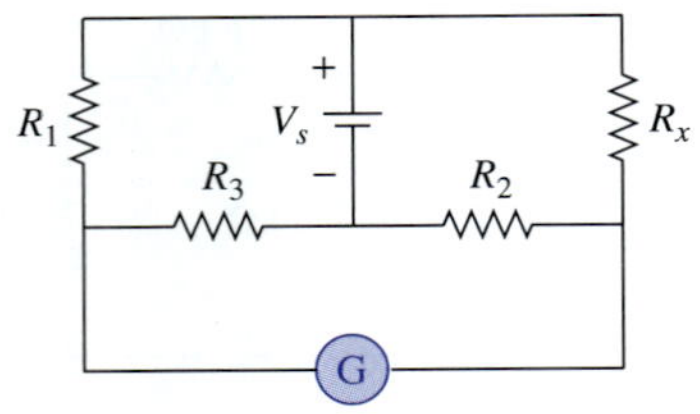

그림 6.99
문제 6.60의 회로

6.61 그림 6.100의 휘트스톤 브릿지가 평형 상태일 때 전압 V_{ab}를 구하라.

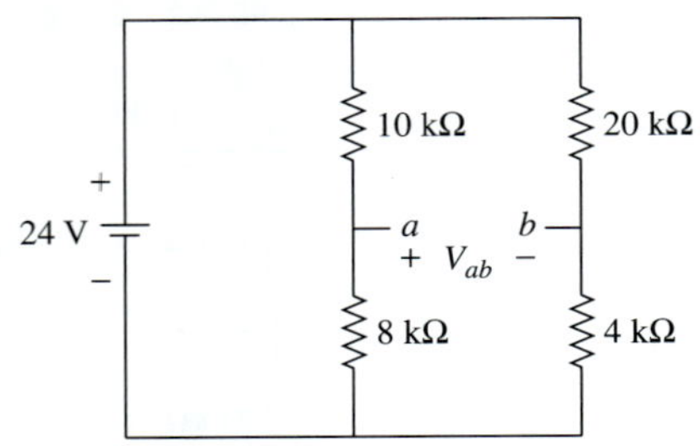

그림 6.100
문제 6.61의 회로

6.62 그림 6.101의 회로가 평형 상태일 때 전압 V_{ab}를 구하라.

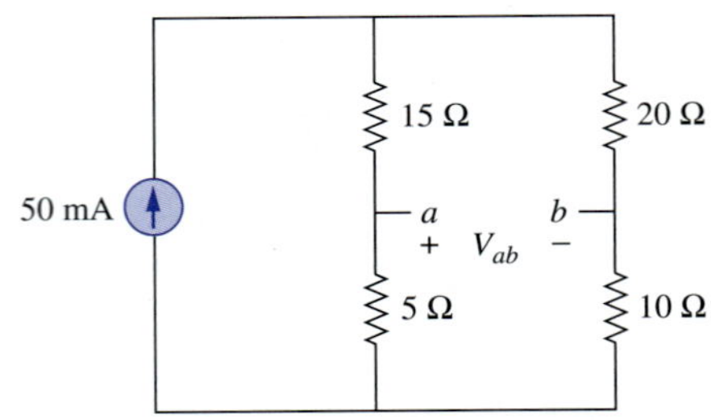

그림 6.101
문제 6.62의 회로

6.63 그림 6.41의 미지 저항은 무부하 상태에서 $R_x = 100\ \Omega$인 스트레인 게이지이고 $R_1 = 250\ \Omega$, $R_2 = 300\ \Omega$이라 가정하자. 브릿지가 평형이고 무부하 상태일 때 저항 R_3를 구하라. 그리고 스트레인 게이지가 부하를 받아 $R_x = 100.25\ \Omega$일 때 저항 R_3를 구하라(스트레인 게이지는 어떤 물체의 기계적인 변형을 측정하는 데 사용하는 소자다).

CHAPTER 7

회로 해석

언제나 올바른 행위를 하라. 그것은 일부 사람을 만족시킬 것이며, 나머지 사람들을 깜짝 놀라게 할 것이다.

— Mark Twain

경력 향상

전자계측에서의 경력

공학 기술은 물리적인 법칙을 이용하여 사람에게 이로운 기기를 설계하는 것을 포함한다. 그러나 물리적인 법칙들은 물리량의 측정 없이 이해될 수 없다. 실제로 물리학자들은 종종 물리는 현상을 측정하는 과학이라고 말한다. 측정이 물리적인 세상을 이해하는 도구인 것처럼 계측기는 측정을 위한 도구이다.

측정을 위한 계측기들
© Sarhan M. Musa

전자계측기는 과학과 공학 기술의 모든 분야에 사용되고, 전자계측기를 사용하지 않는 과학과 기술 교육은 있을 수 없을 정도로 이미 과학과 기술 속에 널리 퍼져있다. 예를 들어 물리학자, 생리학자, 화학자 그리고 생물학자들은 반드시 전자계측기의 사용법을 배워야 한다. 실제로 전자공학도들에게 디지털과 아날로그 전자계측기를 사용하는 기술은 필수적이다. 이러한 계측기에는 그림 7.1~7.7에 보여진 전류계, 전압계, 저항계, 오실로스코프, 스펙트럼 분석기, 브레드보드, 신호 발생기 등이 있다.

계측기를 사용하는 기술의 습득을 넘어 전자계측기를 설계하고 만드는 것을 전문으로 하는 전자공학자들도 있다. 이들은 자신만의 기기를 만드는 기쁨을 즐기며, 대부분 발명한 새로운 회로에 대한 특허를 낸다. 전자계측기 전문가들은 의과대학, 병원, 연구소, 비행기 산업 등 전자계측기가 일상적으로 사용되는 다른 수천 가지의 산업에서 활약하고 있다.

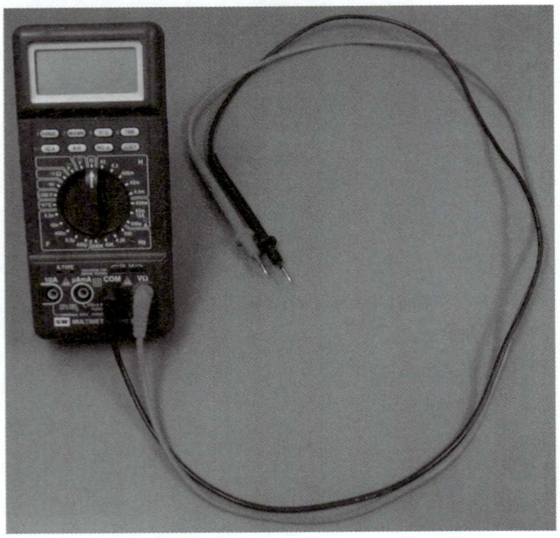

그림 7.1
디지털 멀티미터와 측정 선 © Sarhan M. Musa

그림 7.2
아날로그 마이크로 전류계 © Sarhan M. Musa

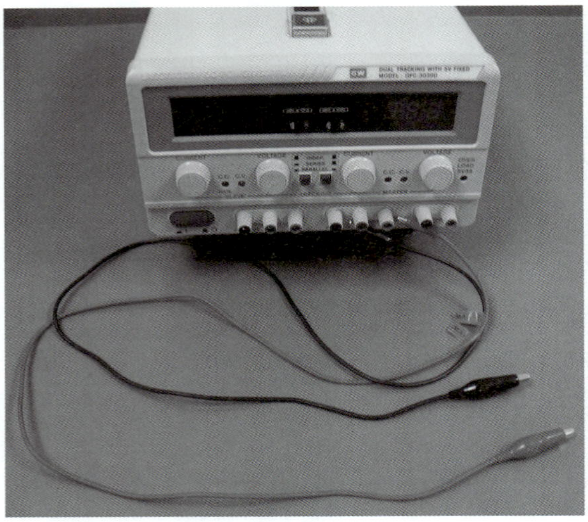

그림 7.3
DC 전력 공급기와 측정 선 © Sarhan M. Musa

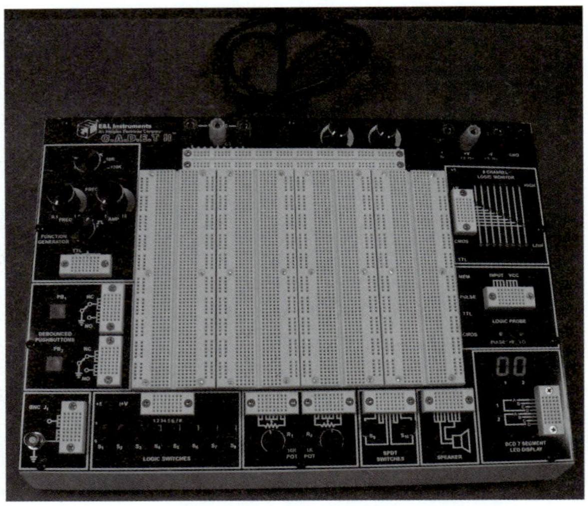

그림 7.4
브레드보드 전자 실습기 © Sarhan M. Musa

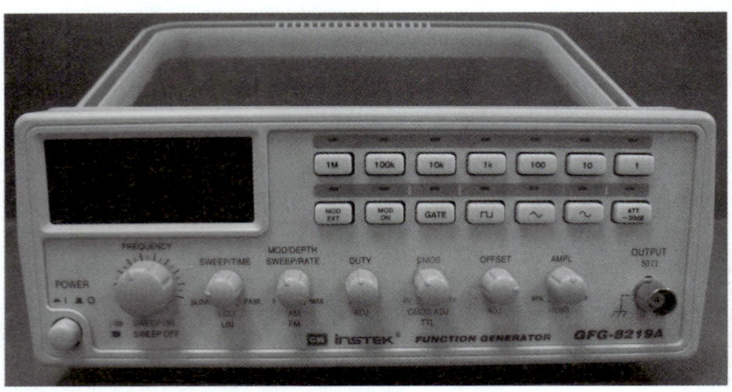

그림 7.5
함수 발생기(ac) © Sarhan M. Musa

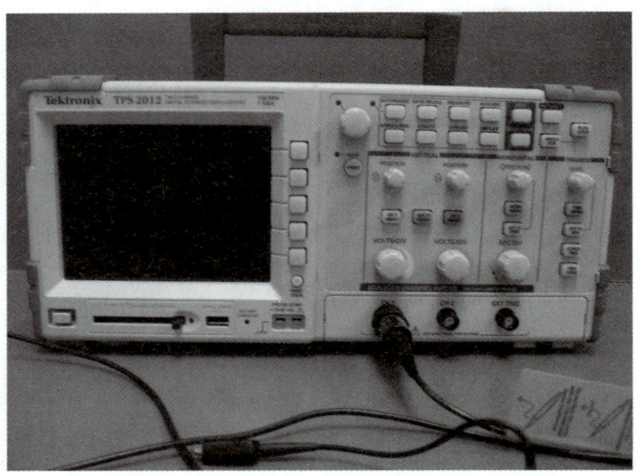

그림 7.6
두 채널 디지털 오실로스코프와 측정 선 © Sarhan M. Musa

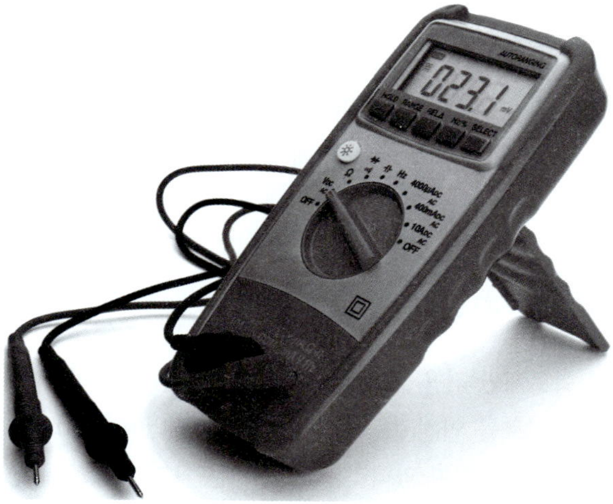

(a)

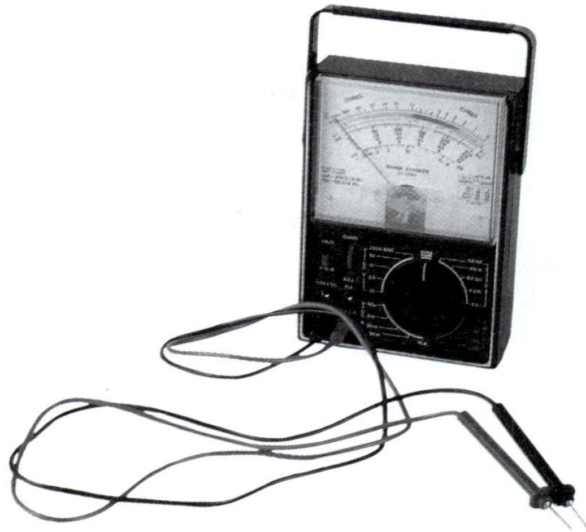

(b)

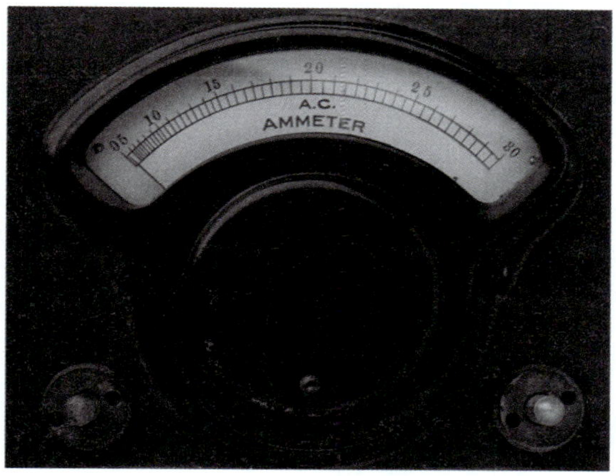

(c)

그림 7.7

(a) 저항계, (b) 전압계, (c) 전류계 (a) © iStock, (b) © Comstock/Jupiter RF, (c) © Sarhan M. Musa

7.1 서론

회로 이론에 대한 기본 법칙들(옴의 법칙과 키르히호프 법칙)을 이해했으므로 이제는 회로 분석에 대한 강력한 상세 기술들을 발전시킬 준비가 되었다. KVL(키르히호프 전압 법칙)을 체계적으로 응용하는 **메쉬 해석**(*mesh analysis*)과 KCL(키르히호프 전류 법칙)을 체계적으로 응용하는 **노드 해석**(*nodal analysis*)이 그것이다(그러므로 이 장은 앞 장에서 배운 것을 사용하는 정형화된 방법을 설명한다). 이 두 가지의 회로 해석 기술은 매우 중요하므로 이 장이 이 책에서 가장 중요하다 할 수 있다. 그러므로 학생들은 매우 주의를 기울여야 할 것이다.

이 장에서 전개되는 두 가지의 테크닉을 이용하여 회로의 전류 또는 전압을 구하는 일련의 연립 방정식을 체계적으로 구함으로써 어떠한 선형 회로도 해석할 수 있다. 연립 방정식을 푸는 방법 중 크레이머 법칙이라는 것이 있는

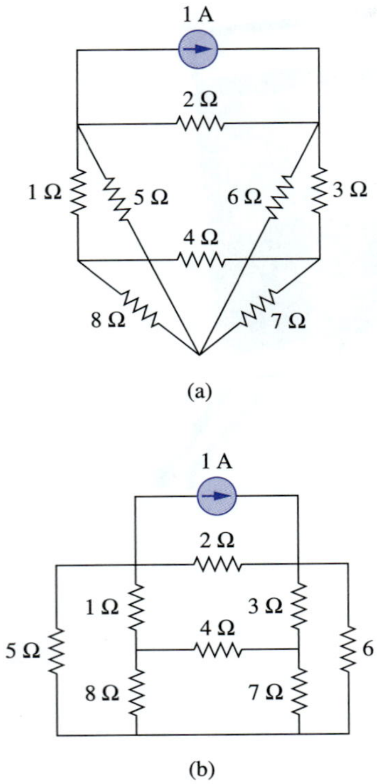

그림 7.8

회로 토폴로지: (a) 교차하는 가지가 있는 평면 회로, (b) 교차하는 가지가 없도록 다시 그린 회로

데 이것은 회로 변수를 행렬식의 나눗셈 형태로 계산하게 한다. 이 장의 예제는 이러한 방법을 설명할 것이다. 부록 A에도 크레이머 법칙을 적용할 때 독자들이 알 필요가 있는 중요점들이 간단히 정리되어 있다. 마지막에는 이 장에서 배운 테크닉을 사용하여 트랜지스터 회로를 해석한다.

7.2 메쉬 해석(Mesh Analysis)

메쉬 해석[1]은 **평면**(*planar*) 회로에만 적용할 수 있다. 평면 회로는 교차하는 가지 없이 평면에 그릴 수 있는 회로를 일컫고 그렇지 않으면 **비평면**(*nonplanar*)이라 한다. 어떤 회로가 교차하는 가지가 있더라도 교차하는 가지가 없도록 평면에 다시 그릴 수 있으면 그 회로는 평면 회로가 될 수 있다. 예를 들어 그림 7.8(a)의 회로는 두 개의 교차하는 가지를 가지고 있지만 그림 7.8(b)의 회로처럼 다시 그릴 수 있다. 그러므로 그림 7.8(a)의 회로는 평면이다. 그러나 그림 7.9의 회로는 교차하는 가지가 없도록 다시 그릴 수 없기 때문에 비평면이다. 비평면 회로는 노드 해석법을 이용하여 해석할 수 있지만 이 책에서는 다루지 않는다.

메쉬 해석을 이해하기 위해서는 먼저 메쉬가 어떤 의미인지 설명하는 것이 좋겠다. 예를 들면 그림 7.10의 경로 *abefa*와 *bcdeb*는 메쉬지만 경로 *abcdefa*는 메쉬가 아니다.[2]

메쉬는 내부에 다른 루프를 포함하지 않는 루프이다.

메쉬에 흐르는 전류를 **메쉬 전류**라 한다. 메쉬 해석에서는 주어진 회로의 메쉬 전류를 구하기 위해 KVL을 적용한다. 메쉬 전류는 회로에서 실제로 흐르는 측정 가능한 물리적인 전류에 상응할 필요는 없다.

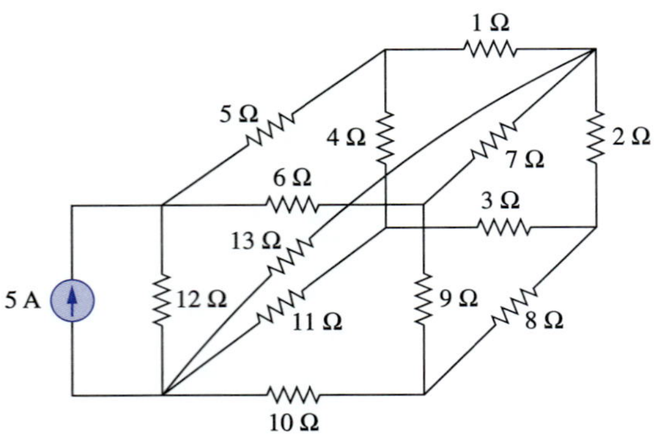

그림 7.9

비평면 회로

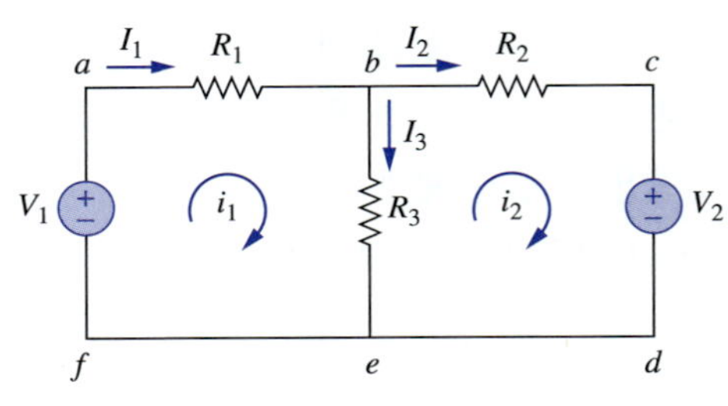

그림 7.10

두 개의 메쉬를 가지는 회로

1 메쉬 해석은 **루프 해석**(*loop analysis*) 또는 **메쉬-전류 방법**으로도 알려져 있다.

2 경로 *abcdefa*가 루프이고 메쉬가 아닐지라도 KVL은 여전히 적용된다. 이것이 **메쉬 해석**과 **루프 해석**을 엄밀히 따지지 않고 같은 것을 의미하는 용어로 사용하는 이유이다.

이 절에서는 전류원을 포함하지 않는 평면 회로를 분석하기 위해 메쉬 해석을 적용한다. 다음 절에서는 전류원이 있는 회로를 살펴볼 것이다. n개의 메쉬를 가지는 회로의 메쉬 해석에는 다음의 세 단계 절차가 필요하다.

1. n개의 메쉬에 메쉬 전류 $i_1, i_2, ..., i_n$을 할당한다.
2. n개의 메쉬 각각에 KVL을 적용한다. 메쉬 전류로 전압을 표현할 때 옴의 법칙을 사용한다.
3. 메쉬 전류를 구하기 위해 n개의 연립 방정식을 푼다.

이러한 단계들을 더 구체적으로 설명하기 위해 그림 7.10의 회로를 고려하자. 첫 번째 단계는 메쉬 1과 2에 메쉬 전류 i_1과 i_2를 할당하는 것이다. 메쉬 전류는 메쉬에서 임의적인 방향으로 흐른다고 그 기준 전류 방향을 설정할 수도 있지만 각각의 메쉬 전류는 관습적으로 시계 방향으로 흐른다고 가정한다. 만약 그림 7.10 같은 회로에 대해 반시계 방향으로 전류가 흐른다고 가정하더라도 같은 결과를 얻을 것이다.

두 번째 단계로, 각각의 메쉬에 KVL을 적용한다. 메쉬 1에 KVL을 적용하면

$$-V_1 + R_1 i_1 + R_3(i_1 - i_2) = 0$$

을 얻는다. 여기서 $-i_2R_3$가 음의 부호임을 주의하라. 이것은 전류 i_2가 가지 저항 R_3에 시계 방향인 전류 i_1에 반대 방향으로 작용하기 때문이다. 그러므로

$$(R_1 + R_3)i_1 - R_3 i_2 = V_1 \tag{7.1}$$

메쉬 2에 KVL을 적용하면 다음을 얻는다.

$$R_2 i_2 + V_2 + R_3(i_2 - i_1) = 0$$

또는

$$-R_3 i_1 + (R_2 + R_3)i_2 = -V_2 \tag{7.2}$$

수식 (7.1)에서 i_1의 계수는 첫째 메쉬에서의 저항들의 합인 반면, i_2의 계수는 메쉬 1과 2에 공통인 저항에 음의 부호를 붙인 것임에 주의하라. 수식 (7.2)를 만드는데도 같은 사실이 적용된다. 이것은 메쉬 방정식을 작성하는 지름길을 제공할 것이다. 7.6절에서 이러한 개념을 활용할 것이다.

세 번째 단계는 메쉬 전류를 구하는 것이다. 수식 (7.1)과 (7.2)를 행렬 형태로 놓으면

$$\begin{bmatrix} R_1 + R_3 & -R_3 \\ -R_3 & R_2 + R_3 \end{bmatrix} \begin{bmatrix} i_1 \\ i_2 \end{bmatrix} = \begin{bmatrix} V_1 \\ -V_2 \end{bmatrix} \tag{7.3}$$

을 얻는데 이로부터 메쉬 전류 i_1과 i_2를 구할 수 있다. 연립 방정식의 해를 푸

는 방법은 임의로 선택할 수 있다. 수식 (4.1)에 따르면 만약 어떤 회로가 n개의 노드, b개의 가지, 그리고 l개의 독립적인 루프나 메쉬를 가지고 있다면, $\ell = b - n + 1$로 주어진다. 그러므로 메쉬 해석을 이용해 회로를 해석하기 위해서는 l개의 독립 연립 방정식이 요구된다. 주어진 회로는 $b = 5$이고 $n = 4$이므로 $\ell = 2$이다.

하나의 메쉬가 따로 격리되어 있지 않다면 가지 전류는 메쉬 전류와 구별됨에 주의하라. 이 두 종류의 전류를 구분하기 위해서, 메쉬 전류에는 i를 사용하고 가지 전류에는 I를 사용한다. 가지 전류 요소 I_1, I_2 및 I_3는 메쉬 전류들의 대수적인 합이다. 그림 7.10으로부터 다음은 명백하다.

$$I_1 = i_1, \quad I_2 = i_2, \quad I_3 = i_1 - i_2 \tag{7.4}$$

수식 (7.4)의 세 번째 항은 노드 b(또는 d)에 KCL을 적용하여 얻을 수 있다.

$$i_1 = i_2 + I_3 \quad \Rightarrow \quad I_3 = i_1 - i_2$$

예제 7.1

그림 7.11의 회로에 대하여 메쉬 해석을 이용하여 가지 전류 I_1, I_2 및 I_3를 구하라.

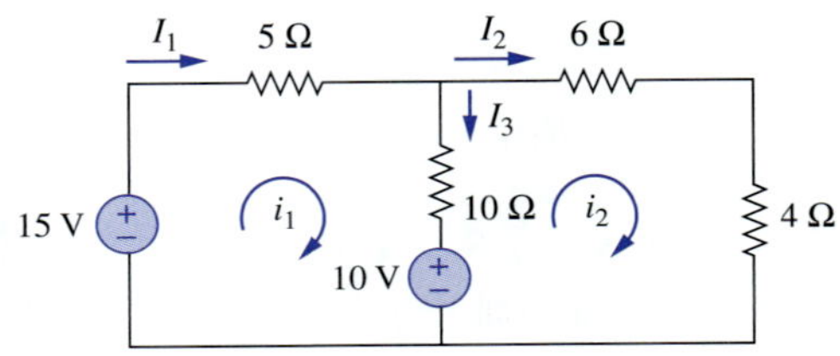

그림 7.11

예제 7.1의 회로

풀이

먼저 KVL을 이용하여 메쉬 전류들을 구한다. 메쉬 1에 대해서

$$-15 + 5i_1 + 10(i_1 - i_2) + 10 = 0$$
$$15i_1 - 10i_2 = 5$$

이고, 이것을 5로 나누면 다음과 같다.

$$3i_1 - 2i_2 = 1 \tag{7.1.1}$$

메쉬 2에 대해서

$$6i_2 + 4i_2 + 10(i_2 - i_1) - 10 = 0$$
$$-10i_1 + 20i_2 = 10$$

이고 이것을 10으로 나누면 다음을 얻는다.

$$-i_1 + 2i_2 = 1 \tag{7.1.2}$$

■ 방법 1 대입법을 사용하기 위해 수식 (7.1.2)를 i_1에 대해 정리한다.

$$i_1 = 2i_2 - 1 \tag{7.1.2a}$$

이것을 수식 (7.1.1)에 대입하면

$$6i_2 - 3 - 2i_2 = 1 \quad \Rightarrow \quad i_2 = 1 \text{ A}$$

을 얻는다. 수식 (7.1.2a)로 부터

$$i_1 = 2i_2 - 1 = 2 - 1 = 1 \text{ A}$$

그러므로

$$I_1 = i_1 = 1 \text{ A}, \quad I_2 = i_2 = 1 \text{ A}, \quad I_3 = i_1 - i_2 = 0$$

■ 방법 2 크레이머 법칙을 사용하기 위하여, 수식 (7.1.1)과 (7.1.2)를 다음과 같이 행렬 형태로 표현한다.

$$\begin{bmatrix} 3 & -2 \\ -1 & 2 \end{bmatrix} \begin{bmatrix} i_1 \\ i_2 \end{bmatrix} = \begin{bmatrix} 1 \\ 1 \end{bmatrix}$$

행렬식을 구하면 다음과 같다.

$$\Delta = \begin{vmatrix} 3 & -2 \\ -1 & 2 \end{vmatrix} = 6 - 2 = 4$$

$$\Delta_1 = \begin{vmatrix} 1 & -2 \\ 1 & 2 \end{vmatrix} = 2 + 2 = 4, \qquad \Delta_2 = \begin{vmatrix} 3 & 1 \\ -1 & 1 \end{vmatrix} = 3 + 1 = 4$$

그러므로 방법 1과 동일한 메쉬 전류를 얻는다.

$$i_1 = \frac{\Delta_1}{\Delta} = 1 \text{ A}, \qquad i_2 = \frac{\Delta_2}{\Delta} = 1 \text{ A}$$

연습문제 7.1

그림 7.12의 회로에서 메쉬 전류 i_1과 i_2를 계산하라.

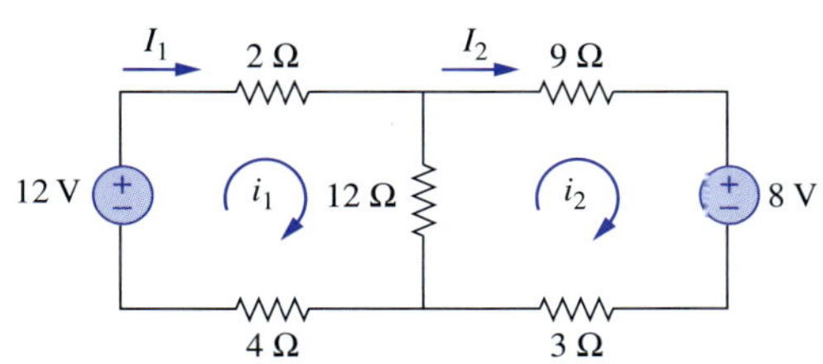

그림 7.12
연습문제 7.1의 회로

해답 $i_1 = 0.667 \text{ A}, i_2 = 0 \text{ A}$

예제 7.2

그림 7.13의 회로에서 메쉬 해석을 이용하여 전류 I_o를 구하라.

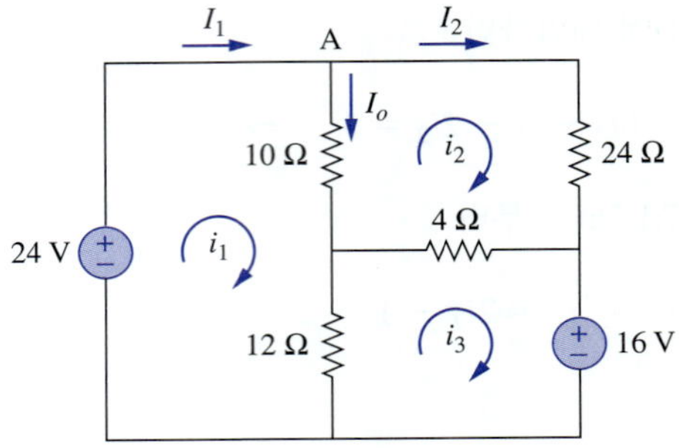

그림 7.13

예제 7.2의 회로

풀이

순차적으로 3개의 메쉬에 KVL을 적용한다. 메쉬 1에 대해,

$$-24 + 10(i_1 - i_2) + 12(i_1 - i_3) = 0$$

또는

$$11i_1 - 5i_2 - 6i_3 = 12 \tag{7.2.1}$$

이다. 메쉬 2에 대해

$$24i_2 + 4(i_2 - i_3) + 10(i_2 - i_1) = 0$$

또는

$$-5i_1 + 19i_2 - 2i_3 = 0 \tag{7.2.2}$$

이다. 메쉬 3에 대해서는

$$+16 + 12(i_3 - i_1) + 4(i_3 - i_2) = 0$$

또는

$$-3i_1 - i_2 + 4i_3 = -4 \tag{7.2.3}$$

이다. 수식 (7.2.1)에서 (7.2.3)까지를 행렬로 표현하면 다음과 같다.

$$\begin{bmatrix} 11 & -5 & -6 \\ -5 & 19 & -2 \\ -3 & -1 & 4 \end{bmatrix} \begin{bmatrix} i_1 \\ i_2 \\ i_3 \end{bmatrix} = \begin{bmatrix} 12 \\ 0 \\ -4 \end{bmatrix}$$

행렬식은 다음과 같이 구해진다.

$$\Delta = \begin{array}{c|ccc|c} & 11 & -5 & -6 & \\ & -5 & 19 & -2 & \\ & -3 & -1 & 4 & \\ - & 11 & -5 & -6 & + \\ - & -5 & 19 & -2 & + \\ - & & & & + \end{array}$$

$$= 836 - 30 - 30 - 342 - 22 - 100 = 312$$

$$\Delta_1 = \begin{vmatrix} 12 & 5 & 6 \\ 0 & 19 & -2 \\ -4 & -1 & 4 \end{vmatrix} \begin{matrix} 12 & -5 & -6 \\ 0 & 19 & -2 \end{matrix} = 912 + 0 - 40 - 456 - 24 - 0 = 392$$

$$\Delta_2 = \begin{vmatrix} 11 & 12 & -6 \\ -5 & 0 & -2 \\ -3 & -4 & 4 \end{vmatrix} \begin{matrix} 11 & 12 & -6 \\ -5 & 0 & -2 \end{matrix} = 0 - 120 + 72 - 0 - 88 + 240 = 104$$

$$\Delta_3 = \begin{vmatrix} 11 & -5 & 12 \\ -5 & 19 & 0 \\ -3 & -1 & -4 \end{vmatrix} \begin{matrix} 11 & -5 & 12 \\ -5 & 19 & 0 \end{matrix} = -836 + 60 + 0 + 684 - 0 + 100 = 8$$

메쉬 전류들은 크레이머 법칙을 사용하여 다음과 같이 구할 수 있다.

$$i_1 = \frac{\Delta_1}{\Delta} = \frac{392}{312} = 1.2564\ \text{A}$$

$$i_2 = \frac{\Delta_2}{\Delta} = \frac{104}{312} = 0.3333\ \text{A}$$

$$i_3 = \frac{\Delta_3}{\Delta} = \frac{8}{312} = 0.0256\ \text{A}$$

그러므로

$$I_o = i_1 - i_2 = 0.9231\ \text{A}$$

연습문제 7.2

메쉬 해석을 이용하여 그림 7.13의 회로에서 I_o를 구하라.

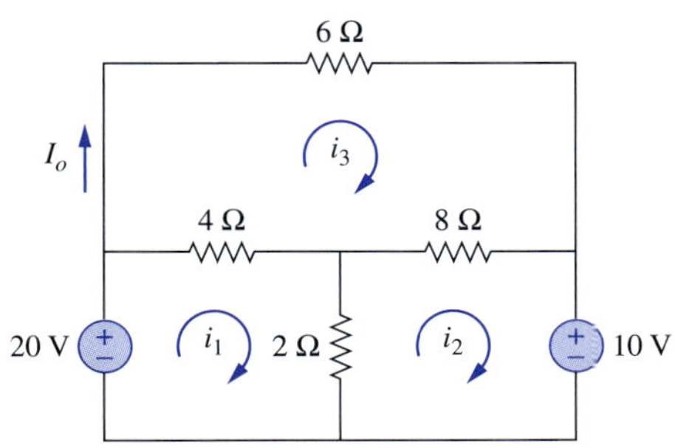

그림 7.14
연습문제 7.2의 회로

해답 1.667 A

예제 7.3

그림 7.15의 회로에서 메쉬 전류 i_1과 i_2를 구하라.

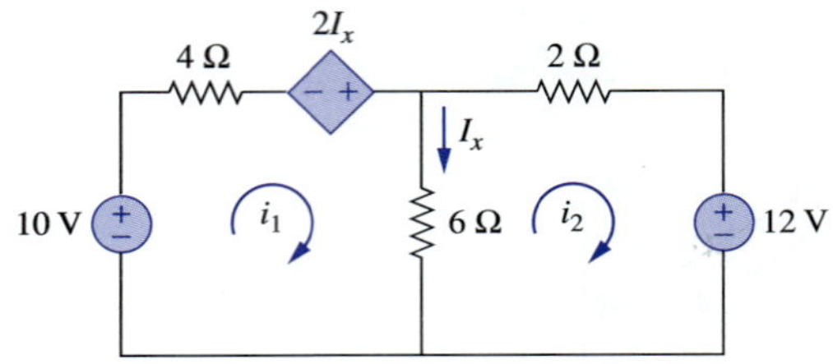

그림 7.15
예제 7.3의 회로

풀이

메쉬 1에 대해

$$-10 - 2I_x + 10i_1 - 6i_2 = 0$$

이다. 그리고 $I_x = i_1 - i_2$이므로

$$10 = -2i_1 + 2i_2 + 10i_1 - 6i_2 \quad \Rightarrow \quad 5 = 4i_1 - 2i_2 \qquad \textbf{(7.3.1)}$$

이 된다. 메쉬 2에 대해서는

$$12 + 8i_2 - 6i_1 = 0 \quad \Rightarrow \quad 6 = 3i_1 - 4i_2 \qquad \textbf{(7.3.2)}$$

이다. 수식 (7.3.1)과 (7.3.2)를 풀면 다음을 얻을 수 있다.

$$i_1 = 0.8 \text{ A}, \qquad i_2 = -0.9 \text{ A}$$

여기서 전류 i_2가 음의 값이라는 것은 그 전류가 실제로 반시계 방향으로 흐른다는 것을 나타낸다.

연습문제 7.3

메쉬 해석을 적용하여 그림 7.16의 회로에서 전압 V_o를 구하라.

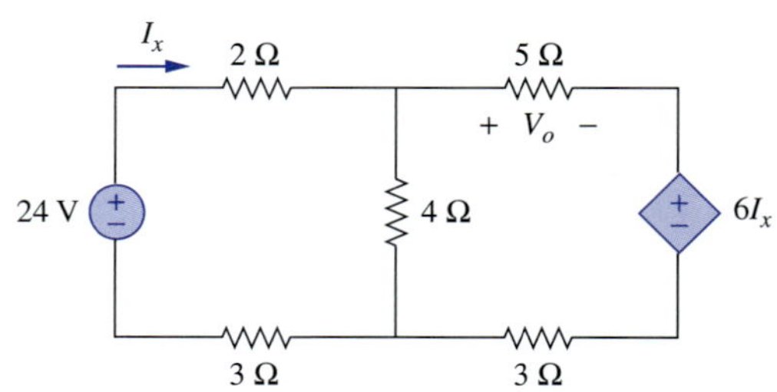

그림 7.16
연습문제 7.3의 회로

해답 2.4 V

7.3 전류원을 포함하는 메쉬 해석

전류원을 포함하는 회로에 메쉬 해석을 적용하는 것이 복잡하게 보일 수도 있다. 그러나 이것은 실제로 앞 절에서 다루었던 것보다 훨씬 더 쉽다. 왜냐하면 전류원이 있는 경우에는 필요한 방정식의 수가 줄기 때문이다. 아래 두 가지의 가능한 경우를 생각해 보자.

■ **경우 1** 전류원이 하나의 메쉬에만 존재하는 경우. 예로서 그림 7.17의 회로를 고려하자. 메쉬 전류 i_2의 방향이 5-A 전류원의 방향과 반대이기 때문에 $i_2 = -5$ A이다. 다른 메쉬에 대한 방정식은 해오던 대로 작성할 수 있다. 즉

$$-10 + 4i_1 + 6(i_1 - i_2) = 0$$

또는

$$10i_1 = 6i_2 + 10 = -30 + 10 = -20 \quad \Rightarrow \quad i_1 = -2 \text{ A}$$

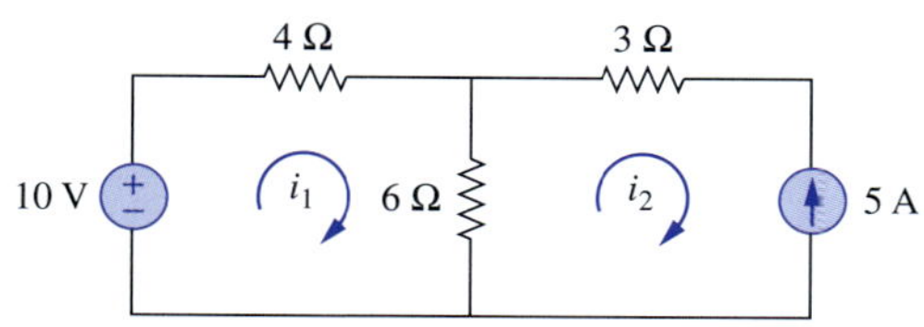

그림 7.17
전류원이 있는 회로

■ **경우 2** 한 전류원이 두 메쉬 사이에 존재하는 경우. 예로서 그림 7.18(a)의 회로를 고려하자. 전류원과 직렬로 연결된 모든 소자와 그 전류원을 제거하여 그림 7.18(b) 보여진 것과 같은 **슈퍼메쉬**(또는 초메쉬: *supermesh*)를 생성한다.

> 두 메쉬가 한 전류원을 공유하면 **슈퍼메쉬**가 형성된다.

슈퍼메쉬는(독립 또는 종속) 전류원이 두 메쉬 사이에 위치할 때 발생된다. 그림 7.18(b)에 나타낸 것처럼 두 메쉬의 가장자리를 이용하여 슈퍼메쉬를

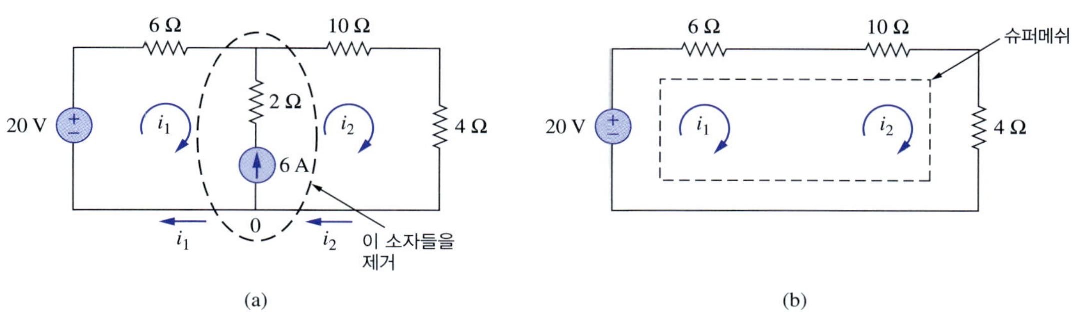

그림 7.18
(a) 한 전류원을 공유하는 두 메쉬, (b) 전류원을 제거하여 생성한 슈퍼메쉬

만들어 일반 메쉬와는 다르게 다룬다(만약 어떤 회로가 교차하는 두 개 또는 그 이상의 슈퍼메쉬를 가지면, 그것들은 더 큰 슈퍼메쉬로 합쳐져야 한다). 왜 슈퍼메쉬는 다르게 다루어야 할까? 왜냐하면 메쉬 해석은 KVL을 적용해야 하지만, KVL은 각각의 가지에 걸리는 전압을 알아야 하는데 전류원에 걸리는 전류를 미리 알 수는 없기 때문이다. 그렇지만 슈퍼메쉬도 다른 메쉬와 마찬가지로 KVL을 만족해야 한다.

슈퍼메쉬를 다루기 위해 일시적으로 전류원이 없는 것처럼 취급한다. 이것은 두 개의 메쉬 전류를 포함하는 하나의 방정식을 도출한다. 그러므로 그림 7.18(b)의 슈퍼메쉬에 KVL을 적용하면

$$-20 + 6i_1 + 10i_2 + 4i_2 = 0$$

또는

$$6i_1 + 14i_2 = 20 \quad \textbf{(7.5)}$$

이 된다. 다음 두 메쉬가 교차하는 가지에 KCL을 적용한다. 그림 7.18(a)의 노드 0에 KCL을 적용하면

$$i_2 = i_1 + 6 \quad \textbf{(7.6)}$$

이 된다. 수식 (7.5)와 (7.6)을 풀면 다음을 얻는다.

$$i_1 = -3.2 \text{ A}, \qquad i_2 = 2.8 \text{ A} \quad \textbf{(7.7)}$$

슈퍼메쉬에 대한 다음의 성질을 기억하자.

1. 슈퍼메쉬에 있는 전류원은 완전히 무시되지 않고 메쉬 전류를 구하는데 필요한 조건식을 제공한다.
2. 슈퍼메쉬 자체에 대한 전류는 없다.
3. 슈퍼메쉬는 KVL과 KCL 모두의 적용을 요구한다.

예제 7.4

그림 7.19(a)에 대하여 메쉬 해석을 사용하여 i_1, i_2 및 i_3를 구하라.

풀이

메쉬 2와 3이 전류원을 공유하기 때문에 슈퍼메쉬가 된다. 또한 $i_1 = 2$ A가 됨을 주목하라. 그림 7.19(b)에 나타낸 슈퍼메쉬에 KVL을 적용하면

$$4(i_2 - i_1) + 10 + 5i_2 + 3i_3 = 0 \quad \Rightarrow \quad -4i_1 + 9i_2 + 3i_3 = -10$$

을 얻는다. 여기서 $i_1 = 2$ A이므로

$$9i_2 + 3i_3 = -10 + 8 = -2 \quad \textbf{(7.4.1)}$$

이 된다. 그림 7.19(b)의 노드 a에 KCL을 적용하면

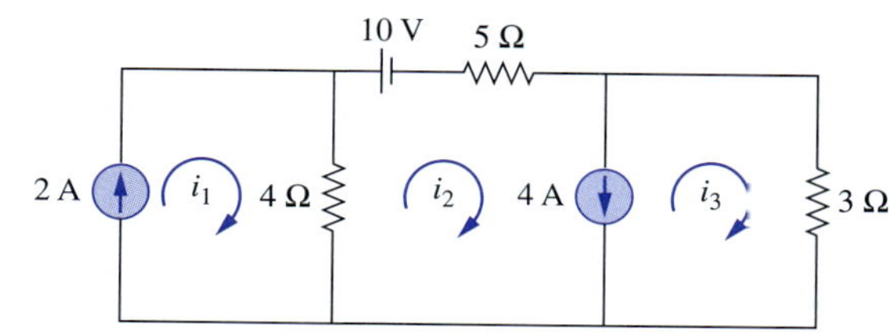

(a)

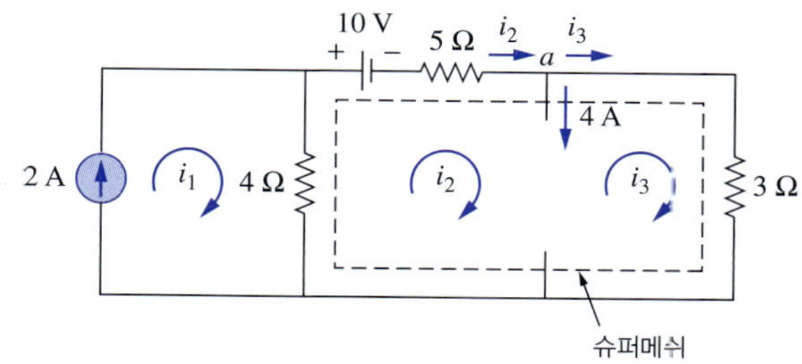

(b)

그림 7.19
예제 7.4의 회로

$$i_2 = i_3 + 4 \tag{7.4.2}$$

이 된다. 이것을 수식 (7.4.1)에 대입하면

$$9(i_3 + 4) + 3i_3 = -2 \quad \Rightarrow \quad 12i_3 = -38$$

또는

$$i_3 = -38/12 = -3.167 \text{ A}$$

이 된다. 수식 (7.4.2)로부터

$$i_2 = i_3 + 4 = -3.167 + 4 = 0.833 \text{ A}$$

이 된다. 그러므로

$$i_1 = 2 \text{ A}, \qquad i_2 = 0.833 \text{ A}, \qquad i_3 = -3.167 \text{ A}$$

연습문제 7.4

메쉬 해석을 이용하여 그림 7.20의 회로에서 i_1, i_2, 그리고 i_3를 결정하라.

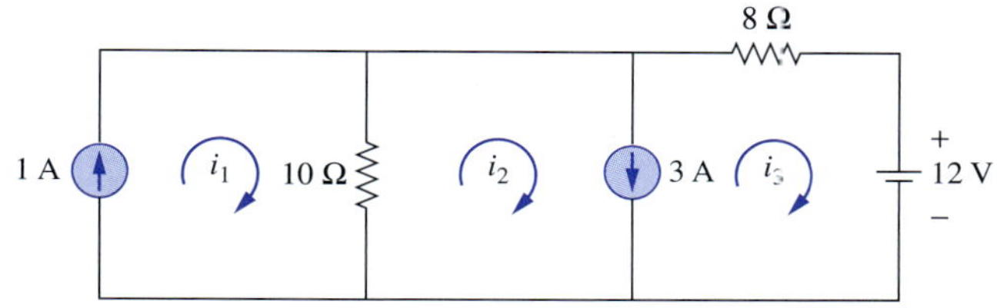

그림 7.20
연습문제 7.4의 회로

해답 $i_1 = 1$ A, $i_2 = 1.222$ A, $i_3 = -1.778$ A

7.4 노드 해석

메쉬 해석은 KVL을 적용하여 미지의 전류를 구하는 반면 노드 해석은 KCL을 적용하여 미지의 전압을 결정한다. 문제를 단순화하기 위해 이 절에서 회로는 전압원을 포함하지 않는다고 가정한다. 전압원을 포함하는 회로의 해석은 다음 절에서 다룰 것이다.

노드 해석에서[3] 우리의 관심은 노드 전압을 구하는 것이다. 전압원이 없고 n개의 노드를 가지는 회로가 주어졌다면 회로의 노드 해석은 다음의 세 단계를 취한다.

1. 한 개의 노드를 기준 노드로 선택하라. 나머지 $n - 1$개의 비기준 노드에 대해 전압 $V_1, V_2, \ldots, V_{n-1}$을 할당하라. 이 전압은 기준 노드에 대한 상대 전압이다.
2. $(n - 1)$개의 비기준 노드 각각에 KCL을 적용하라. 노드 전압의 항으로 가지 전류를 표현할 때 옴의 법칙을 이용하라(기준 노드에 대해서는 KCL을 적용하지 않는다).
3. 미지의 노드 전압을 구하기 위해 $(n - 1)$개의 연립방정식을 풀어라.

이제 이러한 세 단계를 구체적으로 설명하고 적용할 것이다.

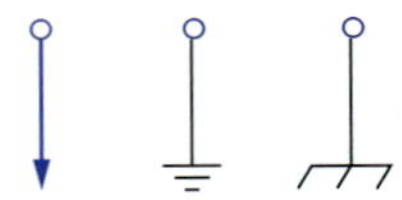

그림 7.21
기준 노드를 표시하는 통상 기호:
(a) 어스 접지, (b) 어스 접지, (c) 섀시 접지

노드 해석에 있어 첫 번째 단계는 하나의 노드를 **기준 노드** 또는 *datum node*로 선택하는 것이다(4장에서 접지에 대해 자세히 논의하였지만 분명히 하기 위해 반복한다). 기준 노드는 0 전위로 가정하기 때문에 통상 접지라 불린다. 기준 노드는 보통 해석자의 편의대로 선택된다. 기준 노드를 정하는 방법은 경험을 통하여 배우게 될 것이다. 기준 노드는 그림 7.21의 세 가지 기호 중 어느 것으로 표시하여도 좋다. 그림 7.21(c)에 나타낸 접지 형태는 **섀시 접지**라 불리며 케이스, 인클로저 또는 섀시가 모든 회로의 기준점으로 동작하는 장치에 사용된다. 지구의 전위를 기준 전위로 사용할 때는 그림 7.21(a)와 (b)에 나타낸 **어스 접지**(*earth ground*)를 사용한다. 여기서는 항상 그림 7.21(b)에 나타낸 기호를 사용할 것이다.

기준 노드를 선택한 다음에는 나머지 비기준 노드에 노드 전압을 할당한다. 예로서 그림 7.22(a)를 고려하자. 노드 0은 기준 노드($V = 0$ V)인 반면 노드 1과 2는 각각 전압 V_1과 V_2가 할당된다. 여기서 노드 전압은 기준 노드에

---

3 노드 해석은 **노드–전압 방법**(*node-voltage method*)으로도 알려져 있다.

대해 상대적으로 정의된다는 것을 명심해야 한다. 그림 7.22(a)에 나타낸 것처럼 각각의 노드 전압은 기준 전압으로부터 상승한 전압으로 보아도 좋고 기준 노드에 대한 상대적인 전압으로 보아도 좋다.

두 번째 단계로 회로에서 각각의 비기준 노드에 대하여 KCL을 적용한다. 같은 회로에 너무 많은 정보를 표시하는 것을 피하기 위해 그림 7.22(a)의 회로를 그림 7.22(b)에 다시 그렸다. 이 회로에는 저항 R_1, R_2 및 R_3에 흐르는 전류 I_1, I_2, I_3가 각각 추가되었다.

전류의 방향은 어떻게 결정될까? 예를 들어 전류 I_2의 방향이 왼쪽에서 오른쪽이란 것을 어떻게 알까? 먼저 전류의 방향을 가정한다. 만약 그 전류가 양의 값을 가지면 그 가정은 옳은 것이다. 만약 그 전류가 음의 값을 가지면 전류의 방향은 가정한 방향과 반대이다.

노드 1에 KCL을 적용하면

$$I_{s1} = I_{s2} + I_1 + I_2 \tag{7.8}$$

을 얻고, 노드 2에서는 다음을 얻는다.

$$I_{s2} + I_2 = I_3 \tag{7.9}$$

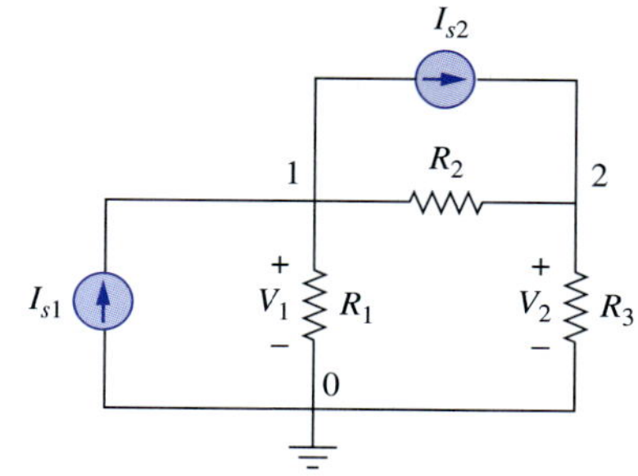

(a)

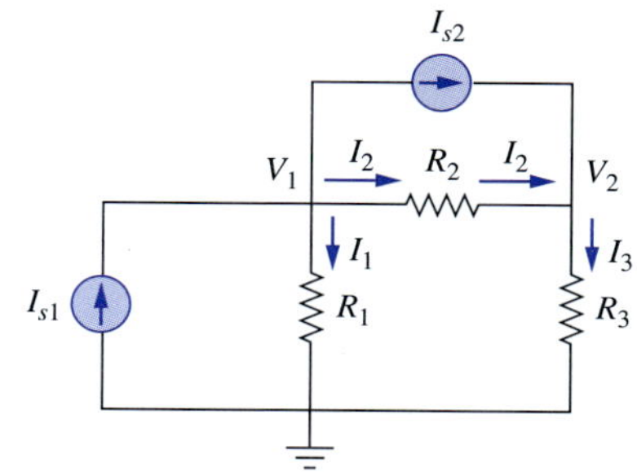

(b)

그림 7.22
노드 해석을 위한 전형적인 회로

> 저항에서 전류는 높은 전위에서 낮은 전위로 흐른다.

미지의 전류 I_1, I_2, 및 I_3를 노드 전압의 항으로 표현하기 위하여 옴의 법칙을 적용한다. 명심해야 할 요점은 저항은 수동 소자이기 때문에, 수동 부호 사용 관습에 따라 전류는 항상 높은 전위에서 낮은 전위로 흘러야 한다는 것이다(바꿔 말하면, 양의 전류 흐름은 전압 강하와 같은 방향이다). 이러한 원리를 다음과 같이 표현할 수 있다.

$$\boxed{I = \frac{V_{\text{높은}} - V_{\text{낮은}}}{R}} \tag{7.10}$$

이 원리는 2장(그림 2.6을 보라)에서 정의한 방법과 일치한다는 것에 주목하라.

이를 염두에 두고 그림 7.22(b)로부터 다음을 얻는다.

$$\begin{aligned} I_1 &= \frac{V_1 - 0}{R_1} \quad \text{또는} \quad I_1 = G_1V_1 \\ I_2 &= \frac{V_1 - V_2}{R_2} \quad \text{또는} \quad I_2 = G_2(V_1 - V_2) \\ I_3 &= \frac{V_2 - 0}{R_3} \quad \text{또는} \quad I_3 = G_3V_2 \end{aligned} \tag{7.11}$$

수식 (7.11)을 수식 (7.8)과 (7.9)에 대입하면 다음과 같이 된다.

$$I_{s1} = I_{s2} + \frac{V_1}{R_1} + \frac{V_1 - V_2}{R_2} \tag{7.12}$$

$$I_{s2} + \frac{V_1 - V_2}{R_2} = \frac{V_2}{R_3} \tag{7.13}$$

수식 (7.12)와 (7.13)을 컨덕턴스로 표현하면 다음과 같다.

$$I_{s1} = I_{s2} + G_1V_1 + G_2(V_1 - V_2) \tag{7.14}$$

$$I_{s2} + G_2(V_1 - V_2) = G_3V_2 \tag{7.15}$$

노드 해석에서 세 번째 단계는 노드 전압에 대하여 푸는 것이다. $n - 1$개의 비기준 노드에 KCL을 적용하면 수식 (7.12)와 (7.13) 또는 수식 (7.14)와 (7.15) 같은 $n - 1$개의 연립방정식을 얻는다. 그림 7.22의 회로에 대해서 수식 (7.12)와 (7.13) 또는 수식 (7.14)와 (7.15)를 풀어서 노드 전압 V_1과 V_2를 구할 때 대입법, 소거법, 크레이머 법칙[4] 또는 역행렬법 같은 표준 방법을 이용할 수 있다. 마지막 두 가지 방법을 사용하기 위해서는 연립방정식을 행렬 형태로 놓아야 한다. 예를 들면 수식 (7.12)와 (7.13)은 다음과 같이 다시 쓸 수 있다.

$$(G_1 + G_2)V_1 - G_2V_2 = I_{s1} - I_{s2}$$
$$-G_2V_1 + (G_2 + G_3)V_2 = I_{s2}$$

이 수식들은 행렬로 나타내면

$$\begin{bmatrix} G_1 + G_2 & -G_2 \\ -G_2 & G_2 + G_3 \end{bmatrix}\begin{bmatrix} V_1 \\ V_2 \end{bmatrix} = \begin{bmatrix} I_{s1} - I_{s2} \\ I_{s2} \end{bmatrix} \tag{7.16}$$

가 되고 이 행렬을 풀어서 전압 V_1과 V_2를 구할 수 있다.

수식 (7.16)의 방정식으로 표현되는 시스템은 7.6절에서 일반화될 것이다. 이 연립방정식은 TI-89 또는 HP-48G11과 같은 계산기를 사용하거나 MATLAB, Mathcad, 및 Quattro Pro와 같은 소프트웨어 패키지를 사용하여 풀 수 있다.

예제 7.5

그림 7.23(a)의 회로에서 노드 전압을 구하라.

그림 7.23(a) 회로의 노드 해석을 위해 가지 전류가 표시된 그림 7.23(b)의 회로를 참고하자. KCL을 적용하기 위해 전류가 어떻게 선택되었는지를 주목하라. 전류원이 포함되어 있는 가지를 제외하고, 전류 표시는 임의적이지만 일관된다. (여기서 일관된다는 것은, 예를 들면 만약에 전류 I_2가 4 Ω의 저항에 왼쪽으로부터 흘러 들어가면 I_2는 그 저항의 우측 방향으로 나가야 한다는 것이다.) 이제 기준 전위를 선택하고 노드 전압 V_1과 V_2를 결정한다.

노드 1에서 KCL과 옴의 법칙을 적용하면 다음을 얻는다.

$$I_1 = I_2 + I_3 \quad \Rightarrow \quad 5 = \frac{V_1 - V_2}{4} + \frac{V_1 - 0}{2}$$

4 크레이머 법칙은 부록 A에서 논의 되었다.

마지막 수식의 각 항에 4를 곱하면 다음과 같다.

$$20 = V_1 - V_2 + 2V_1$$

또는

$$3V_1 - V_2 = 20 \tag{7.5.1}$$

노드 2에 같은 방법을 적용하면 다음과 같다.

$$I_2 + I_4 = I_1 + I_5 \quad \Rightarrow \quad \frac{V_1 - V_2}{4} + 10 = 5 + \frac{V_2 - 0}{6}$$

각 항에 12를 곱하면

$$3V_1 - 3V_2 + 120 = 60 + 2V_2$$

또는

$$-3V_1 + 5V_2 = 60 \tag{7.5.2}$$

를 얻는다. 이제 도출된 두 연립방정식 (7.5.1)과 (7.5.2)에 적절한 방법을 사용하여 노드 전압 V_1과 V_2를 구할 수 있다.

■ 방법 1 소거법을 사용하기 위해 수식 (7.5.1)과 (7.5.2)를 더하면

$$4V_2 = 80 \quad \Rightarrow \quad V_2 = 20\text{ V}$$

가 된다. 이 $V_2 = 20$ V를 수식 (7.5.1)에 대입하면 다음을 얻는다.

$$3V_1 - 20 = 20 \quad \Rightarrow \quad V_1 = \frac{40}{3} = 13.33\text{ V}$$

■ 방법 2 크레이머 법칙을 사용하기 위해 수식 (7.5.1)과 (7.5.2)를 다음과 같이 행렬 형태로 놓는다.

$$\begin{bmatrix} 3 & -1 \\ -3 & 5 \end{bmatrix}\begin{bmatrix} V_1 \\ V_2 \end{bmatrix} = \begin{bmatrix} 20 \\ 60 \end{bmatrix} \tag{7.5.3}$$

행렬의 행렬식은 다음과 같다.

$$\Delta = \begin{vmatrix} 3 & -1 \\ -3 & 5 \end{vmatrix} = 15 - 3 = 12$$

이제 다음과 같이 V_1과 V_2를 구할 수 있다.

$$V_1 = \frac{\Delta_1}{\Delta} = \frac{\begin{vmatrix} 20 & -1 \\ 60 & 5 \end{vmatrix}}{\Delta} = \frac{100 + 60}{12} = 13.33\text{ V}$$

$$V_2 = \frac{\Delta_2}{\Delta} = \frac{\begin{vmatrix} 3 & 20 \\ -3 & 60 \end{vmatrix}}{\Delta} = \frac{180 + 60}{12} = 20\text{ V}$$

이것은 앞에서 소개한 소거법을 사용한 것과 동일한 결과다.

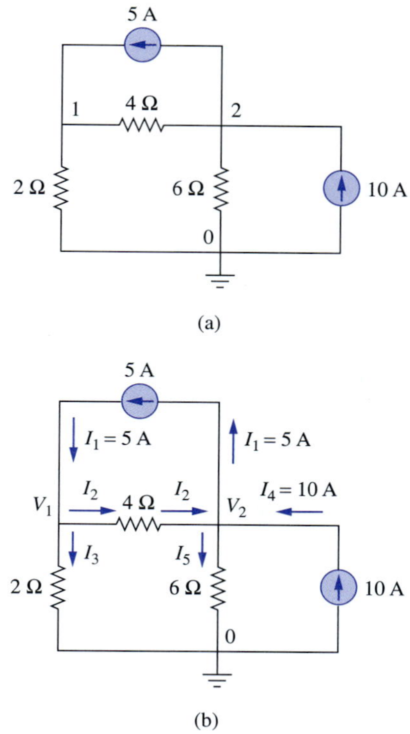

그림 7.23
예제 7.5의 회로: (a) 원 회로, (b) 해석을 위한 회로

만약 전류값이 필요하면, 다음과 같이 노드 전압으로부터 간단히 구할 수 있다.

$$I_1 = 5\text{ A},\qquad I_2 = \frac{V_1 - V_2}{4} = -1.6667\text{ A},$$

$$I_3 = \frac{V_1}{2} = 6.667\text{ A},\qquad I_4 = 10\text{ A},\qquad I_5 = \frac{V_2}{6} = 3.333\text{ A}$$

I_2가 음이라는 것은 그 전류가 가정한 방향과 반대 방향으로 흐른다는 것을 의미한다.

연습문제 7.5

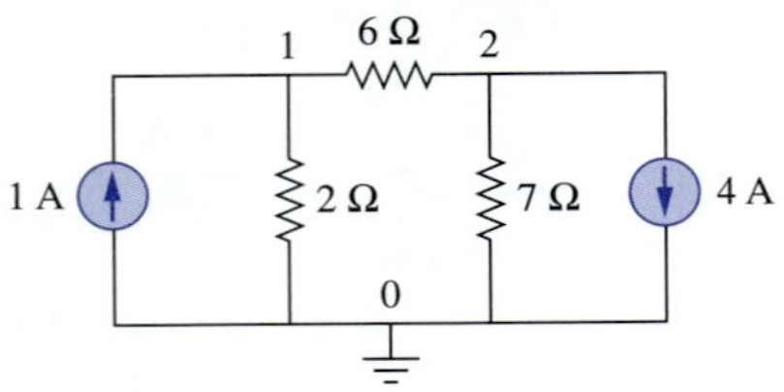

그림 7.24
연습문제 7.5의 회로

그림 7.24의 회로에서 노드 전압들을 구하라.

해답 $V_1 = -2\text{ V}, V_2 = -14\text{ V}$

예제 7.6

그림 7.25(a)의 회로에서 노드 전압들을 구하라.

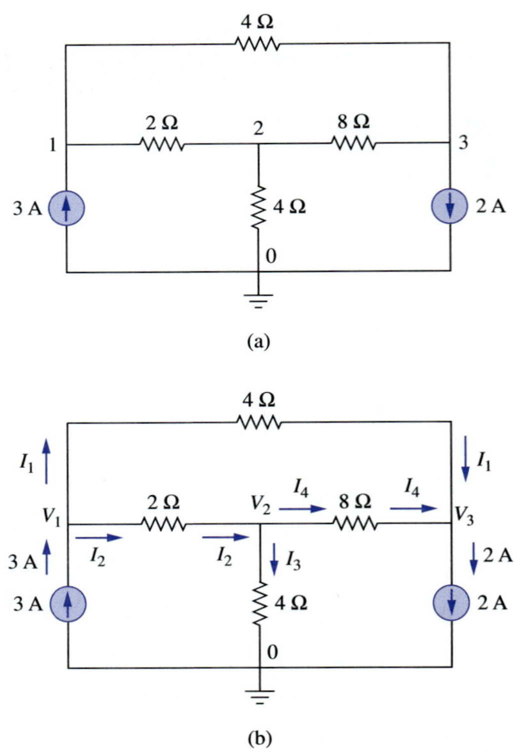

그림 7.25
예제 7.6의 회로: (a) 원 회로, (b) 해석을 위한 회로

풀이

이 예제의 회로는 두 개의 비기준 노드를 가진 이전 예제와 달리 세 개의 비기준 노드를 가진다. 그림 7.25(b)와 같이 세 개의 노드에 전압을 할당하고 해당하는 가지에는 전류를 표시한다.

노드 1에서

$$3 = I_1 + I_2 \quad \Rightarrow \quad 3 = \frac{V_1 - V_3}{4} + \frac{V_1 - V_2}{2}$$

4를 곱하고 항들을 다시 정리하면 다음과 같다.

$$3V_1 - 2V_2 - V_3 = 12 \tag{7.6.1}$$

노드 2에서

$$I_2 = I_3 + I_4 \quad \Rightarrow \quad \frac{V_1 - V_2}{2} = \frac{V_2 - 0}{4} + \frac{V_2 - V_3}{8}$$

8을 곱하고 항들을 다시 정리하면 다음과 같다.

$$-4V_1 + 7V_2 - V_3 = 0 \tag{7.6.2}$$

노드 3에서

$$I_1 + I_4 = 2 \quad \Rightarrow \quad \frac{V_1 - V_3}{4} + \frac{V_2 - V_3}{8} = 2$$

8을 곱하고 항들을 다시 정리하면 다음과 같다.

$$2V_1 + V_2 - 3V_3 = 16 \tag{7.6.3}$$

노드 전압을 구하기 위해 세 개의 연립방정식이 도출되었다. 이 방정식의 해는 다음의 세 가지 방법으로 구할 수 있다.

■ 방법 1 소거법을 사용하기 위해 전압 먼저 V_3를 제거한다. 수식 (7.6.1)에서 (7.6.2)를 뺀다.

$$7V_1 - 9V_2 = 12 \tag{7.6.4}$$

수식 (7.6.1)에 3을 곱하고 수식 (7.6.3)을 뺀다.

$$7V_1 - 7V_2 = 20 \tag{7.6.5}$$

수식 (7.6.4)에서 수식 (7.6.5)를 빼면

$$2V_2 = 8 \quad \Rightarrow \quad V_2 = 4\text{ V}$$

를 얻는다. 수식 (7.6.4)로부터

$$7V_1 = 12 + 9V_2 = 12 + 9 \times 4 = 48 \quad \Rightarrow \quad V_1 = \frac{48}{7} = 6.857\text{ V}$$

가 되고, 수식 (7.6.1)로부터

$$V_3 = 12 + 2V_2 - 3V_1 = 12 + 8 - 3 \times 6.857 = 0.571 \text{ V}$$

가 된다. 그러므로

$$V_1 = 6.857 \text{ V}, \qquad V_2 = 4 \text{ V}, \qquad V_3 = 0.571 \text{ V}$$

■ **방법 2** 크레이머 법칙을 사용하기 위해 수식 (7.6.1), (7.6.2) 및 (7.6.3)을 행렬 행태로 놓는다.

$$\begin{bmatrix} 3 & -2 & -1 \\ -4 & 7 & -1 \\ 2 & 1 & -3 \end{bmatrix} \begin{bmatrix} V_1 \\ V_2 \\ V_3 \end{bmatrix} = \begin{bmatrix} 12 \\ 0 \\ 16 \end{bmatrix} \tag{7.6.6}$$

이로부터 다음 식을 얻는다.

$$V_1 = \frac{\Delta_1}{\Delta}, \qquad V_2 = \frac{\Delta_2}{\Delta}, \qquad V_3 = \frac{\Delta_3}{\Delta}$$

여기서 Δ, Δ_1, Δ_2 및 Δ_3는 다음과 같이 구해지는 행렬식이다. 부록 A에 설명된 것처럼 3 × 3의 행렬식을 구하기 위해 처음 두 행을 아래에 다시 쓰고 대각 방향으로 곱한다.

$$\Delta = \begin{array}{c|ccc|c} & 3 & -2 & -1 & \\ & -4 & 7 & -1 & \\ & 2 & 1 & -3 & \\ - & 3 & -2 & -1 & + \\ - & -4 & 7 & -1 & + \\ - & & & & + \end{array}$$

$$= -63 + 4 + 4 + 14 + 3 + 24 = -14$$

$$\Delta_1 = \begin{array}{c|ccc|c} & 12 & -2 & -1 & \\ & 0 & 7 & -1 & \\ & 16 & 1 & -3 & \\ - & 12 & -2 & -1 & + \\ - & 0 & 7 & -1 & + \\ - & & & & + \end{array} = -252 - 0 + 32 + 112 + 12 + 0 = -96$$

$$\Delta_2 = \begin{array}{c|ccc|c} & 3 & 12 & -1 & \\ & -4 & 0 & -1 & \\ & 2 & 16 & -3 & \\ - & 3 & 12 & -1 & + \\ - & -4 & 0 & -1 & + \\ - & & & & + \end{array} = 0 + 64 - 24 - 0 + 48 - 144 = -56$$

$$\Delta_3 = \begin{array}{c|ccc|c} & 3 & -2 & 12 & \\ & -4 & 7 & 0 & \\ & 2 & 1 & 16 & \\ - & 3 & -2 & 12 & + \\ - & -4 & 7 & 0 & + \\ - & & & & + \end{array} = 336 - 48 + 0 - 168 - 0 - 128 = -8$$

방법 1과 같이 다음의 해를 얻는다.

$$V_1 = \frac{\Delta_1}{\Delta} = \frac{-96}{-14} = 6.857 \text{ V}$$
$$V_2 = \frac{\Delta_2}{\Delta} = \frac{-56}{-14} = 4 \text{ V}$$
$$V_3 = \frac{\Delta_3}{\Delta} = \frac{-8}{-14} = 0.571 \text{ V}$$

■ 방법 3 행렬을 풀기 위해 MATLAB를 사용할 수도 있다. 수식 (7.6.6)은 다음과 같이 표현될 수 있다.

$$AV = B \quad \Rightarrow \quad V = A^{-1}B$$

여기서 **A**는 3 × 3 정방 행렬이다. **B**는 열 벡터이며 **V**는 구하려고 하는 V_1, V_2 및 V_3로 이루어진 열 벡터이다. **V**를 구하기 위해 다음과 같이 MATLAB를 사용한다.

```
»A=[3 -2 -1; -4 7 -1; 2 1 -3];
»B=[12 0 16];
»V=inv(A)*B'
V =
  6.8571
  4.0000
  0.5714
```

그러므로 앞에서와 같이 다음을 얻는다.

$$V_1 = 6.857 \text{ V}, \qquad V_2 = 4 \text{ V}, \qquad V_3 = 0.571 \text{ V}$$

■ 방법 4 연립방정식을 풀기 위해 TI-89 Titanium과 같은 과학 계산기를 사용할 수 있다. 수식 (7.6.6)의 연립방정식의 해를 구한다.

$$\begin{bmatrix} 3 & -2 & -1 \\ -4 & 7 & -1 \\ 2 & 1 & -3 \end{bmatrix} \begin{bmatrix} V_1 \\ V_2 \\ V_3 \end{bmatrix} = \begin{bmatrix} 12 \\ 0 \\ 16 \end{bmatrix}$$

TI-89 Titanium을 사용하여 연립방정식을 풀기 위해, [2nd] [MATH]를 누른다.

Select 4: Matrix 그리고 [ENTER]를 누른다.

Select 5: simult (그리고 [ENTER]를 누른다.

입력 라인에 다음을 입력한다.

```
simult([3,-2,-1;-4,7,-1;2,1,-3],[12;0;16]),
```

(simult (는 저절로 생성될 것이고 나머지 부분만 입력한다.)

Press [♦] [ENTER]를 누른다.

그러면 앞에서와 동일한 결과를 얻는다.

$$V_1 = 6.857 \text{ V}, \quad V_2 = 4 \text{ V}, \quad V_3 = 0.5714 \text{ V}$$

연습문제 7.6

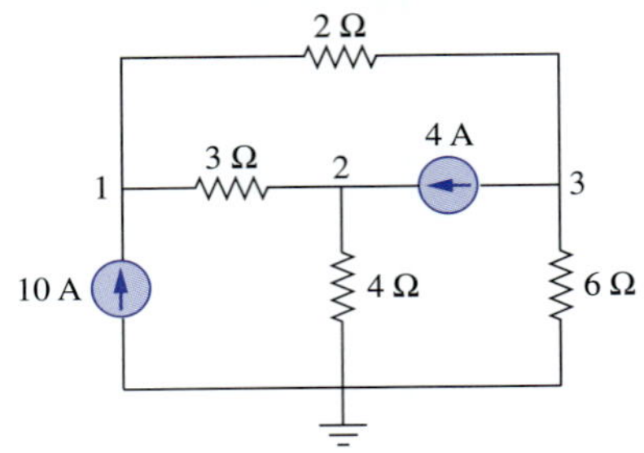

그림 7.26
연습문제 7.6의 회로

앞서 설명한 방법을 이용하여 그림 7.26의 회로에서 세 개의 비기준 노드의 전압을 구하라.

해답 $V_1 = 34.67$ V, $V_2 = 26.67$ V, $V_3 = 20$ V

7.5 전압원을 포함하는 노드 해석

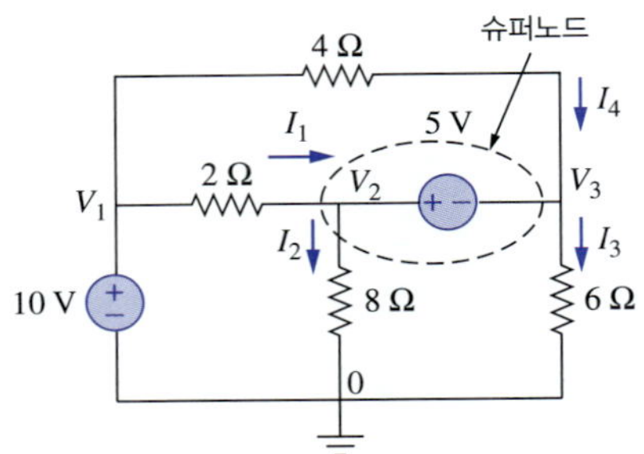

그림 7.27
슈퍼노드를 포함하는 회로

이제 전압원이 노드 해석에 어떤 영향을 미치는지 살펴보기로 하자. 설명을 위해 그림 7.27의 회로를 사용할 것이다. 먼저 다음의 두 가지 가능성에 대해 고려하자.

■ **경우 1** 만약 전압원이 기준 노드와 비기준 노드 사이에 연결되어 있다면, 비기준 노드에서의 전압을 간단히 전압원의 전압으로 대체한다. 예를 들면 그림 7.27은 다음과 같다.

$$V_1 = 10 \text{ V} \tag{7.17}$$

그러므로 이 노드에서의 전압 정보에 의해 해석은 다소 간단해 진다. 이 경우 전압원이 다른 어떤 것과 직렬로 연결되지 않고 단지 기준 노드에만 직접 연결됨을 명심하라.

■ **경우 2** 만약 전압원이 두 개의 비기준 노드 사이에 연결되어 있다면, 두 비기준 노드는 일반적인 노드(*generalized node*) 또는 슈퍼노드[5](*supernode*)를 형성한다. KCL과 KVL 모두 노드 전압을 결정하는데 사용될 것이다.

> **슈퍼노드**는 두 비기준 노드 사이의 전압원(독립 또는 종속 전압원)과 이것에 병렬로 연결된 모든 소자를 제거함으로써 형성된다.

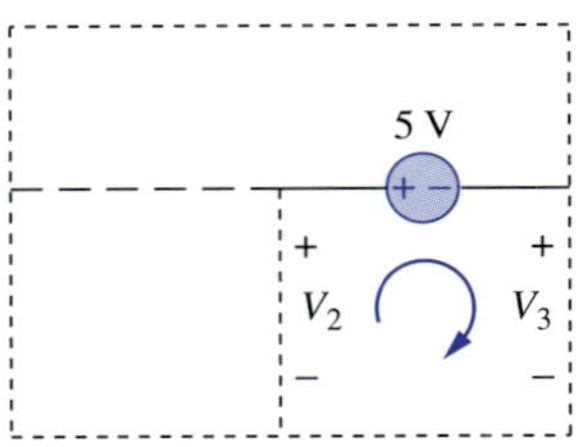

그림 7.28
슈퍼노드에 KVL 적용

슈퍼노드는 두 비기준 노드 사이에 전압원이 있는 것이다. 그림 7.27에서 노드 2와 노드 3은 슈퍼노드를 형성한다(두 개 이상의 노드로 하나의 슈퍼노드를 형성할 수 있다. 예를 들어 그림 7.27의 2-Ω 저항을 전압원으로 대치하면 노드 1, 2, 3은 하나의 슈퍼노드를 형성한다). 슈퍼노드가 다르게 처리된다는 것을 제외하고는 앞 절에서 언급한 똑같은 세 단계를 이용하여 슈퍼노드가 포함된 회로를 해석한다. 왜냐하면 노드 해석의 중요한 요소는 KCL을 이용하기 때문인데 이것은 각 소자에 흐르는 전류를 알아야 한다. 미리 어떤 전압원에 흐르는 전류를 알 수는 없다. 그러나 다른 노드와 마찬가지로 슈퍼노

5 슈퍼노드는 전압원을 감싸는 폐곡면으로 간주될 수도 있다.

드에서도 키르히호프 전류 법칙을 만족해야 한다. 그러므로 그림 7.27의 슈퍼노드에서는 다음을 만족한다.

$$I_1 + I_4 = I_2 + I_3 \tag{7.18}$$

또는

$$\frac{V_1 - V_2}{2} + \frac{V_1 - V_3}{4} = \frac{V_2 - 0}{8} + \frac{V_3 - 0}{6} \tag{7.19}$$

그림 7.27의 슈퍼노드에 키르히호프 전압 법칙을 적용하기 위해 회로를 다시 그리면 그림 7.28과 같다. 루프(5-V 전압원을 포함한다)를 시계 방향으로 돌아가면서 KVL을 적용하면 다음과 같다.

$$-V_2 + 5 + V_3 = 0 \quad \Rightarrow \quad V_2 - V_3 = 5 \tag{7.20}$$

수식 (7.17), (7.18), 그리고 (7.19)로부터 노드 전압을 구할 수 있다.

슈퍼노드에 대한 다음의 성질을 명심하라.

1. 슈퍼노드 안의 전압원은 노드 전압을 구하기 위해 필요한 하나의 조건식을 제공한다.
2. 슈퍼노드는 그 자신의 전압을 갖지 않는다.
3. 슈퍼노드는 KCL과 KVL 모두의 적용을 요구한다.

예제 7.7

그림 7.29의 회로에서 V_o를 구하라.

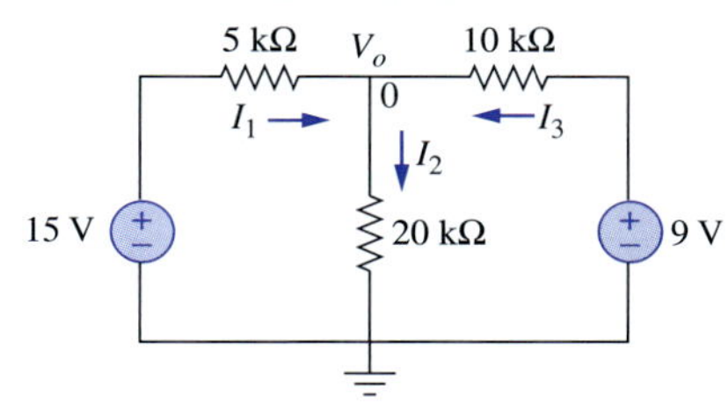

그림 7.29
예제 7.7의 회로

풀이

그림 7.29의 회로에는 기준 노드에 연결되어 있는 두 개의 전압원이 있지만 슈퍼노드는 존재하지 않는다. 노드 O에 KCL을 적용하면

$$I_1 + I_3 = I_2$$

또는

$$\frac{15 - V_o}{5k} + \frac{9 - V_o}{10k} = \frac{V_o - 0}{20k}$$

이 되고 양변에 20 k를 곱하면 다음을 얻는다.

$$60 - 4V_o + 18 - 2V_o = V_o$$

그러므로

$$78 = 7V_o \quad \Rightarrow \quad V_o = \frac{78}{7} = 11.143 \text{ V}$$

연습문제 7.7

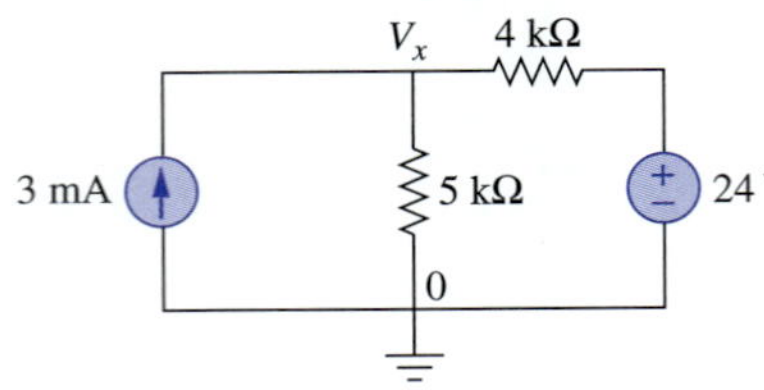

그림 7.30
연습문제 7.7의 회로

그림 7.30의 회로에서 V_x를 구하라.

해답 20 V

예제 7.8

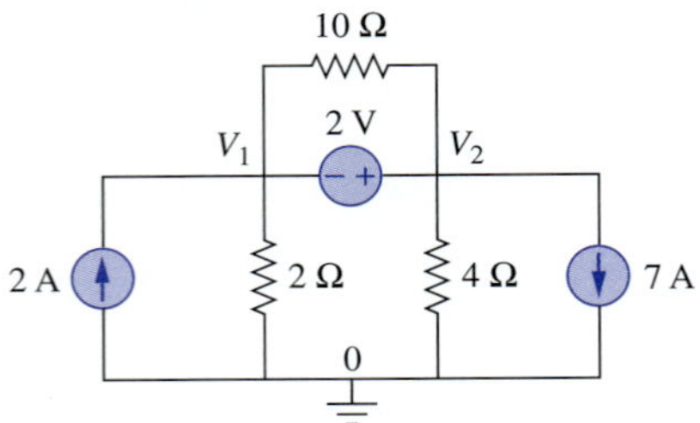

그림 7.31
예제 7.8의 회로

그림 7.31의 회로에서 노드 전압을 구하라.

풀이

슈퍼노드는 2-V 전압원, 노드 1, 노드 2, 그리고 10-Ω 저항을 가진다. 그림 7.32(a)에 나타낸 슈퍼노드에 KCL을 적용하면

$$2 = I_1 + I_2 + 7$$

을 얻는다. 전류 I_1과 I_2를 노드 전압의 항으로 나타내면

$$2 = \frac{V_1 - 0}{2} + \frac{V_2 - 0}{4} + 7 \quad \Rightarrow \quad 8 = 2V_1 + V_2 + 28$$

또는

$$V_2 = -20 - 2V_1 \qquad \textbf{(7.8.1)}$$

이다. 노드 전압 V_1과 V_2 사이의 관계를 알기 위하여 그림 7.32(b) 회로에 KVL을 적용하면 루프를 따라 다음 관계식을 얻는다.

$$-V_1 - 2 + V_2 = 0 \quad \Rightarrow \quad V_2 = V_1 + 2 \qquad \textbf{(7.8.2)}$$

수식 (7.8.1)과 (7.8.2)로부터

$$V_2 = V_1 + 2 = -20 - 2V_1$$

또는

$$3V_1 = -22 \quad \Rightarrow \quad V_1 = -7.333 \text{ V}$$

그리고

$$V_2 = V_1 + 2 = -5.333 \text{ V}$$

를 얻는다. 10-Ω 저항은 슈퍼노드에 걸쳐서 연결되어 있기 때문에 어떤 가지 변수에도 영향을 미치지 않는다는 점에 주목하라.

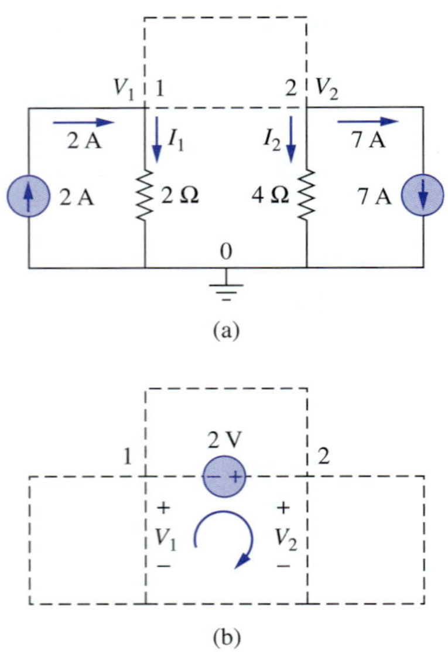

그림 7.32
(a) 슈퍼노드에 KCL 적용; (b) 루프에 KVL 적용

연습문제 7.8

그림 7.33의 회로에서 V와 I를 구하라.

해답 -0.2 V, 1.4 A

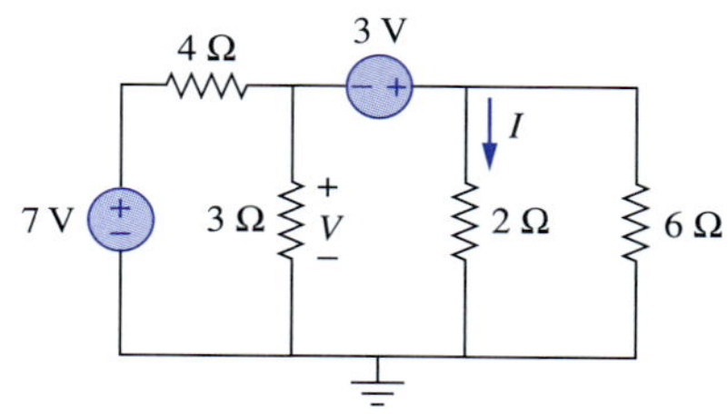

그림 7.33
연습문제 7.8의 회로

예제 7.9

노드 해석을 사용하여 그림 7.34의 회로에서 v_o를 구하라.

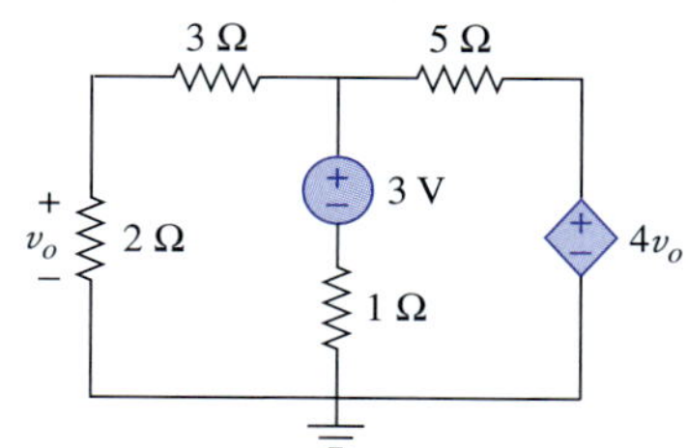

그림 7.34
예제 7.9의 회로

풀이

그림 7.35의 회로를 참고하자.

$$i_1 + i_2 + i_3 = 0 \quad \Rightarrow \quad \frac{v_1 - 0}{5} + \frac{v_1 - 3}{1} + \frac{v_1 - 4v_0}{5} = 0$$

5를 곱하면

$$v_1 + 5v_1 - 15 + v_1 - 4v_o = 0$$

여기서 전압 분배에 적용하면

$$v_0 = \frac{2}{5}v_1$$

이므로

$$7v_1 - 15 - \frac{8}{5}v_1 = 0$$

또는

$$\frac{27}{5}v_1 = 15$$

$$v_1 = 15 \times 5/(27) = 2.778 \text{ V}$$

그러므로

$$v_o = 2v_1/5 = 1.111 \text{ V}$$

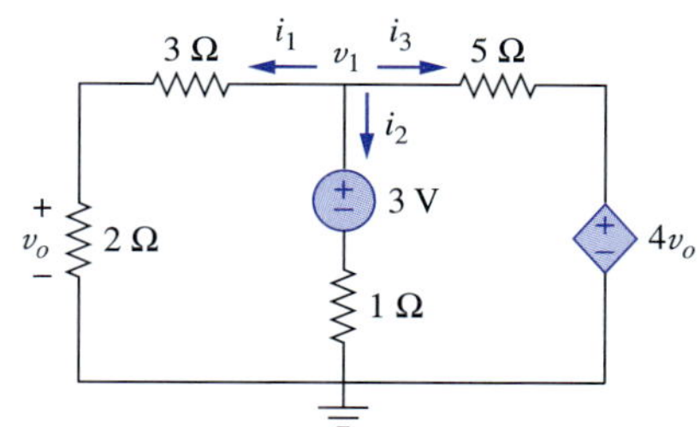

그림 7.35
그림 7.34 회로의 해석

연습문제 7.9

노드 해석을 사용하여 그림 7.36의 회로에서 I_b를 구하라.

해답 79.34 mA

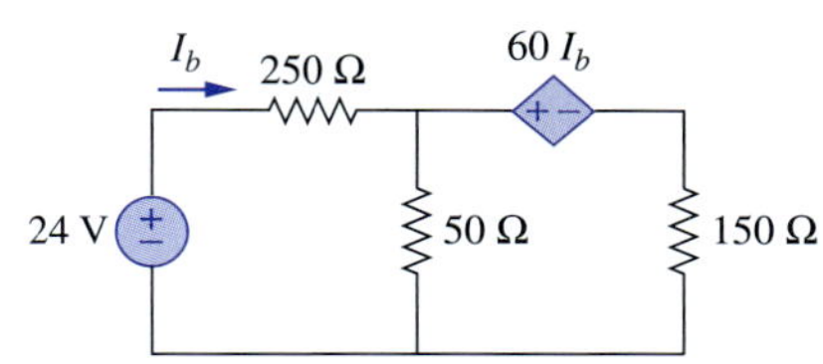

그림 7.36
연습문제 7.9의 회로

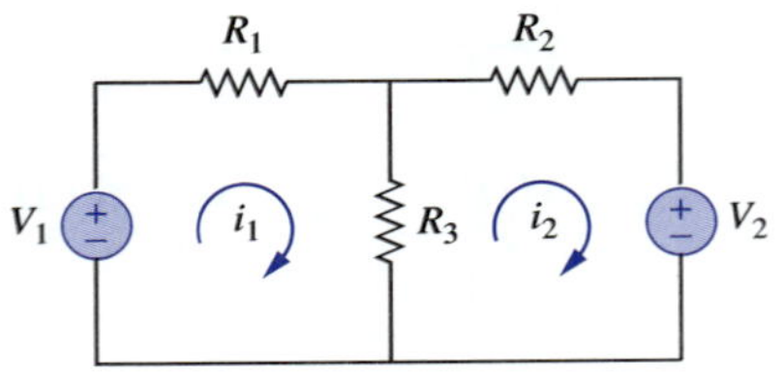

(a)

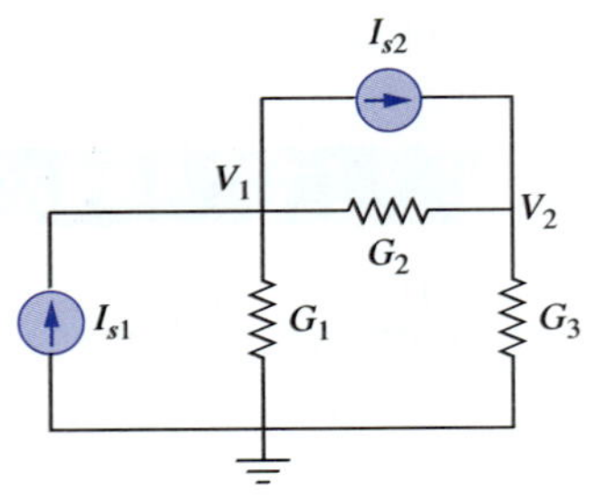

(b)

그림 7.37
(a) 그림 7.10의 회로, (b) 그림 7.22의 회로

7.6 †점검에 의한 메쉬 및 노드 해석

이 절에서는 노드 또는 메쉬 해석에 대한 일반적인 절차를 다룬다. 이것은 회로의 단순 점검으로 방정식을 세우는 빠른 접근 방법이다.

회로가 선형 저항과 독립 전압원만 가지고 있을 때 단순한 점검으로 메쉬-전류 방정식을 세울 수 있다. 예를 들어 그림 7.10의 회로를 고려하자. 편의를 위하여 그림 7.37(a)에 다시 나타내었다. 이 회로는 두 개의 비기준 노드를 가지고 있고 7.2절에서 다음과 같이 유도되었다[수식 (7.3)을 보라].

$$\begin{bmatrix} R_1+R_3 & -R_3 \\ -R_3 & R_2+R_3 \end{bmatrix}\begin{bmatrix} I_1 \\ I_2 \end{bmatrix} = \begin{bmatrix} V_1 \\ -V_2 \end{bmatrix} \tag{7.21}$$

행렬에서 대각 성분은 해당 메쉬의 저항의 합인 반면 비대각 성분은 메쉬 1과 2에 공통으로 포함되는 저항의 음의 값임을 주목하라. 수식 (7.21) 우변의 각 항은 해당 메쉬에서 모든 독립 전압원을 시계 방향으로 취한 대수 합이다.

일반적으로 만약 회로가 N개의 메쉬를 가지고 있다면 메쉬-전류 방정식은 다음과 같이 저항의 항으로 표현될 수 있다.

$$\begin{bmatrix} R_{11} & R_{12} & \dots & R_{1N} \\ R_{21} & R_{22} & \dots & R_{2N} \\ \vdots & \vdots & \vdots & \vdots \\ R_{N1} & R_{N2} & \dots & R_{NN} \end{bmatrix}\begin{bmatrix} I_1 \\ I_2 \\ \vdots \\ I_N \end{bmatrix} = \begin{bmatrix} V_1 \\ V_2 \\ \vdots \\ V_N \end{bmatrix} \tag{7.22}$$

또는 간단하게

$$\mathbf{RI} = \mathbf{V} \tag{7.23}$$

으로 표현할 수 있다. 여기서

R_{kk} = 메쉬 k에 포함된 저항의 합
$R_{kj} = R_{jk}$ = 메쉬 k와 j에 공통으로 포함된 저항의 음의 합, $k \neq j$
I_k = 메쉬 k의 미지의 시계 방향 전류
V_k = 메쉬 k에 포함된 모든 독립 전압원을 시계 방향으로 취한 대수 합, 여기서 전압 상승은 양의 값으로 정의

$\mathbf{R}$ = 저항 행렬
$\mathbf{I}$ = 출력 벡터
$\mathbf{V}$ = 입력 벡터

수식 (7.22)를 풀면 미지의 메쉬 전류를 구할 수 있다. 여기서 모든 메쉬 전류는 시계 방향으로 흐른다고 가정했다는 것을 주목하라. 또한 수식 (7.23)은 독립 전압원과 선형 저항만 포함하는 회로에 대해서만 유효하다는 것을 명심하라. 독립 전압원은 어떠한 가지 변수에도 종속되지 않는 전압원이다.

비슷하게 회로의 모든 전원이 독립 전류원일 때 7.4절에서 한 것처럼 노드-전압 방정식을 구하기 위해 각각의 노드에 KCL을 적용할 필요는 없다. 회

로의 단순 점검만으로 노드-전압 방정식을 구할 수 있다. 예를 들어 그림 7.22의 회로를 다시 살펴보자. 역시 편의를 위하여 그림 7.37(b)에 다시 나타내었다. 이 회로는 두 개의 비기준 노드를 가지며 노드 방정식은 7.4절[수식 (7.16)을 보라]에서 유도되었던 대로 다음과 같다.

$$\begin{bmatrix} G_1 + G_2 & -G_2 \\ -G_2 & G_2 + G_3 \end{bmatrix} \begin{bmatrix} V_1 \\ V_2 \end{bmatrix} = \begin{bmatrix} I_{s1} - I_{s2} \\ I_{s2} \end{bmatrix} \qquad (7.24)$$

행렬의 대각 성분은 노드 1과 2에 직접 연결된 컨덕턴스의 합인 반면 비대각 성분은 노드 사이에 연결된 컨덕턴스의 음의 값이다. 그리고 수식 (7.24) 우변의 각 항은 그 노드로 들어가는 전류의 대수 합이다.

일반적으로 독립 전류원을 포함하는 회로가 N개의 비기준 노드를 가지고 있다면 노드-전압 방정식은 다음과 같이 컨덕턴스의 항으로 표현될 수 있다.

$$\begin{bmatrix} G_{11} & G_{12} & \dots & G_{1N} \\ G_{21} & G_{22} & \dots & G_{2N} \\ \vdots & \vdots & \vdots & \vdots \\ G_{N1} & G_{N2} & \dots & G_{NN} \end{bmatrix} \begin{bmatrix} V_1 \\ V_2 \\ \vdots \\ V_N \end{bmatrix} = \begin{bmatrix} I_1 \\ I_2 \\ \vdots \\ I_N \end{bmatrix} \qquad (7.25)$$

또는 간단하게

$$\mathbf{GV} = \mathbf{I} \qquad (7.26)$$

여기서

G_{KK} = 노드 k에 연결된 컨덕턴스의 합

$G_{kj} = G_{jk}$ = 노드 k와 j에 직접 연결된 컨덕턴스의 음의 합, $k \neq j$

V_k = 노드 k의 미지 전압

I_k = 노드 k에 직접 연결된 모든 독립 전류원의 대수 합, 여기서 노드에 유입되는 전류를 양의 값으로 정의

$\mathbf{G}$ = 컨덕턴스 행렬

$\mathbf{V}$ = 출력 벡터

$\mathbf{I}$ = 입력 벡터

수식 (7.25)를 풀면 미지의 노드 전압을 구할 수 있다. 이것은 독립 전류원과 선형 저항만을 포함하는 대해서만 유효하다는 것을 명심해야 한다. 독립 전류원은 어떠한 가지 변수에 대해서도 종속되지 않는 전류원이다.

예제 7.10

그림 7.38의 회로에 대해 점검으로 메쉬-전류 방정식을 작성하라.

풀이

회로는 세 개의 메쉬를 가지고 있으므로 저항 행렬은 3 × 3이다. 대각 성분에

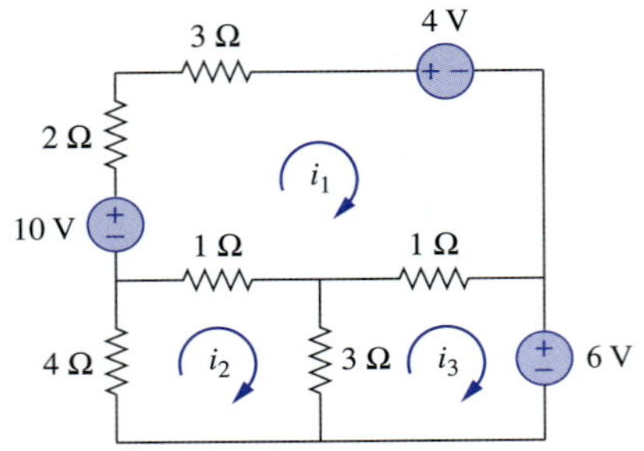

그림 7.38
예제 7.10의 회로

서 저항은 다음과 같다.

$$R_{11} = 2 + 3 + 1 + 1 = 7$$
$$R_{22} = 4 + 1 + 3 = 8$$
$$R_{33} = 3 + 1 = 4$$

비대각 성분은

$$R_{12} = -1, \quad R_{13} = -1,$$
$$R_{21} = -1, \quad R_{23} = -3,$$
$$R_{31} = -1, \quad R_{32} = -3$$

이다. 입력 전압 벡터 **v**는 다음과 같다.

$$V_1 = 10 - 4 = 6, \quad V_2 = 0, \quad V_3 = -6$$

그러므로 메쉬-전류 방정식은

$$\begin{bmatrix} 7 & -1 & -1 \\ -1 & 8 & -3 \\ -1 & -3 & 4 \end{bmatrix} \begin{bmatrix} i_1 \\ i_2 \\ i_3 \end{bmatrix} = \begin{bmatrix} 6 \\ 0 \\ -6 \end{bmatrix}$$

이다. 이것으로부터 메쉬 전류 i_1, i_2 및 i_3를 구할 수 있다.

연습문제 7.10

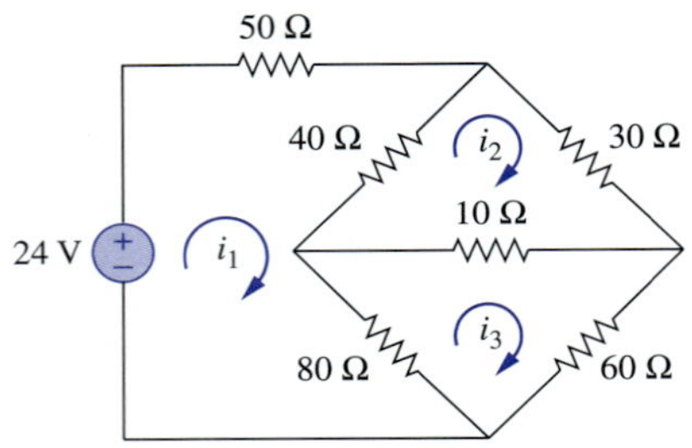

그림 7.39
연습문제 7.10의 회로

그림 7.39의 회로에 대해 점검으로 메쉬-전류 방정식을 구하라.

해답

$$\begin{bmatrix} 170 & -40 & -80 \\ -40 & 80 & -10 \\ -80 & -10 & 150 \end{bmatrix} \begin{bmatrix} i_1 \\ i_2 \\ i_3 \end{bmatrix} = \begin{bmatrix} 24 \\ 0 \\ 0 \end{bmatrix}$$

예제 7.11

점검으로 그림 7.40 회로의 노드-전압 행렬 방정식을 작성하라.

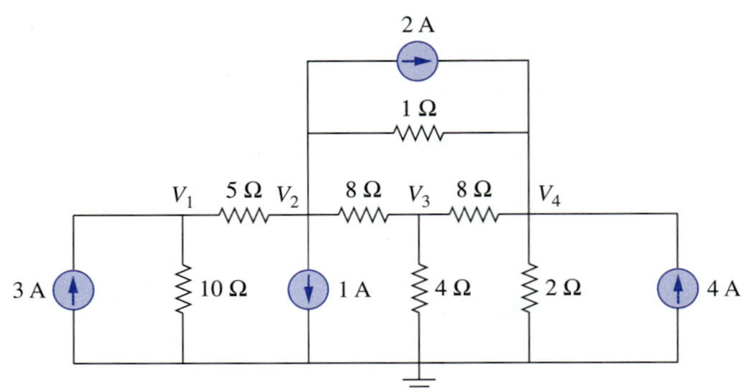

그림 7.40
예제 7.11의 회로

풀이

그림 7.40의 회로는 네 개의 비기준 노드를 가지고 있으므로 네 개의 노드 방정식이 필요하다. 이것은 컨덕턴스 행렬 **G**의 크기가 4 × 4임을 의미한다. **G**의 대각 성분을 지멘스로 나타내면 다음과 같다.

$$G_{11} = \frac{1}{5} + \frac{1}{10} = 0.3, \qquad G_{22} = \frac{1}{5} + \frac{1}{8} + \frac{1}{1} = 1.325,$$

$$G_{33} = \frac{1}{8} + \frac{1}{8} + \frac{1}{4} = 0.5, \qquad G_{44} = \frac{1}{8} + \frac{1}{2} + \frac{1}{1} = 1.625$$

비대각 성분은 다음과 같다.

$$G_{12} = -\frac{1}{5} = -0.2, \quad G_{13} = G_{14} = 0,$$

$$G_{21} = -0.2, \quad G_{23} = -\frac{1}{8} = -0.125, \quad G_{24} = -\frac{1}{1} = -1,$$

$$G_{31} = 0, \quad G_{32} = -0.125, \quad G_{34} = -\frac{1}{8} = -0.125,$$

$$G_{41} = 0, \quad G_{42} = -1, \quad G_{43} = -0.125$$

입력 전류 벡터 **I**는 암페어로 다음과 같다.

$$I_1 = 3, \quad I_2 = -1 - 2 = -3, \quad I_3 = 0, \quad I_4 = 2 + 4 = 6$$

그러므로 노드-전압 방정식은

$$\begin{bmatrix} 0.3 & -0.2 & 0 & 0 \\ -0.2 & 1.325 & -0.125 & -1 \\ 0 & -0.125 & 0.5 & -0.125 \\ 0 & -1 & -0.125 & 1.625 \end{bmatrix} \begin{bmatrix} V_1 \\ V_2 \\ V_3 \\ V_4 \end{bmatrix} = \begin{bmatrix} 3 \\ -3 \\ 0 \\ 6 \end{bmatrix}$$

이 되고, 이것을 풀면 노드 전압 V_1, V_2, V_3 및 V_4를 구할 수 있다.

연습문제 7.11

점검으로 그림 7.41 회로의 노드-전압 방정식을 구하라.

해답
$$\begin{bmatrix} 1.3 & -0.2 & -1 & 0 \\ -0.2 & 0.2 & 0 & 0 \\ -1 & 0 & 1.25 & -0.25 \\ 0 & 0 & -0.25 & 0.75 \end{bmatrix} \begin{bmatrix} V_1 \\ V_2 \\ V_3 \\ V_4 \end{bmatrix} = \begin{bmatrix} 0 \\ 1 \\ 1 \\ 3 \end{bmatrix}$$

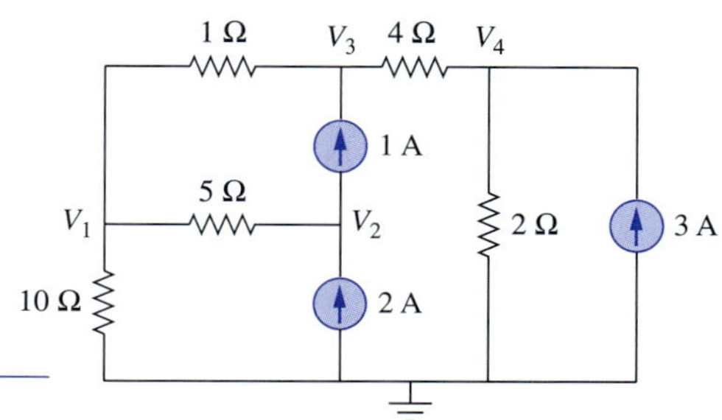

그림 7.41
연습문제 7.11의 회로

7.7 메쉬 대 노드 해석

메쉬와 노드 해석은 둘 다 복잡한 네트워크를 해석하는 체계적인 방법을 제공한다. 해석해야 할 네트워크가 주어졌을 때 어떤 방법이 더 좋고 더 효율적인가라는 질문을 할지 모른다. 더 좋은 방법의 선택은 다음 두 가지 요인에 따라 결정된다.

첫 번째 요인은 주어진 네트워크의 성질이다. 예를 들어 직렬-연결 소자, 전압원, 슈퍼메쉬가 많은 네트워크는 메쉬 해석이 적당한 반면 병렬-연결 소자, 전류원, 슈퍼노드가 많은 네트워크는 노드 해석이 더 적당할 것이다. 또한 메쉬보다 더 적은 노드를 갖는 회로는 노드 해석이 좋은 반면 노드보다 더 적은 메쉬를 갖는 회로는 메쉬 해석이 좋을 수 있다. 핵심은 더 적은 수의 방정식으로 귀결되는 방법을 선택하는 것이다.

두 번째 요인은 요구되는 정보이다. 만약 노드 전압이 요구되면 노드 해석을 적용하는 것이 방책일 수 있다. 만약 가지나 메쉬 전류가 요구되면 메쉬 해석을 적용하는 것이 더 좋을 수 있다.

두 해석법 모두에 익숙한 것이, 적어도 두 가지 이유로 도움이 된다. 첫째, 한 방법은 가능하다면 다른 방법에 의한 결과를 검증할 때 사용 될 수 있다. 둘째, 각각의 방법은 한계를 가지기 때문에 어떤 특별한 문제에 있어서 한 방법만이 더 적절할 수 있다. 예를 들어 앞으로 공부할 7.10절의 트랜지스터를 해석하는 데는 메쉬 해석이 유일한 방법이다. 메쉬 해석은 평면 네트워크에만 적용 가능하기 때문에 비평면 네트워크에 대해서는 노드 해석이 유일한 선택이다. 또한 노드 해석은 프로그램하기 쉽기 때문에 컴퓨터를 이용한 풀이에 더 적당하다. 컴퓨터는 수 계산으로 불가능한 복잡한 회로의 해석을 가능하게 한다. 7.9.1에서 다룰 컴퓨터 소프트웨어인 PSpice는 노드 해석을 기초로 한다.

7.8 †와이-델타 변환

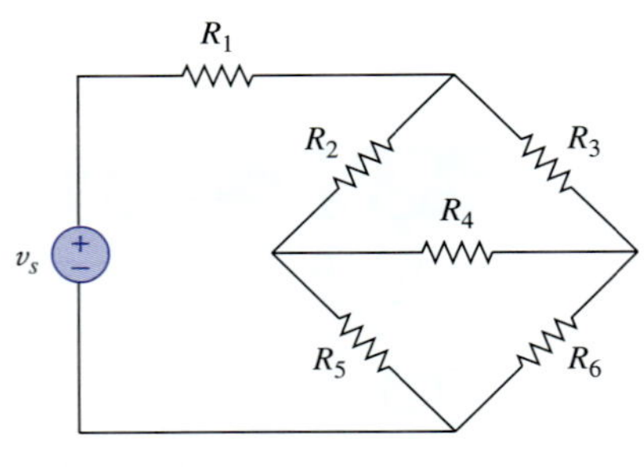

그림 7.42
브릿지 네트워크

회로의 해석에서 저항이 병렬도 직렬도 아닌 경우가 종종 발생한다. 예를 들어 그림 7.42의 브릿지 회로를 고려하자. 저항이 직렬도 병렬도 아닌 경우 어떻게 R_4에서 R_6까지의 저항을 결합할 수 있을까? 그림 7.42의 형태를 가진 많은 회로는 3-단자 등가 네트워크를 이용하여 단순화할 수 있다. 이것은 그림 7.43에 나타낸 와이(Y) 또는 티(T) 네트워크와 그림 7.44에 나타낸 델타(Δ) 또는

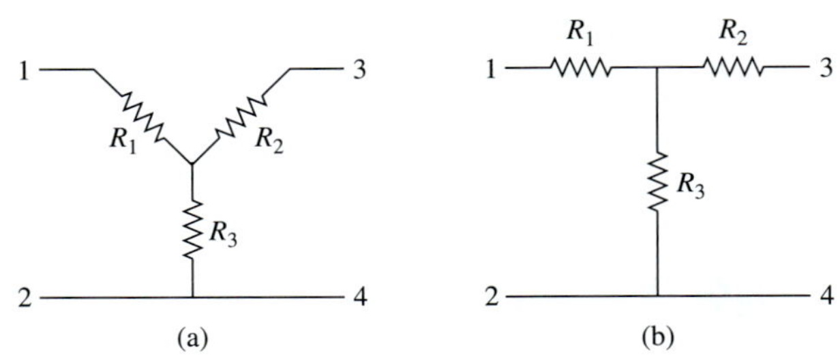

그림 7.43
동일 네트워크의 두 가지 형태: (a) Y, (b) T

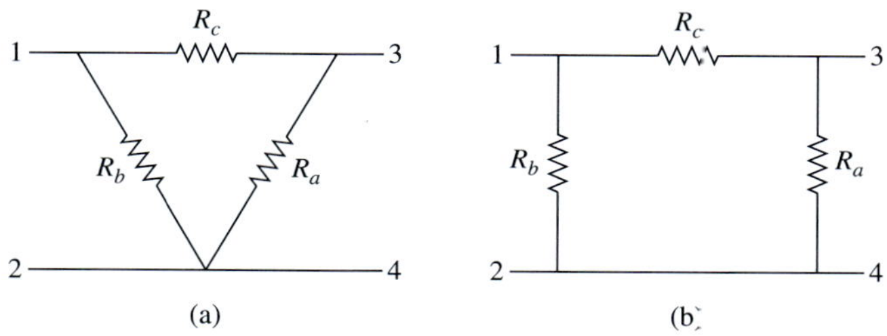

그림 7.44

동일 네트워크의 두 가지 형태: (a) Δ, (b) Π

파이(Π) 네트워크이다. 이들 네트워크는 그 자체로 또는 대규모 회로의 일부로 나타난다. 이들은 삼상 네트워크, 필터, 정합회로 등에서 사용된다. 우리의 주된 관심사는 네트워크의 일부로서 어떻게 이들을 구별하고 네트워크 분석에 있어 와이-델타 변환을 어떻게 적용하는가이다.

7.8.1 Δ-Y 변환

델타 구성을 포함하는 회로에서 와이 네트워크가 작업하기 더 편리하다고 가정하자. 기존의 델타 네트워크에 와이 네트워크를 중첩시켜 와이 네트워크의 등가 저항을 구한다. 와이 네트워크의 등가 저항을 구하기 위해 두 네트워크를 비교하여 Δ(또는 Π) 네트워크의 각 노드의 양단 저항이 Y(또는 T) 네트워크의 같은 노드의 양단 저항과 같도록 한다. 예를 들어 그림 7.43의 단자 1과 2에서

$$R_{12}(Y) = R_1 + R_3 \tag{7.27}$$

$$R_{12}(\Delta) = R_b \parallel (R_a + R_c) \tag{7.28}$$

이 성립한다. $R_{12}(\Delta) = R_{12}(Y)$라 두면

$$R_{12} = R_1 + R_3 = \frac{R_b(R_a + R_c)}{R_a + R_b + R_c} \tag{7.29a}$$

가 된다. 비슷하게

$$R_{13} = R_1 + R_2 = \frac{R_c(R_a + R_b)}{R_a + R_b + R_c} \tag{7.29b}$$

$$R_{34} = R_2 + R_3 = \frac{R_a(R_b + R_c)}{R_a + R_b + R_c} \tag{7.29c}$$

이다. 수식 (7.29a)에서 수식 (7.29c)를 빼면

$$R_1 - R_2 = \frac{R_c(R_b - R_a)}{R_a + R_b + R_c} \tag{7.30}$$

을 얻는다. 수식 (7.29b)와 (7.30)을 더하면

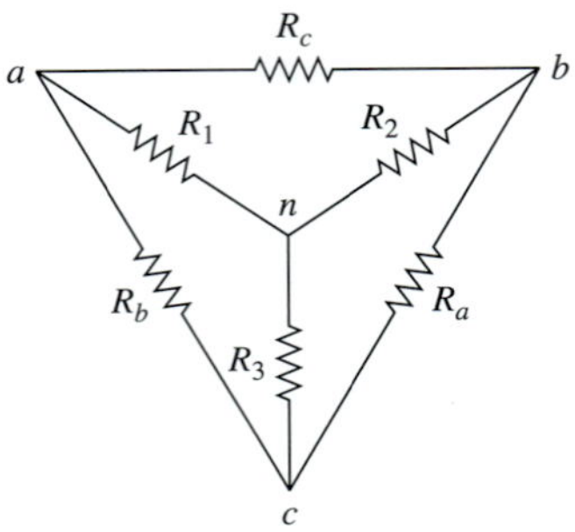

그림 7.45
Y와 Δ의 상호 변환의 이해를 돕기 위한 두 네트워크 중첩

$$R_1 = \frac{R_b R_c}{R_a + R_b + R_c} \tag{7.31}$$

이 되고 수식 (7.29b)에서 수식 (7.30)을 빼면

$$R_2 = \frac{R_c R_a}{R_a + R_b + R_c} \tag{7.32}$$

이 된다. 수식 (7.29a)에서 수식 (7.31)을 빼면 다음과 같다.

$$R_3 = \frac{R_a R_b}{R_a + R_b + R_c} \tag{7.33}$$

수식 (7.31), (7.32) 및 (7.33)을 암기할 필요는 없다. Δ 네트워크를 Y로 변환하기 위해서, 그림 7.45와 같이 노드 n을 추가한 후 다음의 변환 규칙을 따른다.

> **Y 네트워크**의 각 저항은 인접하는 Δ 가지의 두 저항의 곱에서 세 개의 Δ 저항의 합을 나눈 것과 같다.

7.8.2 Y- Δ 변환

와이 네트워크에서 등가인 델타 네트워크로의 변환 공식을 얻기 위하여 수식 (7.31), (7.32) 및 (7.33)으로부터 다음을 확인할 수 있다.

$$\begin{aligned} R_1R_2 + R_2R_3 + R_3R_1 &= \frac{R_aR_bR_c(R_a + R_b + R_c)}{(R_a + R_b + R_c)^2} \\ &= \frac{R_aR_bR_c}{R_a + R_b + R_c} \end{aligned} \tag{7.34}$$

수식 (7.34)를 수식 (7.31), (7.32), 및 (7.33)의 각 식으로 나누면 다음의 수식에 이른다.

$$R_a = \frac{R_1R_2 + R_2R_3 + R_3R_1}{R_1} \tag{7.35}$$

$$R_b = \frac{R_1R_2 + R_2R_3 + R_3R_1}{R_2} \tag{7.36}$$

$$R_c = \frac{R_1R_2 + R_2R_3 + R_3R_1}{R_3} \tag{7.37}$$

수식 (7.35), (7.36), 및 (7.37)과 그림 7.45로부터 Y에서 Δ로의 변환 규칙은 다음과 같다.

> Δ **네트워크**의 각 저항은 한 번에 두 개의 저항을 취한 모든 곱의 합에서 반대편의 Y 저항을 나눈 것과 같다.

Y와 Δ 네트워크는 다음과 같은 경우에 대칭(balanced)이라고 한다.

$$R_1 = R_2 = R_3 = R_Y, \quad R_a = R_b = R_c = R_\Delta \tag{7.38}$$

이 조건에서 변환 공식은 다음과 같다.

$$R_Y = \frac{R_\Delta}{3} \quad \text{또는} \quad R_\Delta = 3R_Y \tag{7.39}$$

변환을 하는 과정에서 회로에 어떤 새로운 것을 제거하지도 추가하지도 않았다. 단순히 다른 형태지만 수학적으로 등가인 3-단자 네트워크의 패턴으로 교체하여 저항이 직렬 또는 병렬인 회로를 생성하였다. 이는 필요하다면 R_{eq}를 계산할 수 있도록 해준다.

예제 7.12

그림 7.46(a)의 Δ 네트워크를 등가인 Y 네트워크로 변환하라.

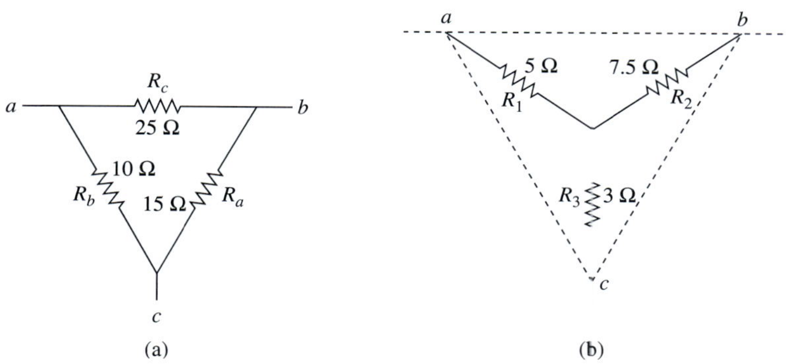

그림 7.46
(a) 원래의 Δ 네트워크, (b) Y 등가 네트워크

풀이

수식 (7.31), (7.32), 및 (7.33)을 사용하면 다음 수식들을 얻는다.

$$R_1 = \frac{R_b R_c}{R_a + R_b + R_c} = \frac{25 \times 10}{25 + 10 + 15} = \frac{250}{50} = 5\ \Omega$$

$$R_2 = \frac{R_c R_a}{R_a + R_b + R_c} = \frac{25 \times 15}{50} = 7.5\ \Omega$$

$$R_3 = \frac{R_a R_b}{R_a + R_b + R_c} = \frac{15 \times 10}{50} = 3\ \Omega$$

그림 7.46(b)에 등가 Y 네트워크를 나타내었다.

연습문제 7.12

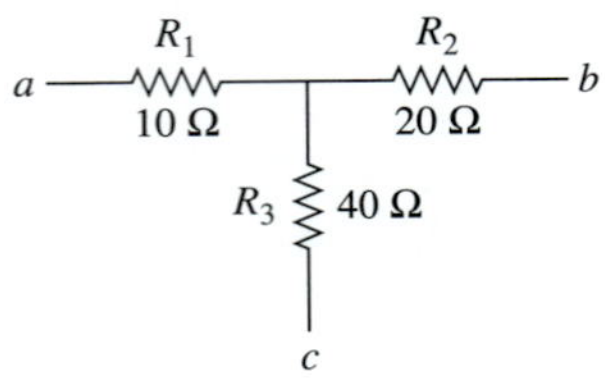

그림 7.47
연습문제 7.12의 회로

그림 7.47의 Y 네트워크를 Δ 네트워크로 변환하라.

해답 $R_a = 140\ \Omega,\ R_b = 70\ \Omega,\ R_c = 35\ \Omega$

예제 7.13

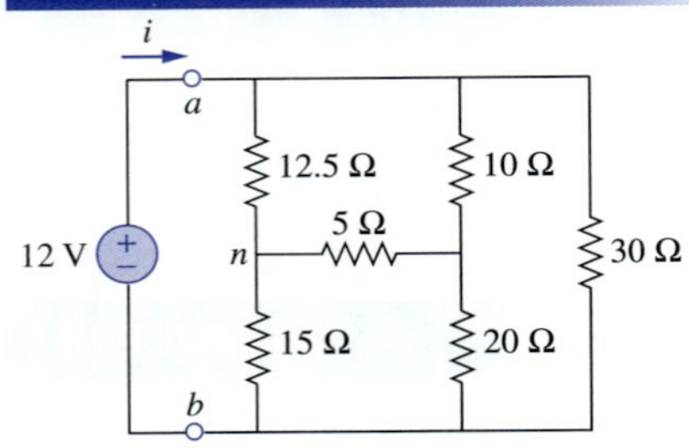

그림 7.48
예제 7.13의 회로

그림 7.48의 회로에서 등가 저항 R_{ab}를 구하고 전류 i를 구하는데 사용하라.

풀이

회로에는 두 개의 Y네트워크와 한 개의 Δ 네트워크가 있다. 이들 중 하나만 변환하면 회로는 간단하게 될 것이다. 5 Ω, 10 Ω 및 20 Ω으로 이루어진 Y 네트워크를 변환하기 위해 다음과 같이 지정하자.

$$R_1 = 10\ \Omega \qquad R_2 = 20\ \Omega \qquad R_3 = 5\ \Omega$$

그러면 수식 (7.35), (7.36) 및 (7.37)로부터 다음을 얻을 수 있다.

$$R_a = \frac{R_1R_2 + R_2R_3 + R_3R_1}{R_1} = \frac{10 \times 20 + 20 \times 5 + 5 \times 10}{10}$$

$$= \frac{350}{10} = 35\ \Omega$$

$$R_b = \frac{R_1R_2 + R_2R_3 + R_3R_1}{R_2} = \frac{350}{20} = 17.5\ \Omega$$

$$R_c = \frac{R_1R_2 + R_2R_3 + R_3R_1}{R_3} = \frac{350}{5} = 70\ \Omega$$

Y를 Δ로 변환한 등가 회로(이제 전압원이 제거된)를 그림 7.49(a)에 나타내었다. 세 쌍의 병렬 저항을 결합하면

$$70 \parallel 30 = \frac{70 \times 30}{70 + 30} = 21\ \Omega$$

$$12.5 \parallel 17.5 = \frac{12.5 \times 17.5}{12.5 + 17.5} = 7.2917\ \Omega$$

$$15 \parallel 35 = \frac{15 \times 35}{15 + 35} = 10.5\ \Omega$$

이 되고 그림 7.49(b)에 등가 회로를 나타내었다. 그러므로

$$R_{ab} = (7.292 + 10.5) \parallel 21 = \frac{17.792 \times 21}{17.792 + 21} = 9.632\ \Omega$$

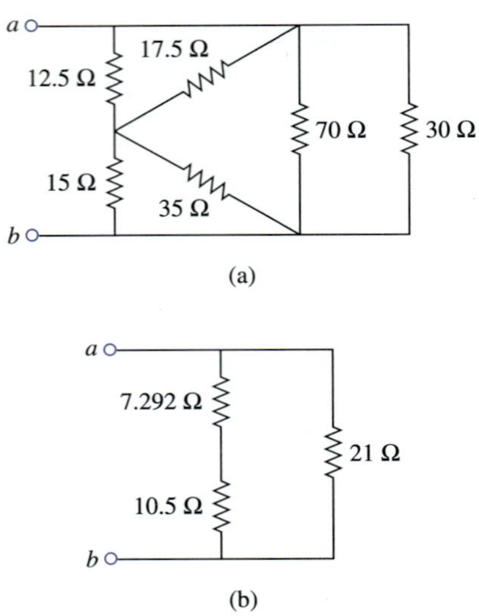

그림 7.49
전압원이 제거된 그림 7.48의 등가회로

그리고

$$i = \frac{v_s}{R_{ab}} = \frac{12}{9.632} = 1.246 \text{ A}$$

연습문제 7.13

그림 7.50의 브릿지 회로에서 R_{ab}와 i를 구하라.

해답 40 Ω, 2.5 A

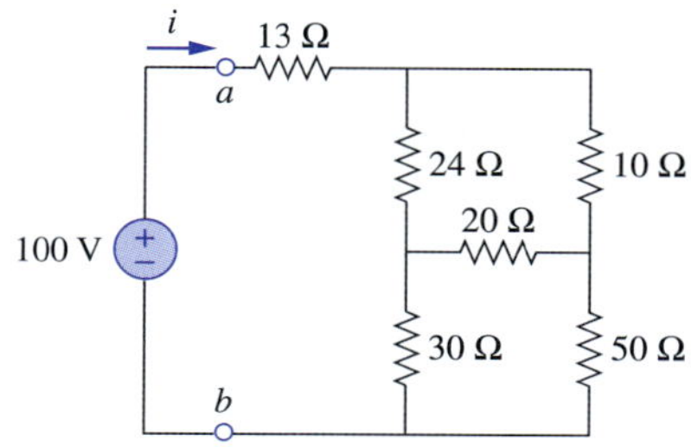

그림 7.50
연습문제 7.13의 회로

7.9 컴퓨터를 이용한 해석

이 장에서 공부한 회로들을 해석하기 위해 PSpice와 Multisim 모두 사용될 수 있다. 이 절에서는 이들의 사용법을 소개한다.

7.9.1 PSpice

실제로 PSpice는 이 장에서 공부한 노드 해석을 기초로 한다. 독자들은 이 절을 진행하기 전에 부록 C의 C1에서 C3까지를 먼저 살펴보는 것이 좋다. PSpice는 모든 회로 소자의 수치적 값을 알고 가지 전압과 전류들을 결정할 때만이 유용하다는 것에 주목하기 바란다.

예제 7.14

PSpice를 이용하여 그림 7.51의 회로에서 노드 전압을 구하라.

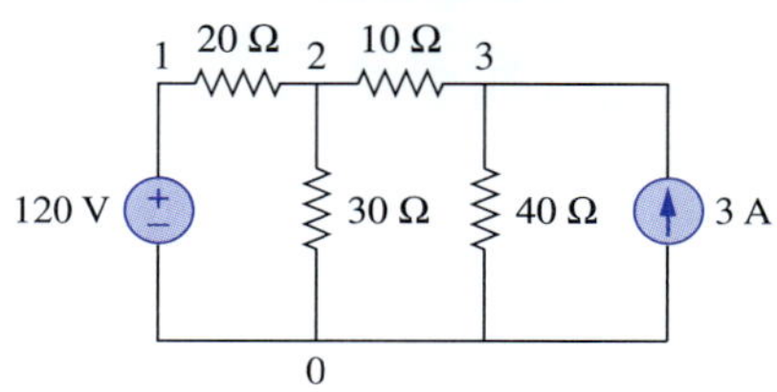

그림 7.51
예제 7.14의 회로

풀이
첫 번째 단계는 주어진 회로의 스키매틱을 그리는 것이다. 부록 C의 C.2와 C.3 주어진 지시 사항을 따르면 그림 7.52의 스키매틱이 생성된다. 이것은 직류 해석이므로 전압원 VDC와 전류원 IDC를 사용한다. 회로를 작성하고 exam714.dsn이란 이름으로 저장한 후 **PSpice/New Simulation Profile**을 선택한다. 이

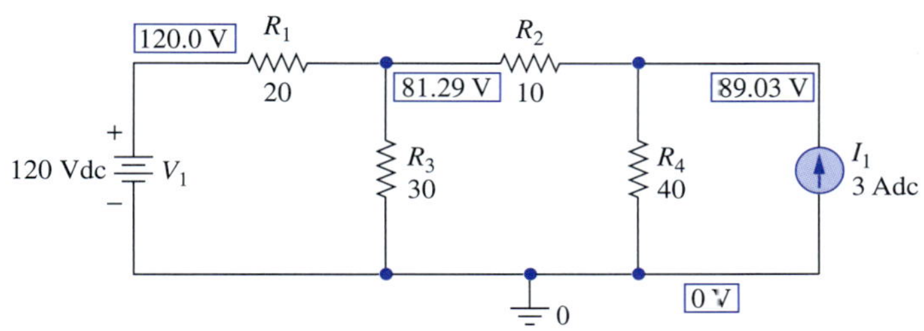

그림 7.52
그림 7.51 회로의 스키매틱

렇게 하면 New Simulation 대화 상자가 열린다. 여기서 파일 이름 "exam714.dsn"을 입력하고 Create를 클릭하면 Simulation Setting 대화 상자가 열린다. 이제 **PSpice/Run**을 선택하면 회로는 시뮬레이션되어 그림 7.52와 같이 그 결과가 표시된다. 그림에서 다음을 알 수 있다.

$$V_1 = 120 \text{ V}, \quad V_2 = 81.29 \text{ V}, \quad V_3 = 89.03 \text{ V}$$

연습문제 7.14

그림 7.53의 회로에 대해 PSpice를 이용하여 노드 전압을 구하라.

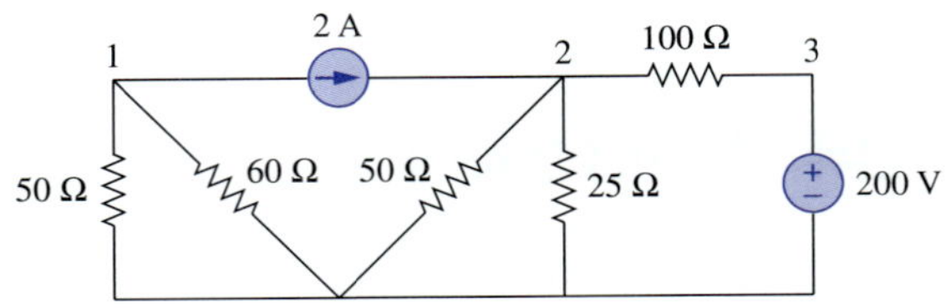

그림 7.53
연습문제 7.14의 회로

해답 $V_1 = -54.54$ V, $V_2 = 57.13$ V, $V_3 = 200$ V

7.9.2 Multisim

회로를 생성하는 모든 과정은 부록 D에 소개되어 있으므로 여기서는 다시 설명하지 않는다. 따라서 이 절을 시작하기에 앞서 부록 D.1과 D.2를 읽기 바란다.

예제 7.15

Multisim을 이용하여 그림 7.54의 회로에서 V_o, I_1 및 I_2를 구하라.

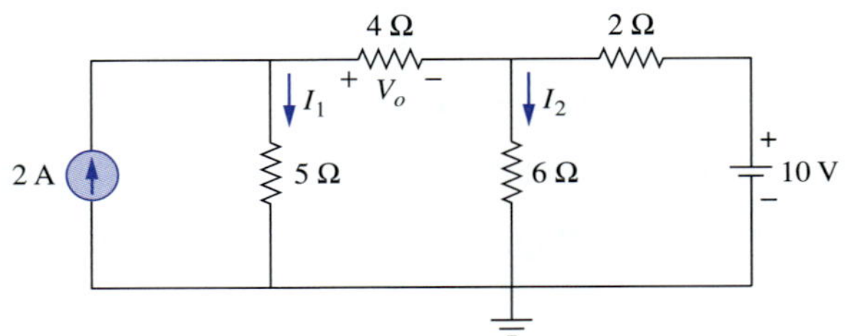

그림 7.54
예제 7.15의 회로

풀이

먼저 Multisim을 이용하여 그림 7.55에 나타낸 회로를 생성한다. 전압 V_o를 측정하기 위해 4-Ω 저항과 병렬로 전압계를 연결한다. 전류 I_1과 I_2를 측정하기 위해 두 개의 전류원을 연결한다. 회로를 저장하고 전원 스위치를 켜서 시뮬레이션을 한다. 시뮬레이션 후 그림 7.55에 나타낸 결과를 얻을 수 있다. 즉,

$$V_o = 0.952\text{ V},\qquad I_1 = 1.762\text{ A},\qquad I_2 = 1.310\text{ A}$$

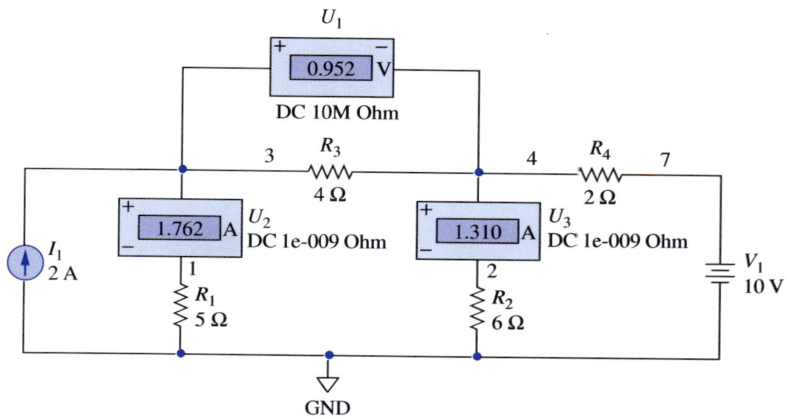

그림 7.55

그림 7.45 회로의 시뮬레이션

연습문제 7.15

Multisim을 이용하여 그림 7.56의 회로에서 V_x와 I_x를 구하라.

해답 4.421 V, 2.211 V

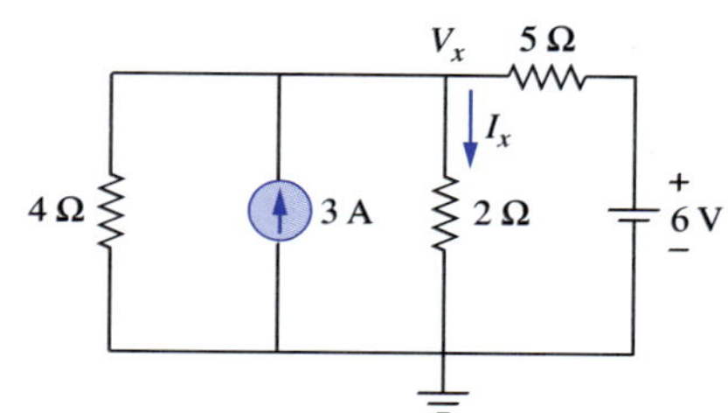

그림 7.56

연습문제 7.15의 회로

7.10 †응용: DC 트랜지스터 회로

대부분의 사람들은 전자 제품을 다루고 개인 컴퓨터를 접한 경험을 가지고 있다. 이러한 전자 제품이나 컴퓨터에 들어 있는 집적 회로의 가장 기본적인 부품은 능동 소자이면서, 세 개의 단자를 가지고 있는 **트랜지스터**다. 트랜지스터는 반도체 소자이며 증폭기, 스위치, 정전압기, 신호 변조기, 마이크로 프로세서 및 발진기 등 광범위한 응용 분야에 사용된다. 트랜지스터는 1947년 Bell Labs에 의해 발명되었고 20세기의 가장 중요한 발명으로 여긴다.[6] 전자 회로를 설계하기 전에 트랜지스터를 이해하는 것은 필수적이다.

그림 7.57에 상용화된 다양한 형태의 트랜지스터를 나타내었다. 트랜지스터에는 두 가지의 기본 유형이 있다. **양극 접합 트랜지스터**(*bipolar junction transistors*, BJTs)와 **전계 효과 트랜지스터**(*field-effect transistors*, FETs)가 그것이다. 여기서는 FET보다 먼저 개발되고 아직도 사용되고 있는 BJT만 살펴볼 것이다. 이 절의 목표는 이 장에서 배운 테크닉을 이용하여 DC 트랜지스터 회로를 분석할 수 있도록 BJT에 대한 충분한 내용을 제시하는 것이다.

6 1974년에 트랜지스터를 발명하는데 공헌한 과학자는 John Bardeen, Walter Brattain, 그리고 William Shockley이다.

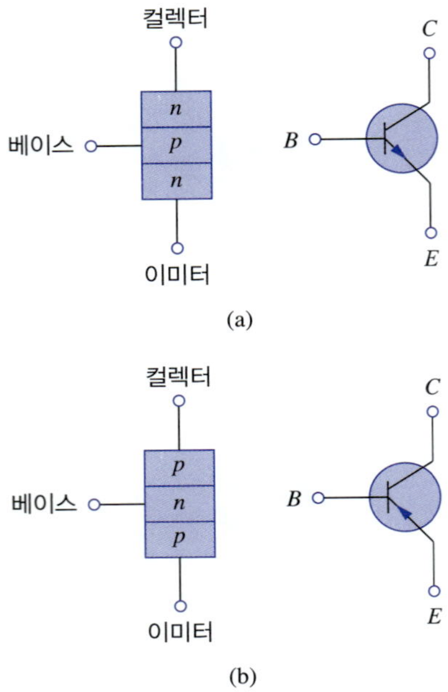

그림 7.58
두 형식의 BJT와 회로 기호:
(a) *npn*, (b) *pnp*

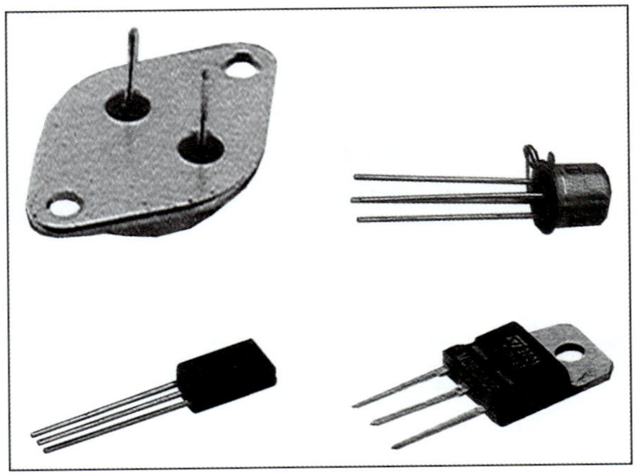

그림 7.57
다양한 형태의 트랜지스터. *Courtesy of America*

BJT에는 *npn*, *pnp* 두 형식이 있는데 그림 7.58에 회로 기호를 나타내었다. 각 형식의 BJT는 이미터(E), 베이스(B), 및 컬렉터(C)라 부르는 세 개의 단자를 가지고 있다. 예로서 *npn* 트랜지스터의 전압과 전류를 그림 7.59에 나타내었다. 그림 7.59에 KCL을 적용하면

$$\boxed{I_E = I_B + I_C} \tag{7.40}$$

이고 여기서 I_E, I_C 및 I_B는 각각 이미터, 컬렉터, 베이스 전류이다. 비슷하게 그림 7.59(b)에 KVL을 적용하면 다음과 같다.

$$V_{CE} + V_{EB} + V_{BC} = 0 \tag{7.41}$$

여기서 V_{CE}, V_{EB} 및 V_{BC}는 각각 컬렉터-이미터, 이미터-베이스, 베이스-컬렉터 전압이다. BJT는 능동(active), 차단(cutoff), 포화(saturation)의 세 가지 모드 중 한 모드에서 동작한다. 실리콘 *npn* 트랜지스터가 능동 모드에서 동작할 때 일반적으로 $V_{BE} \approx 0.7$ V이고

$$I_C = \alpha I_E \tag{7.42}$$

이다. 여기서 α는 공통 베이스 전류 이득(*common-base current gain*), 즉 이미터에서 주입되고 컬렉터에서 수집되는 전자 수의 비를 말한다. 또한

$$\boxed{I_C = \beta I_B} \tag{7.43}$$

이다. 여기서 β는 공통 이미터 전류 이득(*common-emitter current gain*)이다. 여기서 α와 β는 주어진 트랜지스터의 특성을 나타내고 그 트랜지스터에 대해서는 거의 일정한 상수로 가정한다. 대체로 α는 0.98에서 0.999 사이의 값을 가지는 반면 β는 50에서 1,000 사이의 값을 가진다. 수식 (7.40), (7.42), 및 (7.43)

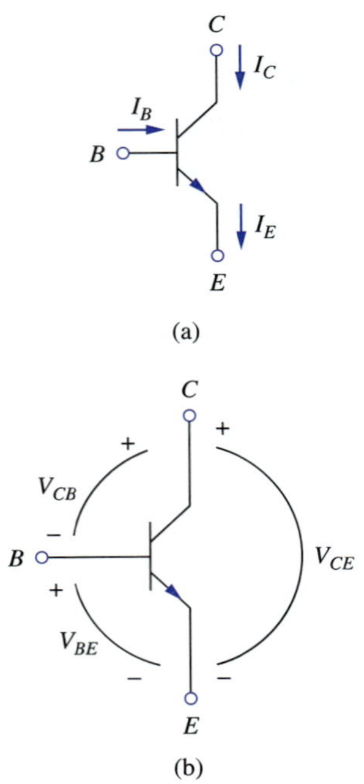

그림 7.59
npn 트랜지스터의 단자 값:
(a) 전류, (b) 전압

으로부터 쉽게 다음 관계식을 얻을 수 있다.

$$I_E = (1+\beta)I_B \tag{7.44}$$

$$\beta = \frac{\alpha}{1-\alpha} \tag{7.45}$$

$$\alpha = \frac{\beta}{\beta+1} \tag{7.46}$$

예제 7.16

그림 7.60의 트랜지스터 회로에서 I_B, I_C 및 V_o를 구하라. 트랜지스터는 능동 모드에서 동작하고 $\beta = 50$으로 가정하라.

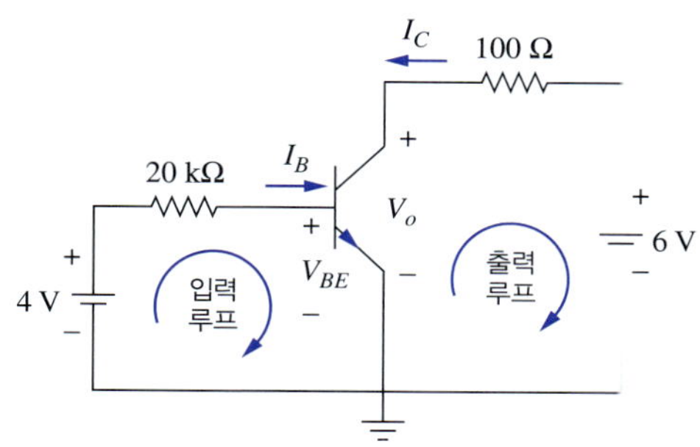

그림 7.60
예제 7.16의 회로

풀이

입력 루프에 KVL을 적용하면 다음과 같다.

$$-4 + I_B(20 \times 10^3) + V_{BE} = 0$$

능동 모드에서 $V_{BE} = 0.7$ V이기 때문에

$$I_B = \frac{4-0.7}{20 \times 10^3} = 165\ \mu\text{A}$$

이다. 여기서

$$I_C = \beta I_B = 50 \times 165\ \mu\text{A} = 8.25\text{ mA}$$

이므로 출력 루프에 KVL을 적용하면 다음과 같다.

$$-V_o - 100I_C + 6 = 0$$

$$V_o = 6 - 100I_C = 6 - 0.825 = 5.175\text{ V}$$

이 경우 $V_o = V_{CE}$임을 주목하라.

연습문제 7.16

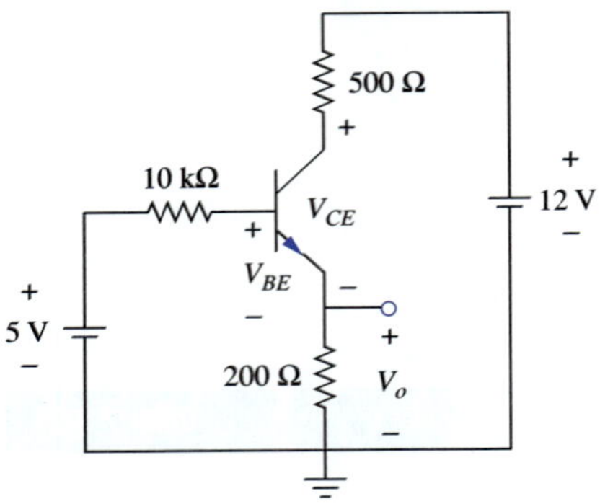

그림 7.61
연습문제 7.16의 회로

그림 7.61의 회로에서 $\beta = 100$ 및 $V_{BE} = 0.7$ V라 할 때, V_o와 V_{CE}를 구하라.

해답 2.876 V, 2.004 V

7.11 요약

1. 메쉬 해석은 평면 회로에서 메쉬 둘레에 대한 키르히호프 전압 법칙의 응용이다. 결과는 메쉬 전류의 항으로 표시된다. 연립방정식을 풀면 메쉬 전류를 구할 수 있다.
2. 슈퍼메쉬는 전류원을 공통으로 갖는 두 메쉬로 구성된다.
3. 노드 해석은 비기준 노드에 키르히호프 전류 법칙의 응용이다.(이것은 평면 회로 및 비평면 회로 모두에 응용 가능하다.)
   결과는 노드 전압의 항으로 표시된다. 연립방정식을 풀면 노드 전압을 구할 수 있다.
4. 슈퍼노드는 하나의 전압원에 연결된 두 개의 비기준 노드로 구성된다.
5. 메쉬 해석은 통상 노드 방정식 보다 메쉬 방정식이 적은 회로에 사용된다. 반대로 노드 해석은 통상 메쉬 방정식보다 노드 방정식이 적은 회로에 사용된다.
6. 델타-와이 변환 공식은 다음과 같다.

$$R_1 = \frac{R_b R_c}{R_a + R_b + R_c}$$
$$R_2 = \frac{R_c R_a}{R_a + R_b + R_c}$$
$$R_3 = \frac{R_a R_b}{R_a + R_b + R_c}$$

7. 와이-델타 변환 공식은 다음과 같다.

$$R_a = \frac{R_1R_2 + R_2R_3 + R_3R_1}{R_1}$$
$$R_b = \frac{R_1R_2 + R_2R_3 + R_3R_1}{R_2}$$
$$R_c = \frac{R_1R_2 + R_2R_3 + R_3R_1}{R_3}$$

8. 회로 해석은 PSpice나 Multisim을 이용하여 수행할 수 있다.
9. 직류 트랜지스터 회로는 이 장에서 다룬 기술을 사용하여 분석할 수 있다.

복습문제

7.1 그림 7.62의 루프 방정식은?

(a) $-10 + 4I + 6 + 2I = 0$

(b) $10 + 4I + 6 + 2I = 0$

(c) $10 + 4I - 6 + 2I = 0$

(d) $-10 + 4I - 6 + 2I = 0$

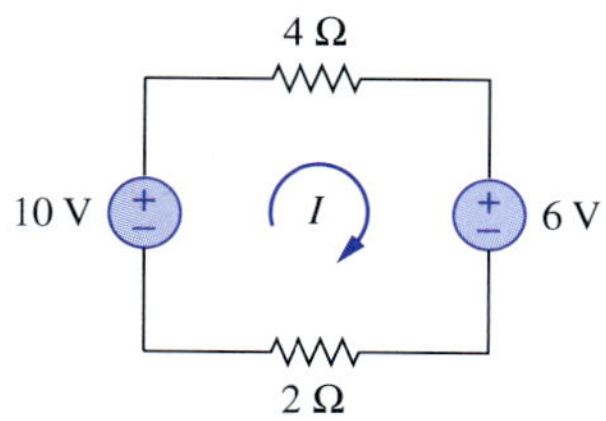

그림 7.62
복습문제 7.1과 7.2의 회로

7.2 그림 7.62의 회로에서 전류 I는?

(a) −2.667 A (b) −0.667 A

(c) 0.667 A (d) 2.667 A

7.3 그림 7.63의 회로에서 전류 I_1은?

(a) 4 A (b) 3 A (c) 2A (d) 1 A

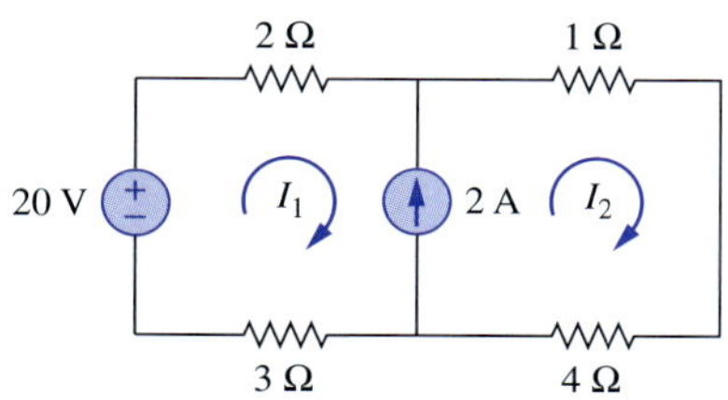

그림 7.63
복습문제 7.3과 7.4의 회로

7.4 그림 7.63의 회로에서 전류원에 걸리는 전압은?

(a) 20 V (b) 15 V (c) 10 V (d) 5 V

7.5 메쉬 해석에 주로 사용하는 법칙은?

(a) 옴의 법칙과 키르히호프 전류 법칙

(b) 키르히호프 전압 법칙과 옴의 법칙

(c) 키르히호프 전압 및 전류 법칙

(d) 옴의 법칙과 키르히호프 전압 및 전류 법칙

7.6 그림 7.64 회로의 노드 1에 KCL을 적용하면?

(a) $2 + \dfrac{12 - V_1}{3} = \dfrac{V_1}{6} + \dfrac{V_1 - V_2}{4}$

(b) $2 + \dfrac{V_1 - 12}{3} = \dfrac{V_1}{6} + \dfrac{V_2 - V_1}{4}$

(c) $2 + \dfrac{12 - V_1}{3} = \dfrac{0 - V_1}{6} + \dfrac{V_1 - V_2}{4}$

(d) $2 + \dfrac{V_1 - 12}{3} = \dfrac{0 - V_1}{6} + \dfrac{V_2 - V_1}{4}$

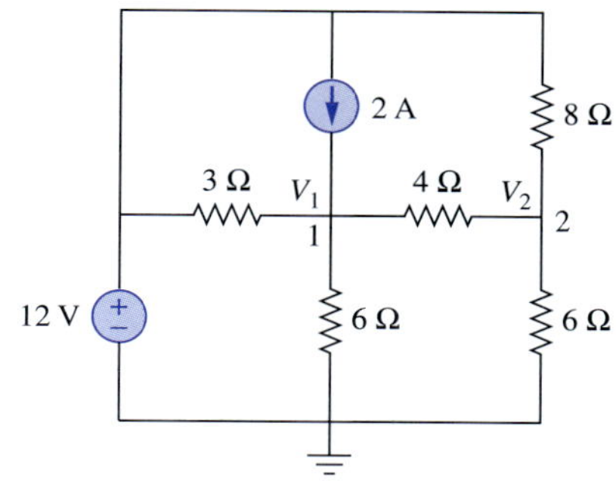

그림 7.64
복습문제 7.6과 7.7의 회로

7.7 그림 7.64 회로의 노드 2에 KCL을 적용하면?

(a) $\dfrac{V_2 - V_1}{4} + \dfrac{V_2}{8} = \dfrac{V_2}{6}$

(b) $\dfrac{V_1 - V_2}{4} + \dfrac{V_2}{8} = \dfrac{V_2}{6}$

(c) $\dfrac{V_1 - V_2}{4} + \dfrac{12 - V_2}{8} = \dfrac{V_2}{6}$

(d) $\dfrac{V_2 - V_1}{4} + \dfrac{V_2 - 12}{8} = \dfrac{V_2}{6}$

7.8 그림 7 .65의 회로에서 V_1과 V_2의 관계는?

(a) $V_1 = 6I + 8 + V_2$ (b) $V_1 = 6I - 8 + V_2$

(c) $V_1 = -6I + 8 + V_2$ (d) $V_1 = -6I - 8 + V_2$

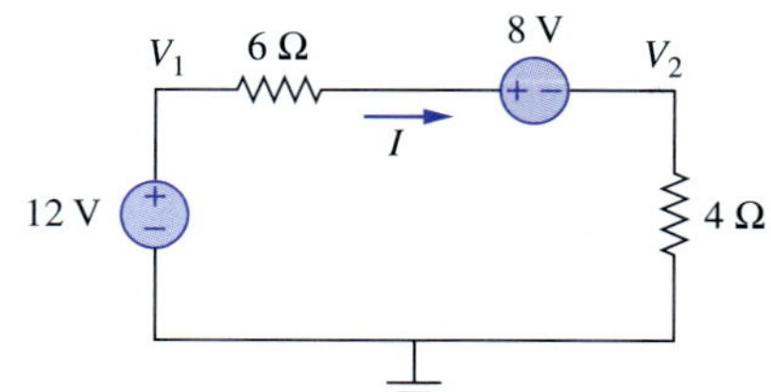

그림 7.65
복습문제 7.8 및 7.9의 회로

7.9 그림 7.65의 회로에서 전압 V_2는?

(a) −8 V (b) −1.6 V (c) 1.6 V (d) 8 V

7.10 PSpice에서 전류 제어 전압원 부분의 이름은?

(a) EX (b) FX (c) HX (d) GX

해답 7.1a, 7.2c, 7.3d, 7.4b, 7.5b, 7.6a, 7.7c, 7.8a, 7.9c, 7.10c

문제

7.2절과 7.3절 메쉬 해석

7.1 다음 행렬식을 구하라.

(a) $\begin{vmatrix} 50 & -2 \\ 6 & 1 \end{vmatrix}$ (b) $\begin{vmatrix} 5 & 1 & 0 \\ 2 & -3 & 4 \\ 6 & 8 & 10 \end{vmatrix}$

7.2 다음 행렬식을 구하라.

(a) $\begin{vmatrix} 4 & 8 \\ -3 & 5 \end{vmatrix}$ (b) $\begin{vmatrix} 5 & 3 & 7 \\ 1 & 1 & 4 \\ 2 & 2 & 8 \end{vmatrix}$

7.3 다음 방정식 세트에서 I_1과 I_2를 구하라.

$$2I_1 - I_2 = 4$$
$$8I_1 + 3I_2 = 5$$

7.4 다음 방정식 세트에서 V_1, V_2 및 V_3를 구하라.

$$3V_1 - V_2 + 2V_3 = 4$$
$$2V_1 + 3V_2 - V_3 = 14$$
$$7V_1 - 4V_2 + 3V_3 = -4$$

7.5 메쉬 해석을 이용하여 그림 7.66의 회로에서 I를 구하라.

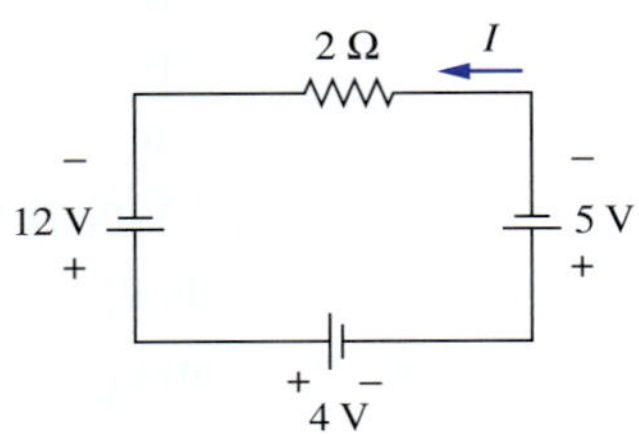

그림 7.66
문제 7.5의 회로

7.6 메쉬 해석을 이용하여 그림 7.67의 회로에서 V_o를 구하라.

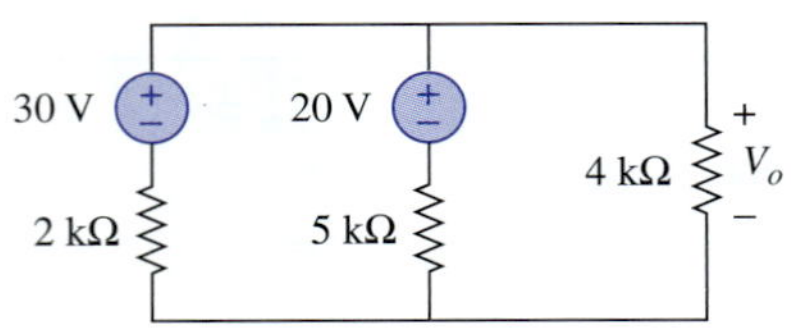

그림 7.67
문제 7.6과 7.27의 회로

7.7 메쉬 해석을 이용하여 그림 7.68의 회로에서 i_1과 i_2를 구하라.

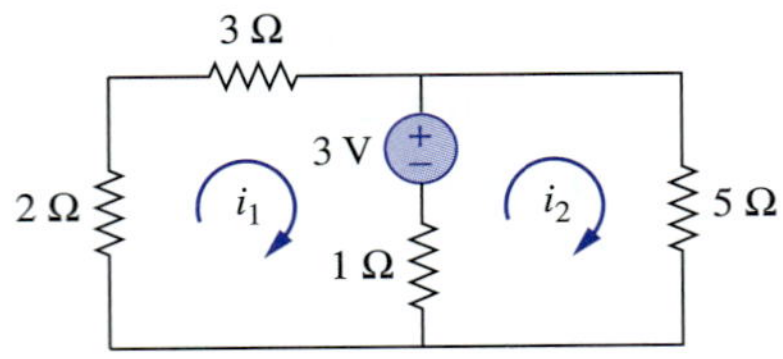

그림 7.68
문제 7.7과 7.60의 회로

7.8 그림 7.69의 브릿지 회로에서 메쉬 전류를 구하라.

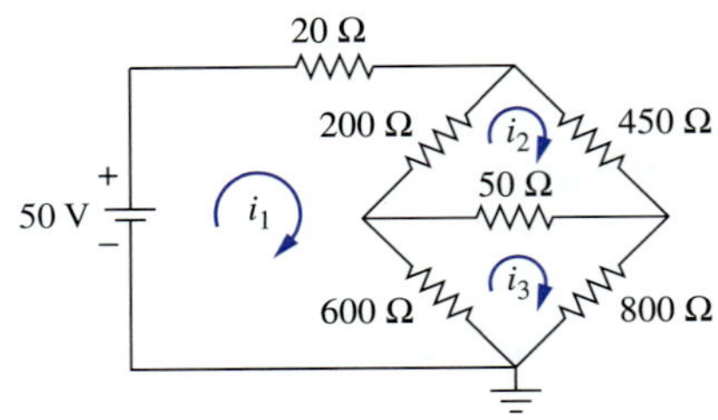

그림 7.69
문제 7.8과 7.61의 회로

7.9 그림 7.70에서 메쉬 해석을 이용하여 I_x를 구하라.

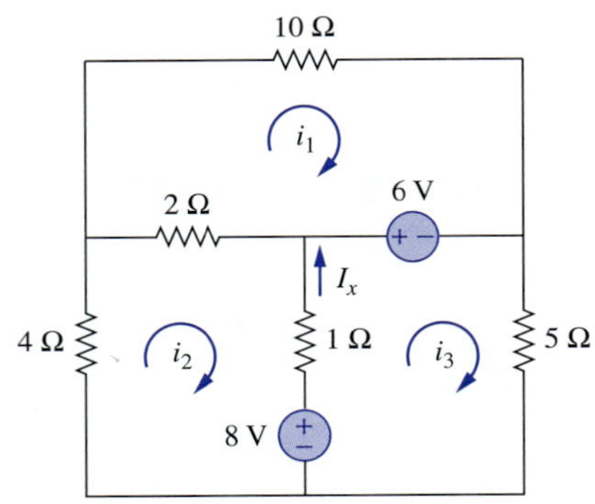

그림 7.70
문제 7.9의 회로

7.10 그림 7.71에서 메쉬 해석을 이용하여 V_o를 구하라.

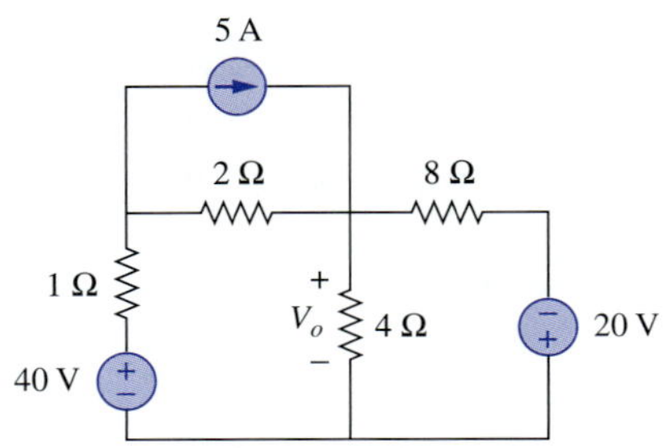

그림 7.71
문제 7.10과 7.65의 회로

7.11 그림 7.72의 회로에서 메쉬 전류 i_1, i_2 및 i_3를 구하라.

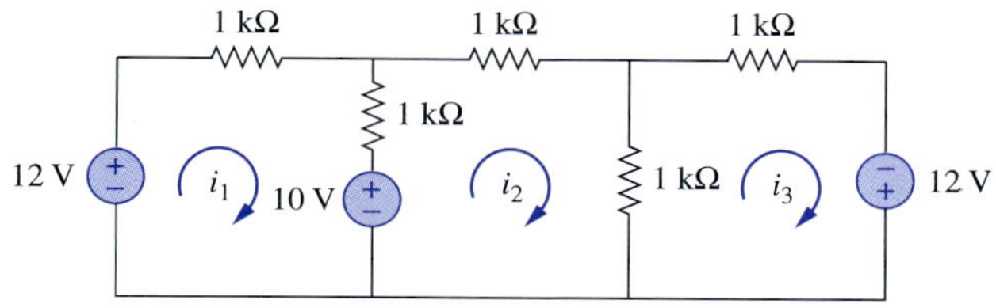

그림 7.72
문제 7.11의 회로

7.12 그림 7.73의 회로에서 메쉬 해석을 이용하여 I_x를 구하라.

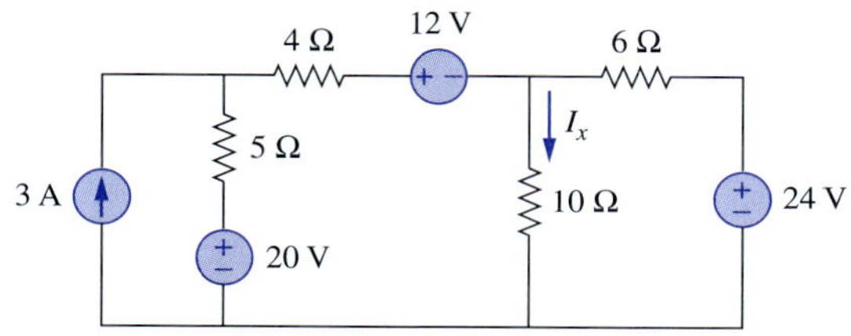

그림 7.73
문제 7.12의 회로

7.13 그림 7.74의 회로에서 메쉬 해석을 이용하여 I_a, I_b 및 I_c를 구하라. 회로에서 모든 저항은 20 Ω으로 가정하라.

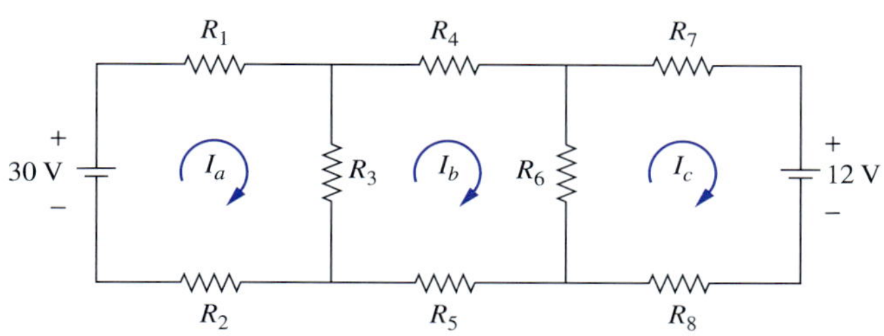

그림 7.74
문제 7.13의 회로

7.14 그림 7.75에서 메쉬 해석을 이용하여 I_o를 구하라.

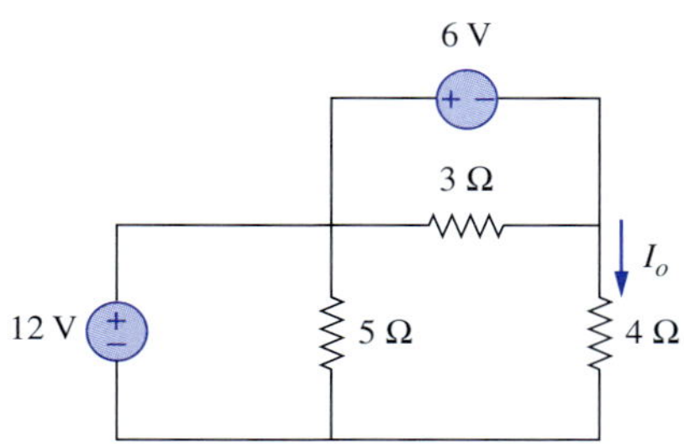

그림 7.75
문제 7.14의 회로

7.15 그림 7.76의 회로에서 메쉬 전류를 구하라.

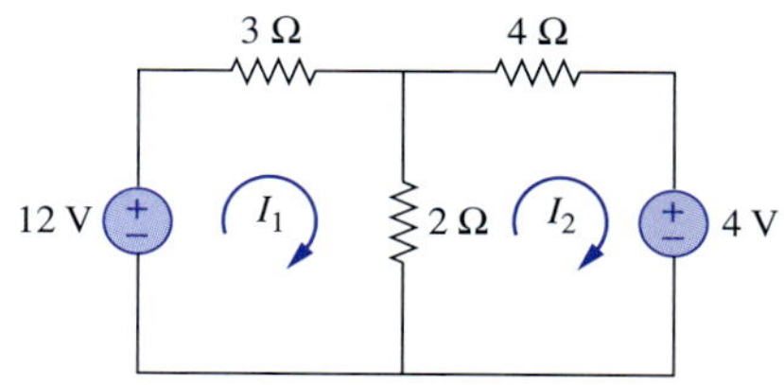

그림 7.76
문제 7.15의 회로

7.16 그림 7.77의 회로에 대한 메쉬 방정식을 작성하라.

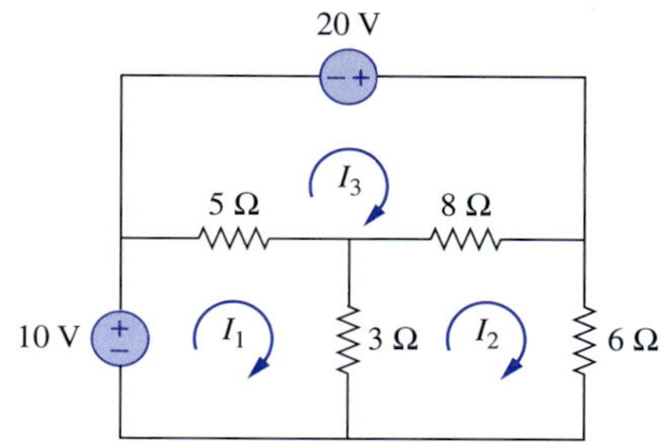

그림 7.77
문제 7.16의 회로

7.17 그림 7.78의 회로에 대한 메쉬 방정식을 작성하라.

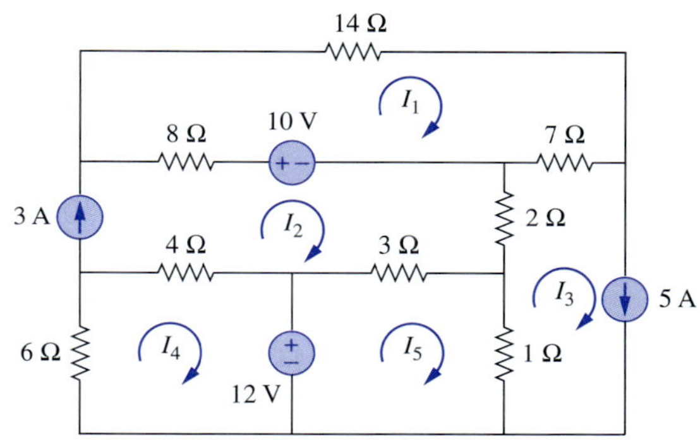

그림 7.78
문제 7.17의 회로

7.18 그림 7.79의 회로에서 메쉬 해석을 이용하여 I와 V를 구하라.

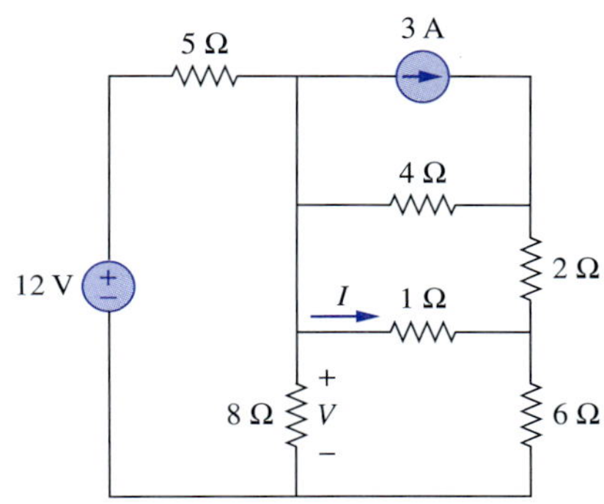

그림 7.79
문제 7.18의 회로

7.19 그림 7.80의 회로에서 V_o와 I_o를 구하라.

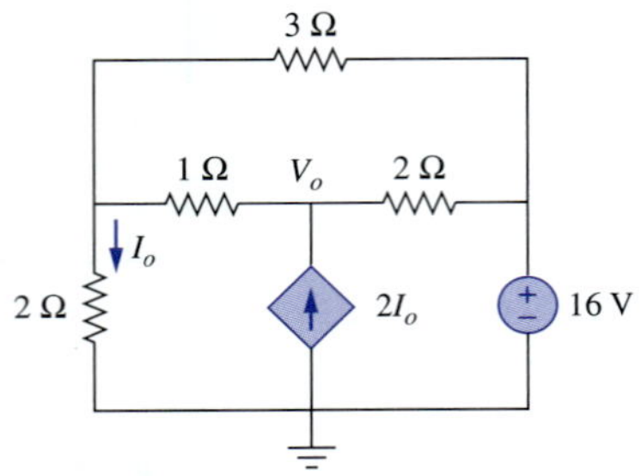

그림 7.80
문제 7.19의 회로

7.20 그림 7.81의 회로에서 메쉬 해석을 이용하여 I_o를 구하라.

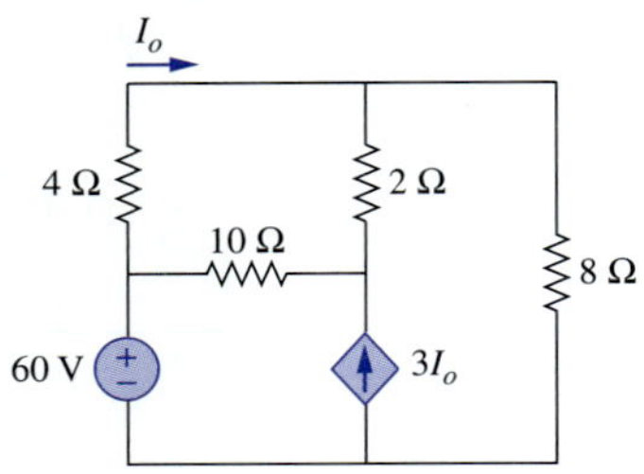

그림 7.81
문제 7.20의 회로

7.21 그림 7.82의 회로에서 메쉬 해석을 이용하여 전류 i_1, i_2 및 i_3를 구하라.

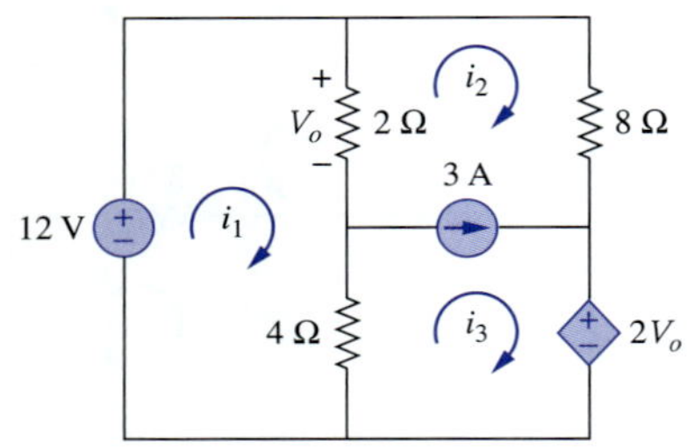

그림 7.82
문제 7.21의 회로

7.4절과 7.5절 노드 해석

7.22 그림 7.83의 회로에서 V_1과 V_2를 구하라.

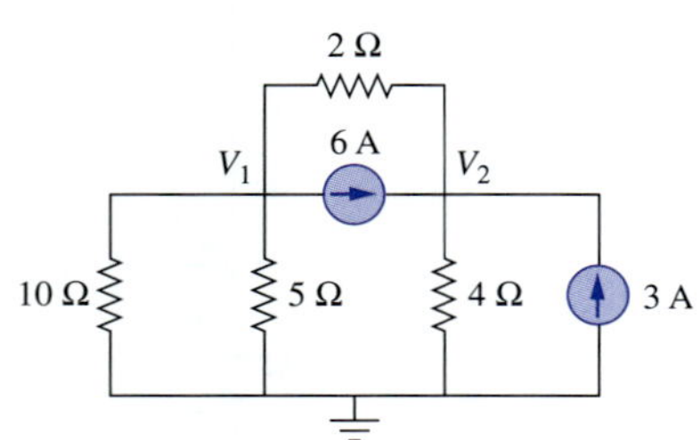

그림 7.83
문제 7.22의 회로

7.23 그림 7.84의 회로에서 전압 V_o를 구하라.

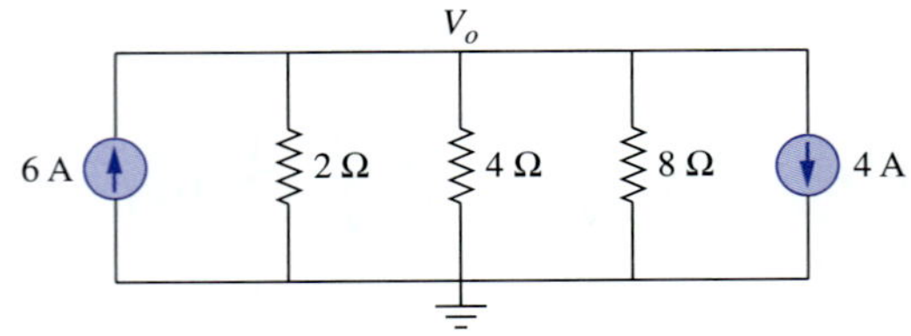

그림 7.84
문제 7.23의 회로

7.24 그림 7.85의 회로에서 노드 해석을 이용하여 V_x를 구하라.

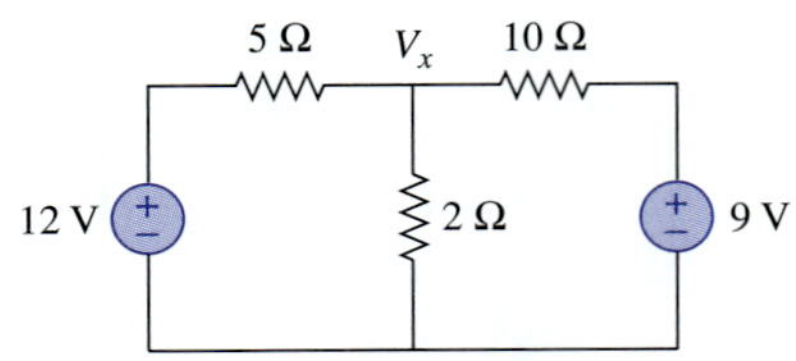

그림 7.85
문제 7.24 회로

7.25 그림 7.86의 회로에서 V_1, V_2 및 V_3를 구하라.

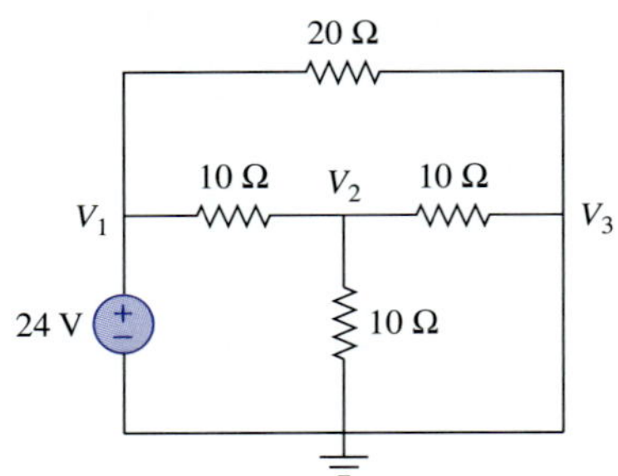

그림 7.86
문제 7.25와 7.62의 회로

7.26 그림 7.87의 회로에서 V_1과 V_2를 구하라.

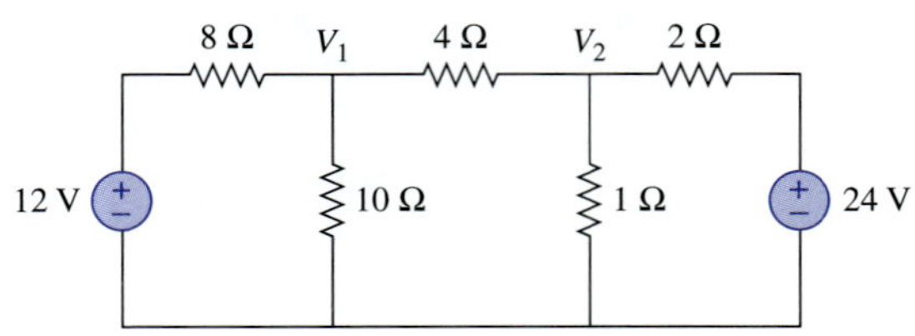

그림 7.87
문제 7.26의 회로

7.27 그림 7.67의 회로에서 V_o를 구하라.

7.28 그림 7.88의 회로에서 V_1과 V_2를 구하라.

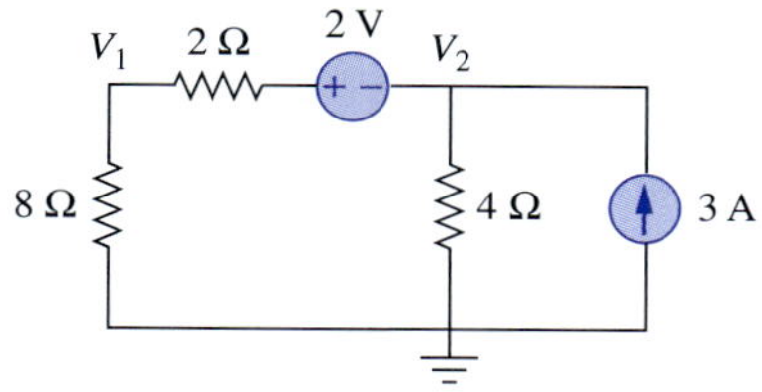

그림 7.88
문제 7.28의 회로

7.29 노드 해석을 이용하여 그림 7.89의 회로에서 전류 I_o를 구하라.

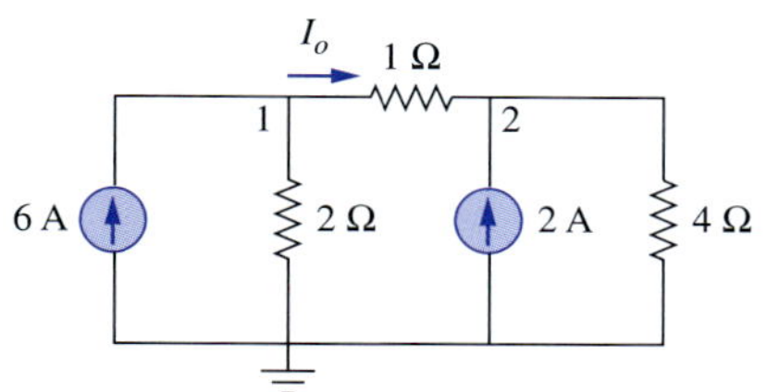

그림 7.89
문제 7.29의 회로

7.30 노드 해석을 이용하여 그림 7.90의 회로에서 노드 전압을 구하라.

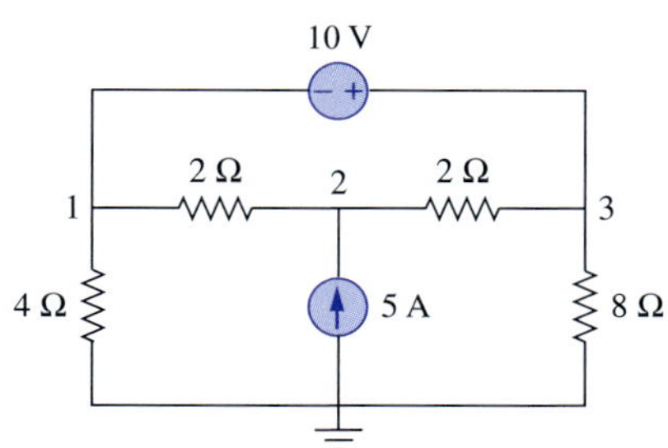

그림 7.90
문제 7.30의 회로

7.31 그림 7.91의 회로에서 V_1과 V_2를 구하라.

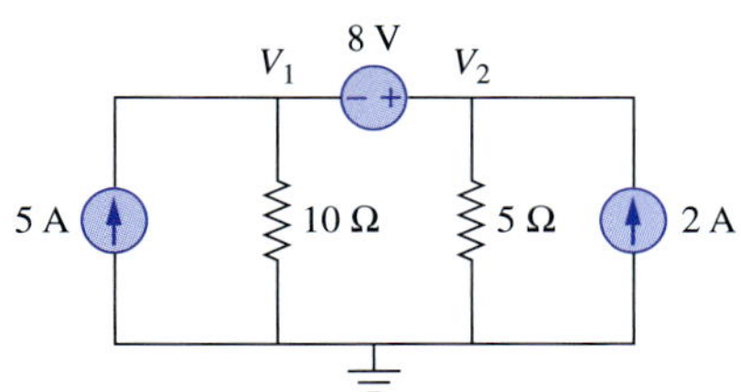

그림 7.91
문제 7.31과 7.64의 회로

7.32 그림 7.92의 회로에서 i_s를 구하라.

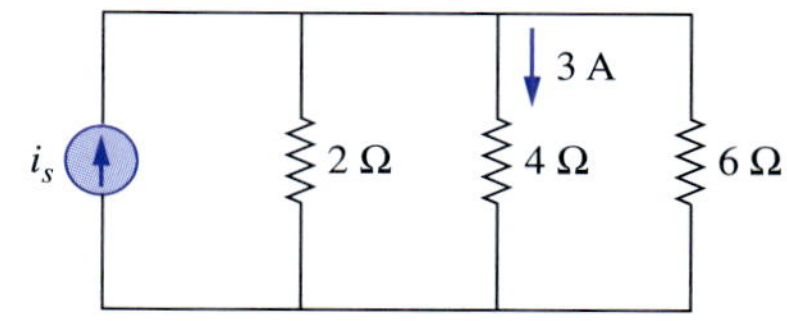

그림 7.92
문제 7.32의 회로

7.33 그림 7.93의 회로에서 v_s를 구하라.

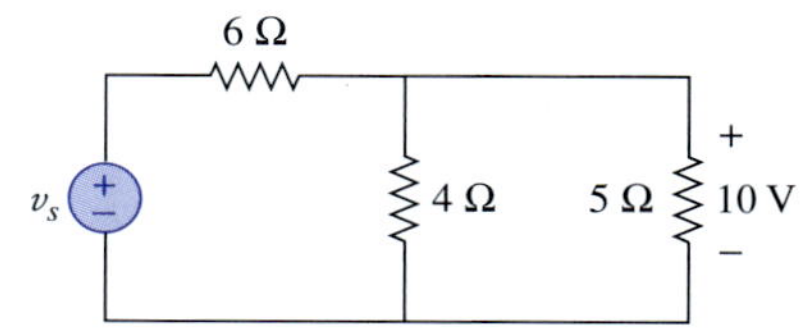

그림 7.93
문제 7.33의 회로

7.34 노드 해석을 이용하여 그림 7.94의 회로에서 V_1과 V_2를 구하라.

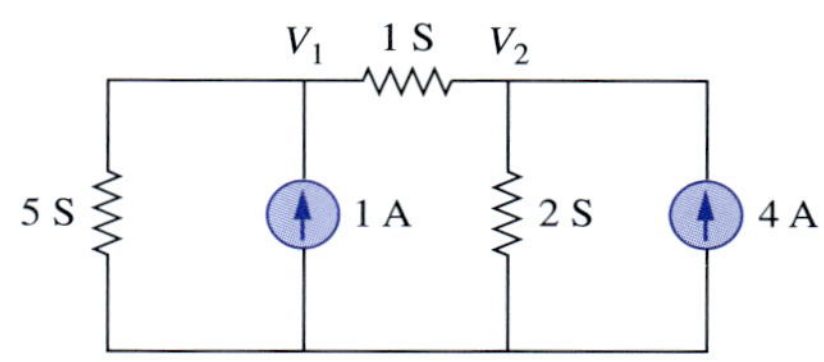

그림 7.94
문제 7.34의 회로

7.35 노드 해석을 이용하여 그림 7.95의 회로에서 V_1과 V_2를 구하라.

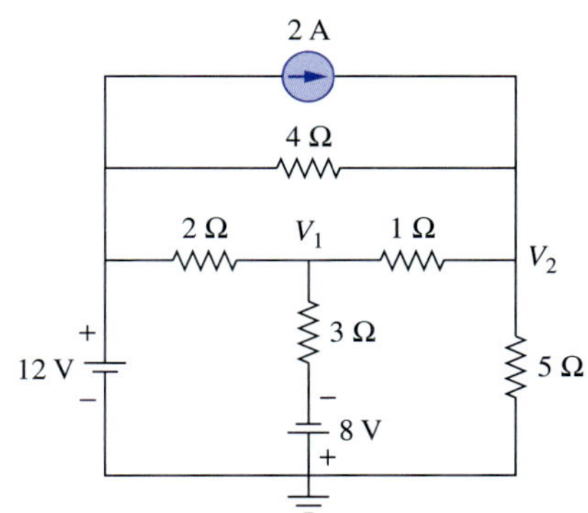

그림 7.95
문제 7.35의 회로

7.36 그림 7.96에서 노드 해석을 이용하여 V_o를 구하라.

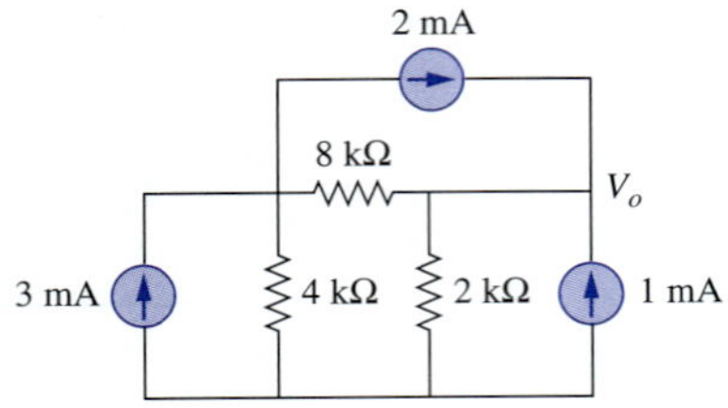

그림 7.96
문제 7.36의 회로

7.37 그림 7.97의 회로에서 노드 전압을 구하라.

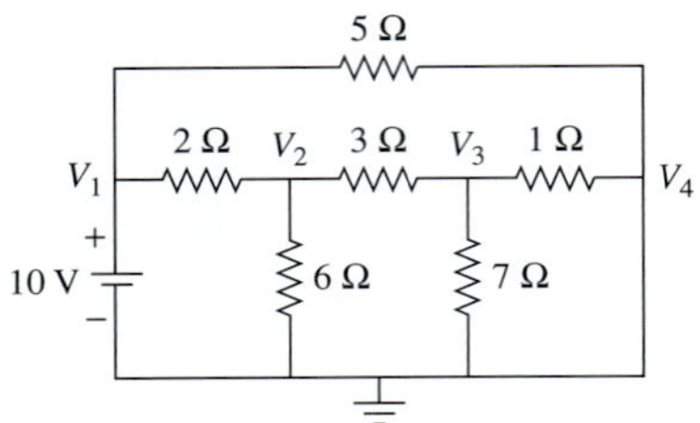

그림 7.97
문제 7.37의 회로

7.38 그림 7.98의 회로에서 노드 해석을 이용하여 V와 I를 구하라.

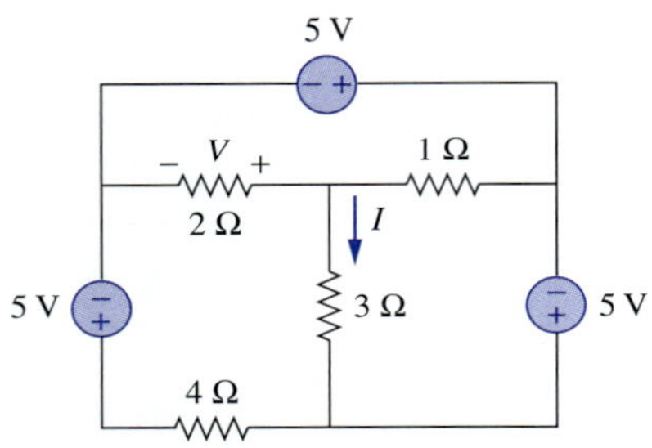

그림 7.98
문제 7.38의 회로

***7.39** 그림 7.99의 회로에서 노드 해석을 이용하여 V와 I를 구하라.[7]

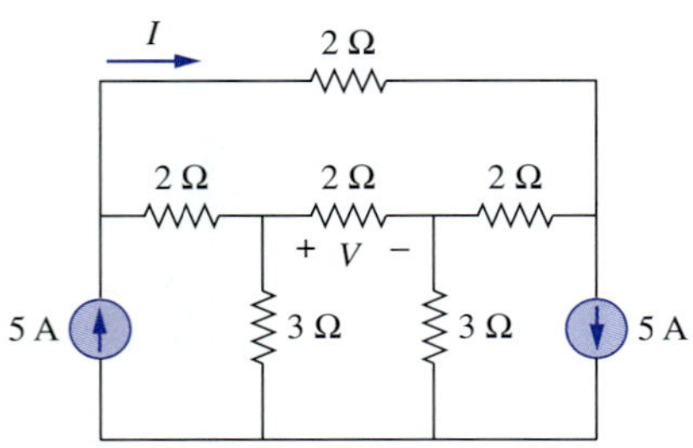

그림 7.99
문제 7.39의 회로

7.40 그림 7.100의 회로에서 노드 해석을 이용하여 V와 I를 구하라.

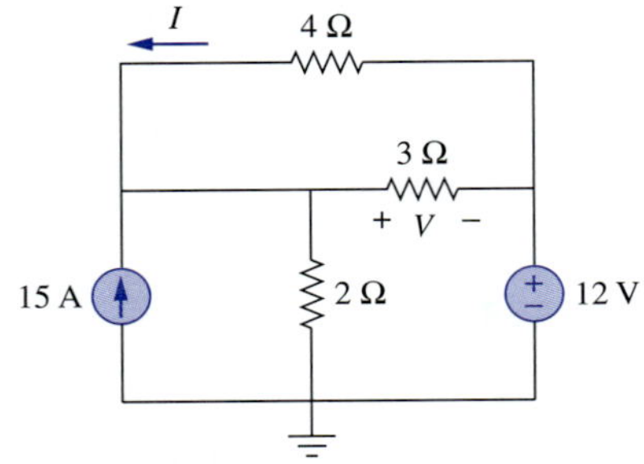

그림 7.100
문제 7.40의 회로

7.41 그림 7.101의 회로에서 V_1과 V_2를 구하라. 그리고 모든 저항에서 소모되는 전력을 구하라.

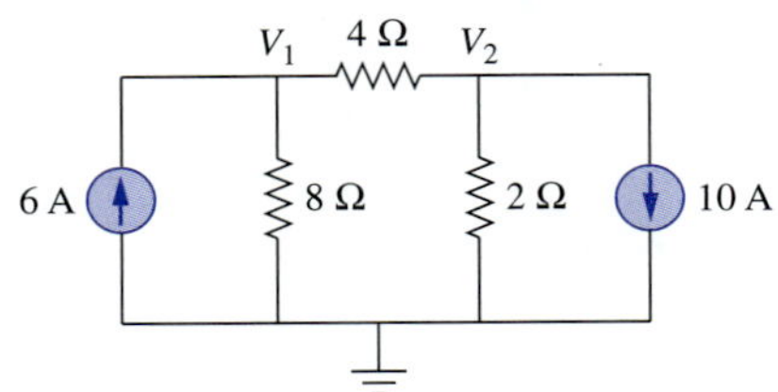

그림 7.101
문제 7.41의 회로

7.42 그림 7.102의 회로에서 노드 해석을 이용하여 V_x를 구하라.

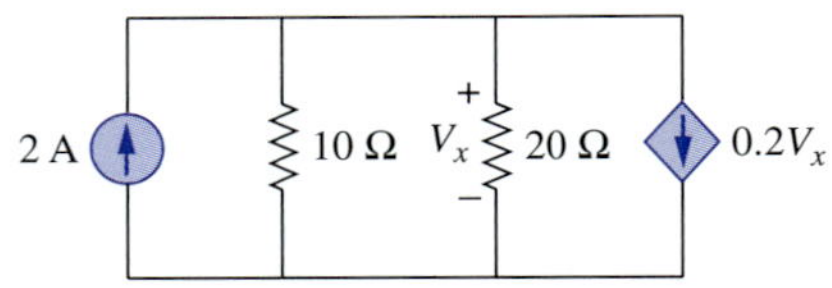

그림 7.102
문제 7.42의 회로

7.43 그림 7.103의 회로에서 노드 해석을 이용하여 I_b를 구하라.

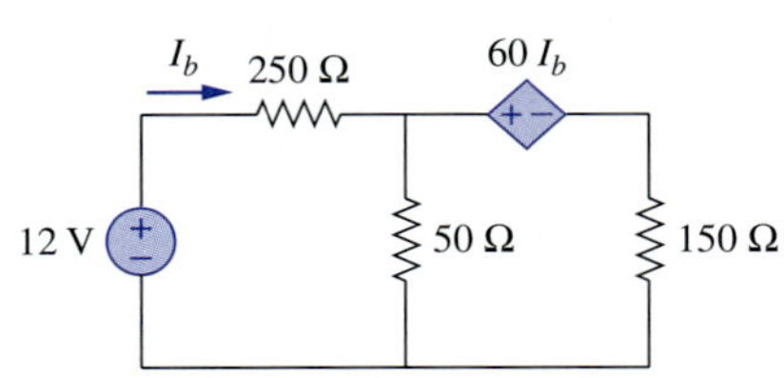

그림 7.103
문제 7.43의 회로

7.44 그림 7.104의 회로에서 I_o를 구하라.

---

7 별표(*)는 도전적인 문제를 나타낸다.

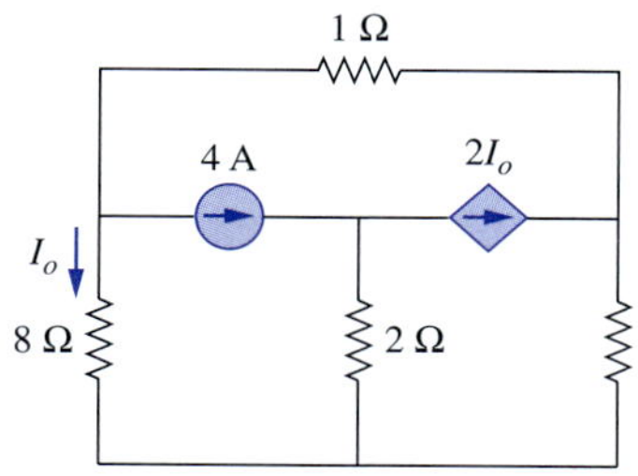

그림 7.104
문제 7.44의 회로

7.6절 점검에 의한 메쉬 및 노드 해석

7.45 점검으로 그림 7.105의 회로에 대한 메쉬-전류 방정식을 구하라. 그리고 8-Ω 저항에서 흡수되는 전력을 계산하라.

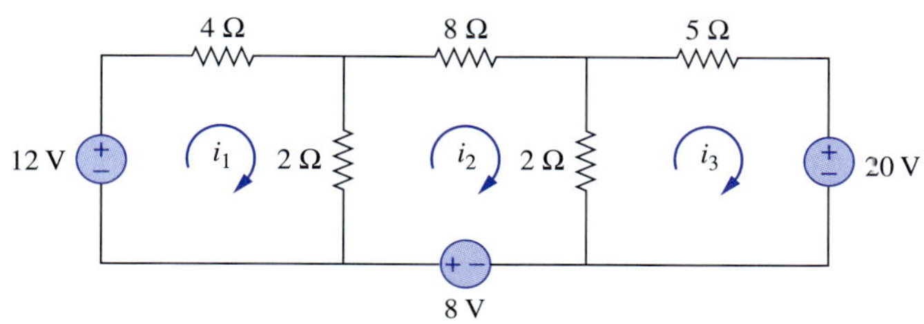

그림 7.105
문제 7.45의 회로

7.46 점검으로 그림 7.106의 회로에 대한 메쉬-전류 방정식을 작성하라.

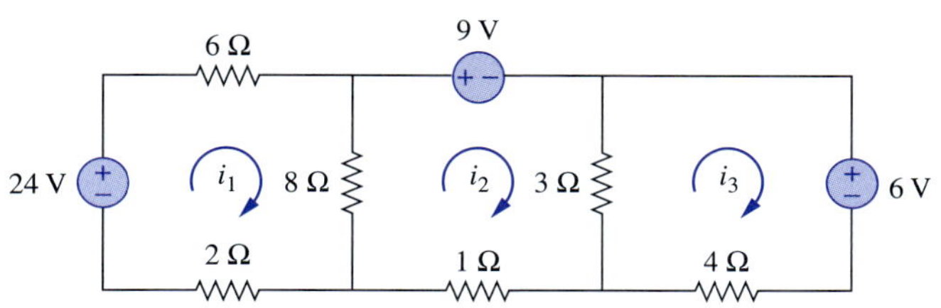

그림 7.106
문제 7.46의 회로

7.47 점검으로 그림 7.107의 회로에 대한 메쉬-전류 방정식을 작성하라.

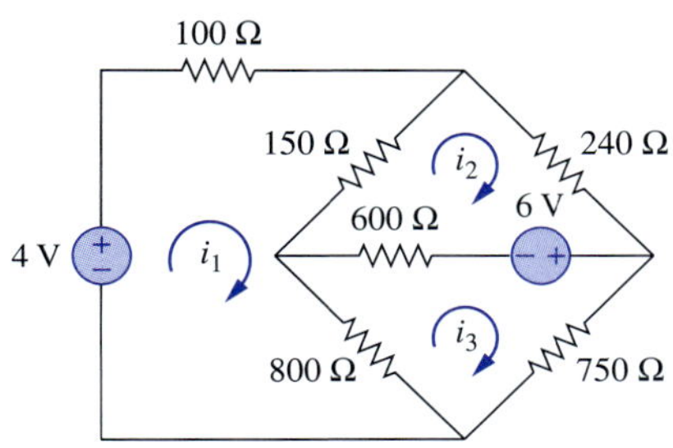

그림 7.107
문제 7.47의 회로

7.48 점검으로 그림 7.108의 회로에 대한 노드-전압 방정식을 작성하라. 그리고 노드 전압 V_1과 V_2를 구하라.

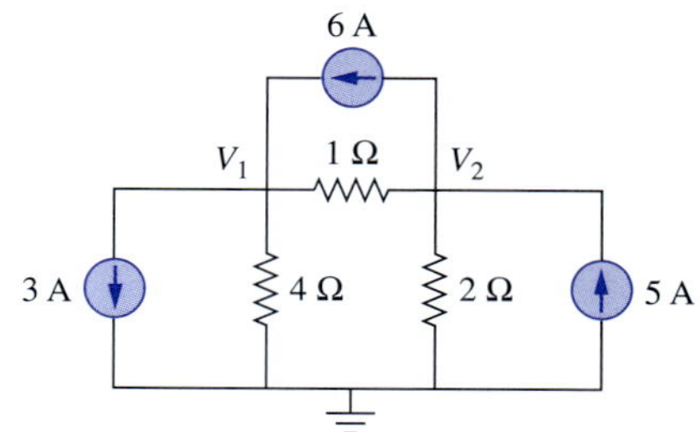

그림 7.108
문제 7.48의 회로

7.49 점검으로 그림 7.109의 회로에 대한 노드-전압 방정식을 작성하라.

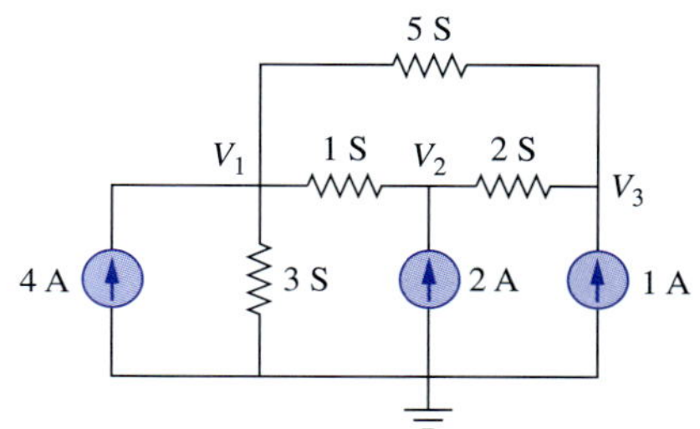

그림 7.109
문제 7.49의 회로

7.50 점검으로 그림 7.110의 회로에 대한 노드-전압 방정식을 작성하라.

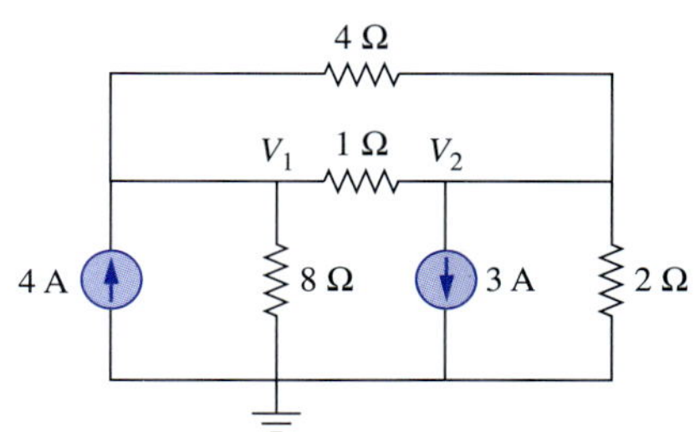

그림 7.110
문제 7.50의 회로

7.51 점검으로 그림 7.111의 회로에 대한 노드-전압 방정식을 작성하라.

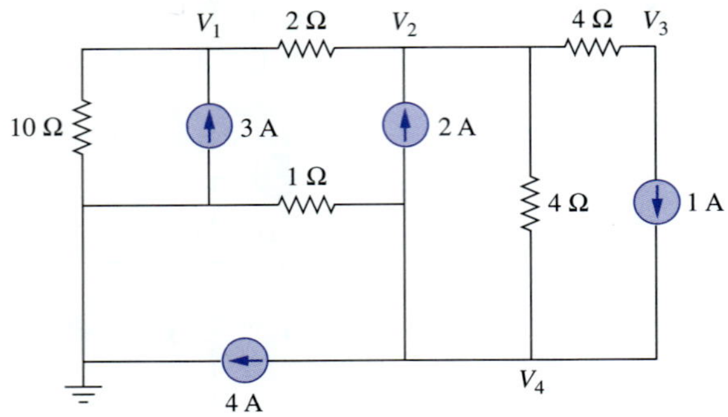

그림 7.111
문제 7.51과 7.63의 회로

7.8절 와이-델타 변환

7.52 그림 7.112의 회로들을 Y에서 Δ로 변환하라.

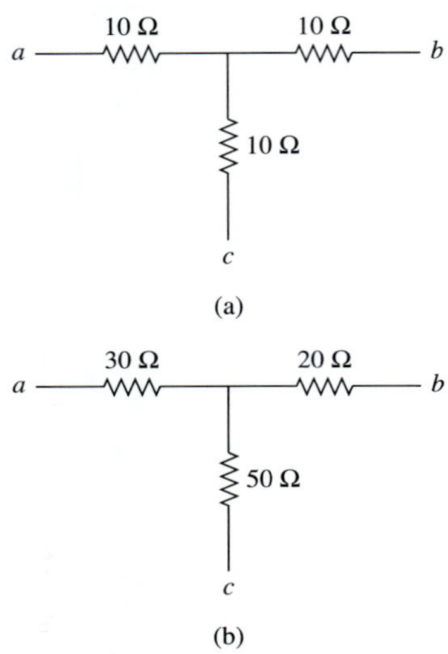

그림 7.112
문제 7.52의 회로

7.53 그림 7.113의 회로들을 Δ에서 Y로 변환하라.

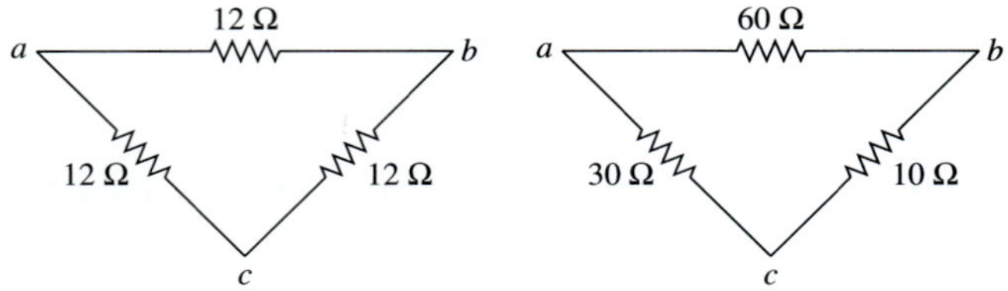

그림 7.113
문제 7.53의 회로

7.54 그림 7.114의 회로에서 단자 a-b의 등가 저항을 구하라.

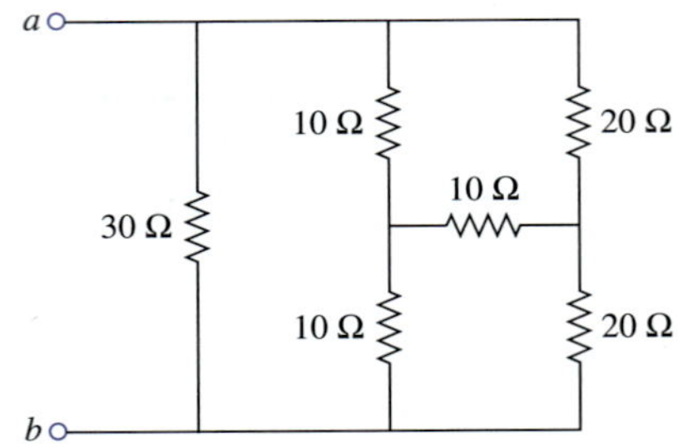

그림 7.114
문제 7.54의 회로

***7.55** 그림 7.115의 각 회로의 등가 저항을 구하라. 그림(b)에서 모든 저항은 30 Ω이다.

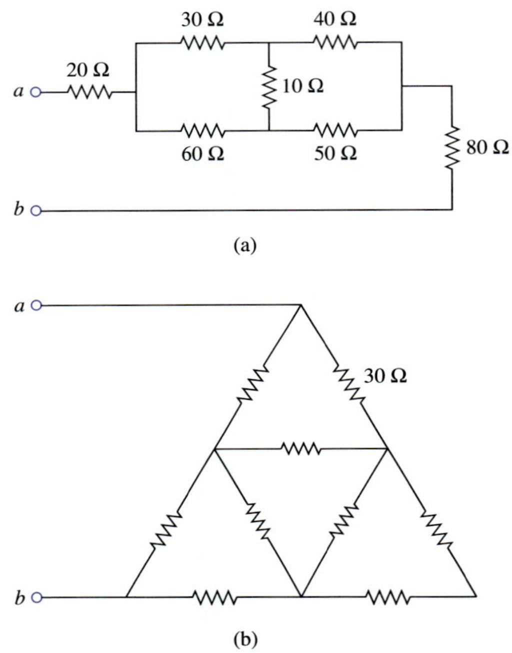

그림 7.115
문제 7.55의 회로

7.56 그림 7.116의 회로에서 단자 (a) a-b와 (b) c-d의 등가 저항을 구하라.

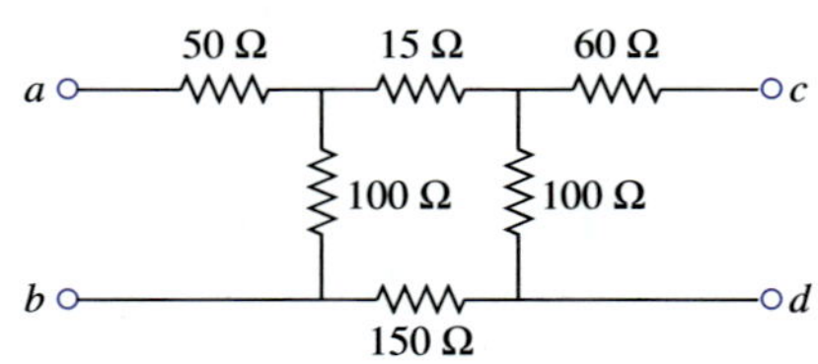

그림 7.116
문제 7.56의 회로

7.57 그림 7.117의 회로에서 I_o를 계산하라.

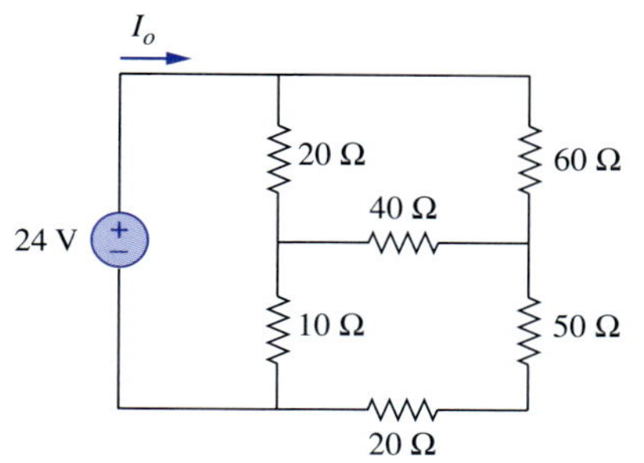

그림 7.117
문제 7.57의 회로

7.58 그림 7.118의 회로에서 V를 구하라.

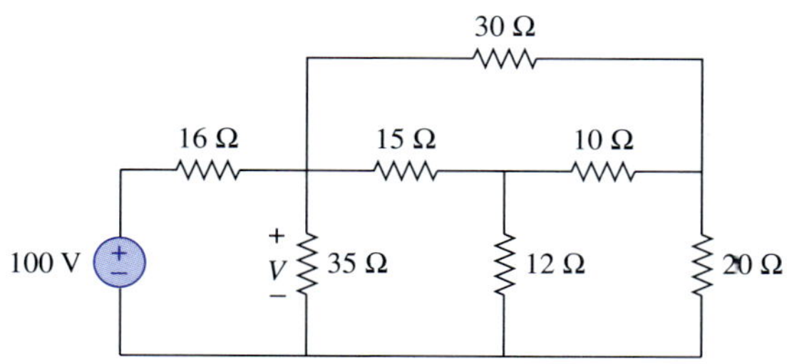

그림 7.118
문제 7.58의 회로

7.59 그림 7.119의 회로에서 I_x를 계산하라.

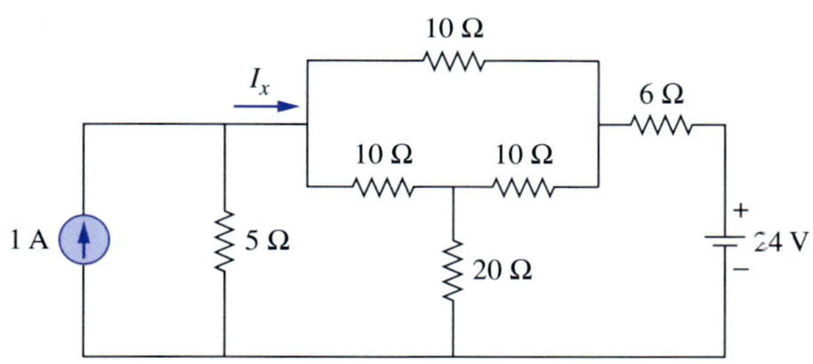

그림 7.119
문제 7.59의 회로

7.9절 컴퓨터를 이용한 해석

7.60 PSpice를 이용하여 문제 7.7을 풀어라.

7.61 PSpice를 이용하여 문제 7.8을 다시 하라.

7.62 PSpice를 이용하여 문제 7.25를 풀어라.

7.63 PSpice를 이용하여 그림 7.111의 회로에서 노드 전압을 구하라.

7.64 Multisim을 이용하여 문제 7.31을 다시 하라.

7.65 Multisim을 이용하여 문제 7.10을 풀어라.

7.66 Multisim을 이용하여 문제 7.59를 풀어라.

7.67 PSpice를 이용하여 그림 7.120의 회로에서 V_o를 구하라.

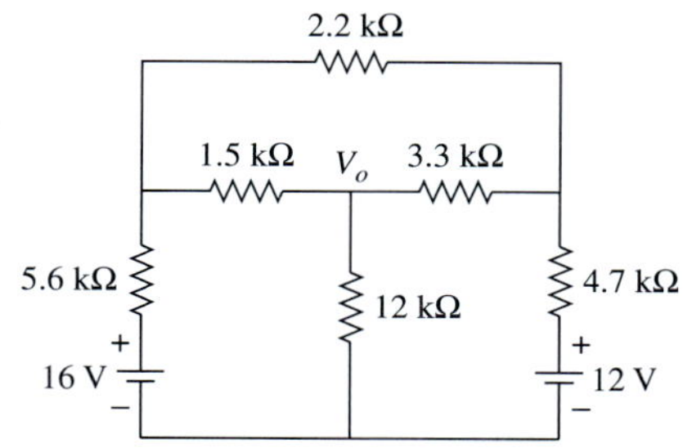

그림 7.120
문제 7.67의 회로

7.10절 응용: DC 트랜지스터 회로

7.68 그림 7.121의 회로에서 I_C와 V_{CE}를 구하라. $I_B \approx 0$, $V_{BE} = 0.7$ V로 가정한다.

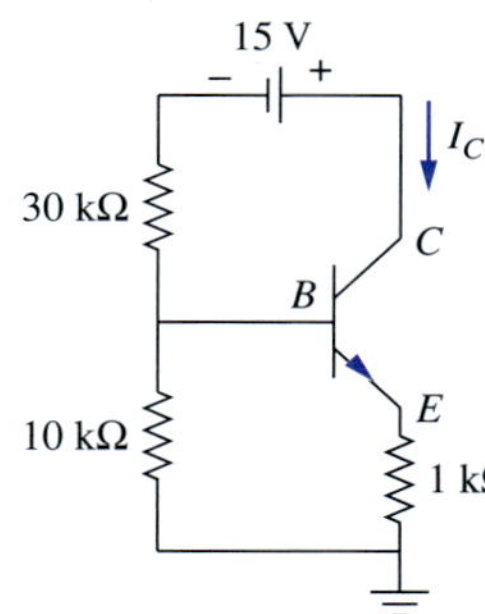

그림 7.121
문제 7.68의 회로

7.69 그림 7.122의 트랜지스터 회로에서 $\beta = 75$, $V_{BE} = 0.7$ V로 가정하자. 컬렉터-이미터 간 전압이 2 V가 되기 위한 V_i의 값은 얼마인가?

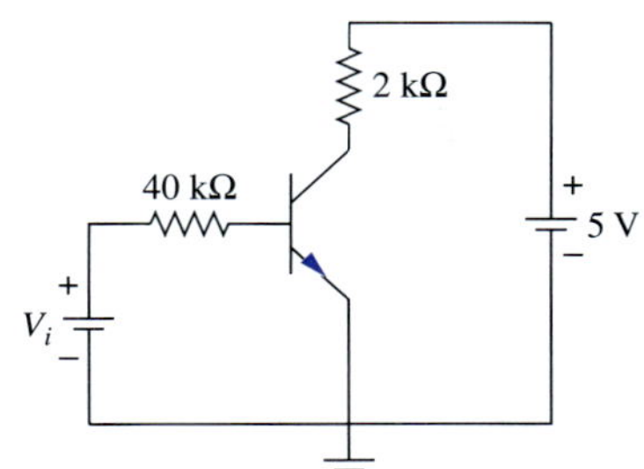

그림 7.122
문제 7.69의 회로

7.70 그림 7.123의 트랜지스터 회로에서 V_s를 구하라. 여기서 $V_o = 4$ V, $\beta = 150$, 및 $V_{BE} = 0.7$ V이다.

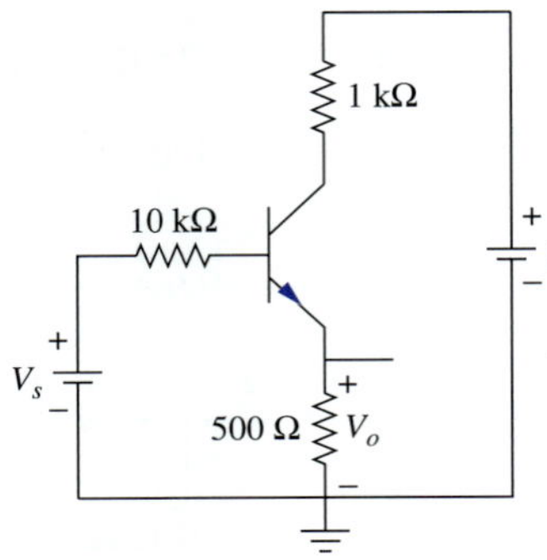

그림 7.123
문제 7.70의 회로

7.71 그림 7.124의 트랜지스터 회로에서 I_B, V_{CE} 및 V_o를 구하라. 여기서 $\beta = 200$ 및 $V_{BE} = 0.7$ V이다.

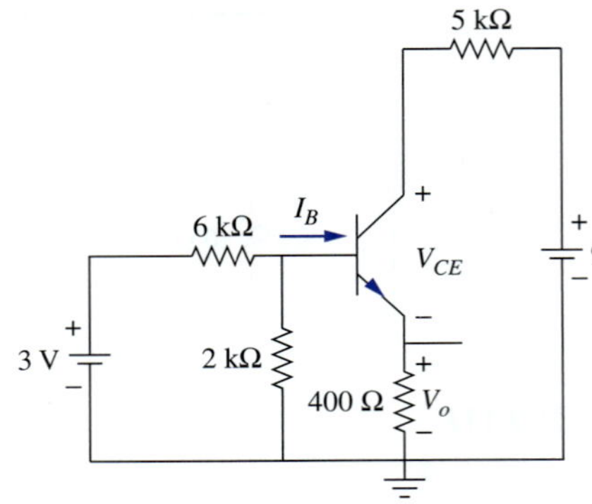

그림 7.124
문제 7.71의 회로

CHAPTER

8

회로 이론

아무것도 하지 않는 사람은 실수도 하지 않는다. 그러나, 실수가 없다면 더 이상 어떤 진보도 없다.

— Paul Winkler

경력 향상

컴퓨터공학 기술의 직업들

컴퓨터공학 기술 교육은 최근 십 년 동안에 급격한 변화를 가져왔다. 컴퓨터는 현대 사회와 교육에 있어서 중요한 위치를 차지하고 있다. 컴퓨터는 연구, 개발, 생산, 사업 및 오락 등의 다양한 분야에서 도움을 주고 있다. 과학자, 기술자, 의사, 변호사, 교사, 비행 조종사, 사업가 등 거의 모든 사람들이 매우 짧은 시간에 정보를 처리하고 또한 많은 정보를 저장하기 위해서 컴퓨터의 도움을 받고 있다. 인터넷, 즉 컴퓨터통신 네트워크는 산업, 의약, 사업, 교육 및 도서관학에 있어서 필수적인 요소가 되었으며 컴퓨터의 활용은 급속하게 증가하였다.

컴퓨터를 사용하는 경찰관
© The McGraw-Hill Companies, Inc./Kefover/Opatrany

컴퓨터시스템을 연구하는 3가지의 주요한 학문 분야로는 컴퓨터 과학, 컴퓨터공학 기술 그리고 정보관리 과학이 있다. 컴퓨터공학 기술은 전기공학 기술로부터 자체적으로 분리되면서 매우 빠르고 넓게 성장하였다. 그러나 아직도 대부분의 공학 기술 학교에서는 컴퓨터공학 기술이 여전히 전기공학 기술의 필수적인 요소로 남아있다.

컴퓨터공학 기술에서의 교육은 소프트웨어, 하드웨어 설계 그리고 기본적인 모델링 기술들을 포함해서 폭넓게 제공되어야 한다. 또한 데이터구조, 디지털시스템, 컴퓨터구조, 마이크로프로세서, 인터페이스, 프로그래밍, 소프트웨어 공학 그리고 운영체제 등의 과정이 포함되어야 한다. 컴퓨터공학 기술을 전공한 전기공학 기술자들은 컴퓨터 업계와 컴퓨터가 사용되는 광범위한 분야에서 직업을 찾게 된다. 수적이나 양적으로 급속한 성장을 하고 있는 소프트웨어 회사들은 프로그래밍에 숙련된 엔지니어에 대한 고용을 창출하고 있다. 컴퓨터에 대한 지식을 향상시키는 탁월한 방법은 컴퓨터와 관련된 다양한 잡지, 저널 그리고 학회를 후원하는 IEEE(전기전자기술자협회)의 컴퓨터 분과(소사이어티)에 가입하는 것이다.

8.1 서론

지난 장에서 배웠던 키르히호프의 법칙을 사용한 회로 해석의 장점은 회로 본연의 구성을 변경하지 않고 회로를 해석할 수 있다는 것이다. 그러나 이 방법의 큰 단점은 크고 복잡한 회로에 대해서는 힘들고 지루한 계산이 수반된다는 점이다.

전기회로의 응용 범위가 넓어지면서 간단한 회로에서 복잡한 회로로 진화해 가는 경향이 있다. 회로의 복잡성을 감소시키기 위해서, 공학자들은 과거 수 년 사이에 회로 해석을 간단히 하기 위한 정리들을 개발해 왔다. 그러한 정리들로는 테브냉의 정리, 노튼의 정리, 밀만의 정리, 치환(substitution) 정리 그리고 상호관계(reciprocity) 정리 등이 있다. 이러한 정리들은 앞 장에서 언급된 메쉬 해석법과 노드 해석법의 특별한 응용으로 생각할 수 있다.[1] 이 정리들은 선형 회로에 대해 적용이 가능하기 때문에, 먼저 회로의 선형성에 대한 개념부터 설명할 것이다. 그리고 위에서 언급한 회로 정리들과 함께 중첩의 원리, 전원 변환 그리고 최대전력 전달에 대해 이번 장에서 설명할 것이다. 이 장에서 발전한 개념은 전원 모델링에 적용될 수 있다.

8.2 선형 특성

선형성은 어떤 요소가 증가할 때 원인과 결과가 일정한 비율로 기술되는 특성이다. 이러한 선형성은 동차(homogeneity) 특성과 가산(additivity) 특성의 조합이다. 이 특성이 많은 회로 소자에 적용된다 하더라도, 이 장에서는 저항에 적용하는 경우에만 국한해서 설명할 것이다.

선형성은 어떤 양에 대한 값의 변화가 다른 양에 직접적으로 비례하는 조건이다.

동차 특성은 만일 입력[또는 이것을 여기(*excitation*)라고도 한다]에 어떤 상수가 곱해지면, 출력[또는 이것을 응답(*response*)이라고도 한다]도 동일한 상수가 곱해진 결과가 나와야 한다. 예를 들어 저항에 있어서 옴의 법칙은 입력 I와 출력 V가 다음과 같은 관계에 있다.

$$V = IR \tag{8.1}$$

만일 전류가 k배 만큼 증가한다면, 전압은 k배에 해당하는 만큼 증가하게 된다.

$$kIR = kV \tag{8.2}$$

가산 특성은 입력의 합에 대한 응답이 각 입력이 개별적으로 인가되었을 때 얻

---

1 예를 들면 테브냉 정리의 가장 일반적인 응용 중 하나는 불평형 휘트스톤 브리지(그림 6.41)의 해석이다.

어지는 응답의 합으로 되어야 한다. 저항의 전압-전류 관계를 이용하면, 만일

$$V_1 = I_1R \tag{8.3a}$$

이고

$$V_2 = I_2R \tag{8.3b}$$

이면 $(I_1 + I_2)$를 인가했을 경우는 다음 식과 같다.

$$V = (I_1 + I_2)R = I_1R + I_2R = V_1 + V_2 \tag{8.4}$$

선형 회로는 선형 소자로 구성된 회로이다.

저항 소자는 전압과 전류의 관계가 동차 특성과 가산 특성을 만족하기 때문에 선형 소자라고 한다. 일반적으로 선형 회로는 오로지 선형 소자들과 선형 전원들로만 이루어진다. 선형 소자는 입력/출력의 관계가 선형인 소자이다. 선형 소자의 예로는 저항, 커패시터 그리고 인덕터가 있다. 비선형 소자의 예로는 다이오드, 트랜지스터 그리고 연산 증폭기 등이 있다.

이 책에서는 단지 선형 회로만을 다룰 것이다. 따라서 $P = I^2R = V^2/R$(선형 함수가 아니라 이차함수로 표시됨)이므로 전력과 전압(또는 전류) 사이의 관계는 비선형적이라는 것을 주의하라. 그러므로 이 장의 모든 정리들은 전력에는 적용할 수 없다.

선형성의 원리를 이해하기 위해서 그림 8.1의 선형 회로를 고려하자. 선형 회로 안에는 독립 전원이 없다. 즉 전원 전압 V_s가 입력으로 제공되며 이 전압에 의해 회로가 동작한다. 이 회로는 부하 R로 구성되어 있다 (전원이 CD 플레이어라면 부하는 스피커라고 볼 수 있다). 우리는 출력 저항 R을 통해 흐르는 전류 I를 계산할 수 있다. 만일 전압 $V_s = 10$ V가 인가되면 전류 $I = 2$ A가 주어진다고 가정한다. 선형성의 원리에 따르면, $V_s = 1$ V가 인가되면 $I = 0.2$ A가 얻어질 것이다. 같은 원리로 $I = 1$ mA를 얻기 위해서는 반드시 $V_s = 5$ mV가 인가되어야 한다.

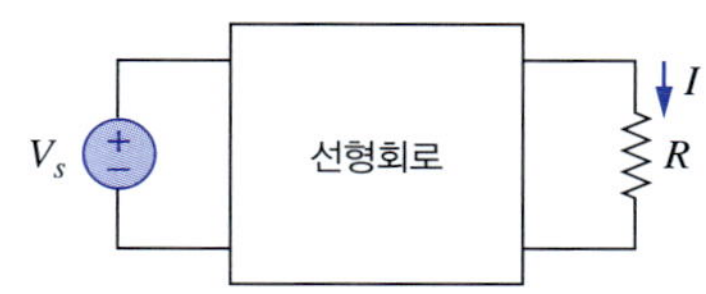

그림 8.1
입력 V_s와 출력 I를 갖는 선형 회로

예제 8.1

그림 8.2의 회로에 대해서 $V_s = 12$ V와 $V_s = 24$ V일 때 각각 I_o를 구하라.

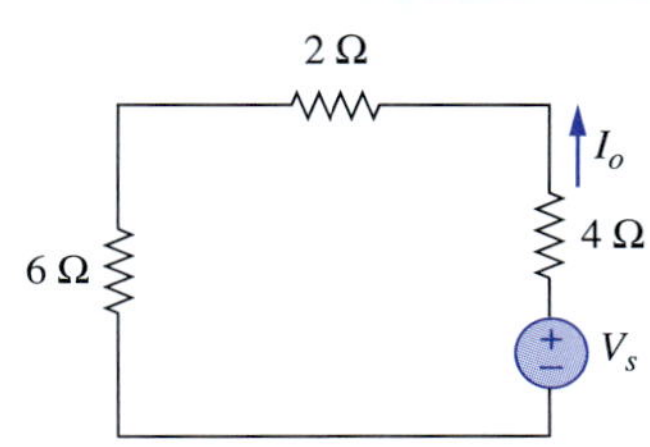

그림 8.2
예제 8.1의 회로

풀이

루프에 KVL을 적용하면

$$(6 + 2 + 4)I_o - V_s = 0$$

또는

$$I_o = \frac{V_s}{12}$$

이다. V_s = 12 V인 경우는

$$I_o = \frac{12}{12} = 1 \text{ A}$$

V_s = 24 V인 경우는

$$I_o = \frac{24}{12} = 2 \text{ A}$$

이다.

이 결과는 전원이 두 배가 되면 I_o도 두 배가 됨을 보여준다.

연습문제 8.1

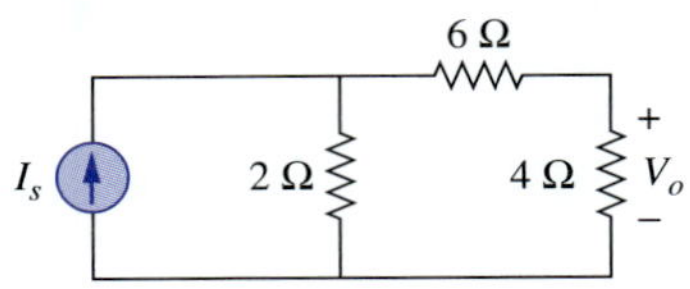

그림 8.3
연습문제 8.1의 회로

그림 8.3의 회로에 대해서 I_s = 15 A와 I_s = 30 A일 때 각각 V_o를 구하라.

해답 10 V, 20 V

예제 8.2

그림 8.4의 회로에서 I_o = 1 A라 가정하고, I_o의 실제적인 값을 선형성을 이용해서 구하라.

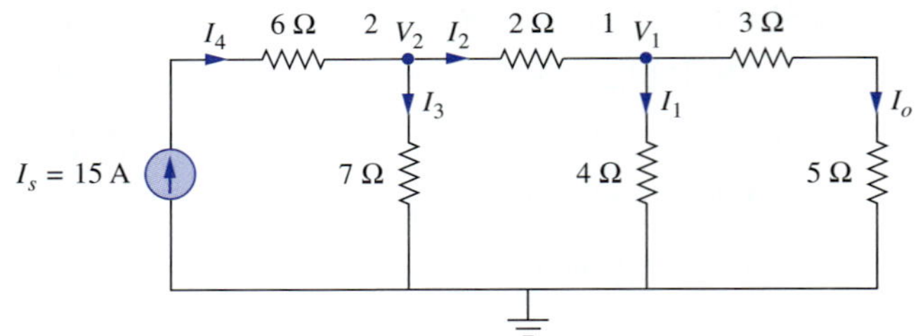

그림 8.4
예제 8.2의 회로

풀이

I_o = 1 A라면 $V_1 = (3 + 5)\ I_o = 8$ V이고 $I_1 = V_1/4 = 2$ A이다. 노드 1에 KCL을 적용하면

$$I_2 = I_1 + I_o = 3 \text{ A}$$

이 된다. 따라서

$$V_2 = V_1 + 2I_2 = 8 + 2 \times 3 = 14 \text{ V}$$
$$I_3 = V_2/7 = 14/7 = 2 \text{ A}$$

이 된다. 노드 2에 KCL을 적용하면

$$I_4 = I_3 + I_2 = 5 \text{ A}$$

이 된다. 따라서 $I_s = 5$ A가 된다. 이 결과는 $I_o = 1$ A라고 가정하면 $I_s = 5$ A가 되고, 따라서 15 A의 실제적인 전원 전류에 대해서는 $I_o = 3$ A가 됨을 보여준다.

연습문제 8.2

그림 8.5의 회로에서, $V_o = 1$ V라고 가정하고 선형성을 이용해서 V_o의 실제적인 값을 계산하라.

해답 4 V

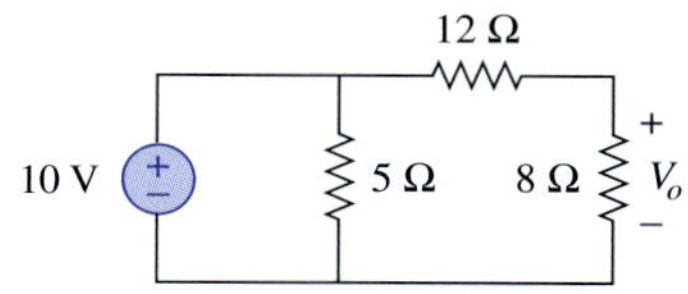

그림 8.5
연습문제 8.2의 회로

8.3 중첩

중첩(*superposition*)[2]의 원리는 선형성에 기초한다. 중첩의 원리는 하나 이상의 독립 전원들을 갖는 선형 회로를 해석하는 데 유용하다. 즉 각각의 독립전원들이 회로에 기여하는 부분들을 계산한 후 나중에 그 요소들을 합산함으로써 모든 독립 전원이 기여한 부분을 산출하는 방식이다. 그러나 중첩의 원리를 적용하기 위해서 명심해야 할 점이 있다. 한 번에 하나의 독립 전원을 고려할 때는 반드시 나머지 모든 전원들은 제거(*turned off*)하거나 거의 0에 가깝게 줄여야 한다(*reduced to zero*).[3] 이것은 모든 전압 전원은 0 V 또는 단락 회로로, 그리고 모든 전류 전원은 0 A 또는 개방 회로로 대체해야 함을 의미한다(이 방법은 이론적인 기술일 뿐이고 실제적으로 할 수 있는 방법은 아니다). 이런 방법을 통해서 더 간단하고 더 다루기 쉬운 회로를 얻을 수 있다.

> **중첩의 원리**는 선형 회로에서 회로소자 양단의 전압(또는 흐르는 전류)은 단독으로 동작하는 각 독립 전원에 의한 양단 전압(또는 흐르는 전류)의 대수적인 합이다.

이러한 내용을 명심하면서 다음과 같은 단계로 중첩의 원리를 적용할 수 있다.

---

2 중첩은 단지 회로 해석에만 국한되지 않고 원인과 결과가 서로에게 선형 관계가 유지되는 많은 영역에 적용된다.

3 turned off라는 말과 같은 의미로 쓰는 다른 용어로는 죽인다(*killed*), 동작하지 않게 하다(*made inactive*), 줄인다(*deadened*), 억압하다(*suppressed*), 영의 값으로 맞추다(*set equal to zero*) 등이 있다.

중첩의 원리를 적용하기 위한 단계

1. 하나의 전원을 제외한 모든 독립 전원을 제거한다. 키르히호프의 법칙을 이용하여 동작하는 전원에 기인한 출력(전압 또는 전류)을 찾아낸다.
2. 나머지 다른 독립 전원에 대해서도 단계 1을 반복한다.
3. 독립 전원이 동시에 인가되었을 때의 값은 위의 단계에서 구한 각각의 값을 대수적으로 합함으로써 구한다.

중첩을 이용한 회로해석의 중요한 단점 한 가지는 더 많은 작업을 필요로 한다는 것이다. 예를 들면 회로가 세 개의 독립 전원을 가지고 있다면 전체 전원에 의한 결과를 얻기 위해서는 3개의 더 간단한 회로들을 각각 분석해야만 한다. 그러나 중첩은 전압 전원을 단락 회로로 전류 전원을 개방 회로로 대체함으로써 복잡한 회로를 더 간단한 회로로 줄일 수 있게 해준다.

중첩이 선형성에 기초한다는 사실을 명심하라. 이러한 이유로, 앞에서 언급한 것처럼 중첩은 전원에 의한 전력의 효과를 결정하는 데는 사용할 수 없다. 왜냐하면 저항에 의해서 흡수되는 전력은 전압과 전력의 제곱에 비례해서 결국 비선형적인 식으로 표현되기 때문이다. 만일 전력이 필요하다면, 소자에 흐르는 전류(또는 양단 전압)는 우선 중첩을 이용해서 계산한다. 또한 전원을 온/오프 할 때마다 이전의 어떤 계산도 더 이상 적용할 수 없고 새로운 해석이 요구되도록 회로를 변경하게 된다.

예제 8.3

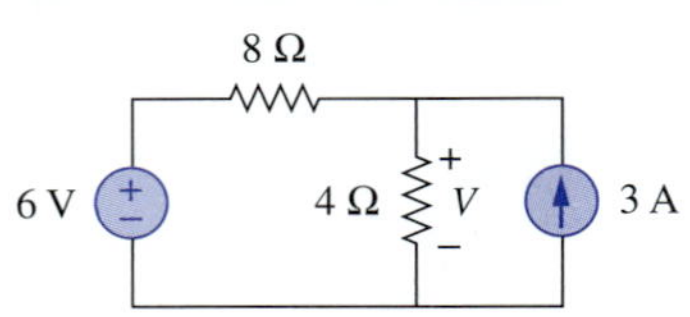

그림 8.6
예제 8.3의 회로

중첩의 이론을 이용하여 그림 8.6에서 V를 구하라.

풀이

두 개의 전원이 있으므로

$$V = V_1 + V_2$$

이고, 이 식에서 V_1과 V_2는 각각 6-V 전압 전원과 3-A 전류 전원에 의해서 야기되는 전압이다. V_1을 얻기 위해서 전류 전원을 그림 8.7(a)와 같이 영으로 놓는다. 그림 8.7(a)의 루프에 KVL을 적용하면

$$12i_1 - 6 = 0 \quad \Rightarrow \quad i_1 = 0.5\text{ A}$$

이 된다. 따라서

$$V_1 = 4i_1 = 2\text{ V}$$

이 된다. 또한 전압 분배 식을 이용하여 V_1을 구할 수도 있다. 즉,

$$V_1 = \frac{4}{4+8}(6) = 2 \text{ V}$$

V_2를 구하기 위해서, 그림 8.7(b)에서 보는 바와 같이 전압 전원을 영으로 놓아야 한다. 전류 분배를 이용하면

$$I_3 = \frac{8}{4+8}(3) = 2 \text{ A}$$

가 된다. 따라서

$$V_2 = 4I_3 = 8 \text{ V}$$

가 된다. 그러므로,

$$V = V_1 + V_2 = 2 + 8 = 10 \text{ V}$$

이다.

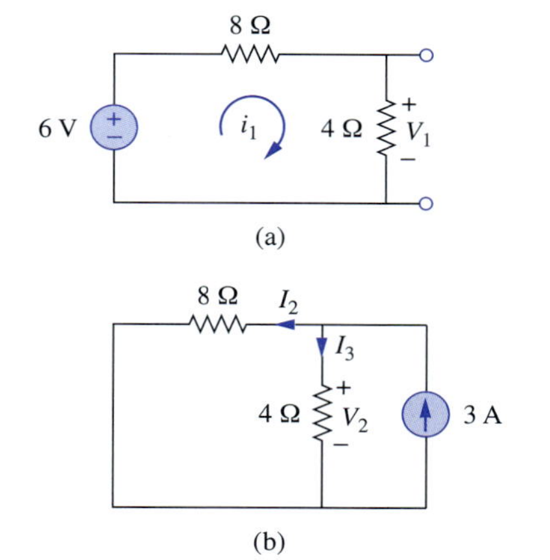

그림 8.7
예제 8.3의 회로: (a) V_1 계산, (b) V_2 계산

연습문제 8.3

중첩의 이론을 이용하여 그림 8.8의 회로에서 V_o를 구하라.

해답 12 V

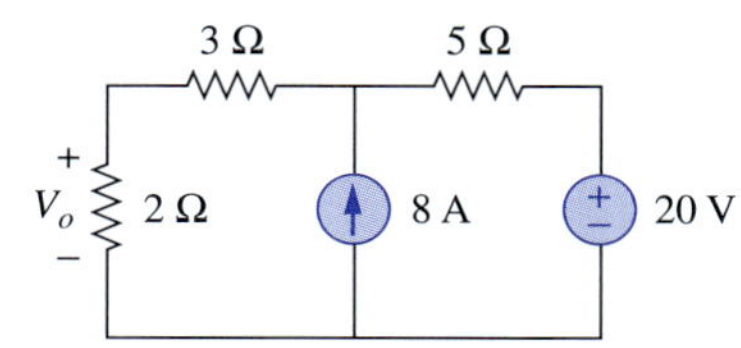

그림 8.8
연습문제 8.3의 회로

예제 8.4

그림 8.9의 회로에서 중첩의 원리를 이용하여 I를 구하라.

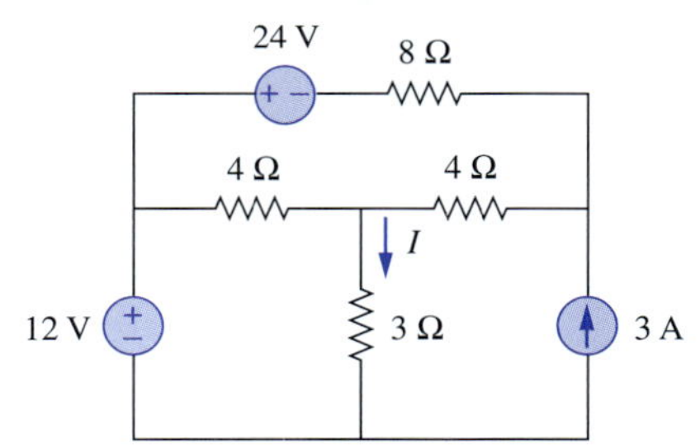

그림 8.9
예제 8.4의 회로

풀이

이 경우에는 3개의 전원을 가지고 있다.

$$I = I_1 + I_2 + I_3$$

라고 가정하면 I_1, I_2 그리고 I_3는 각각 12-V, 24-V, 3-A 전원에 의해서 야기되는 값이다. I_1을 얻기 위해서 그림 8.10(a)의 회로를 고려하자. 회로의 오른쪽에 있는 4 Ω과 8 Ω은 직렬로 연결되어 있으므로 결합시키면 12 Ω을 얻을 수 있다. 12 Ω은 4 Ω과 병렬로 연결되어 있으므로 $12 \times 4/16 = 3$ Ω을 얻을 수 있다. 따라서

$$I_1 = \frac{12}{6} = 2 \text{ A}$$

를 얻는다. I_2를 구하기 위해서 그림 8.10(b) 회로를 고려하자. 메쉬 해석을

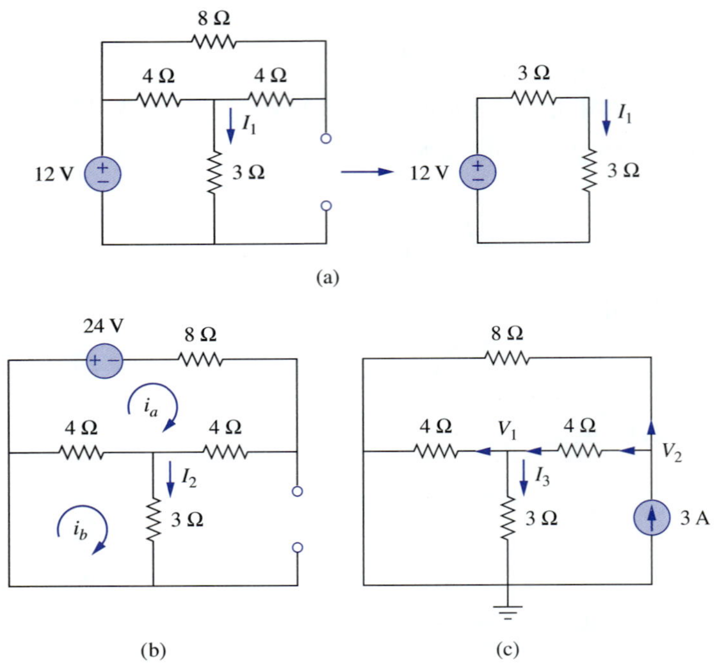

그림 8.10
예제 8.4의 회로

적용하면,

$$16i_a - 4i_b + 24 = 0 \quad \Rightarrow \quad 4i_a - i_b = -6 \tag{8.4.1}$$

$$7i_b - 4i_a = 0 \quad \Rightarrow \quad i_a = \frac{7}{4}i_b \tag{8.4.2}$$

을 얻을 수 있다. 식 (8.4.2)를 식 (8.4.1)에 대입하면

$$I_2 = i_b = -1 \text{ A}$$

을 구할 수 있다.

I_3를 구하기 위해서 그림 8.10(c) 회로를 고려하자. 노드 해석법을 적용하면

$$3 = \frac{V_2}{8} + \frac{V_2 - V_1}{4} \quad \Rightarrow \quad 24 = 3V_2 - 2V_1 \tag{8.4.3}$$

$$\frac{V_2 - V_1}{4} = \frac{V_1}{4} + \frac{V_1}{3} \quad \Rightarrow \quad V_2 = \frac{10}{3}V_1 \tag{8.4.4}$$

를 얻을 수 있고 식 (8.4.4)를 식 (8.4.3)에 대입하면 $V_1 = 3$ V가 되고

$$I_3 = \frac{V_1}{3} = 1 \text{ A}$$

가 된다. 따라서 최종적으로

$$I = I_1 + I_2 + I_3 = 2 - 1 + 1 = 2 \text{ A}$$

을 얻는다.

연습문제 8.4

그림 8.11의 회로에서 중첩의 원리를 적용하여 I를 구하라.

해답 0.75 A

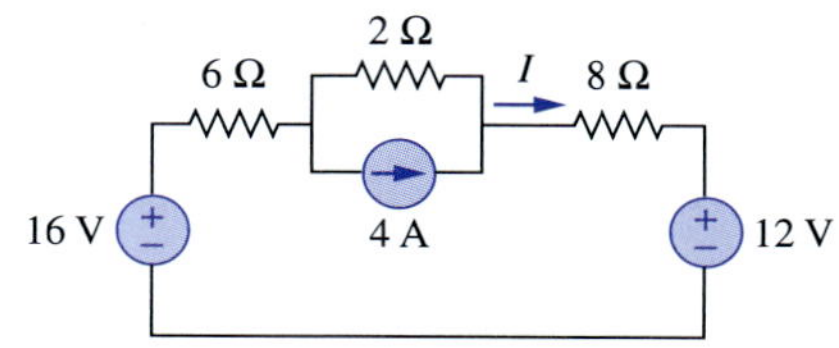

그림 8.11
연습문제 8.4의 회로

8.4 전원 변환

7.6절에서 노드 전압(또는 메쉬 전류)방정식은 전원이 모두 독립 전류원(또는 모두 독립 전압원)일 때 회로의 직관적인 검사를 통해 얻어진다는 것을 알았다. 즉 회로 해석에 있어서, 그림 8.12에서 보는 바와 같이 저항과 직렬로 연결된 전압원은 저항과 병렬로 연결된 전류원으로 대체할 수 있고 반대로 그 역도 성립한다는 것을 의미한다. 이와 같은 대체를 **전원 변환**이라고 한다.

> **전원 변환**은 저항 R과 직렬로 연결되어 있는 전압원 V_s가 저항 R과 병렬로 연결된 전류원 I_s로 대체하거나 또는 반대로 그 역도 가능한 과정이다.

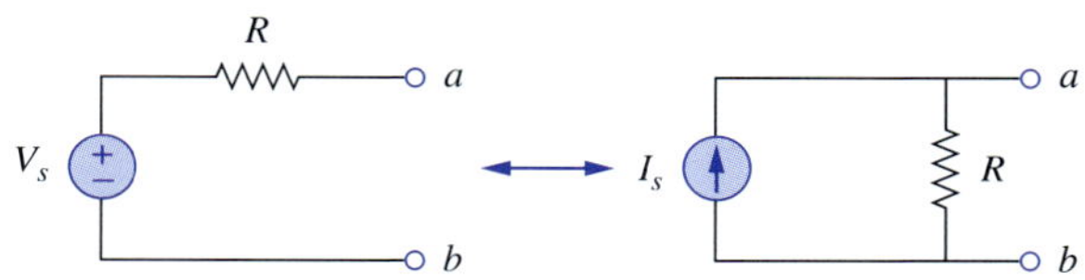

그림 8.12
독립 전원의 변환

그림 8.12의 두 회로는 서로 등가이고 터미널 a-b에서 같은 전압/전류 관계를 갖는다. 실제적으로 두 회로가 등가임을 보이는 것은 어렵지 않다. 만일 전원이 제거된다면, 터미널 a-b에서의 등가 저항은 두 회로 모두 저항 R이다. 또한 터미널 a-b가 단락 회로가 된다면, 왼쪽 회로에 대해 a에서 b로 흐르는 단락 회로의 전류는 $I_{sc} = V_s/R$이고 오른쪽 회로에 대해서는 $I_{sc} = I_s$가 된다. 따라서 두 회로가 등가이기 위해서는 $V_s/R = I_s$이 성립해야 한다. 결론적으로, 전원 변환은 다음 식을 만족한다.

$$V_s = I_s R \qquad \text{또는} \qquad I_s = \frac{V_s}{R} \tag{8.5}$$

전원 변환은 또한 종속 전원에도 적용할 수 있는데 이 때에는 종속 변수에 대해 유의해야 한다. 그림 8.13에서 보이는 것처럼 저항과 직렬로 연결된 종속 전압원은 저항과 병렬로 연결된 종속 전류원으로 변환할 수 있으며 그 반대도 성립한다. 여기에서도 식 (8.5)가 만족한다는 것을 알 수 있다.

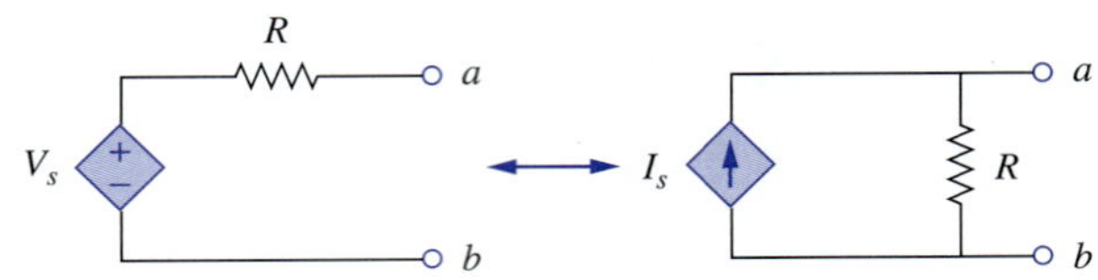

그림 8.13
종속 전원의 변환

7장에서 배웠던 와이-델타 변환과 같이 전원 변환은 회로의 나머지 부분에는 전혀 영향을 주지 않는다. 전원 변환은 적용이 가능하다면 복잡한 회로를 쉽게 해석할 수 있도록 해주는 강력한 도구이다. 그러나 전원 변환을 적용할 때 다음과 같은 점에 유의해야 한다.

1. 그림 8.12와 같이 전류원의 방향이 전압원의 양극쪽으로 향한다는 것을 주의하라.
2. 식 (8.5)로부터 전원 변환은 $R=0$인 경우, 즉 이상적인 전압원의 경우에는 적용할 수 없다는 점에 주의하라. 그러나 실제적인 전압원은 $R \neq 0$이다. 비슷하게, $R = \infty$인 이상적인 전류원은 유한한 전압원으로 변환할 수 없다. 8.12절에서 이상적인/실제적인 전원에 대한 논의를 더 하게 될 것이다.

예제 8.5

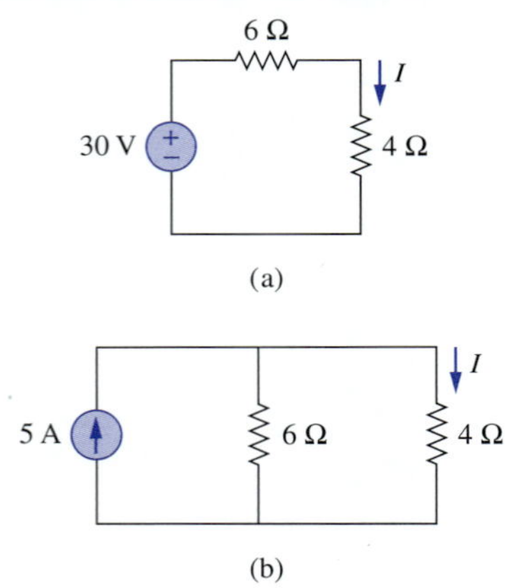

그림 8.14
예제 8.5의 회로

그림 8.14(a)의 회로에서 전원 변환하기 전과 후의 전류 값 I를 구하라.

풀이

전원 변환 전에는

$$I = \frac{30}{6+4} = 3 \text{ A}$$

이 된다. 이제 6 Ω 저항과 직렬로 연결되어 있는 30-V 전압원은 그림 8.14(b)와 같이 6 Ω 저항과 병렬로 연결된 5-A(즉, 30/6) 전류원으로 변환된다. 전류 분배를 이용하면

$$I = \frac{6}{6+4}(5) = 3 \text{ A}$$

을 구할 수 있다. 따라서, 동일한 결과를 얻은 것을 알 수 있다.

연습문제 8.5

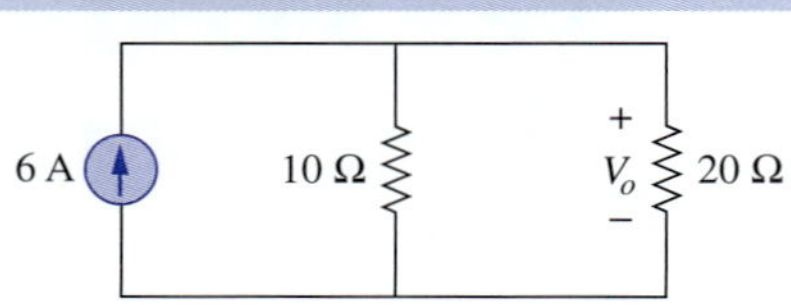

그림 8.15
연습문제 8.5의 회로

그림 8.15의 회로에서 전원 변환 전후에 전압 V_o를 구하라.

해답 40 V, 40 V

예제 8.6

그림 8.16의 회로에서 전원 변환을 이용하여 전압 V_o를 구하라.

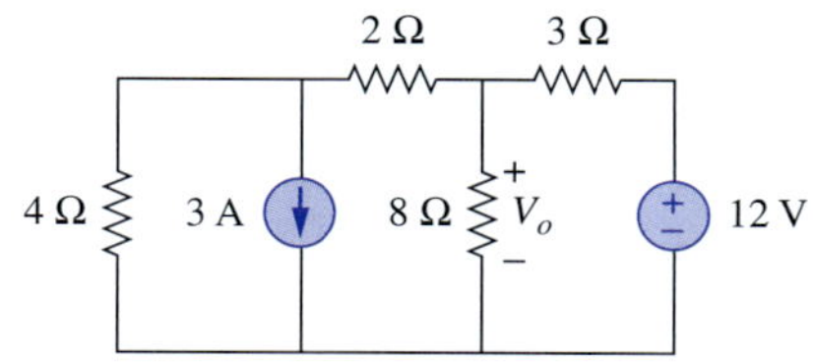

그림 8.16
예제 8.6의 회로

풀이

먼저 그림 8.17(a)의 회로를 얻기 위해서 전류원과 전압원을 변환한다. 직렬로 연결된 4-Ω과 2-Ω을 결합시키고 12-V 전압원을 변환하여 그림 8.17(b) 회로를 얻는다. 이제 병렬로 연결된 3-Ω과 6-Ω을 결합시켜서 2 Ω 저항을 구성한다. 또한 2-A와 4-A를 결합하여 2-A 전류원을 얻을 수 있다. 이와 같이 변환 과정을 반복적으로 수행하면 그림 8.17(c) 회로를 얻을 수 있다(8 Ω 저항은 양단의 전압을 구해야 하므로 변환하지 않고 그대로 유지한 점을 주의하라).

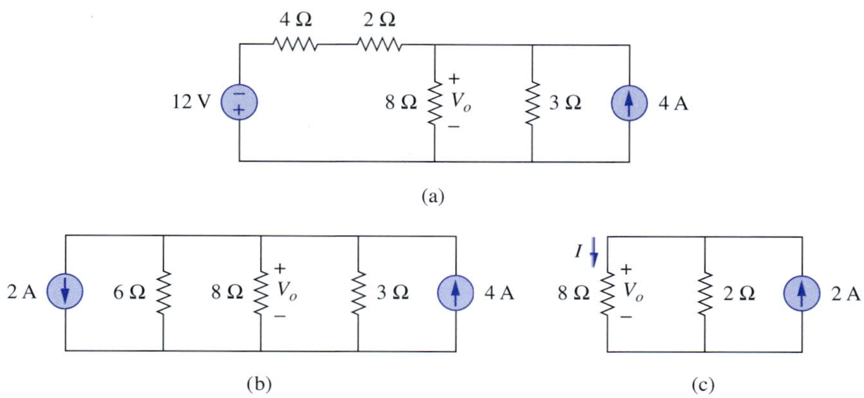

그림 8.17
예제 8.6의 회로

그림 8.17(c)에서 전류 분배를 이용하면

$$I = \frac{2}{2+8}(2) = 0.4 \text{ A}$$
$$V_o = 8I = 8(0.4) = 3.2 \text{ V}$$

을 구할 수 있다. 다른 방법으로는, 8-Ω 저항과 2-Ω 저항이 병렬로 연결되어 있기 때문에 양단의 전압 V_o는 같다. 따라서

$$V_o = (8 \parallel 2)(2A) = \frac{8 \times 2}{10}(2) = 3.2 \text{ V}$$

을 구할 수 있다.

연습문제 8.6

그림 8.18 회로에서 전원 변환을 이용하여 I_o를 구하라.

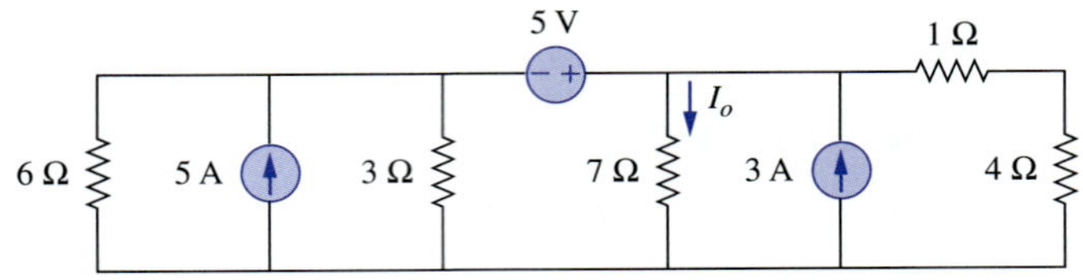

그림 8.18
연습문제 8.6의 회로

해답 1.78 A

예제 8.7

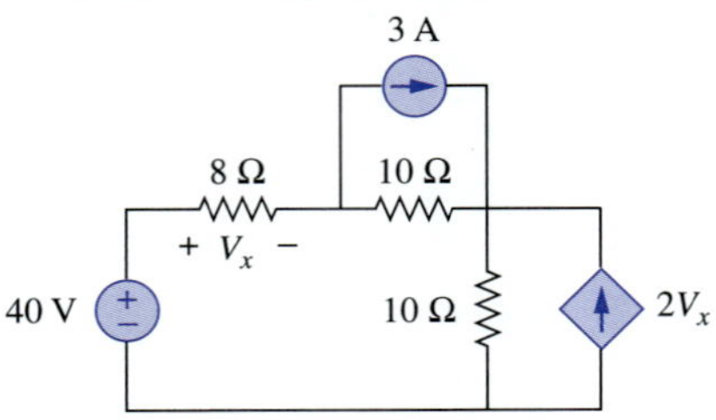

그림 8.19
예제 8.7의 회로

그림 8.19 회로에서 전압 V_x를 구하기 위해 전원 변환을 사용하라.

풀이

먼저 각 저항과 병렬로 연결되어 있는 두 개의 전류원(종속 전원과 독립 전원 모두)을 변환하여 그림 8.20와 같이 등가 전압원으로 대체한다. 그림 8.20의 메쉬에 KVL을 적용하면 다음을 얻을 수 있다.

$$I(8 + 10 + 10) - 40 - 30 + 20V_x = 0$$

또는

$$28I + 20V_x = 70$$

그러나 $V_x = 8I$ 이므로 다음 식을 얻을 수 있다.

$$28I + 160I = 70 \quad \text{또는} \quad I = 70/188 = 0.3723 \text{ A}$$
$$V_x = 8I = 2.978 \text{ V}$$

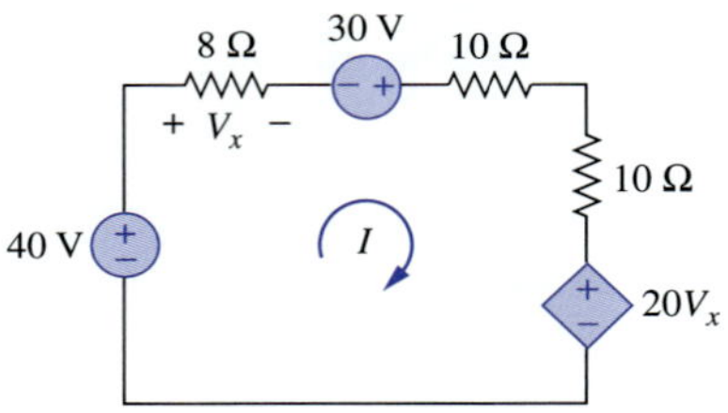

그림 8.20
그림 8.19 회로의 해석

연습문제 8.7

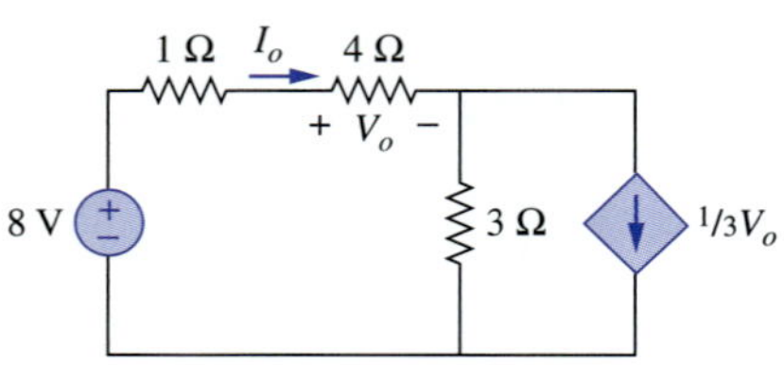

그림 8.21
연습문제 8.7의 회로

그림 8.21에서 전원 변환을 이용하여 I를 구하라.

해답 2 A

8.5 테브냉의 정리

회로에서 다른 소자들이 고정되어 있는 동안에 특정한 소자(보통 부하라고 통칭)만 변화하는 경우가 실제로 종종 일어난다. 이러한 예로, 일반적으로 가정용 단자함에 다양한 가전제품이 연결되어 있으면 부하는 주어진 시간에 사용하고 있는 가전제품이 무엇인가에 따라서 달라지게 된다. 다양한 소자들이 변화될 때마다 전체 회로를 다시 해석해야 하는 것을 방지하기 위해서 테브냉의 정리가 사용되는데 이 기술은 회로의 고정 부분을 등가 회로로 대체하는 방법이다. 테브냉의 정리는 아무리 복잡한 선형 회로라 할지라도 단지 하나의 전압원과 직렬로 연결된 저항의 등가 회로로 간단히 할 수 있다.

테브냉의 정리 선형 2-단자 회로는 전압원 V_{Th}와 직렬로 연결된 R_{Th}로 구성된 등가 회로로 대체할 수 있으며, 여기에서 V_{Th}는 단자에서 개방 회로 전압이고 R_{Th}는 독립 전원들이 모두 제거되었을 때 같은 단자에서의 입력 또는 등가 저항이다.

테브냉의 정리에 따라서 그림 8.22(a)의 선형 회로는 그림 8.22(b) 회로로 대체될 수 있다(그림 8.22에서 부하는 단일 저항이나 다른 회로일 수 있다). 그림 8.22(b) 회로에서 단자 a-b의 왼쪽 부분을 **테브냉 등가 회로**[4]라고 한다. 이제 과제는 어떻게 테브냉 등가 전압 V_{Th}과 R_{Th}를 구하는가 하는 것이다. 이를 위해서 그림 8.22의 두 회로는 등가라고 가정한다. 만일 두 회로가 각 단자에서 같은 전압/전류 관계를 가지게 되면 서로 등가라고 한다. 이제 그림 8.22의 두 회로에 대한 등가 회로를 구해보자. 만일 단자 a-b가 개방 회로(즉 부하를 제거)라면 전류가 흐르지 않을 것이다. 따라서 그림 8.22(a)의 단자 a-b 양단 개방 회로 전압의 두 회로는 등가이므로 그림 8.22(b)의 전압원 V_{Th}가 된다. 그림 8.23(a)에서 V_{Th}는 단자의 개방 회로 전압이다. 즉

$$V_{Th} = V_{oc} \tag{8.6}$$

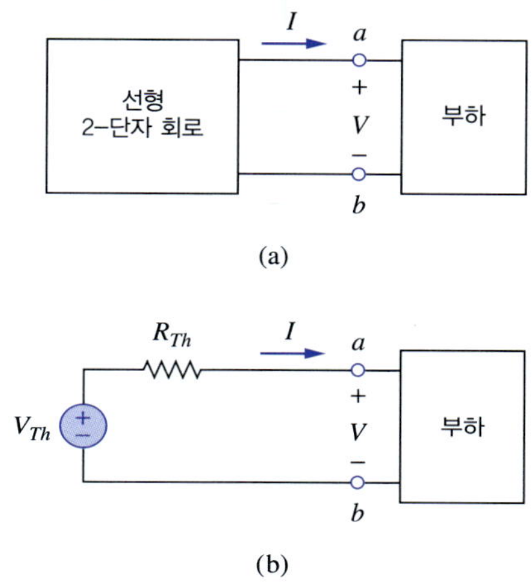

그림 8.22
선형 2단자 회로의 테브냉 등가 회로: (a) 원래 회로, (b) 테브냉 등가 회로

다시 부하를 떼어내서 단자 a-b를 개방시킨 상태에서 모든 독립 전압원들을 제거한다. 그림 8.22(a)의 단자 a-b에서 전원이 없는 회로의 입력 저항(또는 등가 저항)은 두 회로가 등가이므로 그림 8.22(b)의 R_{Th}와 같아야만 한다. 따라서 R_{Th}는 독립 전원들이 그림 8.23(b)와 같이 모두 제거되었을 때 단자의 입력 저항이다. 즉,

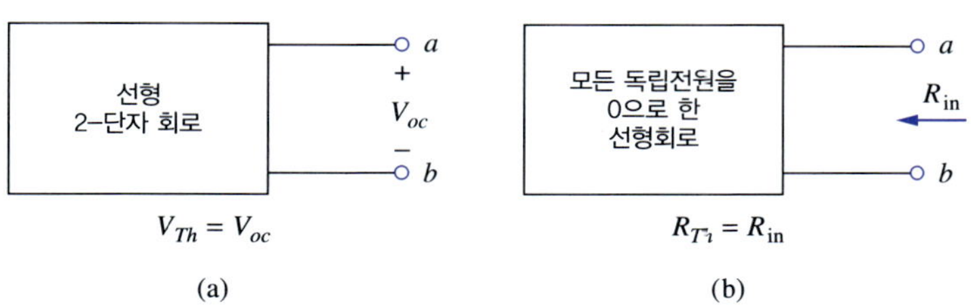

그림 8.23
(a) V_{Th} 구하기, (b) R_{Th} 구하기

4 이 정리는 1853년에 독일의 과학자 Hermann von Helmholtz에 의해서 처음 발견되었으나 1883년 Thevienin에 의해 재발견되었다. 이러한 이유로 Helmholtz's theorem이라고도 알려져 있다.

$$R_{Th} = R_{in} \tag{8.7}$$

따라서 R_{Th}는 그림 8.23(b)의 단자 a와 b 사이에서 바라본 회로망의 입력 저항이다. 이 원리를 이용하여 테브냉 등가 회로 R_{Th}를 구하는 데 있어서 다음의 두 가지 경우를 고려해야 한다.

■ **경우 1** 만일 회로망이 종속 전원을 포함하지 않는다면, 모든 독립 전원들을 제거한다. R_{Th}는 그림 8.23(b)의 단자 a와 b 사이에서 바라본 회로망의 입력 저항이다.

■ **경우 2** 만일 회로망이 종속 전원을 포함하는 경우, 모든 독립 전원들을 제거한다. 종속 전원들은 회로 변수들에 의해서 제어되기 때문에 제거할 수가 없다. 단자 a와 b에 전압원 v_o를 인가하고 그 결과로 발생하는 전류 i_o를 구한다. 그러면 그림 8.24(b)와 같이 $R_{Th} = v_o/i_o$이 된다. 역으로, 그림 8.24(b)처럼 단자 a-b에 전류원 i_o를 삽입하고 단자 전압 v_o를 구한다. 역시 $R_{Th} = v_o/i_o$이 된다. 두 방법 모두 같은 결과를 얻을 수 있다. 어떠한 방법이던 v_o와 i_o의 임의의 값을 가정할 수 있다. 예를 들면 $v_o = 1$ V 또는 $i_o = 1$ A의 값을 사용할 수 있고 또는 심지어 v_o와 i_o로 불특정 값을 사용할 수도 있다.

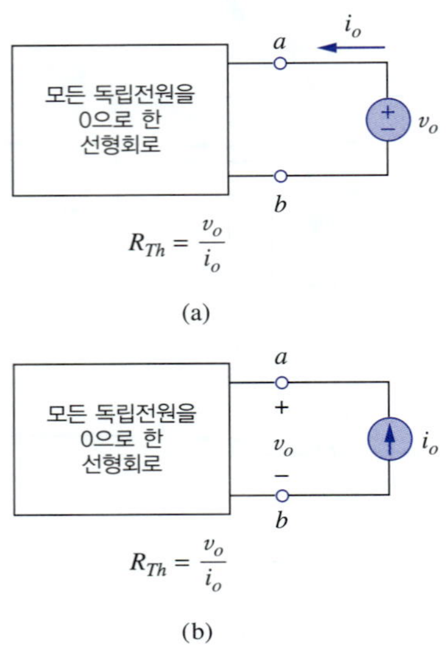

그림 8.24
회로가 종속 전원을 포함할 때 R_{Th}구하기

테브냉의 정리는 회로 해석에서 매우 중요하다. 첫째로, 회로를 간단하게 하는데 도움을 준다. 둘째로, 회로 설계를 간단하게 하는데 도움이 된다. 즉 크고 복잡한 회로가 하나의 독립 전압원과 하나의 저항으로 대체된다. 이와 같은 대체 기술은 회로 설계에 있어서도 매우 강력한 도구이다.

앞에서도 언급했듯이, 다양한 부하를 갖는 선형 회로가 부하를 배제한 테브냉 등가 회로로 대체될 수 있다. 등가 회로망은 원래 회로와 외부적으로 동일하게 동작한다. 예를 들어 그림 8.25(a)와 같이 부하 R_L을 갖는 선형 회로를 고려하자. 부하를 통해서 흐르는 전류 I_L과 부하 양단 전압 V_L은 그림 8.25(b)에서 보듯이 부하의 단자에서 바라본 테브냉 등가 회로가 얻어지면 쉽게 결정된다. 그림 8.25(b)로부터 다음 식을 얻을 수 있다.

$$I_L = \frac{V_{Th}}{R_{Th} + R_L} \tag{8.8a}$$

$$V_L = R_L I_L = \frac{R_L}{R_{Th} + R_L} V_{Th} \tag{8.8b}$$

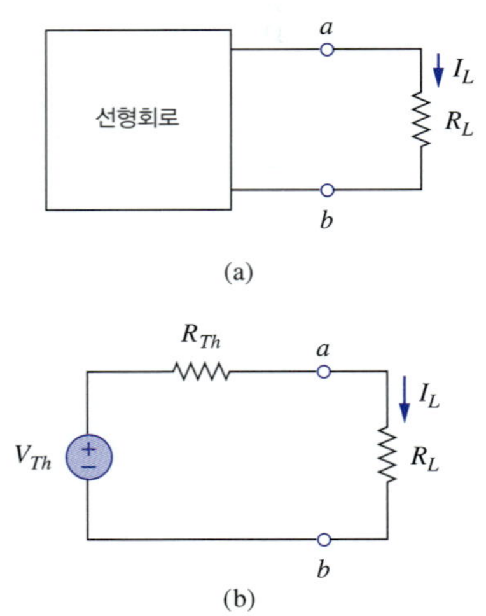

그림 8.25
부하를 갖는 회로 (a) 원래 회로, (b) 테브냉 등가 회로

그림 8.25(b)로부터 테브냉 등가는 간단한 전압분배기이며 V_L은 직관적으로 쉽게 얻어진다.

테브냉 등가 회로를 적용하기 위해서는 다음 4단계를 따른다.

1. 테브냉 등가 회로로 대체되지 않는 회로 부분을 일시적으로 제거한다. 남겨진 부분의 회로에 단자를 표시한다.
2. 모든 전원들을 제거한 단자 사이에 나타나는 저항으로 테브냉 저항 R_{Th}

를 결정한다(전압원은 단락 회로로 전류원은 개방 회로로 대체한다).

4. 단자 사이의 개방 회로(무부하) 전압으로 테브냉 전압 V_{Th}를 결정한다.
5. V_{Th}와 R_{Th}를 직렬로 연결함으로써 테브냉 등가 회로를 구성한다. V_{Th}에 대한 적절한 극성 표시에 주의하라. 단계 1에서 제거되었던 회로 부분을 원래대로 복귀한다.

예제 8.8

그림 8.26의 단자 *a*-*b* 왼쪽의 회로에 대해서 테브냉 등가 회로를 결정하라.

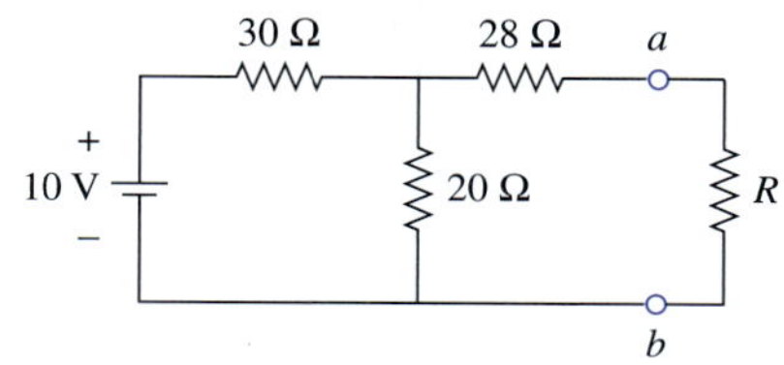

그림 8.26
예제 8.8의 회로

풀이

저항 R을 제거한 단자 *a*-*b*에서 V_{Th}와 R_{Th}를 구해야 한다. R_{Th}를 구하기 위해 그림 8.27(a)와 같이 전압원을 단락 회로로 대체함으로써 전원을 제거한다.

$$R_{Th} = 28 + 30 \parallel 20 = 28 + \frac{30 \times 20}{30 + 20} = 28 + 12 = 40\ \Omega$$

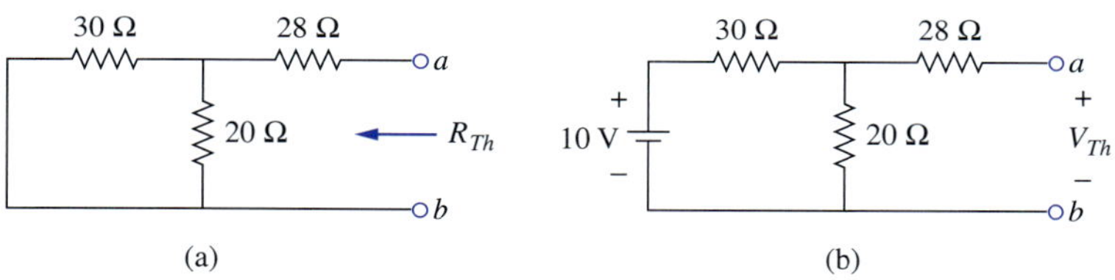

그림 8.27
예제 8.8의 회로: (a) R_{Th} 구하기, (b) V_{Th} 구하기

V_{Th}를 구하기 위해 그림 8.27(b)와 같이 단자 *a*-*b* 사이의 개방 회로 전압을 고려해야 한다. 28-Ω 저항을 통해서 흐르는 전류는 없으므로, 전압 분배 법칙을 적용하여 V_{Th}를 구한다.

$$V_{Th} = \frac{20}{20 + 30}(10) = 4\ \text{V}$$

저항 R을 갖는 테브냉 등가 회로는 그림 8.28에 나타내었다.

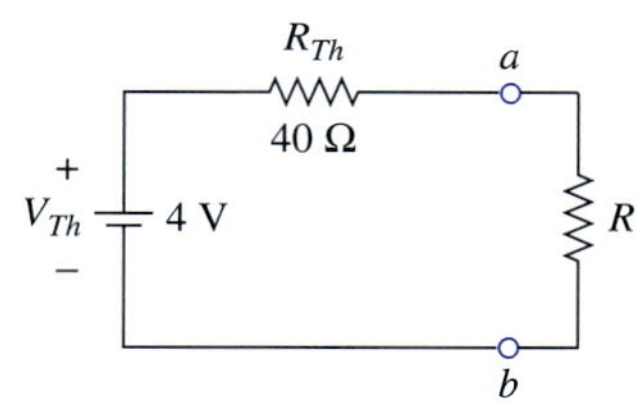

그림 8.28
예제 8.8의 테브냉 등가 회로

연습문제 8.8

그림 8.29의 단자 *a*-*b* 왼쪽의 회로에 대해서 테브냉 등가 회로를 구하라.

해답 $R_{Th} = 3\ \Omega$, $V_{Th} = 6$ V

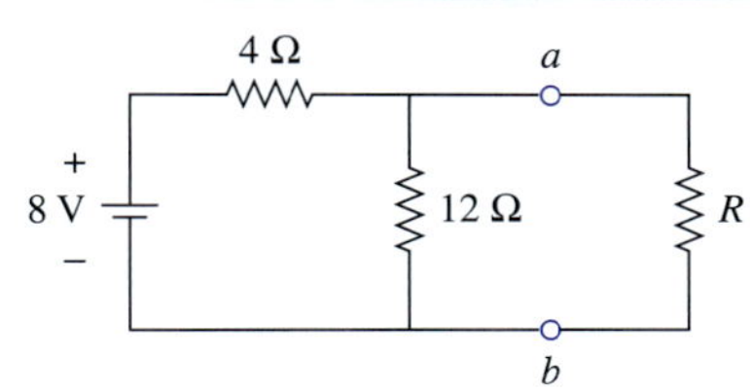

그림 8.29
연습문제 8.8의 회로

예제 8.9

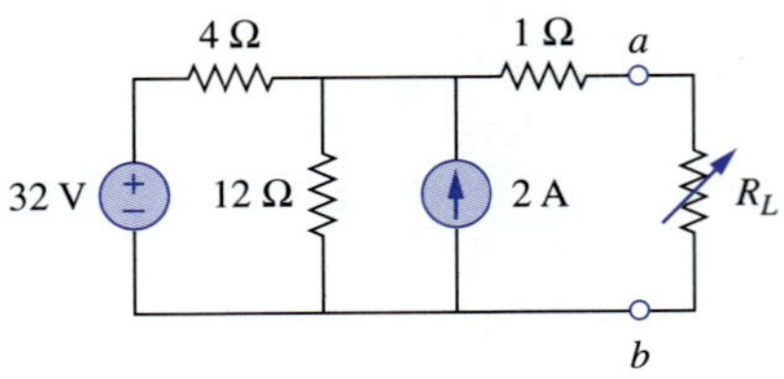

그림 8.30
예제 8.9의 회로

그림 8.30의 회로에서 단자 a-b 왼쪽의 회로에 대해서 테브냉 등가 회로를 구하라. 그리고 $R_L = 6, 16, 36\ \Omega$인 경우 각 저항을 통해 흐른 전류를 구하라.

풀이

먼저 R_{Th}를 구하기 위해서는 32 V 전압원은 단락 회로로 2-A 전류원을 개방 회로로 대체함으로써 모든 전원을 제거한다. 그림 8.31(a)에 이 과정을 나타내었다. 따라서

$$R_{Th} = 4 \parallel 12 + 1 = \frac{4 \times 12}{16} + 1 = 4\ \Omega$$

이 된다.

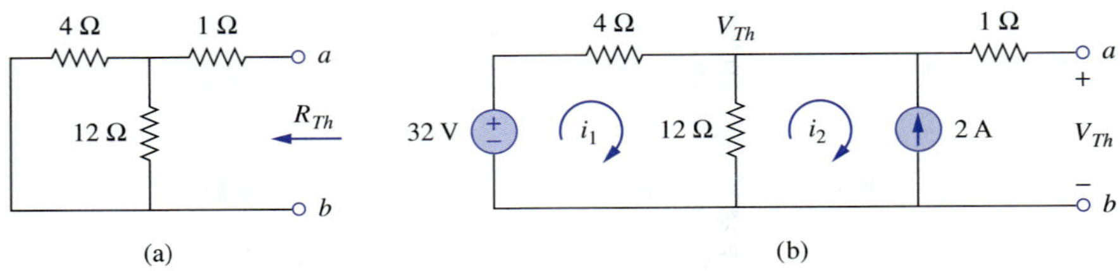

그림 8.31
예제 8.9의 회로: (a) R_{Th} 구하기, (b) V_{Th} 구하기

V_{Th}를 구하기 위해 그림 8.31(b) 회로를 고려하자. 두 개의 루프에 메쉬 해석법을 적용하면 다음 식을 얻을 수 있다.

$$-32 + 4i_1 + 12(i_1 - i_2) = 0, \quad i_2 = -2\text{ A}$$

i_1에 대해서 풀면, $i_1 = 0.5$ A가 된다. 따라서

$$V_{Th} = 12(i_1 - i_2) = 12(0.5 + 2.0) = 30\text{ V}$$

이 된다. 다른 방법으로는 노드 해석법을 사용하면 더 쉽게 구할 수 있다. 1-Ω 저항에는 전류가 흐르지 않으므로 윗쪽 노드에 KCL을 적용하면,

$$\frac{32 - V_{Th}}{4} + 2 = \frac{V_{Th}}{12}$$

이 되고 앞에서 얻은 것과 같이

$$96 - 3V_{Th} + 24 = V_{Th} \quad \Rightarrow \quad V_{Th} = 30\text{ V}$$

이 얻어진다. 또한 V_{Th}를 구하기 위해서 전원 변환을 사용할 수도 있다. 그림 8.32에 테브냉 등가 회로를 나타내었다. R_L을 통해 흐르는 전류는

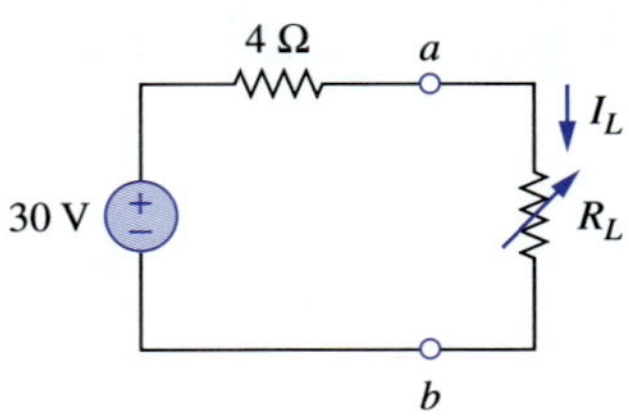

그림 8.32
예제 8.9의 테브냉 등가 회로

$$I_L = \frac{30}{4 + R_L}$$

이고, $R_L = 6\ \Omega$인 경우에

$$I_L = \frac{30}{4+6} = 3\ \text{A}$$

$R_L = 16\ \Omega$인 경우에

$$I_L = \frac{30}{4+16} = 1.5\ \text{A}$$

$R_L = 36\ \Omega$인 경우에

$$I_L = \frac{30}{4+36} = 0.75\ \text{A}$$

이 된다.

연습문제 8.9

그림 8.33의 회로에서 단자 *a-b* 왼쪽의 회로에 대해서 테브냉 정리를 이용하여 등가 회로를 구하라. 그리고 전류 I를 구하라.

해답 $V_{Th} = 6$ V, $R_{Th} = 3\ \Omega$, $I = 1.5$ A

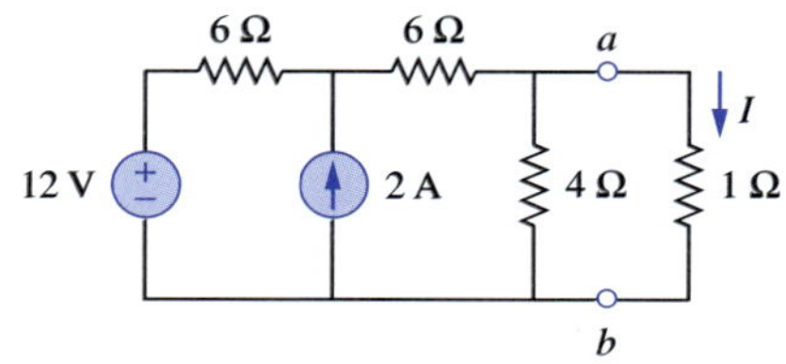

그림 8.33
연습문제 8.9의 회로

예제 8.10

그림 8.34의 브리지 회로에서 단자 *a-b*에 대한 테브냉 등가 회로를 구하라. 그리고 30-Ω 저항을 통해서 흐르는 전류를 구하라.

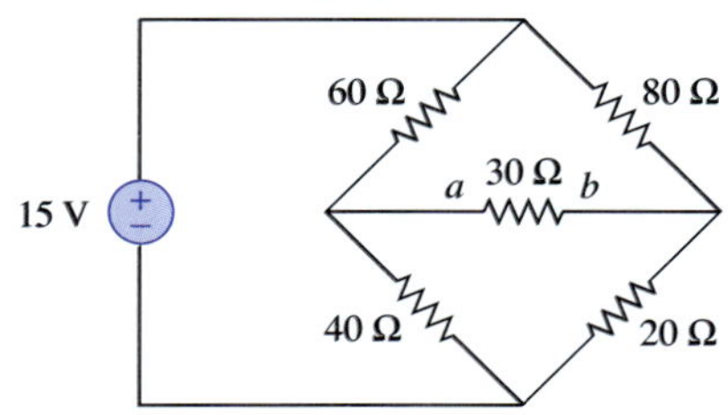

그림 8.34
예제 8.10의 회로

풀이

단자 *a-b*에서 등가 회로를 구하기 위해서는 30-Ω 저항을 제거해야 한다. R_{Th}를 구하기 위해서, 그림 8.35(a)와 같이 전압원을 단락 회로로 바꿈으로써 전원을 제거한다. 40-Ω과 60-Ω 저항은 병렬로 연결되어 있고, 또한 20-Ω과

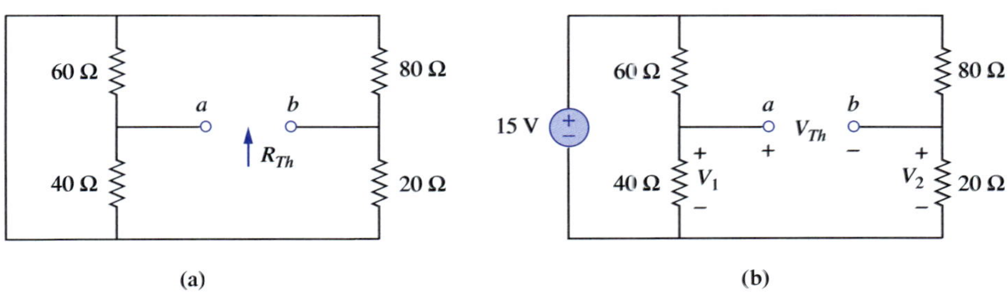

그림 8.35
예제 8.10의 회로

80-Ω 저항도 병렬 연결이지만 각각의 조합은 직렬로 연결되어 있다. 따라서

$$R_{Th} = 40 \parallel 60 + 20 \parallel 80 = \frac{40 \times 60}{100} + \frac{20 \times 80}{100} = 24 + 16 = 40\ \Omega$$

V_{Th}를 구하기 위해 그림 8.35(b) 회로를 이용한다. V_1과 V_2를 구하기 위해서 전압 분배 원리를 적용한다.

$$V_1 = \frac{40}{40 + 60}(15) = 6\ \text{V}$$

$$V_2 = \frac{20}{20 + 80}(15) = 3\ \text{V}$$

루프 *aboa*를 따라서 KVL을 적용하면

$$-V_1 + V_{Th} + V_2 = 0 \quad \Rightarrow \quad V_{Th} = V_1 - V_2 = 6 - 3 = 3\ \text{V}$$

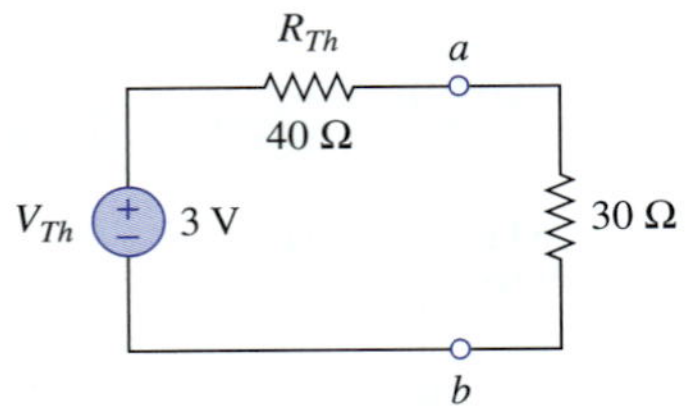

그림 8.36
그림 8.34에 대한 등가 회로

이 된다. 일단, V_{Th}와 R_{Th}를 구했으므로 그림 8.36과 같이 테브냉 등가 회로를 구성할 수 있다. 30 Ω 저항을 통해서 흐르는 전류는

$$\frac{V_{Th}}{R_{Th} + 30} = \frac{3}{40 + 30} = 42.86\ \text{mA}$$

이다.

연습문제 8.10

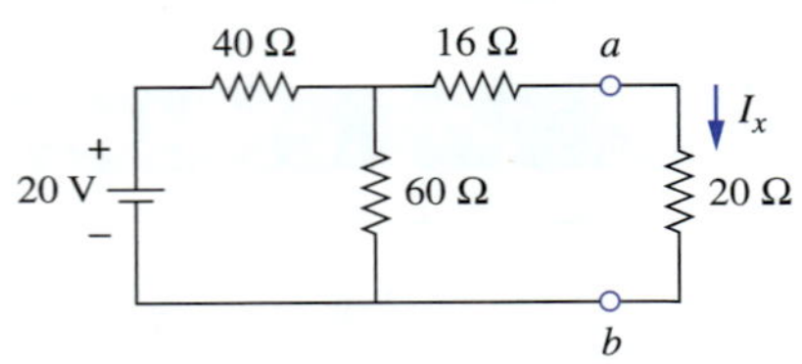

그림 8.37
연습문제 8.10과 예제 8.19의 회로

그림 8.37의 회로에서 단자 *a*-*b*의 왼쪽에 대한 테브냉 등가 회로를 구하라. 그리고 등가 회로를 이용하여 전류 I_x를 구하라.

해답 $V_{Th} = 12\ \text{V};\ R_{Th} = 40\ \Omega;\ I_x = 0.2\ \text{A}$

8.6 노턴의 정리

1926년 테브냉의 정리가 발표되고 43년이 지난 후에 미국의 벨 연구소 공학자인 E. L. Norton이 테브냉 정리와 유사한 정리를 제안했다.

노턴의 정리 선형 2-단자 회로는 전류원 I_N과 병렬로 연결된 R_N으로 구성된 등가 회로로 대체할 수 있으며, 여기에서 I_N은 단자에서 단락 회로 전류이고 R_N은 독립 전원들이 모두 제거되었을 때 같은 단자에서의 입력 또는 등가 저항이다.

따라서 그림 8.38(a)의 회로는 그림 8.38(b)의 회로로 대체할 수 있다. 이제 R_N과 I_N을 어떻게 구하는가 하는 것이 문제다. R_N을 구하는 방법은 R_{th}를 구하는 방법과 같다. 실제로 전원 변환에 대해서 알고 있기 때문에 테브냉 저

항과 노턴 저항은 서로 같다. 즉,

$$R_N = R_{Th} \tag{8.9}$$

이 된다. 노턴 전류 I_N을 구하기 위해서는, 그림 8.38의 회로에 있는 단자 a에서 b로 흐르는 단락 회로 전류를 구해야 한다. 그림 8.38(b)의 단락 회로 전류가 I_N이라는 것은 명백하다. 또한 두 회로는 등가이므로 I_N은 그림 8.38(a)의 단자 a에서 b로의 단락 회로 전류와 동일하다. 따라서 그림 8.39에서 보는 바와 같이

$$I_N = I_{sc} \tag{8.10}$$

이 된다.

노턴과 테브냉 정리 사이의 밀접한 관계에 대해서 살펴보자. 식 (8.9)에서 $R_N = R_{th}$이고

$$I_N = \frac{V_{Th}}{R_{Th}} \tag{8.11}$$

이다. 이 식은 본질적으로 전원 변환이다. 이러한 이유로, 전원 변환은 테브냉-노턴 변환이라고도 부른다. 노턴의 정리를 적용하기 위해서는 다음 4단계를 따른다.

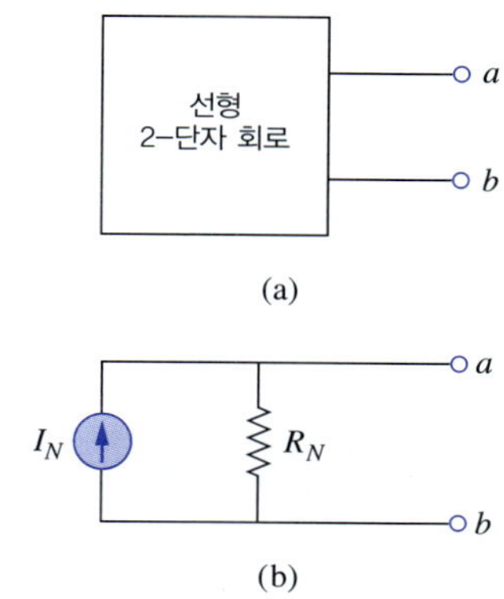

그림 8.38
(a) 원래 회로, (b) 노턴 등가 회로

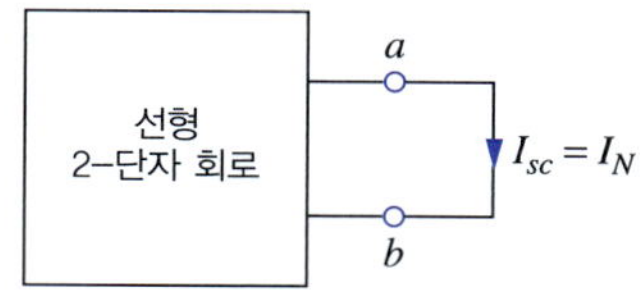

그림 8.39
노턴 전류 I_N 구하기

1. 노턴 등가 회로로 대체되지 않는 회로 부분을 일시적으로 제거한다. 남겨진 부분의 회로에 단자를 표시한다.
2. 모든 전원들을 제거한 단자 사이에 나타나는 저항으로 노턴 저항 R_N을 결정한다(전압원은 단락 회로로 전류원은 개방 회로로 대체한다).
3. 단자 a-b를 통해 흐르는 단락 회로 전류로 노턴 전류 I_N을 결정한다.
4. I_N과 R_N을 병렬로 연결함으로써 노턴 등가 회로를 구성한다. 노턴 전류원에 대한 적절한 전류방향에 주의 하라. 단계 1에서 제거되었던 회로 부분을 원래대로 복귀한다.

V_{Th}, I_N 그리고 R_{Th}가 식 (8.11)과 같은 관계에 있으므로 테브냉 또는 노턴의 등가 회로를 구하기 위해서는 다음의 값들이 필요하다.

- 단자 a-b의 개방 회로 전압 V_{oc}
- 단자 a-b의 단락 회로 전류 I_{sc}
- 모든 독립 전원들이 제어되었을 때 단자 a-b의 등가 또는 입력 저항 R_{in}

위의 세 개 중에 두 개의 값을 최선의 방법으로 구한다면 나머지 하나는 옴의 법칙으로 구할 수 있다. 이러한 내용은 예제 8.11에서 설명한다. 또한

$$V_{Th} = V_{oc} \tag{8.12a}$$

$$I_N = I_{sc} \tag{8.12b}$$

$$R_{Th} = \frac{V_{oc}}{I_{sc}} = R_N \tag{8.12c}$$

이므로 개방 회로와 단락 회로 검사는 테브냉 등가 회로나 노턴 등가 회로를 구함으로써 충분히 수행할 수 있다.

예제 8.11

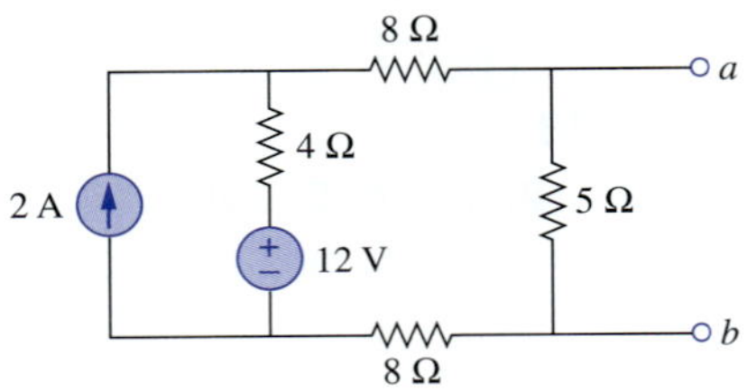

그림 8.40
예제 8.11의 회로

그림 8.40의 회로에 대한 노턴 등가 회로를 구하라.

풀이

테브냉 등가 회로에서의 R_{Th}를 구하는 방법과 같은 방법으로 R_N을 구한다. 독립 전원들을 모두 제거하면 그림 8.41(a)과 같이 되고 R_N을 구할 수 있다. 즉,

$$R_N = 5 \parallel (8 + 4 + 8) = 5 \parallel 20 = \frac{5 \times 20}{25} = 4\ \Omega$$

I_N을 구하기 위해서, 그림 8.41(b)와 같이 단자 a-b를 단락시켜야 한다. 5-Ω 저항은 단락 회로이기 때문에 무시할 수 있다. 메쉬 해석법을 적용하면 다음을 얻을 수 있다.

$$i_1 = 2\ \text{A}, \qquad 20i_2 - 4i_1 - 12 = 0$$

이 방정식으로부터 다음 식을 얻을 수 있다.

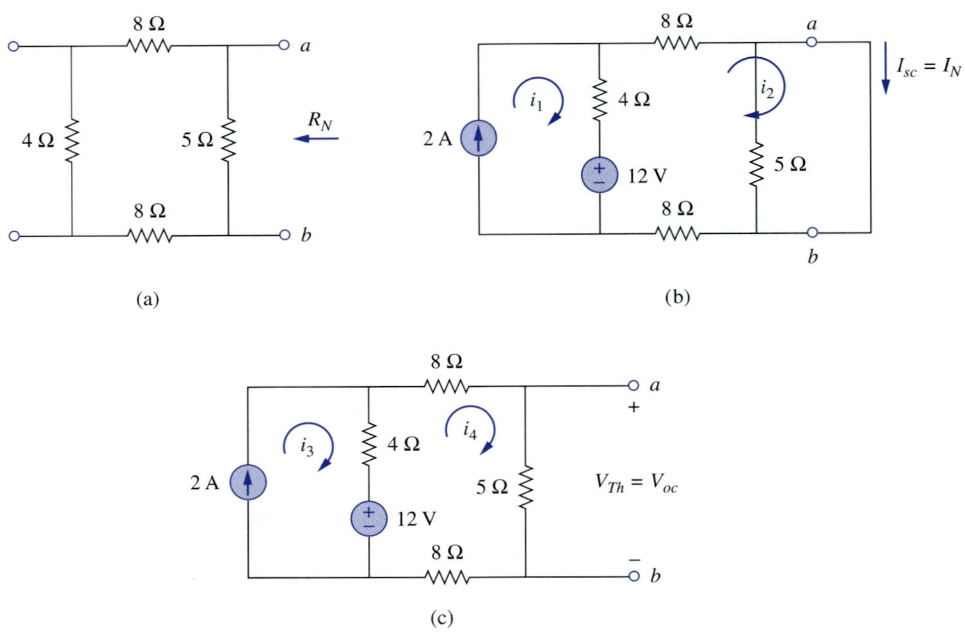

그림 8.41
예제 8.11의 회로: (a) R_N, (b) $I_N = I_{sc}$, (c) $V_{Th} = V_{oc}$

$$i_2 = 1\text{ A} = I_{sc} = I_N$$

다른 방법으로, V_{Th}/R_T를 이용해서 I_N을 구할 수도 있다. 그림 8.41(c)에서 단자 *a-b* 양단의 개방 회로 전압인 V_{Th}를 얻을 수 있다. 메쉬 해석법을 사용하면 다음을 얻을 수 있다.

$$i_3 = 2\text{ A}$$
$$25i_4 - 4i_3 - 12 = 0 \quad \Rightarrow \quad i_4 = 0.8\text{ A}$$

그리고

$$V_{oc} = V_{Th} = 5i_4 = 4\text{ V}$$

따라서

$$I_N = \frac{V_{Th}}{R_{Th}} = \frac{4}{4} = 1\text{ A}$$

이 되어 앞에서 구한 것과 같다. 이 식은 또한 식 (8.12c)를 이용하면 다음을 구할 수 있다.

$$R_{Th} = \frac{V_{oc}}{I_{sc}} = \frac{4}{1} = 4\ \Omega$$

최종적인 노턴 등가 회로는 그림 8.42에 나타내었다.

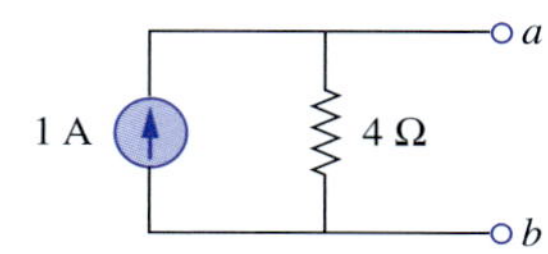

그림 8.42
예제 8.11의 회로: 그림 8.40 회로의 노턴 등가 회로

연습문제 8.11

그림 8.43의 회로에 대한 노턴 등가 회로를 구하라.

해답 $R_N = 3\ \Omega,\ I_N = 4.5\text{ A}$

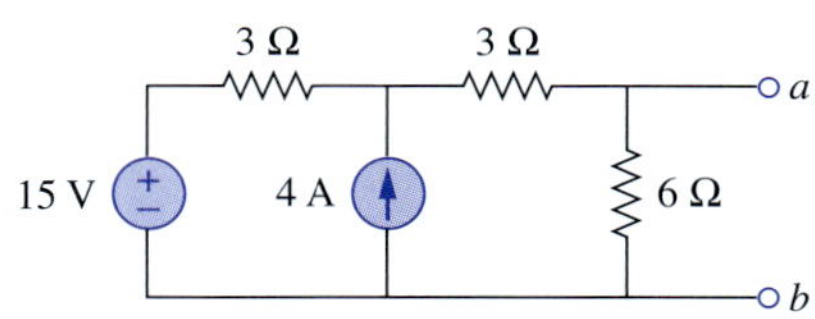

그림 8.43
연습문제 8.11의 회로

예제 8.12

그림 8.44 회로에서 단자 *a-b* 왼쪽에 있는 회로에 대해서 노턴 등가를 구하라. 그리고 등가 회로를 이용해서 부하 $R_L = 10\ \Omega$을 통해 흐르는 전류를 구하라.

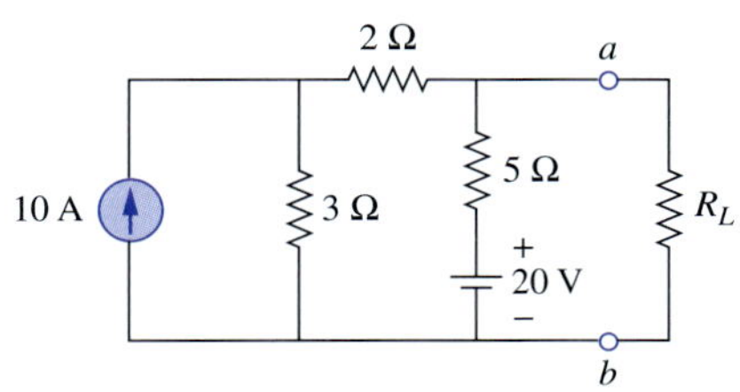

그림 8.44
예제 8.12의 회로

풀이

단자 *a-b*의 왼쪽 회로에 대한 노턴 등가 회로를 구해야 하므로 우선 부하 R_L을 제거한다. R_N을 구하기 위해서 전류원과 전압원을 모두 제거한 회로가 그림 8.45(a)이다. 그림 8.45(a)로부터 다음 식을 얻는다.

$$R_N = 5 \parallel (2 + 3) = 2.5\ \Omega$$

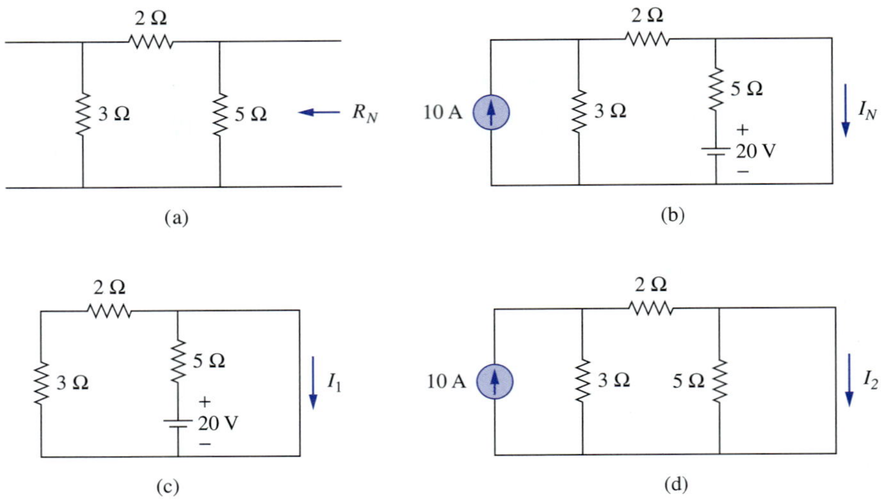

그림 8.45

예제 8.12의 회로

I_N을 구하기 위해서, 그림 8.45(b)와 같이 단자 *a*-*b*를 단락한다. 이제 다양한 방법으로 I_N을 구할 수 있다. 여기에서는, 중첩의 원리를 사용한다.

$$I_N = I_1 + I_2$$

이라고 놓는다. 여기에서 I_1과 I_2는 각각 전압원과 전류원에 기인한 전류이다. 전류원이 제거되어 있는 그림 8.45(c)를 고려해보자. 2 Ω과 3 Ω 저항의 직렬 연결로는 전류가 흐르지 않는다. 따라서

$$I_1 = \frac{20}{5} = 4 \text{ A}$$

이 된다.

I_2를 구하기 위해서는 그림 8.45(d)의 회로를 고려하자. 5-Ω 저항은 단락 회로이기 때문에 무시할 수 있다. 전류 분배 법칙을 이용하면,

$$I_2 = \frac{3}{3+2}(10) = 6 \text{ A}$$

가 되고 따라서

$$I_N = I_1 + I_2 = 4 + 6 = 10 \text{ A}$$

이 된다. 노턴 등가 회로는 그림 8.46에 나타내었다. 부하 R_L = 10 Ω을 통해 흐르는 전류를 구하기 위해서 전류 분배 법칙을 이용한다.

$$I_L = \frac{2.5}{2.5+10}(10) = 2 \text{ A}$$

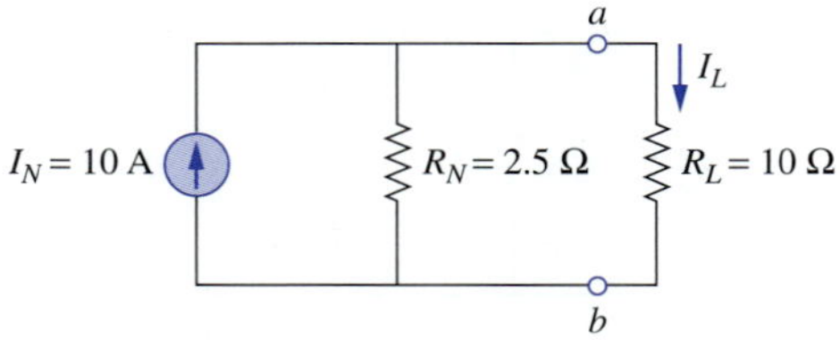

그림 8.46

예제 8.12의 회로

연습문제 8.12

그림 8.47 회로에서 단자 a-b 왼쪽에 있는 회로에 대한 노턴 등가를 구하라. 그리고 등가 회로를 이용하여 저항 2 Ω을 통해 흐르는 전류를 구하라.

해답 $R_N = 0.8\ \Omega$, $I_N = 5$ A, 1.429 A

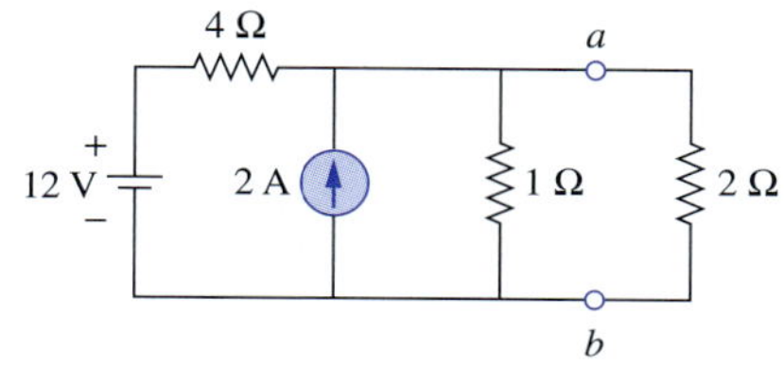

그림 8.47
연습문제 8.12의 회로

예제 8.13

그림 8.48 회로의 단자 a와 b에 대해서 테브냉과 노턴 등가 회로를 구하라.

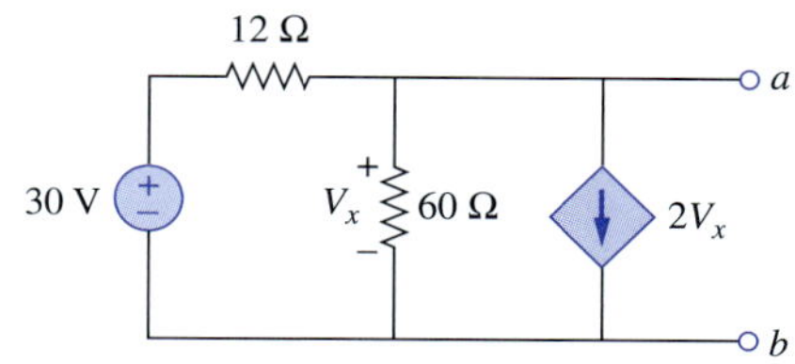

그림 8.48
예제 8.13의 회로

풀이

$V_{Th} = V_{ab} = V_x$이므로 노드 a에 KCL을 적용하면 다음을 얻는다.

$$\frac{30 - V_{Th}}{12} = \frac{V_{Th}}{60} + 2V_{Th}$$

각 항에 60을 곱하면

$$150 - 5V_{Th} = V_{Th} + 120V_{Th}$$

이 되고, 이 식을 정리하면

$$126V_{Th} = 150 \quad \Rightarrow \quad V_{Th} = 150/126 = 1.19 \text{ V}$$

이 된다. R_{th}를 구하기 위해서 그림 8.49 회로를 고려하자. 독립 전원을 제거해야 하지만 종속 전원은 그대로 남겨둬야 한다는 점을 주의하라. 또한 단자 a와 b에 1-A 전류원을 삽입한다. 노드 a에 대해서 KCL을 적용하면

$$1 = 2V_x + \frac{V_x}{60} + \frac{V_x}{12}$$

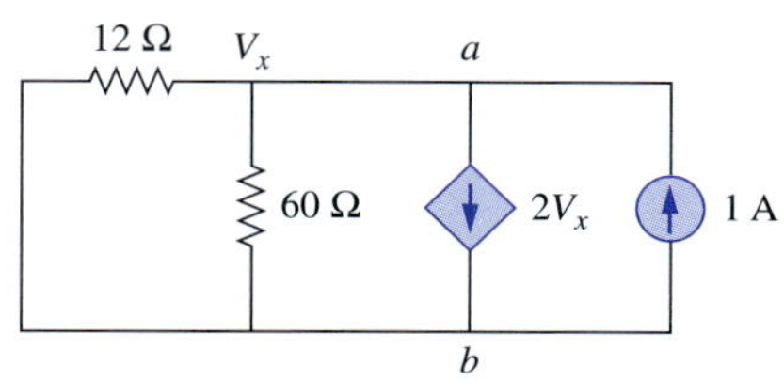

그림 8.49
그림 8.48 회로에서 R_{Th} 구하기

이 된다. 각 항에 60을 곱하면

$$60 = 120V_x + V_x + 5V_x$$

이 되고, 이 식을 정리하면

$$126V_x = 60 \quad \Rightarrow \quad V_x = 60/126 = 0.4762 \text{ V}$$

$$R_{Th} = \frac{V_x}{1} = 0.4762\ \Omega, \qquad I_N = \frac{V_{Th}}{R_{Th}} = 1.19/0.4762 = 2.5 \text{ A}$$

이 된다. 따라서

$$V_{Th} = 1.19 \text{ V}, \qquad R_{Th} = R_N = 0.4762\ \Omega, \qquad I_N = 2.5 \text{ A}$$

이 된다.

연습문제 8.13

그림 8.50 회로의 단자 a와 b에 대해서 테브냉과 노턴 등가 회로를 구하라.

해답 $V_{Th} = 3\text{ V}, \quad R_{Th} = R_N = 3\ \Omega, \quad I_N = 1\text{ A}$

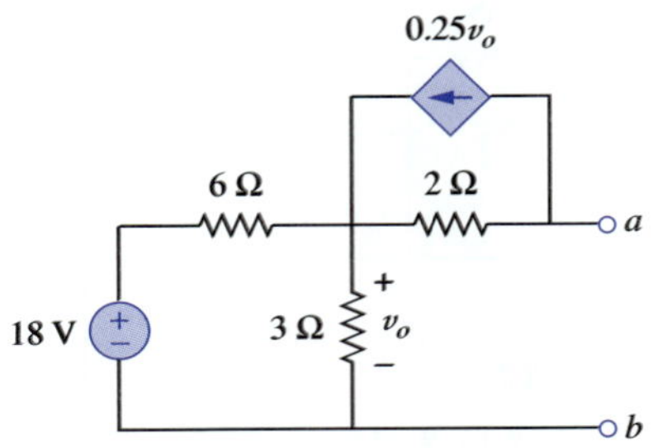

그림 8.50
연습문제 8.13의 회로

8.7 최대전력 전달 정리

최대전력 전달을 위해서 전원에 부하를 정합하는 개념을 전력 시스템, 마이크로파 오븐, 스테레오 사운드 시스템, 전기 발전 플랜트, 태양전지 그리고 하이브리드 전기차 등에서 매우 중요하다. 많은 실제 환경에서, 회로는 전력을 부하(즉 모터, 히터 또는 오디오 앰프)에 제공하도록 설계되어 있다. 한 예로 전기 공급 회사의 경우 주요한 관심사는 전기 전력의 생산과 전송 및 분배에 있다. 전송과 분배의 과정에서 최소의 전력 손실이 효율과 경제적인 관점에 있어서 아주 중요한 문제가 된다.

테브냉 등가는 선형 회로가 부하에 전달하는 최대 전력을 찾는데 매우 유용하게 사용된다. 부하 저항 R_L을 조정할 수 있다고 가정하자. 전체 회로가 테브냉 등가 회로로 부하를 제외한 나머지 회로를 그림 8.51과 같이 대체하였다면 부하에 전달되는 전력은 다음과 같다.

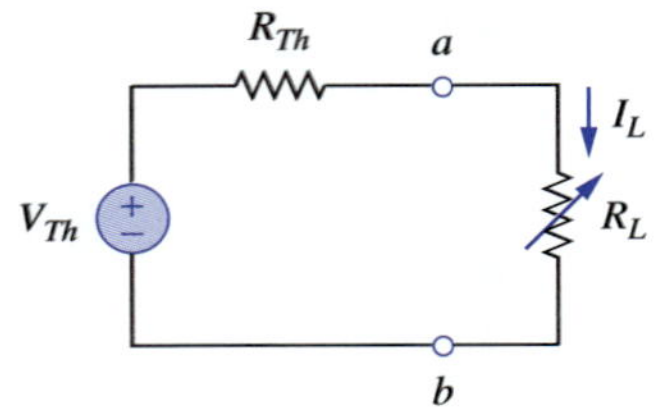

그림 8.51
최대전력 전달을 설명하는 회로

$$P = I^2R = \left(\frac{V_{Th}}{R_{Th} + R_L}\right)^2 R_L \tag{8.13}$$

주어진 회로에서, V_{Th}와 R_{th}는 고정된 값이다. 부하 저항 R_L을 변화시키면 부하에 전달되는 전력이 그림 8.52의 그래프와 같이 변하게 된다.

그림 8.52로부터 전력은 0과 ∞ 사이에서 R_L이 작거나 큰 값이면 전력이 작은 값을 가지고 특정 R_L의 값에 대해서 최대전력을 갖는다. 이와 같은 최대전력은 R_L이 R_{Th}[5]와 같을 때 발생함을 보여준다. 즉,

$$\boxed{R_L = R_{Th}} \tag{8.14}$$

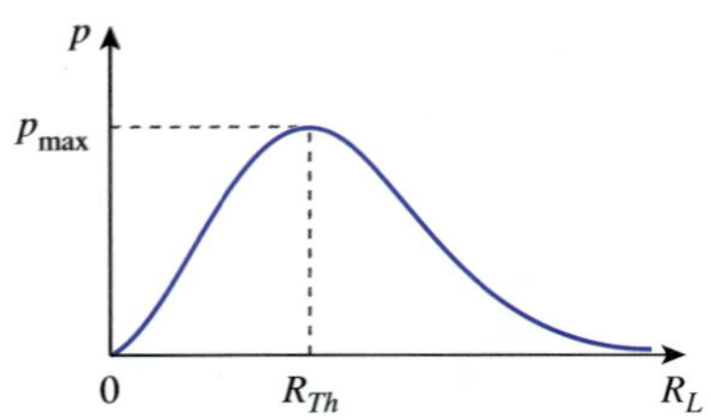

그림 8.52
R_L의 함수로써 부하에 전달되는 전력에 대한 그래프

이 식을 최대전력 전달 정리라고 한다.

최대전력 전달 정리는 실제로 해석의 수단은 아니다. 시스템 설계를 도와주는 역할을 한다. 러시아 공학자이며 물리학자인 Moritz von Jachobi(1801~1874)가 최초로 최대전력 전달 정리를 발견해서 Jacobi's law라고 알려져 있다.

5 답: $R_L = R_{Th}$

> **최대전력**은 부하 저항이 부하로부터 바라본 테브냉 저항과 같을 때($R_L = R_{Th}$) 전달된다.

최대전력 전달은 식 (8.14)를 식 (8.13)에 대입함으로써 얻을 수 있다.

$$P_{\max} = \frac{V_{Th}^2}{4R_{Th}} \tag{8.15}$$

식 (8.15)는 $R_L = R_{Th}$일 때만 적용된다(R_L의 값이 더 낮거나 높거나 하면 부하에 더 작은 전력이 전달되는 원인이 된다). $R_L \neq R_{Th}$일 때, 식 (8.13)을 이용해서 부하에 전달되는 전력을 계산할 수 있다. 전력 전달 효율 η는 다음 식으로 주어진다.

$$\eta = \frac{P_{\text{out}}}{P_{\text{in}}} = \frac{I^2R_L}{I^2R_L + I^2R_{Th}} = \frac{R_L}{R_L + R_{Th}} \tag{8.16}$$

효율은 $R_L = R_{Th}$인 최대전력 전달인 경우에도 단 0.5 또는 50%이다. 효율이 100% 가까이 증가하는 경우는 부하 저항 R_L이 무한대로 증가할 때이다.

예제 8.14

그림 8.53의 회로에서 최대전력 전달을 위한 R_L의 값을 구하라. 또한 최대전력 값을 구하라.

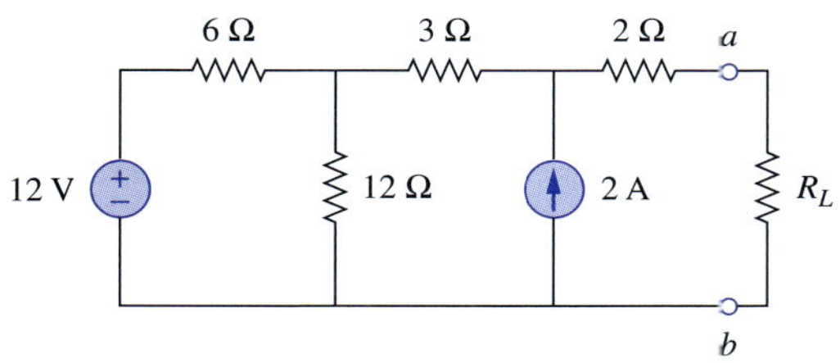

그림 8.53
예제 8.14의 회로

풀이

우선 단자 a-b에서의 테브냉 저항 R_{Th}와 테브냉 전압 V_{Th}를 구해야 한다. R_{Th}를 구하기 위해, 그림 8.54(a)의 회로를 이용하여 다음과 같이 구한다.

$$R_{Th} = 2 + 3 + 6 \| 12 = 5 + \frac{6 \times 12}{18} = 9\ \Omega$$

V_{Th}를 구하기 위해서는 그림 8.54(b)를 고려해야 한다. 메쉬 해석법을 적용하면 다음을 구할 수 있다.

$$-12 + 18i_1 - 12i_2 = 0, \qquad i_2 = -2\ \text{A}$$

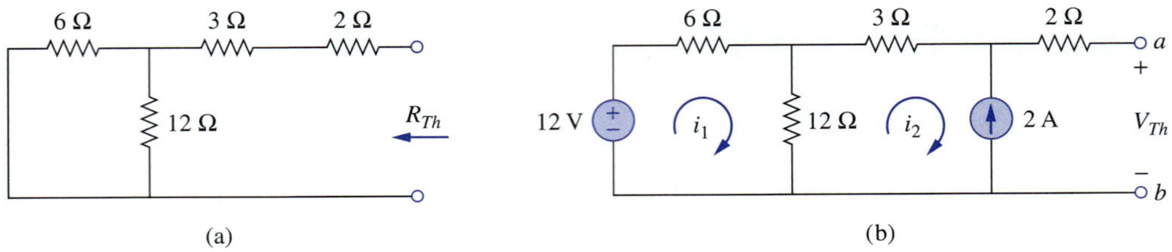

그림 8.54

예제 8.14의 회로: (a) R_{Th} 구하기, (b) V_{Th} 구하기

i_1에 대해서 풀면, $i_1 = -2/3$ A를 구한다. 단자 a-b에서의 V_{Th}를 구하기 위해 바깥쪽 루프를 따라 KVL을 적용하면 다음 식을 얻는다.

$$-12 + 6i_1 + 3i_2 + 2(0) + V_{Th} = 0 \quad \Rightarrow$$
$$V_{Th} = 12 + -6(-2/3)-3(-2) = 22 \text{ V}$$

최대전력 전달을 위해서는

$$R_L = R_{Th} = 9\ \Omega$$

이 만족되어야 하고, 최대전력은

$$P_{\max} = \frac{V_{Th}^2}{4R_L} = \frac{22^2}{4 \times 9} = 13.44 \text{ W}$$

이 된다.

연습문제 8.14

그림 8.55의 회로에서 부하 R_L을 제외한 나머지 회로로부터 최대전력이 유도될 수 있도록 하는 R_L의 값을 구하라. 또한 최대전력을 구하라.

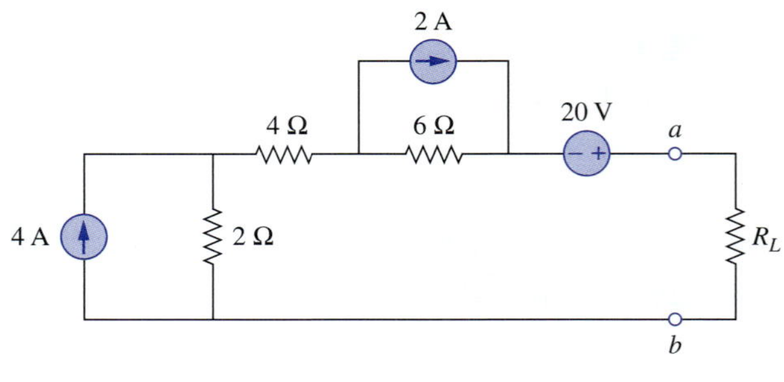

그림 8.55

연습문제 8.14의 회로

해답 12 Ω, 33.33 W

8.8 †밀만의 정리

밀만의 정리는 컬럼비아 대학의 전기공학과 교수인 Jacob Millman(1911~1991)의 이름에서 유래되었다. 이 정리는 전원 변환과 테브냉과 노턴의 정리를 결합한 것이다. 이 정리는 병렬로 연결된 전압원의 수를 줄여서 한 개의 전원만을 포함하는 간단한 회로로 만들 때 사용한다. 노드 해석법, 메쉬 해석법 또는 중첩의 원리에 비해 더 쉽게 적용할 수 있다는 장점이 있다.

밀만의 정리는 병렬로 연결된 여러 개의 전압원(직렬 저항을 갖는)을 단지 하나의 전압원(직렬 저항을갖는)으로 대체하게 해준다.

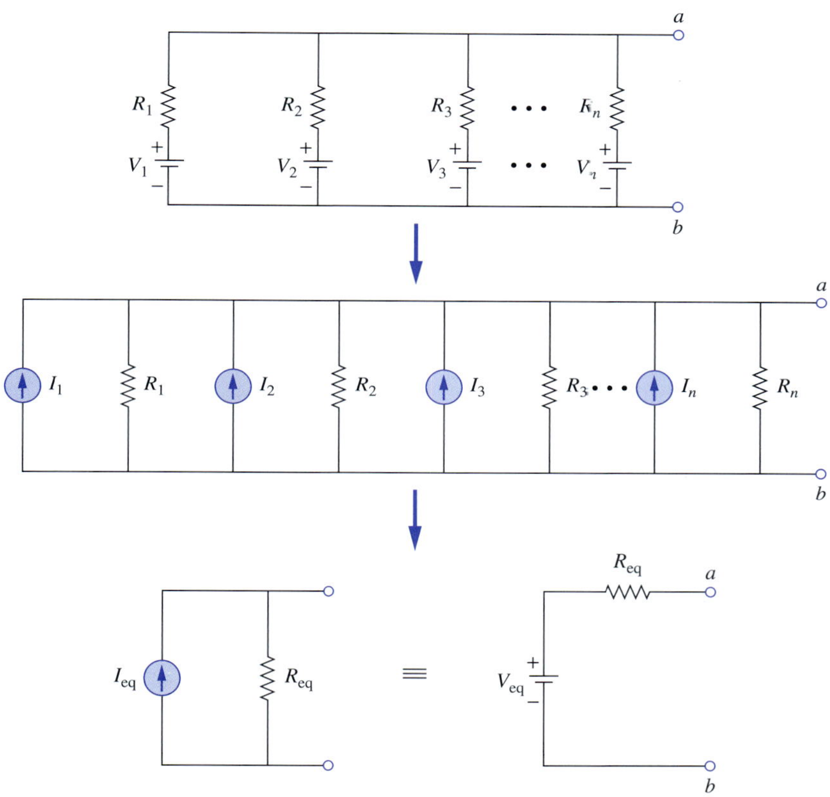

그림 8.56

밀만의 정리를 설명하기 위한 회로

밀만의 정리를 적용하기 위해서는 다음의 3단계를 따른다.

1. 그림 8.56에 나타낸 것과 같이 모든 전압원을 전류원으로 바꾼다.
2. 모든 병렬 전류원들을 대수적으로 결합시키고 병렬 저항들의 등가 저항을 구한다.
3. 마지막으로, 전류원을 전압원으로 바꾸면 이 회로가 원하는 등가 회로가 된다.

일반적으로, 단계 2에서 구해지는 등가 전류는 다음과 같은 식으로 계산된다.

$$I_{eq} = I_1 + I_2 + I_3 + \cdots + I_n = \frac{V_1}{R_1} + \frac{V_2}{R_2} + \frac{V_3}{R_3} + \cdots + \frac{V_n}{R_n} \tag{8.17}$$

그리고 등가 저항은

$$R_{eq} = \frac{1}{\dfrac{1}{R_1} + \dfrac{1}{R_2} + \dfrac{1}{R_3} + \cdots + \dfrac{1}{R_n}} \tag{8.18}$$

이다. 식 (8.17)에서 덧셈은 전압원의 극성에 근거한 대수적인 연산이다. 옴의 법칙을 이용하면

$$V_{eq} = I_{eq}R_{eq} = \frac{\dfrac{V_1}{R_1} + \dfrac{V_2}{R_2} + \dfrac{V_3}{R_3} + \cdots + \dfrac{V_n}{R_n}}{\dfrac{1}{R_1} + \dfrac{1}{R_2} + \dfrac{1}{R_3} + \cdots + \dfrac{1}{R_n}} \tag{8.19}$$

이 된다.

예제 8.15

그림 8.57의 회로에서 단자 a와 b의 왼쪽 회로에 대한 등가 회로를 구하기 위해 밀만의 정리를 적용하라. 또한 등가 회로를 이용하여 부하 전류 I_L을 구하라.

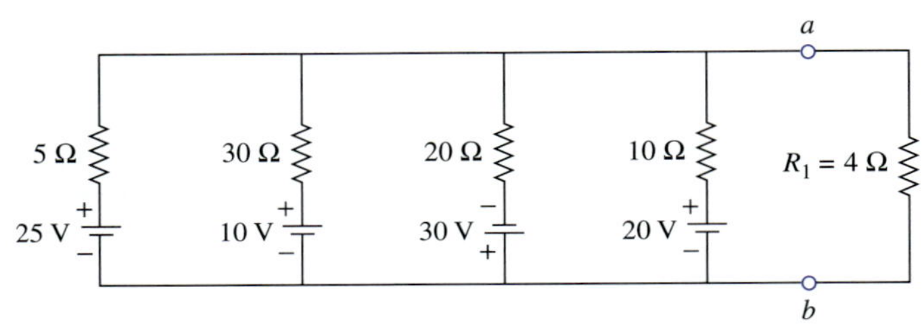

그림 8.57
예제 8.15의 회로

풀이

등가 저항은

$$R_{eq} = \frac{1}{\dfrac{1}{5} + \dfrac{1}{30} + \dfrac{1}{20} + \dfrac{1}{10}} = 2.6087\ \Omega$$

이다. 등가 전류와 등가 전압은 다음과 같다.

$$I_{eq} = \frac{25}{5} + \frac{10}{30} - \frac{30}{20} + \frac{20}{10} = 5.833\ \text{A}$$

$$V_{eq} = I_{eq}R_{eq} = 2.6087 \times 5.833 = 15.216\ \text{V}$$

등가 회로는 그림 8.58에 나타내었다. 이 회로를 이용하면

$$I_L = \frac{V_{eq}}{R_{eq} + R_L} = \frac{15.216}{2.6087 + 4} = 2.303 \text{ A}$$

을 구할 수 있다.

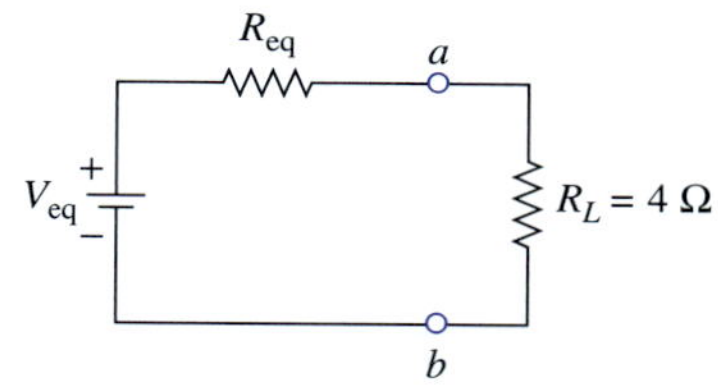

그림 8.58
예제 8.15의 회로

연습문제 8.15

밀만의 정리를 이용하여 그림 8.59의 회로를 간단히 하고 부하 전압을 구하라.

해답 6.67 V

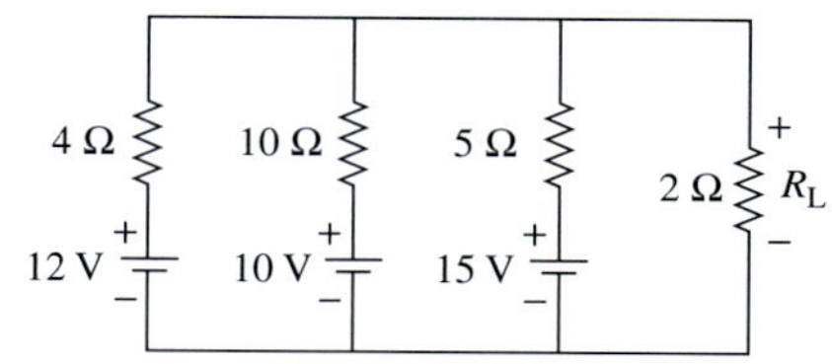

그림 8.59
연습문제 8.15의 회로

8.9 †치환(Substitution) 정리

이제 저항 회로망을 등가 저항으로 치환하고 회로를 등가 회로로 치환하는 개념은 익숙해졌을 것이다. 이러한 치환 원리는 치환 정리로 확장될 수 있다. 그림 8.60의 회로에서 가지 a-b를 고려함으로써 치환 원리를 설명할 수 있다. 가지 양단 전압 V와 가지에 흐르는 전류 I는 다음과 같이 주어진다.

$$V = \frac{2}{8+2}(20) = 4 \text{ V}, \qquad I = \frac{20}{8+2} = 2 \text{ A} \tag{8.20}$$

치환 정리는 선형 네트워크에서 어떤 가지는 같은 가지 전압과 같은 전류를 만들어 내는 회로 소자의 조합으로 치환될 수 있다는 정리이다.

치환 정리에 따르면, 2-Ω 저항은 어떤 회로 소자의 조합으로 치환될 수 있는데 치환된 소자들은 동일한 전압과 동일한 전류를 유지해야 한다. 회로 소자들은 그림 8.61 회로의 각 가지에 의해서 얻을 수 있다.

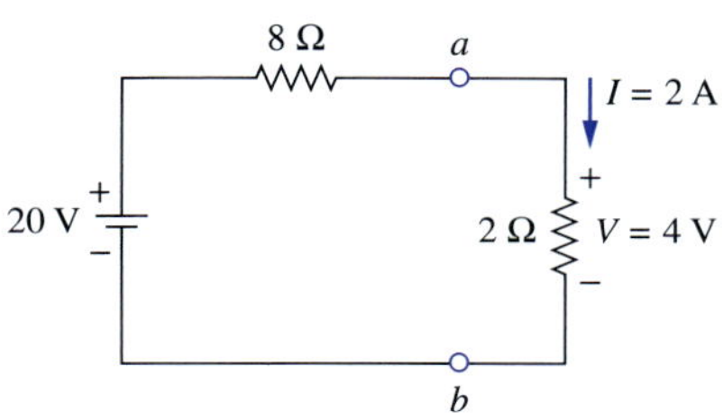

그림 8.60
치환 정리의 설명 회로

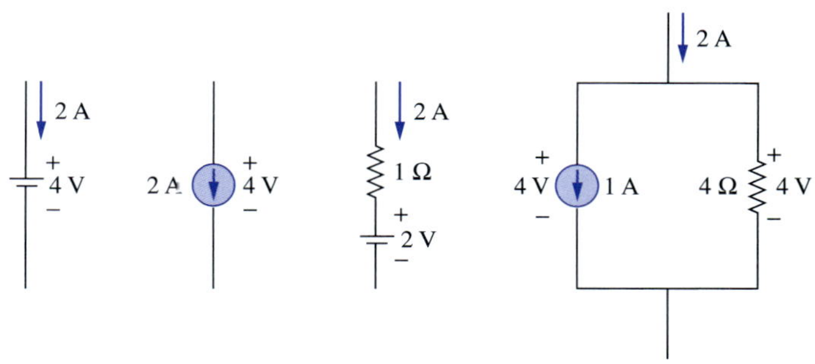

그림 8.61
그림 8.60의 가지 a-b에 대한 등가 가지

치환 정리는 선택된 가지에 대한 전압과 흐르는 전류를 미리 알고 있어야 하므로, 이 정리는 회로 문제를 풀기에 유용하지 않다. 이 정리는 회로 설계자가 설계 내용을 최적화하는데 종종 사용된다.

예제 8.16

그림 8.62(a) 회로를 고려하자. 가지 *a*-*b*가 그림 8.62(b)에서 보인 바와 같이 전류원과 20-Ω 저항으로 치환되었다면 전류원의 크기와 방향을 결정하라.

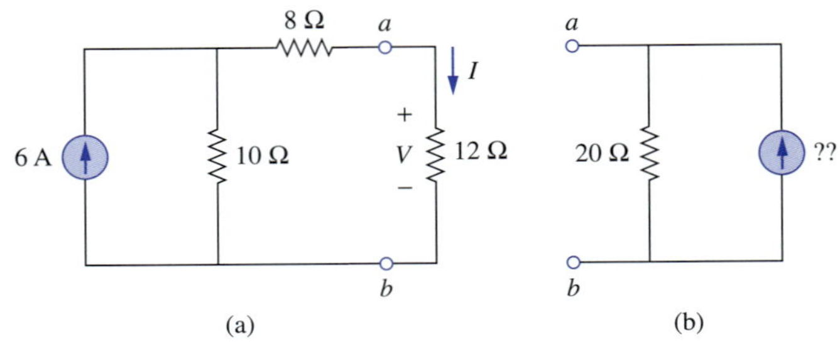

그림 8.62
예제 8.16의 회로

풀이

가지 *a*-*b*를 통해 흐르는 전류는 전류 분배 법칙을 이용해서 구할 수 있다.

$$I = \frac{10}{10 + 8 + 12}(6) = 2\text{ A}$$

가지 양단 전압은

$$V = 12I = 24\text{ V}$$

이다. 그림 8.62(b)의 20-Ω 저항은 이 저항을 통해서 다음 식의 I_{20}과 같은 전류가 흐르도록 양단 전압을 가져야만 한다.

$$I_{20} = \frac{24}{20} = 1.2\text{ A}$$

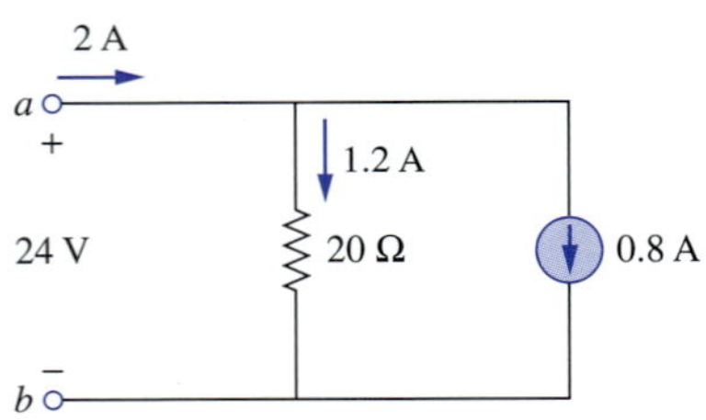

그림 8.63
예제 8.16의 회로

그림 8.63의 노드 *a*에 키르히호프의 전류 법칙이 만족하기 위해서는 전류원은2 − 1.2 = 0.8 A의 크기를 가져야 한다. 그리고 전류의 방향은 그림 8.63과 같이 아래로 흐르는 방향이어야 한다.

연습문제 8.16

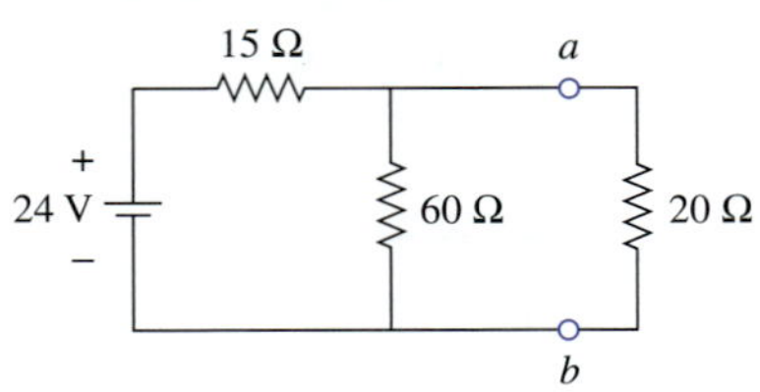

그림 8.64
연습문제 8.16의 회로

그림 8.64 회로에 대해서, 가지 *a*-*b*가 전압원과 직렬 연결된 10-Ω 저항으로 치환된다고 가정했을 때 전압원의 크기와 방향을 결정하라.

해답 *a*단자가 양의 극성을 갖는 6 V

8.10 †상반(Reciprocity) 정리

이 정리는 오로지 단일-전원 회로에만 적용된다. 하나 이상의 전원을 갖는 회로에는 이와 같은 상반 정리가 적용할 수 없다. 이 정리에서 전원의 종류는 전압원 또는 전류원이므로, 두 개의 특별한 경우가 존재한다.

■ 경우 1 전압원

상반 정리는 단지 하나의 전압원을 갖는 선형 회로에 대해서, 가지 *A*에 위치한 전원이 가지 *B*에 흐르는 전류 *I*를 발생시킨다면, 가지 *B*로 전압원을 이동시키면 가지 *A*에서 전류 *I*가 발생하는 것이다.

전압원이 가지 *B*로 옮겨졌을 때 가지 *B*의 소자와 직렬르 연결되어야만 한다. 그리고 원래 전압원이 있던 가지 *A*의 자리는 단락 회로로 치환한다. 또한 가지 *B*에서 전압원의 극성은 가지 *B*의 전류 방향이 그대로 유지되도록 정해진다. 상반 정리가 단지 하나의 전압원이나 전류원을 갖는 회로에 적용된다 할지라도 전력은 그림 8.65와 같은 복잡한 회로만큼 복잡하게 설명될 수 있다.

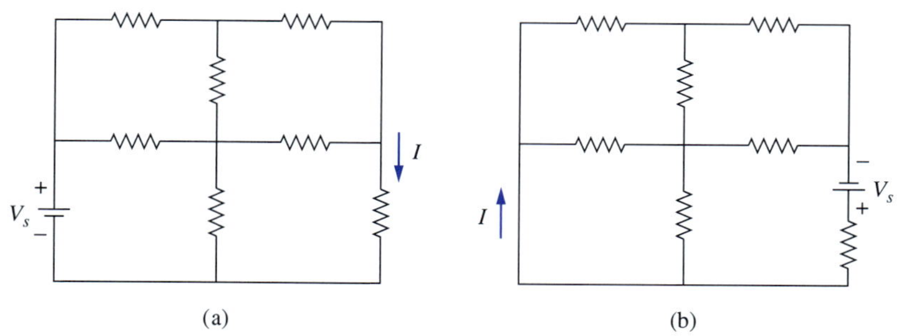

그림 8.65
상반 정리 설명을 위한 회로

■ 경우 2 전류원

상반 정리는 단지 하나의 전류원을 갖는 선형 회로에 대해서, 가지 *A*에 위치한 전원이 가지 *B*의 전압 *V*를 발생시킨다면, 가지 *B*로 전류원을 이동시키면 가지 *A*에서 전압 *V*가 발생할 것이다.

이것은 경우 1과 같다. 전류원이 가지 *B*로 옮겨졌을 때 가지 *B*의 소자와 병렬로 연결되어야만 한다. 그리고 원래 전류원이 있던 가지 *A*의 자리는 개방 회로로 치환한다. 또한 가지 *B*에서 전류원의 방향은 가지 *B*의 전압 극성이 그대로 유지되도록 정해진다.

예제 8.17

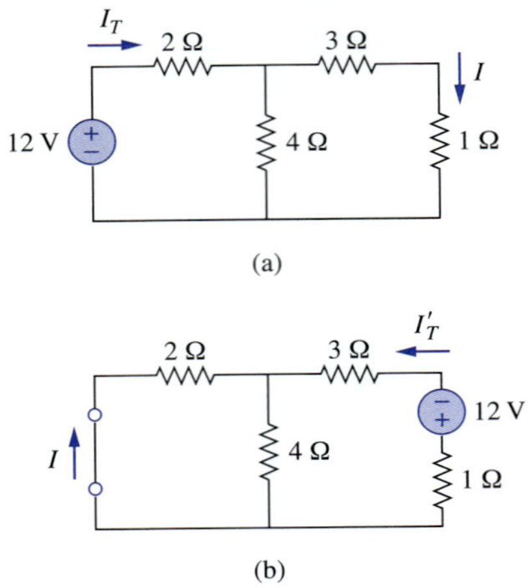

그림 8.66
예제 8.17의 회로

(a) 그림 8.66(a) 회로에서 전류 I를 구하라.

(b) 전압원을 제거하고 그림 8.66(b)에서 나타낸 것 같이 1-Ω 저항을 포함하는 가지로 이동시켜라. 그런 다음 다시 전류 I를 결정하라.

풀이

(a) 전압원에 의해서 보여지는 전체 저항은

$$R_T = 2 + 4 \parallel (3 + 1) = 2 + 2 = 4$$

이다. 그림 8.66(a)에서 전류 I_T는 $I_T = \dfrac{12}{4} = 3$ A이다. 따라서 원하는 전류 I는 다음과 같다.

$$I = \frac{1}{2} I_T = 1.5 \text{ A}$$

(b) 그림 8.66(b)에서처럼, 전압원을 1-Ω 저항이 있는 가지로 이동시키고 원래 있던 자리는 단락 회로로 치환하였다. 전압원과 저항과의 연결은 직렬이며 극성은 그림 8.66(a)에서 전류 I의 방향을 갖도록 정해진 것을 유의해야 한다. 다시 전압원에 의해서 보여지는 전체 저항은

$$R'_T = 1 + 3 + 2 \parallel 4 = 16/3\ \Omega$$

이다. 전류 I'_T는 다음과 같이 얻어진다.

$$I'_T = \frac{-12}{16/3} = -9/4 \text{ A}$$

전류 분배 법칙을 사용하면

$$I = -\frac{4}{4+2} I'_T = -\frac{4}{6}\left(-\frac{9}{4}\right) = 1.5 \text{ A}$$

이 되어 앞에서 구한 값과 같다. 따라서 상반 정리가 성립함을 입증할 수 있다.

연습문제 8.17

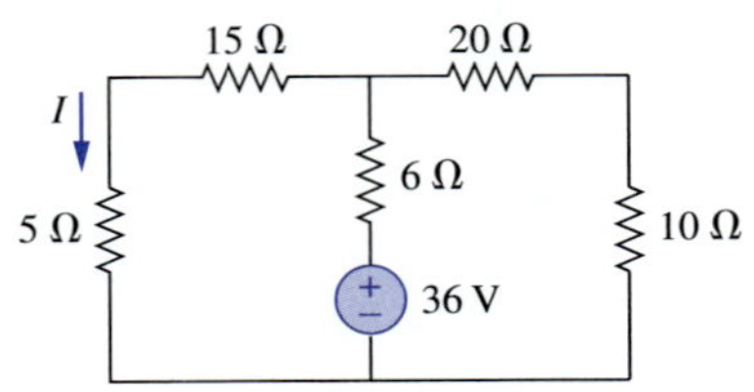

그림 8.67
연습문제 8.17의 회로

(a) 그림 8.67에서 전류 I를 계산하라.

(b) 전압원을 5-Ω 저항을 포함하는 가지에 위치시키고 전압원의 원래 자리에서의 전류 I를 결정하라.

해답 (a) 1.2 A, (b) 1.2 A

예제 8.18

(a) 그림 8.68(a) 회로에서 전압 V_o를 계산하라.

(b) 전류원을 제거하고 1-Ω 저항과 병렬로 연결하라. 전류원이 있던 가지의 양단 전압이 V_o가 됨을 보여라.

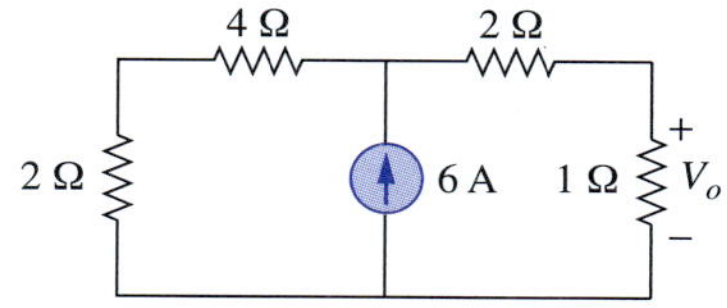

(a)

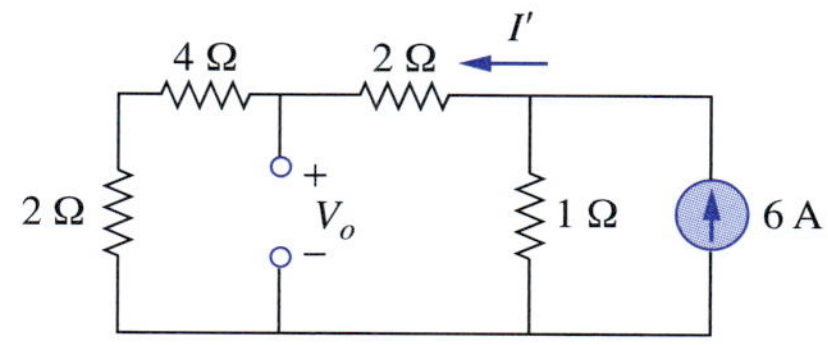

(b)

그림 8.68
예제 8.18의 회로

풀이

(a) 전류 분배 법칙을 이용하여 1-Ω 저항을 통해서 흐르는 전류 I는

$$I = \frac{2+4}{2+4+1+2}(6) = 4\text{ A}$$

이다. 따라서

$$V_o = 1 \times I = 4\text{ V}$$

이다. (b) 이제 전류원을 제거하고 1-Ω 저항 양단에 전류원을 그림 8.68(b)와 같이 연결한다. 전류 분배 법칙을 이용하면

$$I' = \frac{1}{1+2+4+2}(6) = \frac{2}{3}\text{ A}$$

이 되고 따라서

$$V_o = I'(4+2) = \frac{2}{3} \times 6 = 4\text{ V}$$

이 된다.

연습문제 8.18

(a) 그림 8.69 회로에서 전압 V_x를 계산하라.

(b) 전류원을 제거하고 3-Ω 저항과 병렬로 연결하라. 전류원이 원래 위치했던 위치의 양단 전압을 계산하라.

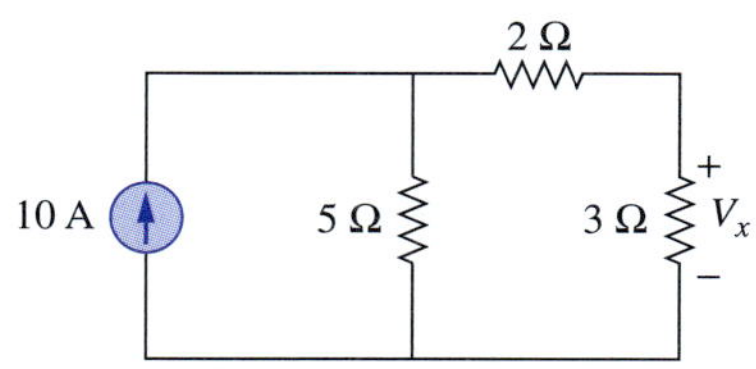

그림 8.69
연습문제 8.18의 회로

해답 (a) 15 V, (b) 15 V

8.11 컴퓨터를 통한 회로이론 검증

8.11.1 PSpice

이 절에서는, 이 장에서 배운 정리들을 PSpice를 이용해서 어떻게 검증할 수 있는가를 배운다. 특별히 회로의 어떤 노드 쌍에서 테브냉 또는 노턴 등가 회로를 구하고 또 부하에 최대전력 전달값을 구하기 위해서 DC Sweep 해석을

사용하는 방법을 주로 배우게 된다. 독자들은 이 절을 위한 준비과정으로 부록 C의 C.3절을 참고하는 것을 권한다.

PSpice를 이용하여 개방 단자쌍에서 회로의 테브냉 등가 회로를 구하기 위해서, 단자에 독립 탐색 전류원 *Ip*를 그리고 삽입하기 위해서 회로 편집기(schematic editor)를 사용한다. 탐색 전류원은 소자이름으로 ISRC를 가진다. 이제 부록 C의 C.3절에서 설명한 것처럼 I_p에 대한 DC Sweep을 수행한다. 보통 *Ip*의 변화량은 0에서 1 A까지 0.1 A씩 증가하도록 한다. 시뮬레이션 후에 PSpice A/D Demo를 이용하여 *Ip*를 통해 흐르는 전류에 대한 *Ip* 양단 전압의 그래프를 확인해 볼 수 있다. 그래프의 영점을 통과하는 값이 테브냉 등가 전압이고 그래프의 기울기가 테브냉 저항을 나타낸다.

노턴 등가 회로를 구하기 위해서는, 탐색 독립 전압원(소자 이름 VSRC) *Vp*를 단자에 삽입하는 것을 제외하면 앞의 과정과 비슷하다. *Vp*에 대한 DC Sweep을 수행하는데 보통 *Vp*의 변화량은 0에서 1 V까지 0.1 V씩 증가하도록 한다. 시뮬레이션 후에 PSpice A/D Demo를 이용하여 *Vp*에 대한 *Vp*를 통해 흐르는 전류의 그래프를 확인해 볼 수 있다. 영점을 통과하는 값이 노턴 전류이며 그래프의 기울기는 노턴 컨덕턴스를 나타낸다.

부하에 최대로 전력이 전달되는 값을 구하기 위해서, PSpice는 그림 8.51에 나타낸 R_L의 소자값에 대한 dc pametric sweep을 수행하고, R_L에 대한 부하에 전달된 전력의 값을 그래프로 확인할 수 있다. 그림 8.52에 따르면, $R_L = R_{Th}$일 때 최대전력이 발생한다. 이 내용은 예제 8.19에서 다루었다.

전압원과 전류원에 대한 소자 이름으로는 VSRC와 ISRC를 사용한다.

예제 8.19

그림 8.37의 회로를 고려하자(연습문제 8.10 참고). PSpice를 이용하여 테브냉과 노턴 등가 회로를 구하라.

풀이

(a) 그림 8.37의 회로에서 단자 *a-b*에서 테브냉 저항 R_{Th}와 테브냉 전압 V_{Th}를 구하기 위해서는 우선 Orcad Capture를 사용하여 그림 8.70(a)와 같은 회로를 그려야 한다. 탐색 전류원 *I*1이 단자에 삽입되었는지 확인하라. **PSpice/New Simulation Profile**을 선택하라. New Simulation 대화 박스에서 파일 이름(예를 들면 exam819)을 삽입하고 Create를 클릭한다. Simulation Setting 대화 박스에서 다음을 선택한다. *Analysis Type*에서 DC Sweep, *Sweep Variable*에서 전류원, *Sweep Type*에서 선형, *Start Value*에서 0, *End Value*에 1, *Increment*에 0.1 그리고 *Name* 박스에 *I*1을 선택한다. Apply를 클릭하고 OK를 클릭한다. **PSpice/Run**을 선택한다. 탐색 윈도우가 나타나게 될 것이다.

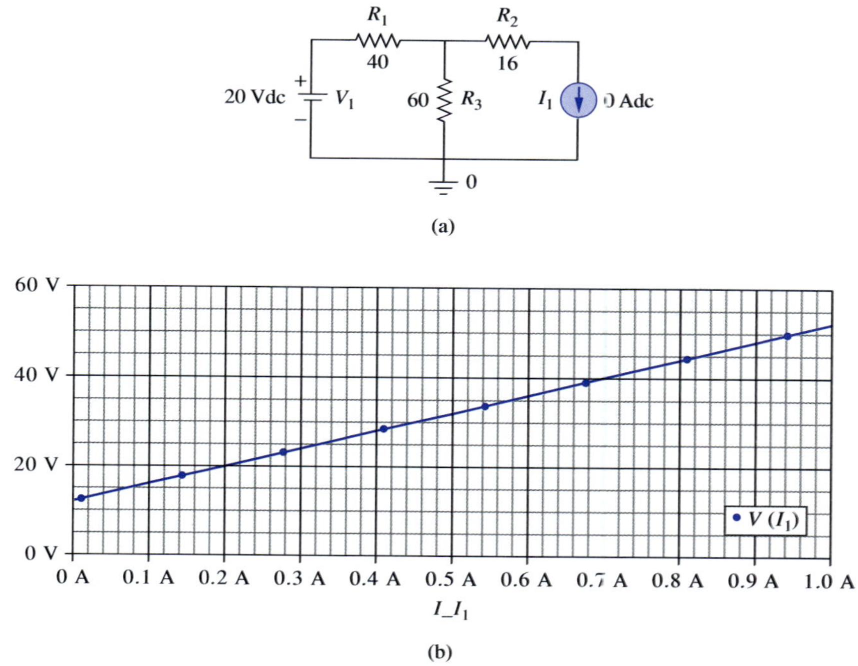

그림 8.70
예제 8.19의 회로

Trace/Add Trace를 선택하고 V(I1:-)을 선택한다. *I*1 양단 전압이 그림 8.70(b)처럼 나타나게 될 것이다. 그래프로부터 다음을 얻을 수 있다.

$$V_{Th} = \text{zero intercept} = 12\text{ V}, \quad R_{Th} = \text{slope} = \frac{52 - 12}{1} = 40\ \Omega$$

연습문제 8.10에서 해석적으로 구한 값과 같음을 알 수 있다.

(b) 노턴 등가 회로를 구하기 위해서는 그림 8.70(a)의 회로에서 탐색 전류원을 탐색 전압원 *V*2로 바꿔주어야 한다. 그 결과는 그림 8.71(a)에 나타내었다. 이제 다시 **PSpice/New Simulation Profile**을 선택하라. New Simulation 대화 박스에서 파일 이름을 삽입하고 Create를 클릭한다. Simulation Setting 대화 박스에서 다음을 선택한다. *Analysis Type*에서 DC Sweep, Sweep Variable에서 전압원, *Sweep Type*에서 선형, *Start Value*에서 0, *End Value*에 1, *Increment*에 0.1 그리고 *Name* 박스에 *V*2을 선택한다. Apply를 클릭하고 OK를 클릭한다. **PSpice/Run**을 선택한다. 탐색 윈도우가 나타나게 될 것이다. **Trace/Add Trace**를 선택하고 I(V2)을 선택한다. 그림 8.71(b)와 같은 그래프가 나타나게 될 것이다. 그래프로부터 다음을 얻을 수 있다.

$$I_N = \text{zero intercept} = 300\text{ mA}$$

$$G_N = \text{slope} = \frac{(300 - 275) \times 10^{-3}}{1} = 25\text{ mS}$$

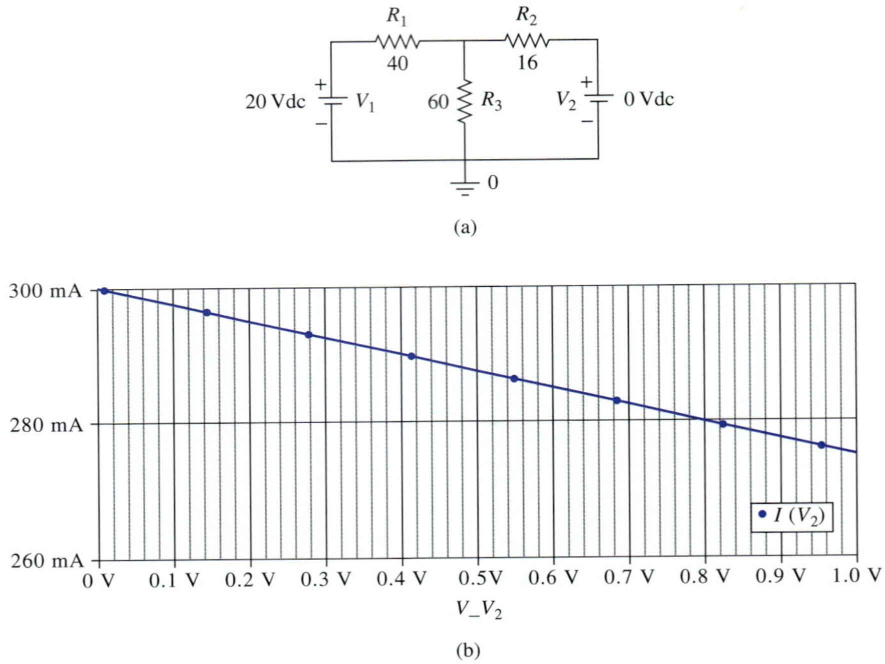

그림 8.71

예제 8.19의 회로: (a) 회로, (b) I(V_2)의 그래프

연습문제 8.19

연습문제 8.11을 PSpice를 이용하여 다시 수행하라.

해답 $R_N = 3\ \Omega;\ I_N = 4.5$ A

8.11.2 Multisim

Multisim은 이 장에서 논의된 정리들을 설명하는데 사용된다. 회로의 테브냉과 노턴의 등가 회로를 어떻게 구하는지를 예를 들어 설명할 것이다.

예제 8.20

그림 8.40(예제 8.11)의 회로에 대해서 테브냉과 노턴의 등가 회로를 Multisim을 이용하여 구하라.

풀이

테브냉 저항을 구하기 위하여, 전류원과 전압원을 제거해야 한다. 단자 a와 b에 멀티미터를 연결한다. **DCLICKL** 멀티미터의 저항 측정 기능을 선택한다. Multisim 회로의 결과를 그림 8.72에 나타내었다. **Simulate/Run**을 선택하여 회로를 시뮬레이션하고 저장한 후에 **DCLICKL** 멀티미터는 결과를 보

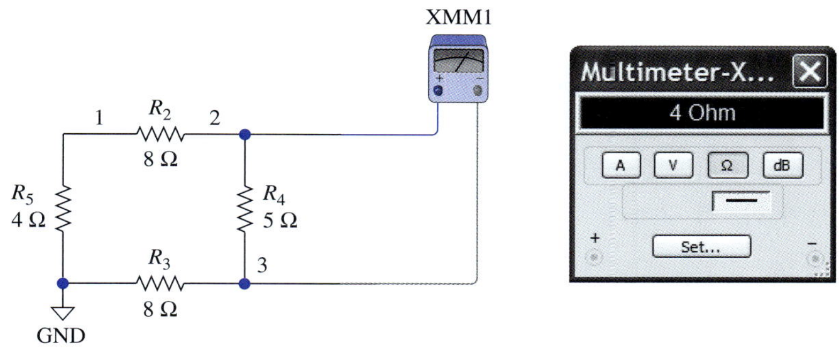

그림 8.72
예제 8.20의 회로: 테브냉 저항 구하기

여준다. 따라서

$$R_{Th} = R_N = 4\ \Omega$$

이 된다.

테브냉 전압을 구하기 위하여, 먼저 그림 8.73과 같은 회로를 구성해야 한다. 단자 a와 b에 멀티미터를 연결한다. **DCLICKL**을 선택해서 전압을 측정하도록 세팅하고 전압 기능을 선택한다. 회로를 저장하고 시뮬레이션한 다음에 **DCLICKL** 멀티미터를 통해 결과를 확인한다. 따라서

$$V_{Th} = 4\ \text{V}$$

이 된다.

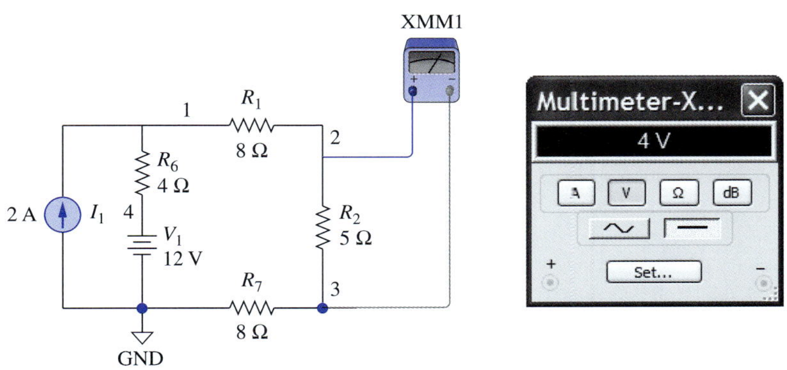

그림 8.73
예제 8.21의 회로: 테브냉 전압 구하기

노턴 전류를 구하기 위해서는, 먼저 단자 a와 b에 멀티미터를 연결한다. **DCLICKL**을 선택해서 전류를 측정하도록 세팅하고 전류 기능을 선택한다. 회로는 멀티미터가 현재 전류를 측정하도록 세팅되어 있다는 점만 제외하면 그림 8.73의 회로와 같게 된다. 회로를 저장하고 시뮬레이션한 다음에 **DCLICKL** 멀티미터를 통해 결과를 확인한다.

$$I_N = 1\ \text{A}$$

노턴 저항과 노턴 전류의 값은 예제 8.11에서 구한 값과 같음을 확인하라.

연습문제 8.20

그림 8.43의 회로(연습문제 8.11)에 대해서 Multisim을 이용하여 테브냉과 노턴 등가 회로를 구하라.

해답 $R_{Th} = R_N = 3\ \Omega,\ V_{Th} = 13.5\ \text{V},\ I_N = 4.5\ \text{A}$

8.12 †응용: 전원 모델링

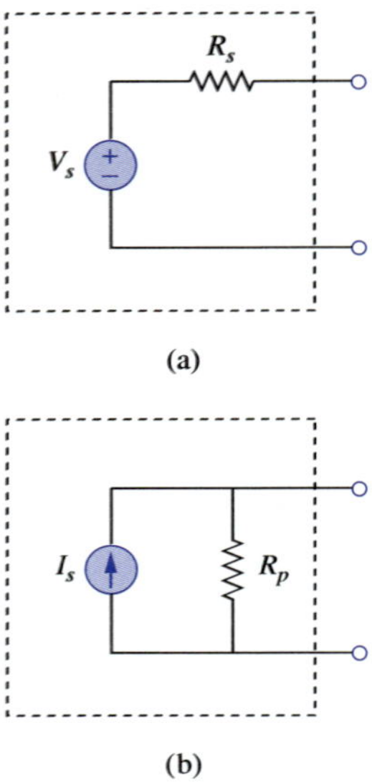

그림 8.74
(a) 실제적인 전압원, (b) 실제적인 전류원

전원 모델링은 테브냉 또는 노턴 등가에 대한 유용한 예를 제공한다. 배터리와 같은 능동 소자는 가끔 자신의 테브냉과 노턴 등가 회로에 의해서 특징 지어진다. 이상적인 전압원은 부하에 의해 유도된 전류와 상관없이 일정한 전압을 제공한다. 반면에 이상적인 전류원은 부하 전압과 관계없이 일정한 전류를 제공한다. 그림 8.74에서와 같이 실제적인 전압원과 전류원은 **내부 저항** R_s 또는 **전원 저항** R_p 때문에 이상적이지 않다. 실제적인 전압원과 전류원은 $R_s \to 0$ 그리고 $R_p \to \infty$인 경우에 이상적으로 된다. 이러한 경우를 설명하기 위해서 그림 8.75(a)에 부하 저항에 대한 전압원의 변화를 나타내었다. 전압 분배 법칙에 의해 부하 전압은 다음과 같다.

$$V_L = \frac{R_L}{R_s + R_L} V_s \tag{8.21}$$

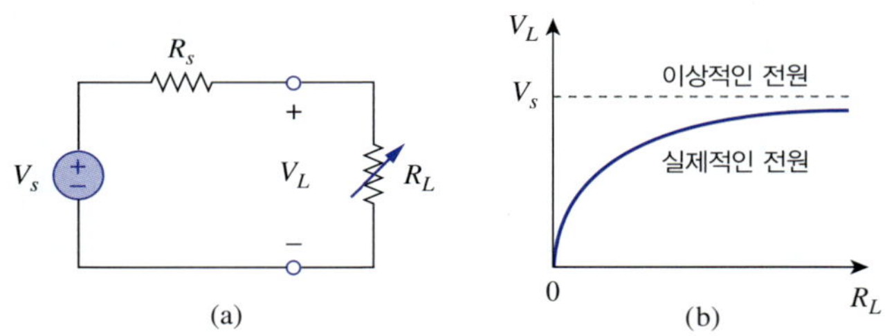

그림 8.75
(a) 부하 저항 R_L에 연결된 실제적인 전압원, (b) R_L이 감소함에 따라서 부하 전압이 감소

R_L이 증가함에 따라서 부하 전압은 그림 8.75(b)에서 설명하는 것처럼 전압원 V_s에 근접하게 된다. 식 (8.21)로부터 다음을 알 수 있다.

1. 부하 전압은 전원의 내부 저항 R_s가 0이거나 최소한 $R_s \ll R_L$이라면 상수가 될 것이다. 다시 말하면 R_s가 R_L에 대비해서 작아질수록 전압원은 이상적인 전압원에 가까워진다.

2. 부하가 연결되지 않았을 경우(즉, $R_L \to \infty$이기 때문에 전원이 개방 회로)는 $V_{oc} = V_s$가 된다. 따라서 V_s는 무부하 전원 전압으로 간주되기도 한다. 부하의 연결은 크기면에서 단자 전압을 떨어뜨리게 되고 이는 **부하효과**라고 알려져 있다.

부하가 그림 8.76(a)에서처럼 연결되어 있는 실제적인 전류원에 대해서도 같은 위와 같이 언급할 수 있다. 전류 분배 법칙에 의해서 다음을 구할 수 있다.

$$I_L = \frac{R_p}{R_p + R_L} I_s \tag{8.22}$$

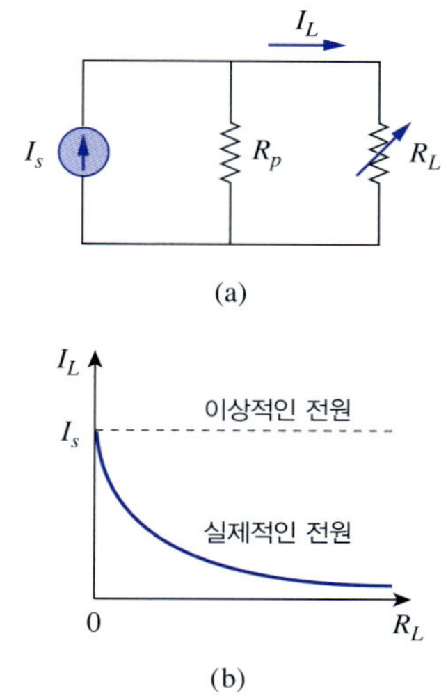

그림 8.76
(a) 부하 R_L에 연결된 실제적인 전류원, (b) R_L이 증가함에 따라 부하 전류는 감소

그림 8.76(b)은 부하 저항의 증가에 따른 부하 전류의 변화를 나타낸다. 다시 부하 때문에 전류가 감소(부하 효과)하고 내부 저항이 매우 큰 경우, 즉 $R_p \to \infty$ 또는 최소한 $R_p \gg R_L$인 경우에는 부하 전류가 상수(이상적인 전류원)가 된다.

때때로 무부하 전원 전압 V_s와 전압원의 내부 저항 R_s를 알아야 할 때가 있다. V_s와 R_s를 구하기 위하여 그림 8.77의 회로를 이용한다. 먼저 그림 8.77(a)에서 개방 회로 전압 V_{oc}를 측정하고 다음과 같이 놓는다.

$$V_s = V_{oc} \tag{8.23}$$

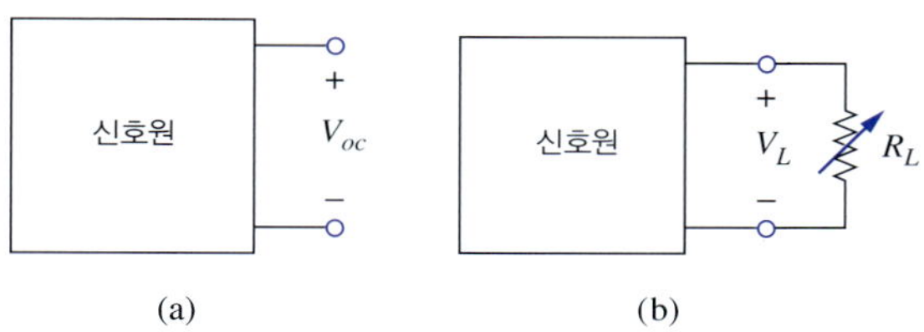

그림 8.77
(a) V_{oc} 측정하기, (b) V_L 측정하기

그림 8.77(b)에서와 같이 단자 양단에 가변 부하 R_L을 연결한다. 저항 R_L을 부하 전압이 정확하게 개방 회로 전압의 절반, 즉 $V_L = V_{oc}/2$이 되도록 조정한다. 이제는 $R_L = R_{Th} = R_s$이 된다. 이 시점에서 R_L을 끊어버리고 측정한다. 따라서

$$R_s = R_L \tag{8.24}$$

이다.

예를 들면 자동차 배터리는 $V_s = 12$ V이고 $R_s = 0.05\ \Omega$이다. 전원 모델링 외에 이 장에서 다루는 내용에 대한 간단한 설명은 증폭기의 출력 저항에 스피커(부하)를 정합하는 것이다.

예제 8.21

2 W의 부하에 연결되었을 때 전압원의 단자 전압이 12 V이다. 부하가 끊어졌을 때, 단자 전압이 12.4 V까지 상승하였다. (a) 전원 전압 V_s와 내부 저항 R_s를

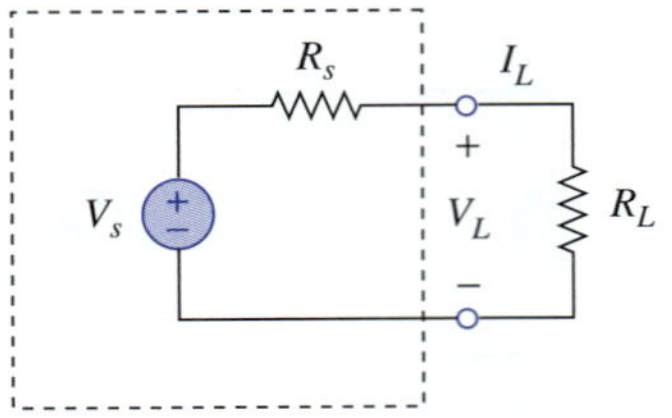

(a)

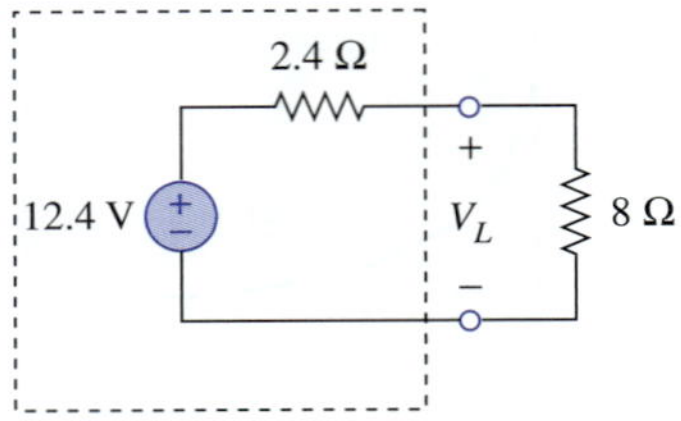

(b)

그림 8.78
예제 8.21의 회로

계산하라. (b) 8-Ω 부하가 전원에 연결되었을 때 전압을 결정하라.

풀이

(a) 전원을 테브냉 등가 회로로 치환한다. 부하가 끊어졌을 때의 단자 전압은 개방회로 전압이다. 즉,

$$V_s = V_{oc} = 12.4 \text{ V}$$

이다. 그림 8.78(a)과 같이 부하가 연결되었을 때, $V_L = 12$ V이고 $P_L = 2$ W이다. 따라서

$$P_L = \frac{V_L^2}{R_L} \quad \Rightarrow \quad R_L = \frac{V_L^2}{P_L} = \frac{12^2}{2} = 72 \ \Omega$$

이다. 부하 전류는

$$I_L = \frac{V_L}{R_L} = \frac{12}{72} = \frac{1}{6} \text{ A}$$

이다. R_s 양단 전압은 전원 전압 V_s와 부하 전압 V_L의 차이가 된다. 또는

$$12.4 - 12 = 0.4 = R_s I_L \quad \Rightarrow \quad R_s = \frac{0.4}{I_L} = 2.4 \ \Omega$$

이다. (b) 이제 전원에 대한 테브냉 등가는 결정되었고 그림 8.78(b)에서 보인 것처럼 테브냉 등가 회로 양단에 8-Ω 부하를 연결한다. 전압 분배를 이용하여 다음을 구한다.

$$V_L = \frac{R_L}{R_s + R_L} V_{Th} = \frac{8}{8 + 2.4}(12.4) = 9.538 \text{ V}$$

연습문제 8.21

어떤 증폭기 양단의 개방 회로 전압을 측정하였더니 9 V였다. 20-Ω 확성기가 증폭기에 연결되었을 때 8 V의 전압 강하가 발행하였다면 10-Ω 확성기가 대신 사용 되었을 때의 전압을 계산하라.

해답 7.2 V

8.13 요약

1. 선형 소자들, 선형 종속 전원 그리고 선형 독립 전원으로 이루어진 선형 회로망.
2. 복잡한 회로를 하나라도 더 간단하게 줄여주는 회로망 이론들, 따라서 회

로 해석은 더욱더 간단해진다.

3. 다중의 독립 전원을 갖는 회로에 대한 중첩의 원리는 소자 양단 전압(또는 흐르는 전류)이 한 번에 하나가 동작하는 각 독립 전원에 의해 야기되는 모든 개별적인 전압(또는 전류)의 대수적인 합과 같다는 것이다.
4. 전원 변환은 저항과 직렬로 연결된 전압원이 저항과 병렬로 연결된 전류원으로 변환되고 또한 그 역도 성립하는 과정이다.
5. 테브냉과 노턴의 정리는 회로망을 두 부분으로 나누고 회로망의 한 부분을 제외한 남아있는 부분을 등가 회로망으로 치환하는 것이다. 테브냉 등가는 전압원 V_{Th}와 직렬로 연결된 저항 R_{Th}로 구성되고 노턴 등가는 전류원 I_N과 병렬로 연결된 저항 R_N으로 구성된다. 이 두 개의 정리는 다음과 같은 전원 변환의 관계에 있다.

$$R_N = R_{Th}, \qquad I_N = \frac{V_{Th}}{R_{Th}}$$

6. 주어진 테브냉 등가 회로에 대해서 $R_L = R_{Th}$, 즉 부하 저항이 테브냉 저항과 같을 때 최대전력 전달이 이루어진다.
7. 밀만의 이론은 병렬로 연결된 여러 개의 전압원을 결합시키는 방법이다.
8. 치환 이론은 선형 회로의 어떤 가지는, 가지를 통해 흐르는 전류와 가지 양단 전압을 동일하게 생성하는 등가 가지에 의해서 치환될 수 있다는 이론이다.
9. 상반 이론은 단지 하나의 전압원을 갖는 선형 회로가, 가지 B에 전류 I를 발생시키는 전원이 가지 A에 위치한다면, 가지 A에 전류 I를 발생시키도록 가지 B에 전압원을 이동시키는 것이 가능하다는 이론이다.
10. PSpice와 Multisim은 이 장에서 설명된 회로 이론들을 검증하는데 사용될 수 있다.
11. 전원 모델링은 테브냉 이론에 대한 응용을 제공한다.

복습문제

8.1 선형 회로망에서 입력 전압이 10 V일 때, 가지를 통해서 흐르는 전류가 2 A이다. 만일, 전압이 1 V로 감소하게 되고 극성이 반대로 된다면 가지에 흐르는 전류를 구하라.
(a) −2 A (b) −0.2 A
(c) 0.2 A (d) 2 A (e) 20 A

8.2 중첩에서는, 한 번에 하나의 독립 전원이 고려되는 것이 아니다. 여러 개의 독립 전원이 동시에 고려될 수 있다.
(a) 참 (b) 거짓

8.3 중첩의 원리는 전력 계산에 적용한다.
(a) 참 (b) 거짓

8.4 그림 8.79의 단자 a-b에서 테브냉 저항을 구하라.
(a) 25 Ω (b) 20 Ω (c) 5 Ω (d) 4 Ω

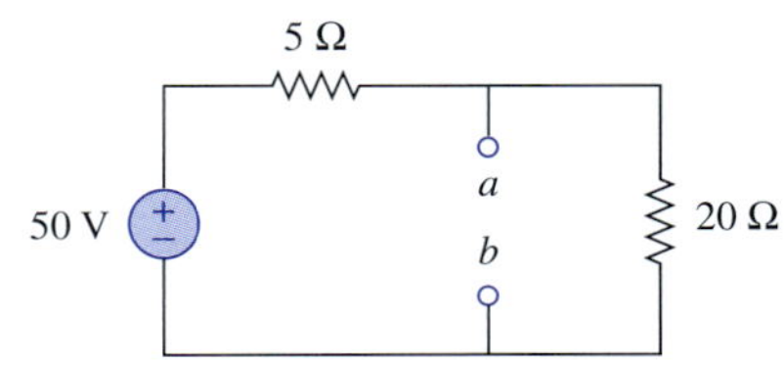

그림 8.79
복습문제 8.4, 8.5, 8.6의 회로

8.5 그림 8.79의 단자 a-b에서 테브냉 전압을 구하라.
(a) 50 V (b) 40 V (c) 20 V (d) 10 V

8.6 그림 8.79의 단자 *a-b*에서 노턴 전류를 구하라.

(a) 10 A (b) 2.5 A (c) 2 A (d) 0 A

8.7 노턴 저항 R_N은 정확하게 테브냉 저항 R_{Th}와 같다.

(a) 참 (b) 거짓

8.8 그림 8.80에서 서로 등가인 회로 쌍을 구하라.

(a) a와 b (b) b와d (c) a와 c (d) c와 d

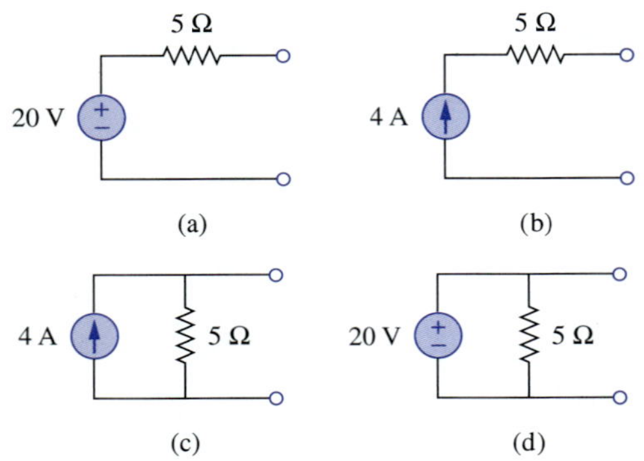

그림 8.80
복습문제 8.8의 회로

8.9 부하가 회로망에 연결되어 있다. 부하가 연결되어 있는 단자에서, R_{Th} = 10 Ω이고 V_{Th} = 40 V이다. 부하에 공급되는 최대전력을 구하라.

(a) 160 W (b) 80 W (c) 40 W (d) 1 W

8.10 회로가 하나 이상의 전원을 가지고 있다면, 상반 정리가 적용되지 않는다.

(a) 참 (b) 거짓

해답: 8.1b, 8.2a, 8.3b, 8.4d, 8.5b, 8.6a, 8.7a, 8.8c, 8.9c, 8.10a

문제

8.2절 선형 특성

8.1 그림 8.81의 회로에서 전류 I_o를 계산하라. 또한 입력 전압이 10 V로 증가했을 때의 전류를 구하라.

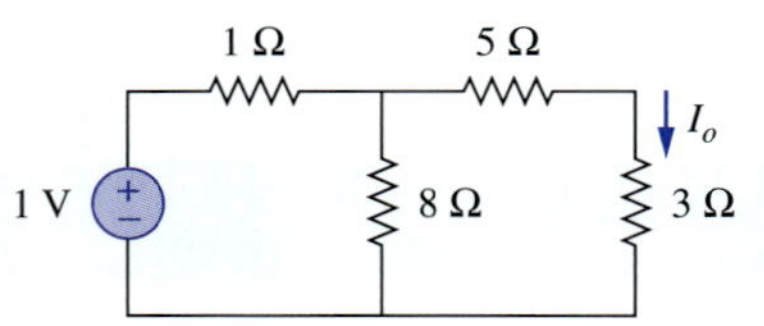

그림 8.81
문제 8.1의 회로

8.2 그림 8.82의 회로에서 V_o를 구하라. 또한 전원 전류가 1 μA로 감소했을 때의 V_o를 구하라.

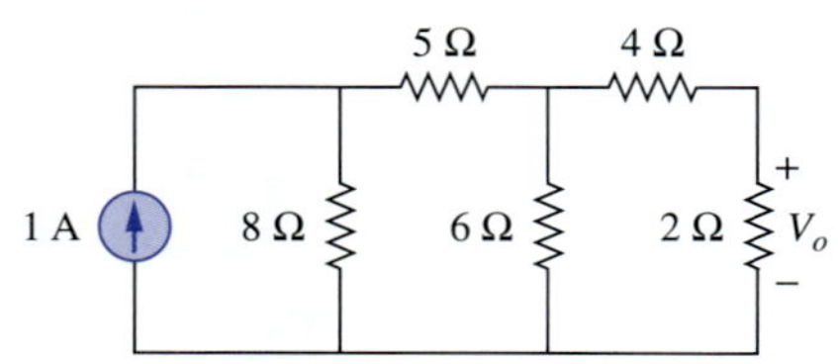

그림 8.82
문제 8.2의 회로

8.3 그림 8.83의 회로에서 선형성을 이용해서 I_o를 결정하라.

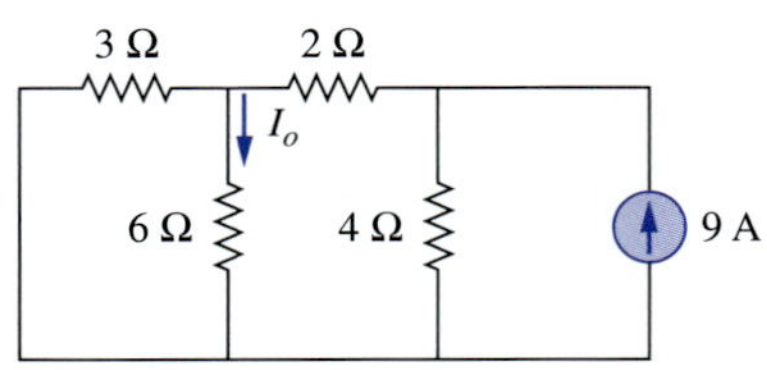

그림 8.83
문제 8.3의 회로

8.4 그림 8.84의 회로에서 V_o = 1 V라고 할 때, 선형성을 이용해서 V_o의 실제 값을 구하라.

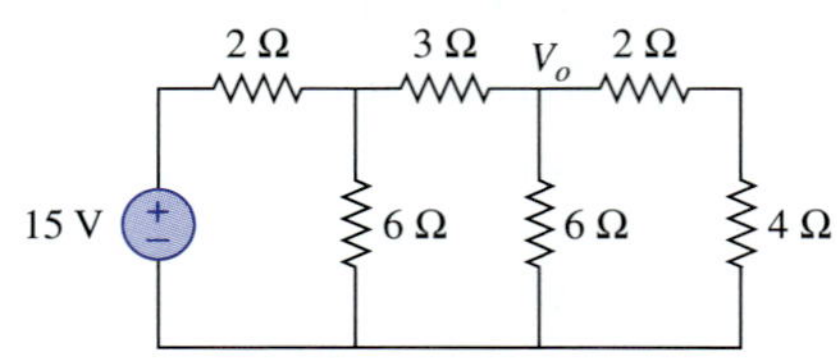

그림 8.84
문제 8.4의 회로

8.3절 중첩

8.5 그림 8.85의 회로에서 중첩의 원리를 적용하여 I를 구하라.

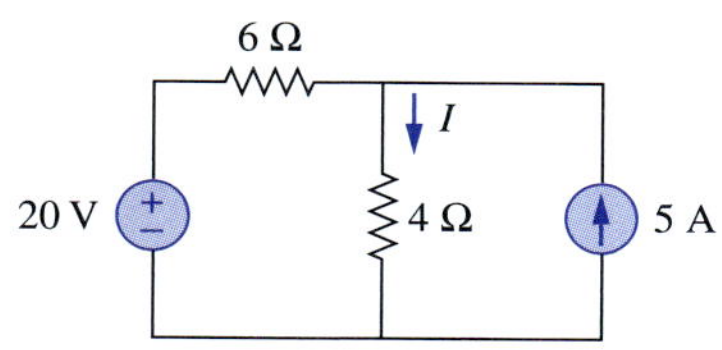

그림 8.85
문제 8.5의 회로

8.6 그림 8.86의 회로에서, 중첩의 원리를 이용하여 I_x를 구하고 10-Ω 저항에서 소모되는 전력을 구하라.

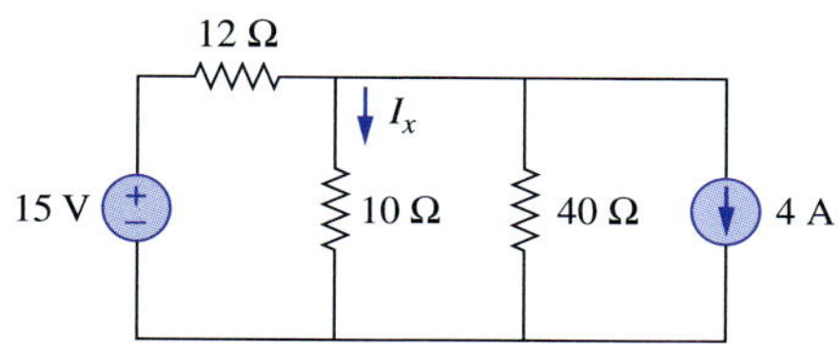

그림 8.86
문제 8.6의 회로

8.7 그림 8.87의 회로에서, 중첩의 원리를 이용하여 I를 구하라.

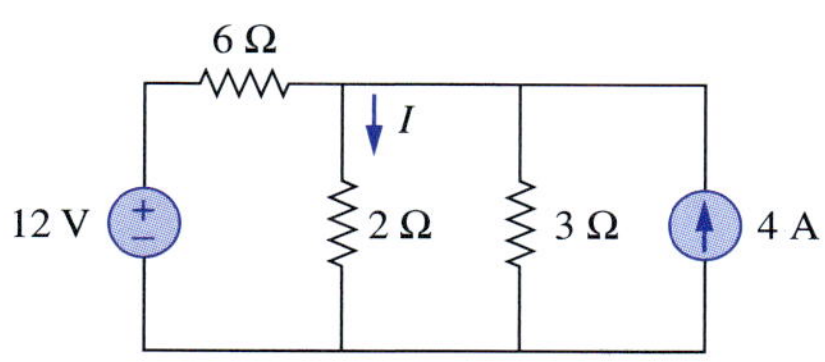

그림 8.87
문제 8.7의 회로

8.8 그림 8.88의 회로에서, 중첩의 원리를 이용하여 V_o를 결정하라.

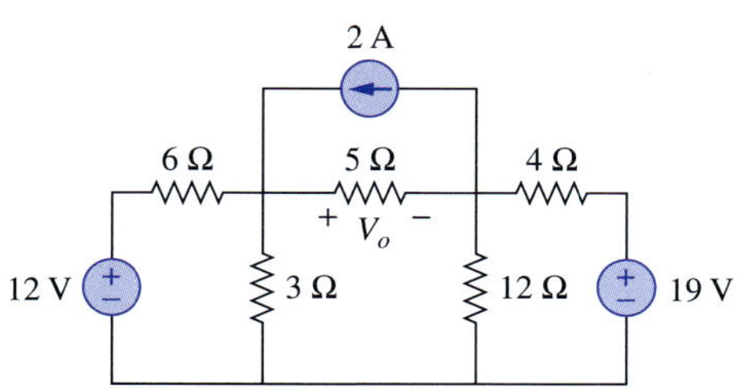

그림 8.88
문제 8.8의 회로

8.9 중첩의 원리를 이용하여, 그림 8.89의 회로에서 I_o를 결정하라.

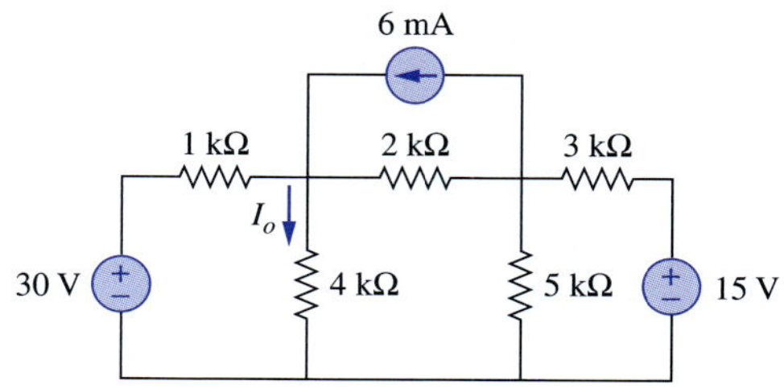

그림 8.89
문제 8.9의 회로

8.10 중첩의 원리를 적용하여, 그림 8.90의 회로에서 V_o를 결정하라.

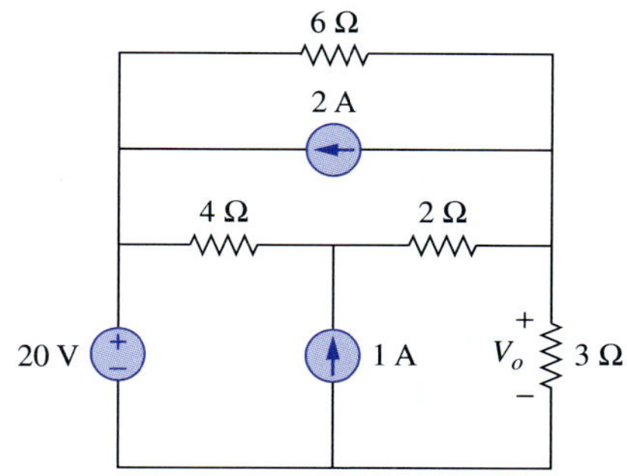

그림 8.90
문제 8.10의 회로

8.11 그림 8.91의 회로에서, 중첩의 원리를 이용하여 I를 구하라. 또한 3-Ω 저항에 전달되는 전력을 구하라.

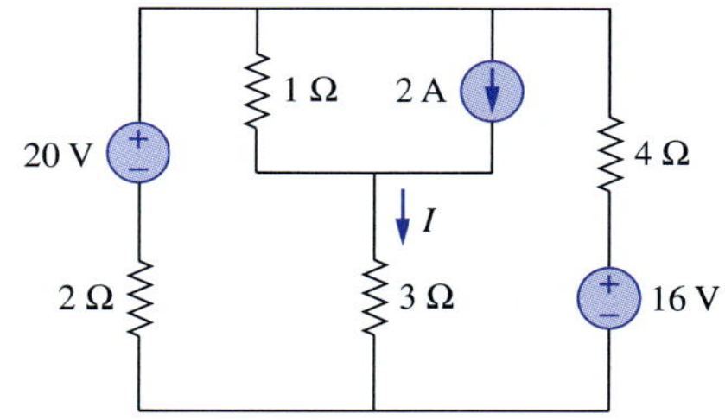

그림 8.91
문제 8.11의 회로

8.12 중첩의 원리를 이용하여, 그림 8.92의 회로에서 I_o를 결정하라.

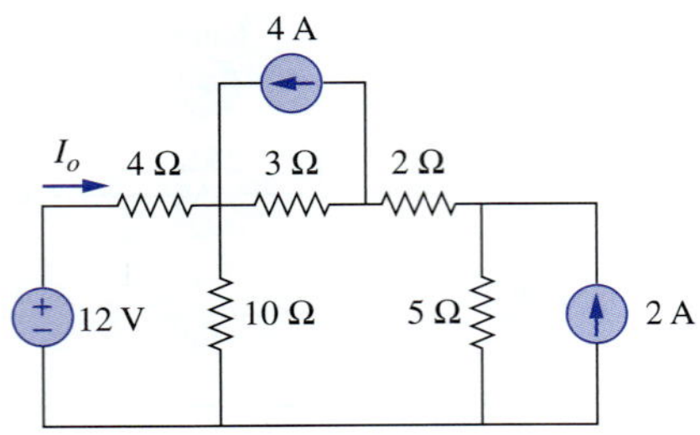

그림 8.92
문제 8.12의 회로

8.13 중첩의 원리를 적용하여, 그림 8.93의 회로에서 V_o를 결정하라.

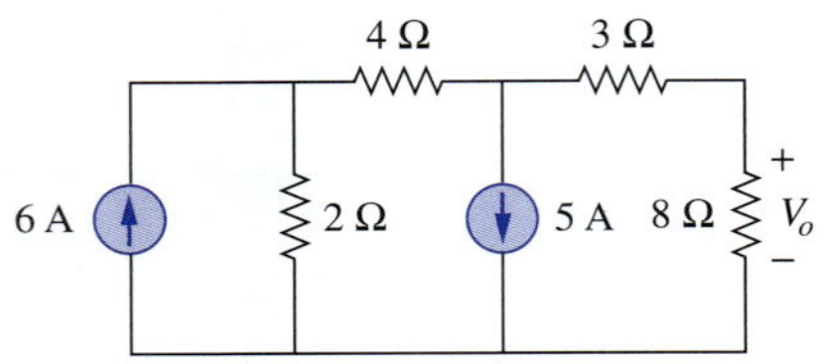

그림 8.93
문제 8.13의 회로

8.14 중첩의 원리를 적용하여, 그림 8.94의 회로에서 V_o를 결정하라.

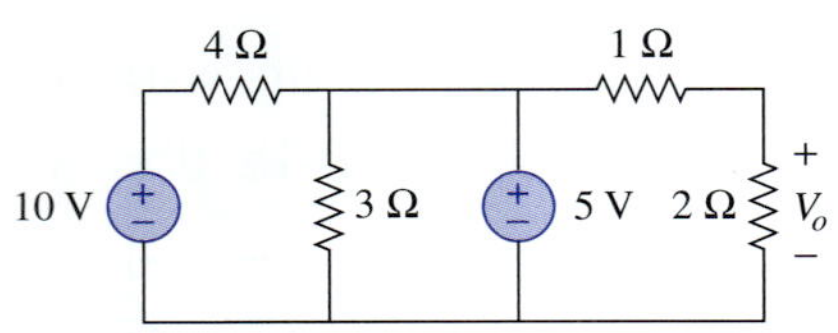

그림 8.94
문제 8.14의 회로

8.15 그림 8.95의 회로에서, 중첩의 원리를 이용하여 V_o를 결정하라.

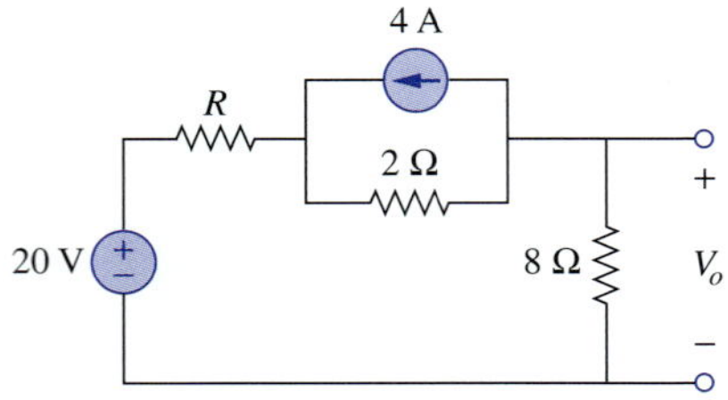

그림 8.95
문제 8.15의 회로

8.16 그림 8.96의 회로에서, 중첩의 원리를 이용하여 V_o를 결정하라.

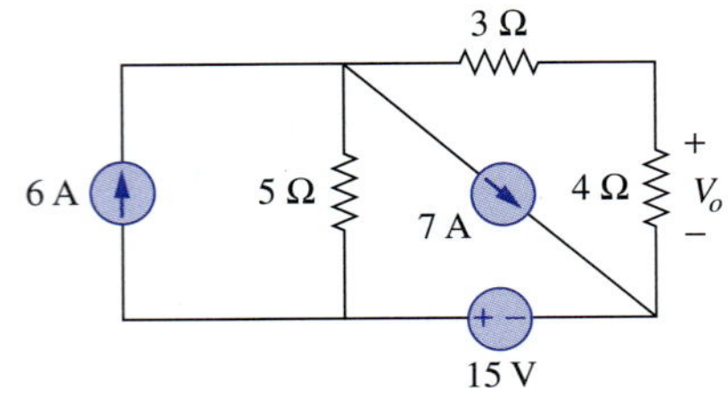

그림 8.96
문제 8.16의 회로

8.4절 전원 변환

8.17 연습문제 8.7에서 전원 변환을 이용해서 I를 구하라.

8.18 그림 8.97의 회로에서 전원 변환을 적용해서 V_o와 I_o를 결정하라.

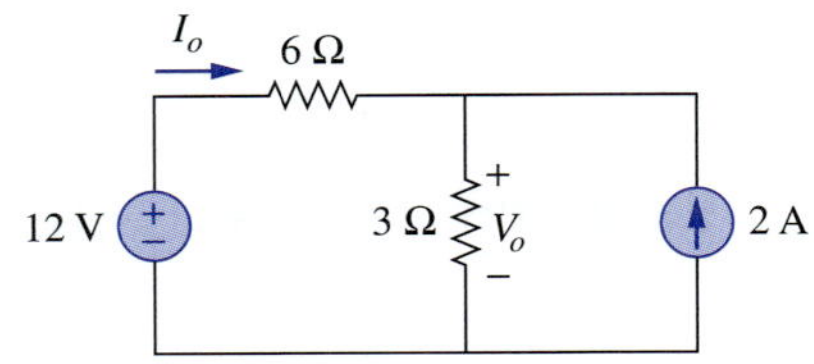

그림 8.97
문제 8.18의 회로

8.19 그림 8.98의 회로에서 전원 변환을 적용해서 I를 구하라.

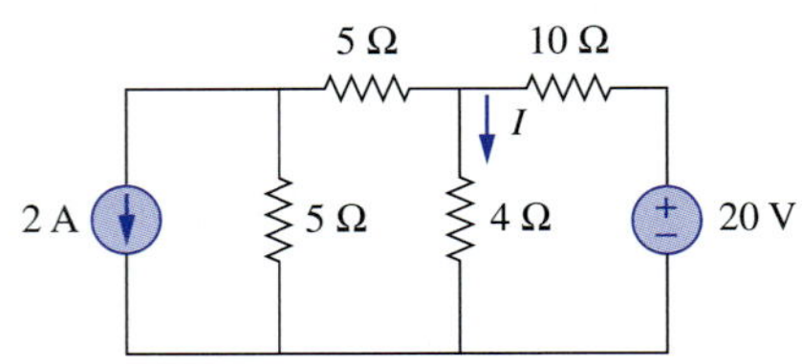

그림 8.98
문제 8.19의 회로

8.20 그림 8.99에 대해서, 전원 변환을 이용해서 전류를 결정하고 8-Ω 저항에서의 전력을 구하라.

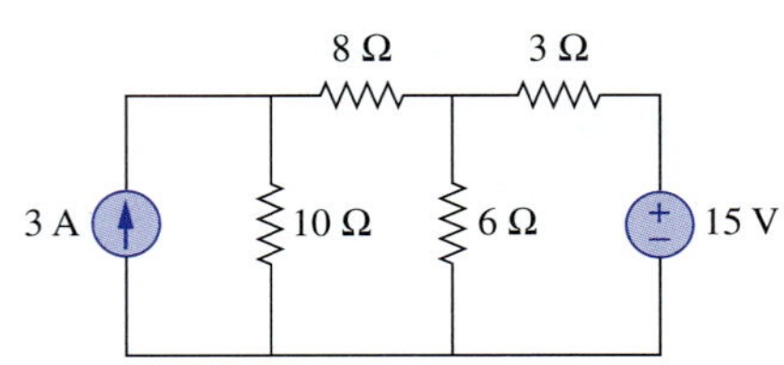

그림 8.99
문제 8.20의 회로

8.21 연습문제 8.8에서 연속적인 전원 변환을 이용해서 V_o를 구하라.

8.22 그림 8.100의 회로에서 전원 변환을 적용해서 V_x를 구하라.

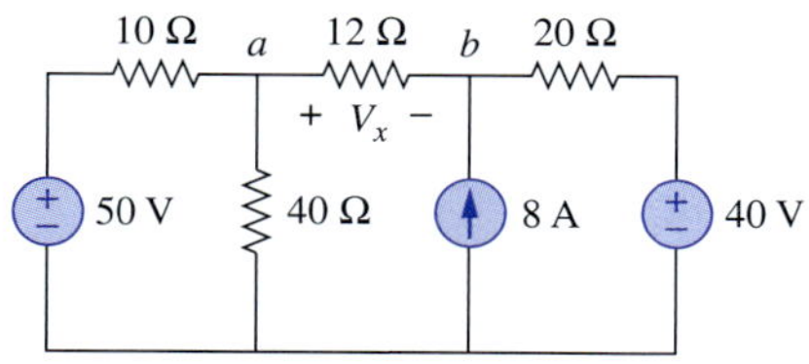

그림 8.100
문제 8.22 와 8.31의 회로

8.23 전원 변환을 이용해 그림 8.101 회로에서 v_o를 구하라.

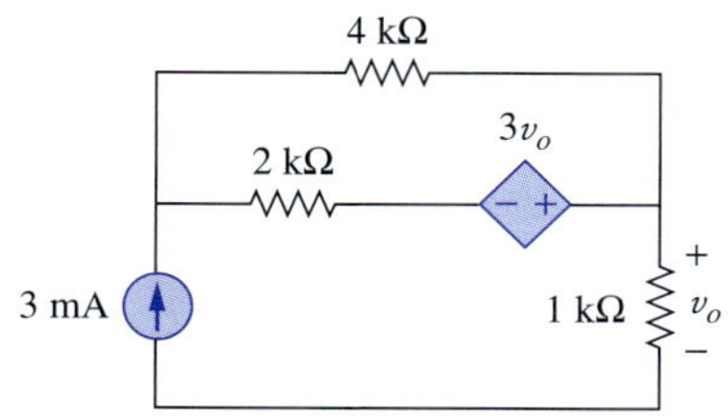

그림 8.101
문제 8.23의 회로

8.24 전원 변환을 이용해 그림 8.102 회로에서 i_x를 구하라.

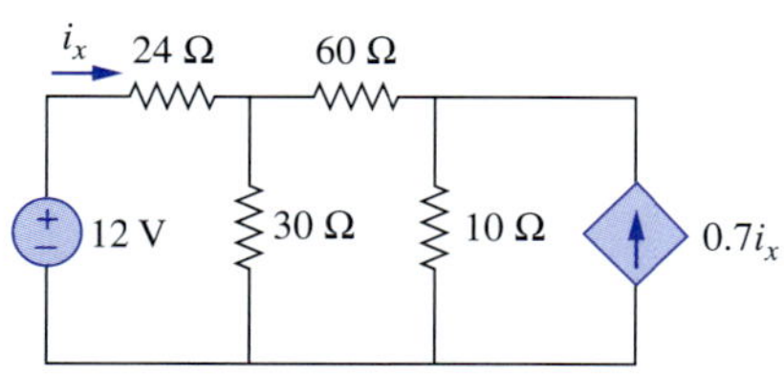

그림 8.102
문제 8.24의 회로

8.25 그림 8.103에 대해서, 전원 변환을 이용해 i_x를 구하라.

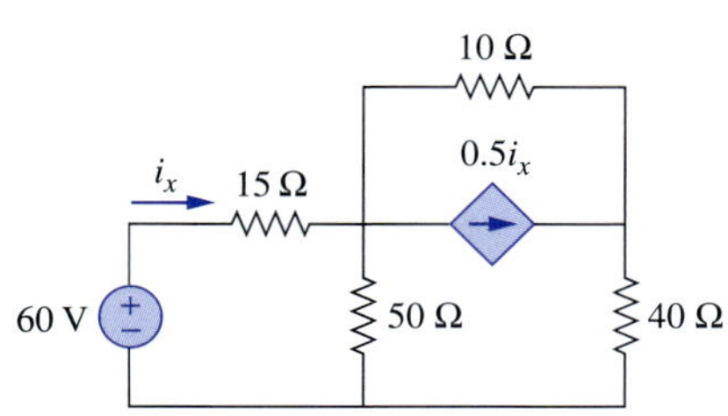

그림 8.103
문제 8.25의 회로

8.5절과 8.6절 테브냉과 노턴의 정리

8.26 그림 8.104의 각 회로에 대해서, 단자 1-2에서의 R_{Th}와 V_{Th}를 구하라.

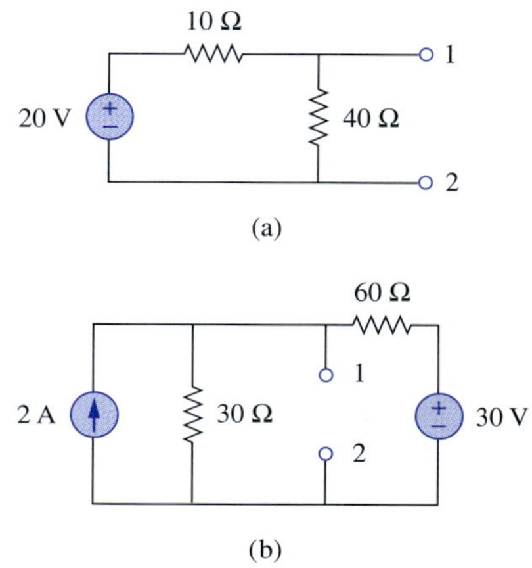

그림 8.104
문제 8.26의 회로

8.27 그림 8.105의 회로에서, 단자 a-b에서의 테브냉 등가 회로를 구하라.

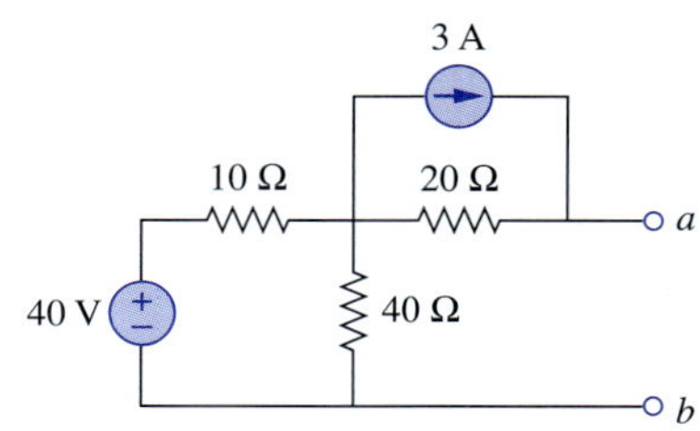

그림 8.105
문제 8.27과 8.36의 회로

8.28 연습문제 8.8에서 테브냉 정리를 이용하여 V_o를 구하라.

8.29 그림 8.106 회로에서, 테브냉 정리를 이용하여 전류 I를 구하라(힌트: 12-Ω 저항 양단에 테브냉 등가 회로를 구하라).

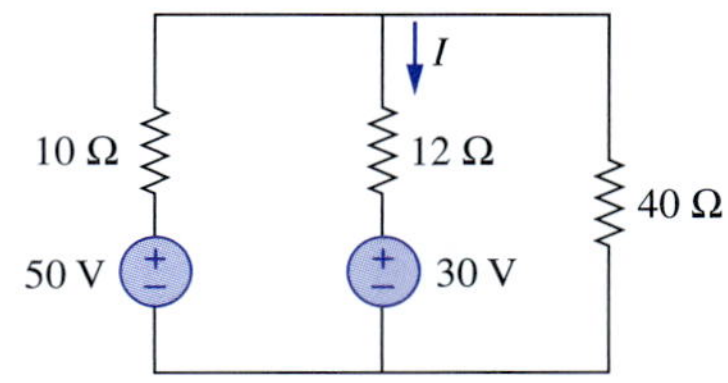

그림 8.106
문제 8.29의 회로

8.30 그림 8.107 회로에서, 테브냉 정리를 이용하여 V_o를 구하라.

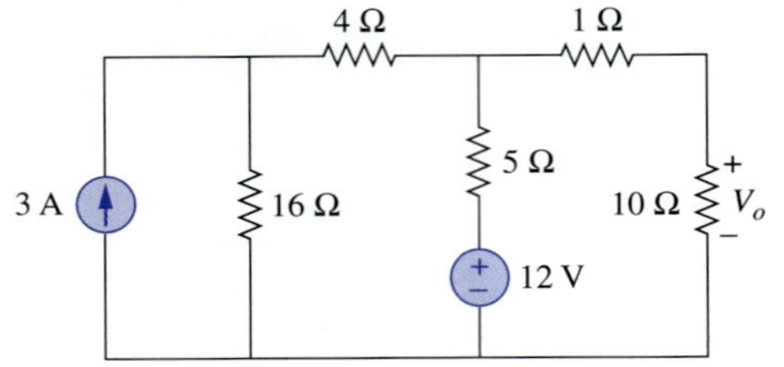

그림 8.107
문제 8.30의 회로

8.31 그림 8.100의 회로에서, 단자 a-b에서의 테브냉 등가 회로를 구하고 그 결과를 이용하여 V_x를 구하라.

8.32 그림 8.108의 회로에서, 단자 a-b에서의 테브냉 등가 회로와 노턴 등가 회로를 구하라.

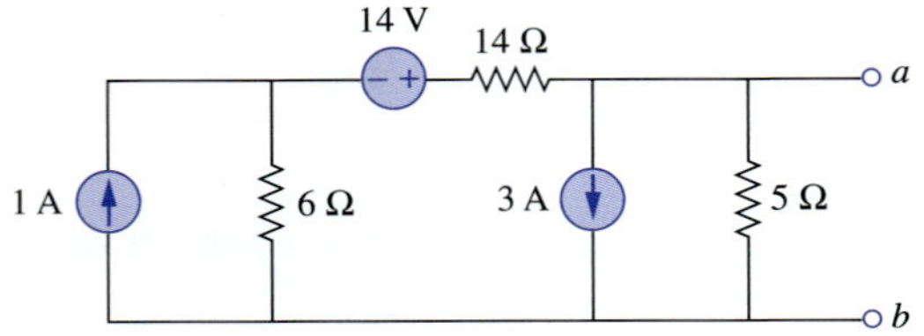

그림 8.108
문제 8.32의 회로

8.33 그림 8.109의 회로에서, 단자 a-b에서의 테브냉 등가 회로를 구하라. 그리고 I_x를 구하라.

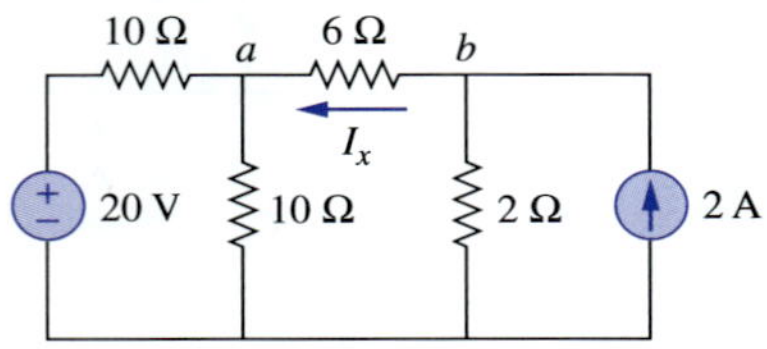

그림 8.109
문제 8.33의 회로

8.34 그림 8.110의 회로에서, (a) 단자 a-b와 (b) 단자 b-c에서 바라본 테브냉 등가 회로를 구하라.

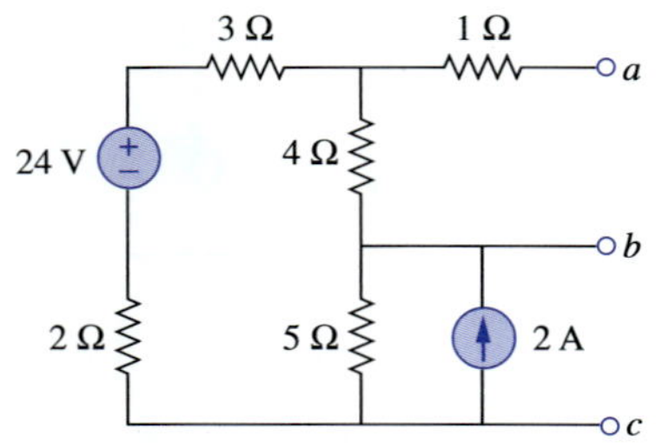

그림 8.110
문제 8.34의 회로

8.35 그림 8.111의 회로에서, 노턴 등가 회로를 구하라.

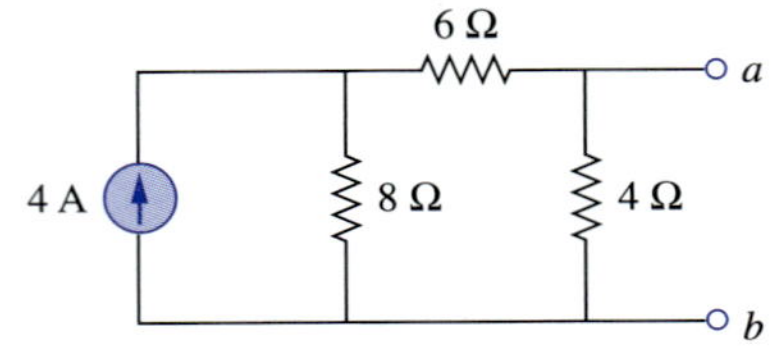

그림 8.111
문제 8.35와 8.74의 회로

8.36 그림 8.105의 회로에서, 단자 a-b에서 바라본 노턴 등가 회로를 구하라.

8.37 그림 8.112의 회로에서, 단자 a-b의 왼쪽에서 바라본 노턴 등가 회로를 구하라. 또한 그 결과를 이용하여 전류 I를 구하라.

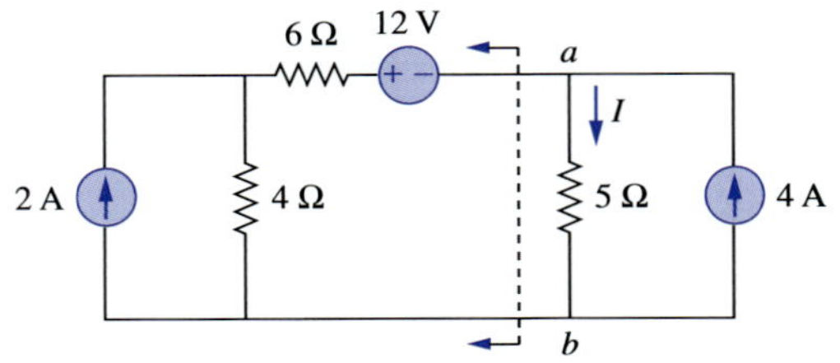

그림 8.112
문제 8.37의 회로

8.38 그림 8.113의 회로에서, (a) 단자 a-b와 (b) 단자 c-d에서 바라본 노턴 등가 회로를 구하라.

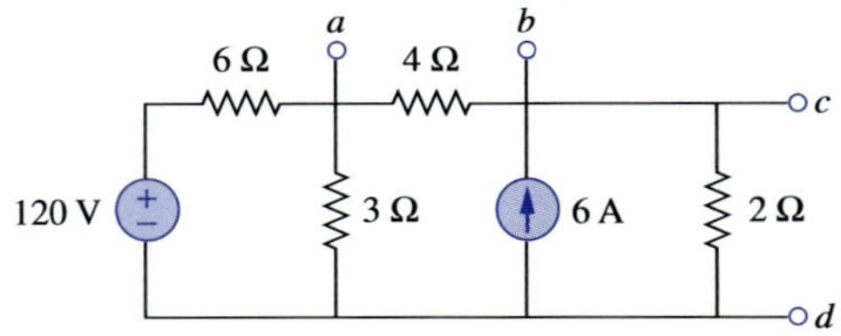

그림 8.113
문제 8.38의 회로

8.39 그림 8.114의 회로에서, 단자 a-b에서 바라본 테브냉 등가 회로와 노턴 등가 회로를 구하라.

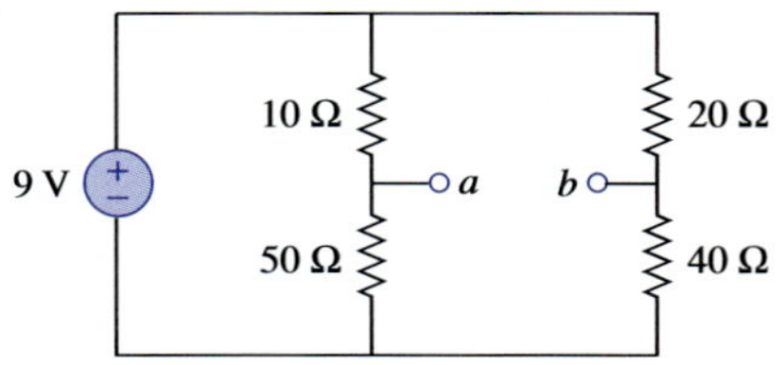

그림 8.114
문제 8.39의 회로

***8.40** 그림 8.115의 회로에서, 단자 *a-b*에서 바라본 테브냉 등가 회로와 노턴 등가 회로를 구하라.

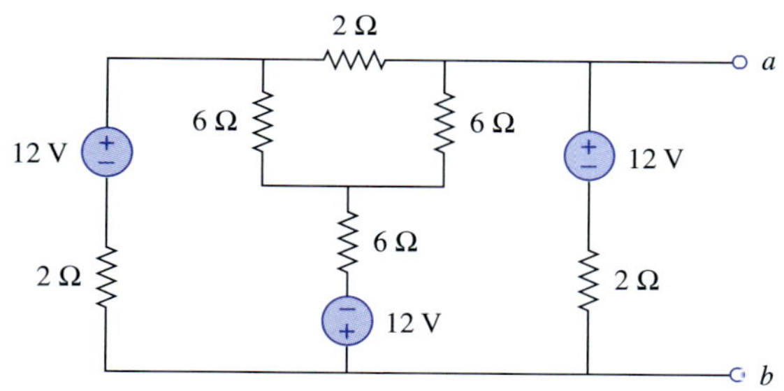

그림 8.115
문제 8.40의 회로

8.41 그림 8.116의 회로에서, 단자 *a-b*에서 바라본 테브냉 등가 회로와 노턴 등가 회로를 구하라.

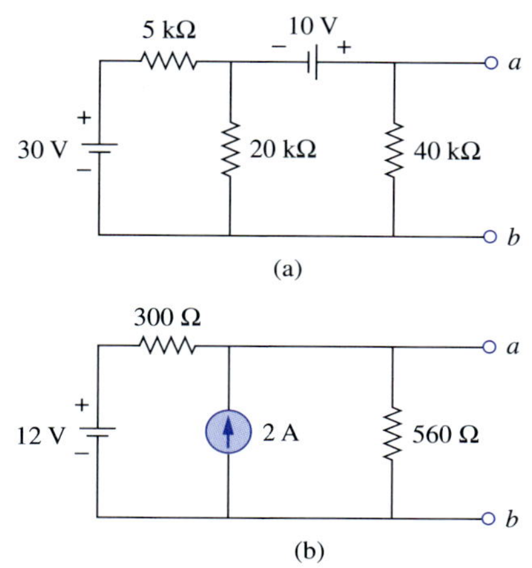

그림 8.116
문제 8.41의 회로

8.42 그림 8.117의 회로에서, 단자 *a-b*에서 바라본 테브냉 등가 회로와 노턴 등가 회로를 구하라.

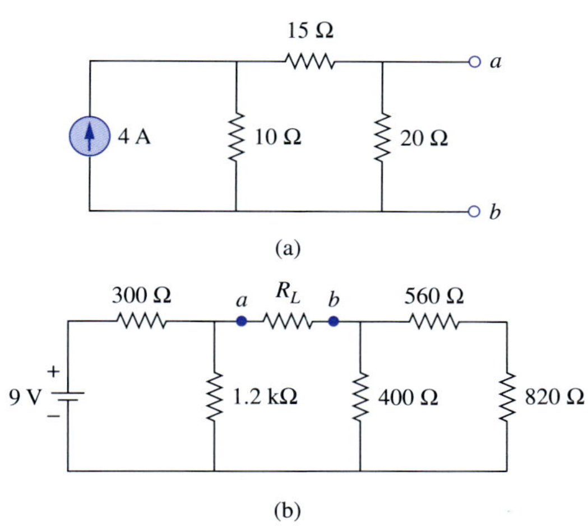

그림 8.117
문제 8.42의 회로

8.43 그림 8.118의 회로에서, 노턴 등가 회로를 이용하여 V_L의 범위를 구하라.

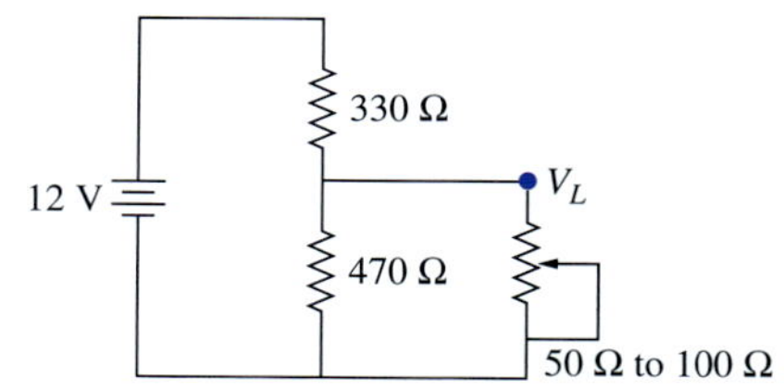

그림 8.118
문제 8.43의 회로

8.44 그림 8.119의 회로에서, 단자 *a-b*의 왼쪽에서 바라본 테브냉 등가 회로를 구하라. 또한 그 결과를 이용하여 V_o를 구하라.

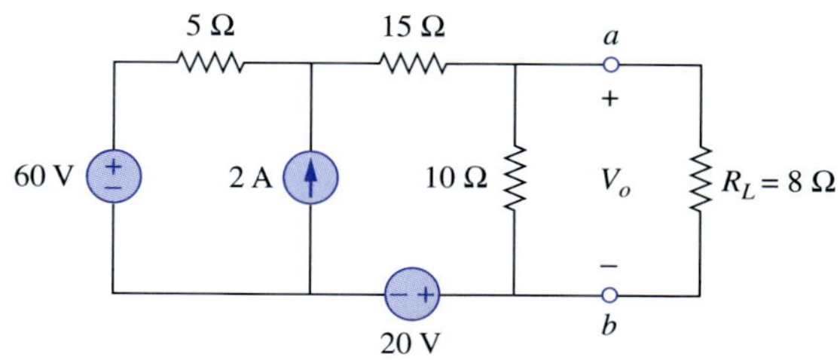

그림 8.119
문제 8.44의 회로

8.45 그림 8.120의 회로에서, 단자 *a-b*에서 바라본 테브냉 등가 회로와 노턴 등가 회로를 구하라.

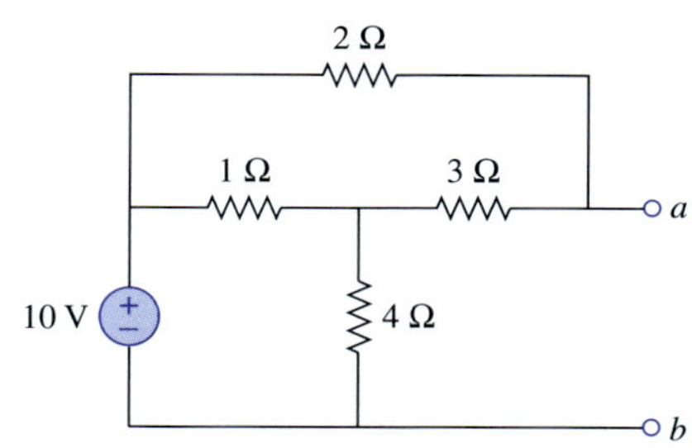

그림 8.120
문제 8.45의 회로

8.46 그림 8.121의 회로에서, 단자 *a-b*에서 바라본 노턴 등가 회로를 구하라.

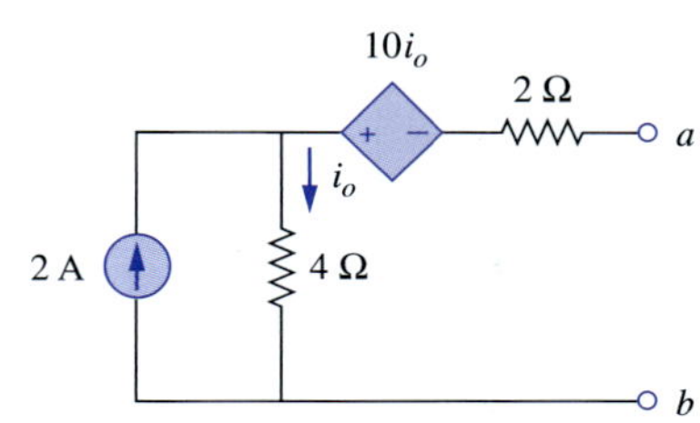

그림 8.121
문제 8.46의 회로

8.47 그림 8.122의 트랜지스터 모델 회로에서, 단자 a-b에서 바라본 테브냉 등가 회로를 구하라.

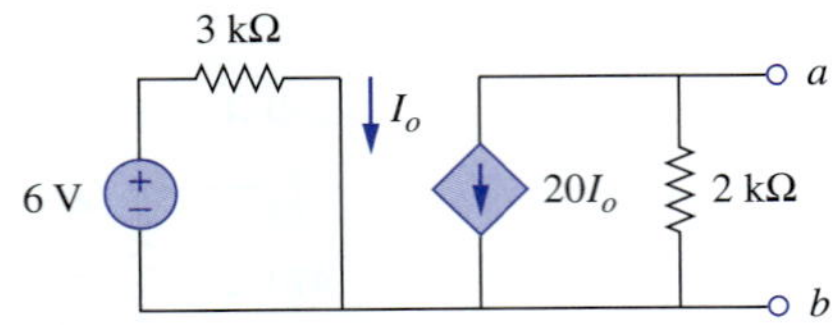

그림 8.122
문제 8.47의 회로

8.48 그림 8.123의 회로에서, 단자 a-b 사이의 테브냉 등가 회로를 구하라.

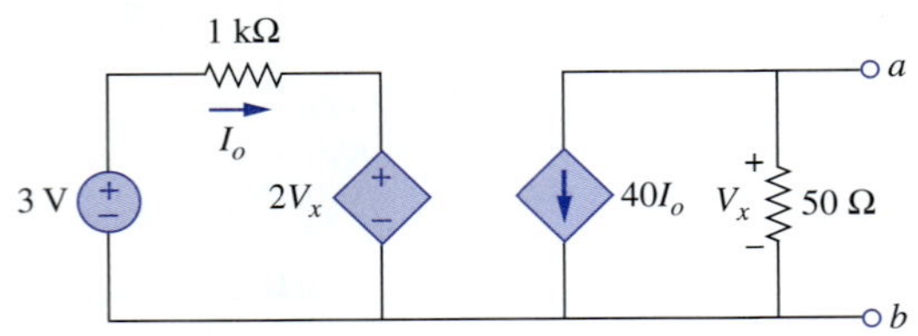

그림 8.123
문제 8.48의 회로

8.49 그림 8.124의 회로에서, 단자 a-b에서 바라본 테브냉 등가 회로와 노턴 등가 회로를 구하라.

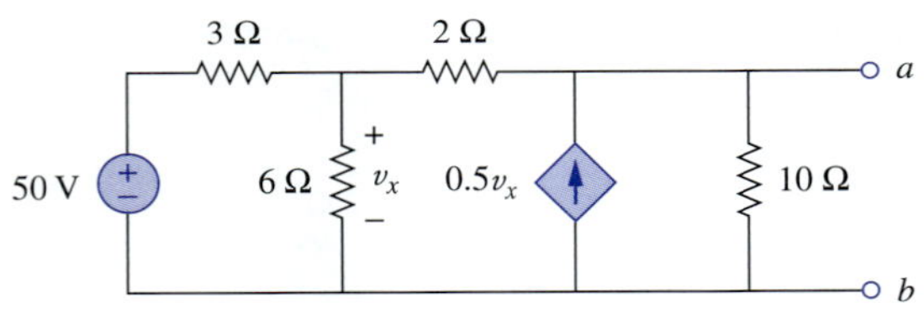

그림 8.124
문제 8.49의 회로

8.7절 최대전력 전달 정리

8.50 회로망이 $V_{eq} = 30$ V이고 $R_{eq} = 2$ kΩ으로 간략화 되었다. 회로망이 전달할 수 있는 최대전력을 계산하라.

8.51 그림 125의 회로에서, 저항 R에 전달될 수 있는 최대전력을 구하라.

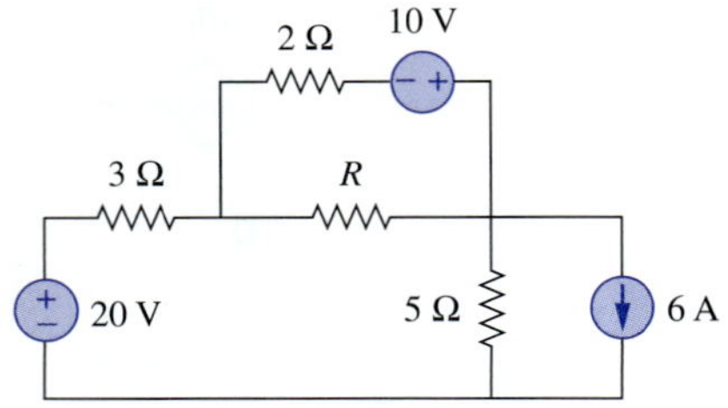

그림 8.125
문제 8.51의 회로

8.52 그림 8.126의 회로에 대해서, 저항 R에서 소모하는 전력이 최대가 되기 위한 R값은 얼마인가? 또한 최대전력을 구하라.

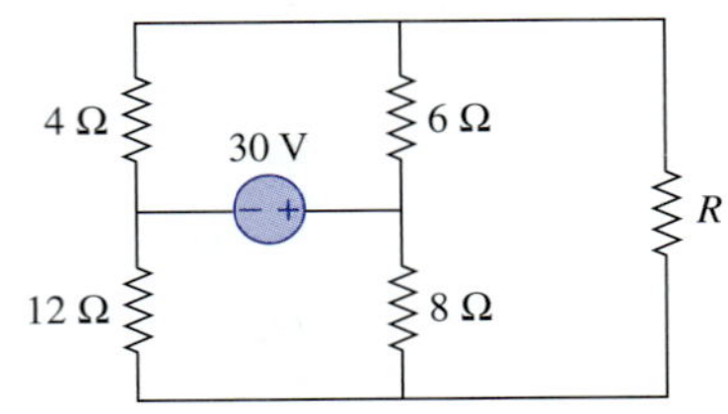

그림 8.126
문제 8.52의 회로

8.53 (a) 그림 8.127 회로에 대해서, 단자 a-b에서의 테브냉 등가 회로를 구하라.
(b) $R_L = 8$ Ω인 경우의 전류를 계산하라.
(c) R_L에 최대의 전력을 전달하기 위한 R_L을 구하라.
(d) 최대전력 값을 구하라.

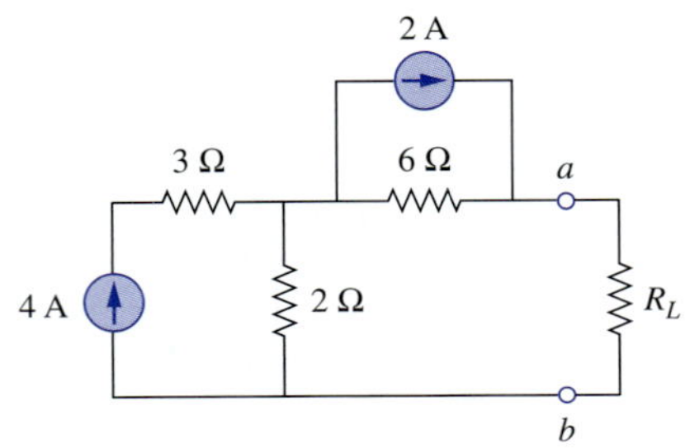

그림 8.127
문제 8.53의 회로

8.54 그림 8.128의 브릿지 회로에서, 가변 저항 R_L에 전달되는 최대전력을 구하라.

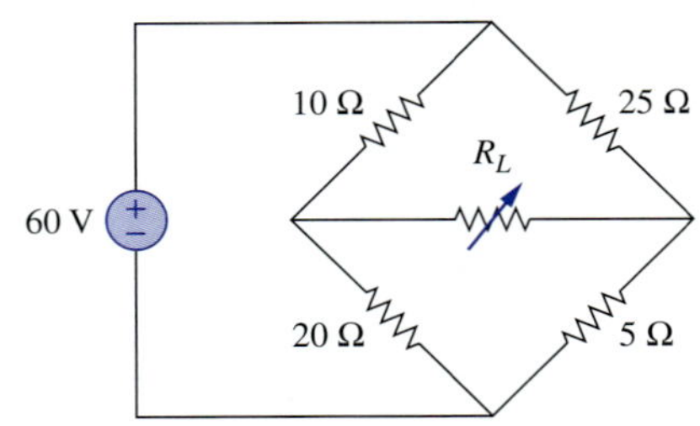

그림 8.128
문제 8.54의 회로

8.8절 밀만의 정리

8.55 밀만의 정리를 이용하여 그림 8.129의 회로에서 V_o를 구하라.

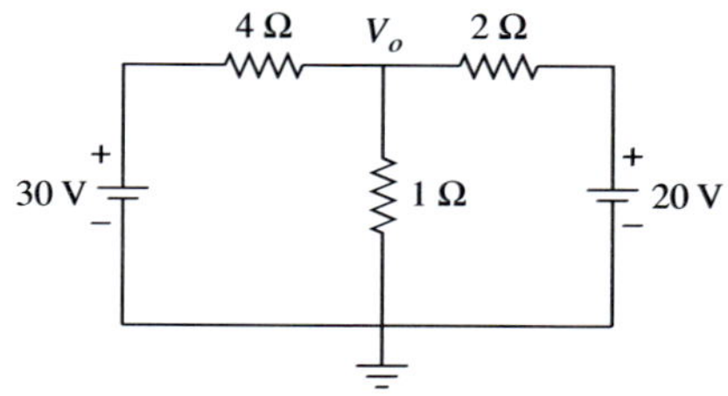

그림 8.129
문제 8.55의 회로

8.56 밀만의 정리를 적용하여 그림 8.130의 회로에서 I_x를 구하라.

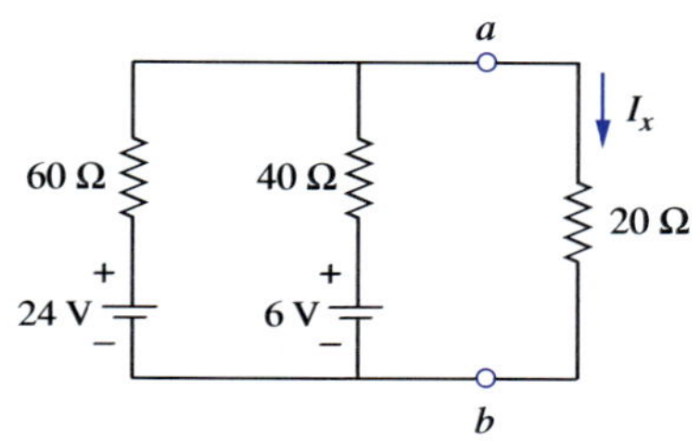

그림 8.130
문제 8.56의 회로

8.57 밀만의 정리를 이용하여 그림 8.131의 회로에서 V_o를 구하라.

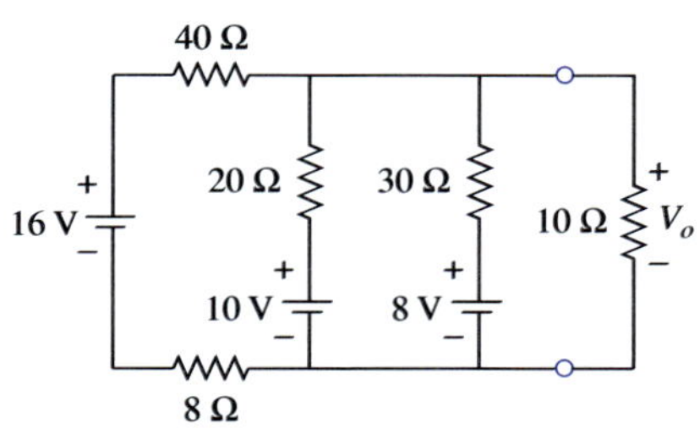

그림 8.131
문제 8.57의 회로

8.58 밀만의 정리를 이용하여 그림 8.132의 회로에서 I_o를 구하라.

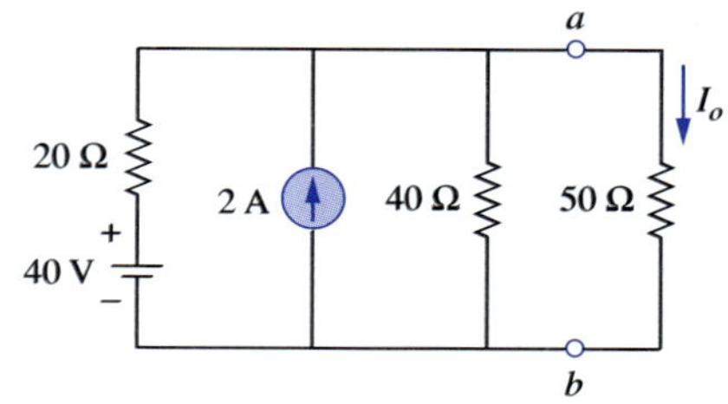

그림 8.132
문제 8.58의 회로

8.59 그림 8.133의 전압원과 전류원을 줄이기 위해서 밀만의 정리를 적용하여 단일 전압원으로 만들 수 있다. $R_L = 100\ \Omega$이라고 할 때 부하 전류를 계산하라.

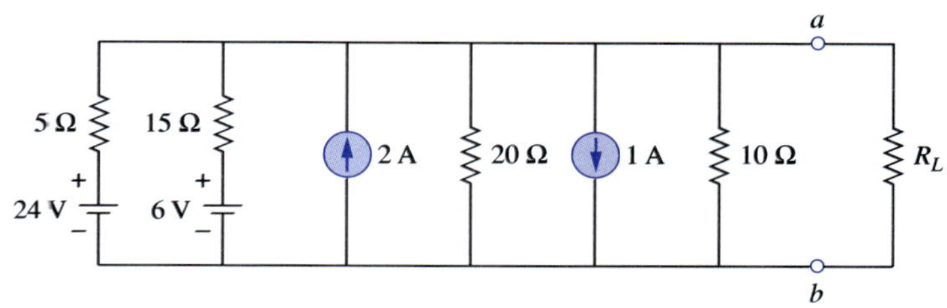

그림 8.133
문제 8.59의 회로

8.60 밀만의 정리를 이용하여 그림 8.134의 회로에서 I와 V를 구하라.

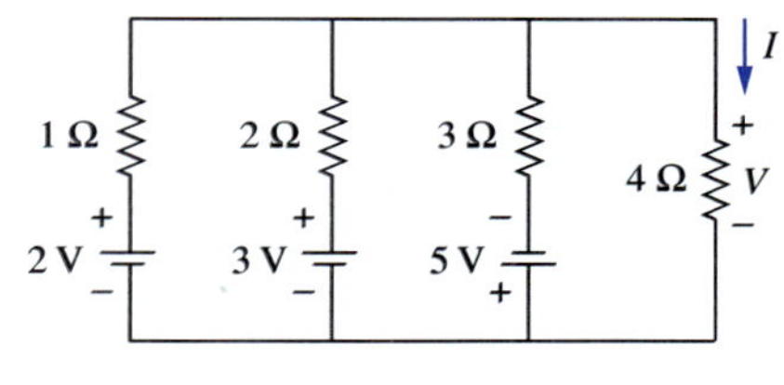

그림 8.134
문제 8.60의 회로

8.61 밀만의 정리를 이용하여 그림 8.135의 회로에서 I_x를 구하라.

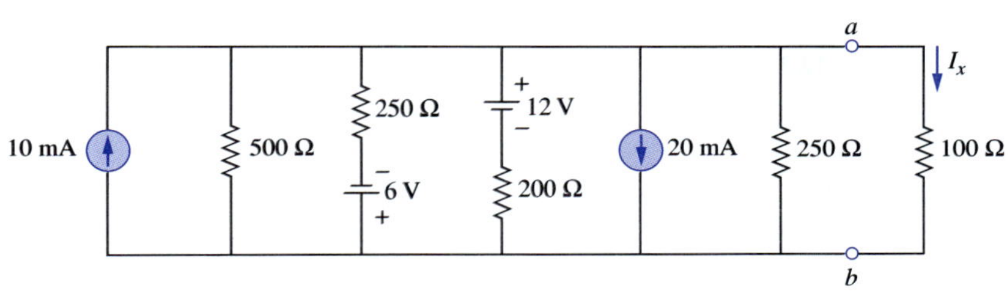

그림 8.135
문제 8.61의 회로

8.9절 치환 정리

8.62 그림 8.136의 회로에서, 만일 10-Ω 저항이 전압원과 20-Ω 직렬 저항으로 대체된다고 가정했을 때 전압원의 크기를 구하라.

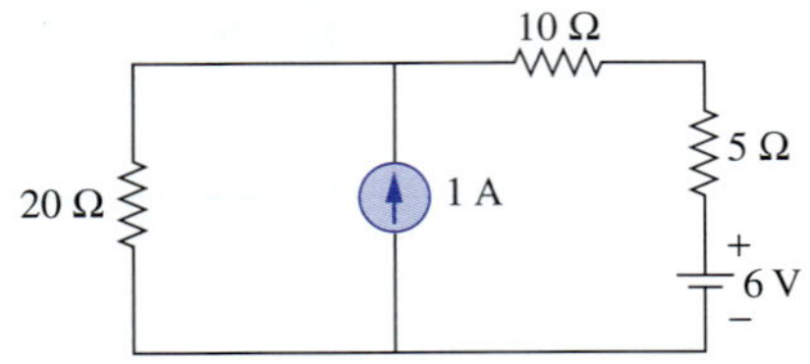

그림 8.136
문제 8.62와 8.63의 회로

8.63 그림 8.136의 회로에서, 만일 10-Ω 저항이 전류원과 20-Ω 병렬 저항으로 대체된다고 가정했을 때 전류원의 크기를 구하라.

8.64 그림 8.137의 회로에 치환 정리를 적용하여 가지 *a*-*b*에 대해서 두 개의 등가 가지를 그려라.

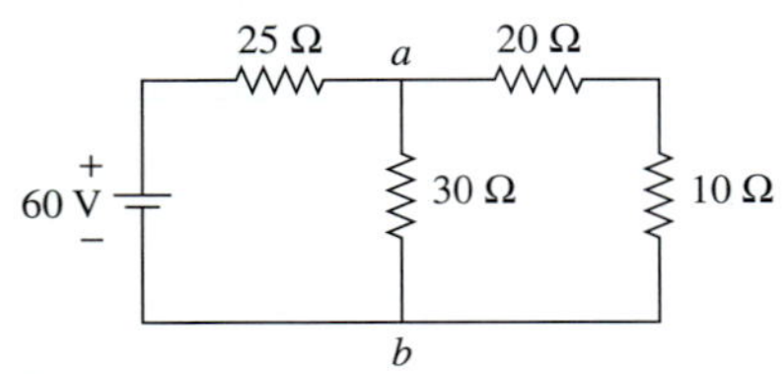

그림 8.137
문제 8.64의 회로

8.10절 상반 정리

8.65 그림 8.138에서 전류 I_x를 결정하라. 그리고 상반 정리가 만족함을 보여라.

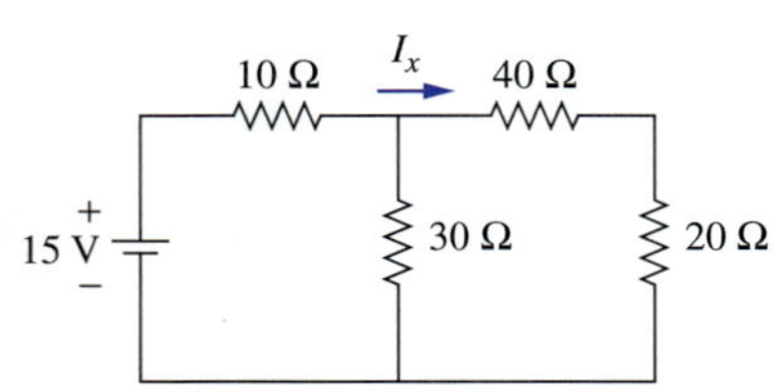

그림 8.138
문제 8.65의 회로

8.66 그림 8.139의 회로에서 전압 V_o를 구하라. 상반 정리가 회로에 적용됨을 보여라.

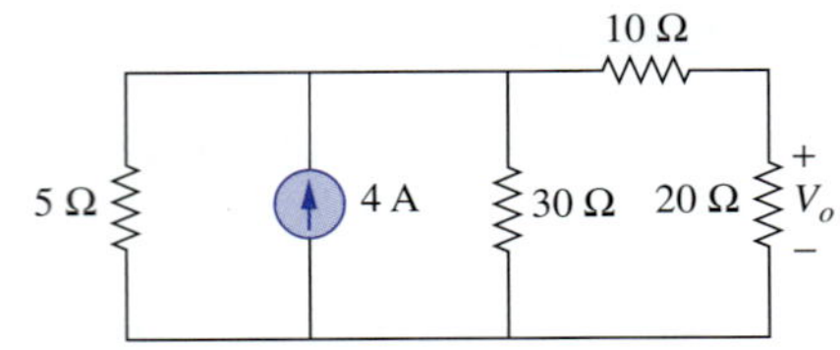

그림 8.139
문제 8.66의 회로

8.67 (a) 그림 8.140(a)의 회로에 대해서, 전류 I를 결정하라.
(b) 그림 8.140(b) 회로에 대해서 (a)를 반복하라.
(c) 상반 정리가 만족되는가?

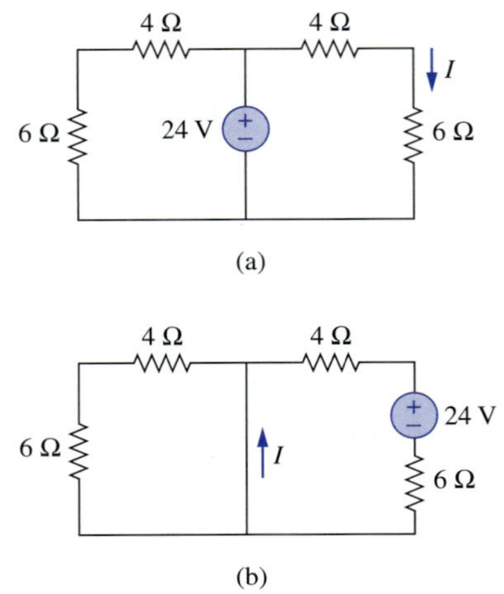

그림 8.140
문제 8.67의 회로

8.68 (a) 그림 8.141(a)에서 V를 구하라.
(b) 그림 8.141(b)에서 V를 구하라.
(c) 상반 정리가 만족되는가?

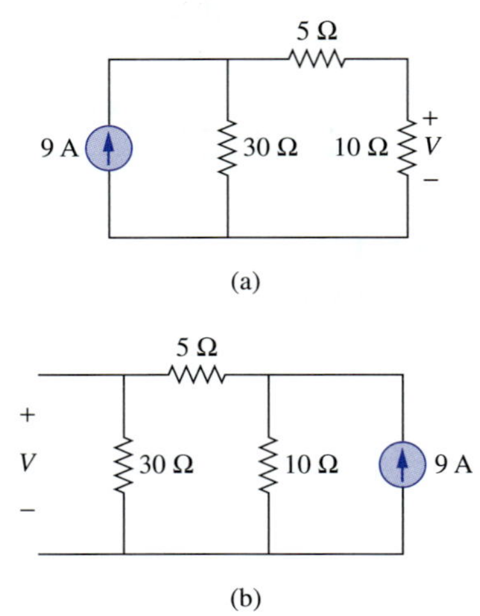

그림 8.141
문제 8.68과 8.71의 회로

8.11절 컴퓨터를 통한 회로이론 검증

8.69 PSpice를 이용하여 연습문제 8.39를 풀어라.

8.70 PSpice를 이용하여 연습문제 8.61을 풀어라.

8.71 PSpice를 이용하여 연습문제 8.68을 풀어라.

8.72 PSpice를 이용하여 그림 8.142의 회로에서 테브냉 등가 회로를 구하라.

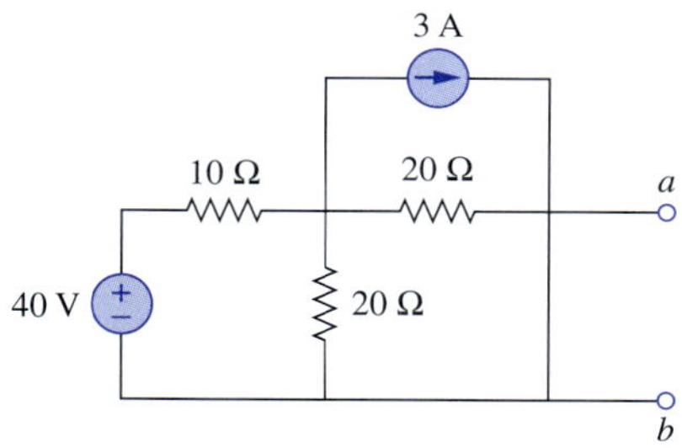

그림 8.142
문제 8.72와 8.75의 회로

8.73 그림 8.143의 회로에서, PSpice를 이용하여 단자 a-b에서의 테브냉 등가 회로를 구하라.

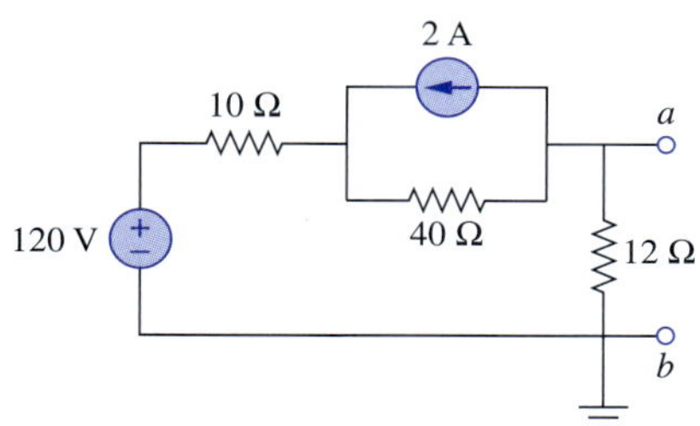

그림 8.143
문제 8.73과 8.76의 회로

8.74 그림 8.111(연습문제 8.35)의 회로에서 멀티심을 이용해서 노턴 등가 회로를 구하라.

8.75 멀티심을 이용하여 그림 8.142 회로에 대한 테브냉 등가 회로를 구하라.

8.76 연습문제 8.73을 멀티심을 이용해서 반복하라.

8.77 그림 8.144 회로에서 멀티심을 이용하여 단자 a-b 사이의 노턴 등가 회로와 테브냉 등가 회로를 구하라.

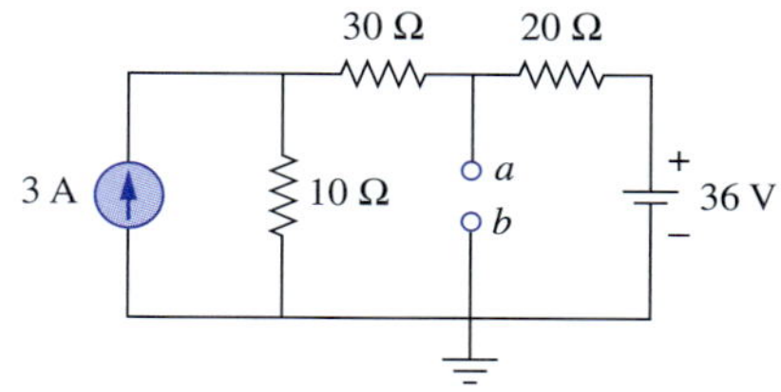

그림 8.144
문제 8.77의 회로

8.12절 응용: 전원 모델링

8.78 배터리는 20 A의 단락 회로 전류와 12 V의 개방 회로 전압을 가지고 있다. 만일 배터리가 저항 2 Ω의 전구에 연결되었다고 가정할 때 전구에서 소비되는 전력을 계산하라.

8.79 다음 결과는 저항 회로망의 두 단자 사이에서 측정된 데이터이다.

단자 전압	12 V	0 V
단자 전류	0 A	1.5 A

회로망의 테브냉 등가 회로를 구하라.

8.80 배터리가 4 Ω의 저항에 연결되었을 때, 단자 전압이 10.8 V이고 개방 회로에서는 12 V를 나타낸다. 배터리에 대한 테브냉 등가 회로를 결정하라.

8.81 그림 8.145의 선형 회로망의 단자 a-b에서의 테브냉 등가 회로가 측정에 의해서 정해지게 된다. 10 kΩ의 저항이 단자 a-b에 연결되었을 때, 전압 V_{ab}은 6 V가 측정되었고 30 kΩ의 저항이 단자 a-b에 연결되었을 때, 전압 V_{ab}은 12 V가 측정되었다고 한다.
(a) 단자 a-b에서의 테브냉 등가 회로를 결정하라.
(b) 20 kΩ의 저항이 단자 a-b에 연결되었을 때, 전압 V_{ab}를 구하라.

그림 8.145
문제 8.81의 회로

8.82 회로의 블랙박스는 가변 저항에 연결되어 있다. 이상적인 전류계(저항이 0)와 이상적인 전압계(저항이 무한대)는 그림 8.146에 나타낸 방법으로 전압과 전류값을 측정하기 위해서 사용될 수 있다. 그 결과는 다음 표와 같다.

(a) $R = 4\ \Omega$일 때 전류 I를 구하라.

(b) 박스로부터 최대전력을 결정하라.

$R\ (\Omega)$	V (V)	I(A)
2	3	1.5
8	8	1.0
14	10.5	0.75

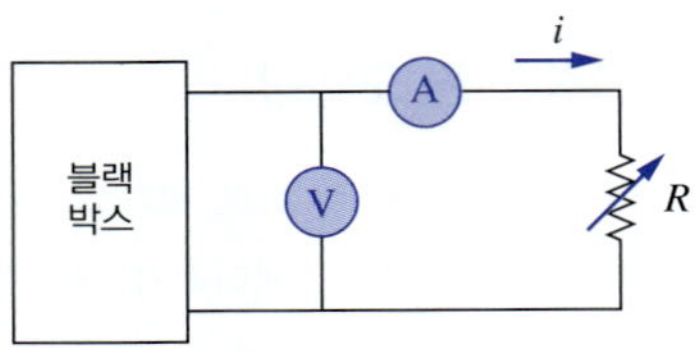

그림 8.146
문제 8.82의 회로

CHAPTER 9

커패시턴스

우리는 네 가지 기본적 자유 위에 세워진 세계를 갈망한다. 첫째, 세계 각지에서의 언론과 표현의 자유. 둘째, 세계 각지에서 모든 사람들이 자신의 방식으로 예배드릴 수 있는 종교의 자유. 셋째, 세계 각지에서 결핍에서의 자유. 그리고 마지막 네 번째, 세계 각지에서 공포로부터의 자유이다.

— Franklin D. Roosevelt

역사 프로필

Michael Faraday(1791~1867) 영국의 화학자이며 물리학자로 역사상 가장 위대한 실험주의자이다. 런던 인근에서 출생한 패러데이는 Royal Institution에서 54년을 일하는 동안 위대한 화학자인 Sir Humphry Davy와 함께 함으로써 어린 시절의 꿈을 실현하였다. 그는 물리학의 모든 분야에 많은 공헌을 하였으며 전기분해요법(*electrolysis*), 양극(*anode*), 음극(*cathode*) 같은 용어들을 만들어 내었다. 1831년 전기자기 유도의 발견은 전기를 발생시킬 수 있는 방법을 제공하였으므로 공학에 있어서 주요한 돌파구가 되었다. 전기모터와 발전기는 이러한 원리로 동작한다. 커패시터의 단위인 패러드(farad)는 그의 이름을 기리며 붙인 것이다.

Michael Faraday
© The Huntington Library, Burndy Library, San Marino, California

Benjamin Franklin(1706~1790) 미국의 발명가, 과학자, 철학자, 경제학자 그리고 정치인인 그는 세계가 알고 있는 가장 뛰어난 사람 중 한 명이다. 프랭클린은 보스톤에서 태어났지만, 고향으로는 필라델피아가 기억되고 있다. 필라델피아에는 벤자민 프랭클린 국립기념관(Benjamin Franklin National Memorial)이 있다. 벤자민 프랭클린의 발명품 목록을 보면 그의 많은 재능과 관심을 알 수 있다. 이러한 점들이 과학자인 그로 하여금 발명가로서의 능력을 발휘하게 하였다. 많은 발명품들 중 하나인 피뢰침은 건물과 배 등을 번개의 피해로부터 막아주었다. 프랭클린은 성공에 대한 간단한 공식을 가지고 있었다. 그는 성공적인 사람은 다른 사람들보다 조금 더 힘들게 일한다는 사실을 믿고 있었다. 그는 새로운 국가를 세우고 미국적 기질(American character)을 정의하는데 도움을 주었다. 프랭클린은 미국의 미합중국 헌법 제정자들 중 한 명이다.

Benjamin Franklin
미국의회도서관 인쇄/사진부
(LC-USZ62-25564)

9.1 서론

이제까지 우리의 논의는 저항 회로로 국한하였다. 이 장과 다음 장에서, 두 개의 새롭고 중요한 수동 선형소자 커패시터와 인덕터를 소개한다. 에너지를 소비하는 저항과 다르게 **커패시터**와 **인덕터**는 에너지를 소비하는 것이 아니라 나중에 회수될 수 있는 에너지를 저장한다. 이러한 이유로 커패시터와 인덕터를 **저장소자**[1]라고 부른다.

저항 회로가 디지털 회로에서 많이 사용되기는 하지만, 저항 회로의 응용은 매우 제한적이다. 예를 들면 라디오 수신기의 동조 회로나 컴퓨터 시스템에서 동적 저장소자로 사용된다. 이 장에서 커패시터의 소개와 함께 다음 장에서는 조금 더 중요하고 실제적인 회로를 해석하게 될 것이다. 7장과 8장에서 설명한 몇 가지 회로 해석 기법들은 커패시터와 인덕터를 갖는 회로에 똑같이 적용될 수 있다.

커패시터는 전자소자 세계에서 알려지지 않은 영웅이다. 커패시터는 직류를 차단하고 에너지나 전하를 저장하고 전압의 변화에 대항하는 특성 때문에, 가장 널리 사용되는 전자소자 중 하나이다. 예를 들면 최근 몇 년 동안 휴대폰의 급증은 편리한 통신과 불쾌한 전화벨소리 뿐 아니라 커패시터의 혁신을 가져왔다.

이 장에서는 커패시터를 소개하고 어떻게 전기장에서 에너지를 흡수하는지를 기술한다. 또한 상업적으로 유용한 다양한 형태의 커패시터를 소개하고, 커패시터가 어떻게 직렬과 병렬 결합이 이루어지는가를 설명한다. RC 회로(저항 R과 커패시터 C를 포함하는 회로)를 분석하고 컴퓨터들이 이 회로를 어떻게 모델링할 것인지를 논의하게 된다. 마지막으로 실생활에서 커패시터의 응용에 대해서 논의한다.

9.2 커패시터

저항과 함께 커패시터는 가장 보편적인 전기 소자이다. 커패시터는 전기장에서 에너지를 저장하도록 설계된 수동소자이다. 커패시터는 전자, 통신, 컴퓨터 그리고 전력시스템에서 광범위하게 사용되고 있다. 예를 들면 라디오 수신기의 동조 회로나 컴퓨터 시스템의 동적 메모리 소자로 사용된다. 커패시터는 일반적으로 그림 9.1과 같이 구성된다.

커패시터는 절연체(유전체)에 의해 분리된 두 개의 도체판으로 구성된다.

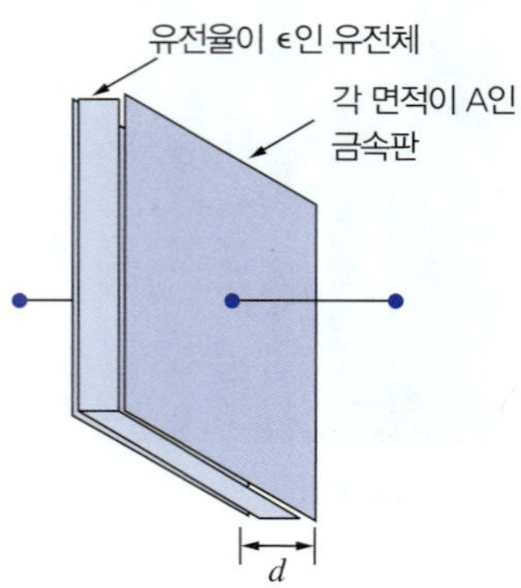

그림 9.1
일반적인 커패시터

1 에너지를 흡수하거나 소비해서 다시 돌이킬 수 없는 저항에 반해서, 인덕터와 커패시터는 에너지를 저장하거나 되돌려준다. 즉 일종의 저장소자이다.

많은 실제적인 응용에서, 유전 물질로는 유리, 운모, 세라믹, 종이 또는 폴리에틸렌이나 폴리카보네이트와 같은 플라스틱이 사용될 수 있고 도체판들은 알루미늄 호일 등이 사용된다. 심지어는 공기가 유전물질로 사용되기도 한다. 커패시터의 종류는 유전체에 따라서 나뉜다. 즉 세라믹, 운모, 폴리에스터, 종이, 공기 커패시터가 있다. 유전체는 도체판이 서로 맞닿는 것을 방지한다. 보통 커패시터는 두 개 이상의 판을 사용한다.

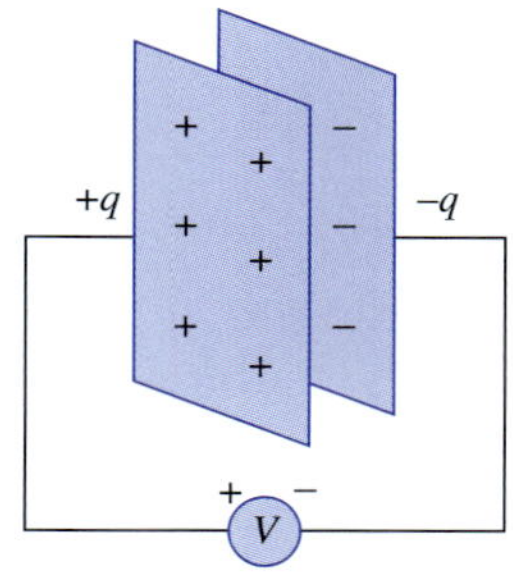

그림 9.2
인가된 전압 V를 갖는 커패시터

전압원 V가 커패시터에 연결되면 그림 9.2에서와 같이 하나의 도체판에는 양전하 $+Q$가 대전되고 다른 판에는 음전하 $-Q$가 도전되어 커패시터가 중성이 된다. 커패시터는 전하를 저장한다고 알려져 있다. 저장된 전하의 양은 Q로 나타내는데 다음 식과 같이 인가된 전압에 직접적으로 비례한다.

$$\boxed{Q = CV} \tag{9.1}$$

여기에서 C는 비례상수이며 커패시터의 **커패시턴스**(*capacitance*)라고 알려져 있다(여기에서의 C는 전하의 단위인 쿨롱과는 구별되어야 한다). 커패시턴스는 커패시터가 전기장에서 에너지를 저장하는 능력이다. 커패시턴스의 단위는 영국의 물리학자인 Michael Faraday(1791-1867)의 이름을 기려서 패러드(F)라고 한다. 그러나 1F는 매우 크고 대부분의 커패시터들은 1패러드의 작은 부분에 해당한다. 예를 들면 1 μF은 1F의 백만분의 1이다. 식 (9.1)로부터

$$1\ C = 1\text{F} - V \tag{9.2}$$

이고, 식 (9.1)의 항을 이용하면 다음과 같은 식을 유도할 수 있다.

$$C = \frac{Q}{V} \tag{9.3a}$$

$$V = \frac{Q}{C} \tag{9.3b}$$

식 (9.3a)로부터 다음의 정의[2]를 유도할 수 있다.

> **커패시턴스**는 두 개의 도체판 사이의 전위차에 대한 커패시터 한쪽 판의 전하의 비율이며 패러드(F)로 측정한다.

커패시터의 커패시턴스 C가 인가된 전압 V에 대한 도체판당 전하 Q의 비율이라 할지라도 Q나 V에 의존하지는 않는다. 단지 커패시터의 물리적인 크기에 의존한다. 이 내용은 다음 절에서 명확하게 설명할 것이다.

커패시터의 전기장에 저장된 에너지는 다음 식으로 구할 수 있다.

---

2 역으로, 커패시턴스는 커패시터의 단위 전위차에 대한 도체판당 저장된 전하의 양으로도 정의할 수 있다.

$$C = \frac{Q}{V}, \qquad Q = It, \qquad C = \frac{It}{V} \tag{9.4}$$

따라서

$$I = \frac{CV}{t} \tag{9.5}$$

이 된다.

전기 에너지는

$$W = (\text{평균 전압}) \times \text{전류} \times \text{시간}$$
$$= \frac{(V-0)}{2}It = \frac{1}{2}V\left(\frac{CV}{t}\right)t$$

또는

$$\boxed{W = \frac{1}{2}CV^2} \tag{9.6}$$

이다. 여기에서, V는 전압(volts)이고 C는 패러드(farad), W는 주울(Joules) 이다. 커패시터 전압은 평균 전압값이 $V/2$이 되도록 0에서부터 V의 최대값까지 상승한다는 사실을 알아야 한다. 만일 $V = Q/C$을 대입하면 식 (9.6)은 다음과 같이 쓸 수 있다.

$$W = \frac{Q^2}{2C} \tag{9.7}$$

이 식은 식 (9.6)의 다른 표현이다.

예제 9.1

(a) 3-pF 커패시터 양단에 20 V 전압이 인가될 때, 커패시터에 저장되는 전하를 계산하라.
(b) 커패시터에 저장된 에너지를 구하라.

풀이

(a) $Q = CV$이므로,

$$Q = 3 \times 10^{-12} \times 20 = 60\ \text{pC}$$

(b) 저장된 에너지는

$$W = \frac{1}{2}CV^2 = \frac{1}{2} \times 3 \times 10^{-12} \times 400 = 600\ \text{pJ}$$

이다.

연습문제 9.1

하나의 도체판의 전하가 0.12 mC이라면, 3.3 μF 양단의 전압은 얼마인가? 또한 저장된 에너지는 얼마나 되는가?

해답 36.36 V, 2.182 mJ

9.3 전기장

커패시터는 도체판의 반대쪽 전하에 의해서 구성된 전기장에서 에너지를 저장한다. 전기장은 대전된 몸체가 있는 곳 어디에서나 존재하는 힘의 장이다. 평행-판 커패시터에 있어서 전기장은 그림 9.3과 같이 힘의 선(lines of force)으로 표현된다. **전기장 강도**, **전기력선** 그리고 **전기력선 밀도** 등을 계산할 수 있다.

1장에 보았듯이, 전기장은 쿨롱에 의해 측정된다. 전기력선은 어떤 면적을 통과하는 전기장 선의 수로 측정할 수 있다. 이 또한 쿨롱에 의해 측정된다. 따라서 커패시터가 Q 쿨롱의 전하를 가진다면, 도체판 사이의 전체 전기력선 Ψ는 Q가 된다. 즉,

$$\Psi = Q \tag{9.8}$$

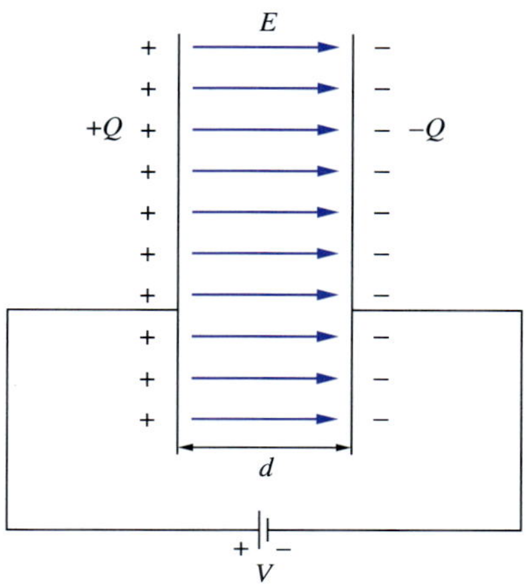

그림 9.3
커패시터 내부의 전기장

이다. 전기력선 밀도 D는 단위 면적당 전기력이다. 즉,

$$D = \frac{\Psi}{A} = \frac{Q}{A} \tag{9.9}$$

이다. 전기장 강도 E(또는 전기장 세기)는 인가된 전압 V와 도체판 사이의 간격 d 사이의 비로 정의된다.

$$E = \frac{V}{d} \tag{9.10}$$

전기장 강도 E(V/m)와 전기력선 밀도 D(C/m^2)는 커패시터 도체판에서의 전하가 증가하면 할수록 커지게 된다. 이들의 관계는 다음과 같다.

$$D = \varepsilon E \tag{9.11}$$

여기에서, ε은 유전 물질의 유전율이라고 부른다. 유전율은 전기력선이 물질을 통과할 수 있는 정도를 규정한 값이다.

평행-도체판 커패시터(그림 9.1에서 9.3에 걸쳐 있는 그림과 같은)에 대해서, $\Psi = DA$, $V = Ed$ 그리고 D/E = ε이므로 다음 식이 성립한다.

$$C = \frac{Q}{V} = \frac{\Psi}{V} = \frac{DA}{Ed} = \frac{\varepsilon A}{d} \tag{9.12}$$

또는,

$$C = \frac{\varepsilon A}{d} \tag{9.13}$$

이다. 여기에서, A는 각 도체판의 표면적이고, d는 도체판 사이의 간격 그리고 ε은 도체판 사이 유전 물질의 유전율이다. 식 (9.12)와 (9.13)으로부터 커패시턴스는 Q와 V에 의존하는 것이 아니라 그들의 비율과 커패시터의 물리적인 크기에 의존한다. 식 (9.13)이 단지 평행-도체판에만 적용된다 할지라도 일반적으로 커패시턴스의 값을 결정하는 다음의 3가지 요소들을 추론할 수 있다.

1. 도체판의 표면적 — 면적이 커질수록 커패시턴스가 더 커진다.
2. 도체판 사이의 간격 — 간격이 작아질수록 커패시턴스가 더 커진다.
3. 물질의 유전율 — 유전율이 더 높아지면 커패시턴스가 더 커진다

유전 물질의 유전율은 다음과 같이 쓸 수 있다.

$$\varepsilon = \varepsilon_o \varepsilon_r \tag{9.14}$$

여기에서, $\varepsilon_o = 8.85 \times 10^{-12}$ 미터당 패러드(F/m)로서 진공의 유전율이고 $\varepsilon_r = \dfrac{\varepsilon}{\varepsilon_o}$은 물질의 상대적 유전율 또는 유전 상수이다.

보통 물질의 유전 상수를 표 9.1에 나타내었다. 표 9.1 목록에 있는 유전 상수는 근사치이다. 유전 상수는 주어진 물질에 매우 다양한 값을 갖는다. 물질의 유전 상수는 상대적인 값이기 때문에 크기와는 상관없는 값이다.

그림 9.3에서 전압 V가 어떤 값을 넘어서 증가된다면, 도체판을 분리하는 유전 물질은 파괴될 수 있다. 파괴되는 순간의 전기장 밀도는 물질의 **유전 강도**

표 9.1

보통 물질들의 유전 상수

물질	유전 상수(ε_r)
진공	1.0
공기	1.0006
테프론	2.0
종이(마른)	2.5
폴리에틸렌	3.0
고무	3.0
기름(변압기)	4.0
운모	5.0
자기	6.0
유리	7.5
탄탈 산화	30
물(증류한)	80
세라믹	7,500

(*dielectric strength*)라고 알려져 있다. 주어진 물질의 유전 강도는 물질이 파괴되는 시점의 단위 두께당 전압이다. 보통의 물질에 대한 유전 강도를 표 9.2에 나타내었다. 표 9.2 목록에 있는 유전 상수는 근사치인데, 유전 상수는 주어진 물질에 매우 다양한 값을 갖는다. 일반적으로 파괴전압은 도체판 사이의 분리 간격(유전체의 두께)이 증가함에 따라서 커지게 된다. 이는 커패시턴스와 서로 대립되는 관계에서 균형이 필요함을 말한다.

표 9.2

보통 물질의 유전 강도

물질	유전 강도 (kV/cm)
공기	30
세라믹	30
자기	70
종이	500
테프론(플라스틱)	600
유리	1,200
운모	2,000

예제 9.2

(a) 도체판의 면적이 4 cm^2이고 간격이 0.3 cm인 평행판 커패시터의 커패시턴스를 계산하라. 절연체는 공기라고 가정한다.
(b) 유전체가 세라믹이라고 가정하고 (a)의 과정을 반복하라.

풀이

공기에 대해서, $\varepsilon_r \approx 1$이므로

$$C = \varepsilon_o \frac{A}{d} = 8.85 \times 10^{-12} \frac{4 \times 10^{-4}}{0.3 \times 10^{-2}} = 1.18 \text{ pF}$$

이다.

(b) 세라믹에 대해서, $\varepsilon_r = 7{,}500$이므로

$$C = \varepsilon_o \varepsilon_r \frac{A}{d} = 8.85 \times 10^{-12} \times 7{,}500 \frac{4 \times 10^{-4}}{0.3 \times 10^{-2}}$$

$$= 8{,}850 \text{ pF} = 8.85 \text{ nF}$$

이다. 이 결과는 유전체가 커패시턴스의 값에 매우 중요한 차이를 가져온다는 것을 보여준다.

연습문제 9.2

도체판의 면적이 0.02 m^2이고 간격이 5 mm인 평행판 커패시터의 커패시턴스를 계산하라. 도체판을 분리하는 절연체는 테프론이라고 가정한다.

해답 70.8 pF

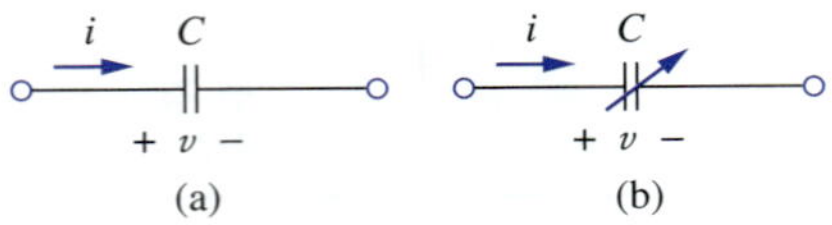

그림 9.4
커패시터에 대한 회로 심볼: (a) 고정 커패시터, (b) 가변 커패시터

9.4 커패시터의 종류

커패시터는 상업적으로 다양한 값들과 종류가 있다. 전형적인 커패시터들은 보통 피코 패러드(pF)에서 마이크로 패러드(μF) 정도의 값을 갖는다. 그리고 커패시터들은 고정된 형태이던 가변 형태이던 관계없이 유전 물질에 의해서 기술된다. 그림 9.4는 고정 커패시터와 가변 커패시터에 대한 회로 심볼을 보여준다. 수동부호규약(passive sign convention)에 의해서 커패시터가 충전될 때, 전류는 커패시터의 양의 방향으로 흘러 들어가는 것을 주의하라. 또한 커패시터가 방전할 때는 양의 단자에서 흘러 나오는 방향으로 전류가 흐른다.

고정-값 커패시터들의 몇 가지 형태들을 그림 9.5에 나타내었다. 폴리에스터 커패시터는 무게가 가볍고, 안정적이며 온도에 대한 변화가 예측 가능하다. 폴리에스터 대신에, 운모, 세라믹 그리고 폴로에틸렌과 같은 유전 물질들이 사용될 수 있다. 표 9.1에서 언급했듯이, 세라믹은 매우 높은 유전 상수와 높은 유전 강도를 갖는다. 결과적으로, 상대적으로 높은 커패시턴스는 작은 간격으로 얻어진다. 박막 커패시터는 금속이나 플라스틱 필름으로 말려서 보관된다. 전해 커패시턴스는 매우 높은 커패시턴스를 생산하나 상대적으로 낮은 파괴 전압을 갖는다.

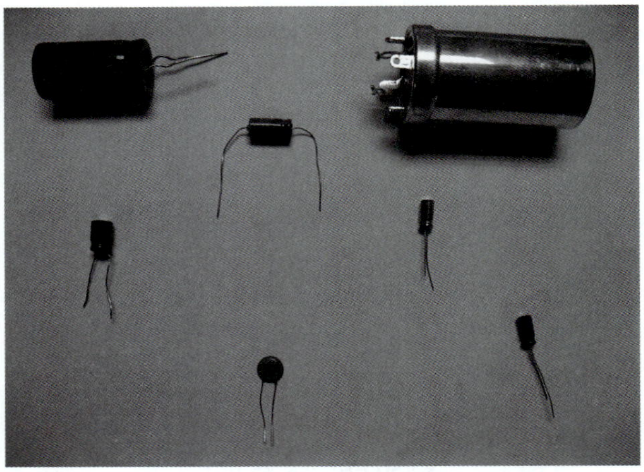

그림 9.5
다양한 형태의 고정 커패시턴스
© Sarhan M. Musa

가변 또는 조정 커패시터는 값의 조절이 가능한 커패시터를 필요로 하는 회로에서 사용된다. 그러한 회로의 예로는 라디오 수신기, TV 동조기 또는 안테나 동조기에서의 임피던스 매칭 등이 있다. 그림 9.6은 가장 일반적인 형태의 가변 커패시터를 보여준다. 트리머(또는 패더) 커패시터나 유리 피스톤 커패시터는 스크류를 돌리면서 값을 변경하게 된다. 트리머 커패시터는 등가 커패시턴스가 살짝만 다르게 하기 위해서 다른 커패시터와 병렬로 연결하게 된다. 가변 공기 커패시터의 커패시턴스(메쉬드 도체판)는 샤프트를 바꿈으로써 값

을 변화시킨다. 또한 라디오 수신기에서 사용된 가변 커패시터는 다양한 스테이션으로 조정하기 위해서 사용된다.

커패시턴스 값과 전압 정격은 보통 커패시터의 몸체에 표시되어 있다. 커패시턴스 값은 커패시터가 얼마나 큰 전하를 저장할 수 있는가를 말해준다 (식 (9.1) 참조). 전압 정격은 커패시터가 견뎌낼 수 있는 최대 전압의 크기를 의미한다. 일부 저항들처럼, 커패시터도 작은 크기 때문에 색-부호를 해 놓은 것도 있다. 그러나 색-부호 커패시터는 더 이상 사용되지는 않는다. 오래된 교과서나 참고서에서나 찾아볼 수 있다. 이것이 중요하지 않다 하더라도 이 시점에서 색-부호 표시법에 대해서 배우는 것이 이러한 커패시터의 존재에 대해서 알 수 있는 방법이 된다. 전해 커패시터와 같은 또 다른 커패시터들은 커패시턴스, 전압 정격, 허용오차 등의 정보가 충분하다. 대부분 커패시터들은 실제로 숫자 표시가 찍혀 있다. 그러나 일부는 색-부호 그리고 또 일부는 글자와 숫자를 혼합한 부호가 표시되어 있다.

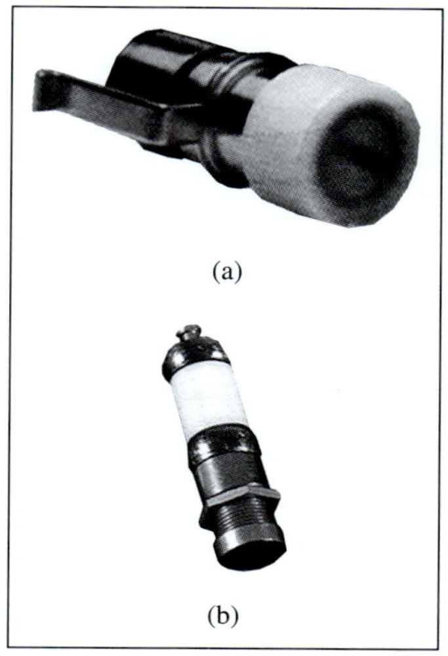

그림 9.6
가변 커패시터들: (a) 트리머 커패시터, (b) 박막트림 커패시터

전해 커패시터는 “도체판”의 단면 또는 양면이 비금속성 물질인 전해질이다. 전해질은 금속보다 더 낮은 전도도를 가진다. 따라서 금속성 도체판이 사용되기 어려운, 즉 유전체 표면이 약하거나 면이 거친 곳에 사용된다. 전해 커패시터를 그림 9.7에 나타내었다.

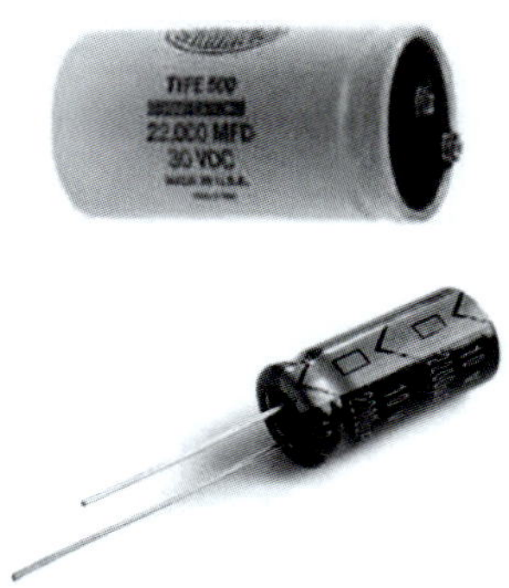

그림 9.7
전해 커패시터들
Courtesy of Surplus Sales of Nebraska

전해 커패시터는 보통 0.1에서부터 200,000 μF 범위의 값을 갖는다. 전해 커패시터들은 보통 하나의 판에 양극과 다른 음극이 함께 되어 있어서 적절한 극성을 찾지 못해서 소자가 파괴되는 경우도 발생한다. 비전해질 커패시터는 이러한 극성의 문제 없이 회로에 연결해서 사용할 수 있다.

커패시터들은 저항과 같이 표면-장착 소자들이다. 표면-장착 커패시터들은 때로는 칩 커패시터라고도 불린다. 이들은 보통 폴리에서터 커패시터와 비슷한 안정된 온도 특성과 주파수 특성을 요구하는 곳에 사용하기 위해서 설계되었다. 즉, 전자기 인터페이스, 노이즈 필터링, 전력 공급 입/출력 필터 그리고 오디오 또는 신호 커플링 등과 같은 다양한 응용회로에 사용된다. 표면-장착 커패시터들의 예를 그림 9.8에 보였다.

커패시터의 표준값들은 저항에 대한 값들과 비슷하다. 표준 커패시터들은

그림 9.8
표면-장착 커패시터들
Courtesy of Surplus Sales of Nebraska

커패시턴스의 주요 기준값에 따라서 설계된다. 커패시터 값으로는 10, 100, 150, 220, 330, 470, 560, 1000 pF 그리고 1, 1.5, 2.2, 3.3, 4.7, 5.6, 10 μF 등이 있다.

커패시터들은 다음과 같이 몇 가지 목적으로 사용된다.

- 전원공급기의 출력을 매끄럽게 하기 위해서
- 교류가 통과하도록 직류의 흐름을 차단하기 위해서
- 카메라 플래시 회로에서처럼 에너지를 저장하기 위해서
- 555타이머 IC와 같은 타이밍 회로에서 충전과 방전을 제어하기 위해서
- 오디오 시스템의 스테이지와 스피커의 연결을 위한 커플링을 위해서
- 오디오 시스템의 톤 제어와 같은 필터링을 위해서
- 라디오 시스템과 같은 동조를 위해서

9.5 직렬과 병렬 커패시터

커패시터의 직렬-병렬 연결은 흔히 만나게 된다. 이들 커패시터들은 하나의 등가 커패시터 C_{eq}로 대체된다. 병렬로 연결된 N개의 커패시터에 대한 등가 커패시터 C_{eq}를 구하기 위해서 그림 9.9(a)의 회로를 고려하자. 등가 회로는 그림 9.9(b)에 나타내었다. 커패시터들의 양단 전압은 V로 같고 전체 전하는 각 전하들의 합이다.

$$Q_T = Q_1 + Q_2 + Q_3 + \cdots + Q_N \tag{9.15}$$

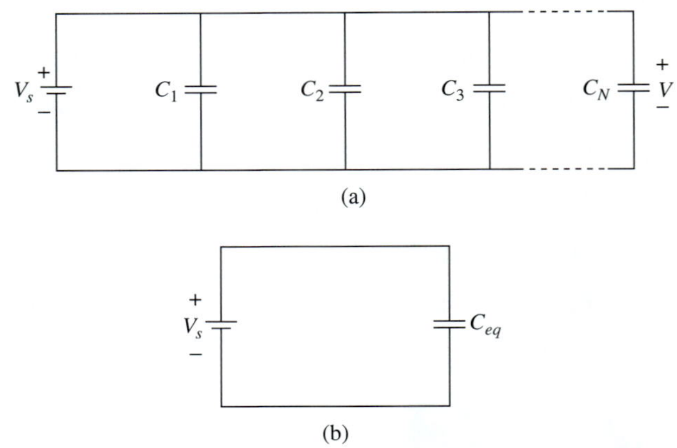

그림 9.9

(a) 병렬 연결된 N개의 커패시터, (b) 병렬 커패시터를 위한 등가 회로

$Q = CV$이므로

$$C_{eq}V = C_1V + C_2V + C_3V + \cdots + C_NV$$

또는

$$C_{eq} = C_1 + C_2 + C_3 + \cdots + C_N \tag{9.16}$$

이 된다. 따라서 커패시터의 병렬 연결은 저항에서의 직렬 연결과 같은 방식으로 결합된다는 사실을 알 수 있다.

> *N*개의 병렬-연결 커패시터의 **등가 커패시턴스**는 각 커패시턴스들의 합이다.

이번에는 그림 9.10(a)와 같이 *N*개의 직렬로 연결된 커패시터들에 대한 C_{eq}를 그림 9.10(b)에 나타내었다. 커패시터들을 통해서 같은 전류 *i*(결과적으로 각 커패시터의 도체판에 축적되는 전하가 같다)가 흐른다. 그림 9.10(a)의 루프에 KVL을 적용하면

$$V = V_1 + V_2 + V_3 + \cdots + V_N \tag{9.17}$$

이 된다. 그러나 $V = Q/C$이다. 따라서

$$\frac{Q}{C_{eq}} = \frac{Q}{C_1} + \frac{Q}{C_2} + \frac{Q}{C_3} + \cdots + \frac{Q}{C_N}$$

또는

$$\frac{1}{C_{eq}} = \frac{1}{C_1} + \frac{1}{C_2} + \frac{1}{C_3} + \cdots + \frac{1}{C_N} \tag{9.18}$$

이 된다.

> 직렬-연결된 커패시터의 **등가 커패시턴스**는 각 커패시턴스들의 역수들의 합에 대한 역수이다.

직렬로 연결된 커패시터들은 병렬로 연결된 저항의 결합과 같은 방법으로 결합된다는 사실을 알 수 있다. $N = 2$(즉, 직렬 연결된 두 개의 커패시터)에 대해서, 식 (9.18)은

$$\frac{1}{C_{eq}} = \frac{1}{C_1} + \frac{1}{C_2}$$

또는

$$C_{eq} = \frac{C_1 C_2}{C_1 + C_2} \tag{9.19}$$

이다. 그림 9.10(a)에서 각 커패시터 양단 전압은 다음과 같이 표현할 수 있다.

$$V_1 = \frac{Q}{C_1}, \quad V_2 = \frac{Q}{C_2}, \ldots, \quad V_N = \frac{Q}{C_N}$$

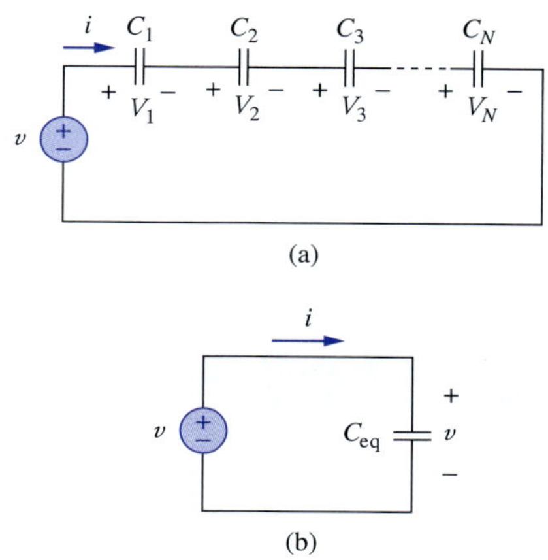

그림 9.10
(a) 직렬-연결된 *N*개의 커패시터, (b) 직렬 커패시터에 대한 등가 회로

그러나 $V = Q/C_{eq}$ 또는 $Q = C_{eq}V$이다. 따라서

$$V_1 = \frac{C_{eq}}{C_1}V, \quad V_2 = \frac{C_{eq}}{C_2}V, \ldots, \quad V_N = \frac{C_{eq}}{C_N}V \tag{9.20}$$

이다. 커패시터들은 전압 분배기로 사용되는 것을 알 수 있다.

예제 9.3

3개의 커패시터 $C_1 = 4\ \mu F$, $C_2 = 5\ \mu F$ 그리고 $C_3 = 10\ \mu F$이 병렬로 연결되어 있고 양단에 110 V의 전압이 인가되어 있다.

(a) 전체 커패시턴스를 구하라. (b) 저장된 전체 에너지를 구하라.

풀이

(a) 커패시터들이 병렬로 연결되어 있기 때문에, 등가 또는 전체 커패시턴스는 다음과 같다.

$$C_{eq} = C_1 + C_2 + C_3 = 4 + 5 + 10 = 19\ \mu F$$

(b) 저장된 전체 에너지는 다음과 같다.

$$W = \frac{1}{2}C_{eq}V^2 = \frac{1}{2} \times 19 \times 10^{-6} \times 110^2 = 0.115\ J$$

연습문제 9.3

커패시터들이 이번에는 직렬로 연결되어 있다고 가정하고 예제 9.3.을 다시 수행하라.

해답 1.818 μF, 11.01 mJ

예제 9.4

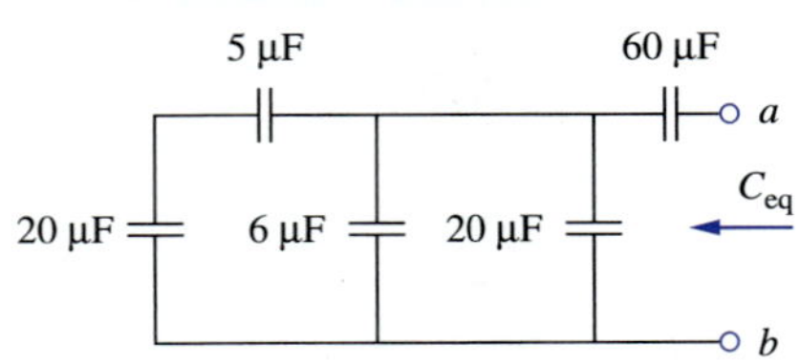

그림 9.11
예제 9.4의 회로

그림 9.11 회로의 단자 a-b에서 바라본 등가 커패시턴스를 구하라.

풀이

20 μF와 5 μF 커패시터가 직렬로 연결되어 있으므로 등가 커패시턴스는

$$\frac{20 \times 5}{20 + 5} = 4\ \mu F$$

이다. 이 등가 커패시턴스는 6 μF과 20 μF 커패시터와 병렬 연결되어 있다. 따라서 합성 커패시턴스는

$$4 + 6 + 20 = 30\ \mu F$$

이다. 이 30 μF 커패시터는 60 μF 커패시터와 직렬로 연결되어 있다. 따라서 전체 회로의 등가 커패시턴스는 다음과 같다.

$$C_{eq} = \frac{30 \times 60}{30 + 60} = 20\ \mu\text{F}$$

연습문제 9.4

그림 9.12 회로에서 단자 *a-b*에서 바라본 등가 커패시턴스를 구하라.

해답 40 μF

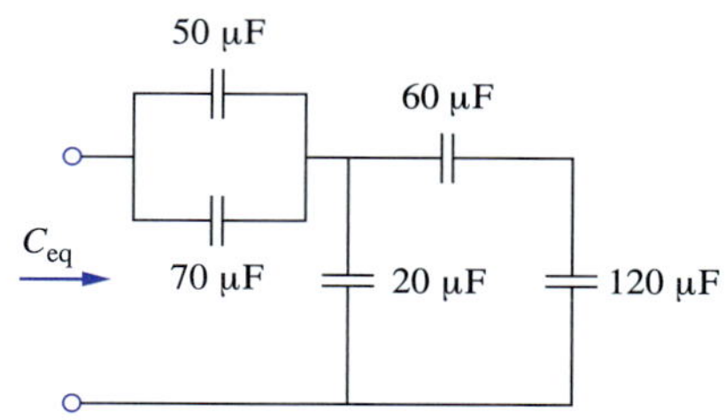

그림 9.12
연습문제 9.4의 회로

예제 9.5

그림 9.13 회로에 대해서 커패시터 양단의 전압을 구하라.

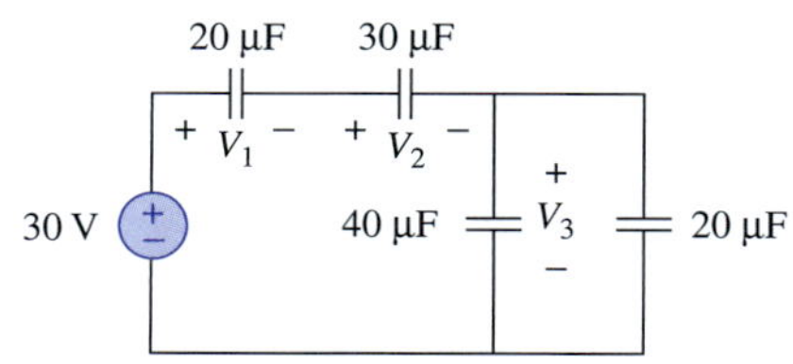

그림 9.13
연습문제 9.5의 회로

풀이

먼저 그림 9.14에 나타낸 등가 커패시턴스 C_{eq}를 구해야 한다. 그림 9.13에서 두 개의 병렬 커패시터는 40 + 20 = 60 μF으로 결합된다. 이 60 μF는 20 μF과 30 μF 커패시터와 직렬로 연결되어 있으므로

$$C_{eq} = \frac{1}{\frac{1}{60} + \frac{1}{30} + \frac{1}{20}}\ \mu\text{F} = 10\ \mu\text{F}$$

이 된다. 또한 전체 전하는 다음과 같다.

$$Q = C_{eq}V = 10 \times 10^{-6} \times 30 = 0.3\ \text{mC}$$

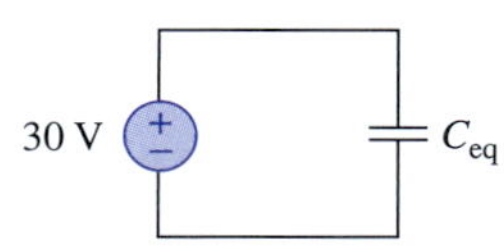

그림 9.14
그림 9.12의 등가 회로

이 전하는 30 V 전원과 직렬로 연결되어 있는 20 μF와 30 μF 커패시터의 전하이다(이를 알기 위한 대략적인 방법은 $I = Q/t$이므로 전하를 저항처럼 동작한다고 생각하면 된다). 따라서

$$V_1 = \frac{Q}{C_1} = \frac{0.3 \times 10^{-3}}{20 \times 10^{-6}} = 15\ \text{V}$$

$$V_2 = \frac{Q}{C_2} = \frac{0.3 \times 10^{-3}}{30 \times 10^{-6}} = 10\ \text{V}$$

이 된다. V_1과 V_2를 구했다면, V_3를 구하기 위해서는 KVL을 적용한다.

$$V_3 = 30 - V_1 - V_2 = 5\ \text{V}$$

반대로, 40 μF과 20 μF 커패시터들이 병렬로 연결되어 있기 때문에, 동일한 전압인 V_3를 가지며 결합된 커패시턴스는 40 + 20 = 60 μF이 된다. 직렬로 연결된 20 μF와 30 μF 커패시터들의 결합된 커패시턴스는 결과적으로 동일한 전하를 가지게 된다. 따라서

$$V_3 = \frac{Q}{60\ \mu\text{F}} = \frac{0.3 \times 10^{-3}}{60 \times 10^{-6}} = 5\ \text{V}$$

이 된다.

연습문제 9.5

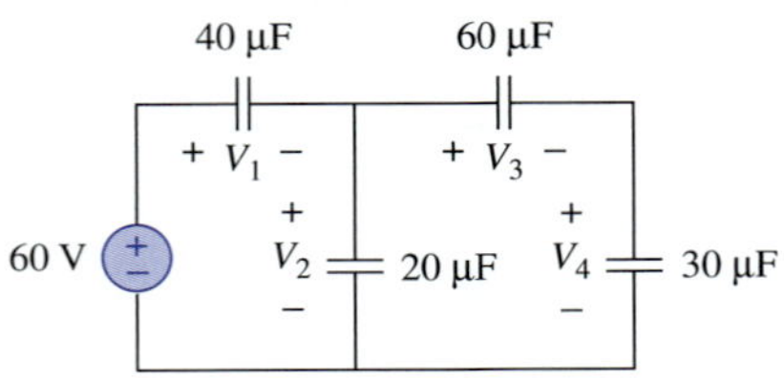

그림 9.15
연습문제 9.5의 회로

그림 9.15의 커패시터 각 양단의 전압을 구하라.

해답 V_1 = 30 V; V_2 = 30 V; V_3 = 10 V; V_4 = 20 V

9.6 전류-전압 관계

커패시터에서 전하와 전압의 관계는 식 (9.1)과 같이 주어진다. 즉

$$Q = Cv \tag{9.1}$$

커패시터에 대한 전류-전압 관계를 얻기 위해서는 식 (9.1)의 커패시턴스 C가 상수이므로 다음과 같은 내용을 의미한다는 것을 알아야 한다.

전하 Q의 변화율 = C × 전압 v의 변화율

그러나 Q의 변화율 = 전류 = i이다. 즉,

i = C × v의 변화율

따라서 미분표현법을 사용하면

$$i = C\frac{dv}{dt} \tag{9.21}$$

이 된다. 여기서 dv/dt는 전압 v의 변화율 또는 v의 미분이라고 한다. 식 (9.21)은 수동부호규약(passive sign convention, 그림 9.4)을 따르는 커패시터에 대한 전류-전압 관계식이다. 식 (9.21)은 커패시터의 전압이 더 빨리 변화하면 전류는 더 커지고 그 역도 성립한다는 것을 의미한다. 전압이 시간에 따라서 증가하면 미분 dv/dt는 양수이다. 만일, 시간에 따라서 전압이 감소하게 되면 dv/dt는 음수가 된다. 전압이 상수(불변)이면 전류는 0이 된다.

소문자 i와 v는 순시 전류와 전압을 나타내고, 대문자 V와 I는 직류 전압과 전류를 나타내기로 한다. 다음은 커패시터의 중요한 성질이다.

1. 식 (9.21)로부터 커패시터 양단 전압이 시간에 대해서 변화하지 않으면(즉, 직류 전압), 커패시터를 통해 흐르는 전류는 0이다. 따라서

   커패시터는 직류에 대해서 개방 회로이다.

   그러나 배터리(직류 전압)가 커패시터 양단에 연결되어 있으면 커패시터는 충전한다.
2. 커패시터의 전압은 연속이어야만 한다. 즉,

   커패시터의 전압은 순간적으로 변화해서는 안된다.

   커패시터는 양단 전압이 순간적으로 변화하는 것을 방지한다. 식 (9.21)에 따르면, 전압의 급격한 변화는 무한대의 전류를 요구하고 이러한 현상은 물리적으로 불가능하다. 예를 들면 커패시터 양단 전압이 그림 9.16(a)와 같은 형태로 주어지는 것은 허용되나 그림 9.16(b)와 같이 급격한 변화를 갖는 형태로 주어지면 물리적으로 불가능하다. 바꿔 말하면, 커패시터를 통해 흐르는 전류는 급격하게 변화할 수 있다.
3. 이상적인 커패시터는 에너지를 소비하지 않는다. 전기장에서 에너지를 저장할 때는 회로로부터 전력을 회수하고 회로에 전력을 전달할 때는 이전에 저장된 에너지를 되돌려준다.
4. 실제적인, 현실적인 커패시터는 그림 9.17과 같이 병렬-모델 누설 저항을 갖는다. 누설 저항은 100 MΩ 정도의 큰 저항이고 대부분의 실제적인 응용에서는 무시될 수 있다. 이러한 이유로, 이 책에서는 이상적인 커패시터라고 가정한다.

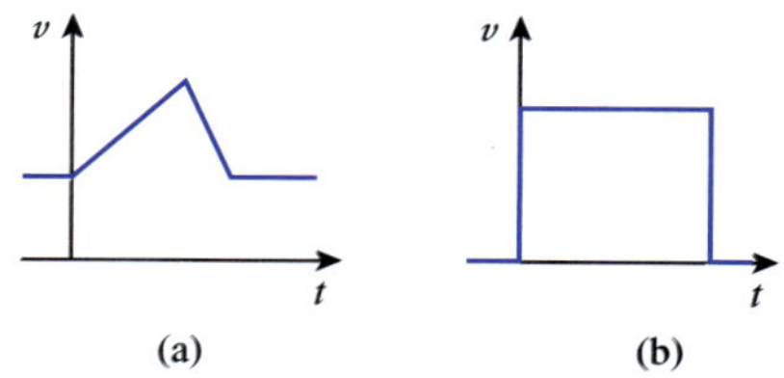

그림 9.16
커패시터 양단의 전압: (a) 허용, (b) 허용되지 않음. 노트. 급격한 변화는 가능하지 않다.

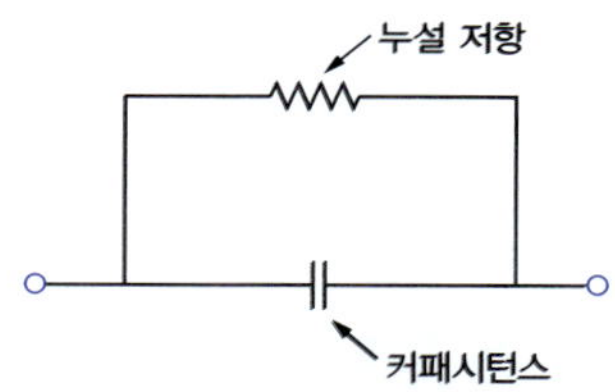

그림 9.17
실제적인 커패시터의 회로 모델

예제 9.6

200 μF의 커패시터 양단 전압이 그림 9.18과 같이 주어질 때 이 커패시터를 통해 흐르는 전류를 구하라.

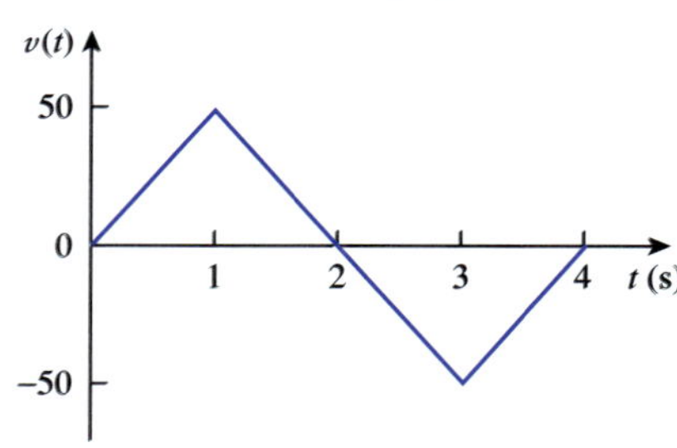

그림 9.18
예제 9.6의 회로

풀이

$i(t) = C\,\Delta v/\Delta t$이고 $C = 200\ \mu\text{F}$ 이므로 $i(t)$를 구하기 위해서는 v에 대한 미분 또는 기울기를 구해야 한다.

$t = 0$ s에서부터 $t = 1$ s까지, $\Delta v = 50$ V이고 $\Delta t = 1$ s이므로

기울기 $= \Delta v/\Delta t = 50/1 = 50$ V/s

$t = 1$ s에서부터 $t = 3$ s까지, $\Delta v = -100$ V이고 $\Delta t = 2$ s이므로

기울기 $= \Delta v/\Delta t = -100/2 = -50$ V/s

$t = 3$ s에서부터 $t = 4$ s까지, $\Delta v = 50$ V이고 $\Delta t = 1$ s이므로

기울기 $= \Delta v/\Delta t = 50/1 = 50$ V/s

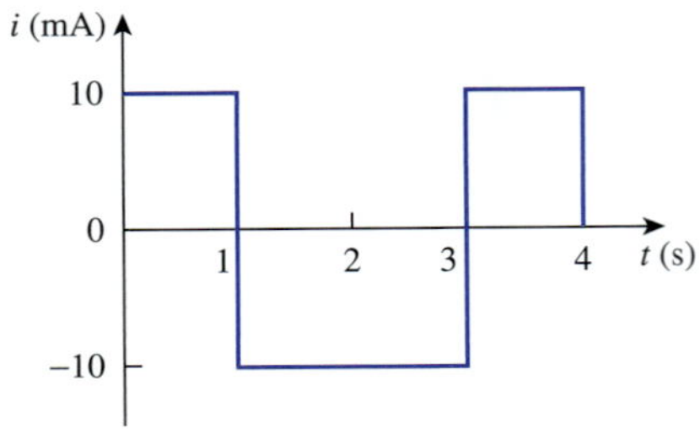

그림 9.19
예제 9.6의 회로

따라서 $i(t) = C\,\Delta v/\Delta t$이므로,

$$i(t) = 200 \times 10^{-6} \times \begin{cases} 50, & 0 < t < 1 \\ -50, & 1 < t < 3 \\ 50, & 3 < t < 4 \\ 0, & \text{otherwise} \end{cases}$$

$$= \begin{cases} 10 \text{ mA}, & 0 < t < 1 \\ -10 \text{ mA}, & 1 < t < 3 \\ 10 \text{ mA}, & 3 < t < 4 \\ 0, & \text{otherwise} \end{cases}$$

이 된다. 전류 파형은 그림 9.19에 나타내었다.

연습문제 9.6

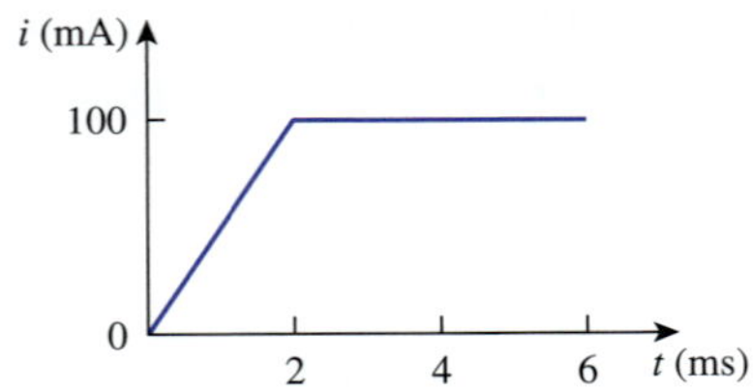

그림 9.20
연습문제 9.6의 회로

처음에 충전되지 않은 1 mF 커패시터에 그림 9.20과 같은 전류가 흐른다고 가정한다. $t = 2$ ms와 $t = 5$ ms에서 커패시터 양단 전압을 구하라.

해답 100 mV, 400 mV

예제 9.7

직류 조건하에서, 그림 9.21(a)의 각 커패시터에 저장된 에너지를 구하라.

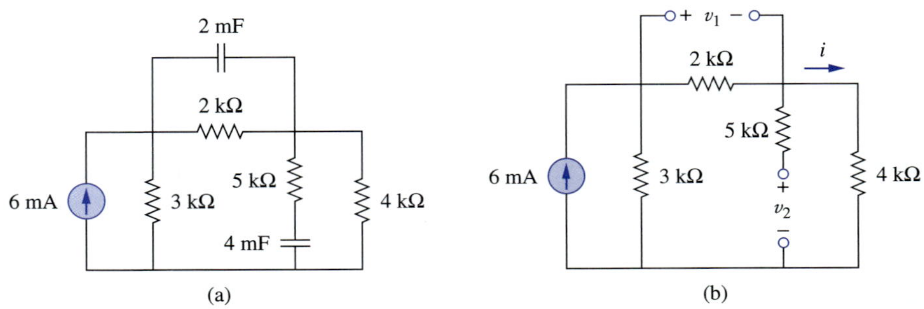

그림 9.21
예제 9.7의 회로

풀이

직류 조건하에서는 그림 9.21(b)와 같이 커패시터를 개방 회로로 대체할 수 있다. 2 kΩ과 4 kΩ 저항의 직렬 결합을 통해 흐르는 전류는 전류 분배로 다음과 같이 구한다.

$$i = \frac{3}{3+2+4}(6 \text{ mA}) = 2 \text{ mA}$$

따라서 커패시터 양단의 전압 v_1과 v_2는 다음과 같다.

$$v_1 = 2{,}000i = 4\text{ V}, \qquad v_2 = 4{,}000i = 8\text{ V}$$

그리고 커패시터에 저장된 에너지도 다음과 같이 구할 수 있다.

$$w_1 = \frac{1}{2}C_1v_1^2 = \frac{1}{2}(2 \times 10^{-3})(4)^2 = 16\text{ mJ}$$

$$w_2 = \frac{1}{2}C_2v_2^2 = \frac{1}{2}(4 \times 10^{-3})(8)^2 = 128\text{ mJ}$$

연습문제 9.7

직류조건 하에서, 그림 9.22의 커패시터에 저장된 에너지를 구하라.

해답 405 μJ, 90 μJ

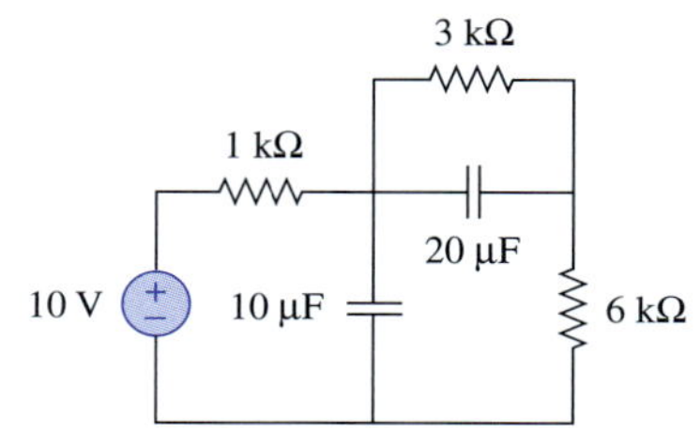

그림 9.22
연습문제 9.7의 회로

9.7 커패시터의 충전과 방전

이제 커패시터가 어떻게 충전하고 방전하는지 고려해보자. 여하간 커패시터는 저항을 통해서 충전하고 방전한다.

9.7.1 충전 사이클

배터리가 그림 9.23과 같이 저항과 커패시터의 직렬 결합에 연결되어 있는 경우를 고려하자(일반적으로, 그림 9.23의 저항과 커패시터는 저항들과 커패시터들의 결합을 통한 등가 저항과 커패시터이다). 그림 9.23의 커패시터는 충전되어 있지 않고 스위치는 $t = 0$에서 닫힌다고 가정한다. 그림 9.23에서 스위치가 닫히면 커패시터에 충전이 시작된다. 그림 9.23 회로에 KVL을 적용하면

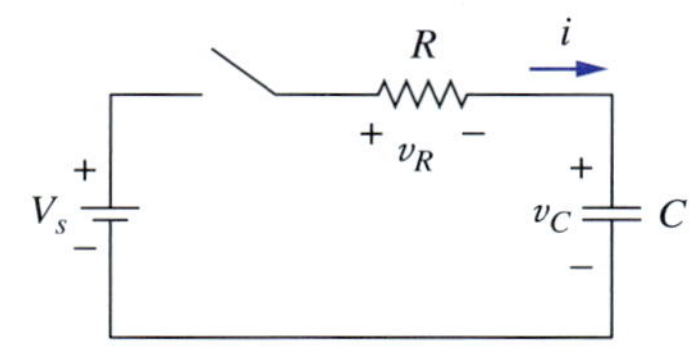

그림 9.23
충전 회로

$$V_s = v_R + v_C \tag{9.22}$$

이 된다. 임의의 시간 t에서 커패시터 전압은 다음과 같은 미분방정식으로부터 유도된다.

$$v_C = V_s - (V_s - V_o)e^{-t/RC} \tag{9.23}$$

여기에서, V_s는 인가 전압이고 V_o는 초기 전압이다. 이번 경우에는, 커패시터가 초기에 충전되지 않았다고 가정했으므로 $V_o = 0$이고

$$v_C = V_s(1 - e^{-t/RC}) \tag{9.24}$$

이 된다. 여기에서 충전은 전기장에서 커패시터 도체판 사이에 에너지를 저장한다.

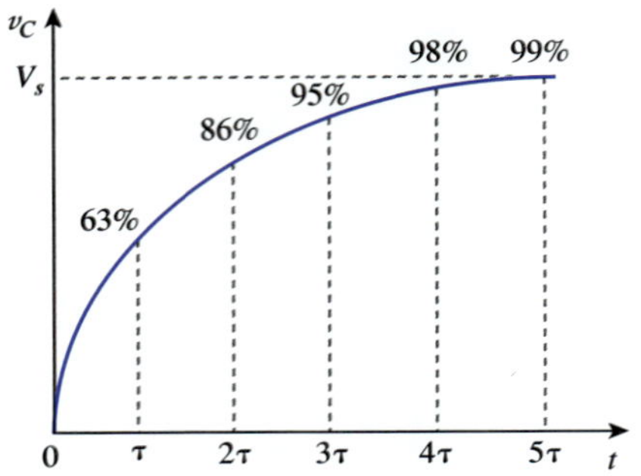

그림 9.24
커패시터에 대한 충전 곡선

회로도에서 커패시터는 저항(R)을 통해 흐르는 전류와 공급 전압(V)으로부터 충전된다. 커패시터 양단 전압(v_C)은 처음에는 0이라고 가정한다. 그러나 커패시터가 충전됨에 따라서 그림 9.24와 같이 증가하게 된다. 커패시터는 $v_C = V_s$일 때 최대로 충전된다.

충전 전류 i는 식 (9.22)와 식 (9.23)로 부터 저항 양단 전압으로부터 결정된다.

$$v_R = V_s - v_C = V_s - V_s(1 - e^{-t/RC}) = V_s e^{-t/RC}$$

충전 전류는

$$i = \frac{v_R}{R} = \frac{V_s}{R}e^{-t/RC} \tag{9.25}$$

이다. t가 증가함에 따라, 전류는 0을 향해서 감소하게 된다. 전류가 감소하는 속도는 τ로 표기하는 시상수(*time constant*)라는 용어로 설명된다.

> 회로에서 **시상수**(초) τ는 처음 값의 $1/e$ 또는 36.8% 되도록 응해답(전류)이 감소하는데 까지 요구되는 시간이다.

이는 $t = \tau$에서 식 (9.25)가 다음과 같이 됨을 의미한다.

$$\frac{V_s}{R}e^{-\tau/RC} = \frac{V_s}{R}e^{-1} = 0.368\frac{V_s}{R}$$

또는

$$\boxed{\tau = RC} \tag{9.26}$$

이다. 시상수는 회로의 응해답이 초기변화율을 유지하면서 최종 위치에 도달할 때까지 걸리는 시간으로 정의하기도 한다. 시상수를 이용해서 식 (9.24)는 다음과 같이 쓸 수 있다.

$$\boxed{v_C(t) = V_s(1 - e^{-t/\tau}), \qquad \tau = RC} \tag{9.27}$$

9.7.2 방전 사이클

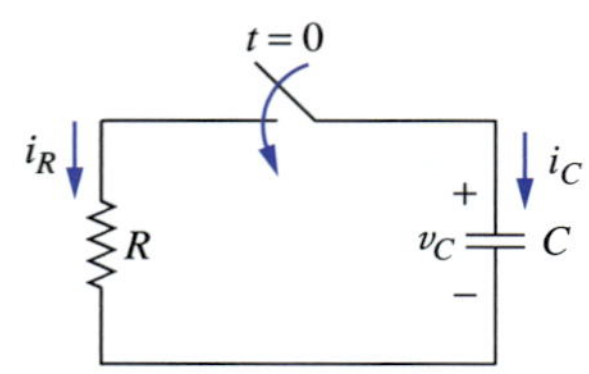

그림 9.25
방전 회로

방전에 대하여, 그림 9.25의 무전원 RC 회로를 고려하고 스위치는 $t = 0$에서 닫힌다고 가정한다. 커패시터가 초기에 충전되었기 때문에 $t = 0$에서 초기값은 다음과 같다.

$$v_C(0) = V_o$$

이제 $V_s = 0$을 식 (9.23)에 적용하면, 다음을 얻는다.

$$v_C(t) = V_o e^{-t/\tau}, \qquad \tau = RC \tag{9.28}$$

이 식은 충전 동작이 그림 9.26에서 알 수 있듯이 초기 전압의 지수함수적인 감쇠의 형태로 진행됨을 보여준다. 또한 $t = \tau$에서 식 (9.28)은 다음과 같이 된다.

$$V_o e^{-\tau/RC} = V_o e^{-1} = 0.368 V_o$$

계산기를 사용하면, $v(t)/V_o$의 값을 표 9.3과 같이 쉽게 구할 수 있다. 표 9.3으로부터 전압 $v(t)$는 5τ(5배 시상수) 이후에 V_o값의 1%보다 작아진다는 것을 확인할 수 있다. 5배 시상수는 과도(*transient*)시간이라고 알려져 있다. 따라서 커패시터는 5배 시상수 후에 완전히 방전된다는 사실을 알 수 있다. 다르게 표현하면, 회로가 최종 또는 안정한 상태에 도달하기 위해서는 거의 5τ 정도가 걸린다고 할 수 있다.

그림 9.27에서 보여주듯이, 작은 시상수($\tau = RC$, R이나 C 또는 두 값 모두는 시상수를 증가시키거나 감소시키기 위해서 변할 수 있다)를 갖는 회로는 빠른 응해답을 가지고, 따라서 저장된 에너지가 빠르게 소멸되어 버리기 때문에 안정된 상태에 빨리 도달할 수 있다. 반면에 큰 시상수를 갖는 회로는 상대적으로 정상 상태에 도달하는데 긴 시간이 필요하므르 느린 응해답을 갖는다. 어쨌든 시상수가 작거나 크거나, 회로는 5배 시상수 후에는 안정된 상태에 도달하게 된다.

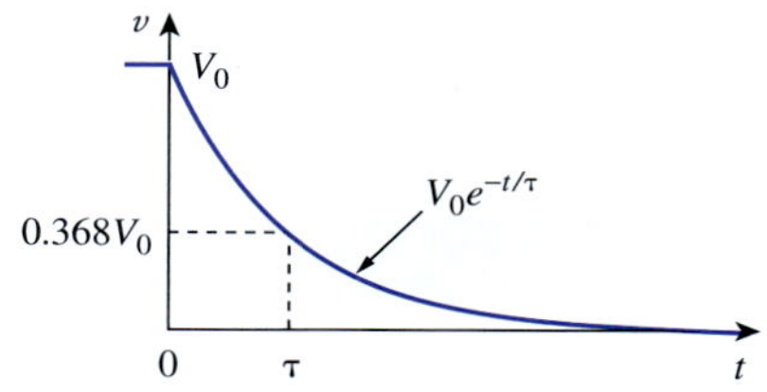

그림 9.26
커패시터의 방전 그래프

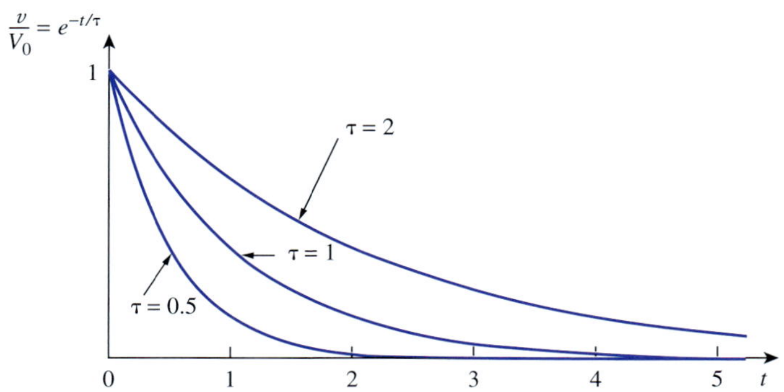

그림 9.27
다양한 값의 시상수에 대한 $v/V_o = e^{-t/\tau}$ 그래프

표 9.3

$v(t)/V_o = e^{-t/\tau}$의 값들

t	$v(t)/V_o$	백분율
0	1	100
τ	0.36788	36.79
2τ	0.13534	13.53
3τ	0.04979	4.98
4τ	0.01832	1.83
5τ	0.00674	0.67

이 절에서의 내용은 무전원 RC와도 회로의 일반적인 경우로 확장될 수 있다. 초기값과 특정 시상수를 갖는 커패시터 전압의 응해답은 다음과 같이 구할 수 있다.

$$v_C(t) = v(0)e^{-t/\tau}$$

일단 커패시터 전압이 얻어지면, 다른 값들(커패시터 전류 i_C, 저항 전압 v_R, 그리고 저항 전류 i_R)을 구할 수 있다. 시상수 $\tau = RC$를 구하기 위해서, R

은 보통 커패시터 단자에서의 테브냉 등가 저항이고 따라서 커패시터 C를 제외하고 각 단자에서 $R = R_{Th}$를 구한다.[3]

예제 9.8

그림 9.23의 회로에서 $R = 500\ \Omega$, $C = 10\ \mu\text{F}$, 그리고 $V_s = 15$ V라고 할 때

(a) 과도 주기를 계산하라.

(b) v_C, v_R 그리고 i를 구하라.

풀이

(a) 시상수는 $RC = \tau = 500 \times 10 \times 10^{-6} = 5$ ms. 과도 시간은 $5\tau = 25$ ms 이다.

(b) 식 (9.27)로 부터 다음을 구한다.

$$v_C(t) = V_s(1 - e^{-t/\tau}) = 15(1 - e^{-t/\tau})\ V$$
$$v_R(t) = V_S - v_C = V_s e^{-t/\tau} = 15e^{-t/\tau}$$
$$i(t) = \frac{v_R}{R} = \frac{V_s}{R}e^{-t/\tau} = \frac{15}{500}e^{-t/\tau}$$

연습문제 9.8

예제 9.8에서 커패시터 전압 v가 10 V에 도달할 때까지는 얼마의 시간이 걸리겠는가?

해답 5.493 ms

예제 9.9

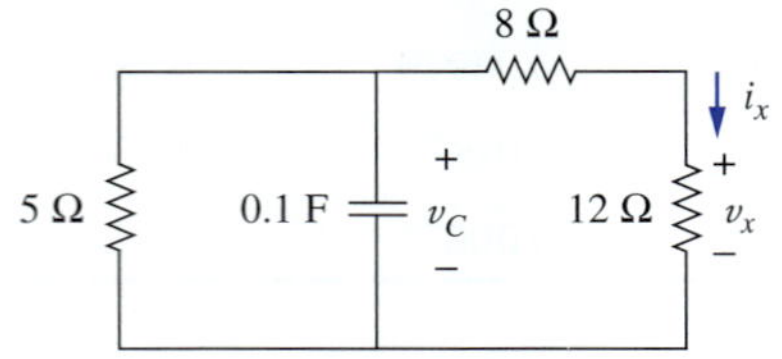

그림 9.28
예제 9.9의 회로

그림 9.28에서 $v_C(0) = 15$ V라고 가정한다. $t > 0$에 대해서 v_C, v_x 그리고 i_x를 구하라.

풀이

먼저 그림 9.28의 회로를 그림 9.25의 기본 RC 회로에 유사하도록 구성해야 한다. 이 회로에서 커패시터 단자의 등가 저항이나 테브냉 저항을 구해야 한다. 먼저 구해야 하는 것은 항상 커패시터 전압 v_C이다. 그리고 v_C를 통해서 v_x나 i_x를 구하게 된다.

직렬로 연결된 8 Ω과 12 Ω 저항은 결합하여 20 Ω 저항이 된다. 이 20 Ω

3 회로가 하나의 커패시터와 몇 개의 저항을 가질 때, 테브냉 등가는 단일 RC 회로의 형태로 커패시터의 단자에서 구할 수 있다. 또한 테브냉 정리는 몇 개의 커패시터들이 하나의 등가 커패시터로 결합될 때 사용될 수 있다.

저항과 병렬로 연결된 5 Ω 저항은 다음 식을 통해 등가 저항을 구한다.

$$R_{eq} = \frac{20 \times 5}{20 + 5} = 4\ \Omega$$

따라서 등가 회로를 그림 9.25와 유사하게 그림 9.29와 같이 나타낼 수 있다. 시상수는

$$\tau = R_{eq}C = 4(0.1) = 0.4\text{ s}$$

이고, 따라서

$$v(t) = v(0)e^{-t/\tau} = 15e^{-t/0.4}\text{ V}, \qquad v_C(t) = v(t) = 15e^{-2.5t}\text{ V}$$

이 된다. 그림 9.28로부터 전압 분배를 이용하여 v_x를 구할 수 있다. 즉

$$v_x = \frac{12}{12+8}v_C = 0.6(15e^{-2.5t}) = 9e^{-2.5t}\text{ V}$$

마지막으로,

$$i_x = \frac{v_x}{12} = 0.75e^{-2.5t}\text{ A}$$

이 된다.

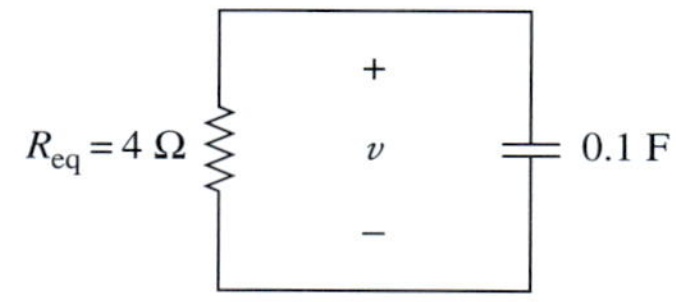

그림 9.29
그림 9.28의 회로에 대한 등가 회로

연습문제 9.9

그림 9.30의 회로에 대해서 $v_C(0) = 30$ V라고 가정한다. $t \geq 0$에 대해서 v_C, v_x 그리고 i_x를 구하라.

해답 $30e^{-0.25t}$ V, $10e^{-0.25t}$ V, $-2.5e^{-0.25t}$ A

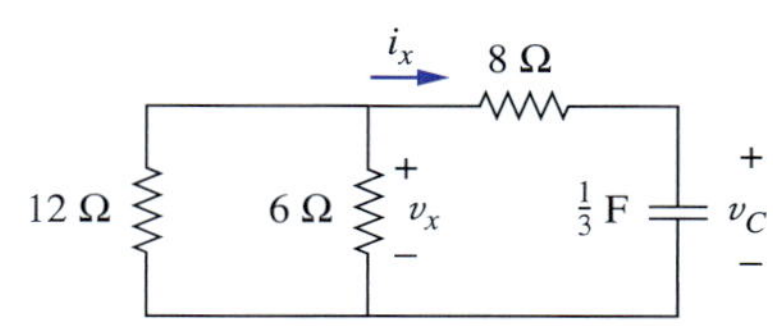

그림 9.30
연습문제 9.9와 문제 9.68의 회로

예제 9.10

그림 9.31 회로에서 스위치는 오랜 시간 동안 닫혀있었다. 그러다가 $t = 0$에서 열린다. $t \geq 0$에 대해서 $v(t)$를 구하라. 그리고 커패시터에 저장된 초기 에너지를 구하라.

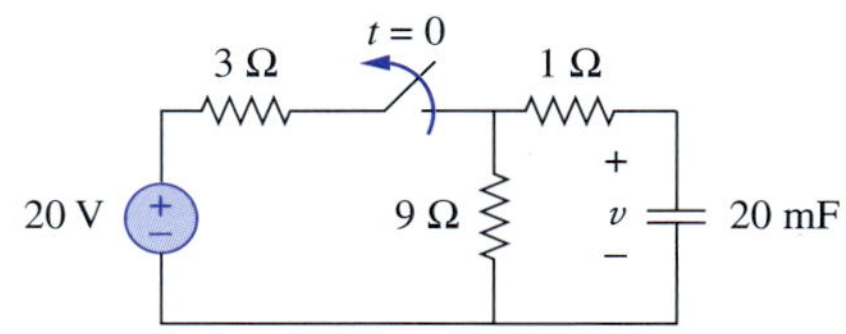

그림 9.31
예제 9.10의 회로

풀이

$t < 0$에서 스위치는 닫혀있었다. 커패시터는 그림 9.32(a)에서 나타낸 것처럼 직류에 대해서 개방 회로이다. 전압 분배를 이용하면

$$v_C(t) = \frac{9}{9+3}(20) = 15\text{ V}, \qquad t < 0$$

이 된다. 커패시터 양단 전압은 순간적으로 변화할 수 없기 때문에 $t = 0^-$($t = 0$ 직전)와 $t = 0$에서의 값이 서로 같다. 즉,

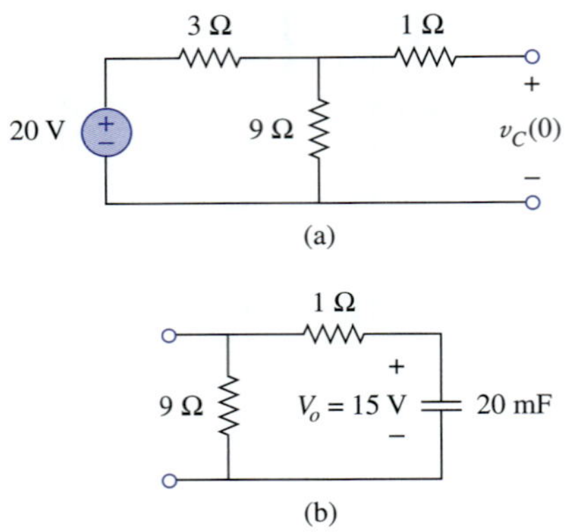

그림 9.32
예제 9.10의 회로: (a) $t < 0$, (b) $t > 0$

$$v_C(0) = V_o = 15 \text{ V}$$

$t > 0$에서 스위치가 열리면 그림 9.32(b)에 나타낸 RC 회로를 얻을 수 있다(그림 9.32(b)의 RC 회로는 무전원이고, 그림 9.31의 독립 전원은 단지 V_o 즉, 커패시터에 초기 에너지를 제공하기 위해서 필요한 전원이다). 직렬로 연결된 1 Ω과 9 Ω 저항은 결합하여 10 Ω 저항이 된다.

$$R_{eq} = 1 + 9 = 10\ \Omega$$

시상수는

$$\tau = R_{eq}C = 10 \times 20 \times 10^{-3} = 0.2 \text{ s}$$

이 된다. 따라서 $t \geq 0$에 대해 커패시터 양단 전압은

$$v(t) = v_C(0)e^{-t/\tau} = 15e^{-t/0.2} \text{ V}$$

이거나

$$v(t) = 15e^{-5t} \text{ V}$$

이다. 커패시터에 저장된 초기 에너지는 다음 식과 같다.

$$w_C(0) = \frac{1}{2}Cv_C^2(0) = \frac{1}{2} \times 20 \times 10^{-3} \times 15^2 = 2.25 \text{ J}$$

연습문제 9.10

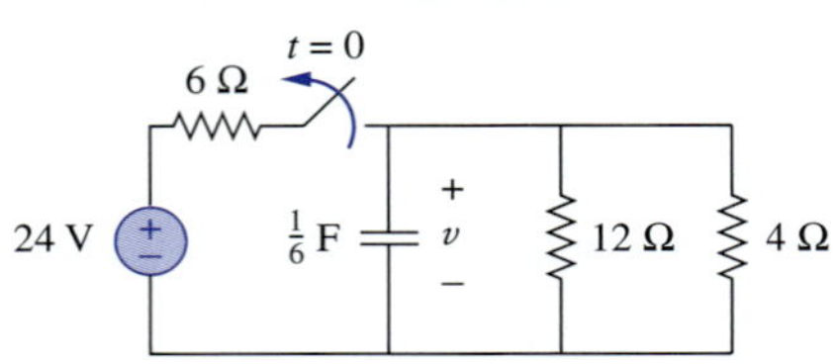

그림 9.33
연습문제 9.10의 회로

그림 9.33에서 스위치가 $t = 0$에서 열린다고 가정할 때, $t \geq 0$에서 $v(t)$를 구하고 $w_C(0)$를 구하라.

해답 $8e^{-2t}$ V, 5.33 J

9.8 컴퓨터 해석

9.8.1 PSpice

PSpice는 저장소자를 가진 회로의 응해답을 얻는 데 사용할 수 있다. 부록 C의 C.4절을 참고하면 윈도우즈용 PSpice를 사용하여 과도 해석을 하는 방법을 알 수 있다. 이 절을 계속 진행하기 전에 C.4절의 내용을 검토할 것을 권고한다.

필요한 경우, 초기 조건을 결정하기 위해서 직류 PSpice 해석이 먼저 수행된다. 그 결과로 얻어진 초기 조건은 과도 응해답을 얻기 위한 과도 PSpice 해석에 사용된다. 직류 해석을 수행하는 동안 모든 커패시터들이 개방 회로로, 모든 인덕터들이 단락 회로로 간주하게 된다.

예제 9.11

그림 9.34의 회로에서 응해답 $v(t)$를 결정하라.

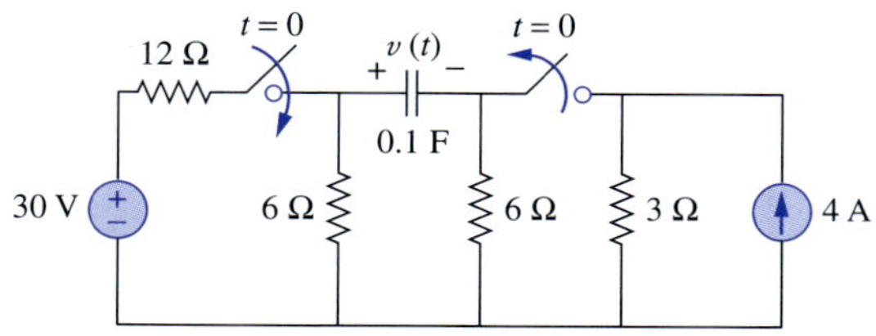

그림 9.34
예제 9.11의 회로

풀이

PSpice를 이용하여 문제를 해결하는 방법으로 다음 두 가지가 있다.

■ **방법 1** 첫번째 방법으로는 초기 커패시터 전압을 결정하기 위해서 먼저 직류 PSpice 해석을 수행하는 것이다. 이와 관련된 부분에 대한 회로를 그림 9.35(a)에 나타내었다. 직류 해석이기 때문에 전류원으로 IDC를 사용한다. 일단 회로를 그리고 exam911a.dsn으로 저장한다. 그리고 **PSpice/New Simulation Profile**을 선택하고 New Simulation 대화 박스에 "exam911a"라 치고 Create를 클릭한다. 계속해서 Simulation Settings 대화 박스에서 OK를 클릭하고 **PSpice/Run**을 수행한다. 시뮬레이션이 모두 끝나면 그림 9.35(a)와 같이 $V_1 = 0$ V, $V_2 = 8$V 등과 같은 값들이 표시가 된다. 따라서 초기 커패시

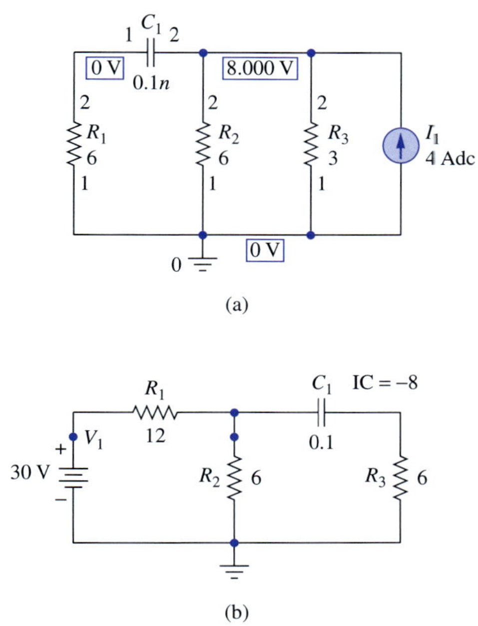

그림 9.35
(a) $v(0)$를 얻기 위한 직류 해석의 회로
(b) 응해답 $v(t)$를 얻기 위해서 사용된 과도 해석의 회로

터 전압은 $v(0) = V_1 - V_2 = -8$ V이다.

이 값은 그림 9.35(b)에서 보듯이 PSpice 과도 해석에 사용된다. 일단 그림 9.35(b)가 그려지면 커패시터의 초기값으로 $IC = -8$을 삽입한다. 이 작업은 커패시터를 더블 클릭하고 *IC*란에 −8을 써넣으면 된다. **PSpice/New Simulation Profile**을 선택하고 New Simulation 대화 박스에 "exam911b"라 치고 Create를 클릭한다. 계속해서 Simulation Settings 대화 박스의 *Analysis Type*에서 Time Domain(Transient)를 선택하고 *Run to time*에는 $4\tau = 4$s를 기입한다. 회로를 저장한 후 시뮬레이션을 수행하기 위해서 **PSpice/Run**을 선택한다. 팝업창이 뜨면 **Trace/Add**를 선택하고, 커패시터 전압 $v(t)$로 V(R2:2)−V(R3:2)나 V(C1:1)−V(C1:2)를 표시한다. $v(t)$에 대한 그래프를 그림 9.36에 나타내었다. 이 그래프는 손으로 계산한 $v(t) = 10 - 18e^{-t}$ V와 일치함을 알 수 있다.

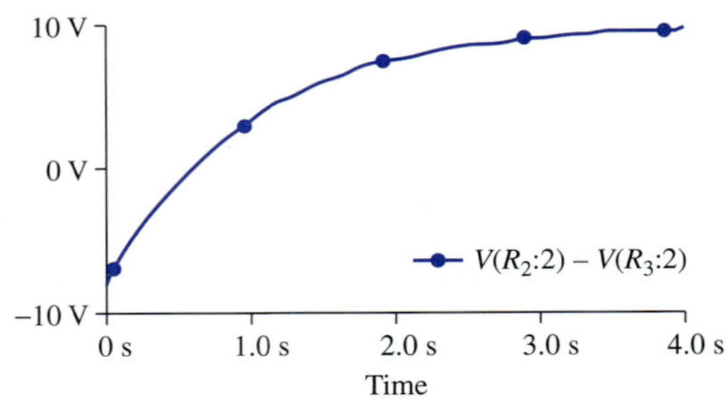

그림 9.36

그림 9.34 회로에 대한 응답 $v(t)$

■ **방법 2** PSpice가 스위치를 열고 닫는 동작과 초기 조건을 결정하는 것을 자동으로 처리할 수 있기 때문에 그림 9.34 회로에 대해서 직접 시뮬레이션을 수행할 수도 있다(스위치를 열고 닫기 위한 부품 이름은 각각 Sw_topen과 Sw_tclose이다). 이 방법을 이용하여 작성한 회로도를 그림 9.37에 나타내었다. 회로를 작성한 후 **PSpice/New Simulation Profile**을 선택한다. New Simulation 대화 박스에 "exam911a"라 치고 Create를 클릭한다. 계속해서 Simulation Settings 대화 박스의 *Analysis Type*에서 Time Domain(Transient)를 선택하고 *Run to time*에는 $4\tau = 4$s를 기입한다. Apply를 클릭하고 OK를 클릭한다. 회로를 저장

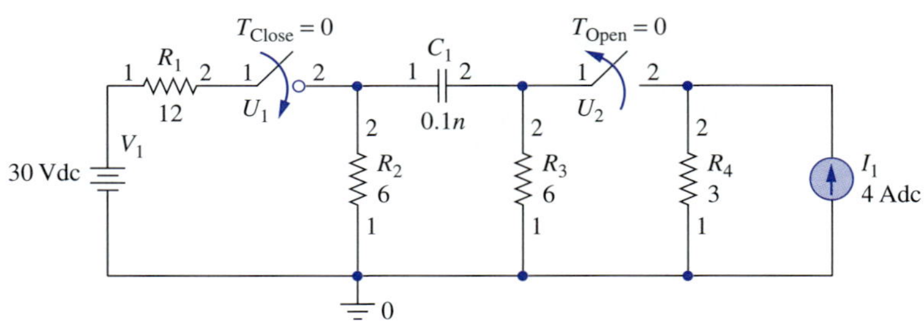

그림 9.37

예제 9.11의 회로

한 후 시뮬레이션을 수행하기 위해서 **PSpice/Run**을 선택한다. 팝업창이 뜨면, **Trace/Add**를 선택하고 커패시터 전압 $v(t)$로 V(R2:2)−V(R3:2)나 V(C1:1)−V(C1:2)를 표시한다. $v(t)$에 대한 그래프는 그림 9.36과 같음을 볼 수 있다.

연습문제 9.11

그림 9.38에서 스위치는 오랫동안 열려져 있는 상태로 유지되다가 $t = 0$에서 닫힌다. PSpice를 이용하여 $t > 0$에서의 $v(t)$를 구하라.

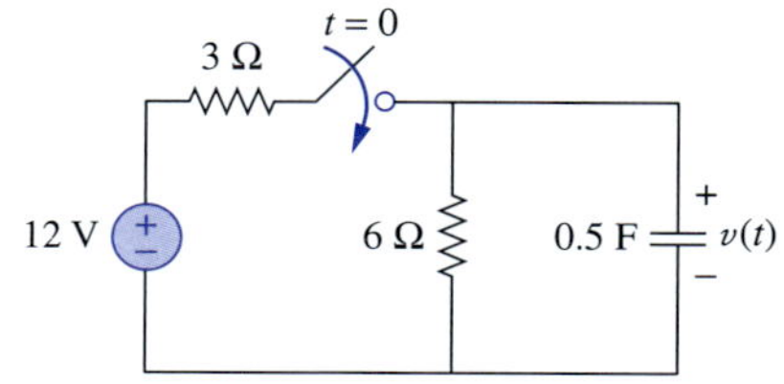

그림 9.38
연습문제 9.11의 회로

해답 그림 9.39

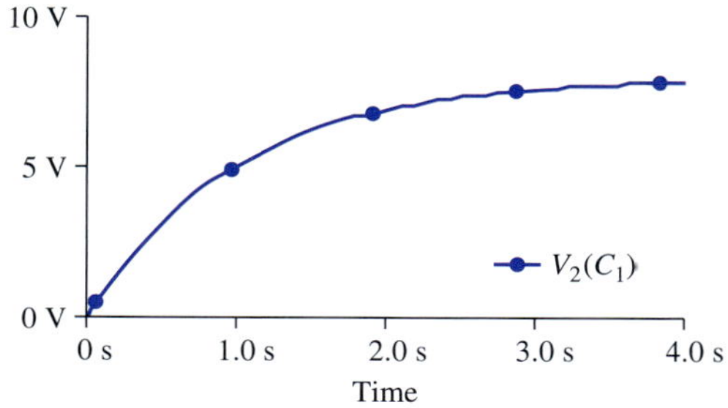

그림 9.39
연습문제 9.11을 위한 그래프

9.8.2 Multisim

이 장에서 논의된 *RC* 회로를 해석하기 위해서 Multisim을 사용할 수 있다. 이 절을 진행하기 전에 부록 D의 D.3절의 과도 해석에 대한 내용을 읽어보기를 권한다.

예제 9.12

그림 9.40의 회로에서 응해답 v_o를 Multisim을 이용하여 결정하라.

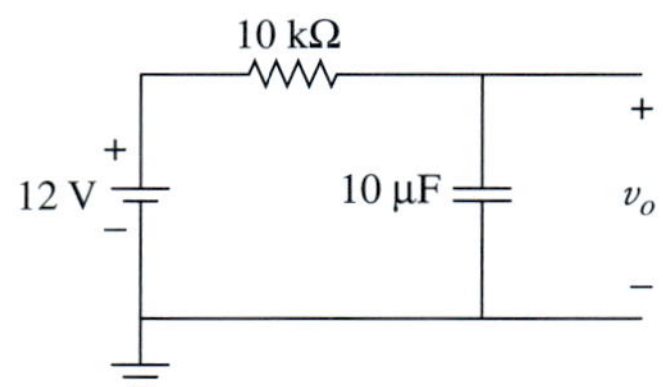

그림 9.40
예제 9.12의 회로

풀이

먼저 Multisim을 이용하여 회로를 그림 9.41과 같이 그린다. Multisim은 자동으로 노드의 숫자를 기입해준다. 노드 번호가 보이지 않는 경우에는, **Options/Sheet Properties**를 선택하고 Net Names 밑에 "Show all"을 선택한다. 그러면 그림 9.41과 같이 노드에 레이블이 표시될 것이다.

시뮬레이션을 얼마동안 수행할 것인지를 결정해야 한다. 대부분의 경우 5τ로 설정하는데, 여기에서 τ는 회로의 시상수이다. 따라서

$$\tau = RC = 10 \times 10^3 \times 10 \times 10^{-6} = 0.1 \text{ s}$$

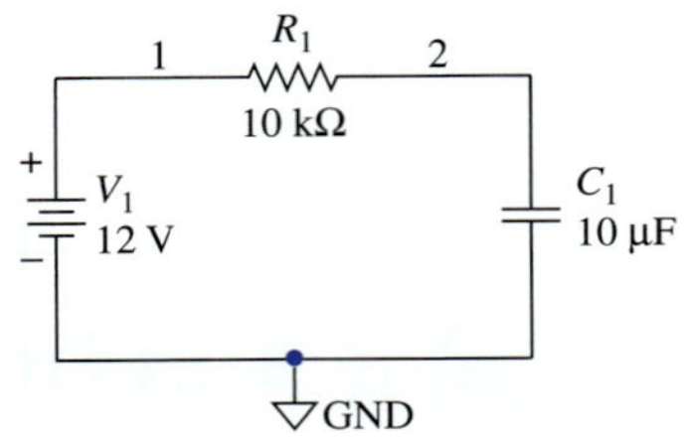

그림 9.41

그림 9.40 회로의 시뮬레이션

이고 $5\tau = 0.5$ s이다. 시뮬레이션을 위한 파라미터들을 결정하기 위해서 **Simulate/Analysis/Transient Analysis**를 선택한다. Transient Analysis 대화 박스에서 시작 시간(TSTART)을 0으로, 정지 시간(TSTOP)을 0.5 s로 설정한다. **Initial Conditions**에서 *Set to zero*를 선택하고, 시뮬레이션이 노드 2의 전압을 결정하는 것이므로 OUTPUT에서 *V*(2)를 왼쪽 항목에서 오른쪽 항목으로 이동시킨다. 이 동작은 왼쪽 항목에서 *V*(2)를 선택/하이라이트 하고 가운데 열에서 Add를 누르면 된다. 이렇게 하면 *V*(2) 항목이 오른쪽으로 이동한다. 계속 Transient Analysis 대화 박스에서 최종적으로 **Simulate**를 선택하면 출력이 자동으로 그림 9.42와 같이 표시된다.

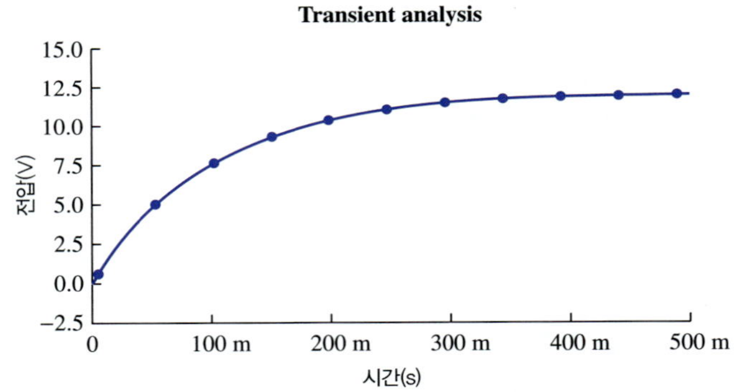

그림 9.42

그림 9.40 회로의 응해답 v_o

연습문제 9.12

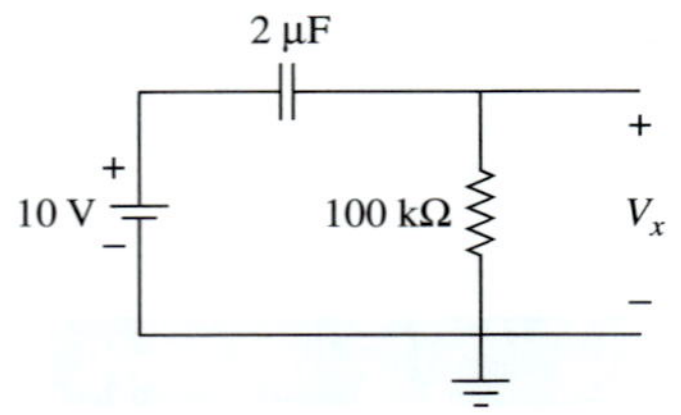

그림 9.43

연습문제 9.12의 회로

Multisim을 이용하여 그림 9.43 회로의 V_x를 구하라.

해답 그림 9.44

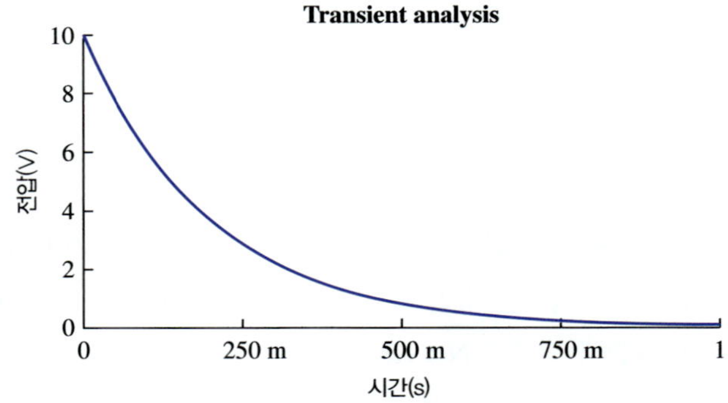

그림 9.44

연습문제 9.12를 위한 그래프

9.9 고장진단

회로에서 고장진단 분야의 기술은 매우 중요하다. 실지로 예술과 과학 분야에 대해서 모두 배우는 것이기 때문에, 고장진단은 직접 해보는 것이 중요하다. 회로도를 가지고 시작을 하지만 항상 염두에 두어야 하는 생각은 회로도가 실제적인 회로가 아니라는 사실이다. 따라서 고장을 발견하기 위해서는 항상 알려져 있는 점에서 시작해야 하고 인과관계를 파악하면서 진행해야 한다.

경험에 의하면, 커패시터는 저항보다 문제가 자주 발생한다. 전원 코드에 비교될 정도로, 커패시터는 오래된 라디오에서 가장 고장나기 쉬운 소자이다. 몇 종류의 커패시터들—종이, 지형(molded paper) 그리고 전해—은 매우 고장나기 쉬운 소자이고 얼마 지나지 않아서 교체되곤 한다. 운모와 세라믹 같은 다른 종류들은 거의 교체가 필요하지 않다. 커패시터는 온도, 년수, 단락 또는 개방 등의 요인에 의해서 문제가 생긴다. 커패시터들은 주변 환경의 온도에 당연히 영향을 받는다. 또한 년수가 지나면서 노화된다. 커패시터는 리드선과 도체판 사이의 연결이 끊어지게 되면 개방된 회로로 동작한다. 만일 도체판이 내부적으로 붙게 되면 당연히 단락 회로로 동작하게 된다. 커패시터에서 오류를 찾아내는 가장 좋은 방법은 적절한 계측기를 사용하는 것이다. 만일 저항기를 가지고 커패시터의 도통시험을 한다면, 보통 바늘이나 움직이는 지시침을 갖는 아날로그 형태가 더 좋을것이다. 최고 저항 측정 범위도 $R \times 1$ MΩ이 적절할 것이다. 커패시터의 리드선 사이의 저항은 무한대가 될 것이다. 도통검사는 내부 누설을 가리키고 커패시터는 교체되어야 한다.

극성이 있는 커패시터는 계측기와 맞추어야 한다. 극성이 있는 커패시터의 음극(캐소드)은 항상 접지에 연결되어야 한다(극성이 있는 커패시터가 회로에서 반대로 연결되면 폭발할 수도 있다). 계측기를 보호하기 위해서, 커패시터는 테스트하기 전에 완전 방전해야 한다. 커패시터는 리드를 서로 연결시키면 방전된다. 매우 큰 커패시터 또는 높은 전압으로 충전되는 커패시터는 매우 큰 에너지를 포함하고 있다는 것을 주의해야 한다. 간단하게 리드를 접촉함으로써 스파크나 리드가 녹는 등의 원하지 않는 결과를 미연에 방지할 수 있다. 또한 고전압에 응용되는 커패시터는 매우 오랜 시간동안 충전을 유지한다. 따라서 이와 같은 회로를 동작시키기 전에는 전원을 분리하고 방전할 수 있는 충분한 시간을 주어야 한다.

오로지 커패시턴스만을 측정할 수 있는 계측기도 있으나 디지털 멀티미터(DMMs)와 같이 넓은 영역의 커패시턴스 값을 측정할 수 있는 것도 있다. 디지털 커패시턴스 계측기의 한 예를 그림 9.45에 나타내었다. DMM 또는 전압 저항 밀리 암페어계(VOM)가 커패시터를 테스트하는데 사용된다. 더욱 정밀한 테트터들은 커패시턴스 값, 누설, 유전 흡수율 등과 같은 특성도 테스트할 수 있다.

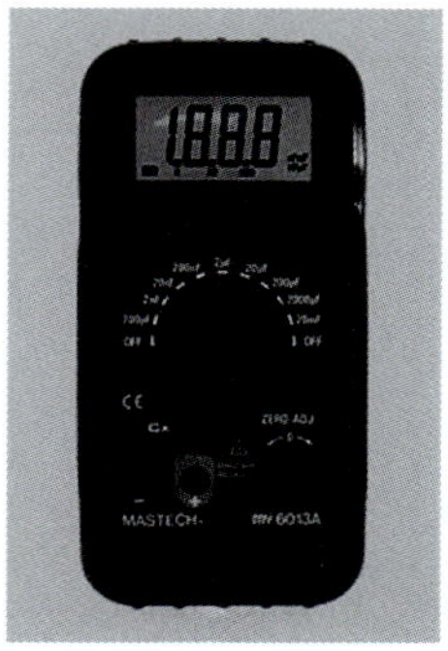

그림 9.45
디지털 커패시턴스 미터

9.10 †응용

저항이나 커패시터와 같은 회로 소자들은 상업적으로 단품이나 집적회로(IC)의 형태로 나온다. 커패시터는 타이밍 회로, 동조회로, 전원공급기, 필터 그리고 컴퓨터 메모리 등 많은 응용분야에서 사용된다. 예를 들면 커패시터는 교류(ac)는 통과시키고 직류(dc)의 흐름은 차단하는데 사용될 수 있다. 저항과 인덕터와 함께 커패시터는 전자와 마이크로 전자장치에 많이 쓰인다. 아날로그 회로는 보통 저항과 커패시터를 포함한다. 커패시터(인덕터)는 전자 회로에서 유용하게 사용되도록 하는 다음과 같은 3가지 특별한 성질을 갖는다.

1. 에너지를 저장하는 기능은 커패시터가 일시적으로 전압원이나 전류원처럼 사용될 수 있다. 따라서 단기간에 큰 용량의 전류 또는 전압을 생산하는데 사용될 수 있다.
2. 커패시터는 전압의 변화를 막는다.
3. 커패시터는 주파수에 민감하다. 이 성질로 커패시터는 주파수 식별을 위해서 유용하게 사용된다.

처음 두 가지 성질은 직류 회로에 사용할 수 있고, 반면에 3번째 성질은 교류 회로에서 장점으로 이용할 수 있다. 이러한 성질들이 어떻게 유용하게 쓰이는지는 다음 장에서 보게 될 것이다. 여기서는 커패시터를 포함한 간단한 응용 2가지만 설명하겠다.

9.10.1 지연 회로

RC 회로는 다양한 기기에 응용된다. 직류 전원공급기에서 필터링, 디지털 통신에서 평활 회로, 미분기, 적분기, 지연 회로 그리고 릴레이 회로 등이다. *RC* 회로는 그림 9.46에 나타낸 회로처럼 다양한 시간 지연을 제공하는데 사용할 수 있다. 이 회로는 커패시터에 병렬로 네온 램프가 연결되어 있는 *RC* 회로이다. 전압원은 램프를 점등시키기에 충분한 전압을 공급한다. 스위치가 닫히면, 커패시터 전압이 회로의 시상수 $(R_1 + R_2)C$에 의해서 정해진 비율로 서서히 120 V를 향해서 증가한다. 램프는 개방 회로처럼 동작할 것이고 양단 전압이 정해진 레벨인 70 V를 넘을 때까지는 불이 켜지지 않을 것이다. 전압 레벨이 일정 전압에 도달하면, 램프가 켜지게 되고 커패시터는 방전하기 시작한다. 램프의

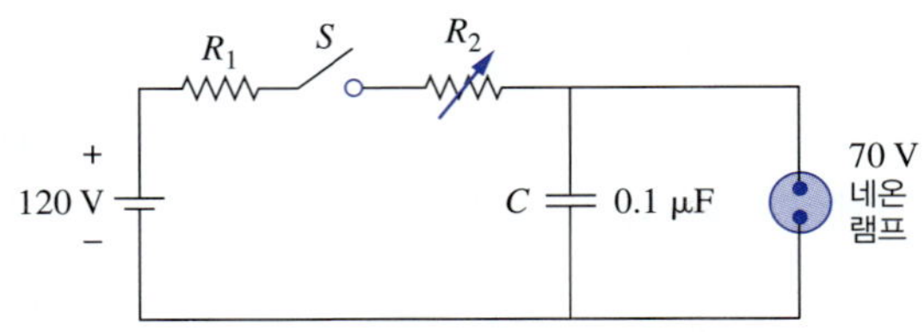

그림 9.46
RC 지연 회로

저항이 작기 때문에 커패시터 전압은 급격하게 떨어지고 램프는 꺼지게 된다. 램프는 다시 개방 회로로 동작하며 커패시터는 다시 충전한다.

R_2를 조정함으로써, 회로의 지연시간을 길게 할 것인지 짧게 할 것인지를 조절할 수 있고 램프의 점등, 재충전 그리고 시상수 시간 $\tau = (R_1 + R_2)C$마다 반복적으로 불을 켜는 것이 가능해진다. 왜냐하면 이 저항이 시상수 τ를 통해 커패시터 전압을 불이 켜지도록 높게, 또는 꺼지도록 낮게 할 수 있기 때문이다. 이러한 RC 지연 회로는 도로 공사할 때 사용하는 경고 깜빡이 등에 응용된다.

예제 9.13

그림 9.46의 회로에서 $R_1 = 1.5\ \text{M}\Omega$이고 $0 < R_2 < 2.5\ \text{M}\Omega$라고 가정한다. 이 회로의 시상수의 최대 한계를 계산하라.

풀이

R_2의 가장 작은 값은 0이다. 그리고 해당되는 시상수의 값은

$$\tau = (R_1 + R_2)C = (1.5 \times 10^6 + 0) \times 0.1 \times 10^{-6} = 0.15\ \text{s}$$

이다. R_2의 가장 큰 값은 $2.5\ \text{M}\Omega$ 이다. 그리고 이 값에 해당되는 시상수의 값은

$$\tau = (R_1 + R_2)C = (1.5 + 2.5) \times 10^6 \times 0.1 \times 10^{-6} = 0.4\ \text{s}$$

이다. 따라서 회로설계를 적절하게 한다면, 이 회로의 시상수는 적절한 시간 지연을 유도할 수 있다.

연습문제 9.13

그림 9.47의 회로는 흐르는 전류가 120 μA를 넘었을 때 알람의 소리가 나도록 설계되어 있다. 만일 $0 \leq R \leq 6\ \text{k}\Omega$의 범위를 갖는다면, 회로가 동작할 수 있는 시간 지연의 범위를 구하라.

해답 47.32와 79.4 ms 사이

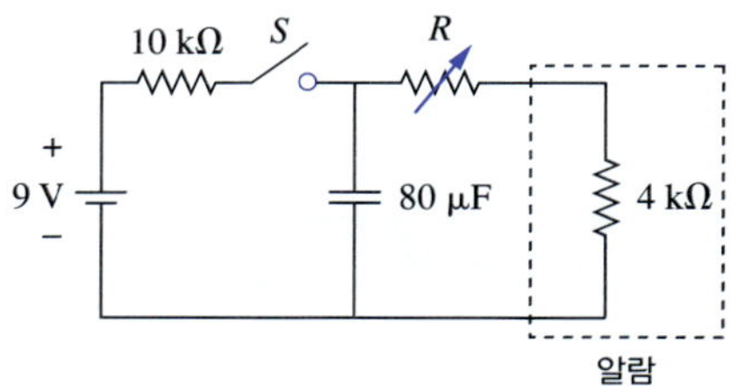

그림 9.47
연습문제 9.13의 회로

9.10.2 사진용 섬광(photoflash) 장치

RC 회로의 일반적인 응용은 전자 플래시 장치에서 볼 수 있다. 이 응용은 전압의 순간적인 변화를 막는 커패시터의 성질을 이용한 응용이라고 할 수 있다. 간단한 회로를 그림 9.48에 나타내었다. 이 회로는 고전압 직류 공급기, 전류-제한용 저항 R_1, 그리고 낮은 저항 R_2로 표시된 플래시 램프와 병렬로 연결된 커패시터 C로 이루어져 있다. 스위치가 1번 위치에 있을 때, 커패시터는 긴 시상수($\tau_1 = R_1C$)에 의해서 천천히 충전한다. 그림 9.49(a)에서 보인 바와 같이, 커패시터 전압은 0에서 V_s로 서서히 증가한다. 반면에 전류는

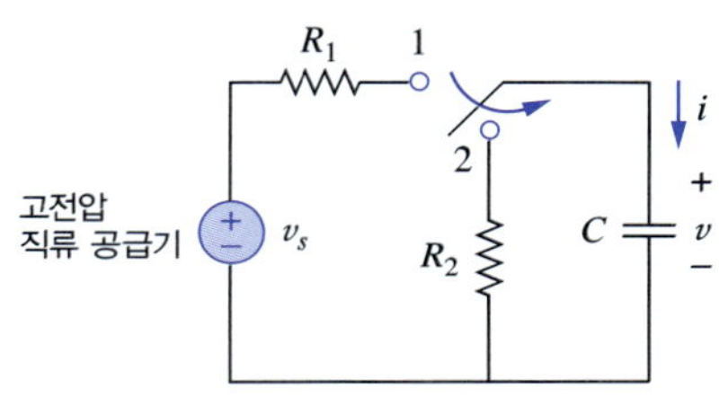

그림 9.48
1번 위치에서 느린 충전과 2번 위치에서의 빠른 방전을 제공하는 플래시 장치 회로

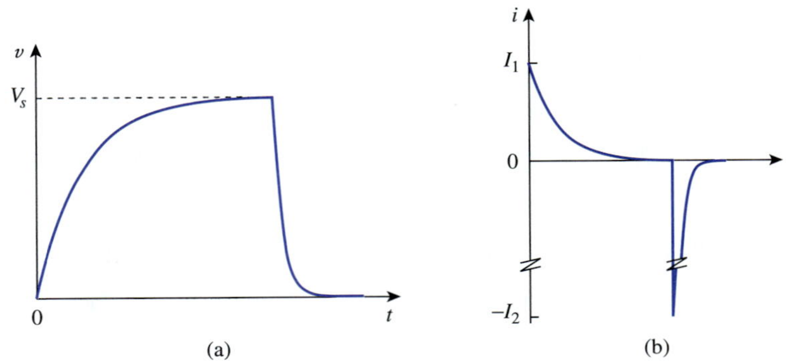

그림 9.49

(a) 느린 충전과 빠른 방전을 보여주는 커패시터 전압, (b) 낮은 피크 충전 전류 $I_1 = V_s/R_1$과 높은 피크 방전 전류 $I_2 = V_s/R_2$를 보여주는 커패시터 전류

$I_1 = V_s/R_1$에서 0으로 서서히 감소하게 된다. 충전시간은 시상수의 5배 정도 될 것으로 추정된다. 즉,

$$t_{\text{charge}} = 5R_1C \tag{9.29}$$

스위치가 2번 위치에 있으면, 커패시터 전압은 방전된다. 플래시 램프의 낮은 저항 R_2는 그림 9.49(b)에 보인 바와 같이, 짧은 시간 동안 피크 전류로 $I_2 = V_s/R_2$를 갖는 높은 방전 전류가 흐르도록 한다. 방전은 시상수의 5배 정도에서 일어난다. 즉,

$$t_{\text{discharge}} = 5R_2C \tag{9.30}$$

따라서 그림 9.48의 간단한 RC 회로는 짧은 시간 동안 높은 전류 펄스를 제공한다. 이런 회로는 레이더 송신기 관을 갖는 전자 점 용접(spot welding)에도 응용된다.

예제 9.14

전자 사진용 섬광(photoflash) 장치는 전류-제한용 6 KΩ 저항과 240 V로 충전된 2000 μF 전해 커패시터로 구성되어 있다. 램프 저항이 12 Ω일 때, 다음을 구하라.

(a) 피크 충전 전류

(b) 커패시터가 완전히 충전되기 위해 필요한 시간

(c) 피크 방전 전류

(d) 커패시터에 저장된 전체 에너지와

(e) 램프에 의해서 소비된 평균 전력

풀이

그림 9.48의 회로를 이용한다.

(a) 피크 충전 전류는 다음과 같다.

$$I_1 = \frac{V_s}{R_1} = \frac{240}{6 \times 10^3} = 40 \text{ mA}$$

(b) 식 (9.29)로부터

$$t_{\text{charge}} = 5R_1C = 5 \times 6 \times 10^3 \times 2{,}000 \times 10^{-6} = 60 \text{ s} = 1 \text{ min}$$

(c) 피크 방전 전류는 다음과 같다.

$$I_2 = \frac{V_s}{R_2} = \frac{240}{12} = 20 \text{ A}$$

(d) 저장된 에너지는 다음 식으로 구할 수 있다.

$$W = \frac{1}{2}CV_s^2 = \frac{1}{2} \times 2{,}000 \times 10^{-6} \times 240^2 = 57.6 \text{ J}$$

(e) 커패시터에 저장된 에너지는 방전 기간 동안 램프를 통해 소비된다. 식 (9.30)에 의해서

$$t_{\text{discharge}} = 5R_2C = 5 \times 12 \times 2{,}000 \times 10^{-6} = 0.12 \text{ s}$$

이다. 따라서 소비된 평균 전력은 다음과 같다.

$$P = \frac{W}{t_{\text{discharge}}} = \frac{57.6}{0.12} = 480 \text{ W}$$

연습문제 9.14

카메라의 플래시 장치는 80 V로 충전된 2 mF 커패시터를 가지고 있다.

(a) 커패시터에 얼마나 충전이 되는가?

(b) 커패시터에 저장된 에너지는?

(c) 플래시가 0.8 ms동안 발광한다면, 플래시 전구를 통해 흐르는 평균 전류는 ?

(d) 플래시 전구에 전달되는 전력은 얼마인가?

(e) 사진을 찍은 후, 커패시터는 최대 5 mA가 공급되는 전력장치를 통해서 재충전을 해야 한다. 커패시터가 충전될 때까지 얼마의 시간이 필요한가?

해답 (a) 0.16 C, (b) 6.4 J, (c) 200 A, (d) 8 kW, (e) 32 s

9.11 요약

1. 커패시터는 유전 물질에 의해서 분리된 두 개 이상의 평행판으로 구성된다.
2. 커패시터의 커패시턴스는 도체판 양단의 전압에 대한 한 쪽 판 전하의 비이다.

$$C = \frac{Q}{V}$$

3. 커패시터는 이러한 도체판 사이의 전기장에 에너지를 저장한다. 어떤 주어진 시간 t에서, 커패시터에 저장된 에너지는 다음과 같다.

$$W = \frac{1}{2}CV^2$$

4. 직렬과 병렬 커패시터는 컨덕턴스와 같은 방법으로 결합된다.
5. 커패시터를 통해 흐르는 전류는 전압의 시간적 변화율에 직접적으로 비례한다. 즉,

$$i = C\frac{dv}{dt}$$

6. 전압이 변하지 않는다면 커패시터를 통해서 흐르는 전류는 0이다. 따라서 이 경우 커패시터는 직류 전원에 대해서 개방 회로와 같이 동작한다.
7. 커패시터 양단 전압은 순간적으로 변화할 수 없다.
8. 커패시터는 지수함수적인 곡선에 따라서 충전과 방전 동작을 수행한다. 고유응해답(이 경우에 방전 방정식)은 다음과 같은 식으로 주어진다.

$$v_C(t) = V_o e^{-t/\tau}, \qquad \tau = RC$$

여기에서 V_o는 초기 전압이고 τ는 시상수이다. 시상수는 응해답이 초기값의 $1/e$만큼 감소할 때까지 요구되는 시간으로 정의한다.

9. 커패시터를 포함한 회로의 고장진단은 행동에 의해 발달하는 기술이다.
10. RC 회로는 PSpice와 Multisim을 사용해서 해석할 수 있다.
11. 이 장에서 언급된 두 응용 회로는 지연 회로와 사진용 섬광 장치이다.

복습문제

9.1 5 mF 커패시터 양단에 120 V 전원이 연결되었을 때 전하는 얼마인가?

(a) 600 mC (b) 300 mC
(c) 24 mC (d) 12 mC

9.2 커패시턴스의 단위는 무엇인가?

(a) coulombs (b) joules
(c) henrys (d) farads

9.3 커패시터의 전하가 두 배가 되면, 저장된 에너지는 어떻게 되는가?

(a) remains the same (b) is halved
(c) is doubled (d) is quadrupled

9.4 편광 세라믹 커패시터는 존재하지 않는다.

(a) 참 (b) 거짓

9.5 그림 9.50의 전압 파형은 커패시터에 적용할 수 있는가?

(a) 있다 (b) 없다

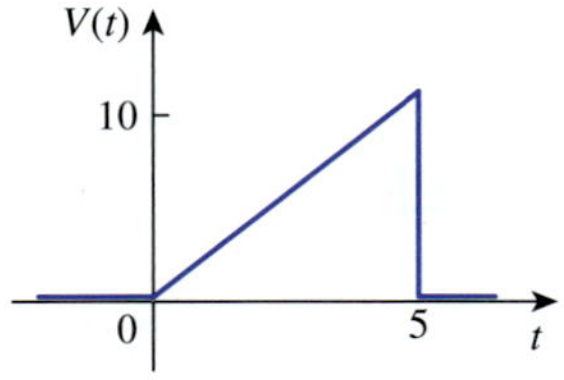

그림 9.50
복습문제 9.5의 그래프

9.6 두 개의 직렬 연결된 40 mF 커패시터와 병렬로 연결된 4mF 커패시터의 전체 커패시턴스는?

(a) 3.8 mF (b) 5 mF
(c) 24 mF (d) 44 mF (e) 84 mF

9.7 평행판 커패시터의 커패시턴스는 다음의 어떤 조건에서 증가하는가?

(a) 유전 상수 감소
(b) 평행판 면적 감소
(c) 판의 간격 감소
(d) 판당 전하 감소

9.8 *RC* 회로가 $R = 2\ \Omega$ 그리고 $C = 4$ F이다. 시상수는 얼마인가?

(a) 0.5 s (b) 2 s
(c) 4 s (d) 8 s (e) 15 s

9.9 $R = 2\ \Omega$이고 $C = 4$ F를 갖는 *RC* 회로에서 커패시터가 충전되어 있다. 커패시터 전압이 정상 상태값의 63.2%에 도달할 때까지의 시간은?

(a) 2 s (b) 4 s
(c) 8 s (d) 16 s (e) none of the above

9.10 그림 9.51의 회로에서, $t = 0$ 직전에 커패시터 전압은 얼마인가?

(a) 10 V (b) 7 V
(c) 6 V (d) 4 V (e) 0 V

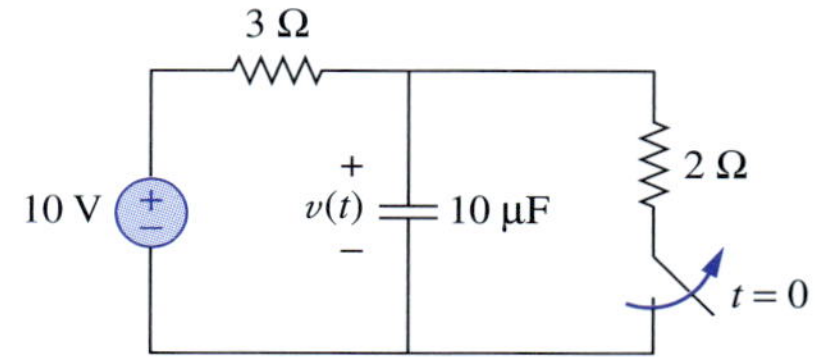

그림 9.51
복습문제 9.10의 회로

해답 9.1a, 9.2d, 9.3d, 9.4a, 9.5b, 9.6c, 9.7c, 9.8d, 9.9c, 9.10d

문제

9.1절 커패시터

9.1 (a) 268 pF을 μF으로 바꾸면?
(b) 0.045 μF을 pF으로 바꾸면?
(c) 0.0024 nF을 pF으로 바꾸면?

9.2 (a) $C = 2\ \mu$F이고 $V = 100$ V인 경우 전하를 구하라.
(b) C = 40 μF이고 $Q = 30$ mC일 때 전압을 결정하라.
(c) Q=50 mC이고 $V = 2$ kV일 때 커패시턴스를 계산하라.

9.3 20 μF 커패시터가 평행판에 450 μC 전하를 가지고 있다. 커패시터 양단의 전압을 구하라.

9.4 다음의 각 커패시터에 대해서 전하와 저장된 에너지를 구하라.
(a) 전압으로 20 V를 갖는 5 μF 커패시터
(b) 전압으로 9 V를 갖는 6 nF 커패시터

9.5 평행판 커패시터의 판 양단에 30 V의 전압을 인가하여 그 결과로 450 μC의 전하가 축적되었다. 이 커패시터의 커패시턴스를 구하라.

9.6 20 mF 커패시터의 단자가 12 V를 유지하고 있다. 이 커패시터에 저장되는 에너지를 계산하라.

9.7 하나의 커패시터가 다른 하나의 커패시터 전압의 5배 만큼 충전된 두 개의 커패시터가 있다고 가정하고, 각 커패시터에 저장된 에너지를 비교하라.

9.8 2 μC의 전하가 커패시터의 전위차를 100 V 발생시켰다.
(a) 커패시터의 커패시턴스를 구하라.
(b) 전압을 20 V로 낮추기 위해서는 얼마나 많은 전하가 제거되어야 하는지를 결정하라.
(c) 전하가 4 μC 까지 증가할 때 커패시터 양단의 전위차는 얼마인가?

9.3절 전기장

9.9 세라믹 평행판 커패시터가 0.2 m^2의 면적과 간극으로 0.5 mm를 갖는다. 커패시턴스를 계산하라.

9.10 각 판의 면적이 40 cm^2이고 판 사이의 간격은 0.25 mm인 평행판 커패시터의 유전체가 다음과 같을 때 커패시턴스를 각각 계산하라.
(a) 공기 (b) 운모 (c) 세라믹

9.11 평행판 커패시터가 0.02 m^2의 면적과 운모에 의해 간극 0.5 mm 떨어져 있다. 120 V 전압이 평행판 양단에 인가된다고 가정하고 다음을 구하라.
(a) 커패시턴스
(b) 두 판 사이의 전기장 세기
(c) 각 판의 전하

9.12 커패시터가 각 판에 56 μC의 전하를 갖는다. 만일 전기 자속 세기가 2 mC/m^2일 때, 판의 면적을 구하라.

9.13 유전체의 두께가 0.2 mm이고 75 V의 전압이 판에 인가되었을 때, 커패시터의 전기장 강도를 구하라.

9.14 평행판 커패시터의 면적은 1.2 cm × 1.6 cm이고 간극이 0.15 mm이다. 판이 운모에 의해서 분리되어 있다고 가정하고 커패시턴스를 구하라.

9.15 공기를 유전체로 사용하는 커패시터의 커패시턴스가 4 μF 이다. 어떤 유전 물질이 판 사이에 삽입되었을 때 커패시턴스가 12 μF이 되었다. 이 물질의 유전상수를 구하라.

9.16 공기 커패시터의 커패시턴스가 10 nF이다. 만일 판 사이의 거리가 2배가 되고 운모(ε_r = 5.0)가 두 판 사이에 삽입된다면, 이러한 커패시터의 새로운 커패시턴스 값을 구하라.

9.17 두 개의 커패시터에 대해서, C_1은 공기로 채워져 있고 C_2는 도자기를 유전체로 사용한다면 두 평행판 커패시터 C_1과 C_2의 커패시턴스 값을 비교하라.

9.18 5 μF 커패시터가 0.2 mm의 두께를 갖는 종이로 분리된 말아져 있는 형태의 알루미늄 호일로 구성되어 있다. 각 알루미늄 호일의 면적을 계산하라.

9.5절 직렬과 병렬 커패시터

9.19 4개의 30 mF 커패시터를 다음과 같이 연결할 때의 전체 커패시턴스는 ?
(a) 병렬 (b) 직렬

9.20 두 커패시터(20 μF과 30 μF)가 100 V 전원에 연결되어 있다고 가정했을 때 각 커패시터에 저장되는 에너지를 구하라.
(a) 병렬 (b) 직렬

9.21 그림 9.52의 회로에서 단자 *a*-*b*에서의 등가 커패시턴스는 30 μF 이다. *C*의 값을 계산하라.

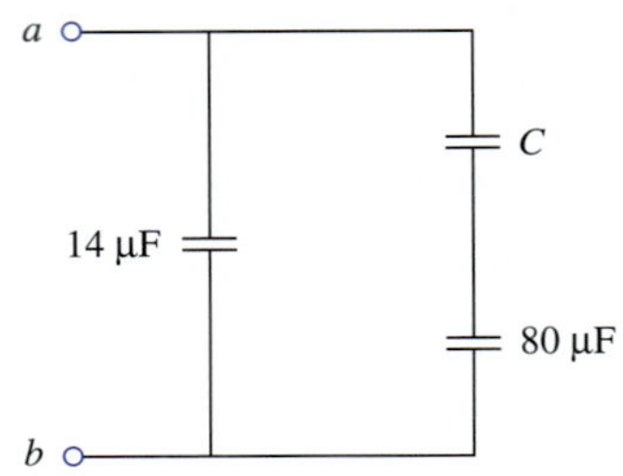

그림 9.52
문제 9.21의 회로

9.22 그림 9.53의 회로 각각에 대해서 등가 커패시턴스를 결정하라.

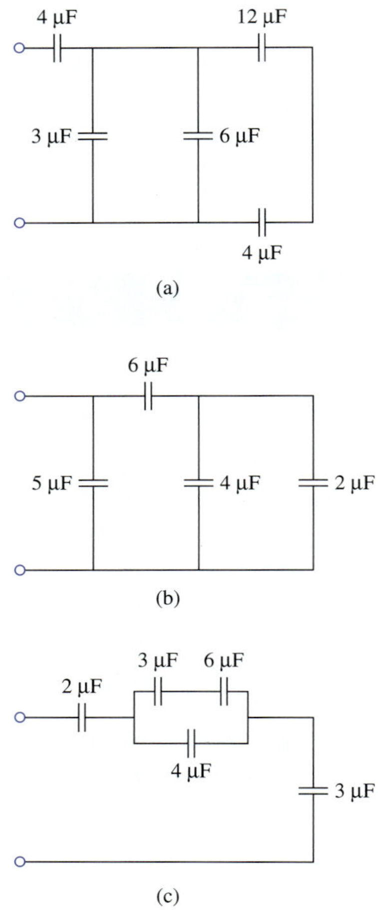

그림 9.53
문제 9.22의 회로

9.23 그림 9.54의 회로에 대해서 등가 커패시턴스 C_{eq}를 구하라.

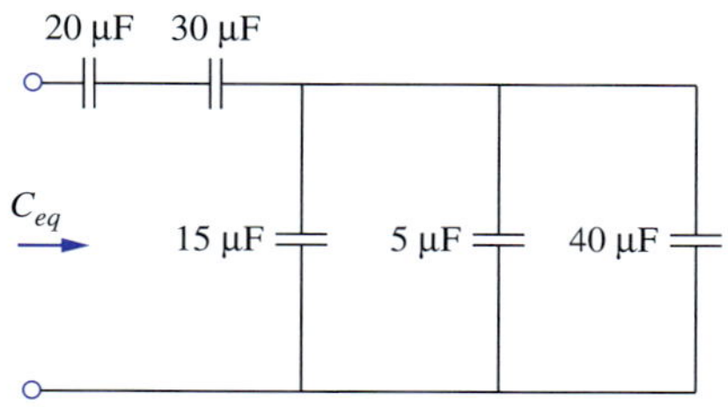

그림 9.54
문제 9.23의 회로

9.24 그림 9.55의 회로에서 단자 *a*-*b* 사이의 등가 커패시턴스를 구하라. 모든 커패시턴스는 μF이다.

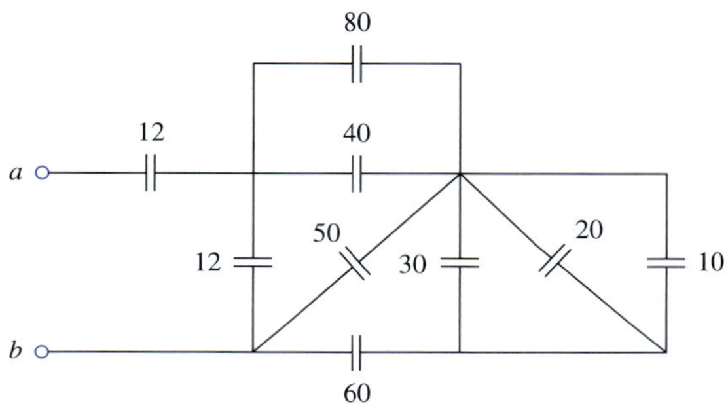

그림 9.55
문제 9.24의 회로

9.25 그림 9.56의 회로에 대해 등가 커패시턴스를 구하라. 모든 커패시턴스는 mF이다.

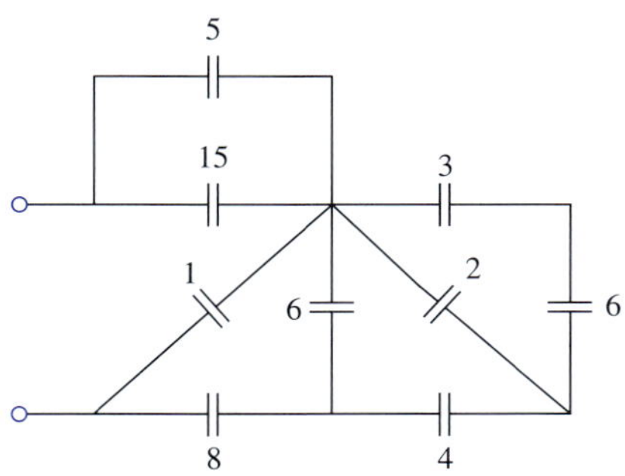

그림 9.56
문제 9.25의 회로

9.26 그림 9.57의 회로에 대해 다음을 결정하라.
(a) 각 커패시터 양단 전압
(b) 각 커패시터에 저장된 에너지

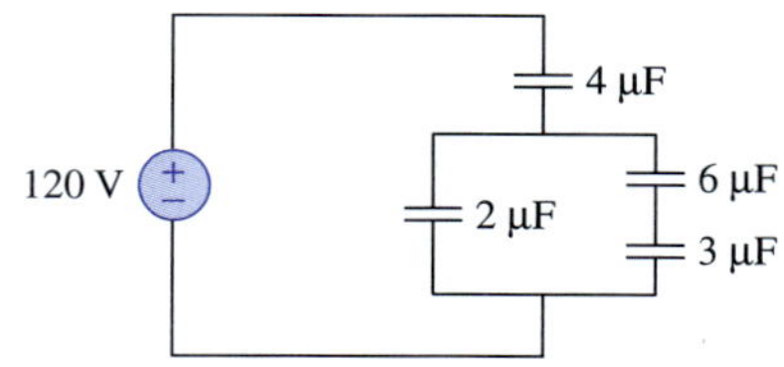

그림 9.57
문제 9.26의 회로

9.27 $C_1 = 5\ \mu$F, $C_2 = 10\ \mu$F와 $C_3 = 20\ \mu$F가 150 V 전원에 대해서 병렬로 연결되어 있다. 다음을 결정하라.
(a) 전체 커패시턴스
(b) 각 커패시터에서의 전하
(c) 병렬 조합에 저장된 전체 에너지

9.28 문제 9.27의 3개의 커패시터가 200 V 전원과 직렬로 연결되어 있다고 가정하고 다음을 계산하라
(a) 전체 커패시턴스
(b) 각 커패시터에서의 전하
(c) 직렬 조합에 저장된 전체 에너지

9.29 20 μF 커패시터와 50 μF 커패시터가 200 V 전원에 병렬로 연결되어 있다
(a) 전체 커패시턴스를 구하라.
(b) 각 커패시터에 의해 저장된 전하의 크기를 결정하라.
(c) 각 커패시터 양단의 전압을 계산하라.

9.30 그림 9.58에서 10 μF 커패시터 양단 전압은 20 V이다
(a) 전원 전압 V_s는 얼마인가?
(b) 커패시터에서 전체 전하를 결정하라.

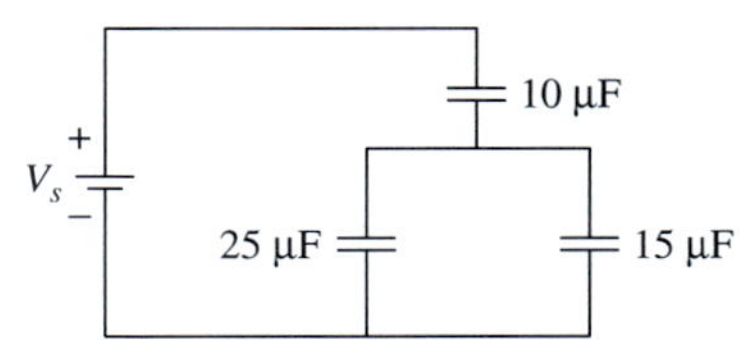

그림 9.58
문제 9.30의 회로

9.31 3개의 커패시터가 직렬로 연결되어 있고 등가 커패시턴스 값은 2.4 nF이다. 만일 $C_1 = 2C_2$이고 $C_3 = 10C_1$라고 한다면, C_1, C_2 및 C_3 값을 결정하라.

9.32 직렬 회로가 10 μF, 40 μF 그리고 60 μF의 커패시터와 직류 전압 120 V로 구성되어 있다. 40 μF 커패시터 양단의 전압을 계산하라.

9.33 그림 9.59에서 직-병렬 연결된 커패시터의 전체 커패시턴스를 계산하라.

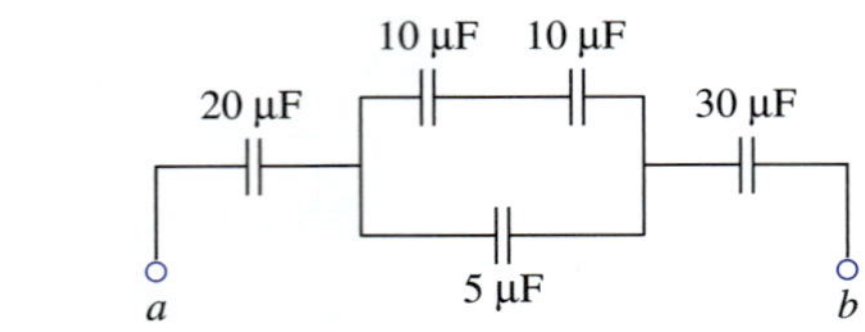

그림 9.59
문제 9.33의 회로

9.34 그림 9.60의 A점과 B점에 120 V 직류 전압이 연결되어 있다. 저장된 전체 에너지의 양을 구하라.

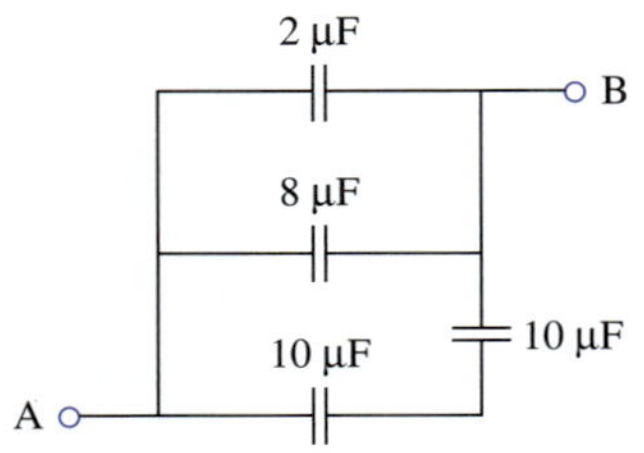

그림 9.60
문제 9.34의 회로

9.35 그림 9.61의 회로에서 등가 커패시턴스를 계산하라.

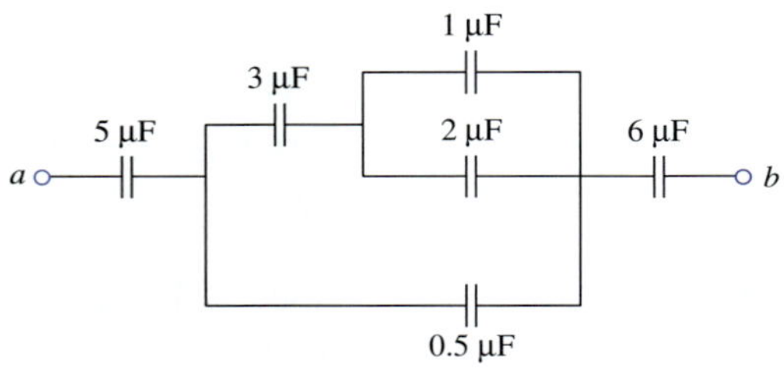

그림 9.61
문제 9.35의 회로

9.36 80 μF 커패시터가 40 μF 커패시터와 병렬로 연결되어 있다. 또한 이 두 개의 커패시터가 30 μF 커패시터와 직렬로 연결되었을 때 다음을 구하라.
(a) 전체 커패시턴스를 구하라.
(b) 24 V 전원이 직렬로 연결된다면 각 커패시터 양단의 전압을 구하라.

9.6절 전류-전압 관계

9.37 5초 동안 40 mF 커패시터 양단 전압이 160 V에서 220 V로 변한다. 커패시터를 통해 흐르는 평균 전류를 계산하라.

9.38 그림 9.62와 같은 전압 파형이 20 μF 커패시터에 인가되었을 때, 커패시터를 통해 흐르는 전류 $i(t)$를 구하라.

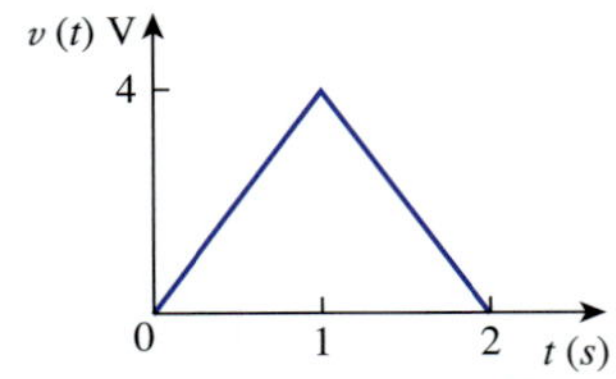

그림 9.62
문제 9.38의 회로

9.39 20 μF 커패시터가 40 μF 커패시터와 병렬로 연결되어 있고 시변(time-varying) 전압원 양단에 걸려있다. 전원에 의해 공급되는 전체 전류가 어느 순간에 5 A라면, 각 커패시터를 통해 흐르는 순시 전류는 얼마인가?

9.40 그림 9.63과 같은 전압 파형이 30 μF 커패시터에 인가되었을 때, 커패시터를 통해 흐르는 전류 파형을 그려라.

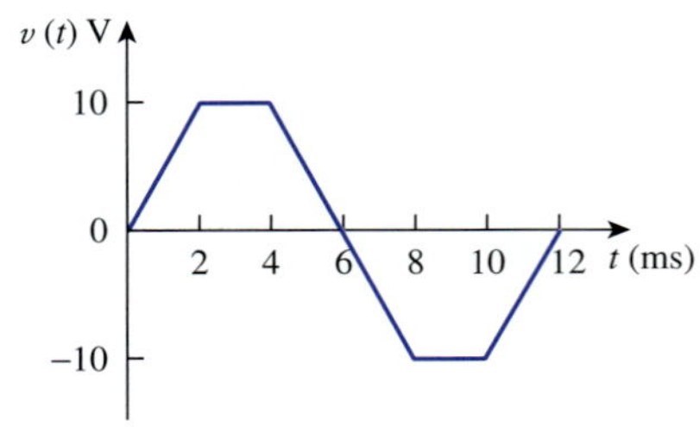

그림 9.63
문제 9.40의 회로

9.41 2 mF 커패시터 양단 전압이 그림 9.64와 같다. 커패시터를 통해 흐르는 전류를 결정하라.

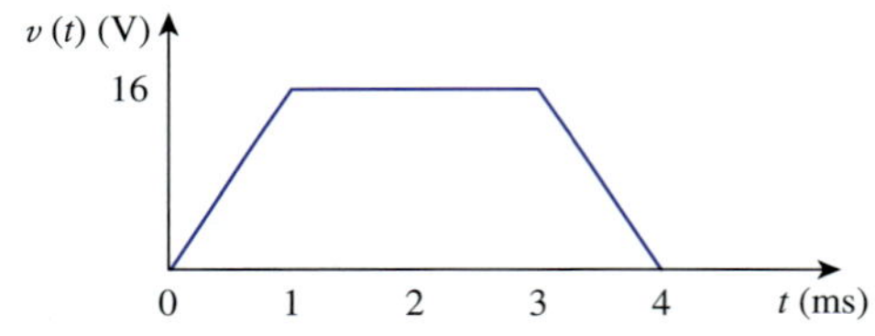

그림 9.64
문제 9.41의 회로

9.42 그림 9.65의 회로에서 직류의 조건하에서 커패시터 양단 전압을 구하라.

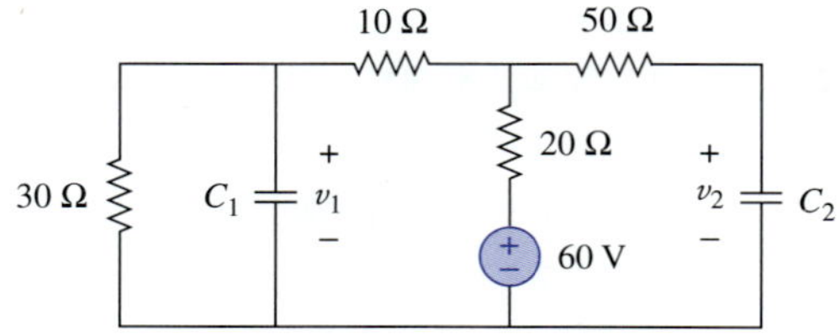

그림 9.65
문제 9.42의 회로

9.43 100 μF 커패시터 양단 전압이 그림 9.66과 같다. 커피시터를 통해 흐르는 전류 $i(t)$를 결정하라.

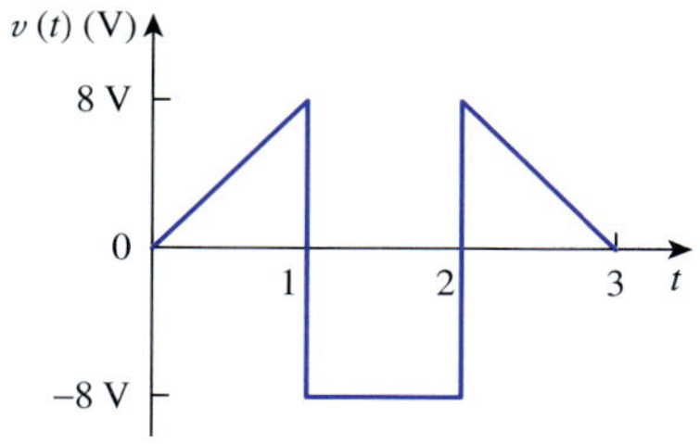

그림 9.66
문제 9.43의 회로

9.7절 커패시터의 충전과 방전

9.44 그림 9.67의 RC 회로에 대해서 시상수를 구하라.

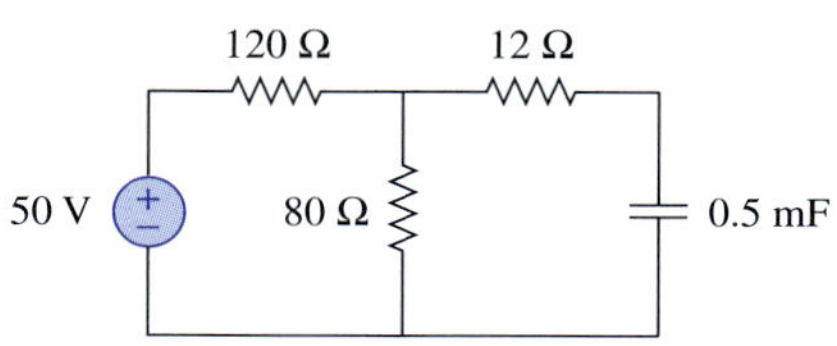

그림 9.67
문제 9.44의 회로

9.45 그림 9.68의 각 회로에 대해서 시상수를 구하라.

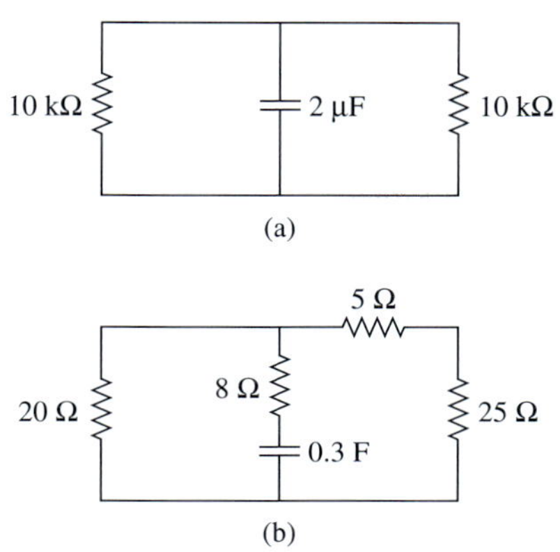

그림 9.68
문제 9.45의 회로

9.46 다음의 각 RC 회로에 대해서 시상수를 계산하라.
(a) $R = 56\ \Omega$, $C = 2\ \mu$F
(b) $R = 6.4\ \text{M}\Omega$, $C = 50$ pF

9.47 그림 9.69에서 스위치가 오랜 시간 동안 닫혀 있다가 $t = 0$에서 열린다. $t \geq 0$에 대해서 $v(t)$를 결정하라.

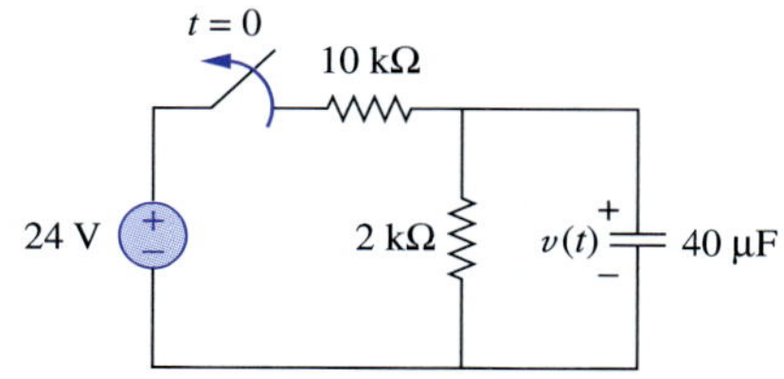

그림 9.69
문제 9.47과 9.67의 회로

9.48 그림 9.70에서 $t > 0$에 대해서, $v(t) = 10e^{-4t}$ V이고 $i(t) = 0.2e^{-4t}$ A이다.
(a) R과 C를 구하라.
(b) 시상수를 결정하라.

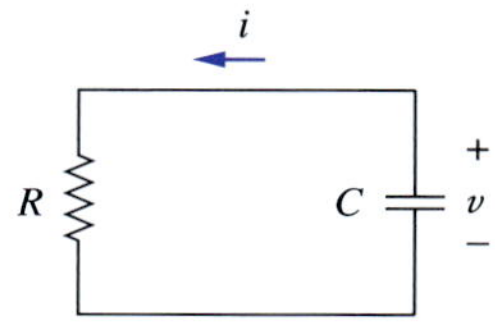

그림 9.70
문제 9.48의 회로

9.49 그림 9.71의 회로에서, $v(0) = 20$ V이다. $t > 0$에 대해서 $v(t)$를 구하라.

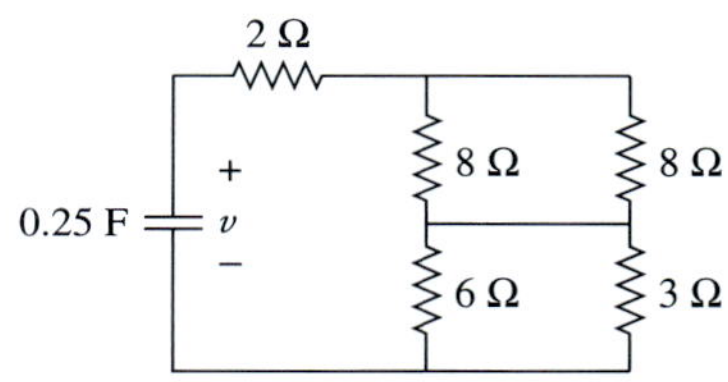

그림 9.71
문제 9.49의 회로

9.50 그림 9.72의 회로에서, $i(0) = 3$ A이다. $t > 0$에 대해서 $i(t)$를 구하라.

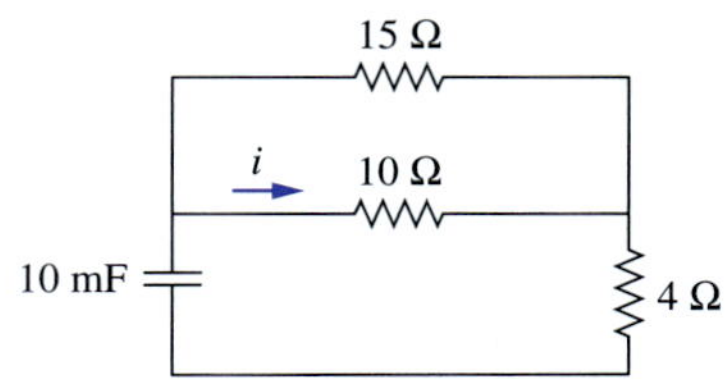

그림 9.72
문제 9.50의 회로

9.51 그림 9.73에서 스위치가 $t = 0$에서 닫히게 된다. $t > 0$에 대해서 $v_C(t)$와 $i_C(t)$를 구하라.

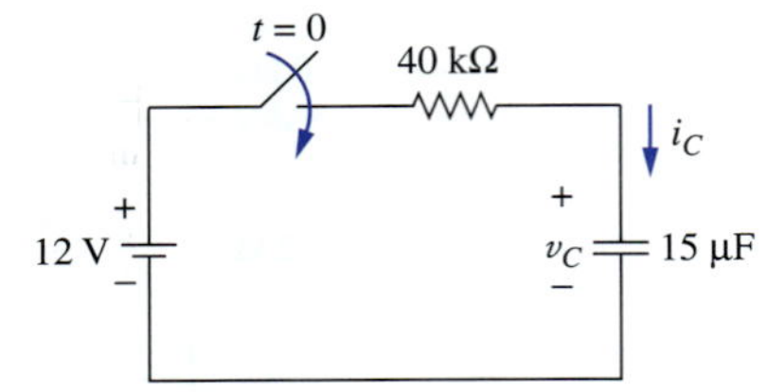

그림 9.73
문제 9.51의 회로

9.52 그림 9. 74에서 스위치가 오랜 시간 동안 1의 위치에 있었다. 만일 스위치가 $t = 0$에서 2의 위치로 옮겨진다면, $v_C(t)$와 $i_C(t)$를 결정하라.

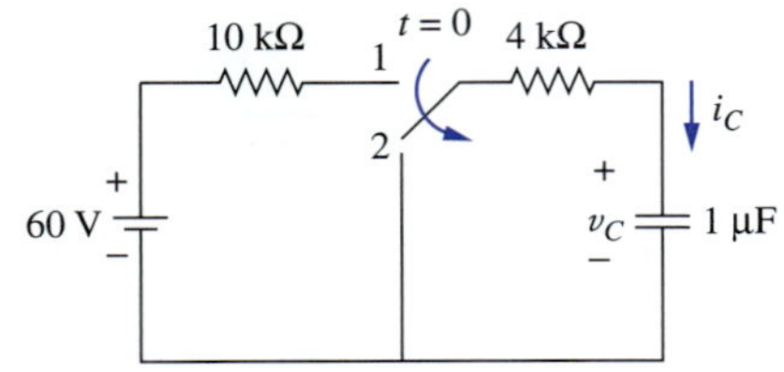

그림 9.74
연습문제 9.52

9.53 그림 9. 75에서 스위치가 오랜 시간 동안 열려 있다가 $t = 0$일 때 닫힌다면, $v_C(t)$에 대한 방정식을 구하여라.

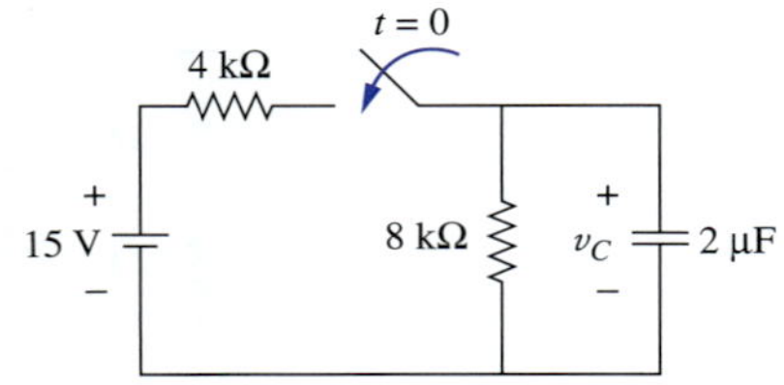

그림 9.75
문제 9.53의 회로

9.54 200 kΩ 저항을 통해서 500 pF 커패시터가 120 V에서 80 V로 방전하는데 얼마의 시간이 걸리는가?

9.55 100 kΩ 저항을 통해서 40 μF 커패시터가 40 V에서 10 V로 방전하는데 얼마의 시간이 걸리는가?

9.56 1 nF의 커패시터와 200 kΩ 저항이 80 V 직류 전압원과 직렬로 연결되어 있다. 커패시터가 0 V에서 40 V로 충전하는데 걸리는 시간은?

9.57 그림 9.76에서 스위치가 닫혀진 후에 커패시터가 20 V로 충전할 때까지 걸리는 시간을 결정하라.

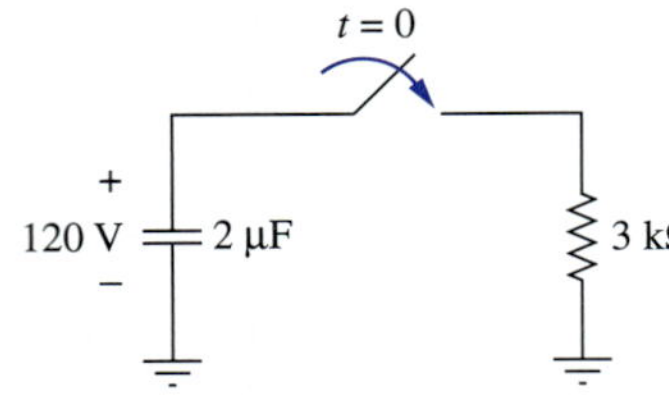

그림 9.76
문제 9.57의 회로

9.58 2 μF 커패시터가 6 MΩ 저항과 24 V 배터리와 직렬로 연결되어 있다. 커패시터가 $t = 0$에서 방전된다고 할 때, (a) 시상수 (b) $t = 34$ s에서 최종 충전값에 대한 비율 (c) $t = 34$ s에서 남아있는 초기 전류에 대한 비율을 각각 구하라.

9.59 그림 9.77에서 두 개의 커패시터가 충전을 위해 사용된다. (a) 스위치가 오랜 시간 닫혀 있는 동안 각 커패시터의 전하 (b) 스위치가 오랜 시간 닫혀 있는 동안 각 커패시터 양단의 전위 (c) 전하와 전위가 각각의 최종값의 1/2에 도달할 때까지 걸리는 시간을 구하라.

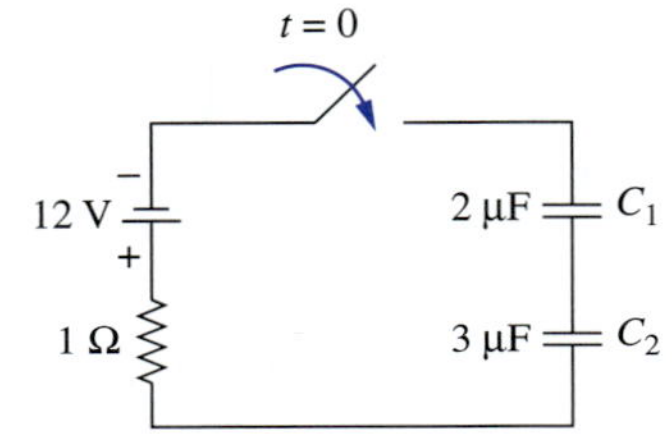

그림 9.77
문제 9.59의 회로

9.60 0.2 μF 커패시터가 $v_C(0) = 10$ V의 초기값을 갖는다. $t > 0$에 대해서, 커패시터 양단의 전압식은 $v_C(t) = ke^{-\beta t}$ V이고 전류식은 $i_C(t) = 2e^{-\beta t}$라고 한다. 상수 k와 β를 결정하라.

9.61 그림 9.78에서 커패시터는 12 V로 충전되었다. 스위치가 열린 후에 커패시터의 전압이 0으로 떨어질 때까지의 시간은 얼마나 걸리는가?

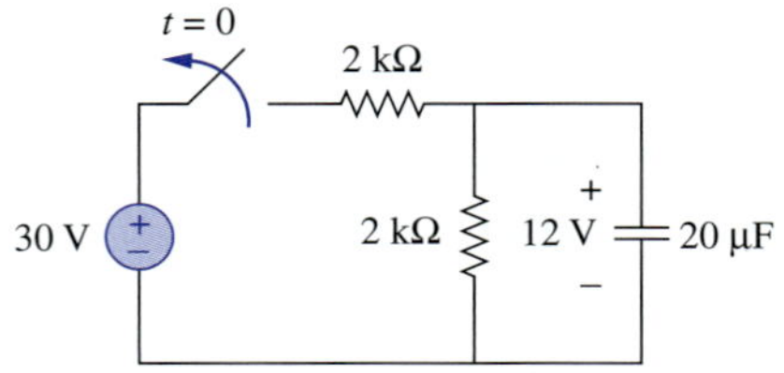

그림 9.78
문제 9.61의 회로

9.62 120 nF의 커패시터가 400 kΩ 저항과 직렬로 연결되어 있다. 커패시터가 충전하는 데까지 얼마나 걸리는가?

9.8절 컴퓨터 해석

9.63 그림 9.79의 회로에서 PSpice를 이용하여 $t > 0$에 대해서 $v(t)$를 구하라.

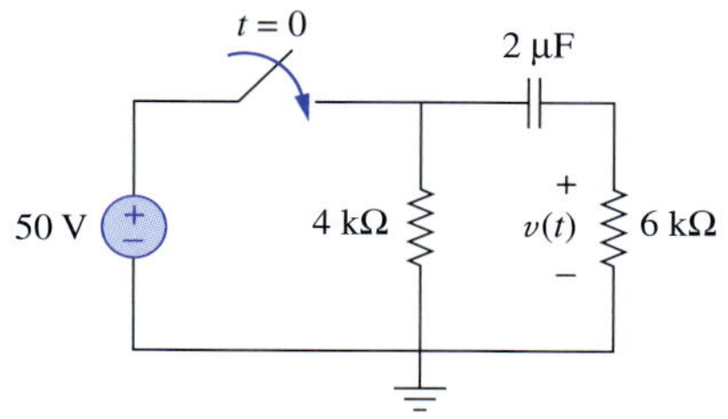

그림 9.79
문제 9.63의 회로

9.64 그림 9.80의 스위치가 $t = 0$일 때 A점에서 B점으로 옮겨간다. PSpice를 이용하여 $t > 0$에 대해서 $v(t)$를 구하라.

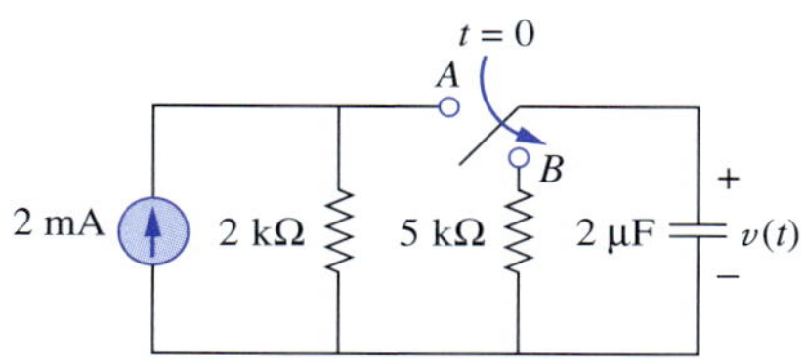

그림 9.80
문제 9.64의 회로

9.65 그림 9.81에서, PSpice를 이용하여 $t > 0$에 대해서 $v(t)$를 구하라.

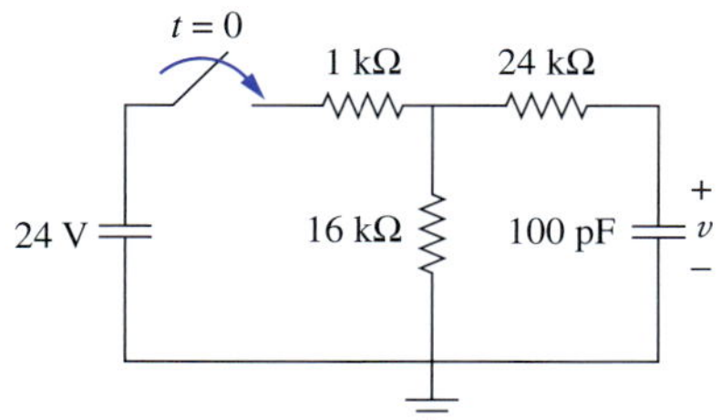

그림 9.81
문제 9.65의 회로

9.66 그림 9.82에서 스위치가 $t = 0$에서 닫힌다. PSpice를 이용해서 $t > 0$에 대해서 $v(t)$를 구하라.

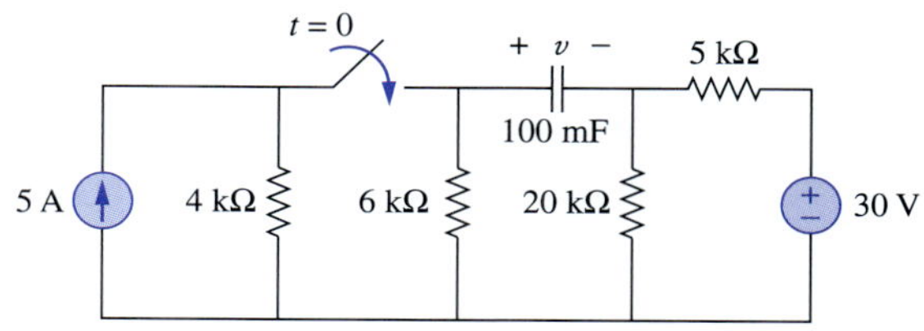

그림 9.82
문제 9.66의 회로

9.67 연습문제 9.47을 PSpice를 이용해서 풀어라.

9.68 그림 9.30(연습문제 9.9)에서 Multisim을 이용해서 v_c를 구하라.

9.69 그림 9.83의 회로에서 Multisim을 이용해서 $v(t)$를 구하라.

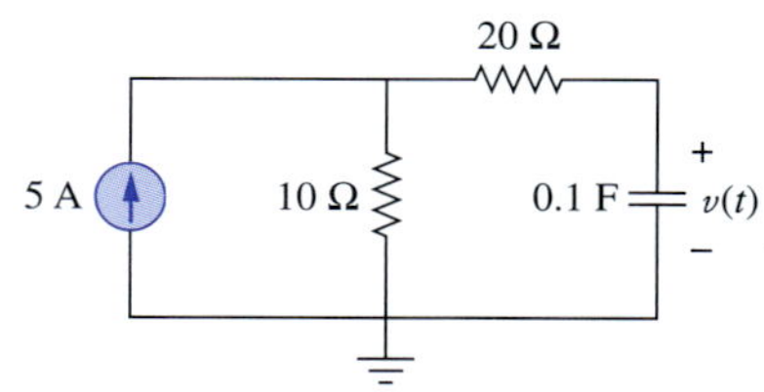

그림 9.83
문제 9.69의 회로

9.70 그림 9.84에서 전압원은 주파수 2,000 Hz를 갖고 0 V와 10 V 사이의 진폭을 갖는 사각파형을 갖는다. Multisim을 이용해서 $v_o(t)$를 구하라.

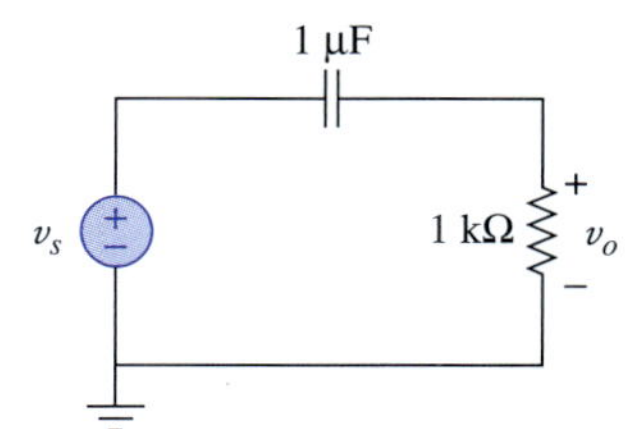

그림 9.84
문제 9.70의 회로

9.9절 고장진단

9.71 옴미터를 이용해서 커패시터를 테스트할 수 있다. 커패시터 양단에 리드를 연결하면 0의 값과 어떤 값을 갖는 경우가 있을 수 있다. 어떤 커패시터에 문제가 있는가?

9.10절 응용

9.72 신호 스위칭 회로를 설계할 때, 시상수 3 ms를 위해서는 100 μF 커패시터가 필요하다. 이 회로에 필요한 저항값은 얼마인가?

9.73 300 V 정격의 많은 10 μF 커패시터가 있다고 가정한다. 600 V 정격의 40 μF 커패시터 뱅크를 만들기 위해서는 몇 개의 10 μF 커패시터가 필요하며 또한 어떻게 연결해야 하는가?

9.74 커패시터가 직류 전원에 연결되어 있을 때, 커패시터 전압은 4 μs 동안 평균 충전 전류로 0.6 A를 갖기 위해서 전압이 20 V에서 35 V로 증가해야 한다. 커패시턴스의 값을 결정하라.

9.75 전기 전력회사 변전소에서, 커패시터 뱅크는 10개의 커패시터 스트링을 병렬로 연결해서 만들었다. 각 스트링은 커패시터가 100 V로 충전되는 8개의 1,000 μF 커패시터가 서로 직렬로 연결되어 있다.

(a) 커패시터 뱅크의 전체 커패시턴스를 계산하라.

(b) 뱅크에 저장된 전체 에너지를 결정하라.

CHAPTER

10

인덕턴스

결혼이란 새장과 같다. 밖에 있는 새들은 필사적으로 안으로 들어가려고 하고 새장 안에 있는 새들은 한사코 밖으로 나오려고 한다.

— Michel de Montaigne

역사 프로필

Joshph Henry(1797~1878) 미국의 물리학자이며 인덕턴스를 발견하고 전기 모터를 구성하였다. 뉴욕의 알바니에서 출생한 Henry는 Albany Academy를 졸업하고 1832년부터 1846년까지 프린스턴 대학교에서 철학을 강의하였다. 그는 Smithsonian Institution의 초대 관장이었다. 그는 전기자기학의 다양한 실험들을 이끌었으며 수천 파운드의 무게를 들어올릴 수 있는 강력한 전자석을 개발하였다. Joshph Henry가 전자기 유도를 Faraday보다 먼저 발견하였으나 세상에 발표하지 못했다는 사실은 매우 흥미롭다. 인덕턴스의 단위인 헨리(henry)는 그의 이름에서 유래되었다.

Joseph Henry
미국 해양 대기 관리처/미 상무부

Heinrich Lenz(1804~1865) 러시아의 물리학자로 전자기학의 기본 법칙인 Lenz's 법칙을 만들어 공식화한 사람이다. Dorpat(현재는 Tartu, Estonia)에서 태어나고 교육 받은 Lenz는 Dorpat 대학에서 화학과 물리학을 공부하였다. 그는 1823년부터 1826년까지 Otto von Kotzebue와 함께 전 세계를 돌며 세 번째 탐험을 하였다. 여행 후에, Lenz는 St. Petersburg 대학에서 일하며 전자기학을 연구하기 시작했다. 여러 번의 실험을 통해, Lenz는 코일에서 유도된 전압의 극성을 정의하는 전자기학의 원리를 발견하게 된다. Lenz는 또한 열과 전류의 관계에 대해서도 연구하였다. 1842년 영국의 물리학자인 James Joule과는 독립적으로 우리가 알고 있는 Joule's 법칙을 발견하였다.

Heinrich Lenz
미국 물리학회 Emilio Segre 영상 기록, E.Scott Barr 소장품

10.1 서론

지금까지 우리는 두 종류의 수동 소자(저항과 커패시터)에 대해서 다루었다. 이 장에서는 3번째 소자인 인덕터에 대해서 다룬다. 인덕터는 자기장에서 에너지를 저장하는 전기적인 소자이다. 인덕터는 간단한 전자 소자이다. 가장 간단한 형태로는 전선을 코일 형태로 감아서 만든다. 이와 같은 전선고리(coil of wire)는 코일의 자기적 성질 때문에 매우 흥미로운 것들을 만들 수 있다고 알려져 있다. 보통 인덕터는 아날로그 회로에서 광범위하게 사용된다. 인덕터를 사용하는 응용들이 커패시터를 사용하는 것보다 많지는 않지만 인덕터는 고주파 회로에서 매우 일반적으로 쓰인다. 인덕터는 반도체 칩 안에 직접 제작하기가 어렵기 때문에 집적회로(IC)칩에 사용되는 경우는 드물다.

Faraday's 법칙과 Lenz's 법칙의 기본인 전자기 유도를 소개하면서 이 장을 시작하겠다. 인덕터는 저장 소자로 기술된다. 또한 인덕터의 다양한 형태와 어떻게 직렬과 병렬을 결합시키는지에 대해서 살펴보게 된다. 그런 다음, *RL* 회로(저항과 인덕터를 포함하는 회로)에 대해서 설명하고 PSpice와 Multisim을 이용해서 어떻게 모델링할 것인지 설명한다. 마지막으로, 인덕터의 전형적인 응용회로로 릴레이 회로와 자동차 점화코일 회로에 대해서 논의한다.

10.2 전자기 유도

자석은 자기장에 의해서 둘러싸여 있다. 자기장은 역선(line of force) 또는 자속선(flux line)으로 구성되어 있다. 자력의 인력과 척력은 역선을 따라서 이동한다. 기전력(electromotive force, emf)은 자속이 코일이나 도체 속을 통과할 때 생성된다. 이러한 현상은 **전자기 유도**라고 알려져 있다. Michael Faraday와 Joseph Henry는 도체를 관통하는 자속이 변화하면 도체의 단자 양단에 전압이 유기된다는 사실을 각자 독립적으로 발견하였다. 이를 Faraday's 법칙이라고 한다.

> **패러데이 법칙**이란 회로에 유도된 전압은 회로를 관통하는 자속의 변화율에 비례한다는 것이다.

수학적으로 표현하면 다음과 같다.

$$v = N\frac{d\phi}{dt} = N \times \text{Rate of change in flux} \tag{10.1}$$

여기에서, v = 유도된 전압(V), N은 코일의 감은 회전수 그리고 $d\phi/dt$(Wb/s)는 시간당 자속(wevers)의 변화율이다. 그림 10.1에서 설명하는 것처럼, 코일에서 유도되는 emf는 코일을 관통하는 자속이 변화할 때에만 발생한다.

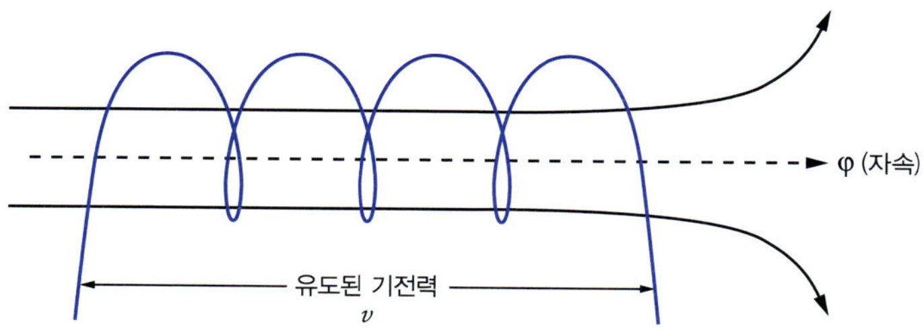

그림 10.1

N번의 회전수를 갖는 코일을 관통하는 외부적인 자속

즉, $d\phi/dt \neq 0$인 경우이다. 만일 자속이 시간에 대해서 변화하지 않는다면, $d\phi/dt = 0$이고 따라서 $v = 0$이다.

유도된 emf의 극성과 흐르는 전류의 방향은 Lenz's 법칙을 적용함으로써 결정될 수 있다.

> **Lenz's 법칙**은 유도된 전류는 항상 전류를 발생시키는 자속의 변화를 상쇄시키는 방향으로 발생한다는 것이다.

패러데이의 법칙은 유도된 전압의 크기를 결정하는데 적용되고 렌츠의 법칙은 전압의 극성을 결정하는데 사용된다.

예제 10.1

회전수가 200인 코일이 30 mWb/s의 비율로 변화하는 자기장에 놓여있다. 유도된 전압을 구하라.

풀이

$$v = N\frac{d\phi}{dt} = N \times \text{Rate of change in flux} = 200 \times 30 \times 10^{-3} = 6\ \text{V}$$

연습문제 10.1

코일을 관통하는 자속이 2초 동안 0부터 40 mWb로 증가하였다. 만일 유도된 전압이 2.5 V라면, 코일 회전수를 구하라.

해답 125

10.3 인덕터

인덕터는 자기장에서 에너지를 저장할 수 있도록 설계된 수동 소자이다. 인덕터는 전자와 전력시스템에서 매우 많은 응용에 쓰인다. 예를 들면 전원공급기,

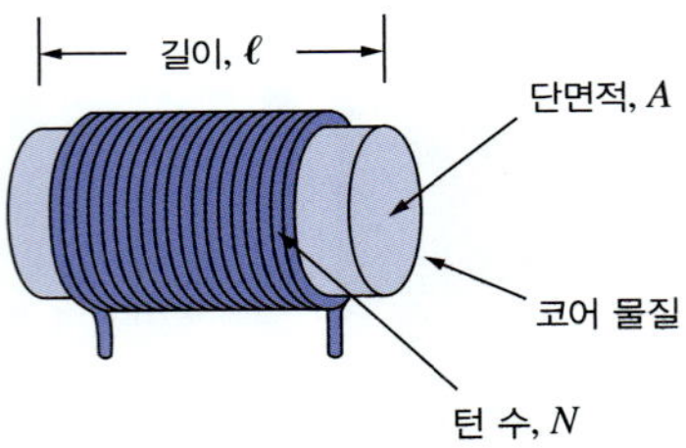

그림 10.2
인덕터의 전형적인 형태

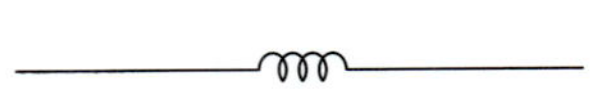

그림 10.3
이상적인 인덕터의 회로 심볼

변압기, 라디오, TV, 레이더 그리고 전기 모터 등에 사용된다.

전기회로의 어떤 도체는 유도성 성질 때문에 인덕터로 간주되기도 한다. 그러나 유도성 효과를 증대시키기 위해서 실제적인 인덕터는 보통 그림 10.2에서 보인 바와 같이 도체선을 원통형 코일에 감은 형태를 사용한다. 따라서

> **인덕터**는 공기나 자기 물질의 코어 주변을 도체선으로 감은 코일로 구성된다.

(이와 같은 정의는 대부분의 인덕터에는 맞지만 일부 인덕터에는 맞지 않다) 그림 10.3에 나타낸 인덕터의 회로 심볼은 전선의 코일 모양과 같다.

전류가 인덕터를 통해 흐른다면, 인덕터 양단 전압은 전류의 시간적 변화율에 직접적으로 비례한다. 수동부호규약(passive sign convention)[1]을 사용하면, 인덕터 양단 전압은 다음으로 주어진다.

$$v = L\frac{di}{dt} = L \times \text{Rate of change of current} \tag{10.2}$$

여기에서 L은 인덕터[2]의 인덕턴스라고 부르는 비례상수이고 di/dt는 인덕터를 통해 흐르는 전류의 순간적인 시간의 변화율이다. 인덕턴스의 단위는 미국의 발명가 Joseph Henry(1797-1878)의 이름을 딴 헨리(H)이다.

> **인덕턴스**는 인덕터를 통해서 흐르는 전류의 변화를 감쇠시키는 인덕터의 성질을 측정한 값이고 단위는 헨리(H)이다.

인덕터의 인덕턴스는 물리적인 크기와 구조에 의존한다. 각기 다른 모양의 인덕터에 대해서 인덕턴스를 계산하는 공식은 전자기학 이론에서 유도되고 전기공학 핸드북에서 찾아볼 수 있다. 예를 들면 그림 10.2에서 보인 인덕터(솔레노이드[3])에 대해서는

$$L = \frac{\mu_o \mu_r N^2 A}{\ell} \tag{10.3}$$

이다. 여기에서

N = 전선의 턴수
ℓ = 코일의 길이(미터)
A = 단면적(제곱미터)
μ_o = 공기나 자유공간에서의 투자율(permeability) = $4\pi \times 10^{-7}$ H/m

---

1 식 (10.2)를 살펴보면, 인덕터가 양단 전압을 가지기 위해서는 전류가 반드시 시간에 대해서 변해야 한다. 따라서 인덕터에 흐르는 전류가 상수이면 $v = 0$이 된다.

2 전압 v와 전류의 변화율 di/dt는 시간에서 특정 포인트와 관계있는 순시값이다. 따라서 소문자 v와 i 이다.

3 솔레노이드는 전기적인 전류가 흐를 때 자기장을 생성하는 금속성 코어 주위를 감싸는 전선 고리이다(그림 10.2). 솔레노이드는 실제적인 응용에서 매우 광범위하게 사용된다.

표 10.1

몇몇 물질의 상대적 투자율*

물질	상대적 투자율(μ_r)
공기	1
코발트	250
니켈	600
연철	5,000
규노철	7,000
비자성 금속	1

* 주어진 값들은 전형적인 값들이다. 대부분 물질들의 다양성 때문에 값들이 변하게 된다.

μ_r = 코어의 상대 투자율

투자율($\mu = \mu_o\mu_r$)은 자속을 제공하는 물질의 능력이다. 다른 말로는, 자속이 물질에 존재하게 하는 성질이다. 상대적인 투자율(μ_r)은 자유 공간의 투자율(μ_o)에 대한 물질의 투자율(μ)이다. 공기와 구리, 금, 은과 같은 비자성 금속에 대해서 $\mu_r = 1$이다. 표 10.1은 몇몇 물질에 대한 상대 투자율을 나타낸다. 식 (10.3)으로부터 인덕턴스는 코일의 턴수가 증가함에 따라서 코어의 투자율이 큰 물질을 사용할 수록, 또 단면적이 증가하거나 코일의 길이가 감소하면 증가하게 된다.

그림 10.3에 보인 회로 심볼은 인덕터가 이상적임을 가정한다. 커패시터와 마찬가지로 인덕터는 이상적이지 않다. 실제적으로 코일은 도체선으로 만들어지고, 매우 작지만 유한한 저항(R_w)을 갖는다. 따라서 인덕터의 실제적인 등가 모델은 그림 10.4와 같다. 또한 코일의 전도성 고리는 나누어지고 작은 표유(stray) 커패시턴스(C_s)가 그림 10.4처럼 나타나게 된다. 별다른 언급이 없으면 R_w와 C_s는 무시된다. 단지 C_s는 고주파 응용에서는 매우 중요하다. 이 책에서는 이상적인 인덕터에 대해서 다룬다.

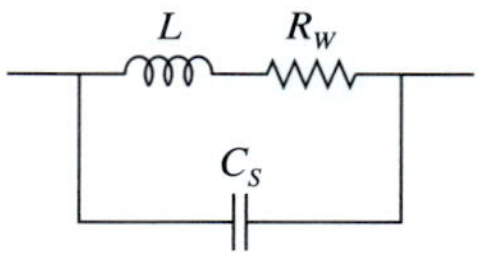

그림 10.4
실제적인 인덕터에 대한 회로 심볼

예제 10.2

100 mH 인덕터를 통해서 전류가 2 ms 동안에 300 mA에서 500 mA로 변한다. 인덕터 양단의 전압을 구하라.

풀이

$v = L\,di/dt$이고 $L = 100$ mH $= 0.1$ H이므로

$$v = 0.1 \times \frac{(500 - 300) \times 10^{-3}}{2 \times 10^{-3}} = 10 \text{ V}$$

이 된다.

연습문제 10.2

2 mH 코일에 전류가 0.4 s동안에 0부터 8 A까지 증가한다고 한다. 인덕터에 유도되는 전압을 구하라.

해답 40 mV

예제 10.3

공기로 채워진 솔레노이드의 직경이 1.2 cm이고 길이가 18 cm이다. 턴수가 500이라고 할 때 인덕턴스를 구하라. 공기의 투자율은 $4\pi \times 10^{-7}$ H/m라고 가정한다.

풀이

면적은 다음과 같다.

$$A = \pi(d/2)^2 = \pi(0.6 \times 10^{-2})^2 = 1.131 \times 10^{-4}\ \text{m}^2$$

공심 솔레노이드이므로, 투자율은 진공과 같다. 따라서

$$L = \frac{N^2\mu A}{\ell} = \frac{500^2 \times 4\pi \times 10^{-7} \times 1.131 \times 10^{-4}}{18 \times 10^{-2}} = 0.1974\ \text{mH}$$

이다.

연습문제 10.3

15 cm길이의 인덕터가 40회의 턴으로 구성되어 있다. 단면적이 0.02 m^2이고 투자율이 0.3×10^{-4} H/m이다. 인덕턴스를 구하라.

해답 6.4 mH

10.4 에너지 저장과 정상 상태 DC

인덕터는 자기장에서 에너지를 저장하도록 설계되어 있다. 저장된 에너지 ($W = Pt = vit$)를 구하기 위해서, 인덕터를 통해 흐르는 전류는 선형적으로 증가하고 최종값으로 I_m을 갖는다고 가정한다. 0부터 I_m까지 증가하는 전류의 평균값은 $0.5I_m$이다. 따라서

$$W = v \times 0.5I_m \times t \tag{10.4}$$

그러나 식 (10.2)로부터

$$v = L\frac{di}{dt} = L \times \text{Rate of change of current} \tag{10.2}$$

이고, 전류의 변화율이 상수이므로

$$v = L \times \frac{I_m}{t}$$

이 된다. 식 (10.4)에 이 식을 대입함으로써 저장된 에너지를 구할 수 있다.

$$W = L \times \frac{I_m}{t} \times 0.5I_m \times t$$

또는

$$\boxed{W = \frac{1}{2}LI_m^2} \tag{10.5}$$

다음의 중요한 인덕터의 성질을 주의해야 한다.

1. 식 (10.2)로부터 전류가 상수일 때, 인덕터의 양단 전압은 0이다. 따라서 정상 상태에서

   인덕터는 직류에 대해서 단락 회로처럼 동작한다.

2. 인덕터의 중요한 성질은 흐르는 전류의 변화를 방해한다. 즉,

   인덕터를 통해 흐르는 전류는 급격하게 변화할 수 없다.

   식 (10.2)에 따르면, 인덕터를 통한 전류의 불연속적인 변화는 무한대의 전압을 요구하고, 이는 물리적으로 불가능하다. 따라서 인덕터는 전류의 급격한 변화에 반대한다. 예를 들면 인덕터를 통한 전류는 그림 10.5(a)와 같은 형태로 주어질 수는 있으나, 반면에 현실적으로 그림 10.5(b)와 같은 불연속적인 형태를 가질 수는 없다. 그러나 인덕터의 전압은 급격하게 변할 수 있다.

3. 이상적인 커패시터와 같이, 이상적인 인덕터는 에너지를 소모하지 않는다. 인덕터에 저장된 에너지는 나중에 회수된다. 인덕터는 에너지를 저장할 때 회로로부터 전력을 회수하고 앞서 저장된 에너지를 되돌려줄 때 회로에 전력을 공급한다.

4. 실제적인 현실에서의 인덕터는 그림 10.4에서처럼 무시할 수 없는 저항과 커패시터 성분을 가진다.

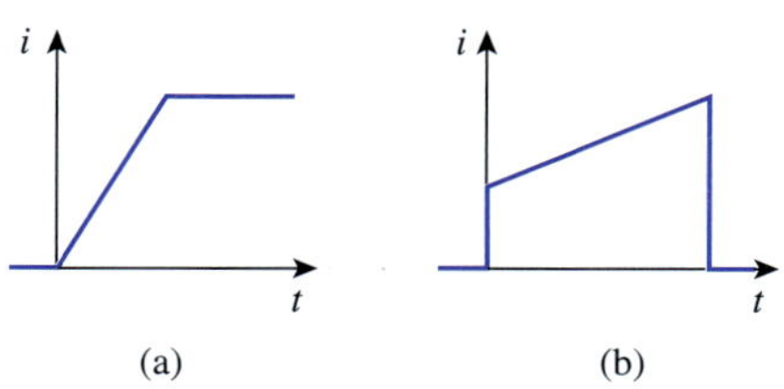

그림 10.5
인덕터를 통해 흐르는 전류: (a) 허용됨, (b) 허용되지 않음. 노트. 급격한 변화는 불가능하다.

예제 10.4

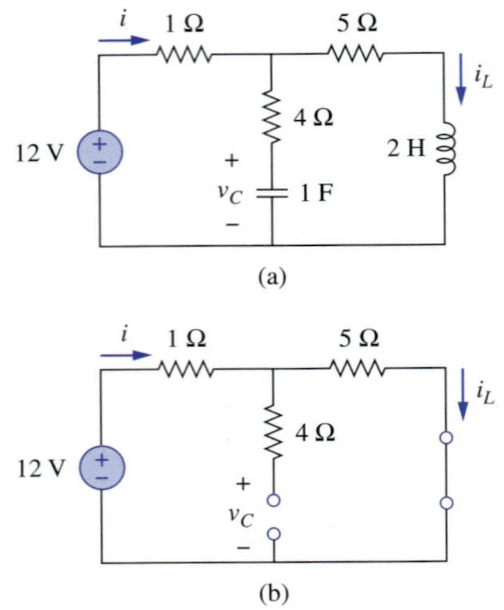

그림 10.6
예제 10.4의 회로

그림 10.6(a) 회로를 고려하자. 직류 조건 하에서, 다음을 구하라.

(a) i, v_C 그리고 i_L

(b) 커패시터와 인덕터에 저장된 에너지

풀이

(a) 직류 조건에서, 그림 10.6(b)와 같이 커패시터는 개방 회로로 대체할 수 있고 인덕터는 단락 회로로 대체할 수 있다. 그림 10.6(b)에서 다음을 구한다.

$$i = i_L = \frac{12}{1 + 5} = 2 \text{ A}$$

전압 v_C는 5 Ω 저항 양단의 전압과 같다. 따라서

$$v_C = 5i = 10 \text{ V}$$

(b) 커패시터에서 에너지는

$$W_C = \frac{1}{2}Cv_C^2 = \frac{1}{2}(1)(10^2) = 50 \text{ J}$$

이고 인덕터에 대해서는

$$W_L = \frac{1}{2}Li_L^2 = \frac{1}{2}(2)(2^2) = 4 \text{ J}$$

이다.

연습문제 10.4

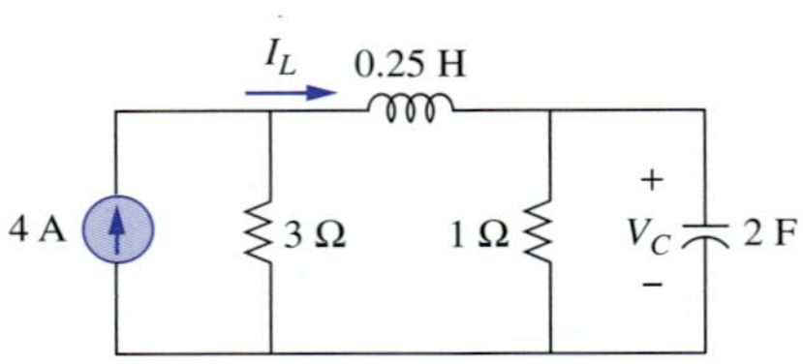

그림 10.7
연습문제 10.4의 회로

직류 조건 하에서, 그림 10.7의 회로에서 v_C와 i_L을 구하고, 인덕터와 커패시터에 저장된 에너지를 구하라.

해답 3 V, 3 A, 9 J, 1.125 J

10.5 인덕터의 종류

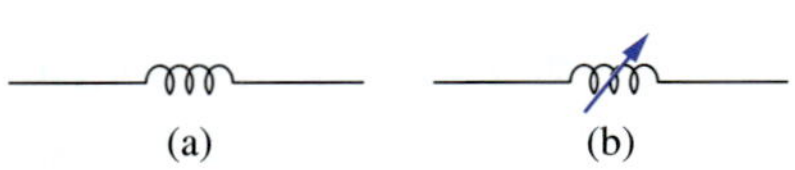

그림 10.8
(a) 고정 인덕터, (b) 가변 인덕터에 대한 심볼

커패시터와 같이, 상업적으로 사용되는 인덕터는 다양한 값과 종류를 갖는다. 대표적인 인덕터는 통신시스템의 수 마이크로 헨리(μH) 범위의 인덕턴스 값으로부터 전력시스템에서 사용되는 수 십 헨리(H)의 인덕턴스 값의 범위를 가진다. 인덕터는 고정 또는 가변(조정가능) 형식이 있다. 고정 및 가변 인덕터의 회로 심볼을 그림 10.8에 나타내었다. 고정 및 가변 인덕터 모두 사용된 코어

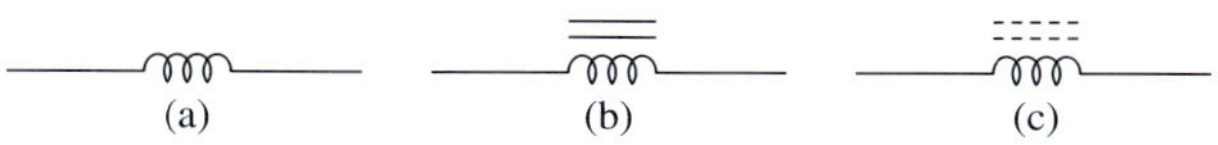

그림 10.9
다양한 인덕터에 대한 심볼: (a) 공심, (b) 철심, (c) 페라이트심

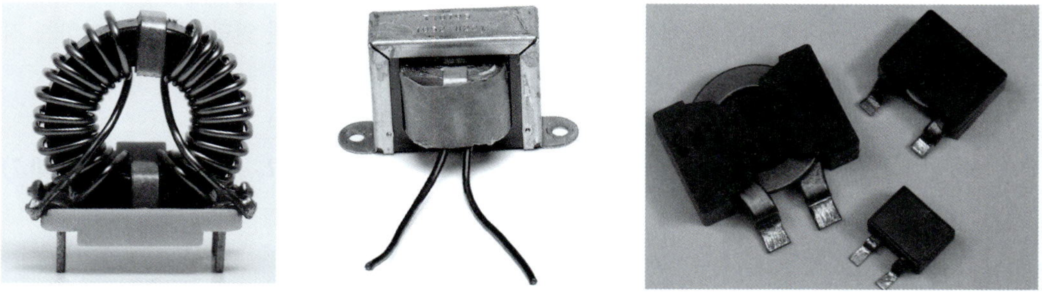

그림 10.10
다양한 인덕터 종류: (a) 환상형(toroidal) 인덕터, (b) 철심 인덕터, (c) 표면-장착 인덕터
(a) © GIPhotoStock/Photo Researchers (b) © The McGraw-Hill Companies, Inc./Cindy Schroeder, photographer (c) © Photo courtesy of Coil Winding Specialists, Inc.

의 종류에 따라서 분류된다. 일반적인 코어로는 공기, 철 또는 페라이트로 만들어진다. 이러한 코어의 회로 심볼은 그림 10.9에 나타내었다. 손실을 최소화하기 위해서, 코어는 서로 절연하기 위한 적층(laminated) 철판으로 구성될 수 있다. 사용된 코어의 종류는 인덕터의 응용과 주파수 범위에 의존한다. 철-코어 인덕터는 큰 인덕턴스를 가지고 오디오나 전원 공급 응용에 사용된다. 이 인덕터는 수 헨리 범위의 인덕턴스를 가진다. 공기 또는 페라이트 코어 인덕터는 일반적으로 라디오-주파수 응용에 사용된다. 공심 인덕터는 보통 마이크로 헨리의 범위를 갖는다.

코일과 **초크**라는 용어는 인덕터와 같은 의미로 사용되기도 한다. 일반적인 인덕터를 그림 10.10에 나타내었다. 실험실용 인덕터는 **디케이드 박스**(*decade box*)의 형태로 만들어지는데 정밀한 저항, 인덕터 또는 커패시터를 조립해서 만드는데 각 값들은 10의 배수로 변한다.

작은 인덕터들은 가끔 저항처럼 색코드를 갖는다. 값들은 표준값으로 0.1, 0.12, 0.15, 0.18, 0.22 그리고 0.27 μH와 1, 1.2, 1.5, 2.2, 2.7 등의 값을 갖는다.

10.6 직렬과 병렬 인덕터

실제적인 회로에서, 인덕터는 직렬 또는 병렬로 연결된다. 따라서 인덕터의 직렬과 병렬로 연결된 회로에 대한 등가 인덕턴스를 어떻게 구하는가는 매우 중요하다.

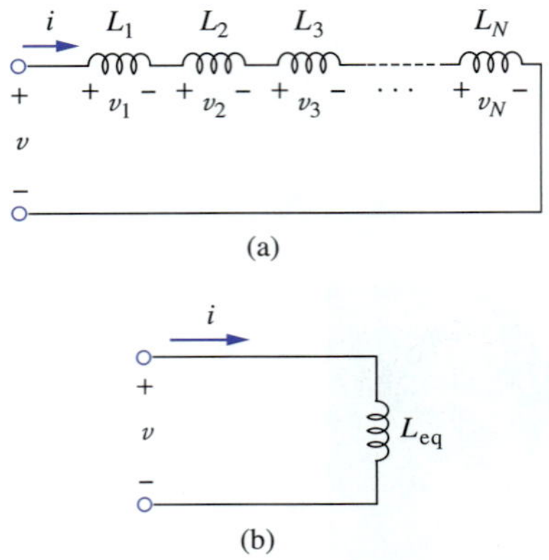

그림 10.11

(a) N개 인덕터의 직렬 연결, (b) 직렬 인덕터에 대한 등가 회로

N개의 인덕터의 직렬연결을 그림 10.11(a)에 나타내었고 이 회로의 등가회로를 그림 10.11(b)에 나타내었다. 인덕터는 직렬 연결에서 동일한 전류가 흐른다. 루프에 KVL을 적용하면

$$v = v_1 + v_2 + v_3 + \cdots + v_N \tag{10.6}$$

이 된다. 여기에서 $v_k = L_k\, di/dt$이다. 직렬로 연결된 인덕터들은 정확하게 저항의 직렬 연결과 같은 방법으로 결합된다. 따라서

$$\boxed{L_{eq} = L_1 + L_2 + L_3 + \cdots + L_N} \tag{10.7}$$

그래서,

> 직렬 연결된 인덕터의 **등가 인덕턴스**는 각 인덕턴스들의 합이다.

직렬로 연결된 인덕터들은 정확하게 저항의 직렬 연결과 같은 방법으로 결합되기 때문에, L_k 양단 전압은 전압분배기와 같다.

$$v_k = \frac{L_k}{L_{eq}}v \tag{10.8}$$

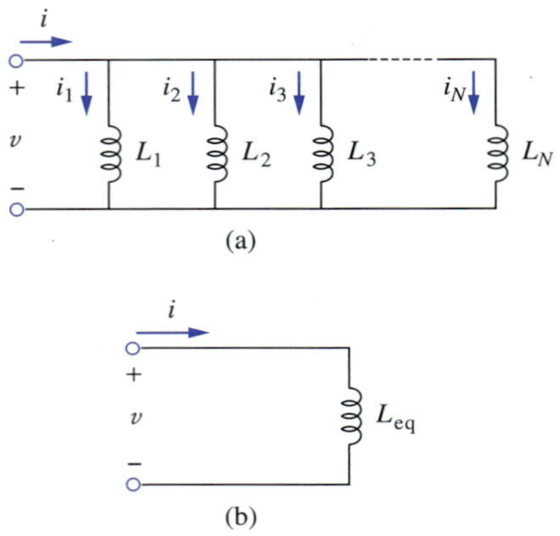

그림 10.12

(a) N개 인덕터의 병렬 연결, (b) 병렬 인덕터에 대한 등가 회로

이제 N개 인덕터의 병렬 연결과 이 회로에 대한 등가 회로를 나타낸 그림 10.12(a), 10.12(b)에 대해서 살펴보자. 인덕터들의 양단 전압은 서로 같다. KCL을 적용하면,

$$i = i_1 + i_2 + i_3 + \cdots + i_N \tag{10.9}$$

이다. 인덕터들이 병렬 연결이므로, 이에 대한 결합은 정확하게 저항의 병렬 연결과 같은 방식으로 결합된다.

$$\boxed{\frac{1}{L_{eq}} = \frac{1}{L_1} + \frac{1}{L_2} + \frac{1}{L_3} + \cdots + \frac{1}{L_N}} \tag{10.10}$$

두 개 인덕터가 병렬($N = 2$)로 연결된 경우, 식 (10.10)은

$$\frac{1}{L_{eq}} = \frac{1}{L_1} + \frac{1}{L_2}$$

또는

$$L_{eq} = \frac{L_1 L_2}{L_1 + L_2} \tag{10.11}$$

이다. 식 (10.11)은 두개의 인덕터에 대해서만 성립하는 식이다.

> 병렬 연결된 인덕터의 **등가 인덕턴스**는 각 인덕턴스의 역수의 합에 대해 다시 역수를 취한 것이다.

예제 10.5

그림 10.13에 나타낸 회로의 등가 인덕턴스를 구하라.

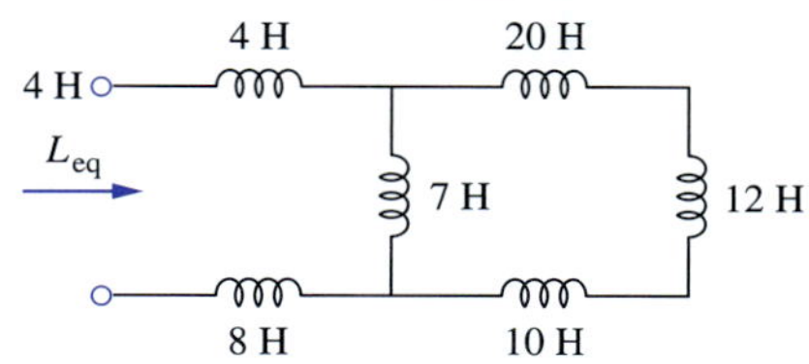

그림 10.13
예제 10.5의 회로

풀이

10 H, 12 H 그리고 20 H는 서로 직렬로 연결되어 있으므로 42 H가 된다. 42 H 인덕터는 7 H와 병렬로 결합되면 다음과 같다.

$$\frac{7 \times 42}{7 + 42} = 6\ \text{H}$$

이러한 6 H 인덕터는 4 H, 8 H 인덕터와 직렬 연결이 된다. 따라서

$$L_{eq} = 6 + 4 + 8 = 18\ \text{H}$$

이 된다.

연습문제 10.5

그림 10.14의 인덕터 사다리 회로망(ladder network)에 대한 등가 인덕턴스를 구하라.

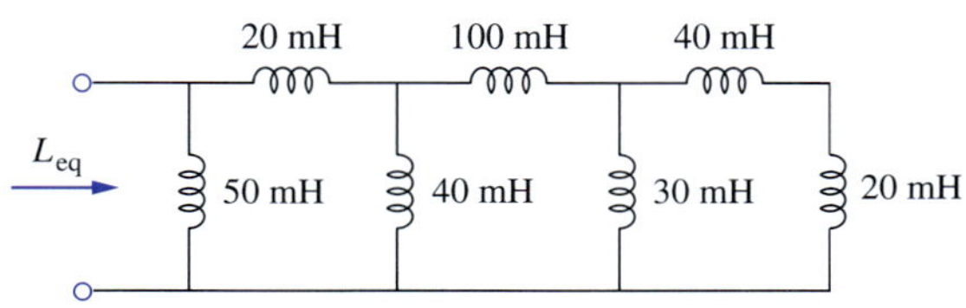

그림 10.14
연습문제 10.5의 회로

해답 25 mH

예제 10.6

그림 10.15의 회로에서, $i(t) = 4(2 - e^{-10t})$ mA이다. 만일, $i_2(0) = -1$ mA라면 다음을 구하라.

(a) $i_1(0)$ (b) L_{eq}

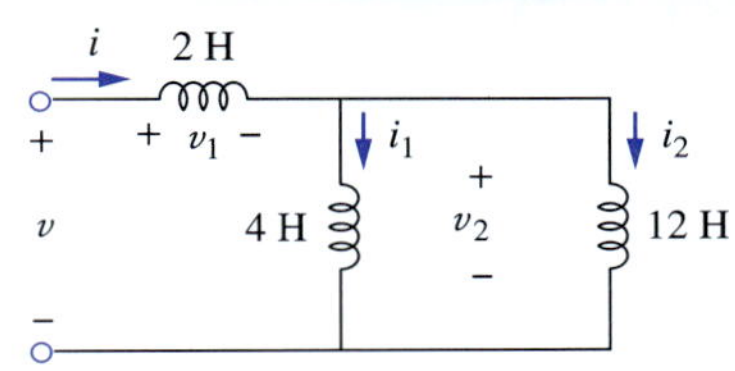

그림 10.15
예제 10.6의 회로

풀이

$i(t) = 4(2 - e^{-10})$ mA이므로 $i(0) = 4(2 - 1) = 4$ mA이다. $i = i_1 + i_2$

이므로

$$i_1(0) = i(0) - i_2(0) = 4 - (-1) = 5\text{ mA}$$

이다. (b) 등가 인덕턴스는 다음과 같다.

$$L_{eq} = 2 + 4 \parallel 12 = 2 + 3 = 5\text{ H}$$

연습문제 10.6

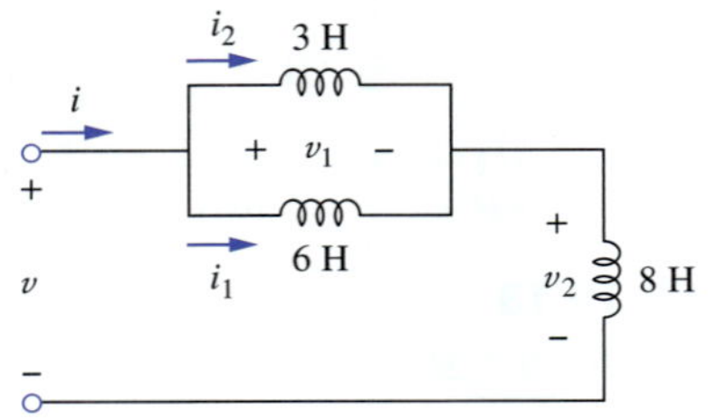

그림 10.16
연습문제 10.6의 회로

그림 10.16의 회로에서, $i_1(t) = 0.6\, e^{-2t}$ A이다. 만일, $i(0) = 1.4$ A일 때, $i_2(0)$를 구하라.

해답 0.8 A

10.7 과도 *RL* 회로

RL 회로는 단지 저항과 인덕터 만으로 구성되어 있다. 전형적인 *RL* 회로는 그림 10.17과 같이 저항과 인덕터의 직렬 연결로 구성되어 있다. 우리의 목표는 회로의 응답을 결정하는 것인데, 즉 인덕터를 통해 흐르는 전류를 구하는 것이다. 인덕터의 전류를 응답으로 선택한 이유는 인덕터 전류가 순간적으로 변할 수 없기 때문이다. $t = 0$에서, 인덕터는 초기 조건 I_o를 갖는다고 가정한다. 즉,

$$i(0) = I_o \tag{10.12}$$

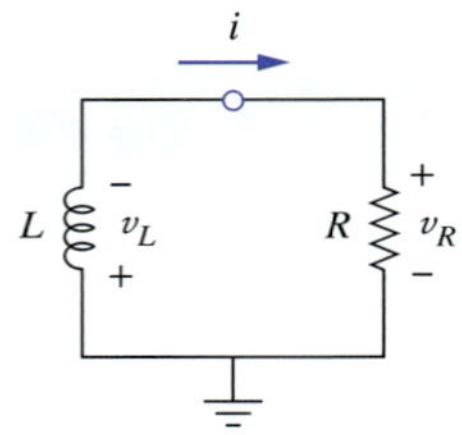

그림 10.17
무전원 *RL* 회로

그림 10.17의 루프에 KVL을 적용하면 다음 식과 같다.

$$v_L + v_R = 0 \tag{10.13}$$

RL 회로를 통해 흐르는 전류를 구하기 위해서 미분방정식 해석을 적용하면,

$$i(t) = I_o e^{-Rt/L} \tag{10.14}$$

이 된다. 이 식은 *RL* 회로의 고유응답은 초기 전류의 지수함수적인 감쇠의 형태를 보여준다. 그림 10.18에 전류 응답을 나타내었다. 식 (10.14)로부터 *RL* 회로의 시상수[4]는 다음과 같다.

$$\tau = \frac{L}{R} \tag{10.15}$$

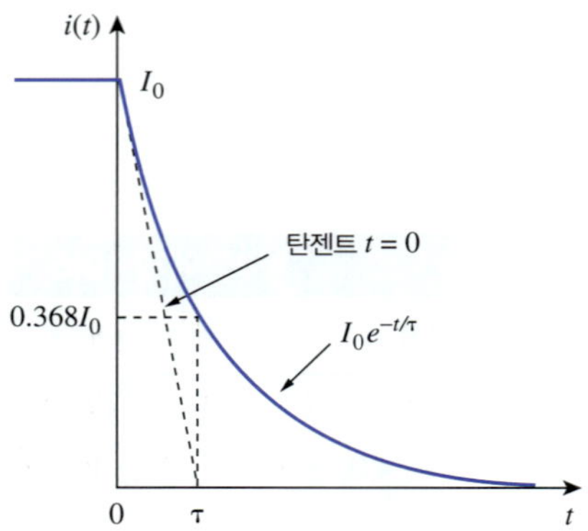

그림 10.18
RL 회로의 전류 응답

4 상기: 회로의 시상수 τ가 작을수록 응답의 감쇠율은 더 빨라진다. 그러나 시상수가 커지면 응답의 감쇠율은 더 늦어지게 된다. 어떠한 경우라도, 5τ 후 응답의 감쇠는 초기값의 1% (즉, 정상 상태에 도달) 보다 작아지게 된다.

여기에서 τ는 시간의 단위, 저항 R은 Ω, L은 헨리이다. 따라서 식 (10.14)는 다음과 같이 쓸 수 있다.

무전원 *RL* 회로를 해석하는 방법

1. 인덕터를 통해 흐르는 초기 전류 $i(0) = I_o$를 찾는다.
2. 회로의 시상수 τ를 구한다.

$$i(t) = I_o e^{-t/\tau} \tag{10.16}$$

식 (10.16)의 전류를 통해 저항 양단의 전압을 구할 수 있다.

$$v_R(t) = iR = I_o R e^{-t/\tau} \tag{10.17}$$

결론적으로,

위의 두 값을 가지고 인덕터 전류인 응답 $i_L(t) = i(t) = i(0)\ e^{-t/\tau}$을 구한다. 일단, 인덕터 전류 i_L이 결정되면, 다른 값들(인덕터 전압 v_L, 저항 전압 v_R 그리고 저항 전류 i_R)은 쉽게 얻을 수 있다. 일반적으로, 식 (10.17)에서 저항 R은 인덕터의 단자에서 바라본 테브냉 저항이다.[5]

예제 10.7

그림 10.19의 회로에서 스위치는 오랜 시간 동안 닫혀 있었다. $t = 0$에서 스위치가 열릴 때 $t > 0$에 대해서 $i(t)$를 계산하라.

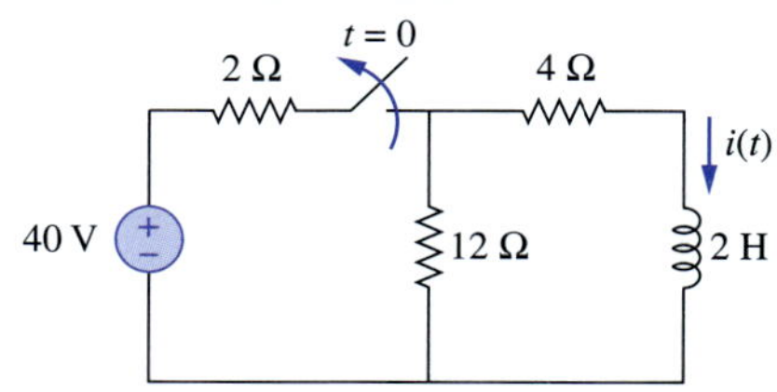

그림 10.19
예제 10.7에 대한 회로

풀이

$t < 0$일 때, 스위치는 닫혀 있고 회로는 정상 상태에 있기 때문에 인덕터는 직류에 대해서 단락 회로와 같이 동작하게 된다. 그림 10.20(a)에 결과적인 회로를 나타내었다. 그림 10.20(a)로부터 i_1을 구하기 위해서, 병렬로 연결된 4 Ω과 12 Ω은 다음과 같이 결합된다.

$$\frac{4 \times 12}{4 + 12} = 3\ \Omega$$

그러므로,

$$i_1 = \frac{40}{2 + 3} = 8\ \text{A}$$

그림 10.20(a)에서 i_1으로 부터 i를 구하기 위해서, 전류분배법칙을 이용한다.

5 회로가 하나의 인덕터와 여러 개의 저항 그리고 종속 전원으로 구성되어 있을 때, 인덕터의 단자에서 바라본 테브냉 등가 회로는 간단한 *RL* 회로가 된다. 또한 테브냉 정리는 여러 개의 인덕터가 하나의 등가 인덕터의 형태로 결합될 때 사용될 수 있다.

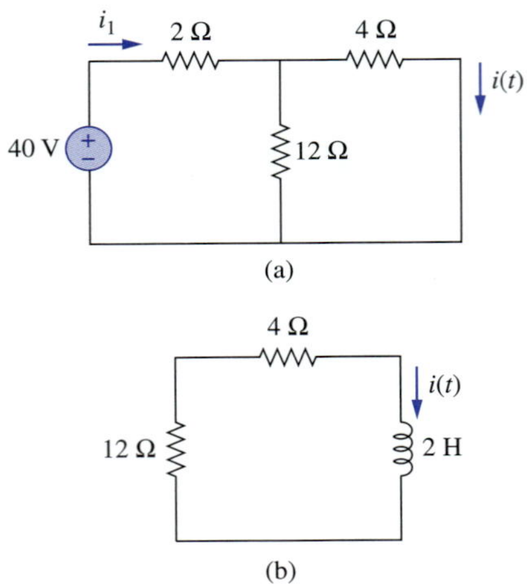

그림 10.20
그림 10.19의 회로 해석: (a) $t < 0$, (b) $t > 0$

$$i(t) = \frac{12}{12+4} i_1 = 6\text{ A}, \quad t < 0$$

인덕터를 통한 전류는 순간적으로 변화할 수 없으므로

$$i(0) = 6\text{ A}$$

을 구할 수 있다.

$t > 0$일 경우, 스위치는 개방되고 전압원은 연결이 끊어진다. 이제 그림 10.20(b)와 같은 무전원 RL 회로를 고려하자. 저항을 결합시키면,

$$R_{eq} = 12 + 4 = 16\ \Omega$$

시상수는 다음 식과 같다.

$$\tau = \frac{L}{R_{eq}} = \frac{2}{16} = \frac{1}{8}\text{ s}$$

따라서

$$i(t) = i(0)e^{-t/\tau} = 6e^{-8t}\text{ A}$$

이 된다.

연습문제 10.7

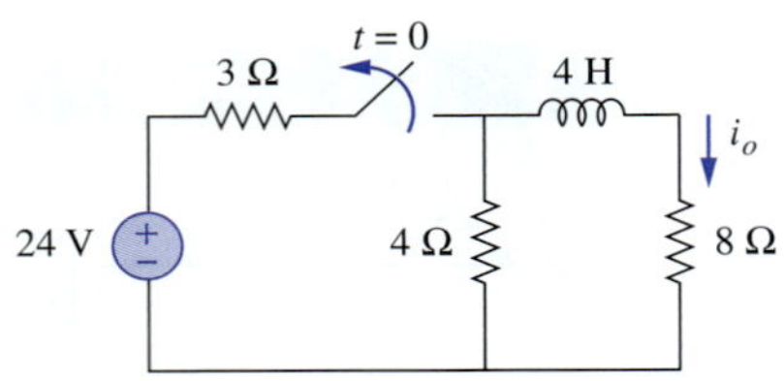

그림 10.21
연습문제 10.7의 회로

그림 10.21의 회로에 대해, $t > 0$에 대한 i_o를 구하라.

해답 $1.4118e^{-3t}$ A, $t > 0$

예제 10.8

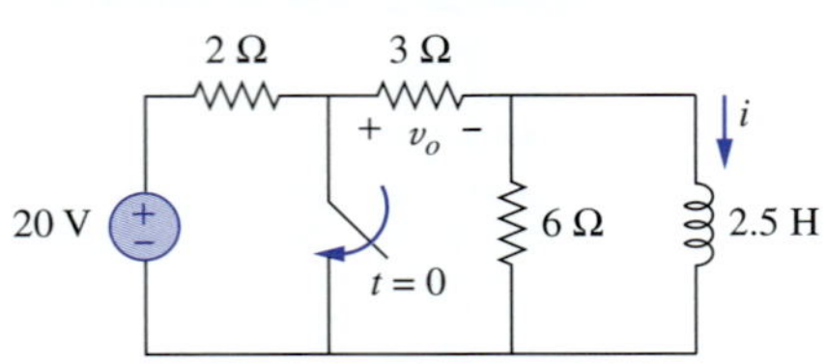

그림 10.22
예제 10.22의 회로

그림 10.22 회로에서 모든 시간에서의 v_o와 i를 구하라. 단, 스위치는 오랫동안 열려 있었다고 가정한다.

풀이

인덕터의 전류를 먼저 구하고 다른 값들을 구하는 것이 좋은 방법이다.

$t < 0$에서, 스위치는 열려 있다. 인덕터는 직류에 대해서 단락 회로로 간주되기 때문에, 6 Ω 저항은 그림 10.23(a)에 나타낸 것처럼 간주할 수 있다. 따라서

$$i(t) = \frac{20}{2+3} = 4\text{ A}, \qquad t < 0$$

$$v_o(t) = 3i(t) = 12\text{ V}, \qquad t < 0$$

이다.

여기에서 $i(0) = 4$ A이다.

$t > 0$에서, 스위치는 닫히게 되고 전압원은 단락 회로처럼 동작한다. 따라서 이제 그림 10.23(b)의 회로와 같은 무전원 RL 회로가 된다. 인덕터 단자에서

$$R_{Th} = 3 \parallel 6 = 2\ \Omega$$

시상수는

$$\tau = \frac{L}{R_{Th}} = \frac{2.5}{2} = 1.25\ \text{s}$$

이기 때문에,

$$i(t) = i(0)e^{-t/\tau} = 4e^{-t/1.25} = 4e^{-0.8t}\ \text{A}, \qquad t > 0$$

이다. 따라서 모든 시간에서의 식은 다음과 같다.

$$i(t) = \begin{cases} 4\ \text{A}, & t < 0 \\ 4e^{-0.8t}\ \text{A}, & t > 0 \end{cases}$$

인덕터 전류는 $t = 0$에서 연속임을 알 수 있으며, 그림 10.24에 전류 파형을 나타내었다.

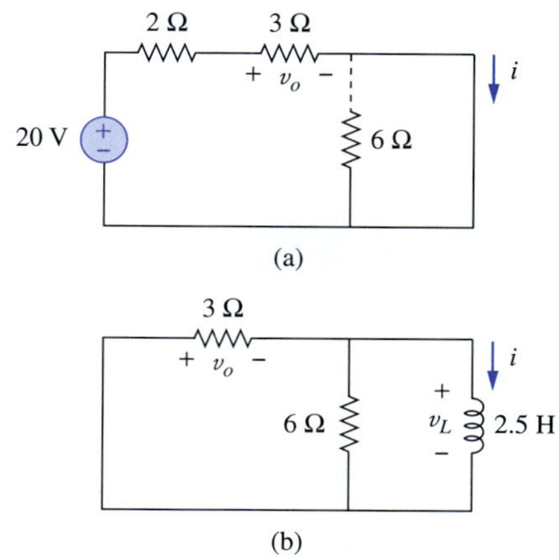

그림 10.23

그림 10.22의 회로: (a) $t < 0$, (b) $t > 0$

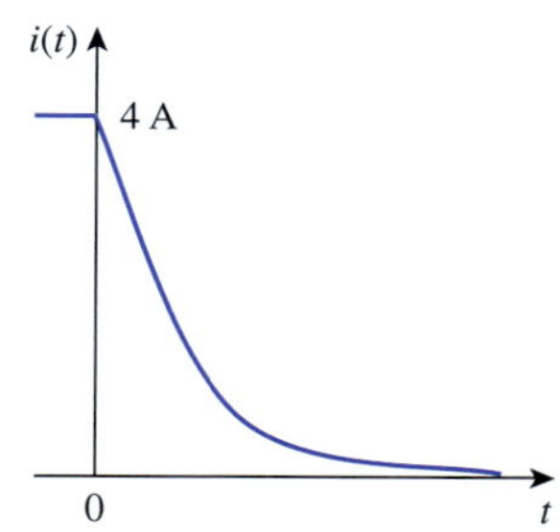

그림 10.24

$i(t)$의 그래프

연습문제 10.8

그림 10.25의 회로에서 모든 시간에서의 $i(t)$를 구하라. 단, 스위치는 오랜 시간 동안 닫혀 있었다고 가정한다.

해답 $i(t) = \begin{cases} 4\ \text{A}, & t < 0 \\ 4e^{-2t}\ \text{A}, & t > 0 \end{cases}$

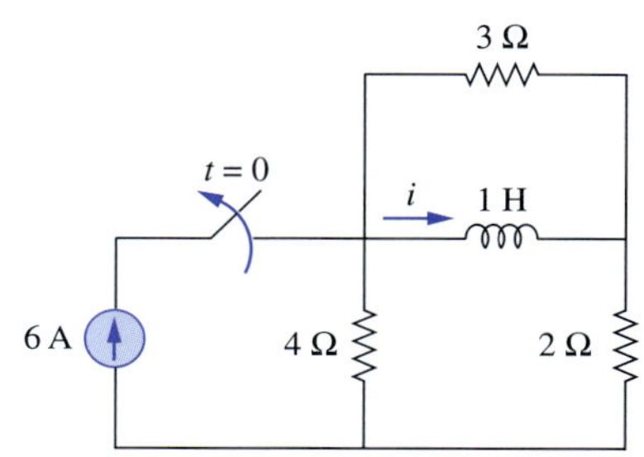

그림 10.25

연습문제 10.8의 회로

10.8 컴퓨터 해석

10.8.1 PSpice

9.8절에서 RC 회로에 대해 PSpice 모델을 적용한 것처럼, RL 회로에도 PSpice 모델을 적용할 수 있다. PSpice는 RL 회로의 과도 응답을 얻는데 사용된다. 부록 C의 C.4절에 윈도우용 PSpice의 과도 해석 방법에 대해서 설명하고 있다. 이 절의 내용을 진행하기 전에 검토해 보기를 권한다.

필요하다면, 초기 조건을 결정하기 위해서 직류 PSpice 해석을 먼저 수행

할 필요가 있다. 그런 다음 이 초기 조건은 과도 응답을 얻기 위한 과도 PSpice 해석에 사용된다. 반드시 필요하지는 않지만 직류 해석 동안에는 모든 인덕터는 단락 회로로 간주된다.

예제 10.9

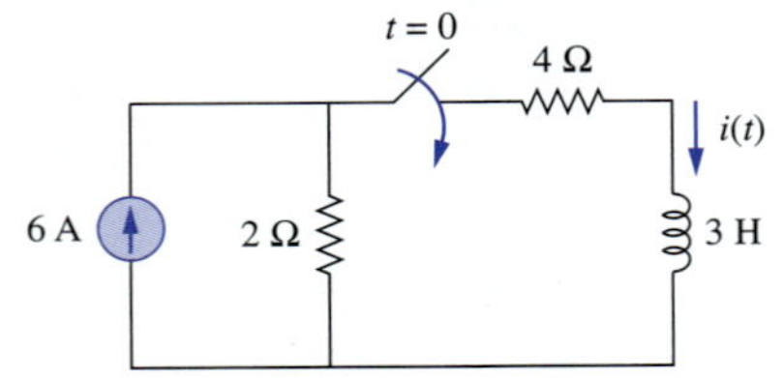

그림 10.26
예제 10.9의 회로

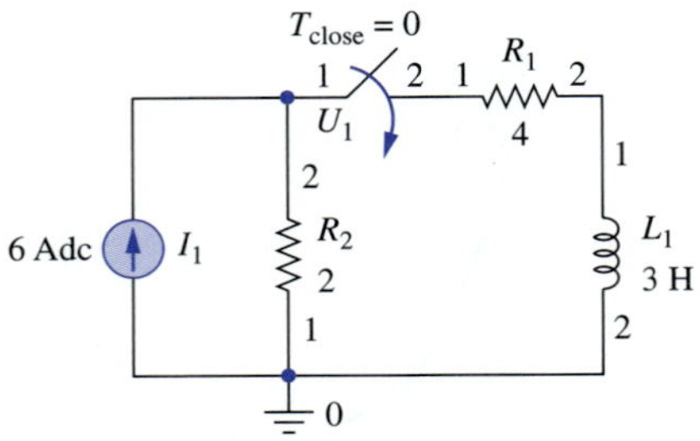

그림 10.27
그림 10.26에 대한 PSpice 회로도

그림 10.26 회로에 대해서 $t > 0$에 대한 응답 $i(t)$를 PSpice를 이용해서 구하라.

풀이

PSpice를 사용하기 위해서, 먼저 그림 10.27에 보인 회로도를 그려야 한다. 닫힌 스위치의 부품 이름은 Sw_tclose이다. PSpice가 회로로부터 결정하기 때문에 인덕턱의 초기 조건을 특별히 규정할 필요는 없다. 회로를 그린 다음, **PSpice/New Simulation Profile**을 선택하면 New Simulation 대화창이 뜬다. 파일 이름인 "exam109"를 치고 Create를 클릭한다. 그러면 Simulation Setting 대화창이 뜨고 Simulation Settings에서, *Analysis Type*에 Time Domain(Transient)를 선택하고 *Run to time*에 $5\tau = 2.5$를 쓴다. Apply를 클릭하고 OK를 클릭한다. 회로를 저장한 후에 시뮬레이션을 수행하기 위해서 **PSpice/Run**을 선택한다. 시뮬레이션이 완료되면 윈도우 팝업창이 뜨고 **Trace/Add Trace**를 선택하고 인덕터에 흐르는 전류로 I(L1)을 선택한다. 전류 $i(t)$의 그래프를 그림 10.28에 나타내었다.

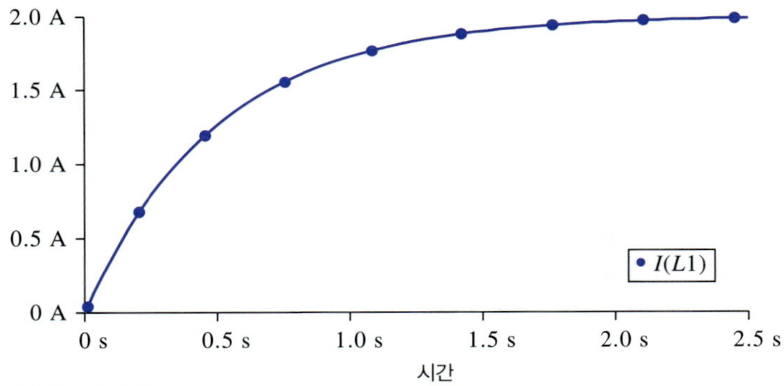

그림 10.28
예제 10.9의 그래프: 그림 10.26 회로의 응답

연습문제 10.9

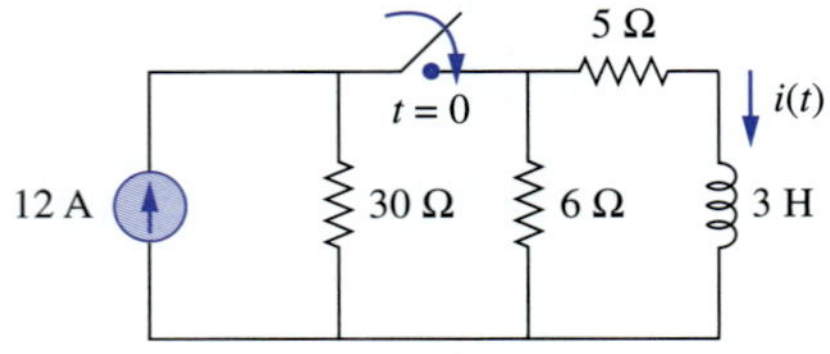

그림 10.29
연습문제 10.9의 회로

그림 10.29에서 스위치는 오랜 시간 열려 있다가 $t = 0$에서 닫힌다. PSpice를 이용해서 $i(t)$를 구하라.

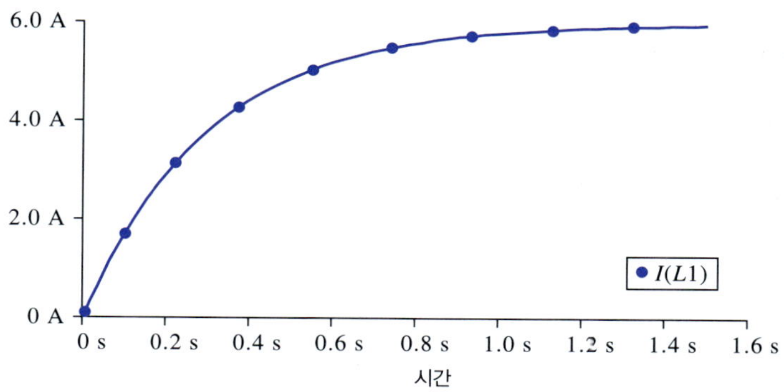

그림 10.30
연습문제 10.9의 그래프

해답 그림 10.30에 $i(t)$의 그래프를 나타내었다.

10.8.2 Multisim

멀티심은 9.7절에서 *RC* 회로에 대해서 적용한 것처럼, *RL* 회로에도 적용할 수 있다(이 절의 내용을 진행하기 전에 부록 D의 D.3를 읽어 보기를 권한다). 다만 멀티심은 전류를 구하는 직접적인 방법은 없다. 따라서 전류를 결정하기 위해서는 해당하는 전압 파형에 오옴의 법칙을 적용해서 구해야만 한다.

예제 10.10

그림 10.31의 회로에서 멀티심을 이용해서 v_o를 구하라.

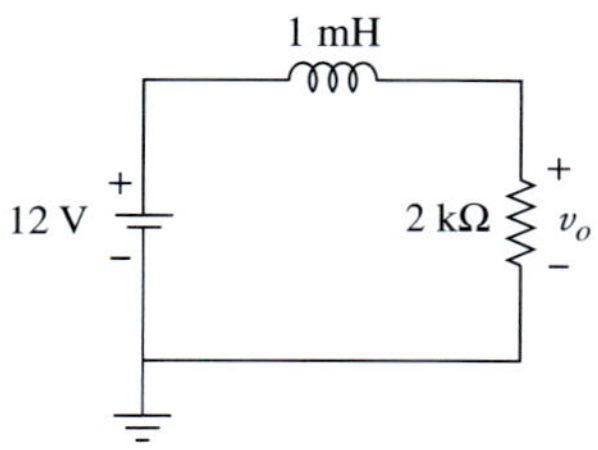

그림 10.31
예제 10.10의 회로

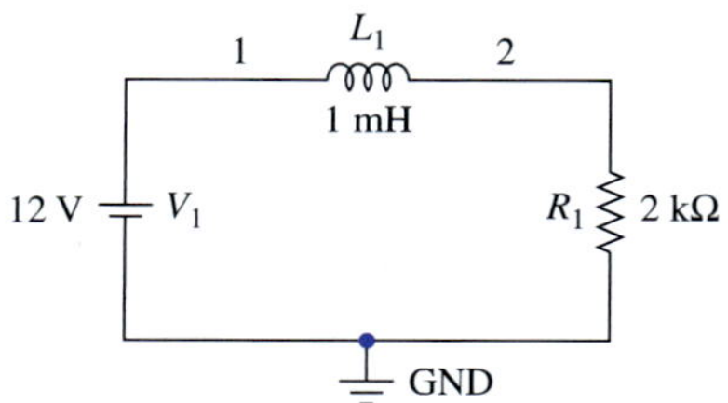

그림 10.32
그림 10.31 회로의 시뮬레이션

풀이

먼저 그림 10.32와 같은 회로를 생성해야 한다. 이 경우에 시상수는

$$\tau = \frac{L}{R} = \frac{10^{-3}}{2 \times 10^{3}} = 0.5\ \mu\text{s}$$

이다. 따라서 $5\tau = 2.5\ \mu\text{s}$이다. 시뮬레이션 파라미터를 입력하기 위해, **Simulation/Analysis/Transient Analysis**를 선택한다. Transient Analysis 대화창이 뜨면 Initial Condition에서 *Set to zero*를 선택한다. TSTART를 0

이나 0.000001로 TSTOP을 2.5 μs 또는 0.0000025 s로 설정한다. 출력을 위해서 *V*(2)를 왼쪽 항목에서 오른쪽 항목으로 옮기면 시뮬레이션이 완료된 후 노드 2의 전압이 표시될 것이다. 마지막으로, **Simulate**를 선택한다. 출력은 그림 10.33에 나타내었다.

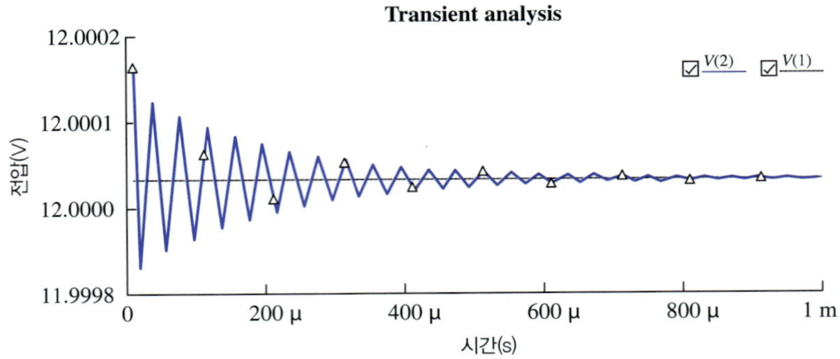

그림 10.33

그림 10.31 회로의 응답

연습문제 10.10

그림 10.34의 *RL* 회로에서 멀티심을 이용해서 $v(t)$를 구하라.

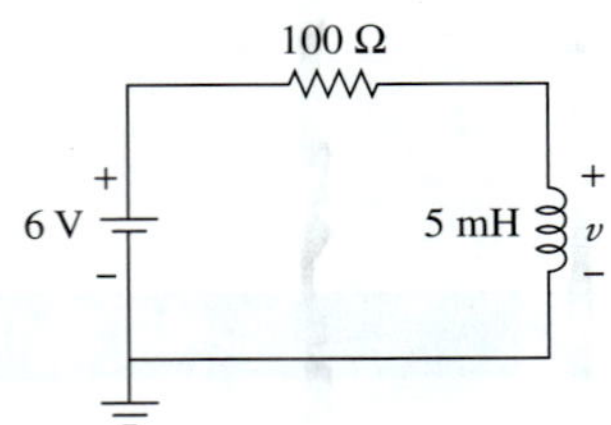

그림 10.34

연습문제 10.10의 회로

해답 그림 10.35에 나타내었다.

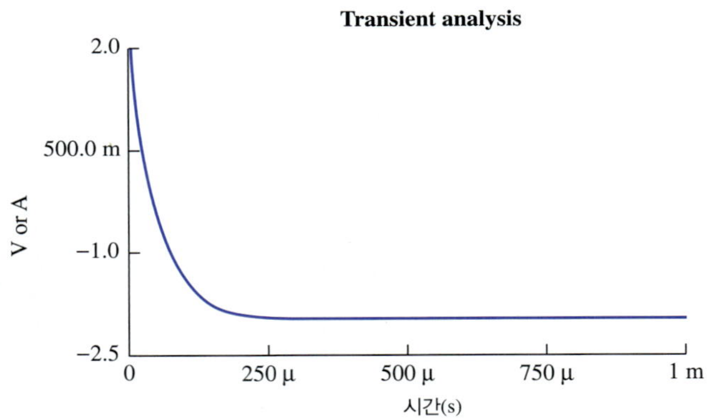

그림 10.35

연습문제 10.10의 응답

10.9 †응용

대부분의 인덕터(코일)는 보통 단일 소자 형태이며 더 커지고 비싸지는 추세이다(이러한 현상은 스위칭 전력 공급기와 EMI/RFI[6] 필터링에 사용되는 인

6 EMI는 전자기 인터페이스를 나타낸다. 반면에 RFI는 라디오 주파수 인터페이스를 나타낸다.

덕터에는 해당사항 없음). 이러한 이유로, 인덕터는 커패시터나 저항 만큼 다목적으로 쓰이지는 않고 따라서 응용 분야도 제한적이다. 그러나 인덕터는 대체될 수 없는 몇몇 응용 분야가 있다. 이러한 분야에는 릴레이, 지연, 감지장치, 픽업 헤드, 전화 회로, 동조 회로, 라디오와 TV수신기, 전력공급기, 필터, 전기 모터, 마이크로폰 그리고 확성기 등이 있다. 여기에서는, 인덕터를 포함하는 두 개의 간단한 응용을 소개하겠다.

10.9.1 릴레이 회로

자기적으로 제어되는 스위치를 릴레이(relay)라고 한다. 대표적인 릴레이를 그림 10.36에 나타내었다. 릴레이는 다른 회로를 제어하는 스위치를 열고 닫고 하는데 사용되는 전자기 부품이다. 대표적인 릴레이 회로는 그림 10.37(a)에 나타내었다. 릴레이가 전자기를 사용한다는 사실을 주의하라. 따라서 이 소자는 철심과 주위를 감싸고 있는 전선으로 구성되어 있다. 코일이 통과하는 전류에 의해서 가압(energized)되는데, 이 용어를 **전자석**(*electromagnet*)이라고 한다. 이러한 코일 회로는 그림 10.37(b)의 RL 회로와 같다. 여기에서, R과 L은 코일의 저항과 인덕턴스이다. 그림 10.37(a)에서 스위치 S_1이 닫히면, 코일 전류는 가압된다. 코일 전류가 서서히 증가하면 자기장이 생성된다. 결국 자기장이 다른 회로에서 가동 접촉자(movable contact)를 잡아 당길 수 있을 만큼 충분히 강해지면 스위치 S_2를 닫는다. 이 순간에 릴레이는 **인입**(*pulled in*)되었다고 한다. 스위치 S_1과 S_2가 닫히는 사이의 시간 간격 t_d를 **릴레이 지연시간**(*relay delay time*)이라고 한다. 릴레이 지연시간 t_d를 구하는 공식은 다음과 같다.

$$t_d = \tau \ln \frac{i(0) - i(\infty)}{i(t_d) - i(\infty)} \tag{10.18}$$

여기에서, 자연대수를 사용하고, $i(0)$는 초기 인덕터 전류이며, $i(\infty)$는 인덕터 전류의 최종값이고 $i(t_d)$는 $t = t_d$에서의 인덕터 전류이다.

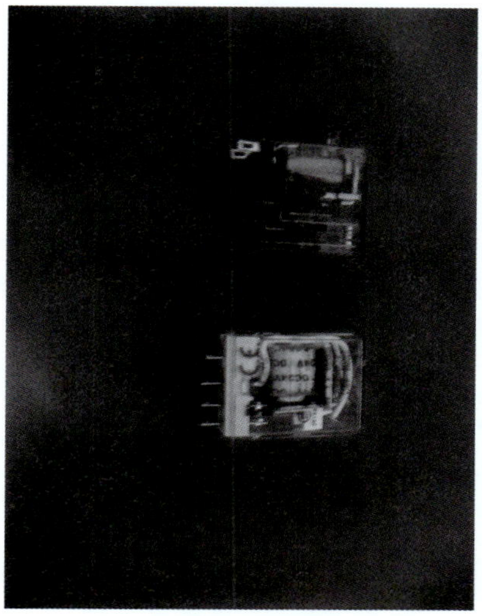

그림 10.36
대표적인 릴레이들
© Sarhon M. Musa

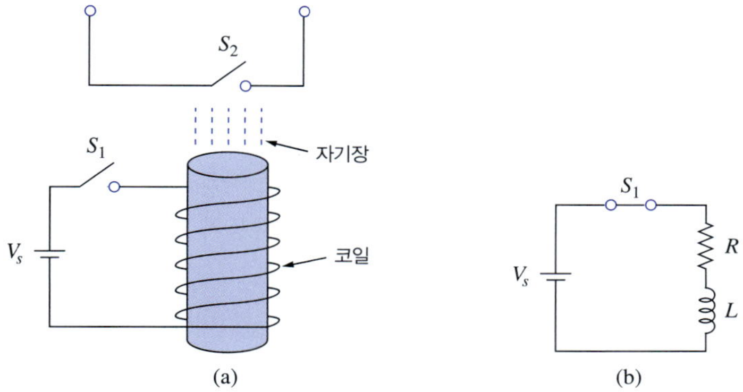

그림 10.37
릴레이 회로

릴레이는 작은 전기 신호를 가지고 큰 전류/전압을 제어할 필요가 있을 때 매우 유용하다. 릴레이는 초기 디지털 회로에도 사용되었으며 여전히 고전력 회로의 스위칭에 사용된다.

예제 10.11

어떤 릴레이의 코일이 12 V 배터리로 동작한다. 만일 코일이 150 Ω의 저항과 30 mH의 인덕턴스 그리고 인입(pull in)하는데 50 mA의 전류가 필요하다면, 릴레이 지연시간을 계산하라.

풀이

식 (10.8)을 이용하여, 다음과 같은 값을 계산해 낼 수 있다.

$$i(0) = 0, \qquad i(\infty) = \frac{12}{150} = 80 \text{ mA}$$

$$\tau = \frac{L}{R} = \frac{30 \times 10^{-3}}{150} = 0.2 \text{ ms}$$

만일, $i(t_d) = 50$ mA라면

$$t_d = 0.2 \ln \frac{(0 - 80) \text{ mA}}{(50 - 80) \text{ mA}} \text{ ms} = 0.1962 \text{ ms} = 196.2 \ \mu\text{s}$$

이다.

연습문제 10.11

릴레이가 200 Ω의 저항과 500 mH의 인덕턴스를 가지고 있다. 이 릴레이는 코일을 통하는 전류가 350 mA에 도달하면 닫히게 된다. 이 코일에 110 V 전원이 인가되고 닫힘 접촉이 일어날 때까지의 경과 시간을 얼마인지 계산하라.

해답 2.529 ms

10.9.2 자동차 점화장치 회로

인덕터가 전류의 급격한 변화를 방해하는 성질은 아크 전광 또는 점화(spark) 발생 등에 유용하게 사용된다. 이러한 형태는 자동차 점화장치 시스템에 적용될 수 있다.

자동차의 가솔린 엔진은 적절한 시간에 각 실린더에서 연료-공기 혼합물질이 점화되도록 하는 것이 필요하다. 이것을 가능하게 하는 것이 그림 10.38에 나타낸 스파크 플러그이다. 이 장치는 공기 간극(gap)에 의해서 분리된 한 쌍의 전극으로 구성되어 있다. 전극 사이에 큰 전압(수천 볼트)을 통해서 공기 간극 사이에 스파크가 형성되고 연료를 점화시키게 된다. 그러나 어떻게 겨우 12 V짜리 자동차 배터리로부터 그렇게 큰 전압이 얻어질 수 있는가? 이것은 인덕터(스파크 코일) L을 통해서 얻어질 수 있다. 인덕터 양단 전압은 $v = L\,\Delta i/\Delta t$이므로, 이 식에서 매우 짧은 시간에 큰 전류의 변화를 일으킴으로써 $\Delta i/\Delta t$ 값을 크게 할 수 있다. 그림 10.38에서 점화스위치가 닫히면, 인덕터를 통해 흐르는 전류가 서서히 증가하고 결국 최종값인 $i = V_s/R$에 도달하게 된다. 여기에서, V_s = 12 V이다. 또한 인덕터가 회로의 시상수의 다섯 배까지 충전하는데 걸리는 시간, 즉

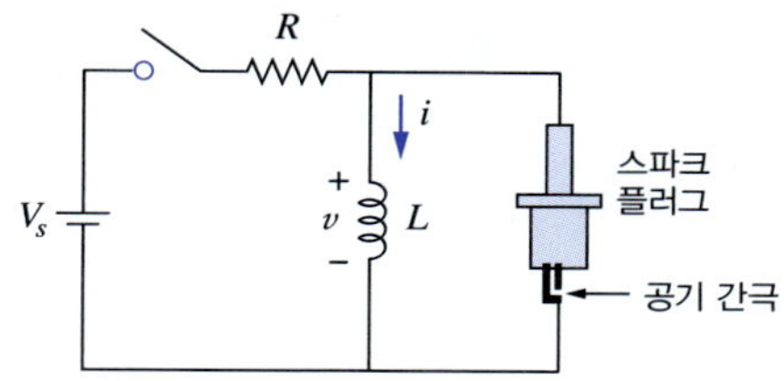

그림 10.38
자동차 점화 시스템 회로

$$t_{\text{charge}} = 5\frac{L}{R} = 5\tau \qquad \textbf{(10.19)}$$

이다. 정상상태에서, i는 상수이고 $\Delta i/\Delta t = 0$이고 인덕터 전압 $v = 0$이다. 스위치가 갑자기 열리게 되면, 큰 전압이 인덕터 양단에 걸린다. 정의에 의해서 순간적으로 스위치가 열리면 공기 전극에서 스파크나 아크 전광에 의해서 i는 0(급격하게 떨어지는 필드에 의해서)으로 떨어져야 한다. 스파크는 인덕터에 저장된 에너지가 스파크 방전에 의해서 소비될 때까지 유지된다. 이와 같은 효과는 실험실에서 유도성 회로를 가지고 실험할 때 불쾌한 쇼크를 유발할 수 있으므로 주의해야 한다.

예제 10.12

4 Ω의 저항과 6 mH의 인덕턴스를 갖는 솔레노이드가 그림 10.38 회로와 유사한 자동차 점화 회로에 사용되었다. 만일 배터리로 12 V가 사용되었다고 가정하고 다음을 구하라.

(a) 스위치가 닫혔을 때 솔레노이드를 통해 흐르는 최종 전류
(b) 코일에 저장된 에너지
(c) 스위치가 열리는데 1 μs가 걸린다고 가정했을 때, 공기 간극 양단 전압

풀이

(a) 코일을 통과하는 최종전류는

$$I = \frac{V_s}{R} = \frac{12}{4} = 3\text{ A}$$

(b) 코일에 저장된 에너지는

$$w = \frac{1}{2}LI^2 = \frac{1}{2} \times 6 \times 10^{-3} \times 3^2 = 27\text{ mJ}$$

(c) 간극 사이에 걸리는 전압은 다음과 같다.

$$v = L\frac{\Delta I}{\Delta t} = 6 \times 10^{-3} \times \frac{3}{1 \times 10^{-6}} = 18\text{ kV}$$

연습문제 10.12

자동차 점화 시스템의 스파크 코일이 5 Ω의 저항과 20 mH의 인덕턴스를 가지고 있다. 전원 전압이 12 V일 때, 다음을 계산하라.

(a) 코일이 충분히 충전될 때까지 필요한 시간

(b) 코일에 저장된 에너지

(c) 스위치가 2 μs에서 열린다고 한다면, 스파크 간극에 유도되는 전압

해답 (a) 20 ms, (b) 57.6 mJ, (c) 24 kV

10.10 요약

1. 패러데이의 법칙은 회로에 유도된 전압과 회로에서 유기된 자속의 변화율 사이의 관계를 나타낸다.

$$v = N\frac{d\phi}{dt}$$

렌쯔의 법칙은 유도된 전압의 극성을 정의한다.

2. 인덕턴스 L은 흐르는 전류의 변화에 반대하는 전기회로소자의 성질이다. 인덕턴스는 헨리(H)로 측정된다.

3. 인덕터 양단 전압은 인덕터에 흐르는 전류의 시간적 변화율에 직접적으로 비례한다. 즉,

$$v = L\frac{di}{dt}$$

4. 인덕터에 흐르는 전류가 변화하지 않으면, 인덕터 양단 전압은 0이다. 따라서 인덕터는 직류 전원에 대해서 단락 회로로 동작한다.

5. 인덕터에 흐르는 전류는 순간적으로 변화할 수 없다.

6. 인덕터는 전류가 증가하면 자신의 자기장에 에너지를 저장하고, 전류가 떨어지게 되면 에너지를 되돌려준다. 저장된 에너지의 식은 다음과 같다.

$$W = \frac{1}{2}Li^2$$

7. 여러가지 형태와 크기의 인덕터가 존재한다.

8. 인덕터의 직렬과 병렬 결합은 저항의 직렬과 병렬 결합과 같은 방식으로 조합된다.

9. RL 회로에서, 시상수는 $\tau = L/R$이다. 만일 초기 전류가 I_o라면, 인덕터를 통해 흐르는 전류는 다음 식과 같다.

$$i(t) = I_o e^{-t/\tau}$$

10. PSpice와 Multisim을 이용해서 RL 회로를 어떻게 모델링 하는지 설명

하였다.

11. RL 회로에 대한 응용 회로 중 이 장에서는 릴레이 회로와 자동차 점화 회로에 대해서 설명하였다.

복습문제

10.1 코일에서 유도되는 전압과 관련된 것은?
(a) 코일의 저항 (b) 코일의 초기 에너지
(c) 코일의 인덕턴스 (d) 전류의 변화율

10.2 공기-코어 인덕터의 인덕턴스는 다음의 어떤 경우에 증가하는가?
(a) 더 큰 지름의 선이 사용될 때
(b) 길이가 증가할 때
(c) 턴 수가 증가할 때
(d) 코어를 더 큰 유전율을 갖는 물질로 바꾸었을 때

10.3 5 H의 인덕터에서 0.2 s 동안에 전류가 3 A만큼 변화되었다. 인덕터의 양단에서 유도되는 전압은?
(a) 75 V (b) 8.888 V
(c) 3 V (d) 1.2 V

10.4 10 mH 인덕터를 통해 흐르는 전류가 0에서 2 A로 증가하였다. 이 인덕터에 저장되는 에너지는 얼마인가?
(a) 40 mJ (b) 20 mJ
(c) 10 mJ (d) 5 mJ

10.5 병렬로 연결된 인덕터는 저항의 병렬 연결과 동일하게 결합될 수 있다.
(a) 참 (b) 거짓

10.6 직렬로 연결된 인덕터의 전체 인덕턴스는 다음과 같은 방식으로 계산된다.
(a) 저항의 직렬 연결
(b) 저항의 병렬 연결
(c) 커패시터의 직렬 연결
(d) 위의 어떤 것도 아님

10.7 40 mH 인덕터와 60 mH 인덕터가 직렬로 연결되어 있다면, 등가 인덕턴스의 값은 얼마인가?
(a) 2400 mH (b) 100 mH
(c) 80 mH (d) 24 mH

10.8 40 mH 인덕터와 60 mH 인덕터가 병렬로 연결되어 있다면, 등가 인덕턴스의 값은 얼마인가?
(a) 24 mH (b) 80 mH
(c) 100 mH (d) 2400 mH

10.9 그림 10.39에서 전류 i의 최종(정상상태)값은?
(a) 2.8 A (b) 2 A
(c) 1.75 A (d) 0 A

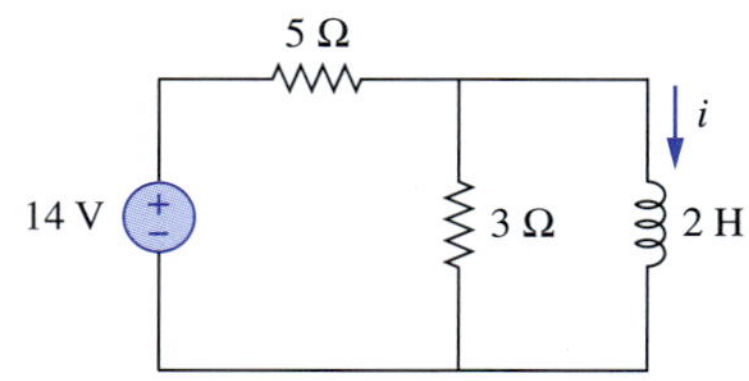

그림 10.39
복습문제 10.9의 회로

10.10 만일 RL 회로가 $R = 2\ \Omega$, $L = 8$ mH라면, 이 회로의 시상수는 얼마인가?
(a) 16 ms (b) 8 ms
(c) 4 ms (d) 0.25 ms

해답: 10.1c,d, 10.2a,c,d, 10.3a, 10.4b, 10.5a, 10.6a, 10.7b, 10.8a, 10.9a, 10.10c

문제

10.2절 전자기 유도

10.1 자속이 2 ms 동안 0.6 μWb에서 0.8 μWb로 변할 때, 300-턴 코일에서 유도되는 전압을 결정하라.

10.2 코일의 턴수가 250이고 자속률이 2 Wb/s로 변할 때, 유도 전압을 계산하라.

10.3 자속이 5 ms 동안 0.3 mWb에서 0.8 mWb로 변할 때, 코일에서 5 V가 유도된다면, 턴 수를 계산하라.

10.4 자속이 400턴 코일을 통해서 1 s 동안 2 Wb에서 7 Wb로 변할 때, 유도 전압은 얼마인가?

10.5 코일에서의 자속이 40 mWb/s의 비율로 변화한다. 코일의 턴수가 60이라면, 코일을 통해 유도되는 전압을 결정하라.

10.6 500턴을 갖는 코일이 5 μs 동안 200 Wb의 자속에 노출되었다면, 이 코일을 통해 유도되는 전압을 계산하라.

10.3절 인덕터

10.7 0.25 H를 통해 흐르는 전류 파형이 그림 10.40과 같다. 인덕터 전압을 스케치하라.

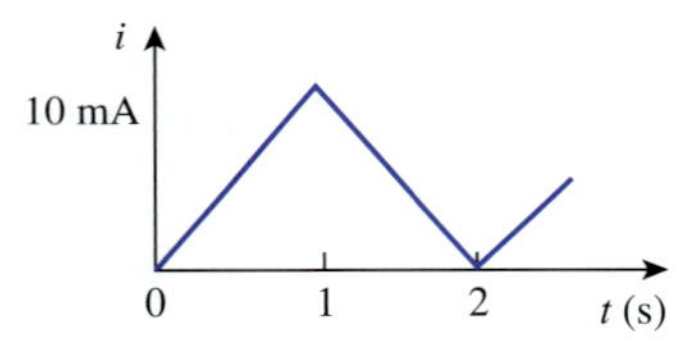

그림 10.40
문제 10.7의 회로

10.8 4 H 인덕터에서 시간 t에 대한 전류 i의 파형이 그림 10.41과 같다. 시간 t에 대한 전압 v의 파형을 그려라.

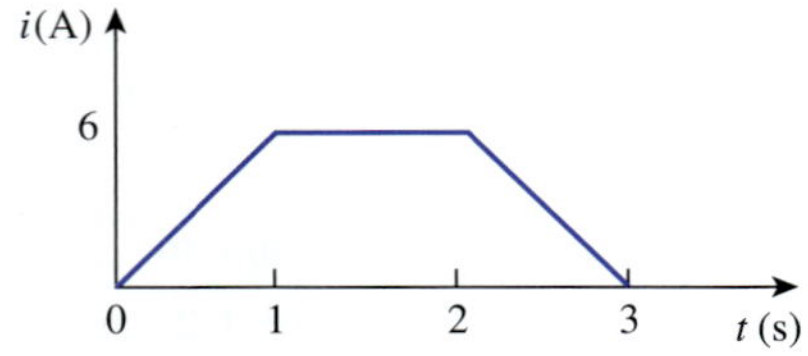

그림 10.41
문제 10.8의 그래프

10.9 40 mH 인덕터가 턴 수만 2배가 되고 길이, 단면적 그리고 코어 물질은 그대로 유지한다면, 새로운 인덕턴스의 값은 얼마인가?

10.10 인덕터를 통해 흐르는 전류가 50 mA/s의 비율로 변화하고 유도 전압은 10 mV이다. 인덕터의 인덕턴스를 계산하라.

10.11 전류의 변화가 0.2 A/s이고 유도된 전압이 6 V일 때, 코일의 인덕턴스를 계산하라.

10.12 인덕터의 전류가 1 s 동안에 0에서 4 A로 증가하였다. 유도된 전압이 6.5 V일 때, 다음을 결정하라.
(a) 전류의 변화율
(b) 인덕터의 인덕턴스

10.13 전류의 변화율이 240 mA/s일 때, 200 mH코일에 유도되는 전압을 구하라.

10.14 20 mH 인덕터를 통해서 흐르는 전류가 그림 10.42와 같이 주어진다면, 인덕터 전압을 그려라.

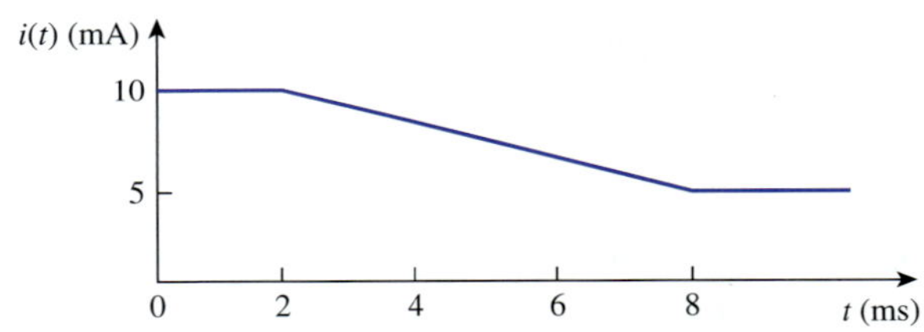

그림 10.42
문제 10.14의 그래프

10.15 코일의 양단에 볼트미터의 리드를 갖다 대어서 26 mV임을 알았다. 전류가 매 1.5 ms마다 12 mA씩 증가한다면 코일의 인덕턴스를 결정하라.

10.16 코어로 공기를 갖는 솔레노이드가 직경 1.2 cm이고 길이가 8 cm이다. 코일의 인덕턴스가 800 μH라면, 요구되는 턴 수는 얼마인가?

10.17 공기 코어 코일이 직경 2 cm이고 길이가 4 cm이다. 인덕턴스 50 mH를 얻기 위해서는 얼마만큼의 턴 수가 요구되는가?

10.18 4 mH 인덕터의 턴 수가 500이다. 인덕턴스의 값을 6 mH만큼 증가시키기 위해서 추가적으로 요구되는 턴 수는?

10.19 그림 10.43의 토로이드는 원형 단면을 갖는다. 400 mH 인덕턴스 얻기 위해서 요구되는 턴 수를 결정하라. 단면적은 3.5 cm^2이고 평균 경로길이는 54.2 cm이며 주강(cast steel) 코어의 투자율은 7.6×10^{-4} H/m라고 가정한다.

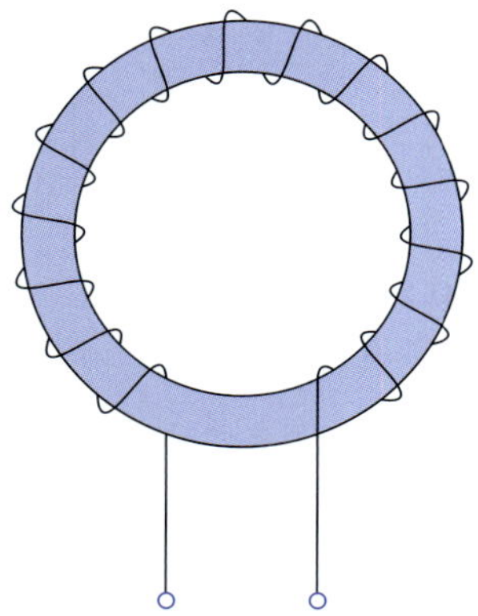

그림 10.43
문제 10.19의 그래프

10.20 두 개의 공기-코어 코일이 같은 단면적을 가지고 두 번째 코일의 턴 수가 첫 번째에 비해서 3배이고 길이는 반으로 줄어든다고 가정한다. 이들 사이의 인덕턴스 관계를 결정하라.

10.21 4 H 인덕터의 양단에 볼트미터의 리드를 갖다 대어서 2.5 V임을 알았다. 코일을 통해 흐르는 전류의 시간에 대한 변화율을 구하라.

10.4절 에너지 저장과 정상 상태 DC

10.22 10 H 인덕터에 2 A 전류가 흐른다면, 인덕터에 저장되는 에너지는 얼마인가?

10.23 400 mH 인덕터가 0.25 J을 저장하려면, 요구되는 전류는 얼마인가?

10.24 2 A의 전류가 흐르는 60 mH 인덕터에 저장된 에너지를 결정하라.

10.25 그림 10.44의 회로에서, 전압과 전류가 최종값에 도달했을 때, v, i_1, i_2를 구하라.

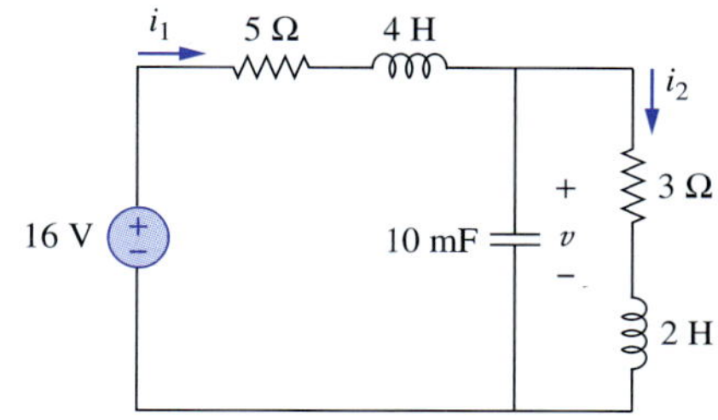

그림 10.44
문제 10.25의 회로

10.26 그림 10.45의 회로에 대해서, 정상 상태 직류 상태에서 v_C, i_L과 커패시터와 인덕터에 저장된 에너지를 구하라.

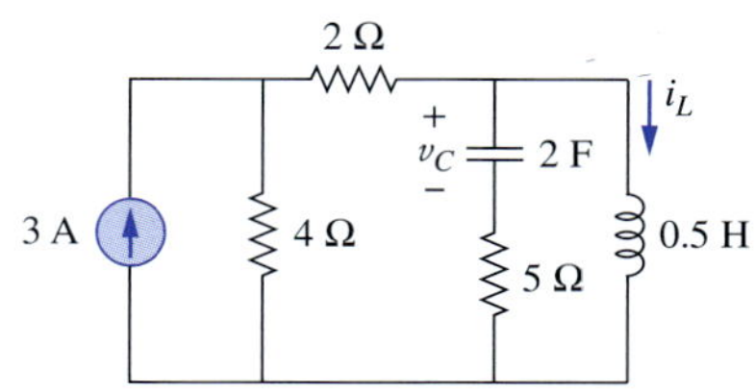

그림 10.45
문제 10.26의 회로

10.27 정상 상태 직류 상태에서 그림 10.46의 회로에서 인덕터를 통해 흐르는 전류와 커패시터 양단의 전압을 구하라.

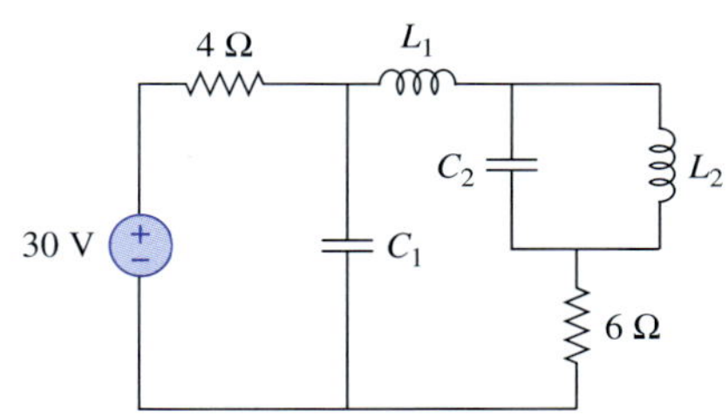

그림 10.46
문제 10.27의 회로

10.6절 직렬과 병렬 인덕터

10.28 각각 80 mH인 다섯 개의 인덕터가 직렬로 연결되어 있다면 전체 인덕턴스는 얼마인가?

10.29 200 μH와 800 μH 인덕터가 병렬로 연결되어 있을 때 전체 등가 인덕턴스를 구하라.

10.30 그림 10.47의 각 회로에 대해서 등가 인덕턴스를 구하라.

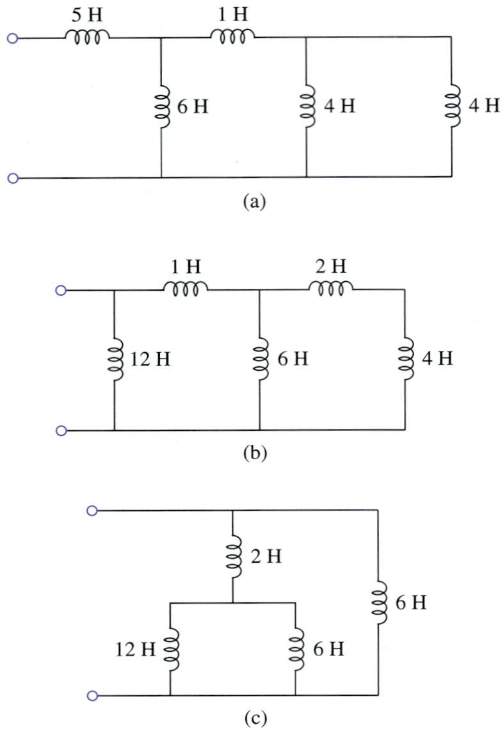

그림 10.47
문제 10.30의 회로

10.31 그림 10.48의 회로에 대해서 등가 인덕턴스 L_{eq}를 구하라.

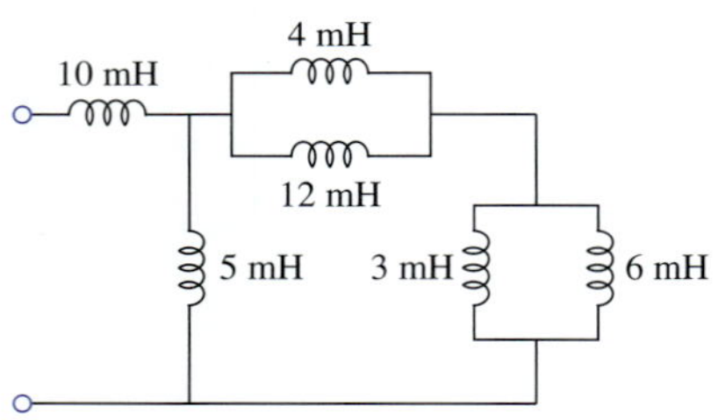

그림 10.48
문제 10.31의 회로

10.32 그림 10.49의 회로에 대해서 단자 *a*-*b*에서의 등가 인덕턴스 L_{eq}를 구하라.

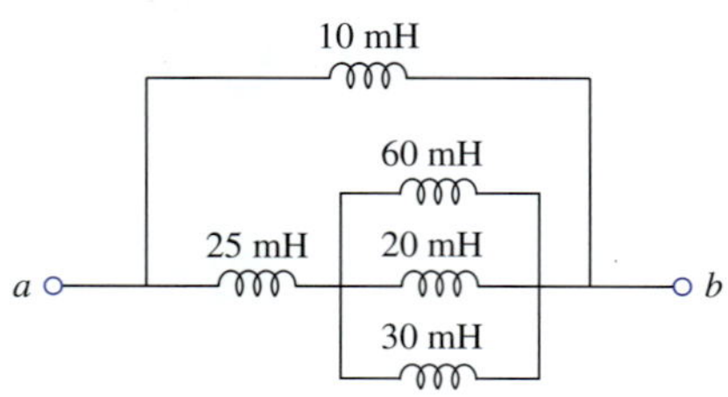

그림 10.49
문제 10.32의 회로

10.33 그림 10.50의 회로에 대해서 단자 *a*-*b*에서의 등가 인덕턴스 L_{eq}를 구하라.

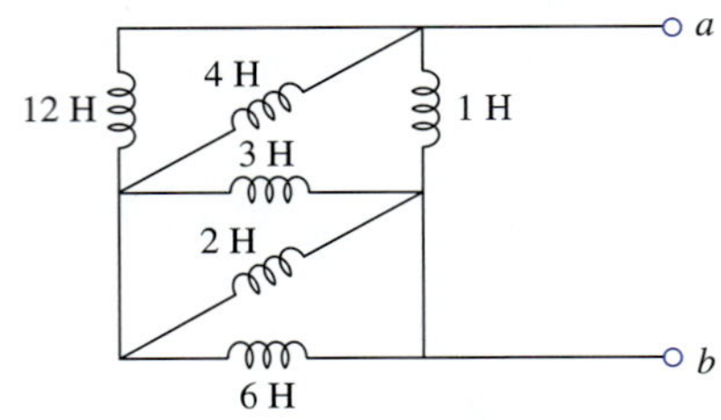

그림 10.50
문제 10.33의 회로

10.34 그림 10.51의 회로에 대해서 단자 *a*-*b*에서 바라본 등가 인덕턴스 L_{eq}를 구하라.

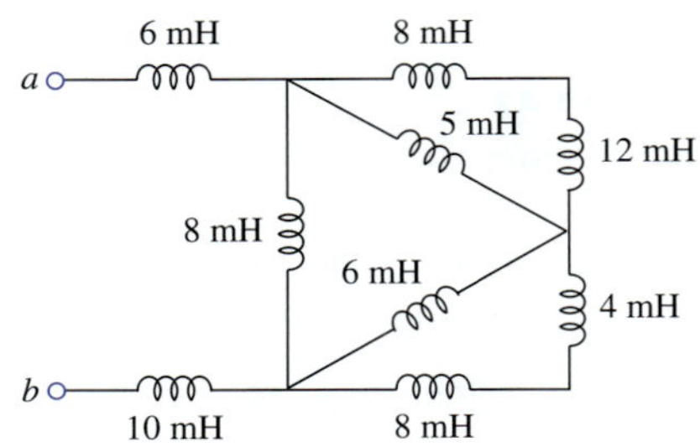

그림 10.51
문제 10.34의 회로

10.35 그림 10.52의 회로에 대해서 등가 인덕턴스 L_{eq}를 구하라.

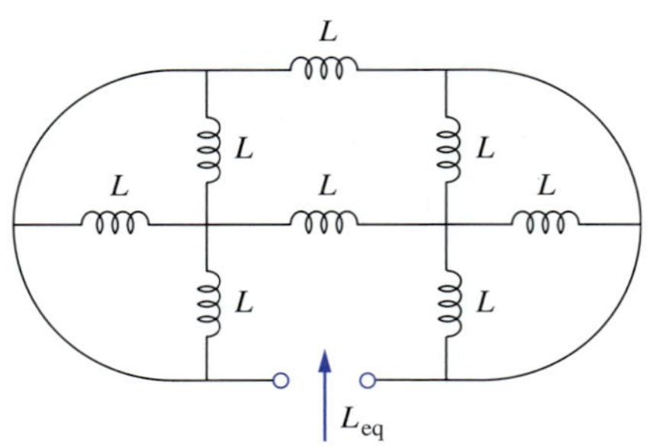

그림 10.52
문제 10.35의 회로

10.36 그림 10.53의 회로에 대해서 등가 인덕턴스 L_{eq}를 구하라.

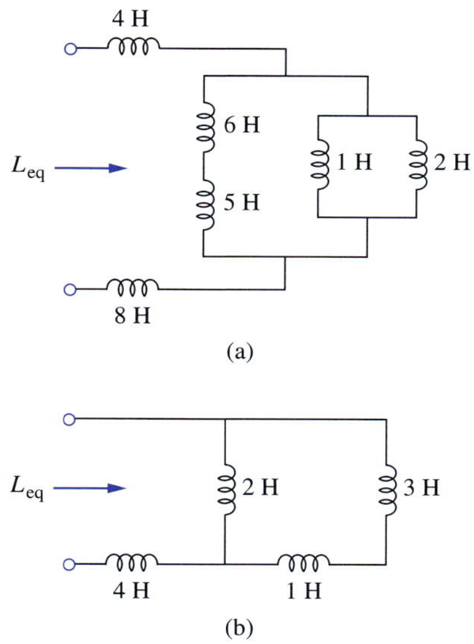

그림 10.53
문제 10.36의 회로

10.7절 과도 *RL* 회로

10.37 다음 각각의 R, L 그리고 t에 대해서 $e^{-tR/L}$의 값을 계산하라.

(a) $R = 1\ \Omega$, $L = 5$ H 그리고 $t = 1$ s

(b) $R = 2\ \Omega$, $L = 10$ H 그리고 $t = 1$ s

(c) $R = 5\ \Omega$, $L = 5$ H 그리고 $t = 2$ s

10.38 스위치가 열리기 전에 4 H 코일을 통해서 3 A의 전류가 흐르고 있다. 스위치가 열린 후에 코일과 2 Ω 저항이 직렬로 연결된다면 5 s 후에 전류를 결정하라.

10.39 그림 10.54의 회로에서 스위치는 오랜 시간 동안 닫혀있었다. $t = 0$에서 스위치가 열렸을 때, $t > 0$일 때의 $i(t)$를 계산하라.

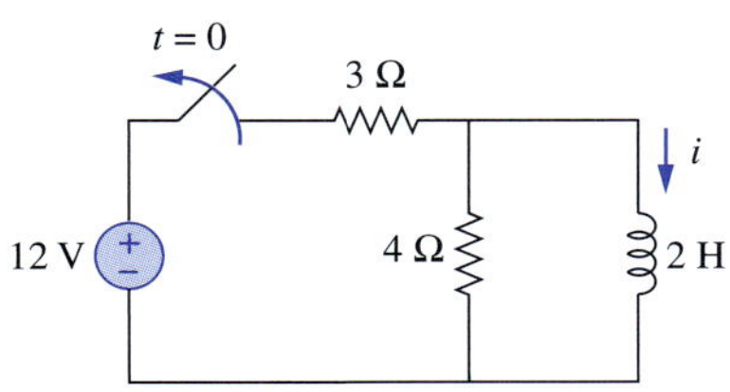

그림 10.54
문제 10.39의 회로

10.40 그림 10.55에 보인 회로에서 시상수를 계산하라.

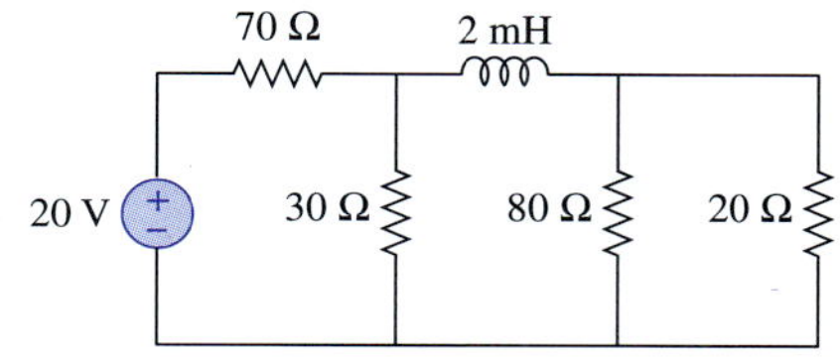

그림 10.55
문제 10.40의 회로

10.41 그림 10.56에 보인 회로에서 시상수를 구하라.

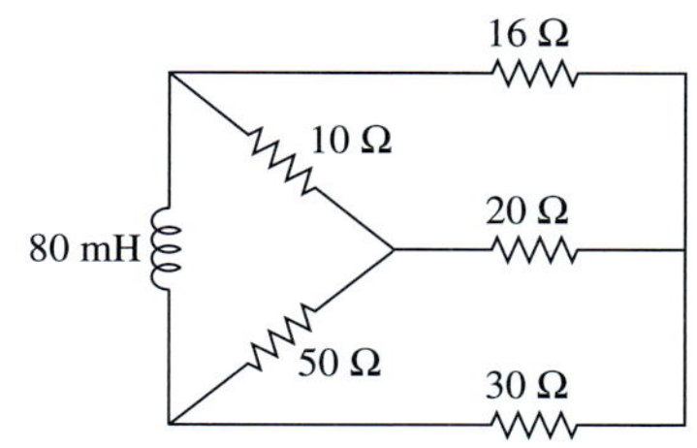

그림 10.56
문제 10.41의 회로

10.42 그림 10.57에 보인 각각의 회로에서 시상수를 구하라.

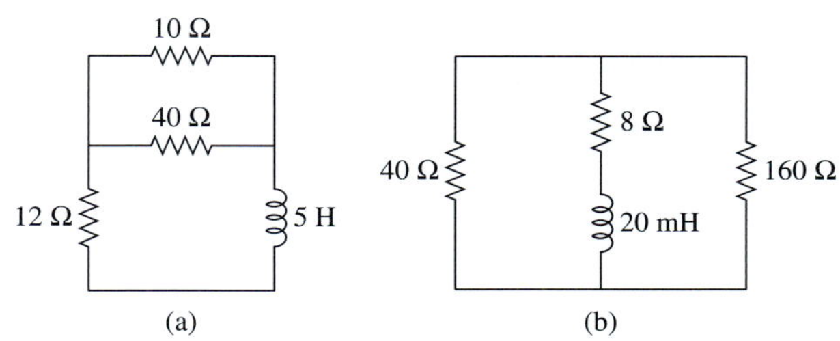

그림 10.57
문제 10.42의 회로

10.43 그림 10.58의 회로에 대해서 고려하자. 만일 $i(0) = 2$ A이고 $v(t) = 0$일 때, $v_o(t)$를 구하라.

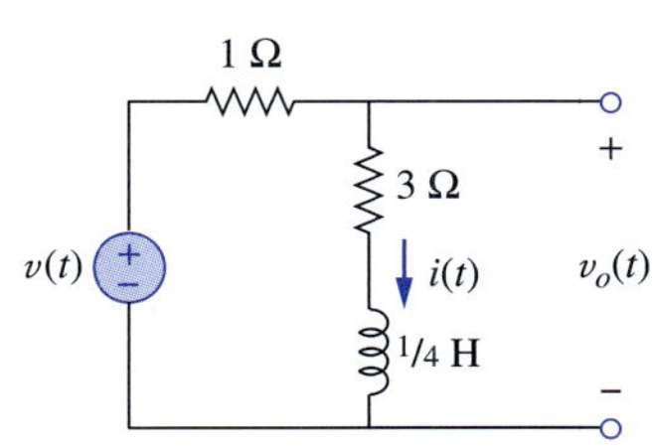

그림 10.58
문제 10.43의 회로

10.44 그림 10.59의 회로에서, 만일 $i(0) = 1$ A이고 $v(t) = 0$일 때, $v_o(t)$를 구하라.

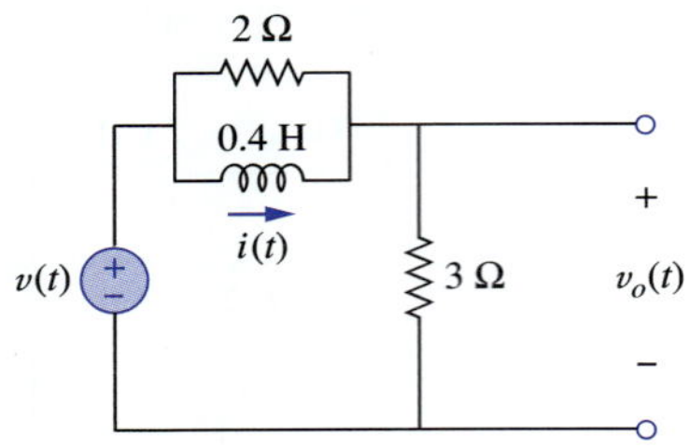

그림 10.59
문제 10.44의 회로

10.45 그림 10.60의 회로에서, $t > 0$일 때 $v(t) = 120e^{-50t}$ V이고 $ii = 30e^{-50t}$ A이다.

(a) 시상수를 결정하라.

(b) R과 L을 구하라.

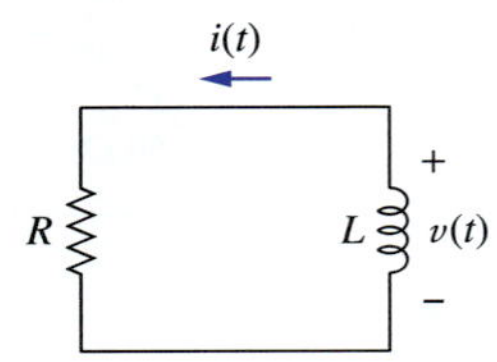

그림 10.60
문제 10.45의 회로

10.46 그림 10.61의 회로에서, $i(0) = 10$ A라고 할 때, $t > 0$에서의 $v(t)$와 $i(t)$를 구하라.

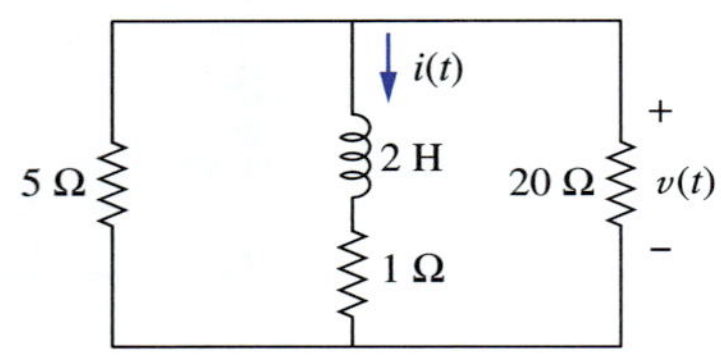

그림 10.61
문제 10.46과 10.53의 회로

10.47 그림 10.62의 회로에서, $v_o(0) = 2$ V라고 할 때, $t > 0$에서의 v_o와 v_x를 구하라.

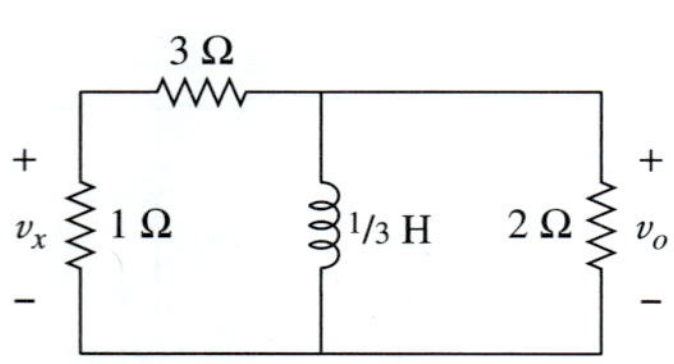

그림 10.62
문제 10.47의 회로

10.48 그림 10.63에서 스위치가 오랫동안 A 위치에 있었다고 가정한다. $t = 0$에서, 스위치가 A점에서 B점으로 옮겨진다. 스위치가 브레이크 전 메이크 타입이라 인덕터 전류의 급격한 변화는 없다고 가정한다. $t > 0$에서의 $i(t)$를 구하라.

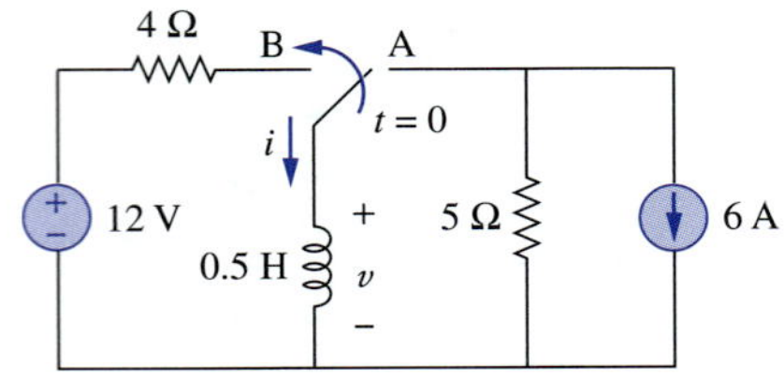

그림 10.63
문제 10.48과 10.54의 회로

10.49 그림 10.64 회로에 대한 시상수를 구하라.

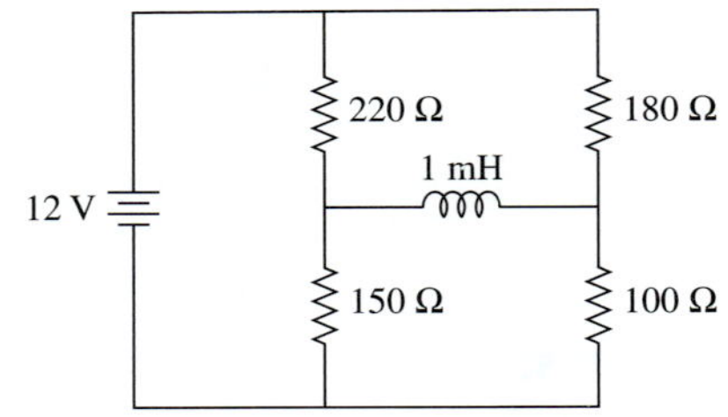

그림 10.64
문제 10.49의 회로

10.50 50 mH인 인덕터의 선저항이 2 Ω이다. 전류가 최대값에 도달할 때까지 걸리는 시간을 구하라.

10.51 RL 회로가 6 V 전원에 연결되어 있고 $R = 120$ Ω이다. 만일 전류가 0에서 5 mA까지 도달하는데 40 μs가 걸린다고 한다. (a) 최종 전류, (b) 인덕턴스 L, 그리고 (c) 시상수를 구하라.

10.52 그림 10.65의 RL 회로에 대해서, 스위치 S_2는 열려 있고 반면에 스위치 S_1은 닫혀 있고 상수 전류에 도달할 때까지 유지된다. 그런 다음 S_2가 닫히고 반면에 스위치 S_1은 열린다고 한다.

(a) S_2가 닫히고 스위치 S_1은 열린 직후에 저항에 흐르는 초기 전류를 결정하라.

(b) 전류가 초기값의 반으로 감소할 때까지 걸리는 시간을 구하라.

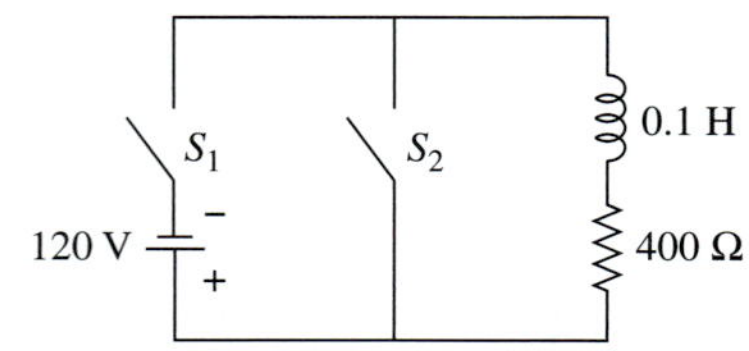

그림 10.65
문제 10.52의 회로

10.8절 컴퓨터 해석

10.53 PSpice를 이용해서 그림 10.46에서 $i(t)$를 구하라.

10.54 PSpice를 이용해서 연습문제 10.48을 구하라.

10.55 그림 10.66에서 스위치는 $t = 0$에서 열린다. PSpice를 이용해서 $t > 0$에서의 $v(t)$를 구하라.

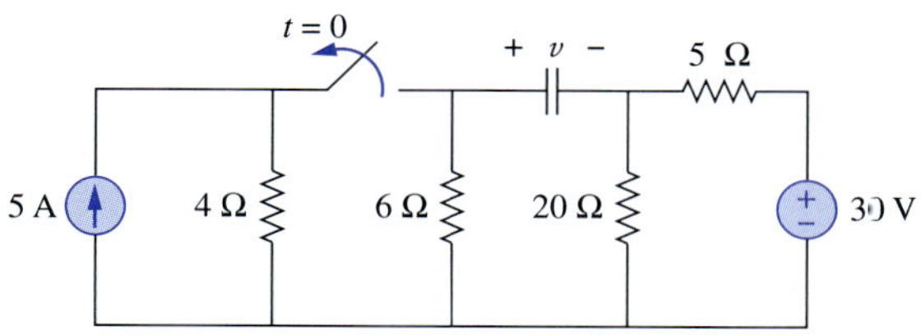

그림 10.66
문제 10.55의 회로

10.56 그림 10.67에서 스위치는 $t = 0$에서 a에서 b로 이동한다. PSpice를 이용해서 $t > 0$에서의 $v(t)$를 구하라.

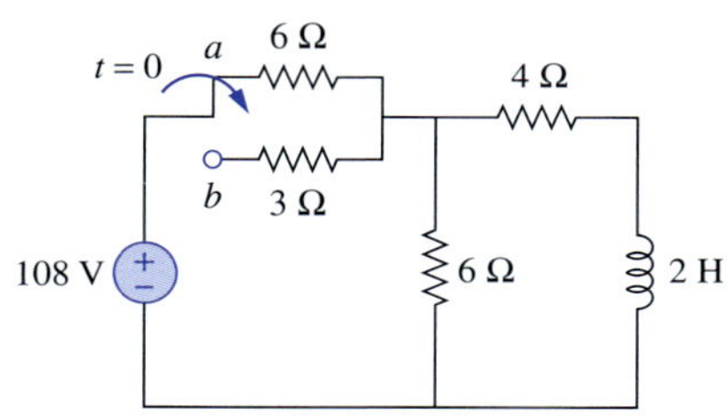

그림 10.67
문제 10.56의 회로

10.57 그림 10.68에서 스위치는 오랫동안 a 위치에 있다가 $t = 0$에서 순간적으로 b로 이동한다. Multisim을 이용해서 $i_o(t)$를 구하라.

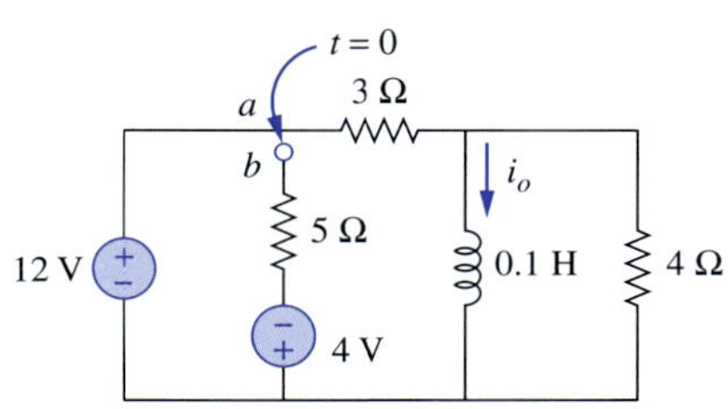

그림 10.68
문제 10.57의 회로

10.58 그림 10.69의 회로에서 Multisim을 이용해서 $v_o(t)$를 구하라.

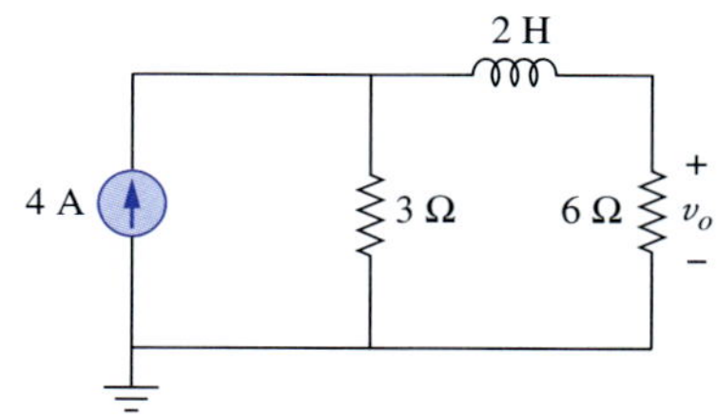

그림 10.69
문제 10.58의 회로

10.59 그림 10.70의 회로에서 전압원 v_s는 사각파를 발생하며 주파수가 2 kHz이고 진폭은 0에서 12 V로 스윙한다. Multisim을 이용해서 $v_o(t)$를 구하라.

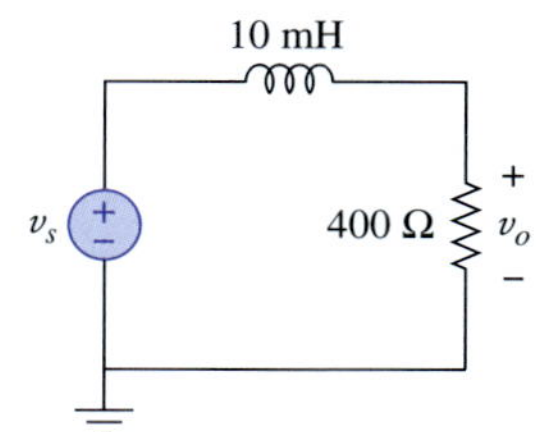

그림 10.70
문제 10.59의 회로

10.9절 응용

10.60 160 mH 코일의 저항이 8 Ω이다. 전압이 코일에 인가될 때, 전류가 최종값의 60%에 도달할 때까지 걸리는 시간을 구하라.

10.61 120 V 직류 발생기가 모터를 동작시키는데 그 안의 코일은 50 H의 인덕턴스와 100 Ω의 저항을 갖는다. 400 Ω의 필드 방전 저항이 모터의 손상을 방지하기 위해서 그림 10.71과 같이 병렬로 연결된다. 이 시스템이 정상 상태에 있다고 한다. 브레이커가 트립된 100 ms 후에 방전 전류를 통해서 흐르는 전류를 구하라.

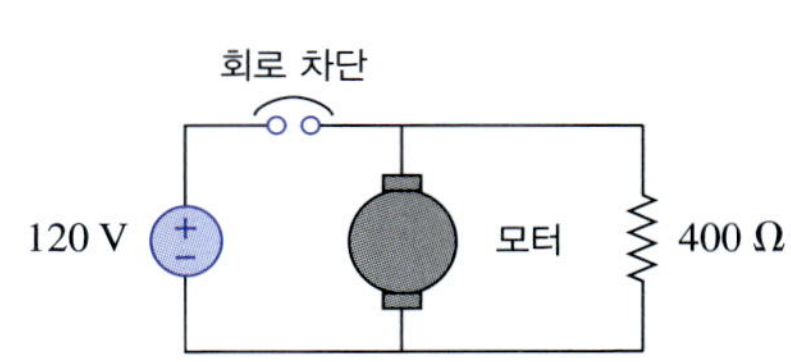

그림 10.71
문제 10.61의 회로

10.62 RL 회로는 출력이 인덕터 양단으로 주어지고 $\tau \ll T$ (즉, $\tau < 0\ 1T$)이면 미분기로 사용된다. 여기에서 T는 입력 펄스의 폭이다. 만일, $R = 200$ kΩ로 고정한다면 $T =$

10 μs인 펄스를 미분하는데 필요한 L의 최대값을 구하라.

10.63 그림 10.72의 회로는 생물학 학생들이 사용하는 "개구리 발차기" 이다. 개구리는 스위치가 닫히면 발을 약하게 차고 스위치가 열렸을 때 5 s 동안 맹렬하게 발을 찬다. 개구리를 저항으로 모델링하고 저항을 계산하라. 개구리가 맹렬하게 발을 찰 때 10 mA가 흐른다고 가정한다.

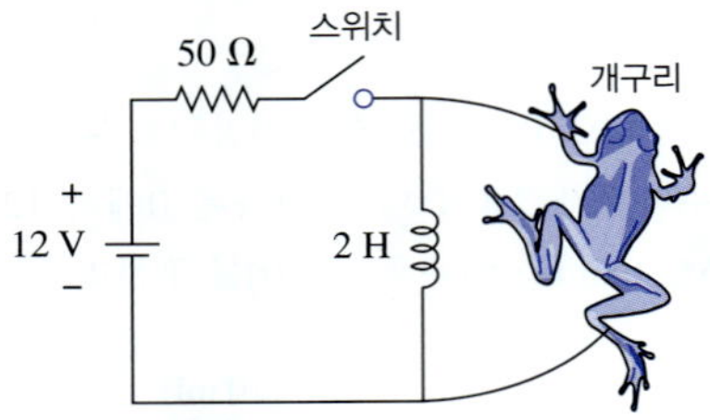

그림 10.72
문제 10.63의 회로

PART TWO

AC Circuits

CHAPTER

11

교류 전압과 전류

자연, 시간 그리고 인내는 3대 위대한 의사다.

— Proverb

역사 프로필

Heinrich Rudorf Hertz(1857~1894) 독일의 실험 물리학자로, 전자파가 빛과 같은 기본 법칙을 따른다는 것을 입증하였다. 그의 업적은 James Clerk Maxwell의 전자파의 존재에 대한 유명한 1864 이론과 가설을 입증한 것이다. 독일 Hamburg의 부유한 가정에서 태어난 그는 베를린 대학에 입학하여 유명한 물리학자인 Hermann von Helmholtz의 지도 하에 박사과정을 마쳤다. 그는 Karlsruhe 대학의 교수가 되었으며 전자기파에 대한 연구를 시작하게 되었다. 그는 전자기파의 발생과 검출을 성공적으로 수행하였다. 그는 처음에는 빛이 전자기 에너지라는 것을 입증하였다. 그리고 1887년에 Hertz는 최초로 분자구조에서 전자의 광전효과에 대해 발표하였다. Hertz는 비록 37세의 나이에 일찍 죽었지만, 전자기파의 발견은 라디오, 텔레비전 그리고 다른 통신 시스템에서 전자파의 실제적인 사용에 대한 터전을 마련하였다. 주파수의 단위인 hertz는 그의 이름에서 비롯되었다.

Heinrich Rudorf Hertz
© The Huntington Library, Burndy Library, San Marino, California

Charles Proteus Steinmetz(1865~1923) 독일 오스트리아의 수학자이자 공학자로서, 교류회로에서의 페이저 방법(다음 장에서 설명하는)을 소개하였다. 그는 또한 히스테리시스 이론에 대한 업적으로도 잘 알려져 있다. 독일 Breslau에서 태어난 Steinmetz는 어머니를 한 살 때 잃었다. Breslau 대학에서 수학 분야의 박사학위 논문을 거의 완성할 즈음에 그의 정치적인 활동 때문에 강제적으로 독일을 떠나게 되었다. 그는 스위스를 거쳐 나중에는 미국으로 이주하였다. 그는 1893년 GE(General Electric)에 취직하였고 그 해 복소수가 교류회로를 해석하는데 사용된다는 사실을 최초로 논문으로 발표하게 된다. 이를 통해 그는 1897년 McGraw-Hill에서 출간한 *Theory and Calculation of AC Phenomena*와 같은 많은 책을 출간하게 된다. 1901년에 그는 나중에 IEEE로 발전된 American Institute of Electrical Engineers의 회장으로 취임하게 된다.

Charles Proteus Steinmetz
© Bettmann/Corbis

11.1 서론

지금까지의 해석은 직류회로에 국한하였다. 즉 회로가 상수 또는 시불변 전원에 의해서 동작하는 경우에 한해서 논의하였다. 회로를 해석함에 있어서 간단하게 하기 위해서, 또한 교수법적인 이유와 역사적인 이유 때문에 직류 전원에 국한해서 논의를 해 왔다. 역사적으로, 직류 전원은 1800년대 후반까지 전기를 제공하기 위한 주요한 수단이었다. 19세기 말에 직류와 교류의 싸움이 시작되었고 그 당시의 모든 전기 공학자들 사이에서 지지를 받았다. 교류는 직류에 비해서 생성하고 먼 거리를 통해서 전송하는데 있어서 더 효율적이고 경제적이었기 때문에, 결국은 교류 시스템의 승리로 판가름 났다. 따라서 역사적인 사건의 연결로 보았을 때 직류를 먼저 다룬 것이다.

이제 전원 전압 또는 전류가 시변(time varying)인 회로의 해석을 시작한다. 이 장에서는, 특히 정현함수적인 시변 여기(excitation) 또는 간단하게 **정현파**(*sinusoid*)에 의한 여기에 대해서 다루게 된다. 정현파 전류는 보통 **교류**(*alternating current*, *ac*)라고 부른다. 이 전류는 일정한 시간 간격에 따라 값이 반대로 변하면서 양의 값과 음의 값을 번갈아 갖는다. 정현파 전류 또는 전압원에 의해서 구동되는 회로를 **교류회로**(*ac circuit*)라고 부른다.

정현파(sinusoid)는 사인 또는 코사인 함수의 형태인 신호이다.

정현파에 대해서 관심을 갖는 몇 가지 이유가 있다. 첫째로, 자연 현상이 정현파적인 특성을 가지고 있다. 정현파적인 변화는 진자의 운동, 줄의 진동, 바다 표면의 파도 그리고 2차 시스템의 고유응답 등에서 경험할 수 있다. 둘째로, 정현파 신호는 생성하고 전송하기가 쉽다. 전 세계를 통해서 생성된 전압의 형태는 가정, 공장, 연구실 등으로 공급된다. 셋째로, 통신과 전기 전력 산업에 있어서 신호의 주된 형태이다. 넷째로, 정현파는 주기 신호의 해석에 있어서 중요한 역할을 수행한다. 마지막으로, 정현파는 수학적으로 다루기 쉽다. 이런 저런 이유로, 정현파는 회로 해석에 있어서 매우 중요한 함수이다.

먼저 교류 전압의 생성으로부터 시작한다. 정현파와 위상관계에 대해서 다루고 평균값과 rms값에 대해서 소개한다. 마지막으로 오실로스코를 이용한 시간-영역 측정에 대해서 알아보겠다.

11.2 교류 전압 발생기

직류전압은 배터리로부터 생성되어 상당히 긴 시간 동안 일정한 단자 전압을 유지하게 된다. 배터리는 가정과 공장에서 필요로 하는 상당한 양의 에너지를 생성하는데 적합하지 않다. 앞 장에서, 교류 전압을 생성하는 방법으로 전자

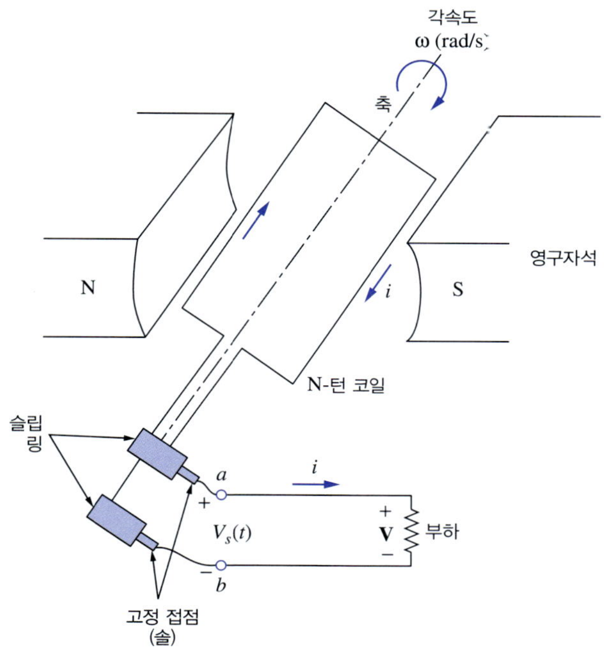

그림 11.1
교류 발생기

기 유도에 대한 패러데이의 법칙에 대해서 설명하였다. 이 법칙은 그림 11.1에 나타낸 것 같이 정적 자기장에서 코일권선을 회전시킴으로써 유도할 수 있다. 코일을 회전함으로써 생성된 전압은 번갈아 가면서 양의 값과 음의 값이 된다. 이러한 전압을 교류라고 한다. 교류 전압을 수학적으로 표현하면 다음과 같다.

$$v = V_m \sin\theta \tag{11.1}$$

여기에서, V_m은 최대값이고 θ는 코일의 회전각(라디안)이다. 어떤 시간에서 전압 값 v는 순시값(*instantaneous value*)이라고 불린다. 순시값은 보통 소문자 $v(t)$로 나타낸다. 그림 11.2에 나타낸 바와 같이, 피크 값 V_p는 최대값이다. 즉 $V_p = V_m$이다.[1] 피크-피크 값 V_{pp}는 양의 피크값에서 음의 피크값 사이의 값이다. 즉 $V_{pp} = 2V_p$이다.

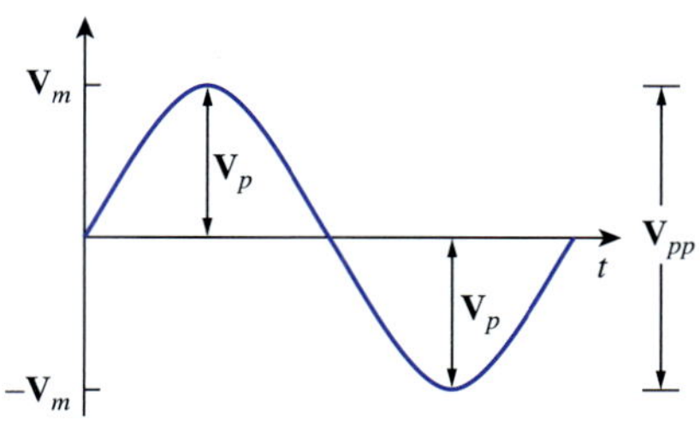

그림 11.2
교류 전압

예제 11.1

어떤 교류 전압이 40 sin($10^3 t$)V로 표현된다.

(a) 0.2 ms에서 순시값을 구하라.

(b) 피크-피크값을 정하라.

1 직류 오프셋이 있다면, $V_p \neq V_m$이다.

풀이

(a) $t = 0.2$ ms에서,

$$v = 40 \sin 10^3 \times 0.2 \times 10^{-3} = 40 \sin 0.2 = 7.947 \text{ V}$$

(b) 피크-피크값은 다음과 같다.

$$V_{pp} = 2 \times 40 = 80 \text{ V}$$

연습문제 11.1

전압 발생기가 25 sin($10^6 t$)V를 생산하였다.

(a) 피크값을 결정하라.

(b) 3 μs에서 순시값을 계산하라.

해답 (a) 25 V, (b) 3.528 V

11.3 정현파

만일 식 (11.1)에서 ωt를 θ로 대체하면, 정현파 함수는 다음과 같이 된다.

$$v(t) = V_m \sin \omega t \tag{11.2}$$

여기에서,

V_m = 정현파의 진폭(*amplitude*)

ω = 초당 라디안의 각 주파수(*angular frequency*)

t = 초의 시간(*time*)

ωt = 라디안의 정현파의 인수(*argument*)

그림 11.3(a)에 인수의 함수로써 정현파를 나타내었고 그림 11.3(b)에는 시간의 함수로써의 정현파를 나타내었다. 이 파는 매 T초마다 반복되며, 여기에서 T는 이 파의 주기라고 한다. 그림 11.3의 두 그림으로부터 $\omega T = 2\pi$임을 알 수 있다.

$$\boxed{T = \frac{2\pi}{\omega}} \tag{11.3}$$

매 T초마다 $v(t)$가 반복된다는 사실은 식 (11.2)에서 t 대신에 $t + T$를 대체할 수 있다는 것을 의미한다.

$$\begin{aligned} v(t+T) &= V_m \sin \omega(t+T) = V_m \sin\left(\omega t + \omega \frac{2\pi}{\omega}\right) \\ &= V_m \sin(\omega t + 2\pi) = V_m \sin \omega t = v(t) \end{aligned}$$

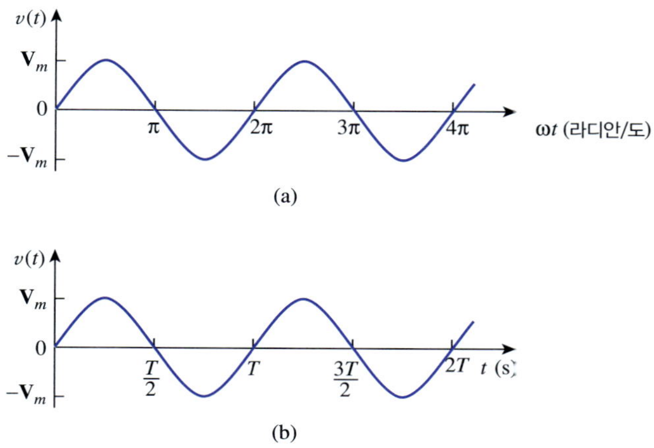

그림 11.3

$V_m \sin(\omega t)$ 개략적인 그림: (a) ωt의 함수로써, (b) t의 함수로써

따라서 $v(t+T) = v(t)$, 즉 v는 t에서와 같은 값을 $t+T$에서 갖는다. 이런 이유로 $v(t)$를 주기적이라고 한다.

앞에서도 언급했듯이, 주기 함수의 주기 T는 하나의 완전한 싸이클 시간 또는 싸이클당 시간 수이다. 이 양의 역수인 시간당 싸이클의 수는 파형의 주파수 f라고 한다. 즉

$$f = \frac{1}{T} \tag{11.4}$$

이다. 식 (11.3)과 (11.4)로부터 다음 식을 얻을 수 있다.

$$\omega = 2\pi f \tag{11.5}$$

여기에서 ω는 초당 라디안(rad/s)이고 f는 헤르쯔[2](Hz)이다.

그림 11.3으로부터 수평축은 시간, 도(degrees) 또는 라디안이 될 수 있다. 이 시점에서 도와 라디안 사이의 관계를 살펴볼 필요가 있다. 360도는 2π 라디안에 해당한다. 즉

$$2\pi \text{ rad} \equiv 360° \tag{11.6a}$$

또는

$$1 \text{ rad} \equiv \frac{360°}{2\pi} = 57.3° \tag{11.6b}$$

도와 라디안 사이의 변환식은 다음과 같다.

$$\text{라디안} = \left(\frac{\pi}{180°}\right) \times \text{도} \tag{11.7}$$

2 역사적 주석: 독일의 물리학자 Heinrich R. Hertz(1857~1894)의 이름을 따랐다.

표 11.1

도(degrees)와 그에 해당하는 라디안의 값

도(°)	라디안(rad)
0	0
30	$\pi/6$
45	$\pi/4$
60	$\pi/3$
90	$\pi/2$
135	$3\pi/4$
180	π
225	$5\pi/4$
270	$3\pi/2$
315	$7\pi/4$
360	2π

$$\text{도} = \left(\frac{180°}{\pi}\right) \times \text{라디안} \tag{11.8}$$

표 11.1은 도와 그에 해당하는 라디안에 대한 다른 값들을 나타내었다.

그림 11.3에서처럼 사인파가 $t = 0$에서 0이 아니라면, **위상 천이**(위상 또는 위상각이라도 부른다)를 갖는다. 그림 11.4에 나타낸 바와 같이, 사인파는 왼쪽이나 오른쪽으로 천이되었다. 파형이 그림 11.4(a)처럼 왼쪽으로 천이되었다면,

$$v(t) = V_m \sin(\omega t + \theta) \tag{11.9a}$$

이 된다. 여기에서, θ는 라디안이나 도 만큼의 위상 천이이다. 파형이 그림 11.4(b)처럼 오른쪽으로 천이되었다면

$$v(t) = V_m \sin(\omega t - \theta) \tag{11.9b}$$

이 된다.

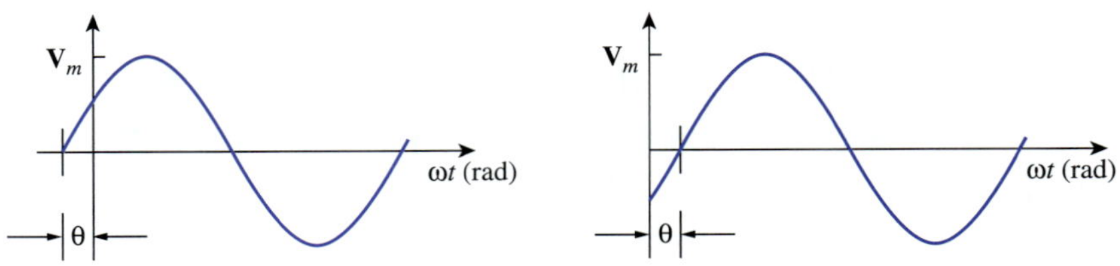

(a) $v(t) = \mathbf{V}_m \sin(\omega t + \theta)$ (b) $v(t) = \mathbf{V}_m \sin(\omega t - \theta)$

그림 11.4
위상-천이 사인파

예제 11.2

다음 정현파에서 진폭, 위상, 각주파수, 주기 그리고 주파수를 구하라.

$$v(t) = 12\cos(50t + 10°)$$

풀이

진폭 $V_m = 12$ V

위상 $\theta = 10°$

각주파수 $\omega = 50$ rad/s

주기 $T = \dfrac{2\pi}{\omega} = \dfrac{2\pi}{50} = 0.1257$ s

주파수 $f = \dfrac{1}{T} = 7.958$ Hz

연습문제 11.2

주어진 정현파는 $5\sin(4\pi t - 60°)$이다. 진폭, 위상, 각주파수, 주기 그리고 주파수를 구하라.

해답 5, −60도, 12.566 rad/s, 0.5 s, 2 Hz

예제 11.3

(a) 150도를 라디안으로 변환하라.
(b) $4\pi/3$ 라디안을 도로 변환하라.

풀이

(a) 식 (11.7)을 이용하여

$$\text{라디안} = \left(\frac{\pi}{180^\circ}\right) \times 150^\circ = 2.618 \text{ rad}$$

(b) 식 (11.8)을 이용하여

$$\text{도} = \left(\frac{180^\circ}{\pi}\right) \times \frac{4\pi}{3} = 240^\circ$$

연습문제 11.3

(a) 210도를 라디안으로 변환하라.
(b) $5\pi/6$ 라디안을 도로 변환하라.

해답 (a) 3.6652 rad, (b) 150도

11.4 위상 관계

앞 절에서 설명했던 정현파에 대해 두 개의 정현파가 같은 주파수에서 동작하는 경우로 확장시켜 보자. 그림 11.5에 보인 두 개의 정현파를 다음과 같이 나타낼 수 있다.

$$v_1(t) = V_m \sin \omega t \qquad \textbf{(11.10)}$$
$$v_2(t) = V_m \sin(\omega t + \theta)$$

그림 11.5에서 v_2의 시작점은 처음에 시간에 맞추어서 발생한다. 따라서 v_2는 v_1을 θ만큼 **앞선다**(*leads*)고 하거나 v_1은 v_2에 θ만큼 **뒤진다**(*lags*) 라고 한다. 만일 $\theta \neq 0$이면, v_1과 v_2는 **이상**(*out of phae*)이라고 하고 간일 $\theta = 0$이면, v_1과 v_2는 **동상**(*in phae*)이라고 한다. 두 개의 정현파가 같은 주파수에서 동작하기 때문에 이와 같이 v_1과 v_2를 비교할 수 있다. 그러나 이 두 파형은 같은 진폭을 가질 필요는 없다. 각도 차이는 앞서거나 뒤지는 것을 결정하기 위해서 180도 보다는 작은 크기를 가져야만 한다. 만일 위상차가 180도라면 앞서지도 않

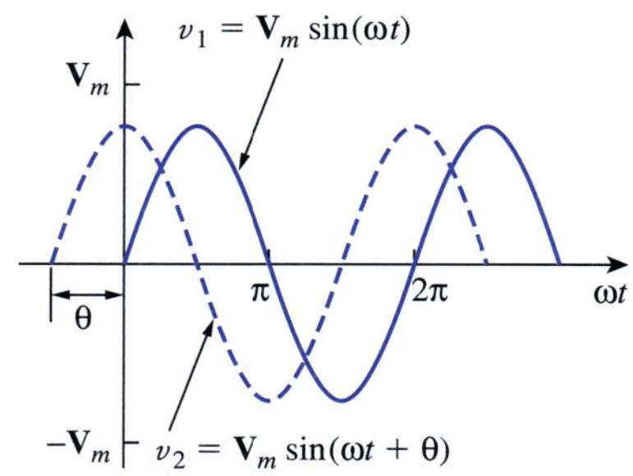

그림 11.5
다른 위상을 갖는 두 개의 정현파

고 뒤지지도 않는 것이다.

이제까지 정현파를 사인함수로 표현해 왔다. 그러나 정현파는 코사인함수로도 표현될 수 있다. 두 개의 정현파를 비교할 때 양의 진폭을 갖는 사인함수나 코사인함수로 통일해서 표현하는 것이 필요하다. 이러한 식은 다음과 같은 삼각함수 공식을 이용해서 얻어질 수 있다.

$$\begin{aligned}
\sin(-\omega t) &= -\sin(\omega t) \\
\cos(-\omega t) &= \cos(\omega t) \\
\sin(\omega t \pm 180^\circ) &= -\sin \omega t \\
\cos(\omega t \pm 180^\circ) &= -\cos \omega t \\
\sin(\omega t \pm 90^\circ) &= \pm\cos \omega t \\
\cos(\omega t \pm 90^\circ) &= \mp\sin \omega t
\end{aligned} \tag{11.11}$$

이와 같은 관계를 이용하면, 쉽게 코사인에서 사인함수의 형태로 또는 그 반대의 변환이 가능하다.

예제 11.4

다음 전압식 사이의 위상각을 계산하라.

$$v_1(t) = -10\cos(\omega t + 50^\circ)$$
$$v_2(t) = 12\sin(\omega t - 10^\circ)$$

그리고 어떤 정현파가 앞서는지를 밝혀라.

풀이

위상은 다음 두 가지 방법으로 계산할 수 있다.

■ **방법 1** v_1과 v_2를 비교하기 위해서, 두 정현파를 같은 형태로 표현해야만 한다. 다음과 같이 양의 진폭을 갖는 코사인 파형으로 나타내면

$$v_1 = -10\cos(\omega t + 50^\circ) = 10\cos(\omega t + 50^\circ - 180^\circ)$$

이 된다. 또는

$$v_1 = 10\cos(\omega t - 130^\circ) = 10\cos(\omega t + 230^\circ) \tag{11.4.1}$$

그리고

$$v_2 = 12\sin(\omega t - 10^\circ) = 12\cos(\omega t - 10^\circ - 90^\circ)$$

또는

$$v_2 = 12\cos(\omega t - 100^\circ) \tag{11.4.2}$$

이 된다. 식 (11.4.1)과 (11.4.2)로부터 v_1과 v_2 사이의 위상차는 30도이다. 따라서 v_2를 다음과 같이 쓸 수 있다.

$$v_2 = 12\cos(\omega t - 130^\circ + 30^\circ)$$

또는

$$v_2 = 12\cos(\omega t + 260°) = 12\cos(\omega t + 230° + 30°) \quad \textbf{(11.4.3)}$$

가 된다. 식 (11.4.1)과 (11.4.3)을 비교함으로써 v_2가 v_1을 30도 만큼 앞선다는 사실을 알 수 있다.

■ **방법 2** 이번에는 v_1을 사인함수로 표시할 수 있다.

$$\begin{aligned} v_1 &= -10\cos(\omega t + 50°) = 10\sin(\omega t + 50° - 90°) \\ &= 10\sin(\omega t - 40°) = 10\sin(\omega t - 10° - 30°) \end{aligned}$$

또한

$$v_2 = 12\sin(\omega t - 10°)$$

이다. 두 함수를 비교하면 v_1이 v_2에 비해서 30도만큼 뒤지는 것을 알 수 있다. 이것은 v_2가 v_1을 30도만큼 앞선다는 사실과 같은 의미이다.

연습문제 11.4

다음 전류 사이의 위상각을 구하라.

$$\begin{aligned} i_1 &= -4\sin(377t + 25°) \\ i_2 &= 5\cos(377t - 40°) \end{aligned}$$

i_2가 뒤지는가 또는 i_1이 앞서는가?

해답 i_1이 i_2보다 155도 앞선다.

11.5 평균값과 RMS 값

주기 T를 갖는 주기 함수 $f(t)$ (전류이거나 전압이 될 수 있다)에 대해서 평균값은 다음과 같이 정의된다.

$$F_{ave} = \frac{1}{T} \times [\text{한 주기의 } f(t) \text{ 곡선의 면적}] \quad \textbf{(11.12)}$$

위의 식에서, 면적은 축 위의 값은 양수이고 축 아래의 값은 음수가 된다.

정현파 파형에서, 한 주기에 대한 순수한 면적은 그림 11.6(a)에서 알 수 있듯이 파형의 대칭적인 본질 때문에 항상 0이다. 또한 그림 11.6(a)는 반 주기 동안 파형의 모든 양의 값은 다음 반 주기 동안의 음의 값과 비슷하게 된다는 것을 증명한다. 따라서 교류전압 $v(t) = V_m \sin\omega t$에 대해서

$$V_{ave} = 0 \quad \textbf{(11.13)}$$

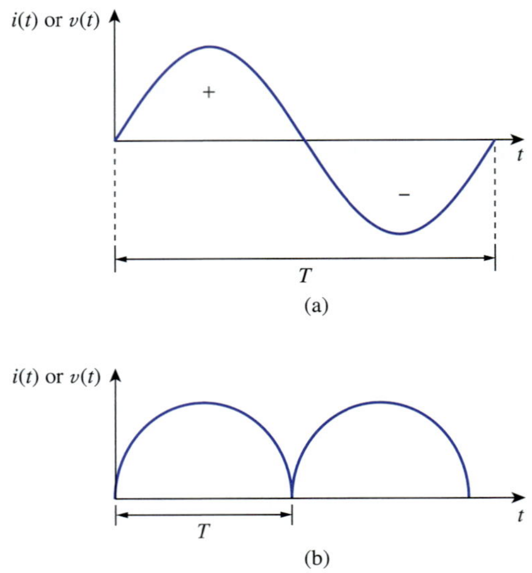

그림 11.6
(a) 사인 파형, (b) 전파-정류 사인 파형

이 된다. 비슷하게, 교류 전류 $i(t) = I_m \sin \omega t$에 대해서

$$I_{ave} = 0 \tag{11.14}$$

이 된다. 그림 11.6(b)에 나타낸 전파 정류 사인파에 대해서 식 (11.12)를 적용하면, 다음 두 식을 얻는다.

$$V_{ave} = 0.637V_m \tag{11.15}$$

$$I_{ave} = 0.637I_m \tag{11.16}$$

> 주기 전류(또는 전압)의 **실효(또는 rms)값**은 저항에 주기 전류(또는 전압)와 같은 평균 전력을 제공하는 직류 전류(또는 전압)이다.

주기 파형의 또 다른 중요한 성질은 실효(*effective*) 또는 *rms*(*root mean square*) 값이다. 실효값은 저항 부하에 전달되는 전력에 전류원이나 전압원이 얼마나 효과적이냐 하는 것을 측정한 값이다.

> 정현 전류나 전압의 **실효**(또는 등가 직류)**값**은 진폭의 0.707배이다.

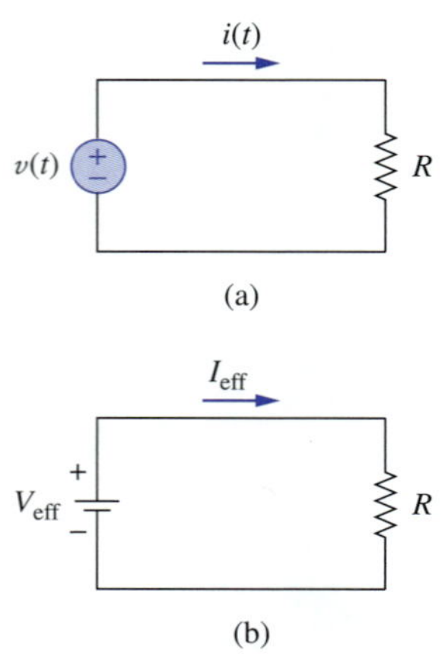

그림 11.7
실효 전류 구하기: (a) 교류 회로, (b) 직류 회로

정현파의 실효값은 등가 직류값을 고려하면 된다. 그림 11.7에 나타낸 바와 같이, (a) 회로는 교류인 반면 (b)의 회로는 직류이다. 우리의 목적은 정현 전류 $i(t)$로 인해 저항 R에 전달한 전력과 동일한 전력을 전달할 직류 전류 I_{eff}를 구하는 것이다. 교류 회로에서 저항에 의해서 흡수되는 평균 전력은 다음 식과 같다.

$$I_{eff}^2 R = P_{ave} = \frac{1}{2} I_m^2 R \tag{11.17}$$

따라서 정현 전류 $i(t)$에 대해서

$$I_{\text{eff}} = I_{\text{rms}} = \frac{I_m}{\sqrt{2}} = 0.707 I_m \tag{11.18}$$

이고, 비슷하게 정현 전압 $v(t)$에 대해서는

$$V_{\text{eff}} = V_{\text{rms}} = \frac{V_m}{\sqrt{2}} = 0.707 V_m \tag{11.19}$$

가 된다. 주어진 부하 R에서의 평균 전력은 다음과 같이 주어진다.

$$P_{\text{ave}} = V_{\text{eff}} I_{\text{eff}} = \frac{V_{\text{eff}}^2}{R} = I_{\text{eff}}^2 R \tag{11.20}$$

즉 직류의 경우와 같음을 알 수 있다.

0.707이라는 값은 단지 정현 함수에서만 유효하다. 다른 주기 함수에 있어서는, 조금 더 일반적인 식이 필요하다. 어떠한 주기 파형 $f(t)$에 대해서,

$$F_{\text{eff}} = \sqrt{\frac{1}{T} \times \pi[\,f(t)\text{의 제곱에 대한 면적}]} \tag{11.21}$$

이 된다. 여기에서, $f(t)$는 전류 또는 전압이다. 식 (11.21)으로부터 $f(t)$의 실효값을 얻기 위해서는 먼저 제곱인 $f^2(t)$를 구하고 그런 다음, $0 < t < T$에서의 평균값을 찾아야 하는데 파형의 아래 면적을 T로 나눈 값과 같다(이것이 제곱한 값의 평균이다). 그리고 최종적으로 평균의 제급의 근호를 취해서 구한다. 따라서 식 (11.21)을 이용해서 실효값을 구하기 위해서는 다음의 과정을 따라야 한다.

실효값 또는 rms 값을 계산하기 위한 단계

1. 전류(또는 전압)를 제곱한다.
2. 한 주기 동안 제곱된 곡선 아래의 면적을 계산한다.
3. 주기 T로 면적을 나눈다.
4. 위의 결과에 근호를 취한다.

이 과정은 실효값에 대한 다른 용어인 **제곱근-평균-제곱**(*root-mean-square, rms*) 값을 이끌어 낸다. **실효값 또는 *rms* 값**은 같은 의미로 쓰이는 동의어이다.

정현 전압이나 전류가 정해지면 평균값은 0이기 때문에 최대(또는 피크 또는 진폭)값이나 rms 값의 형태로 주어지는 것이 일반적이다. 전력 산업에서, 전압과 전류는 피크값보다는 rms 값으로 명시되는 것이 일반적이다. 예를 들면 모든 가정에서 사용하는 120 V는 전력회사에서 공급되는 전압의 rms 값

이다. 전력의 해석에 있어서 전압과 전류를 rms 값으로 표시하는 것이 일반적이다. 또한 아날로그 전압계와 전류계는 전압과 전류의 값을 rms 값으로 표시하도록 설계되어 있다.

예제 11.5

저항을 통해 흐르는 전류는

$$i(t) = 4\sin(377t + 30°)\text{ A}$$

이다. 반면에 저항 양단 전압은

$$v(t) = 60\sin(377t + 30°)\text{ A}$$

이다. 이 저항에서 소비하는 평균 전력을 계산하라.

풀이

전류와 전압의 rms 값은 다음과 같다.

$$I_{\text{rms}} = \frac{I_m}{\sqrt{2}} = \frac{4}{\sqrt{2}} = 2.828\text{ A}$$

$$V_{\text{rms}} = \frac{V_m}{\sqrt{2}} = \frac{60}{\sqrt{2}} = 42.43\text{ V}$$

따라서 전력은 다음과 같다.

$$P_{\text{ave}} = V_{\text{rms}} I_{\text{rms}} = 42.43 \times 2.828 = 120\text{ W}$$

연습문제 11.5

8 Ω 양단 전압이 $v(t) = 50\sin(628t + 25°)$ V이다. 전압의 실효값을 구하고 이 저항에서 소비하는 평균 전력을 구하라.

해답 35.35 V, 156.25 W

예제 11.6

그림 11.8에 보인 신호의 평균값과 rms 값을 구하라.

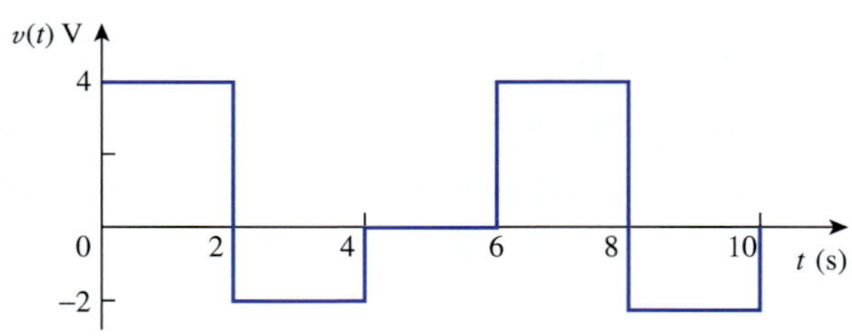

그림 11.8
예제 11.6의 그래프

풀이

먼저 신호가 6s 후에 반복되는 것을 보고 주기 $T = 6$s임을 알 수 있다. 평균값은 식 (11.12)를 이용하여 다음과 같이 구할 수 있다.

$$V_{\text{ave}} = \frac{1}{T} \times [\text{한 주기의 } v(t) \text{ 곡선의 면적}]$$
$$= \frac{1}{6} \times [4 \times 2 + (-2) \times 2 + 0 \times 2] = \frac{4}{6} = 0.6667 \text{ V}$$

rms 값은 앞에서 주어진 네 번째 단계를 이용해서 구할 수 있다. 먼저 그림 11.9에 $v(t)$를 제곱한 파형을 나타내었다.

두 번째로 한 주기에 해당하는 $v^2(t)$의 아래 면적을 구한다. 즉

$$\text{면적} = 16 \times 2 + 4 \times 2 + 0 \times 2 = 40$$

세 번째로, T로 나누어 40/6을 구한다. 마지막으로, 근호를 씌어서 다음과 같이 구한다.

$$V_{\text{rms}} = \sqrt{\frac{40}{6}} = 2.582 \text{ V}$$

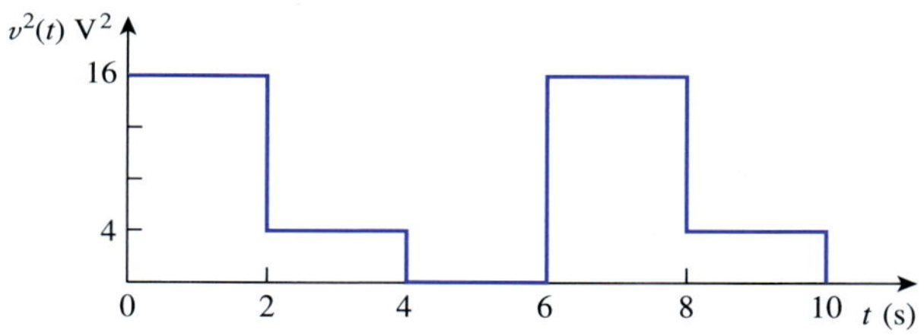

그림 11.9

그림 11.8의 $v(t)$의 제곱

연습문제 11.6

그림 11.10에 대해서 다음을 구하라.

(a) $i(t)$의 주기를 구하라. (b) 평균값을 계산하라. (c) rms 값을 구하라.

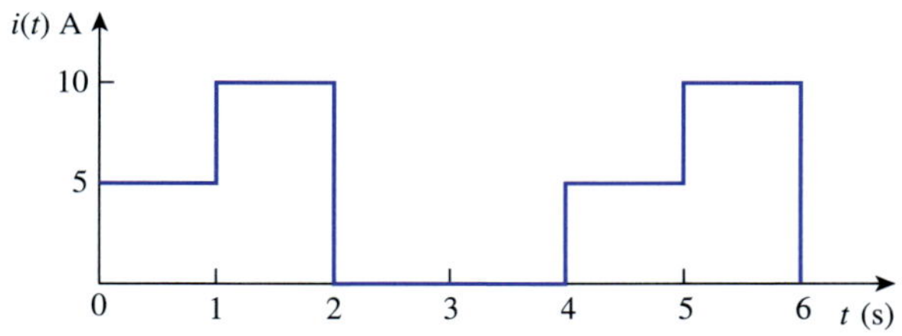

그림 11.10

연습문제 11.6의 그래프

해답 (a) 4s, (b) 3.75 A, (c) 5.59 A

11.6 오실로스코프

오실로스코프는 회로의 다른 두 점 사이의 신호를 볼 수 있도록 해 주기 때문에 회로를 테스트하기에 가장 유용한 실험 장치이다. 오실로스코프는 전기 측정장치로 널리 사용되는 전자 장치이다. 즉 텔레비전을 수리하는 사람부터 의료 연구자에 이르기까지 많은 사람들에 의해 사용된다. 다시 말해 전자 장치를 수리하거나 유지 보수하는 사람에게는 없어서는 안되는 도구이다.

오실로스코프는 직접적으로 전압을 측정한다. 전류를 측정하도록 사용하기 위해서는 전류-전압 변환기(저항으로 알려진)가 필요하다.

오실로스코프는 기본적으로 그래프 표시 장치이다. 즉 전기 신호의 그래프를 보여준다. 그래프는 신호에 대해 많은 것들을 우리에게 제공한다. 예를 들면

- 신호의 시간과 전압 값을 결정할 수 있다.
- 신호의 주파수를 계산할 수 있다.
- 신호의 직류 레벨이나 평균값을 측정할 수 있다.
- 오동작하는 소자가 신호 왜곡의 원인이라고 말할 수 있다.
- 직류나 교류의 신호 크기가 얼마인지 알아낼 수 있다.
- 잡음이 얼마나 큰지 또는 잡음이 시간에 따라 변하는지를 알아낼 수 있다.

오실로스코프(또는 스코프)는 스크린에 눈금이 그려져 있고 텔레비전에 비해 제어 단자가 더 많다는 것을 제외하면 작은 텔레비전 세트처럼 보인다. 대부분의 스코프는 이중-트레이스를 지원한다. 즉 두 개의 파형을 동시에 보여준다.

대부분의 측정 장치와 마찬가지로, 오실로스코프는 아날로그 타입과 디지털 타입이 있다. 두 가지 타입을 그림 11.11에 나타내었다. 두 장치는 입력신호가 스크린에 표시되기 전에 실행되는 방식에서 차이가 있다. 아날로그 오실로스코프는 스크린 사이를 움직이는 전자빔을 둘러싸고 있는 평행판에서 측정된 전압을 인가함으로써 동작한다. 이러한 전압에 의해서 생성된 전기장은 세기에 비례해서 전자빔을 높이거나 낮추면서 편향시킴으로써 스크린에 파형을

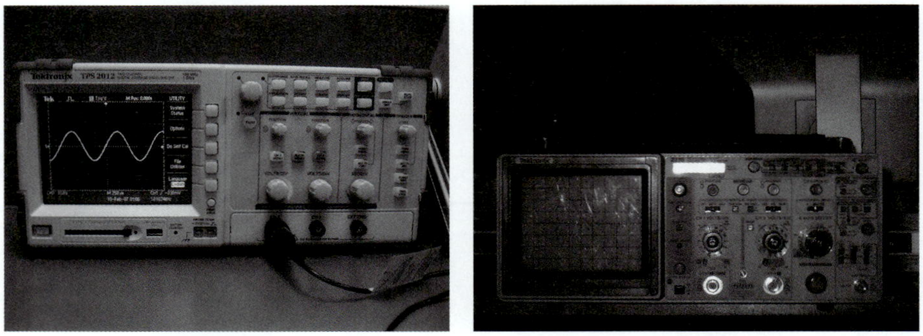

(a) (b)

그림 11.11
오실로스코프: (a) 디지털, (b) 아날로그

그리게 한다. 이렇게 해서 파형을 그래프 형태로 표시하게 된다. 반대로 디지털 오실로스코프는 전압 파형을 추출하고 측정된 전압을 디지털 정보로 변환하기 위해서 아날로그-디지털 변환기(또는 ADC)를 사용한다. 이와 같은 디지털 정보는 스크린의 파형으로 재현된다. 많은 응용에서 아날로그 또는 디지털 오실로스코프가 사용된다. 그러나 디지털 오실로스코프는 파형 저장과 파형 측정 및 계산과 같은 확장 능력 때문에 선택하여 사용하는 장치이다.

오실로스코프는 신호의 전압과 주파수를 측정하는데 사용된다. 수직축은 눈금당 전압으로 그리고 수평축은 눈금당 초로 매겨져 있다. 전압 값은 수직축으로부터 직접 읽는다. 주파수를 측정하기 위해서는 먼저 수평축의 주기를 구해야 한다. 주기는 다음과 같이 구한다.

$$T = (\text{눈금/사이클}) \times (\text{시간/눈금}) \tag{11.22}$$

신호의 주파수는 다음과 같이 계산된다.

$$f = \frac{1}{T} \tag{11.23}$$

오실로스코프의 동작에 대해서 친숙해지기를 바란다. 오실로스코프를 자주 실험하면서 값을 읽는 연습을 해야한다. 그렇게 하다보면 능숙하게 다루게 될 것이다.

11.7 진성 RMS 미터

앞에서 언급한 것처럼, 전력은 전류와 전압의 곱이다. 직류 또는 직류 회로에서, 전압과 전류가 상수이기 때문에 전력은 측정하기가 간단하다. 그러나 교류 회로에서는 전압과 전류가 0에서 최대값까지 지속적으로 변한다. 따라서 실효적인 전압과 전류는 최대값보다 작게 된다. 이러한 실효값(근호-평균-제곱, 또는 rms 값)은 최대값의 0.707배이다.

진성 RMS 미터는 집적회로를 사용해서 사각파형 또는 반파 정류 등의 교류신호와 같은 복잡한 신호의 진성 rms 값을 계산한다. RMS 미터는 보통의 DMM과 똑같지만 값은 더 비싸다. 많은 DMM은 단지 정현파의 rms 값을 읽도록 설계되어 있다. 그러나 진성 RMS 미터는 정현파에 국한되지 않고, 어떠한 파형에 대해서도 rms 값을 읽을 수 있도록 제공된다. 진성 RMS 미터는 넓은 범위에서 사용이 가능하며 사용설명서에 측정 가능한 범위가 명시 되어 있다. 전형적인 진성 RMS 미터를 그림 11.12에 나타내었다.

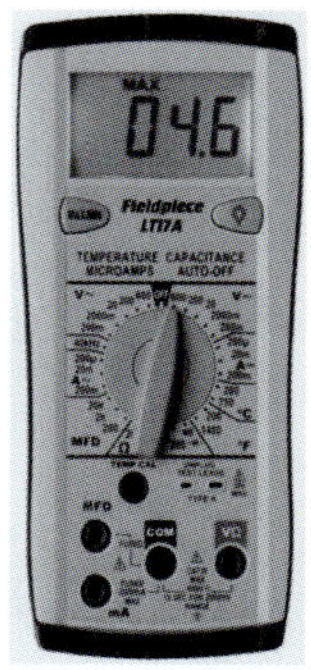

그림 11.12
진성 RMS 미터

11.8 요약

1. 교류 전압은 패러데이 법칙의 전자기 유도에 기초해서 생성된다.

2. 정현파는 사인 또는 코사인 함수의 형태인 신호이다. 일반적인 수식은 다음과 같다.

$$v(t) = V_m \sin(\omega t + \phi)$$

여기에서, V_m은 진폭이고 $\omega = 2\pi f$는 각주파수, $(\omega t + \phi)$는 인수 그리고 ϕ는 위상이다.

3. 주기 신호의 평균값은 한 주기 동안에 신호와 수평축 사이로 만들어지는 면적의 대수적인 합이다.
4. 주기 신호의 실효(또는 rms)값은 원래 신호가 저항에 공급하는 전력과 같도록 주어진 저항에 전력을 제공하는 등가 직류 값이다.
5. 오실로스코프는 시변 파형의 파라미터를 연구, 측정 그리고 표시하는데 사용되는 시간-영역 전압계이다.
6. 진성 rms 미터는 어떤 파형의 rms 값을 측정한다.

복습문제

11.1 다음 중 직류에서 참인 내용은?
(a) 단지 한 방향으로 전류가 흐른다.
(b) 전류가 주기적으로 교변한다.
(c) 전압이 위나 아래로 계단 형식으로 변할 수 있다.
(d) 직류는 긴 거리에 걸쳐 전력을 전송하는데 효율적인 방법이다.
(e) 직류는 모든 목적에 유용하다.

11.2 반복적이고 고정된 간격을 갖는 함수는 무엇이라 하는가?
(a) 페이저 (b) 하모닉
(c) 주기 (d) 리액티브

11.3 다음 중 더 짧은 주기를 갖는 주파수는 얼마인가?
(a) 1 krad/s (b) 1 kHz

11.4 주기가 5 ms인 사인파의 주파수는 얼마인가?
(a) 5 Hz (b) 100 Hz
(c) 200 Hz (d) 2 kHz

11.5 60 Hz의 주파수를 갖는 사인파에서 2s일 때의 파형은 얼마인가?
(a) 1/30 사이클 (b) 60 사이클
(c) 120 사이클 (d) 600 사이클

11.6 $v_1 = 30\sin(\omega t + 10°)$ V이고 $v_2 = 20\sin(\omega t + 50°)$ V일 때, 다음 중 참인 것은?
(a) v_1이 v_2를 앞선다. (b) v_2가 v_1을 앞선다.
(c) v_2가 v_1에 뒤진다. (d) v_1이 v_2에 뒤진다.
(e) v_1과 v_2가 동상이다.

11.7 $10\sin(\omega t - 30°)$의 평균값은 얼마인가?
(a) 0 (b) 5 (c) 7.07
(d) 10 (e) 14.14

11.8 $10\sin(\omega t - 30°)$의 실효값은 얼마인가?
(a) 0 (b) 5 (c) 7.07
(d) 10 (e) 14.14

11.9 오실로스코프는 직접적으로 전류를 측정한다.
(a) 참 (b) 거짓

11.10 오실로스코프는 다음의 양을 측정할 수 없다.
(a) 전압 (b) 주파수
(c) 위상 전이 (d) 전력

해답 11.1a, 11.2c, 11.3b, 11.4c, 11.5c, 11.6b,d, 11.7a, 11.8c, 11.9b, 11.10d

문제

11.2절 교류 전압 발생기

11.1 정현파는 1.2 V의 피크값을 갖는다. 피크-피크값을 계산하라.

11.2 교류전압이 $v = 120\sin(2000t)$이다. 다음을 구하라.
(a) 피크값
(b) 피크-피크값
(c) $t = 1$ ms에서의 순시값

11.3 $i(t) = 24\cos(377t)$ mA이다. $t = 0$, $t = 10$ ms, $t = 40$ ms일 때의 $i(t)$를 구하라.

11.4 어떤 교류 전류가 $i(t) = I_m \sin(754t)$ A이다. $t = 2$ ms에서 전류가 10 A라면 피크 전류를 구하라.

11.5 정현파 전압이 $v = 10\sin(337t)$ V이다. $t = 2$ ms, $t = 14.5$ ms, $t = 25.2$ ms일 때의 순시값을 구하라.

11.3절 정현파

11.6 다음의 도를 래디안으로 바꾸어라.
(a) 22.5 (b) 65 (c) 122 (d) 270

11.7 다음의 래디안 주파수를 도로 바꾸어라.
(a) $\pi/5$ (b) $6\pi/7$ (c) 2.368 (d) 4.5

11.8 다음의 각 주파수에 대한 주기를 결정하라.
(a) 50 Hz (b) 600 Hz (c) 2 kHz (d) 1 MHz

11.9 다음의 각 주기에 대해서 주파수를 결정하라.
(a) 0.4 s (b) 2 ms (c) 30 μs

11.10 다음 파형의 진폭과 주파수를 계산하라.
(a) $5\sin(2\pi t)$
(b) $10\sin(377t)$
(c) $30\sin(10^6 t)$
(d) $0.04\sin(42.56t)$

11.11 그림 11.13에 나타낸 파형에 대해서
(a) 주기를 결정하라.
(b) 주파수를 결정하라.
(c) 보여지는 사이클은 몇 개인가?

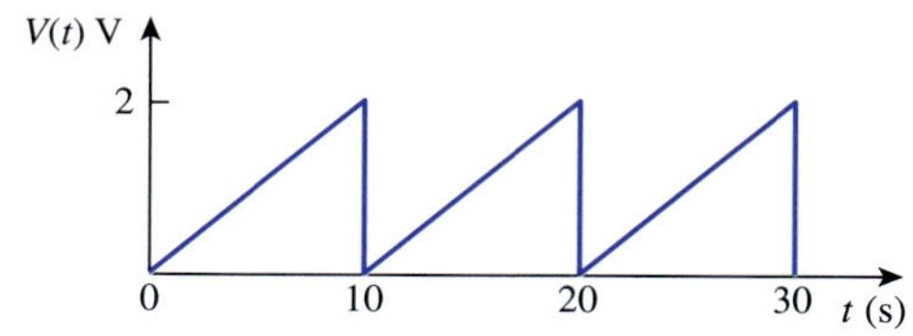

그림 11.13
문제 11.11의 그래프

11.12 주기 파형이 60 Hz의 주파수를 갖는다. 완전한 10개의 사이클이 완성되려면 얼마나 걸리는가?

11.13 주기 파형이 2 s 동안에 완전한 100 사이클을 구성한다. 파형의 주파수를 계산하라.

11.14 2 ms에서 한 사이클을 완성하는 교류 발생기의 주파수를 구하라.

11.15 사각파가 40 ms의 간격에 대해서 +20 V의 전압레벨을 갖고 다음 40 ms에서 −20 V의 값을 갖는다. 이 사각파의 주파수를 결정하라.

11.16 교류 신호의 주파수가 두 배가 되었다면, 이 신호의 주기는 어떻게 되는가?

11.17 파형이 4 ms의 주기를 갖는다. 이 파형의 각 주파수를 결정하라.

11.18 삼각파 전류 파형이 그림 11.14와 같다. (a) 주기, (b) 주파수, (c) 라디안 주파수, (d) 피크 전류, (e) 피크-피크 전류

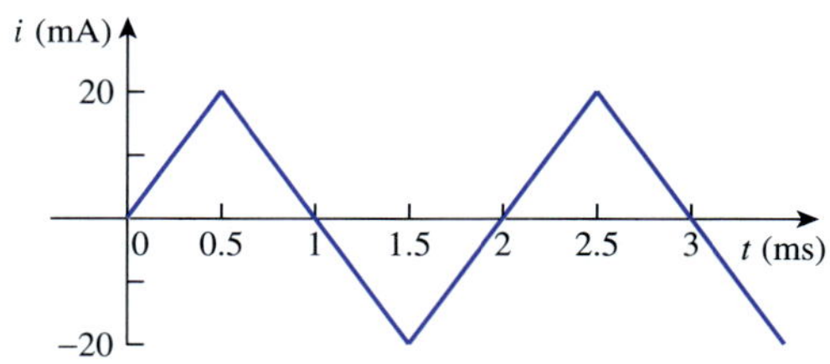

그림 11.14
문제 11.18의 그래프

11.19 회로에서, 전압원이 $v_s(t) = 12\sin(10^3 t + 24°)$V이다.
(a) 이 전압의 각 주파수를 구하라.
(b) 이 전원의 주파수를 구하라.
(c) 전압의 주기를 구하라.
(d) $t = 2.5$ ms일 때의 $v_s(t)$를 구하라.

11.20 회로에서, 전류원이 $i_s(t) = 8\cos(500\pi t - 25°)$ A이다.
(a) 이 전류의 진폭을 구하라.
(b) 이 전원의 각 주파수를 구하라.
(c) 전류의 주파수를 구하라.
(d) $t = 2$ms일 때의 $i_s(t)$를 구하라.

11.21 다음의 함수들을 코사인의 형태로 나타내어라.
(a) $4\sin(\omega t - 30°)$
(b) $-2\sin(6t)$
(c) $-10\sin(\omega t + 20°)$

11.22 다음의 함수들을 사인함수의 형태로 나타내어라.
(a) $2\cos(\omega t)$
(b) $110\cos(\omega t + 20°)$
(c) $-70\cos(\omega t + 30°)$

11.23 (a) $v(t) = 8\cos(7t + 15°)$를 사인함수의 형태로 나타내어라.
(b) $i(t) = -10\sin(3t - 85°)$를 코사인함수의 형태로 나타내어라.

11.24 전압 사인 파형인 $v = A\sin\theta$가 $\theta = 30°$에서 8 V의 순시값을 갖는다. $\theta = 120°$일 때의 파형의 값을 구하라.

11.25 전압 파형이 $v = 200\sin(521t + 25°)$이다.
(a) 파형의 진폭을 구하라.
(b) 주파수를 구하라.
(c) 주기를 구하라.
(d) 위상각을 구하라.

11.4절 위상 관계

11.26 주어진 $v_1(t) = 20\sin(\omega t + 60°)$과 $v_2(t) = 60\cos(\omega t - 10°)$에 대해서, 두 정현파의 위상각을 구하고 어떤 신호가 다른 신호에 대해서 뒤지는지를 설명하라.

11.27 다음 정현파 쌍에 대해서 어떤 신호가 다른 신호에 대해서 얼마나 앞서는지를 설명하라.
(a) $v(t) = 10\cos(4t - 60°)$와 $i(t) = 4\sin(4t + 50°)$
(b) $v_1(t) = 4\cos(377t + 10°)$와 $v_2(t) = -20\cos(377t)$
(c) $x(t) = 13\cos(2t) + 5\sin(2t)$과
$y(t) = 15\cos(2t - 11.8°)$

11.28 다음 정현파 쌍에 대해서 어떤 신호가 다른 신호에 대해서 얼마나 앞서는지 또는 뒤지는지를 설명하라.
(a) $v = 20\sin(\omega t - 30°)$와 $i = 2\sin(\omega t - 90°)$
(b) $v = 20\sin(\omega t + 15°)$와 $i = 2\sin(\omega t + 60°)$
(c) $v = 20\sin(\omega t + 45°)$와 $i = 2\sin(\omega t - 45°)$

11.5절 평균값과 RMS 값

11.29 피크-피크값이 10 V인 사인파의 rms 값을 얼마인가?

11.30 전류의 파형이 그림 11.15와 같다. 평균값을 구하라.

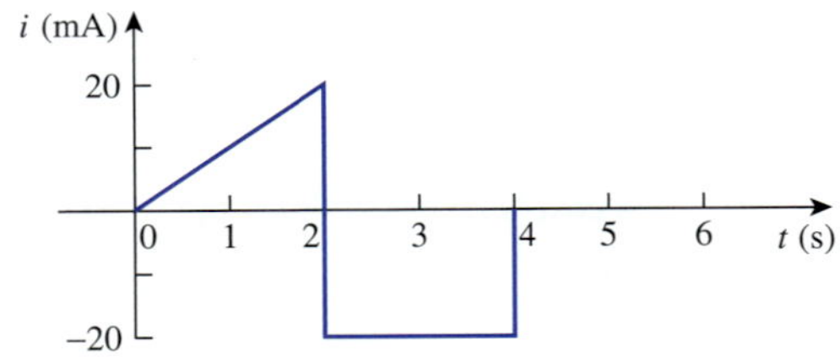

그림 11.15
문제 11.30의 그래프

11.31 다음 정현파의 rms 값을 구하라.
(a) $v = 10\sin(377t)$ V
(b) $i = 2\sin(200t + 30°)$ mA

11.32 사인파의 $V_{rms} = 6$ V라면, 진폭은 얼마인가?

11.33 그림 11.16의 주기 신호의 평균값과 rms 값을 구하라.

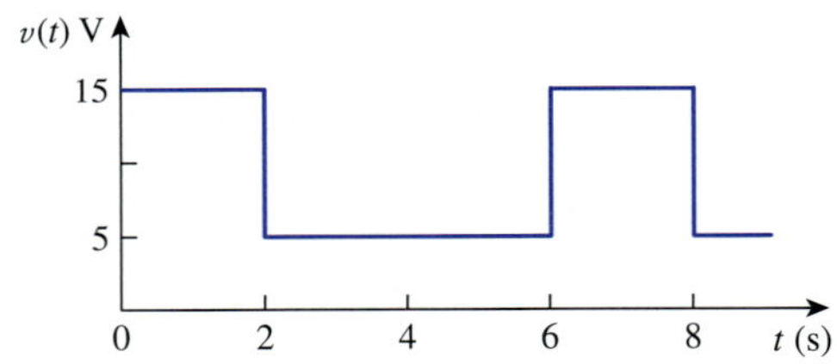

그림 11.16
문제 11.33의 그래프

11.34 그림 11.17의 파형에서 rms 값을 구하라.

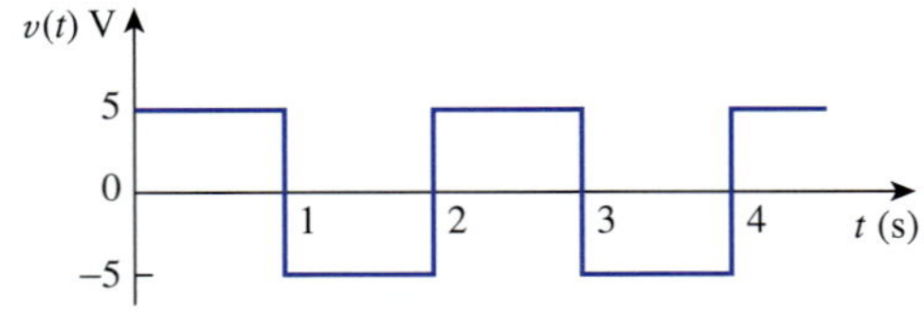

그림 11.17
문제 11.34의 그래프

11.35 그림 11.18의 전압 파형에서 실효값을 구하라.

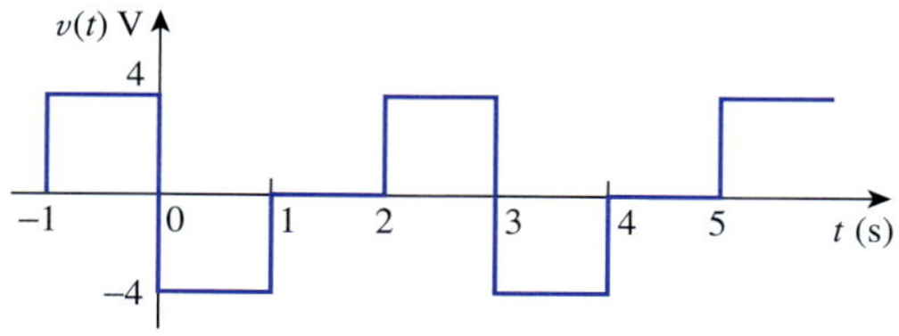

그림 11.18
문제 11.35의 그래프

11.36 그림 11.19의 전류 파형에서 평균값과 rms 값을 구하라.

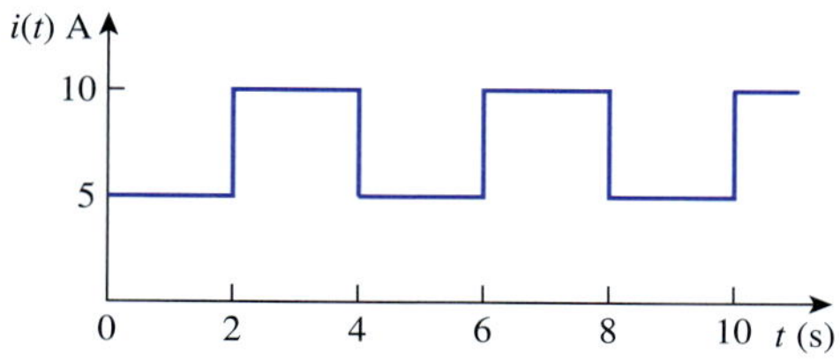

그림 11.19
문제 11.36의 그래프

11.37 과일 쥬서기가 120 V rms 전원에 연결되어 있으며 1.6 kW 전력이 측정되었다.

(a) 믹서의 저항값을 구하라.

(b) 전류의 rms 값을 구하라.

11.38 PC가 120 V 전원으로부터 3.2 A를 유도한다. 다음을 구하라.

(a) 평균전류

(b) rms 전류

(c) 전류를 제곱한 값의 평균값

(d) 전류의 진폭

11.6절 오실로스코프

11.39 오실로스코프를 이용해서 전압과 주파수를 측정하는 방법을 설명하라.

11.40 오실로스코프의 수평축이 0.2 ms/div을 나타낸다. 만일 표시되는 하나의 사이클이 4개의 수평칸을 차지한다고 가정하면 이 신호의 주파수는 얼마인가?

CHAPTER 12

페이저와 임피던스

지도력이란 사람들이 가능하다고 일컫는 것 이상을 이룩하는 예술이다.

— Colin Powell

경력 향상

윤리규약

작업중인 공학 기술자
© Getty RF

공학은 전 세계 인류의 경제적, 사회적 복지에 적지 않은 기여를 하는 직업분야이다. 이러한 중요한 직업의 종사자로서 공학도는 높은 수준의 정직성과 성실성을 지닐 것을 요구받는다. 그러나 불행하게도 대부분의 공대에서는 너무나 많은 공학 교과목의 틈새에서 윤리학 과정이 발붙일 자리가 없다. 공학기술직업의 윤리적 행동규범을 학생들에게 제공하기 위하여 IEEE의 윤리규약을 소개한다.

> IEEE 회원인 우리는 인류 생활의 질에 영향을 끼치는 기술의 중요성과 우리가 섬기는 공동체, 직업 구성원들에 대한 책무에 대한 인식을 바탕으로 높은 윤리적, 직업적 규범을 지킬 것을 서약하며 다음에 동의한다.

1. 우리는 공중의 안전과 건강, 복지를 지키는 기술적 결정을 할 책임이 있고, 공중이나 환경에 해가 될 수 있는 요인을 즉각 밝힐 책임이 있다.
2. 어떤 단체의 공익에 위배되거나 혹은 될 가능성이 있는 행동을 피하고 피해 당사자에게 그 불이익을 알린다.
3. 데이터에 의거한 견적이나 배상액을 결정할 때 정직하고 합리적인 기준을 따른다.
4. 모든 형태의 뇌물을 거절한다.
5. 기술에 대한 이해도, 적절한 응용과 결과를 개선한다.
6. 판단대상에 대한 적절한 제한요소가 밝혀지고 또한 훈련이나 경험 등으로 판단의 자격을 갖춘 후에야 타인을 위한 기술적인 책무를 맡으며 우리의 기술능력을 향상시키기 위하여 노력한다.
7. 기술적 업적에 대하여 정직한 비판을 수용하고, 실수를 인정하고 개선하며, 타인의 기여에 대하여 인정하고 감사한다.
8. 개인의 국적, 연령, 장애, 성별, 종교, 인종 등의 차별을 두지 않는다.
9. 잘못된 행동을 함으로써 타인의 직업, 명성, 혹은 재산에 해를 가하지 않는다.
10. 동료가 이 윤리규범을 따르는 것과 또한 그들의 전문성을 향상하는 것을 돕는다.

—IEEE의 허락을 얻어 게재함

12.1 서론

전 장에서는 사인파에 대해 공부하였다. 사인파는 사인, 코사인함수에 의한 것보다 페이저를 사용하면 보다 쉽게 표현할 수 있다.

페이저는 사인파의 진폭과 위상을 나타내는 복소수이다.

사인파는 세 개의 요소(진폭, 위상, 주파수)에 의해 정의된다. 회로는 많은 경우 동일 주파수를 갖는 전압과 전류를 다루고, 따라서 사인파의 진폭과 위상을 하나의 숫자로 나타내는 전압과 전류 표시방법인 페이저를 사용하면 유리하다.

페이저는 사인파 전원에 의해 여자되는 선형회로 해석에 간단한 방법을 제공한다. 다른 방법을 사용하는 것은 많은 시간을 소요한다. 교류회로를 페이저를 사용해 푸는 개념은 Charles Steinmetz[1]가 1893년에 처음 사용하였다. 이 장에 나타나는 기법(옴의 법칙, KCL, KVL, 전류분배, 전압분배 등)은 직류회로에 적용되는 페이저 기법의 확장임이 앞으로 설명될 것이다. 두 회로는 교류에서의 숫자는 복소수이고 직류의 그것은 실수라는 차이만을 갖고 따라서 교류에서 복소수의 취급이 복잡한 것을 제외하고는 적용되는 원칙은 동일하다는 것을 유념하여야 한다.

12.2 페이저와 복소수

페이저를 회로 해석에 응용하기 위하여서는 복소수에 관한 정확한 이해가 필요하다. 복소수[2] z는 다음 식과 같이 직각좌표 꼴로 나타난다.

$$z = x + jy \tag{12.1}$$

여기서 $j = \sqrt{-1}$이고 x는 z의 실수부, y는 z의 허수부[3]를 나타낸다. 복소수 z는 한편으로는 다음 식과 같이 극좌표 꼴로도 표시할 수 있다.

$$z = r\underline{/\phi} \tag{12.2}$$

여기서 r은 z의 절대값, ϕ는 z의 위상을 나타낸다. 다시 말하면 복소수 z는 다음 식 처럼 두 가지 표현으로 나타낼 수 있다.

$$\begin{aligned} z &= x + jy \qquad \text{(직각좌표 꼴)} \\ z &= r\underline{/\phi} \qquad \text{(극좌표 꼴)} \end{aligned} \tag{12.3}$$

1 역사적 주석: Charles Proteus Steinmetz(1865~1923)는 독일-오스트리아 수학자이자 전기공학자

2 복소수에 대한 설명을 부록 B에서 볼 수 있음

3 수학분야에서는 기호 i가 허수부를 나타내는데 쓰이나, 공학에서는 i가 시변전류를 의미하므로 기호 j가 쓰인다.

복소수의 직각좌표 꼴과 극좌표 꼴의 관계가 그림 12.1에 표시되었다. 그림 12.1에서 x축은 복소수의 실수부, y축은 복소수의 허수부를 표시한다. x와 y가 주어지면 r과 ϕ는 다음 식에서 구할 수 있다.

$$r = \sqrt{x^2 + y^2}, \qquad \phi = \tan^{-1}\frac{y}{x} \tag{12.4}$$

[식 (12.4)에서 정확한 ϕ의 값을 구하는데 주의를 요한다. 부록 B 참조] 한편 r과 ϕ가 주어지면 x와 y는 다음 식으로 주어진다

$$x = r\cos\phi, \qquad y = r\sin\phi$$

따라서 z는 다음 식으로 표시된다.

$$\boxed{z = x + jy = r\angle\phi = r(\cos\phi + j\sin\phi)} \tag{12.5}$$

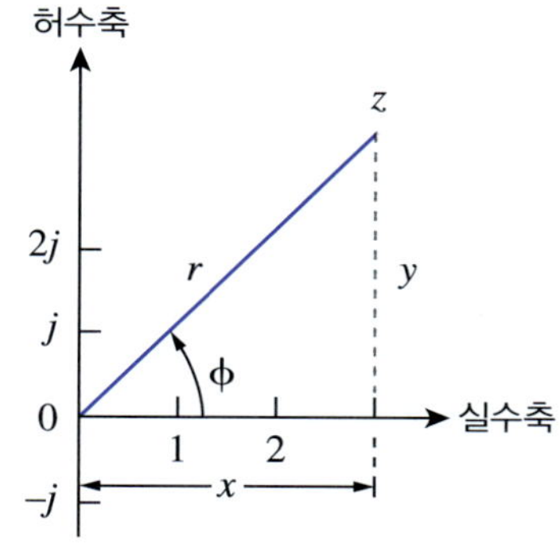

그림 12.1
복소수 $z = x + jy = r\angle\phi$의 표현

복소수의 덧셈과 뺄셈은 직각좌표 꼴에서 계산이 쉽고 곱셈과 나눗셈은 극좌표 꼴에서 용이하다. 복소수가 다음과 같이 주어질 경우,

$$\begin{aligned} z &= x + jy = r\angle\phi \\ z_1 &= x_1 + jy_1 = r_1\angle\phi_1 \\ z_2 &= x_2 + jy_2 = r_2\angle\phi_2 \end{aligned}$$

중요한 연산이 다음의 식들에서 설명되었다.

더하기

$$z_1 + z_2 = (x_1 + x_2) + j(y_1 + y_2) \tag{12.6a}$$

빼기

$$z_1 - z_2 = (x_1 - x_2) + j(y_1 - y_2) \tag{12.6b}$$

곱하기

$$z_1 z_2 = r_1 r_2 \angle(\phi_1 + \phi_2) \tag{12.6c}$$

나누기

$$\frac{z_1}{z_2} = \frac{r_1}{r_2}\angle(\phi_1 - \phi_2) \tag{12.6d}$$

역수

$$\frac{1}{z} = \frac{1}{r}\angle-\phi \tag{12.6e}$$

제곱근

$$\sqrt{z} = \sqrt{r}\angle\phi/2 \tag{12.6f}$$

공액복소수

$$z^* = x - jy = r\angle-\phi \tag{12.6g}$$

식 (12.6e)에서 다음의 두 식이 유도됨에 유념하도록 한다.

$$\frac{1}{j} = -j \tag{12.7a}$$

$$j^2 = -1 \tag{12.7b}$$

[식 (12.7b)는 $j = \sqrt{-1}$에서도 구할 수 있다] 위의 연산이 우리가 기본적으로 필요로 하는 복소수의 특성이고 다른 특성은 부록 B에 표시되었다.

페이저 표현의 개념은 Euler 공식에서 비롯되었다. 오일러 공식은 복소수 z의 극좌표 표현으로 다음 식과 같다.

$$\boxed{e^{\pm j\phi} = \cos\phi \pm j\sin\phi} \tag{12.8}$$

위의 식은 $e^{j\phi}$의 실수부와 허수부가 각각 $\cos\phi$와 $\sin\phi$임을 의미한다. 즉

$$\cos\phi = \text{Re}(e^{j\phi}) \tag{12.9a}$$

$$\sin\phi = \text{Im}(e^{j\phi}) \tag{12.9b}$$

식 (12.9)에서 Re과 Im는 각각의 **실수부**와 **허수부**를 표시한다. 사인파가 다음 식으로 주어지면

$$v(t) = V_m \sin(\omega t + \phi),$$

위 식은 다음과 같이 다시 쓸 수 있다.

$$v(t) = V_m \sin(\omega t + \phi) = \text{Im}(V_m e^{j(\omega t+\phi)}) = \text{Im}(V_m e^{j\phi} e^{j\omega t})$$

그러므로

$$\boxed{v(t) = \text{Im}(\mathbf{V} e^{j\omega t})} \tag{12.10}$$

여기서

$$\mathbf{V} = V_m e^{j\phi} = V_m \angle \phi \tag{12.11}$$

이고 $\mathbf{V}$가 사인파 $v(t)$의 **페이저 표현**으로 정의된다. 즉 페이저란 사인파의 진폭과 위상으로 구성된 복소수 표현인 것이다. 페이저를 다른 측면에서 설명하면 사인파에서 시간요소를 제거한 수학등가식이라고도 할 수 있음에 유념하도록 한다.

식 (12.10)을 기하학적으로 살피면 $\mathbf{V}e^{j\omega t} = V_m e^{j(\omega t+\theta)}$가 복소평면에서 그리는 궤적이라 볼 수 있다. 시간이 증가함에 따라 이 궤적은 그림 12.2(a)처럼 반지름 V_m인 원을 시계반대방향의 각속도 ω로 회전한다. 그림 12.2(b)는 $v(t)$를 $\mathbf{V}e^{j\omega t}$의 허수축 투영으로 본 그림이다. $\mathbf{V}e^{j\omega t}$의 $t = 0$에서의 값은 바로 페이저 $\mathbf{V}$이다. 그러므로 사인파가 페이저로 표현될 경우 $e^{j\omega t}$항은 암묵적으로 고려되어야 함을 알 수 있다.

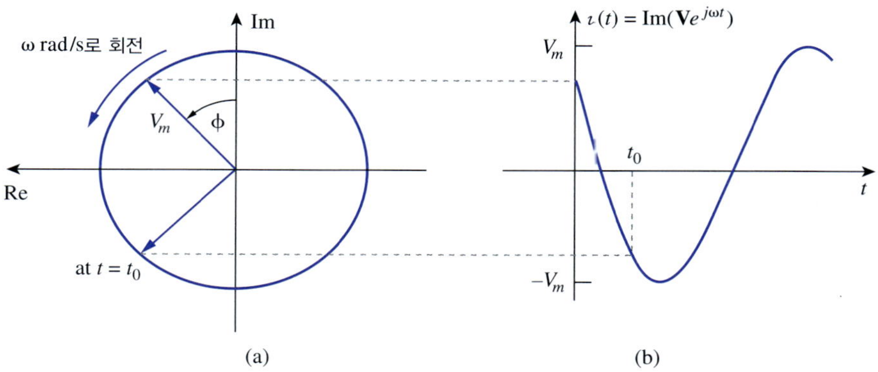

그림 12.2

$Ve^{j\omega t}$의 표현: (a)시계반대방향궤적, (b)시간의 함수로 표시된 $v(t)$

그러므로 페이저를 다룰 때 페이저의 주파수 ω를 염두에 두지 않으면 회로 해석에 심각한 오류를 가져올 수 있다.

식 (12.10)은 주어진 페이저 **V**에서 해당 사인파를 구하려면 먼저 시간항 $e^{j\omega t}$를 곱하고 허수부를 취하여야 함을 설명하고 있다. 복소수인 페이저는 직각좌표 꼴, 극좌표 꼴, 그리고 지수함수 꼴로도 나타낼 수 있음에 유의하자. 페이저는 진폭과 위상(방향)을 포함하기 때문에 벡터와 유사한 성질을 보이며 고딕체로 표현되는 이유이기도 하다. 그 예로서 페이저 $\mathbf{V} = V_m\underline{/\phi}$와 $\mathbf{I} = I_m\underline{/-\phi}$가 그림 12.3에 표시되었다. 이러한 페이저의 그림 표현을 **페이저 도형**이라고 부른다.

식 (12.10)과 (12.11)에서 우리는 어떤 사인파로부터 페이저를 구하는 순서를 알 수 있다. 즉 먼저 사인파를 복소수의 허수부인 사인함수로 표시하고 두 번째로 시간항인 $e^{j\omega t}$을 제거한다. 이 변환이 다음 식으로 표시되었다.

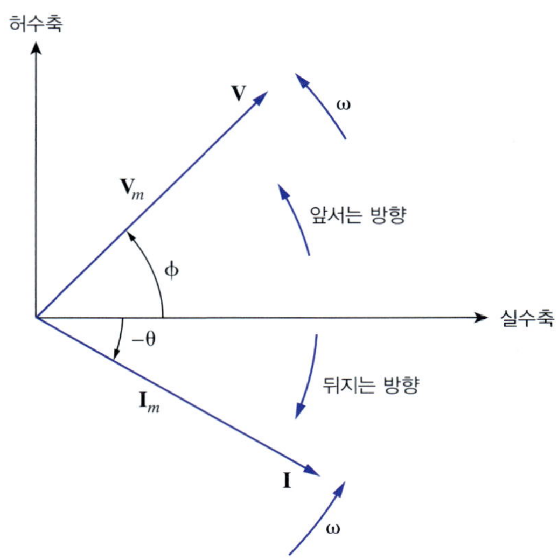

그림 12.3

$\mathbf{V} = \mathbf{V}_m\underline{/\phi}$과 $\mathbf{I} = \mathbf{I}_m\underline{/-\theta}$의 페이저 도형

$$v(t) = V_m \sin(\omega t + \phi) \quad \Leftrightarrow \quad \mathbf{V} = V_m \angle \phi \tag{12.12}$$

(시간 영역 표현) (페이저 영역 표현)

위 식의 페이저 영역 표현에서 각속도 ω가 상수이기 때문에 주파수(혹은 시간)항인 $e^{j\omega t}$가 제거되었지만 시간영역 표현에서는 ω가 나타나고 있음에 주의하도록 한다.

$v(t)$와 $\mathbf{V}$와의 차이를 다시 한번 강조하자면

1. $v(t)$는 순시치 혹은 시간 영역 표현이고 $\mathbf{V}$는 주파수 혹은 페이저 영역 표현이다.
2. $v(t)$는 시간에 종속이고 $\mathbf{V}$는 시간 독립이다(학생들이 자주 잊는 사항임).
3. $v(t)$는 항상 실수이고 $\mathbf{V}$는 일반적으로 복소수이다.

페이저 해석은 주파수가 일정할 때만 성립한다는 것을 잊지 말자. 두 개나 그 이상의 사인파에 페이저 해석을 적용하기 위하여서는 그 모든 신호의 주파수가 같아야 한다는 말이다.

끝으로, 이 장에서 다루는 복소수의 계산을 TI-89 Titanium 계산기로 수행할 수 있다. 복소수 $x + jy$는 직각좌표 꼴의 경우 (x, y)로, 극좌표 꼴의 경우 $(r\angle\phi)$로 계산기에 입력할 수 있고 좌표 꼴은 [MODE] 를 누름으로써 선택할 수 있다. MODE에서는 각도 ϕ를 *radian*으로 할지 *degree*로 할지의 여부와 계산의 최종결과를 직각좌표 꼴로 나타낼지 혹은 극좌표 꼴로 할지의 여부도 선택할 수 있다. MODE를 선택한 후 반드시 [ENTER] 를 눌러 확인 절차를 거쳐야 한다. 만약 복소수 꼴로 RECTANGULAR를 선택하였다면 입력시 어떤 꼴을 사용하든지 결과는 직각좌표 꼴로 나타나게 될 것이다.

예제 12.1

두 복소수가 $z_1 = 3 + j5$, $z_2 = 6 - j8$로 주어질 때 다음을 구하라.

(a) $z_1 + z_2$ (b) $z_1 z_2$

풀이

(a) $z_1 + z_2 = (3 + j5) + (6 - j8) = 9 - j3$

(b) $z_1 z_2 = (3 + j5)(6 - j8) = 18 - j24 + j30 - j^2\,40 = 18 + j6 + 40 = 58 + j6$ where $j^2 = -1$

연습문제 12.1

두 복소수가 $z_1 = 2 - j4$, $z_2 = 4 + j7$로 주어질 때 다음을 구하라.

(a) $z_1 - z_2$ (b) z_1/z_2

해답 (a) $-2 - j11$, (b) $-0.3077 - j0.4615$

예제 12.2

다음 복소수를 극좌표 꼴로 간단히 하라.

(a) $(40\angle 50^\circ + 20\angle -30^\circ)^{1/2}$

(b) $\dfrac{10\angle -30^\circ + (3 - j4)}{(2 + j4)(3 - j5)}$

풀이

복소수를 두가지 방법으로 간단히 할 수 있다.

■ **방법 1** 극좌표 꼴과 직각좌표 꼴의 변환을 이용한 계산

$$40\angle 50^\circ = 40(\cos 50^\circ + j\sin 50^\circ) = 25.71 + j30.64$$
$$20\angle -30^\circ = 20[\cos(-30^\circ) + j\sin(-30^\circ)] = 17.32 - j10$$

두 항을 더하면

$$40\angle 50^\circ + 20\angle -30^\circ = 43.03 + j20.64 = 47.72\angle 25.63^\circ$$

제곱근을 구하면

$$(40\angle 50^\circ + 20\angle -30^\circ)^{1/2} = \sqrt{47.72}\angle 25.63^\circ/2 = 6.91\angle 12.82^\circ$$

■ **방법 2** TI-89 Titanium 계산기의 사용. MODE 를 누르고 복소 형식으로 POLAR를 택한 다음 ENTER 를 두 번 누른 후 입력줄에 다음을 입력한다.

$$\sqrt{((40\angle 50^\circ) + (20\angle -30^\circ))}$$

◆ ENTER 를 누르면 다음과 같이 결과가 나타난다.

$$6.908\angle 12.81$$

(b) 극좌표 꼴과 직각좌표 꼴의 변환을 이용한 계산

$$\frac{10\angle -30^\circ + (3 - j4)}{(2 + j4)(3 - j5)} = \frac{8.66 - j5 + (3 - j4)}{(2 + j4)(3 + j5)} = \frac{11.66 - j9}{-14 + j22}$$
$$= \frac{14.73\angle -37.66^\circ}{26.08\angle 122.47^\circ} = 0.565\angle -160.13^\circ$$

TI-89 Titanium 계산기의 입력줄에 다음을 입력하고

$$((10\angle -30^\circ) + (3 - 4*i))/((2 + 4*i)*(3 + 5*i))$$

◆ ENTER 를 누르면 다음과 같이 결과가 나타난다.

$$.5648\angle -160.134$$

연습문제 12.2

다음 복소수를 극좌표 꼴로 간단히 하라.

(a) $[(5 + j2)(-1 + j4) - 5\angle 60°]^*$

(b) $\dfrac{10 + j5 + 3\angle 40°}{-3 + j4} + 10\angle 30°$

해답 (a) $-15.5 - j13.67$, (b) $8.292 + j2.2$

예제 12.3

다음의 사인파를 페이저로 고치라.

(a) $v(t) = 4\sin(30t + 20°)$

(b) $i(t) = 6\cos(50t - 40°)$

풀이

(a) $v(t)$의 페이저 표현은

$$\mathbf{V} = 4\angle 20°$$

(b) 식 (11.11)을 이용하여 cosine을 sine으로 바꾸면

$$\begin{aligned} i(t) &= 6\cos(50t - 40°) = 6\sin(50t - 40° + 90°) \\ &= 6\sin(50t + 50°) \end{aligned}$$

따라서 $i(t)$의 페이저 표현은

$$\mathbf{I} = 6\angle 50°$$

페이저는 복소수이고, 따라서 이 식에서 극좌표 꼴로 나타나고 있음에 유념하도록 한다.

연습문제 12.3

다음의 사인파를 페이저로 고치라.

(a) $i(t) = 4\sin(10t + 10°)$ A

(b) $v(t) = -7\cos(2t + 40°)$ V

해답 (A) $4\angle -10°$ A, (b) $7\angle -50°$ V

예제 12.4

다음의 페이저를 사인파로 고치라.

(a) $\mathbf{I} = -3 + j4$ A

(b) $\mathbf{V} = j8e^{-j20}$ V

풀이

(a) $\mathbf{I} = -3 + j4 = 5\angle 126.87°$을 시간 영역으로 바꾸면

$$i(t) = 5 \sin(\omega t + 126.87°)\ \text{A}$$

(b) $j = 1\angle 90°$이므로

$$\mathbf{V} = j8\angle -20° = (1\angle 90°)(8\angle -20°) = 8\angle (90° - 20°) = 8\angle 70°\ \text{V}$$

위 식을 시간 영역으로 바꾸면

$$v(t) = 8 \sin(\omega t + 70°)\ \text{V}$$

연습문제 12.4

다음의 페이저를 사인파로 고치라.

(a) $\mathbf{V} = -10 \angle 30°$

(b) $\mathbf{I} = j(5 - j12)$

해답 (a) $v(t) = 10 \sin(\omega t + 210°)$, (b) $i(t) = 13 \sin(\omega t + 22.62°)$

예제 12.5

$i_1(t) = 4 \cos(\omega t + 30°)$, $i_2(t) = 5 \sin(\omega t - 20°)$로 주어질 때 두 전류의 합을 구하라.

풀이

이 예제는 동일한 주파수를 갖는 두 사인파의 페이저를 이용한 합성 방법을 소개한다. 전류 $i_1(t)$를 표준꼴인 sine으로 바꾸면

$$i_1(t) = 4 \cos(\omega t + 30°) = 4 \sin(\omega t + 30° + 90°)$$

따라서 그 페이저 표현은

$$\mathbf{I}_1 = 4\angle 120°$$

그리고 전류 $i_2(t)$는 이미 표준꼴이므로

$$\mathbf{I}_2 = 5\angle -20°$$

$i = i_1 + i_2$라고 놓으면

$$\begin{aligned}\mathbf{I} = \mathbf{I}_1 + \mathbf{I}_2 &= 4\angle 120° + 5\angle -20° \\ &= -2 + j3.464 + 4.698 - j1.71 = 2.698 + j1.754 \\ &= 3.218\angle 33.03°\ \text{A}\end{aligned}$$

시간 영역으로 바꾸면

$$i(t) = 3.218 \cos(\omega t + 33.03°)\ \text{A}$$

연습문제 12.5

$v_1 = -10\sin(\omega t + 30°)$, $v_2 = 20\cos(\omega t - 45°)$로 주어질 때 $v_1 + v_2$를 구하라.

해답 $v(t) = 10.66\sin(\omega t + 59.05°)$ V

12.3 회로소자와 페이저

전압이나 전류를 페이저로 표현하는 방법을 배웠으므로, 이제 수동소자인 R, L 그리고 C를 포함한 회로에 어떻게 페이저를 응용할 것이냐 하는 질문이 자연스럽게 나오게 된다. 이제 우리에게 필요한 것은 각 소자에 대하여 전압-전류 관계를 시간 영역으로부터 페이저 영역으로 어떻게 바꾸느냐 하는 것이다. 물론 이 장을 통하여 우리는 수동소자 신호 규약을 따를 것이다.

저항소자를 먼저 다루어 보도록 한다. 저항 R을 흐르는 전류가 i라면 이 저항 양단에 걸리는 전압은 옴의 법칙에 의하여 다음 식으로 나타난다.

$$v = iR = RI_m \sin(\omega t + \phi) \tag{12.13}$$

이 전압의 페이저 표현은 다음 식으로 나타난다.

$$\mathbf{V} = RI_m \angle \phi \tag{12.14}$$

전류의 페이저 표현이 $\mathbf{I} = I_m \angle \phi$이므로

$$\mathbf{V} = R\mathbf{I} \tag{12.15}$$

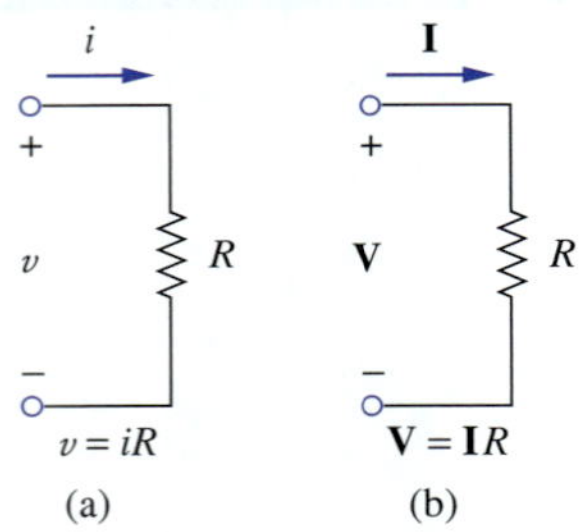

그림 12.4
저항의 전압-전류 관계:
(a)시간 영역, (b)주파수 영역

위 식은 저항에 대한 페이저 영역에서의 전압-전류 관계가 시간 영역에서 처럼 옴의 법칙을 따른다는 것을 보여 준다. 이 관계가 그림 12.4에 표시되었다. 식 (12.15)의 전압과 전류는 그림 12.5의 페이저 도형에 나타난 것처럼 페이저인 것에 주의하도록 한다.

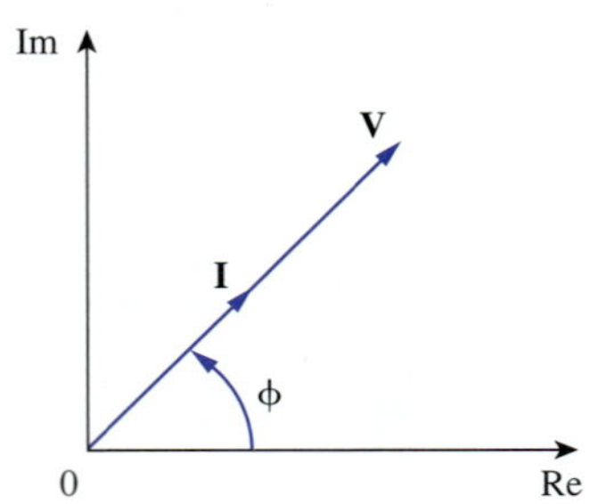

그림 12.5
저항의 페이저 도형

인덕터 L에 흐르는 전류를 $i(t) = I_m \sin(\omega t + \phi)$라고 하면 인덕터 양단에 걸리는 전압은

$$v = L\frac{di}{dt} = \omega L I_m \cos(\omega t + \phi) \tag{12.16}$$

삼각함수 공식 $\cos A = \sin(A + 90°)$에 의해 위 식을 다시 쓰면

$$v = \omega L I_m \sin(\omega t + \phi + 90°) \tag{12.17}$$

위 식의 페이저 표현은

$$\mathbf{V} = \omega L I_m e^{j(\phi+90°)} = \omega L I_m e^{j\phi} e^{j90°} = \omega L I_m \angle \phi e^{j90°} \tag{12.18}$$

$I_m\underline{/\phi} = \mathbf{I}$이고 식 (12.8)에 의해 $e^{j90°} = j$이므로

$$\boxed{\mathbf{V} = j\omega L\mathbf{I}} \qquad \textbf{(12.19)}$$

위 식들에서 인덕터 전압은 ωLI_m의 진폭과 $\phi + 90°$의 위상을 가지고 있고 따라서 전압과 전류가 서로 90°의 위상차를 보임을 알 수 있다. 좀 더 정확히 말하자면 전류가 전압에 비해 위상이 90° 늦다. 인덕터에 대한 전압-전류 관계가 그림 12.6, 페이저 도형이 그림 12.7에 표시되었다.

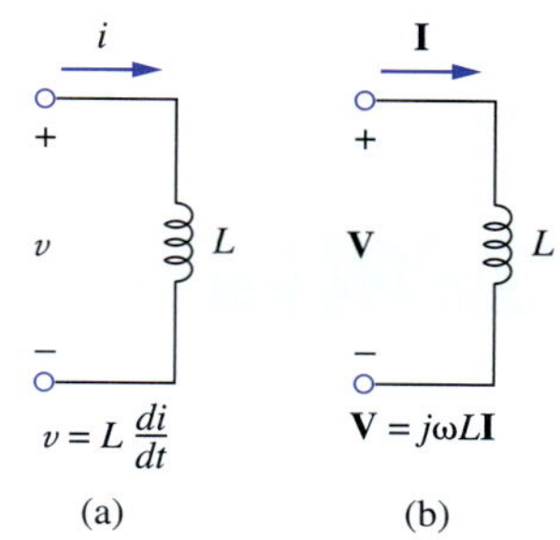

그림 12.6
인덕터의 전압-전류 관계:
(a) 시간 영역, (b) 주파수 영역

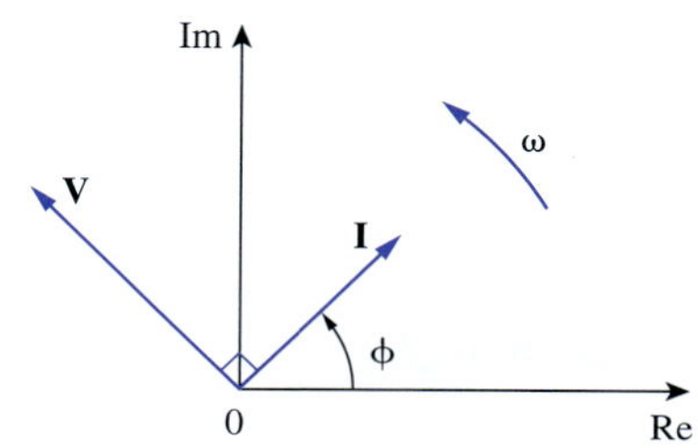

그림 12.7
인덕터의 페이저 도형: **I**가 **V**보다 90°느림

커패시터 C 양단에 걸리는 전압을 $v(t) = V_m \sin(\omega t + \phi)$라고 하면 커패시터에 흐르는 전류는

$$i = C\frac{dv}{dt} \qquad \textbf{(12.20)}$$

인덕터와 동일한 과정을 거치면 다음 식을 얻는다.

$$\mathbf{I} = j\omega C\mathbf{V}$$

혹은

$$\boxed{\mathbf{V} = \mathbf{I}/j\omega C} \qquad \textbf{(12.21)}$$

위 식들에서 전류와 전압이 서로 90°의 위상차를 보임을 알 수 있다. 좀 더 정확히 말하자면 전류가 전압에 비해 위상이 90° 빠르다. 커패시터에 대한 전압-전류 관계가 그림 12.8, 페이저 도형이 그림 12.9에 표시되었다. 또한 회로 소자에 대한 시간 영역과 페이저 영역 표현이 표 12.1에 요약되었다. 모든 문제에서 다른 언급이 없는 한 답은 문제에 표시된 꼴로 주어져야 한다. 페이저는 페이저로, 사인파는 사인파로, 직각좌표 꼴은 직각좌표 꼴로, 극좌표 꼴은 극좌표 꼴로.

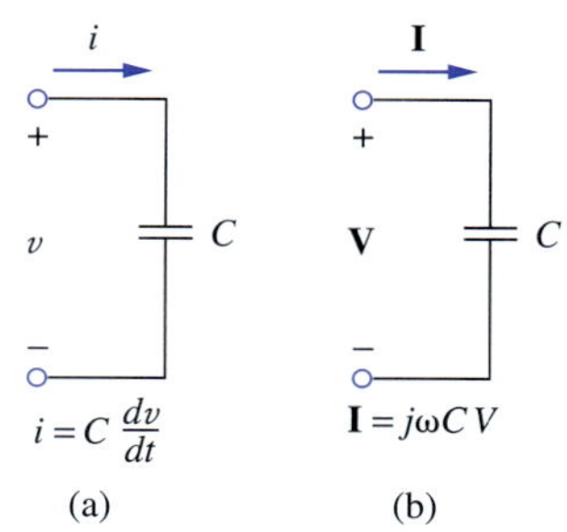

그림 12.8
커패시터의 전압-전류 관계:
(a) 시간 영역, (b) 주파수 영역

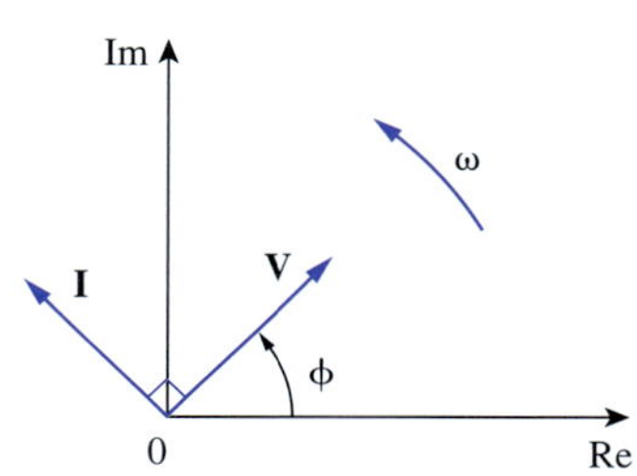

그림 12.9
커패시터의 페이저 도형: **I**가 **V**보다 90° 빠름

표 12.1

전압-전류 관계의 요약

소자	시간 영역	주파수 영역
R	$v = Ri$	$\mathbf{V} = R\mathbf{I}$
L	$v = L\frac{di}{dt}$	$\mathbf{V} = j\omega L\mathbf{I}$
C	$i = C\frac{dv}{dt}$	$\mathbf{V} = \mathbf{I}/j\omega C$

인덕터와 커패시터에 대한 전류와 전압 사이의 관계를 "ELI the ICE man"으로 기억하면 좋다.

E = 전압(emf), I = 전류, L = 인덕터, C = 커패시터

- *ELI*(인덕터 회로) — 전압이 전류보다 빠르다.
- *ICE*(커패시터 회로) — 전류가 전압보다 빠르다.

예제 12.6

$v(t) = 12 \sin(60t + 45°)$의 전압이 0.1 H 인덕터에 인가되어 있다. 인덕터에 흐르는 정상 상태 전류를 구하라.

풀이

인덕터의 경우 $\mathbf{V} = j\omega L\mathbf{I}$이고 $\omega = 60$ rad/s, $\mathbf{V} = 12\angle 45°$ V이므로

$$\mathbf{I} = \frac{\mathbf{V}}{j\omega L} = \frac{12\angle 45°}{j60 \times 0.1} = \frac{12\angle 45°}{6\angle 90°} = 2\angle -45° \text{ A}$$

시간 영역으로 바꾸면

$$i(t) = 2 \sin(60t - 45°) \text{ A}$$

연습문제 12.6

$v(t) = 6 \cos(100t - 30°)$의 전압이 50-$\mu$F 커패시터에 인가되어 있다. 커패시터에 흐르는 전류를 구하라.

해답 $30 \cos(100t + 60°)$ mA

12.4 임피던스와 어드미턴스

앞 절에서 우리는 다음 식과 같이 세 개의 수동소자에 대한 전압-전류 관계를 얻었다.

$$\mathbf{V} = R\mathbf{I}, \qquad \mathbf{V} = j\omega L\mathbf{I}, \qquad \mathbf{V} = \mathbf{I}/j\omega C \tag{12.22}$$

위 식들은 페이저전압과 페이저전류의 비로 다음과 같이 다시 쓸 수 있다.

$$\frac{\mathbf{V}}{\mathbf{I}} = R, \qquad \frac{\mathbf{V}}{\mathbf{I}} = j\omega L, \qquad \frac{\mathbf{V}}{\mathbf{I}} = \frac{1}{j\omega C} \tag{12.23}$$

이러한 표현들로부터 다음 식과 같이 임의의 소자에 대해 페이저 꼴의 옴의 법칙을 얻는다.

$$\boxed{\mathbf{Z} = \mathbf{V}/\mathbf{I} \quad \text{or} \quad \mathbf{V} = \mathbf{Z}\mathbf{I}} \tag{12.24}$$

여기서 $\mathbf{Z}$는 주파수 종속인 임피던스라 불리며 단위는 옴이다.

회로의 임피던스 Z란 페이저전압 V와 페이저전류 I의 비로 옴(Ω)으로 측정된다.

임피던스는 회로에 사인파 전류가 흐르는 것에 대한 방해를 의미한다. 임피던스가 두 페이저 성분의 비율이기는 하나 페이저는 아닌 것에 주의하도록 한다. 왜냐하면 임피던스 자체가 사인함수로 변하지 않기 때문이다.

저항, 인덕터, 커패시터의 임피던스는 식 (12.23)에서 쉽게 구할 수 있다. 이 관계를 표 12.2에 요약 하였다. 표 12.2로부터 인덕터의 경우 $\mathbf{Z}_L = j\omega L$, 커패시터의 경우 $\mathbf{Z}_C = -j/\omega C$임을 알 수 있다. ω에 대한 두 극단적인 경우를 고려해 보자. 먼저 $\omega = 0$(즉 직류전원)인 경우, $\mathbf{Z}_L = 0$, $\mathbf{Z}_C \to \infty$이다. 이 결과는 직류전원인 경우 인덕터는 단락 회로, 커패시터는 개방 회로로 작용한다는 사실을 확인해주고 있다. 한편 $\omega \to \infty$(고주파신호)인 경우에는 $\mathbf{Z}_L \to \infty$, $\mathbf{Z}_C = 0$이며 이는 고주파전원에서 인덕터는 개방 회로, 커패시터는 단락 회로로 작용함을 확인한다. 이 관계를 그림 12.10에 표시하였다.

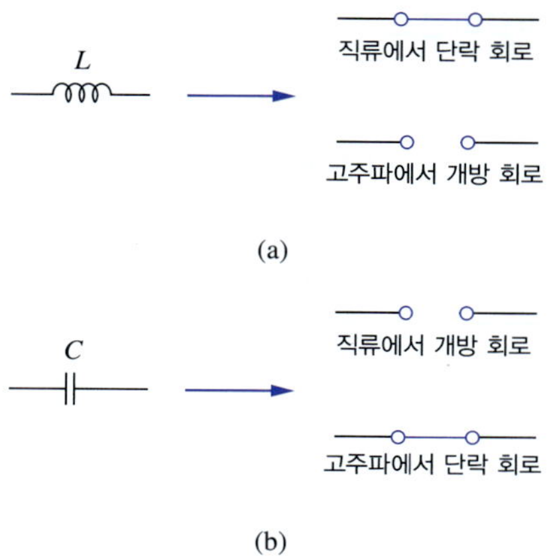

그림 12.10
dc와 고주파에서의 등가 회로: (a) 인덕터, (b) 커패시터

복소량으로서 임피던스는 다음 식과 같이 직각좌표 꼴로 나타낼 수 있다.

$$\mathbf{Z} = R + jX \tag{12.25}$$

여기서 $R = \text{Re}(\mathbf{Z})$는 **저항**, $X = \text{Im}(\mathbf{Z})$는 **리액턴스**이다. 리엑턴스는 양, 음 모두의 부호를 가지며 리액턴스가 양수일 때의 임피던스를 **유도성 임피던스**, 음수일 때를 **용량성 임피던스**라고 부른다. 따라서 편의적으로 $\mathbf{Z} = R + jX$는 유도성 혹은 지상(전류가 전압보다 느림) 임피던스, $\mathbf{Z} = R - jX$는 용량성 혹은 진상(전류가 전압보다 빠름) 임피던스라고도 불린다. 임피던스, 저항, 리액턴스 모두 그 단위는 옴이다. 임피던스의 극좌표 표현은 다음 식과 같다.

$$\mathbf{Z} = |\mathbf{Z}|\underline{/\theta} \tag{12.26}$$

식 (12.25)와 (12.26)으로부터 다음 관계가 성립한다.

$$\boxed{\mathbf{Z} = R + jX = |\mathbf{Z}|\underline{/\theta}} \tag{12.27}$$

여기서

$$|Z| = \sqrt{R^2 + X^2}, \qquad \theta = \tan^{-1}\frac{X}{R} \tag{12.28a}$$

$$R = |\mathbf{Z}|\cos\theta, \qquad X = |\mathbf{Z}|\sin\theta \tag{12.28b}$$

어디미턴스라고 불리는 임피던스의 역수를 사용이 편리한 경우도 있다. 임피던스의 역수가 어드미턴스 $\mathbf{Y}$이며 페이저 전류와 페이저 전압의 비로서 다음 식으로 표시한다.

$$\boxed{\mathbf{Y} = \frac{1}{\mathbf{Z}} = \frac{\mathbf{I}}{\mathbf{V}}} \tag{12.29}$$

표 12.2

수동소자에 대한 임피던스와 어드미턴스

소자	임피던스	어드미턴스
R	$\mathbf{Z} = R$	$\mathbf{Y} = 1/R$
L	$\mathbf{Z} = j\omega L$	$\mathbf{Y} = 1/j\omega L$
C	$\mathbf{Z} = 1/j\omega C$	$\mathbf{Y} = j\omega C$

어드미턴스 Y는 임피던스의 역수이며 단위는 지멘스(S)이다.

저항, 인덕터, 커패시터의 어드미턴스는 식 (12.23)에서 구할 수 있으며 표 12.2에도 표시하였다.

복소량으로서 **Y**는 다음 식으로 주어진다.

$$\mathbf{Y} = G + jB \tag{12.30}$$

여기서 $G = \text{Re}(\mathbf{Y})$는 컨덕턴스, $B = \text{Im}(\mathbf{Y})$는 서셉턴스이다. 어드미턴스, 컨덕턴스, 서셉턴스 모두 지멘스로 표시된다. 식 (12.25)와 (12.30)으로부터 다음을 얻는다.

$$G + jB = \frac{1}{R + jX} \tag{12.31}$$

위 식을 유리화하면

$$G + jB = \frac{1}{R + jX} \cdot \frac{R - jX}{R - jX} = \frac{R - jX}{R^2 + X^2} \tag{12.32}$$

실수부와 허수부를 비교하여

$$G = \frac{R}{R^2 + X^2}, \qquad B = -\frac{X}{R^2 + X^2} \tag{12.33}$$

위 식에서 저항성 회로와는 달리 $G \neq 1/R$이며 $X = 0$이면 $G = 1/R$로 된다. 위 식의 또 하나의 유의할 점은 서셉턴스의 음의 부호이다. 임피던스가 양수의 리액턴스를 가지면 어드미턴스가 음수의 서셉턴스를 가지고 그 역도 성립한다.

예제 12.7

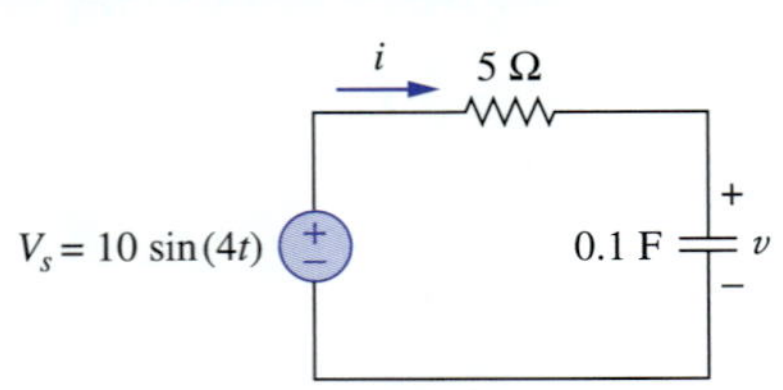

그림 12.11
예제 12.7의 회로

그림 12.11의 회로에서 $v(t)$와 $i(t)$를 구하라.

풀이

전압원 $10\sin(4t)$로부터 $\omega = 4$

$$\mathbf{V}_s = 10\underline{/0^\circ}\ \text{V}$$

임피던스는

$$\mathbf{Z} = R + \frac{1}{j\omega C} = 5 + \frac{1}{j4 \times 0.1} = 5 - j2.5\ \Omega$$

따라서 전류는

$$\mathbf{I} = \frac{\mathbf{V}_s}{\mathbf{Z}} = \frac{10\angle 0^\circ}{5 - j2.5} = \frac{10(5 + j2.5)}{(5 - j2.5)(5 + j2.5)}$$
$$= \frac{10(5 + j2.5)}{5^2 + 2.5^2}$$
$$= 1.6 + j0.8 = 1.789\angle 26.57^\circ \text{ A} \tag{12.13.1}$$

커패시터 양단에 걸리는 전압은

$$\mathbf{V} = \mathbf{I}\mathbf{Z}_C = \frac{\mathbf{I}}{j\omega C} = \frac{1.789\angle 26.57^\circ}{j4 \times 0.1}$$
$$= \frac{1.789\angle 26.57^\circ}{0.4\angle 90^\circ}$$
$$= 4.47\angle -63.43^\circ \text{ V} \tag{12.13.2}$$

식 (12.13.1)과 (12.13.2)의 **I**와 **V**를 시간 영역으로 바꾸면

$$i(t) = 1.789 \sin(4t + 26.57^\circ) \text{ A}$$
$$v(t) = 4.47 \sin(4t - 63.43^\circ) \text{ V}$$

위 식에서 $i(t)$가 $v(t)$보다 90° 앞서는 것을 알 수 있다. 물론 계산기로도 이 계산을 수행할 수 있다.

연습문제 12.7

그림 12.12의 회로에서 $v(t)$와 $i(t)$를 구하라

해답 $2.236 \sin(10t + 63.44^\circ)$ V, $1.118 \sin(10t - 26.56^\circ)$ A

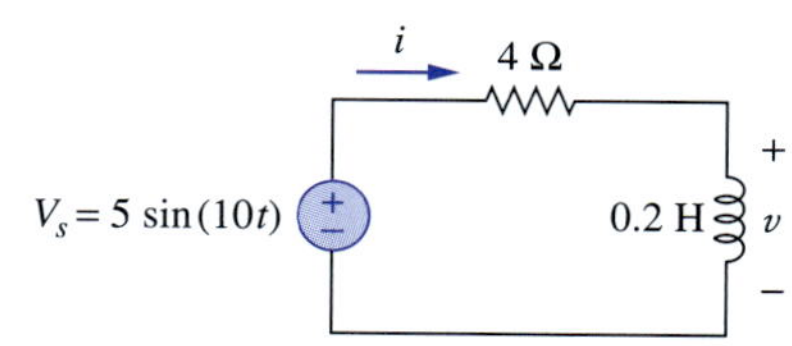

그림 12.12
연습문제 12.7의 회로

12.5 임피던스의 조합

그림 12.13과 같이 N개의 임피던스가 직렬로 연결되었다고 가정한다. 동일 전류 **I**가 흐르므로 루프에 KVL을 적용하면

$$\mathbf{V} = \mathbf{V}_1 + \mathbf{V}_2 + \cdots + \mathbf{V}_N = \mathbf{I}(\mathbf{Z}_1 + \mathbf{Z}_2 + \cdots + \mathbf{Z}_N) \tag{12.34}$$

입력단자에서의 등가 임피던스는 다음 식과 같다.

$$\mathbf{Z}_{\text{eq}} = \mathbf{V}/\mathbf{I} = \mathbf{Z}_1 + \mathbf{Z}_2 + \cdots + \mathbf{Z}_N$$

혹은

$$\boxed{\mathbf{Z}_{\text{eq}} = \mathbf{Z}_1 + \mathbf{Z}_2 + \cdots + \mathbf{Z}_N} \tag{12.35}$$

직렬로 연결된 총 임피던스 혹은 등가 임피던스는 각각의 임피던스의 합으로

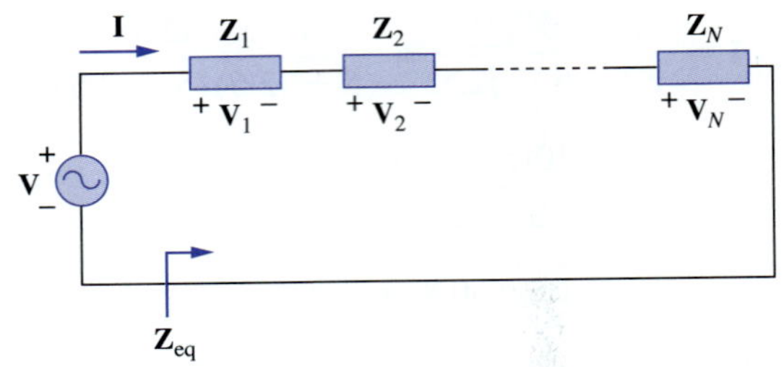

그림 12.13
N개의 직렬 임피던스

이는 직렬저항의 경우와 유사하다.

그림 12.14와 같이 만약 $N = 2$이면 임피던스를 통해 흐르는 전류는

$$\mathbf{I} = \frac{\mathbf{V}}{\mathbf{Z}_1 + \mathbf{Z}_2} \tag{12.36}$$

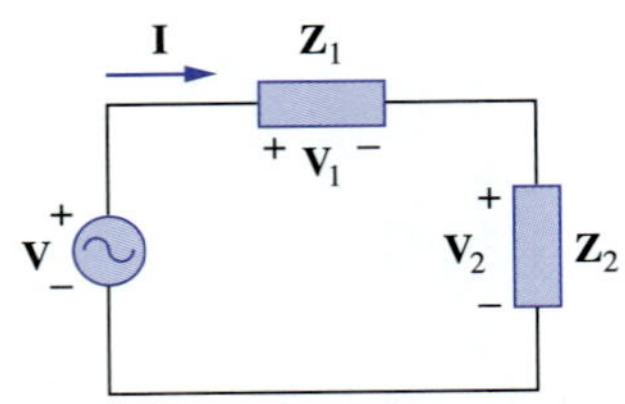

그림 12.14
전압분배법칙

$\mathbf{V}_1 = \mathbf{Z}_1\mathbf{I}$, $\mathbf{V}_2 = \mathbf{Z}_2\mathbf{I}$이므로

$$\boxed{\mathbf{V}_1 = \frac{\mathbf{Z}_1}{\mathbf{Z}_1 + \mathbf{Z}_2}\mathbf{V}, \qquad \mathbf{V}_2 = \frac{\mathbf{Z}_2}{\mathbf{Z}_1 + \mathbf{Z}_2}\mathbf{V}} \tag{12.37}$$

위 식은 임피던스의 **전압분배법칙**이다.

같은 요령으로 그림 12.15와 같이 N개의 임피던스가 병렬로 연결되었을 때의 등가 임피던스나 등가 어드미턴스를 구할 수 있다. 각 임피던스 양단에 걸리는 전압은 동일하므로 위쪽 노드에 KCL을 적용하면

$$\mathbf{I} = \mathbf{I}_1 + \mathbf{I}_2 + \cdots + \mathbf{I}_N = \mathbf{V}\left(\frac{1}{\mathbf{Z}_1} + \frac{1}{\mathbf{Z}_2} + \cdots + \frac{1}{\mathbf{Z}_N}\right) \tag{12.38}$$

등가 임피던스는

$$\frac{1}{\mathbf{Z}_{eq}} = \frac{\mathbf{I}}{\mathbf{V}} = \frac{1}{\mathbf{Z}_1} + \frac{1}{\mathbf{Z}_2} + \cdots + \frac{1}{\mathbf{Z}_N} \tag{12.39}$$

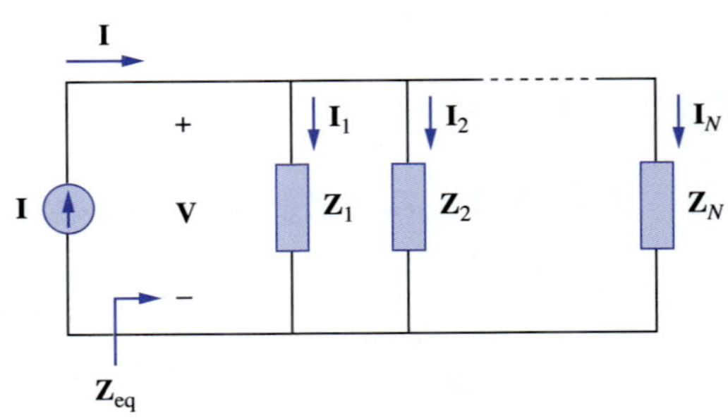

그림 12.15
N개의 병렬 임피던스

등가 어드미턴스는

$$\mathbf{Y}_{eq} = \mathbf{Y}_1 + \mathbf{Y}_2 + \cdots + \mathbf{Y}_N \qquad (12.40)$$

병렬로 연결된 어드미턴스의 등가 어드미턴스는 각 어드디턴스의 합이다.

그림 12.16과 같이 만약 $N = 2$이면 등가 임피던스는

$$\mathbf{Z}_{eq} = 1/\mathbf{Y}_{eq} = \frac{1}{\mathbf{Y}_1 + \mathbf{Y}_2} = \frac{1}{1/\mathbf{Z}_1 + 1/\mathbf{Z}_2} = \frac{\mathbf{Z}_1\mathbf{Z}_2}{\mathbf{Z}_1 + \mathbf{Z}_2} \qquad (12.41)$$

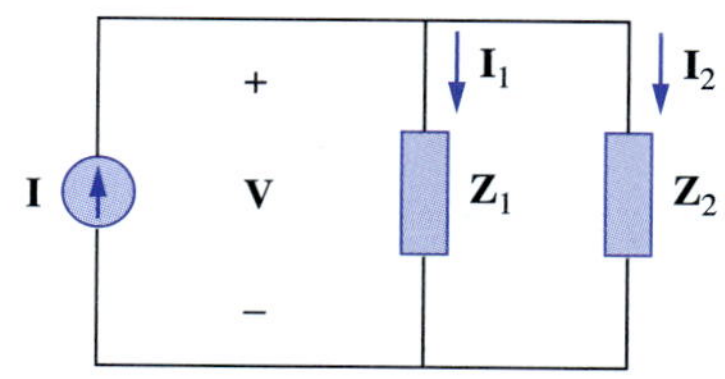

그림 12.16
전류분배법칙

$\mathbf{V} = \mathbf{I}\mathbf{Z}_{eq} = \mathbf{I}_1\mathbf{Z}_1 = \mathbf{I}_2\mathbf{Z}_2$이므로 각 임피던스에 흐르는 전류는

$$\mathbf{I}_1 = \frac{\mathbf{Z}_2}{\mathbf{Z}_1 + \mathbf{Z}_2}\mathbf{I}, \qquad \mathbf{I}_2 = \frac{\mathbf{Z}_1}{\mathbf{Z}_1 + \mathbf{Z}_2}\mathbf{I} \qquad (12.42)$$

위 식은 임피던스의 **전류분배법칙**이다.

저항성 회로에 적용되는 델타-와이, 와이-델타 변환도 임피던스에 동일하게 유효하다. 그림 12.17의 회로에서 변환공식은 다음과 같다.

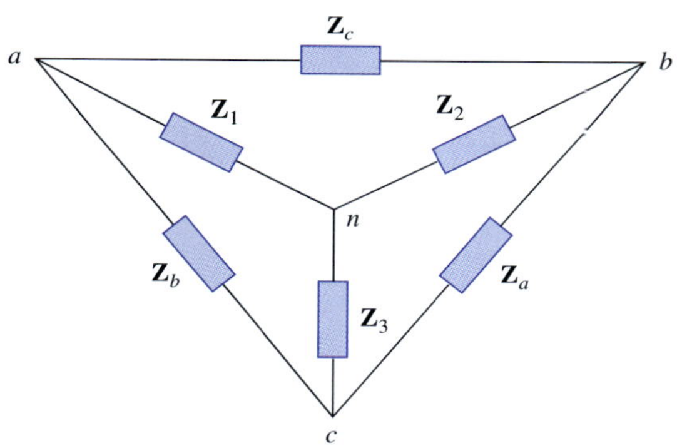

그림 12.17
겹쳐 놓은 Y, Δ네트워크

Y-Δ 변환

$$\mathbf{Z}_a = \frac{\mathbf{Z}_1\mathbf{Z}_2 + \mathbf{Z}_2\mathbf{Z}_3 + \mathbf{Z}_3\mathbf{Z}_1}{\mathbf{Z}_1}$$
$$\mathbf{Z}_b = \frac{\mathbf{Z}_1\mathbf{Z}_2 + \mathbf{Z}_2\mathbf{Z}_3 + \mathbf{Z}_3\mathbf{Z}_1}{\mathbf{Z}_2} \qquad (12.43)$$
$$\mathbf{Z}_c = \frac{\mathbf{Z}_1\mathbf{Z}_2 + \mathbf{Z}_2\mathbf{Z}_3 + \mathbf{Z}_3\mathbf{Z}_1}{\mathbf{Z}_3}$$

델타 혹은 와이 회로에서 세개의 브랜치 임피던스가 같은 값을 가질 때 **평형**을 이루고 있다고 말한다.

Δ- Y 변환

$$\mathbf{Z}_1 = \frac{\mathbf{Z}_b\mathbf{Z}_c}{\mathbf{Z}_a + \mathbf{Z}_b + \mathbf{Z}_c}$$
$$\mathbf{Z}_2 = \frac{\mathbf{Z}_c\mathbf{Z}_a}{\mathbf{Z}_a + \mathbf{Z}_b + \mathbf{Z}_c} \qquad (12.44)$$
$$\mathbf{Z}_3 = \frac{\mathbf{Z}_a\mathbf{Z}_b}{\mathbf{Z}_a + \mathbf{Z}_b + \mathbf{Z}_c}$$

델타 와이 회로가 평형일 때 식 (12.43), (12.44)는

$$\mathbf{Z}_\Delta = 3\mathbf{Z}_Y \quad \text{또는} \quad \mathbf{Z}_Y = \frac{1}{3}\mathbf{Z}_\Delta \qquad (12.45)$$

여기서 $\mathbf{Z}_Y = \mathbf{Z}_1 = \mathbf{Z}_2 = \mathbf{Z}_3$, $\mathbf{Z}_\Delta = \mathbf{Z}_c = \mathbf{Z}_b = \mathbf{Z}_c$이다.

이 절에서 살펴본 것처럼 교류 회로에도 전압분배법칙, 전류분배법칙, 회로 간결화, 임피던스 등가화, Y-Δ변환이 성립한다. 다음 장에서는 다른 정리들, 즉 중첩의 원리, 노드 해석, 메쉬 해석, 전원 변환, 테브난과 노턴의 정리 등 모두가 직류 회로와 같이 교류 회로에서도 성립함이 설명될 것이다.

예제 12.8

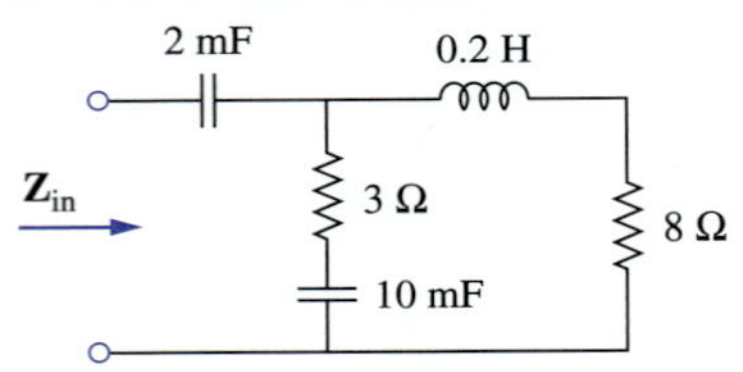

그림 12.18
예제 12.8 회로

그림 12.18의 회로에서 입력 임피던스를 구하라. 회로 주파수는 $\omega = 50$ rad/s 라고 가정한다.

풀이

$\mathbf{Z}_1$ = 2-mF 커패시터의 임피던스
$\mathbf{Z}_2$ = 10-mF 커패시터와 3-Ω 저항이 직렬로 연결되었을 때의 임피던스
$\mathbf{Z}_3$ = 0.2-H 인덕터와 8-Ω 저항이 직렬로 연결되었을 때의 임피던스라 하면

$$\mathbf{Z}_1 = \frac{1}{j\omega C} = \frac{1}{j50 \times 2 \times 10^{-3}} = -j10\ \Omega$$
$$\mathbf{Z}_2 = 3 + \frac{1}{j\omega C} = 3 + \frac{1}{j50 \times 10 \times 10^{-3}} = (3 - j2)\ \Omega$$
$$\mathbf{Z}_3 = 8 + j\omega L = 8 + j50 \times 0.2 = (8 + j10)\ \Omega$$

입력 임피던스는

$$\begin{aligned}\mathbf{Z}_{in} = \mathbf{Z}_1 + \mathbf{Z}_2 \parallel \mathbf{Z}_3 &= -j10 + \frac{(3 - j2)(8 + j10)}{11 + j8} \\ &= -j10 + \frac{(44 + j14)(11 - j8)}{11^2 + 8^2} \\ &= -j10 + 3.22 - j1.07\ \Omega\end{aligned}$$

따라서

$$\mathbf{Z}_{in} = 3.22 - j12.07\ \Omega$$

연습문제 12.8

그림 12.19의 회로에서 입력 임피던스를 구하라. 회로 주파수는 $\omega = 10$ rad/s라고 가정한다.

해답 $32.376 - j73.76\ \Omega$

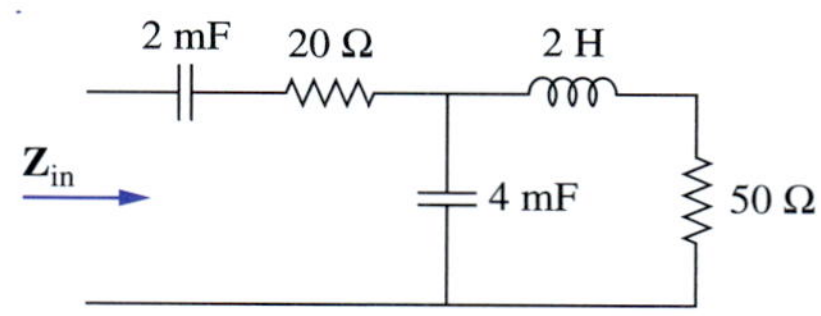

그림 12.19
연습문제 12.8 회로

예제 12.9

그림 12.20의 회로에서 $v_o(t)$를 구하라.

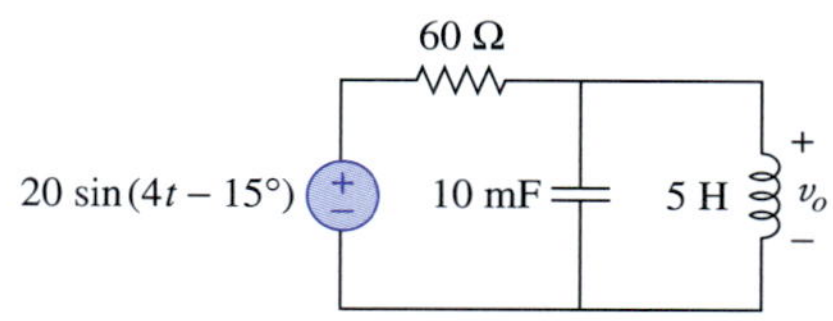

그림 12.20
예제 12.9 회로

풀이

주파수 영역의 해석을 수행하려면 먼저 그림 12.20의 시간 영역 회로를 그림 12.21과 같이 페이저 영역 등가 회로로 변환해야 한다. 변환 결과는 다음과 같다.

$$v_s = 20\sin(4t - 15^\circ) \quad \Rightarrow \quad \mathbf{V}_s = 20\underline{/-15^\circ}\ \text{V}, \qquad \omega = 4\ \text{rad/s}$$

$$10\ \text{mF} \quad \Rightarrow \quad \frac{1}{j\omega C} = \frac{1}{j4 \times 10 \times 10^{-3}} = -j25\ \Omega$$

$$5\ \text{H} \quad \Rightarrow \quad j\omega L = j4 \times 5 = j20\ \Omega$$

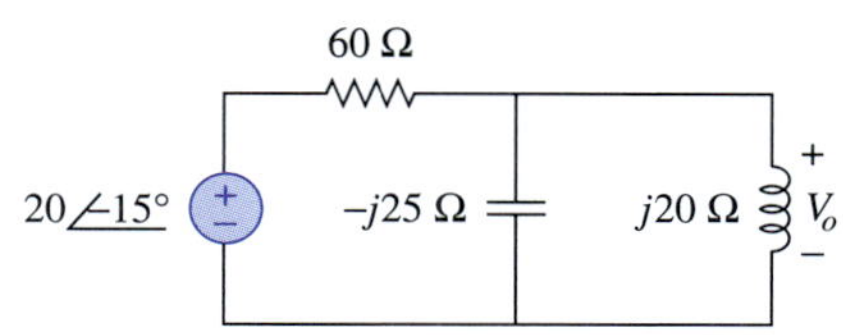

그림 12.21
그림 12.20 회로의 주파수 영역 등가 회로

60Ω 저항의 임피던스를 $\mathbf{Z}_1$이라 하고 10-mF 커패시터와 5 H 인덕터를 병렬 연결한 임피던스를 $\mathbf{Z}_2$라 하면

$$\mathbf{Z}_1 = 60\ \Omega$$

$$\mathbf{Z}_2 = -j25 \parallel j20 = \frac{-j25 \times j20}{-j25 + j20} = j100\ \Omega$$

전압분배법칙을 적용하면

$$\mathbf{V}_o = \frac{\mathbf{Z}_2}{\mathbf{Z}_1 + \mathbf{Z}_2}\mathbf{V}_s = \frac{j100}{60 + j100}(20\underline{/-15^\circ})$$

$$= (0.8575\underline{/30.96^\circ})(20\underline{/-15^\circ}) = 17.15\underline{/15.96^\circ}\ \text{V}$$

시간 영역 신호로 바꾸면

$$v_o(t) = 17.15\sin(4t + 15.96^\circ)\ \text{V}$$

연습문제 12.9

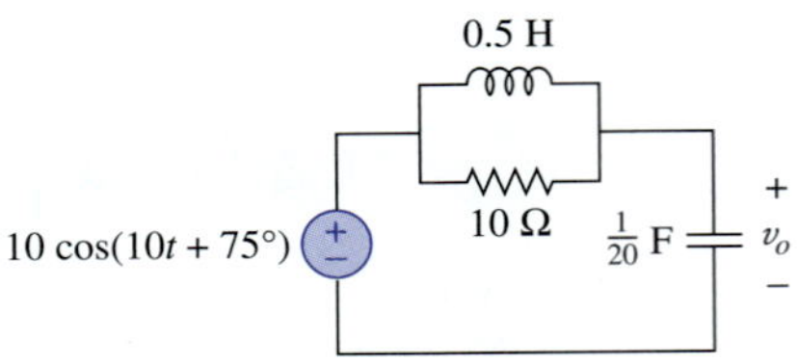

그림 12.22

연습문제 12.9 회로

그림 12.22의 회로에서 v_o를 구하라.

해답 $v(t) = 7.071 \cos(10t - 60°)$ V

예제 12.10

그림 12.23의 회로에서 전류 **I**를 구하라.

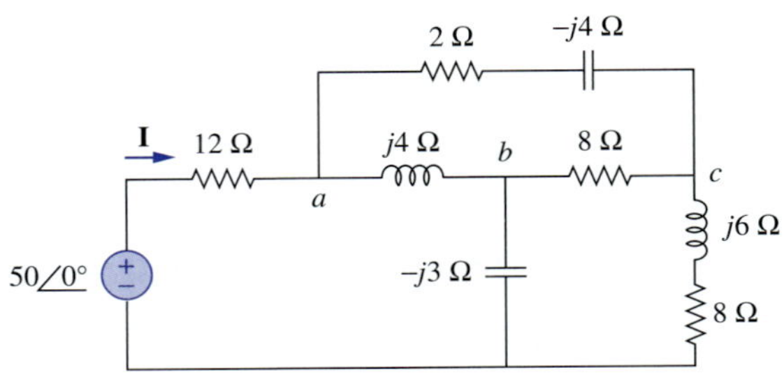

그림 12.23

예제 12.10 회로

풀이

노드 a, b, c로 연결된 델타네트워크는 그림 12.24와 같이 와이 네트워크로 변환 가능하고 와이 임피던스는 식 (12.44)에 의해 아래와 같이 구한다.

$$\mathbf{Z}_{an} = \frac{j4(2 - j4)}{j4 + 2 - j4 + 8} = \frac{4(4 + j2)}{10} = (1.6 + j0.8)\ \Omega$$

$$\mathbf{Z}_{bn} = \frac{j4(8)}{10} = j3.2\ \Omega$$

$$\mathbf{Z}_{cn} = \frac{8(2 - j4)}{10} = (1.6 - j3.2)\ \Omega$$

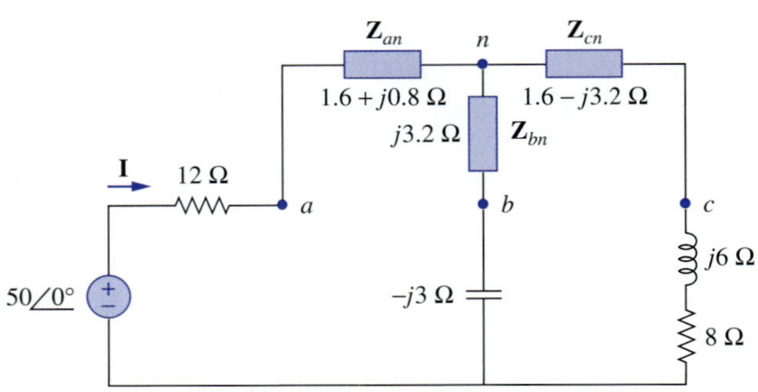

그림 12.24

그림 12.22을 델타 와이 변환시킨 후의 회로

전원 단자에서의 총 임피던스는

$$\begin{aligned}\mathbf{Z} &= 12 + \mathbf{Z}_{an} + (\mathbf{Z}_{bn} - j3) \parallel (\mathbf{Z}_{cn} + j6 + 8) \\ &= 12 + 1.6 + j0.8 + (j0.2) \parallel (9.6 + j2.8) \\ &= 13.6 + j0.8 + \frac{j0.2(9.6 + j2.8)}{9.6 + j2.8 + j0.2} \\ &= 13.6 + j1 = 13.64\underline{/4.2^\circ}\ \Omega\end{aligned}$$

원하는 전류는 다음 식으로 구한다.

$$\mathbf{I} = \frac{\mathbf{V}}{\mathbf{Z}} = \frac{50\underline{/0^\circ}}{13.64\underline{/4.2^\circ}} = 3.666\underline{/-4.2^\circ}\text{ A}$$

연습문제 12.10

그림 12.25의 회로에서 **I**를 구하라.

해답 6.364 $\underline{/4.22^\circ}$ A

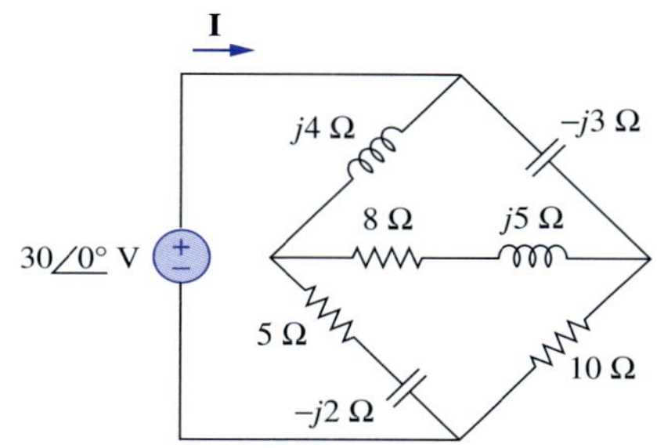

그림 12.25
연습문제 12.10 회로

12.6 컴퓨터 해석

이 장에서 다룬 내용의 컴퓨터 해석의 도구로 MATLAB과 PSpice를 고려하기로 한다.

12.6.1 MATLAB

MATLAB은 사인파를 그리는 데 사용할 수 있고 또한 이 장에 나오는 복소대수를 다루기 위하여 사용할 수도 있다. 예로서 $0 < t < 2$에서 $v(t) = 10 \sin (2\pi t - 20^\circ)$ V를 그리기 위하여 다음의 명령어를 사용한다.

```
»t=0:0.01:2;        % start t from 0, increment by
                    0.01, and stop at 2
»ang=20*pi/180      % converts angle to radian;
»v=10*sin(2*pi*t - ang);
»plot(t,v)
```

그려진 사인파 $v(t)$는 그림 12.26과 같다.

MATLAB이 복소수를 다루는 예로서 예제 12.1의 복소수는 다음의 명령어에 의해 계산한다.

```
»z1= 3  +  j*5;
»z2= 6  -  j*8;
»z3= z1  +  z2
```

```
z3 =
   9.0000  - 3.0000i
»z4=z1*z2
z4  =
   58.0000  + 6.0000i
```

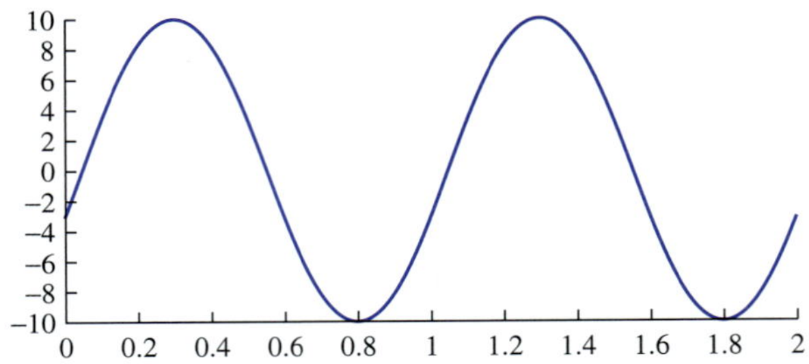

그림 12.26

$v(t) = 10\sin(2\pi t - 20°)$의 그림

위의 결과는 예제 12.1의 풀이와 동일하다. MATLAB에서는 i와 j모두 $\sqrt{-1}$로 해석된다. 시험기간에 MALAB을 계산기로 이용하는 것이 허용되지 않을지라도 과제를 풀 때 이용할 수 있다.

12.6.2 PSpice

PSpice는 페이저 해석에 이용된다. 부록 C의 C.5에 있는 교류해석을 위한 PSpice의 개념을 읽어보기 바란다. PSpice의 교류해석이 전 주파수대역 대상이지만 여기서는 단일 주파수로 국한하기로 한다. 교류회로 해석은 페이저 혹은 주파수 영역에서 이루어지고 모든 전원은 동일 주파수 $f = \omega/2\pi$를 가져야 한다. 다음의 예제가 페이저 해석에 PSpice를 사용하는 것을 보여준다.

예제 12.11

PSpice를 이용하여 그림 12.27의 회로에서 v_o과 i_o을 구하라.

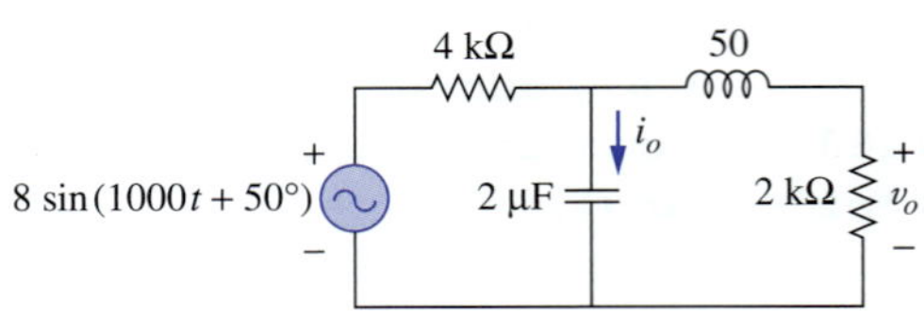

그림 12.27

예제 12.11의 회로

풀이

주파수 f는 ω로부터 얻는다.

$$f = \frac{\omega}{2\pi} = \frac{1000}{2\pi} = 159.155 \text{ Hz}$$

그림 12.28에 이 회로의 배선도를 표시하였다. 전압원에 부품명 VAC를 사용하고 두 번 클릭한 다음 ACMAG = 8, ACPHASE = 50을 입력한다. v_o와 i_o의 크기를 구하는 문제이므로 IPRINT와 VPRINT1 각각의 속성을 *AC* = *yes*, *MAG* = *yes*, *PHASE* = *yes*로 설정한다. 회로가 exam1211.dsn으로 그려지고 저장된 후 **PSpice/New Simulation Profile**을 선택하면 New Simulation 대화창이 뜬다. 파일 이름 "exam1211"을 입력하고 Create를 클릭하면 Simulation Settings 대화창이 뜬다. *Analysis type*으로 AC Sweep/Noise을 선택하고 단일 주파수 해석을 위하여 *Start Freq*에 159.155, *Final Freq*에 159.155, *Total Point*에 1을 입력한다. 배선도를 저장한 후 **PSpice/Run**을 선택해 모의실험을 수행하면 그래픽 처리기를 탐침하게 된다. 배선도 창으로 돌아가서 **PSpice/View Output File**을 선택한다. 출력 파일은 전원주파수와 의사성분 IPRINT와 VPRINT1의 속성을 다음과 같이 함께 포함한다.

```
FREQ          VM(3)          VP(3)
1.592E+02     9.412E-01      -2.077E+01

FREQ          IM(V_PRINT1)   IP(V_PRINT1)
1.592E+02     1.883E-03      7.067E+01
```

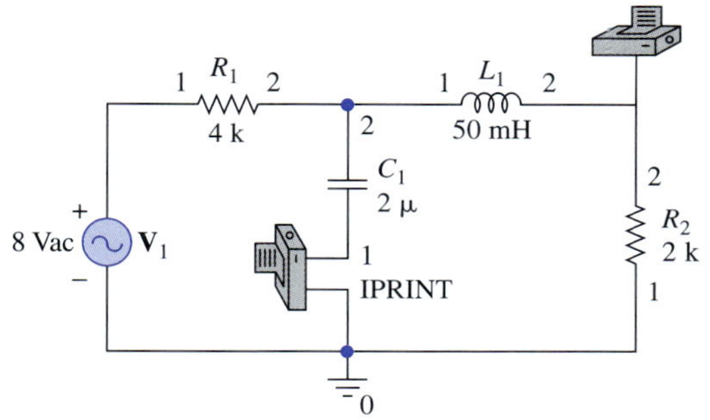

그림 12.28
예제 12.11의 배선도

위 출력 파일로부터 다음을 얻는다.

$$\mathbf{V}_o = 0.941 \underline{/-20.71^\circ} \text{ V}, \qquad \mathbf{I}_o = 1.883 \underline{/70.67^\circ} \text{ mA}$$

시간 영역으로 변환하면

$$v_o(t) = 0.941 \sin(1000t - 20.71^\circ) \text{ V}$$

$$i_o(t) = 1.883 \sin(1000t + 70.67^\circ) \text{ mA}$$

예제 12.11

PSpice를 이용하여 그림 12.29의 회로에서 v_o과 i_o을 구하라.

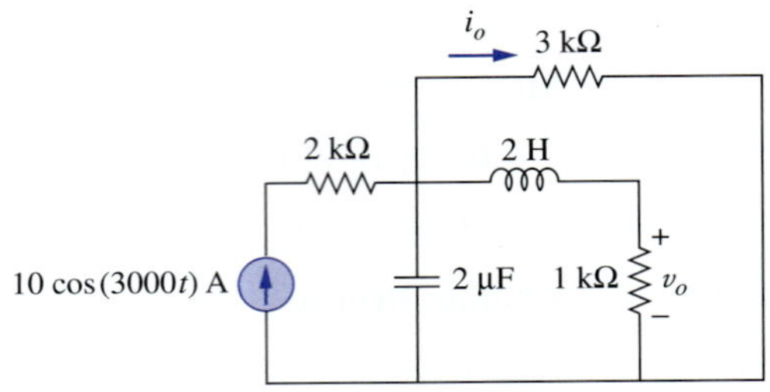

그림 12.29
연습문제 12.11의 회로

해답 0.2772 cos(3000t − 153.7°) V, 0.562 cos(3000t − 77.13°) mA

12.7 †응용

9장과 10장에서 특정 직류 응용에서 *RC*와 *RL*회로가 유용하다는 것을 알았다. 이 *RC*와 *RL*회로는 결합회로, 위상변이회로, 여파기, 공진회로, 교류브릿지회로, 변압기 등의 교류응용에도 유용하다. 이 절에서는 *RC* 위상변이회로와 교류 브릿지회로에 관해 살펴보기로 한다.

12.7.1 위상변이기

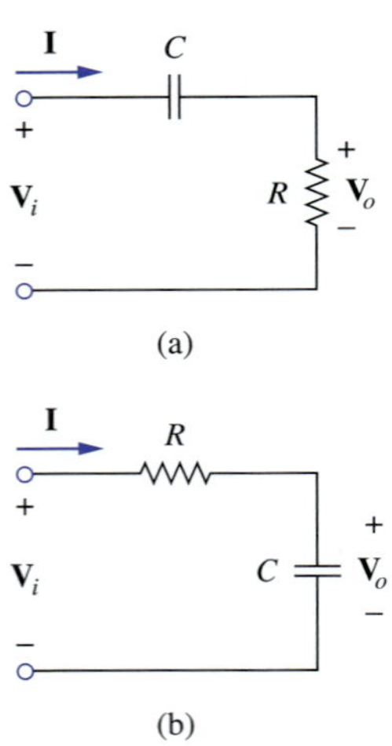

그림 12.30
직렬 *RC*변이회로: (a) 진상출력, (b) 지상출력

회로에 생긴 원치 않는 위상변이를 교정하거나 혹은 특정 효과를 위해 위상변이기가 사용된다. 커패시터가 회로전류를 인가된 전압보다 앞서게 하기 때문에 *RC*회로가 이 목적에 적합하다. 그림 12.30에 흔히 사용되는 두 *RC*회로를 소개한다(*RL*회로나 임의의 리액턴스성 회로도 사용될 수 있다).

그림 12.30(a)에서는 회로전류 **I**가 인가된 전압 $\mathbf{V}_1$보다 위상각 θ만큼 앞선다. 여기서 $0 < \theta < 90°$는 *R*과 *C*의 값에 따라 변화한다. 만약 $X_C = 1/\omega C$이면 총 임피던스는 $\mathbf{Z} = R + jX_C$이고 위상변이는 다음 식으로 표시된다.

$$\theta = \tan^{-1}\frac{X_C}{R} \tag{12.46}$$

위 식에서 위상변이의 크기는 *R*과 *C*, 그리고 작동 주파수의 값에 종속됨을 알 수 있다. 저항 양단에 걸리는 출력전압 $\mathbf{V}_o$는 전류와 동위상이기 때문에 그림 12.31(a)와 같이 $\mathbf{V}_o$가 $\mathbf{V}_i$보다 앞선다(양의 위상 변이). 그림 12.31(b)에서는 출력이 커패시터 양단의 전압이다. 전류 **I**가 입력전압 $\mathbf{V}_i$보다 θ만큼 앞서고 커패시터 양단의 출력전압 $\mathbf{V}_o$은 입력전압 $\mathbf{V}_i$보다 뒤진다(음의 위상 변이).

그림 12.30의 간단한 *RC* 회로가 전압분배기의 작용을 한다는 것도 유념해야 한다. 따라서 위상변이 θ가 90°에 가까워질 때 출력전압 $\mathbf{V}_o$는 0에 접근한다. 이러한 이유로 간단한 *RC*회로는 적은 양의 위상변이가 필요할 때 사용

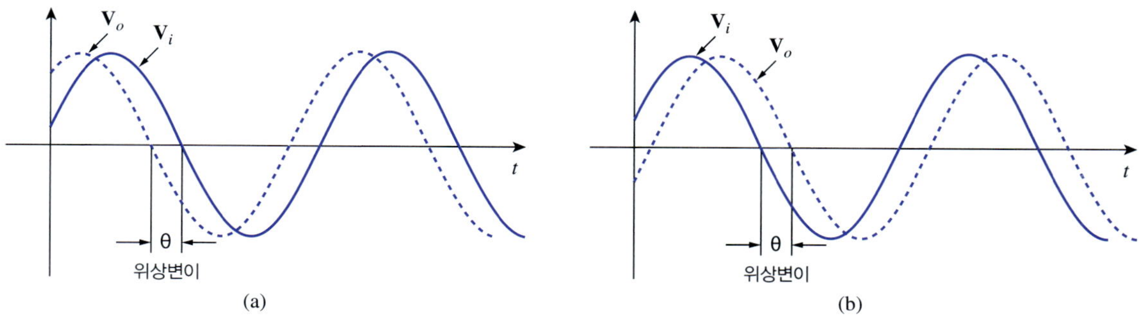

그림 12.31
*RC*회로의 위상변이: (a) 진상출력, (b) 지상출력

된다. 60°보다 큰 위상변이가 요구될 때에는 간단한 *RC* 네트워크가 직렬로 연결되어 각개의 위상변이의 합이 총 위상변이로 제공된다.

예제 12.12

90° 진상위상을 제공하는 *RC* 회로를 설계하라.

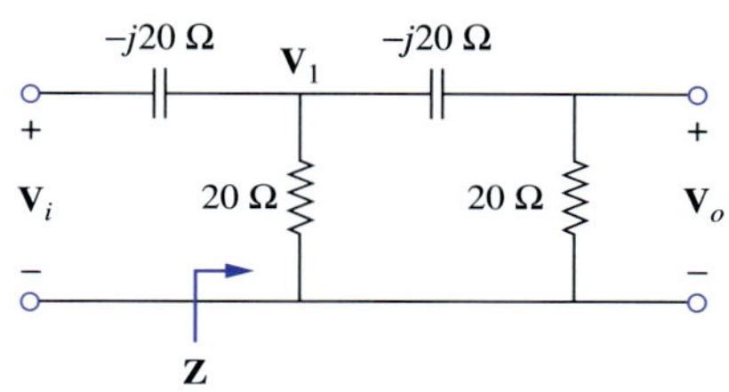

그림 12.32
90° 진상위상변위를 갖는 *RC* 위상변이회로, 예제12.12

풀이

$R = |X_C| = 20\ \Omega$처럼 어떤 특정 주파수에서 같은 저항값을 갖는 회로소자를 고른다면 식 (12.46)에 의해 위상변이는 정확히 45°가 될 것이다. 그림 12.30(a)의 *RC* 회로 두 개를 직렬로 연결하면 그림 12.32의 회로가 되고, 이 회로에서 90° 진상위상 혹은 90° 양의 위상변위를 얻을 수 있다. 그림 12.32의 **Z**는 직렬-병렬 조합 방법에 의거, 다음 식으로 얻어진다.

$$\mathbf{Z} = 20 \parallel (20 - j20) = \frac{20(20 - j20)}{40 - j20} = 12 - j4\ \Omega \qquad \textbf{(12.12.1)}$$

전압분배법칙에 의하면

$$\mathbf{V}_1 = \frac{\mathbf{Z}}{\mathbf{Z} - j20}\mathbf{V}_i = \frac{12 - j4}{12 - j24}\mathbf{V}_i = \frac{\sqrt{2}}{3}\underline{/45^\circ}\ \mathbf{V}_i \qquad \textbf{(12.12.2)}$$

$$\mathbf{V}_o = \frac{20}{20 - j20}\mathbf{V}_1 = \frac{\sqrt{2}}{2}\underline{/45^\circ}\ \mathbf{V}_1 \qquad \textbf{(12.12.3)}$$

식 (12.12.2)를 식 (12.12.3)에 대입하면 다음 식을 얻는다.

$$\mathbf{V}_o = \left(\frac{\sqrt{2}}{2}\underline{/45^\circ}\right)\left(\frac{\sqrt{2}}{3}\underline{/45^\circ}\ \mathbf{V}_i\right) = \frac{1}{3}\underline{/90^\circ}\ \mathbf{V}_i$$

위 식은 출력이 입력보다 90° 빠르나 그 크기가 약 33%로 줄어듦을 보인다.

연습문제 12.12

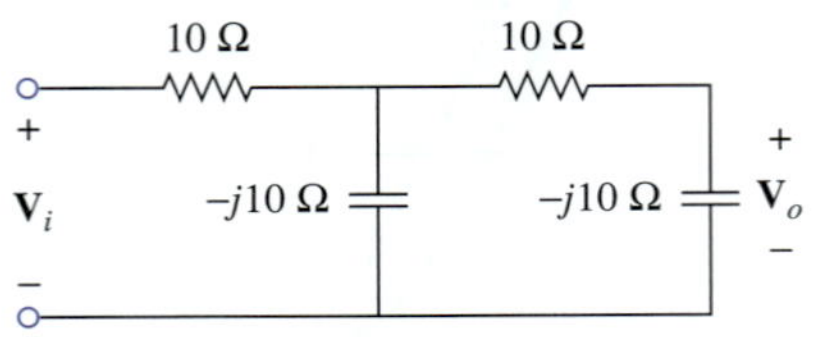

그림 12.33
연습문제 12.12의 회로

90° 지상위상변위를 제공하는 *RC* 회로를 설계하라. 10 V 전압이 인가될 때의 출력전압은 얼마인가?

해답 그림 12.33이 전형적인 설계이고, 3.33 V

12.7.2 교류브릿지

교류브릿지 회로는 인덕터의 인덕턴스 *L*이나 커패시터의 커패시턴스 *C*를 측정하는데 사용된다. 6.5절에서 저항을 측정하는데 쓰이는 휘스톤브릿지와 유사한 꼴이며 동일한 원리를 따른다. 하지만 *L*과 *C*를 측정하기 위해서는 교류전원이 필요하며 검류계 대신 교류미터가 필요하다.

그림 12.34에 표시된 일반적인 교류 브릿지회로를 살펴보자. 그림에서 미터에 전류가 흐르지 않을 때 브릿지가 평형상태라고 부르며 이 때에는 $\mathbf{V}_1 = \mathbf{V}_2$이고 전압분배법칙을 적용하면

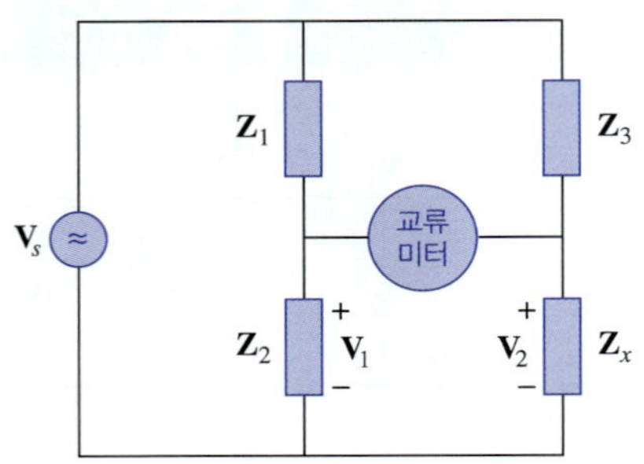

그림 12.34
일반적인 교류브릿지

$$\mathbf{V}_1 = \frac{\mathbf{Z}_2}{\mathbf{Z}_1 + \mathbf{Z}_2}\mathbf{V}_s = \mathbf{V}_2 = \frac{\mathbf{Z}_x}{\mathbf{Z}_3 + \mathbf{Z}_x}\mathbf{V}_s \tag{12.47}$$

따라서

$$\frac{\mathbf{Z}_2}{\mathbf{Z}_1 + \mathbf{Z}_2} = \frac{\mathbf{Z}_x}{\mathbf{Z}_3 + \mathbf{Z}_x} \quad \Rightarrow \quad \mathbf{Z}_2\mathbf{Z}_3 = \mathbf{Z}_1\mathbf{Z}_x \tag{12.48}$$

혹은

$$\boxed{\mathbf{Z}_x = \frac{\mathbf{Z}_3}{\mathbf{Z}_1}\mathbf{Z}_2} \tag{12.49}$$

위 식이 교류브릿지의 평형방정식이고 R_2가 **Zs**로 대체된 것을 제외하면 저항브릿지의 식 (6.3)과 유사하다.

*L*과 *C*를 측정하기 위한 전용 교류브릿지를 그림 12.35에 표시하였다. 여기서 L_x, C_x는 각각 측정해야 할 인덕턴스와 커패시턴스이고 L_s, C_s는 각각 표준 인덕턴스와 커패시턴스이다(값은 정확히 표기됨). 각각의 경우 저항 R_1과 R_2는 교류미터 값이 0이 되어 브릿지가 평형에 이를 때까지 변화하고 이 때 식 (12.49)에 의해 다음 식을 얻는다.

$$L_x = \frac{R_2}{R_1}L_s \tag{12.50}$$

$$C_x = \frac{R_1}{R_2}C_s \tag{12.51}$$

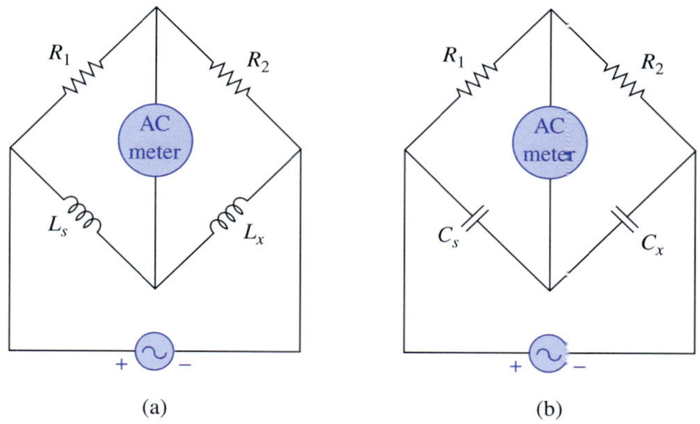

그림 12.35

전용교류브릿지: (a) L의 측정, (b) C의 측정

그림 12.35에서 교류브릿지의 평형이 교류전원의 주파수 f의 값에 좌우되지 않는다는 것에 유의하자. 왜냐하면 식 (12.50)과 (12.51)에 f가 나타나지 않기 때문이다.

예제 12.13

그림 12.34의 교류브릿지가 $\mathbf{Z}_1$이 1 kΩ 저항, $\mathbf{Z}_2$가 4.2 kΩ 저항, 그리고 $\mathbf{Z}_3$는 1.5 kΩ 저항과 12-pF 커패시터의 병렬 조합이고 $f = 2$ kHz일 때 평형을 이룬다고 한다. $\mathbf{Z}_x$를 이루는 직렬성분의 값을 구하라.

풀이

식 (12.49)로부터

$$\mathbf{Z}_x = \frac{\mathbf{Z}_3}{\mathbf{Z}_1}\mathbf{Z}_2 \tag{12.13.1}$$

여기서 $\mathbf{Z}_x = R_x + jX_x$이고

$$\mathbf{Z}_1 = 1000\ \Omega, \quad \mathbf{Z}_2 = 4200\ \Omega \tag{12.13.2}$$

따라서

$$\mathbf{Z}_3 = R_3 \parallel \frac{1}{j\omega C} = \frac{\dfrac{R_3}{j\omega C_3}}{R_3 + 1/j\omega C_3} = \frac{R_3}{1 + j\omega R_3 C_3}$$

$R_3 = 1.5$ MΩ, $C_3 = 12$ pF이므로

$$\mathbf{Z}_3 = \frac{1.5 \times 10^6}{1 + j2\pi \times 2 \times 10^3 \times 1.5 \times 10^6 \times 12 \times 10^{-12}} = \frac{1.5 \times 10^6}{1 + j0.2262}$$

혹은

$$\mathbf{Z}_3 = 1.427 - j0.3228\ \text{M}\Omega \tag{12.13.3}$$

$\mathbf{Z}_x$가 직렬성분으로 이루어진다고 가정하고 식 (12.13.2)와 (12.13.3)을 식 (12.13.1)에 대입하면 다음 식을 얻는다.

$$R_x + jX_x = \frac{4200}{1000}(1.427 - j0.3228) \times 10^6 = (5.993 - j1.356)\ \text{M}\Omega$$

실수부와 허수부를 정렬하면 $R_x = 5.993\ \text{M}\Omega$, 용량성 리액턴스

$$X_x = \frac{1}{\omega C} = 1.356 \times 10^6$$

혹은 다음 값을 얻는다.

$$C = \frac{1}{\omega X_x} = \frac{1}{2\pi \times 2 \times 10^3 \times 1.356 \times 10^6} = 58.69\ \text{pF}$$

연습문제 12.13

그림 12.34의 교류브릿지가 $\mathbf{Z}_1$이 4.8-kΩ 저항, $\mathbf{Z}_2$가 10 Ω 저항과 0.25-μH 인덕터의 직렬 조합, 그리고 $\mathbf{Z}_3$는 12-kΩ 저항이고 $f = 6$ MHz일 때 평형을 이룬다고 한다. $\mathbf{Z}_x$를 이루는 직렬성분의 값을 구하라.

해답 25-Ω저항과 0.625-μH 인덕터의 직렬연결

12.8 요약

1. 페이저는 복소수이고 사인파의 크기와 위상을 나타낸다. $V_m \sin(\omega t + \phi)$이면 그 페이저 $\mathbf{V}$는 $\mathbf{V} = V_m \underline{/\phi}$이다.
2. 교류회로에서 페이저 전압과 페이저 전류는 어떤 시간에서도 서로 일정한 관계를 갖는다. 어떤 소자 양단에 걸리는 전압이 $v(t) = V_m \sin(\omega t + \phi_v)$이고 그 소자를 흐르는 전류가 $i(t) = I_m \sin(\omega t + \phi_i)$일 때, 그 소자가 저항이면 $\phi_i = \phi_v$이고 커패시터이면 ϕ_i가 ϕ_v보다 90° 빠르며, 만약 그 소자가 인덕터이면 ϕ_i가 ϕ_v보다 90° 느리다.
3. 옴의 법칙, 키르히호프의 법칙 같은 기본 법칙은 직류회로와 동일하게 교류회로에서도 성립한다. 즉

$$\mathbf{V} = \mathbf{Z}\mathbf{I}$$

$$\sum \mathbf{I}_k = 0 \quad \text{(KCL)}$$

$$\sum \mathbf{V}_k = 0 \quad \text{(KVL)}$$

4. 회로의 임피던스 $\mathbf{Z}$는 페이저 전압과 페이저 전류의 비율이다. 즉

$$\mathbf{Z} = \frac{\mathbf{V}}{\mathbf{I}} = R(\omega) + jX(\omega)$$

여기서 $R = \text{Re}(\mathbf{Z})$는 저항, $X = \text{Im}(\mathbf{Z})$는 리액턴스이며 X가 양이면 유도성 리액턴스, X가 음이면 용량성 리액턴스라고 부른다.

5. 어드미턴스 $\mathbf{Y}$는 임피던스의 역수이다.

$$\mathbf{Y} = \frac{1}{\mathbf{Z}} = G(\omega) + jB(\omega)$$

임피던스는 저항과 같이 직렬 혹은 병렬로 연결되며 이 경우 직렬 임피던스와 병렬 어드미턴스가 더하기로 계산된다.

6. 저항의 경우 $\mathbf{Z} = R$, 인덕터의 경우 $\mathbf{Z} = jX = j\omega L$, 커패시터는 $\mathbf{Z} = -jX = 1/j\omega L$이다.
7. 전압/전류 분배, 임피던스/어드미턴스의 직/병렬 연결, 회로 간소화, Y-Δ 변환 모두 교류회로 해석에 적용된다.
8. MATLAB, PSpice가 교류해석에 사용되는 컴퓨터 툴이다.
9. 위상변이기와 브릿지회로에도 교류회로가 적용된다.

복습문제

12.1 음의 각 −50°와 같은 것은?
(a) 40° (b) 50° (c) 130° (d) 310°

12.2 복소수 $6 + j6$과 같은 것은?
(a) $6\underline{/45^\circ}$
(b) $36\underline{/0^\circ}$
(c) $8.485\underline{/45^\circ}$
(d) $8.485\underline{/135^\circ}$

12.3 $(12 + j5) + (3 - j6)$과 같은 것은?
(a) $15 - j$ (b) $17 - j3$
(c) $18 - j6$ (d) $17 - j3$

12.4 $(10\underline{/30})(2\underline{/-15^\circ})$의 다른 표현은?
(a) $12\underline{/-45^\circ}$ (b) $20\underline{/15^\circ}$ (c) $5\underline{/-55^\circ}$

12.5 인덕터 전압이 전류보다 90° 앞선다.
(a) 참 (b) 거짓

12.6 임피던스의 허수부는?
(a) 저항
(b) 어드미턴스
(c) 서셉턴스
(d) 컨덕턴스
(e) 리액턴스

12.7 커패시터의 임피던스는 주파수에 따라 늘어난다.
(a) 참 (b) 거짓

12.8 페이저는 사인파의 주파수를 나타내지 않는다.
(a) 참 (b) 거짓

12.9 직렬 RC 회로에서 $V_R = 12$ V이고 $V_C = 5$ V이면 공급전압은?
(a) −7 V (b) 7 V
(c) 13 V (d) 17 V

12.10 직렬 RCL 회로에서 $R = 30\ \Omega$, $X_C = 50\ \Omega$, $X_L = 90\ \Omega$일 때 이 회로의 임피던스는?
(a) $30 + j140\ \Omega$
(b) $30 + j40\ \Omega$
(c) $30 - j40\ \Omega$
(d) $-30 - j40\ \Omega$
(e) $-30 + j40\ \Omega$

해답 12.1 d, 12.2 c, 12.3 a, 12.4 b, 12.5 a, 12.6 e, 12.7 b, 12.8 a, 12.9 c, 12.10 b

문제

12.2절 페이저와 복소수

12.1 다음 연산의 결과를 직각좌표 꼴로 표현하라.

(a) $(5 + j6) - (2 - j3)$

(b) $(25 + j7)^* (1 + j2)$

(c) $20 \angle 30^\circ - 10 \angle 45^\circ$

(d) $\dfrac{26\angle 40^\circ + 5\angle -10^\circ}{6 + j8}$

12.2 다음의 복소 표현을 간단히 하여 직각좌표 꼴로 표현하라.

(a) $(2 + j) + (4 - j7)$ (b) $(j3)^*(3 + j5)$

(c) $\dfrac{4 + j3}{1 - j2}$ (d) $\dfrac{2 - j5}{2 + j4}$

12.3 다음을 계산하여 직각좌표 꼴로 표현하라.

(a) $\dfrac{15\angle 45^\circ}{3 - j4} + j2$

(b) $\dfrac{8\angle -20^\circ}{(2 + j)(3 - j4)} + \dfrac{10}{-5 + j12}$

(c) $10 + (8\angle 50^\circ)(5 - j12)$

12.4 $z_1 = 6 - j8$, $z_2 = 10\angle -30^\circ$, $z_3 = 8\angle -120^\circ$일 때 다음을 구하라.

(a) $z_1 + z_2 + z_3$ (b) $\dfrac{Z_1 Z_2}{Z_3}$

12.5 $z_1 = -3 + j4$, $z_2 = 12 + j5$일 때 다음을 구하라.

(a) $z_1 z_2$ (b) $\dfrac{Z_1}{Z_2^*}$ (c) $\dfrac{Z_1 + Z_2}{Z_1 - Z_2}$

12.6 $\mathbf{X} = 8\angle 40^\circ$, $\mathbf{Y} = 10\angle -30^\circ$일 때 다음을 극좌표 꼴로 표현하라.

(a) $(\mathbf{X} + \mathbf{Y})\mathbf{X}^*$ (b) $(\mathbf{X} - \mathbf{Y})^*$ (c) $(\mathbf{X} + \mathbf{Y})/\mathbf{X}$

12.7 다음을 계산하라.

(a) $\dfrac{2 + j3}{1 - j6} + \dfrac{7 - j8}{-5 + j11}$

(b) $\dfrac{(5\angle 10^\circ)(10\angle -40^\circ)}{(4\angle -80^\circ)(-6\angle 50^\circ)}$

(c) $\begin{vmatrix} 2 + j3 & -j2 \\ -j2 & 8 - j5 \end{vmatrix}$

12.8 다음의 페이저에 해당하는 사인파를 구하라.

(a) $\mathbf{V}_1 = 60\angle 15^\circ$ V, $\omega = 1$

(b) $\mathbf{V}_2 = 6 + j8$ V, $\omega = 40$

(c) $\mathbf{I}_1 = 2.8\angle -\pi/3$ A, $\omega = 377$

(d) $\mathbf{I}_2 = -0.5 - j1.2$ A, $\omega = 10^3$

12.9 다음의 페이저에 해당하는 사인파를 구하라.

(a) $\mathbf{V} = 40\angle -60^\circ$ V

(b) $\mathbf{V} = -30\angle 10^\circ + 50\angle 60^\circ$ V

(c) $\mathbf{I} = j6\angle -10^\circ$ A

(d) $\mathbf{I} = \dfrac{2}{j} + 10\angle -45^\circ$ A

12.10 다음 사인파의 페이저를 구하라.

(a) $v = 10 \sin(\omega t + 20^\circ)$ V

(b) $v = 25 \sin(\omega t - 30^\circ)$ V

(c) $i = 40 \sin(\omega t + 270^\circ)$ A

(d) $i = 50 \cos(\omega t - 33^\circ)$ A

12.11 다음 사인파의 페이저를 구하라.

(a) $v = 20 \sin(\omega t - 60^\circ)$ V

(b) $i = -5 \cos(\omega t + 70^\circ)$ A

12.12 페이저를 이용하여 다음을 구하라.

(a) $3 \cos(20t + 10^\circ) - 5 \cos(20t - 30^\circ)$

(b) $40 \sin(50t) + 30 \cos(50t - 45^\circ)$

(c) $20 \sin(400t) + 10 \cos(400t + 60^\circ) - 5 \sin(400t - 20^\circ)$

12.3절 회로소자와 페이저

12.13 다음의 전압원에 연결된 8 Ω저항에 흐르는 전류를 구하라.
$v_s(t) = 110 \cos(377t)$ V

12.14 다음의 각 경우에 해당하는 2 H 인덕터의 리액턴스를 구하라.

(a) 60 Hz (b) 1 MHz (c) 600 rad/s

12.15 40 mH 인덕터에 주파수 60 Hz인 110-V 전원이 연결되어 있다. 리액턴스와 전류를 구하라.

12.16 50 μF 커패시터에 주파수 60 Hz인 220-V 전원이 연결되어 있다. 리액턴스와 전류를 구하라.

12.17 2 μF 커패시터에 다음의 전류가 흐를 때 커패시터에 걸리는 순간전압은 얼마인가?
$i(t) = 4 \sin(10^6 t + 25^\circ)$ A

12.18 4 mH 인덕터에 $v(t) = 60 \cos(500t - 65^\circ)$ V의 전압이 걸릴 때 인덕터에 흐르는 순간전류는 얼마인가?

12.19 $i(t) = 10 \sin(377t + 30^\circ)$ A의 전류원이 단일소자 부하에 인가될 때 소자 양단의 전압이 $v(t) = -65 \cos(377t + 120^\circ)$V

이다. 이 소자의 종류와 그 값을 구하라.

12.20 그림 12.36과 같이 두 소자가 직렬 연결되어 있다. $i = 12\cos(2t - 30°)$A일 때 소자의 값을 구하라.

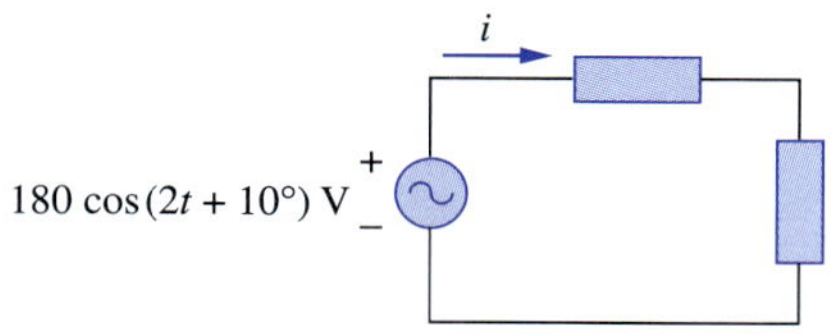

그림 12.36
문제 12.20

12.21 110-V 교류전원에 직렬 *RL* 회로가 연결되어 있다. 저항 양단의 전압이 85 V일 때 인덕터 양단의 전압을 구하라.

12.22 그림 12.37의 v_o 응답을 0으로 하는 ω의 값을 구하라.

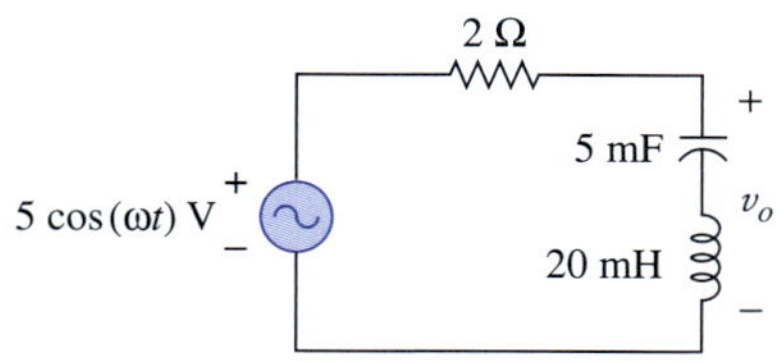

그림 12.37
문제 12.22의 회로

12.23 50 Ω 저항과 40 μF 커패시터가 직렬 연결된 회로에 $120\sin(1000t + 40°)$의 전압이 인가될 때 사인파 전류를 구하라.

12.4절 임피던스와 어드미턴스

12.24 그림 12.38에서 $v_s(t) = 5\cos(2t)$ V일 때 v_o을 구하라.

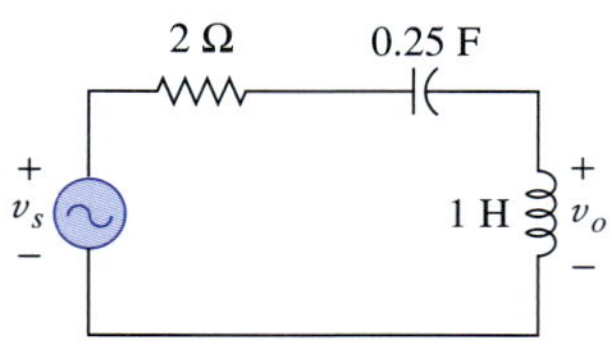

그림 12.38
문제 12.24와 12.53의 회로

12.25 그림 12.39에서 $i(t)$와 $v_o(t)$를 구하라.

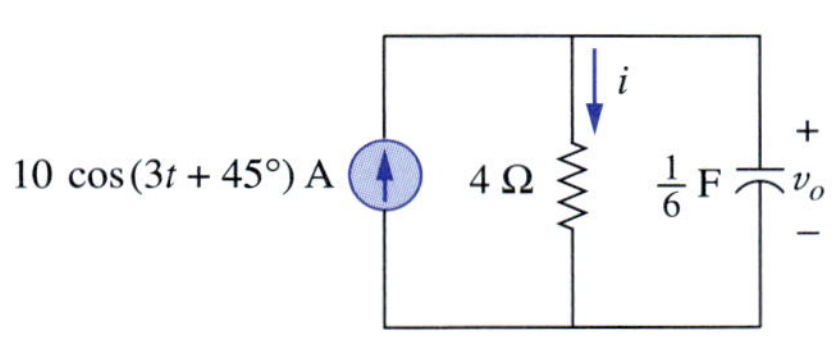

그림 12.39
문제 12.25의 회로

12.26 그림 12.40에서 전원 주파수가 60 Hz일 때 $i_1(t)$와 $i_2(t)$를 구하라.

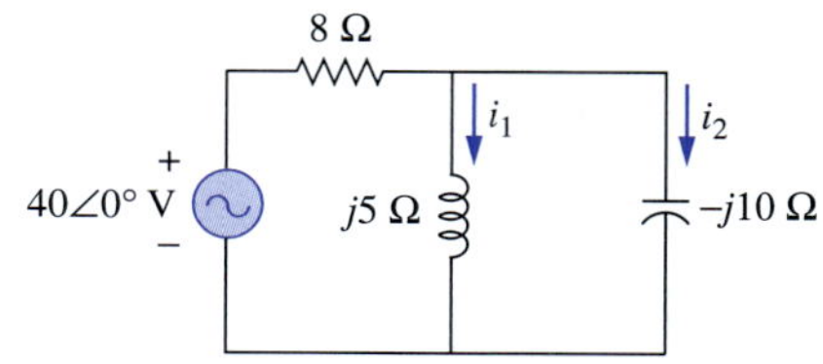

그림 12.40
문제 12.26의 회로

12.27 그림 12.41의 *RLC* 회로에서 $i_o(t)$를 구하라.

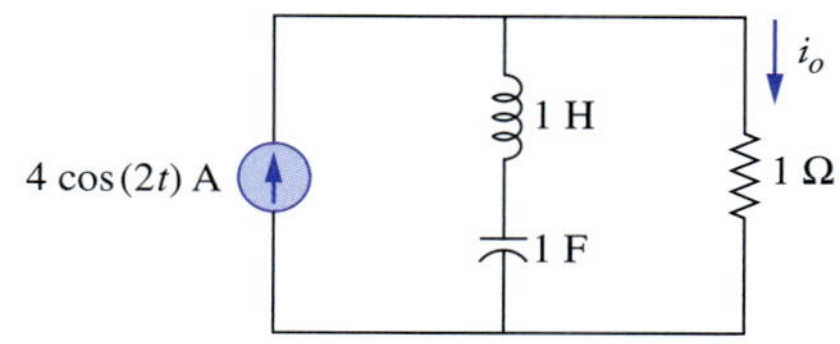

그림 12.41
문제 12.27의 회로

12.28 그림 12.42에서 $i_s(t) = 5\cos(100t + 40°)$ A일 때 $v_x(t)$를 구하라.

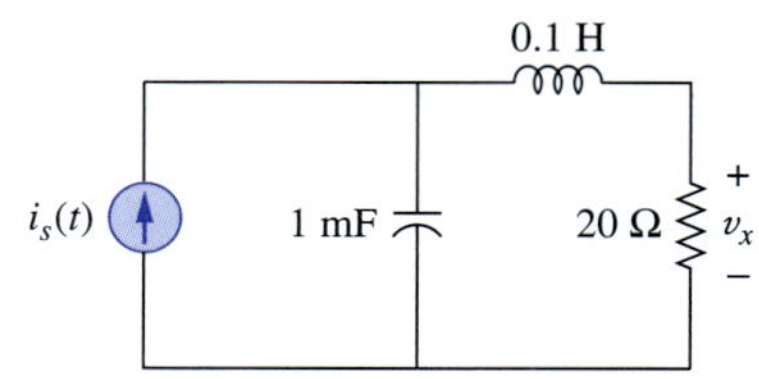

그림 12.42
문제 12.28

12.29 그림 12.43의 2 Ω 저항에 걸린 전압 $v_o(t)$가 $10\cos(2t)$ V일 때 i_s를 구하라.

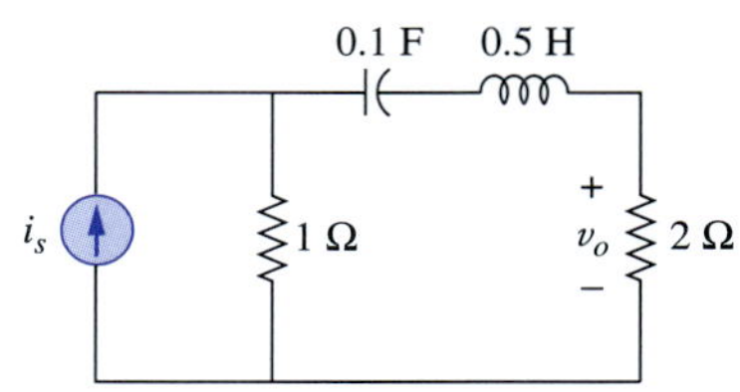

그림 12.43
문제 12.29의 회로

12.30 그림 12.44의 회로에서 $\mathbf{V}_s = 10\underline{/0^\circ}$ V일 때 I를 구하라.

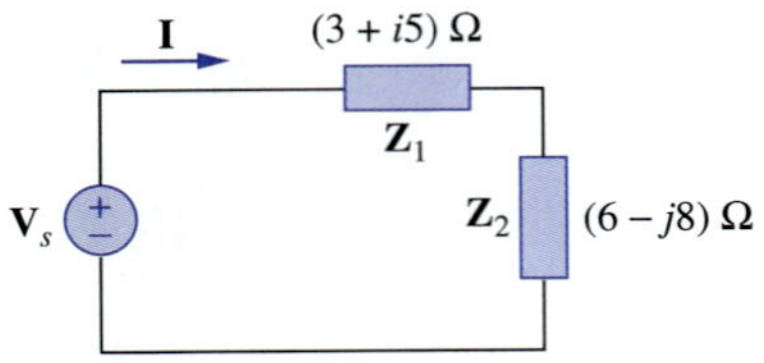

그림 12.44
문제 12.30의 회로

12.31 10 MHz, 10 μF 커패시터에 걸리는 피크전압이 0.42 mV일 때 커패시터의 피크전류는 얼마인가?

12.32 2 kHz, 80 mH 인덕터에 걸리는 피크전압이 12 mV일 때 인덕터의 피크전류는 얼마인가?

12.5절 임피던스의 조합

12.33 그림 12.45 회로의 $\mathbf{Z}_{eq}$를 구하라.

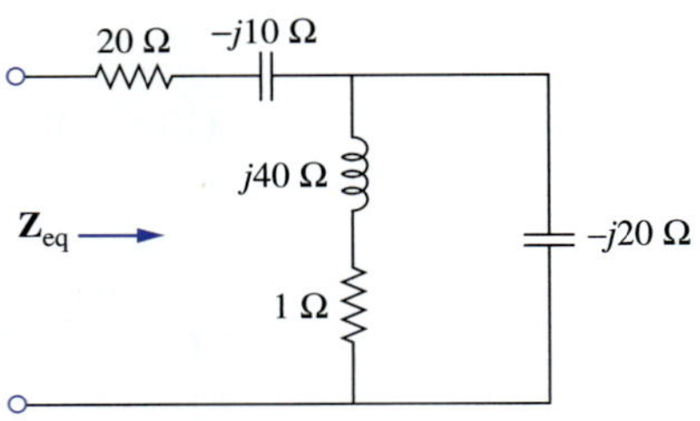

그림 12.45
문제 12.33의 회로

12.34 $\omega = 50$ rad/s일 때 그림 12.46 회로의 $\mathbf{Z}_{in}$을 구하라.

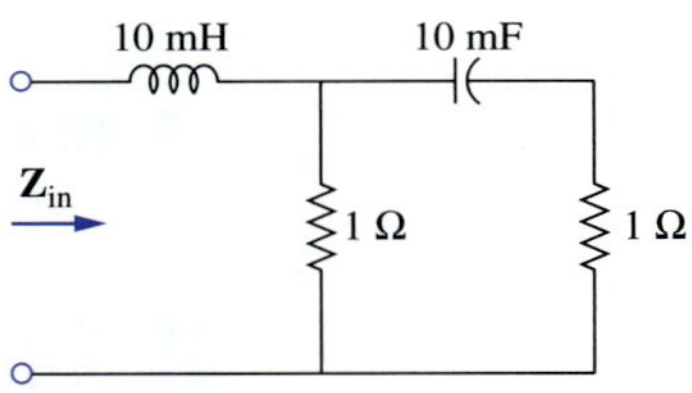

그림 12.46
문제 12.34의 회로

12.35 $\omega = 1$ rad/s일 때 그림 12.47 회로의 입력 어드미턴스를 구하라.

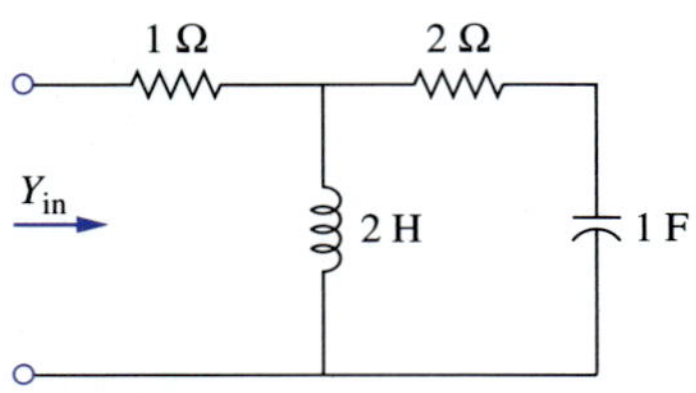

그림 12.47
문제 12.35의 회로

12.36 그림 12.48 회로의 $\mathbf{Z}_{eq}$를 구하라.

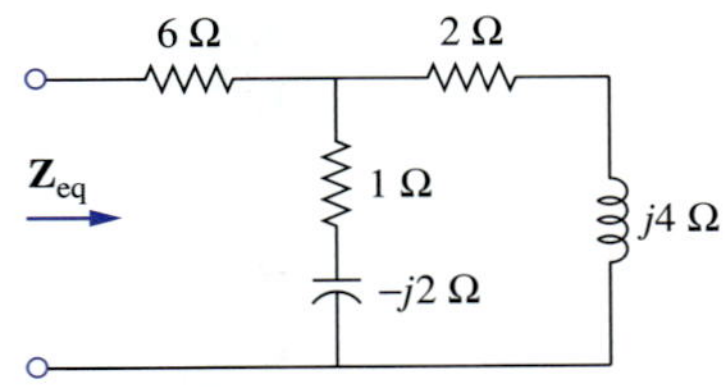

그림 12.48
문제 12.36의 회로

12.37 그림 12.49 회로의 $\mathbf{Z}_{eq}$를 구하라.

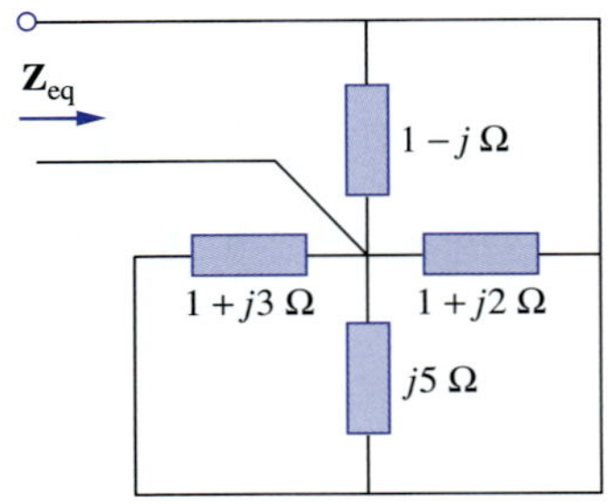

그림 12.49
문제 12.37의 회로

12.38 그림 12.50 회로의 $\mathbf{Z}_T$를 구하라.

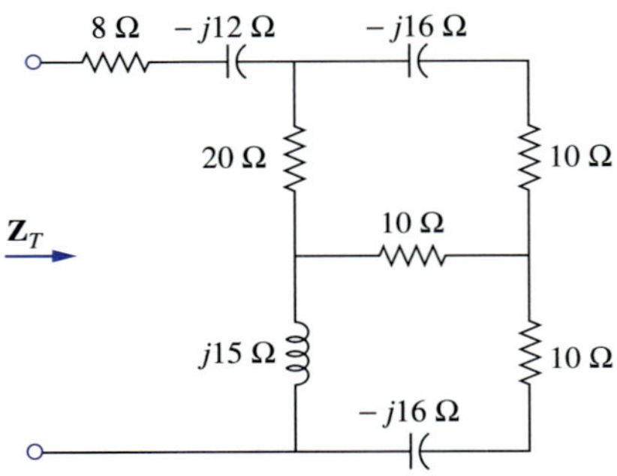

그림 12.50
문제 12.38의 회로

12.39 그림 12.51 회로의 $\mathbf{Z}_T$와 $\mathbf{I}$를 구하라.

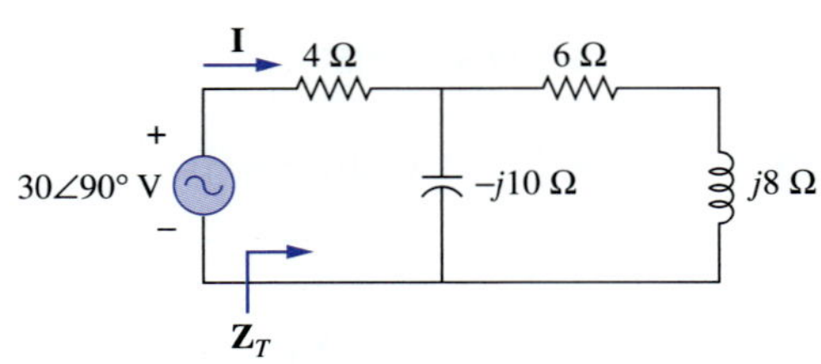

그림 12.51
문제 12.39의 회로

12.40 $\omega = 10^3$ rad/s일 때 그림 12.52 회로의 입력 어드미턴스를 구하라.

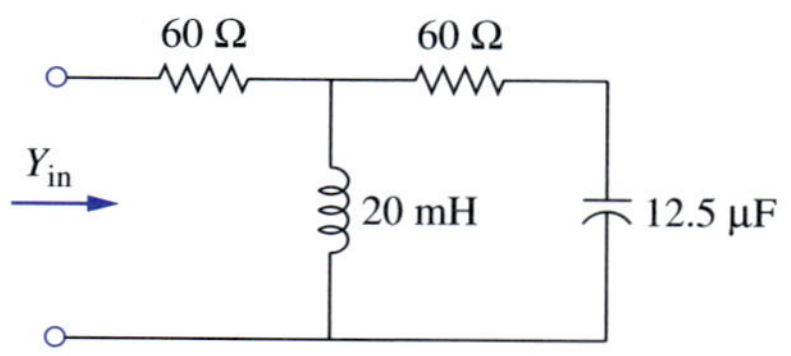

그림 12.52
문제 12.40의 회로

12.41 그림 12.53 회로의 $\mathbf{Y}_{eq}$를 구하라.

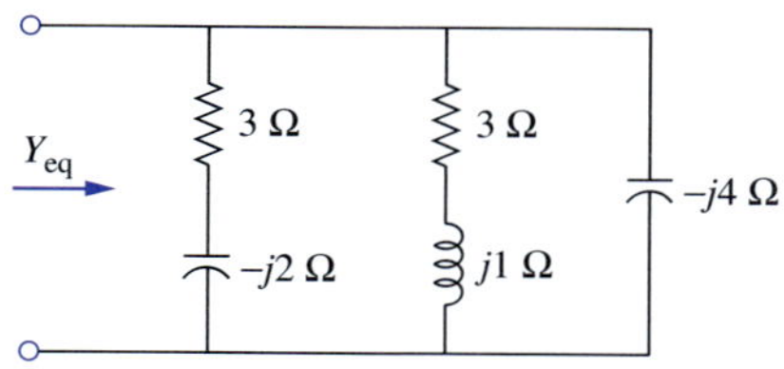

그림 12.53
문제 12.41의 회로

12.42 그림 12.54 회로의 등가 임피던스를 구하라.

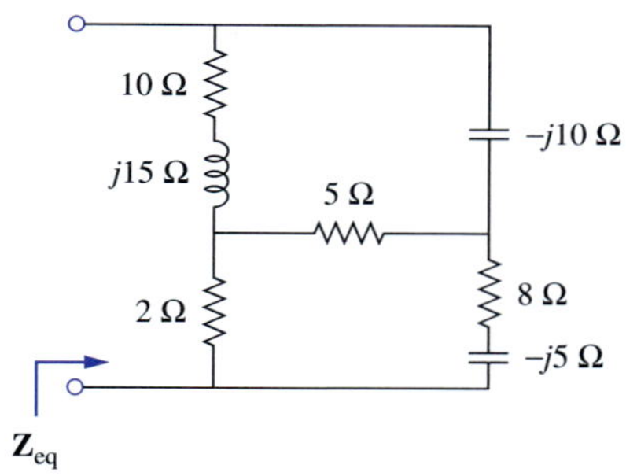

그림 12.54
문제 12.42

12.43 그림 12.55 네트워크의 $\mathbf{Z}_{ab}$를 구하라.

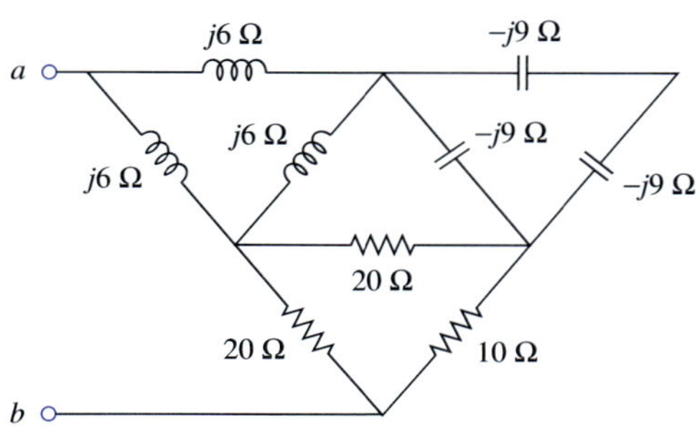

그림 12.55
문제 12.43의 회로

12.44 전압분배법칙을 이용하여 그림 12.56의 $\mathbf{V}_{AB}$를 구하라.

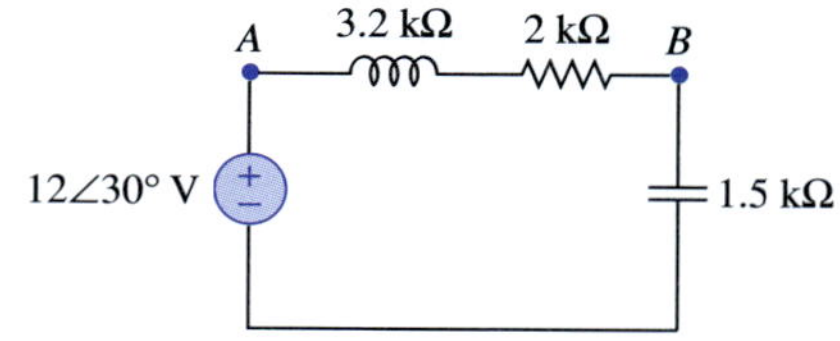

그림 12.56
문제 12.44의 회로

12.45 그림 12.57의 $\mathbf{Z}_{ab}$를 구하라.

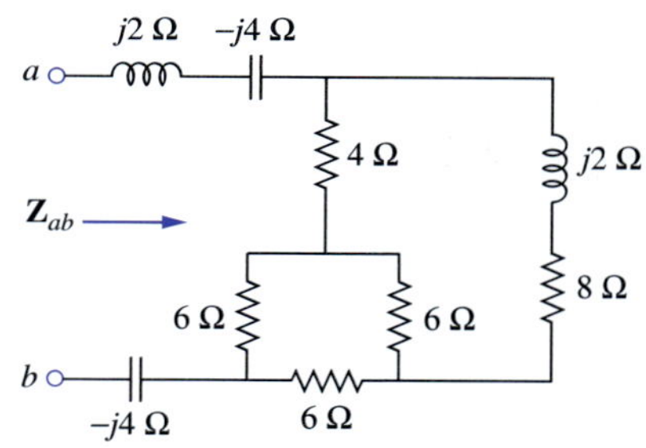

그림 12.57
문제 12.45의 회로

12.46 그림 12.58의 $\mathbf{Z}_{in}$을 구하라.

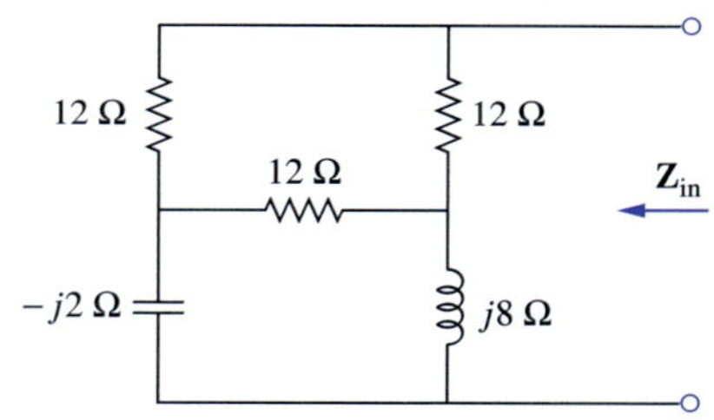

그림 12.58
문제 12.46의 회로

12.47 그림 12.59를 참고하여 입력임피던스 Z_i와 입력전류 I_i를 구하라.

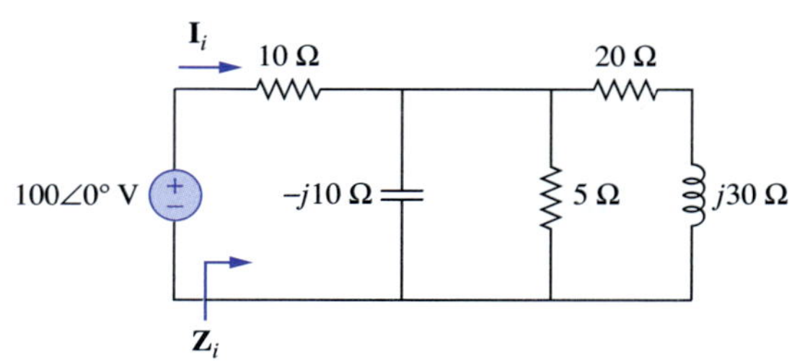

그림 12.59
문제 12.47의 회로

12.6절 컴퓨터 해석

12.48 MATLAB을 이용하여 $v(t) = 60 \sin(377t + 60°)$ V를 그려라.

12.49 MATLAB을 이용하여 $i(t) = 10 \cos(4\pi t - 25°)$ A를 그려라.

12.50 MATLAB을 이용하여 다음을 계산하라.

(a) $\dfrac{(5 - j6) - (2 + j8)}{(-3 + j4)(5 - j) + (4 - j6)}$

(b) $\left(\dfrac{10 + j20}{3 + j4}\right)^2 \sqrt{(10 + j5)(16 - j20)}$

12.51 MATLAB을 이용하여 다음을 계산하라.

$$\frac{[(10 + j12) + (30 - j40)] \times (15 + j18)}{(50 - j60) - (35 + j80)}$$

12.52 PSpice를 이용하여 문제 12.28을 다시 풀라.

12.53 PSpice를 이용하여 문제 12.24를 다시 풀라.

12.54 $v_s(t) = 60 \cos(200t - 10°)$ V일 때 그림 12.60 회로의 $i(t)$를 PSpice를 이용하여 구하라.

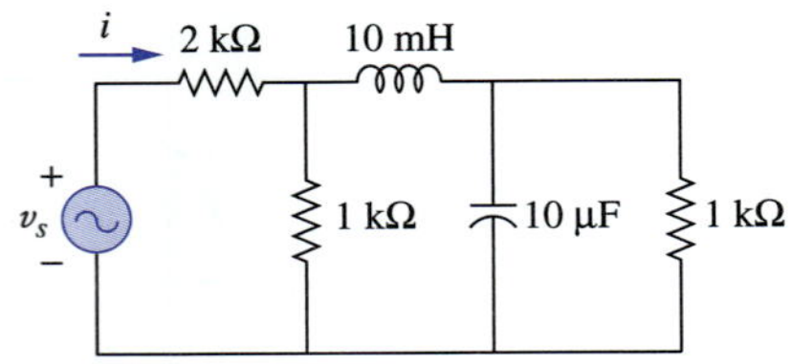

그림 12.60
문제 12.54의 회로

12.55 $i_s(t) = 2 \sin(5t)$ A일 때 그림 12.61 회로의 $i_x(t)$를 PSpice를 이용하여 구하라.

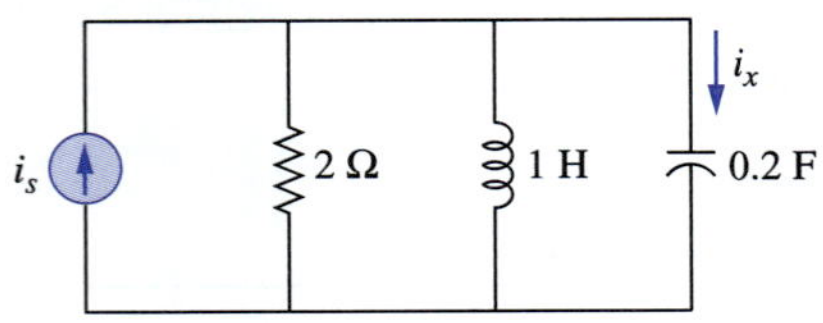

그림 12.61
문제 12.55의 회로

12.7절 응용

12.56 90° 진상 위상변이를 주는 *RL* 회로를 설계하라.

12.57 사인파 입력을 코사인파 출력으로 변환하는 회로를 설계하라. 출력이 전압이라고 가정한다.

12.58 66 Ω 저항과 직렬로 조합된 커패시터가 120-V, 60-Hz 전원에 연결되었다. 이 회로의 임피던스가 116 Ω이라면 커패시터의 값은 얼마인가?

12.59 그림 12.62의 *RC* 회로에서

(a) 2 MHz에서 위상변이를 계산하라.

(b) 위상변이 45°를 주는 주파수를 구하라.

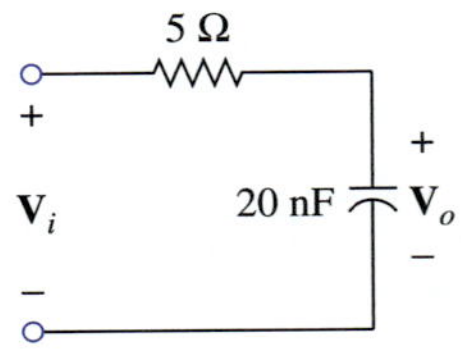

그림 12.62
문제 12.59의 회로

12.60 그림 12.63의 위상변이 회로에서 60 Hz일 때 $\mathbf{V}_i = 120$ V라 한다. (a) *R*이 최대일 때의 $\mathbf{V}_o$, (b) *R*이 최소일 때의 $\mathbf{V}_o$, (c) 45° 위상변이를 주는 *R*의 값을 각각 구하라.

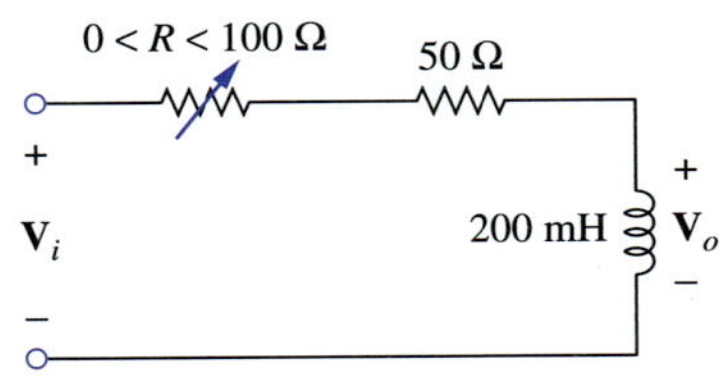

그림 12.63
문제 12.60의 회로

12.61 그림 12.34의 교류브릿지가 $R_1 = 400\ \Omega$, $R_2 = 600\ \Omega$, $R_3 = 1.2\ \text{k}\Omega$, $C_2 = 0.3\ \mu$F일 때 평형상태라고 한다. R_2와 C_2, R_x와 C_x가 각각 직렬 연결이라고 할 때 R_x와 C_x를 구하라.

12.62 커패시턴스브릿지가 $R_1 = 100\ \Omega$, $R_2 = 2\ \text{k}\Omega$, $C_s = 40\ \mu$F일 때 평형상태라고 한다. 측정하고자 하는 커패시터의 커패시턴스 C_x를 구하라.

12.63 유도성 브릿지가 $R_1 = 1.2\ \text{k}\Omega$, $R_2 = 500\ \Omega$, $L_s = 250$ mH일 때 평형상태라고 한다. 측정하고자 하는 인덕터의 인덕턴스 L_x를 구하라.

12.64 그림 12.64의 회로가 TV 수신기에 사용된다. 이 회로의 총 임피던스를 구하라.

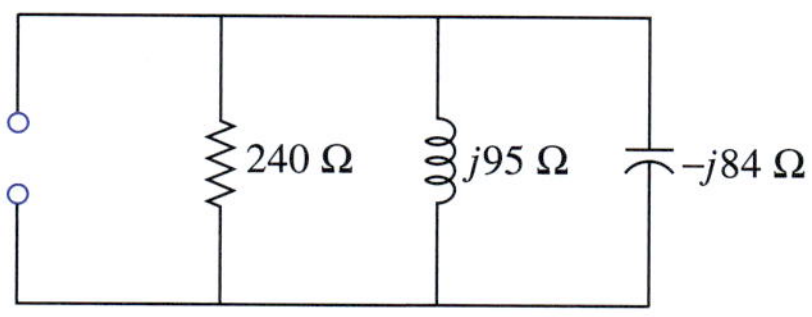

그림 12.64
문제 12.64의 회로

12.65 어떤 송전선이 직렬임피던스 $\mathbf{Z} = 100\underline{/75^\circ}\ \Omega$, 분기 어드미턴스 $\mathbf{Y} = 450\underline{/48^\circ}\ \mu\text{S}$를 가진다. 다음을 구하라.

(a) 특성임피던스 $\mathbf{Z}_o = \sqrt{\mathbf{Z}/\mathbf{Y}}$

(b) 전파상수 $\gamma = \sqrt{\mathbf{ZY}}$

CHAPTER

13

사인파 정상상태 해석

지도자란 사람들이 하고 싶지 않아 하는 것을 하게 하고 또 좋아하도록 만들 수 있는 사람을 말한다.

— Henry S. Truman

경력 향상

소프트웨어 공학기술 경력

소프트웨어 공학기술이란 과학적 지식을 컴퓨터 프로그램과 그 프로그램을 효과적으로 작동시키고 유지하는데 필요한 제반 문서들을 설계, 제작 및 디버깅 일체를 할 수 있도록 응용하는 방법을 아는 것을 말한다. 소프트웨어 공학 기술은 대부분의 학업과정이 일상적인 과제를 수행할 때에도 하나 혹은 그 이상의 소프트웨어 패키지의 사용을 필요로 하고 프로그램 가능한 초소형 전자시스템을 사용하는 응용분야가 증가됨에 따라 점점 더 중요해지고 있는 전기전자공학기술의 한 분야이다.

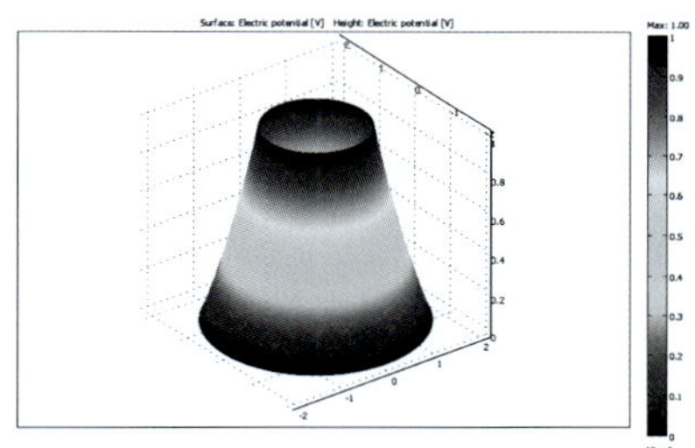

COMSOLInc 사의 모델링 소프트웨어의 출력
© Sarhan M. Musa

소프트웨어 엔지니어의 역할과 컴퓨터 과학자의 역할이 혼돈되지 않아야 한다. 소프트웨어 엔지니어는 이론가가 아니라 개업의이다. 소프트웨어 공학기술자는 고도의 컴퓨터 프로그래밍 기술을 보유하여야 하고 점차 넓게 보급되는 C^{++} 같은 컴퓨터 언어에도 능숙하여야 한다. 하드웨어와 소프트웨어가 서로 긴밀히 연결되어 있기 때문에 소프트웨어 엔지니어가 하드웨어 설계나 회로의 트러블슛에 대하여 잘 알아야 한다는 것은 기본이다. 더욱 중요한 것은 소프트웨어 엔지니어가 해당 소프트웨어를 응용하는 분야에 대해서도 전문적인 지식을 지니고 있어야 한다는 것이다.

일반적으로 소프트웨어 공학기술 분야는 프로그래밍을 즐기거나 소프트웨어 패키지를 개발하는 사람들에게 좋은 경력을 제공한다. 준비를 잘 한 사람에게 좋은 보상이 지급되며 특히 대학원 졸업자들에게 재미있고 의욕을 돋우는 기회가 주어질 것이다.

13.1 서론

앞 장에서 사인파 입력의 회로응답을 페이저를 이용해서 구할 수 있다는 것을 배웠다. 그리고 교류회로에서도 옴의 법칙과 키르히호프의 법칙이 적용되는 것을 공부하였다. 이 장에서는 메쉬 해석, 노드 해석, 테브난 정리, 노턴 정리, 중첩의 원리, 전원 변환법 등이 어떻게 교류회로 해석에 응용되는가를 살펴보고자 한다. 이러한 원리들이 이미 직류 해석에서 소개되었기 때문에 이 장에서는 예제 위주로 설명하기로 한다.

교류 해석은 항상 세 가지 단계를 필요로 한다.

교류회로 해석의 순서

1. 회로를 페이저 혹은 주파수 영역으로 변환
2. 전류 분배법칙, 전압 분배법칙, 노드 해석, 메쉬 해석, 중첩의 원리 등 회로 기술을 사용하여 문제를 푼다.
3. 결과 페이저를 다시 시간 영역으로 변환

문제가 주파수 영역에서 정의되었으면 1단계는 불필요하다. 2단계에서는 복소수 취급만 제외하면 직류회로 해석과 동일한 해석을 수행한다. 12장을 공부했기 때문에 3단계 수행은 어려움이 없을 것이다.[1] 이 장의 마지막 부분에서는 교류회로 문제에 PSpice를 적용하는 법을 배운다.

13.2 메쉬 해석

키르히호프 전압법칙(KVL)이 메쉬 해석의 근간을 이룬다. 12장에서 교류회로의 KVL 적용을 공부하였다. 7.2절에서도 언급되었듯이 n개의 메쉬를 갖는 교류회로의 메쉬 해석은 다음의 세 단계를 거친다.

1. n개의 메쉬에 각각 $\mathbf{I}_1, \mathbf{I}_2, ..., \mathbf{I}_n$의 메쉬 전류를 할당한다.
2. n개의 메쉬에 각각 KVL을 적용한다. 메쉬 전류로 전압을 표시하는 옴의 법칙을 사용한다.
3. 메쉬 전류를 구하기 위해 n개의 연립방정식을 푼다.

위의 단계가 다음 예제에서 설명되었다.

1 페이저를 이용한 교류회로의 주파수 영역 해석이 시간 영역 해석보다 훨씬 용이하다.

예제 13.1

그림 13.1의 회로에서 메쉬 해석을 사용하여 전류 $\mathbf{I}_o$를 구하라.

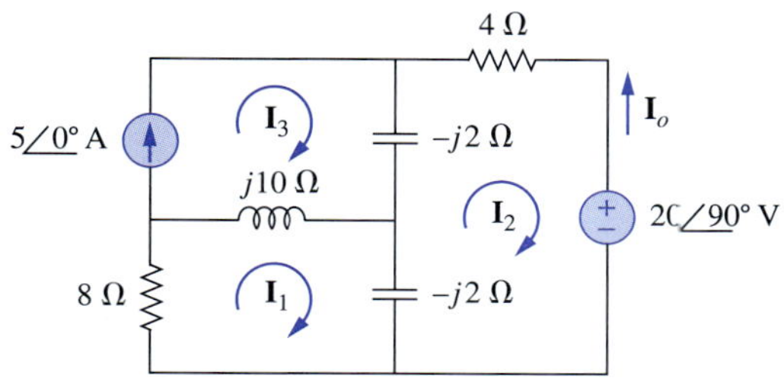

그림 13.1

예제 13.1과 13.6의 회로

풀이

메쉬 1에 KVL을 적용하면

$$(8 + j10 - j2)\mathbf{I}_1 - (-j2)\mathbf{I}_2 - j10\mathbf{I}_3 = 0 \qquad \textbf{(13.1.1)}$$

메쉬 2에 대해서는

$$(4 - j2 - j2)\mathbf{I}_2 - (-j2)\mathbf{I}_1 - (-j2)\mathbf{I}_3 + 20\underline{/90^\circ} = 0 \qquad \textbf{(13.1.2)}$$

메쉬 3에서 $\mathbf{I}_3 = 5$이고 이를 식 (13.1.1)과 (13.1.2)에 대입하면

$$(8 + j8)\mathbf{I}_1 + j2\mathbf{I}_2 = j50 \qquad \textbf{(13.1.3)}$$

$$j2\mathbf{I}_1 + (4 - j4)\mathbf{I}_2 = -j20 - j10 \qquad \textbf{(13.1.4)}$$

식 (13.1.3)과 (13.1.4)를 행렬로 표시하면

$$\begin{bmatrix} 8 + j8 & j2 \\ j2 & 4 - j4 \end{bmatrix} \begin{bmatrix} \mathbf{I}_1 \\ \mathbf{I}_2 \end{bmatrix} = \begin{bmatrix} j50 \\ -j30 \end{bmatrix}$$

관련 행렬식을 구하면

$$\Delta = \begin{vmatrix} 8 + j8 & j2 \\ j2 & 4 - j4 \end{vmatrix} = 32(1 + j)(1 - j) + 4 = 68$$

$$\Delta_2 = \begin{vmatrix} 8 + j8 & j50 \\ j2 & -j30 \end{vmatrix} = 340 - j240 = 416.17\underline{/-35.22^\circ}$$

$$\mathbf{I}_2 = \frac{\Delta_2}{\Delta_1} = \frac{416.17\underline{/-35.22^\circ}}{68} = 6.12\underline{/-35.22^\circ}\text{ A}$$

구하는 전류는

$$\mathbf{I}_o = -\mathbf{I}_2 = 6.12\underline{/(-35.22^\circ + 180^\circ)} = 6.12\underline{/144.78^\circ}\text{ A}$$

연습문제 13.1

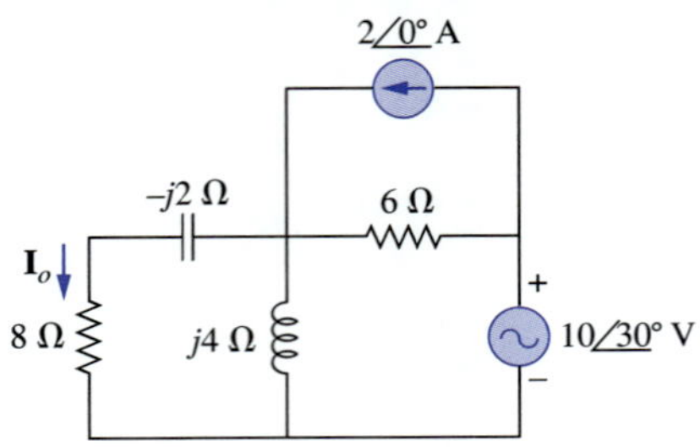

그림 13.2
연습문제 13.1의 회로

그림 13.2에서 메쉬 해석을 사용하여 $\mathbf{I}_o$를 구하라.

해답 3.582 $\angle 65.45°$ A

예제 13.2

그림 13.3의 회로에서 메쉬 해석을 사용하여 $\mathbf{V}_o$를 구하라.

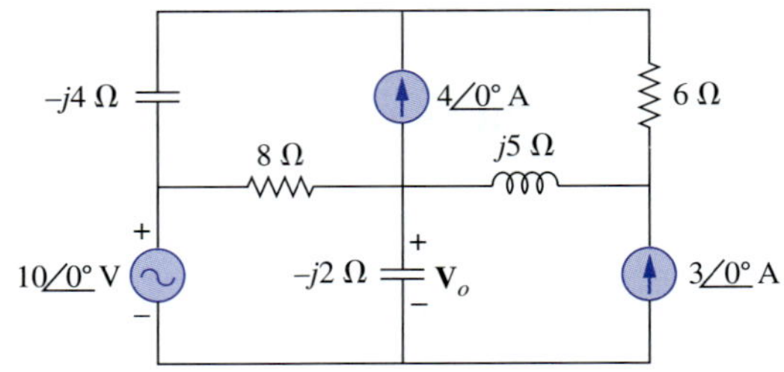

그림 13.3
예제 13.2의 회로

풀이

메쉬 사이에 있는 전류원 때문에 그림 13.4처럼 메쉬 3과 메쉬 4는 수퍼메쉬로 취급한다. 메쉬 1에 KVL을 적용하면

$$-10 + (8 - j2)\mathbf{I}_1 - (-j2)\mathbf{I}_2 - 8\mathbf{I}_3 = 0$$

혹은

$$(8 - j2)\mathbf{I}_1 + j2\mathbf{I}_2 - 8\mathbf{I}_3 = 10 \tag{13.2.1}$$

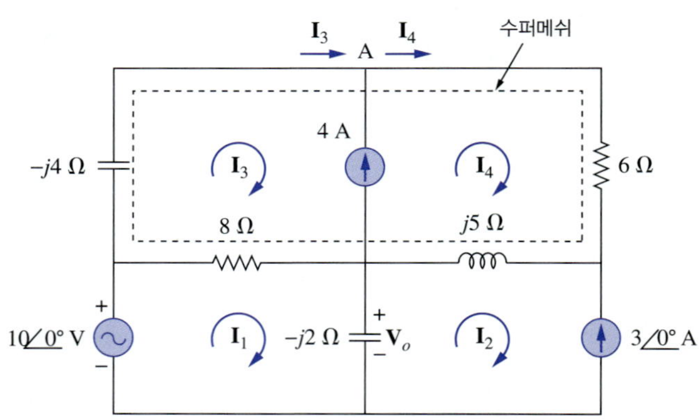

그림 13.4
그림 13.3 회로의 해석

메쉬 2에 관한 식은

$$\mathbf{I}_2 = -3 \tag{13.2.2}$$

수퍼메쉬에 관한 식은

$$(8 - j4)\mathbf{I}_3 - 8\mathbf{I}_1 + (6 + j5)\mathbf{I}_4 - j5\mathbf{I}_2 = 0 \tag{13.2.3}$$

메쉬 3과 4 사이의 전류원을 고려하면 노드 A에서는

$$\mathbf{I}_4 = \mathbf{I}_3 + 4 \tag{13.2.4}$$

앞의 방정식을 다음의 두 가지 방법으로 풀 수 있다.

■ **방법 1** 제거에 의하여 식의 수를 두 개로 줄인다. 식 (13.2.1)과 (13.2.2)에서

$$(8 - j2)\mathbf{I}_1 - 8\mathbf{I}_3 = 10 + j6 \tag{13.2.5}$$

식 (13.2.2)부터 식 (13.2.4)를 결합하면

$$-8\mathbf{I}_1 + (14 + j)\mathbf{I}_3 = -24 - j35 \tag{13.2.6}$$

식 (13.2.5)와 (13.2.6)에서 다음 행렬방정식을 얻는다.

$$\begin{bmatrix} 8 - j2 & -8 \\ -8 & 14 + j \end{bmatrix}\begin{bmatrix} \mathbf{I}_1 \\ \mathbf{I}_3 \end{bmatrix} = \begin{bmatrix} 10 + j6 \\ -24 - j35 \end{bmatrix}$$

위 식에서 다음의 행렬식을 얻는다.

$$\Delta = \begin{vmatrix} 8 - j2 & -8 \\ -8 & 14 + j \end{vmatrix} = 112 + j8 - j28 + 2 - 64 = 50 - j20$$

$$\begin{aligned} \Delta_1 = \begin{vmatrix} 10 + j6 & -8 \\ -24 - j35 & 14 + j \end{vmatrix} &= 140 + j10 + j84 - 6 - 192 - j280 \\ &= -58 - j186 \end{aligned}$$

전류 $\mathbf{I}_1$은 다음 식으로 얻어지며

$$\mathbf{I}_1 = \frac{\Delta_1}{\Delta} = \frac{-58 - j186}{50 - j20} = 3.618\underline{/274.5^\circ}\text{ A}$$

구하는 전압 $\mathbf{V}_o$은 다음과 같다.

$$\begin{aligned} \mathbf{V}_o = -j2(\mathbf{I}_1 - \mathbf{I}_2) &= -j2(3.618\underline{/274.5^\circ} + 3) \\ &= -7.2134 - j6.568 \\ &= 9.756\underline{/222.32^\circ}\text{ V} \end{aligned}$$

■ **방법 2** 식 (13.2.1)에서 (13.2.4)를 풀기 위해서 MATLAB을 사용할 수 있다. 먼저 방정식을 다음 꼴로 바꾼다.

$$\begin{bmatrix} 8 - j2 & j2 & -8 & 0 \\ 0 & 1 & 0 & 0 \\ -8 & -j5 & 8 - j4 & 6 + j5 \\ 0 & 0 & -1 & 1 \end{bmatrix}\begin{bmatrix} \mathbf{I}_1 \\ \mathbf{I}_2 \\ \mathbf{I}_3 \\ \mathbf{I}_4 \end{bmatrix} = \begin{bmatrix} 10 \\ -3 \\ 0 \\ 4 \end{bmatrix} \tag{13.2.7}$$

혹은

$$\mathbf{AI} = \mathbf{B}$$

$\mathbf{A}$의 역행렬을 사용해서 $\mathbf{I}$를 구하면

$$\mathbf{I} = \mathbf{A}^{-1}\mathbf{B}$$

이제 다음과 같이 MATLAB을 적용한다.

```
>> A = [(8-j*2)  j*2    -8       0;
        0        1      0        0;
        -8       -j*5   (8-j*4)  (6+j*5);
        0        0      -1       1];
>> B = [10 -3 0 4]';
>> I = inv(A)*B

I =
  0.2828 - 3.6069i
  -3.0000
  -1.8690 - 4.4276i
   2.1310 - 4.4276i
>> Vo = -2*j*(I(1) - I(2))

Vo =
  -7.2138 - 6.5655i
```

위의 $\mathbf{V}_o$은 방법 1의 결과와 같다.

■ **방법 3** TI-89 Titanium 계산기를 사용하여 식 (13.2.7)을 다음과 같이 풀 수 있다. 직각좌표 꼴의 해답을 원하므로 먼저 모드를 설정한다.

먼저 [MODE]를 누른 후 복소 형식을 RECTANGULAR로 바꾸고 [ENTER]를 누른다.

[2nd] [MATH]를 누른다.

4: Matrix를 선택한 후 [ENTER]를 누른다.

5: simult([ENTER]를 누르고 다음을 입력한다.

```
simult([8-2*i,2*i,-8,0;0,1,0,0;-8,-5*i,8-4*i,
6+5*i;0,0,-1,1],[10;-3;0;4])
```

[♦] [ENTER]를 누르면 다음의 결과를 얻는다.

$$\mathbf{I}_1 = 0.2828 - j3.607, \quad \mathbf{I}_2 = -3 + j0,$$
$$\mathbf{I}_3 = -1.869 - 4.427, \quad 2.131 - j4.428$$

위 결과는 방법 2에서 얻은 값과 같다.

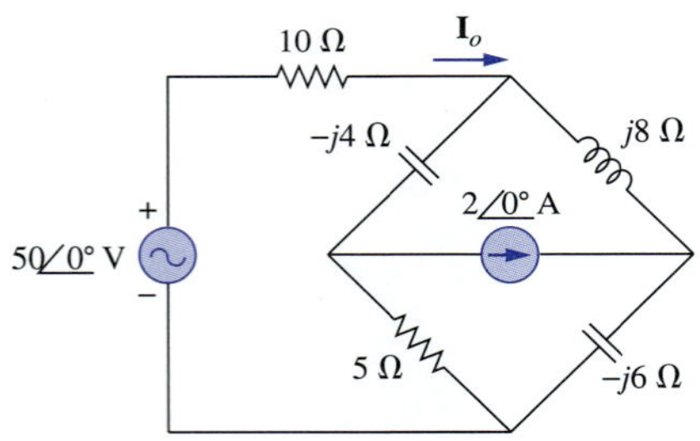

그림 13.5
연습문제 13.2의 회로

연습문제 13.2

그림 13.5의 회로에서 전류 $\mathbf{I}_o$를 구하라.

해답 $0.197\angle -5.84^\circ$ A

13.3 노드해석

노드해석은 키르히호프의 전류법칙(KCL)을 기본으로 한다. 12장에서 보인 것처럼 페이저에서도 KCL이 유효하므로 교류회로 해석에서도 노드해석 방법을 사용할 수 있다. 7장 4절에서 언급된 것처럼 교류회로의 노드해석은 다음의 3단계를 거친다.

1. 한 개의 노드를 기준노드(혹은 접지점)로 설정하고, 나머지 $n-1$개의 노드에 전압 $\mathbf{V}_1$, $\mathbf{V}_2, \ldots, \mathbf{V}_{n-1}$을 할당한다. 각 전압은 기준노드에서부터의 전압이다.
2. $n-1$개의 각 비기준노드에 KCL을 적용한다. 브랜치 전류를 노드전압에 대하여 표시하기 위하여 옴의 법칙을 사용한다.
3. 노드전압의 값을 구하기 위하여 연립방정식을 푼다.

다음 예제로 앞의 3단계를 설명하기로 한다.

예제 13.3

그림 13.6의 회로에서 노드해석에 의해 i_x를 구하라.

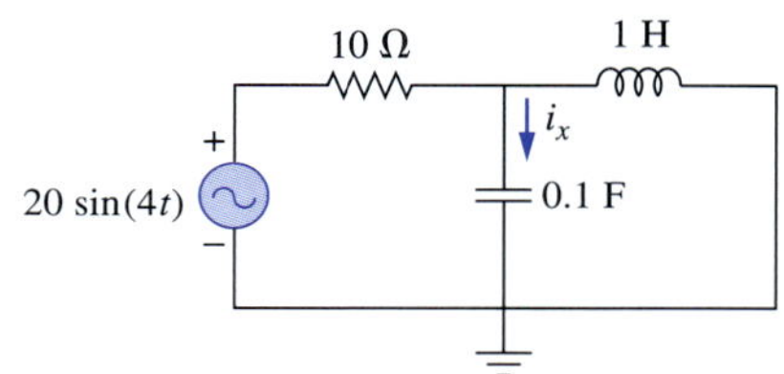

그림 13.6
예제 13.3의 회로

풀이

먼저 회로를 다음과 같이 주파수 영역으로 바꾼다.

$$20\sin(4t) \quad \Rightarrow \quad 20\underline{/0^\circ}, \qquad \omega = 4 \text{ rad/s}$$
$$1 \text{ H} \quad \Rightarrow \quad j\omega L = j4\ \Omega$$
$$0.1 \text{ F} \quad \Rightarrow \quad \frac{1}{j\omega C} = -j2.5\ \Omega$$

주파수 영역 등가 회로를 그림 13.7에 표시하였다.

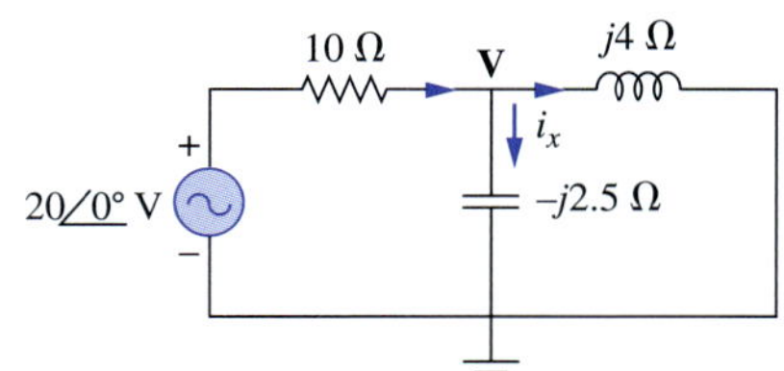

그림 13.7
그림 13.6 회로의 주파수 영역 등가 회로

위쪽 노드에 KCL을 적용하면

$$\frac{20-\mathbf{V}}{10} = \frac{\mathbf{V}}{-j2.5} + \frac{\mathbf{V}}{j4}$$

양변에 10을 곱하면

$$20 - \mathbf{V} = j4\,\mathbf{V} - j2.5\,\mathbf{V} \qquad \text{혹은} \qquad 20 = \mathbf{V}(1 + j1.5)$$

따라서

$$\mathbf{V} = \frac{20}{1+j1.5}$$

한편

$$\mathbf{I}_x = \frac{\mathbf{V}}{-j2.5} = \frac{20}{-j2.5(1+j1.5)} = 3.6923 + j2.4615$$
$$= 4.438\underline{/33.69^\circ} \text{ A}$$

위 식을 시간 영역으로 바꾸면

$$i_x(t) = 4.438 \sin(4t + 33.69°) \text{ A}$$

연습문제 13.3

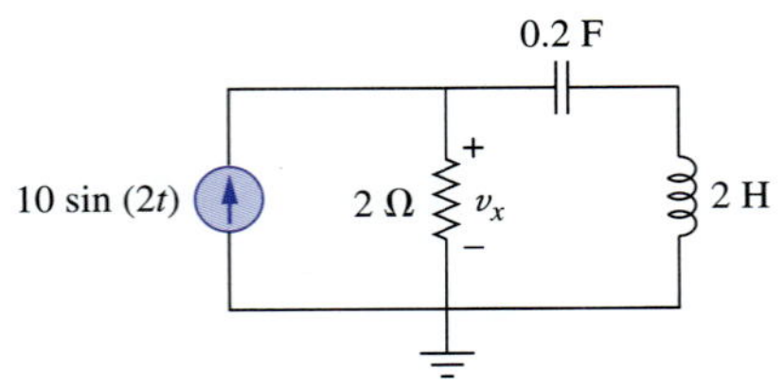

그림 13.8
연습문제 13.3의 회로

그림 13.8의 회로에서 노드해석에 의해 v_x를 구하라.

해답 $12 \sin(2t + 53.13°)$ V

예제 13.4

그림 13.9의 회로에서 $\mathbf{V}_1$과 $\mathbf{V}_2$를 구하라.

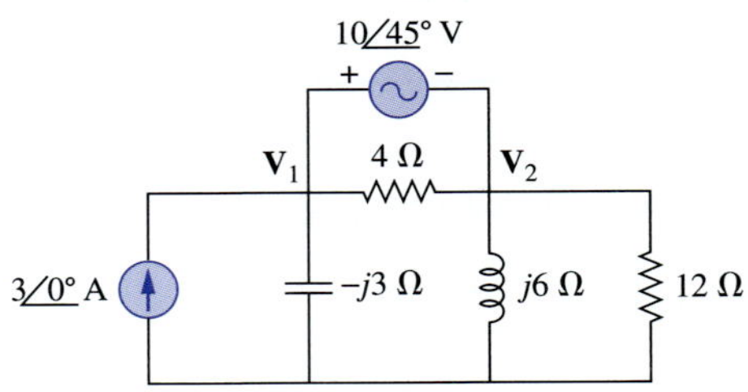

그림 13.9
예제 13.4의 회로

풀이

그림 13.10과 같이 노드 1과 노드 2는 수퍼노드를 이룬다. 수퍼노드에 KCL을 적용하면

$$3 = \frac{\mathbf{V}_1}{-j3} + \frac{\mathbf{V}_2}{j6} + \frac{\mathbf{V}_2}{12}$$

혹은

$$36 = j4\mathbf{V}_1 + (1 - j2)\mathbf{V}_2 \qquad \textbf{(13.4.1)}$$

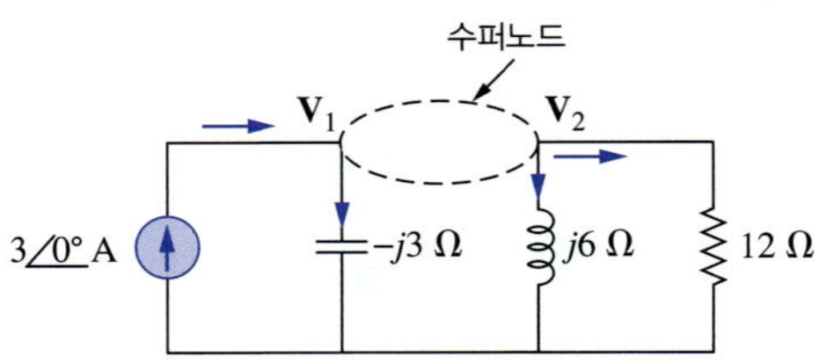

그림 13.10
그림 13.9 회로의 수퍼노드

노드 1과 노드 2 사이에 전압원이 연결되어 있으므로

$$\mathbf{V}_1 = \mathbf{V}_2 + 10\angle 45^\circ \qquad \textbf{(13.4.2)}$$

식 (13.4.2)를 식 (13.4.1)에 대입하면

$$36 - 40\angle 135^\circ = (1 + j2)\mathbf{V}_2 \qquad \Rightarrow \qquad \mathbf{V}_2 = 31\ 41\angle -87.18^\circ \text{ V}$$

식 (13.4.2)로부터

$$\mathbf{V}_1 = \mathbf{V}_2 + 10\angle 45^\circ = 25.78\angle -70.48^\circ \text{ V}$$

연습문제 13.4

그림 13.11의 회로에서 $\mathbf{V}_1$과 $\mathbf{V}_2$를 구하라.

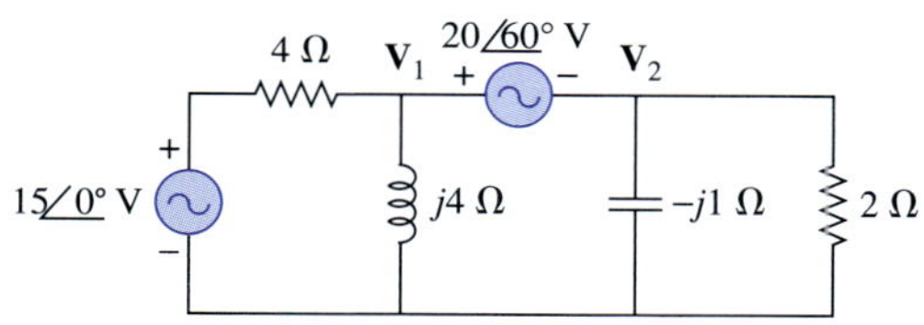

그림 13.11
연습문제 13.4의 회로

해답 $\mathbf{V}_1 = 17.81\angle 67.8^\circ$ V; $\mathbf{V}_2 = 3.376\angle 165.72^\circ$ V

예제 13.5

그림 13.6의 회로에 전류제어전류원을 넣어 그림 13.12의 회로로 바꾸고 i_x를 구하라.

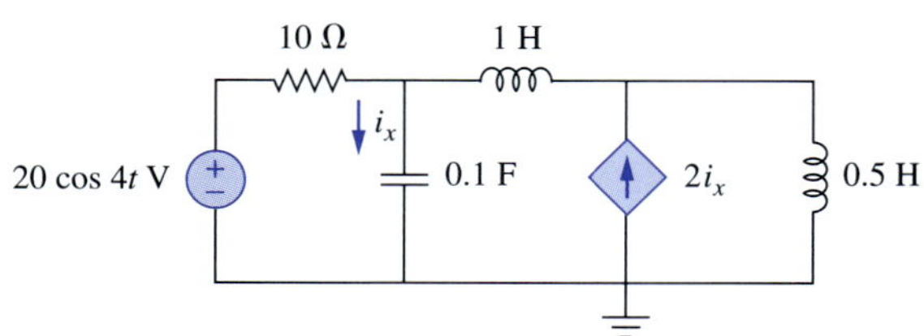

그림 13.12
예제 13.5의 회로

풀이

앞 예제와 마찬가지로 먼저 회로를 다음과 같이 주파수 영역으로 바꾼다.

$$\begin{aligned}
20\cos(4t) \quad &\Rightarrow \quad 20\angle 0^\circ, \qquad \omega = 4 \text{ rad/s} \\
1 \text{ H} \quad &\Rightarrow \quad j\omega L = j4\ \Omega \\
0.5 \text{ H} \quad &\Rightarrow \quad j\omega L = j2\ \Omega \\
0.1 \text{ F} \quad &\Rightarrow \quad \frac{1}{j\omega C} = -j2.5\ \Omega
\end{aligned}$$

주파수 영역 등가 회로를 그림 13.13에 표시하였다.

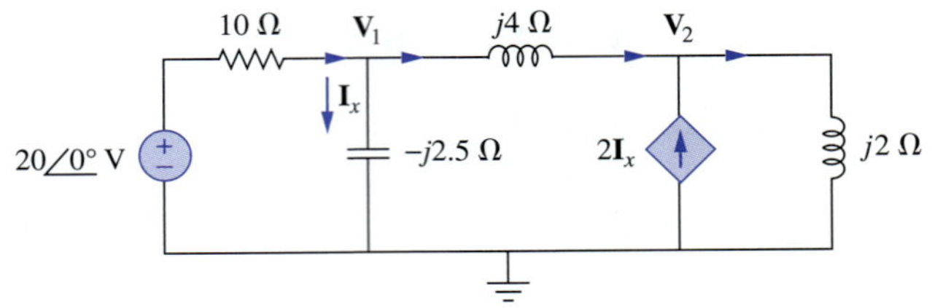

그림 13.13

그림 13.12 회로의 주파수 영역 등가 회로

노드 1에 KCL을 적용하면

$$\frac{20 - \mathbf{V}_1}{10} = \frac{\mathbf{V}_1}{-j2.5} + \frac{\mathbf{V}_1 - \mathbf{V}_2}{j4}$$

혹은

$$(1 + j1.5)\mathbf{V}_1 + j2.5\mathbf{V}_2 = 20 \tag{13.5.1}$$

노드 2에서는

$$2\mathbf{I}_x + \frac{\mathbf{V}_1 - \mathbf{V}_2}{j4} = \frac{\mathbf{V}_2}{j2}$$

한편

$$\mathbf{I}_x = \frac{\mathbf{V}_1}{-j2.5}$$

위 식을 대입하면

$$\frac{2\mathbf{V}_1}{-j2.5} + \frac{\mathbf{V}_1 - \mathbf{V}_2}{j4} = \frac{\mathbf{V}_2}{j2}$$

간단히 하면 다음 식을 얻는다.

$$11\mathbf{V}_1 + 15\mathbf{V}_2 = 0 \tag{13.5.2}$$

식 (13.5.1)과 (13.5.2)은 다음처럼 행렬 꼴로 바뀌고

$$\begin{bmatrix} 1 + j1.5 & j2.5 \\ 11 & 15 \end{bmatrix} \begin{bmatrix} \mathbf{V}_1 \\ \mathbf{V}_2 \end{bmatrix} = \begin{bmatrix} 20 \\ 0 \end{bmatrix}$$

다음의 행렬식을 얻는다.

$$\Delta = \begin{vmatrix} 1 + j1.5 & j2.5 \\ 11 & 15 \end{vmatrix} = 15 - j5$$

$$\Delta_1 = \begin{vmatrix} 20 & j2.5 \\ 0 & 15 \end{vmatrix} = 300, \qquad \Delta_2 = \begin{vmatrix} 1 + j1.5 & 20 \\ 11 & 0 \end{vmatrix} = -220$$

$$\mathbf{V}_1 = \frac{\Delta_1}{\Delta} = \frac{300}{15 - j5} = 18.97\underline{/18.43^\circ}\text{ V}$$

$$\mathbf{V}_2 = \frac{\Delta_2}{\Delta} = \frac{-220}{15 - j5} = 13.91\underline{/198.3^\circ}\text{ V}$$

전류 $\mathbf{I}_x$는 다음 식으로 주어지고

$$\mathbf{I}_x = \frac{\mathbf{V}_1}{-j2.5} = \frac{18.97\underline{/18.43^\circ}}{2.5\underline{/-90^\circ}} = 7.59\underline{/108.4^\circ} \text{ A}$$

시간 영역으로 바꾸면

$$i_x = 7.50\cos(4t + 108.4^\circ) \text{ A}$$

연습문제 13.5

그림 13.14의 회로에서 노드해석에 의해 v_1과 v_2를 구하라.

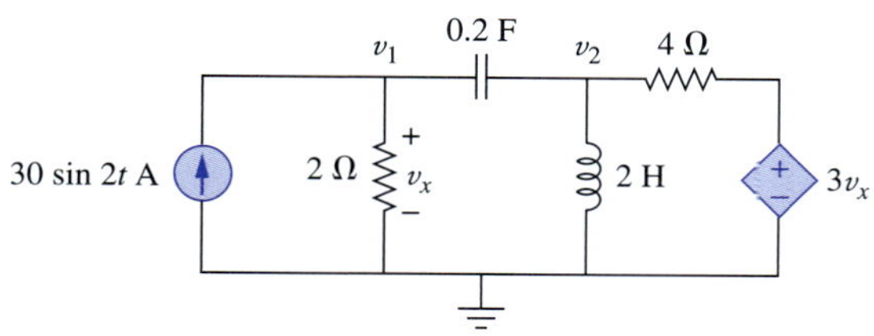

그림 13.14
연습문제 13.5의 회로

해답 $v_1(t) = 33.96\sin(2t + 60.01^\circ)$ V, $v_2(t) = 99.6\sin(2t + 57.12^\circ)$ V

13.4 중첩의 정리

교류회로도 선형회로이므로 중첩의 정리가 직류회로와 동일하게 성립한다. 중첩의 정리는 특히 회로에서 서로 다른 주파수의 전원이 존재할 때 매우 유효하다. 이 경우 임피던스가 주파수에 따라 변하므로 각 주파수에 따라 서로 다른 주파수 영역 회로를 설정하여야 하고 총 응답은 시간 영역에서 각각의 응답을 더하여 얻을 수 있다. 페이저 영역이나 주파수 영역에서 응답을 더할 수 없는 이유는 사인파의 페이저 해석에서 지수항인 $e^{j\omega t}$가 포함되어 있고 이 항은 주파수에 따라 변화하기 때문이다. 즉 페이저 영역에서 서로 다른 주파수의 응답을 더하는 것이 의미가 없다는 말이다. 따라서 회로에서 서로 다른 주파수의 전원이 존재할 때는 총 응답은 시간 영역에서 각각의 응답을 더하여 얻어야 한다.

예제 13.6

그림 13.1의 회로에서 중첩의 정리를 이용하여 $\mathbf{I}_o$를 구하라.

풀이

다음과 같이 설정한다.

$$\mathbf{I}_o = \mathbf{I}_o' + \mathbf{I}_o'' \tag{13.6.1}$$

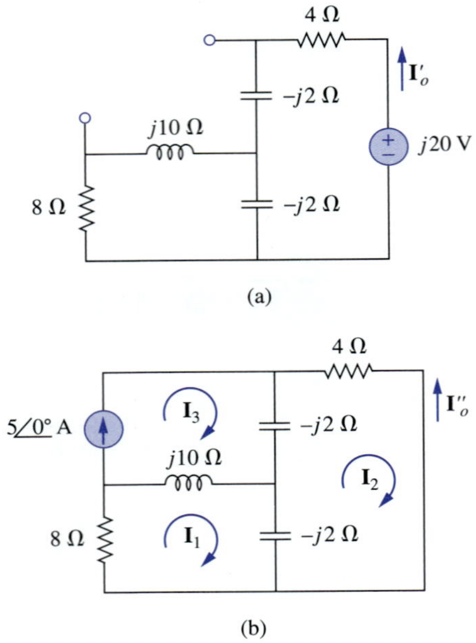

그림 13.15
예제 13.6의 풀이

여기서 $\mathbf{I}'_o$과 $\mathbf{I}''_o$는 각각 전압원과 전류원에 의한 페이저전류이다. $\mathbf{I}'_o$을 구하기 위하여 그림 13.15(a)를 참조한다. $-j2$와 $8 + j10$으로 이루어진 병렬 임피던스를 $\mathbf{Z}$라 하면

$$\mathbf{Z} = \frac{-j2(8 + j10)}{-2j + 8 + j10} = 0.25 - j2.25$$

전류 $\mathbf{I}'_o$은

$$\mathbf{I}'_o = \frac{j20}{4 - j2 + \mathbf{Z}} = \frac{j20}{4.25 - j4.25}$$

혹은

$$\mathbf{I}'_o = -2.353 + j2.353 \tag{13.6.2}$$

$\mathbf{I}''_o$을 구하기 위하여 그림 13.15(b)를 참조한다. 메쉬 1에 대하여

$$(8 + j8)\mathbf{I}_1 - j10\mathbf{I}_3 + j2\mathbf{I}_2 = 0 \tag{13.6.3}$$

메쉬 2에 대하여

$$(4 - j4)\mathbf{I}_2 + j2\mathbf{I}_1 + j2\mathbf{I}_3 = 0 \tag{13.6.4}$$

메쉬 3에 대하여

$$\mathbf{I}_3 = 5 \tag{13.6.5}$$

식 (13.6.4)와 (13.6.5)로부터

$$(4 - j4)\mathbf{I}_2 + j2\mathbf{I}_1 + j10 = 0$$

$\mathbf{I}_1$을 $\mathbf{I}_2$로 나타내면

$$\mathbf{I}_1 = (2 + j2)\mathbf{I}_2 - 5 \tag{13.6.6}$$

식 (13.6.5)와 (13.6.6)을 식 (13.6.3)에 대입하면

$$(8 + j8)[(2 + j2)\mathbf{I}_2 - 5\,] - j50 + j2\mathbf{I}_2 = 0$$

혹은

$$\mathbf{I}_2 = \frac{90 - j40}{34} = 2.647 - j1.176$$

전류 $\mathbf{I}''_o$는 다음 식과 같이 얻어진다.

$$\mathbf{I}''_o = -\mathbf{I}_2 = -2.647 + j1.176 \tag{13.6.7}$$

식 (13.6.2)와 (13.6.7)로부터

$$\mathbf{I}_o = \mathbf{I}'_o + \mathbf{I}''_o = -5 + j3.529 = 6.12\underline{/144.78^\circ}\text{ A}$$

이 문제를 푸는데 중첩의 정리가 최선책이 아님에 주의하여야 한다. 중첩의 원리를 사용하지 않고 푸는 방법에 비해 곱절로 어렵게 이 문제를 푼 셈이기 때문이다. 하지만 예제 13.7에서는 중첩의 정리가 가장 쉬운 방법이라는 것이 보여질 것이다.

연습문제 13.6

그림 13.2의 회로에서 중첩의 정리를 이용하여 전류 $\mathbf{I}_o$를 구하라.

해답 $3.582\underline{/65.45°}$ A

예제 13.7

그림 13.16의 회로에서 중첩의 정리를 이용하여 v_o를 구하라.

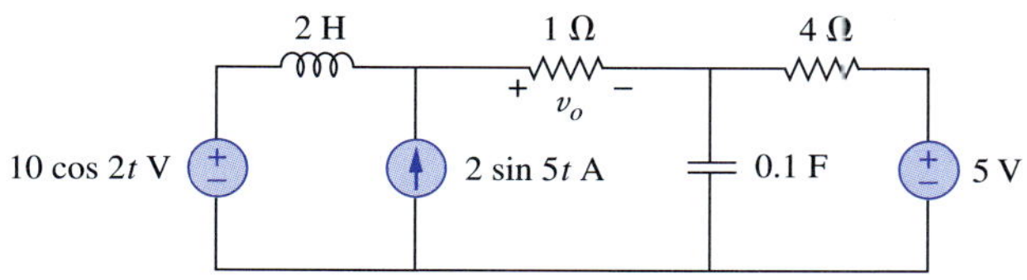

그림 13.16
예제 13.7의 회로

풀이

이 회로는 세 개의 서로 다른 주파수로 작동(직류전원은 $\omega = 0$)하고 있으므로 중첩의 원리를 이용하여 문제를 세 개의 단일주파수 둔제로 분할하기로 한다. 먼저 v_o를 다음과 같이 표시한다.

$$v_o = v_1 + v_2 + v_3 \tag{13.7.1}$$

여기서 v_1은 5-V 직류전원에 의한 전압, v_2는 10 cos(2t) V 전압원에 의한 전압, v_3는 2 sin(5t) A 전류원에 의한 전압이다.

v_1을 구하기 위하여 5-V 직류전원을 제외한 다른 전원을 제거한다. 직류전원일 경우 정상상태에서는 커패시터는 개방회로이고 인덕터는 단락회로인 것은 이미 공부한 바 있다. 직류전원일 경우 $\omega = 0$이고 따라서 $j\omega L = 0$, $1/j\omega C = \infty$이기 때문이다. 그림 13.17(a)에 이 경우의 등가 회로가 표시되었다. 전압분배법칙에 의해

$$-v_1 = \frac{1}{1+4}(5) = 1 \text{ V} \tag{13.7.2}$$

v_2를 구하기 위하여 5-V 직류전원과 2 sin(5t) 전류원을 제거하고 회로를 주파수 영역으로 변환한다.

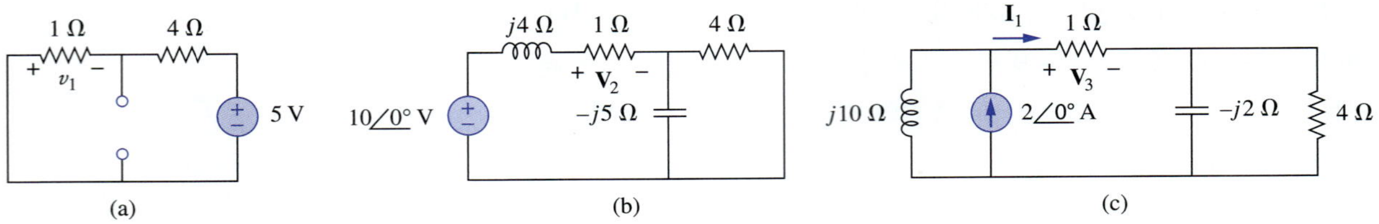

그림 13.17

예제 13.7의 풀이: (a) 5-V 직류 전원을 제외한 다른 전원을 제거, (b) 교류 전압원을 제외한 다른 전원을 제거, (c) 교류 전류원을 제외한 다른 전원을 제거

$$10\cos(2t) \quad \Rightarrow \quad 10\underline{/90^\circ}\text{ A}, \qquad \omega = 2\text{ rad/s}$$
$$2\text{ H} \quad \Rightarrow \quad j\omega L = j4\ \Omega$$
$$0.1\text{ F} \quad \Rightarrow \quad \frac{1}{j\omega C} = -j5\ \Omega$$

이 등가 회로가 그림 13.17(b)에 표시되었다. 여기서

$$\mathbf{Z} = -j5 \parallel 4 = \frac{-j5 \times 4}{4 - j5} = 2.439 - j1.951$$

라고 하면 전압 분배법칙에 의해

$$\mathbf{V}_2 = \frac{1}{1 + j4 + \mathbf{Z}}(10\underline{/90^\circ}) = \frac{10\underline{/90^\circ}}{3.439 + j2.049} = 2.498\underline{/59.21^\circ}$$

시간 영역에서는

$$v_2(t) = 2.498\sin(2t + 59.21^\circ) = 2.498\cos(2t - 30.79^\circ) \qquad \textbf{(13.7.3)}$$

v_3를 구하기 위하여 전압원들을 제거하고 회로를 주파수 영역으로 변환한다.

$$2\sin(5t) \quad \Rightarrow \quad 2\underline{/0^\circ}\text{ A}, \qquad \omega = 5\text{ rad/s}$$
$$2\text{ H} \quad \Rightarrow \quad j\omega L = j10\ \Omega$$
$$0.1\text{ F} \quad \Rightarrow \quad \frac{1}{j\omega C} = -j2\ \Omega$$

이 등가 회로가 그림 13.17(c)에 표시되었다. 여기서

$$\mathbf{Z}_1 = -j2 \parallel 4 = \frac{-j2 \times 4}{4 - j2} = 0.8 - j1.6\ \Omega$$

라고 하면 전류 분배법칙에 의해

$$\mathbf{I}_1 = \frac{j10}{j10 + 1 + \mathbf{Z}_1}(2\underline{/0^\circ})\text{ A}$$
$$\mathbf{V}_3 = \mathbf{I}_1 \times 1 = \frac{j10}{1.8 + j8.4}(2) = 2.328\underline{/12.09^\circ}\text{ V}$$

시간 영역에서는

$$v_3(t) = 2.33 \sin(5t + 12.09°)\ \text{V} \tag{13.7.4}$$

식 (13.7.2)에서 (13.7.4)까지를 (13.7.1)에 대입하면 다음을 얻는다.

$$v_o(t) = -1 + 2.498 \cos(2t - 30.79°) + 2.33 \sin(5t + 12.09°)\ \text{V}$$

연습문제 13.7

그림 13.18 회로에서 중첩의 정리를 이용하여 v_o를 구하라.

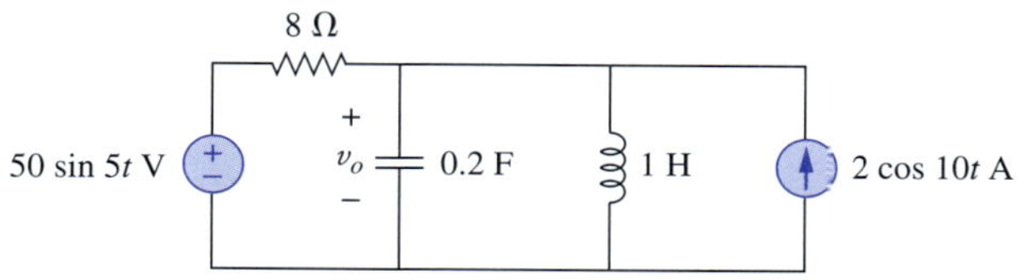

그림 13.18
연습문제 13.7의 회로

해답 $4.631 \sin(5t - 81.12°) + 0.42 \cos(10t - 86.24°)$ V

13.5 전원 변환

그림 13.19에 나타난 것처럼 주파수 영역에서의 전원 변화는 전압원과 임피던스의 직렬 연결을 전류원과 임피던스의 병렬 연결로 바꾸거나 혹은 그 역의 변환을 의미한다. 이런 변환을 수행하는데 있어 다음의 관계식을 잊지 말아야 한다.

$$\mathbf{V}_s = \mathbf{Z}_s \mathbf{I}_s \quad \Leftrightarrow \quad \mathbf{I}_s = \mathbf{V}_s/\mathbf{Z}_s \tag{13.1}$$

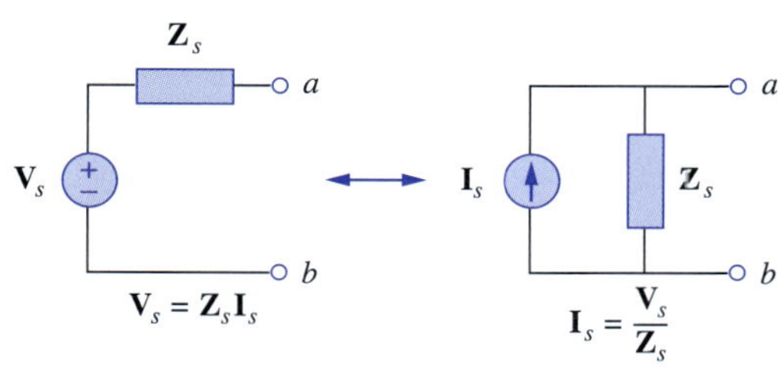

그림 13.19
전원 변환

그림 13.19에서 전압원의 양의 단자와 전류원의 화살표곡지의 방향이 일치하여야 한다는 것을 잊지 말자. 전원 변화는 종속전원에도 성립한다(그림 8.13).

예제 13.8

그림 13.20의 회로에서 전원 변환을 이용하여 $\mathbf{V}_x$를 구하라.

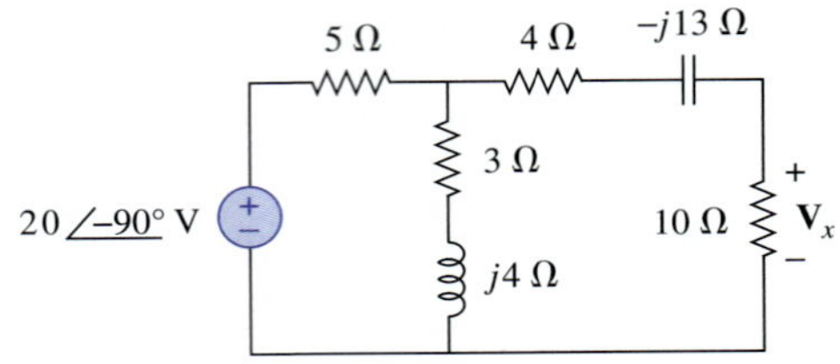

그림 13.20

예제 13.8, 그림 13.19 전원 변환

풀이

전압원을 전류원으로 바꾸어 그림 13.21(a)를 얻고 여기서

$$\mathbf{I}_s = \frac{20\angle -90^\circ}{5} = 4\angle -90^\circ = -j4 \text{ A}$$

5 Ω저항과 (3 + j4) Ω 임피던스의 병렬 연결에서

$$\mathbf{Z}_1 = \frac{5(3+j4)}{8+j4} = 2.5 + j1.25 \ \Omega$$

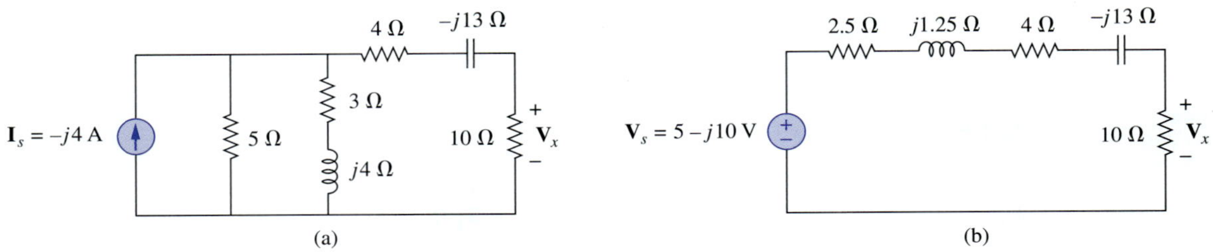

그림 13.21

그림 13.20 회로의 풀이

전류원을 전압원으로 바꾸면 그림 13.21(b)를 얻고 여기서

$$\mathbf{V}_s = \mathbf{I}_s\mathbf{Z}_1 = -j4(2.5 + j1.25) = 5 - j10 \text{ V}$$

전압 분배법칙에 의하여

$$\mathbf{V}_x = \frac{10}{10 + 2.5 + j1.25 + 4 - j13}(5 - j10) = 5.519\angle -28^\circ \text{ V}$$

연습문제 13.8

그림 13.22의 회로에서 전원 변환의 개념을 이용하여 $\mathbf{I}_o$을 구하라.

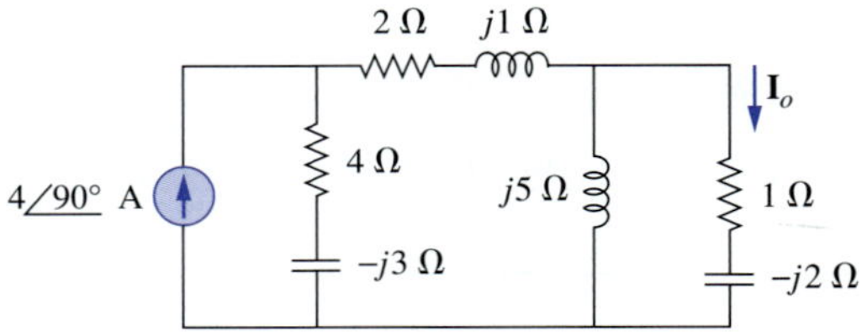

그림 13.22

연습문제 13.8의 회로

해답 $2.21\angle 19.8^\circ$ A

13.6 테브난과 노턴의 등가 회로

테브난과 노턴의 정리는 직류회로와 동일하게 교류회로어서도 성립한다. 단지 차이는 복소수의 계산이 포함되는 것 뿐이다. 그림 13.23은 주파수 영역의 테브난 등가 회로를 표시하였다. 선형회로가 전압원과 임피던스의 직렬연결로 변환되었다. 선형회로가 전류원과 임피던스의 병렬연결로 바뀐 노턴 등가 회로는 그림 13.24에 표시되었다. 두 등가 회로의 관계는 다음과 같다.

$$\mathbf{V}_{Th} = \mathbf{Z}_N\mathbf{I}_N, \qquad \mathbf{Z}_{Th} = \mathbf{Z}_N \tag{13.2}$$

전원 변환의 경우와 동일하게 $\mathbf{V}_{Th}$은 개방회로 전압이고 $\mathbf{I}_N$은 단락회로 전류이다.

만약 회로가 서로 다른 주파수의 전원(예제 13.7의 경우처럼)을 포함한다면 테브난이나 노턴 등가 회로는 각각의 주파수에서 결정되어야 한다. 이 경우 각 하나의 등가 전원과 등가 임피던스를 갖는 등가 회로가 아닌, 주파수에 따른 전혀 다른 등가 회로가 형성된다.

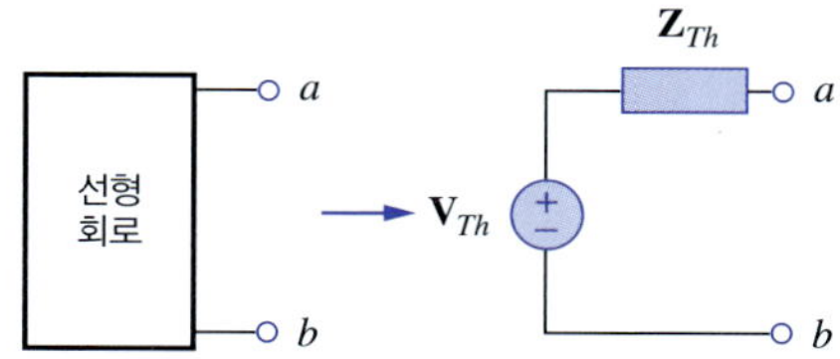

그림 13.23
테브난 등가 회로

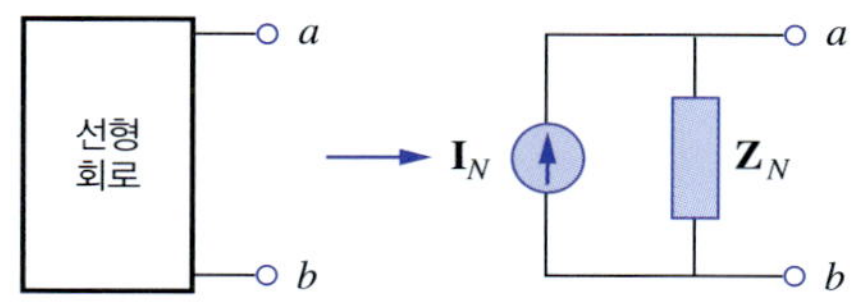

그림 13.24
노턴 등가 회로

예제 13.9

그림 13.25 회로의 단자 a-b에서 본 테브난 등가 회로를 구하라.

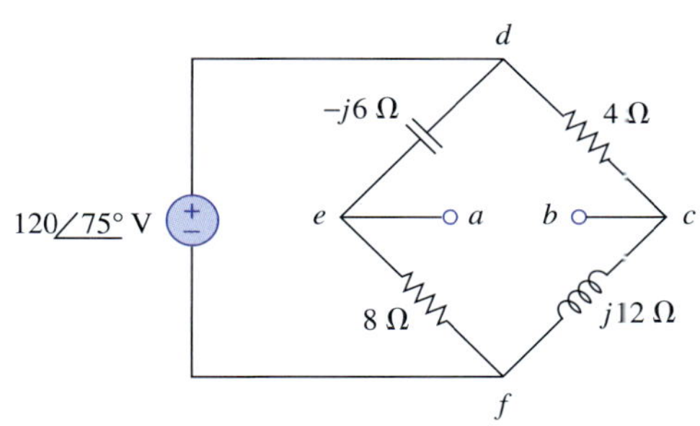

그림 13.25
예제 13.9의 회로

풀이

전압원을 제거하여 $\mathbf{Z}_{Th}$을 구한다. 그림 13.26(a)에 보여진 것처럼 8-Ω 저항과 $-j6$-Ω 리액턴스는 병렬 연결이고 따라서

$$\mathbf{Z}_1 = -j6 \parallel 8 = \frac{-j6 \times 8}{8 - j6} = 2.88 - j3.84\ \Omega$$

동일하게 4-Ω 저항과 $j12\Omega$ 리액턴스도 병렬 연결이고

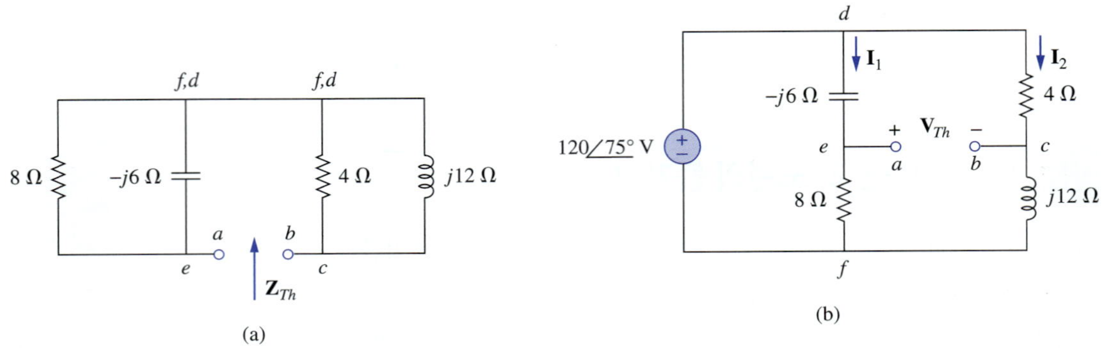

그림 13.26

그림 13.25 회로의 풀이: (a) $\mathbf{Z}_{Th}$, (b) $\mathbf{V}_{Th}$

$$\mathbf{Z}_2 = 4 \parallel j12 = \frac{j12 \times 4}{4 + j12} = 3.6 + j1.2\ \Omega$$

테브난 임피던스는 $\mathbf{Z}_1$과 $\mathbf{Z}_2$의 직렬 연결이고 따라서

$$\mathbf{Z}_{Th} = \mathbf{Z}_1 + \mathbf{Z}_2 = 6.48 - j2.64\ \Omega$$

$\mathbf{V}_{Th}$은 그림 13.26(b)의 회로에서 구한다. 전류 $\mathbf{I}_1$과 $\mathbf{I}_2$는 다음과 같이 계산되고

$$\mathbf{I}_1 = \frac{120\angle 75^\circ}{8 - j6}\ \text{A}, \qquad \mathbf{I}_2 = \frac{120\angle 75^\circ}{4 + j12}\ \text{A}$$

그림 13.26(b)의 회로에서 루프 *bcdeab*에 KVL을 적용하면

$$\mathbf{V}_{Th} - 4\mathbf{I}_2 + (-j6)\mathbf{I}_1 = 0$$

혹은

$$\begin{aligned}\mathbf{V}_{Th} = 4\mathbf{I}_2 + j6\mathbf{I}_1 &= \frac{480\angle 75^\circ}{4 + j12} + \frac{720\angle 75^\circ + 90^\circ}{8 - j6} \\ &= 37.95\angle 3.43^\circ + 72\angle 201.87^\circ = -28.936 - j24.55 \\ &= 37.9\angle 220.31^\circ\ \text{V}\end{aligned}$$

연습문제 13.9

그림 13.27 회로의 단자 *a-b*에서 본 테브난 등가 회로를 구하라.

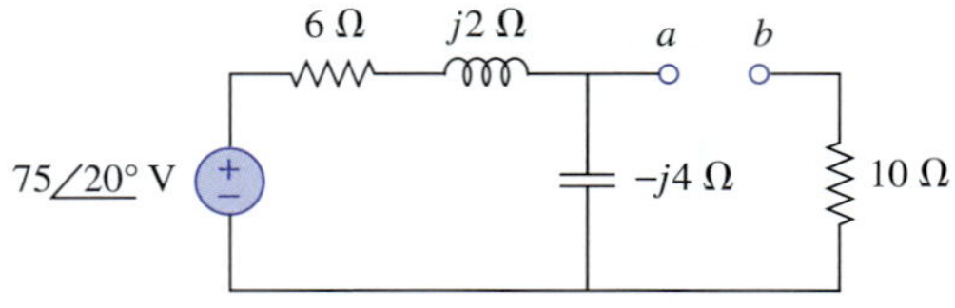

그림 13.27

연습문제 13.9의 회로

해답 $\mathbf{Z}_{Th} = 12.4 - j3.2\ \Omega$, $\mathbf{V}_{Th} = 47.42\underline{/-51.57^\circ}\ \text{V}$

예제 13.10

그림 13.28 회로의 단자 *a*-*b*에서 본 테브난 등가 회로를 구하라.

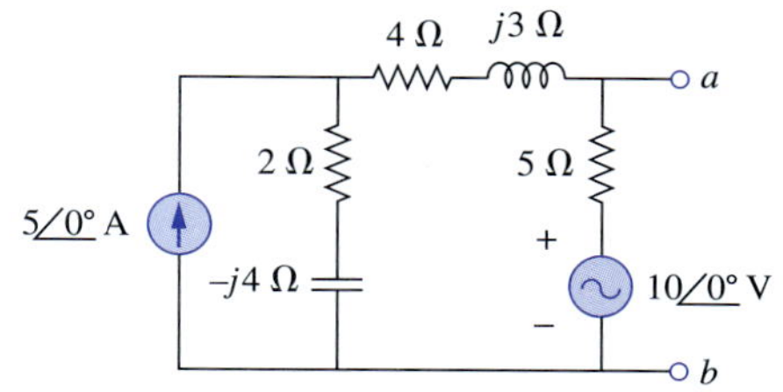

그림 13.28
예제 13.10의 회로

풀이

전원을 제거하여 $\mathbf{Z}_{Th}$을 구한다. 그림 13.29(a)에서

$$\mathbf{Z}_{Th} = 5 \parallel (4 + j3 + 2 - j4) = \frac{5(6 - j)}{5 + 6 - j} = 2.746 - j0.205\ \Omega$$

$\mathbf{V}_{Th}$은 그림 13.29(b)에 나타난 것처럼 전류원을 등가전압원으로 바꾸어 구한다. 루프에 KVL을 적용하면

$$-(10 - j20) + \mathbf{I}(2 - j4 + 4 + j3 + 5) + 10 = 0 \quad \Rightarrow \quad \mathbf{I} = \frac{-j20}{11 - j}$$

한편

$$\mathbf{V}_{Th} = 5\mathbf{I} + 10 = \frac{-j100}{11 - j} + 10 = 10.82 - j9.016 = 14.08\underline{/-39.81^\circ}$$

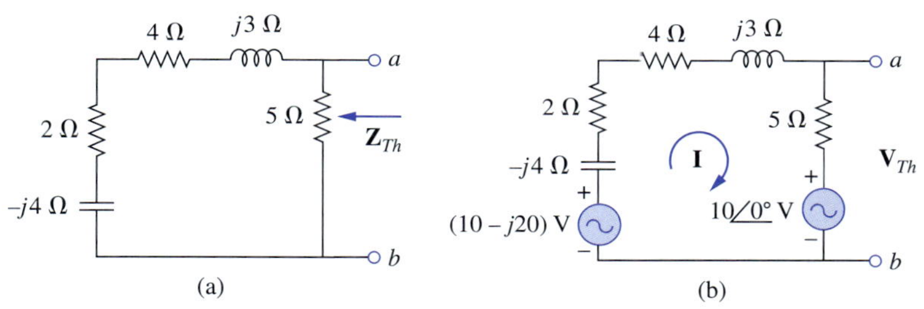

그림 13.29
그림 13.28 문제의 풀이: (a) $\mathbf{Z}_{Th}$, (b) $\mathbf{V}_{Th}$

연습문제 13.10

그림 13.30 회로의 단자 *a*-*b*에서 본 테브난 등가 회로를 구하라.

해답 $\mathbf{Z}_{Th} = 4.024 - j0.2195\ \Omega$, $\mathbf{V}_{Th} = 10.748\underline{/15.8^\circ}\ \text{V}$

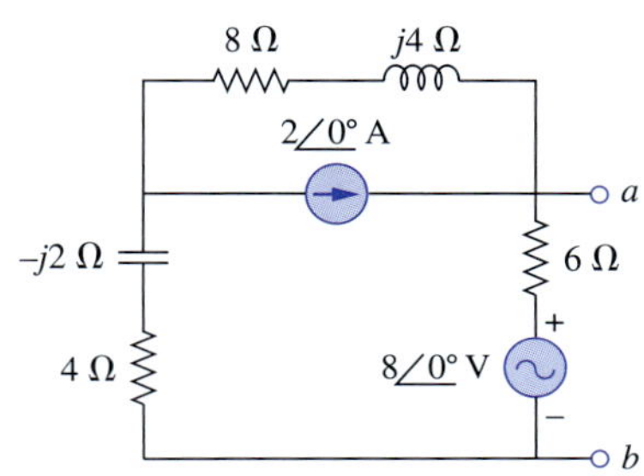

그림 13.30
연습문제 13.10의 회로

예제 13.11

그림 13.31에서 전류 $\mathbf{I}_o$를 노턴의 정리를 사용하여 구하라.

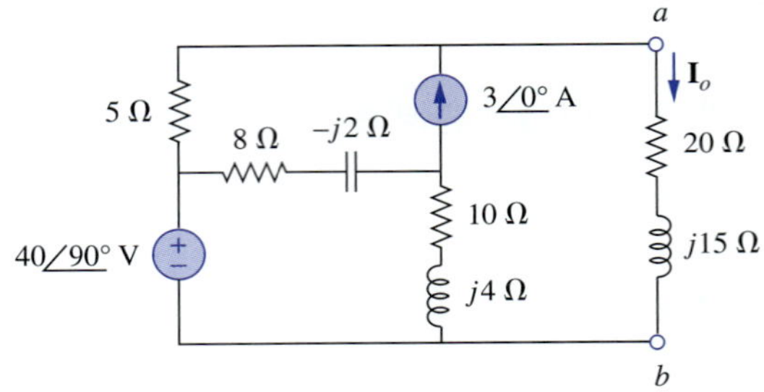

그림 13.31
예제 13.11의 회로

풀이

먼저 단자 *a*-*b*에서 본 노턴 등가 회로를 구한다. $\mathbf{Z}_N$은 $\mathbf{Z}_{Th}$와 같은 방법으로 구한다. 그림 13.32(a)와 같이 먼저 전원을 제거한다. 그림에서 알 수 있듯이 $(10 - j2)$와 $(10 + j4)$ 임피던스는 단락이고 결국

$$\mathbf{Z}_N = 5\ \Omega$$

$\mathbf{I}_N$을 구하기 위해서 그림 13.32(b)와 같이 단자 *a*-*b*를 단락시키고 메쉬 해석을 수행한다. 전류원이 사이에 있기 때문에 메쉬 2와 메쉬 3은 수퍼메쉬를 이루고 따라서 메쉬 1에 대하여는

$$-j40 + (18 + j2)\mathbf{I}_1 - (8 - j2)\mathbf{I}_2 - (10 + j4)\mathbf{I}_3 = 0 \quad \textbf{(13.13.1)}$$

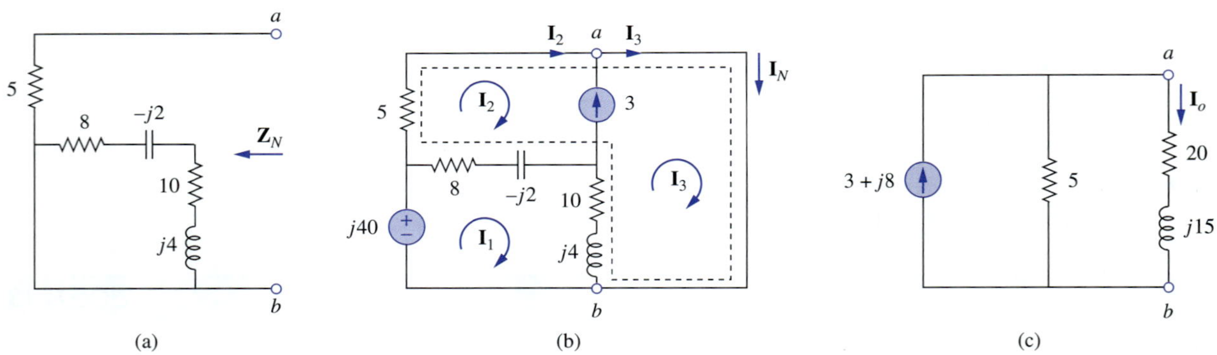

그림 13.32
그림 13.31 회로의 풀이: (a) $\mathbf{Z}_N$을 구함, (b) $\mathbf{I}_N$을 구함, (c) $\mathbf{I}_o$을 구함

수퍼메쉬에 대하여는

$$(13 - j2)\mathbf{I}_2 + (10 + j4)\mathbf{I}_3 - (18 + j2)\mathbf{I}_1 = 0 \quad \textbf{(13.13.2)}$$

노드 *a*에서는 메쉬 2와 메쉬 3 사이의 전류원 때문에

$$\mathbf{I}_3 = \mathbf{I}_2 + 3 \quad \textbf{(13.13.3)}$$

식 (13.13.1)과 (13.13.2)를 더하면

$$-j40 + 5\mathbf{I}_2 = 0 \quad \Rightarrow \quad \mathbf{I}_2 = j8$$

식 (13.13.3)으로부터

$$\mathbf{I}_3 = \mathbf{I}_2 + 3 = 3 + j8$$

노턴 전류는

$$\mathbf{I}_N = \mathbf{I}_3 = (3 + j8)\ \text{A}$$

단자 a-b에서 본 임피던스와 노턴 등가 회로가 그림 13.32(c)에 표시되었다. 전류 분배법칙을 적용하면

$$\mathbf{I}_o = \frac{5}{5 + 20 + j15}\mathbf{I}_N = \frac{3 + j8}{5 + j3} = 1.465\underline{/38.48^\circ}\ \text{A}$$

연습문제 13.11

그림 13.33 회로의 단자 a-b에서 본 노턴 등가 회로를 결정하고 $\mathbf{I}_o$를 구하라.

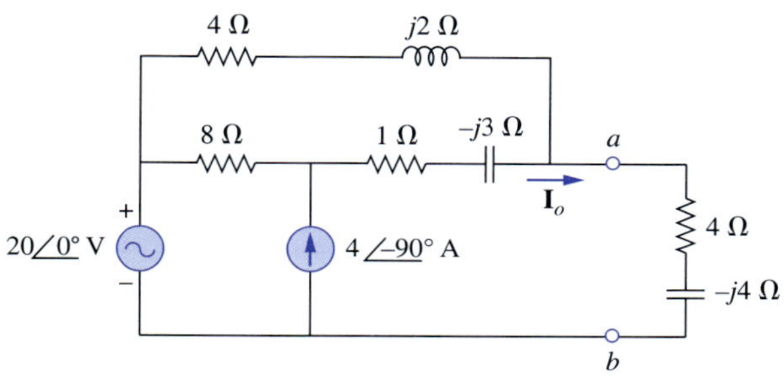

그림 13.33
연습문제 13.11의 회로

해답 $\mathbf{Z}_N = 3.176 + j0.706\ \Omega$, $\mathbf{I}_N = 8.395\underline{/-7.62^\circ}\ \text{A}$, $\mathbf{I}_o = 1.971\underline{/22.95^\circ}\ \text{A}$

예제 13.12

그림 13.34 회로의 단자 a-b에서 본 테브난 등가 회로와 노턴 등가 회로를 구하라.

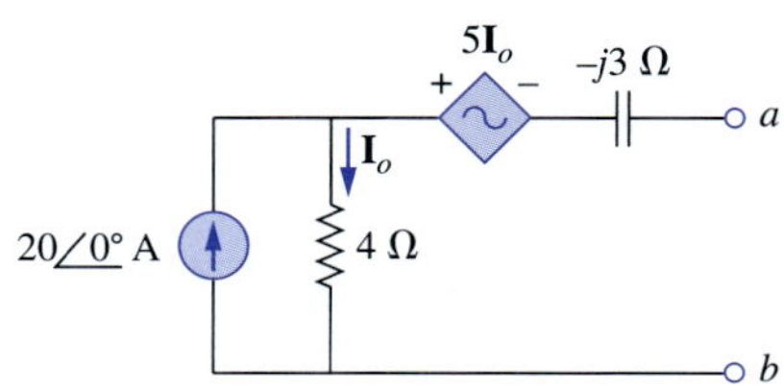

그림 13.34
예제 13.12의 회로

풀이

$\mathbf{V}_{Th}$을 구하기 위하여 그림 13.35(a)를 참조한다. 단자 a-b가 개방이므로

$$\mathbf{I}_o = 2\ \text{A}$$

그림 13.35(a)의 오른쪽 루프에 KVL을 적용하면

$$-\mathbf{V}_{Th} + 0(-j3) - 5\mathbf{I}_o + 4\mathbf{I}_o = 0 \quad \Rightarrow \quad V_{Th} = -\mathbf{I}_o = -2\ \text{V}$$

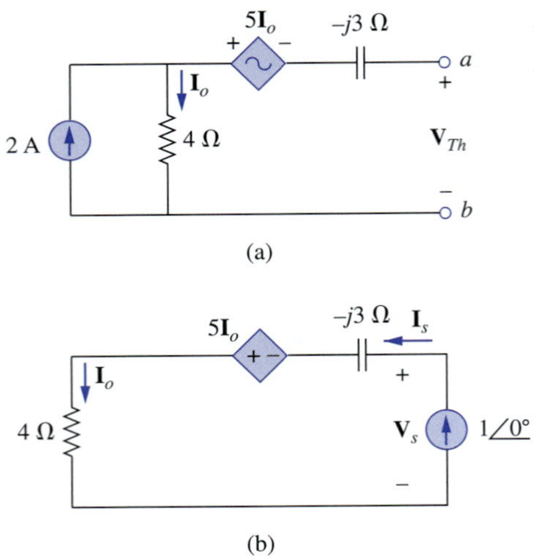

그림 13.35
예제 13.12. (a) $\mathbf{V}_{Th}$을 구함, (b) $\mathbf{Z}_{Th}$을 구함

$\mathbf{Z}_{Th}$을 구하기 위하여 독립전류원을 제거하고 종속전원을 남겨 둔다. 종속전원을 활성화하기 위하여 그림 13.35(b)처럼 단자 *a*-*b* 사이에 1-A전원을 연결시키면

$$\mathbf{I}_o = \mathbf{I}_s = 1\text{ A}$$

루프에 KVL을 적용하면

$$-\mathbf{V}_s - 5\mathbf{I}_o + \mathbf{I}_o(4 - j3) = 0 \qquad \Rightarrow \qquad \mathbf{V}_s = -1 - j3$$

그러므로

$$\mathbf{Z}_{Th} = \mathbf{Z}_N = \frac{\mathbf{V}_s}{\mathbf{I}_s} = \mathbf{V}_s = -1 - j3 = 3.162\underline{/251.57^\circ}\text{ V}$$

$$\mathbf{I}_N = \frac{\mathbf{V}_{Th}}{\mathbf{Z}_{Th}} = \frac{-2}{3.162\underline{/251.57^\circ}} = 0.632\underline{/(180^\circ - 251.57^\circ)}$$
$$= 0.632\underline{/-71.57^\circ}\text{ A}$$

연습문제 13.12

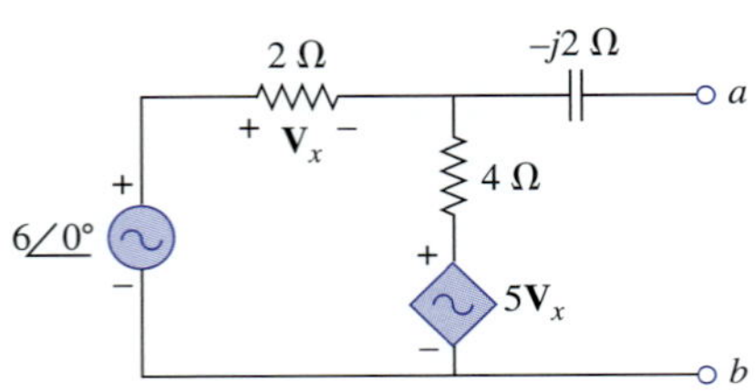

그림 13.36
연습문제 13.12의 회로

그림 13.36 회로의 단자 *a*-*b*에서 본 테브난 등가 회로와 노턴 등가 회로를 구하라.

해답 $\mathbf{V}_{Th} = 5.25\text{ V}, \mathbf{Z}_{Th} = \mathbf{Z}_N = 2.828\underline{/225^\circ}\ \Omega, \mathbf{I}_N = 1.856\underline{/-225^\circ}\text{ A}$

13.7 컴퓨터 해석

회로 해석에서 PSpice의 사용은 복소수를 계산하는 지루한 부담을 경감시켜 준다. 교류 해석에서 PSpice를 사용하는 방법은 직류 해석의 경우와 동일하다. 독자들은 교류 해석을 위한 PSpice 사용법의 요약을 위해 부록 C의 C.5절을 보기를 권한다. 교류회로 해석은 페이저 영역, 혹은 주파수 영역에서 이루어지며 모든 전원들은 동일 주파수를 가져야 한다. PSpice에 의한 교류 해석이 교류 스윕을 포함하고 있긴 하나 이 장에서의 해석은 단일주파수 $f = \omega/2\pi$를 기본으로 한다. PSpice의 출력파일은 전압과 전류페이저를 포함하고 있다. 필요한 경우 출력파일에서 전압과 전류로부터 임피던스를 계산할 수 있다.

예제 13.13

그림 13.37의 회로에서 $\mathbf{V}_1$과 $\mathbf{V}_2$를 구하라.

풀이

여기서 PSpice를 이용하는 방법은 12장에서 설명된 바와 같다(예제 12.11 참조). 그림 12.27은 시간 영역이고 그림 13.37은 주파수 영역이라는 차이 뿐이

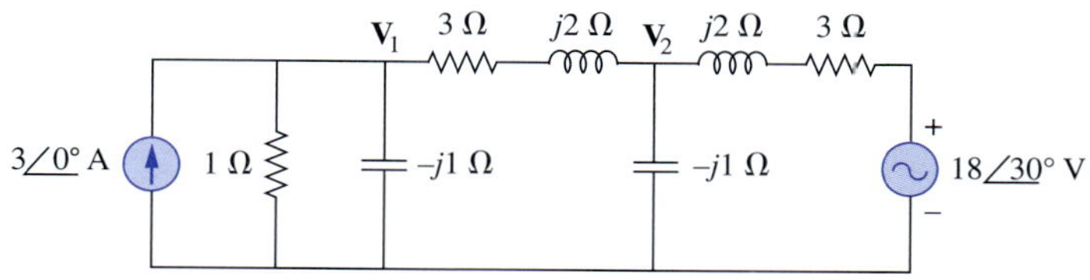

그림 13.37
예제 13.13의 회로

다. 한 가지 다른 점은 회로가 더 복잡하다는 것이다. 특정 주파수가 주어지지 않았으나 PSpice의 사용을 위해서는 필요하므로 주어진 임피던스에 적절한 주파수를 임의로 선택한다. 예로서, $\omega = 1$ rad/s를 선택한다면 상응하는 주파수는 $f = \omega/2\pi = 0.159155$ Hz이다. 커패시턴스 ($C = 1/\omega X_C$)와 인덕턴스 ($L = X_L/\omega$)도 계산된다. 이렇게 바꾸면 그림 13.38의 스키매틱이 완성된다.

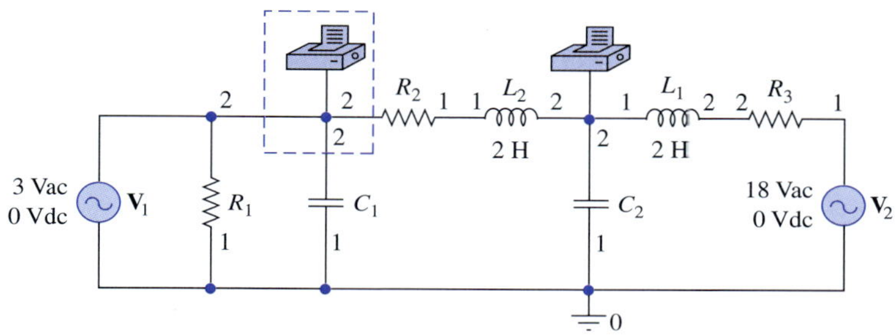

그림 13.38
그림 13.37 회로의 스키매틱

회로가 그려지고 exam1313.dsn으로 저장된 후 **PSpice/New Simulation Profile**을 선택하면 새 모의실험 대화상자가 뜬다. 대화상자에 "exam1313"을 파일명으로 입력하고 Create를 클릭한다. 이제 모의실험 설정 대화상자가 뜨고 AC Sweep/Noise를 *Analysis type*으로 선택한다. 단일 주파수 해석이므로 *Start Freq*에 0.159155, *Final Freq*에 0.159155, *Total Point*에 1을 입력한다. 스키매틱을 저장 후 **PSpice/Run**을 선택해 모의실험을 수행한다. 이제 그래픽 처리기인 Probe의 차례이다. 스키매틱 창으로 돌아가 **PSpice/View Output File**을 선택한다. 출력파일은 다음과 같이 전원주파수와 가상성분 VPRINT1의 속성을 포함한다.

```
FREQ          VM(1)         VP(1)
1.592E-01     2.230E+00     1.724E+02
FREQ          VM(2)         VP(2)
1.592E-01     5.430E+00     -5.521E+01
```

위 식으로부터 다음을 얻는다.

$$\mathbf{V}_1 = 2.23\underline{/172.4°}\text{ V}, \qquad \mathbf{V}_2 = 5.43\underline{/-55.21°}\text{ V}$$

연습문제 13.13

그림 13.39의 회로에서 $\mathbf{V}_x$와 $\mathbf{I}_x$를 구하라.

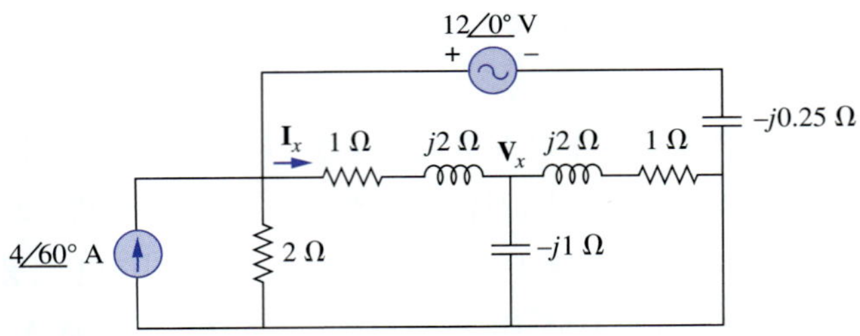

그림 13.39
연습문제 13.13의 회로

해답 $13.02\underline{/103.9°}$ V, $8.234\underline{/175.5°}$ A

13.8 요약

1. 회로의 페이저 꼴에 KCK과 KVL을 적용함으로써 교류회로에 노드해석과 메쉬 해석을 응용할 수 있다.
2. 독립전원이 다른 주파수를 갖는 회로의 정상상태 응답을 구하기 위해서는 반드시 각 독립전원이 별개로 취급되어야 한다. 이러한 회로에서 가장 적절한 접근은 중첩의 정리를 이용하는 것이다. 각 주파수별로 페이저 회로가 별개로 해석되어야 하고 그에 해당하는 응답을 시간영역에서 구해야 한다. 총 응답은 각 페이저 회로의 시간영역 응답의 합이다.
3. 주파수 영역에서 전원변환 개념을 사용할 수 있다.
4. 교류회로의 테브난 등가 회로는 전압원 $\mathbf{V}_{TH}$과 테브난 임피던스 $\mathbf{Z}_{TH}$의 직렬연결로 이루어진다.
5. 교류회로의 노턴 등가 회로는 전류원 $\mathbf{I}_N$과 노턴 임피던스 $\mathbf{Z}_N$ ($=\mathbf{Z}_{TH}$)의 병렬연결로 이루어진다.
6. PSpice는 교류회로 문제풀이에 간단하고 강력한 도구이다. PSpice는 정상상태 해석에 따르는 복소수 취급의 복잡함을 완화시켜 준다.

복습문제

13.1 그림 13.40의 회로에서 전류 $i(t)$는?

(a) $10 \cos(t)$ A (b) $10 \sin(t)$ A

(c) $5 \cos(t)$ A (d) $5 \sin(t)$ A

(e) $4.472 \cos(t - 63.43^\circ)$ A

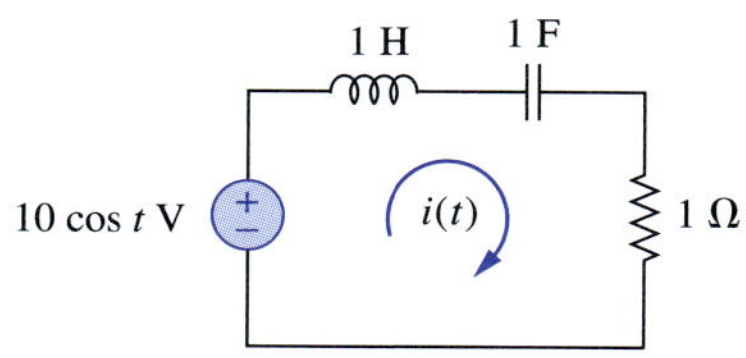

그림 13.40

복습문제 13.1의 회로

13.2 그림 13.41의 회로에서 커패시터 양단의 전압 $\mathbf{V}_o$는

(a) $5\angle 0^\circ$ V (b) $7.071\angle 45^\circ$ V

(c) $7.071\angle -45^\circ$ V (d) $5\angle -45^\circ$ V

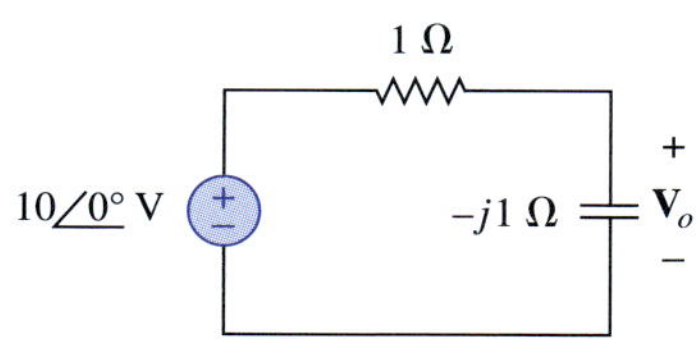

그림 13.41

복습문제 13.2의 회로

13.3 그림 13.42의 회로에서 전류 $\mathbf{I}_o$는

(a) $4\angle 0^\circ$ A (b) $2.4\angle -90^\circ$ A

(c) $0.6\angle 0^\circ$ A (d) -1 A

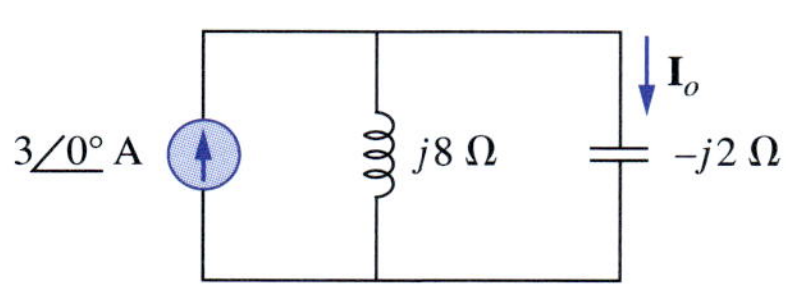

그림 13.42

복습문제 13.3

13.4 그림 13.43의 회로에서 노드해석에 의하여 전류 $\mathbf{V}_o$를 구하면?

(a) -24 V (b) -8 V (c) 8 V (d) 24 V

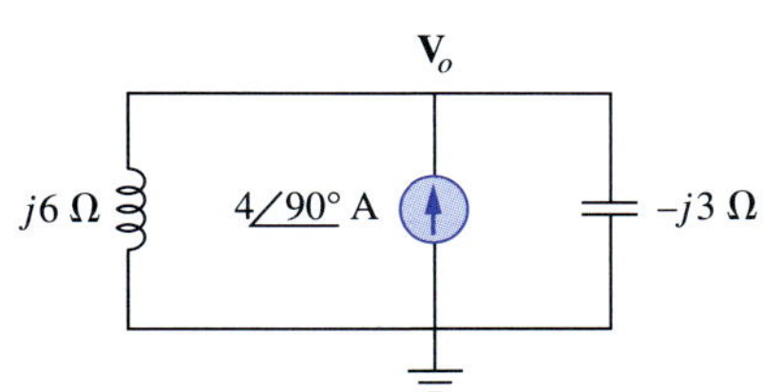

그림 13.43

복습문제 13.4의 회로

13.5 그림 13.44의 회로에서 두 전원의 주파수가 다르다는 것에 주의하여 전류 $i_x(t)$는 다음의 어느 방법에 의하여 얻을 수 있나?

(a) 전원변환 (b) 중첩 정리 (c) PSpice

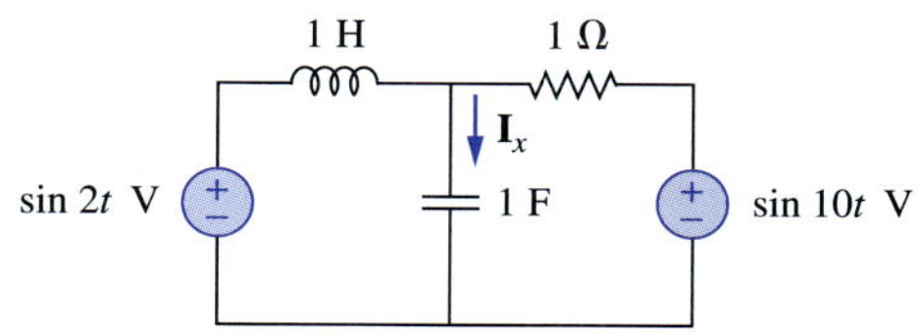

그림 13.44

복습문제 13.5의 회로

13.6 그림 13.45의 회로에서 단자 a-b에서 본 테브난 임피던스는?

(a) 1 Ω (b) $0.5 - j0.5$ Ω (c) $0.5 + j0.5$ Ω

(d) $1 + j2$ Ω (e) $1 - j2$ Ω

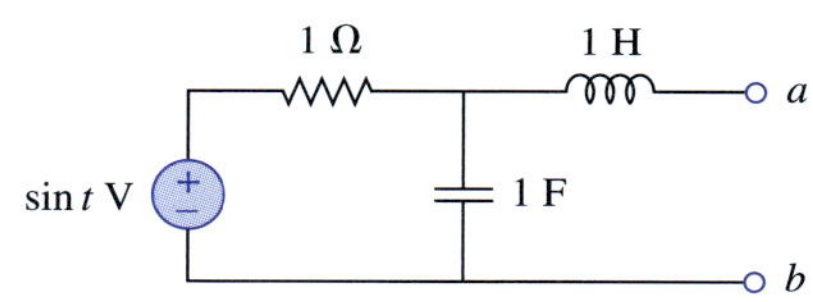

그림 13.45

복습문제 13.6과 13.7

13.7 그림 13.45의 회로에서 단자 a-b에서 본 테브난 전압은?

(a) $0.7071\angle -45^\circ$ V (b) $7.071\angle 45^\circ$ V

(c) $0.3535\angle -45^\circ$ V (d) $0.3535\angle 45^\circ$ V

13.8 그림 13.46의 회로에서 단자 a-b에서 본 노턴 등가 임피던스는?

(a) $-j4$ Ω (b) $-j2$ Ω (c) $j2$ Ω (d) $j4$ Ω

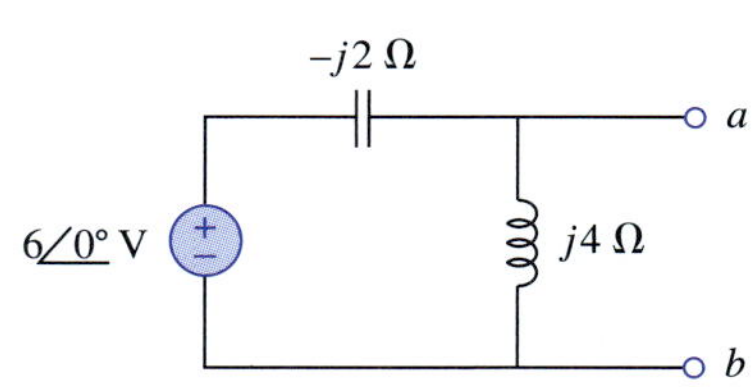

그림 13.46

복습문제 13.8과 13.9의 회로

13.9 그림 13.46의 회로에서 단자 a-b에서 본 노턴 전류는?

(a) $1\angle 0^\circ$ A (b) $1.5\angle -90^\circ$ A

(c) $1.5\angle 90^\circ$ A (d) $3\angle 90^\circ$ A

13.10 PSpice는 서로 다른 주파수를 가진 두 개의 독립전원이 있는 회로를 다룰 수 있다.
(a) 참 (b) 거짓

해답 13.1 a, 13.2 c, 13.3 a, 13.4 d, 13.5 b, 13.6 c, 13.7 a, 13.8 a, 13.9 d, 13.10 b

문제

13.2절 메쉬 해석

13.1 그림 13.47에서 메쉬 해석에 의해 i_o를 구하라.

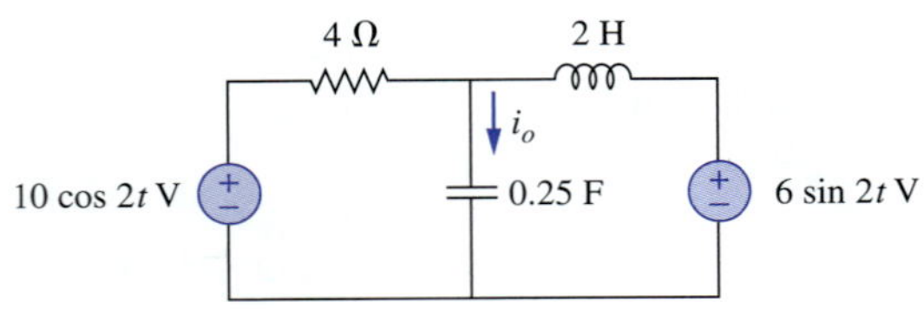

그림 13.47
문제 13.1의 회로

13.2 그림 13.48에서 메쉬 해석에 의해 $\mathbf{I}_1$과 $\mathbf{I}_2$를 구하라.

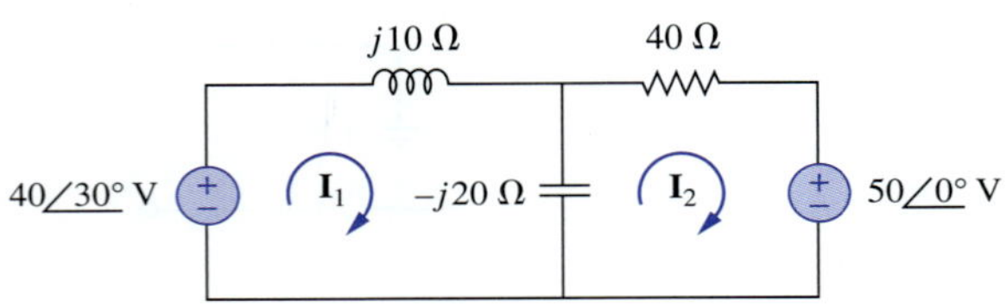

그림 13.48
문제 13.2와 13.36의 회로

13.3 그림 13.49에서 메쉬 해석에 의해 $\mathbf{I}_1$과 $\mathbf{I}_2$를 구하라.

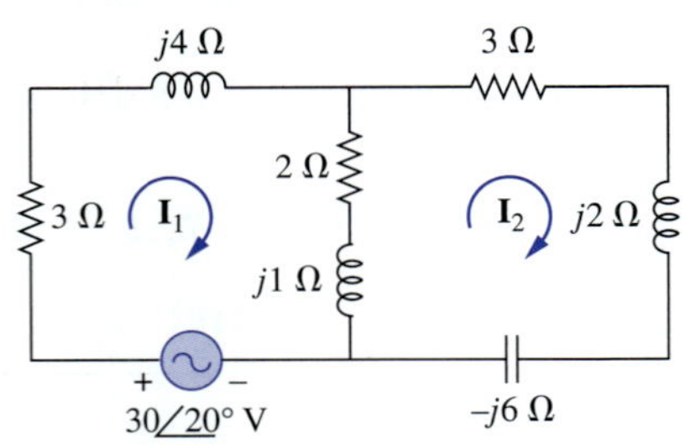

그림 13.49
문제 13.3의 회로

13.4 그림 13.50에서 메쉬 해석에 의해 i_o를 구하라.

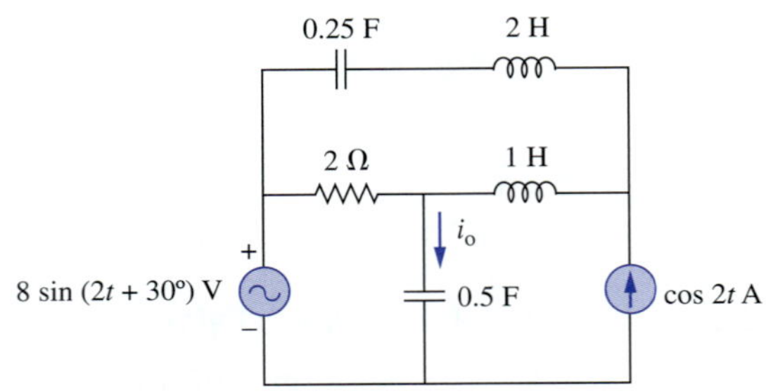

그림 13.50
문제 13.4와 13.14의 회로

13.5 그림 13.51의 회로에서 $\mathbf{I}_1$, $\mathbf{I}_2$, $\mathbf{I}_3$와 $\mathbf{I}_x$를 구하라.

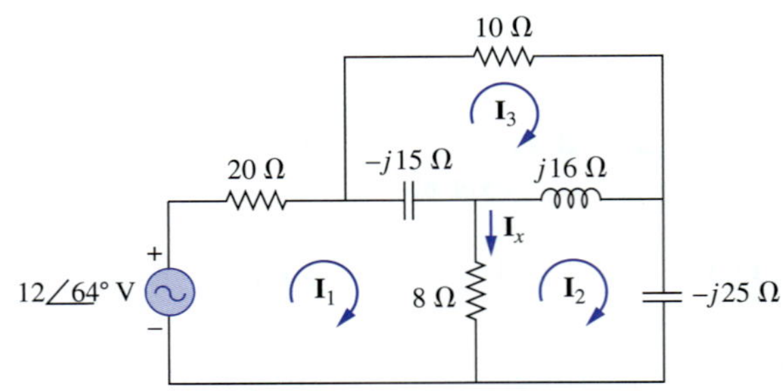

그림 13.51
문제 13.5의 회로

13.6 그림 13.52에서 메쉬 해석에 의해 $\mathbf{V}_o$를 구하라.

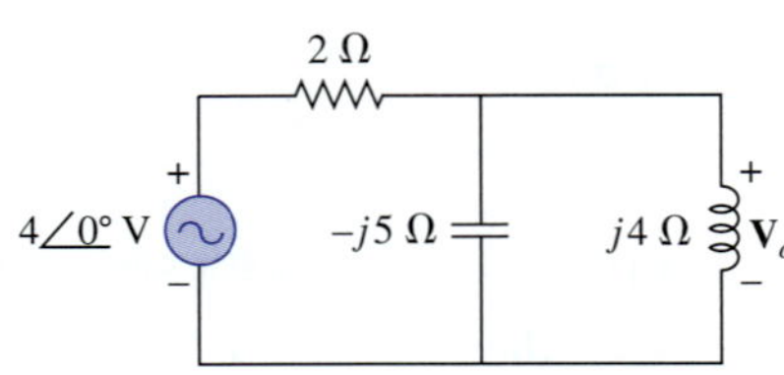

그림 13.52
문제 13.6, 13.20과 13.36의 회로

13.7 그림 13.53에서 메쉬 해석에 의해 i_o를 구하라.

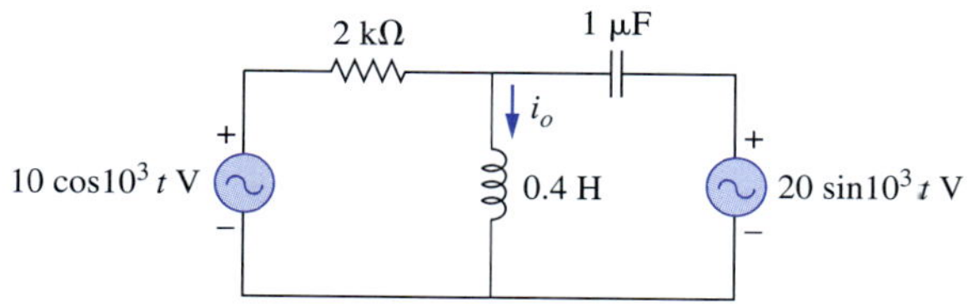

그림 13.53
문제 13.7의 회로

13.8 그림 13.54의 회로에서 메쉬 해석에 의해 $\mathbf{V}_o$를 구하라. $v_{s1} = 120\cos(100t + 90°)$ V, $v_{s2} = 80\cos 100t$ V라 한다.

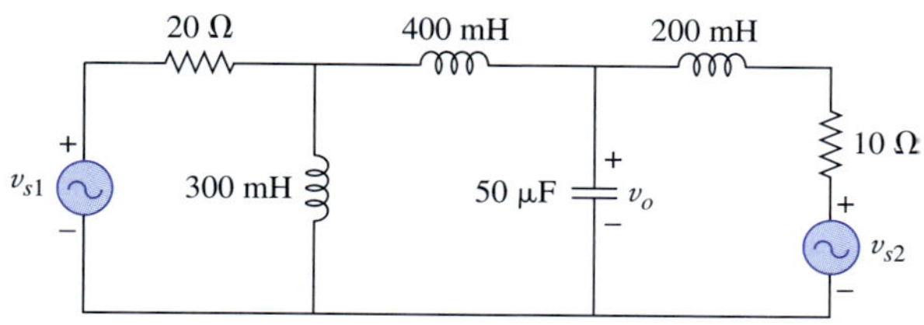

그림 13.54
문제 13.8의 회로

13.9 그림 13.55의 회로에서 메쉬 해석에 의해 $\mathbf{I}_1$과 $\mathbf{I}_2$를 구하라.

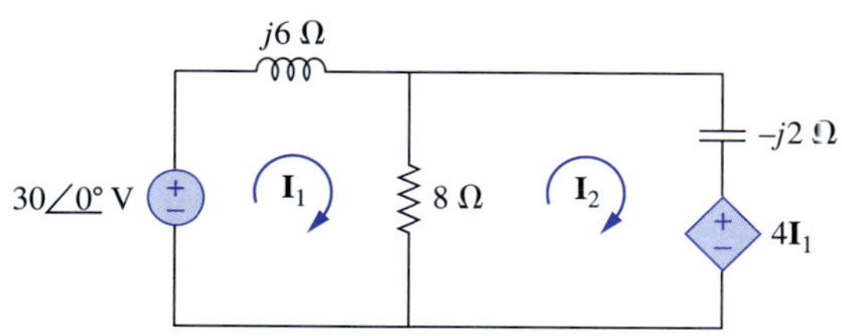

그림 13.55
문제 13.9의 회로

13.10 그림 13.56의 회로에서 4개의 메쉬방정식을 적어라.

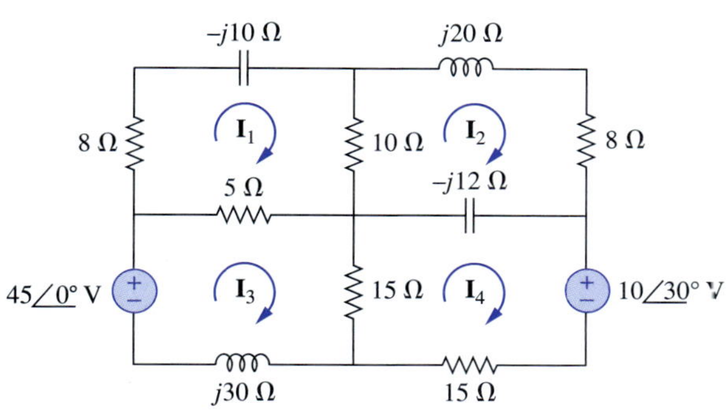

그림 13.56
문제 13.10의 회로

13.11 그림 13.57의 회로에서 메쉬 해석에 의해 $\mathbf{I}$를 구하라.

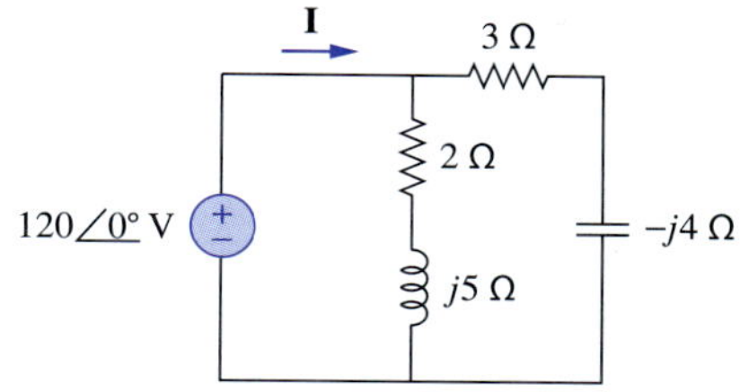

그림 13.57
문제 13.11의 회로

13.3절 노드 해석

13.12 그림 13.58의 회로에서 v_x를 구하라.

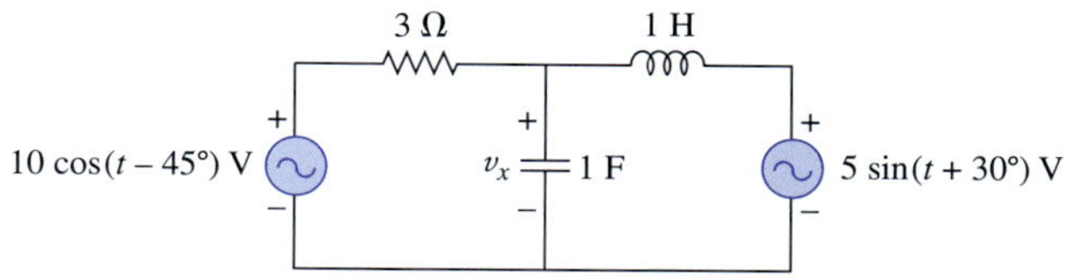

그림 13.58
문제 13.12의 회로

13.13 그림 13.59의 회로에서 노드 해석에 의해 $\mathbf{V}_o$를 구하라.

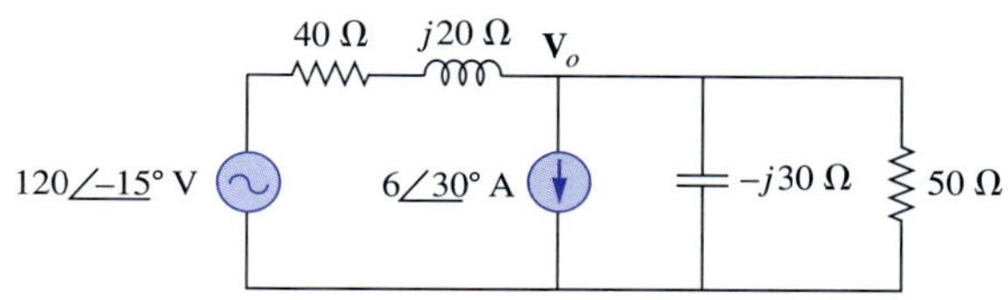

그림 13.59
문제 13.13의 회로

13.14 그림 13.50의 회로에서 노드 해석에 의해 i_o를 구하라.

13.15 그림 13.60의 회로에서 어떤 방법에 의해서든지 $\mathbf{V}_x$를 구하라.

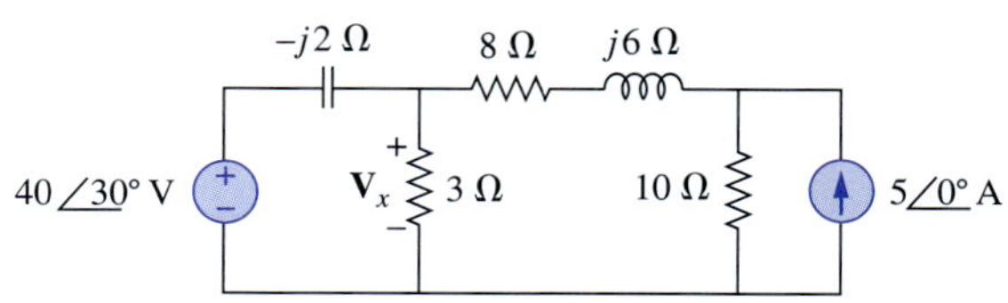

그림 13.60
문제 13.15의 회로

13.16 그림 13.61의 회로에서 노드 해석에 의해 노드 1과 2의 전압을 구하라.

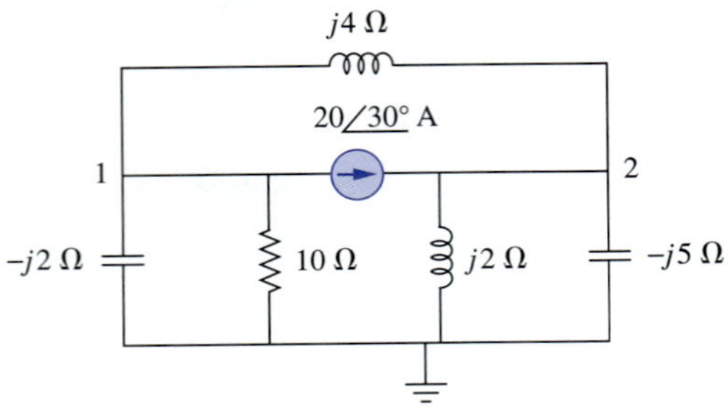

그림 13.61
문제 13.16과 13.53의 회로

13.17 그림 13.62의 회로에서 노드 해석에 의해 $\mathbf{V}_1$과 $\mathbf{V}_2$를 구하라.

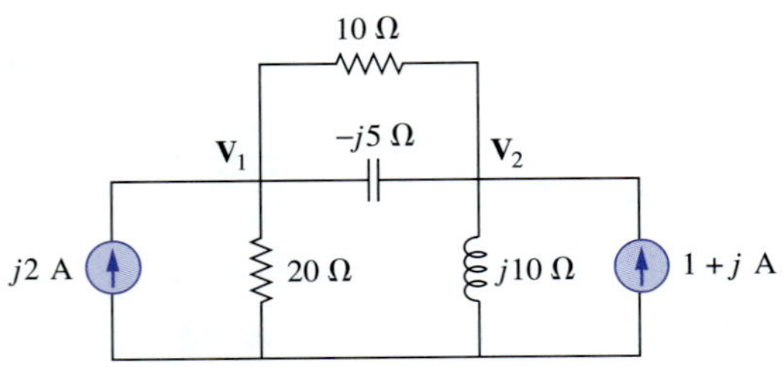

그림 13.62
문제 13.17의 회로

13.18 그림 13.63의 회로에서 노드 해석에 의해 전류 $\mathbf{I}_o$를 구하라.

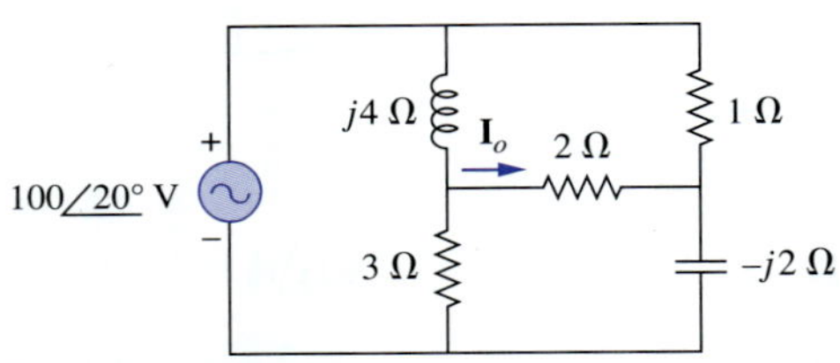

그림 13.63
문제 13.18의 회로

13.19 그림 13.64의 회로에서 노드 해석에 의해 $\mathbf{V}_x$를 구하라.

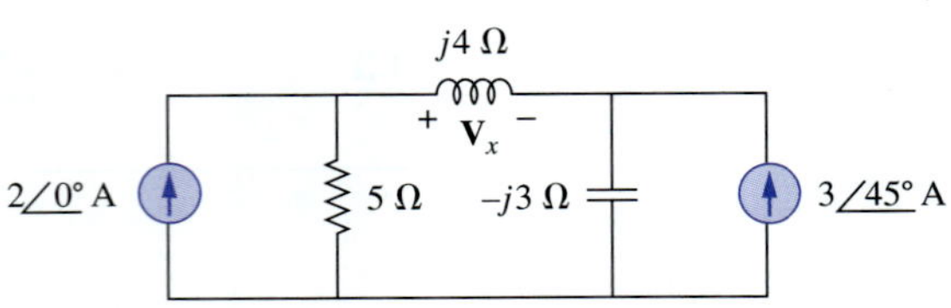

그림 13.64
문제 13.19와 13.54의 회로

13.20 그림 13.52의 회로에서 노드 해석에 의해 $\mathbf{V}_o$을 구하라.

13.21 그림 13.65의 회로에서 $\mathbf{I}_x$를 구하라.

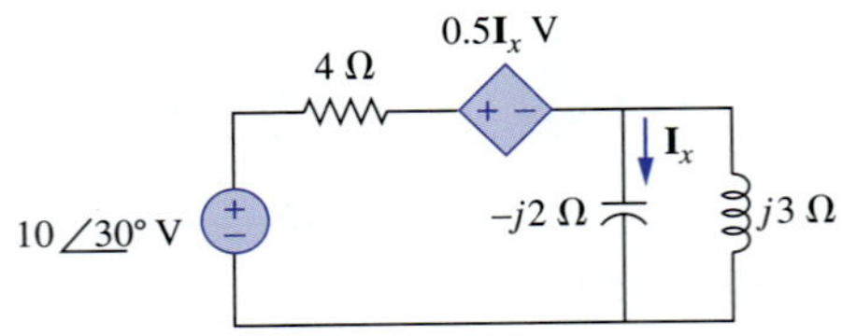

그림 13.65
문제 13.21의 회로

13.22 그림 13.66에서 $\mathbf{V}_x$를 구하라.

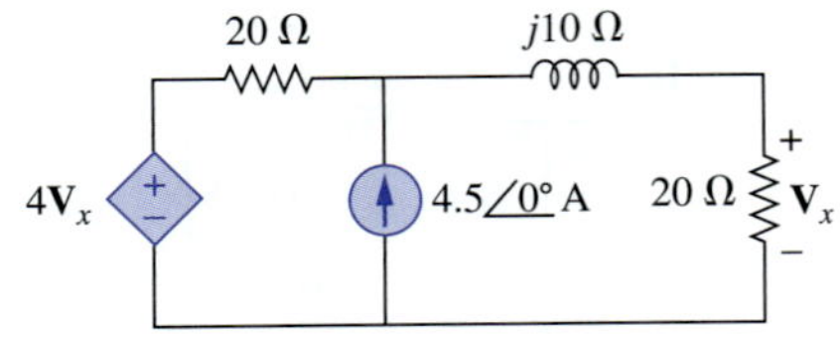

그림 13.66
문제 13.22의 회로

13.23 그림 13.67의 회로에서 노드 해석에 의해 $\mathbf{V}_o$, $\mathbf{I}_1$과 $\mathbf{I}_2$를 구하라.

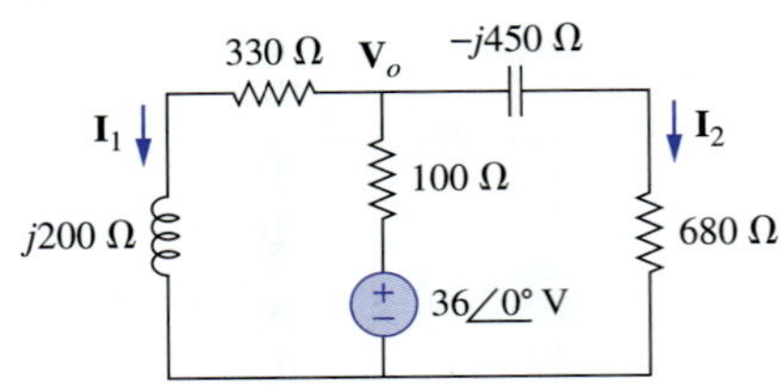

그림 13.67
문제 13.23의 회로

13.24 그림 13.68의 회로에서 노드 해석에 의해 $\mathbf{I}$를 구하라.

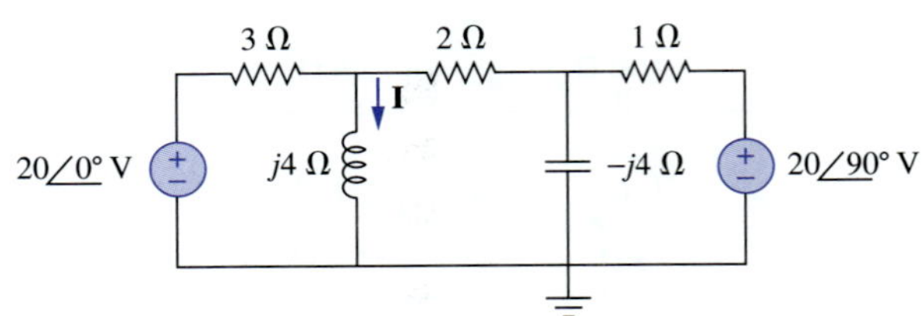

그림 13.68
문제 13.24의 회로

13.4절 중첩의 정리

13.25 그림 13.69의 회로에서 중첩 정리에 의해 i_o를 구하라.

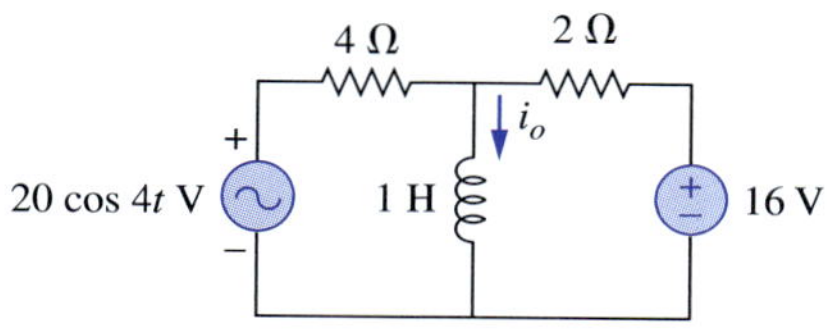

그림 13.69
문제 13.25의 회로

13.26 그림 13.70의 회로에서 중첩 정리에 의해 v_x를 구하라.

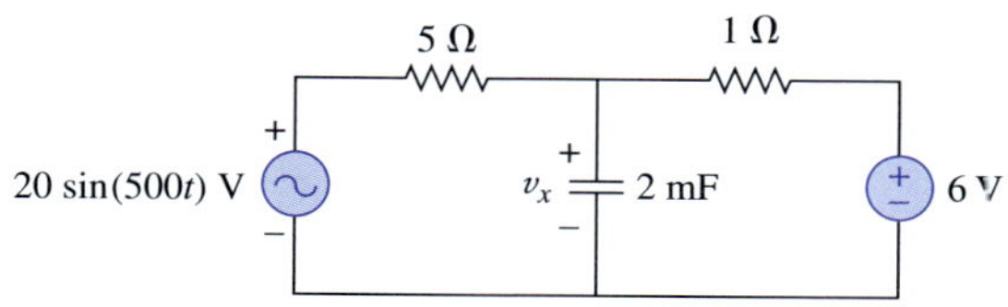

그림 13.70
문제 13.26의 회로

13.27 그림 13.71의 회로에서 중첩 정리에 의해 i_x를 구하라.

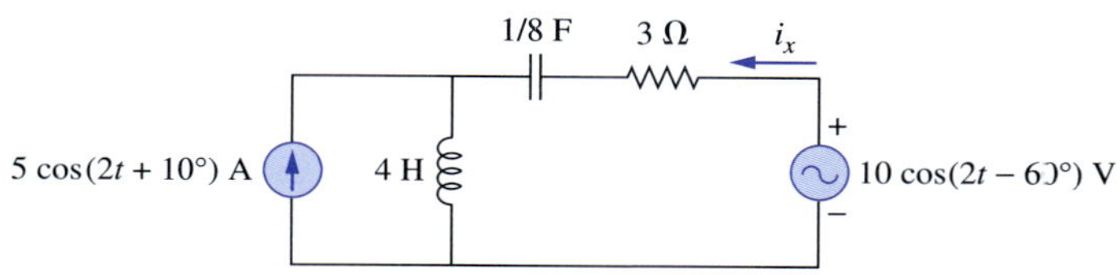

그림 13.71
문제 13.27의 회로

13.28 그림 13.72의 회로에서 중첩 정리에 의해 v_x를 구하라. $v_s = 50 \sin(2t)$ V, $i_s = 12 \cos(6t + 10)$ A라 한다.

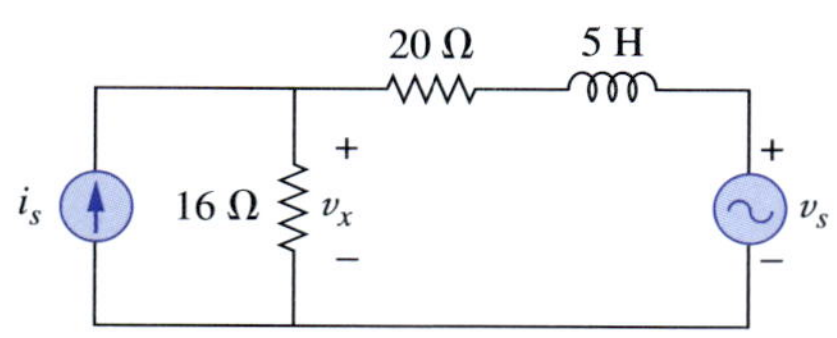

그림 13.72
문제 13.28의 회로

13.29 그림 13.73의 회로에서 중첩 정리에 의해 $v_o(t)$를 구하라.

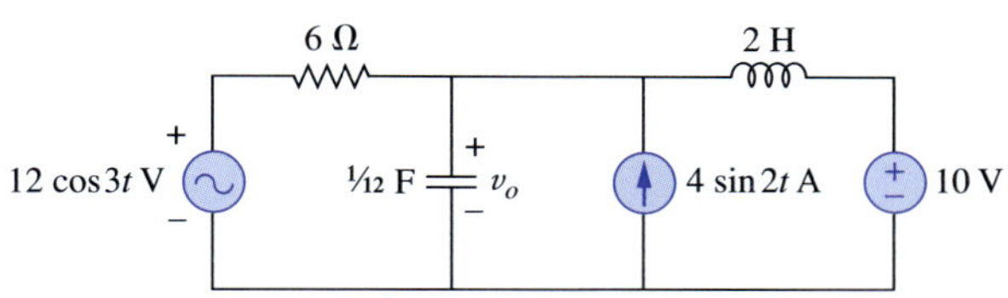

그림 13.73
문제 13.29의 회로

13.30 그림 13.74의 회로에서 i_o를 구하라.

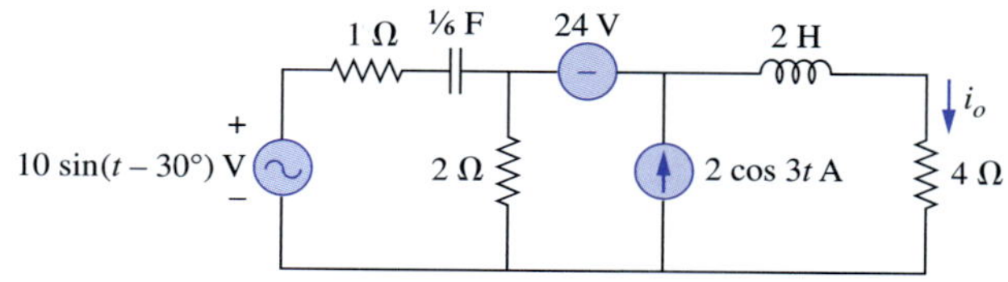

그림 13.74
문제 13.30의 회로

13.31 그림 13.75의 회로에서 중첩 정리에 의해 i_o를 구하라.

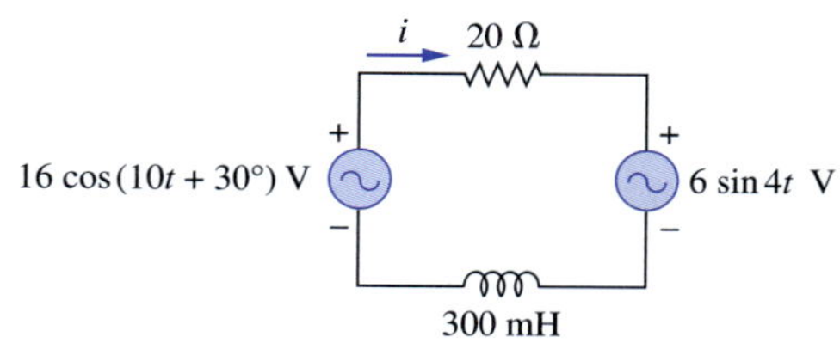

그림 13.75
문제 13.31의 회로

13.32 그림 13.76의 회로에서 $\mathbf{V}_o$를 구하라. $v_s = 6 \cos 2t + 4 \sin 4t$ V라 한다.

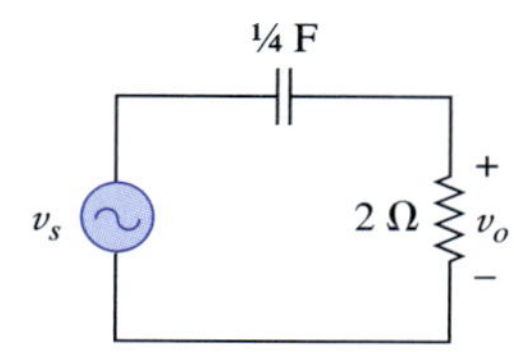

그림 13.76
문제 13.32의 회로

13.33 그림 13.77의 회로에서 테브난정리에 의해 $\mathbf{V}_o$를 구하라.

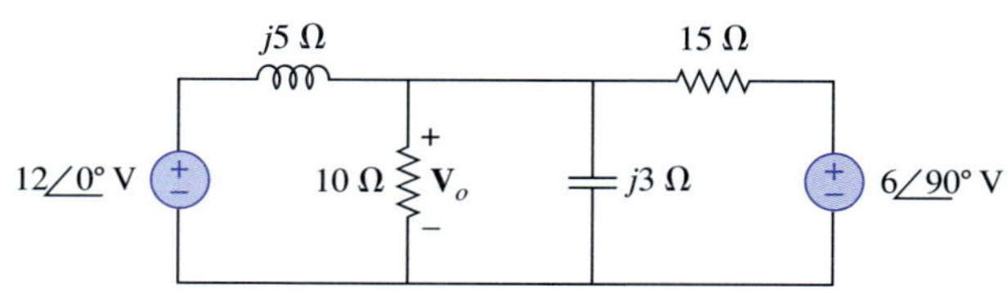

그림 13.77
문제 13.33의 회로

13.5절 전원변환

13.34 그림 13.78의 회로에서 전원변환에 의해 i를 구하라.

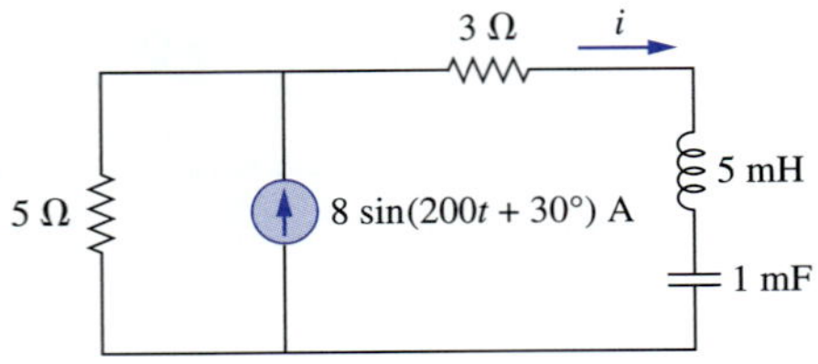

그림 13.78
문제 13.34의 회로

13.35 그림 13.79의 회로에서 전원변환에 의해 v_o를 구하라.

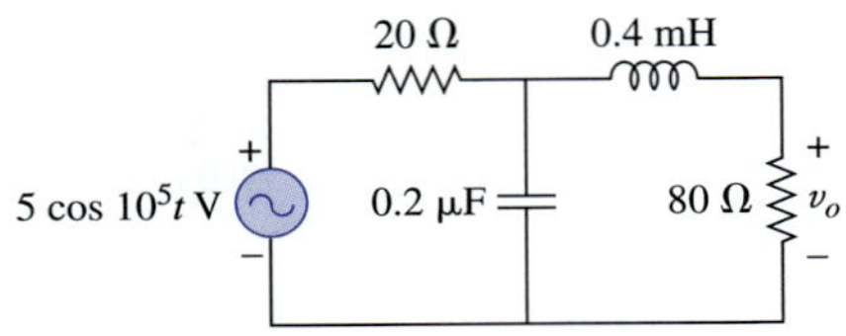

그림 13.79
문제 13.35의 회로

13.36 문제 13.2를 전원변환에 의해 풀어라.

13.37 그림 13.80의 회로에서 전원변환에 의해 $\mathbf{V}_o$를 구하라.

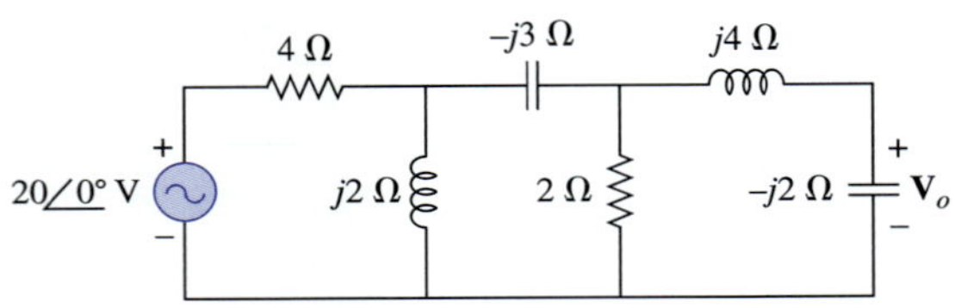

그림 13.80
문제 13.37의 회로

13.38 그림 13.81의 회로에서 전원변환에 의해 $\mathbf{I}_o$를 구하라.

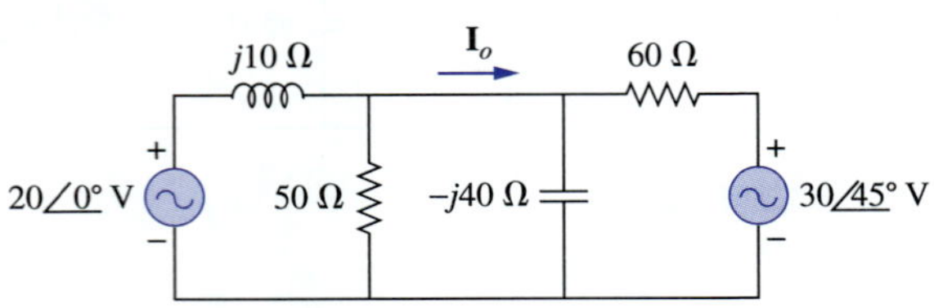

그림 13.81
문제 13.38의 회로

13.39 그림 13.80의 회로에서 전원변환에 의해 $\mathbf{V}_o$를 구하라.

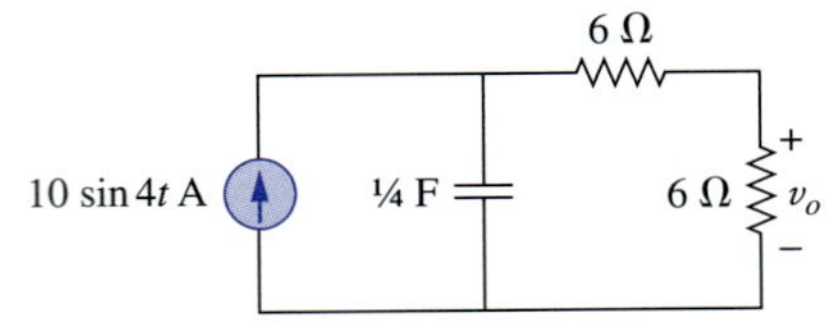

그림 13.82
문제 13.39의 회로

13.6절 테브난과 노턴의 등가 회로

13.40 그림 13.83의 각각의 회로에서 단자 a-b에서 본 테브난과 노턴의 등가 회로를 구하라.

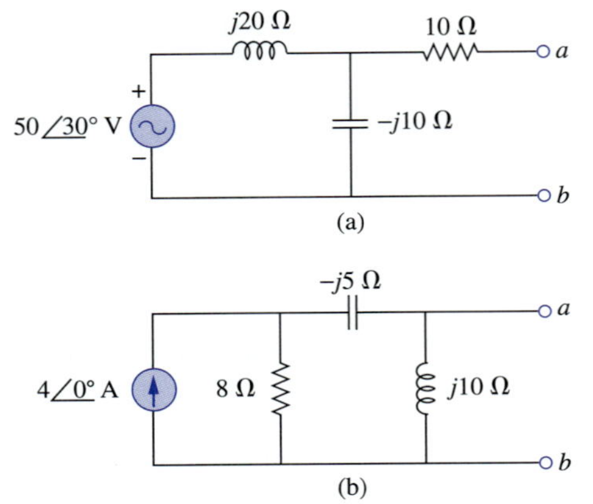

그림 13.83
문제 13.40의 회로

13.41 그림 13.84의 회로에서 단자 a-b에서 본 테브난과 노턴의 등가 회로를 구하라.

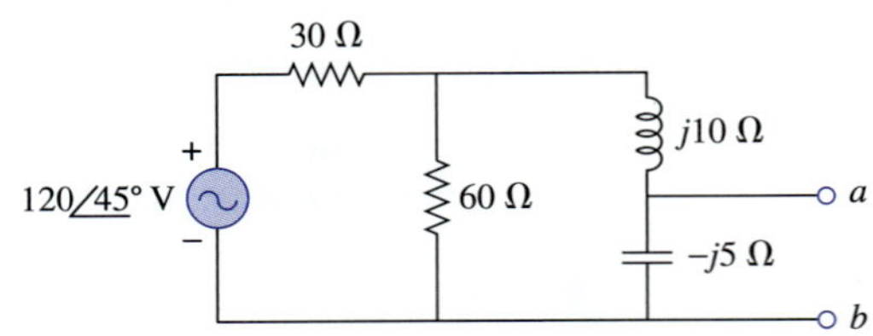

그림 13.84
문제 13.41의 회로

13.42 그림 13.85의 회로에서 테브난과 노턴의 등가 회로를 구하라.

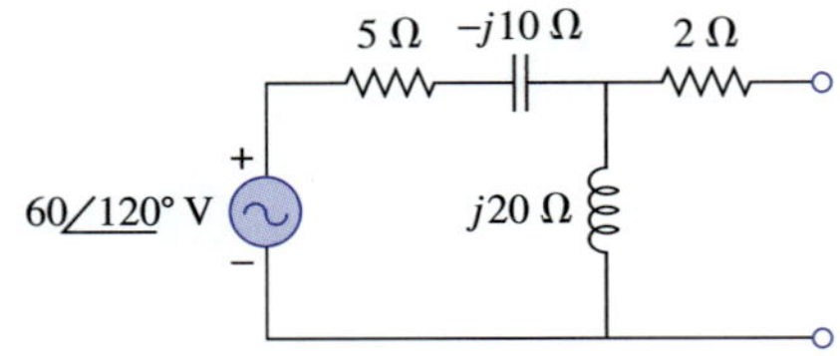

그림 13.85
문제 13.42의 회로

13.43 그림 13.86의 회로에서 단자 *a*-*b*에서 본 테브난 등가 회로를 구하라.

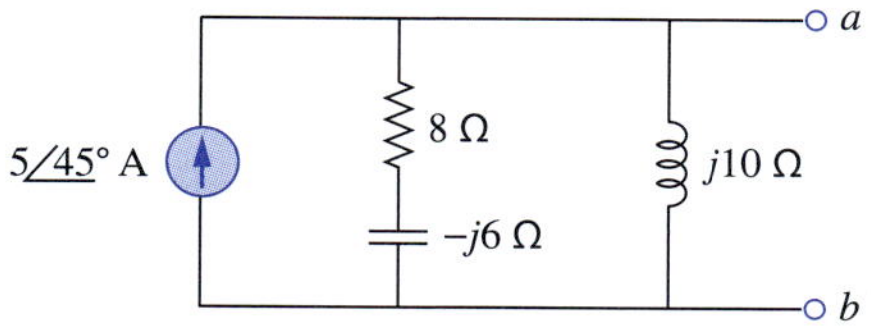

그림 13.86
문제 13.43의 회로

13.44 그림 13.87의 회로에서 다음에서 본 테브난 등가 회로를 구하라. (a) 단자 *a*-*b* (b) 단자 *c*-*d*

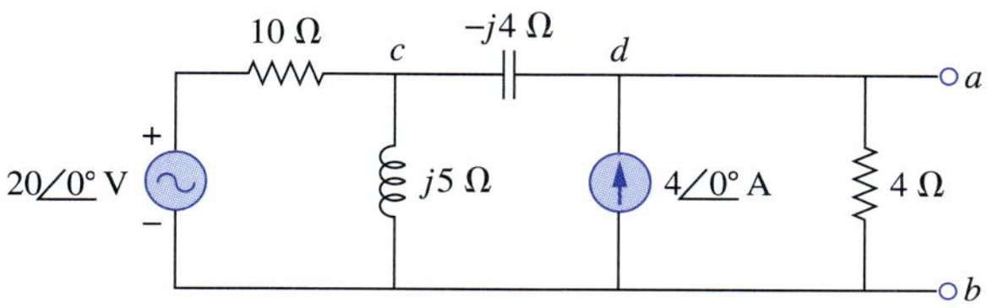

그림 13.87
문제 13.44의 회로

13.45 그림 13.88의 회로에서 단자 *a*-*b*에서 본 노턴의 등가 회로를 구하라.

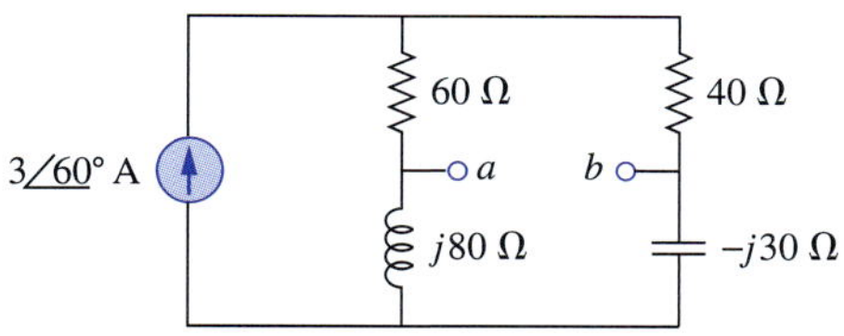

그림 13.88
문제 13.45의 회로

13.46 그림 13.89에서 노턴의 정리를 이용해서 i_o를 구하라.

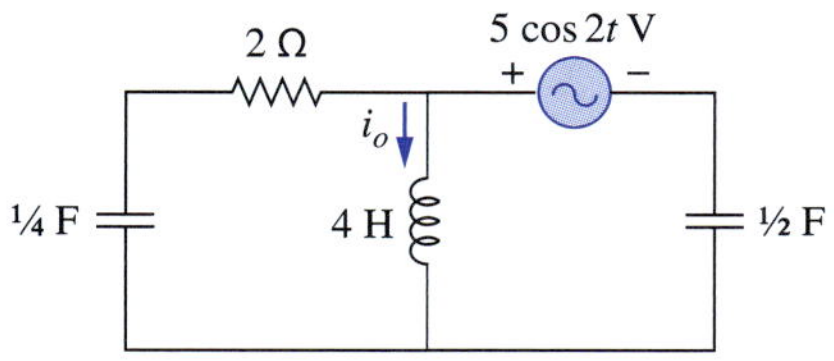

그림 13.89
문제 13.46의 회로

13.47 그림 13.90의 회로에서 단자 *a*-*b*에서 본 테브난과 노턴의 등가 회로를 구하라.

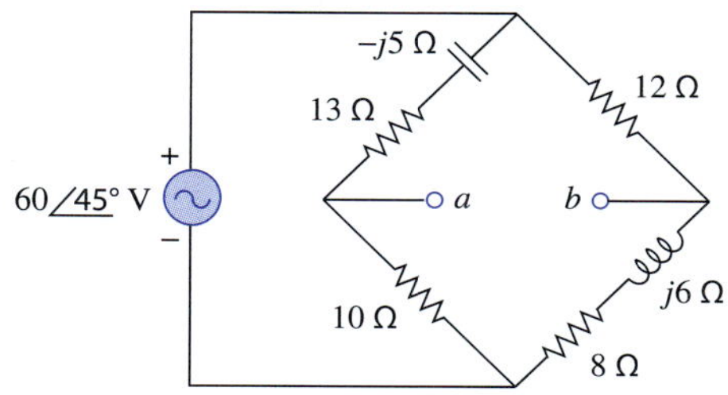

그림 13.90
문제 13.47의 회로

13.48 그림 13.91의 회로에서 테브난의 정리를 이용해서 v_o를 구하라.

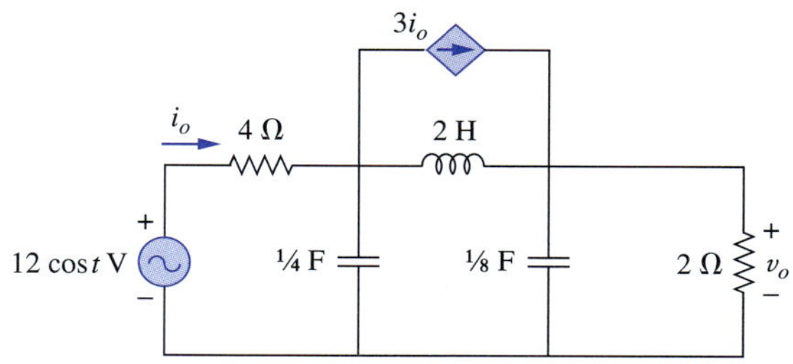

그림 13.91
문제 13.48의 회로

13.49 그림 13.92의 회로에서 단자 *a*-*b*에서 본 테브난과 노턴의 등가 회로를 구하라. ω = 10 rad/s이라 한다.

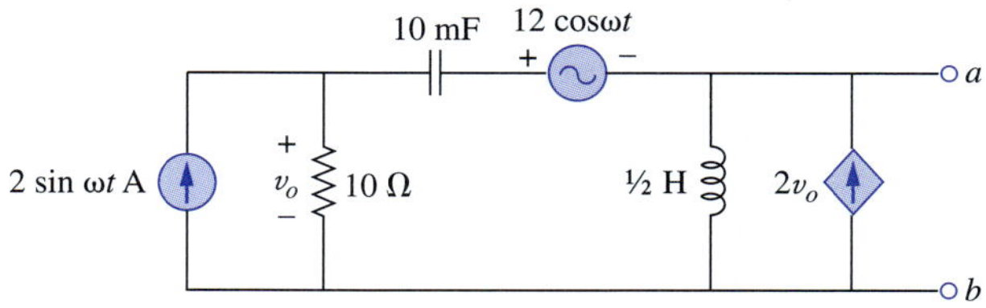

그림 13.92
문제 13.49의 회로

13.50 그림 13.93의 회로에서 단자 *a*-*b*에서 본 테브난 등가 회로를 구하라.

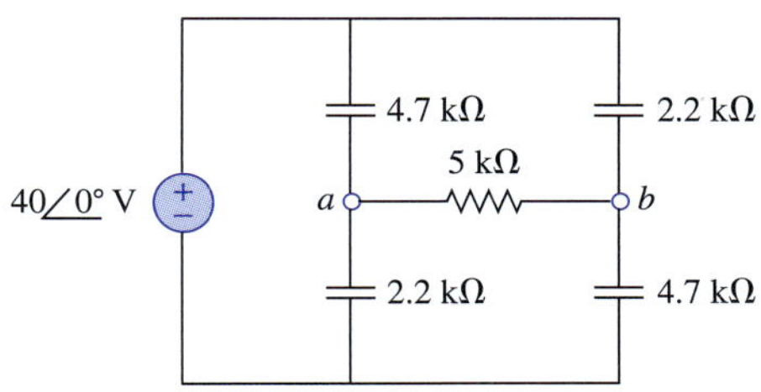

그림 13.93
문제 13.50의 회로

13.51 그림 13.94에서 테브난 정리를 이용해서 $\mathbf{Z}_L$에 걸리는 전압을 구하라.

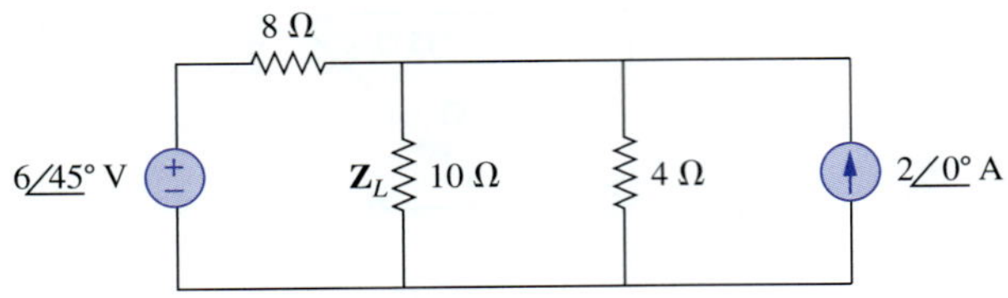

그림 13.94
문제 13.51의 회로

13.52 그림 13.95의 회로에서 테브난 정리를 이용해서 $\mathbf{V}_o$를 구하라.

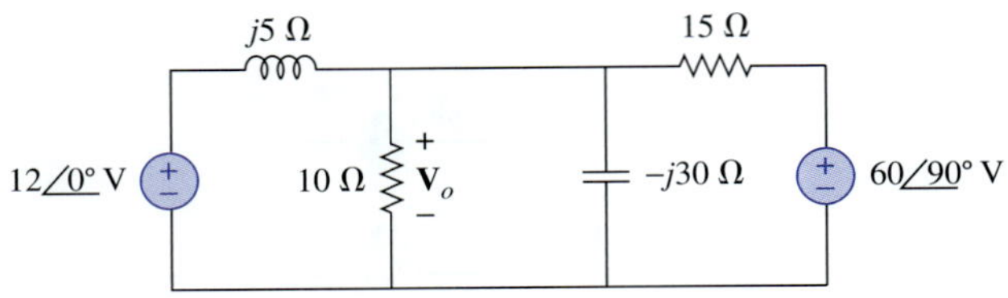

그림 13.95
문제 13.52의 회로

13.7절 컴퓨터 해석

13.53 문제 13.6을 PSpice를 이용해서 풀어라.

13.54 문제 13.19를 PSpice를 이용해서 풀어라.

13.55 그림 13.96의 회로에서 PSpice를 이용해서 $\mathbf{V}_o$를 구하라. $i_s = 2\cos(10^3 t)$ A라 한다.

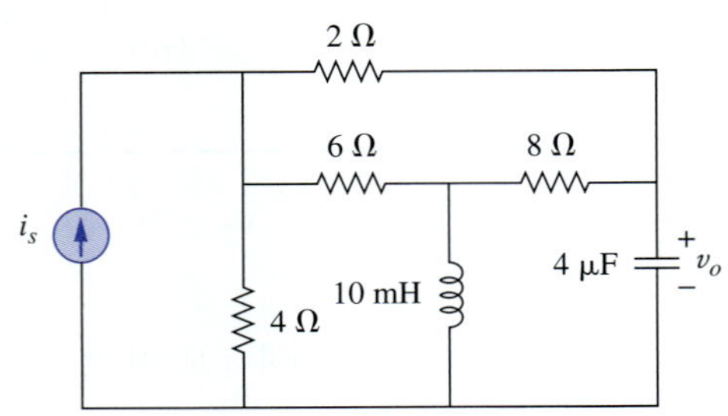

그림 13.96
문제 13.55의 회로

13.56 그림 13.97의 네트워크에서 PSpice를 이용해서 $\mathbf{V}_1$, $\mathbf{V}_2$, $\mathbf{V}_3$를 구하라.

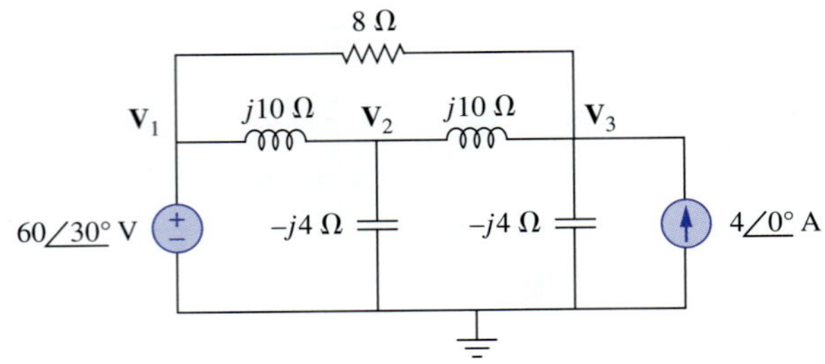

그림 13.97
문제 13.56의 회로

13.57 그림 13.98의 회로에서 PSpice를 이용해서 $\mathbf{V}_1$, $\mathbf{V}_2$, $\mathbf{V}_3$를 구하라.

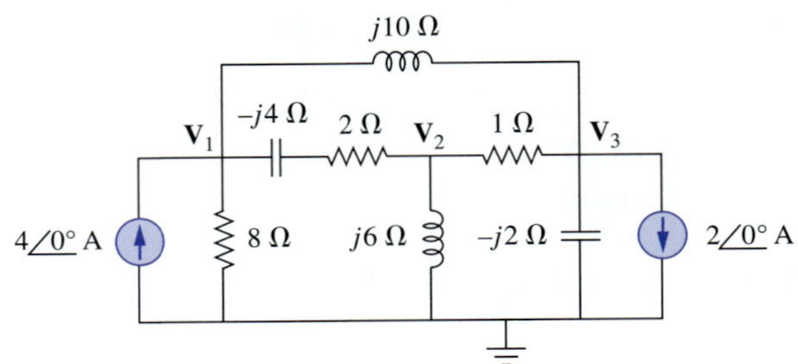

그림 13.98
문제 13.57의 회로

13.58 그림 13.99의 회로에서 PSpice를 이용해서 $\mathbf{V}_o$를 구하라. $\omega = 1$ rad/s라 한다.

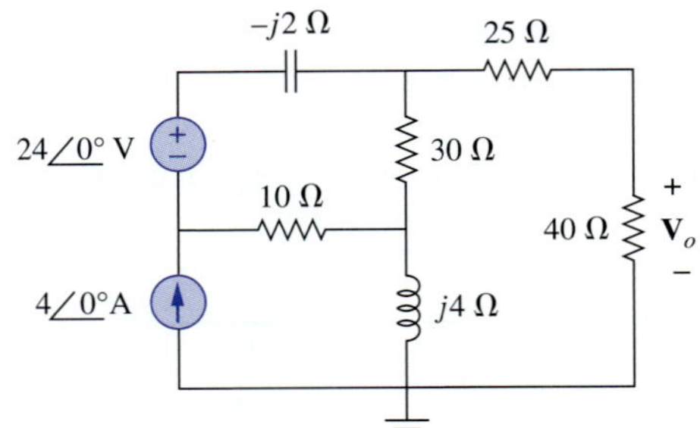

그림 13.99
문제 13.58의 회로

CHAPTER

14

교류전력해석

젊은이에게 줄 수 있는 직업선택에 관한 최고의 충고는 "가장 좋아하는 일을 찾은 다음 그 일을 하는 댓가로 돈을 줄 수 있는 사람을 찾아라"이다.

— Katharine Whitehorn

경력 향상

전력계통의 직업

전기회로의 해석은 다양한 분야의 공학기술에 적용된다. 그 중 하나가 전력계통이다. 1831년에 Michael Faraday에 의해 발견된 교류발전기의 원리는 공학의 한 획을 그었다. 그 발견은 현재 모든 전자, 전기 그리고 전자기계 장비 분야에 필요한 전력을 생산하는 편리한 방법의 개발을 이끌었다.

전력선
© Sarhan M. Musa

전력은 화석연료(가스, 석유, 석탄), 원자력연료(우라늄), 수력(낙차를 이용한 물), 지열(비등수, 지열증기), 풍력, 조력, 폐기물 등의 다양한 자원으로부터 얻어 낸다. 전력을 생산하는 다양한 방법은 전기공학기술의 분야가 되어 있는 전력공학 학문에서 자세히 다루어진다. 전기공학기술자라면 전력의 해석, 발생, 송전, 배전 그리고 비용까지 능통하여야 한다.

전력산업은 다수의 전기공학기술자들에게 일자리를 제공하고 있다. 이 산업은 광역을 담당하는 대규모 전력회사로부터 지역사회나 혹은 공장을 담당하는 소규모 전력회사까지 수천 개의 전기회사를 포함하고 있다. 복잡한 전력산업은 여러 분야에 대단히 많은 전기공학관련 인력을 필요로 한다. 전력설비(발전소), 송배전설비, 유지보수설비, 연구직, 자료수집 혹은 계통제어, 관리 등이 그것이다. 전력이 어느 곳에서나 필요하기 때문에 전력회사도 곳곳에 있기 마련이고 이들이 온 세계에 걸쳐 지역사회의 남녀에게 안정된 직장과 다양한 훈련 프로그램을 제공하고 있다.

14.1 서론

지금까지 교류 해석은 주로 전압과 전류의 계산에 초점을 맞추어 왔다. 이 장에서는 교류 회로의 전력 해석에 주안점을 두기로 한다.

전력 해석은 대단히 중요하다. 전기, 전자, 통신 시스템 등 모든 분야가 한 지점에서 다른 지점으로 전력을 보내야 하므로 전력이란 가장 중요한 것일 수 밖에 없다. 모든 산업용, 가정용 전기기기(선풍기, 모터, 램프, 다리미, TV, PC 등)에는 요구전력을 나타내는 규격이 표시되어 있고 공급전력이 규격을 초과하면 기기에 고장을 일으킨다.

전력의 송전이란 전력을 한 곳에서 다른 곳으로 대량 이동하는 것을 말하는데 보통은 전력회사로부터 인구밀집지역의 변전소로의 이동을 일컫는다. 이는 변전소로부터 소비자로 보내지는 배전과는 다른 개념이다. 대량의 전력이 보내지기 때문에 보통 송전은 고전압(110 kV나 그 이상)에서 이루어진다. 전력은 보통 그림 14.1과 같이 장거리 가공송전선을 통해 보낸다. 표 14.1에서 몇몇 국가의 전력 계통 규격을 요약하였다.

순시전력과 평균전력의 정의로 교류해석을 시작하여 다른 전력 관련 개념을 소개하기로 한다. 이런 개념들의 실제적인 응용으로 어떻게 전력이 측정되며 전기회사들이 어떻게 과금하는지를 살펴 보겠다.

표 14.1

전기 규격

국가	전압(rms)	주파수
오스트레일리아	240V	50 Hz
방글라데쉬	240 V	50 Hz
브라질	110/220 V	60 Hz
캐나다	120 V	60 Hz
중국	220 V	50 Hz
프랑스	230 V	50 Hz
이집트	220 V	50 Hz
독일	230 V	50 Hz
인도	230 V	50 Hz
이스라엘	220 V	50 Hz
일본	100 V	50/60 Hz
나이지리아	240 V	50 Hz
러시아	220 V	50 Hz
남아공	220/230 V	50 Hz
스페인	220 V	50 Hz
영국	230 V	50 Hz
미국	120 V	60 Hz

그림 14.1
전형적인 전력 배전 시스템

14.2 순시전력과 평균전력

소자가 흡수하는 순시전력 $p(t)$는 소자에 걸리는 순시전압 $v(t)$와 소자에 흐르는 순시전류 $i(t)$와의 곱이다.

$$p(t) = v(t)i(t) \tag{14.1}$$

이는 또한 소자가 에너지를 흡수하는 시간당 비율이기도 하다.[1]

순시전력은 어떤 주어진 찰나 시간에 소자에 흡수되는 전력이다.

그림 14.2에서와 같이 사인파 여자 회로에서 임의의 소자 조합에 흡수되는 순시전력의 일반적인 경우를 살펴보기로 하자. 회로 단자의 전압과 전류를 다음 식과 같이 놓는다.

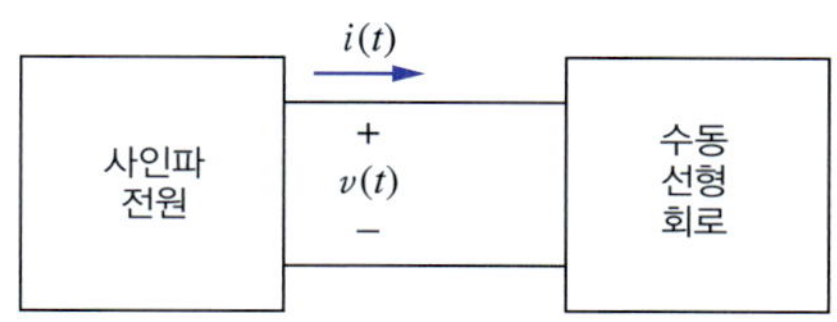

그림 14.2
사인파 전원과 수동선형회로

$$v(t) = V_m \cos(\omega t + \theta_v) \tag{14.2a}$$

$$i(t) = I_m \cos(\omega t + \theta_i) \tag{14.2b}$$

여기서 V_m과 I_m은 각각 전압과 전류의 진폭(혹은 최고치)을, θ_v와 θ_i는 전압과 전류의 위상각을 나타낸다. 전류에 의해 흡수된 순시전력은

$$p(t) = v(t)i(t) = V_m I_m \cos(\omega t + \theta_v)\cos(\omega t + \theta_i) \tag{14.3}$$

삼각함수의 정리에 의하면

$$\cos A \cos B = \frac{1}{2}[\cos(A - B) + \cos(A + B)], \tag{14.4}$$

$$p(t) = \frac{1}{2}V_m I_m \cos(\theta_v - \theta_i) + \frac{1}{2}V_m I_m \cos(2\omega t + \theta_v + \theta_i)$$

순시전력은 시간과 함께 변하므로 그 값을 측정하기 어렵다. 대신 평균전력이 측정하기 쉽다. 실제로 전력을 측정하는 계기인 전력계가 나타내는 숫자는 평균전력이다.

평균전력은 한 주기 동안의 순시전력의 평균값이다.

식 (14.4)에서 순시전력의 식을 들여다 보면 $p(t)$가 두 개의 항으로 이루어져 있다. 첫 번째 항은 상수이고 두 번째 항이 시간에 따라 변하는 항이다. 한 주기에 대한 코사인파의 평균값은 0이므로 둘째항의 평균값은 0이다. 따라서 평균전력은 다음 식으로 주어진다.

1 순시전력은 특정 시간에 소자에 흡수되는 전력으로 해석되기도 한다.

$$P = \frac{1}{2} V_m I_m \cos(\theta_v - \theta_i) \tag{14.5}$$

$\cos(\theta_v - \theta_i) = \cos(\theta_i - \theta_v)$이므로 평균전력에서 중요한 것은 전압과 전류의 위상차이다.

P는 시간의 함수가 아니고 $p(t)$는 시변함수임에 유의하자. 순시전력을 구하려면 시간영역에서 $v(t)$와 $i(t)$의 값을 알아야 하고 평균전력은 전압과 전류가 식 (14.2)처럼 시간 혹은 주파수 영역에서 표시될 때 구할 수 있다. 식 (14.2)의 $v(t)$와 $i(t)$의 페이저 꼴은 각각 $\mathbf{V} = V_m \underline{/\theta_v}$와 $\mathbf{I} = I_m \underline{/\theta_i}$이다. P는 식 (14.5)를 이용하거나 페이저 $\mathbf{V}$와 $\mathbf{I}$로부터 구할 수 있다. 페이저를 사용하기 위하여 다음 식을 살펴본다.

$$\begin{aligned} \frac{1}{2}\mathbf{V}\mathbf{I}^* &= \frac{1}{2} V_m I_m \underline{/(\theta_v - \theta_i)} \\ &= \frac{1}{2} V_m I_m [\cos(\theta_v - \theta_i) + j\sin(\theta_v - \theta_i)] \end{aligned} \tag{14.6}$$

[별표(*)는 식 (12.6g)에서와 같이 공액복소수를 의미한다.]

식 (14.5)에 의하여 앞 식의 실수부가 평균전력이므로

$$\boxed{P = \frac{1}{2}\mathrm{Re}[\mathbf{V}\mathbf{I}^*] = \frac{1}{2} V_m I_m \cos(\theta_v - \theta_i)} \tag{14.7}$$

식 (14.7)의 두 가지 특별한 경우를 알아보자.

■ **경우 1** $\theta_v = \theta_i$, 즉 전압과 전류가 동위상일 경우는 순저항성 회로이고

$$P = \frac{1}{2} V_m I_m = \frac{1}{2} I_m^2 R = \frac{1}{2} |\mathbf{I}|^2 R \tag{14.8}$$

여기서 $|\mathbf{I}|^2 = \mathbf{I} \times \mathbf{I}^*$이다. 식 (14.8)에서 순저항성 회로는 항상 전력을 흡수한다는 것을 알 수 있다.

■ **경우 2** $\theta_v - \theta_i = \pm 90°$, 즉 순리액턴스성 회로이고

$$P = \frac{1}{2} V_m I_m \cos 90° = 0 \tag{14.9}$$

위 식에서 순리액턴스성 회로는 흡수되는 평균전력이 없음을 알 수 있다.

> 저항성 부하(R)는 항상 전력을 흡수하고 리액턴스성 부하(L 혹은 C)의 흡수전력은 0이다.

예제 14.1

$v(t) = 120 \cos(377t + 45°)$ V이고 $i(t) = 10 \cos(377t - 10°)$ A일 때 그림 14.2의 수동 선형 네트워크가 흡수하는 순시전력과 평균전력을 구하라.

풀이

순시전력은 다음 식으로 주어진다.

$$p(t) = v(t)i(t) = 1200 \cos(377t + 45°)\cos(377t - 10°)$$

다음의 삼각함수 공식을 이용하면

$$\cos A \cos B = \frac{1}{2}[\cos(A + B) + \cos(A - B)]$$

구하는 순시전력은

$$p = 600[\cos(754t + 35°) + \cos 55°]$$

혹은

$$p(t) = 344.15 + 600 \cos(754t + 35°) \text{ W}$$

평균전력은

$$P = \frac{1}{2}V_m I_m \cos(\theta_v - \theta_i) = \frac{1}{2}120(10)\cos[45° - (-10°)]$$
$$= 600 \cos 55° = 344.15 \text{ W}$$

이 결과는 앞 식 $p(t)$의 상수 부분과 동일하다.

연습문제 14.1

$v(t) = 80 \cos(10t + 20°)$ V이고 $i(t) = 15 \sin(10t + 60°)$ A일 때 그림 14.2의 수동 선형 네트워크가 흡수하는 순시전력과 평균전력을 구하라.

해답 $385.67 + 600 \cos(20t - 10°)$ W, 385.67 W

예제 14.2

임피던스 $\mathbf{Z} = 30 - j70\ \Omega$의 양단에 $\mathbf{V} = 120\angle 0°$ V가 인가될 때 임피던스에 의해 흡수되는 평균전력을 구하라.

풀이

임피던스에 흐르는 전류는

$$\mathbf{I} = \mathbf{V}/\mathbf{Z} = \frac{120\angle 0°}{30 - j70} = \frac{120\angle 0°}{76.16\angle -66.8°} = 1.576\angle 66.8° \text{ A}$$

평균전력은

$$P = \frac{1}{2}V_m I_m \cos(\theta_v - \theta_i) = \frac{1}{2}(120)(1.576)\cos(0° - 66.8°) = 37.25 \text{ W}$$

연습문제 14.2

임피던스 $\mathbf{Z} = 20\underline{/22^\circ}\ \Omega$에 $\mathbf{I} = 10\underline{/30^\circ}$ A가 흐를 때 임피던스에 공급되는평균전력을 구하라.

해답 927.18 W

예제 14.3

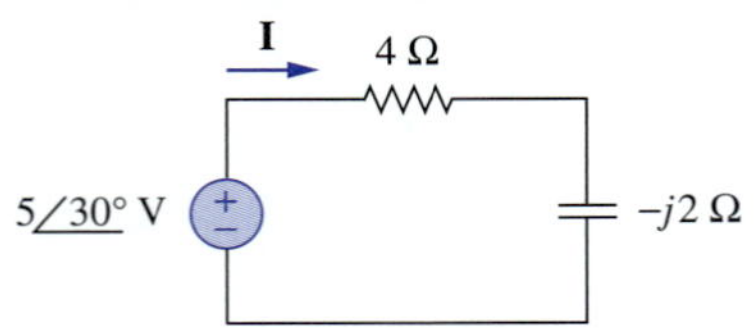

그림 14.3
예제 14.3의 회로

그림 14.3의 회로에서 전원에 의해 공급되는 평균전력과 저항이 흡수하는 평균전력을 구하라.

풀이

전류 **I**는 다음 식에 의해 주어진다.

$$\mathbf{I} = \frac{5\underline{/30^\circ}}{4 - j2} = \frac{5\underline{/30^\circ}}{4.472\underline{/-26.57^\circ}} = 1.118\underline{/56.57^\circ}\text{ A}$$

전압원에 의해 공급되는 평균전력은

$$P = \frac{1}{2}(5)(1.118)\cos(30^\circ - 56.57^\circ) = 2.5\text{ W}$$

저항에 흐르는 전류는

$$\mathbf{I}_R = \mathbf{I} = 1.118\underline{/56.57^\circ}\text{ A}$$

그리고 양단의 전압은

$$\mathbf{V}_R = 4\mathbf{I}_R = 4.471\underline{/56.57^\circ}\text{ V}$$

저항에 의해 흡수되는 평균전력은

$$P = \frac{1}{2}(4.472)(1.118) = 2.5\text{ W}$$

위의 숫자는 공급되는 평균전력과 같다. 즉 커패시터에 의해 흡수되는 평균전력은 0이다.

연습문제 14.3

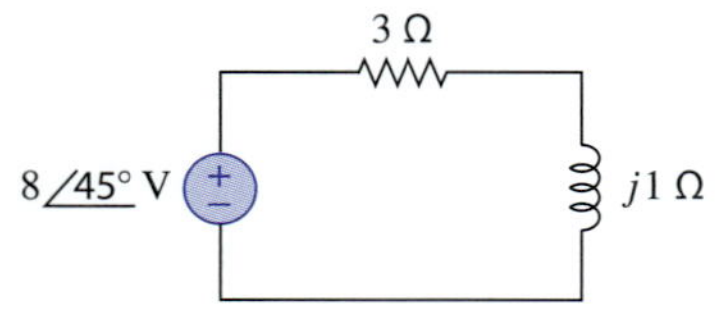

그림 14.4
연습문제 14.3의 회로

그림 14.4의 회로에서 저항과 인덕터에 의해 흡수되는 평균전력과 전압원에 의해 공급되는 평균전력을 구하라.

해답 9.6 W, 0 W, 9.6W

14.3 최대평균전력 전달

전력공급 저항성 네트워크에서 부하 R_L에 공급되는 전력을 최대화하는 문제는 8장 7절에서 다루었다. 회로를 테브난 등가회로로 고치면 부하저항과 테브난저항이 같을 때, 즉 $R_L = R_{Th}$일 때 최대전력이 전달된다는 것이 밝혀졌다. 이제 그 결과를 교류회로에 적용시키려 한다.

그림 14.5(a)의 회로를 그림 14.5(b)처럼 부하 $\mathbf{Z}_L$이 연결된 테브난 등가회로로 바꾸자. 부하는 보통 전기모터, 안테나, TV 등을 상징하는 임피던스로 나타난다. 테브난 임피던스 $\mathbf{Z}_{Th}$와 부하 임피던스 $\mathbf{Z}_L$은 직각좌표 꼴로 표시하면

$$\mathbf{Z}_{Th} = R_{Th} + jX_{Th} \tag{14.10}$$

$$\mathbf{Z}_L = R_L + jX_L \tag{14.11}$$

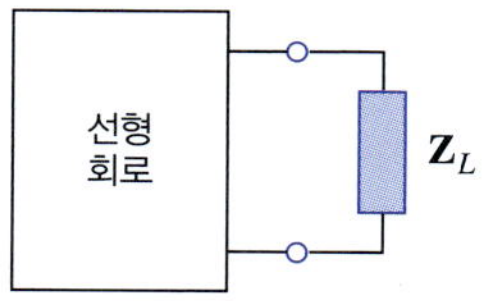

(a)

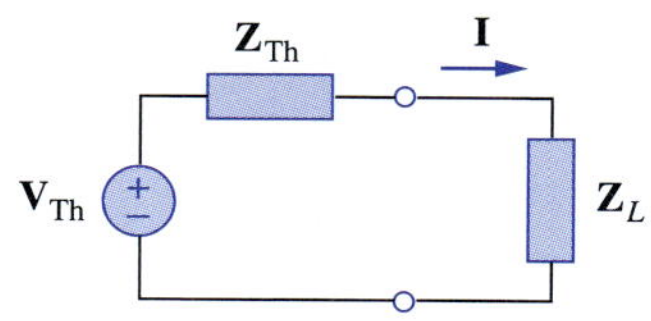

(b)

그림 14.5
최대평균 전력 전달:
(a) 부하와 회로, (b) 테브난 등가회로

부하에 흐르는 전류는

$$\mathbf{I} = \frac{\mathbf{V}_{Th}}{\mathbf{Z}_{Th} + \mathbf{Z}_L} = \frac{\mathbf{V}_{Th}}{(R_{Th} + jX_{Th}) + (R_L + jX_L)} \tag{14.12}$$

식 (14.8)에 의하여 부하에 공급되는 평균전력은

$$P = \frac{1}{2}|\mathbf{I}|^2 R = \frac{|\mathbf{V}_{Th}|^2 R_L/2}{(R_{Th} + R_L)^2 + (X_{Th} + X_L)^2} \tag{14.13}$$

우리의 목적은 부하파라미터 R_L과 X_L을 P를 최대로 하도록 조정하는 것이다. 회로의 총 임피던스가 최소일 때 회로전류가 최대임은 명확하고 이에 따라 다음 식처럼 설정한다.

$$X_L = -X_{Th} \tag{14.14}$$

$$R_L = \sqrt{R_{Th}^2 + (X_{Th} + X_L)^2} \tag{14.15}$$

식 (14.14)와 (14.15)에서 최대평균전력 전달을 위해서는 $X_L = -X_{Th}$과 $R_L = R_{Th}$이 성립하도록 $\mathbf{Z}_L$을 설정해야 함을 알 수 있다. 즉

$$\mathbf{Z}_L = \mathbf{Z}_{Th}^* \quad \text{또는} \quad R_L + jX_L = R_{Th} - jX_{Th} \tag{14.16}$$

그러므로[2]

최대평균전력 전달을 위해서는 부하임피던스 $\mathbf{Z}_L$과 테브난임피던스 $\mathbf{Z}_{th}$의 공액복소수가 같아야 한다.

2 $\mathbf{Z}_L = \mathbf{Z}_{Th}^*$일 때 부하가 전원과 정합되었다고 한다.

이 결과를 사인파 정상상태에서의 **최대평균전력전달 정리**라고 부른다. $R_L = R_{Th}$와 $X_L = -X_{Th}$를 식 (14.13)에 대입하면 최대평균전력은

$$P_{\max} = \frac{|\mathbf{V}_{Th}|^2}{8R_{Th}} \tag{14.17}$$

부하가 실수량(혹은 저항성)일 때 최대평균전력 전달의 조건은 식 (14.15)의 $X_L = 0$일 때 만족한다. 즉

$$R_L = \sqrt{R_{Th}^2 + X_{Th}^2} = |\mathbf{Z}_{Th}| \tag{14.18}$$

다시 말하면 순저항성부하인 경우 최대평균전력 전달은 부하임피던스(혹은 저항)이 테브난임피던스의 크기와 같을 때 일어난다.

예제 14.4

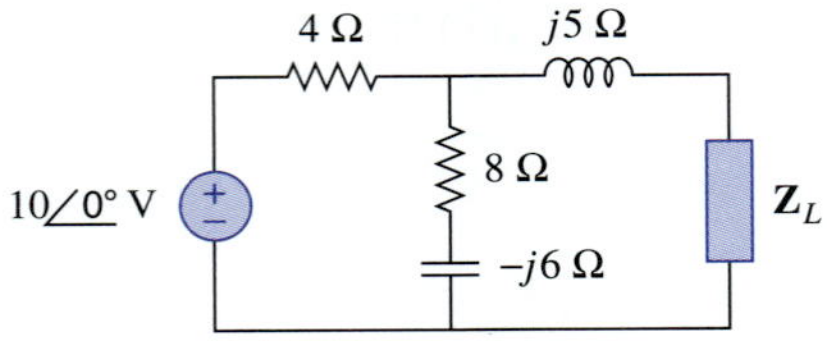

그림 14.6
예제 14.4의 회로

그림 14.6의 회로에서 최대전력을 발생시키는 부하임피던스 $\mathbf{Z}_L$을 결정하라. 최대평균전력은 얼마인가?

풀이

먼저 부하단자에서 본 테브난 등가회로를 구하여야 한다. $\mathbf{Z}_{Th}$를 구하기 위하여 그림 14.7(a)의 회로를 참조한다.

$$\mathbf{Z}_{Th} = j5 + 4 \parallel (8 - j6) = j5 + \frac{4(8 - j6)}{4 + 8 - j6} = 2.933 + j4.4667\ \Omega$$

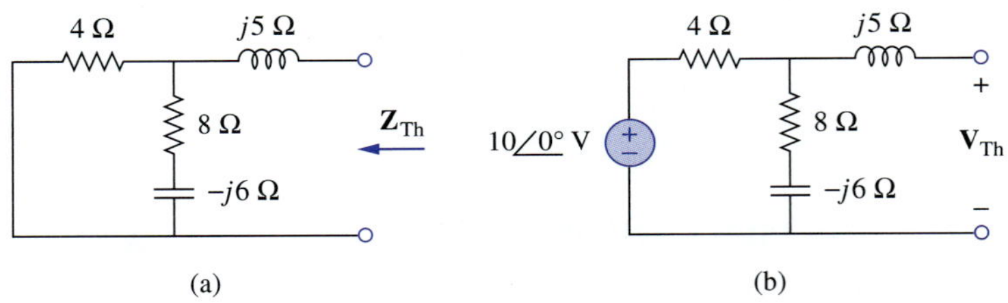

그림 14.7
그림 14.6 회로의 테브난 등가회로

$\mathbf{V}_{Th}$를 구하기 위하여 그림 14.7(b)의 회로를 참조한다. 전압분배법칙에 의하여

$$\mathbf{V}_{Th} = \frac{8 - j6}{4 + 8 - j6}(10) = 7.454\underline{/-10.3^\circ}$$

부하임피던스는 다음 식이 성립할 때 회로로부터 최대전력을 흡수한다.

$$\mathbf{Z}_L = \mathbf{Z}_{Th}^* = 2.933 - j4.4667\ \Omega$$

식 (14.17)에 의하여 최대평균전력은

$$P_{\max} = \frac{|\mathbf{V}_{Th}|^2}{8R_{Th}} = \frac{(7.454)^2}{8(2.933)} = 2.368 \text{ W}$$

연습문제 14.4

그림 14.8의 회로에서 최대평균전력을 흡수하는 부하임피던스 $\mathbf{Z}_L$을 구하라. 최대평균전력은 얼마인가?

해답 $3.413 - j0.731\ \Omega$, 1.431 W

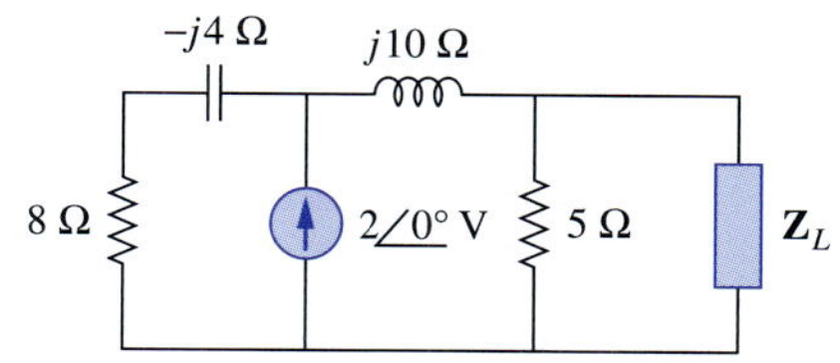

그림 14.8
연습문제 14.4의 회로

예제 14.5

그림 14.9의 회로에서 최대평균전력을 흡수하는 R_L의 값을 구하라. 이 때의 전력은 얼마인가?

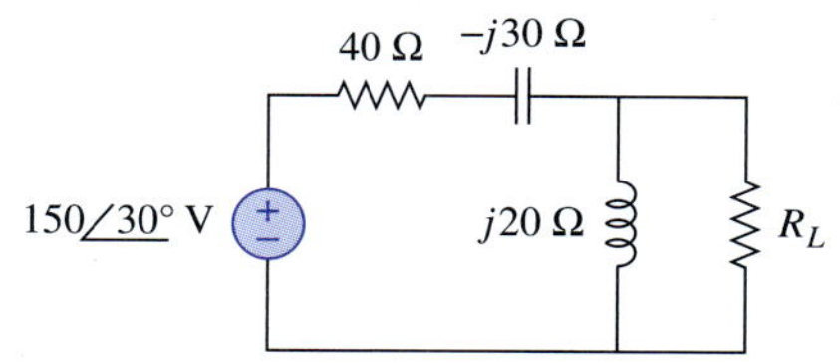

그림 14.9
예제 14.5의 회로

풀이

먼저 테브난 등가회로를 구하면

$$\mathbf{Z}_{Th} = (40 - j30) \parallel j20 = \frac{j20(40 - j30)}{j20 + 40 - j30} = 9.412 + j22.35\ \Omega$$

전압분배법칙을 적용하면

$$\mathbf{V}_{Th} = \frac{j20}{j20 + 40 - j30}(150\underline{/30^\circ}) = 72.76\underline{/134^\circ} \text{ V}$$

최대평균전력을 흡수하는 R_L의 값은

$$R_L = |\mathbf{Z}_{Th}| = \sqrt{9.412^2 + 22.35^2} = 24.25\ \Omega$$

부하에 흐르는 전류는

$$\mathbf{I} = \frac{\mathbf{V}_{Th}}{\mathbf{Z}_{Th} + R_L} = \frac{72.76\underline{/134^\circ}}{33.66 + j22.35} = 1.801\underline{/100.2^\circ} \text{ A}$$

R_L이 흡수하는 최대평균전력은

$$P_{\max} = \frac{1}{2}|\mathbf{I}|^2 R = \frac{1}{2}(1.801)^2(24.25) = 39.33 \text{ W}$$

연습문제 14.5

그림 14.10에서 저항 R_L은 최대평균전력을 흡수할 때까지 조정된다. R_L의 값과 흡수되는 최대평균전력을 구하라.

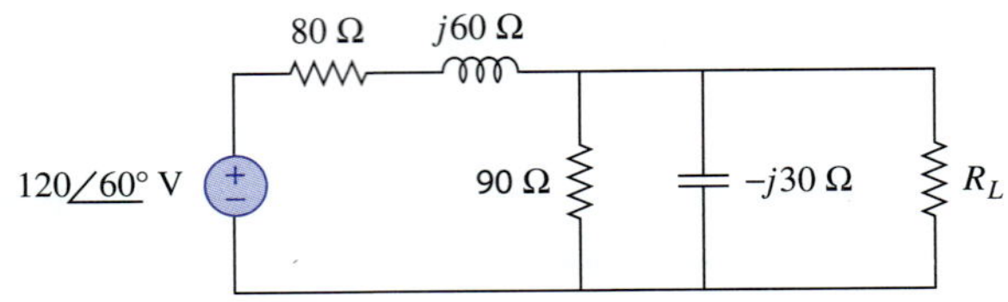

그림 14.10
연습문제 14.5의 회로

해답 29.98 Ω, 5.472 W

14.4 피상전력과 역률

14장 2절의 내용을 반복하면 다음과 같다. 회로 단자의 전압과 전류를 각각

$$v(t) = V_m \cos(\omega t + \theta_v) \qquad \text{와} \qquad i(t) = I_m \cos(\omega t + \theta_i) \tag{14.19}$$

혹은 페이저 꼴로

$$\mathbf{V} = V_m \angle \theta_v \qquad \text{와} \qquad \mathbf{I} = I_m \angle \theta_i$$

이라고 하면 평균전력은

$$P = \frac{1}{2} V_m I_m \cos(\theta_v - \theta_i) \tag{14.20}$$

실효전압(V_{rms})은 시변전압을 나타내는 효과적인 값으로 정상 직류값에 해당한다. 실효전압, 실효전류는 각각 최고전압(V_m), 최고전류(I_m)의 0.7배이다. 식 (14.20)의 평균전력을 실효값으로 나타내면

$$\begin{aligned} P &= \frac{1}{2} V_m I_m \cos(\theta_v - \theta_i) = \frac{V_m}{\sqrt{2}} \frac{I_m}{\sqrt{2}} \cos(\theta_v - \theta_i) \\ &= V_{\text{rms}} I_{\text{rms}} \cos(\theta_v - \theta_i) \end{aligned} \tag{14.21}$$

혹은

$$P = S \cos(\theta_v - \theta_i) \tag{14.22}$$

여기서

$$\boxed{S = V_{\text{rms}} I_{\text{rms}}} \tag{14.23}$$

식 (14.22)에서 평균전력은 두 항의 곱이다. $V_{\text{rms}} I_{\text{rms}}$는 피상전력 S이고 $\cos(\theta_v - \theta_i)$는 역률($pf$)이다.

피상전력(단위 VA)은 실효전압과 실효전류의 곱이다.

피상전력은 직류 저항회로에서 전력이 전압과 전류의 곱인 것과 같은 형태의 표현이다. 피상전력은 와트로 표시되는 평균전력, 혹은 실제전력과 구별하기 위하여 볼트암페어(혹은 VA)로 측정한다. 역률은 평균전력과 피상전력의 비로 단위가 없다. 즉

$$pf = \frac{P}{S} = \cos(\theta_v - \theta_i) \tag{14.24}$$

각 $\theta_v - \theta_i$는 그 코사인이 역률인 관계로 **역률각**이라 불린다. 만약 **V**가 부하 양단 전압이고 **I**가 부하에 흐르는 전류라고 하면 역률각은 다음 식과 같이 부하 임피던스의 위상각과 동일하다.

$$\mathbf{Z} = \mathbf{V}/\mathbf{I} = \frac{V_m\underline{/\theta_v}}{I_m\underline{/\theta_i}} = \frac{V_m}{I_m}\underline{/(\theta_v - \theta_i)} \tag{14.25}$$

혹은 다음 두 식에서

$$\mathbf{V}_{\text{rms}} = \mathbf{V}/\sqrt{2} = V_{\text{rms}}\underline{/\theta_v} \tag{14.26a}$$

$$\mathbf{I}_{\text{rms}} = \mathbf{I}/\sqrt{2} = I_{\text{rms}}\underline{/\theta_i} \tag{14.26b}$$

임피던스는

$$\mathbf{Z} = \mathbf{V}/\mathbf{I} = \mathbf{V}_{\text{rms}}/\mathbf{I}_{\text{rms}} = \frac{V_{\text{rms}}}{I_{\text{rms}}}\underline{/(\theta_v - \theta_i)} \tag{14.27}$$

역률은 전압과 전류의 위상차의 코사인이고 동시에 부하임피던스 위상각의 코사인이다.[3]

표 14.2

대표적 역률각의 역률

역률각 ($\theta_v - \theta_i$)	역률 [$\cos(\theta_v - \theta_i)$]
+90°	0
+60°	0.5
+45°	0.7071
+30°	0.8660
0°	1.0
−30°	0.8660
−45°	0.07071
−60°	0.5
−90°	0

식 (14.24)는 역률은 실제 혹은 평균전력을 계산하기 위해서 피상전력에 곱해야 할 숫자이다. 표 14.2에 보인 것처럼 pf의 값은 0에서 1 사이에 있다. 순저항성 부하에서는 전압과 전류가 동위상 곧 $\theta_v - \theta_i = 0$이고 $pf = 1$이다. 이는 피상전력과 평균전력이 동일하다는 말이다. 순리액턴스성 부하에서는 $\theta_v - \theta_i = \pm 90°$이고 $pf = 0$이다. 이 경우 평균전력은 0이다. 앞의 두 극단적인 경우 사이에서 pf는 진상과 지상의 두 가지 형태를 갖는다. 진상역률이라 함은 전류가 전압을 앞서는 것, 즉 용량성 부하를 의미하고 지상역률은 전류가 전압에 뒤지는 것 즉 유도성 부하를 의미한다. 역률은 산업체의 전기사용료에 영향을 주고 이는 14장 8.2절에서 다루어진다.

3 식 (14.24)로부터 역률이 부하에 공급된 실제전력(P)와 부하의 피상전력(S)의 비율이기도 하다. P와 S가 단위가 다르긴 하나 둘 다 전력이고 단위가 다를 뿐이다. 따라서 그 비율인 P/S는 단위가 없다. 실제로는 모든 꼴의 전력은 그 단위가 와트(W)이다 그러나 관습적으로 와트는 평균전력을 나타낼 때만 쓰인다.

예제 14.6

직렬로 연결된 어떤 부하에 $i(t) = 4\cos(100\pi t + 10°)$로 표현되는 전류가 흐르고 부하 양단에는 $v(t) = 120\cos(100\pi t - 20°)$ V의 전압이 인가된다고 한다. 피상전력과 부하의 역률을 구하라. 이 직렬 연결 부하의 종류를 말하라.

풀이

피상전력은

$$S = V_{\text{rms}}I_{\text{rms}} = \frac{120}{\sqrt{2}}\frac{4}{\sqrt{2}} = 240 \text{ VA}$$

역률은

$$pf = \cos(\theta_v - \theta_i) = \cos(-20° - 10°) = 0.866$$

전류가 전압을 앞서므로 pf는 진상이다. pf는 부하임피던스로부터도 구할 수 있다.

$$\mathbf{Z} = \mathbf{V}/\mathbf{I} = \frac{120\underline{/-20°}}{4\underline{/10°}} = 30\underline{/-30°} = 25.98 - j15\ \Omega$$

$$pf = \cos(-30°) = 0.866 \qquad (\text{진상})$$

부하임피던스 $\mathbf{Z}$는 25.98 Ω 저항과 다음의 값을 갖는 커패시터와의 직렬 연결의 형태이다.

$$X_C = 15 = \frac{1}{\omega C}$$

혹은

$$C = \frac{1}{15\omega} = \frac{1}{15 \times 100\pi} = 212.2\ \mu\text{F}$$

연습문제 14.6

임피던스가 $\mathbf{Z} = 60 + j40\ \Omega$이고 인가된 전압이 $v(t) = 150\cos(377t + 10°)$ V일 때 역률과 피상전력을 구하라.

해답 0.832 지상, 156 VA

예제 14.7

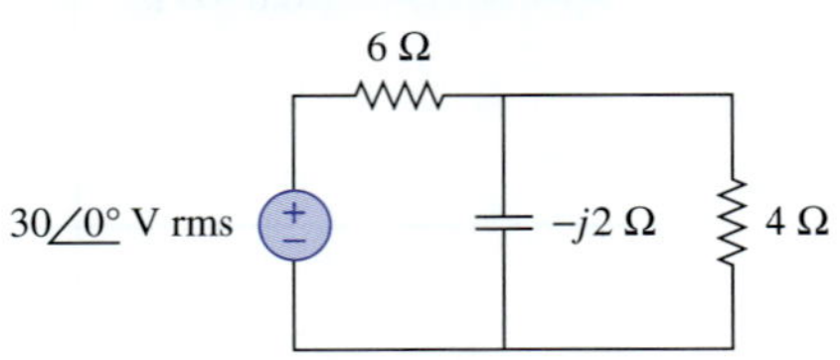

그림 14.11
예제 14.7의 회로

전원 측에서 바라본 그림 14.11 회로의 역률을 구하고 전원이 공급하는 평균전력을 구하라.

풀이

총 임피던스는

$$\mathbf{Z} = 6 + 4 \parallel (-j2) = 6 + \frac{-j2 \times 4}{4 - j2} = 6.8 - j1.6 = 7\underline{/-13.24}\ \Omega$$

역률은

$$pf = \cos(-13.24°) = 0.9734 \qquad \text{(진상)}$$

이 회로는 임피던스가 용량성이므로 진상이다. 전류의 실효치는

$$\mathbf{I}_{\text{rms}} = \mathbf{V}_{\text{rms}}/\mathbf{Z} = \frac{30\underline{/0°}}{7\underline{/-13.24°}} = 4.294\underline{/13.24°}$$

전원에 의하여 공급된 평균전력은

$$P = V_{\text{rms}} I_{\text{rms}}\, pf = (30)(4.294)0.9734 = 125\text{ W}$$

혹은

$$P = I_{\text{rms}}^2 R = (4.294)^2(6.8) = 125\text{ W}$$

여기서 R은 $\mathbf{Z}$의 저항 부분이다.

연습문제 14.7

전원 측에서 바라본 그림 14.12 회로의 역률을 구하고 전원이 공급하는 평균 전력을 구하라.

해답 0.936 지상, 118 W

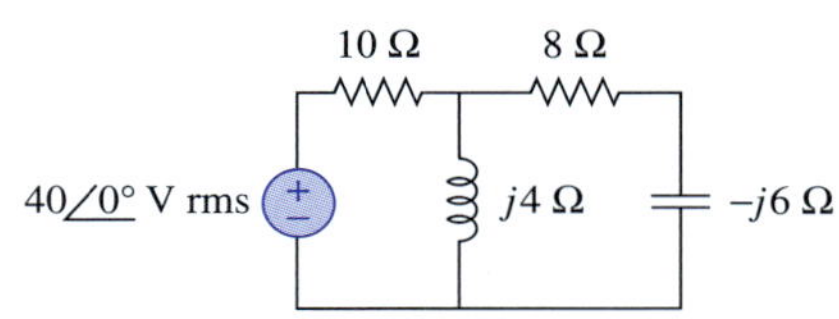

그림 14.12
연습문제 14.7의 회로

14.5 복소전력

전력의 관계를 가능한 간단히 정의하기 위하여 수 년간 노력해 온 결과 전력 엔지니어 들은 병렬 부하의 종합적 값을 나타내는데 사용하는 **복소전력**이라는 표현을 새로 만들었다. 복소전력은 주어진 부하에 의하여 흡수되는 전력의 모든 정보를 포함하기 때문에 전력해석에 대단히 중요하다.[4]

그림 14.13의 교류부하를 살펴보자. 전압 $v(t)$와 전류 $i(t)$의 페이저 꼴을 각각 $\mathbf{V} = V_m \underline{/\theta_v}$와 $\mathbf{I} = I_m = \underline{/\theta_i}$라고 하면 교류부하가 흡수하는 복소전력 $\mathbf{S}$는 전압과 전류의 공액복소수의 곱이다. 즉 수동부호규약(그림 14.13 참조) 가정 하에

$$\mathbf{S} = \frac{1}{2}\mathbf{V}\mathbf{I}^* \tag{14.28}$$

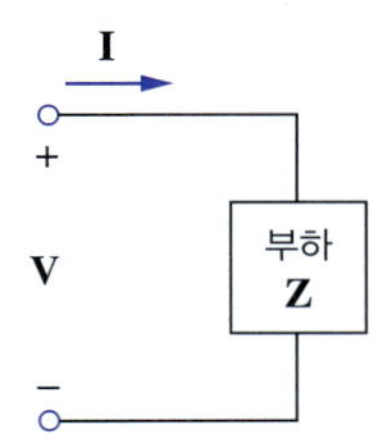

그림 14.13
부하와 관련된 전압과 전류 페이저

4 복소전력은 물리적인 의미를 갖지는 않고 다만 전력해석을 이해하는데 도움을 주는 수학적인 개념이다.

실효치로 표시하면

$$\mathbf{S} = \mathbf{V}_{\text{rms}}\mathbf{I}^*_{\text{rms}} \tag{14.29}$$

여기서

$$\mathbf{V}_{\text{rms}} = \mathbf{V}/\sqrt{2} = V_{\text{rms}} \underline{/\theta_v} \tag{14.30}$$

$$\mathbf{I}_{\text{rms}} = \mathbf{I}/\sqrt{2} = I_{\text{rms}}\underline{/\theta_I} \tag{14.31}$$

따라서 식 (14.29)는 다음과 같이 쓸 수 있다.[5]

$$\begin{aligned}\mathbf{S} &= V_{\text{rms}}I_{\text{rms}}\underline{/(\theta_v - \theta_i)} \\ &= V_{\text{rms}}I_{\text{rms}}\cos(\theta_v - \theta_i) + jV_{\text{rms}}I_{\text{rms}}\sin(\theta_v - \theta_i)\end{aligned} \tag{14.32}$$

위의 식은 식 (14.6)으로부터 얻을 수도 있다. 식 (14.32)에서 복소전력의 크기는 피상전력임을 알 수 있고 따라서 복소전력은 볼트암페어(VA)로 측정된다. 또한 복소전력의 위상각은 역률각임도 알 수 있다.

복소전력은 부하임피던스 **Z**에 관해서도 나타낼 수 있다. 식 (14.27)로부터 부하임피던스 **Z**는

$$\mathbf{Z} = \mathbf{V}/\mathbf{I} = \mathbf{V}_{\text{rms}}/\mathbf{I}_{\text{rms}} = \frac{V_{\text{rms}}}{I_{\text{rms}}}\underline{/\theta_v - \theta_i} \tag{14.33}$$

따라서 $\mathbf{V}_{\text{rms}} = \mathbf{Z}\mathbf{I}_{\text{rms}}$이고 식 (14.28)에 대입하면

$$\boxed{\mathbf{S} = I^2_{\text{rms}}\mathbf{Z} = \frac{V^2_{\text{rms}}}{\mathbf{Z}^*} = \mathbf{V}_{\text{rms}}\mathbf{I}^*_{\text{rms}}} \tag{14.34}$$

$\mathbf{Z} = R + jX$이므로 식 (14.34)는

$$\mathbf{S} = I^2_{\text{rms}}(R + jX) = P + jQ \tag{14.35}$$

여기서 P, Q는 각각 복소전력의 실수부와 허수부이다. 즉

$$P = \text{Re}(\mathbf{S}) = I^2_{\text{rms}}R \tag{14.36}$$

$$Q = \text{Im}(\mathbf{S}) = I^2_{\text{rms}}X \tag{14.37}$$

여기서 P는 평균전력 혹은 실제전력이며 부하의 저항 R에 따른 함수이고 Q는 부하의 리액턴스에 따라 변하고 리액턴스성(혹은 직각위상) 전력이라 불린다.

식 (14.32)와 식 (14.35)를 비교하면

$$\begin{aligned}P &= V_{\text{rms}}I_{\text{rms}}\cos(\theta_v - \theta_i), \\ Q &= V_{\text{rms}}I_{\text{rms}}\sin(\theta_v - \theta_i)\end{aligned} \tag{14.38}$$

Q의 단위는 단위가 와트인 실제전력과 구분하기 위하여 볼트암페어리액티브

---

5 전류나 전압의 실효치를 다룰 때 혼란을 일으키지 않는다면 첨자 rms를 쓰지 않을 수 있다.

(VAR)를 쓴다. 실제전력 P는 부하에 공급되는 평균전력으로 단 하나의 유용한 전력이고 부하에 실지로 소비되는 전력이다. 리액턴스성 전력은 부하와 전원 사이를 수시로 왕복하는 전력으로 부하의 리액턴스 성분의 에너지 저장 용량의 도구로 작용한다. 리액턴스성 전력은 부하와 전원 사이의 무손실 교체를 나타낸다. 그 성질은

1. $Q = 0$ 순저항성 부하(단위 역률)
2. $Q < 0$ 용량성 부하(진상 역률)
3. $Q > 0$ 유도성 부하(지상 역률)

그러므로

> **복소전력**(VA)은 실효치전압 페이저와 실효치전류 페이저의 공액복소수와의 곱이다. 복소량으로 그 실수부가 실제전력 P, 그 허수부는 리액턴스성 전력 Q이다.

복소전력의 개념을 도입함으로써 전압, 전류 페이저로부터 직접 실제전력과 리액턴스성 전력을 구할 수 있다.

$$\begin{aligned}
\text{복소전력} &= \mathbf{S} = P + jQ = \frac{1}{2}\mathbf{VI}^* \\
&= V_{\text{rms}} I_{\text{rms}} \underline{/(\theta_v - \theta_i)} \\
\text{피상전력} &= S = |\mathbf{S}| = V_{\text{rms}} I_{\text{rms}} = \sqrt{P^2 + Q^2} \\
\text{실제전력} &= P = \text{Re}(\mathbf{S}) = S\cos(\theta_v - \theta_i) \\
\text{리액턴스성 전력} &= Q = \text{Im}(\mathbf{S}) = S\sin(\theta_v - \theta_i) \\
\text{역률} &= \frac{P}{S} = \cos(\theta_v - \theta_i)
\end{aligned} \tag{14.39}$$

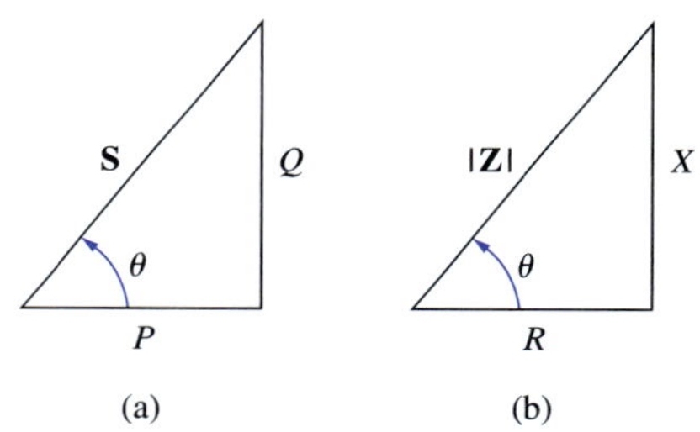

그림 14.14
(a)전력삼각형, (b)임피던스삼각형

위 식은 복소전력이 어떻게 주어진 부하의 모든 전력 관련 정보를 나타내는지 알려준다.[6]

S, P, Q를 그림 14.14(a)와 같이 **전력삼각형** 꼴로 나타내는 것이 관례이다. 이것은 그림 14.14(b)처럼 **Z**, R, X의 관계를 나타내는 임피던스삼각형과 유사하다. 전력삼각형은 4 항목으로 이루어진다(피상/복소전력, 실제전력, 리액턴스성 전력, 전력위상각). 이 항목 중 둘이 주어지면 나머지 둘은 삼각형에서 쉽게 구할 수 있다.) 그림 14.15에서 나타난 것처럼 **S**가 1상한에 위치하면 유도성 부하이고 지상역률을 갖는다. 한편 **S**가 4상한에 위치하면 용량성 부하이고 역률은 진상이다. 복소전력이 2상한이나 3상한에 위치하는 것도 가능하다. 이 경우는 부하임피던스가 음수의 저항을 가져야 하는데 능동회로의 경우이다(능동회로란 트랜지스터 혹은 연산증폭기와 같은 능동소자가 도함된 회로를 말한다).

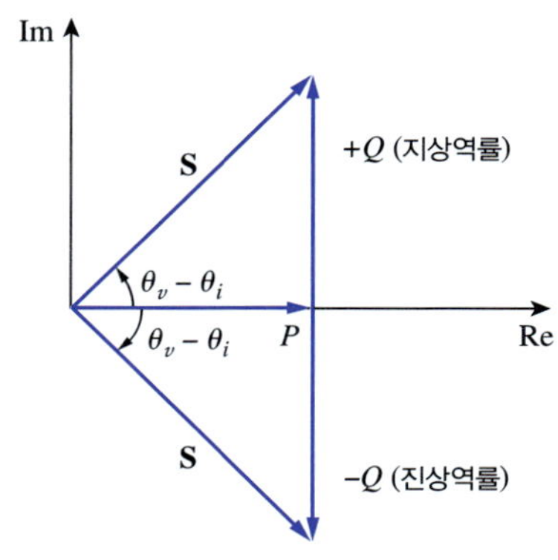

그림 14.15
전력삼각형

6 **S**는 부하의 모든 전력 관련 정보를 가지고 있다. **S**의 실수부가 실제전력 P, 그 허수부가 리액턴스성 전력 Q, 그 크기가 피상전력 S이고 그 위상각의 코사인이 역률 pf이다.

예제 14.8

부하 양단에 걸리는 전압이 $v(t) = 60\cos(\omega t - 10°)$ V이고 전압강하의 방향으로 부하에 흐르는 전류가 $i(t) = 1.5\cos(\omega t + 50°)$ A일 때 다음을 구하라.

(a) 복소전력과 피상전력

(b) 실제전력과 리액턴스성 전력

(c) 역률과 부하임피던스

풀이

(a) 전압과 전류의 실효치는 각각 다음과 같이 주어진다.

$$\mathbf{V}_{\text{rms}} = \frac{60}{\sqrt{2}}\angle -10° \qquad \mathbf{I}_{\text{rms}} = \frac{1.5}{\sqrt{2}}\angle +50°$$

복소전력은

$$\mathbf{S} = \mathbf{V}_{\text{rms}}\mathbf{I}_{\text{rms}}^* = \left(\frac{60}{\sqrt{2}}\angle -10°\right)\left(\frac{1.5}{\sqrt{2}}\angle -50°\right) = 45\angle -60° \text{ VA}$$

피상전력은

$$S = |\mathbf{S}| = 45 \text{ VA}$$

(b) 복소전력을 직각좌표 꼴로 나타내면

$$\mathbf{S} = 45\angle -60° = 45[\cos(-60°) + j\sin(-60°)] = 22.5 - j38.97$$

$\mathbf{S} = P + jQ$이므로 실제전력은

$$P = 22.5 \text{ W}$$

한편 리액턴스성 전력은

$$Q = -38.97 \text{ VAR}$$

(c) 역률은

$$pf = \cos(-60°) = 0.5 \text{ (leading)}$$

위 식에서 리액턴스성 전력이 음수이므로 역률이 진상이다. 부하임피던스는

$$\mathbf{Z} = \mathbf{V}/\mathbf{I} = \frac{60\angle -10°}{1.5\angle +50°} = 40\angle -60°\ \Omega$$

위 식에서 용량성 임피던스임을 알 수 있다.

연습문제 14.8

어느 부하가 $\mathbf{V}_{\text{rms}} = 110\angle 85°$ V이고 $\mathbf{I}_{\text{rms}} = 0.4\angle 15°$ A일 때 다음을 구하라.

(a) 복소전력과 피상전력

(b) 실제전력과 리액턴스성 전력

(c) 역률과 부하임피던스

해답 (a) $44\underline{/70°}$ VA, 44 VA, (b) 15.05 W, 41.35 VAR,
(c) 0.342지상, $94.06 + j258.4\ \Omega$

예제 14.9

부하 **Z**가 120 V rms 사인파 전원에 의해 지상역률 0.856, 12 kVA의 전력을 흡수하고 있다. 다음을 구하라.

(a) 부하에 공급되는 평균전력과 리액턴스성 전력

(b) 최고전류

(c) 부하임피던스

풀이

(a) $pf = \cos\theta = 0.856$이므로 전력각은

$$\theta = \cos^{-1} 0.856 = 31.13°$$

피상전력은 $S = 12{,}000$ VA이므로 평균전력 혹은 실제전력은

$$P = S\cos\theta = 12{,}000 \times 0.856 = 10.272 \text{ kW}$$

한편 리액턴스성 전력은

$$Q = S\sin\theta = 12{,}000 \times 0.517 = 6.204 \text{ kVA}$$

(b) 역률이 지상이므로 복소전력은

$$\mathbf{S} = P + jQ = 10.272 + j6.204 \text{ kVA}$$

$\mathbf{S} = \mathbf{V}_{\text{rms}}\mathbf{I}^*_{\text{rm}}$로부터

$$\mathbf{I}^*_{\text{rms}} = \mathbf{S}/\mathbf{V}_{\text{rms}} = \frac{10{,}272 + j6204}{120\underline{/0°}} = 85.6 + j51.7 \text{ A} = 100\underline{/31.13°}\text{A}$$

따라서 $\mathbf{I}_{\text{rms}} = 100\underline{/-31.13°}$이며 최고 전류는

$$I_p = \text{I}_m = \sqrt{2}I_{\text{rms}} = \sqrt{2}(100) = 141.4 \text{ A}$$

(c) 부하임피던스는

$$\mathbf{Z} = \mathbf{V}_{\text{rms}}/\,\mathbf{I}_{\text{rms}} = \frac{120\underline{/0°}}{100\underline{/-31.13°}} = 1.2\underline{/31.13°}\ \Omega$$

여기서 이 부하임피던스는 유도성임을 알 수 있다.

연습문제 14.9

사인파 전원이 $\mathbf{Z} = 250\underline{/-75^\circ}$ Ω부하에 10 kVA를 공급하고 있다. 다음을 구하라.

(a) 역률

(b) 부하에 공급되는 피상전력

(c) 최고전압

해답 (a) 0.2588(진상), (b) 10.353 kVA, (c) 2.275 kV

14.6 †교류전력의 보존

전력의 보존법칙이 직류회로에서 성립하는 것처럼(1.7절 참조) 교류회로에서도 성립한다.[7] 부하가 직렬, 병렬, 혹은 어떤 형태로 연결되어 있든지 전원이 공급한 총 전력은 부하가 흡수하는 총 전력과 같다. 그러므로 일반적으로 전원이 N개의 부하에 연결되어 있을 경우

$$\mathbf{S} = \mathbf{S}_1 + \mathbf{S}_2 + \mathbf{S}_3 + \cdots + \mathbf{S}_N \tag{14.40}$$

(부하의 연결 형태에 관계 없이 위 식이 성립한다는 것에 주의하라.) 위 식은 네트워크의 총 복소전력은 각 성분의 복소전력의 합임을 의미한다. (실제전력이나 리액턴스성 전력의 경우에도 동일하나 피상전력의 경우는 아님) 이 식이 교류전력의 보존법칙을 설명한다.

네트워크의 전원에서 나오는 실제(혹은 리액턴스성)전력은 그 네트워크의 다른 성분들에 의해 흡수되는 실제(혹은 리액턴스성)전력과 같다.

> 전원의 복소, 실제, 리액턴스성 전력은 그 네트워크를 이루는 개별부하의 복소, 실제, 리액턴스성 전력의 합과 같다.

예제 14.10

그림 14.16은 전압원이 송전선을 통해 부하에 전력을 공급하는 그림이다. 선임피던스는 $(4 + j2)$ Ω과 복귀로로 구성된다. 다음에 의하여 흡수되는 실제전력과 리액턴스성 전력을 구하라.

(a) 전원

(b) 송전선

(c) 부하

7 예제 14.3에서 교류회로에서도 평균전력이 보존된다는 것을 보였다.

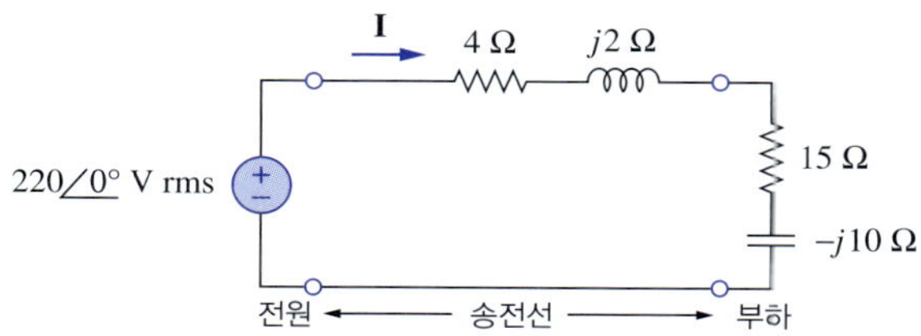

그림 14.16
예제 14.10

풀이

총 임피던스는

$$\mathbf{Z} = (4 + j2) + (15 - j10) = 19 - j8 = 20.62 \underline{/-22.83^\circ}\ \Omega$$

회로에 흐르는 전류는

$$\mathbf{I} = \mathbf{V}_s/\mathbf{Z} = \frac{220\underline{/0^\circ}}{20.62\underline{/-22.83^\circ}} = 10.67\underline{/22.83^\circ}\ \text{A rms}$$

(a) 전원의 복소전력은

$$\mathbf{S}_s = \mathbf{V}_s\mathbf{I}^* = (220\underline{/0^\circ})(10.67\underline{/-22.83^\circ})$$
$$= 2347.4\underline{/-22.83^\circ} = (2163.5 - j910.8)\ \text{VA}$$

위 식으로부터 실제전력은 2163.5 W이고 리액턴스성 전력은 910.8 VAR (진상)이다.

(b) 송전선의 전압은

$$\mathbf{V}_{\text{line}} = (4 + j2)\mathbf{I} = (4.472\underline{/26.57^\circ})(10.67\underline{/22.83^\circ})$$
$$= 47.72\underline{/49.4^\circ}\ \text{V rms}$$

송전선에 의하여 흡수되는 복소전력은

$$\mathbf{S}_{\text{line}} = \mathbf{V}_{\text{line}}\mathbf{I}^* = (47.72\underline{/49.4^\circ})(10.67\underline{/-22.83^\circ})$$
$$= 509.2\underline{/26.57^\circ} = 455.4 + j227.76\ \text{VA}$$

혹은

$$\mathbf{S}_{\text{line}} = |\mathbf{I}|^2\mathbf{Z}_{\text{line}} = (10.67)^2\,(4 + j2) = 455.4 + j227.7\ \text{VA}$$

실제전력은 455.4 W이고 리액턴스성 전력은 227.76 VAR(지상)이다.

(c) 부하전압은

$$\mathbf{V}_L = (15 - j10)\mathbf{I} = (18.03\underline{/-33.7^\circ})(10.67\underline{/22.83^\circ})$$
$$= 192.38\underline{/-10.87^\circ}\ \text{V rms}$$

부하에 의하여 흡수된 복소전력은

$$\mathbf{S}_L = \mathbf{V}_L\mathbf{I}^* = (192.38\underline{/-10.87^\circ})(10.67\underline{/-22.83^\circ})$$
$$= 2053\underline{/-33.7^\circ} = (1708 - j1139)\ \text{VA}$$

실제전력은 1708 W이고 리액턴스성 전력은 1139 VAR(진상)이다. 다음 식을 알 수 있는데

$$\mathbf{S}_s = \mathbf{S}_{\text{line}} + \mathbf{S}_L$$

보존의 법칙에서 알 수 있는 결과이다. 이 문제에서 전압과 전류에 실효치를 사용하였다.

연습문제 14.10

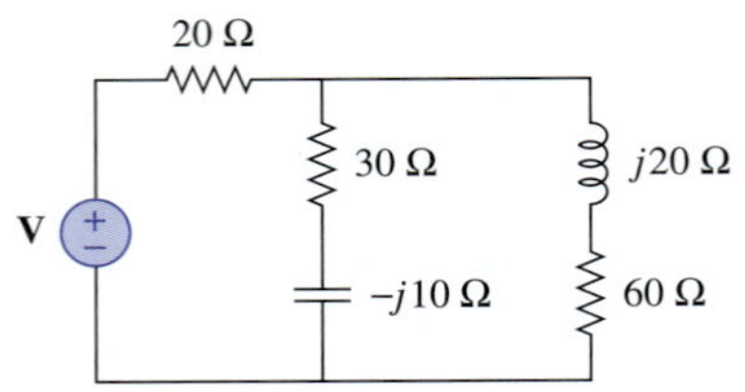

그림 14.17
연습문제 14.10의 회로

그림 14.17의 회로에서 60-Ω 저항이 평균전력 240 W를 흡수하고 있다. **V**와 회로 각 브랜치의 복소전력을 구하라. 이 회로의 총 복소전력은 얼마인가?

해답 $240.67\underline{/21.45^\circ}$ V (rms), 20-Ω 저항: 656 VA, (30 − *j*10) Ω 임피던스: 480 − *j*160 VA, (60 + *j*20) Ω 임피던스: 240 + *j*80 VA, 총 복소전력: 1376 − *j*80 VA

예제 14.11

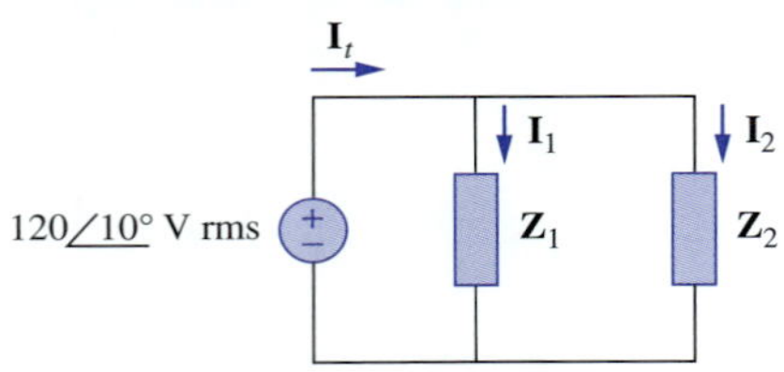

그림 14.18
예제 14.11의 회로

그림 14.18의 회로에서 $\mathbf{Z}_1 = 60\underline{/-30^\circ}\ \Omega$, $\mathbf{Z}_2 = 40\underline{/45^\circ}\ \Omega$이다. 다음의 총량을 구하라.

(a) 피상전력 (b) 실제전력
(c) 리액턴스성 전력 (d) *pf*

풀이

$\mathbf{Z}_1$을 흐르는 전류는

$$\mathbf{I}_1 = \mathbf{V}/\mathbf{Z}_1 = \frac{120\underline{/10^\circ}}{60\underline{/-30^\circ}} = 2\underline{/40^\circ}\text{ A rms}$$

한편 $\mathbf{Z}_2$를 흐르는 전류는

$$\mathbf{I}_2 = \mathbf{V}/\mathbf{Z}_2 = \frac{120\underline{/10^\circ}}{40\underline{/45^\circ}} = 3\underline{/-35^\circ}\text{ A rms}$$

임피던스가 흡수하는 복소전력은

$$\mathbf{S}_1 = \frac{V_{\text{rms}}^2}{\mathbf{Z}_1^*} = \frac{120^2}{60\underline{/30^\circ}} = 240\underline{/-30^\circ} = 207.85 - j120\text{ VA}$$

$$\mathbf{S}_2 = \frac{V_{\text{rms}}^2}{\mathbf{Z}_2^*} = \frac{120^2}{40\underline{/-45^\circ}} = 360\underline{/45^\circ} = 254.6 + j254.6\text{ VA}$$

총 복소전력은

$$\mathbf{S}_t = \mathbf{S}_1 + \mathbf{S}_2 = 462.45 + j134.6\text{ VA}$$

(a) 총 피상전력은

$$|\mathbf{S}_t| = \sqrt{462.45^2 + 134.6^2} = 481.64 \text{ VA}$$

(b) 총 실제전력은

$$P_t = \text{Re}(\mathbf{S}_t) = 462.45 \text{ W} \quad \text{or} \quad P_t = P_1 + P_2$$

(c) 총 리액턴스성 전력은

$$Q_t = \text{Im}(\mathbf{S}_t) = 134.6 \text{ VAR} \quad \text{or} \quad Q_t = Q_1 + Q_2$$

(d) $pf = P_t/|\mathbf{S}_t| = 462.45/481.64 = 0.96$ (지상)

전원에 의하여 공급되는 복소전력 $\mathbf{S}_s$를 구하면

$$\begin{aligned}\mathbf{I}_t &= \mathbf{I}_1 + \mathbf{I}_2 = (1.532 + j1.286) + (2.457 - j1.721) \\ &= 4 - j0.435 = 4.024\underline{/-6.21^\circ} \text{ A rms} \\ \mathbf{S}_s &= \mathbf{V}\mathbf{I}_t^* = (120\underline{/10^\circ})(4.024\underline{/6.21^\circ}) \\ &= 482.88\underline{/16.21^\circ} = 463 + j135 \text{ VA}\end{aligned}$$

위 식은 앞의 결과와 동일하다.

연습문제 14.11

병렬로 연결된 두 부하가 각각 2 kW, 진상 0.75 *pf*와 4 kW, 지상 0.95 *pf*이다. 두 부하의 총 역률과 전원이 공급하는 복소전력을 구하타.

해답 0.9972(진상), $6 - j0.4495$ kVA

14.7 역률 개선

대부분의 가정 부하(세탁기, 에어컨, 냉장고 등과 같은)와 산업용 부하(유도 모터)들은 유도성이고 따라서 지상역률에서 작동한다. 부하의 유도성 특성은 바꿀 수 없으나 역률은 증가시킬 수 있다.

원천부하의 실제전력은 건드리지 않고 역률만 증가시키는 것을 **역률 개선**이라 한다.[8]

그림 14.19(a)처럼 대부분의 부하는 유도성[9]이기 때문에 부하의 역률은 그림 14.19(b)처럼 부하에 커패시터를 병렬로 추가함으로써 향상 혹은 개선시킬

8 역률 개선은 다른 시각에서 보면 역률을 1에 가깝게 만들기 위하여 부하에 리액턴스성 성분(보통은 커패시터)을 병렬로 추가하는 것을 의미한다.

9 메모: 유도성 부하는 인덕터와 저항의 직렬 연결로 대표된다.

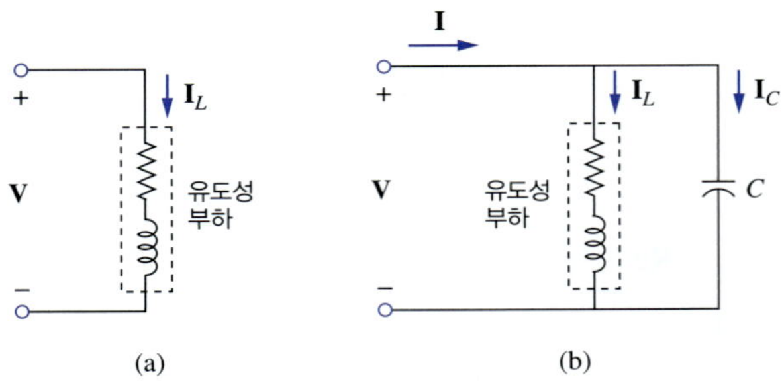

그림 14.19
역률 개선 (a) 원래의 유도성 부하 (b) 향상된 역률의 유도성 부하

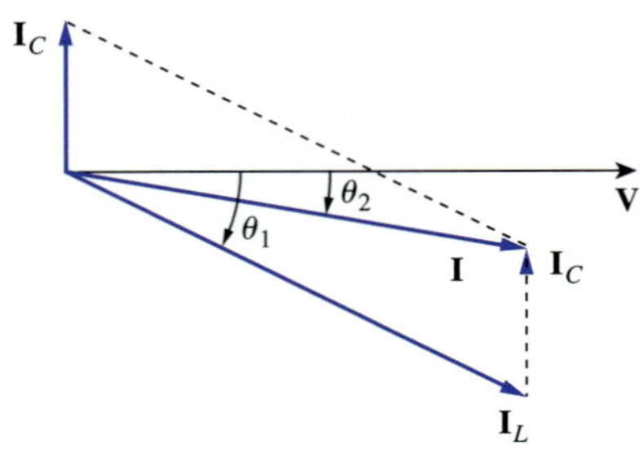

그림 14.20
유도성 부하에 커패시터를 병렬로 추가하는 효과를 설명하는 페이저도형

수 있다. 커패시터를 더하는 효과는 전력삼각형이나 관련 전류의 페이저도형에 의하여 설명할 수 있다. 후자의 경우가 그림 14.20에 나타나는데 여기서 그림 14.19(a) 회로가 역률 $\cos\theta_1$을, 그림 14.19(b) 회로가 역률 $\cos\theta_2$를 가진다고 가정한다. 그림 14.20에서 커패시터를 더하면 공급전원과 전류 사이의 위상각을 θ_1에서 θ_2로 감소시킴, 따라서 역률을 증가시킴을 알 수 있다.

그림 14.20의 벡터들의 크기로부터 또 하나 알 수 있는 것은 동일한 공급전압으로 그림 14.19(a) 회로가 그림 14.19(b) 회로의 전류 I보다 큰 전류 I_L을 흐르게 한다는 것이다. 전력회사들은 전력소비가(제곱비율인 $P = I_L^2 R$로) 커지기 때문에 큰 전류에 더 많이 과금한다. 따라서 전류의 크기를 작게 하거나 혹은 역률을 1에 가깝게 만드려고 힘쓰는 것은 전력회사에게나 소비자에게 모두 유익한 결과를 초래한다. 적당한 크기의 커패시터를 선택함으로써 전류가 전압과 동위상이 되게 하여 역률을 1로 만들 수 있다.

역률 개선은 다른 측면에서도 볼 수 있다. 그림 14.21의 전력삼각형을 참조하자. 만약 원래의 유도성 부하가 피상전력 S_1을 가지고 있다면

$$P = S_1 \cos\theta_1, \qquad Q_1 = S_1 \sin\theta_1 \tag{14.41}$$

실제전력($P = S_2 \cos\theta_2$)을 변화시키지 않고 역률을 $\cos\theta_1$에서 $\cos\theta_2$로 증가시키고자 한다면 새로운 리액턴스성 전력은

$$Q_2 = P\tan\theta_2 \tag{14.42}$$

분기 커패시터가 리액턴스성 전력을 감소시켰다. 즉

$$Q_C = Q_1 - Q_2 = P(\tan\theta_1 - \tan\theta_2) \tag{14.43}$$

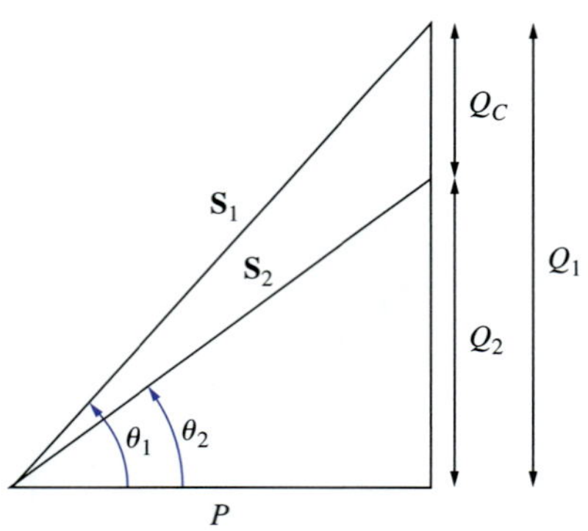

그림 14.21
역률 개선을 설명하는 전력 삼각형

식 (14.34)로부터 $Q_C = V_{\text{rms}}^2/X_C = \omega C V_{\text{rms}}^2$이므로 요구되는 분기 커패시터의 값은 다음 식으로 결정된다.

$$\boxed{C = \frac{Q_C}{\omega V_{\text{rms}}^2} = \frac{P(\tan\theta_1 - \tan\theta_2)}{\omega V_{\text{rms}}^2}} \tag{14.44}$$

부하에 분산되는 실제전력 P는 역률 개선에 의해 영향을 받지 않음에 유의한다.

대부분의 경우가 유도성 부하이나 부하가 용량성인 경우, 즉 부하가 진상 역률에서 동작하는 경우도 있다. 이 경우 역률 개선을 위해서는 부하 양단에 인덕터가 추가되어야 한다. 요구되는 분기 인덕턴스 L은 다음 식에서 계산된다.

$$Q_L = \frac{V_{\text{rms}}^2}{X_L} = \frac{V_{\text{rms}}^2}{\omega L} \quad \Rightarrow \quad L = \frac{V_{\text{rms}}^2}{\omega Q_L} \tag{14.45}$$

여기서 $Q_L = Q_1 - Q_2$는 두 리액턴스성 전력의 차이이다.

예제 14.12

120-V 실효전압과 60-Hz 전력선에 4 kW, 지상 역률 0.8의 부하가 연결되어 있다. pf를 0.95로 올리는데 필요한 커패시턴스의 값을 구하라.

풀이

$pf = 0.8$이므로

$$\cos\theta_1 = 0.8 \quad \Rightarrow \quad \theta_1 = 36.87°$$

여기서 θ_1은 전압과 전류의 위상차이다. 피상전력은 실제전력과 pf로부터 구한다. 즉

$$S_1 = \frac{P}{\cos\theta_1} = \frac{4000}{0.8} = 5000 \text{ VA}$$

리액턴스성 전력은

$$Q_1 = S_1 \sin\theta_1 = 5000 \ \sin 36.87 = 3000 \text{ VAR}$$

pf가 0.95로 향상되려면

$$\cos\theta_2 = 0.95 \quad \Rightarrow \quad \theta_2 = 18.19°$$

커패시턴스에 의한 평균전력은 0이므로 실제전력 P는 변하지 않는다.그러나 피상전력은 변하는데 그 값은

$$S_2 = \frac{P}{\cos\theta_2} = \frac{4000}{0.95} = 4210.5 \text{ VA}$$

새로운 리액턴스성 전력은

$$Q_2 = S_2 \sin\theta_2 = 1314.4 \text{ VAR}$$

리액턴스성 전력의 차이는 부하에 커패시터를 병렬로 추가했기 때문에 발생한다. 커패시터에 의한 리액턴스성 전력은

$$Q_C = Q_1 - Q_2 = 3000 - 1314.4 = 1685.5 \text{ VAR}$$

그러므로

$$C = \frac{Q_C}{\omega V_{\text{rms}}^2} = \frac{1685.6}{2\pi \times 60 \times 120^2} = 310.5\ \mu\text{F}$$

연습문제 14.12

110-V 실효전압과 60-Hz 전력선에 140 kVAR, 지상 역률 0.85의 부하가 연결되어 있다. *pf*를 1로 올리는데 필요한 병렬 커패시턴스의 값을 구하라.

해답 30.69 mF

14.8 †응용

이 절에서는 전력 측정의 방법, 전기회사가 전기 소비 요금을 결정하는 방법, 중앙제어장치 전력 등의 세 개의 주요 응용분야를 다룬다.

14.8.1 전력 측정

부하가 흡수하는 평균전력은 **전력계**[10]라 불리는 기기에 의하여 측정된다.

> **전력계**는 평균전력을 측정하는 기기이다.

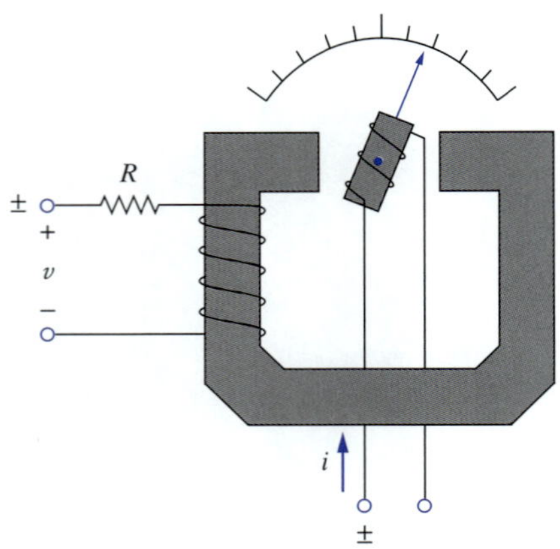

그림 14.22
전력계

그림 14.22에 나타난 것처럼 전력계는 전류코일과 전압코일의 두 개의 코일[11]로 이루어진다. 아주 적은 임피던스(이상적으로는 0)의 전류코일이 그림 14.23과 같이 부하와 직렬로 연결되고 부하전류에 반응한다. 한편 아주 큰 임피던스(이상적으로는 무한대)의 전압코일이 그림 14.23과 같이 부하와 병렬로 연결되고 부하전압에 반응한다. 전류코일은 적은 임피던스로 인하여 단락회로처럼 동작하고 전압코일은 높은 임피던스로 인하여 개방회로처럼 동작한다. 그 결과 이론적으로 전력계의 설치는 회로나 전력의 측정 자체에 영향을 주지 않는다.

두 개의 코일에 에너지가 전달되면 이동부의 관성이 $v(t)i(t)$의 평균전력에 비례하는 편향각을 발생시킨다. 부하의 전압과 전류가 각각 $v(t) = V_m \cos(\omega t + \theta_v)$와 $i(t) = I_m \cos(\omega t + \theta_i)$라고 하면 그에 해당하는 실효 페이저는

$$\mathbf{V}_{\text{rms}} = \frac{V_m}{\sqrt{2}}\underline{/\theta_v} \quad \text{and} \quad \mathbf{I}_{\text{rms}} = \frac{I_m}{\sqrt{2}}\underline{/\theta_i} \tag{14.46}$$

전력계는 다음 식으로 주어지는 평균전력을 계측한다.

---

10 리액턴스성 전력은 *var*미터라 불리는 기기에 의하여 측정된다. var미터는 보통 전력계와 같은 방법으로 부하에 연결된다.

11 어떤 종류의 전력계는 코일이 없다. 여기서 다루는 전력계는 전자장 타입이다.

$$P = |\mathbf{V}_{\text{rms}}|\,|\mathbf{I}_{\text{rms}}|\cos(\theta_v - \theta_I) = \frac{1}{2}V_m I_m \cos(\theta_v - \theta_I) \tag{14.47}$$

그림 14.22에 보이는 것처럼 각 전력계 코일은 두 가의 단자쌍을 가지고 있고 각각은 그 하나가 ±표시가 되어 있다. 상향 편향을 보장하기 위하여 그림 14.23과 같이 전류코일의 ±단자는 전원에 가까운 쪽에 배치하고 전압코일의 ±단자는 전류코일의 다른 한쪽 선에 연결되어 있다. 양 코일의 연결 방향을 같이 바꾸어도 상향 편향이 된다. 그러나 한 개의 연결 방향만 바꾸면 하향 편향을 초래하고 전력 측정이 되지 않는다.

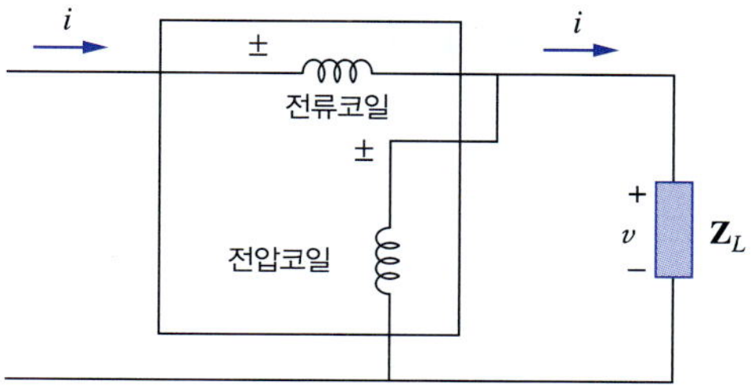

그림 14.23
부하에 연결된 전력계

예제 14.13

그림 14.24 회로에서 전력계의 계측값을 구하라.

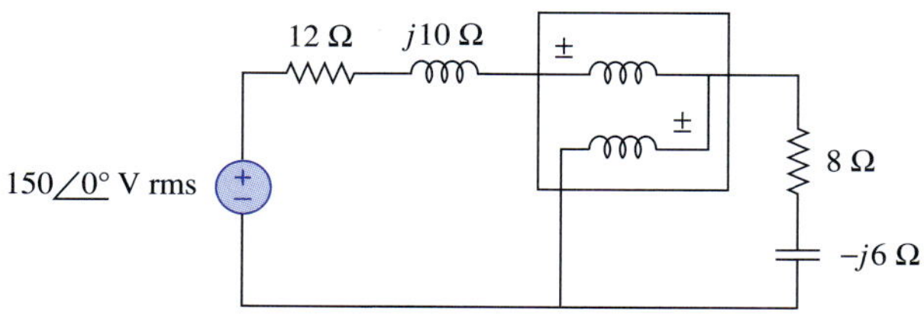

그림 14.24
예제 14.14의 회로

풀이

그림 14.24에서 전류코일은 임피던스와 직렬로, 전압코일은 임피던스와 병렬로 연결되어 있으므로 전력계는 $(8 - j6)$ Ω임피던스가 흡수하는 평균전력을 측정한다. 회로에 흐르는 전류는

$$\mathbf{I}_{\text{rms}} = \frac{150\angle 0^\circ}{(12 + j10) + (8 - j6)} = \frac{150}{20 + j4}\ \text{A}$$

$(8 - j6)$ Ω 임피던스 양단에 걸리는 전압은

$$\mathbf{V}_{\text{rms}} = \mathbf{I}_{\text{rms}}(8 - j6) = \frac{150(8 - j6)}{20 + j4}\ \text{V}$$

복소전력은

$$\mathbf{S} = \mathbf{V}_{\text{rms}}\mathbf{I}^*_{\text{rms}} = \frac{150(8 - j6)}{20 + j4}\cdot\frac{150}{20 - j4} = \frac{150^2(8 - j6)}{20^2 + 4^2}$$
$$= 423.7 - j324.5\ \text{VA}$$

전력계 계측값은

$$P = \text{Re}(\mathbf{S}) = 423.7\ \text{W}$$

연습문제 14.13

그림 14.25 회로에서 전력계의 계측값을 구하라.

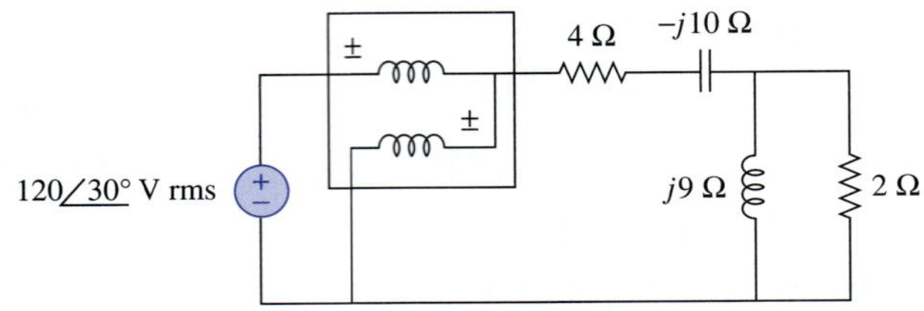

그림 14.25

연습문제 14.14의 회로

해답 1437.3 W

14.8.2 전기소비

1.7절에서 전기소비요금을 결정하는 간단한 모델을 다루었다. 하지만 그 계산에는 역률의 개념은 포함되지 않았다. 이 장에서는 전기소비량의 계산에서 역률의 중요성을 다룬다.

14.7절에서 설명된 것처럼 낮은 역률의 부하는 큰 전류가 필요하기 때문에 사용하는데 많은 경비가 든다. 가장 이상적인 환경은 전원으로부터 최소 전류를 흐르게 해서 $S = P$, $Q = 0$, $pf = 1$이 되게 하는 것이다. 0이 아닌 Q를 가지고 있는 부하라 함은 전원과 부하 사이에 에너지의 흐름이 있음을 의미하고 따라서 추가적인 전력 손실을 초래한다. 이러한 관점에서 전력회사는 민간이나 산업용 고객이 가능한 한 1에 가까운 역률을 유지하도록 권장하고 부하 역률을 향상시키지 않는 고객에게 불이익을 주기도 한다.

전기 회사는 고객을 주거용(가정용), 상업용, 산업용 전력 혹은 소형, 중형, 대형 전력으로 분류한다. 그리고 각 부문에 서로 다른 요금체계를 적용한다. 소비된 에너지는 고객 구내에 설치된 킬로와트시미터(3.8절, 그림 3.15 참조)에 의해 kWh(킬로와트시)의 단위로 측정된다.

전기회사가 고객에게 과금할 때 다른 방법을 쓰기는 하나 그 과금은 크게 두 부분으로 구성된다. 첫 번째는 고정 과금으로 산업용 고객의 부하 요구를 맞추기 위한 전기의 발전, 송전, 배전에 소요되는 비용이다. 이 부분의 과금은 보통 최대 수요 kW당 가격으로 표시되거나 혹은 고객의 역률을 고려하기 위하여 최대 수요 kVA에 기반하기도 한다. 고개들에게 역률 벌금이 매겨지기도 하는데 0.85 혹은 0.9로 미리 정해진 값 이하로 역률이 떨어질 때 그 떨어지는 값 0.01 당 최대 수요 kW나 kVA의 몇 퍼센트 만큼 더 과금하는 방식이다. 다른 방법으로는 미리 정해진 값보다 높은 역률일 때는 매 0.01 당 역률 크레딧을 줄 수도 있다. 과금의 두 번째 부분은 kWh로 소비된 에너지에 비례하는 부분으로 등급별 과금 형태를 띤다(예: 처음 100 kWh까지는 16 cents/kWh, 다음 200 kWh까지는 10 cents/kWh등). 그러므로 전기료는 다음 식에 의하여 결정된다.

$$\text{총 비용} = \text{고정 비용} + \text{에너지 비용} \tag{14.48}$$

예제 14.14

어느 제조업체가 한 달에 200 MWh의 전기를 사용한다고 한다. 최대 수요가 1600 kW라고 할 때 다음의 두 단계 과금 원칙에 의하여 전기요금을 계산하라.

수요 요금: 월 $5.00/kW 수요

에너지 요금: 처음 50,000 kWh까지는 8 센트/kWh, 그 이상 5 센트/kWh

풀이

수요 요금은,

$$\$5.00 \times 1600 = \$8{,}000 \tag{14.14.1}$$

처음 50,000 kWh까지 에너지 요금은,

$$\$0.08 \times 50{,}000 = \$4{,}000 \tag{14.14.2}$$

그 이상에 해당하는 에너지는

$$200{,}000\ \text{kWh} - 50{,}000\ \text{kWh} = 150{,}000\ \text{kWh}$$

해당하는 요금은,

$$\$0.05 \times 150{,}000 = \$7{,}500 \tag{14.14.3}$$

식 (14.14.1), (14.14.2)와 (14.14.3)을 더하여 다음과 같이 월 요금을 구한다.

$$\$8{,}000 + \$4{,}000 + \$7{,}500 = \$19{,}500$$

전기요금이 너무 비싸 보일지는 모르나 대부분의 경우 제품의 생산 비용과 완성된 제품의 판매가 총액에 비하면 적은 부분에 불과하다.

연습문제 14.14

제지 공장 계기의 한 달 측정치가 다음과 같다.

최대 수요: 32,000 kW

소비된 에너지: 500 MWh

예제 14.14의 두 단계 과금 원칙에 의하여 제지 공장의 한달 전기요금을 계산하라.

해답 $ 186,500

예제 14.15

13 kV(rms), 300-kW 부하가 역률 80퍼센트로 한달에 520시간 동작한다. 한달 평균요금을 다음의 약식 과금법에 의하여 계산하라.

에너지 요금: 6 센트/kWh
역률 벌금: 역률이 0.85 이하로 떨어지는 0.01당 에너지 요금의 0.1 %
역률 크레딧: 역률이 0.85를 넘는 0.01당 에너지 요금의 0.1 %

풀이

소비된 에너지는

$$W = 300\text{ kW} \times 520\text{ h} = 156{,}000\text{ kWh}$$

동작하는 역률 $pf = 80\% = 0.8$은 미리 정해진 역률표준 0.85보다 5×0.01 만큼 아래이다. 각 0.01마다 에너지 요금의 0.1% 이므로 역률 벌금으로 0.5%가 추가된다. 이는 에너지 요금으로

$$\Delta W = 156{,}000 \times \frac{5 \times 0.1}{100} = 780\text{ kWh}$$

총 에너지는

$$W_t = W + \Delta W = 156{,}000 + 780 = 156{,}780\text{ kWh}$$

월별 요금은 다음 식으로 주어진다.

$$\text{요금} = 6\text{ cents} \times W_t = \$0.06 \times 156{,}780 = \$9{,}406.80$$

연습문제 14.15

800-kW 유도 용광로가 역률 0.88로 하루에 20시간씩 한 달에 26일 동작한다. 한달 요금을 예제 14.15에 책정된 과금법에 의하여 계산하라.

해답 \$24,855.12

14.8.3 중앙제어장치 전력

컴퓨터의 중앙제어장치(CPU)는 약간의 전력을 소비한다. 이 전력은 CPU 속의 교환소자(트랜지스터같은)와 회로의 저항소자에 의한 열의 형태로 흡수된다. 이동전화의 CPU처럼 저전력 CPU는 전력소비가 극히 미미하며 범용 마이크로컴퓨터의 CPU는 그 복잡성과 속도로 인하여 훨씬 많은 전력을 소비한다. 진공관으로 구성되었던 초기 CPU는 수 킬로와트의 전력을 소비하였다.

14.9 요약

1. 소자에 의하여 흡수되는 순시전력은 소자의 단자전압과 소자에 흐르는 전류의 곱이다: $p = vi$
2. 평균 혹은 실제전력 P(단위: 와트)는 순시전력 $p(t)$의 평균이다. $v(t) = V_m \cos(\omega t + \theta_v)$이고 $i(t) = I_m \cos(\omega t + \theta_i)$이면 $V_{\text{rms}} = V_m/\sqrt{2}$, $I_{\text{rms}} = I_m/\sqrt{2}$이고
$$P = \frac{1}{2} V_m I_m \cos(\theta_v - \theta_i)$$
3. 인덕터와 커패시터는 평균전력이 0이고 저항이 흡수하는 평균전력은
$$\frac{1}{2} I_m^2 R = I_{\text{rms}}^2 R$$
4. 부하 임피던스가 그 단자에서 본 테브난 임피던스의 공액복소수와 같을 때 부하에 최대 평균전력이 전달된다. 즉
$$\mathbf{Z}_L = \mathbf{Z}_{Th}^*$$
5. 역률은 전압과 전류의 위상차에 대한 코사인이다: $pf = \cos(\theta_v - \theta_i)$. 역률은 동시에 부하 임피던스 위상각의 코사인이며 실제전력과 피상전력의 비율이기도 하다. 전류가 전압보다 위상이 늦으면(유도성 부하) 역률은 지상이고 전류가 전압보다 위상이 빠르면(용량성 부하) 역률은 진상이다.
6. 피상전력 S(단위: VA)는 실효치전압과 실효치전류의 곱이다.
$$S = V_{\text{rms}} I_{\text{rms}}$$
피상전력은 한편 $S = |\mathbf{S}| = \sqrt{P^2 + Q^2}$으로도 표시된다. 여기서 Q는 리액턴스성 전력이다.
7. 리액턴스성 전력(단위: VAR)은,
$$Q = \frac{1}{2} V_m I_m \sin(\theta_v - \theta_i) = V_{\text{rms}} I_{\text{rms}} \sin(\theta_v - \theta_i)$$
8. 복소전력 $\mathbf{S}$(단위: VA)는 실효치 페이저전압과 실효치 페이저전류 공액복소수와의 곱이다. 다른 표현으로는 실제전력 P와 리액턴스성 전력 Q와의 복소합이기도 하다.
$$\mathbf{S} = \mathbf{V}_{\text{rms}} \mathbf{I}_{\text{rms}}^* = V_{\text{rms}} I_{\text{rms}} \underline{/(\theta_v - \theta_i)} = P + jQ$$
한편
$$\mathbf{S} = I_{\text{rms}}^2 \mathbf{Z} = V_{\text{rms}}^2 / \mathbf{Z}^*$$
9. 네트워크의 총 복소전력은 개별 성분의 복소전력의 합이다. 총 실제전력과 총 리액턴스성 전력도 역시 개별 실제전력의 합과 개별 리액턴스성 전력

의 합이다. 하지만 총 피상전력의 계산은 이 합산 과정을 적용할 수 없다.

10. 역률 개선은 경제적인 이유로 필요하다. 역률 개선은 모든 리액턴스성 전력을 감소시킴으로써 부하의 역률을 향상시키는 것을 말한다.

11. 전력계는 평균전력을 측정하는 계기이다. 소비된 에너지는 킬로와트시 미터로 측정한다.

복습문제

14.1 인덕터가 흡수하는 평균전력은 0이다.
(a) 참 (b) 거짓

14.2 부하단자에서 본 네트워크의 테브난 임피던스가 $80+j55\,\Omega$이다. 최대전력전달을 위해서 부하 임피던스는?
(a) $-80 + j55\ \Omega$ (b) $-80 - j55\ \Omega$
(c) $80 - j55\ \Omega$ (d) $80 + j55\ \Omega$

14.3 가정용 60-Hz, 120-V 전력콘센트에서 가용전압의 진폭은?
(a) 110 V (b) 120 V (c) 170 V (d) 210 V

14.4 부하임피던스가 $20 - j20$일 때 역률은
(a) $\angle -45°$ (b) 0 (c) 1
(d) 0.071 (e) 다 아님

14.5 주어진 부하의 모든 전력 정보를 포함하고 있는 것은?
(a) 역률
(b) 피상전력
(c) 평균전력
(d) 리액턴스성 전력
(e) 복소전력

14.6 리액턴스성 전력의 단위는?
(a) W (b) VA (c) VAR (d) 다 아님

14.7 그림 14.26(a)의 전력삼각형에서 리액턴스성 전력은?
(a) 1000 VAR 진상
(b) 1000 VAR 지상
(c) 866 VAR 진상
(d) 866 VAR 지상

14.8 그림 14.26(b)의 전력삼각형에서 피상 전력은?
(a) 2000 VAR (b) 1000 VAR
(c) 866 VAR (d) 500 VAR

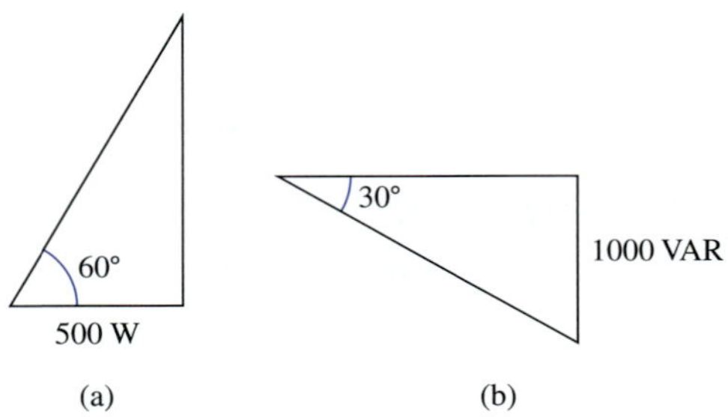

그림 14.26
복습문제 14.7과 14.8의 그림

14.9 전원에 세 부하 $\mathbf{Z}_1$, $\mathbf{Z}_2$, $\mathbf{Z}_3$가 병렬로 연결되어 있을 때 다음 중 틀린 것은?
(a) $P = P_1 + P_2 + P_3$
(b) $Q = Q_1 + Q_2 + Q_3$
(c) $S = S_1 + S_2 + S_3$
(d) $\mathbf{S} = \mathbf{S}_1 + \mathbf{S}_2 + \mathbf{S}_3$

14.10 평균전력을 측정하는 기기는?
(a) 전압계
(b) 전류계
(c) 전력계
(d) VAR미터
(e) kWh미터

해답 14.1a, 14.2c, 14.3c, 14.4d, 14.5e, 14.6c, 14.7d, 14.8a, 14.9c, 14.10c

문제

14.2절 순시전력과 평균전력

14.1 $v(t) = 160 \cos(50t)$ V, $i(t) = -20 \sin(50t - 30°)$ A일 때 순시전력과 평균전력을 구하라.

14.2 그림 14.27의 회로에서 $t = 2$s일 때 각 성분의 순시전력을 구하라.

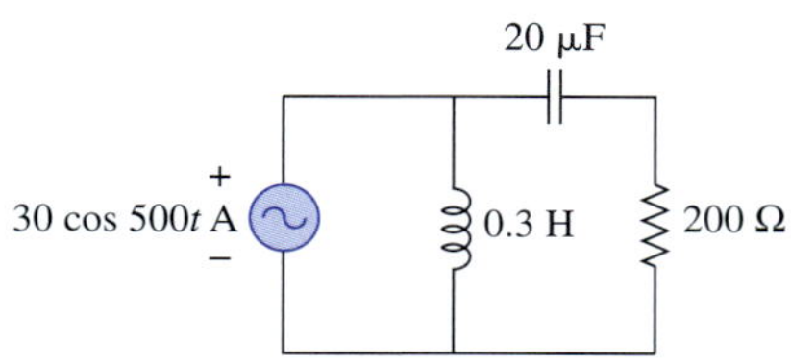

그림 14.27
문제 14.2의 회로

14.3 그림 14.28의 회로에서 각 성분에 의하여 흡수되는 평균전력을 구하라.

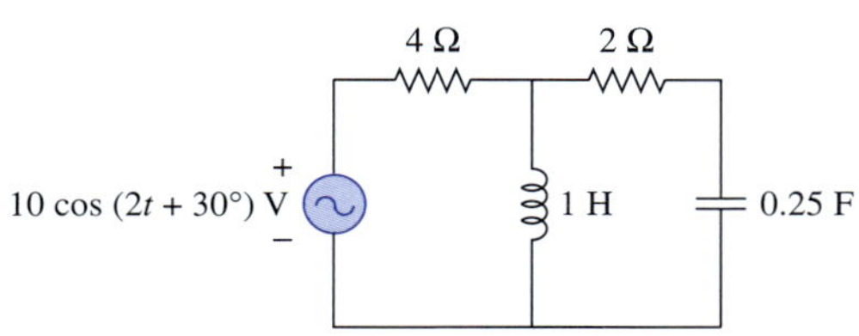

그림 14.28
문제 14.3의 회로

14.4 그림 14.29의 회로에서 각 성분에 의하여 흡수되는 평균전력을 구하라.

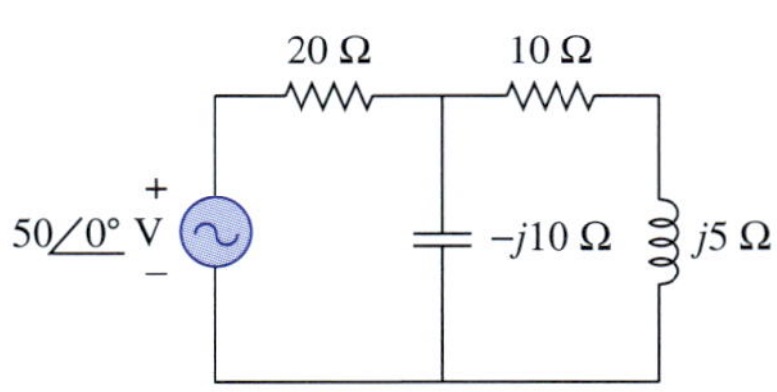

그림 14.29
문제 14.4의 회로

14.5 그림 14.30의 회로에서 $v_s(t) = 8 \cos(2t - 40°)$ V일 때 각 수동소자에 공급되는 평균전력을 구하라.

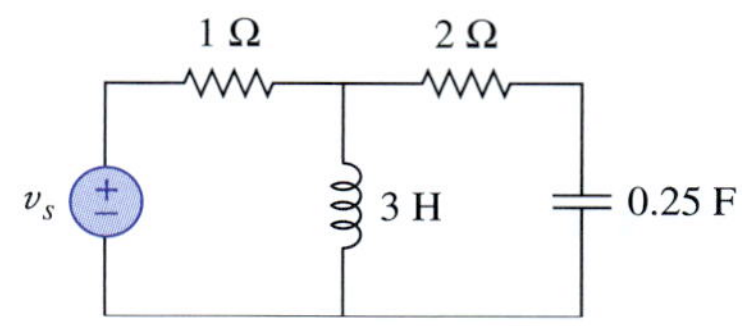

그림 14.30
문제 14.5의 회로

14.3절 최대평균전력전달

14.6 그림 14.31의 각 회로에서 최대전력전달을 위한 부하 **Z**를 구하고 전달되는 최대평균전력을 구하라.

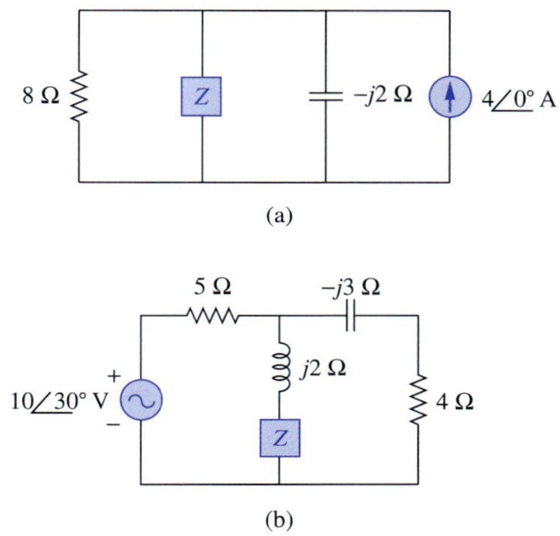

그림 14.31
문제 14.6의 회로

14.7 그림 14.32의 회로에서 (a)최대평균전력을 흡수하는 부하임피던스의 값을 구하고 (b)흡수되는 최대평균전력을 구하라.

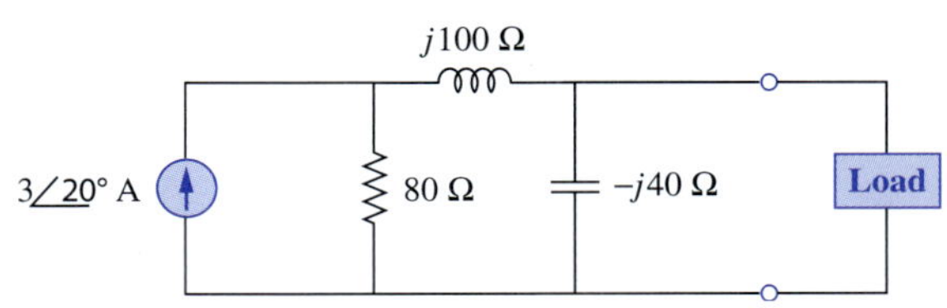

그림 14.32
문제 14.7의 회로

14.8 그림 14.33의 회로에서 최대전력이 공급되는 부하 **Z**를 구하고 전달되는 최대전력을 구하라.

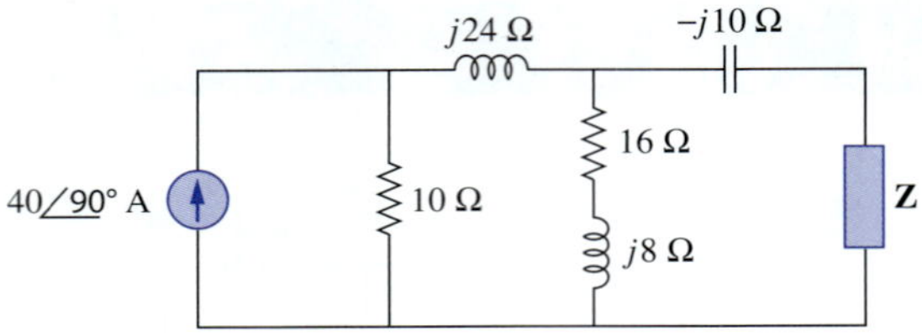

그림 14.33
문제 14.8의 회로

14.9 그림 14.34의 회로에서 최대평균전력전달을 위한 부하 $\mathbf{Z}_L$을 구하고 $\mathbf{Z}_L$이 받는 최대평균전력을 구하라.

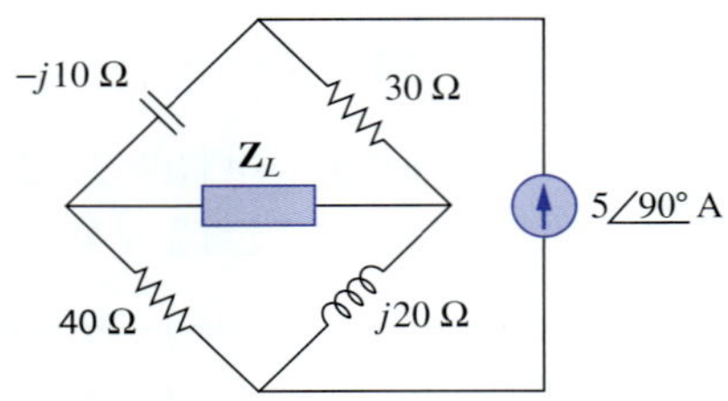

그림 14.34
문제 14.9의 회로

14.10 그림 14.35의 회로에서 가변저항 R이 최대평균전력전달을 흡수할 때까지 조정된다. R의 값과 흡수되는 최대평균전력을 구하라.

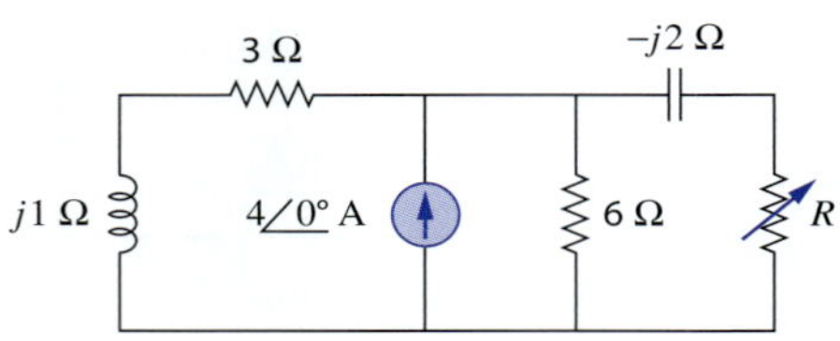

그림 14.35
문제 14.10의 회로

14.4절 피상전력과 역률

14.11 릴레이코일이 210-V, 50- Hz 전원에 연결되어 있다. 회로 저항이 30 Ω, 인덕턴스가 0.5 H라고 할 때 피상전력과 역률을 구하라.

14.12 부하가 $12 - j8$ Ω과 $j4$ Ω의 병렬연결로 이루어졌다고 할 때 전체 역률을 구하라.

14.13 그림 14.36의 회로에서 다음을 구하라.
(a) 각 소자에 흡수되는 실제전력
(b) 회로가 공급하는 총 피상전력
(c) 회로의 역률

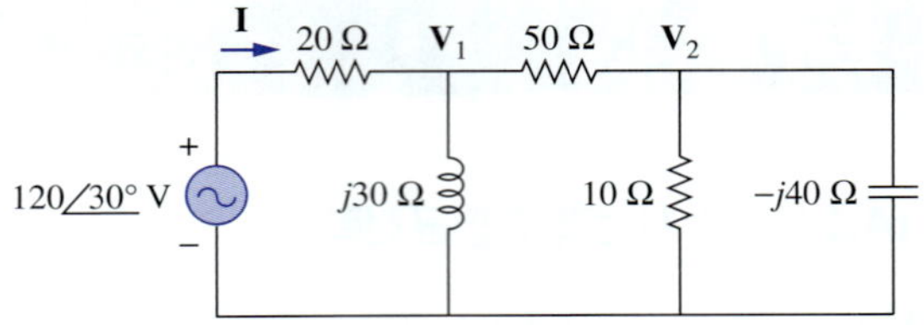

그림 14.36
문제 14.13의 회로

14.14 그림 14.37의 각 회로에서 역률을 구하고 진상과 지상 여부를 말하라.

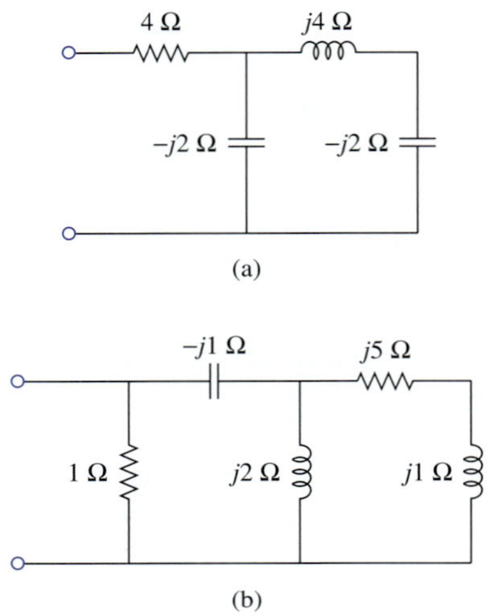

그림 14.37
문제 14.14의 회로

14.5절 복소전력

14.15 직렬 R_L회로에서 $V_R = 220$ V (rms), $V_L = 150$ V (rms)이고 전류는 6 A(rms)라 한다. 실제전력, 리액턴스성 전력, 피상전력을 구하라.

14.16 회로에서 실제전력이 4.2 W, 리액턴스성 전력이 6.2 VAR이라 한다. 피상전력을 구하라.

14.17 그림 14.38의 회로에서 전원이 공급하는 복소전력을 구하라. $v = 20 \cos(10t)$ V라 한다.

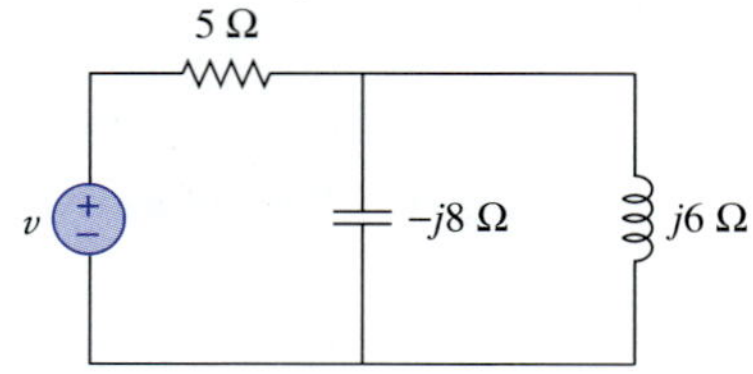

그림 14.38
문제 14.17의 회로

14.18 240-V(rms) 전원이 유도 교류모터에 연결되어 있다. 모터에 100A 전류가 흐르고 10 kW 정격이라 할 때 다음을 구하라.

(a) 역률 pf

(b) 리액턴스성 전력 Q

(c) 모터의 Z_{eq}

14.19 240-V(rms)모터가 4 hp 실제전력 출력을 가지고 있다. 모터에 15 A 전류가 흐를 때 다음을 구하라.

(a) 피상전력

(b) 역률

(c) 리액턴스성 전력

14.20 어떤 부하가 220-V rms 전원으로부터 진상역률 0.86으로 5 kVAR을 흡수한다. 부하에 공급되는 최대전류와 피상전력을 구하라.

14.21 어떤 전원이 부하에 지상역률 65%로 50 kVA를 공급한다. 부하의 평균전력과 리액턴스성 전력을 구하라.

14.22 다음의 전압, 전류 페이저에 대하여 복소전력, 피상전력, 실제전력, 리액턴스성 전력을 구하고 pf가 진상인지 지상인지 말하라.

(a) $\mathbf{V} = 220\underline{/30^\circ}$ V (rms), $\mathbf{I} = 0.5\underline{/60^\circ}$ A (rms)

(b) $\mathbf{V} = 250\underline{/-10^\circ}$ V (rms), $\mathbf{I} = 6.2\underline{/-25^\circ}$ A (rms)

(c) $\mathbf{V} = 120\underline{/0^\circ}$ V (rms), $\mathbf{I} = 2.4\underline{/-15^\circ}$ A (rms)

(d) $\mathbf{V} = 160\underline{/45^\circ}$ V (rms), $\mathbf{I} = 8.5\underline{/90^\circ}$ A (rms)

14.23 다음의 각 경우에 대하여 복소전력, 평균전력, 리액턴스성 전력을 구하라.

(a) $v(t) = 112\cos(\omega t + 10^\circ)$ V, $i(t) = 4\cos(\omega t - 50^\circ)$ A

(b) $v(t) = 160\cos 377t$ V, $i(t) = 4\cos(377t + 45^\circ)$ A

(c) $\mathbf{V} = 80\underline{/60^\circ}$ V (rms), $\mathbf{Z} = 50\underline{/30^\circ}$ Ω

(d) $\mathbf{I} = 10\underline{/60^\circ}$ V (rms), $\mathbf{Z} = 100\underline{/45^\circ}$ Ω

14.24 다음의 각 경우에 대하여 복소전력을 구하라.

(a) $P = 269$ W, $Q = 150$ VAR (용량성)

(b) $Q = 2000$ VAR, $pf = 0.9$ (진상)

(c) $S = 600$ VA, $Q = 450$ VAR (유도성)

(d) $V_{\text{rms}} = 220$ V, $P = 1$ kW, $|\mathbf{Z}| = 40$ Ω (유도성)

14.25 다음의 각 경우에 대하여 총 임피던스를 구하라.

(a) $P = 1000$ W, $pf = 0.8$(진상), $V_{\text{rms}} = 220$ V

(b) $P = 1500$ W, $Q = 2000$ VAR(유도성), $I_{\text{rms}} = 12$ A

(c) $\mathbf{S} = 4500\underline{/60^\circ}$ VA, $\mathbf{V} = 120\underline{/45^\circ}$ V

14.26 그림 14.39의 회로에서 다음을 구하라.

(a) 역률

(b) 전원이 공급하는 평균전력

(c) 리액턴스성 전력

(d) 피상전력

(e) 복소전력

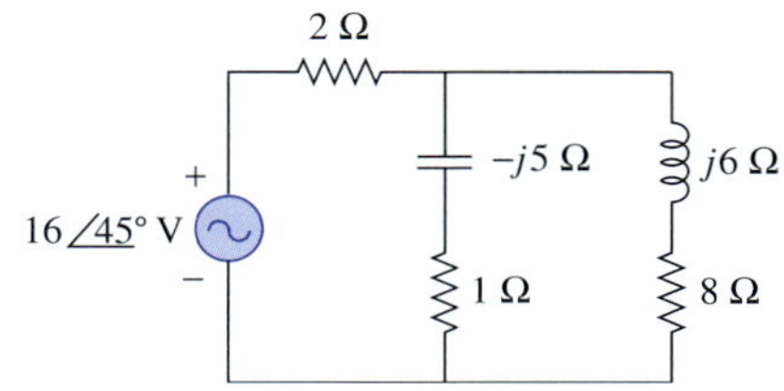

그림 14.39
문제 14.26의 회로

14.27 그림 14.40의 회로에서 A 소자는 지상 0.8 pf에서 2 kW를 흡수하고, B 소자는 진상 0.4 pf에서 3 kVA를 흡수하며 C 소자는 유도성으로 1 kW를 소비하고 500 VAR을 흡수한다.

(a) 총 시스템의 역률을 결정하라.

(b) $\mathbf{V}_s = 120\underline{/45^\circ}$ V일 때 $\mathbf{I}$를 구하라.

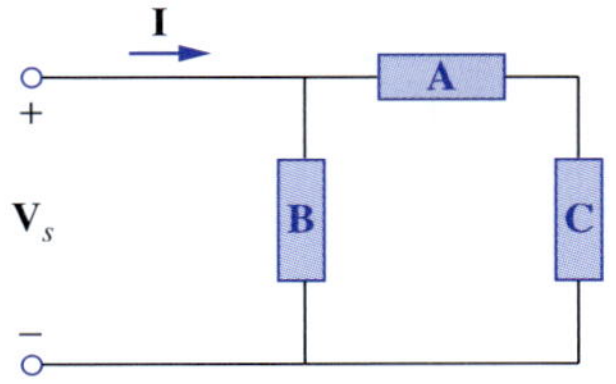

그림 14.40
문제 14.27의 회로

14.28 직렬 RL 회로가 실제전력 100 W, 피상전력 240 VA를 가지고 있다. 리액턴스성 전력은 얼마인가?

14.29 60-Hz 전압원이 $Z = 100\underline{/45^\circ}$ Ω 부하에 $4\underline{/30^\circ}$ A (rms) 전류를 공급한다.

(a) 피상전력 S를 구하라.

(b) 실제전력 P를 구하라.

(c) 리액턴스성 전력 Q를 구하라.

(d) 전력삼각형을 그려라.

14.30 그림 14.41에서,

(a) 전원이 공급하는 총 피상전력을 구하라.

(b) 전력삼각형을 그려라.

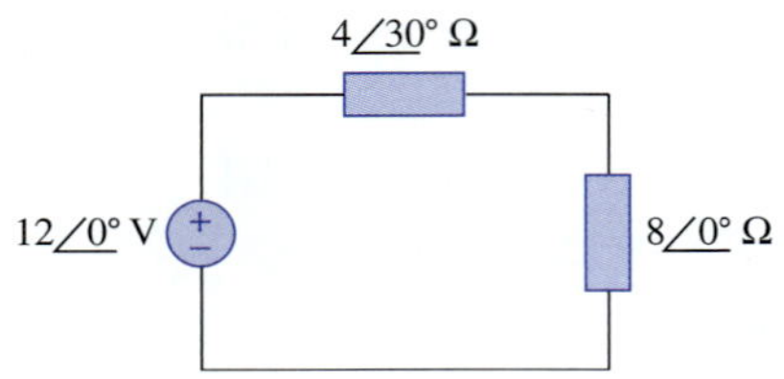

그림 14.41
문제 14.30의 회로

14.31 그림 14.42에서 임피던스 Z를 구하라. 회로의 총 피상전력은 600 VA, 총 지상역률은 0.84, $V = 50\angle 0°$ V(rms)라 한다.

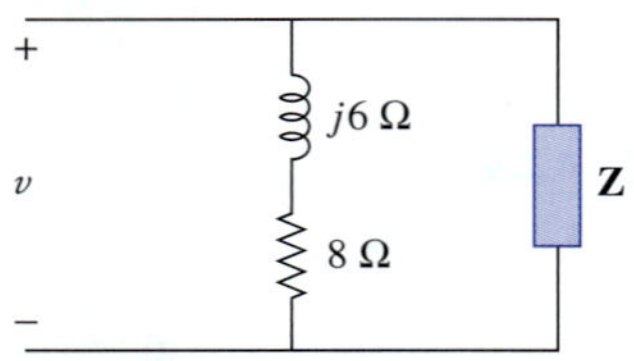

그림 14.42
문제 14.31의 회로

14.32 그림 14.43의 회로에서 (a) I (rms), (b) 실제전력 P, (c) 리액턴스성 전력 Q를 각각 구하라.

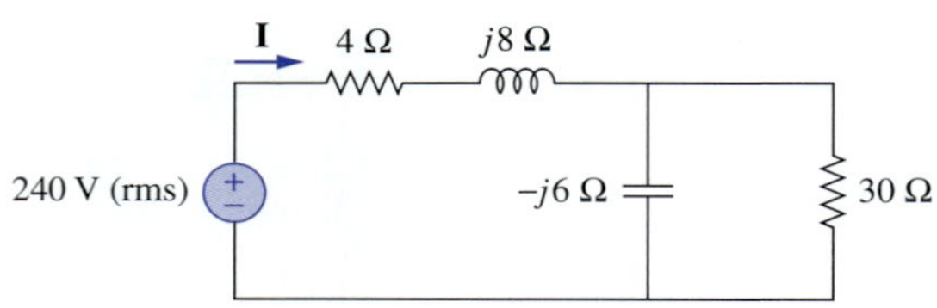

그림 14.43
문제 14.32의 회로

14.33 그림 14.44의 회로에서 (a) RL에 공급되는 복소전력, (b) 최대평균전력이 전달되는 부하 Z_L

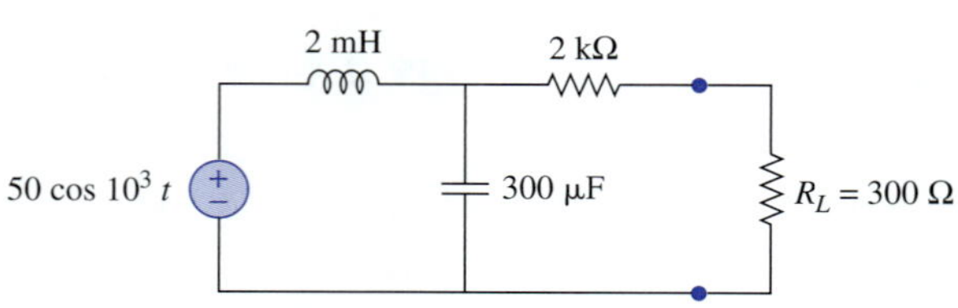

그림 14.44
문제 14.33의 회로

14.6절 교류전력의 보존

14.34 그림 14.45의 네트워크에서 각 소자에 의하여 흡수되는 복소전력을 구하라.

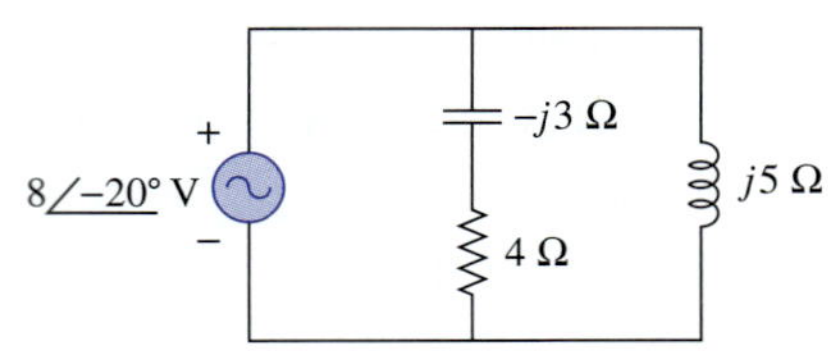

그림 14.45
문제 14.34의 회로

14.35 그림 14.46의 회로에서 5개의 각 소자에 의하여 흡수되는 복소전력을 구하라.

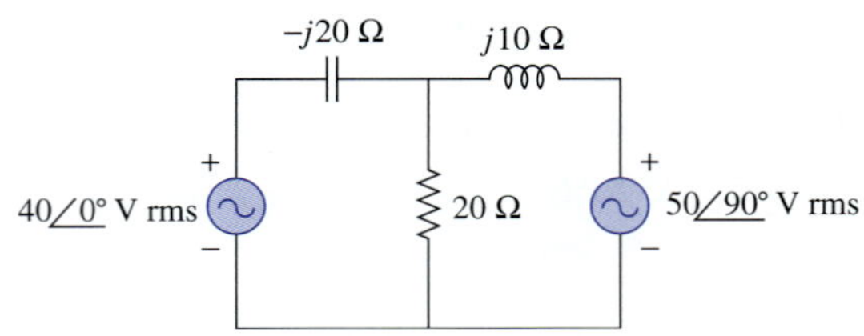

그림 14.46
문제 14.35의 회로

14.36 그림 14.47의 회로에서 전원이 공급하는 복소전력을 구하라.

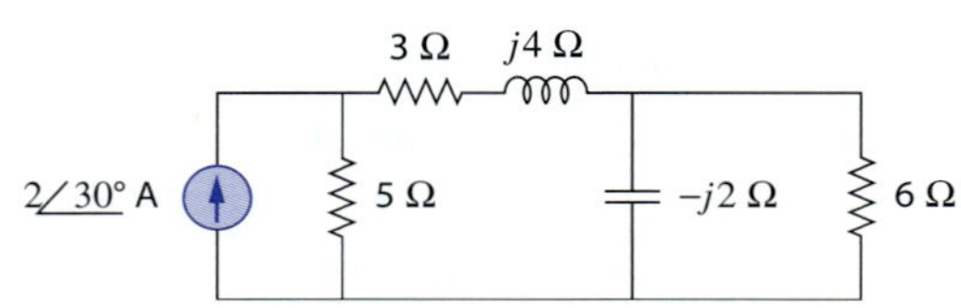

그림 14.47
문제 14.36의 회로

14.37 그림 14.48의 회로에서 $\mathbf{V}_o$와 입력 역률을 구하라.

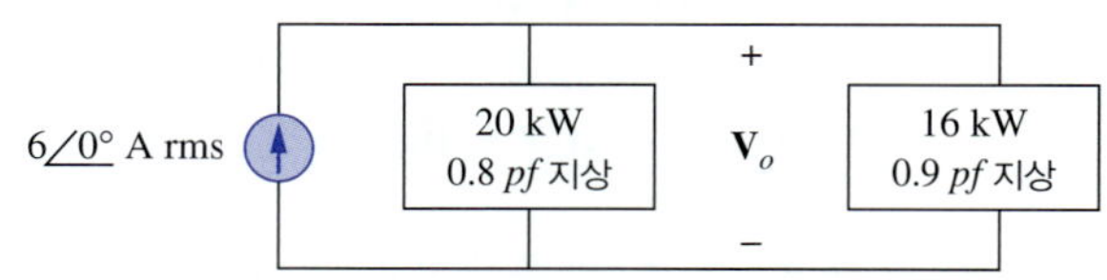

그림 14.48
문제 14.37의 회로

14.38 그림 14.49의 회로에서 $\mathbf{I}_o$와 총 복소전력을 구하라.

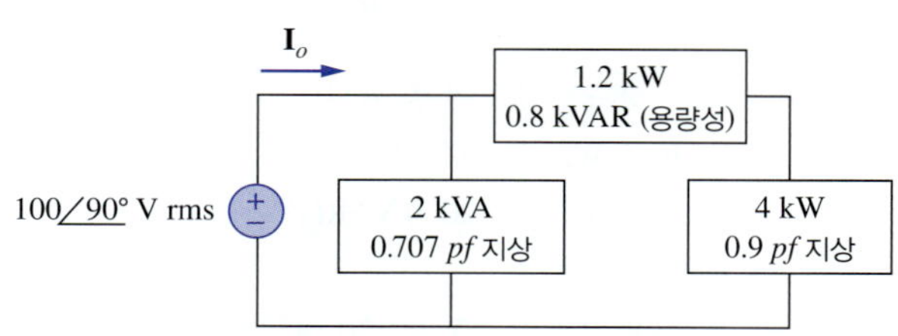

그림 14.49
문제 14.38의 회로

14.7절 역률 개선

14.39 그림 14.50의 회로에서

(a) 역률을구하라.

(b) 평균전력을 구하라.

(c) 부하에 연결되어 역률을 1로 만드는 커패시턴스의 값은 얼마인가?

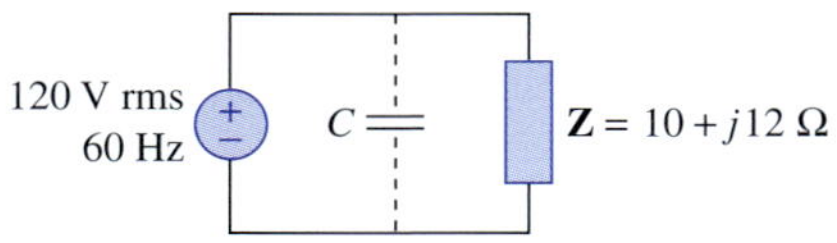

그림 14.50
문제 14.39의 회로

14.40 1880-VA, 220-V, 50-Hz, 0.8 지상역률의 부하를 부하역률 1로 향상시키는 병렬 커패시턴스의 값은 얼마인가?

14.41 120-V rms, 60-Hz 송전선에 두 개의 부하가 병렬로 연결되어 있다. 첫번째 부하는 지상역률 0.707로 150 VA를 흡수하고 두번째 부하는 진상역률 0.8로 50 VAR을 흡수한다. 순 용량성 세번째 부하를 120-V선에 병렬로 연결하여 시스템 역률을 1로 개선시키려고 한다면 이 커패시턴스의 값은 얼마인가?

14.42 120-V rms, 60-Hz 의 사인파 전압원이 지상역률 0.76으로 40-kW 유도모터를 구동한다. 모터에 병렬로 연결하여 역률을 (a) 0.9 지상, (b) 1.0으로 향상시키는 커패시턴스의 값을 구하라.

14.43 240-V rms, 60-Hz의 전원이 저항성 10 kW, 용량성 15 kVAR, 유도성 22 kVAR의 부하를 구동하고 있을 때 다음을 구하라.

(a) 피상전력

(b) 전원에서 흐르는 전류

(c) 역률을 지상 0.96으로 향상시키기 위한 kVAR비와 커패시턴스

(d) 개선된 역률 하에서 흐르는 전류

14.44 50-V rms, 400-Hz의 전원이 지상역률 75%로 6-kW 부하에 연결되어 있다. 역률을 지상 95%로 향상시키는 커패시턴스의 값을 구하라.

14.8절 응용

14.45 그림 14.51의 회로에서 전력계 측정치를 구하라.

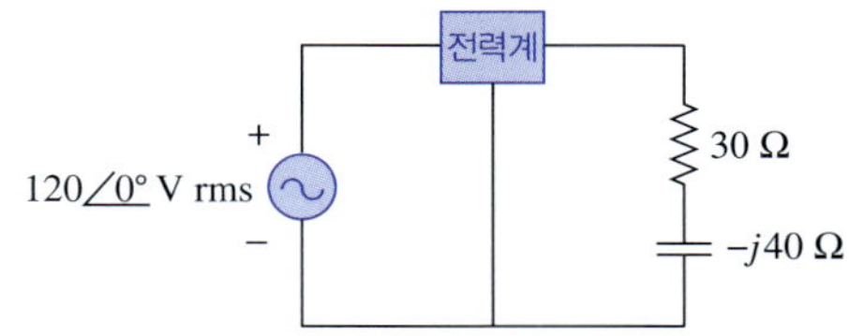

그림 14.51
문제 14.45의 회로

14.46 그림 14.52의 네트워크에서 전력계 측정치를 구하라.

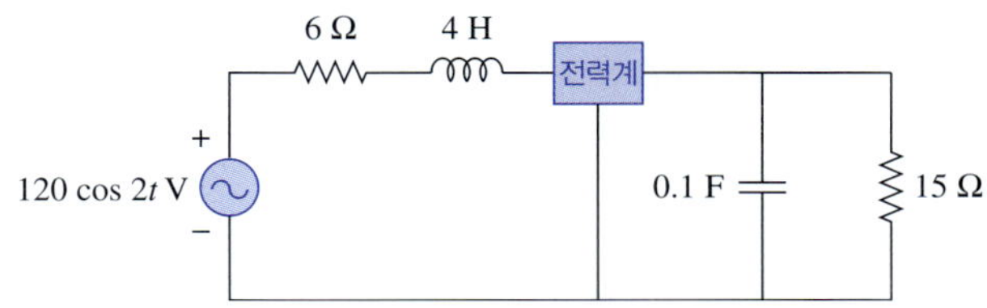

그림 14.52
문제 14.46의 회로

14.47 가정의 kWh미터가 한 달에 한 번 측정된다. 어느 달에 전달 측정치와 그 달 측정치가 다음과 같다.

전달 측정치: 3246 kWh
그 달 측정치: 4017 kWh

다음의 주거용 과금법칙에 의거하여 전기요금을 계산하라.

기본 월요금: $12.00
처음 100kWh/월까지 16센트/kWh
다음 200kWh/월까지 10센트/kWh
200kWh/월을 초과할 때 6센트/kWh

14.48 240-V rms, 60-Hz의 전원에 5-kW 히터와 역률이 0.82인 30-kVA 유도모터가 병렬로 연결되어 있다. 다음을 구하라.

(a) 시스템의 피상전력

(b) 시스템의 리액턴스성 전력

(c) 역률을 지상 0.9로 향상시키기 위한 커패시턴스의 kVA비

(d) 요구되는 커패시턴스의 값

14.49 어느 소비자가 최대요구 2.4 MVA로 1200 MWh의 에너지 소비를 하고 있다. 최대요구요금은 연간 kVA당 $30이고 kWh당 에너지요금은 4센트이다.

(a) 연간 에너지요금을 구하라.

(b) 2단계 과금체계 아래에서의 전기회사의 총 수입과 동일하게 하는 통일 과금체계에서의 kWh당 요금을 계산하라.

14.50 어떤 송신기의 안테나가 75-Ω 저항과 4 μH 인덕터가 직렬로 연결되는 구성일 때 송신기가 최대전력을 안테나에

전달한다고 한다. 동작 주파수가 4.12 Hz일 때 송신기의 내부 임피던스를 구하라.

14.51 어느 산업용 히터의 제원이 210 V, 60 Hz, 12 kVA, 0.78 *pf*(지상)으로 표시된다고 할 때 다음을 구하라.

(a) 피상전력과 복소전력

(b) 히터의 임피던스

14.52 어느 전기모터의 제원은 다음과 같다:

선전압: 220 V rms

선전류: 15 A rms

선주파수: 60 Hz

전력: 2700 W

모터의 지상역률을 구하고 *pf*를 1로 올리기 위해 모터 양단에 연결해야 할 커패시턴스 *C*의 값을 구하라.

14.53 그림 14.53에 전력 송신의 모델이 표시되었다. $\mathbf{V}_s = 240\,\underline{/0^\circ}$ V rms라고 할 때 부하가 흡수하는 평균전력을 구하라.

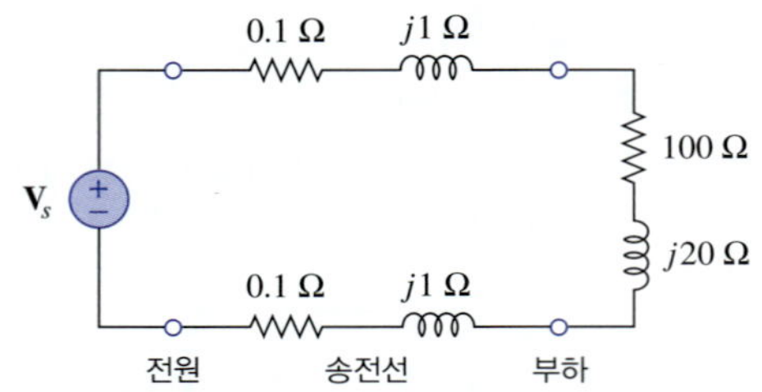

그림 14.53
문제 14.53의 회로

CHAPTER

15

공진

비평가가 비평한 대상에 관심을 기울이지 마라. 훌륭한 것은 비평의 대상이 되지 않는다.

— Jean Sibelius

경력 향상

정보 전달 능력의 향상

회로 해석 과목을 듣는 것은 전기공학기술 부문의 경력을 위한 준비이다. 과학기술자, 혹은 전문가로서의 적지 않은 시간이 대화나 전달에 할애되기 때문에 재학 시절에 대화 능력을 향상시키는 것 또한 그 준비의 중요한 부분이다.

산업계 인사들은 학교를 졸업하는 기술인들이 쓰고 발표하는 준비를 소홀히 하고 있다고 불평을 거듭한다. 산업계에서는 나중에 재산이 되는 발표할 줄 아는 기술인들을 원한다.

효과적인 의사 전달 능력이 많은 사람들에 의하여 관리직 승진의 가장 주요한 단계로 인식되고 있다.
© IT Stock/Punchstock RF

쉽고 빠르게 말하고 쓸 수 있을지는 모르나 얼마나 효과적인가가 문제이다. 효과적인 발표의 능력은 과학기술인 으로서의 성공에 가장 중요한 잣대이다. 산업계의 과학기술인으로서 발표능력은 승진 가능성의 핵심요소이다. 어떤 요소가 관리직 승진에 영향을 끼치느냐에 대한 미국 회사들을 대상으로 한 여론조사를 살펴보자. 이 조사는 승진에 관련있는 22개의 개인적인 항목과 그 가중치를 열거하였다. 놀라운 것은 "경험에 의한 기술적인 능력"항목이 바닥에서부터 4번째로 조사되었다는 것이다. 자신감, 야망, 유연성, 성숙함, 옳은 결정을 내릴 수 있는 능력, 구성원들과 함께 맡은 과제를 완수하는 것, 어려운 일을 할 수 있는 능력 등이 모두 높은 점수를 기록하였다. 제일 먼저 조사된 항목은 "의사 전달 능력"이었다. 지위가 올라 갈수록 의사전달을 보다 능숙하게 하는 능력이 필요하다. 그러므로 효과적인 의사전달은 공학도구 보관함에 있어야 할 주요 도구로 삼아야 한다.

효과적인 의사전달 방법을 배우는 것은 지향하여야 할 평생학습 과제이다. 의사전달 능력 향상은 재학 시절부터 시작하여야 한다. 읽기, 쓰기, 듣기 그리고 말하는 능력의 향상을 위한 끊임없는 기회를 찾아야 한다. 이는 학급에서의 발표, 팀 과제, 동아리 활동의 적극적 참여, 정보전달 과목의 수강 등을 통하여 이룰 수 있다. 문법, 스펠링, 정확성, 일치성에서 훌륭한 실험보고서를 쓰도록 하자. 직장보다 학교가 위험성이 적기 때문이다.

15.1 서문

사인파 회로 해석에서 상수 주파수 전원에 의한 회로 전류와 전압을 구하는 방법을 살펴보았다. 지금은 전원주파수가 변하는 교류회로를 살펴보기로 한다. 사인파 전원의 진폭을 고정시키고 주파수를 변화시키면 회로의 주파수응답을 얻을 수 있다. **주파수응답**은 회로의 사인파 정상상태를 주파수의 함수로 완전히 나타낸 것이라 볼 수 있다.

공진회로의 주파수응답의 가장 두드러진 특성은 진폭특성에서 보이는 최고점(혹은 **공진최고점**)이라 할 수 있다. 공진의 개념은 과학과 공학의 여러 분야에 적용될 수 있다. 공진이 없다면 라디오, TV 혹은 음악을 생각할 수 없다. 물론 공진은 해로운 면도 있다. 공진은 가끔 다리의 붕괴나 헬리콥터의 폭발을 일으키기도 한다.

공진은 저장된 에너지를 한가지 형태에서 다른 형태로 진동시키는 원인이다. 진동은 통신 회로에서 주파수 선택을 가능하게 하는 현상이다. 전자공진은 최소 하나의 인덕터와 하나의 커패시터가 있는 어떤 회로에서도 발생한다. 공진회로(직렬 혹은 병렬)는 그 주파수응답이 대단히 주파수 선택적일 수 있기 때문에 여파기를 만드는데 유용하다. 공진은 라디오나 TV 수신기에서 원하는 채널을 선택하는데 사용될 수도 있다.

직렬 RLC 공진회로부터 시작하기로 한다. Q 인자의 중요성을 살펴보고 후에 병렬 RLC 공진회로를 고려한다. PSpice를 이용하여 RLC회로의 주파수응답을 얻는다. 마지막으로 공진회로의 실제적인 응용으로 라디오 수신기를 다룬다.

15.2 직렬 공진

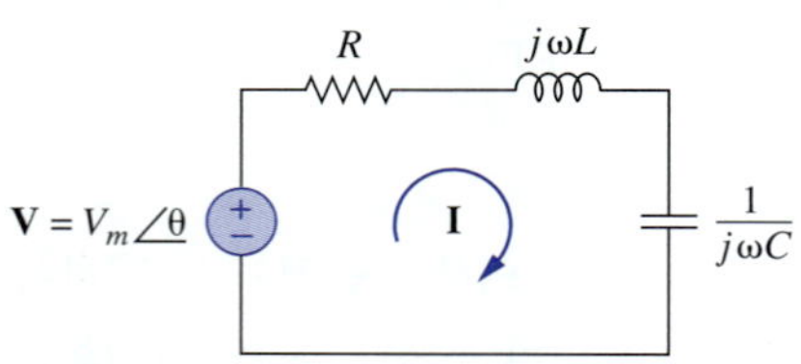

그림 15.1
직렬 공진 회로

직렬 RLC 회로의 기본 구성이 그림 15.1에 표시되었다. 공진회로는 가변주파수 교류 전원과 이에 직렬로 연결된 저항(선택 사항), 커패시터, 인덕터로 이루어진다. 이런 회로는 주파수의 변화에 따라 공진을 일으킨다.

> **공진**이란 RLC 회로에서 크기는 같고 부호는 반대인 용량성 리액턴스와 유도성 리액턴스가 순 저항성 임피던스를 생성하는 조건이다.

그림 15.1의 직렬 RLC 회로를 주파수영역에서 살펴 보자. 입력임피던스는

$$\mathbf{Z} = \frac{\mathbf{V}}{\mathbf{I}} = R + j\omega L + \frac{1}{j\omega C} \tag{15.1}$$

혹은

$$\mathbf{Z} = R + j\left(\omega L - \frac{1}{\omega C}\right) \tag{15.2}$$

그림 15.2의 그래프는 입력임피던스의 허수부의 변화를 나타낸다. 즉

$$X(\omega) = \omega L - \frac{1}{\omega C} \tag{15.3}$$

입력임피던스의 허수부 X가 0일 때 공진이 발생한다. 즉

$$\text{Im}(\mathbf{Z}) = X(\omega) = \omega L - \frac{1}{\omega C} = 0 \tag{15.4}$$

위 식의 조건을 만족하는 ω의 값을 **공진주파수**라 부른다. 그러므로 공진 조건은

$$\omega_0 L = \frac{1}{\omega_0 C} \tag{15.5}$$

혹은

$$\boxed{\omega_0 = \frac{1}{\sqrt{LC}} \text{ (rad/s)}} \tag{15.6}$$

$\omega_0 = 2\pi f_0$이므로

$$f_0 = \frac{1}{2\pi\sqrt{LC}} \text{ (Hz)} \tag{15.7}$$

공진 상태에서는

1. 임피던스는 순 저항성이다. 즉 $\mathbf{Z} = R$. 다시 말하면 LC 직렬 조합이 단락회로처럼 동작하여 모든 전원 전압이 R에 걸린다.
2. 전압 $\mathbf{V}_s$와 전류 $\mathbf{I}$가 동위상이므로 역률이 1이다.
3. 임피던스 $\mathbf{Z}(\omega)$의 크기가 최소이다.
4. 인덕터전압과 커패시터전압은 전원전압보다 훨씬 클 수 있다.

$$\left(V_L = IX_L = \frac{V_m}{R}\omega_o L, \qquad V_C = -IX_C = -\frac{V_m}{R}\frac{1}{\omega_o C} \right)$$

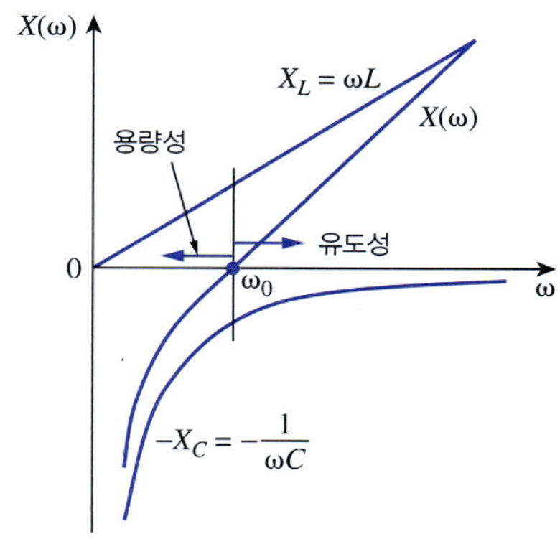

그림 15.2
X, X_L, X_C의 도면

회로전류 크기의 주파수응답

$$I = |\mathbf{I}| = \frac{V_m}{\sqrt{R^2 + (\omega L - 1/\omega C)^2}} \tag{15.8}$$

이 그림 15.3에 표시되었는데 이 그림은 주파수축이 로그 스케일로 표시되었을 때 좌우 대칭이 된다. RLC 회로가 흡수하는 평균전력은

$$P(\omega) = \frac{1}{2}I^2 R \tag{15.9}$$

$I = V_m/R$일 때 최대전력 흡수는 공진 상태에서 일어난다. 그러므로

$$P(\omega_0) = \frac{1}{2}\frac{V_m^2}{R} \tag{15.10}$$

어떤 특정 주파수 $\omega = \omega_1, \omega_2$에서 최대값의 반에 해당하는 전력이 흡수될 때, 즉

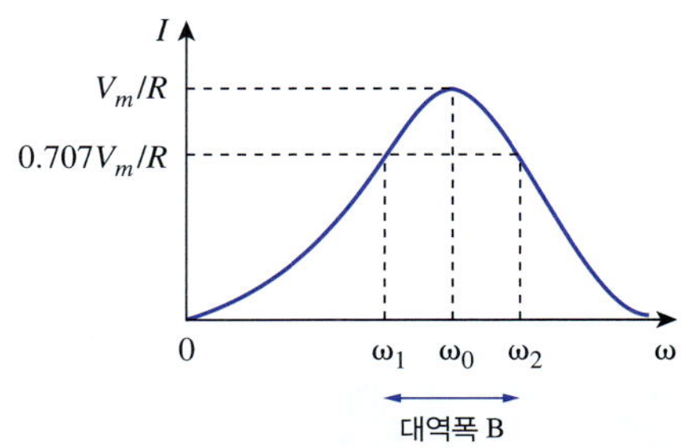

그림 15.3
그림 15.1의 직렬공진회로에 대한 전류진폭 대 주파수 그래프

$$P(\omega_1) = P(\omega_2) = \frac{(V_m/\sqrt{2})^2}{2R} = \frac{V_m^2}{4R} \tag{15.11}$$

이 경우 ω_1과 ω_2를 **반전력주파수**라 부른다.

반전력주파수는 $\mathbf{Z}$를 $\sqrt{2}R$로 놓음으로 얻을 수 있다.

$$\sqrt{R^2 + \left(\omega L - \frac{1}{\omega C}\right)^2} = \sqrt{2}R \tag{15.12}$$

ω에 관해 풀면 다음 식을 얻는다.

$$\omega_1 = -\frac{R}{2L} + \sqrt{\left(\frac{R}{2L}\right)^2 + \frac{1}{LC}} \tag{15.13a}$$

$$\omega_2 = \frac{R}{2L} + \sqrt{\left(\frac{R}{2L}\right)^2 + \frac{1}{LC}} \tag{15.13b}$$

반전력주파수와 공진주파수와의 관계는 식 (15.6)과 식 (15.13)에서 얻을 수 있다.

$$\omega_0 = \sqrt{\omega_1 \omega_2} \tag{15.14}$$

위 식은 공진주파수는 반전력주파수의 기하평균임을 의미한다. 일반적으로 주파수응답이 대칭이 아니기 때문에 ω_1과 ω_2는 공진주파수 ω_0로부터 같은 거리만큼 떨어져 있지 않음에 유의하여야 한다. 그러나 곧 설명되겠지만 공진주파수를 중심으로 반전력주파수가 대칭이라고 보는 것은 많은 경우 합리적인 가정으로 여겨지고 있다.

그림 15.3의 그래프 높이는 R에 의하여 결정되지만 그래프의 가로폭은 반전력주파수와 같은 다른 인자에 의해 결정된다. **대역폭** BW는 두 개의 반전력주파수의 간격으로 정의된다. 즉

$$BW = \omega_2 - \omega_1 \tag{15.15}$$

대역폭(BW)이란 두 반전력주파수의 간격이다.

위의 대역폭의 정의는 자주 사용되는 여러 개의 정의들 중의 하나일 뿐이다.[1] 엄격히 말하면 식 (15.15)의 BW는 두 반전력주파수 사이의 주파수대역의 넓이이기 때문에 반전력대역폭이라 할 수 있다.

예제 15.1

그림 15.4의 회로에서 $R = 2\ \Omega$, $L = 1$ mH, $C = 0.4\ \mu$F이다.

1 컴퓨터통신 네트워크에서의 대역폭은 데이터 전송비와 1초 내에 한 지점에서 다른 지점으로 전송될 수 있는 데이터량과의 차이이다.

(a) 공진주파수와 반전력주파수를 구하라.
(b) 대역폭을 구하라.
(c) ω_0, ω_1, ω_2에서의 전류의 진폭을 구하라.
(d) 공진주파수와 반전력주파수에서의 전력을 구하라.

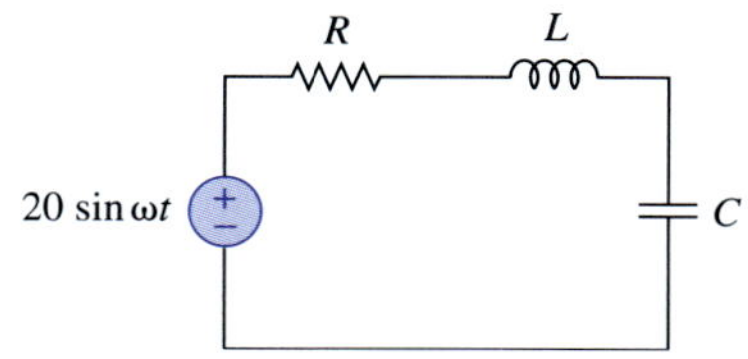

그림 15.4
예제 15.1과 15.2의 회로

풀이

(a) 공진주파수는

$$\omega_0 = \frac{1}{\sqrt{LC}} = \frac{1}{\sqrt{10^{-3} \times 0.4 \times 10^{-6}}} = 50 \text{ krad/s}$$

하부 반전력주파수는

$$\begin{aligned}\omega_1 &= -\frac{R}{2L} + \sqrt{\left(\frac{R}{2L}\right)^2 + \frac{1}{LC}} \\ &= -\frac{2}{2 \times 10^{-3}} + \sqrt{(10^3)^2 + (50 \times 10^3)^2} \\ &= -1 + \sqrt{1 + 2500} \text{ krad/s} \\ &= 49 \text{ krad/s}\end{aligned}$$

같은 방식으로

$$\begin{aligned}\omega_2 &= 1 + \sqrt{1 + 2500} \text{ krad/s} \\ &= 51 \text{ krad/s}\end{aligned}$$

(b) 대역폭은

$$BW = \omega_2 - \omega_1 = 51 - 49 = 2 \text{ krad/s}$$

(c) $\omega = \omega_0$에서

$$I = \frac{V_m}{R} = \frac{20}{2} = 10 \text{ A}$$

$\omega = \omega_1$, ω_2에서

$$I = \frac{V_m}{\sqrt{2}R} = \frac{10}{\sqrt{2}} = 7.071 \text{ A}$$

(d) 반전력주파수에서 전력은

$$P = \frac{V_m^2}{4R} = \frac{20^2}{4 \times 2} = 50 \text{ W}$$

연습문제 15.1

직렬 연결 회로에서 $R = 4\ \Omega$, $C = 0.625\ \mu\text{F}$, $L = 25$ mH이다.
(a) 공진주파수를 구하라.
(b) ω_1, ω_2와 BW를 구하라.
(c) $\omega = \omega_0$, ω_1, ω_2에서 평균전력을 구하라. $V_m = 100$ V라 한다.

해답 (a) 8 krad/s; (b) 7920 rad/s, 8080 rad/s, 160 rad/s; (c) 1.25 kW, 0.625 kW, 0.625 kW

15.3 Q 인자

공진회로에서 공진의 뾰족함은 Q 인자 Q에 의해 정량적으로 정의된다.[2] 공진상태에서는 회로의 리액턴스성 에너지가 인덕터와 커패시터 사이에서 진동하게 된다. 어느 공진회로이건 Q 인자는 공진주파수 아래에서 리액턴스성 전력과 평균전력의 비이다. 즉

$$Q = \frac{\text{리액턴스성 전력}}{\text{평균전력}} \tag{15.16}$$

직렬 RLC 회로에서

$$Q = \frac{I^2 X_L}{I^2 R} = \frac{\omega_o L}{R} = \frac{I^2 X_c}{I^2 R} = \frac{1}{\omega_o CR} \tag{15.17}$$

혹은

$$\boxed{Q = \frac{\omega_0 L}{R} = \frac{1}{\omega_0 CR}} \tag{15.18}$$

Q 인자는 단위가 없음에 유의하라. 대역폭 BW와 Q 인자 Q 사이의 관계는 식 (15.13)을 식 (15.15)에 대입하여 얻는다. 결과는

$$BW = \frac{R}{L}$$

식 (15.18)을 이용하여 다음 식을 얻는다.

$$BW = \frac{R}{L} = \frac{\omega_0}{Q} \quad \Rightarrow \quad Q = \frac{\omega_0}{BW} \tag{15.19}$$

혹은

$$BW = \omega_0^2 CR$$

그러므로

> **공진회로**의 Q 인자는 공진주파수와 대역폭의 비이다.

Q가 높아질수록 공진 시에 전류의 값도 따라 커지고 커브도 뾰족해진다. 그림

2 같은 기호 Q가 리액턴스성 전력을 나타내기 위해 쓰이지만 이 둘은 같지 않으므로 혼동하지 말아야 한다. 쓰이는 단위가 둘을 구별하는데 도움이 된다.

15.5에서 보인 것처럼 Q의 값이 커질수록 회로는 더 선택적이 되고 대역폭은 좁아진다. RLC회로의 선택도는 회로가 모든 다른 주파수와 구별해서 어떤 특정 주파수에만 반응하는 민감도를 의미한다.[3] 선택되어야 할 혹은 배척되어야 할 주파수대역이 좁으면 공진회로의 Q 인자는 높아야 하고 반대로 관심 주파수대역이 넓으면 Q 인자는 낮아야 한다.

공진회로는 공진주파수나 그 근처에서 동작하도록 설계된다. Q 인자가 10 혹은 그보다 크면 **높은 Q 회로**라고 불린다. 높은 Q 회로($Q \geq 10$)에서는 실용적 목적으로 반전력주파수가 공진주파수에 관하여 산술적인 대칭을 이루고 따라서 다음 식으로 근사된다.

$$\omega_1 \cong \omega_0 - \frac{BW}{2}, \qquad \omega_2 \cong \omega_0 + \frac{BW}{2} \tag{15.20}$$

높은 Q 회로는 자주 통신 네트워크에서 사용된다.

공진회로는 다음의 다섯 관련 인자에 의해 성질이 정해 진다. 두 개의 반전력주파수 ω_1과 ω_2, 공진주파수 ω_0, 대역폭 BW, Q 인자 Q. 식 (15.18)과 식 (15.19)는 직렬공진회로에만 적용되는 것임에 유의하자.

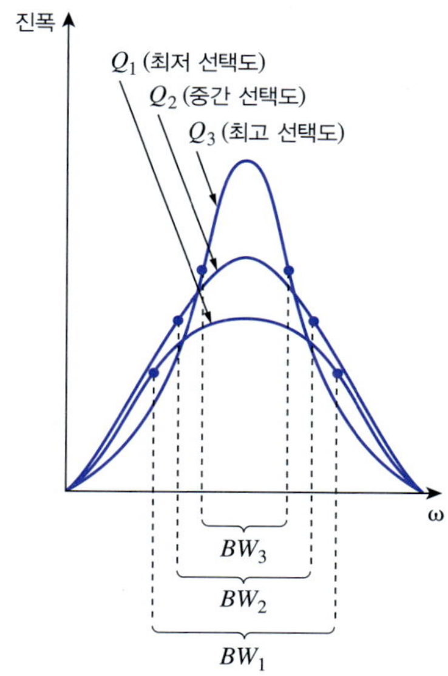

그림 15.5
Q가 높으면 대역폭이 좁아짐

예제 15.2

그림 15.4의 회로에서 $R = 2\ \Omega$, $L = 1$ mH, $C = 0.4\ \mu$F이다. Q 인자를 계산하고 반전력주파수를 구하라.

풀이

이 문제는 두 가지 방법으로 풀 수 있다.

■ **방법 1** 예제 15.1에서 $BW = 2$ krad/s 혹은

$$BW = \frac{R}{L} = \frac{2}{10^{-3}} = 2 \text{ krad/s}$$

Q 인자는

$$Q = \frac{\omega_0}{BW} = \frac{50 \times 10^3}{2 \times 10^3} = 25$$

하부 반전력주파수는

$$\begin{aligned}
\omega_1 &= -\frac{R}{2L} + \sqrt{\left(\frac{R}{2L}\right)^2 + \frac{1}{LC}} \\
&= -\frac{2}{2 \times 10^{-3}} + \sqrt{\left(\frac{2}{2 \times 10^3}\right)^2 + \frac{1}{10^{-3} \times 0.4 \times 10^{-6}}} \\
&= -10^3 + \sqrt{(10^3)^2 + (50 \times 10^3)^2} \\
&= -1 + \sqrt{1 + 2500} \text{ krad/s} = 49 \text{ krad/s}
\end{aligned}$$

3 Q 인자가 회로의 선택도(공진의 뾰족함)의 가늠자이다.

유사하게 상부 반전력주파수는

$$\omega_2 = 1 + \sqrt{1 + 2500}\ \text{krad/s} \ = \ 51\ \text{krad/s}$$

■ **방법 2** 한편

$$Q = \frac{\omega_0 L}{R} = \frac{50 \times 10^3 \times 10^{-3}}{2} = 25$$

Q로부터 다음을 얻는다.

$$BW = \frac{\omega_0}{Q} = \frac{50 \times 10^3}{25} = 2\ \text{krad/s}$$

$Q > 10$이므로 높은 Q 회로이고 다음과 같이 반전력주파수를 얻는다.

$$\omega_1 = \omega_0 - \frac{BW}{2} = 50 - 1 = 49\ \text{krad/s}$$

$$\omega_1 = \omega_0 + \frac{BW}{2} = 50 + 1 = 51\ \text{krad/s}$$

연습문제 15.2

직렬 연결 회로에서 $R = 4\ \Omega$, $L = 25$ mH이다.
(a) Q 인자를 50으로 되게 하는 C의 값을 구하라.
(b) ω_0, ω_1, ω_2와 BW를 구하라.

해답 (a) 0.625 μF; (b) 7920 rad/s, 8080 rad/s, 160 rad/s

15.4 병렬 공진

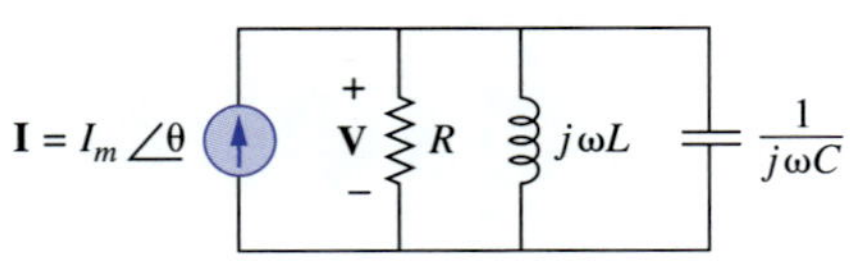

그림 15.6
병렬 공진 회로

그림 15.6의 병렬 RLC 회로는 직렬 RLC 회로의 닮은꼴이다. 따라서 불필요한 반복을 피하도록 한다. 어드미턴스는

$$\mathbf{Y} = \mathbf{I}/\mathbf{V} = \frac{1}{R} + j\omega C + \frac{1}{j\omega L} \tag{15.21}$$

혹은

$$\mathbf{Y} = \frac{1}{R} + j\left(\omega C - \frac{1}{\omega L}\right) \tag{15.22}$$

공진은 $\mathbf{Y}$의 허수부가 0일 때 발생한다. 즉

$$\omega C - \frac{1}{\omega L} = 0 \tag{15.23}$$

혹은

$$\omega_0 = \frac{1}{\sqrt{LC}} \text{ (rad/s)} \tag{15.24}$$

위 식은 직렬 공진 회로에 대한 식 (15.6)과 동일하다. 그림 15.7에 전압 **|V|** 를 주파수의 함수로 스케치하였다. 공진 상태에서는 병렬 LC 조합이 개방회로처럼 동작하여 모든 전류는 R을 통하여 흐르는 것에 주의하자.

식 (15.21)과 식 (15.2)를 비교하여 그림 15.1과 그림 15.6의 쌍대성을 살펴 보았다. 직렬 회로 표현의 R, L, C를 각각 $1/R$, C, L로 대체하여 병렬 회로의 관계식을 다음과 같이 구한다.

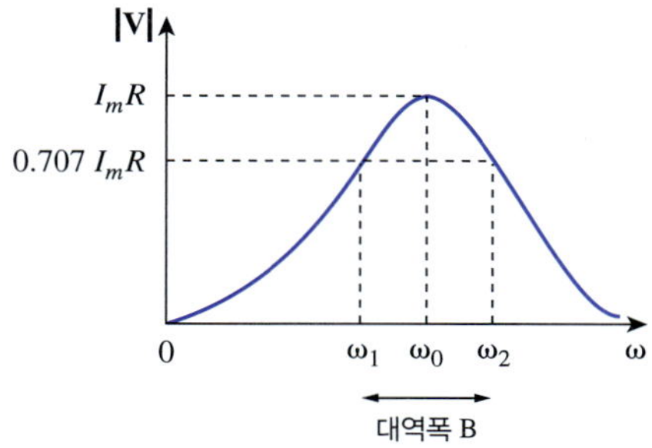

그림 15.7
그림 15.6의 병렬공진회로에 대한 전압진폭 대 주파수 그래프

$$\omega_1 = -\frac{1}{2RC} + \sqrt{\left(\frac{1}{2RC}\right)^2 + \frac{1}{LC}} \tag{15.25a}$$

$$\omega_2 = \frac{1}{2RC} + \sqrt{\left(\frac{1}{2RC}\right)^2 + \frac{1}{LC}} \tag{15.25b}$$

$$BW = \omega_2 - \omega_1 = \frac{1}{RC} \tag{15.26}$$

$$Q = \frac{\omega_0}{BW} = \omega_0 RC = \frac{R}{\omega_0 L} \tag{15.27}$$

다시 한번 높은 Q 회로($Q \geq 10$)에서는

$$\omega_1 \cong \omega_0 - \frac{BW}{2}, \qquad \omega_2 \cong \omega_0 + \frac{BW}{2}$$

표 15.1에 직렬과 병렬 공진 회로의 특성을 요약하였다. 이 절과 앞 절에서 다룬 직렬과 병렬 RLC 회로 외에도 다른 공진 회로도 존재한다. 대표적인 예가

표 15.1

공진 *RLC* 회로의 특성 요약*

특성	직렬 회로	병렬 회로
공진주파수, ω_0	$\frac{1}{\sqrt{LC}}$	$\frac{1}{\sqrt{LC}}$
Q 인자, Q	$\frac{\omega_0 L}{R}$ 혹은 $\frac{1}{\omega_0 RC}$	$\frac{R}{\omega_0 L}$ 혹은 $\omega_0 RC$
대역폭, BW	$\frac{\omega_0}{Q}$	$\frac{\omega_0}{Q}$
반전력주파수, ω_1, ω_2	$\omega_0 \pm \frac{BW}{2}$	$\omega_0 \pm \frac{BW}{2}$

* 반전력주파수는 높은 Q에서만 유효하다.

예제 15.4에서 다루어 진다.

공진에 대한 고찰에서 링잉은 빠질 수 없다. 링잉(*Ringing*)이란 전기회로에서 원치 않는 전압이나 전류의 진동 혹은 유사한 현상을 말한다. 링잉은 공진 회로에서 전기 펄스가 기생 커패시턴스나 기생 인덕턴스(회로 설계시 구성소자에 의해 발생하는 불필요한 잉여물 같은)를 유발할 때 생긴다. 링잉은 잉여 전류를 흐르게 하여 에너지를 낭비시키고 소자를 과열시키므로 바람직하지 않은 현상이다.

예제 15.3

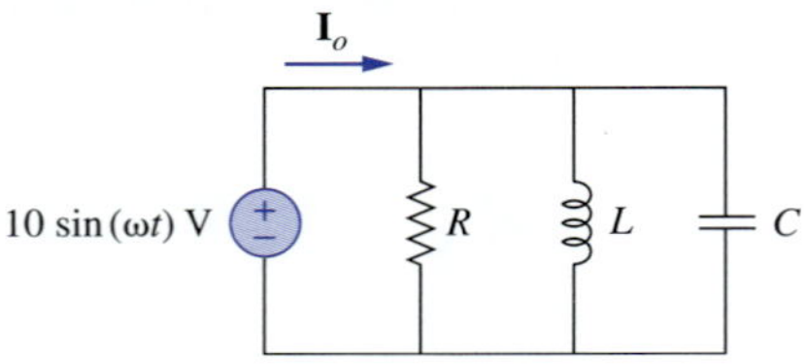

그림 15.8
예제 15.3을 위한 회로

그림 15.8의 병렬 RLC회로에서 $R = 8\ \text{k}\Omega$, $L = 0.2$ mH, $C = 8\ \mu$F이다.

(a) ω_0, Q와 BW를 구하라.

(b) ω_1, ω_2를 구하라.

(c) ω_0, ω_1, ω_2에서 흡수되는 평균전력을 구하라.

풀이

(a) $$\omega_0 = \frac{1}{\sqrt{LC}} = \frac{1}{\sqrt{0.2 \times 10^{-3} \times 8 \times 10^{-6}}} = \frac{10^5}{4} = 25 \text{ krad/s}$$

$$Q = \frac{R}{\omega_0 L} = \frac{8 \times 10^3}{25 \times 10^3 \times 0.2 \times 10^{-3}} = 1{,}600$$

$$BW = \frac{\omega_0}{Q} = 15.625 \text{ rad/s}$$

(b) Q의 값에 의해 높은 Q 회로임을 알 수 있으므로

$$\omega_1 = \omega_0 - \frac{BW}{2} = 25{,}000 - 7.812 = 24{,}992 \text{ rad/s}$$

$$\omega_2 = \omega_0 + \frac{BW}{2} = 25{,}000 + 7.812 = 25{,}008 \text{ rad/s}$$

(c) $\omega = \omega_0$에서 $\mathbf{Y} = 1/R$ 혹은 $\mathbf{Z} = R = 8\ \text{k}\Omega$이므로

$$\mathbf{I}_o = \mathbf{V}/\mathbf{Z} = \frac{10\underline{/0^\circ}}{8{,}000} = 1.25\underline{/0^\circ} \text{ mA}$$

공진 상태에서는 모든 전류가 R에 흐르므로 $\omega = \omega_0$에서의 평균전력은

$$P = \frac{1}{2}|\mathbf{I}_o|^2 R = \frac{1}{2}(1.25 \times 10^{-3})^2(8 \times 10^3) = 6.25 \text{ mW}$$

혹은

$$P = \frac{V_m^2}{2R} = \frac{10^2}{2 \times 8 \times 10^3} = 6.25 \text{ mW}$$

$\omega = \omega_1$, ω_2에서

$$P = \frac{V_m^2}{4R} = 3.125 \text{ mW}$$

연습문제 15.3

병렬 공진 회로에서 $R = 100\ \text{k}\Omega$, $L = 20$ mH, $C = 5$ nF이다. ω_0, ω_1, ω_2, Q와 BW를 구하라.

해답 100 krad/s; 99 krad/s; 101 krad/s; 50; 2 krad/s

예제 15.4

그림 15.9 회로의 공진주파수를 구하라.

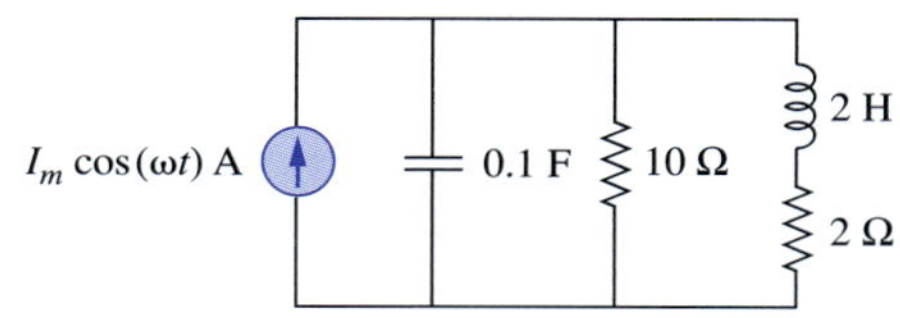

그림 15.9
예제 15.4의 회로

풀이

입력 어드미턴스는

$$\mathbf{Y} = j\omega 0.1 + \frac{1}{10} + \frac{1}{2 + j\omega 2} = 0.1 + j\omega 0.1 + \frac{2 - j\omega 2}{4 + 4\omega^2}$$
$$= \left(0.1 + \frac{1}{2 + 2\omega^2}\right) + j\omega\left(0.1 - \frac{1}{2 + 2\omega^2}\right)$$

공진 상태에서 $\text{Im}(\mathbf{Y}) = 0$. 즉

$$\omega_0 0.1 - \frac{\omega_0}{2 + 2\omega_0^2} = 0 \qquad \Rightarrow \qquad \omega_0 = 2 \text{ rad/s}$$

연습문제 15.4

그림 15.10 회로의 공진주파수를 구하라.

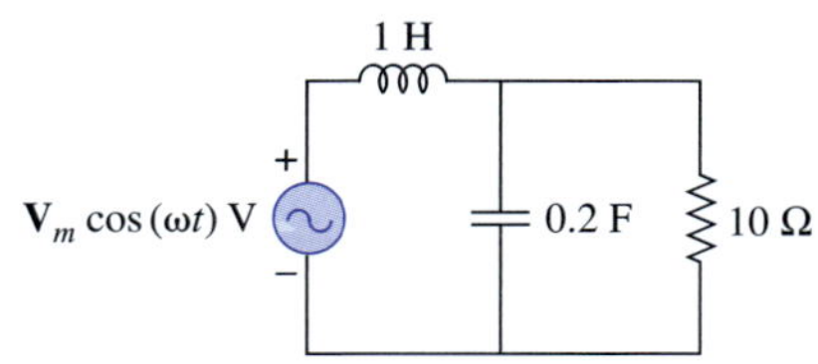

그림 15.10
연습문제 15.4의 회로

해답 2.179 rad/s

15.5 컴퓨터해석

15.5.1 PSpice

PSpice는 현대의 회로 설계자들이 회로의 주파수응답을 계산하는데 유용한 도구이다. 주파수응답은 C.5절(부록 C)에서 설명된 것처럼 교류 스윕을 사용하여 얻는다. 이렇게 하려면 교류 스윕 대화상자에 *Total Pts*, *Start Freq*, *End Freq*와 *sweep type*을 규정하여야 한다. *Total Pts*는 주파수 스윕 지점의 수, *Start Freq*와 *End Freq*는 각각 hertz로 표현된 시작 주파수와 종료 주파수를 의미한다. 시작과 종료의 주파수를 설정하려면 주파수응답의 대략 윤곽을 가정하여 고려하여야 할 주파수 범위를 결정하여야 한다. 이 과정이 쉽지 않은 복소 회로에서는 시행착오 방법으로 접근해야 한다.

스윕에는 세 가지 종류가 있다.

- **선형:** 주파수가 *Start Freq*부터 *End Freq*까지 동일 간격 응답점을 가지고 선형으로 변한다.
- **옥타브:** 주파수가 *Start Freq*부터 *End Freq*까지 옥타브 간격을 가지고 로그스케일로 변한다. 예를 들어 높은 주파수와 낮은 주파수의 비가 2:1이라면 응답점이 100 Hz에서 200 Hz, 200 Hz에서 400 Hz, 400 Hz에서 800 Hz의 순으로 변한다.
- **데케이드:** 주파수가 *Start Freq*부터 *End Freq*까지 데케이드 간격을 가지고 로그스케일로 변한다. 데케이드는 10의 배수로 예를 들어 응답점이 1 Hz에서 10 Hz, 10 Hz에서 100 Hz, 100 Hz에서 1 kHz의 순으로 변한다.

PSpice는 앞에서 규정된 사양에 의하여 독립전원의 주파수가 *Start Freq*부터 *End Freq*까지 변할 때(혹은 스윕할 때) 회로의 정상상태 사인파 해석을 수행한다.

그래프 출력을 얻기 위하여 프로브 창이 사용된다. 출력 데이터의 형태는 *Trace Command* 상자에 **V**나 **I**에 다음 세 개 중 하나의 접미사를 붙여 설정한다.

M 사인파의 진폭
P 사인파의 위상
dB 데시벨로 표시된 사인파의 진폭, 20 $\log_{10}$ (진폭)

예제 15.5

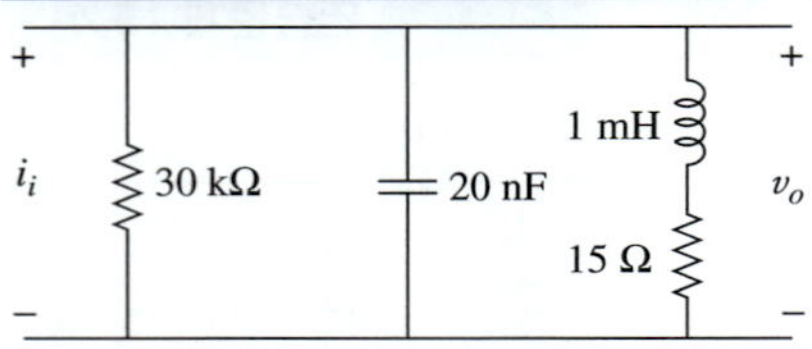

그림 15.11
예제 15.5의 회로

그림 15.11에 표시된 병렬 공진 회로의 주파수응답을 PSpice를 사용하여 구하라.

풀이

그림 15.12에 스키매틱이 표시되었다. 크기 1 mA, 위상 0°를 가진 입력으로 교류전류원 IAC를 사용한다. 주파수응답으로는 그림 15.11의 출력 전압 v_o이 채택되었다. 회로가 그려지고 exam155.dsn으로 저장된 후, **PSpice/New Simulation Profile**을 선택하면 새로운 모의실험 대화상자가 뜬다. 파일명으로 “exam155”를 입력하고 Create를 클릭하면 모의실험 설정 대화상자가 뜬다. 이 대화상자의 *Analysis Type*에 *AC Sweep/Noise*를, *AC Sweep Type*에 Linear를 선택하고 *Start Freq*에 10k를, *Final Freq*에 80k를, 그리고 *Total*

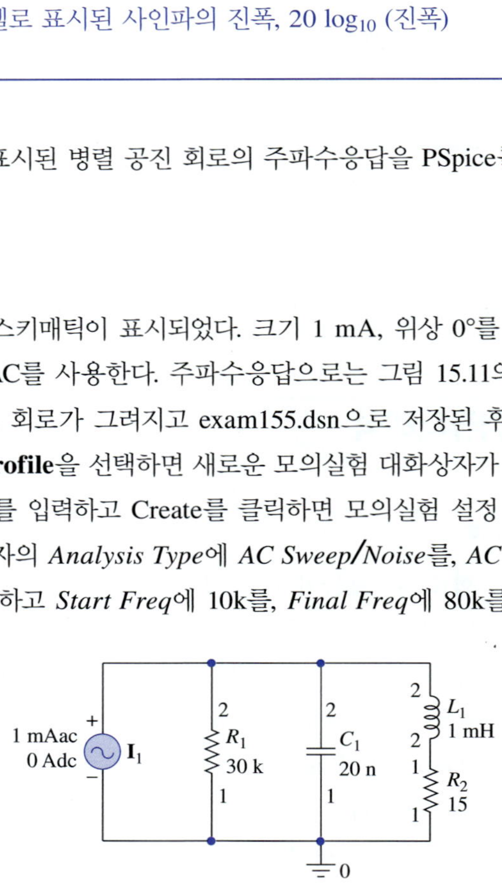

그림 15.12
예제 15.5의 PSpice 스키매틱

*Points*에 10k를 입력한다.

이제 10 kHz < f < 80 kHz범위의 교류 스윕을 수행할 준비가 되었다. 회로를 모의실험하기 위하여 **PSpice/Run**을 선택하면 자동적으로 프로브 창이 뜬다. **Trace/Add Trace**를 선택한 후 V(C1:2)를 선택한다(스키매틱의 노드 2에 전압 마커를 놓음으로써 똑 같은 효과를 얻을 수 있다). 그림 15.13에 결과를 표시하였다. 공진주파수가 대략 36 kHz임을 알 수 있다.

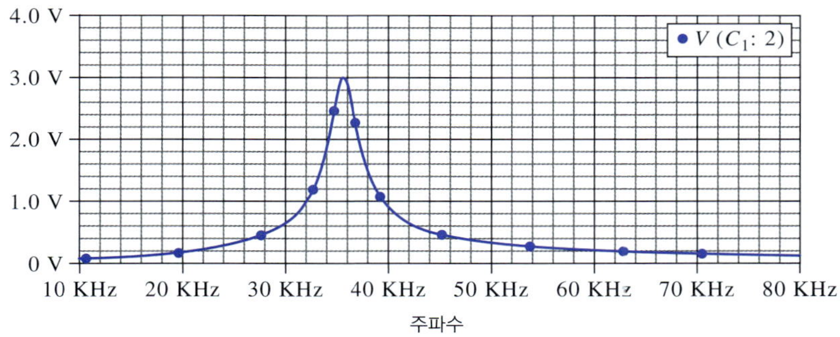

그림 15.13
그림 15.11 회로의 주파수응답

연습문제 15.5

그림 15.14에 회로의 주파수응답(i_o)을 PSpice를 사용하여 구하라.

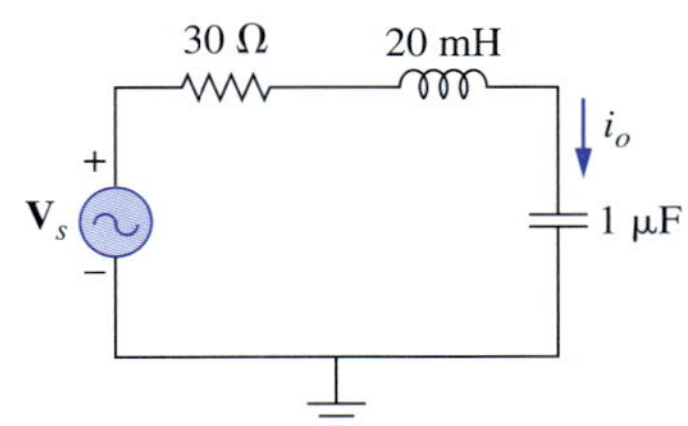

그림 15.14
연습문제 15.5와 예제 15.7의 회로

해답 그림 15.15의 그래프

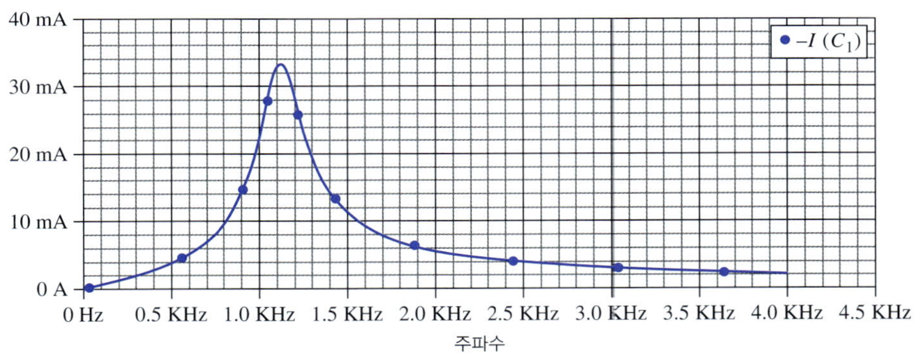

그림 15.15
그림 15.14회로의 주파수응답

예제 15.6

그림 15.16의 회로의 주파수응답을 구하라.

풀이

앞의 예제와 연습문제의 회로가 각각 병렬과 직렬이었던 것에 비해 그림 15.16

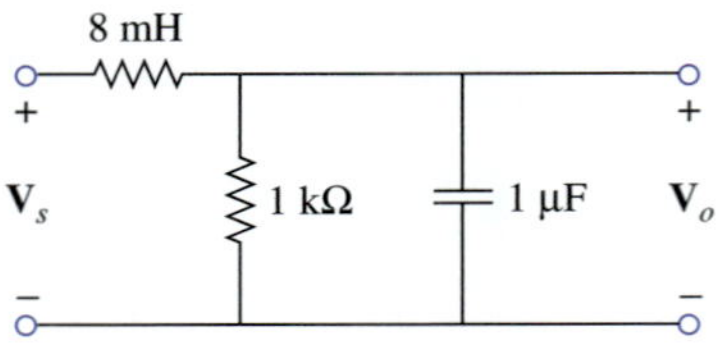

그림 15.16

예제 15.6의 회로

의 회로는 병렬도 직렬도 아니다. 입력전압 v_s를 진폭 1 V, 위상 0°의 사인파라 하면 그림 15.17의 회로 스키매틱이 그려진다. 커패시터 양단의 출력전압에 전압 표시자가 삽입되었다.

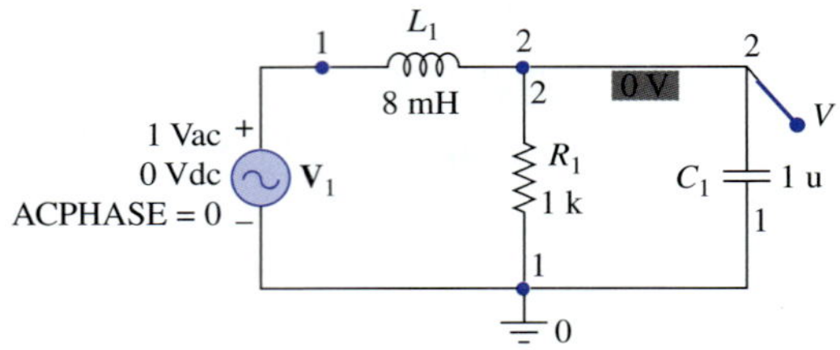

그림 15.17

그림 15.16 회로의 스키매틱

회로가 그려지고 exam156.dsn으로 저장된 후, **PSpice/New Simulation Profile**을 선택하면 새로운 모의실험 대화상자가 뜬다. 파일명으로 "exam156"를 입력하고 Create를 클릭하면 모의실험 설정 대화상자가 뜬다. 이 대화상자의 *Analysis Type*에 *AC Sweep/Noise*를, *AC Sweep Type*에 Linear를 선택하고 *Start Freq*에 500을, *Final Freq*에 4k를, 그리고 *Points/Decade*에 10을 입력한다.

이제 500 Hz < f < 4 kHz범위의 교류 스윕을 수행할 준비가 되었다. 회

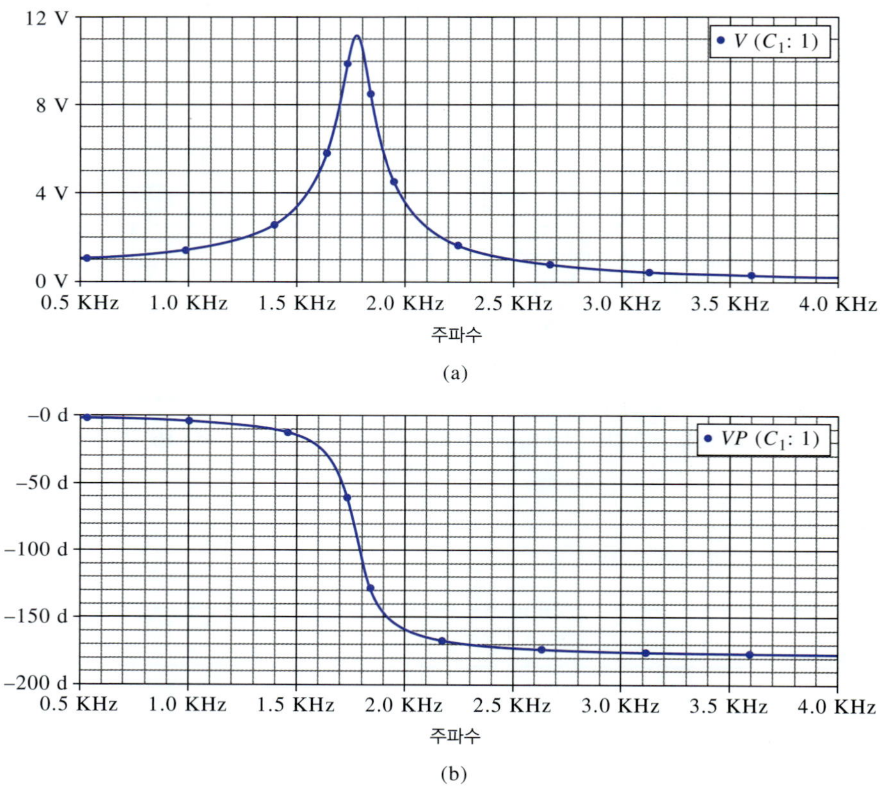

그림 15.18

예제 15.6: (a) 위상 도표, (b) 주파수응답의 크기 도표

로를 모의실험하기 위하여 **PSpice/Run**을 선택하면 자동적으로 프로브 창이 뜬다. **Trace/Add Trace**를 선택한 후 V(C1:2)혹은 VM(C1:2)를 선택한다. 그림 15.18(a)에 결과를 표시하였다. 공진주파수가 대략 1.8 kHz임을 알 수 있다. 위상을 구하기 위해 **Trace Command** 상자에 **Trace/Add Trace**를 선택한 후 VP(C1:1)를 선택한다. 그림 15.18(b)에 결과를 나타내었다.

연습문제 15.6

그림 15.19의 회로의 주파수응답을 1001 응답점, 범위 $1 < f < 10{,}000$ Hz의 선형 주파수 스윕의 조건에서 PSpice를 사용하여 구하라.

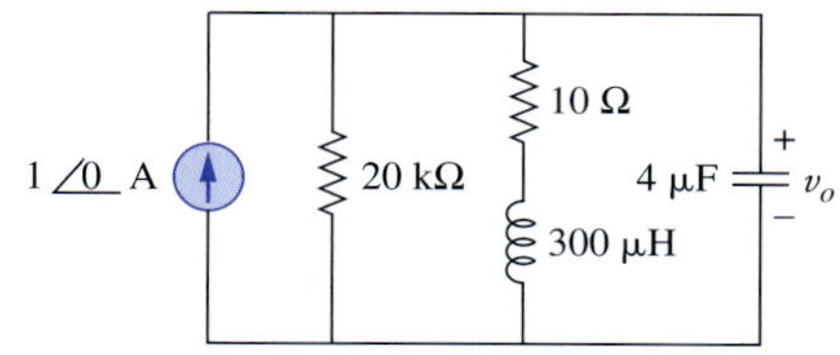

그림 15.19
연습문제 15.6의 회로

해답 그림 15.20 참조

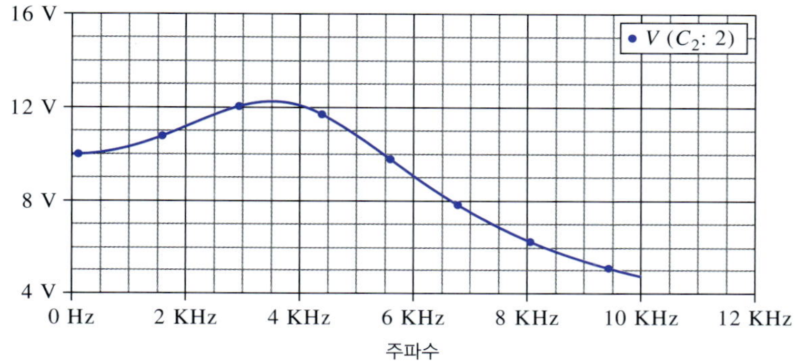

그림 15.20
연습문제 15.6의 회로

15.5.2 Multisim

Multisim이 PSpice처럼 단일주파수 해석을 하는 것은 아니지만 D.4절(부록 D의)에서 다루었던 교류 스윕을 통해 회로의 주파수응답을 얻을 수 있다. 이 절을 공부하기 전에 D.4절을 참조하기 바란다.

예제 15.7

그림 15.14의 직렬 공진 회로의 주파수응답을 Multisim을 이용하여 구하라.

풀이

먼저 그림 15.21처럼 회로를 그리고 전압원 기호에 이중 클릭을 해서 교류전압 대화 상자를 뜨게 한다. AC Analysis Amplitude에 1을, AC Analysis Phase에 0을, frequency에 1 kHz(꼭 이럴 필요는 없음)를 설정한다.

Multisim은 자동적으로 노드 번호를 생성하는데 만약 생성되지 않으면 Options/Sheet Properties를 선택한다. Net Names에서 "Show all"을 치면 모

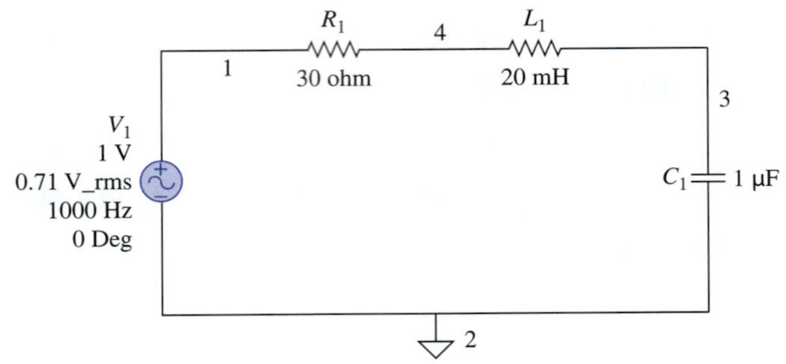

그림 15.21
예제 15.7의 회로

든 노드에 번호가 생성된다. 이 문제의 응답은 노드 3에서 얻어진다. 모의실험의 주파수범위는 **Simulate/Analyses/AC Analysis**에서 선택된다. 교류해석 대화상자의 *FSTART*에 1 Hz를, *FSTOP*에 8 kHz를, *Sweep type*에 Decade를, *Number of points per decade*에 100을, 그리고 *Vertical scale*에 Linear를 선택한다(그림 15.15에서 이미 주파수의 범위를 알지만 만약 미리 모르면 시행착오법으로 알아낸다) . 출력 변수에서 V(3)를 왼쪽 리스트에서 오른쪽 리스트로 옮겨 노드 3의 전압이 스크린에 보이도록 한다. 마지막으로 **Simulate**를 선택한다. 주파수응답(크기와 위상)이 그림 15.22에 표시되었다.

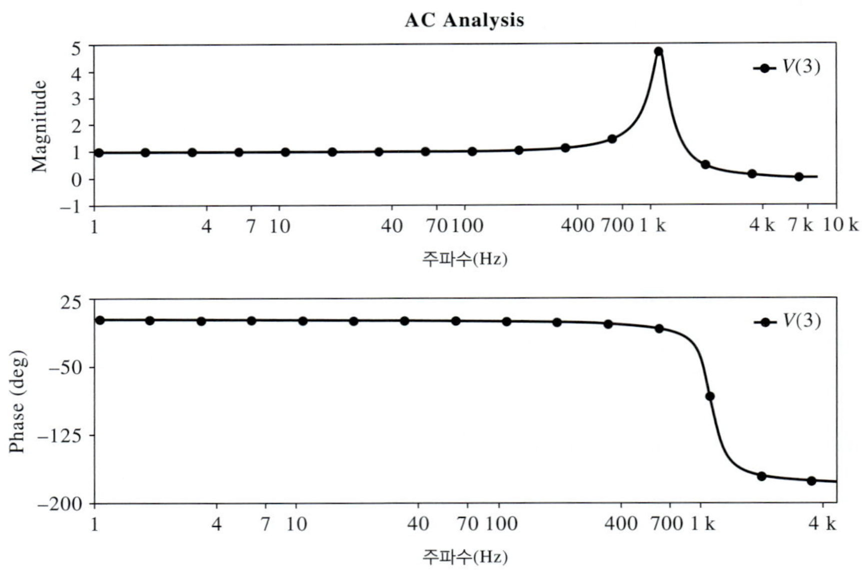

그림 15.22
그림 15.21 회로의 주파수응답

연습문제 15.7

그림 15.11 회로의 주파수응답을 Multisim을 이용하여 구하라.

해답 그림 15.13 참조

15.6 †응용

공진회로는 그 용도가 다양한데 특히 전자, 전력 시스템, 통신 시스템이 그것이다. 이 절에서는 공진 회로의 한 가지 실용적인 분야를 다루기로 한다. 초점을 기기가 작동하는 원리를 이해하는 것에 두지 않고 이 장에서 고려된 회로가 실제 기기에서 어떻게 응용되는지를 살펴 보는 것에 두기로 하겠다.

직렬, 병렬 공진회로는 라디오와 TV 수신기에서 채널을 맞추고 오디오 신호를 무선주파수의 반송파와 구별하는데 사용된다. 한 예로서 그림 15.23의 AM 라디오의 블록도를 살펴보기로 한다. 먼저 안테나에서 진폭 변조된 라디오파(서로 다른 방송국의 수많은 서로 다른 주파수를 가진)를 수신한다. 입력신호 중 오직 하나의 신호를 선택하기 위하여 공진회로(혹은 대역통과여파기)가 필요하다(그림 15.23의 RF 증폭기 부분). 선택된 신호는 대단히 약하므로 가청의 오디오 주파수 신호를 발생하기 위하여 여러 단계의 증폭과정을 거친다. 이 과정을 정리하면 다음과 같다. 선택된 방송신호를 RF 증폭기가 증폭하고 RF 신호에서 발생된 중간 신호를 IF 증폭기가 증폭한 후 가청 오디오 신호를 오디오 증폭기가 증폭하면 이 신호가 확성기를 통과한다.

그림 15.23에 나타난 AM 수신기 타입을 **슈퍼헤테로다인 수신기**라고 부른다. 라디오 개발 초기에는 각 증폭단계는 입력신호 주파수에 동조되었다. 이 방법에서는 각 증폭단계마다 전체 AM 대역폭(530에서 1,600 kHz)을 포함하는 여러 개의 동조회로를 가지고 있어야 했다. 이런 여러 개의 공진회로를 가지고 있어야 한다는 단점을 보완하기 위해 현대의 수신기는 입력신호에 실린 가청주파수를 선택할 수 있도록 IF 신호(455 kHz)를 발생하는 **주파수믹서** 혹

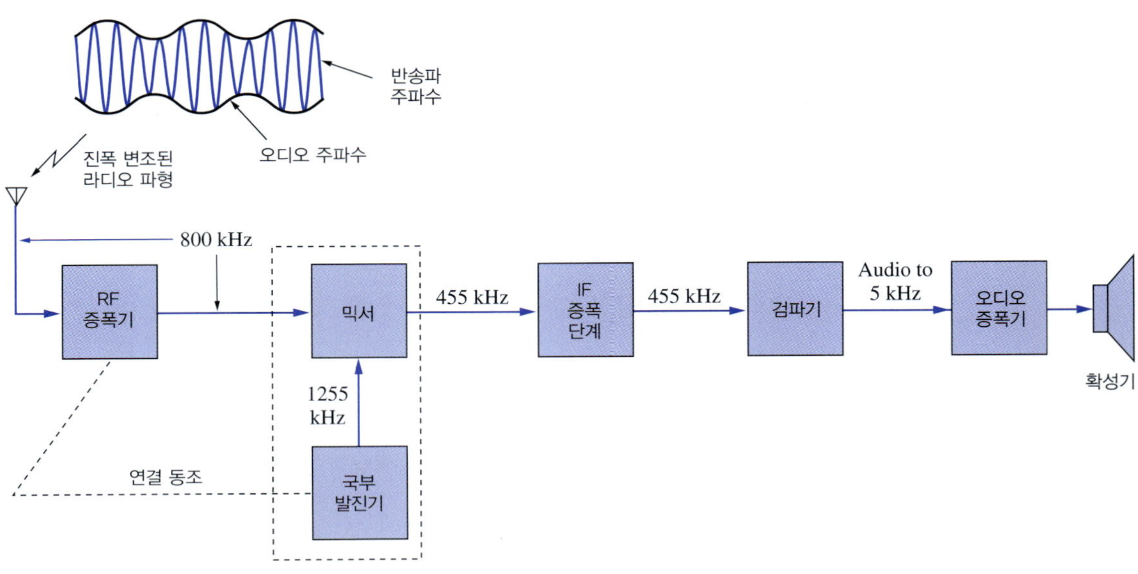

그림 15.23
슈퍼헤테로다인 AM 라디오의 간단한 블록도

은 **헤테로다인** 회로를 사용한다. 일정한 IF 주파수를 발생하기 위하여 서로 다른 두 개의 가변 커패시터가 기계적으로 맞물려 간단한 제어로 동시에 돌아갈 수 있게 만든 두 회전자를 연결동조 회로라 한다. 주파수 믹서에서 **국부발진기**와 RF신호가 연결되어 두 신호의 합과 차가 포함된 출력 신호를 발생시킨다. 그 예로, 공진회로가 800-kHz 입력신호를 받도록 동조되어 있다면 국부발진기는 반드시 1,255-kHz 신호를 공급하여서 그 합 주파수(1,255 + 800 = 2,055 kHz), 그리고 그 차이 주파수(1,255 − 800 = 455 kHz)가 믹서 출력에 나올 수 있도록 하여야 한다. 실제로는 차이 주파수(455 kHz)만 사용된다. 이 주파수가 어떤 채널을 원하든지 모든 IF 증폭 단계가 동조하는 주파수이다. 원래의 오디오 신호("정보"를 포함하고 있는)는 검파기 단계에서 추출된다. 검파기는 기본적으로 IF 신호를 제거해서 오디오 신호를 추출하는 역할을 한다. 오디오 신호는 전기 신호를 음성으로 바꾸는 변환기로 동작하는 확성기를 구동하도록 증폭된다.

다음 예제는 AM 라디오의 동조회로에 관한 것이다. 여기서 설명되는 AM 라디오의 동작은 많이 다른 주파수 대역폭에서 FM 라디오에도 적용된다.

예제 15.8

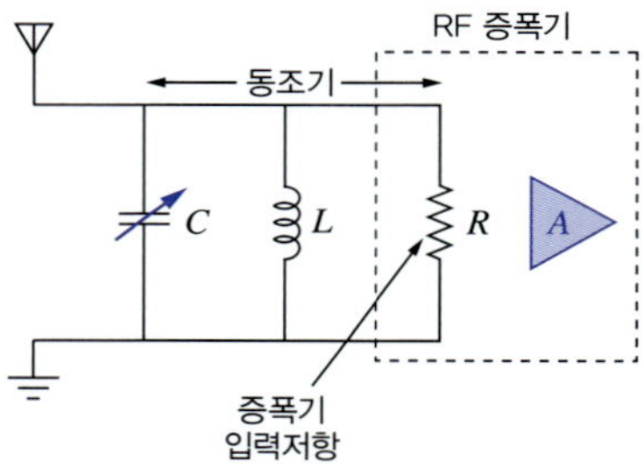

그림 15.24
예제 15.8의 회로

그림 15.24에 AM 라디오의 공진 혹은 동조회로가 표시되어 있다. $L = 1\ \mu\text{H}$라고 하면 공진주파수를 AM 대역의 한쪽 끝에서 다른 쪽 끝으로 맞추게 하는 C의 범위는 얼마인가?

풀이

AM 방송의 주파수 범위는 530에서 1,600 kHz이다. 대역의 낮은 끝과 높은 끝을 살피자. 그림 15.24의 공진회로는 병렬 연결이므로 15.4절의 원리를 적용하면 식 (15.24)로부터

$$\omega_0 = 2\pi f_0 = \frac{1}{\sqrt{LC}}$$

혹은

$$C = \frac{1}{4\pi^2 f_0^2 L}$$

AM 대역의 높은 끝인 $f_0 = 1{,}600$ kHz에 해당하는 C는

$$C_1 = \frac{1}{4\pi^2 \times 1{,}600^2 \times 10^6 \times 10^{-6}} = 9.9 \text{ nF}$$

AM 대역의 낮은 끝인 $f_0 = 530$ kHz에 해당하는 C는

$$C_2 = \frac{1}{4\pi^2 \times 530^2 \times 10^6 \times 10^{-6}} = 90.18 \text{ nF}$$

그러므로 C는 9.9에서 90.2 nF까지의 값을 갖는 가변 커패시터이어야 한다.

연습문제 15.8

FM 라디오에서 입력신호의 주파수범위가 88에서 108 MHz까지라고 한다. 동조회로가 4-μH 코일의 병렬 *RLC* 회로이고 국부발진기 주파수가 반송파 주파수보다 10.7 MHz 위에 있어야 한다면 이 대역 전체를 도함하도록 하는 가변 커패시터의 범위는 얼마인가?

해답 0.543에서 0.8177 pF까지

15.7 요약

1. 공진주파수란 임피던스나 어드미턴스의 허수부가 사라지는 주파수를 말한다. 직렬이나 병렬 *RLC* 회로에서

$$\omega_0 = \frac{1}{\sqrt{LC}} = 2\pi f_o$$

2. 반전력주파수(ω_1, ω_2)란 공진주파수 전력의 반을 흡수할 때의 주파수를 말한다. 반전력주파수의 기하 평균이 공진주파수이다. 즉

$$\omega_0 = \sqrt{\omega_1 \omega_2}$$

3. 대역폭이란 반전력주파수 사이의 주파수 대역을 말한다.

$$BW = \omega_2 - \omega_1$$

4. Q인자란 공진최고점의 뾰족한 정도를 말한다. 동시에 공진(각)주파수와 대역폭의 비이기도 하다.

$$Q = \frac{\omega_0}{BW}$$

5. 교류 스윕에서 응답의 주파수 범위와 그 범위 안에서 응답점의 숫자가 명시되면 회로의 주파수응답을 PSpice나 Multisim을 사용하여 구할 수 있다.

6. 공진회로의 실제적인 예의 하나가 라디오 수신기이다. 라디오는 안테나에서 수신된 모든 방송신호 중 하나의 주파수에 동조하는 목적으로 공진회로를 사용한다.

복습문제

15.1 40-pF커패시터와 90-μH인덕터가 직렬로 연결되면 공진 주파수는?

(a) 36 MHz (b) 24.5 MHz
(c) 16.67 MHz (d) 2.65 MHz

15.2 5 kHz에서 12 nF커패시터와 공진하는 인덕턴스의 값은?

(a) 2652 H (b) 11.844 H
(c) 3.333 H (d) 84.43 mH

15.3 직렬 RLC 회로에서 인덕터 양단에 걸리는 전압이 공진 때의 값에서 0.707로 떨어질 때의 주파수는?

(a) 공진주파수 (b) 컷오프주파수
(c) 반전력주파수 (d) 대역폭

15.4 반전력주파수 사이의 주파수 대역은?

(a) Q 인자
(b) 공진주파수
(c) 대역폭
(d) 컷오프주파수

15.5 직렬 RLC 회로에서 Q 인자는 R에 직접 비례한다.

(a) 참 (b) 거짓

15.6 직렬 RLC 회로에서 다음 Q 인자 중 공진 때 가장 뾰족한 곡선을 갖는 것은?

(a) $Q = 20$ (b) $Q = 12$
(c) $Q = 8$ (d) $Q = 4$

15.7 40 Ω저항과 2,800 Ω X_L를 갖는 직렬 공진회로의 Q 인자는?

(a) 70 (b) 1.75 (c) 0.5714

15.8 RLC에서 대역폭 BW는 R에 직접 비례한다.

(a) 참 (b) 거짓

15.9 병렬 공진회로가 공진주파수에서 동작할 때 그 값이 같은 두 개의 인자는?

(a) L과 C (b) R과 C
(c) R과 L (d) X_C와 X_L

15.10 Q 인자가 얼마보다 클 때 공진회로가 높은 Q인자를 가지고 있다고 불리는가?

(a) 1 (b) 10 (c) 100 (d) 1000

해답 15.1d, 15.2d, 15.3c, 15.4c, 15.5b, 15.6a, 15.7a, 15.8b, 15.9d, 15.10b

문제

15.2절과 15.3절 직렬 공진과 Q 인자

15.1 직렬 RLC네트워크에서 $R = 2$ kΩ, $L = 40$ mH, $C = 1$ μF일 때 공진시, 공진주파수의 각각 1/4, 1/2, 2, 4배의 주파수일 때의 임피던스를 구하라.

15.2 직렬 RLC 회로에서 $R = 0.1$ kΩ, $L = 10$ mH, $C = 5$ nF일 때 (a) 공진주파수 (b) 대역폭 (c) Q 인자를 구하라.

15.3 10 Ω 부하와 $\omega_0 = 50$ rad/s공진주파수, 80의 Q 인자를 갖는 직렬 RLC 회로를 설계하고 그 대역폭을 구하라.

15.4 $BW = 20$ rad/s, $\omega_0 = 1000$ rad/s를 갖는 직렬 RLC 회로를 설계하고 그 회로의 Q를 구하라.

15.5 그림 15.25의 회로에서 $v(t)$와 $i(t)$가 동위상을 갖는 주파수 ω_0를 구하라.

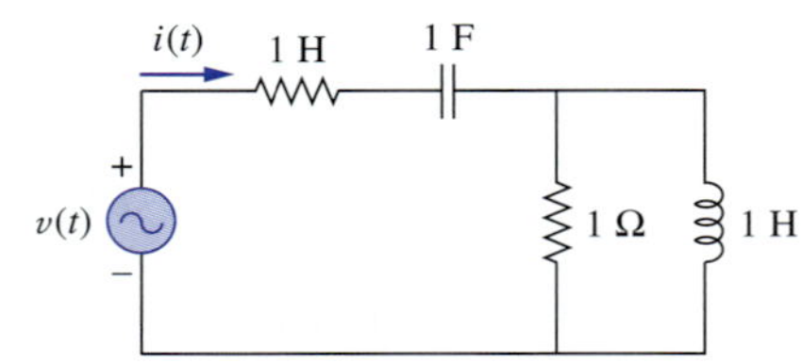

그림 15.25
문제 15.5의 회로

15.6 그림 15.26의 직렬 RLC 회로에서 다음을 구하라.

(a) 공진 시의 X_C의 값
(b) 공진 시의 전류 $i(t)$의 크기
(c) Q인자
(d) 대역폭

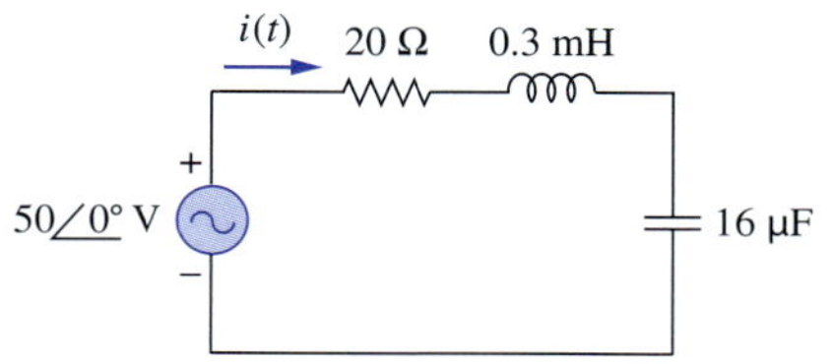

그림 15.26
문제 15.6의 회로

15.7 직렬 공진회로가 8 kHz 공진주파수와 Q 인자 20을 가지고 있다. 다음을 구하라.
(a) 대역폭
(b) 반전력주파수
(c) $R = 10\ \Omega$일 때의 X_C의 값

15.8 10 mH 인덕턴스와 20 Ω 저항 코일로 이루어진 회로가 커패시터와 실효전압 120 V의 발전기와 직렬로 연결되어 있다. 다음을 구하라.
(a) 15 kHz에서 회로가 공진이 되게 하는 커패시턴스의 값
(b) 공진 때에 코일에 흐르는전류
(c) 회로의 Q

15.9 직렬 RLC 회로에서 $f = 4$ MHz일 때 $R = 4\ \text{k}\Omega$, $X_L = 40\ \text{k}\Omega$, $X_C = 30\ \text{k}\Omega$이다. 대역폭과 Q 인자를 구하라.

15.10 $V = 12\angle 0°$ V인 60-Hz 공급전압이 직렬 RLC 회로에 연결되어 있고 $R = 10\ \Omega$, $X_L = 160\ \Omega$이라 한다.
(a) 직렬공진이 되게 하는 C의 값을 구하라.
(b) 공진 때의 최대 전류를 구하라.
(c) 공진 때 인덕터 양단에 걸리는 전압을 구하라.

15.11 주파수 4.5 kHz에서 2.4-mH 코일과 직렬 공진을 이루기 위해서 필요한 커패시턴스의 값은 얼마인가?

15.12 직렬 RLC 회로가 공진주파수 40 Mrad/s에서 6 Mrad/s 대역폭과 20 Ω의 임피던스를가지고 있다. 다음을 구하라.
(a) 인덕턴스 L
(b) 커패시턴스 C
(c) Q 인자 Q
(d) 상부와 하부 컷오프 주파수

15.13 내부저항 5 Ω을 가지고 있는 10-mH 인덕터가 커패시터, 그리고 테브난 등가 저항으로 15 Ω을 가지고 있는 전압원과 직렬로 연결되어 있다. 다음을 구하라.
(a) 2 krad/s에서 공진을 일으키게 하는 커패시턴스의 값
(b) 회로의 Q인자
(c) 회로의 대역폭

15.4절 병렬 공진

15.14 $\omega_0 = 10$ rad/s, $Q = 20$인 갖는 병렬 공진 RLC 회로를 설계하고 회로의 대역폭을 구하라. $R = 10\ \Omega$을 선택한다.

15.15 어느 병렬 회로가 10 MHz에서 $R = 5.6\ \text{k}\Omega$, $X_L = 40\ \text{k}\Omega$, $X_C = 40\ \text{k}\Omega$이다. 대역폭을 구하라.

15.16 Q 인자로 120을 가지고 있는 병렬 공진회로가 공진주파수 6×10^6 rad/s이다. 대역폭과 반전력주파수를 구하라.

15.17 병렬 RLC회로가 5.6 MHz에서 공진이고 Q가 80, 40 kΩ의 저항성 브랜치를 가지고 있다. 다른 두 브랜치의 L과 C의 값을 구하라.

15.18 병렬 RLC 회로가 $R = 5\ \text{k}\Omega$, $L = 8$ mH, $C = 60\ \mu$F이다. 다음을 구하라.
(a) 공진주파수
(b) 대역폭
(c) Q 인자

15.19 병렬 RLC 공진회로가 중간대역 어드미턴스로 25 mS, Q 인자로 80, 공진주파수로 200 krad/s를 가지고 있다. R, L, C의 값, 대역폭, 반전력주파수를 구하라.

15.20 소자가 병렬 연결로 바뀌었을 경우에 대해 문제 15.1을 다시 풀어라.

15.21 그림 15.27의 탱크회로에서 공진주파수를 구하라.

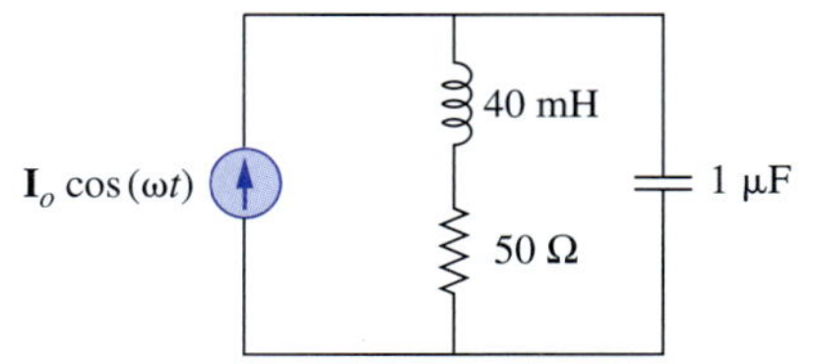

그림 15.27
문제 15.21과 15.31의 회로

15.22 병렬 공진회로가 2 kΩ 저항과 86 kHz, 90 kHz 반전력주파수를 가지고 있다. 다음을 구하라.
(a) 커패시턴스
(b) 인덕턴스
(c) 공진주파수
(d) 대역폭
(e) Q 인자

15.23 그림 15.28 회로에서 공진주파수 ω_0, Q 인자 Q, 대역폭 BW를 구하라.

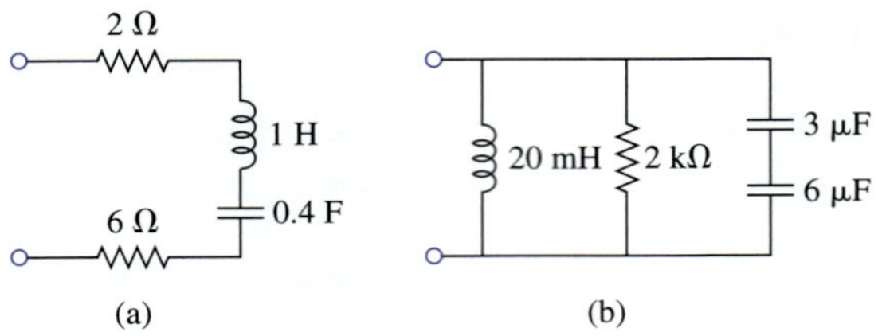

그림 15.28
문제 15.23의 회로

15.24 그림 15.29의 병렬 RLC 회로에서 다음을 구하라.

(a) ω_o

(b) ω_o에서의 총 임피던스

(c) Q

(d) 대역폭

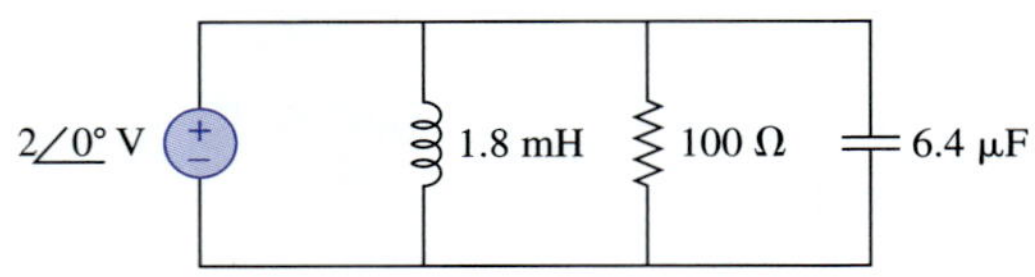

그림 15.29
문제 15.24의 회로

15.25 병렬 RLC 회로가 2 MHz에서 공진이고 $Q = 80$, $R = 300$ kΩ이다. L과 C의 값을 구하라.

15.26 병렬 RLC 회로가 300 kHz에서 공진이고 $R = 2$ kΩ이다. 대역폭이 5 kHz가 되게 하는 Q, L, C의 값을 구하라.

15.27 주파수 200 Hz에서 5-pF 커패시터와 병렬 공진을 이루는 인덕턴스의 값은 얼마인가?

15.28 그림 15.30의 회로에서 $v = 10 \sin(\omega t)$라고 한다.

(a) 공진주파수를 구하라.

(b) 공진 상태에서 전압원이 공급하는 전력을 구하라.

(c) Q인자와 대역폭을 구하라

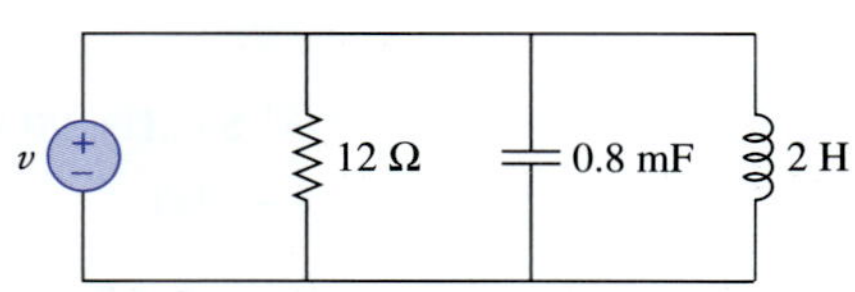

그림 15.30
문제 15.28의 회로

15.5절 컴퓨터 해석

15.29 그림 15.31 회로의 주파수응답을 PSpice를 이용하여 구하라. 주파수의 범위는 시행착오법으로 구하라.

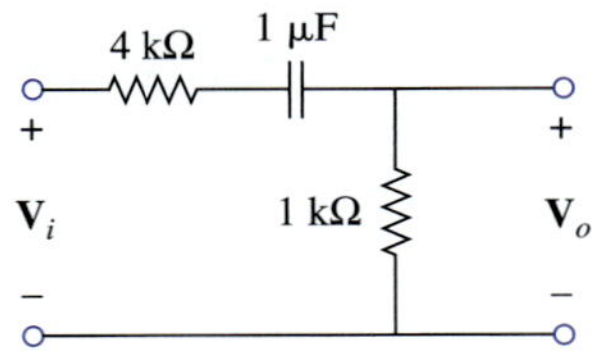

그림 15.31
문제 15.29와 15.33의 회로

15.30 그림 15.32 회로의 주파수응답($\mathbf{V}_o$의 크기와 위상)을 PSpice를 이용하여 구하라. 1부터 1000 Hz까지의 선형 주파수 스윕을 이용한다.

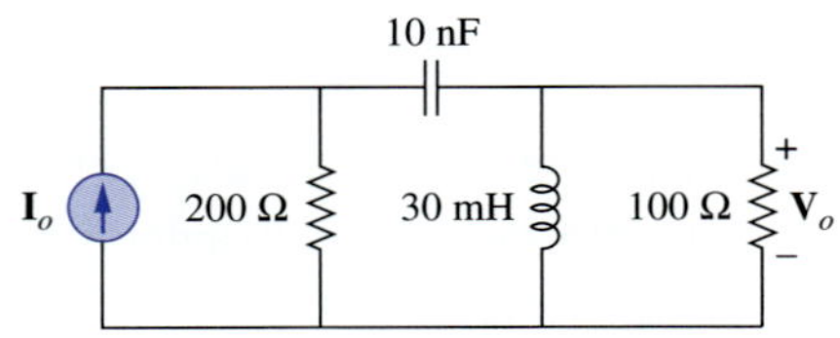

그림 15.32
문제 15.30의 회로

15.31 문제 15.21을 PSpice를 사용하여 풀라.

15.32 그림 15.33 회로의 공진주파수를 PSpice를 이용하여 구하라.

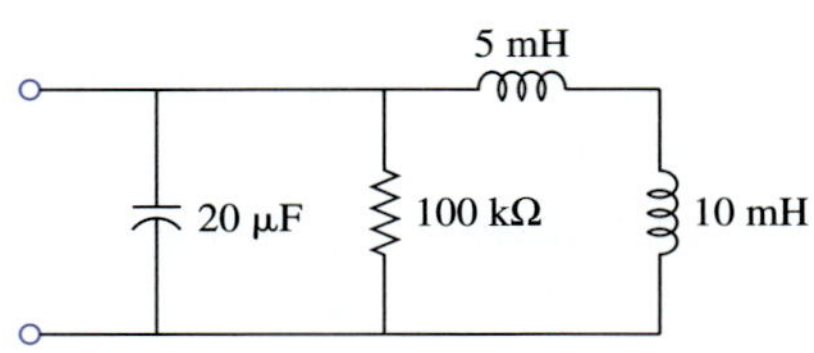

그림 15.33
문제 15.32의 회로

15.33 문제 15.29를 Multisim을 사용하여 풀라.

15.34 그림 15.34 회로의 주파수응답을 Multisim을 사용하여 구하라. 10 Hz $< f <$ 10 kHz라고 한다.

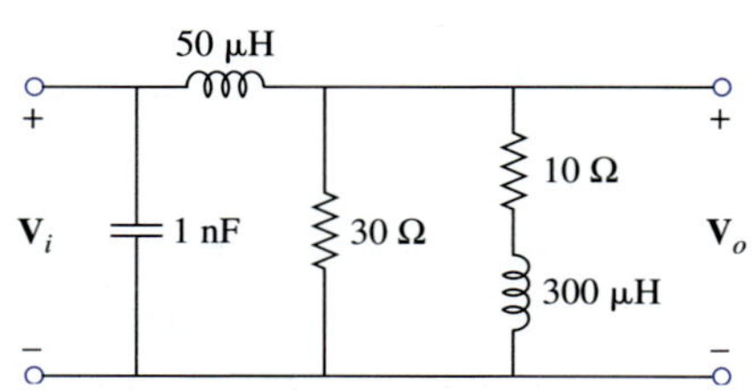

그림 15.34
문제 15.34의 회로

15.35 그림 15.35 회로의 주파수응답을 Multisim을 사용하여 구하라.

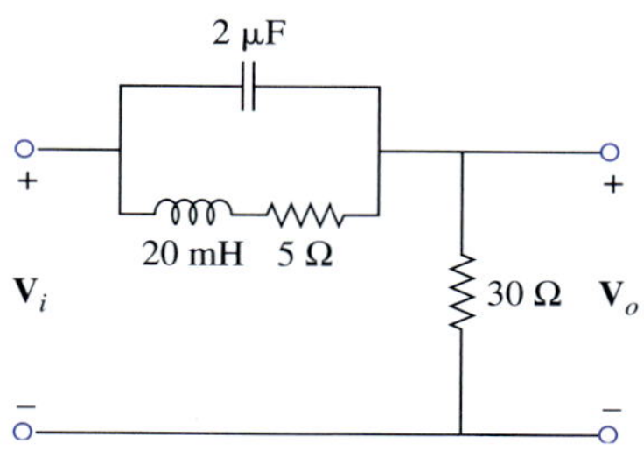

그림 15.35

문제 15.35의 회로

15.6절 응용

15.36 라디오 방송용 공진회로가 120-pF 커패시터와 240-μH인덕터의 병렬 연결로 이루어져 있다. 인덕터가 400 Ω의 내부저항을 가지고 있다면 이 회로의 공진주파수는 얼마인가? 만약 인덕터 저항이 40 Ω으로 줄어든다면 공진주파수는 얼마인가?

15.37 직렬 동조된 안테나 회로가 가변 커패시터(40에서 360 pF)와 직렬저항 12 Ω의 240-μH안테나 코일로 이루어져 있다. (a) 동조 가능한 라디오 신호의 주파수 범위를 구하라. (b) 주파수 범위의 양쪽 끝에서의 Q를 구하라.

15.38 어느 전자 테스트 회로가 반전력주파수 432와 454 Hz 사이에서 공진 곡선을 가지고 있다. $Q = 20$ 이라면 회로의 공진주파수는 얼마인가?

15.39 어느 전자회로의 직렬 회로가 2 MHz에서 100 Ω저항, 5 kΩ 용량성 리액턴스, 300 Ω유도성 리액턴스로 이루어져 있다. 이 회로의 공진주파수와 대역폭을 구하라.

CHAPTER

16

필터와 보데 선도

"성과는 피부색과 무관하다."

— Leontyne Price

역사 프로필

Alexander Graham Bell(1847~1922) 전화기의 발명가로 스코틀랜드 출신 미국 과학자이다.

벨은 유명한 발성 교사이던 멜빌 벨의 아들로 스코틀랜드 에딘버르에서 태어났다. 그도 역시 에딘버러 대학과 런던 대학을 졸업한 후 발성 교사가 되었다. 1866년에 전기적으로 음성을 전송하는 일에 관심을 갖게 되었다. 그의 형이 결핵으로 사망한 후 그의 아버지는 캐나다 이주를 결심하였다. 벨은 보스턴에서 청각장애 학교 근무를 요청 받았다. 거기서 만난 토마스 A. 왓슨은 전파 송신기 전송실험의 조수가 되었다. 1876년 3월 10일에, 알렉산더는 "왓슨, 이리와 봐요. 당신이 필요해요"라는 유명한 전화 메시지를 보내게 된다. 이 장에서 소개할 로그 단위계인 벨(bel)은 그의 업적을 기려서 만들어진 것이다.

Alexander Graham Bell
© Ingram Publishing

Hendrik W. Bode(1905~1982) 이 장에서 논의할 보데 선도를 발명한 미국 공학자이다.

위스콘신주 매디슨에서 태어난 그는 오하이오 주립 대학에서 학사와 석사 학위를 취득했다. 그는 벨 전화 연구소에서 일하면서 전기 필터와 이퀄라이저 설계로 경력을 쌓아가기 시작했다. 벨 연구소에서 근무하면서 컬럼비아 대학에서 박사 학위를 받았다 전기 필터와 이퀄라이저에 대한 보데의 연구 성과는 그 분야에서 고전으로 평가 받는 "네트워크 해석과 궤환증폭기 설계"라는 서적의 저술로 이어졌다. 61세의 나이에 벨 전화 연구소에서 은퇴하자마자 하버드 대학 시스템 공학과의 Gordon McKay 교수로 뽑혔다. 그의 새로운 경력으로 보데는 강의와 대학원생의 연구를 지도했다. 보데는 다수의 과학 및 공학 분야 학회원 혹은 펠로우였다.

Hendrik W. Bode
AIP Emilio Segre Visual Archives, Physics Today Collection

16.1 소개

회로의 정현파 정상 상태 주파수 응답은 많은 응용분야 특히 통신 및 제어 시스템에서 중요하다. 한 가지 특별한 예로, 전자식 필터는 원치 않는 주파수를 가진 신호를 차단 또는 제거하여 원하는 주파수의 신호만을 통과시킨다. 필터는 라디오, TV 및 휴대전화 시스템에서 통신 주파수 대역을 분리하는 용도로 많이 사용된다.

이 장에서 먼저 전력 이득과 전압 이득을 데시벨로 표현하는 방법을 학습한다. 이어서 주파수 응답을 표시하는 산업 표준 방법인 전달함수와 보데 선도를 살펴본다. 또 다른 형태의 필터—저역통과, 고역통과, 대역차단 필터에 대해 살펴본다. 마지막 절에서는 필터의 두 가지 실제적인 응용에 대해 알아볼 것이다.

16.2 데시벨 단위

주파수 응답을 구하는 체계적인 방법은 보데 선도를 사용하는것이다. 보데 선도 구성을 시작하기 전에, 이득을 표현함에 있어서 대수(로그)와 데시벨을 사용한다는 두 가지 중요한 사항을 고려해야 한다. 주파수 응답 특성을 선도로 나타내고자 할 때 대수 체계를 이용하면 넓은 범위의 주파수를 표시하기 편하기 만들기 때문에 로그 단위가 필요하다.

보데선도는 대수를 기반으로 하기 때문에 다음과 같은 대수의 속성에 유의하는 것이 중요하다.

1. $\log P_1P_2 = \log P_1 + \log P_2$ **(16.1)**
2. $\log \dfrac{P_1}{P_2} = \log P_1 - \log P_2$ **(16.2)**
3. $\log P^n = n \log P$ **(16.3)**
4. $\log 1 = 0$ **(16.4)**

식 (16.1)에서 (16.4)은 지수에 상관없이 모든 대수에 적용된다. 전압 또는 전력 이득을 표현하는 비율은 너무 작거나 커질 수 있어서 간단히 표시하거나 논의하기 어렵다. 이러한 이유로 통신 시스템에서의 이득의 단위는 벨(*bels*)[1]로 표기한다. 역사적으로 두 전력 크기의 비율 혹은 전력 이득 G_p를 계측할 때 사용되었다. 즉,

$$G_p = \text{벨 수치} = \log_{10} \frac{P_2}{P_1} \tag{16.5}$$

1 역사 참고: 전화기의 발명가인 알렉산더 그레이엄 벨의 이름에서 유래

데시벨(decibel, dB)은 벨의 10분의 1이며 다음 식으로 표현된다.

$$G_p(\mathrm{dB}) = \text{데시벨 수치} = 10\log_{10}\frac{P_2}{P_1} \tag{16.6}$$

$P_1 = P_2$이면 전력의 변화는 없으며 이득은 0 dB이다. 만일 $P_2 = 2P_1$이면 전력 이득은

$$G_p(\mathrm{dB}) = 10\log_{10} 2 = 3.01\ \mathrm{dB} \tag{16.7}$$

이고, P_2=0.5P_1이면 전력 이득은

$$G_p(\mathrm{dB}) = 10\log_{10} 0.5 = -3.01\ \mathrm{dB} \tag{16.8}$$

식 (16.7)과 (16.8)은 대수가 자주 사용되는 또 다른 이유를 보여준다. 즉 어떤 크기의 역수에 대한 대수값은 원래 크기의 대수값에 단순히 부호만 바뀐다는 것이다. 양의 dB값은 이득을 나타내는 반면 음의 dB값은 손실이나 감쇄를 나타낸다.

다른 방법으로 이득 G는 전압 또는 전류의 비율로 표현될 수 있다. 이렇게 하기 위해 그림 16.1에 보인 네트워크를 살펴보자. P_1이 입력 전력, P_2는 출력(부하) 전력, R_1은 입력 저항, R_2는 부하저항이라고 하면

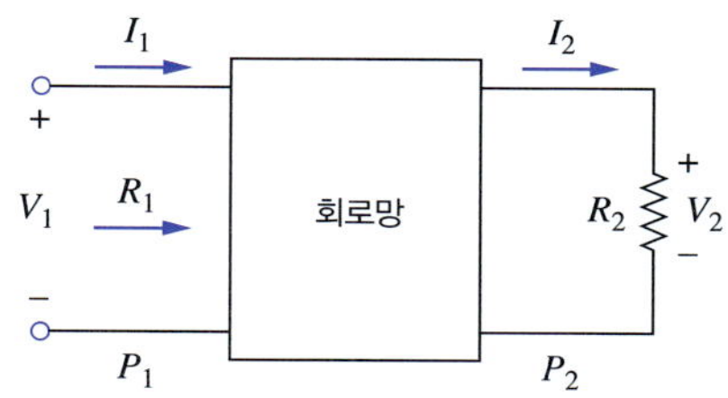

그림 16.1
4단자 회로망에서 전압-전류 관계

$$P_1 = \frac{V_1^2}{R_1} \tag{16.9}$$

이고,

$$P_2 = \frac{V_2^2}{R_2} \tag{16.10}$$

이고, 식 (16.6)은 아래와 같이 정리된다.

$$\begin{aligned} G_p(dB) &= 10\log_{10}\frac{P_2}{P_1} = 10\log_{10}\frac{V_2^2/R_2}{V_1^2/R_1} \\ &= 20\log_{10}\frac{V_2}{V_1} - 10\log_{10}\frac{R_2}{R_1} \end{aligned} \tag{16.11}$$

$R_2 = R_1$인 경우(실제는 그렇지 않지만 흔히 가정할 수 있는 조건임) 전압 크기를 비교하면 식 (16.11)로부터 전압 이득을 다음과 같이 구할 수 있다.

$$G_v(\mathrm{dB}) = 20\log_{10}\frac{V_2}{V_1} \tag{16.12}$$

표 16.1은 다양한 크기의 전압이득을 데시벨로 표시한 것이다.

다른 방법으로 만일 $P_1 = I_1^2R_1$이고 $P_2 = I_2^2R_2$일 때 $R_2 = R_1$이라면 전류 이득을 데시벨로 표시하면 다음과 같다.

표 16.1

다양한 크기의 전압 이득에 대한 데시벨

Gain(V_o/V_1)	dB = 20 log (V_o/V_1)
1	0
2	6
10	20
20	26
100	40
1,000	60
10,000	80
100,000	100

$$G_I(\text{dB}) = 20 \log_{10} \frac{I_2}{I_1} \tag{16.13}$$

식 (16.6), (16.12)와 (16.13)으로부터 다음 2가지 중요한 사실을 주목하자.

1. 전력과 전압, 전류 사이에 제곱의 관계가 성립($P = V^2/R = I^2R$)하기 때문에 10 log는 전력이득에 사용되며 20 log는 전압이나 전류 이득에 사용한다.
2. dB 값은 대수 측정치로 같은 형태의 두 값에 대한 비율을 나타낸다.

데시벨 측정은 어떤 기준치에 대해 전력의 절대 크기를 표시하는 데 사용한다. dBm은 1 mW에 대해 데시벨로 표시한 전력의 크기이다.

$$\text{dBm} = 10 \log_{10}\left(\frac{\text{실제 전력 [W]}}{1\text{ mW}}\right) \tag{16.14}$$

만일 실제 전력이 P이면

$$\text{dBm} = 10 \log_{10}\left(\frac{P}{1\text{ mW}}\right) \tag{16.15a}$$

혹은

$$P = (1\text{ mW}) \times 10^{\text{dBm}/10} \tag{16.15b}$$

dB 뒤에 붙은 첨미사 m은 0 dB에 대해 1 mW를 기준으로 취한다는 의미이다. dBm(혹은 dBmW)는 무선통신이나 광통신망에 대해 절대 전력의 간단한 계측에 사용된다. 표 16.2는 dBm 값의 몇 가지 유용한 경우를 정리한 것이다.

표 16.2

dBm의 몇 가지 전형적인 유용한 값

dBm level	전력	응용분야
80 dBm	100,000 W	FM 라디오 기지국의 송출 전력
60 dBm	1,000 W	마이크로웨이브 오븐 내부 RF 전력
27 dBm	500 mW	휴대전화 전송전력
26 dBm	400 mW	1800-MHz 휴대폰의 최대 출력 전력
20 dBm	100 mW	100m 범위 클래스 1 블루투스 신호
−70 dBm	0.0000001 mW	네트워크간 평균 무선 신호
−127.5 dBm	0.000000000000018 mW	전형적인 GPS 위성 수신 신호 전력

예제 16.1

다음 대수 값을 구하라.

(a) $\log_{10}(0.6)(400)$

(b) $\log_{10}\frac{8 \times 10^3}{10^{-2}}$

(c) $\log_{10} 200^3$

풀이

(a) $\log_{10}(0.6)(400) = \log_{10} 0.6 + \log_{10}(400) = -0.2218 + 2.602$
$= 2.3802$

다른 방법으로 TI-89 계산기를 이용해서 log 함수를 선택한다. CATALOG 키를 누른 다음 아래로 내려서 log(가 보이면 ENTER 키를 누른다. 숫자를 입력하면

```
Log (0.6*400)
```

◆ ENTER 키를 누르면 결과 2.3802가 나타난다.

(b) $\log_{10}\frac{8 \times 10^3}{10^{-2}} = \log_{10} 8 + \log_{10} 10^3 - \log_{10} 10^{-2}$
$= 0.903 + 3 - (-2) = 5.903$

또는 TI-89 계산기를 이용하면

```
log (8*10^3/10^-2)=5.903
```

(c) $\log_{10} 200^3 = 3 \log_{10} 200 = 3(2.301) = 6.903$
TI-89 계산기를 이용하면

```
log(200^3)=6.903
```

연습문제 16.1

다음 대수식을 계산하라.

(a) $\log_{10}$ (0 001)(56)

(b) $\log_{10} (0.62)^4$

(c) $\log_{10} \frac{58{,}000}{48}$

해답 (a) −1.2518 (b) −0.8304 (c) 3.082

예제 16.2

다음 조건에 대해 시스템의 이득을 dB로 구하라.

(a) $P_{in} = 2$ mW, $P_{out} = 40$ mW

(b) $P_{in} = 6\ \mu$W, $P_{out} = 1\ \mu$W

(c) $V_{in} = 0.4$ mV, $V_{out} = 2.1$ mV

(d) $V_{in} = 1$ V, $V_{out} = 0.8$ V

풀이

(a) $G_p(\text{dB}) = 10 \log_{10}\dfrac{P_{\text{out}}}{P_{\text{in}}} = 10 \log_{10}\dfrac{40 \text{ mW}}{2 \text{ mW}} = 13.01 \text{ dB}$

(b) $G_p(\text{dB}) = 10 \log_{10}\dfrac{P_{\text{out}}}{P_{\text{in}}} = 10 \log_{10}\dfrac{1 \ \mu\text{W}}{6 \ \mu\text{W}} = -7.782 \text{ dB}$

(c) $G_v(\text{dB}) = 20 \log_{10}\dfrac{V_{\text{out}}}{V_{\text{in}}} = 20 \log_{10}\dfrac{2.1 \text{ mV}}{0.4 \text{ mV}} = 14.403 \text{ dB}$

(d) $G_v(\text{dB}) = 20 \log_{10}\dfrac{V_{\text{out}}}{V_{\text{in}}} = 20 \log_{10}\dfrac{0.8 \text{ V}}{1 \text{ V}} = -1.9382 \text{ dB}$

연습문제 16.2

(a) 입력 전력이 1 mW이고 출력 전력이 60 mW인 시스템의 전력 이득을 dB로 구하라.

(b) 인가전압이 10 mV이고 출력 전압이 2.4 V라고 할 때 전압 이득을 dB로 구하라.

해답 (a) 17.781 dB, (b) 47.604 dB

예제 16.3

dB로 표시된 전력을 비율로 변환하라.

(a) 42.3 dB

(b) −26.5 dB

풀이

(a) $42.3 \text{ dB} = 10 \log_{10}\dfrac{P_2}{P_1},$

이면

$$42.3/10 = 4.23 = \log_{10}\frac{P_2}{P_1} \quad \Rightarrow \quad \frac{P_2}{P_1} = 10^{4.23} = 16{,}982.44$$

(b) 같은 방법으로

$$-26.5/10 = -2.65 = \log_{10}\frac{P_2}{P_1} \quad \Rightarrow \quad \frac{P_2}{P_1} = 10^{-2.65} = 0.00224$$

연습문제 16.3

dB로 표시된 다음 전력에 대해 비율을 구하라.

(a) 16.5 dB

(b) −47.6 dB

해답 (a) 44.67, (b) 1.737×10^{-5}

예제 16.4

전압 이득이 25 dB인 회로망에 입력 2 mV가 가해질 때 출력 전압을 구하라.

풀이

먼저 dB로 표시된 이득을 두 전압의 비율로 변환한다.

$$25\ \text{dB} = 20\log_{10}\frac{V_{\text{out}}}{V_{\text{in}}} \qquad \Rightarrow \qquad \log 10\frac{V_{\text{out}}}{V_{\text{in}}} = 25/20 = 1.25$$

따라서,

$$\frac{V_{\text{out}}}{V_{\text{in}}} = 10^{1.25} = 17.78$$

$$V_{\text{out}} = 17.78\ V_{\text{in}} = 17.78\ (2\ \text{mV}) = 35.56\ \text{mV}$$

연습문제 16.4

전압 이득이 32 dB인 시스템의 출력 전압이 4.6 V일 때 입력 전압을 구하라.

해답 0.1155 V

예제 16.5

(a) 1 mW 기준으로 1 nW, 0.5 W, 12 W를 데시벨로 변환하라.

(b) −13, 5, 30 dBm을 mW 단위의 전력으로 표시하라.

풀이

(a) 다음 2가지 방법으로 구할 수 있다.

■ **해법 1** 식 (16.15a)를 이용하여

1 nW의 경우

$$1\ \text{nW} = 10^{-9}\ \text{W} = 10^{-6}\ \text{mW}$$

$$\text{dBm} = 10\log_{10}\left(\frac{10^{-6}\text{mW}}{1\ \text{mW}}\right) = 10(-6) = -60\ \text{dBm}$$

0.5 W의 경우

$$0.5\ \text{W} = 500\ \text{mW}$$

$$\text{dBm} = 10\log_{10}\left(\frac{500\ \text{mW}}{1\ \text{mW}}\right) = 10(2.7) = 27\ \text{dBm}$$

12 W의 경우

$$12\ \text{W} = 12{,}000\ \text{mW}$$

$$\text{dBm} = 10\log_{10}\left(\frac{12000\ \text{mW}}{1\ \text{mW}}\right) = 10(4.079) = 40.79\ \text{dBm}$$

■ **해법 2** 식 (16.15a)는 다음과 같이 쓸 수 있다.

$$\text{dBm} = 10\log_{10}\left(\frac{P[\text{W}]}{10^{-3}}\right) = 30 + 10\log_{10}(P[\text{W}])$$

1 nW의 경우

$$\text{dBm} = 30 + 10\log_{10}(10^{-9}) = 30 - 90 = -60$$

0.5 W의 경우

$$\text{dBm} = 30 + 10\log_{10}(0.5) = 30 - 3 = 27$$

12 W의 경우

$$\text{dBm} = 30 + 10\log_{10}(12) = 30 + 10.79 = 40.79$$

(b) 식 (16.15b)를 이용하여

$$P = (1\text{ mW}) \times 10^{\text{dBm}/10}$$

−13 dBm의 경우

$$P = 10^{-13/10} = 10^{-1.3} = 50.12 \times 10^{-3}\text{ mW}$$

5 dBm의 경우

$$P = 10^{5/10} = 10^{0.5} = 3.16\text{ mW}$$

30 dBm의 경우

$$P = 10^{30/10} = 10^{3} = 1000\text{ mW}$$

연습문제 16.5

(a) 광출력 300 μW를 dBm으로 표시하라.

(b) 25 dBm의 출력은 mW로 얼마인가?

해답 (a) −5.23 dBm, (b) 316.23 mW

16.3 전달 함수

주파수 응답에 관한 잘 이해하는 것은 많은 분야에서 중요하다. 전달함수 $\mathbf{H}(\omega)$ (또는 네트워크 함수로 불리기도 함)는 회로의 주파수 응답을 찾는 유용한 해석 수단이다. 실제로 회로의 주파수 응답이란 ω를 $\omega = 0$에서 $\omega = \infty$로 달리하면서 전달함수 $\mathbf{H}(\omega)$를 도시한 것이다.

전달함수란 주파수에 따라 달라지는 입력에 대한 출력의 비율이다. 전달함수라는 아이디어는 전압과 전류의 관계를 규정하는 임피던스와 어드미턴스의 개념을 사용할 때 이미 내재된 것이다. 일반적으로 선형 네트워크는 그림 16.2에 보인 블록도 형태로 표시한다.

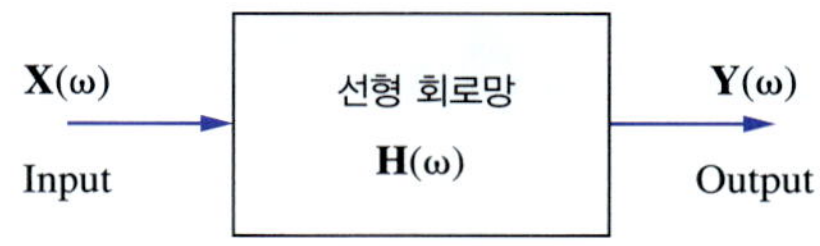

그림 16.2

선형 네트워크의 블록도 표시

회로의 **전달함수** H(ω)란주파수에 따른 페이저 입력 **X**(ω)(공급 전압 또는 전류)에 대한 페이저 출력 **Y**(ω)(요소 전압이나 전류)의 비율

따라서[2],

$$\mathbf{H}(\omega) = \mathbf{Y}(\omega)/\mathbf{X}(\omega) \tag{16.16}$$

전달함수의 일반적인 정의는 초기 조건을 0으로 취한다. 그러나 교류 회로 해석에서 정상상태와 초기조건은 별개로 다룬다.

입력과 출력은 회로에서 임의 위치에서의 전압이나 전류가 될 수 있기 때문에, 다음 4가지 전달함수가 존재할 수 있다.

$$\mathbf{H}(\omega) = \text{전압이득} = \frac{\mathbf{V}_o(\omega)}{\mathbf{V}_i(\omega)} \tag{16.17a}$$

$$\mathbf{H}(\omega) = \text{전압이득} = \frac{\mathbf{I}_o(\omega)}{\mathbf{I}_i(\omega)} \tag{16.17b}$$

$$\mathbf{H}(\omega) = \text{전달임피던스} = \frac{\mathbf{V}_o(\omega)}{\mathbf{I}_i(\omega)} \tag{16.17c}$$

$$\mathbf{H}(\omega) = \text{전달어드미턴스} = \frac{\mathbf{I}_o(\omega)}{\mathbf{V}_i(\omega)} \tag{16.17d}$$

여기서 첨자 i와 o는 각각 입력과 출력 값을 의미한다. 복소량인 $\mathbf{H}(\omega)$는 크기 $\mathbf{H}(\omega)$와 위상 ϕ로 이루어진다. 즉 $\mathbf{H}(\omega) = H(\omega)\underline{/\phi}$이다. 식 (16.17c)와 (16.17d)의 전달 함수는 다른 변수간의 비율이기 때문에 dB로 표시할 수 없음에 유의하라.

식 (16.17)을 이용하여 전달함수를 얻기 위해선 먼저 회로에서 저항, 인덕터, 커패시터를 이들의 임피던스 R, $j\omega L$, $1/j\omega C$로 대체해서 주파수 영역 등가회로를 구해야 한다. 그리고 어떤 방식이던 회로 해석 기법을 이용하여 식 (16.17)에 적합한 크기를 구한다. 회로의 주파수 응답은 주파수를 달리하면서 전달함수의 크기와 위상을 구하면 된다. 16.6절에서 PSpice와 Multisim을 사용하는 방법을 살펴보는데, 컴퓨터를 이용하면 전달함수를 그리는 시간을 크게 줄일 수 있다.

복잡한 연산을 피하기 위해 $\mathbf{H}(\omega)$를 다룰 때 $j\omega$를 s로 임시 치환하고 마지막에 s를 $j\omega$로 대체하는 것도 한 방법이다.

---

2 주해: 문장에서 $\mathbf{X}(\omega)$와 $\mathbf{Y}(\omega)$는 네트워크에서 입력과 출력 페이저를 나타낸다. 동일 기호를 이용하는 리액턴스와 어드미턴스를 혼동하면 안됨. 모든 회로 변수를 구분해서 표현하기에는 영어 알파벳이 충분히 많지 않기 때문에 기호를 여러 용도로 사용하는 것은 통상적으로 허용된다.

예제 16.6

그림 16.3(a)에 보인 RC 회로에서 전달함수 $\mathbf{V}_o(\omega)/\mathbf{V}_s(\omega)$와 주파수 응답을 구하라. 여기서 $v_s(t) = V_m \cos(\omega t)$이다.

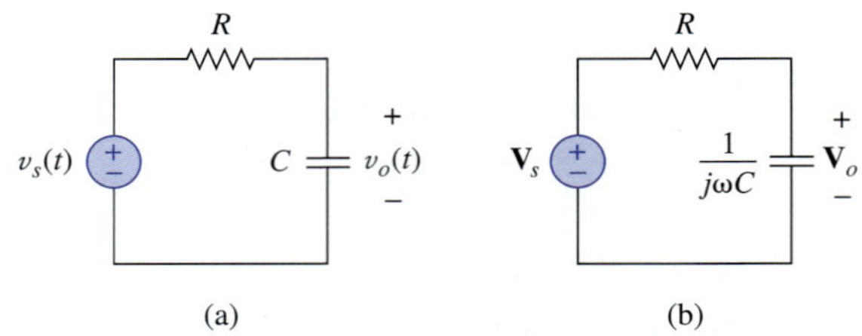

그림 16.3
예제 16.6의 (a) 시간 영역 RC 회로, (b) 주파수 영역 RC 회로

풀이

그림 16.3(b)은 주어진 회로의 주파수 영역 등가회로를 보인 것이다. 전압 분배에 의해 전달함수는 다음과 같이 주어진다.

$$\mathbf{H}(\omega) = \mathbf{V}_o(\omega)/\mathbf{V}_s(\omega) = \frac{1/j\omega C}{R + 1/j\omega C} = \frac{1}{1 + j\omega RC}$$

$\mathbf{H}(\omega)$의 크기와 위상은 다음과 같다.

$$H = \frac{1}{\sqrt{1 + (\omega/\omega_0)^2}}, \qquad \phi = -\tan^{-1}\frac{\omega}{\omega_0}$$

여기서 $\omega_0 = 1/RC$이다. $0 < \omega < \infty$에 대해 H와 ϕ를 그리기 위해 특정 포인트에서의 값을 구하고 스케치 한다.

$\omega = 0$에서 $H = 1$이고 $\phi = 0°$이다. $\omega = \infty$에서는 $H = 0$이고 $\phi = -90°$이다. 또한 $\omega = \omega_0$에서 $H = 1/\sqrt{2}$이고 $\phi = -45°$이다. 이 결과와 표 16.3에 보인 더 많은 포인트를 이용한 주파수 응답은 그림 16.4에 보인 바와 같다. 그림 16.4에 보인 주파수 응답에서의 추가적인 특징은 16.5.1절 저역통과필터에서 설명할 것이다.

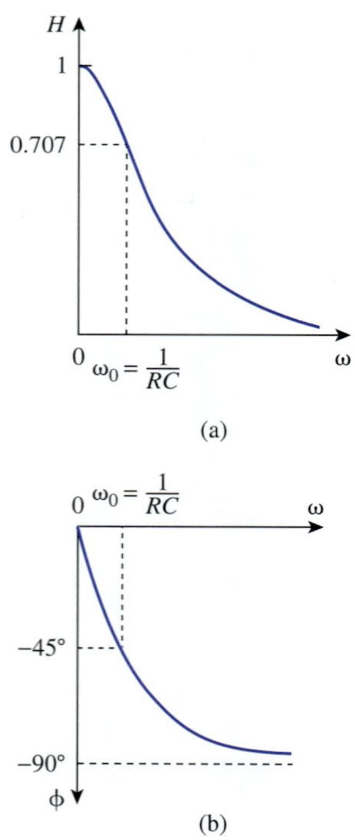

그림 16.4
그림 16.3 RC회로의 주파수 응답:
(a) 진폭 응답, (b) 위상 응답

표 16.3

예제 16.6의 응답

ω/ω_0	H	ϕ	ω/ω_0	H	ϕ
0	1	0	10	0.1	−84°
1	0.71	−45°	20	0.05	−87°
2	0.45	−63°	100	0.01	−89°
3	0.32	−72°	∞	0	−90°

연습문제 16.6

그림 16.5에 보인 RL 회로에서 $v_s = V_m \cos(\omega t)$라고 할 때 전달함수 $\mathbf{V}_o(\omega)/\mathbf{V}_s(\omega)$를 구하라. 주파수 응답을 그려보라.

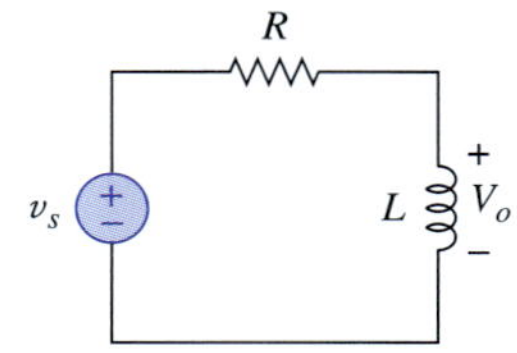

그림 16.5
연습문제 16.6의 RL 회로

해답 $j\omega L/(R + j\omega L)$, 응답은 그림 16.6을 참조하라.

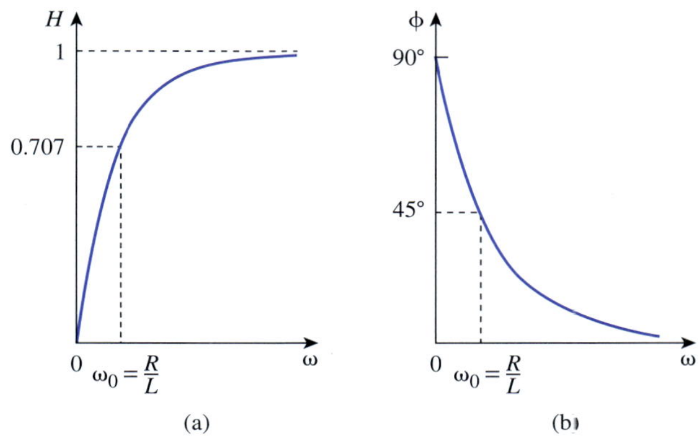

그림 16.6
그림 16.5 RL 회로의 주파수 응답

예제 16.7

그림16.7에 보인 회로에서 이득 $\mathbf{I}_o(\omega)/\mathbf{I}_i(\omega)$을 구하라.

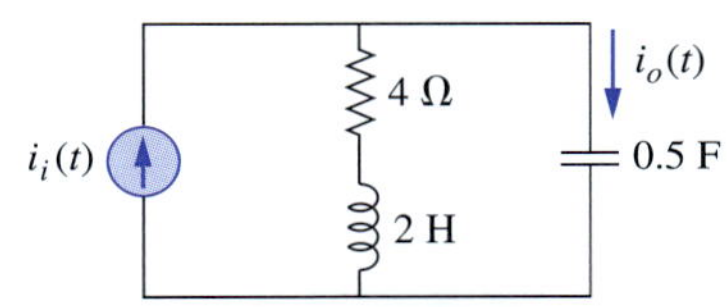

그림 16.7
예제 16.7의 회로

풀이
전류 분배에 의해

$$\mathbf{I}_o(\omega) = \frac{4 + j2\omega}{4 + j2\omega + 1/j0.5\omega}\mathbf{I}_i(\omega)$$

혹은

$$\mathbf{I}_o(\omega)/\mathbf{I}_i(\omega) = \frac{j0.5\omega(4 + j2\omega)}{1 + j2\omega + (j\omega)^2} = \frac{s(s + 2)}{s^2 + 2s + 1}, \qquad s = j\omega$$

연습문제 16.7

그림 16.8에 보인 RL 회로에서 전달함수 $\mathbf{V}_o(\omega)/\mathbf{I}_i(\omega)$를 구하라.

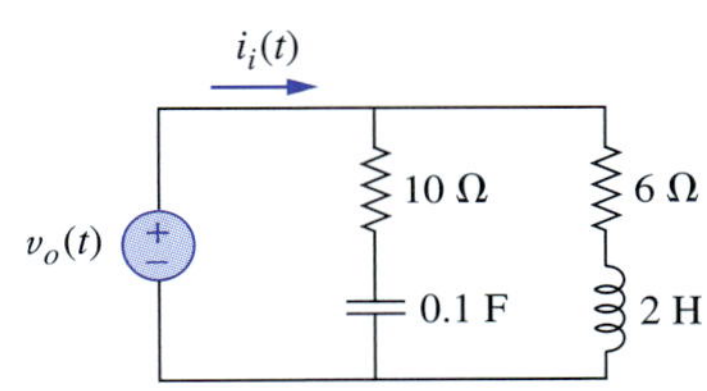

그림 16.8
연습문제 16.7의 회로

해답 $\dfrac{10(s + 1)(s + 3)}{s^2 + 8s + 5}, \qquad s = j\omega$

16.4 보데 선도

앞 장에서 우리가 했던 방식으로 전달 함수로부터 주파수 응답을 얻는 것은 번거롭고 힘든 과정이다. 주파수 응답에 필요한 주파수 범위는 통상 매우 넓기 때문에 주파수 축을 선형 스케일로 사용하는 것은 불편하다. 게다가 전달 함수의 크기와 위상 선도의 중요한 특징을 찾는 보다 체계적인 방법이 존재한다. 이런 이유로 주파수 축에 대수 눈금을 이용하고 크기(데시벨로 표시)와 위상은 별도의 그래프에 선형 눈금으로 사용하는 것이 표준 방식이 되었다. 이처럼 전달함수를 세미로그로 표시한 그래프를 **보데 선도**[3]라고 부르며 업계 표준이 되었다. 보데 선도는 앞 장에서 설명한 비대수 그래프와 동일한 정보를 포함하고 있는 반면, 곧 살펴보겠지만 훨씬 쉽게 구성할 수 있다.

> **보데 선도**란 주파수에 따른 전달함수의 크기(데시벨)와 위상(각도)을 세미로그로 도시한 그래프이다.

전달함수는 다음과 같이 표시할 수 있다.

$$\mathbf{H} = H\underline{/\phi} = He^{j\phi} \tag{16.18}$$

이 수식의 양측을 자연로그를 취하면

$$\ln \mathbf{H} = \ln H + \ln e^{j\phi} = \ln H + j\phi \tag{16.19}$$

따라서 ln**H**의 실수 성분은 크기의 함수인 반면 허수 성분은 위상이 된다. 보데 선도의 크기 성분에서 주파수에 따른 이득은 데시벨(dB)로 표시한다.

$$\boxed{H(\text{dB}) = 20\log_{10} H} \tag{16.20}$$

표 16.4는 몇 개의 H의 크기에 대해 데시벨로 표시한 값을 보인 것이다. 보데 위상 선도에서 ϕ는 주파수에 따른 각도로 나타낸다. 크기와 위상 모두 세미로그 그래프 용지에 표기한다.

식 (16.16)의 전달함수는 실수와 허수 성분을 갖는 분수 형태로 표시할 수 있다. 한 예로 아래와 같은 방식의 표현이 가능하다.

$$\mathbf{H}(\omega) = \frac{K(j\omega)^{\pm 1}(1 + j\omega/z_1)[1 + j2\zeta_1\omega/\omega_k + (j\omega/\omega_k)^2]}{(1 + j\omega/p_1)[1 + j2\zeta_2\omega/\omega_n + (j\omega/\omega_n)^2]} \tag{16.21}$$

식 (16.21)에서 $\mathbf{H}(\omega)$의 표현을 표준형식이라고 부른다. 식 (16.21)은 당장은 복잡해 보이지만 7개의 독립적인 항으로 분리해서 살펴보면 복잡성은 훨

표 16.4

특정 전압/전류 이득에 대한 데시벨 값

크기(H)	20 $\log_{10}H$(dB)
0.001	−60
0.01	−40
0.1	−20
0.5	−6
$1/\sqrt{2}$	−3
1	0
$\sqrt{2}$	3
2	6
10	20
20	26
100	40
1,000	60

3 역사 참고: 벨 전화 연구소의 엔지니어였던 Hendrik W. Bode(1905-1982)의 1930년대와 40년대에 행한 선구적인 업적을 기리기 위해 그의 이름에서 유래됨.

씬 줄어든다. 바로 이 경우 **H**(ω)은 7개의 항이 전달함수 내에서 여러 형태의 조합으로 나타난다. 이들은

1. 이득 K
2. 원점[4]에 위치한 $(j\omega)^{-1}$나 $(j\omega)$항
3. 주파수 축에 위치하는 선형 성분인 $1/(1 + j\omega/p_1)$ 혹은 $(1 + j\omega/z_1)$
4. 이차 성분인 $1/[1 + j2\,\zeta_2\omega/\omega_n + (j\omega/\omega_n)^2]$ 혹은 $[1 + j2\,\zeta_1\omega/\omega_k + (j\omega/\omega_k)^2]$

보데 선도를 그리기 위해선 각 항을 독립적으로 그린 다음 도식적으로 합하기로 한다. 로그 함수의 특성에 의해 각 항을 한번에 하나씩만 고려하고 대수적으로 조합이 가능하다. 대수의 수학적 편리성 때문에 보데 선도가 강력한 공학적 수단이 되는 것이다.

이제 일곱 개의 항에 대한 직선 그래프를 그릴 것이다. 보데 선도로 알려진 이러한 직선 그래프는 놀라운 수준의 정확도로 실제 그래프와 유사한 근사치임을 알게 될 것이다.

1. **고정 항**: 이득 K는 크기는 $20\log_{10} K$이고 위상은 0°인데 둘 다 주파수에 대해 일정하다. 따라서 이득 크기와 위상 그래프는 그림 16.9에 보인 바와 같다. 만일 K가 음수라면 크기는 여전히 $20\log_{10}|K|$로 같지만 위상은 ±180°이다.

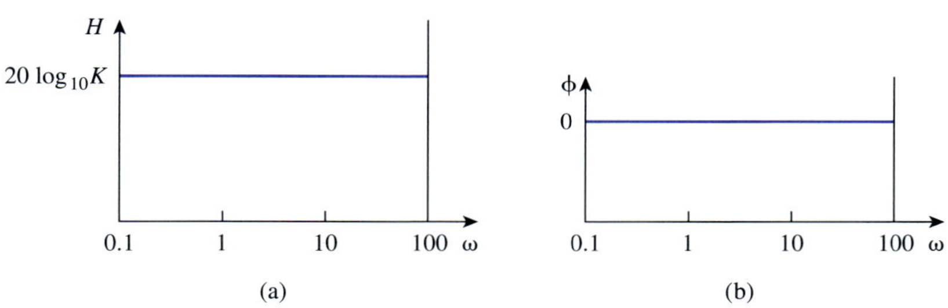

그림 16.9
이득 K에 대한 보데 선도: (a) 크기선도, (b) 위상 선도

2. **원점을 통과하는 항**: 원점에 위치한 $(j\omega)$항은 크기는 $20\log_{10}\omega$이고 위상은 90°이다. 이들은 그림 16.10에 표시했는데 여기서 주목할 점은 위상은 일정한 반면 크기 그래프의 기울기가 20 dB/decade[5]라는 것이다.

   $(j\omega)^{-1}$항에 대한 보데 선도는 위상이 −90°이고 크기 그래프의 기울기가 −20 dB/decade인 점을 제외하고 유사하다. 일반적으로 $(j\omega)^N$에서 N은 정수이며 이때 위상은 $90N$°인 반면 크기 그래프의 기울기는 20N dB/

---

4 1원점은 $\omega = 1$이고 이득의 대수값이 0인 점

5 1데케이드(decade)간 두 주파수 사이의 비율이 10이 되는 간격을 의미한다. 예를 들어 ω_0와 $10\omega_0$ 또는 10 Hz와 100Hz

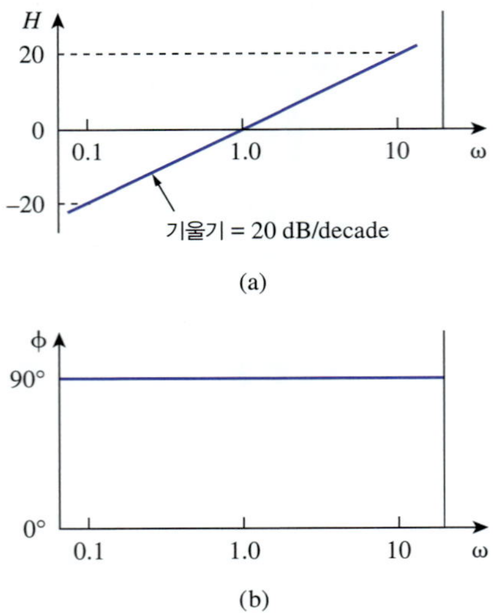

그림 16.10
$(j\omega)$에 대한 보데 선도:
(a) 크기 선도, (b) 위상 선도

decade이 된다. 여기서 N은 양수, 음수 모두 가능하다.

3. **주파수 축상의 선형항**: $(1 + j\omega/z_1)$항의 크기는 $20\log_{10}|1 + j\omega/z_1|$이고 위상은 $\tan^{-1}\omega/z_1$이다.

$$H(\text{dB}) = 20\log_{10}\left|1 + \frac{j\omega}{z_1}\right| \quad \Rightarrow \quad 20\log_{10}1 = 0 \quad \text{as} \quad \omega \to 0 \tag{16.22}$$

$$H(\text{dB}) = 20\log_{10}\left|1 + \frac{j\omega}{z_1}\right| \quad \Rightarrow \quad 20\log_{10}\frac{\omega}{z_1} \quad \text{as} \quad \omega \to \infty \tag{16.23}$$

여기서 아래 식에 보인 바와 같이 ω가 작을 값일 때는 크기가 0(기울기가 0인 직선)이고 ω가 큰 값이면 기울기가 20 dB/decade인 직선으로 근사화 할 수 있는 것을 알 수 있다. 두개의 근사 직선이 만나는 주파수 $\omega = z_1$을 **코너 주파수** 혹은 **브레이크 주파수**라고 부른다. 그림 16.11(a)는 근사적인 크기 선도에 실제 값을 겹쳐서 그래프로 나타낸 것이다. $\omega = z_1$인 브레이크 주파수 부근을 제외하고 근사값이 실제값과 거의 유사하며, 차이는 다음과 같다.

$$20\log_{10}|(1 + j1)| = 20\log_{10}\sqrt{2} = 3 \text{ dB}$$

위상 $\tan^{-1}(\omega/z_1)$ 은 다음과 같이 나타낼 수 있다.

$$\phi = \tan^{-1}\left(\frac{\omega}{z_1}\right) = \begin{cases} 0, & \omega = 0 \\ 45°, & \omega = z_1 \\ 90°, & \omega \to \infty \end{cases} \tag{16.24}$$

그림 16.11(b)에 실제 값과 함께 보인 바와 같이 직선 근사에 의해 $\omega \le z_1/10$이면 $\phi \approx 0$으로, $\omega = z_1$이면 $\phi \cong 45°$ 그리고 $\omega \ge 10z_1$이면 $\phi \cong 90°$으로 볼 수 있다.

$^1/(1 + j\omega p_1)$항의 보데 선도는 코너 주파수가 $\omega = p_1$이고 크기 기울기가 −20 dB/decade 그리고 위상 기울기가 −45°/decade인 점을 제외하면 그림 16.11의 결과와 유사하다.

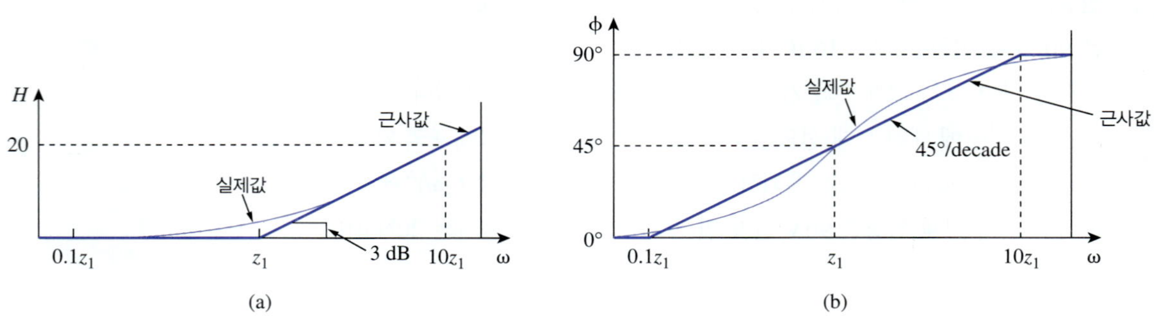

그림 16.11
$(1 + j\omega/z_1)$항의 보데 선도: (a) 크기 선도, (b) 위상 선도

4. **이차항**: 이차항 $1/[1 + j2\zeta_2\omega/\omega_n + (j\omega/\omega_n)^2]$의 크기는 $-20\log_{10}|[1 + j2\zeta_2\omega/\omega_n + (j\omega/\omega_n)^2|$이고 위상은 $-\tan^{-1}(2\zeta_2\omega/\omega_n)/(1-\omega^2/\omega_n^2)$이다.

그러나

$$H_{dB} = -20\log_{10}\left|1 + \frac{j2\zeta_2\omega}{\omega_n} + \left(\frac{j\omega}{\omega_n}\right)^2\right| \quad \Rightarrow \quad 0 \quad \text{as} \quad \omega \to 0 \tag{16.25}$$

이고,

$$H_{dB} = -20\log_{10}\left|1 + \frac{j2\zeta_2\omega}{\omega_n} + \left(\frac{j\omega}{\omega_n}\right)^2\right| \quad \Rightarrow \quad -40\log_{10}\frac{\omega}{\omega_n} \quad \text{as} \quad \omega \to \infty \tag{16.26}$$

이므로 크기 그래프는 2개의 근사 직선, 즉 코너 주파수 ω_n을 기점으로 $\omega < \omega_n$인 구간에서 기울기가 0인 직선과 $\omega > \omega_n$구간에 기울기가 -40 dB/decade인 직선으로 구성된다. 그림 16.12(a)는 근사치와 실제값의 그래프를 보인 것이다. 이때 코너 주파수 ω_n뿐 아니라 감쇄율 ζ_2에 의해 실제 선도가 달라짐에 주목하라. 높은 수준의 정확도가 필요한 경우 코너 주파수의 근처에 의미있는 정점 특성을 직선 근사에 추가해야 한다. 그러나 간단하게 하기 위해 직선 근사를 사용할 것이다. 위상은 다음과 같이 기술할 수 있다.

$$\phi = -\tan^{-1}\frac{2\zeta_2\omega/\omega_n}{1-\omega^2/\omega_n^2} = \begin{cases} 0, & \omega = 0 \\ -90°, & \omega = \omega_n \\ -180°, & \omega \to \infty \end{cases} \tag{16.27}$$

위상 선도는 그림 16.12(b)에 보인 바와 같이 $\omega_n/10$에서 시작하여 $10\omega_n$까지 기울기가 $-90°$/decade인 직선이다. 여기서도 직선 선도와 실제 선도의 차이는 감쇄율에 기인한 것임에 주목하라. 직선 근사는 코너 주파수 부근에서 적합하다. 이차항에 대한 크기와 위상 선도의 직선 근사는 둘 다 선형 항에서의 경우와 동일함에 주목하라. 즉 이는 제곱항$(1 + j\omega/\omega_n)^2$이 $\zeta_2 = 1$일 때 이차항 $1/[1 + j2\zeta_2\omega/\omega_n + (j\omega/\omega_n)^2]$과 같다는 사실로부터 예측할 수 있다. 따라서 직선 근사를 감안한다면 이차항은선형항의

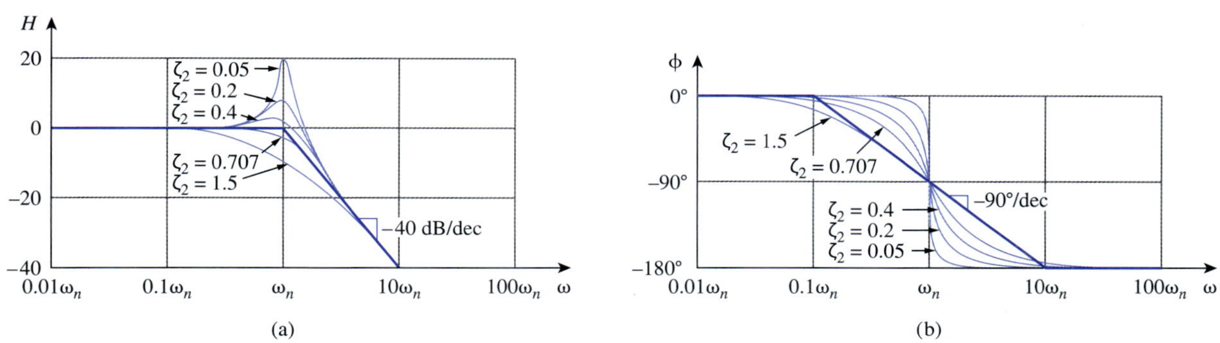

그림 16.12

이차항 $[1 + j2\zeta\omega/\omega_n - (\omega/\omega_n)^2]^{-1}$에 대한 보데 선도: (a) 크기 선도, (b) 위상 선도

제곱으로 처리할 수 있다.

이차항 $[1 + j2\zeta_1\omega/\omega_k + (j\omega/\omega_k)^2]$의 경우 위상 선도는 +90°/decade의 기울기를 갖고, 크기 선도는 40 dB/decade의 기울기이므로 그림 16.12에 보인 선도를 뒤집으면 된다.

표 16.5

크기와 위상에 대한 직선 보데 선도 요약

항	크기	위상
K	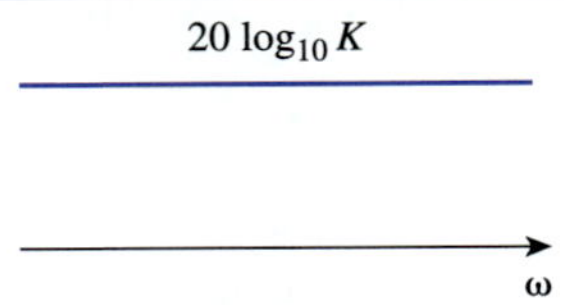	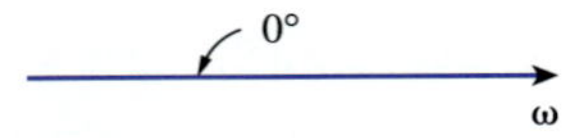
$(j\omega)^N$	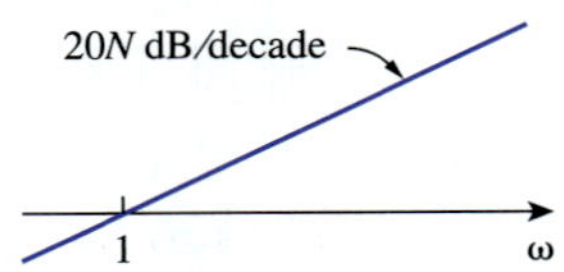	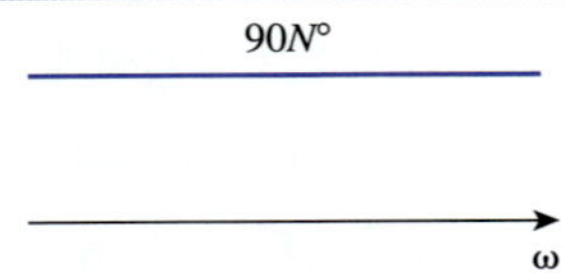
$\dfrac{1}{(j\omega)^N}$	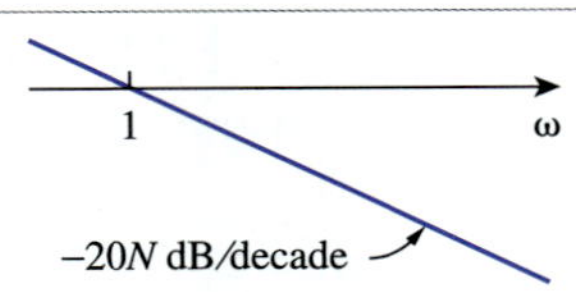	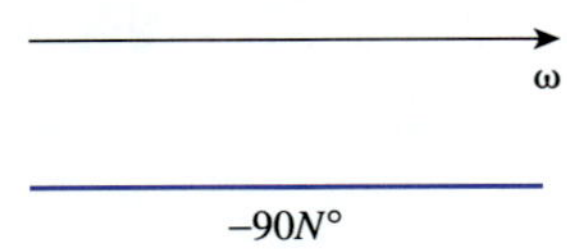
$\left(1 + \dfrac{j\omega}{z}\right)^N$	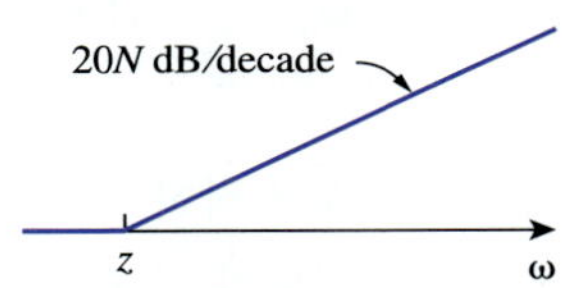	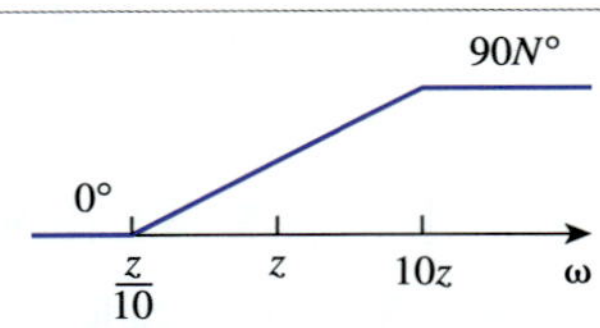
$\dfrac{1}{(1 + j\omega/p)^N}$	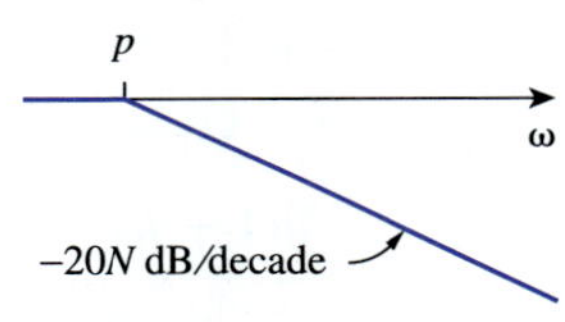	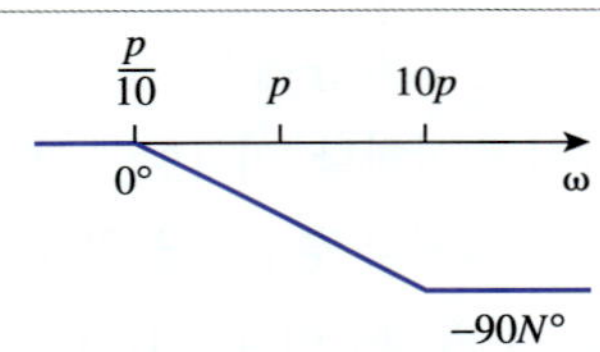
$\left[1 + \dfrac{2j\omega\zeta}{\omega_n} + \left(\dfrac{j\omega}{\omega_n}\right)^2\right]^N$	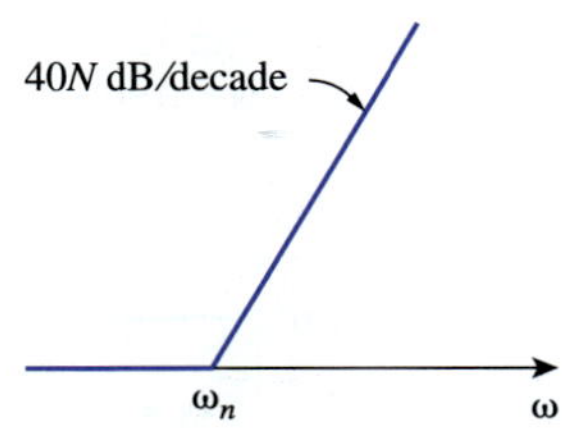	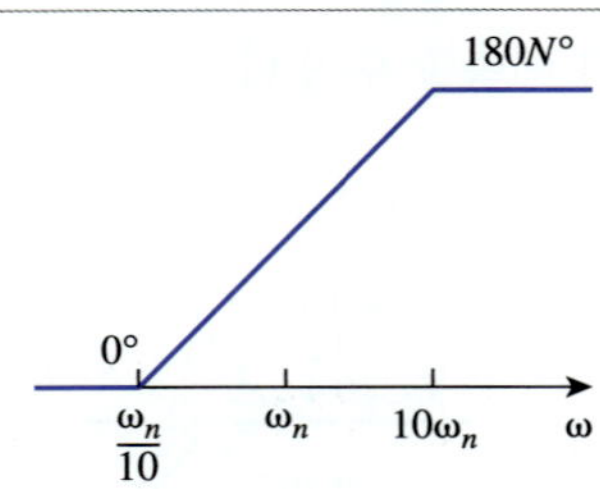
$\dfrac{1}{[1 + 2j\omega\zeta/\omega_k + (j\omega/\omega_k)^2]^N}$	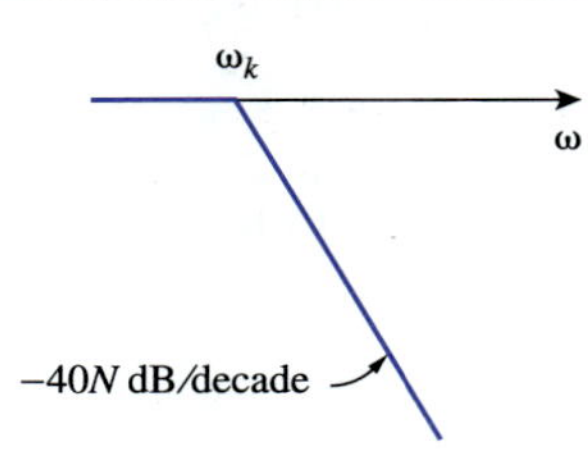	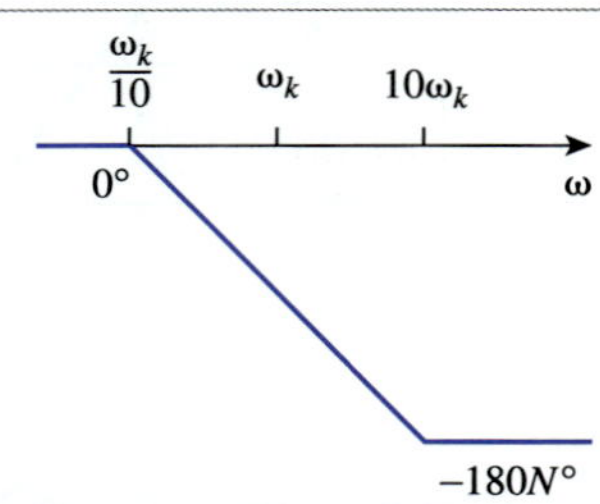

일곱가지 항에 대한 보데 선도의 요약을 표 16.5에 정리하였다. 예를 들어 식 (16.21) 형태의 함수 $\mathbf{H}(\omega)$에 대한 보데 선도를 그리기 위해 먼저 세미로그 그래프 용지에 코너 주파수를 기록하고 앞에서 설명한 항에 대해 한번에 한가지씩 그린 다음 각 항의 선도를 더하면 된다. 조합된 그래프는 보통 좌에서 우로 그리는데 각 코너 주파수가 될 때마다선도의 기울기를 적절히 변경하면서 그린다. 이 과정은 다음 예제들을 통해 설명한다.

예제 16.8

다음 전달함수의 보데 선도를 구성하라.

$$\mathbf{H}(\omega) = \frac{200\, j\omega}{(j\omega + 2)(j\omega + 10)}$$

풀이

먼저 $\mathbf{H}(\omega)$를 아래와 같은 표준 형태로 나타낸다.

$$\mathbf{H}(\omega) = \frac{10\, j\omega}{(1 + j\omega/2)(1 + j\omega/10)} = \frac{10|j\omega|}{|1 + j\omega/2||1 + j\omega/10|} \underline{/(90^\circ - \tan^{-1}\omega/2 - \tan^{-1}\omega/10)}$$

따라서 크기와 위상은 다음과 같다.

$$H_{\text{dB}} = 20\log_{10}10 + 20\log_{10}|j\omega| - 20\log_{10}\left|1 + j\frac{\omega}{2}\right| - 20\log_{10}\left|1 + j\frac{\omega}{10}\right|$$

$$\phi = 90^\circ - \tan^{-1}\frac{\omega}{2} - \tan^{-1}\frac{\omega}{10}$$

$\omega = 2,\ 10$ rad/s에 두 개의 코너 주파수가 있음을 안다. 크기와 위상 둘 다 그림 16.13에 점선으로 표시한 것처럼 각각의 항에 대해 그릴 수 있다. y축에서 시작

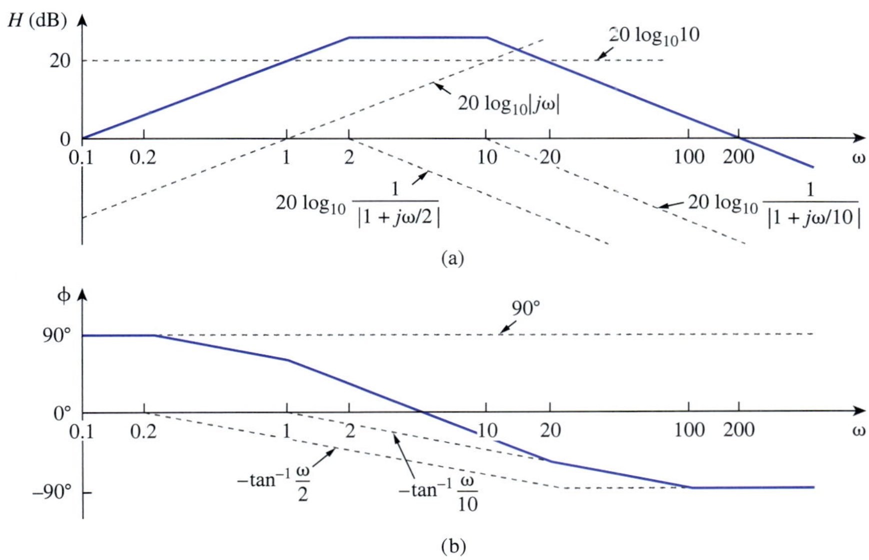

그림 16.13
예제 16.8의 (a) 크기 선도, (b) 위상 선도

하여 실선으로 표시한 전체 그래프를 얻기 위해 각각을 도식적으로 더하면 된다.

연습문제 16.8

다음 전달함수의 보데 선도를 그려라.

$$\mathbf{H}(\omega) = \frac{5(j\omega + 2)}{j\omega(j\omega + 10)}$$

해답 그림 16.14 참조

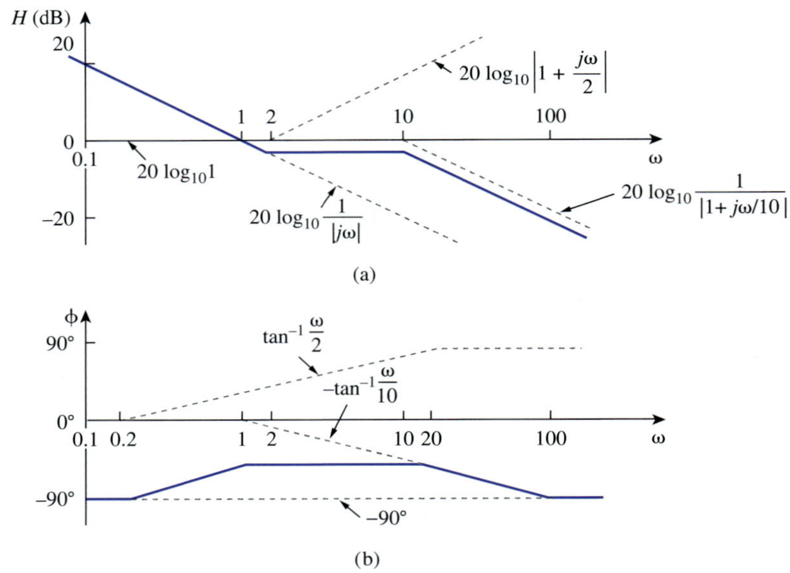

그림 16.14

연습문제16.8의 (a) 크기 선도 (b) 위상 선도

예제 16.9

다음 전달함수의 보데 선도를 구성하라.

$$\mathbf{H}(\omega) = \frac{j\omega + 10}{j\omega(j\omega + 5)^2}$$

풀이

먼저 $\mathbf{H}(\omega)$를 표준 형태로 정리하면 다음과 같다.

$$\mathbf{H}(\omega) = \frac{0.4(1 + j\omega/10)}{j\omega(1 + j\omega/5)^2}$$

이로부터 크기와 위상은 다음과 같이 구해진다.

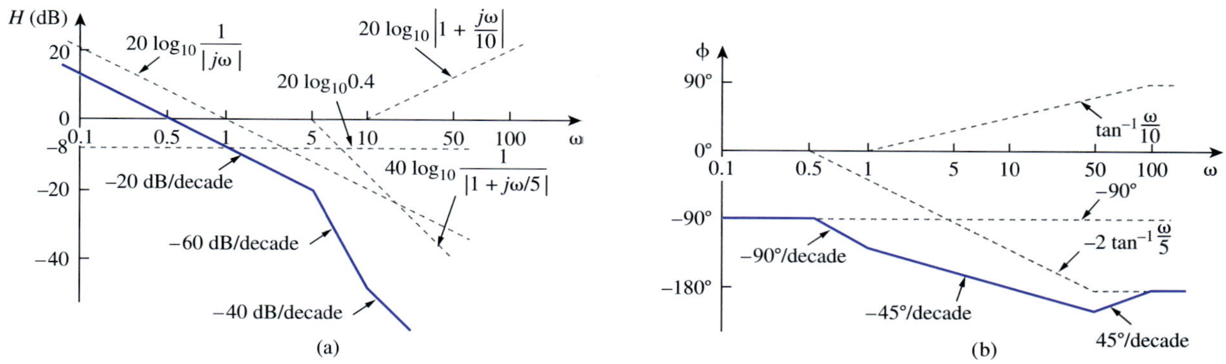

그림 16.15

예제 16.9의 (a) 크기 선도, (b) 위상 선도

$$H_{\mathrm{dB}} = 20 \log_{10} 0.4 + 20 \log_{10} \left| 1 + \frac{j\omega}{10} \right| - 20 \log_{10} |j\omega| - 40 \log_{10} \left| 1 + \frac{j\omega}{5} \right|$$

$$\phi = 0° + \tan^{-1}\frac{\omega}{10} - 90° - 2\tan^{-1}\frac{\omega}{5}$$

두 개의 코너 주파수는 $\omega = 5,\ 10$ rad/s이다. 코너 주파수 $\omega = 5$ rad/s인 항은 제곱항이므로 크기 선도의 기울기는 −40 dB/decade이고 위상 선도의 기울기는 −90°/decade이다. 각 항에 대한 크기와 위상선도(점선)와 전체 $\mathbf{H}(\omega)$의 선도(실선)를 그림 16.15에 나타내었다.

연습문제 16.9

다음 전달함수의 보데 선도를 그려라.

$$\mathbf{H}(\omega) = \frac{50\, j\omega}{(j\omega + 4)(j\omega + 10)^2}$$

해답 그림 16.16 참조

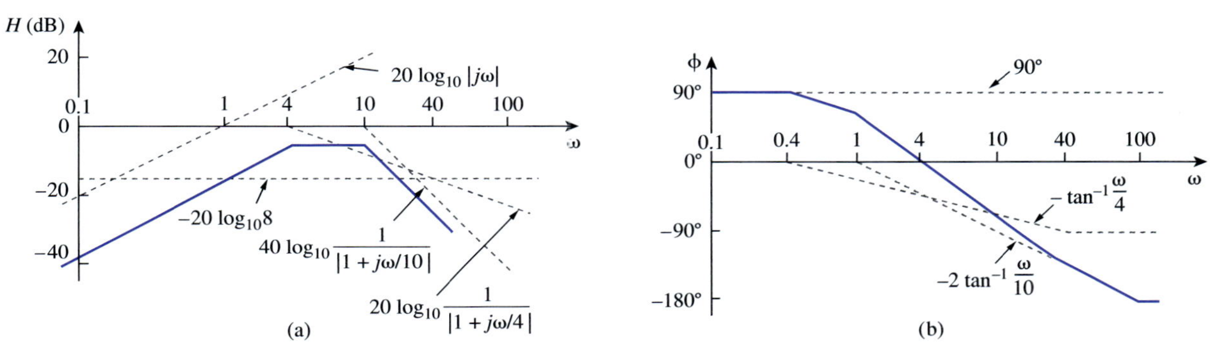

그림 16.16

연습문제 16.9의 (a) 크기 선도, (b) 위상 선도

예제 16.10

다음 전달함수의 보데 선도를 구성하라.

$$\mathbf{H}(s) = \frac{s+1}{s^2 + 60s + 100}, \qquad s = j\omega$$

풀이

먼저 $\mathbf{H}(\omega)$를 다음과 같이 표시한다.

$$\mathbf{H}(\omega) = \frac{1/100(1 + j\omega)}{1 + j\omega 6/10 + (j\omega/10)^2}$$

이차항에 대해 $\omega_n = 10$ rad/s는 코너 주파수로 작용한다. 크기와 위상은 다음과 같다.

$$H_{\text{dB}} = -20\log_{10}100 + 20\log_{10}|1 + j\omega| - 20\log_{10}\left|1 + \frac{j6\omega}{10} - \frac{\omega^2}{100}\right|$$

$$\phi = 0° + \tan^{-1}\omega - \tan^{-1}\left[\frac{\omega 6/10}{1 - \omega^2/100}\right]$$

보데 선도는 그림 16.17에 보인 바와 같다. 이차항은 ω_k에서 선형항의 반복으로 $(1 + j\omega/\omega_k)^2$의 근사로 처리되는 점에 주목하라.

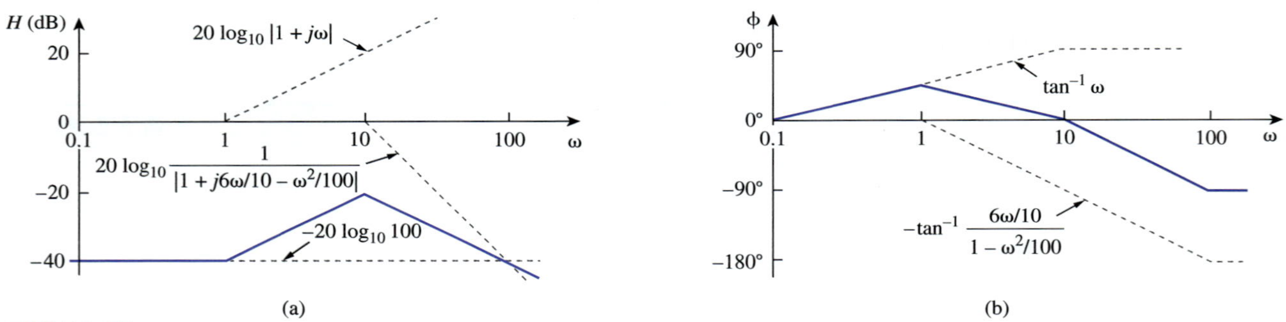

그림 16.17
예제 16.10의 (a) 크기 선도, (b) 위상 선도

연습문제 16.10

다음 전달함수의 보데 선도를 그려라.

$$H(s) = \frac{10}{s(s^2 + 80s + 400)}$$

해답 그림 16.18 참조

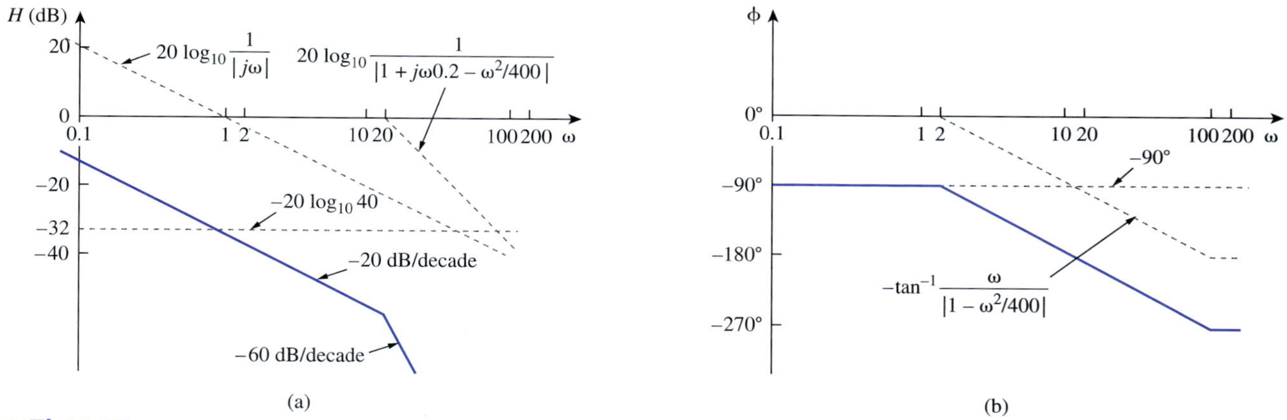

그림 16.18

연습문제 16.10의 (a) 크기 선도, (b) 위상 선도

16.5 필터

필터의 개념은 초기부터 전자 공학 기술 발전의 중요한 부분이 되었다. 전기 필터가 없었다면 여러 기술적 성과가 불가능했을 것이다. 이러한 필터의 중요한 역할때문에 필터 이론, 설계 및 구성에 있어서 많은 노력이 이루어졌고, 이와 관련한 다수의 논문과 저서가 발표되었다. 이 장에서는 논의하는 것은 개요 수준이다.

> **필터**란 원하는 주파수의 신호를 전달하고 다른 성분을 차단(감쇠)하거나 원치 않는 주파수의 신호를 차단(감쇠)하고 다른 성분은 통과시킬 수 있도록 설계된 회로이다.

주파수 선택 소자인 필터는 신호의 주파수 스펙트럼을 특정한 주파수 밴드로 제한하는데 사용할 수 있다. 필터는 라디오와 TV 수신기에 사용되는 회로로 주변 환경에서 송출되는 여러 방송 신호 중 원하는 신호를 선택할 수 있도록 해준다. 우리가 이 절에서 공부할 필터 외에도 디지털 필터, 기계전자식 필터, 초단파 필터와 같이 본 교재의 수준을 벗어나는 다른 종류의 필터도 있다.

그림 16.19에 보인 바와 같이 크게 네 가지 유형의 필터가 있다.

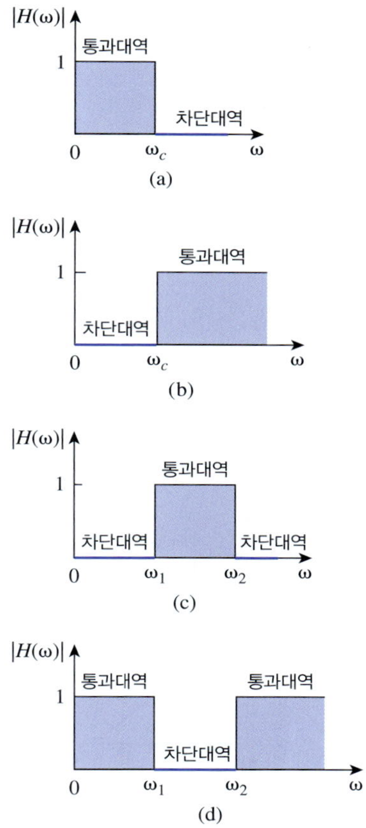

그림 16.19

4가지 필터의 이상적인 주파수 응답: (a) 저역통과필터, (b) 고역통과필터, (c) 대역통과필터, (d) 대역차단필터

1. 그림 16.19(a)에 보인 이상적인 **저역통과 필터**는 낮은 주파수는 통과시키고 높은 주파수는 차단한다.
2. 그림 16.19(b)에 보인 이상적인 **고역통과 필터**는 높은 주파수를 통과시키고 낮은 주파수를 차단한다.
3. 그림 16.19(c)에 보인 이상적인 **대역통과 필터**는 주파수 대역 내의 주파수

는 통과시키고 대역 외부의 주파수는 차단하거나 감쇄시킨다.

4. 그림 16.19(d)에 보인 이상적인 **대역차단 필터**는 주파수 대역 이외의 주파수는 통과시키고 대역 내의 주파수는 차단하거나 감쇄시킨다.

이러한 필터의 특성을 표 16.6에 정리하였다. 표 16.6의 특성은 간단한 필터에 대해서만 유효하며 이러한 종류의 필터만 존재 가능하다는 생각을 가져선 안된다는 점이 강조되어야 한다. 이제 표 16.6에 나와있는 필터를 구현하기 위한 전형적인 회로를 살펴볼 것이다.

표 16.6

필터 특성 요약

필터 종류	H(0)	H(∞)	$H(\omega_c)$ 혹은 $H(\omega_0)$
저역통과	1	0	$1/\sqrt{2}$
고역통과	0	1	$1/\sqrt{2}$
대역통과	1	0	1
대역차단	0	1	0

주해: ω_c는 저역통과필터와 고역통과 필터의 차단 주파수, ω_0는 대역통과필터와 대역차단필터의 중심 주파수

16.5.1 저역통과 필터

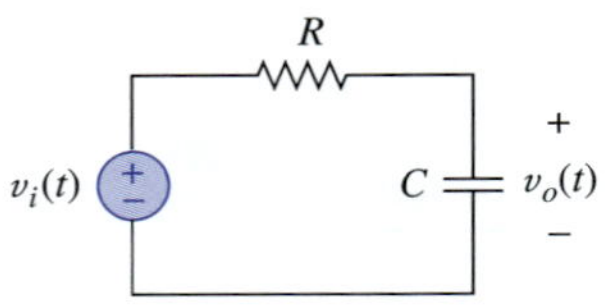

그림 16.20
저역통과필터

전형적인 저역통과 필터는 그림 16.20에 보인 바와 같이 직렬 *RC* 회로의 출력을 커패시터에서 취하면 구성할 수 있다. 전달함수(예제 16.6)는 다음과 같다.

$$\mathbf{H}(\omega) = \mathbf{V}_o/\mathbf{V}_i = \frac{1/j\omega C}{R + 1/j\omega C}$$

$$\mathbf{H}(\omega) = \frac{1}{1 + j\omega RC} \tag{16.28}$$

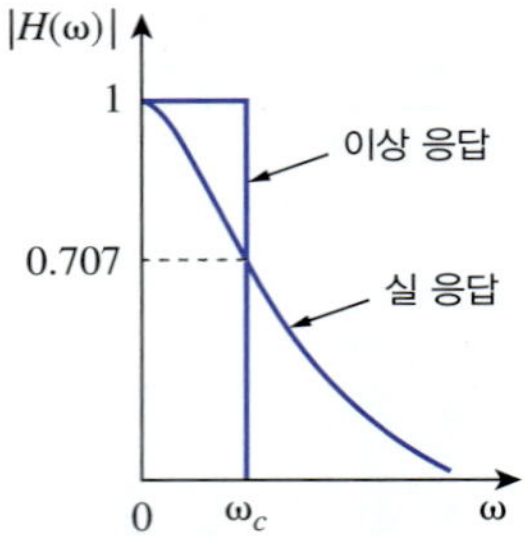

그림 16.21
저역통과필터의 이상적인 주파수 응답과 실제 응답

여기서 $\mathbf{H}(0) = 1$, $\mathbf{H}(\infty) = 0$임에 주목하라. 그림 16.21은 $|H(\omega)|$의 선도로 이상적인 특성을 함께 보인 것이다. 반전력 주파수는 보데 선도 상의 코너 주파수와 동일하지만, 필터의 경우 **차단 주파수** ω_c로 불리며 H(ω)의 크기가 $1/\sqrt{2}$이 되는 점으로 결정된다. 즉,

$$H(\omega_c) = \frac{1}{\sqrt{1 + \omega_c^2 R^2 C^2}} = \frac{1}{\sqrt{2}} \tag{16.29}$$

여기서

$$\omega_c = \frac{1}{RC} \tag{16.30}$$

차단 주파수[6]는 롤오프 주파수로 불리기도 한다. 따라서

> **저역통과 필터**는 직류부터 차단 주파수 ω_c까지의 주파수만을 통과시키도록 설계한다.

저역통과 필터는 직렬 RL 회로의 출력을 저항에서 취하는 방법으로도 구현할 수 있다. 물론 저역통과 필터를 구현하는 다양한 회로 구현방법이 존재한다.

16.5.2 고역통과 필터

고역통과 필터는 그림 16.22에 보인 바와 같이 직렬 RC 회로의 출력을 저항에서 취하면 구성할 수 있다. 전달함수는 다음과 같다.

$$\mathbf{H}(\omega) = \mathbf{V}_o/\mathbf{V}_i = \frac{R}{R + 1/j\omega C}$$
$$\mathbf{H}(\omega) = \frac{j\omega RC}{1 + j\omega RC} \tag{16.31}$$

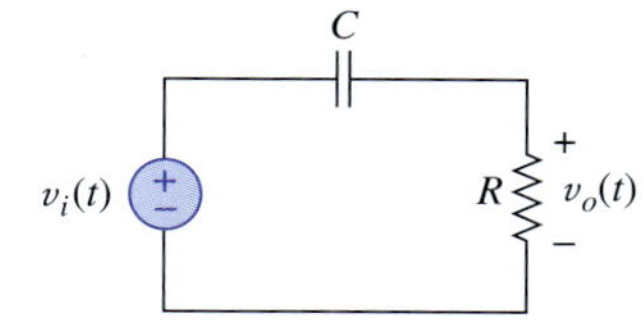

그림 16.22
고역통과 필터

여기서 $\mathbf{H}(0) = 0$, $\mathbf{H}(\infty) = 1$임에 주목하라. 그림 16.23은 $|\mathbf{H}(\omega)|$의 선도를 보인 것이다. 마찬가지로 코너 혹은 차단 주파수는 다음과 같다.

$$\omega_c = \frac{1}{RC} \tag{16.32}$$

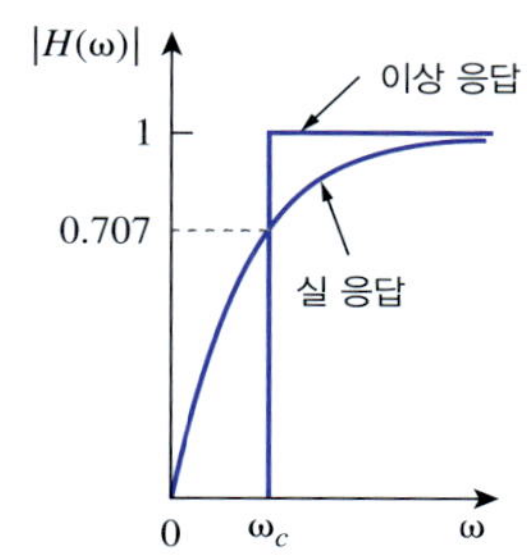

그림 16.23
고역통과필터의 이상적인 주파수 응답과 실제 응답

따라서

> **고역통과 필터**는 차단 주파수 ω_c보다 높은 주파수를 통과시키도록 설계한다.

고역통과 필터는 직렬 RL 회로의 출력을 인덕터에서 취하는 방법으로도 구현할 수 있다.

16.5.3 대역통과 필터

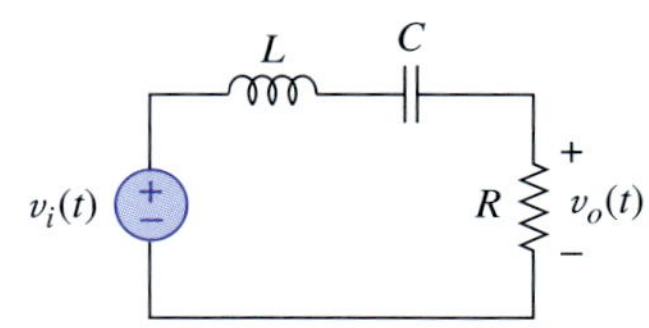

그림 16.24
대역통과 필터

대역통과 필터는 그림 16.24에 보인 바와 같이 직렬 RLC 공진회로의 출력을 저항에서 취하면 구성할 수 있다. 전달함수는 다음과 같다.

$$\mathbf{H}(\omega) = \mathbf{V}_o/\mathbf{V}_i = \frac{R}{R + j(\omega L - 1/\omega C)} \tag{16.33}$$

이 식에서 $\mathbf{H}(0) = 0$, $\mathbf{H}(\infty) = 0$임을 알 수 있다. 그림 16.25는 $|H(\omega)|$의 선도를 보인 것이다. 대역통과 필터는 특정 주파수 대역($\omega_1 < \omega < \omega_2$)을 통과시키는데, 이 대역의 중심 주파수 ω_0는 다음과 같다.

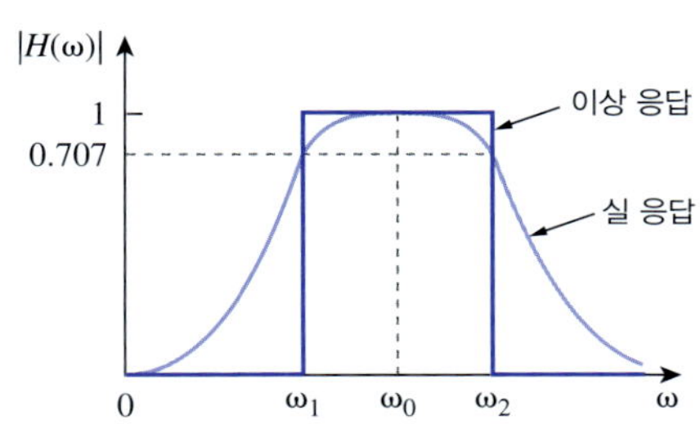

그림 16.25
대역통과 필터의 이상적인 주파수 응답과 실제 응답

6 주해: 차단 주파수는 전달함수 H의 크기가 최대치의 70.71%로 떨어지는 주파수이다. 또한 이 주파수에서 회로에서 소비되는 전력은 최대값의 절반이 된다.

$$\omega_0 = \frac{1}{\sqrt{LC}} \tag{16.34}$$

따라서

> 대역통과 필터는 주파수 범위($\omega_1 < \omega < \omega_2$) 내의 모든 주파수를 통과시키도록 설계한다.

그림 16.24의 대역통과 필터는 직렬 공진 회로이기 때문에 반 전력 주파수, 대역폭 그리고 Q 팩터는 15.2절에서 같이 결정된다.

대역통과 필터는 $\omega_2 = \omega_c$인 그림 16.20의 저역통과 필터와, $\omega_1 = \omega_c$인 그림 16.22의 고역통과 필터를 순차 연결하는 방식으로도 구현할 수 있다.

16.5.4 대역차단 필터

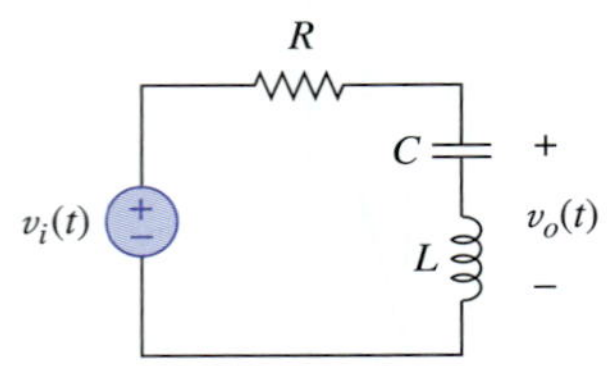

그림 16.26
대역차단 필터, 예제 16.12의 회로

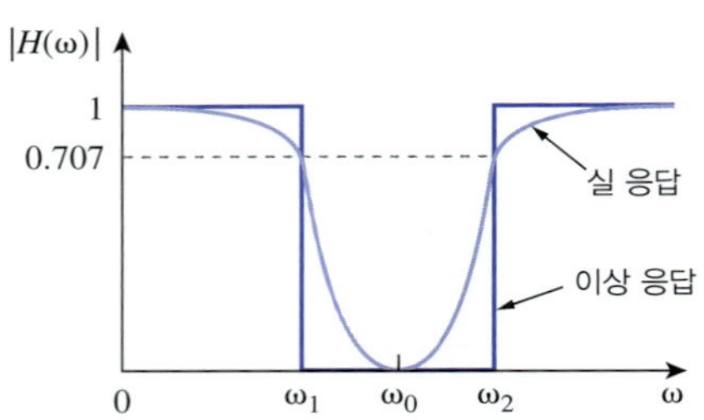

그림 16.27
대역차단 필터의 이상적인 주파수 응답과 실제 응답

두 특정 값(ω_1, ω_2) 사이의 주파수가 통과되는 것을 막는 필터는 대역차단 필터, 대역거부 필터,노치 필터 등 여러 이름으로 불린다. 그림 16.26에 보인 바와 같이 대역차단 필터는 직렬 RLC 공진회로의 LC 직렬 조합에서 출력을 취하면 구성할 수 있다. 전달함수는 다음과 같다.

$$\mathbf{H}(\omega) = \mathbf{V}_o/\mathbf{V}_i = \frac{j(\omega L - 1/\omega C)}{R + j(\omega L - 1/\omega C)} \tag{16.35}$$

여기서 $\mathbf{H}(0) = 1$, $\mathbf{H}(\infty) = 1$임을 주목하라. 그림 16.27은 $|\mathbf{H}(\omega)|$의 선도를 보인 것이다. 또한 중심 주파수는 다음과 같으며 반 전력 주파수, 대역폭 그리고 Q 팩터는직렬 공진회로에 관한 15.2절 수식을 사용하여 계산한다.

$$\omega_0 = \frac{1}{\sqrt{LC}} \tag{16.36}$$

여기서 ω_0를 차단 주파수라고 부르며 해당되는 대역폭($BW = \omega_2 - \omega_1$)을 차단 대역폭이라 부른다. 따라서

> **대역차단 필터**는 주파수 범위($\omega_1 < \omega < \omega_2$) 내의 모든 주파수를 차단 또는 제거하도록 설계한다.

동일한 R, L, C로 이루어진 대역통과 필터와 대역차단 필터의 전달함수를 더하면 모든 주파수에 대해 1이 됨을 주목하라. 물론 이것은 일반적으로는 성립하지 않지만 여기서 다루는 쌍대회로에서는 성립한다. 이것이 성립하는 이유는 하나의 특성이 다른 특성의 역에 해당한다는 사실 때문이다.

이 절을 요약하면서 다음 사항에 유의해야 한다.

1. 식 (16.29), (16.31), (16.33), (16.35)로부터 수동 필터의 최대 이득은 1(0 dB)이다. 이득을 1보다 크게 하려면 능동 필터를 사용해야 한다. 능동 필

터는 이 책의 범위를 벗어난다.

2. 이 절에서 다룬 것과 다른 필터 분류도 있다.
3. 여기서 다룬 필터는 단순한 형태이다. 더 정확하고 복잡한 주파수 응답 특성을 갖는 다양한 필터가 존재한다.

예제 16.11

그림 16.28은 어떤 필터인지 결정하라. $R = 2\ \text{k}\Omega$, $L = 2\ \text{H}$, $C = 2\ \mu\text{F}$일 때 코너 혹은 차단 주파수를 계산하라.

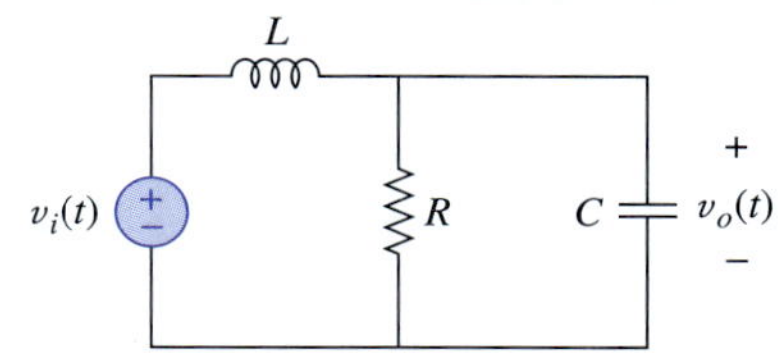

그림 16.28
예제 16.11의 회로

풀이

전달함수는

$$\mathbf{H}(s) = \mathbf{V}_o/\mathbf{V}_i = \frac{R \parallel 1/sC}{sL + R \parallel 1/sC}, \qquad s = j\omega \tag{16.11.1}$$

그런데

$$R \left\| \frac{1}{sC} \right. = \frac{R/sC}{R + 1/sC} = \frac{R}{1 + sRC}$$

이므로 식 (16.10.1)에 대입하면

$$\mathbf{H}(s) = \frac{R/(1 + sRC)}{sL + R/(1 + sRC)} = \frac{R}{s^2RLC + sL + R}, \qquad s = j\omega$$

혹은

$$\mathbf{H}(\omega) = \frac{R}{-\omega^2RLC + j\omega L + R} \tag{16.11.2}$$

$\mathbf{H}(0) = 1$, $\mathbf{H}(\infty) = 0$이므로 표 16.6으로부터 그림 16.28의 회로는 2차 저역통과 필터라고 결론지을 수 있다. **H**의 크기는 다음과 같다.

$$H = \frac{R}{\sqrt{(R - \omega^2RLC)^2 + \omega^2L^2}} \tag{16.11.3}$$

코너 주파수는 반전력, 즉 **H**가 $1/\sqrt{2}$로 감소하는 주파수와 같다. 직류에서 $H(\omega)$의 크기는 1이므로 코너 주파수에서 식 (16.11.3)을 제곱하면

$$H^2 = \frac{1}{2} = \frac{R^2}{(R - \omega_c^2RLC)^2 + \omega_c^2L^2}$$

혹은

$$2 = (1 - \omega_c^2LC)^2 + \left(\frac{\omega_c LC}{R}\right)^2$$

여기에 R, L, C 값을 대입하면 다음 결과를 얻는다.

$$2 = (1 - \omega_c^2\, 4 \times 10^{-6})^2 + (\omega_c\, 10^{-3})^2$$

ω_c를 (krad)/s로 놓으면

$$2 = (1 - 4\omega_c)^2 + \omega_c^2 \qquad \Rightarrow \qquad 16\omega_c^4 - 7\omega_c^2 - 1 = 0$$

ω_c^2에 대한 2차 방정식을 풀면 $\omega_c^2 = 0.5509$ 또는 $\omega_c = 0.742$ krad/s = 742 rad/s이다. $\omega_c = 2\pi f_c$이므로 $f_c = 118.6$ Hz이다.

연습문제 16.11

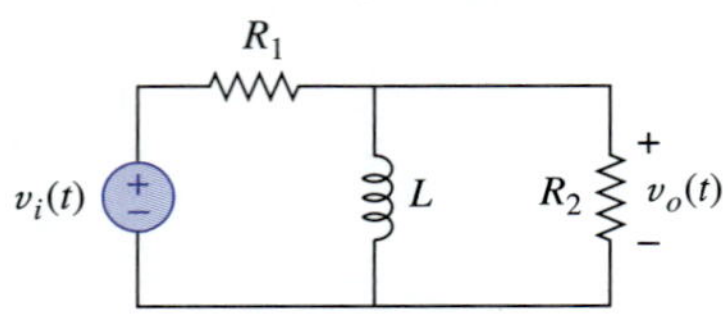

그림 16.29
연습문제 16.11의 회로

그림 16.29의 회로에 대해 전달함수 $V_o(\omega)/V_i(\omega)$를 구하라. 이 회로의 필터 유형을 확인하고 $R_1 = 100\ \Omega = R_2$, $L = 2$ mH일 때 코너 주파수를 결정하라.

해답 $\dfrac{R_2}{R_1 + R_2}\left(\dfrac{j\omega}{j\omega + \omega_c}\right)$, 고역통과필터,

$$\omega_c = \frac{R_1 R_2}{(R_1 + R_2)L} = 25 \text{ krad/s}$$

예제 16.12

그림 16.26에 보인 대역 차단 필터는 다른 주파수는 통과시키지만 200-Hz정현 성분은 차단한다고 할 때 L과 C의 값을 결정하라. 이때 $R = 150\ \Omega$이고 대역폭은 100 Hz이다.

풀이

15.2절의 직렬공진회로에 대한 수식을 이용하면

$$BW = 2\pi\,(100) = 200\pi \text{ rad/s}$$

그런데

$$BW = \frac{R}{L} \qquad \Rightarrow \qquad L = \frac{R}{BW} = \frac{150}{200\pi} = 0.2387 \text{ H}$$

200-Hz 정현 성분을 차단한다는 것은 f_0가 200 Hz란 의미이므로 수식 16.27에서

$$\omega_0 = 2\pi f_0 = 2\pi\,(200) = 400\pi$$

$\omega_0 = 1/\sqrt{LC}$이므로

$$C = \frac{1}{\omega_0^2 L} = \frac{1}{(400\pi)^2(0.2387)} = 2.66\ \mu\text{F}$$

연습문제 16.12

그림 16.24의 대역통과 필터에 대해 하위 차단 주파수를 20.1 kHz, 상위 차단 주파수를 20.3 kHz가 되도록 설계하라. $R = 20$ kΩ으로 하고 L, C, Q를 계산하라.

해답 7.96 H, 3.9 pF, 101

16.6 컴퓨터 해석

16.6.1 PSpice

PSpice를 이전 장에서 사용한 방식과 유사하게 사용할 수 있다. 여기서 설명하는 내용의 차이점은 PSpice로 보데 선도의 크기와 위상을 구하는 방법을 소개한다는 것이다.

15.5절에서 언급한 바와 같이 주파수를 변화시키는 데에는 3가지 방식이 있다.

- **선형**: 시작 주파수에서 종료 주파수까지 전체적으로 동일 간격의 주파수(혹은 응답)로 변화시킨다.
- **옥타브**: 시작 주파수에서 종료 주파수까지 옥타브에 따라 대수적으로 주파수를 변화시킨다. 옥타브란 주파수가 2배가 되는 간격을 의미한다. 예를 들어 20 kHz에서 40 kHz가 한 옥타브이다.
- **데케이드**: 시작 주파수에서 종료 주파수까지 데케이드에 따라 대수적으로 주파수를 변화시킨다. 두 주파수의 차이가 1:10의 비율이 되는 간격을 데케이드라고 한다. 예를 들어 20~200 kHz는 한 데케이드이다.

PSpice는 회로의 모든 독립 전원에 대해 시작 주파수에서 종료 주파수까지 앞에서 설명한 방식으로 주파수를 달리 하면서 회로의 정상상태 정현 해석을 수행한다.

PSpice A/D 창은 그래픽 출력을 생성할 때 사용된다. 출력 데이터 유형은 추적 명령 상자(*Trace Command Box*)에서 V 또는 I를 첨미사로 부가하여 지정할 수 있다.

M: 정현 신호의 진폭(최대치)
P: 정현 신호의 위상
dB: 데시벨로 표시한 정현 신호의 진폭, 즉 20 $\log_{10}$(진폭)

예제 16.13

그림 16.30의 회로에 대해 PSpice를 이용하여 V_o에 대한 이득과 위상 보데 선도를 생성하라.

풀이

보데 선도에 관심이 있으므로 데케이드당 101포인트로 300 Hz < f < 30 kHz 범위에 대해 데케이드 주파수 스윕을 사용한다. 이 범위를 선택한 이유는 이 회로의 고유주파수가 이 범위 내에 있음을 알고 있기 때문이다.

$$\omega_0 = \frac{1}{\sqrt{LC}} = 31.62 \text{ krad/s} \qquad \text{혹은} \qquad f_0 = \frac{\omega_0}{2\pi} = 5.03 \text{ kHz}$$

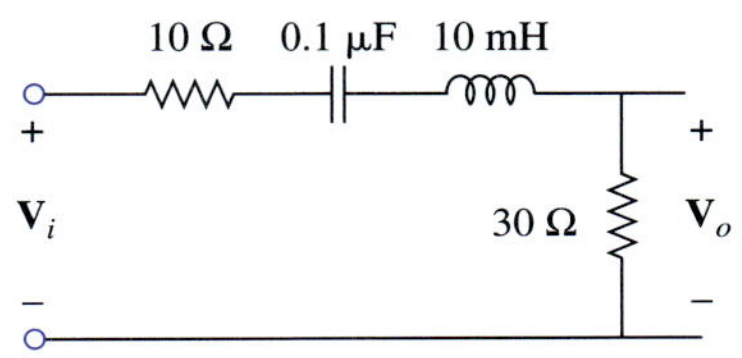

그림 16.30
예제 16.13과 연습문제 16.15의 회로

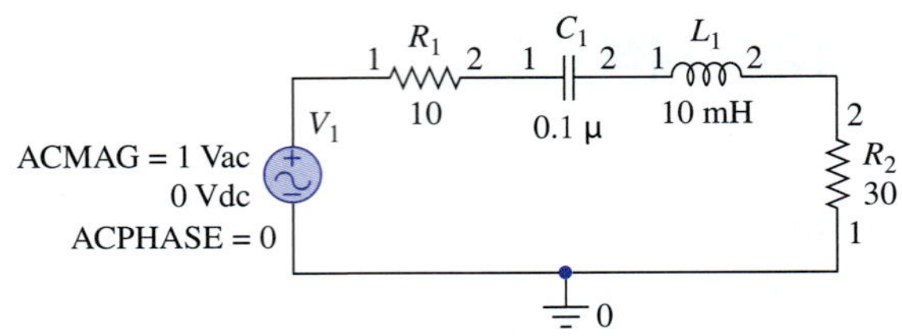

그림 16.31

그림 16.30 회로도

그림 16.31과 같이 회로를 그리고 exam1613.dsn으로 저장한다. **PSpice/New Simulation Profile**을 선택한다. 이렇게 하면 New Simulation 대화상자가 열린다. 파일 이름으로 "exam1613"을 입력하고 생성 버튼을 클릭하면 시뮬레이션 설정 대화상자가 열린다. 시뮬레이션 설정 대화상자의 *Analysis Type* 아래 *AC Sweep/Noise*를 선택한다. *Start Freq*에 300, Final Freq에 30 k그리고 Points/Decade에 101을 입력한다.

PSpice/Run을 선택하면 시뮬레이션이 실행된다. 오류가 없으면 자동으

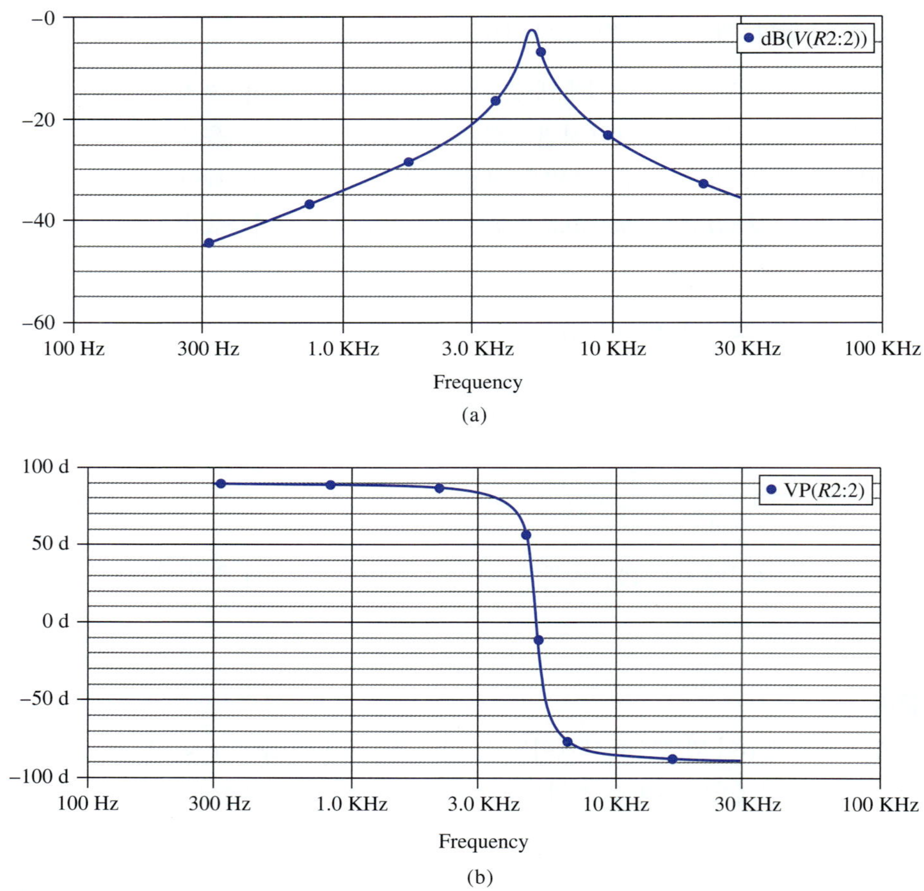

그림 16.32

예제 16.13 응답의 (a) 보데 선도, (b) 위상 선도

로 Probe 창이 열린다. 보데 선도에 관심이 있는 것이므로 PSpice A/D 창에서 **Trace/Add Trace**를 선택하고 **Trace Command** 박스에 dB(V(R2:2))를 입력한다. 결과는 그림 16.32(a)의 보데 크기 선도이다. 위상 선도를 그리기 위해 Probe 창에서 **Trace/Add Trace**를 선택하고 **Trace Command** 박스에 VP(R2:2)를 입력한. 결과는 그림 16.32(b)의 보데 위상 선도이다. 그림 16.32로부터 이 회로는 대역통과 필터인 점에 주목하라.

연습문제 16.13

그림 16.33의 회로에 대해 PSpice를 이용하여 1~100 kHz 주파수 범위에서 20 points/decade로 $\mathbf{V}_o$의 보데 선도를 구하라.

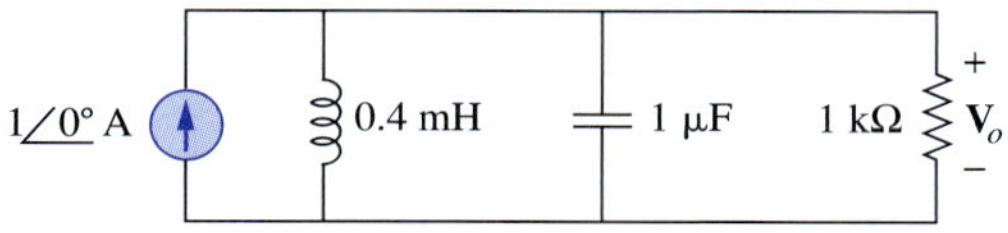

그림 16.33
연습문제 16.13과 16.14의 회로

해답 그림 16.34 참조

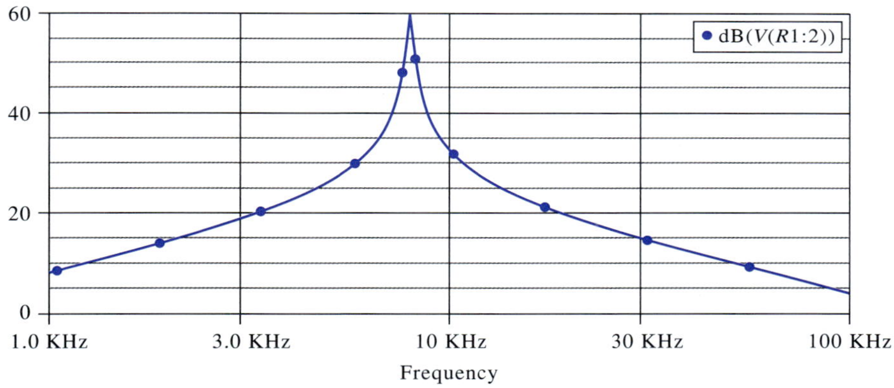

(a)

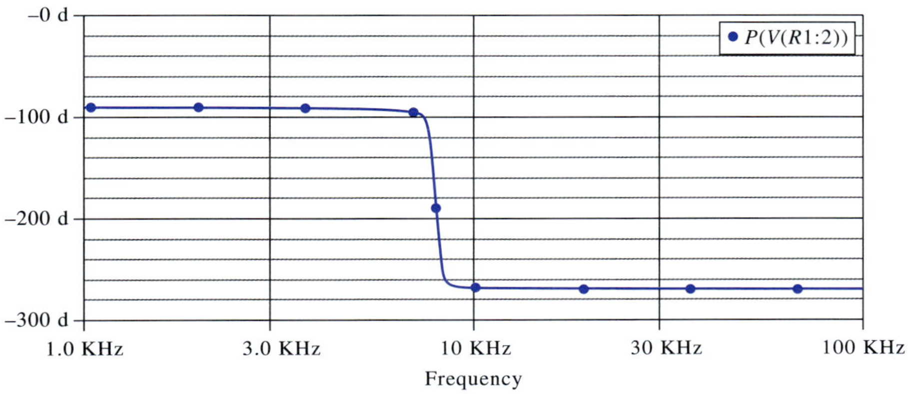

(b)

그림 16.34
연습문제 16.13 (a) 보데 크기 선도, (b) 보데 위상 선도

16.6.2 Multisim

MultiSim에는 보데 선도를 위한 특별한 계측기능이 있다. Bode plotter(계측기)는 종종 전압이득이나 위상응답을 표시할 때 사용된다. 크기 모드를 선택하면 Bode plotter는 두 점 사이의 크기 비율(데시벨 단위)을 계산한다. 위상 모드를 선택하면 두 점 사이의 위상차(각도 단위)를 측정한다. Plotter는 주파수(Hz)에 따른 이득이나 위상차를 그려준다. 다음 예제는 Bode plotter를 사용하는 방법에 대해 설명한다.

예제 16.14

그림 15.14(15장 참조)의 회로에 대해 PSpice를 이용하여 보데 선도를 그려라.

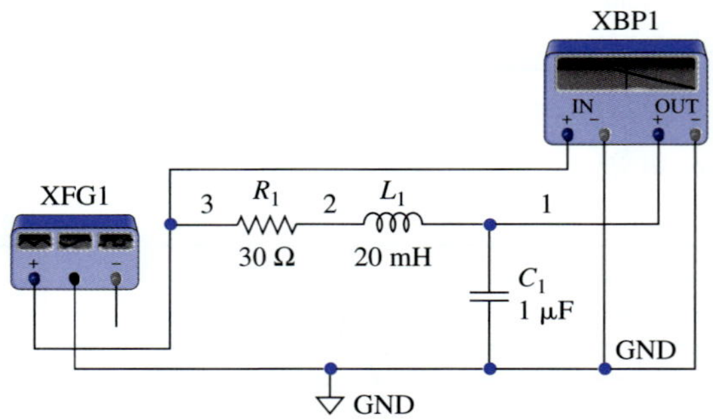

그림 16.35
예제 16.14의 회로

풀이

먼저 그림 16.35처럼 회로를 그린다. 그림 15.21에서 했던 방법처럼 교류 전압원을 사용하는 대신 함수발생기 기호(XFG1)를 더블 클릭하고, Frequency를 1 kHz로 Amplitude를 1 V로 변경한다. 유사하게 Bode plotter(XBP1) 기호를 더블 클릭하고 Magnitude 모드를 선택하고 수직축은 −40~40 dB로 수평축은 1~10 kHz 로그 스케일로 선택한다. 파일을 저장하고 **Simulate/Run**을 선택한다. 회로 시뮬레이션이 진행되는 동안 Bode plotter 심볼을 더블 클릭하면 크기 선도가 표시된다. 다시 모드를 Phase로 변경하면 위상 선도가 표시된다. 그림 16.36은 크기와 위상 선도를 보인 것이다.

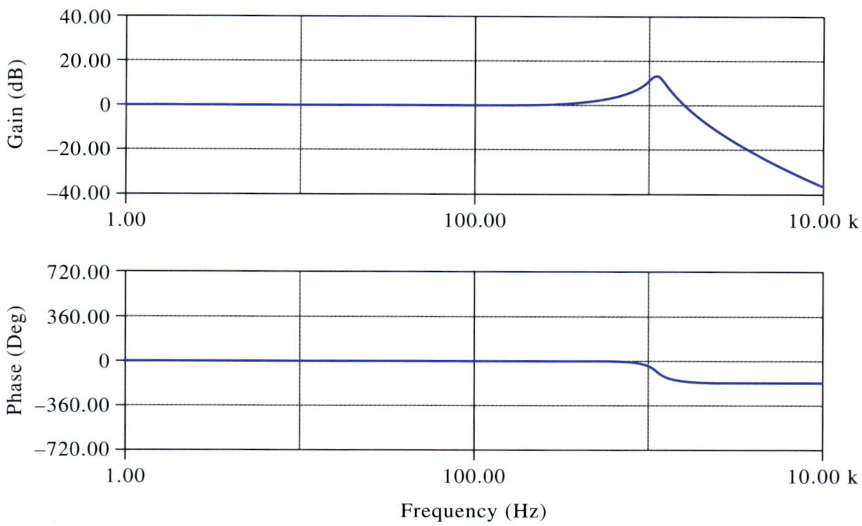

그림 16.36
예제 16.14의 보데 크기 선도와 위상 선도

연습문제 16.14

연습문제 16.13을 MultiSim으로 수행하라.

해답 그림 16.34 참조

16.7 응용

필터는 특히 전자회로, 전력 시스템, 통신 시스템 등에 다양하게 사용된다. 예를 들어 차단 주파수가 60 Hz 이상인 고역통과필터는 다양한 통신용 전자기기에서 60 Hz 전력선 잡음을 제거할 때 사용할 수 있다. 통신 시스템에서 신호의 필터링은 동일한 범위내의 다른 신호로부터 원하는 신호를 선택(15.6절에서 살펴본 무선 수신기의 경우와 유사)하고 또 원하는 신호에서 대한 잡음과 간섭의 영향을 줄이기 위해 필요하다. 이 절에서는 2가지 실제적인 필터의 응용을 살펴본다.

16.7.1 버튼식 전화기

전형적인 필터 응용은 그림 16.37에 보인 버튼식 전화기이다. 키패드에는 4행 3렬로 배치된 12개의 버튼이 있다. 이 배열은 낮은 주파수(697~941 Hz)와 높은 주파수(1,209~1,477 Hz) 두 그룹으로 분류되는 7개의 톤으로 12개의 별도 신호를 생성한다. 버튼을 누르면 해당되는 주파수의 정현 신호 2개의 합이 생성된다. 예를 들어 6번 버튼을 누르면 770 Hz와 1,477 Hz로 구성되는 정현 신호가 만들어진다.

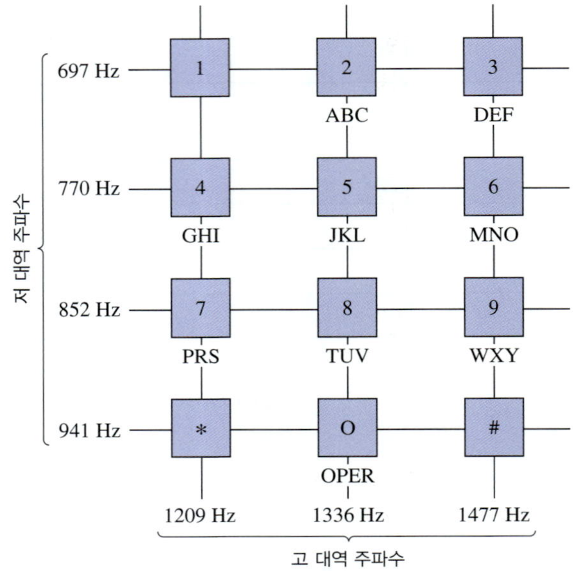

그림 16.37

버튼 다이얼에 대한 주파수 할당

Adapted from G. Daryanani, **Principles of Active Network Synthesis and Design** (New York: John Wiley & Sons), 1976, p. 79.

전화를 걸기 위해 버튼을 누르면 신호가 전화국에 전송되고 여기서 버튼 신호에 포함된 주파수를 검출해서 해독한다. 검출 장치의 개념에 대한 블록도는 그림 16.38에 보인 바와 같다. 먼저 신호를 증폭하고 저역통과(LP) 필터와 고역통과(HP) 필터에 의해 해당되는 그룹으로 분류된다. 리미터(L)는 분류된

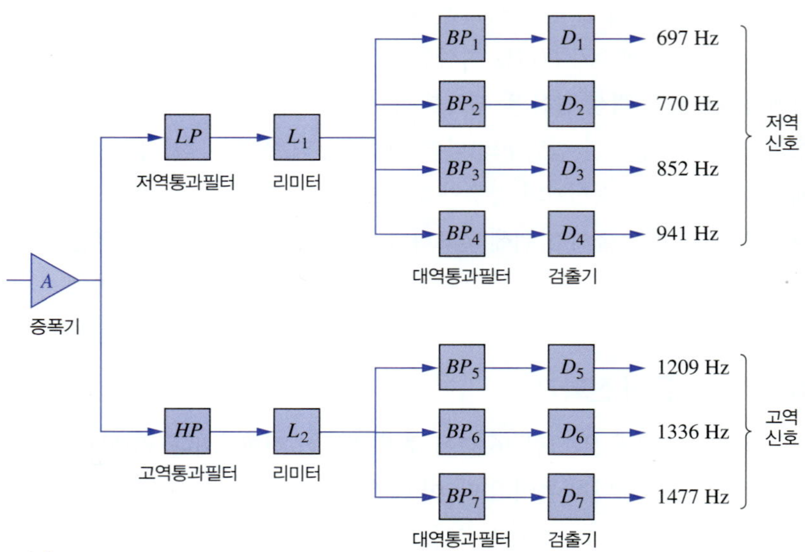

그림 16.38

감지 장치의 블록도

신호를 구형파로 변화시키는데 사용된다. 각 신호는 하나의 신호만 통과시키고 나머지는 차단하는 7개의 대역통과(BP) 필터를 거치면서 분류된다. 각 필터의 후단은 디텍터(D)가 연결되어 입력 전압이 일정치를 넘어서면 작동한다. 디텍터의 출력은 송화자를 수화자에게 연결하는 스위칭 시스템에 필요한 직류 신호를 공급한다.

예제 16.15

전화 회로에 사용되는 표준 600-Ω 저항과 직렬 RLC 회로를 이용하여 그림 16.38의 대역통과 필터 BP_2를 설계하라.

풀이

그림 16.24의 직렬 RLC 회로는 대역통과 필터이다. BP_2는 697~852 Hz범위의 주파수를 통과시키고 중심 주파수 f_0 = 770 Hz이므로 대역폭은

$$BW = 2\pi(f_2 - f_1) = 2\pi(852 - 697) = 973.89 \text{ rad/s}$$

수식 (15.19)로부터

$$L = \frac{R}{BW} = \frac{600}{973.89} = 0.616 \text{ H}$$

수식 (15.6)으로부터

$$C = \frac{1}{\omega_0^2 L} = \frac{1}{4\pi^2 f_0^2 L} = \frac{1}{4\pi^2 \times 770^2 \times 0.616} = 69.36 \text{ nF}$$

연습문제 16.15

대역통과 필터 BP_6에 대해 예제 16.13을 다시 수행하라.

해답 0.356 H, 39.86 nF

16.7.2 크로스오버 네트워크

필터의 또 다른 대표적인 응용은 **크로스오버 네트워크**로 그림 16.39(a)와 같이 오디오 증폭기 출력을 우퍼나 트위터 스피커로 연결하는 역할을 한다. 이는 기본적으로 한 개의 고역통과 RC 필터와 저역통과 RL 필터 하나로 구성된다. 이는 미리 지정된 크로스오버 주파수 f_c보다 높은 주파수는 트위터(고역 스피커)로 연결하고, f_c미만의 주파수는 우퍼(저역 스피커)로 연결한다. 이들 스피커는 특정한 주파수 응답에 적합하게 설계된다. 우퍼는 저역 스피커로 3 kHz까지의 낮은 주파수 음을 재생하도록 설계되어 있다. 트위터는 3~20 kHz의 오디오 신호를 재생할 수 있다. 이 두 스피커 조합으로 필요한 전체 오디오 대역을 재생하고 주파수 응답을 최적화할 수 있다.

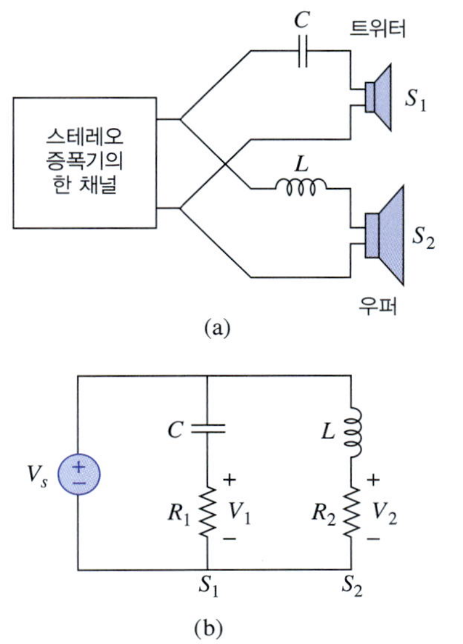

그림 16.39
(a) 2개의 스피커에 대한 크로스오버 네트워크, (b) 등가 모델

증폭기를 전압원으로 대체한 크로스오브 네트워크의 근사적인 등가회로을 그림 16.39(b)에 보였는데, 여기서 스피커는 저항으로 모델링되어 있다. 고역통과 필터의 전달함수는 다음과 같다.

$$H_1(\omega) = \frac{V_1}{V_s} = \frac{j\omega R_1 C}{1 + j\omega R_1 C} \tag{16.37}$$

유사하게 저역통과 필터의 전달함수는 다음과 같이 주어진다.

$$H_2(\omega) = \frac{V_2}{V_s} = \frac{R_2}{R_2 + j\omega L} \tag{16.38}$$

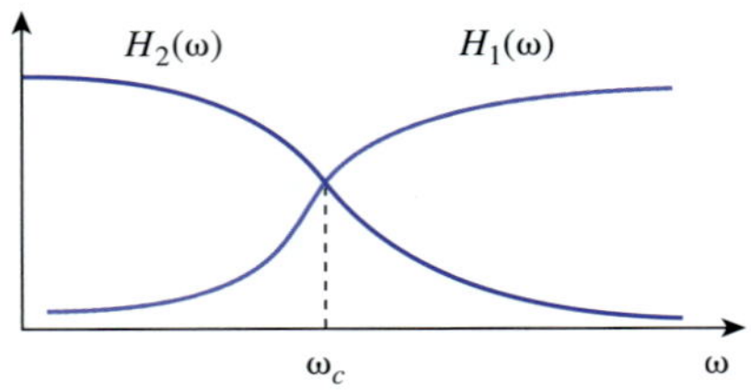

그림 16.40
그림 16.39 크로스오버 네트워크의 주파수 응답

그림 16.40에 보인 R_1, R_2, L, C의 크기는 두 필터가 동일한 차단 주파수 즉 **크로스오버 주파수**가 되도록 선택한다.

크로스오버 네트워크의 원리는 TV 수상기의 공진회로에도 사용되며, 이는 RF 캐리어 주파수에서 영상과 음성 신호를 분리할 때 필요하다. 낮은 주파수 영역(30 Hz~4 MHz 대역의 화상정보)는 수신기의 비디오 증폭기로 연결되는 반면, 고역 주파수 대역(4.5 MHz 부근의 음성정보)은 수신기의 사운드 증폭기로 연결된다.

예제 16.16

그림 16.39의 크로스오버 네트워크에서 각각의 스피커를 6 Ω저항으로 가정하라. 크로스오버 주파수가 2.5 kHz가 되기 위한 C와 L의 크기를 구하라.

풀이

고역통과 필터에서

$$\omega_c = 2\pi f_c = \frac{1}{R_1 C}$$

혹은

$$C = \frac{1}{2\pi f_c R_1} = \frac{1}{2\pi \times 2.5 \times 10^3 \times 6} = 10.61\ \mu\text{F}$$

저역통과 필터에서

$$\omega_c = 2\pi f_c = \frac{R_2}{L}$$

혹은

$$L = \frac{R_2}{2\pi f_c} = \frac{6}{2\pi \times 2.5 \times 10^3} = 382\ \mu\text{H}$$

연습문제 16.16

그림 16.39의 스피커가 8 Ω 저항을 갖고 $C = 10\ \mu$F라고 할 때 L의 크기와 크로스오버 주파수를 구하라.

해답 0.64 mH, 1.989 kHz

16.8 요약

1. 전달함수 $\mathbf{H}(\omega)$는 출력응답 $\mathbf{Y}(\omega)$과 여기입력 $\mathbf{X}(\omega)$의 비율이다. 즉 $\mathbf{H}(\omega) = \mathbf{Y}(\omega)/\mathbf{X}(\omega)$
2. 주파수 응답이란 주파수에 따른 전달함수의 변화이다.
3. 데시벨은 대수 이득의 단위다. 전력이득 G에 대한 데시벨 표현은

   $$G_{\text{dB}} = 10 \log_{10} G$$

   전압(혹은 전류) 이득 G에 대한 데시벨 표현은

   $$G_{\text{dB}} = 20 \log_{10} G$$

   dBm은 약식 표현으로 1 mW를 기준으로 하는 전력 측정치의 비율을 데시벨로 나타낸 것이다.
4. 보데 선도란 주파수에 따른 전달함수의 크기와 위상 변화의 직선 세미로그 선도이다. H(dB)와 ϕ(°)의 직선 근사는 $H(\omega)$의 각 항의 코너 주파수를 이용하여 구성된다.
5. 필터란 특정 대역의 주파수를 통과(혹은 차단) 시키고 다른 신호는 차단(혹은 통과) 시키도록 설계된 회로이다. 수동 필터는 저항, 커패시터, 인덕터로 구성된다.
6. 일반적인 4가지 공통적인 필터 종류는 저역통과, 고역통과, 대역통과, 대역차단 필터이다.
7. 저역통과 필터는 차단 주파수 ω_c보다 낮은 주파수의 신호만을 통과시킨다.
8. 고역통과 필터는 차단 주파수 ω_c보다 높은 주파수의 신호만을 통과시킨다.
9. 대역통과 필터는 지정된 범위($\omega_1 < \omega < \omega_2$) 이내의 신호만을 통과시킨다.
10. 대역차단 필터는 지정된 범위($\omega_1 < \omega < \omega_2$) 이외의 신호만을 통과시킨다.
11. PSpice로 회로의 주파수 응답을 얻고자 할 때 사용할 수 있으며, 이 때 AC Sweep에서 응답 주파수 범위와 범위 내 계산 포인터를 지정하면 된다.
12. 두 가지 전형적인 필터 응용으로 버튼식 전화기와 크로스오버 네트워크를 설명했다. 버튼식 전화기 시스템에서 필터는 전자식 스위치를 작동시키기 위한 다른 주파수 톤을 구분하는 데 사용한다. 크로스오버 네트워크는 주파수 범위에 따라 신호를 분리해서 대형 스피커 시스템의 우퍼와 트위터와 같은 다른 장치에 전달할 때 사용된다.

복습문제

16.1 출력과 입력 전력의 비가 1,000:1이라고 할 때 이를 dB로 표현하면?
(a) 3 dB (b) 30 dB
(c) 300 dB (d) 1000 dB

16.2 어떤 네트워크에서 입력 전압이 2 mV이고 출력 전압이 4 V였다. 전압 이득을 dB로 나타내면?
(a) −33 dB (b) 33 dB
(c) 66 dB (d) 152 dB

16.3 보데 크기 선도에서 $\frac{1}{(5+j\omega)^2}$항의 기울기는?
(a) 20 dB/decade (b) 40 dB/decade
(c) −40 dB/decade (d) −20 dB/decade

16.4 보데 위상 선도에서 $[1 + j10\omega - \omega^2/25]^2$의 기울기는?
(a) 45°/decade (b) 90°/decade
(c) 135°/decade (d) 180°/decade

16.5 고역통과 필터의 최대 출력전압을 1 V라고 할 때 차단주파수에서의 출력 전압의 크기는?
(a) 0 V (b) 0.707 V
(c) 1V (d) 1.414 V

16.6 차단 주파수에서 최대 출력 대비 필터 출력의 감소분은?
(a) −10 dB (b) −3 dB
(c) 0 dB (d) 3 dB

16.7 특정 주파수보다 높은 주파수의 신호만을 통과시키는 필터는?
(a) 저역통과 (b) 고역통과
(c) 대역통과 (d) 대역차단

16.8 특정 무선 기지국의 신호를 선택하기 위해 사용하는 필터는?
(a) 저역통과 (b) 고역통과
(c) 대역통과 (d) 대역차단

16.9 일정 진폭인 0~40 kHz의 전압원이 RC 저역통과 필터에 연결되어 있다. 부하저항에서 최대전압을 나타내는 주파수는
(a) dc (b) 10 kHz
(c) 20 kHz (d) 40 kHz

16.10 대역차단 필터는 동조된 특정 주파수를 제외한 나머지 신호를 감쇄시킨다.
(a) 참 (b) 거짓

해답 16.1 b, 16.2 c, 16.3 c, 16.4 d, 16.5 b, 16.6 g, 16.7 b, 16.8 c, 16.9 a, 16.10 a

문제

16.2절 데시벨 단위

16.1 X가 다음과 같을 때 $\log_{10}X$를 구하라.
(a) 10^{-4} (b) 46,000 (c) 10^8 (d) 0.2114

16.2 $Y = \log_{10}X$라 할 때 다음 Y가 되기 위한 X를 구하라.
(a) 4 (b) 0.003 (c) 6.5 (d)−2.3

16.3 다음 조건에서 이득을 데시벨 값으로 표시하라.
(a) $P_{in} = 6$ mW, $P_{out} = 100$ mW
(b) $V_{in} = 3$ mV, $V_{out} = 40$ V
(c) $P_{in} = 10\ \mu$W, $P_{out} = 60$ mW
(d) $V_{in} = 300\ \mu$V, $V_{out} = 8$ V

16.4 증폭기의 입력 전압이 20 mV일 때 출력 전압이 3.8 V 이다. 증폭이득을 비율과 dB로 나타내면 얼마인가?

16.5 H_{dB}가 다음과 같을 때 $|\mathbf{H}(\omega)|$를 구하라.
(a) 0.05 dB (b) −6.2 dB (c) 104.7 dB

16.6 $\mathbf{H}(\omega)$가 다음과 같을 때 주파수 $\omega = 1$ rad/s에서 $\mathbf{H}(\omega)$의 크기(dB)과 위상(각도)를 구하라.
(a) 0.05 (b) 125
(c) $\frac{10j\omega}{2+j\omega}$ (d) $\frac{3}{1+j\omega} + \frac{6}{2+j\omega}$

16.7 송신기의 출력회로에 전력계가 연결되어 있고 이때 전력계 눈금이 24W 이다. 전력을 dBm으로 표시하면 얼마인가?

16.8 다음 전력을 dBm으로 표시하라: 10 μW, 13 mW, 50 W

16.9 다음 dBm 값에 대해 전력 크기를 구하라.
−5 dBm, 6 dBm, 40 dBm

16.10 그림 16.41의 회로에서 전체 시스템의 이득을 dB로 표시하라.

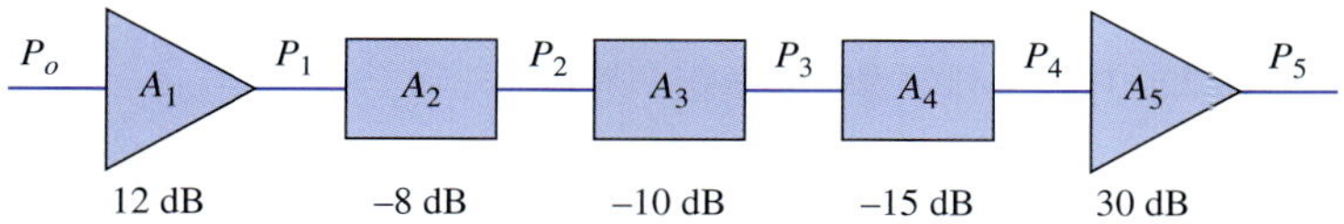

그림 16.41
문제 16.10의 시스템

16.11 그림 16.42의 시스템은 3단으로 구성되어 있다. 이 시스템의 출력전력과 전력이득을 dB로 구하라.

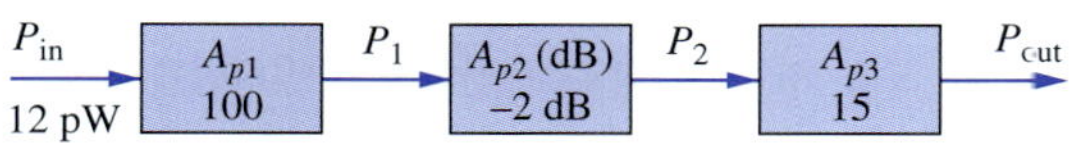

그림 16.42
문제 16.10의 시스템

16.12 어떤 증폭기의 입력전력이 60 mW이고 출력전력이 10 mW이다. 감쇄율을 dB로 계산하라.

16.13 특정 주파수에서 V_{out}/V_{in}의 비율이 0.2이다. 이 비율을 dB로 표시하라.

16.14 증폭기의 전력이득이 4이다. 전력 이득을 dB로 표시하라.

16.3절 전달함수

16.15 그림 16.43의 RC회로에서 전달함수 V_o/V_i를 구하라. $\omega_o = 1/RC$를 이용하여 표현하라.

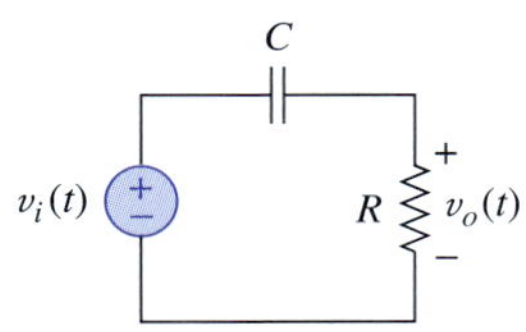

그림 16.43
문제 16.15의 회로

16.16 그림 16.44의 RL 회로에서 전달함수 V_o/V_i를 구하라. $\omega_o = R/L$를 이용하여 표현하라.

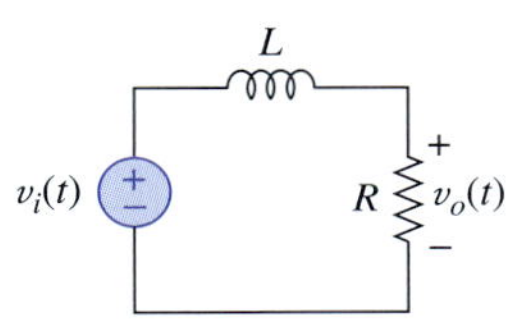

그림 16.44
문제 16.16과 16.34의 회로

16.17 그림 16.45의 회로에서 전달함수 $H(s) = V_o(s)/V_i(s)$를 구하라.

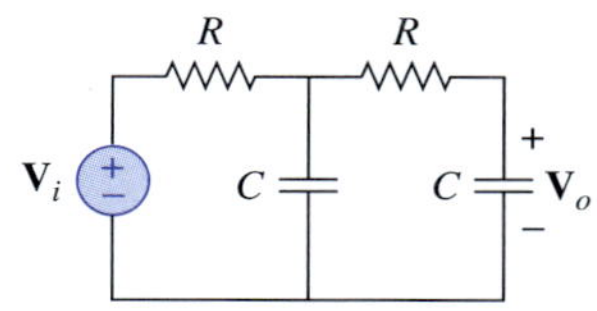

그림 16.45
문제 16.17의 회로

16.18 그림 16.46의 회로에서 전달함수 $\mathbf{H}(\omega)$를 구하라.

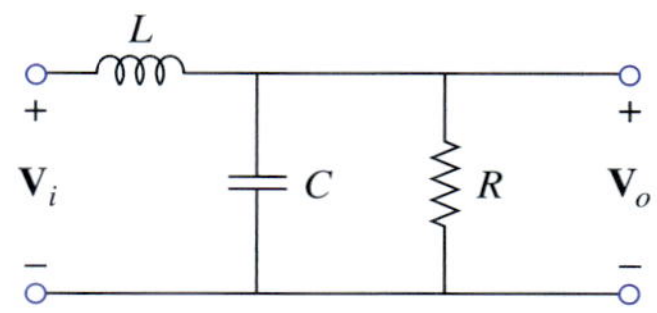

그림 16.46
문제 16.18의 회로

16.19 그림 16.47의 회로에 대해 앞의 문제를 반복하라.

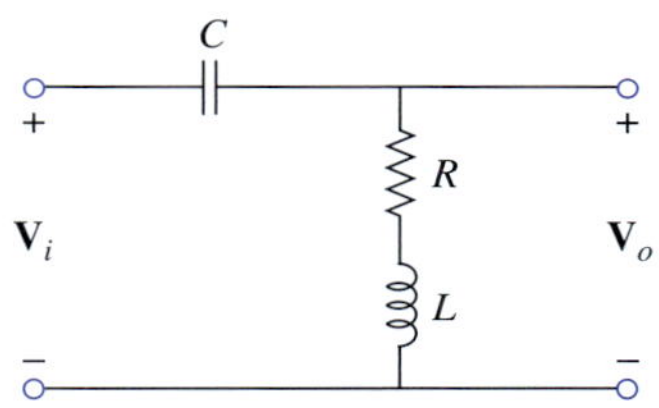

그림 16.47
문제 16.19의 회로

16.20 그림 16.48의 RLC 회로에서 전달함수 V_o/V_i를 구하라.

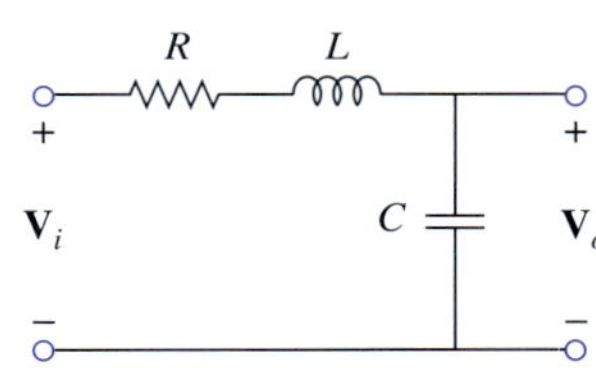

그림 16.48
문제 16.20의 회로

16.21 그림 16.49의 회로에 대해 문제 16.13을 다시 풀어라.

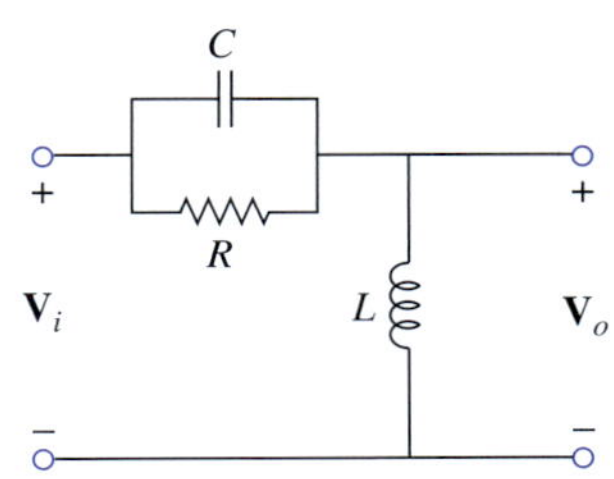

그림 16.49
문제 16.21의 회로

16.22 그림 16.50의 회로에서 전달함수 $H(\omega)$를 구하라.

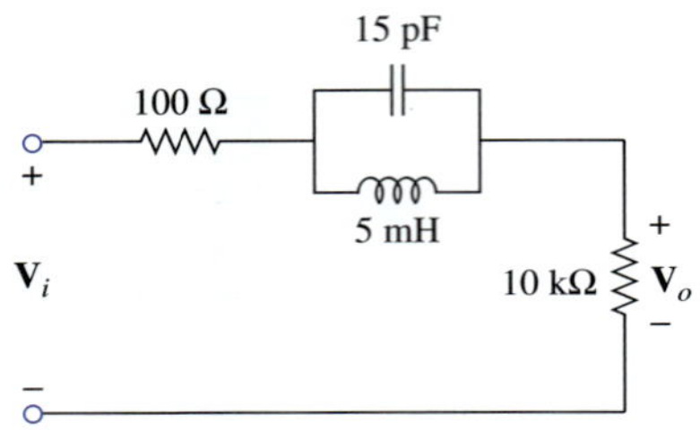

그림 16.50
문제 16.22의 회로

16.4절 보데 선도

16.23 전압 이득이 아래와 같은 래더 회로에서 이득에 대한 보데 선도를 그려라.

$$\mathbf{H}(\omega) = \frac{10}{(1+j\omega)(10+j\omega)}$$

16.24 다음에 대한 이득 보데 선도를 그려라.

$$\mathbf{H}(\omega) = \frac{50}{j\omega(5+j\omega)}$$

16.25 다음에 대한 이득 보데 선도를 그려라.

$$\mathbf{H}(\omega) = \frac{10+j\omega}{j\omega(2+j\omega)}$$

16.26 전달함수가 다음과 같이 주어졌을 때 이득과 위상 보데 선도를 그려라.

$$T(s) = \frac{s+1}{s(s+10)}, \qquad s = j\omega$$

16.27 다음에 대한 보데 선도를 그려라.

$$G(s) = \frac{s+1}{s^2(s+10)}$$

16.28 다음에 대한 보데 선도를 그려라.

$$\mathbf{H}(\omega) = \frac{50(j\omega+1)}{j\omega(-\omega^2+10j\omega+25)}$$

16.29 다음에 대한 이득과 위상 보데 선도를 그려라.

$$H(s) = \frac{40(s+1)}{(s+2)(s+10)}, \qquad s = j\omega$$

16.30 다음에 대한 이득과 위상 보데 선도를 그려라.

$$G(s) = \frac{s}{(s+2)^2(s+1)}, \qquad s = j\omega$$

16.31 다음에 대한 이득과 위상 보데 선도를 그려라.

$$G(s) = \frac{(s+2)^2}{s(s+5)^2(s+10)}, \qquad s = j\omega$$

16.32 다음에 대한 보데 선도를 구성하라.

$$\mathbf{T}(\omega) = \frac{10j\omega(1+j\omega)}{(10+j\omega)(100+10j\omega-\omega^2)}$$

16.33 다음 $H(s)$에 대한 이득 보데 선도를 그려라.
(a) $10/(s+1)$, (b) $(s+1)/(s+10)$

16.5절 필터

16.34 그림 16.44의 회로가 저역통과 필터임을 보이고, $L = 2$ mH, $R = 10$ kΩ일 때 코너 주파수 f_c를 계산하라.

16.35 그림 16.51의 회로에서 전달함수 $\mathbf{V}_o/\mathbf{V}_i$를 구하고, 이 회로가 저역통과 필터임을 보여라.

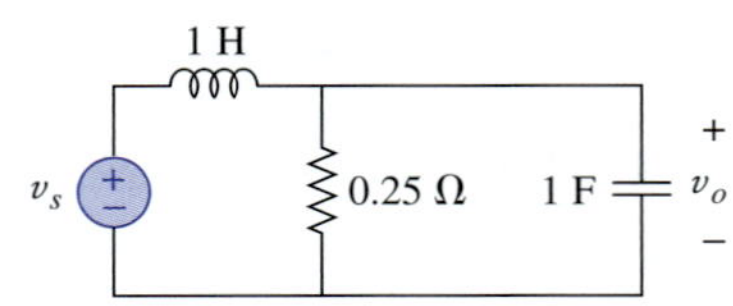

그림 16.51
문제 16.35의 회로

16.36 아래와 같이 기술되는 저역통과 필터의 코너 주파수를 결정하고. $\omega = 2$ rad/s에서 $\mathbf{H}(\omega)$의 이득 데시벨 값과 위상을 구하라.

$$\mathbf{H}(\omega) = \frac{4}{2+j\omega 10}$$

16.37 그림 16.52에 보인 필터의 종류를 결정하고 코너 주파수 f_c를 계산하라.

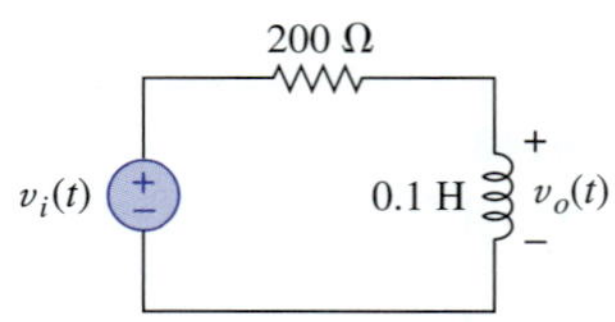

그림 16.52
문제 16.37의 회로

16.38 40-mH의 코일을 이용하여 차단 주파수가 5 kHz인 *RL* 저역통과 필터를 설계하라.

16.39 차단 주파수가 100 kHz이고 $L = 40$ mH인 *RL* 고역통과 필터에서 저항의 크기를 구하라.

16.40 차단 주파수가 10 kHz와 11 kHz인 직렬 *RLC* 대역통과

필터를 설계하라. 여기서 C = 80 pF이라고 할 때 R, L, Q를 구하라.

16.41 300-pF의 커패시터를 이용하여 차단 주파수가 2 kHz인 RC 고역통과 필터를 설계하라.

16.42 R = 10 Ω, L = 25 mH, C = 0.4 μF인 직렬 RLC 대역통과 필터의 주파수 통과 범위를 결정하고, Q 팩터를 구하라.

16.43 R = 2 kΩ, L = 0.1 H, C = 40 pF인 직렬 RLC 대역차단 필터에서 다음을 구하라.
(a) 중심 주파수, (b)반전력 주파수, (c) Q 팩터

16.44 그림 16.53의 대역차단 필터에서 대역폭과 중심주파수를 구하라.

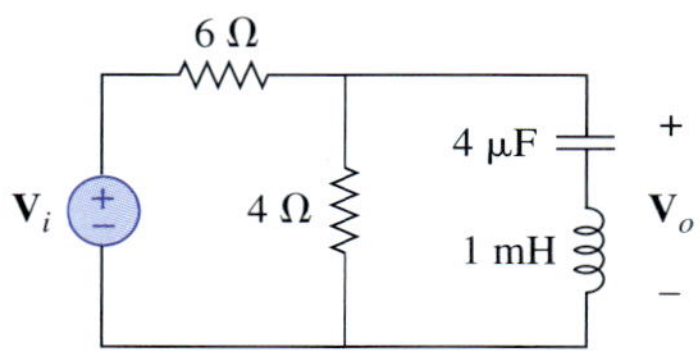

그림 16.53
문제 16.44의 회로

16.45 그림 15.54에 보인 필터의 공진 주파수를 찾아라. 이 회로는 대역통과 필터인가 대역차단 필터인가?

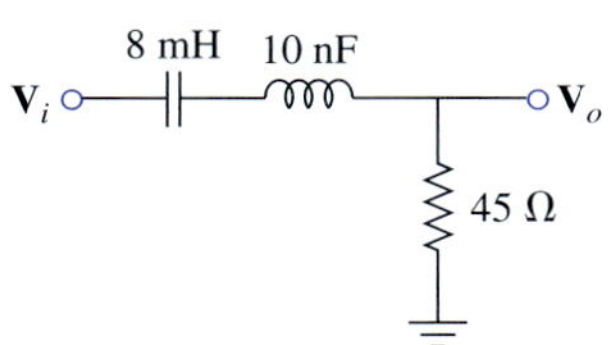

그림 16.54
문제 16.45의 회로

16.46 1.8-kΩ의 저항과 커패시터를 직렬 연결하여 저역통과 필터를 구성하였다. V_o/V_i = 0.2이면 용량성 리액턴스의 크기는 얼마인가?

16.47 그림 16.55에 보인 대역통과 필터에서 대역폭을 계산하라.

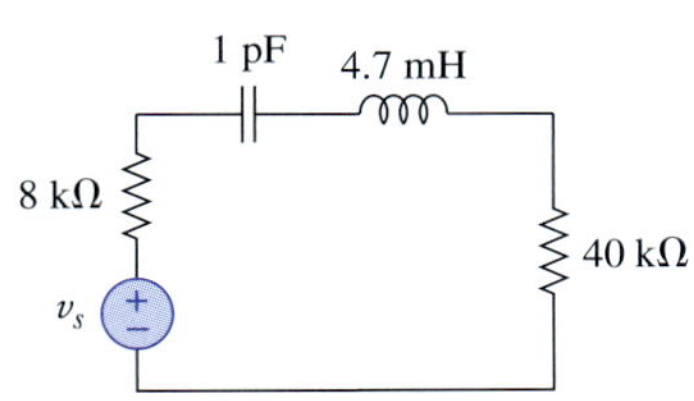

그림 16.55
문제 16.47의 회로

16.48 C = 0.45 μF이고 차단 주파수가 500 Hz인 RC 저역통과 필터를 구성하고, 이 결과를 컴퓨터 시뮬레이션으로 확인하라.

16.49 저역통과 필터에서 20 mV의 입력에 대해 출력전압 크기가 800 μV라고 할 때, 필터의 이득을 dB로 표시하라.

16.6절 컴퓨터 해석

16.50 그림 16.56의 회로에 대해 PSpice를 이용하여 주파수 응답을 구하라.

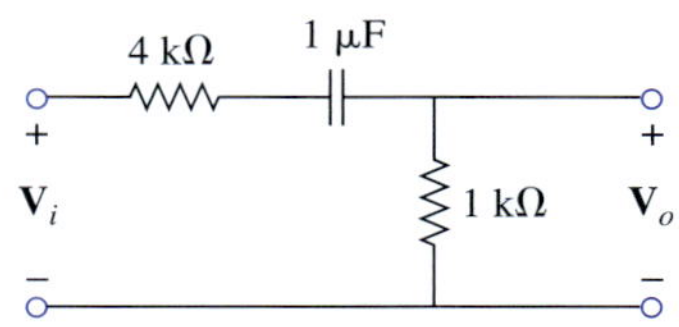

그림 16.56
문제 16.50과 16.56의 회로

16.51 그림 16.57의 회로에 대해 PSpice를 이용하여 $\mathbf{V}_o/\mathbf{I}_i$의 크기와 위상 선도를 구하라.

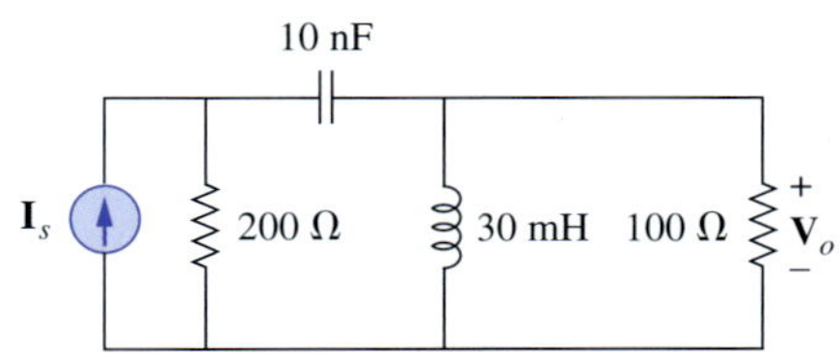

그림 16.57
문제 16.51과 16.57의 회로

16.52 $0.1 < f < 100$ Hz 구간에서 그림 16.58의 네트워크의 응답 특성을 구하라. 이 필터의 종류를 구분하고 ω_o를 구하라.

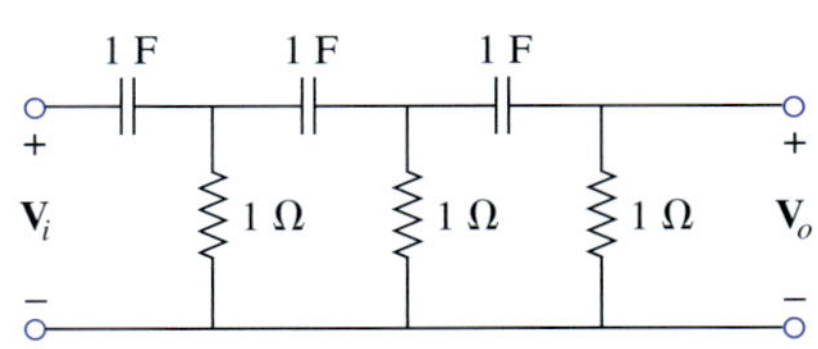

그림 16.58
문제 16.52의 회로

16.53 PSpice를 이용하여 그림 16.59 회로에서 $\mathbf{V}_o$의 이득과 위상 보데 선도를 그려라.

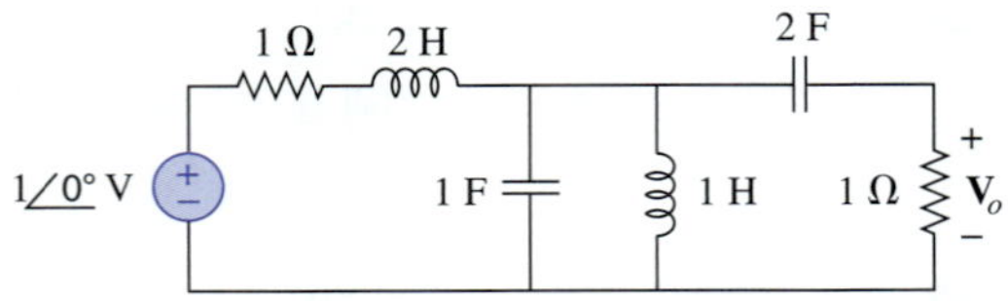

그림 16.59
문제 16.53의 회로

16.54 PSpice를 이용하여 그림 16.60 회로에서 주파수 응답의 크기를 그려라.

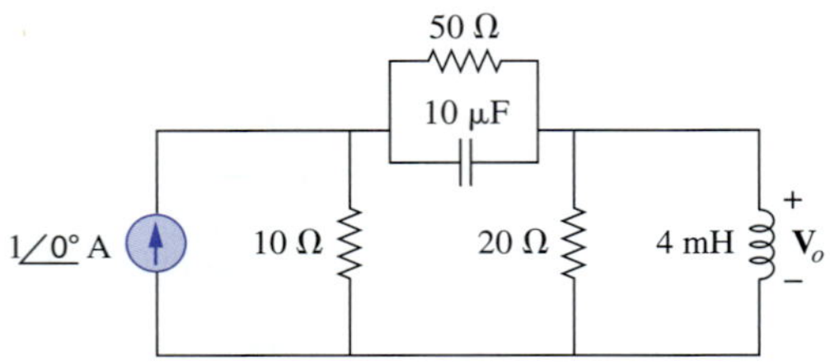

그림 16.60
문제 16.54의 회로

16.55 PSpice를 이용하여 그림 16.61 회로에서 주파수 응답의 크기를 그려라.

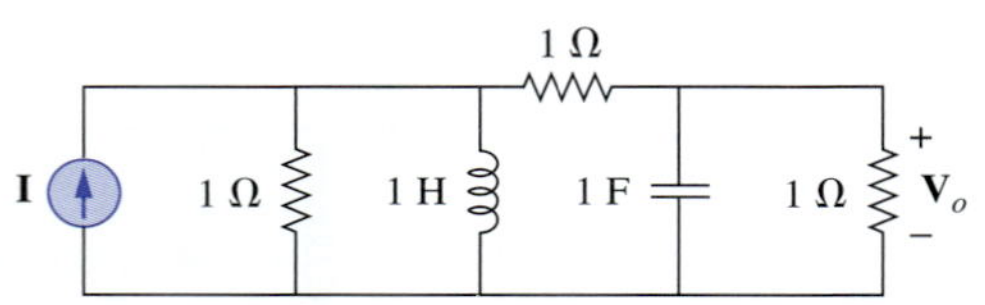

그림 16.61
문제 16.55의 회로

16.56 MultiSim을 이용하여 그림 16.56의 회로에서 보데 선도의 크기를 그려라.

16.57 MultiSim을 이용하여 문제 16.51을 재수행하라.

16.58 MultiSim을 이용하여 그림 16.62의 회로에서 보데 선도를 구하라.

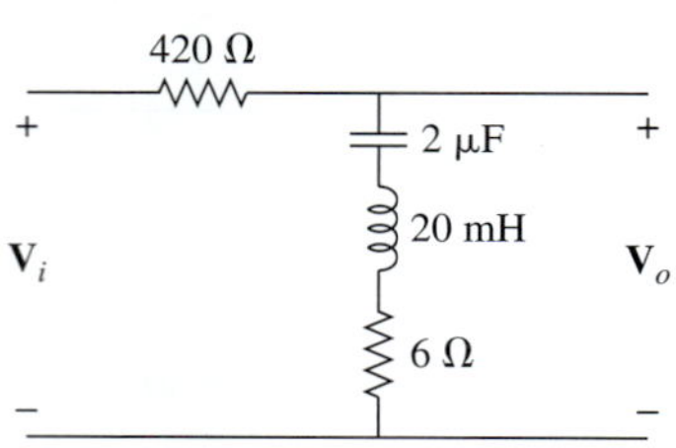

그림 16.62
문제 16.58의 회로

16.7절 응용

16.59 어떤 엔지니어가 *RC* 고역통과 필터 제작이 필요한 비상 상황이다. 그가 사용할 수 있는 것은 10-pF 커패시터 1개, 30-pF 커패시터 1개, 1.8-kΩ 저항 1개 그리고 3.3-kΩ 저항 1개이다. 이 부품들을 이용하여 가장 높게 형성할 수 있는 차단 주파수를 구하라.

16.60 그림 16.63의 크로스오버 회로는 우퍼에 연결된 저역통과 필터이다. 전달함수 $\mathbf{H}(\omega) = \mathbf{V}_o/\mathbf{V}_i$를 구하라.

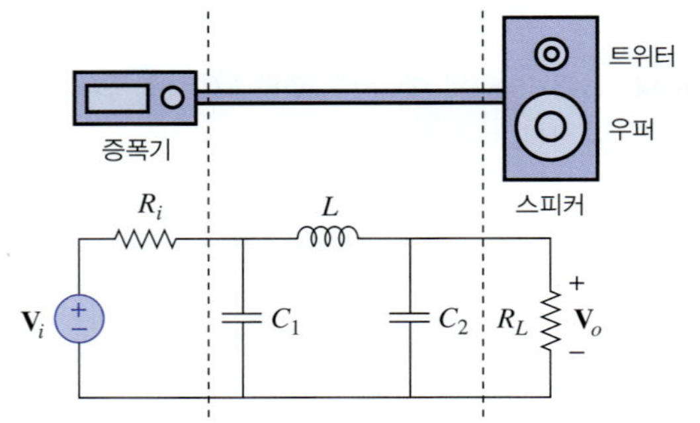

그림 16.63
문제 16.60의 회로

16.61 그림 16.64의 크로스오버 회로는 트위터에 연결된 고역통과 필터이다. 전달함수 $\mathbf{H}(\omega) = \mathbf{V}_o/\mathbf{V}_i$를 구하라.

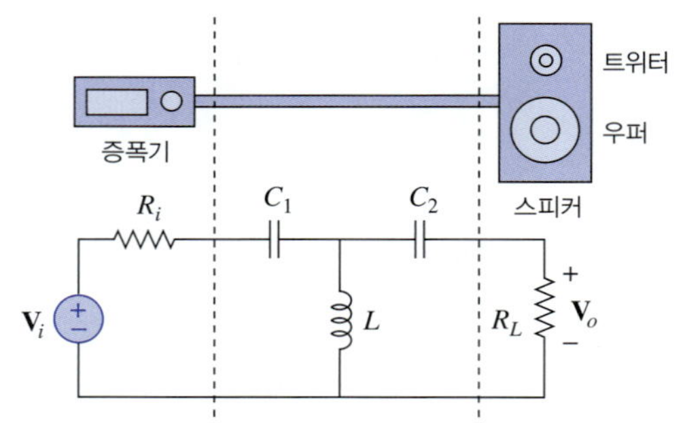

그림 16.64
문제 16.61의 회로

16.62 어떤 응용에서 간단한 *RC* 저역통과 필터가 고주파 잡음을 차단하기 위해 설계되어 있다. 필요한 차단 주파수가 20 kHz이고 $C = 0.5\ \mu$F일 때 R의 크기를 구하라.

16.63 증폭회로에서 시변 성분은 통과시키면서 직류 성분을 차단하기 위해 간단한 *RC* 고역통과 필터가 필요하다. 필요한 롤오프 주파수가 15 Hz이고 $C = 10\mu$F일 때 R의 크기를 구하라.

16.64 실제 RC 필터 설계에서는 그림 16.65에 보인 바와 같은 전원 저항과 부하저항이 허용되어야 한다. $R = 4\ \text{k}\Omega$이고 $C = 40\ \text{nF}$이라고 할 때 다음 조건에 대한 차단 주파수를 구하라.

(a) $R_s = 0$, $R_L = \infty$

(b) $R_s = 1\ \text{k}\Omega$, $R_L = 5\ \text{k}\Omega$

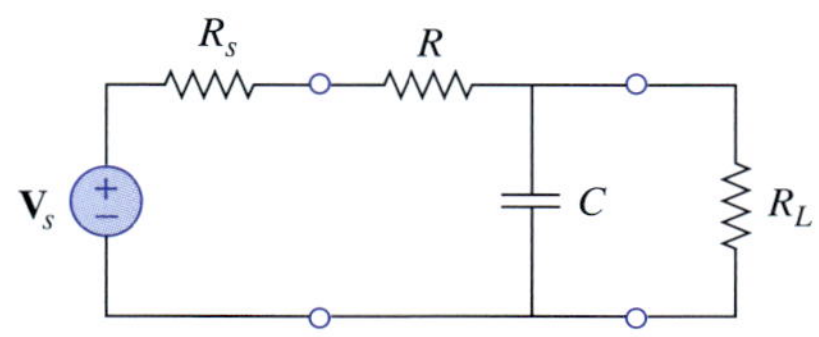

그림 16.65

문제 16.64의 회로

16.65 그림 16.66은 낮은 Q팩터의 이중 동조형 대역통과 필터이다. PSpice를 이용하여 $\mathbf{V}_o(\omega)$의 크기 보데 선도를 그려라.

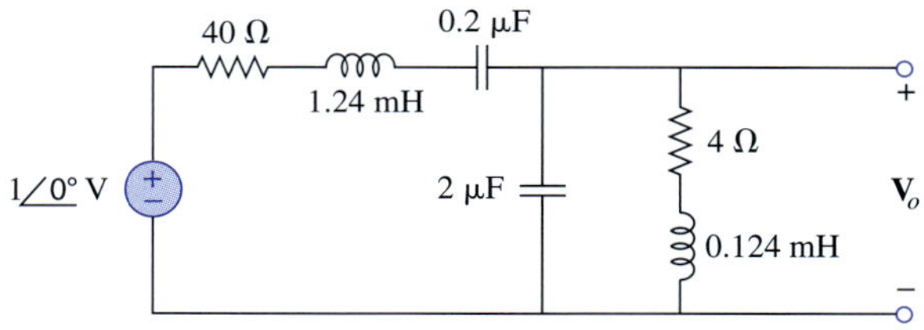

그림 16.66

문제 16.65의 회로

16.66 어떤 위성 송신기의 출력이 2 kW이고 입력전력은 1 W이다. 전력이득을 dB로 구하라.

CHAPTER 17

3상 회로

"세상은 어떠한 발명도 받아들일 준비가 되어 있지 않다. 모든 새로운 것에는 저항이 따르며 사람들이 발명가의 얘기를 듣기까지 몇 년이 걸리며, 이 결과를 도입하는 데는 더 많은 시간이 걸린다."

— Thomas Alva Edison

역사 프로필

Thomas Alva Edison(1847~1931) 아마도 미국 역사상 가장 위대한 발명가일 것이다. 그는 백열 전구, 축음기, 그리고 최초의 상업 영화와 같은 역사적인 발명에 대해 1,093개의 특허를 출원했다. 오하이오주 밀라노에서 일곱 자녀 중 막내로 태어난 에디슨은 학교를 싫어했기 때문에 정규 교육을 3개월만 받았다. 그는 그의 어머니로부터 홈스쿨링을 통해 스스로 책을 읽기 시작했다. 1868년에 에디슨은 패러데이의 책을 읽고 자신의 소명을 발견했다. 그는 1876년에 뉴저지주 멘로파크로 이동하여 잘 훈련된 직원들과 연구 실험실을 운영했다. 그의 발명의 대부분은 이 실험실에서 나왔다. 그의 실험실은 현대의 연구 기관의 모델로 여겨진다. 에디슨은 그가 발명한 장치를 만드는 제조 회사를 설립했고, 전기로 빛을 공급하기 위한 최초의 발전소를 설계했다. 1880년대 중반부터는 에디슨을 롤모델과 선구자로 다룬 공식적인 전기공학 교육이 시작되었다.

Thomas Alva Edison
Library of Congress

Nikola Tesla(1856~1943) 크로아티아계 미국 공학자로 유도 전동기 및 최초의 다상교류 전원 시스템과 같은 발명으로 교류 대 직류 논쟁에서 교류 쪽의 승리에 큰 영향을 끼쳤다. 또한 그는 미국에서 교류 전원 시스템의 표준으로 60 Hz를 채택한 데 대한 책임도 있다. 오스트리아-헝가리(지금의 크로아티아)에서 성직자에게서 태어난 테슬라는 엄청난 기억력과 수학에 대한 예리한 친화력을 가지고 있었다. 그는 1884년 미국으로 이주해서 처음에는 토마스 에디슨과 같이 일을 했다. 그 당시 미국은 조지 웨스팅하우스(1846~1914)가 추진하던 교류와 토마스 에디슨이 강하게 추진하던 직류 사이의 "전류대결" 시기였다. 테슬라는 교류에 관심이 있었기 때문에 에디슨을 떠나서 웨스팅하우스에 합류했다. 웨스팅하우스를 통해, 테슬라는 자신의 다상 교류 발전, 송전 및 배전 시스템에 대한 명성과 인정을 얻게되었다. 그는 일생 동안 700건의 특허를

Nikola Tesla
Courtesy Smithsonian Institution

보유했다. 그의 발명 중에는 교류 유도 전동기, 테슬라 코일(고전압 변압기) 및 무선 전송 시스템등이 포함되어 있다. 자속 밀도의 단위인 테슬라는 그의 이름을 따서 명명된 것이다.

17.1 소개

이 책에서 지금까지는 단상 회로를 다루었다. 단상교류 전력 시스템은 발전기에 한 쌍의 전선(전송선)이 부하에 연결되는 식으로 구성된다. 단상 2선식 시스템은 그림17.1(a)에 묘사되어 있는데, 여기서 V_p(최대치로 rms가 아님)는 전원 전압의 크기이며 ϕ는 위상이다. 실제로 더 보편적인 것은 그림 17.1(b)에 보인 단상 3선식 시스템이다. 여기에는 두 개의 외부 전선과 중성선을 통해 두 개의 부하에 연결된 두 개의 동일한 전원(같은 크기와 위상)이 포함된다. 예를 들어 일반 가정용 시스템은 단자 전압의 크기와 위상이 같은 단상 3선식 시스템이다.[1]

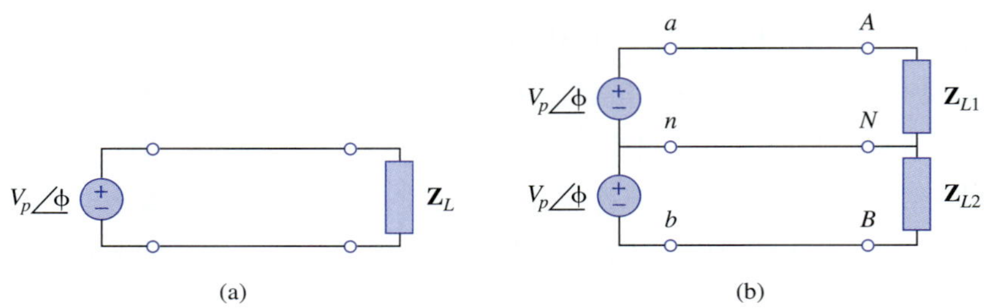

그림 17.1
단상 시스템: (a) 2선형, (b) 3선형

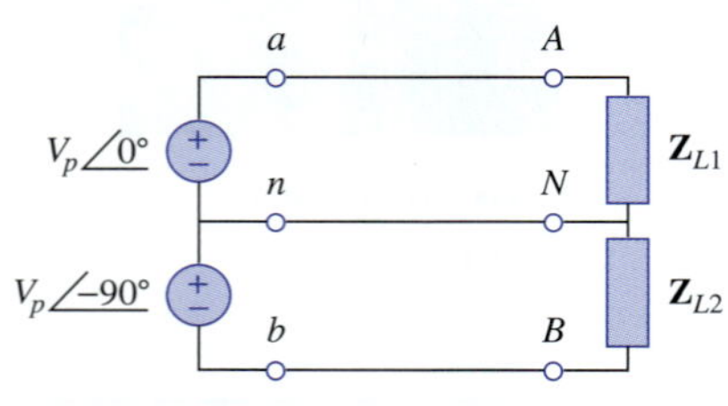

그림 17.2
2상 3선식 시스템

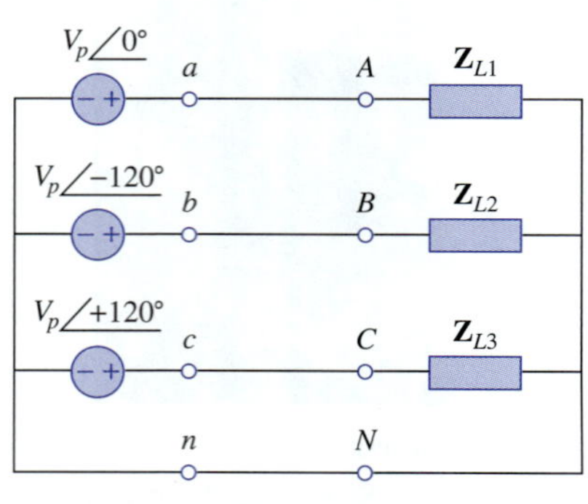

그림 17.3
3상 4선식 시스템

동일한 주파수에서 위상만 다른 교류 전원이 작동하는 회로나 시스템은 다상이라고 알려져 있다. 그림 17.2에 2상 3선식 시스템이 표시되어 있으며, 그림 17.3은 3상 4선식 시스템을 보인 것이다. 단상 시스템과 달리, 2상 시스템에서는 서로 수직으로 배치된 두 개의 코일로 구성된 발전기에 의해 전원이 생성되어 하나의 전원 전압이 다른 전압에 대해 90° 지연된다. 같은 방식으로, 3상 시스템은 동일한 진폭과 주파수를 갖지만 서로 위상만 120° 차이가 나는 3개의 전원으로 구성되는 발전기로 만들어진다. 3상 시스템이 현재까지 사용되는 다상 시스템 중에서 가장 널리 사용되고 있고 경제적이기 때문에 이 장에서는 주로 3상 시스템에 대해 논의한다.

3상 시스템의 중요성으로 적어도 다음 세 가지를 들 수 있다. 첫째, 미국에서는 60 Hz(또는 ω = 377 rad/s) 그리고 일부 다른 지역에서는 50 Hz(또는 ω =314 rad/s)의 동작주파수로 거의 모든 전력이 3상 발전을 거쳐 배전된다(표 14.1 참조). 단상 또는 2상 입력이 필요한 경우, 별도로 발전되기 보다는 3상

1 역사 참고: 토마스 에디슨은 4개의 전선 대신 3개를 이용하는 3선식 시스템을 발명했다.

시스템에서 추출하여 사용한다. 심지어 용융 공정에 48상이 필요한 알루미늄 산업과 같이 3상 이상이 필요할 경우 공급되는 3상을 조작하여 사용할 수 있다. 두 번째로 3상 전원의 순시전력은 일정(맥동되지 않음)한데 이는 17.8절에서 살펴볼 것이다. 이는 3상 시스템의 균일한 전력 전달과 더 적은 진동으로 귀결된다. 셋째, 동일한 전력 규모에 대해 3상 시스템이 단상 시스템보다 더 경제적이다. 3상 시스템에서 필요한 전선의 양은 등가 단상 시스템에서 필요한 양에 비해 훨씬 작다.

먼저 평형 3상 전원에 대한 논의부터 시작한다. 이어서 평형 3상 시스템의 4가지 가능한 구성에 대해 분석한다. 불평형 3상 시스템의 분석도 논의할 것이다. 평형 또는 불평형 시스템의 해석에 PSpice를 사용하는 방법에 대한 배울 것이다. 마지막으로, 이 장에서 개발된 개념을 3상 전원측정과 옥내 전기 배선에 대해 적용한다.

17.2 3상 발전기

3상 전압은 통상 단면이 그림 17.4과 같은 3상 교류 발전기(종종 **교번기**로 불리기도 함)로 만들어진다. 발전기는 본질적으로 회전하는 자석(**회전자**라고 칭함)이 고정형 권선(**고정자**라고도 칭함)에 의해 둘러 쌓인 형태로 구성된다. 세 개의 독립된 권선 혹은 코일은 a-a', b-b', c-c'의 단자를 갖고 있으며 고정자 주위에 물리적으로 120° 간격으로 배치된다. 예를 들어 단자 a-a'은 코일의 한 쪽 끝이 이 페이지로 들어가고 다른 쪽은 밖으로 나온다는 것을 나타낸다. 회전자가 회전을 하면 자계가 3개의 코일을 "쇄교"하면서 이들 코일에 전압이 유도된다. 각 코일이 120° 간격으로 배치되어 있기 때문에, 코일에 유도된 전압은 그림 17.5에 보인 바와 같이 크기는 같고 위상만 120° 차이가 난다. 각 코일 자체가 단상 발전기로 간주될 수 있기 때문에, 3상 발전기는 단상 및 3상 부하 모두에 전력을 공급할 수 있다. 그림 17.6에 보인 전형적인 3상 전력 송

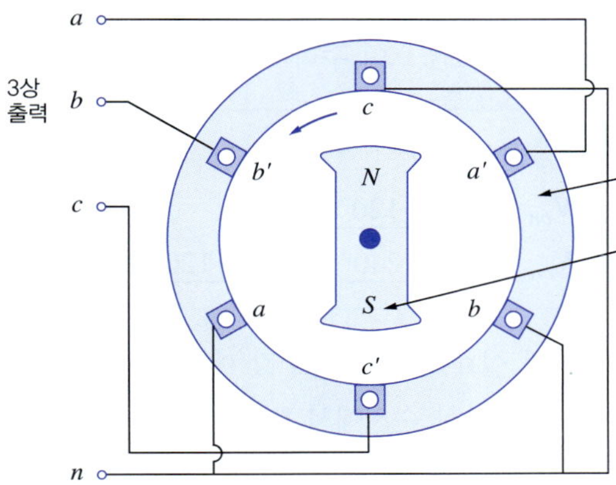

그림 17.4
3상 발전기

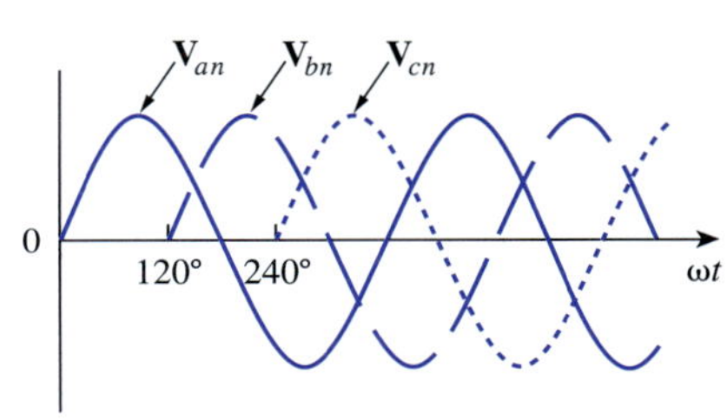

그림 17.5
서로 120° 위상차가 나도록 생성된 전압

그림 17.6
3상 전력 송전

전 구성을 참조하라.

일반적인 3상 시스템은 셋 또는 네 개의 전선(또는 송전선)으로 부하에 연결된 세 개의 전압원으로 구성된다(3상 전류원은 매우 드물다). 3상 시스템은 세 개의 단상 회로와 등가이다. 전압원은 그림 17.7(a)에 보인 Y 결선이나 그림 17.7(b)에 보인 Δ 결선 형태가 될 수 있다.

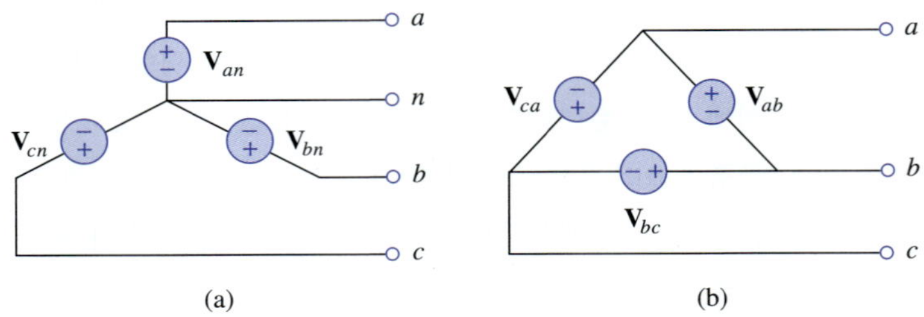

그림 17.7
3상 전압원. (a) *Y*-결선 전원, (b) Δ-결선 전원

17.3 평형 3상 전압

이제 그림 17.7(a)에 보인 *Y*결선 전압을 살펴보자. 전압 $\mathbf{V}_{an}$, $\mathbf{V}_{bn}$, V_{cn}은 각각 전선 a, b, c와 중성선 n 사이를 나타낸다. 이 전압을 상전압이라고 한다. 전압원들이 같은 진폭과 주파수 ω를 갖고 있으며 서로 120°의 위상차가 있는 경우 이 전압들은 평형상태라고 한다. 이것의 의미는

$$\mathbf{V}_{an} + \mathbf{V}_{bn} + \mathbf{V}_{cn} = 0 \tag{17.1}$$

$$|\mathbf{V}_{an}| = |\mathbf{V}_{bn}| = |\mathbf{V}_{cn}| \tag{17.2}$$

따라서

> **평형 상전압**은 크기가 같고 서로 120°의 위상차를 갖는다.

3상 전압은 서로 120°의 위상차를 갖기 때문에 2가지 조합이 가능하다. 한 가지 가능성을 그림 17.8(a)에 보였으며 수학적으로는 다음과 같이 기술된다.

$$\begin{aligned} \mathbf{V}_{an} &= V_p\underline{/0^\circ} \\ \mathbf{V}_{bn} &= V_p\underline{/-120^\circ} \\ \mathbf{V}_{cn} &= V_p\underline{/-240^\circ} = V_p\underline{/+120^\circ} \end{aligned} \tag{17.3}$$

여기서 V_p는 상전압의 실효값 또는 rms 값[2]이다. 이는 *abc* 순서 혹은 양의 순서로 알려져 있다. 이러한 상 순서에서 $\mathbf{V}_{an}$은 $\mathbf{V}_{bn}$보다 앞서고 이 다음이

2 주해: 전력시스템의 일반적인 전통에 따라 이 장에서 나오는 전압과 전류는 별도 언급이 없는 한 rms 값이다.

$\mathbf{V}_{cn}$이다. 이 순서는 그림 17.4의 회전자가 반시계방향으로 돌아갈 때 만들어진다. 또 다른 가능성은 그림 17.8(b)에 표시하였으며 다음과 같이 주어진다.

$$\begin{aligned} \mathbf{V}_{an} &= V_p\angle 0^\circ \\ \mathbf{V}_{cn} &= V_p\angle -120^\circ \\ \mathbf{V}_{bn} &= V_p\angle -240^\circ = V_p\angle +120^\circ \end{aligned} \tag{17.4}$$

이는 acb 순서 혹은 음의 순서라고 불린다. 이러한 위상 순서에서 $\mathbf{V}_{an}$은 $\mathbf{V}_{cn}$보다 앞서고 이 다음이 $\mathbf{V}_{bn}$이다. acb 순서는 그림 17.4의 회전자가 시계방향으로 돌아갈 때 만들어진다. 식 (17.3)이나 (17.4)의 전압이 식 (17.1)과 (17.2)를 만족하는지 여부를 보이는 것은 간단하다. 예를 들어 식 (17.3)으로부터

$$\begin{aligned} \mathbf{V}_{an} + \mathbf{V}_{bn} + \mathbf{V}_{cn} &= V_p\angle 0^\circ + V_p\angle -120^\circ + V_p\angle +120^\circ \\ &= V_p\,(1.0 - 0.5 - j0.866 - 0.5 + j0.866) \\ &= 0 \end{aligned} \tag{17.5}$$

상 순서는 각 전압이 각각의 최대치를 통과하는 시간순이다.

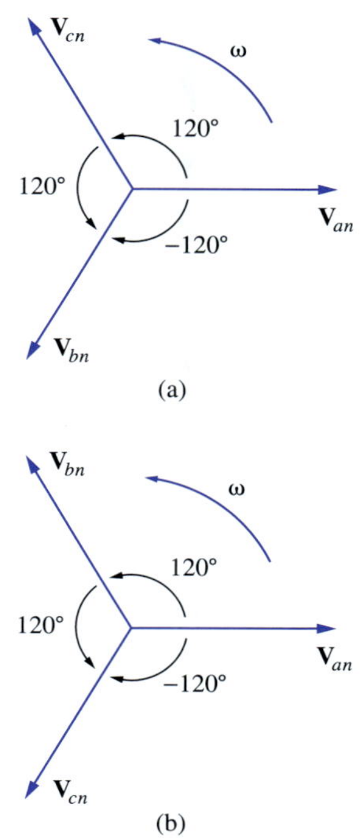

그림 17.8

상 순서: (a) abc 혹은 양의 순서, (b) acb 혹은 음의 순서

위상 순서는 위상선도에서 페이저가 한 점을 지나는 순서로 결정된다.[3]

그림 17.8(a)에서 페이저가 주파수 ω로 반시계 방향으로 회전하고 있다면 $abcabca\cdots$의 순서로 수평축을 통과한다. 따라서 순서는 abc 또는 bca 또는 cab이다. 마찬가지로 그림 17.8(b)의 페이저에서 반시계 방향으로 회전하면 $acbacba\cdots$의 순서로 수평축을 통과한다. 이것은 acb 순서를 나타낸다. 상 순서는 3상 전력 배전에서 중요한데 예를 들어 이 순서에 의해 전력원에 연결된 모터의 회전방향이 결정되기 때문이다.[4]

발전기 결선과 마찬가지로, 3상 부하도 최종 응용에 따라 Y 결선이나 Δ 결선이 될 수 있다. 그림 17.9(a)는 와이 결선 부하를, 그림 17.9(b)는 Δ 결선 부하를 보인 것이다. 그림 17.9(a)의 중성선은 3선식 혹은 4선식 시스템에 따라 있을 수도 있고 없을 수도 있다(물론 Δ 결선 구조에서 중성선은 구조적으로 불가능하다). 와이 또는 Δ 결선 부하에서 만일 상 임피던스의 크기와 위상이 동일하지 않다면 불평형이라고 부른다.

평형 부하란 상 임피던스들의 크기가 같고 동상인 것을 나타낸다.

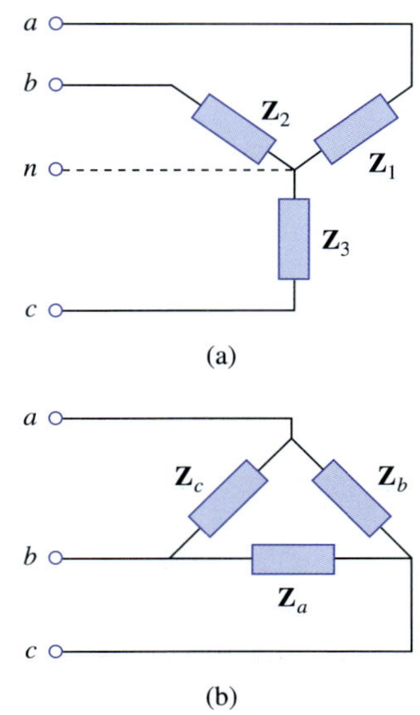

그림 17.9

2가지 가능한 3상 부하 구성: (a) Y-결선 부하, (b) Δ-결선 부하

3 주해: 상 순서는 상 전압이 시간에 따라 각각의 최대치에 도달하는 순서로 간주할 수 있다.

4 주의: 시간이 경과하면서 각각의 페이저는 각속도 ω로 돌고 있다.

평형 Y-결선 부하[5]에서

$$\mathbf{Z}_1 = \mathbf{Z}_2 = \mathbf{Z}_3 = \mathbf{Z}_Y \tag{17.6}$$

여기서 $\mathbf{Z}_Y$는 각 상의 부하 임피던스이다. 평형 Δ 결선 부하에서

$$\mathbf{Z}_a = \mathbf{Z}_b = \mathbf{Z}_c = \mathbf{Z}_\Delta \tag{17.7}$$

이 경우 여기서 $\mathbf{Z}_\Delta$는 각 상의 부하 임피던스이다. 식 (11.70)으로부터

$$\mathbf{Z}_\Delta = 3\mathbf{Z}_Y \quad \text{또는} \quad \mathbf{Z}_Y = \frac{1}{3}\mathbf{Z}_\Delta \tag{17.8}$$

따라서 식 (17.8)을 이용하면 Y 결선 부하는 Δ 결선 부하로 또는 그 반대로도 변환할 수 있음을 알 수 있다.

3상 전원이나 3상 부하 모두 Y나 Δ 결선이 가능하기 때문에 전원/부하 결선은 다음 4가지 조합이 가능하다.

- Y-Y 결선-즉 Y결선 전원과 Y결선 부하
- Y-Δ 결선
- Δ-Δ 결선
- Δ-Y 결선

다음 절에서 이들 각각의 구성에 대해 살펴볼 것이다.

예제 17.1

다음 전압에 대해 상 순서를 결정하라.

$$\begin{aligned} v_{an}(t) &= 200\cos(\omega t + 10°) \\ v_{bn}(t) &= 200\cos(\omega t - 230°) \\ v_{cn}(t) &= 200\cos(\omega t - 110°) \end{aligned}$$

풀이

전압은 다음과 같이 페이저 형태로 표현할 수 있다.

$$\mathbf{V}_{an} = 200\underline{/10°}, \quad \mathbf{V}_{bn} = 200\underline{/-230°}, \quad \mathbf{V}_{cn} = 200\underline{/-110°}$$

이로부터 $\mathbf{V}_{an}$은 $\mathbf{V}_{cn}$에 비해 120° 앞서고, $\mathbf{V}_{cn}$은 $\mathbf{V}_{bn}$에 120° 앞서는 것을 알 수 있다. 따라서 이는 *acb* 순서이다.

연습문제 17.1

$\mathbf{V}_{bn} = 110\underline{/30°}$으로 주어졌을 때 양의 순서(*abc*)가 되기 위한 $\mathbf{V}_{an}$과 $\mathbf{V}_{cn}$을 구하라.

5 주의: Y 결선 부하는 중성선에 연결된 3개의 임피던스로 구성되는 반면, Δ 결선 부하는 폐루프를 따라 연결된 3개의 임피던스로 구성된다. 두 경우 모두 3개의 임피던스가 동일하면 평형이다.

해답 $110\angle 150^\circ$, $110\angle -90^\circ$

17.4 평형 *Y*–*Y* 결선

어떠한 3상 시스템도 등가 *Y*-*Y* 시스템으로 간략화 할 수 있고, 이것이 가장 해석하기 쉽기 때문에 *Y*-*Y* 시스템부터 시작한다. 이러한 이유로 이 시스템의 해석이 모든 평형 3상 시스템 해석의 핵심으로 생각할 수 있다.

> **평형 *Y*-*Y* 시스템**은 평형 *Y*결선 전원과 평형 *Y*결선 부하로 구성된 3상 시스템이다.

Y-*Y* 시스템은 전력 회사에서 가장 많이 사용되고 있다. 여기는 2가지 이유가 있다. 먼저 *Y*-*Y* 결선은 전력의 흐름이 어떤 방향이든 상관없이 전원측에서 중성점을 그라운드에 연결하기에 용이한 단자를 제공한다. 두 번째로 *Y*-*Y* 결선은 Δ-*Y* 나 Δ-Δ 결선에 비해 적은 비용이 소요된다.

그림 17.10에 보인 바와 같이 *Y*결선 전원에 *Y*결선 부하가 연결된 평형 4선식 *Y*-*Y* 시스템을 살펴보자. 평형 부하로 가정하면 부하저항이 동일하다. 비록 임피던스 $\mathbf{Z}_Y$가 각 상에 대한 부하 임피던스이지만 각각의 상에 대해 전원 임피던스 $\mathbf{Z}_s$와 결선 임피던스 $\mathbf{Z}_\ell$ 그리고 부하 임피던스 $\mathbf{Z}_L$이 직결되어 있으므로 이들의 합으로 생각할 수 있다. 그림 17.10에 설명한 바와 같이 $\mathbf{Z}_s$는 발전기의 상 권선에 대한 내부 임피던스, $\mathbf{Z}_\ell$은 각 전원의 위상과 부하의 위상을 연결하는 도선의 임피던스, $\mathbf{Z}_n$은 중성선의 임피이던스이다. 따라서 일반적으로

$$\mathbf{Z}_Y = \mathbf{Z}_s + \mathbf{Z}_\ell + \mathbf{Z}_L \tag{17.9}$$

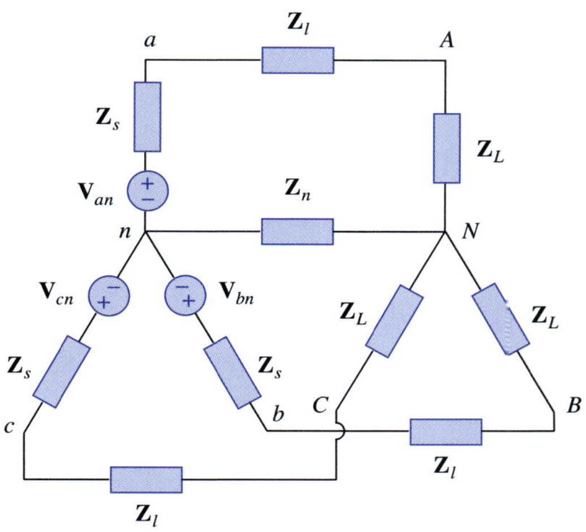

그림 17.10
평형 4선식 *Y*-*Y* 시스템의 전원, 결선 및 부하 임피던스 구조

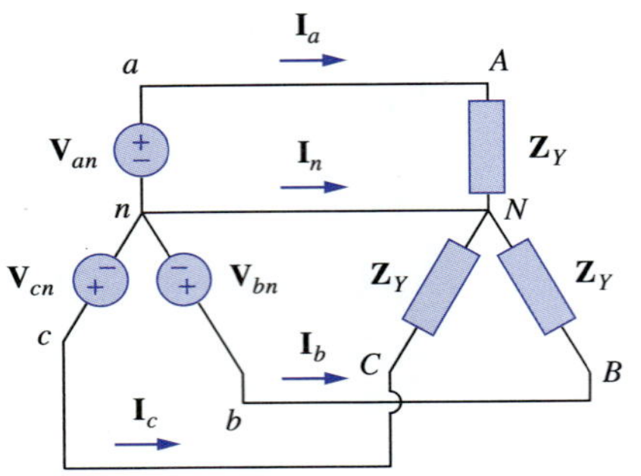

그림 17.11
평형 *Y-Y* 결선

여기서 $\mathbf{Z}_s$, $\mathbf{Z}_\ell$, $\mathbf{Z}_n$은통상 $\mathbf{Z}_L$에 비해 월등히 작기 때문에 전원 임피던스와 결선 임피던스가 주어지지 않은 경우 $\mathbf{Z}_Y = \mathbf{Z}_L$로 볼 수 있다. 어떤 경우에도 임피던스를묶어서 생각하면 그림 17.10의 *Y-Y*시스템은 그림 17.11에 표시한 것처럼 단순화할 수 있다.

양의 순서를 가정하면, 상 전압(중성점을 기준으로 한 각 선 전압)[6]은

$$\begin{aligned}\mathbf{V}_{an} &= V_p\underline{/0^\circ}\\ \mathbf{V}_{bn} &= V_p\underline{/-120^\circ}\\ \mathbf{V}_{cn} &= V_p\underline{/+120^\circ}\end{aligned} \tag{17.10}$$

도선과 도선 사이의 전압(간단히 선 전압이라고 함) $\mathbf{V}_{ab}$, $\mathbf{V}_{bc}$, $\mathbf{V}_{ca}$는 상전압[7]과 관련되어 있다. 예를 들어

$$\begin{aligned}\mathbf{V}_{ab} &= \mathbf{V}_{an} + \mathbf{V}_{nb} = \mathbf{V}_{an} - \mathbf{V}_{bn} = V_p\underline{/0^\circ} - V_p\underline{/-120^\circ}\\ &= V_p\left(1 + \frac{1}{2} + j\frac{\sqrt{3}}{2}\right) = \sqrt{3}V_p\underline{/30^\circ}\end{aligned} \tag{17.11a}$$

유사한 방식으로 다음 결과를 얻을 수 있다.

$$\mathbf{V}_{bc} = \mathbf{V}_{bn} - \mathbf{V}_{cn} = \sqrt{3}V_p\underline{/-90^\circ} \tag{17.11b}$$

$$\mathbf{V}_{ca} = \mathbf{V}_{cn} - \mathbf{V}_{an} = \sqrt{3}V_p\underline{/-210^\circ} \quad \text{혹은} \quad 150^\circ \tag{17.11c}$$

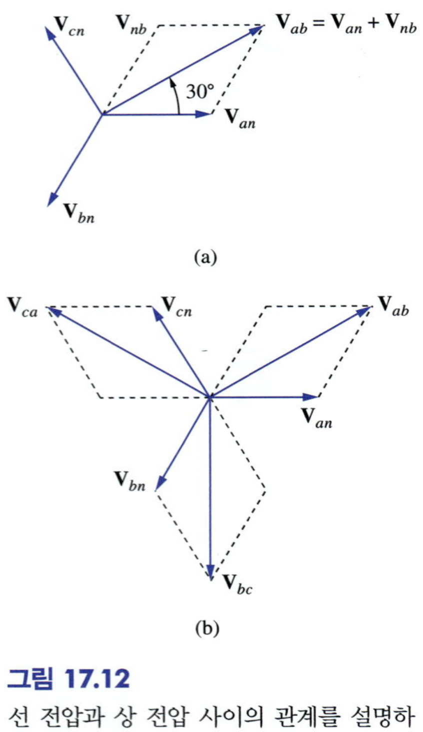

그림 17.12
선 전압과 상 전압 사이의 관계를 설명하는 페이저도

따라서 선 전압 V_L은 상 전압 V_P에 비해 $\sqrt{3}$배 크다. 즉

$$\boxed{V_L = \sqrt{3}V_p} \tag{17.12}$$

여기서

$$V_p = |\mathbf{V}_{an}| = |\mathbf{V}_{bn}| = |\mathbf{V}_{cn}| \tag{17.13}$$

이며

$$V_L = |\mathbf{V}_{ab}| = |\mathbf{V}_{bc}| = |\mathbf{V}_{ca}| \tag{17.14}$$

또한 선 전압은 해당 상 전압에 비해 위상이 30° 앞선다. 그림 17.12(a)은 이를 설명한 것이다. 또 그림 17.12(a)는 상 전압으로부터 $\mathbf{V}_{ab}$를 결정하는 방법을 보이고 있으며, 그림 17.12(b)는 3가지 선 전압 모두를 구하는 방법을 설명한 것이다. 여기서 $\mathbf{V}_{ab}$가 $\mathbf{V}_{bc}$에 대해 120° 앞서며 $\mathbf{V}_{bc}$가 $\mathbf{V}_{ca}$에 대해 120° 앞서기 때문에 선 전압을 모두 더하면 상 전압의 경우와 같이 0이 되는 것에 주목하라.

그림 17.11의 각 페이저에 KVL을 적용하면 다음과 같이 선전류가 구해진다.

---

6 전원이나 부하에 상관없이 *Y*와 Δ결선 둘 다 상이라는 용어는 각각의 가지에 대해 사용한다.
7 선 전압은 도선과 도선 사이의 전압이며 이에 반해 상 전압은 상 임피던스 양단의 전압이다. 상 전압은 중성점을 기준으로 한 것인 반면, 선 전압은 다른 선의 전위를 기준으로 한다.

$$\mathbf{I}_a = \mathbf{V}_{an}/\mathbf{Z}_Y = \frac{V_p \angle 0°}{Z_Y}$$

$$\mathbf{I}_b = \mathbf{V}_{bn}/\mathbf{Z}_Y = \frac{V_{an} \angle -120°}{Z_Y} = \mathbf{I}_a \angle -120° \tag{17.15}$$

$$\mathbf{I}_c = \mathbf{V}_{cn}/\mathbf{Z}_Y = \frac{V_{an} \angle -240°}{Z_Y} = \mathbf{I}_a \angle -240° \quad \text{혹은} \quad \mathbf{I}_a < +120°$$

이로부터 선 전류를 더하면 0이 된다는 것을 유추할 수 있다. 즉

$$\mathbf{I}_a + \mathbf{I}_b + \mathbf{I}_c = 0 \tag{17.16}$$

그러므로

$$\mathbf{I}_n = -(\mathbf{I}_a + \mathbf{I}_b + \mathbf{I}_c) = 0 \tag{17.17a}$$

또는

$$\mathbf{V}_{nN} = \mathbf{Z}_n \mathbf{I}_n = 0 \tag{17.17b}$$

즉 중성선 양단의 전압은 0이다. 따라서 이 구성에서 중성선을 제거해도 시스템에 영향을 미치지 않는다. 실제로 장거리 전력 송전에 있어서 삼중 도선이 중성선 역할을 하는 대지 자체와 함께 사용된다. 이 방법으로 설계된 전력 시스템은 안전을 보장하기 위해 모든 주요 지점에서 접지를 잘 해둔다.

선(*line*) 전류는 각 도선에 흐르는 전류인 반면, 상(*phase*)전류는 각 상의 전원이나 부하에 흐르는 전류이다. *Y-Y* 시스템에서, 선 전류는 상 전류와 동일하다. 선 전류가 전원에서 부하로 흐른다고 보는 것이 자연스럽고 관례적이기 때문에 선 전류에 대한 하나의 첨자를 사용할 것이다.

평형 *Y-Y*시스템을 분석하는 또 다른 방법은 각 상을 기준으로 하는 것이다. 어느 한 상, 예를 들어 a상의 경우 단상 등가회로는 그림 17.13과 같다. 단상 해석을 통한 선 전류 $\mathbf{I}_a$는 다음과 같다.

$$\boxed{\mathbf{I}_a = \mathbf{V}_{an}/\mathbf{Z}_Y} \tag{17.18}$$

$\mathbf{I}_a$로부터 상 순서를 이용하면 선 전류를 구할 수 있다. 즉 이 시스템이 평형을 유지하는 한 하나의 상만 해석하면 된다. 중성선이 없는 즉 3선식에 대해서도 이 방법을 사용해도 된다.

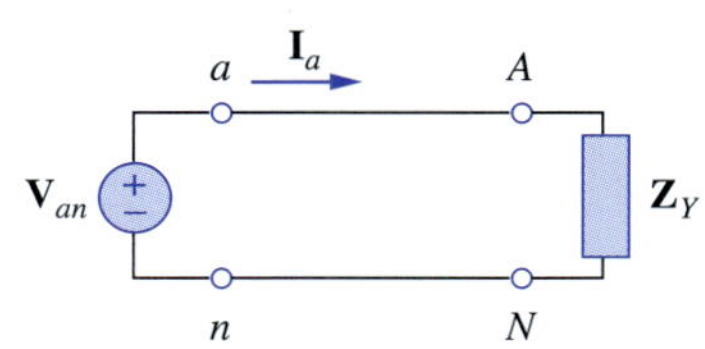

그림 17.13
단상 등가회로

예제 17.2

그림 17.14의 3선식 *Y-Y*시스템에서 선 전류를 계산하라.

풀이

그림 17.14의 3상 회로는 평형상태이다. 따라서 이를 그림 17.13과 같은 단상 등가회로로 대체해도 된다. 단상 해석을 통해 $\mathbf{I}_a$를 구할 수 있다.

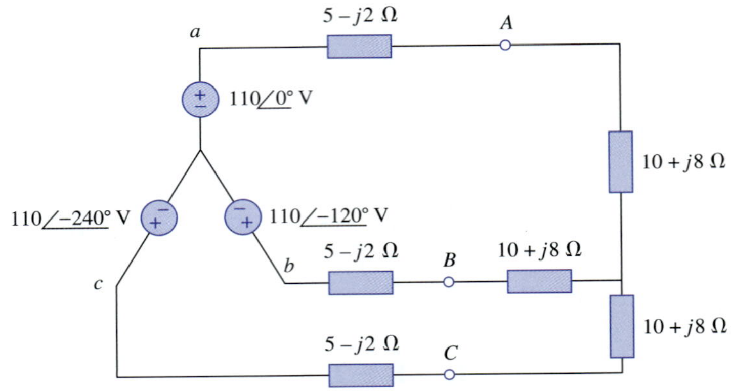

그림 17.14
예제 17.2와 17.6의 3선식 *Y-Y* 시스템

$$\mathbf{I}_a = \mathbf{V}_{an}/\mathbf{Z}_Y$$

여기서 $\mathbf{Z}_Y = (5 - j2) + (10 + j8) = 15 + j6 = 16.155\underline{/21.8^\circ}\ \Omega$. 그러므로

$$\mathbf{I}_a = \frac{110\underline{/0^\circ}}{16.155\underline{/21.8^\circ}} = 6.81\underline{/-21.8^\circ}\text{ A}$$

그림 17.14에서 전원 전압은 양의 순서이므로, 선 전류도 역시 양의 순서이다.

$$\mathbf{I}_b = \mathbf{I}_a\underline{/-120^\circ} = 6.81\underline{/-141.8^\circ}\text{ A}$$
$$\mathbf{I}_c = \mathbf{I}_a\underline{/-240^\circ} = 6.81\underline{/-261.8^\circ}\text{ A} = 6.81\underline{/98.2^\circ}\text{ A}$$

연습문제 17.2

상 임피던스가 $0.4 + j0.3\ \Omega$인 *Y* 결선된 평형 3상 발전기가, 상 임피던스가 $24 + j19\ \Omega$인 *Y* 결선 평형 부하에 연결되어 있다. 발전기와 부하를 연결하는 도선의 임피던스는 각 상당 $0.6 + j0.7\ \Omega$이다. 전원 전압이 양의 순서이고 $\mathbf{V}_{an} = 120\underline{/30^\circ}$ V이라고 할 때 다음을 구하라. (a) 선 전압, (b) 선 전류

해답 (a) $207.85\underline{/60^\circ}$ V, $207.85\underline{/-60^\circ}$ V, $207.85\underline{/-180^\circ}$ V,
(b) $3.75\underline{/-8.66^\circ}$ A, $3.75\underline{/-128.66^\circ}$ A, $3.75\underline{/-248.66^\circ}$ A

17.5 평형 Y-Δ 결선

전형적인 *Y*-Δ 결선의 응용은 전력회사에서 *Y*-Δ 변압장치를 구성하는 것이다(변압기에 대해선 다음 장에서 다룰 것이다). 이 결선은 단상과 3상 부하를 동시에 구동할 수 있다.

> **평형 *Y*-Δ 시스템**이란 평형 *Y* 결선 전원이 평형 Δ 결선 부하를 구동하도록 구성된다.

그림 17.15에 보인 평형 *Y*-Δ 시스템[8]에서 전원은 *Y* 결선이고 부하는 Δ 결선이다. 물론 이 경우에 전원과 부하 사이 중성선의 연결은 없다. 양의 순서라면, 상 전압은 다음과 같다.

$$\begin{aligned} \mathbf{V}_{an} &= V_p\underline{/0^\circ} \\ \mathbf{V}_{bn} &= V_p\underline{/-120^\circ} \\ \mathbf{V}_{cn} &= V_p\underline{/+120^\circ} \end{aligned} \quad \textbf{(17.19)}$$

17.4절에서 보인 바와 같이 선 전압은

$$\begin{aligned} \mathbf{V}_{ab} &= \sqrt{3}V_p\underline{/30^\circ} = \mathbf{V}_{AB} \\ \mathbf{V}_{bc} &= \sqrt{3}V_p\underline{/-90^\circ} = \mathbf{V}_{BC} \\ \mathbf{V}_{ca} &= \sqrt{3}V_p\underline{/-210^\circ} \ \text{혹은} \ \sqrt{3}V_p\underline{/+150^\circ} = \mathbf{V}_{CA} \end{aligned} \quad \textbf{(17.19)}$$

이 시스템 구성에서 선 전압은 부하 임피던스 양단의 전압과 같다. 이 전압으로부터 상 전류를 다음과 같이 구할 수 있다.

$$\mathbf{I}_{AB} = \mathbf{V}_{AB}/\mathbf{Z}_\Delta, \qquad \mathbf{I}_{BC} = \mathbf{V}_{BC}/\mathbf{Z}_\Delta, \qquad \mathbf{I}_{CA} = \mathbf{V}_{CA}/\mathbf{Z}_\Delta \quad \textbf{(17.21)}$$

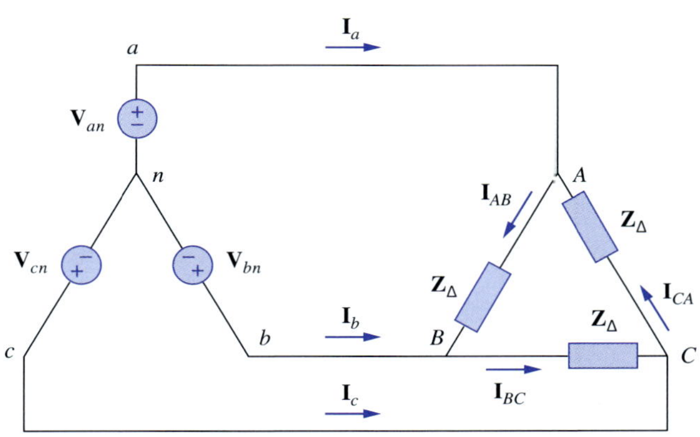

그림 17.15
평형 Y-Δ 결선

이 전류들은 크기는 같지만 위상은 서로 120° 차이가 난다.

상 전류를 구하는 또 다른 방법은 KVL을 적용하는 것이다. 예를 들어 *aABbna*폐회로에 KVL을 적용하면

$$-\mathbf{V}_{an} + \mathbf{Z}_\Delta\mathbf{I}_{AB} + \mathbf{V}_{bn} = 0$$

---

8 주해: 3상 전원은 주로 *Y* 결선인 반면 3상 부하는 보통 Δ 결선이므로 이 방식이 가장 실용적인 3상 시스템일 것이다.

혹은

$$\mathbf{I}_{AB} = \frac{\mathbf{V}_{an} - \mathbf{V}_{bn}}{\mathbf{Z}_\Delta} = \frac{\mathbf{V}_{ab}}{\mathbf{Z}_\Delta} = \frac{\mathbf{V}_{AB}}{\mathbf{Z}_\Delta} \tag{17.22}$$

이 결과는 앞에서 구한 것과 같다. 이것이 상 전류를 구하는 좀 더 일반화된 방법이다.

선 전류는 상 전류로부터 절점 A, B, C에 KCL을 적용하면 구할 수 있다.

$$\begin{aligned} \mathbf{I}_a &= \mathbf{I}_{AB} - \mathbf{I}_{CA} \\ \mathbf{I}_b &= \mathbf{I}_{BC} - \mathbf{I}_{AB} \\ \mathbf{I}_c &= \mathbf{I}_{CA} - \mathbf{I}_{BC} \end{aligned} \tag{17.23}$$

따라서

$$\begin{aligned} \mathbf{I}_{CA} &= \mathbf{I}_{AB} \angle{-240°}, \\ \mathbf{I}_a &= \mathbf{I}_{AB} - \mathbf{I}_{CA} = \mathbf{I}_{AB}(1 - 1\angle{-240°}) \\ &= \mathbf{I}_{AB}(1 + 0.5 - j0.866) \\ &= \mathbf{I}_{AB}\sqrt{3}\angle{-30°} \text{ A} \end{aligned} \tag{17.24}$$

선 전류의 크기 I_L는 상 전류의 크기 I_P의 $\sqrt{3}$배임을 확인할 수 있다. 즉

$$\boxed{I_L = \sqrt{3} I_p} \tag{17.25}$$

여기서

$$I_L = |\mathbf{I}_a| = |\mathbf{I}_b| = |\mathbf{I}_c| \tag{17.26}$$

그리고

$$I_p = |\mathbf{I}_{AB}| = |\mathbf{I}_{BC}| = |\mathbf{I}_{CA}| \tag{17.27}$$

또한 양의 순서라면 선 전류는 해당하는 상 전류에 비해 30° 뒤처진다. 그림 17.16는 상 전류와 선 전류 사이의 관계를 설명하는 페이저도이다.

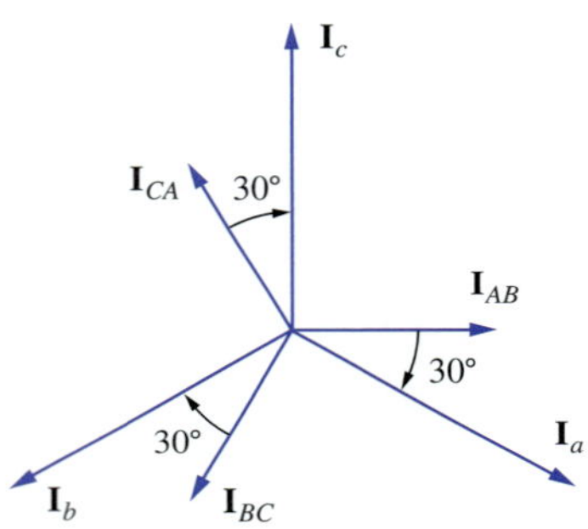

그림 17.16
상 전류와 선 전류 사이의 관계를 설명하는 페이저도

Y-Δ회로를 해석하는 또 다른 방법은 Δ 결선된 부하를 등가적인 Y 결선 부하로 변환하는 것이다. 식 (11.70)의 변환 공식을 이용하면 다음 결과를 얻는다.

$$\boxed{\mathbf{Z}_Y = \frac{1}{3}\mathbf{Z}_\Delta} \tag{17.28}$$

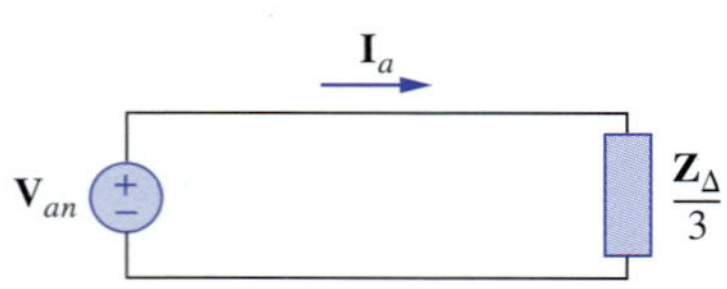

그림 17.17
평형 Y-Δ 회로의 단상 등가회로

이렇게 변환하면 그림 17.11과 같이 Y-Y 시스템이 된다. 그림 17.15의 3상 Y-Δ 시스템은 그림 17.17의 단상 등가회로로 대체할 수 있다. 이로부터는 선 전류만 계산할 수 있다. 상 전류는 식 (17.25)를 이용하면 구할 수 있으며, 이로부터 상 전류가 해당하는 선 전류 대비 30° 앞서게 된다.

예제 17.3

$\mathbf{V}_{an} = 100\angle{10°}$ V이고 abc 순서인 평형 Y 결선 전원이 각 상당 $(8 + j4)$ Ω인 Δ 결선 평형 부하에 연결되어 있다. 상 전류와 선 전류를 구하라.

풀이

2가지 방법으로 풀 수 있다.

■ **방법 1** 부하 임피던스는

$$\mathbf{Z}_\Delta = 8 + j4 = 8.944\underline{/26.57^\circ}\ \Omega$$

만일 상 전압 $\mathbf{V}_{an} = 100\underline{/10^\circ}$이라면 선 전압은

$$\mathbf{V}_{ab} = \mathbf{V}_{an}\sqrt{3}\underline{/30^\circ} = 100\sqrt{3}\underline{/(10^\circ + 30^\circ)} = \mathbf{V}_{AB}$$

혹은

$$\mathbf{V}_{AB} = 173.2\underline{/40^\circ}\ \text{V}$$

상 전류는

$$\mathbf{I}_{AB} = \mathbf{V}_{AB}/\mathbf{Z}_\Delta = \frac{173.2\underline{/40^\circ}}{8.944\underline{/26.57^\circ}} = 19.36\underline{/13.43^\circ}\ \text{A}$$

$$\mathbf{I}_{BC} = \mathbf{I}_{AB}\underline{/-120^\circ} = 19.36\ \underline{/-106.57^\circ}\ \text{A}$$

$$\mathbf{I}_{CA} = \mathbf{I}_{AB}\underline{/+120^\circ} = 19.36\ \underline{/\ 133.43^\circ}\ \text{A}$$

선 전류는

$$\begin{aligned}\mathbf{I}_a &= \mathbf{I}_{AB}\sqrt{3}\underline{/-30^\circ} = \sqrt{3}(19.36)\underline{/(13.43^\circ - 30^\circ)}\\ &= 33.53\underline{/-17.57^\circ}\ \text{A}\end{aligned}$$

$$\mathbf{I}_b = \mathbf{I}_a\underline{/-120^\circ} = 33.53\underline{/-136.57^\circ}\ \text{A}$$

$$\mathbf{I}_c = \mathbf{I}_a\underline{/+120^\circ} = 33.53\underline{/103.43^\circ}\ \text{A}$$

■ **방법 2** 다른 방법으로 단상 해석을 이용하면 이전 결과와 동일하게 증명된다.

$$\mathbf{I}_a = \frac{\mathbf{V}_{an}}{\mathbf{Z}_\Delta/3} = \frac{100\underline{/10^\circ}}{2.981\underline{/26.57^\circ}} = 33.54\ \underline{/-16.57^\circ}\ \text{A}$$

나머지 선 전류는 abc 상 순서를 이용하면 구할 수 있다.

연습문제 17.3

평형 Y 결선된 전원 중에 하나의 선 전압 $\mathbf{V}_{ab} = 180\underline{/-20^\circ}$ V이다. 만일 전원이 Δ 결선된 $20\underline{/40^\circ}\ \Omega$ 크기의 부하에 연결되어 있다고 할 때 상 전류와 선 전류를 구하라. *abc* 순서로 가정하라.

해답 $9\underline{/-60^\circ}$, $9\underline{/-180^\circ}$, $9\underline{/60^\circ}$, $15.59\underline{/-90^\circ}$, $15.59\underline{/-210^\circ}$, $15.59\underline{/-30^\circ}$

17.6 평형 Δ-Δ 결선

전원뿐 아니라 부하도 그림 17.18에 보인 바와 같이 Δ 결선이 가능하다. 우리의 목표는 앞에서와 마찬가지로 상 전류와 선 선류를 구하는 것이다. 양의 순서라고 하면 Δ 결선된 전원의 상 전압은 다음과 같다.

$$\mathbf{V}_{ab} = V_p\angle 0^\circ \\ \mathbf{V}_{bc} = V_p\angle -120^\circ \\ \mathbf{V}_{ca} = V_p\angle +120^\circ \tag{17.29}$$

평형 Δ-Δ 시스템이란 평형 전원과 평형 부하 둘 다 Δ 결선된 시스템이다.

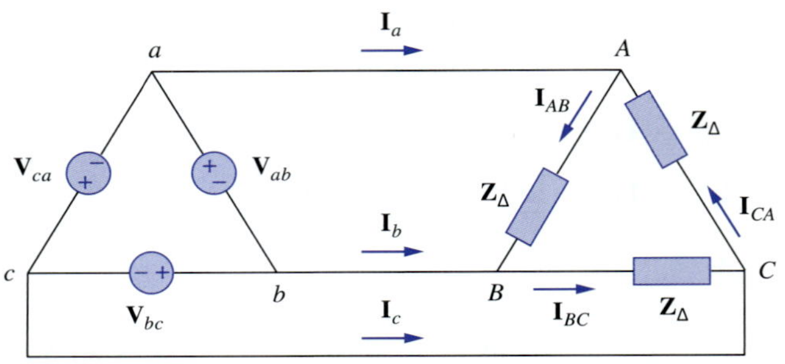

그림 17.18
평형 Δ-Δ 결선

선 전압은 상 전압과 같다. 그림 17.18에서 도선의 임피던스가 없다고 가정하면 Δ 결선된 전원의 상 전압은 임피던스 양단의 전압과 같다. 즉

$$\mathbf{V}_{ab} = \mathbf{V}_{AB}, \qquad \mathbf{V}_{bc} = \mathbf{V}_{BC}, \qquad \mathbf{V}_{ca} = \mathbf{V}_{CA} \tag{17.30}$$

그러므로 상 전류는 다음과 같다.

$$\mathbf{I}_{AB} = \mathbf{V}_{AB}/\mathbf{Z}_\Delta = \mathbf{V}_{ab}/\mathbf{Z}_\Delta \\ \mathbf{I}_{BC} = \mathbf{V}_{BC}/\mathbf{Z}_\Delta = \mathbf{V}_{bc}/\mathbf{Z}_\Delta \\ \mathbf{I}_{CA} = \mathbf{V}_{CA}/\mathbf{Z}_\Delta = \mathbf{V}_{ca}/\mathbf{Z}_\Delta \tag{17.31}$$

부하는 Δ결선이기 때문에 앞에서 살펴본 바와 같이, 유도한 수식 중 일부를 여기에 적용한다. 이전 절에서와 마찬가지로 절점 A, B, C에 KCL을 적용하여 상 전류로부터 선 전류를 구할 수 있다.

$$\mathbf{I}_a = \mathbf{I}_{AB} - \mathbf{I}_{CA} \\ \mathbf{I}_b = \mathbf{I}_{BC} - \mathbf{I}_{AB} \\ \mathbf{I}_c = \mathbf{I}_{CA} - \mathbf{I}_{BC} \tag{17.32}$$

또한, 앞 절에서 본 바와 같이 각 선 전류는 해당하는 상 전류에 비해 30° 뒤처지고, 선 전류의 크기 I_L은 상 전류의 크기 I_P에 비해 $\sqrt{3}$배 크다. 즉,

$$I_L = \sqrt{3} I_p \tag{17.33}$$

Δ-Δ 회로를 해석하는 다른 방법은 전원과 부하를 각각 등가 Y 결선으로 대체하는 것이다. Δ 결선 부하에 있어서 이미 $\mathbf{Z}_Y = \frac{1}{3}\mathbf{Z}_\Delta$임을 알고 있다. Δ 결선된 전원을 Y 결선 전원으로 변경하는 부분은 다음 절을 참조하라.

Δ-Δ결선은 3선식 240/120 V 전원 공급에 적합하다. 이 결선은 종종 3개의 단상 장치처럼 작동한다. 일반적으로 3상 부하가 단상 부하에 비해 훨씬 크지 않은 한 사용해서는 안 된다.

예제 17.4

임피던스가 $20 - j15\ \Omega$인 평형 Δ 결선 부하가 $\mathbf{V}_{ab} = 330\underline{/0^\circ}$ V인 양의 순서로 Δ 결선된 발전기에 연결되어 있다. 부하의 상 전류와 선 전류를 구하라.

풀이

각 상에 대한 부하 임피던스는 다음과 같다.

$$\mathbf{Z}_\Delta = 20 - j15 = 25\underline{/-36.87^\circ}\ \Omega$$

상 전류는

$$\mathbf{I}_{AB} = \mathbf{V}_{AB}/\mathbf{Z}_\Delta = \frac{330\underline{/0^\circ}}{25\underline{/-36.87^\circ}} = 13.2\underline{/36.87^\circ}\ \text{A}$$
$$\mathbf{I}_{BC} = \mathbf{I}_{AB}\underline{/-120^\circ} = 13.2\underline{/-83.13^\circ}\ \text{A}$$
$$\mathbf{I}_{CA} = \mathbf{I}_{AB}\underline{/+120^\circ} = 13.2\underline{/156.87^\circ}\ \text{A}$$

Δ부하의 경우 선 전류는 항상 해당 상 전류에 비해 30° 뒤처지며, 상 전류에 비해 $\sqrt{3}$배 크다. 따라서 선 전류는 다음과 같다.

$$\mathbf{I}_a = \mathbf{I}_{AB}\sqrt{3}\underline{/-30^\circ} = (13.2\underline{/36.87^\circ})(\sqrt{3}\underline{/-30^\circ}) = 22.86\underline{/6.87^\circ}\ \text{A}$$
$$\mathbf{I}_b = \mathbf{I}_a\underline{/-120^\circ} = 22.86\underline{/-113.13^\circ}\ \text{A}$$
$$\mathbf{I}_c = \mathbf{I}_a\underline{/+120^\circ} = 22.86\underline{/126.87^\circ}\ \text{A}$$

연습문제 17.7

양의 순서인 평형 Y 결선 전원이 평형 결선 Δ 부하를 구동하고 있다. 부하의 각 상 임피던스가 $(18 + j12)\ \Omega$이고 $\mathbf{I}_a = 22.5\underline{/35^\circ}$ A라고 할 때 $\mathbf{I}_{AB}$와 $\mathbf{V}_{AB}$를 구하라.

해답 $13\underline{/65^\circ}$ A, $281.2\underline{/98.69^\circ}$ V

17.7 평형 Δ-Y 결선

Δ-*Y* 결선은 전력 배전에 사용하는 3상 변압기 구성에서 흔히 사용된다. 이는 단상 부하를 구동하기 위한 선 전압을 공급하고 안전상의 목적으로 중성점을 제공하기 위한 2차 회로를 사용할 수 있기 때문이다.

> **평형 Δ-*Y* 시스템**이란 평형 Δ 결선 전원이 평형 *Y* 결선 부하를 구동하도록 구성된다.

그림 17.19의 Δ-*Y*결선을 보자. 다시 *abc* 순서라고 생각하면 Δ 결선 전원의 상 전압은 다음과 같다.

$$\begin{aligned} \mathbf{V}_{ab} &= V_p\angle 0^\circ \\ \mathbf{V}_{bc} &= V_p\angle -120^\circ \\ \mathbf{V}_{ca} &= V_p\angle +120^\circ \end{aligned} \tag{17.34}$$

이는 상 전압이면서 동시에 선 전압이다.

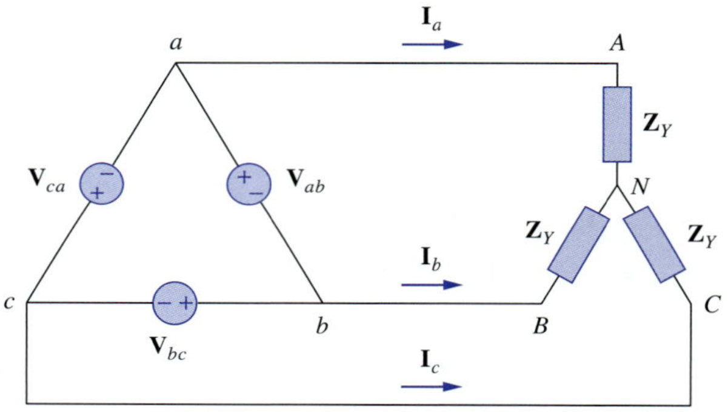

그림 17.19
평형 Δ-Y 결선

선 전압은 여러 방법으로 구할 수 있다. 한 가지 방법은 그림 17.19의 폐회로 *aANBba*에 KVL을 적용하는 것이다.

$$-\mathbf{V}_{ab} + \mathbf{Z}_Y\mathbf{I}_a - \mathbf{Z}_Y\mathbf{I}_b = 0$$

혹은

$$\mathbf{Z}_Y(\mathbf{I}_a - \mathbf{I}_b) = \mathbf{V}_{ab} = V_p\angle 0^\circ$$

따라서

$$\mathbf{I}_a - \mathbf{I}_b = \frac{V_p\angle 0^\circ}{\mathbf{Z}_Y} \tag{17.35}$$

abc 순서라고 했기 때문에 $\mathbf{I}_b$는 $\mathbf{I}_a$에 비해 뒤처진다. 즉 $\mathbf{I}_b = \mathbf{I}_a \angle -120^\circ$ 이므로

$$\mathbf{I}_a - \mathbf{I}_b = \mathbf{I}_a (1 - 1\angle -120^\circ) = \mathbf{I}_a\left(1 + \frac{1}{2} + j\frac{\sqrt{3}}{2}\right) \\ = \mathbf{I}_a \sqrt{3}\angle 30^\circ \tag{17.36}$$

식 (17.36)을 식 (17.35)에 대입하면

$$\mathbf{I}_a = \frac{\dfrac{V_p}{\sqrt{3}}\angle -30^\circ}{Z_Y} = \frac{V_p}{\sqrt{3}Z_Y}\angle -30^\circ \tag{17.37}$$

양의 상 순서라면 이로부터 다른 선 전류 $\mathbf{I}_b$, $\mathbf{I}_c$를 구할 수 있다. 즉 $\mathbf{I}_b = \mathbf{I}_a\angle -120^\circ$, $\mathbf{I}_c = \mathbf{I}_a\angle +120^\circ$이다. 상 전류는 선 전류와 같다.

선 전류를 구하는 다른 방법은 그림 17.20과 같이 Δ 결선 전원을 등가 Y 결선 전원으로 대체하는 것이다. 17.4절에서 Y 결선 전원의 선간 전압은 해당하는 상 전압에 비해 30° 앞선다는 것을 이미 확인했다. 그러므로 각 등가 Y결선 전원의 상 전압은 해당하는 Δ 결선 전압을 $\sqrt{3}$으로 나누고 위상을 −30° 지연시키면 구할 수 있다. 따라서 등가 Y 결선 정원의 상 전압은 다음과 같다.

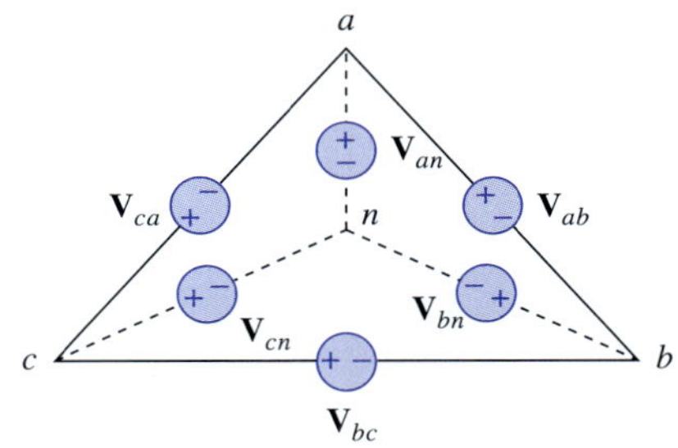

그림 17.20

Δ결선 전원의 등가 Y 결선 변환

$$\mathbf{V}_{an} = \frac{V_p}{\sqrt{3}}\angle -30^\circ \\ \mathbf{V}_{bn} = \frac{V_p}{\sqrt{3}}\angle -150^\circ \\ \mathbf{V}_{cn} = \frac{V_p}{\sqrt{3}}\angle +90^\circ \tag{17.38}$$

만일 Δ 결선 전원에서 각 상의 전원 임피던스가 $\mathbf{Z}_s$이면 식 (17.28)에 의해 등가 Y 결선 전원의 각 상당 전원 임피던스는 $\mathbf{Z}_s/3$이 된다.

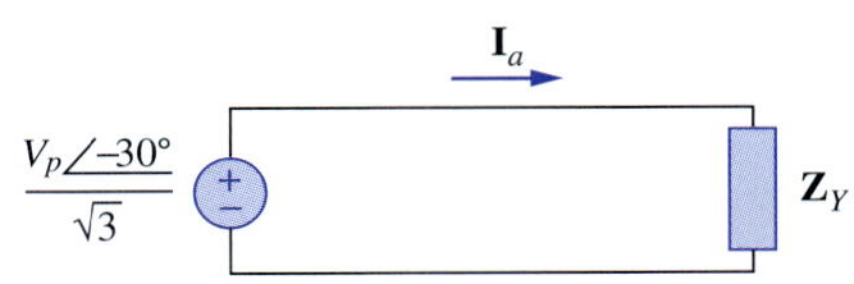

그림 17.21

단상등가회로

전원을 Y 결선으로 변환하면 회로는 Y-Y 시스템이 된다. 결국 그림 17.21의 등가 단상 회로를 사용할 수 있으므로 여기서 a상의 선 전류는 다음과 같이 식 (17.37)과 같은 결과가 된다.

$$\mathbf{I}_a = \frac{\dfrac{V_p}{\sqrt{3}}\angle -30^\circ}{Z_Y} = \frac{V_p}{\sqrt{3}Z_Y}\angle -30^\circ \tag{17.39}$$

여기서 Δ 결선 부하가 Y 결선 부하보다 더 바람직하다는 사실을 언급해야한다. 각부하가 도선을 통해 직접 연결되어 있기 때문에 Δ 결선 부하 중 어느 한 상의 부하를 변경하는 것이 더 쉽다. 그러나 상 전압에서 약간의 불균형에 의해 원하지 않는 순환 전류가 발생하기 때문에, Δ 결선 전원은 실제로는 거의 사용되지 않는다.

4가지 결선 방식에 따른 상 전류와 상 전압 그리고 선 전류와 선 전압에 관한 수식을 표 17.1에 정리하였다.

표 17.1

평형 3상 시스템의 상 전압/전류와 선 전압/전류 요약

결선 방식	상 전압/전류	선 전압/전류
Y-Y	$\mathbf{V}_{an} = V_p\angle 0°$ $\mathbf{V}_{bn} = V_p\angle -120°$ $\mathbf{V}_{cn} = V_p\angle +120°$ 상 전류와 동일	$\mathbf{V}_{ab} = \sqrt{3}V_p\angle 30°$ $\mathbf{V}_{bc} = \mathbf{V}_{ab}\angle -120°$ $\mathbf{V}_{ca} = \mathbf{V}_{ab}\angle +120°$ $\mathbf{I}_a = \mathbf{V}_{an}/\mathbf{Z}_Y$ $\mathbf{I}_b = \mathbf{I}_a\angle -120°$ $\mathbf{I}_c = \mathbf{I}_a\angle +120°$
Y-Δ	$\mathbf{V}_{an} = V_p\angle 0°$ $\mathbf{V}_{bn} = V_p\angle -120°$ $\mathbf{V}_{cn} = V_p\angle +120°$ $\mathbf{I}_{AB} = \mathbf{V}_{AB}/\mathbf{Z}_\Delta$ $\mathbf{I}_{BC} = \mathbf{V}_{BC}/\mathbf{Z}_\Delta$ $\mathbf{I}_{CA} = \mathbf{V}_{CA}/\mathbf{Z}_\Delta$	$\mathbf{V}_{ab} = \mathbf{V}_{AB} = \sqrt{3}V_p\angle 30°$ $\mathbf{V}_{bc} = \mathbf{V}_{BC} = \mathbf{V}_{ab}\angle -120°$ $\mathbf{V}_{ca} = \mathbf{V}_{CA} = \mathbf{V}_{ab}\angle +120°$ $\mathbf{I}_a = \mathbf{I}_{AB}\sqrt{3}\angle -30°$ $\mathbf{I}_b = \mathbf{I}_a\angle -120°$ $\mathbf{I}_c = \mathbf{I}_a\angle +120°$
Δ-Δ	$\mathbf{V}_{ab} = V_p\angle 0°$ $\mathbf{V}_{bc} = V_p\angle -120°$ $\mathbf{V}_{ca} = V_p\angle +120°$ $\mathbf{I}_{AB} = \mathbf{V}_{ab}/\mathbf{Z}_\Delta$ $\mathbf{I}_{BC} = \mathbf{V}_{bc}/\mathbf{Z}_\Delta$ $\mathbf{I}_{CA} = \mathbf{V}_{ca}/\mathbf{Z}_\Delta$	상 전압과 동일 $\mathbf{I}_a = \mathbf{I}_{AB}\sqrt{3}\angle -30°$ $\mathbf{I}_b = \mathbf{I}_a\angle -120°$ $\mathbf{I}_c = \mathbf{I}_a\angle +120°$
Δ-*Y*	$\mathbf{V}_{ab} = V_p\angle 0°$ $\mathbf{V}_{bc} = V_p\angle -120°$ $\mathbf{V}_{ca} = V_p\angle +120°$ 선 전류와 동일	상 전압과 동일 $\mathbf{I}_a = \dfrac{V_p\angle -30°}{\sqrt{3}\,Z_Y}$ $\mathbf{I}_b = \mathbf{I}_a\angle -120°$ $\mathbf{I}_c = \mathbf{I}_a\angle +120°$

이 수식을 암기할 것이 아니라 어떻게 유도되는 지를 이해하라고 조언하고 싶다. 이 수식은 해당 3상 회로에 직접 KCL과 KVL을 적용하면 항상 얻을 수 있다.

예제 17.5

저항 40 Ω, 리액턴스 25 Ω인 평형 Y 결선 부하에, 선 전압 210 V인 양의 순서 Δ 결선 평형 전원이 인가된다. $\mathbf{V}_{ab}$를 기준으로 사용하여 상 전류를 구하라.

풀이

부하 임피던스는

$$\mathbf{Z}_Y = 40 + j25 = 47.17\angle 32°\ \Omega$$

전원 전압은

$$\mathbf{V}_{ab} = 210\underline{/0°} \text{ V}$$

Δ 결선 전원을 Y 결선 전원으로 변환하면

$$\mathbf{V}_{an} = \frac{\mathbf{V}_{ab}}{\sqrt{3}}\underline{/-30°} = 121.3\underline{/-30°} \text{ V}$$

선 전류는

$$\mathbf{I}_a = \mathbf{V}_{an}/\mathbf{Z}_Y = \frac{121.2\underline{/-30°}}{47.17\underline{/32°}} = 2.57\underline{/-62°} \text{ A}$$
$$\mathbf{I}_b = \mathbf{I}_a\underline{/-120°} = 2.57\underline{/-182°} \text{ A}$$
$$\mathbf{I}_c = \mathbf{I}_a\underline{/120°} = 2.57\underline{/58°} \text{ A}$$

이는 상 전류와 같다.

연습문제 17.5

평형 Δ-Y회로에서 $\mathbf{V}_{ab} = 240\underline{/15°}$이고 $\mathbf{Z}_Y = (12 + 15)$ Ω이다. 선 전류를 계산하라.

해답 $7.21\underline{/-66.34°}$, $7.21\underline{/-186.34°}$, $7.21\underline{/53.66°}$ A

17.8 평형 시스템에서의 전력

지금부터 평형 3상 시스템의 전력에 대해 알아본다. 먼저 부하에 작용하는 순시 전력(instantaneous power) 계산부터 시작한다. 이를 위해선 시간 영역에서의 해석이 필요하다. Y 결선 부하에서 상 전압은

$$\begin{aligned} v_{AN} &= \sqrt{2}V_p \cos(\omega t) \\ v_{BN} &= \sqrt{2}V_p \cos(\omega t - 120°) \\ v_{CN} &= \sqrt{2}V_p \cos(\omega t + 120°) \end{aligned} \tag{17.40}$$

이 식에서 V_p는 상 전압의 rms 값으로 정의되어 있기 때문에 $\sqrt{2}$가 필요하다. $\mathbf{Z}_Y = Z\underline{/\theta}$라면 상 전류는 해당 상 전압에 대해 θ만큼 지연된다. 부하에서 전체 순시 전력은 3상에 대한 순시전력의 합이다. 따라서

$$\begin{aligned} p &= p_a + p_b + p_c = v_{AN}i_a + v_{BN}i_b + v_{CN}i_c \\ &= 2V_pI_p\{\cos \omega t \cos(\omega t - \theta) \\ &\quad + \cos(\omega t - 120°)\cos(\omega t - \theta - 120°) \\ &\quad + \cos(\omega t + 120°)\cos(\omega t - \theta - 120°)\} \end{aligned} \tag{17.41}$$

여기서 I_P는 상 전류의 rms 값이다. 삼각함수를 적용해서 정리하면

$$p = 3V_pI_p \cos\theta \tag{17.42}$$

따라서 평형 3상 시스템에서 각 상의 순시 전력은 매 순간 달라지지만, 전체 순시 전력은 일정하다. 이 결과는 부하가 Y 결선이던 Δ 결선이던 상관 없이 성립한다. 이 점이 바로 발전과 배전에 3상 시스템을 사용하는 이유이다. 다른 이유는 더 뒤에서 살펴볼 것이다.

전체 순시 전력은 시간에 독립적이기 때문에 Y 결선이나 Δ 결선 부하의 각 상당 평균 전력(average power) P_P는 p/3이다. 즉

$$P_P = V_P I_P \cos\theta \tag{17.43}$$

각 상의 무효전력(reactive power)은

$$Q_P = V_P I_P \sin\theta \tag{17.44}$$

각 상의 피상 전력(apparent power)은

$$S_p = V_p\, I_p \tag{17.45}$$

각 상의 복소 전력(complex power)은

$$\mathbf{S}_p = P_P + jQ_p = \mathbf{V}_p\, \mathbf{I}_P^* \tag{17.46}$$

여기서 $\mathbf{V}_p$와 $\mathbf{I}_P$는 각각 크기가 V_p와 I_p인 상 전압과 상 전류이다. 전체 평균 전력은 각 상의 평균 전력의 합이다. 즉

$$P = P_a + P_b + P_c = 3P_P = 3V_p\, I_p \cos\theta = \sqrt{3}V_L I_L \cos\theta \tag{17.47}$$

Y결선 부하에서 $I_L = I_p$이고 $V_L = \sqrt{3}V_p$이 반면, Δ 결선 부하에서 $I_L = \sqrt{3}I_p$이고 $V_L = V_p$이다. 그러므로 식 (17.47)은 Y 결선 부하와 Δ 결선 부하에 모두 적용 가능하다. 유사한 방법으로 전체 무효전력은

$$Q = 3V_p\, I_p \sin\theta = 3Q_p = \sqrt{3}V_L I_L \sin\theta \tag{17.48}$$

이고 전체 복소 전력은

$$\boxed{\mathbf{S} = 3\mathbf{S}_p = 3\mathbf{V}_p\mathbf{I}_P^* = 3\mathbf{I}_p^2\mathbf{Z}_p = 3V_p^2/\mathbf{Z}_p^*} \tag{17.49}$$

여기서 $\mathbf{Z}_p = Z_p \angle\theta$는 각 상의 부하 임피던스이다.($\mathbf{Z}_p$는 $\mathbf{Z}_Y$나 $\mathbf{Z}_\Delta$가 될 수 있음)혹은 식 (17.49)를 아래처럼 쓸 수 있다.

$$\mathbf{S} = P + jQ = \sqrt{3}V_L I_L \angle\theta \tag{17.50}$$

V_P, I_P, V_L, I_L은 모두 rms값이고 θ는 부하 임피던스의 위상각 혹은 상 전압과 상 전류 사이의 위상차임을 기억하라.

3상 시스템을 전력 송전에 사용하는 두 번째 중요한 이유는 3상 시스템이 단상 시스템에 비해 같은 선 전압으로 같은 소비전력 P_L에 대해 훨씬 적은 양의 도선(구리선)을 사용한다는 점이다. 단상 시스템이 3상 시스템에 비해 33% 이상 많은 재료를 사용한다는 사실 또는 등가 단상 시스템에서 사용

되는 재료의 75%만을 3상 시스템이 사용한다는 것을 보일 수 있다(구리 대신 알루미늄에 대해서도 유사한 결과를 얻을 수 있다). 다른 표현으로 동일한 전력을 전달하는데 단상 시스템에서 필요한 양보다 3상 시스템에서는 훨씬 적은 재료만이 사용된다.

예제 17.6

그림 17.14(예제 17.2)를 참조하라. 전원과 부하측에서의 전체 평균 전력, 무효전력 그리고 복소 전력을 구하라.

풀이

이 시스템은 평형을 이루고 있으므로 한 상만 고려해도 충분하다. a상에 대해서

$$\mathbf{V}_p = 110\underline{/0^\circ}\text{ V}$$
$$\mathbf{I}_p = 6.81\underline{/-21.8^\circ}\text{ A}$$

따라서 전원에서 공급되는 복소 전력은

$$\mathbf{S}_s = -3\mathbf{V}_p\mathbf{I}_p^* = 3(110\underline{/0^\circ})(6.81\underline{/21.8^\circ})$$
$$= -2247.4\underline{/21.8^\circ} = -(2{,}086.6 + j834.6)\text{ VA}$$

공급되는 실효 또는 평균전력은 −2,086.6 W이고 무효전력은 −834.6 VAR이다.

부하에서 사용되는 복소 전력은

$$\mathbf{S}_L = 3|\mathbf{I}_p|^2\mathbf{Z}_p$$

여기서

$$\mathbf{Z}_p = 10 + j8 = 12.81\underline{/38.66^\circ}$$
$$\mathbf{I}_p = \mathbf{I}_a = 6.81\underline{/-21.8^\circ}$$

그러므로

$$\mathbf{S}_L = 3(6.81)^2\ 12.81\underline{/38.66^\circ} = 1782.2\underline{/38.66^\circ}$$
$$= (1391.7 + j1113.3)\text{ VA}$$

유효사용 전력은 1,391.7 W이고 무효 사용 전력은 1,113.3 VAR이다. 두 복소 전력의 차이는 도선 임피던스 $(5 - j2)$ Ω에서 사용된다. 이를 입증하기 위해 도선에서 소비되는 전력을 계산하면

$$\mathbf{S}_\ell = 3|\mathbf{I}_p|^2\ \mathbf{Z}_\ell = 3(6.81)^2(5 - j2) = 695.64 - j278.3\text{ VA}$$

이는 바로 $\mathbf{S}_S$와 $\mathbf{S}_L$의 차이이다. 즉 예상한 바와 같이 $\mathbf{S}_s + \mathbf{S}_\ell + \mathbf{S}_L = 0$이다.

연습문제 17.6

연습문제 17.2의 Y-Y 결선 회로에서 전원과 부하에서의 복소전력을 계산하라.

해답 $(1054.2 + j843.3)$ VA, $(1017.45 + j801.6)$ VA

예제 17.7

3상 모터는 평형 Y 부하로 생각할 수 있다. 3상 모터의 선 전압이 220 V이고 선 전류가 18.2 A일 때 5.6 kW의 전력을 소모한다. 이로부터 모터의 전력 계수(power factor)를 구하라.

풀이

피상 전력은

$$S = \sqrt{3}V_L I_L = \sqrt{3}(220)(18.2) = 6935.13 \text{ VA}$$

그러므로 유효 전력은

$$P = S\cos\theta = 5{,}600 \text{ W}$$

전력 계수는

$$pf = \cos\theta = \frac{P}{S} = \frac{5600}{6935.13} = 0.8075$$

연습문제 17.7

지연성 전력계수가 0.85인 30-kW급 3상 모터가 선 전압이 440 V인 평형 전원에 연결된 경우 선 전류를 계산하라.

해답 46.31 A

예제 17.8

그림 17.22(a)에 보인 바와 같이 2개의 평형 부하가 240-kV rms, 60-Hz 전원에 연결되어 있다. 부하 1이 지연성 전력계수 0.6으로 30 kW를 소비하고, 부하 2는 지연성 전력계수 0.8로 45 kVAR을 소비한다. abc상 순서일 때 다음을 구하라.

(a) 혼합 부하에 의해 소비되는 복소, 유효, 무효 전력

(b) 선 전류

(c) 전력 계수를 0.9 지연성으로 높이기 위해 부하에 병렬로 연결할 Δ 결선 커패시터 3개의 정격. 그리고 각 커패시터의 크기를 계산하라.

풀이

(a) 부하 1에 대해 $P_1 = 30$ kW, $\cos\theta_1 = 0.6$이면 $\sin\theta_1 = 0.8$이므로

$$S_1 = \frac{P_1}{\cos\theta_1} = \frac{30 \text{ kW}}{0.6} = 50 \text{ kVA}$$

이고 $Q_1 = S_1 \sin\theta_1 = 50(0.8) = 40$ kVA이다. 따라서 부하 1에 의한 복소 전력은

$$\mathbf{S}_1 = P_1 + jQ_1 = 30 + j40 \text{ kVA} \tag{17.8.1}$$

부하 2에 대해 $Q_2 = 45$ kVA이고 $\cos\theta_2 = 0.8$이면 $\sin\theta_2 = 0.6$이다. 이로부터

$$S_2 = \frac{Q_2}{\sin\theta_2} = \frac{45 \text{ kVAR}}{0.6} = 75 \text{ kVA}$$

또 $P_2 = S_2\cos\theta_2 = 75(0.8) = 60$ kW이다. 따라서 부하 2에 의한 복소 전력은

$$\mathbf{S}_2 = P_2 = jQ_2 = 60 + j45 \text{ kVA} \tag{17.8.2}$$

식 (17.8.1)과 (17.8.2)로부터 부하에서 사용되는 전체 복소전력은

$$\mathbf{S} = \mathbf{S}_1 + \mathbf{S}_2 = 90 + j85 \text{ kVA} = 123.8\underline{/43.36^\circ} \text{ kVA} \tag{17.8.3}$$

여기서 전력 계수는 $\cos 43.36^\circ = 0.727$로 지연성이다. 유효전력은 90 kW이며 무효 전력은 85 kVAR이다.

(b) $S = \sqrt{3}V_L I_L$이므로 선 전류는

$$I_L = \frac{S}{\sqrt{3}V_L} \tag{17.8.4}$$

여기에 각 부하에 $V_L = 240$ kV를 대입하면 부하 1에 대해

$$I_{L1} = \frac{50{,}000}{\sqrt{3} \times 240{,}000} = 120.28 \text{ mA}$$

전력계수가 지연성이므로 선 전류는 선 전압에 대해 $\theta_1 = \cos^{-1} 0.6 = 53.13^\circ$만큼 지연된다. 따라서

$$\mathbf{I}_{a1} = 120.28\underline{/-53.13^\circ} \text{ mA}$$

부하 2에 대해선

$$I_{L1} = \frac{75{,}000}{\sqrt{3}\, 240{,}000} = 180.42 \text{ mA}$$

이고 선 전류는 선 전압에 대해 $\theta_2 = \cos^{-1} 0.8 = 36.87^\circ$만큼 지연된다. 따라서

$$\mathbf{I}_{a2} = 180.42\underline{/-36.87^\circ} \text{ mA}$$

전체 선 전류는

$$\begin{aligned}\mathbf{I}_a = \mathbf{I}_{a1} + \mathbf{I}_{a2} &= 120.28\underline{/-53.13^\circ} + 180.42\underline{/-36.87^\circ}\\ &= (72.168 - j96.224) + (144.336 - j108.252)\\ &= 217.5 - j204.47 = 297.8\underline{/-43.36^\circ} \text{ mA}\end{aligned}$$

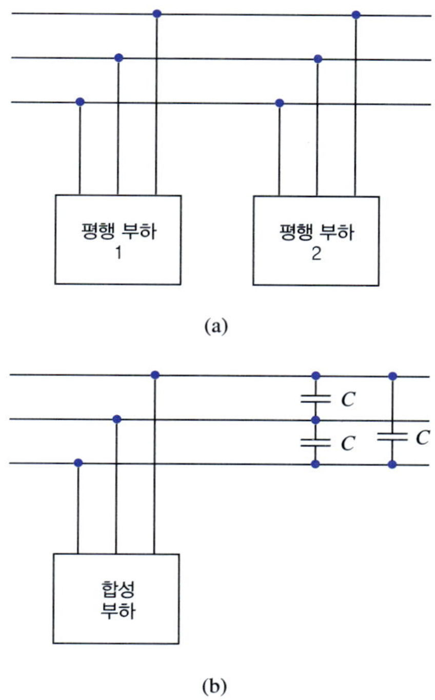

그림 17.22
예제 17.8에서 (a) 원래의 평형 부하, (b) 전력 계수 개선을 위한 합성 부하

다른 방법으로 식 (17.8.4)를 이용하여 전체 복소 전력으로부터 전류를 구할 수 있다.

$$I_L = \frac{123{,}800}{\sqrt{3}\,240{,}000} = 297.82 \text{ mA}$$

이고

$$\mathbf{I}_a = 297.82\underline{/-43.36^\circ} \text{ mA}$$

이는 앞에서 구한 것과 같은 결과이다.

다른 선 전류 $\mathbf{I}_b$와 $\mathbf{I}_c$는 *abc* 상 순서에 따라 구할 수 있다. 즉

$$\mathbf{I}_b = 297.82\underline{/-163.36^\circ} \text{ mA} \quad \text{그리고} \quad \mathbf{I}_c = 297.82\underline{/76.64^\circ} \text{ mA}$$

(c) 전력 계수를 0.9 지연성으로 만드는 데 필요한 무효 전력은 식 (14.43)을 이용하여 구한다. 즉

$$Q_c = P(\tan\theta_{\text{old}} - \tan\theta_{\text{new}})$$

여기서 $P = 90$ kW, $\theta_{\text{old}} = 43.36°$이고 $\theta_{\text{new}} = \cos^{-1}0.9 = 25.84°$이므로

$$Q_C = 90{,}000(\tan 43.36^\circ - \tan 25.84^\circ) = 41.4 \text{ kVAR}$$

이 무효전력은 3개 커패시터에 대한 것이다. 각 커패시터에 대한 정격은 $Q'_C = 13.8$ kVAR이다. 식 (14.44)로부터 필요한 커패시턴스는

$$C = \frac{Q'_C}{\omega V_{\text{rms}}^2}$$

커패시터는 그림 17.22(b)와 같이 Δ 결선된 상태이므로, 앞의 수식에서 V_{rms}는 선간 전압 혹은 선 전압인 240 kV이다. 따라서

$$C = \frac{13{,}800}{(2\pi 60)(240{,}000)^2} = 635.5 \text{ pF}$$

연습문제 17.8

그림 17.22(a)에 보인 2개의 평형 부하가 840-V_{rms} 60-Hz 전원으로부터 전력을 공급받는다고 가정하자. 부하 1은 각 상당 $30 + j40\ \Omega$으로 Y 결선되어 있고, 부하 2는 지연성 전력 계수 0.8로 48 kW를 소비하는 평형 3상 모터이다. *abc* 상 순서라고 할 때 다음을 계산하라.

(a) 합성 부하에서 사용되는 복소 전력

(b) 전력계수를 1로 올리기 위해 부하에 병렬 연결한 Δ결선 커패시터의 kVAR 정격

(c) 전력계수가 1인 상태에서 전원에서 흘러나가는 전류

해답 (a) $56.47 + j47.29$ kVA, (b) 15.7 kVAR, (c) 38.813 A

17.9 †불평형 3상 시스템

이 장에서 불평형 3상 시스템에 관한 언급을 빼면 불완전하다. 불평형 시스템은 2가지 원인에 의해 발생한다. (1) 전원 전압의 크기나 위상이 같지 않다. (2) 부하 임피던스가 같지 않다. 즉

> **불평형 시스템**은 불평형 전원이나 불평형 부하에 의해 발생한다.

그러나 해석을 간단하게 하기 위해 전원 전압은 평형이고 부하만 불평형인 경우를 가정한다.

불평형 3상 시스템은 13장에서 논의한 망로 해석이나 절점 해석을 직접 적용하면 풀 수 있다. 그림 17.23은 불평형 3상 시스템의 일례를 보인 것으로 평형 전원 전압(그림 17.23에는 표기하지 않았음)과 불평형 Y 결선 부하(그림 17.23에 표시)로 구성된다. 부하가 불평형 상태이기 때문에 $\mathbf{Z}_A$, $\mathbf{Z}_B$, $\mathbf{Z}_C$는 동일하지 않다. 선 전류는 오옴의 법칙에 의해 다음과 같이 결정된다.

$$\mathbf{I}_a = \mathbf{V}_{AN}/\mathbf{Z}_A, \quad \mathbf{I}_b = \mathbf{V}_{BN}/\mathbf{Z}_B, \quad \mathbf{I}_c = \mathbf{V}_{CN}/\mathbf{Z}_C \tag{17.51}$$

이러한 불평형 선 전류에 의해 중성선에 흐르는 전류는 평형 시스템의 경우와 달리 0이 되지 않는다. 절점 N에 KCL을 적용하면 중성선에 흐르는 전류는

$$\mathbf{I}_n = -(\mathbf{I}_a + \mathbf{I}_b + \mathbf{I}_c) \tag{17.52}$$

중성선이 없는 3선식 시스템의 경우 망로 해석을 통해 선 전류 $\mathbf{I}_a$, $\mathbf{I}_b$, $\mathbf{I}_c$를 구할 수 있다. 절점 N에서 KCL은 성립해야 하므로 이 경우 $\mathbf{I}_a + \mathbf{I}_b + \mathbf{I}_c = 0$이다. 동일한 방식으로 Δ-$Y$, Y-Δ, Δ-Δ 3상 시스템에 적용할 수 있다. 앞에서 언급한 바와 같이 3중선으로 이루어진 원거리 전력 송전용 도선은 대지 자체를 중성 선으로 사용한다.

불평형 3상 시스템의 전력을 계산하기 위해선 식 (17.43)에서 (17.46)을 이용하여 각 상에 대한 전력 계산이 필요하다. 전체 전력은 단순히 각 상 전력의 3배가 아니라 3상에서의 전력의 합이다.

예제 17.9

그림 17.23의 불평형 Y 부하에 100 V의 평형 전압이 acb 상 순서로 가해진다. 선 전류와 중성 전류를 계산하라. 단 $\mathbf{Z}_A = 15\ \Omega$, $\mathbf{Z}_B = 10 + j5\ \Omega$, $\mathbf{Z}_C = 6 - j8\ \Omega$이다.

풀이

식 (17.51)을 이용하면, 선 전류는

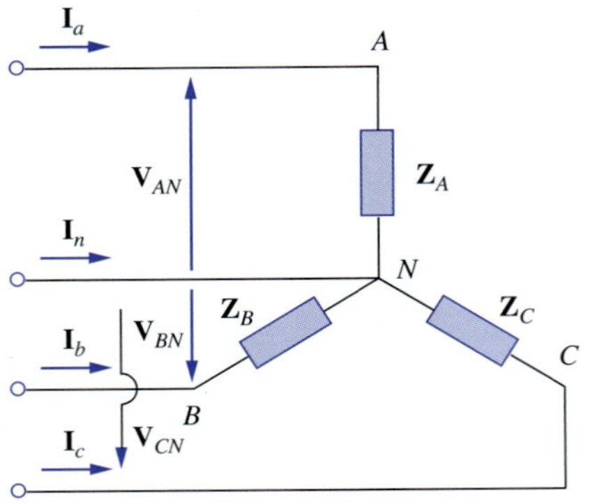

그림 17.23
불평형 3상 Y 결선 부하: 예제 17.9와 17.13의 회로

$$\mathbf{I}_a = \frac{100\angle 0^\circ}{15} = 6.67\angle 0^\circ \text{ A}$$

$$\mathbf{I}_b = \frac{100\angle 120^\circ}{10 + j5} = \frac{100\angle 120^\circ}{11.18\angle 26.56^\circ} = 8.94\angle 93.44^\circ \text{ A}$$

$$\mathbf{I}_c = \frac{100\angle -120^\circ}{6 - j8} = \frac{100\angle -120^\circ}{10\angle -53.13^\circ} = 10\angle -66.87^\circ \text{ A}$$

식 (17.52)를 이용하면, 중성선에 흐르는 전류는

$$\begin{aligned}\mathbf{I}_n = -(\mathbf{I}_a + \mathbf{I}_b + \mathbf{I}_c) &= -(6.67 - 0.54 + j8.92 + 3.93 - j9.2)\\ &= -10.06 + j0.28\\ &= 10.06\angle 178.4^\circ \text{ A}\end{aligned}$$

연습문제 17.9

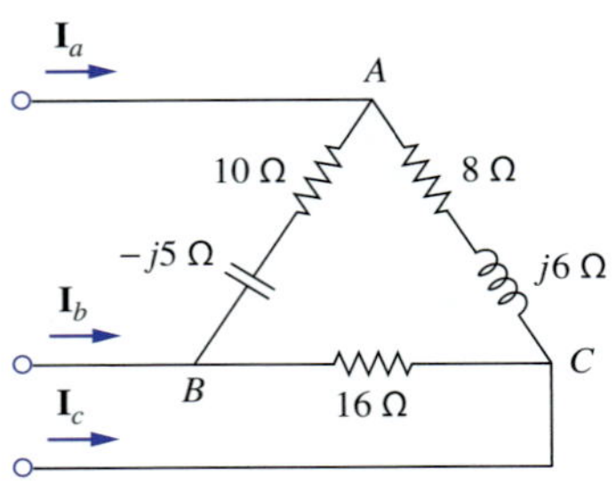

그림 17.24
불평형 3상 Δ 결선 부하: 연습문제 17.9와 17.13의 회로

그림 17.24의 불평형 Δ 부하에 200 V의 평형 전압이 양의 순서로 인가된다. 선 전류를 구하라. $\mathbf{V}_{ab}$를 기준으로 취하라.

해답 $15.08\angle -15^\circ$, $29.15\angle 220.2^\circ$, $24\angle 71.33^\circ$ A

예제 17.10

그림 17.25의 불평형 회로에서 다음을 구하라.

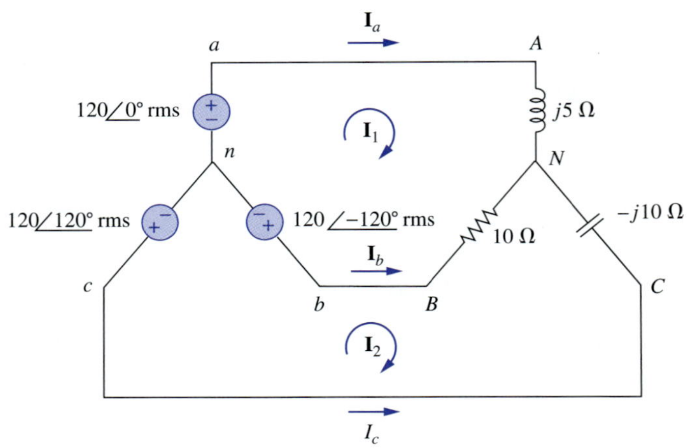

그림 17.25
예제 17.10의 회로

(a) 선 전류
(b) 부하에서 흡수되는 전체 복소 전력
(c) 전원에서 공급되는 전체 복소 전력

풀이

(a) 해당 전류를 구하기 위해 망로해석법을 이용한다. 망로 1에서

$$120\underline{/-120^\circ} - 120\underline{/0^\circ} + (10 + j5)\mathbf{I}_1 - 10\mathbf{I}_2 = 0$$

혹은

$$(10 + j5)\mathbf{I}_1 - 10\mathbf{I}_2 = 120\sqrt{3}\underline{/30^\circ} \qquad \textbf{(17.9.1)}$$

망로 2에 대해선

$$120\underline{/120^\circ} - 120\underline{/-120^\circ} + (10 - j10)\mathbf{I}_2 - 10\mathbf{I}_1 = 0$$

혹은

$$-10\mathbf{I}_1 + (10 - j10)\mathbf{I}_2 = 120\sqrt{3}\underline{/-90^\circ} \qquad \textbf{(17.9.2)}$$

식 (17.9.1)과 (17.9.2)로 행렬식을 세우면

$$\begin{bmatrix} 10 + j5 & -10 \\ -10 & 10 - j10 \end{bmatrix} \begin{bmatrix} I_1 \\ I_2 \end{bmatrix} = \begin{bmatrix} 120\sqrt{3}\underline{/30^\circ} \\ 120\sqrt{3}\underline{/-90^\circ} \end{bmatrix}$$

행렬값은

$$\Delta = \begin{vmatrix} 10 + j5 & -10 \\ -10 & 10 - j10 \end{vmatrix} = 50 - j50 = 70.71\underline{/-45^\circ}$$

$$\Delta_1 = \begin{vmatrix} 120\sqrt{3}\underline{/30^\circ} & -10 \\ 120\sqrt{3}\underline{/-90^\circ} & 10 - j10 \end{vmatrix} = 207.85(13.66 - j13.66)$$

$$= 4015\underline{/-45^\circ}$$

$$\Delta_2 = \begin{vmatrix} 10 + j5 & 120\sqrt{3}\underline{/30^\circ} \\ -10 & 120\sqrt{3}\underline{/-90^\circ} \end{vmatrix} = 207.85(13.66 - j5)$$

$$= 3023\underline{/-20.1^\circ}$$

망로 전류는

$$\mathbf{I}_1 = \frac{\Delta_1}{\Delta} = \frac{4015.23\underline{/-45^\circ}}{70.71\underline{/-45^\circ}} = 56.78 \text{ A}$$

$$\mathbf{I}_2 = \frac{\Delta_2}{\Delta} = \frac{3023.4\underline{/-20.1^\circ}}{70.71\underline{/-45^\circ}} = 42.75\underline{/24.9} \text{ A}$$

선 전류는

$$\mathbf{I}_a = \mathbf{I}_1 = 56.78 \text{ A}$$
$$\mathbf{I}_c = -\mathbf{I}_2 = 42.75\underline{/-155.1^\circ} \text{ A}$$
$$\mathbf{I}_b = \mathbf{I}_2 - \mathbf{I}_1 = 38.78 + j18 - 56.78 = 25.46\underline{/135^\circ} \text{ A}$$

(b) 이제 부하에서 사용되는 복소 전력을 구할 수 있다. A상에 대해

$$\mathbf{S}_A = |\mathbf{I}_a|^2\mathbf{Z}_A = (56.78)^2(j5) = j16{,}120 \text{ VA}$$

B상의 경우

$$\mathbf{S}_B = |\mathbf{I}_b|^2\mathbf{Z}_B = (25.46)^2(10) = 6{,}480 \text{ VA}$$

C상에 대해선

$$\mathbf{S}_C = |\mathbf{I}_c|^2\mathbf{Z}_C = (42.75)^2\,(-j10) = -j18{,}276 \text{ VA}$$

부하에서 흡수되는 전체 복소 전력은

$$\mathbf{S}_L = \mathbf{S}_A + \mathbf{S}_B + \mathbf{S}_C = 6{,}480 - j2{,}159 \text{ VA}$$

(c) 앞의 결과는 전원에서 공급하는 전력을 구해서 확인할 수 있다. a상 전압원에 대해서

$$\mathbf{S}_a = -\mathbf{V}_{an}\,\mathbf{I}_a^* = -(120\underline{/0^\circ})(56.78) = -6{,}813.6 \text{ VA}$$

b상 전원에 대해

$$\begin{aligned}\mathbf{S}_b = -\mathbf{V}_{bn}\,\mathbf{I}_b^* &= -(120\underline{/-120^\circ})(25.46\underline{/-135^\circ})\\ &= -3{,}055.2\underline{/105^\circ}\\ &= 790 - j2951.1 \text{ VA}\end{aligned}$$

c상 전원에 대해

$$\begin{aligned}\mathbf{S}_c = -\mathbf{V}_{cn}\,\mathbf{I}_c^* &= -(120\underline{/0^\circ})(42.75\underline{/155.1^\circ}) = -5{,}130\underline{/275.1^\circ}\\ &= -456.03 + j5{,}109.7 \text{ VA}\end{aligned}$$

3상 전원에서 공급되는 전체 복소 전력은

$$\mathbf{S}_s = \mathbf{S}_a + \mathbf{S}_b + \mathbf{S}_c = -6{,}480 + j2{,}156 \text{ VA}$$

결국 $\mathbf{S}_s + \mathbf{S}_L = 0$으로 교류 전력 보존 법칙을 확인할 수 있다.

연습문제 17.10

그림 17.26의 불평형 3상 회로에서 선 전류와 부하에서 사용되는 유효 전력을 구하라.

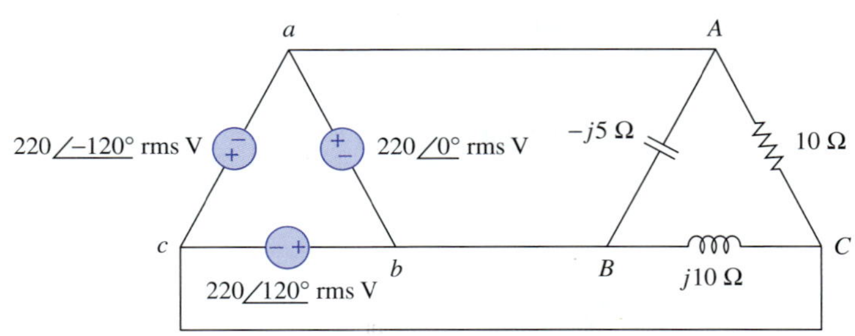

그림 17.26
연습문제 17.10의 회로

해답 $64\underline{/80.1°}$, $38.1\underline{/-60°}$, $42.5\underline{/225°}$ A, 4.84 kW

17.10 컴퓨터 해석

PSpice는 단상 교류 회로를 해석할 때 사용하는 방법과 동일하게 3상 평형 혹은 불평형 회로의 해석에 사용될 수 있다. 그러나 Δ 결선된 전원은 PSpice 해석에서 두 가지 큰 문제가 있다. 첫째, Δ 결선 전원은 전압원만의 폐회로가 구성되는데 이는 PSpice가 좋아하지 않는 방식이다. 이 문제를 해결하기 위해 무시할만한 저항(예를 들어 각 상마다 1 $\mu\Omega$)을 Δ 결선 전원의 각상에 연결하면 된다. 둘째, Δ 결선 전원은 PSpice 실행에 필요한 그라운드에 해당하는 간편한 절점을 제공하지 않는데, 이 문제는 평형 *Y* 결선된 거대 저항(예를 들면 각 상마다 1 MΩ)을 삽입하면 해결되는데, 이에 의해 *Y* 결선 저항의 중성점이 그라운드 절점 역할을 한다. 이 방식은 예제 17.12에서 설명한다.

예제 17.11

그림 17.27에 보인 Y-Δ평형 회로에서 PSpice를 이용하여 선 전류 $\mathbf{I}_{aA}$, 상 전압 $\mathbf{V}_{AB}$ 그리고 상 전류 $\mathbf{I}_{AC}$를 구하라. 전원 주파수는 60 Hz로 가정한다.

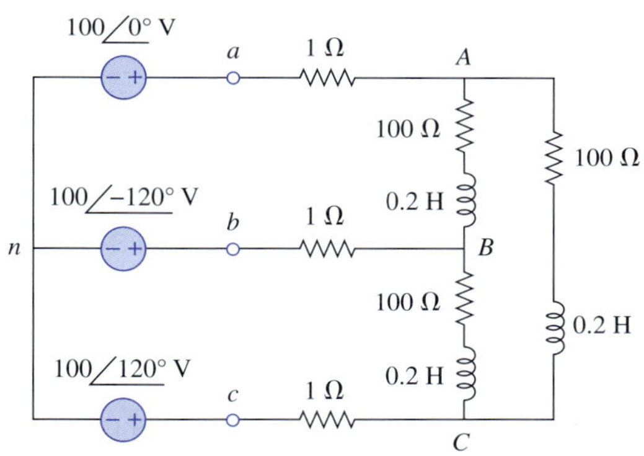

그림 17.27
예제 17.11의 회로

풀이

그림 17.28은 개략도를 보인 것이다. 가상 소자인 IPRINT를 해당 도선에 삽입해서 $\mathbf{I}_{aA}$와 $\mathbf{I}_{AC}$를 구하고, VPRINT2를 절점 *A*와 *B* 사이에 삽입하여 차동 전압 $\mathbf{V}_{AB}$를 출력한다. IPRINT와 VPRINT의 속성을 각각 *AC* = *yes*, *MAG* = *yes*, *PHASE* = *yes*로 설정하여 전류, 전압의 크기와 의상만 출력한다.

그림 17.31과 같이 회로를 그린 다음 exam1711.dsn으로 저장하고 **Pspice/New Simulation Profile**을 선택한다. 이렇게 하면 New Simulation대화창이 열린다. 파일명에 "exam1711"을 입력하고 Create를 클릭한다. 이러면 Simulation

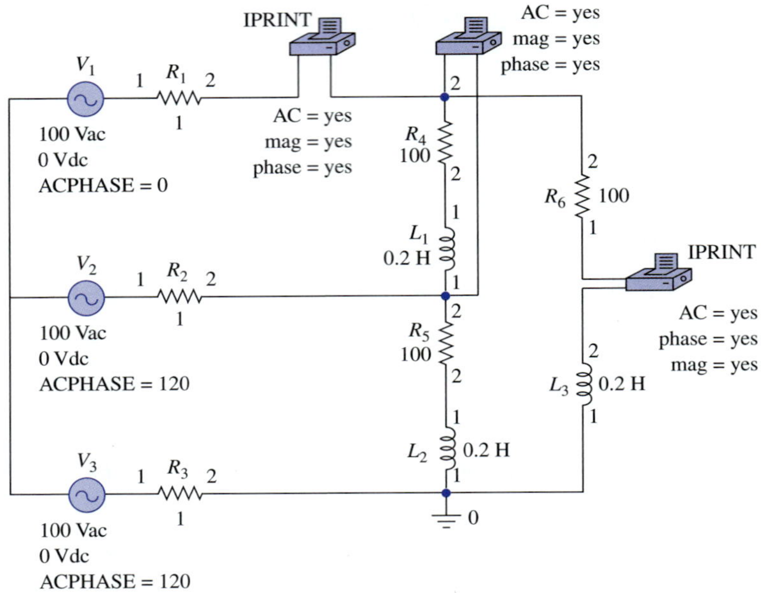

그림 17.28

그림 17.27 회로에 대한 개략도

Setting대화창이 열린다. Simulation Setting대화창에서 *Analysis Type*에 AC Sweep/Noise를 선택하고 *AC Sweep Type*에서 Linear를 선택한다. *Start Freq*에 60, *Final Freq*에 60 그리고 *Total Points*로 1을 입력한다.

Pspice/Run을 선택하여 회로를 시뮬레이션한다. **PSpice/View Output** file을 선택하면 출력 파일을 얻는다. 출력파일에는 다음 내용이 포함되어 있다.

```
FREQ          V(A,B)          VP(A,B)
6.000E+01     1.699E+02       3.081E+01

FREQ          IM(V_PRINT2)    IP(V_PRINT2)
6.000E+01     2.350E+00       -3.620E+01

FREQ          IM(V_PRINT3)    IP(V_PRINT3)
6.000E+01     1.357E+00       -6.620E+01
```

이로부터 다음 결과를 얻는다.

$$\mathbf{I}_{aA} = 2.35\underline{/-36.2^\circ} \text{ A}$$
$$\mathbf{V}_{AB} = 169.9\underline{/30.81^\circ} \text{ V}$$
$$\mathbf{I}_{AC} = 1.357\underline{/-66.2^\circ} \text{ A}$$

연습문제 17.11

그림 17.29의 평형 *Y-Y* 회로를 참고하라. PSpice를 이용하여 선 전류 $\mathbf{I}_{aA}$와 상전압 $\mathbf{V}_{AN}$을 구하라. $f =$ 100 Hz로 가정한다.

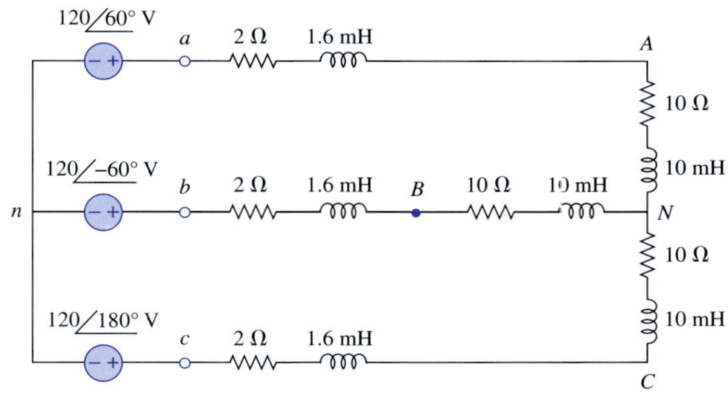

그림 17.29

연습문제 17.11의 회로

해답 $8.547\angle{-91.27°}$ A, $100.9\angle{60.87°}$ V

예제 17.12

그림 17.30에 보인 불평형 Δ-Δ회로를 살펴보자. PSpice를 이용하여 발전기 전류 $\mathbf{I}_{ab}$, 선 전류 $\mathbf{I}_{bB}$그리고 상 전류 $\mathbf{I}_{BC}$를 구하라.

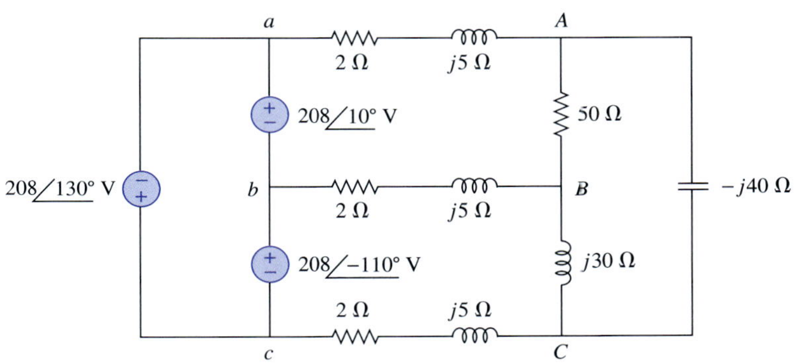

그림 17.30

예제 17.12의 회로

풀이

앞서 언급한 바와 같이 전압원으로 이루어진 폐루프를 피하기 위해 1 μΩ 의 저항을 각각의 Δ 결선 전원에 삽입한다. 접지 절점을 제공하기 위해 평형 Y 결선 저항(각 상당 1 MΩ)을 그림 17.31에 보인 방식으로 각각의 Δ 결선 전원에 삽입한다. 3개의 가상 소자인 IPRINT를 삽입해서 $\mathbf{I}_{ab}$, $\mathbf{I}_{bB}$, $\mathbf{I}_{BC}$를 구할 수 있게 한다. 동작 주파수가 주어지지 않아서 임피던스 대신 인덕턴스와 커패시턴스가 명시되어야 하기 때문에 $\omega = 1$ rad/s로 가정하면 $f = 1/2\pi = 0.159155$ Hz이 된다. 결국

$$L = \frac{X_L}{\omega} \text{ 와 } C = \frac{1}{\omega X_C}$$

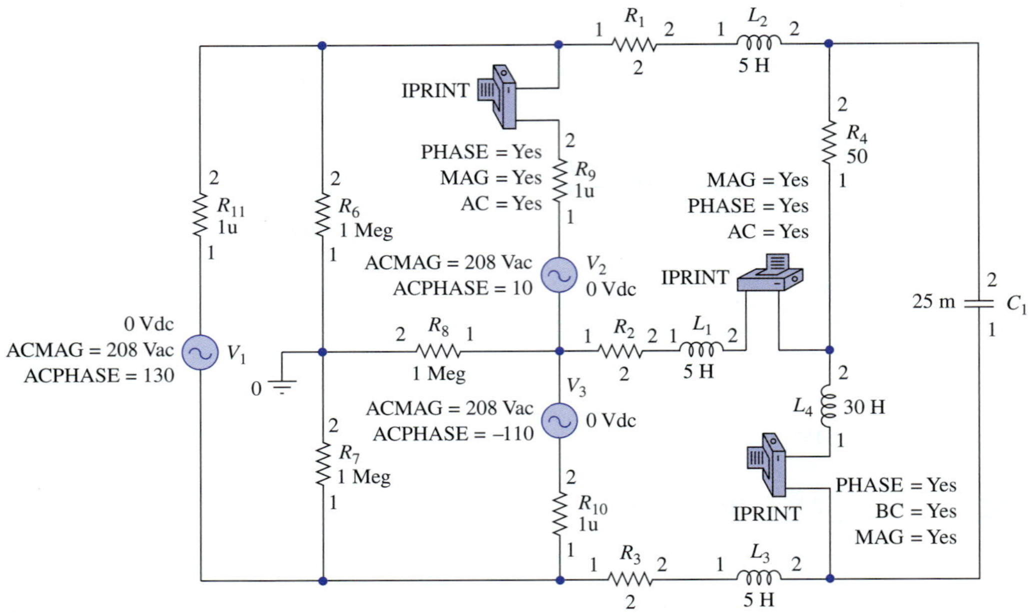

그림 17.31

그림 17.30의 회로에 대한 개략도

그림 17.31과 같이 회로를 그린 다음 exam1712.dsn으로 저장하고 **Pspice/New Simulation Profile**을 선택한다. 이렇게 하면 New Simulation대화창이 열린다. 파일명에 "exam1712"을 입력하고 Create를 클릭한다. 이러면 Simulation Setting대화창이 열린다. Simulation Setting 대화창에서 *Analysis Type*에 AC Sweep/Noise를 선택하고 *AC Sweep Type*에서 Linear를 선택한다. *Start Freq*에 0.159155, *Final Freq*에 0.159155 그리고 *Total Points*로 1을 입력한다.

Pspice/Run을 선택하여 회로를 시뮬레이션한다. **PSpice/View Output file**을 선택하면 출력 파일을 얻는다. 출력파일에는 다음 내용이 포함되어 있다.

```
FREQ          IM(V_PRINT1)    IP(V_PRINT1)
1.592E-01     9.106E+00       1.685E+02

FREQ          IM(V_PRINT2)    IP(V_PRINT2)
1.592E-01     5.959E+00       2.821E+00

FREQ          IM(V_PRINT3)    IP(V_PRINT3)
1.592E-01     5.500E+00       -7.532E+00
```

이로부터 다음 결과를 얻는다.

$$\mathbf{I}_{ab} = 5.96\,\underline{/2.82^\circ}\text{ A}$$
$$\mathbf{I}_{bB} = 9.106\,\underline{/168.5^\circ}\text{ A}$$
$$\mathbf{I}_{BC} = 5.5\,\underline{/-7.53^\circ}\text{ A}$$

연습문제 17.12

그림 17.32의 불평형 회로에 대해 PSpice를 이용하여 발전기 전류 $\mathbf{I}_{ca}$와 선 전류 $\mathbf{I}_{cC}$ 그리고 $\mathbf{I}_{AB}$를 구하라.

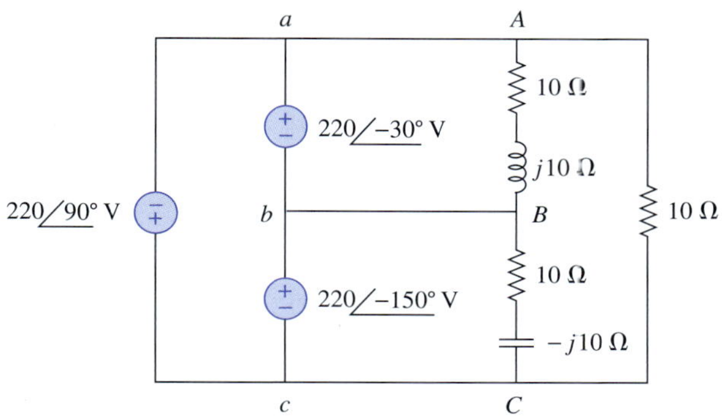

그림 17.32
연습문제 17.12의 회로

해답 $24.68\angle{-90^\circ}$ A, $15.56\angle{105^\circ}$ A, $37.24\angle{83.79^\circ}$ A

17.11 †응용

Y와 Δ전원 결선 모두 중요한 실제적인 응용분야가 있다. Y전원 연결은 저항성 전력 손실(I^2R)을 최소화해야 하는 장거리 전력 송전에 사용된다. 이는 Y 결선의 선 전압이 Δ 결선에 비해 $\sqrt{3}$배 크다는 사실에 기인한 것이다. 그러므로 동일한 전력에 대해 선 전류는 $\sqrt{3}$배 적다. 또한 Δ 결선은 위험한 순환전류의 가능성이 있기에 바람직하지 않다. 가끔은 변압기를 이용하여 등가 Δ 결선 전원을 만들기도 한다. 이러한 3상에서 단상으로의 변환은 옥내 배선에서 필요한데 가정용 조명과 전기기기가 단상 전력을 사용하기 때문이다. 3상 전력은 대전력이 요구되는 산업용 배선에서 사용된다. 일부 응용에서는 부하의 Y 결선과 Δ 결선 여부가 상관이 없다. 예를 들어 두 경우 모두 유도 전동기에 사용될 수 있다. 실제로 일부 제조업자는 전동기를 Y 결선에는 220 V로, Δ 결선에는 311 V에 연결(1:$\sqrt{3}$의 비율)해서 한 종류의 모터가 다른 두 전압에 쉽게 순응하도록 하기도 한다.

여기서는 이 장에서 다루어온 두 가지 실제적 응용인 3상회로의 전력 계측과 옥내 배선에 대해 살펴본다.

17.11.1 3상 전력 측정

3.7절에서 단상회로의 평균(또는 유효)전력을 측정하기 위한 계측기로 전력계

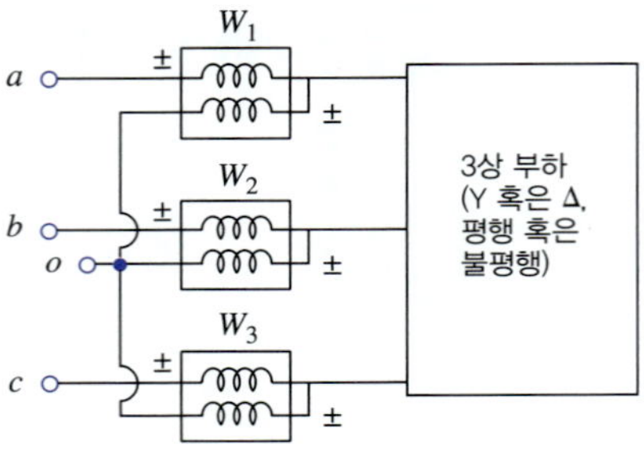

그림 17.33
3상 전력 측정을 위한 3 전력계 방식

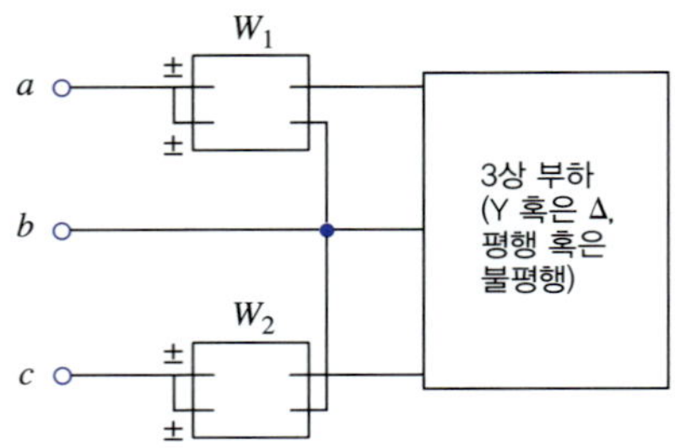

그림 17.34
3상 전력 측정을 위한 2 전력계 방식

를 소개했다. 3상시스템이 평형상태라서 $P_1 = P_2 = P_3$라면 단일의 전력계로 3상시스템의 평균 전력도 측정이 가능하다(전체 전력은 전력계 측정치를 3배 곱하면 된다). 그러나 만일 불평형 시스템이라면 두 개 혹은 세 개의 단상 전력계가 필요하다. 그림 17.33에 나타낸 전력 측정을 위한 *3* **전력계 방식**(*three wattmeter method*)은 부하가 평형 상태이건 불평형 상태이건, 또 Y나 Δ 결선 모두에 사용할 수 있다. 3 전력계 방식은 전력 계수가 계속적으로 변하는 3상 시스템의 전력 측정에 적합한 방식이다. 전체 평균 전력은 3개의 전력계 측정치의 대수적 합이다.

$$P_T = P_1 + P_2 + P_3 \tag{17.53}$$

여기서 P_1, P_2, P_3는 전력계 W_1, W_2, W_3의 각각의 측정값이다. 그림 17.33에서 공통 혹은 기준점 o는 임의로 선택되었음에 주목하라. 만일 부하가 Y 결선이면, 절점 o는 중성점 n에 연결될 수 있다. Δ 결선 부하라면 절점 o는 아무 절점에 연결해도 된다. 예를 들어 만일 절점 o가 절점 b에 연결되어 전력계 W_2의 전압 코일이 0을 가리켜서, $P_2 = 0$이면 전력계 W_2는 불필요하다. 따라서 전체 전력 측정은 2개의 전력계로 충분하다.

3상 전력 측정 방법으로 *2* **전력계 방식**(*two wattmeter method*)이 가장 널리 사용된다. 두 개의 전력계는 그림 17.34에 전형적인 방식을 보인 것처럼 임의의 두 상에 적절히 연결되어야 한다. 각각의 전력계의 전류 코일은 해당 선 전류를 측정하고, 각각의 해당 도선과 나머지 세 번째 도선에 연결된 전압 코일은 선 전압을 측정한다. 또 전압 코일의 ±(플러스/마이너스) 단자는 해당 전류 코일이 연결된 도선에 연결된 점을 주목하라. 비록 각각의 전력계가 더 이상 특정한 상에 해당하는 전력을 측정하지는 않지만 두 전력계 측정치의 대수적 합은, Y나 Δ결선, 평형 혹은 불평형에 무관하게 부하에서 소비되는 전체 평균 전력과 동일하다. 전체 유효 전력은 두 전력계의 측정치 합과 같다. 즉

$$\boxed{P_T = P_1 + P_2} \tag{17.54}$$

전력계간 측정치 차이는 전체 무효전력에 비례한다. 혹은

$$\boxed{Q_T = \sqrt{3}(P_2 - P_1)} \tag{17.55}$$

평형 3상 시스템에 대해 이 방법의 유효성을 입증할 수 있다. 식 (17.55)를 식 (17.54)로 나누면 전력각(power angle)의 탄젠트 값을 얻는다.

$$\tan\theta = \frac{Q_T}{P_T} \tag{17.56}$$

다음 사항을 유의해야 한다.

1. $P_2 = P_1$이면 저항성 부하이다.
2. $P_2 > P_1$이면 유도성 부하이다.

3. $P_2 < P_1$이면 용량성 부하이다.

예제 17.13

예제 17.9(그림 17.23 참조)의 불평형 Y 결선 부하에서 사용되는 전체 전력을 측정하기 위해 3개의 전력계 W_1, W_2, W_3가 a, b, c상에 각각 연결되어 있다.

(a) 전력계의 측정값을 예측하라.

(b) 전체 사용전력을 구하라.

풀이

이 문제 답의 일부는 이미 예제 17.9에서 풀이가 되어 있다. 전력계가 그림 17.35에 보인 것처럼 적절히 연결되었다고 가정하자.

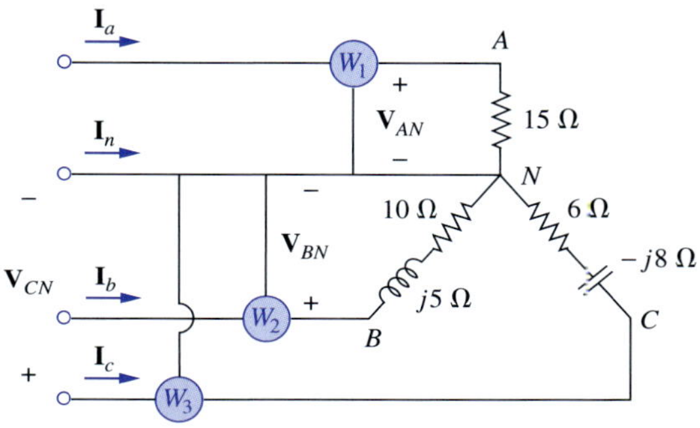

그림 17.35

예제 17.13의 회로

(a) 예제 17.9에서

$$\mathbf{V}_{AN} = 100\underline{/0^\circ}$$
$$\mathbf{V}_{BN} = 100\underline{/120^\circ}$$
$$\mathbf{V}_{CN} = 100\underline{/-120^\circ}\ \text{V}$$

반면

$$\mathbf{I}_a = 6.67\underline{/0^\circ}$$
$$\mathbf{I}_b = 8.94\underline{/93.44^\circ}$$
$$\mathbf{I}_c = 10\underline{/-66.87^\circ}\ \text{A}$$

전력계 측정치는 다음과 같이 계산된다.

$$\begin{aligned}
P_1 &= \text{Re}(\mathbf{V}_{AN}\mathbf{I}_a^*) = V_{AN}I_a\cos(\theta_{\mathbf{V}_{AN}} - \theta_{\mathbf{I}_a}) \\
&= 100 \times 6.67 \times \cos(0^\circ - 0^\circ) = 667\ \text{W} \\
P_2 &= \text{Re}(\mathbf{V}_{BN}\mathbf{I}_b^*) = V_{BN}I_b\cos(\theta_{\mathbf{V}_{BN}} - \theta_{\mathbf{I}_b}) \\
&= 100 \times 8.94 \times \cos(120^\circ - 93.44^\circ) = 800\ \text{W} \\
P_3 &= \text{Re}(\mathbf{V}_{CN}\mathbf{I}_c^*) = V_{CN}I_c\cos(\theta_{\mathbf{V}_{CN}} - \theta_{\mathbf{I}_c}) \\
&= 100 \times 10 \times \cos(-120^\circ + 66.87^\circ) = 600\ \text{W}
\end{aligned}$$

(b) 전체 소비 전력은

$$P_T = P_1 + P_2 + P_3 = 667 + 800 + 600 = 2,067 \text{ W}$$

그림 17.35의 저항에서 소비되는 전력을 구할 수 있고 이를 이용하여 이 결과를 검토하거나 확인할 수도 있다.

$$\begin{aligned} P_T &= |\mathbf{I}_a|^2(15) + |\mathbf{I}_b|^2 (10) + |\mathbf{I}_c|^2(6) \\ &= 6.67^2 (15) + 8.94^2 (10) + 10^2 (6) \\ &= 667 + 800 + 600 = 2,067 \text{ W} \end{aligned}$$

이는 정확히 동일한 결과이다.

연습문제 17.13

그림 17.24(연습문제 17.9를 볼 것)의 회로에 대해 예제 17.13을 반복하라. 힌트: 그림 17.32에서 기준점 o를 절점 B에 연결하라.

해답 (a)2913.23 W, 0 W, 4706.46 W, (b)7619.29 W

예제 17.14

2 전력계 방식에서 Δ 결선 부하에 연결된 전력계의 눈금이 $P_1 = 1560$ W이고 $P_2 = 2100$ W이다. 선 전압이 220 V라고 할 때 다음을 계산하라.

(a) 각 상당 평균 전력

(b) 각 상당 무효 전력

(c) 전력 계수

(d) 상 임피던스

풀이

앞의 결과를 Δ 결선 부하에 대해 적용할 수 있다.

(a) 전체유효 혹은 평균 전력은

$$P_T = P_1 + P_2 = 1,560 + 2,100 = 3,660 \text{ W}$$

각 상당 평균 전력은

$$P_p = \frac{1}{3} P_T = 1,220 \text{ W}$$

(b) 전체 무효 전력은

$$Q_T = \sqrt{3}(P_2 - P_1) = \sqrt{3}(2,100 - 1,560) = 935.3 \text{ VAR}$$

따라서 각 상당 무효전력은

$$Q_p = \frac{1}{3} Q_T = 311.77 \text{ VAR}$$

(c) 전력각은

$$\theta = \tan^{-1}\frac{Q_T}{P_T} = \tan^{-1}\frac{935.3}{3660} = 14.33°$$

따라서 전력계수는

$$\cos\theta = 0.9689 \text{ (지상)}$$

Q_T가 양수 즉 $P_2 > P_1$이기 때문에 이는 지상형 전력계수이다.

(d) 상임피던스는 $\mathbf{Z}_p = Z_p\angle\theta$이다. 여기서 θ는 전력계수의 위상과 같다. 즉 $\theta = 14.33°$

$$Z_p = \frac{V_p}{I_p}$$

결선 부하에 대해 $V_p = V_L = 220$ V임을 상기하라. 식 (17.43)으로부터

$$P_p = V_p I_p \cos\theta \qquad \Rightarrow \qquad I_p = \frac{1220}{220 \times 0.9689} = 5.723 \text{ A}$$

따라서

$$Z_p = \frac{V_p}{I_p} = \frac{220}{5.723} = 38.44\ \Omega$$

그리고

$$\mathbf{Z}_p = 38.39\angle 14.33°\ \Omega$$

연습문제 17.14

그림 17.34의 평형 시스템에서 선 전압을 $V_L = 208$ V라고 하면, $P_1 = -560$ W (마이너스 부호는 전류 코일이 반전된 것을 나타낸다)이고 $P_2 = 800$ W이다. 다음을 구하라.

(a) 전체 평균 전력

(b) 전체 무효 전력

(c) 전력 계수

(d) 상 임피던스. 이 임피던스는 유도성인가 용량성인가?

해답 (a) 240 W, (b) 2355.6 VAR, (c) 0.9948, (d) $179.1\angle 5.8174°$, 유도성

예제 17.15

그림 17.36의 3상 평형 부하에서 각 상의 임피던스 $\mathbf{Z}_Y = 8 + j6\ \Omega$이다. 만일 부하가 208 V 도선에 연결되었을 때 전력계 W_1과 W_2의 측정치를 예상하라. P_T와 Q_T도 구하라.

풀이

각 상당 임피던스는

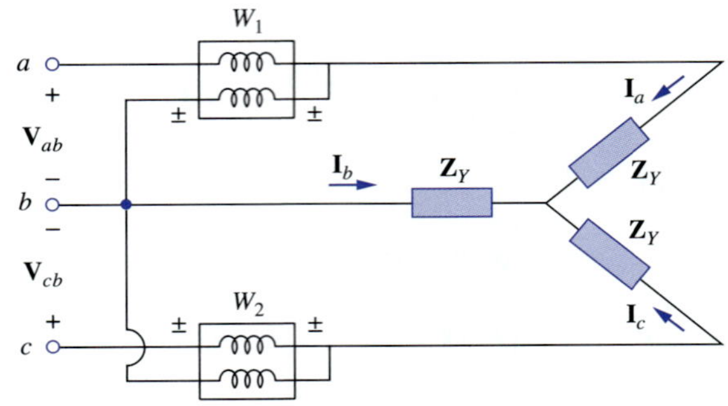

그림 17.36

평형 Y부하에 적용한 2전력계 방식

$$\mathbf{Z}_Y = 8 + j6 = 10\underline{/36.87^\circ}\ \Omega$$

따라서 전력계수의 위상은 36.87°이다.

선 전압 $V_L = 208$ V이므로 선 전류는

$$I_L = \frac{V_p}{|\mathbf{Z}_Y|} = \frac{208/\sqrt{3}}{10} = 12\text{ A}$$

따라서

$$\begin{aligned}P_1 = V_L I_L \cos(\theta + 30^\circ) &= 208 \times 12 \times \cos(36.87^\circ + 30^\circ)\\ &= 980.48\text{ W}\\ P_2 = V_L I_L \cos(\theta - 30^\circ) &= 208 \times 12 \times \cos(36.87^\circ - 30^\circ)\\ &= 2478.1\text{ W}\end{aligned}$$

그러므로 전력계 1은 980.48 W이고 전력계 2는 2478.1 W이다. $P_2 > P_1$이므로 유도성 부하이다. 이는 부하 $\mathbf{Z}_Y$ 자체로도 알 수 있다.

$$P_T = P_1 + P_2 = 3{,}458.1\text{ kW}$$

그리고

$$Q_T = \sqrt{3}(P_2 - P_1) = \sqrt{3}(1{,}497.62)\text{ VAR} = 2.594\text{ kVAR}$$

연습문제 17.15

그림 17.36의 Δ 결선 부하에서 각 상당 임피던스가 $\mathbf{Z}_Y = 30 - j40\ \Omega$이고 $V_L = 440$ V이라고 할 때 전력계 W_1과 W_2의 측정치를 예상하라. P_T와 Q_T를 계산하라.

해답 6.166 kW, 0.8021 kW, 6.968 kW, −9.291 kVAR

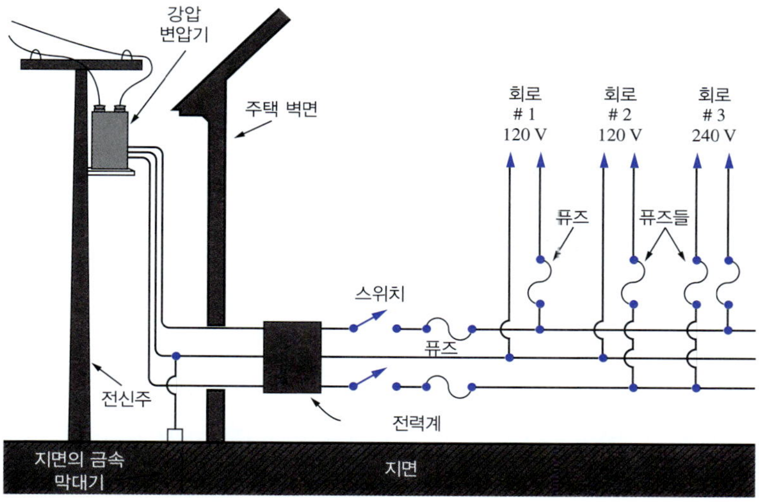

그림 17.37

120/240 V 가정용 전력 시스템

A. Marcus and C. M. Thomson, *Electricity for Technicians*, 2nd edition, © 1975, p. 324. Reprinted by permission of Pearson Education, Inc., Upper Saddle River, NJ.

17.11.2 옥내 전기 배선

미국의 경우 대부분의 가정용 조명과 가전제품은 120-V, 60-Hz 단상 교류로 작동한다(지역에 따라 전기는 110, 115, 117V로 공급될 수 있다). 지역 전력회사는 3선식 교류 시스템으로 가정에 전력을 공급한다. 그림 17.37에 보인 바와 같이 선 전압, 예를 들어 12,000 V는 변압기를 통해 통상 120/240 V로강압된다(더 자세한 내용은 다음 장의 변압기에 다룬다). 변압기로부터 나오는 3선은 통상 적색(활성), 흑색(활성), 백색(중성)으로 색 구분이 되어 있다. 그림 17.38에 보인 바와 같이 2개의 120-V전압은 서로 위상이 반전되어 있어서 더하면 0이 된다. 즉

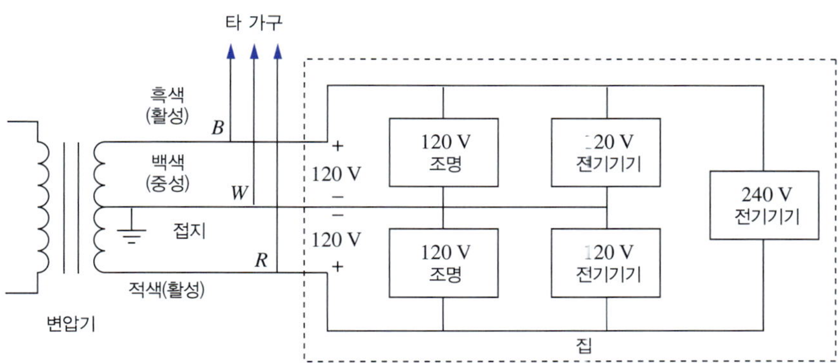

그림 17.38

단상 3선식 옥내 배선

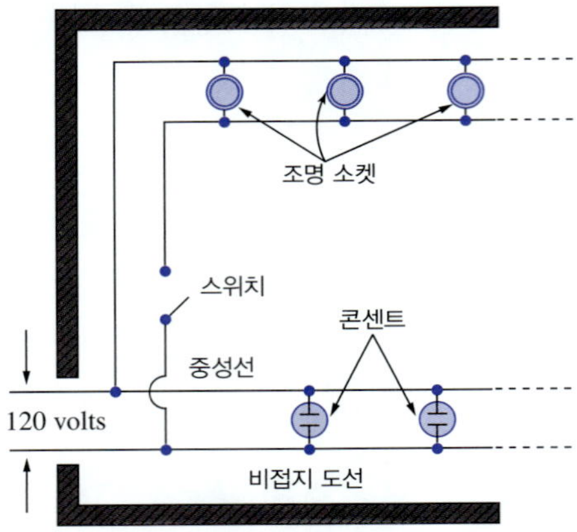

그림 17.39
전형적인 옥내 배선도

$$\mathbf{V}_W = 0\underline{/0^\circ}, \quad \mathbf{V}_B = 120\underline{/0^\circ}, \quad \mathbf{V}_R = 120\underline{/180^\circ} = -\mathbf{V}_B$$
$$\mathbf{V}_{BR} = \mathbf{V}_B - \mathbf{V}_R = \mathbf{V}_B - (-\mathbf{V}_B) = 2\mathbf{V}_B = 240\underline{/0^\circ} \qquad \textbf{(17.57)}$$

대부분의 가전제품이 120 V에서 작동하도록 설계되기 때문에 그림 17.39에 보인 것처럼 실내 조명과 가전제품은 120-V에 연결된다. 그림 17.38에서 모든 전기 제품이 병렬로 연결되어 있음에 주목하라. 에어컨이나 식기 세척기, 오븐, 세탁기, 건조기 등과 같은 대형 전기기기(큰 전력을 소비하는 장치)들은 240-V 전력선에 연결된다.

전기의 잠재적인 위험성 때문에 옥내 배선은 미국의 경우 지역 규제기관과 국가 전력 코드(NEC)에 의해 설정된 규격으로 관리된다[캐나다의 경우 캐나다 전력 코드(CEC)에 의해 규제됨]. 문제를 방지하기 위해, 절연, 접지, 휴즈, 회로차단기 등이 사용된다. 현대 배선 규격은 별도 접지를 위해 3번째 전력선을 요구한다. 접지선은 중성선처럼 전류를 흘리지는 않지만 가전기기의 별도 접지를 가능하게 한다. 예를 들어 120-Vrms에 선과 접지에 대한 소켓의 연결은 그림 17.40과 같다. 이 도면에서 보인 바와 같이 중성선은 특정 중요 위치에서 접지에 연결된다. 비록 접지선이 지나치게 반복한 것처럼 보이긴 하지만 접지는 여러 이유로 매우 중요하다.

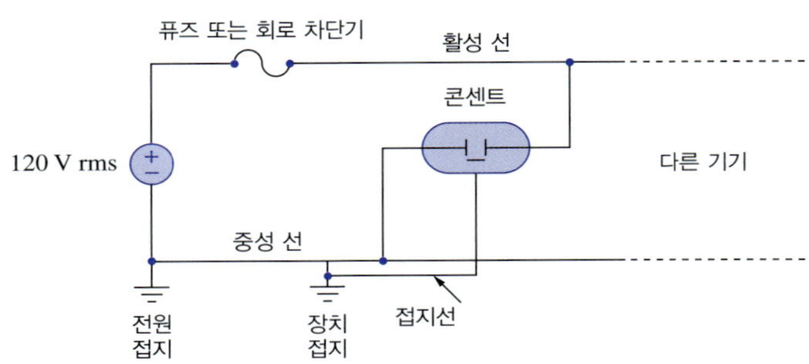

그림 17.40
활성선과 접지에 대한 전원 소켓의 결선

먼저 NEC요구사항이 그러하다. 둘째 접지는 전력선에 가해지는 번개에 대한 간편한 접지 경로를 제공한다. 세번째로 접지선은 감전 사고의 위험을 최소화시킨다. 감전 사고는 전류가 인체의 한 부분에서 다른 부분으로 흐르기 때문에 발생한다. 인체는 큰 저항 R과 같다. 인체와 접지 사이의 전위차를 V라고 하면 인체를 통해 흐르는 전류는 오옴의 법칙에 의해 결정된다.

$$I = \frac{V}{R} \qquad \textbf{(17.58)}$$

R의 크기는 사람에 따라 그리고 인체가 습한지 건조한지에 따라 다르다. 전기에 닿았을 때 치명적이라고는 할 수는 없지만 항상 다치는 것은 확실하다. 감전에 의한 충격은 근육 경련, 심각한 화상, 무의식 혹은 사망까지 이를 수 있다. 충격의 정도나 사망에 이를 정도의 충격은 전류의 양과 전류가 인체

표 17.2

전기 충격

전류	생리적 영향
1 mA 미만	느끼지 못함
1 mA	따끔한 느낌
5-20 mA	비자발적 근육 수축
20-100 mA	호흡곤란, 지속될 경우 치명적

를 통해 흐르는 경로, 그리고 인체가 이 전류에 얼마나 오래 노출되느냐에 따라 다르다. 1 mA 미만의 전류는 인체에 해롭지 않을 수 있지만 10 mA이상의 전류는 심각한 충격을 가할 수 있다. 전기 충격 영향에 대한 대략적인 수치를 표 17.2에 정리하였다.

현대적인 안전 장비로 누전 차단기(*ground fault circuit interrupter*, GFDI)가 있는데, 이는 감전사고의 위험이 가장 큰 옥외나 욕실에 사용된다. 이는 본질적으로 회로차단기로 적색, 백색, 흑색선을 통해 흐르는 전류 i_R, i_W, i_B의 합이 0이 아닐 때(이는 예를 들어 인체를 통한 전류처럼 전류가 흐르는 다른 경로가 있을 때 발생한다) 회로를 개방시킨다. 즉

$$i_R + i_W + i_B \neq 0$$

감전 사고를 막는 가장 좋은 방법은 안전 수칙을 따르는 것이다. 여기에 이중 일부를 기술하였다.

- 전기 회로가 비활성 상태라고 가정하지 말라. 항상 확인해야 한다.
- 필요한 복장과 장구(신발, 장갑 등)을 착용하라.
- 고전압 회로를 다룰 때 두 손을 사용해선 안된다. 왜냐하면 전류가 한 손에서 다른 손으로 흐르게 되면 가슴과 심장을 통하는 경로가 되기 때문이다.
- 몸이 젖어 있을 때 전기기기를 만지지 마라. 물은 전기가 잘 통함을 명심하라.
- 라디오나 TV와 같은 전자기기로 작업을 할 때 극도로 조심하라. 왜냐면 이 장치들은 큰 커패시터가 달려 있는데 매우 높은 전압으로 충전되어 많은 양의 에너지를 저장하고 있을 가능성이 있다. 커패시터는 전원을 끊어도 방전하는 데 시간이 걸린다.
- 감전을 당한 사람을 발견한 경우, 희생자가 전원에 여전히 접촉한 상태라면 당신도 위험하니 손을 대선 안된다. 희생자와 전력선을 분리할 때 나무 작대기나 나무판을 사용하라. 가능하면 전원을 차단하고 즉시 응급처치를 위해 119에 연락하라.

17.12 요약

1. 3상 발전기에서 상 순서는 시간에 따라 상 전압이 발생하는 순서이다. 평형 전압원의 *abc* 상 순서에서 $\mathbf{V}_{an}$은 $\mathbf{V}_{bn}$에 비해 120° 앞서고 $\mathbf{V}_{bn}$은 $\mathbf{V}_{cn}$에 대해선 120° 앞선다. 평형 전압의 *acb* 상 순서에서 $\mathbf{V}_{an}$은 $\mathbf{V}_{cn}$에 비해 120° 앞서고 $\mathbf{V}_{cn}$은 $\mathbf{V}_{bn}$에 대해선 120° 앞선다.
2. 평형 Y혹은 Δ 결선 부하에서 3상 임피던스는 동일하다.
3. 평형 3상 회로를 해석하는 가장 간단한 방법은 전원과 부하를 모두 *Y-Y*시스템으로 변환하고 단상 등가회로로 해석하는 것이다. 표 17.1은 평형 시스템의 상 전류와 상 전압, 선 전류와 선 전압에 대한 공식을 정리한 것이다.
4. 선 전류 I_L은 3상 시스템에서 발전기로부터 부하로 각각의 송전선에 흐르는 전류이다. 선 전압 V_L은 중성선을 제외한 도선 간의 전압이다. 상 전류 I_P는 3상 부하에서 각 상에 흐르는 전류이다. 상 전압 V_P는 각 상의 전압이다.

   Y 결선 부하에서

   $$V_L = \sqrt{3}V_P \qquad \text{이고} \qquad I_L = I_p$$

   Δ 결선 부하에서

   $$V_L = V_P \qquad \text{이고} \qquad I_L = \sqrt{3}I_p$$

5. 평형 3상 시스템에서 전체 순시 전력은 일정하며 평균 전력과 동일하다.
6. 평형 3상 *Y* 결선 혹은 Δ 결선 부하에서 사용되는 전체 복소 전력은

   $$\mathbf{S} = P + jQ = \sqrt{3}V_L I_L \underline{/\theta}$$

   여기서 θ는 부하 임피던스의 위상각이다.
7. 불평형 3상 시스템은 절점 해석법이나 망로해석법으로 해석할 수 있다.
8. PSpice는 단상 회로 해석에 사용한 것과 같은 방식으로 3상 회로 해석에 적용할 수 있다.
9. 3상 시스템에서 전체 유효 전력은 3 전력계 방식이나 2 전력계 방식으로 측정할 수 있다.
10. 미국과 캐나다의 옥내 배선은 120/240-V, 단상, 3선식 시스템을 사용한다.

복습문제

17.1 $\mathbf{V}_{AN} = 220\underline{/-100°}$ V이고 $\mathbf{V}_{BN} = 220\underline{/140°}$ V인 3상 모터의 상 순서는 무엇인가?
(a) *abc* (b) *acb*

17.2 *acb* 상 순서에서 $\mathbf{V}_{an} = 100\underline{/-20°}$이면 $\mathbf{V}_{cn}$은?
(a) $100\underline{/-140°}$ (b) $100\underline{/100°}$
(c) $100\underline{/-50°}$ (d) $100\underline{/10°}$

17.3 다음 중 평형 시스템에서 요구하는 조건이 아닌 것은 무엇인가?
(a) $|\mathbf{V}_{an}| = |\mathbf{V}_{bn}| = |\mathbf{V}_{cn}|$
(b) $\mathbf{I}_a + \mathbf{I}_b + \mathbf{I}_c = 0$
(c) $\mathrm{V}_{an} + \mathrm{V}_{bn} + \mathrm{V}_{ac} = 0$
(d) 전원과 전압간의 위상차는 120°
(e) 3상부하 임피던스가 동일

17.4 *Y*결선 부하에서 선 전류와 상 전류는 같다.
(a)참 (b) 거짓

17.5 Δ결선 부하에서 선 전류와 상 전류는 같다.
(a)참 (b) 거짓

17.6 *Y-Y*시스템에서 220 V의 선 전압에 의한 상 전압 크기는?
(a) 381 V (b) 311 V (c) 220 V
(d) 156 V (e) 127 V

17.7 Δ-Δ시스템에서 100 V의 상 전압에 의한 선 전압 크기는?
(a) 58 V (b) 71 V (c) 100 V
(d) 173 V (e) 141 V

17.8 *Y*결선 부하에 *abc* 상 순서 전압이 가해진다면 선 전압은 해당 상 전압에 대해 30° 지연된다.
(a)참 (b) 거짓

17.9 평형 3상 회로에서 전체 순시 전력은 평균 전력과 동일하다.
(a)참 (b) 거짓

17.10 평형 Δ결선 부하에 공급되는 전력은 평형 *Y*결선 부하에서와 같은 방법으로 구할 수 있다.
(a)참 (b) 거짓

해답 17.1a, 17.2a, 17.3c, 17.4a, 17.5b, 17.6e, 17.7c, 17.8b, 17.9a, 17.10a

문제

17.3절 평형 3상 전압

17.1 평형 *Y* 결선된 3상 발전기의 $\mathbf{V}_{ab} = 400$ V라면 다음 상 순서일 때 상 전압을 구하라.
(a) *abc* (b) *acb*

17.2 $\mathbf{V}_{an} = 160\underline{/30°}$ V이고 $\mathbf{V}_{cn} = 160\underline{/-90°}$ V인 평형 3상 회로의 상 순서는 무엇인가? $\mathbf{V}_{bn}$을 구하라.

17.3 $\mathbf{V}_{bn} = 208\underline{/130°}$ V이고 $\mathbf{V}_{cn} = 208\underline{/10°}$ V인 평형 3상 회로의 상 순서를 결정하라. $\mathbf{V}_{an}$을 구하라.

17.4 *abc*상 순서이고 평형 3상회로에서 $\mathbf{V}_{ca} = 208\underline{/20°}$ V일 때 $\mathbf{V}_{ab}$, $\mathbf{V}_{bc}$, $\mathbf{V}_{an}$, $\mathbf{V}_{bn}$를 구하라.

17.5 $\mathbf{V}_{An} = 440\underline{/30°}$ V일 때 $\mathbf{V}_{nA}$를 구하라.

17.6 어떤 회로망에서 $\mathbf{V}_{12} = 120\underline{/30°}$ V, $\mathbf{V}_{42} = 60\underline{/-60°}$ V, $\mathbf{V}_{45} = 40\underline{/90°}$ V일 때 $\mathbf{V}_{14}$와 $\mathbf{V}_{25}$를 구하라.

17.4절 평형 *Y-Y*결선

17.7 3상 *Y* 결선 발전기의 선 전압이 440 V이다. 상 전압은 얼마인가?

17.8 3상 *Y*결선 부하의 상 전압이 127 V이다. 선 전압은 얼마인가?

17.9 3상 *Y*결선 발전기가 *abc* 상 순서이다. 하나의 상 전압이 $\mathbf{V}_{AN} = 230\underline{/15°}$ V이라고 할 때 다음을 구하라.
(a) 나머지 상 전압
(b) 선 전압 $\mathbf{V}_{AB}$, $\mathbf{V}_{BC}$, $\mathbf{V}_{CA}$

17.10 그림 17.41의 Y-Y회로에서 선 전류, 선 전압, 부하전압을 구하라.

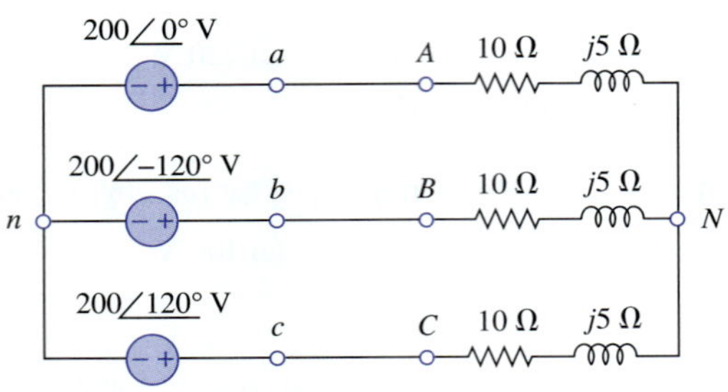

그림 17.41
문제 17.10의 회로

17.11 그림 17.42의 3상 회로에서 선 전류를 구하라.

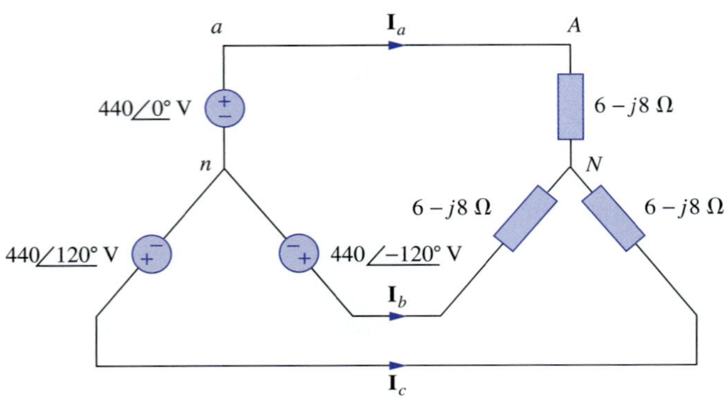

그림 17.42
문제 17.11과 17.44의 회로

17.12 상 임피던스가 $16 + j9\ \Omega$인 평형 Y 결선 부하가 선 전압이 220 V인 평형 3상 전원에 연결되어 있다. 선 전류 I_L를 계산하라.

17.13 평형 Y-Y결선 4선식 시스템의 상 전압이 $\mathbf{V}_{an} = 120\underline{/0°}$, $\mathbf{V}_{bn} = 120\underline{/-120°}$, $\mathbf{V}_{cn} = 120\underline{/120°}$ V이다. 각 상의 부하 임피던스가 $19 + j13\ \Omega$이고 각 상의 도선 임피던스는 $1 + j2\ \Omega$이다. 선 전류와 중성 전류를 구하라.

17.14 4선식 Y-Y결선 시스템에서 선 전류는 $8\underline{/-30°}$ A, $12\underline{/60°}$ A, $-j16$ A이다. 중성 전류를 구하라.

17.5절 평형 Y-Δ결선

17.15 그림 17.43의 3상 회로에서 $\mathbf{I}_{bB} = 30\underline{/60°}$ A, $\mathbf{V}_{BC} = 220\ \underline{/10°}$ V이다. $\mathbf{V}_{an}$, $\mathbf{V}_{AB}$, $\mathbf{I}_{AC}$, $\mathbf{Z}$를 구하라.

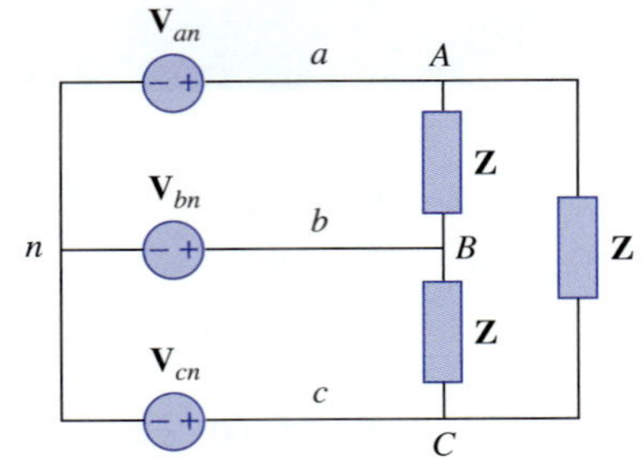

그림 17.43
문제 17.15의 회로

17.16 그림 17.44의 Y-Δ회로에서 선 전류를 구하라. 여기서 $\mathbf{Z}_\Delta = 60\underline{/45°}\ \Omega$로 가정한다.

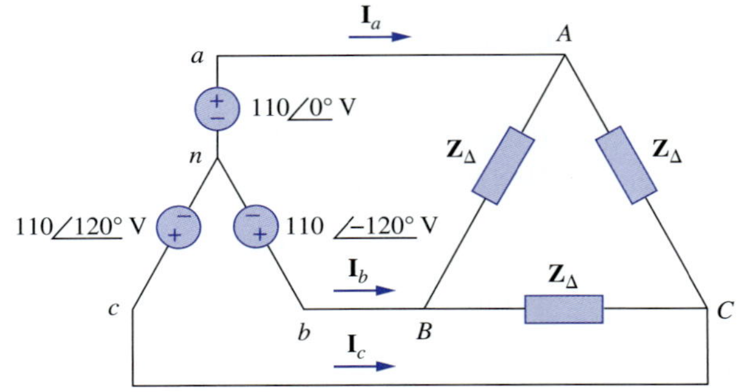

그림 17.44
문제 17.16의 회로

17.17 그림 17.45의 회로는 선 전압이 210 V인 평형 3상 전원으로 여기된다. 만일 $\mathbf{Z}_\ell = 1 + j1\ \Omega$, $\mathbf{Z}_\Delta = 24 - j30\ \Omega$, $\mathbf{Z}_Y = 12 + j5\ \Omega$라고 할 때 혼합회로의 선 전류 크기를 구하라.

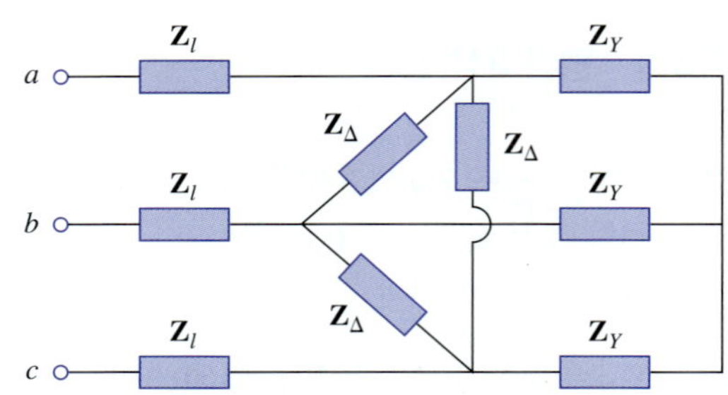

그림 17.45
문제 17.17의 회로

17.18 평형 Δ 결선 부하의 상 전류 $\mathbf{I}_{AC} = 10\underline{/-30°}$ A이다.

(a) 이 회로가 양의 상 순서를 갖는다고 할 때 3개의 선 전류를 결정하라.

(b) 선 전압이 $\mathbf{V}_{AB} = 110\underline{/0°}$ V일 때 부하 임피던스를 계산하라.

17.19 240-V 3상 전력 시스템에 25 kW의 전력이 Δ 결선 평형 부하에 지연성 전력계수 0.8로 공급된다. 다음을 구하라.

(a) 선 전류

(b) 상 전류

(c) 상임피던스

17.6절 평형 Δ-Δ결선

17.20 그림 17.46의 Δ-Δ회로에서 상 전류와 선 전류를 구하라.

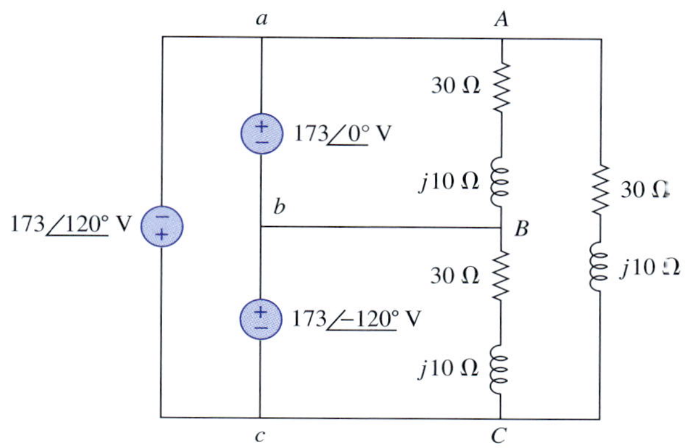

그림 17.46

문제 17.20의 회로

17.21 그림 17.47의 Δ-Δ회로를 참조하라. 선 전류와 상 전류를 구하라. 각 상의 부하 임피던스는 $12 + j9\ \Omega$로 가정한다.

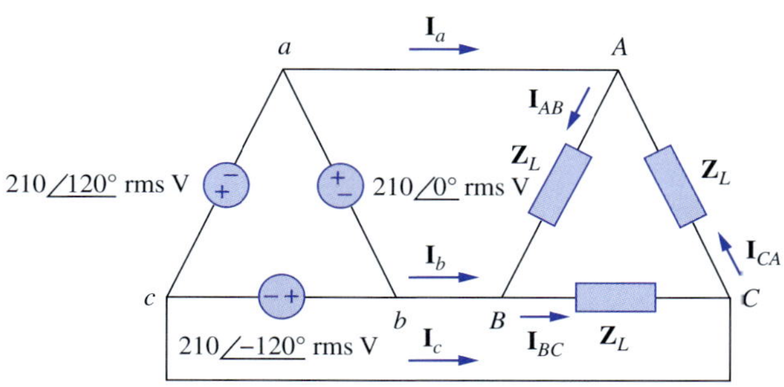

그림 17.47

문제 17.21의 회로

17.22 선 전압이 208 V rms인 3상 평형 시스템이 $\mathbf{Z}_p = 25\angle 60°\ \Omega$ Ω인 Δ 결선 부하에 전력을 공급하고 있다.

(a) 선 전류를 구하라.

(b) A와 C 전력선에 연결한 2 전력계 방식으로 부하에 공급되는 전체 전력을 결정하라.

17.23 평형 Δ 결선 전원의 상 전압이 $\mathbf{V}_{ab} = 416\angle 30°$ V이고 양의 상 순서를 갖는다. 이 전원이 평형 Δ 결선 부하에 연결되었다고 할 때, 선 전류와 상 전류를 구하라. 각 상의 부하 임피던스는 $60\angle 30°\ \Omega$이고 각 상의 선 임피던스는 $1 = j1\ \Omega$ 이다.

17.24 그림 17.48의 3상 부하를 참조하라. 단 $\mathbf{V}_{AB} = 120\angle 0°$ V, $\mathbf{V}_{BC} = 120\angle -120°$ V, $\mathbf{V}_{CA} = 120\angle 120°$ V 이다.

(a) $\mathbf{V}_{an}$, $\mathbf{V}_{bn}$, $\mathbf{V}_{cn}$를 구하라.

(b) $\mathbf{I}_{an}$, $\mathbf{I}_{bn}$, $\mathbf{I}_{cn}$를 구하라.

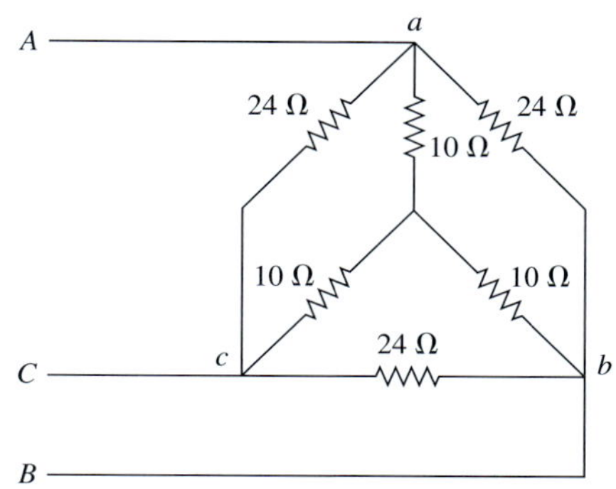

그림 17.48

문제 17.24와 17.30의 회로

17.7절 평형 Δ-Y결선

17.25 그림 17.49의 회로에서 $\mathbf{V}_{ab} = 440\angle 10°$, $\mathbf{V}_{bc} = 440\angle 250°$, $\mathbf{V}_{ca} = 440\angle 130°$ V라고 할 때 선 전류를 구하라.

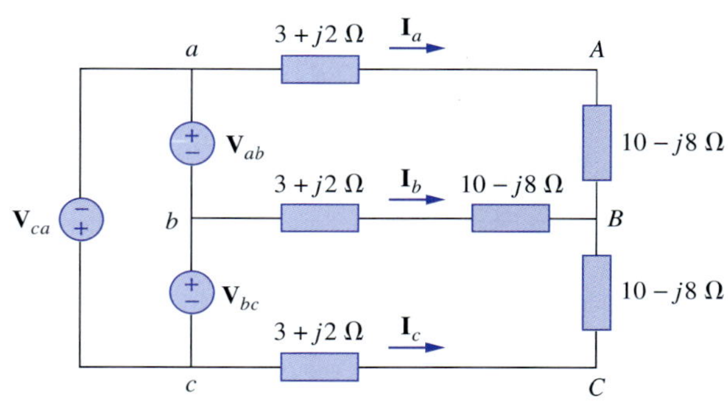

그림 17.49

문제 17.25의 회로

17.26 그림 17.50의 평형 회로에서 $\mathbf{V}_{ab} = 125\angle 0°$ V라고 할 때 선 전류 $\mathbf{I}_{aA}$, $\mathbf{I}_{bB}$, $\mathbf{I}_{cC}$를 구하라.

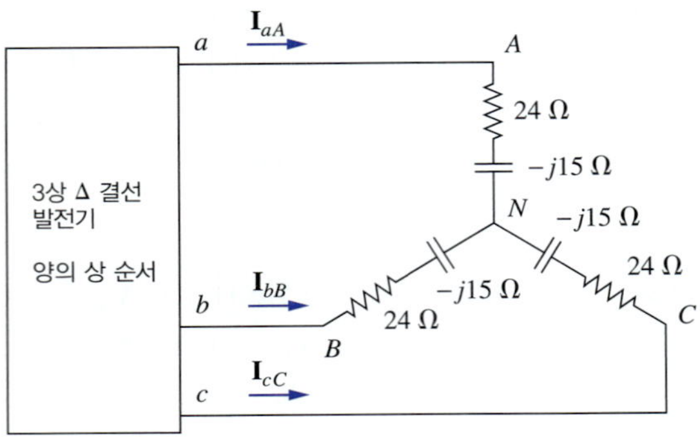

그림 17.50
문제 17.26의 회로

17.27 평형 3상 Δ-*Y*회로에서 양의 상 순서이고 $\mathbf{V}_{ab} = 220\angle 20°$ V인 전원이 $\mathbf{Z}_Y = 20 + j15\ \Omega$에 연결되어 있다. 선 전류를 구하라.

17.28 Δ 결선 발전기가 임피던스가 $30\angle -60°\ \Omega$인 평형 *Y* 결선 부하에 전력을 공급하고 있다. 발전기의 선 전압이 400 V이고 양의 상 순서라고 할 때 선 전류 I_L과 부하에서의 상 전압 V_P을 구하라.

17.29 그림 17.51은 평형 Δ-*Y* 회로를 보인 것이다. 선 전류의 크기를 구하라.

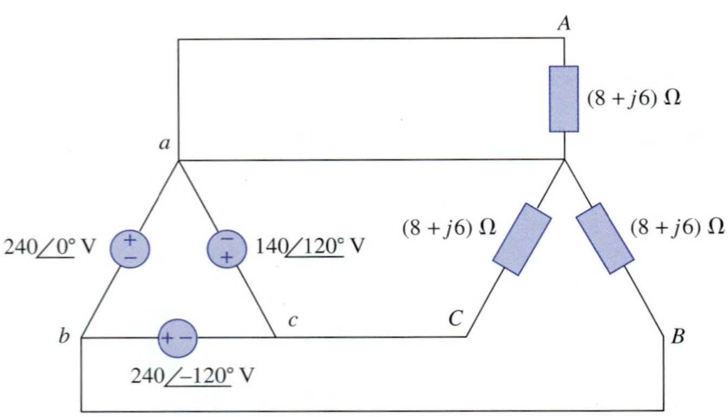

그림 17.51
문제 17.29의 회로

17.8절 평형 시스템의 전력

17.30 그림 17.48(문제 17.24)의 회로에서 다음을 구하라.
(a) 10-Ω *Y* 부하에 전달되는 전력
(b) 24-Ω Δ 부하에 전달되는 전력

17.31 각 상 권선이 평균 4 kW를 공급하는 3상 발전기에 의해 공급되는 최대 전체 순시 전력은얼마인가? 단 평형, 3상 부하로 가정한다.

17.32 선 전압 240 V에 연결된 평형 *Y* 결선 부하가 지상형 전력계수 0.6으로 총 5 kW의 전력을 소비한다. 각 상의 임피던스와 부하에서 전체 복소 전력을 구하라.

17.33 선 전압 440 V에 연결된 평형 Y 결선 부하가 진상형 전력계수 0.6으로 총 50 kVA의 전력을 사용한다. 선 전류와 상 임피던스를 구하라.

17.34 3상 전원이상 전압이 208 V, 진상 전력계수 0.9인 *Y* 결선 부하에 연결되어 4800 VA의 전력을 공급하고 있다. 전원의 선 전류와 선 전압을 구하라.

17.35 상 임피던스가 $10 - j16\ \Omega$인 평형 *Y* 결선 부하가 선 전압 220 V인 평형 3상 발전기에 연결되어 있다. 선 전류와 부하에서 사용되는 복소 전력을 구하라.

17.36 그림 17.52에서 부하에서 흡수되는 실효 전력을 구하라.

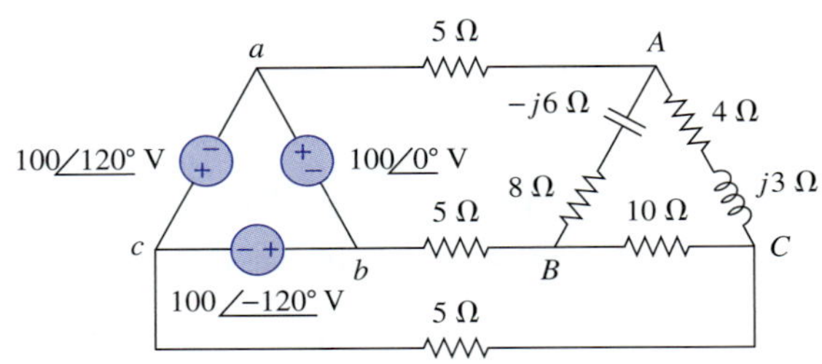

그림 17.52
문제 17.36의 회로

17.37 다음 3가지 병렬로 연결된 3상 부하에 평형 3상 전원이 가해지고 있다.

부하 1: 250 kVA, 지상형 전력계수 0.8
부하 2: 300 kVA, 진상형 전력계수 0.95
부하 3: 450 kVA, 전력계수 1.0

선 전압이 13.8 kV라고 할 때 선 전류와 전원의 전력계수를 구하라. 도선의 임피던스는 0으로 가정한다.

17.9절 불평형 3상 시스템의 전력

17.38 그림 17.53의 회로에서 $\mathbf{Z}_a = 6 - j8\ \Omega$, $\mathbf{Z}_b = 12 + j9\ \Omega$, $\mathbf{Z}_c = 15\ \Omega$이다. 선 전류 $\mathbf{I}_a$, $\mathbf{I}_b$, $\mathbf{I}_c$를 구하라.

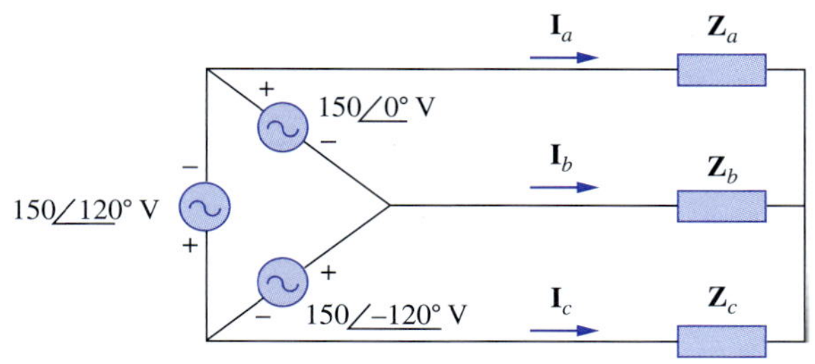

그림 17.53
문제 17.38의 회로

17.39 각 상의 임피던스가 $\mathbf{Z}_{AB} = 50\ \Omega$, $\mathbf{Z}_{BC} = -j50\ \Omega$, $\mathbf{Z}_{CA} = j50\ \Omega$인 Δ 결선 부하에 $V_p = 100$ V인 평형 Y 결선 3상 전원이 가해지고 있다. 상 전류를 구하라.

17.40 그림 17.54의 불평형 회로에서 다음을 계산하라.

(a) 선 전류

(b) 부하에서 흡수되는 실효 전력

(c) 전원에서 공급되는 전체 복소 전력

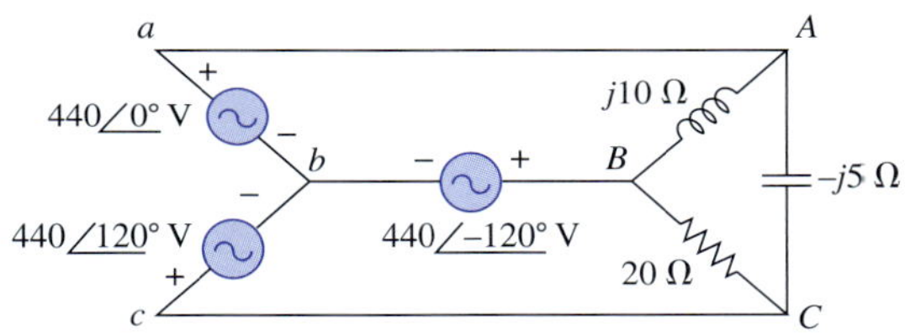

그림 17.54
문제 17.40의 회로

17.41 그림 17.55의 3상 회로에서 선 전류를 구하라. $\mathbf{V}_a = 110\angle 0°$, $\mathbf{V}_b = 110\angle -120°$, $\mathbf{V}_c = 110\angle 120°$ V이다.

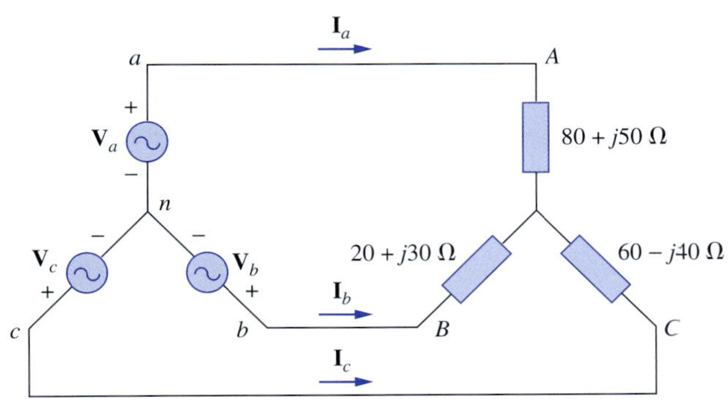

그림 17.55
문제 17.41의 회로

17.42 $V_L = 120$ V인 4선식 3상 시스템이 $Z_A = 4\angle 90°\ \Omega$, $Z_B = 10\angle 60°\ \Omega$, $Z_C = 8\angle 0°\ \Omega$인 불평형 Y 결선 부하에 전력을 공급하고 있다. 4개의 도선에 흐르는 선 전류를 구하라.

17.43 그림 17.56에 보인 Y-Y 시스템에서 3상 부하에 전달되는 복소 전력을 구하라.

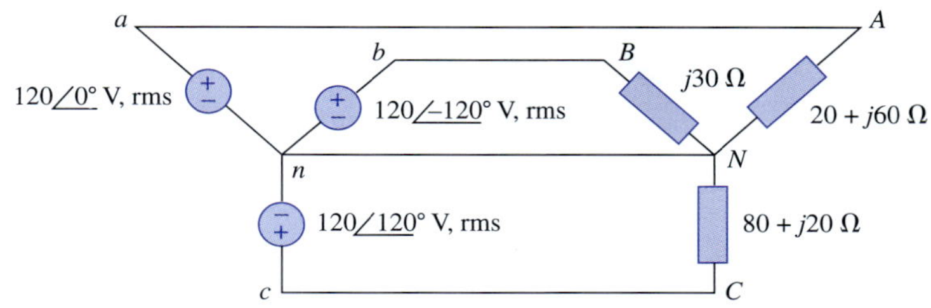

그림 17.56
문제 17.43의 회로

17.10절 컴퓨터 해석

17.44 PSpice를 이용하여 문제 17.11을 풀어라.

17.45 그림 17.57에 보인 전원은 평형이고 양의 상 순서를 갖고 있다. $f = 60$ Hz라고 할 때 PSpice를 이용하여 $\mathbf{V}_{AN}$, $\mathbf{V}_{BN}$, $\mathbf{V}_{CN}$를 구하라.

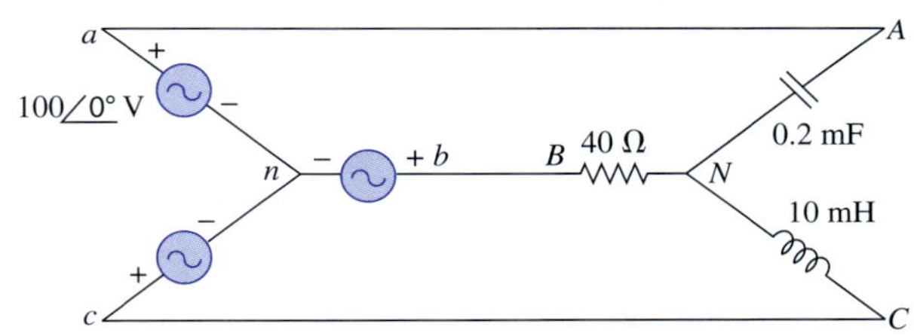

그림 17.57
문제 17.45의 회로

17.46 PSpice를 이용하여 그림 17.58에 보인 단상, 3선식 회로의 $\mathbf{I}_o$를 구하라. 단 $\mathbf{Z}_1 = 15 - j10\ \Omega$, $\mathbf{Z}_2 = 30 + j20\ \Omega$, $\mathbf{Z}_3 = 12 + j5\ \Omega$ 이다.

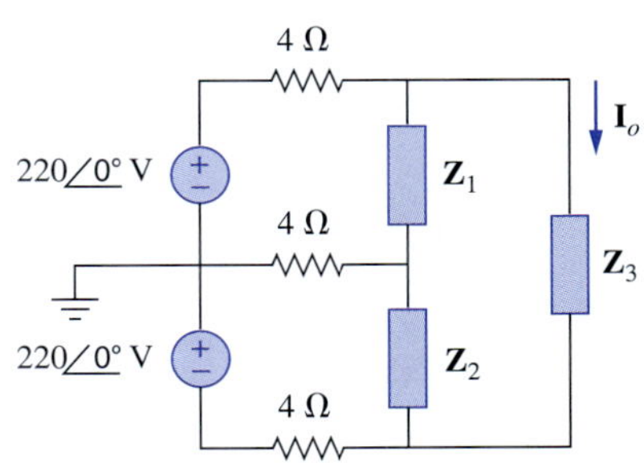

그림 17.58
문제 17.46의 회로

17.47 그림 17.59의 회로는 60 Hz에서 동작한다. PSpice를 이용하여 전원 전류 $\mathbf{I}_{ab}$와 선 전류 $\mathbf{I}_{bB}$를 구하라.

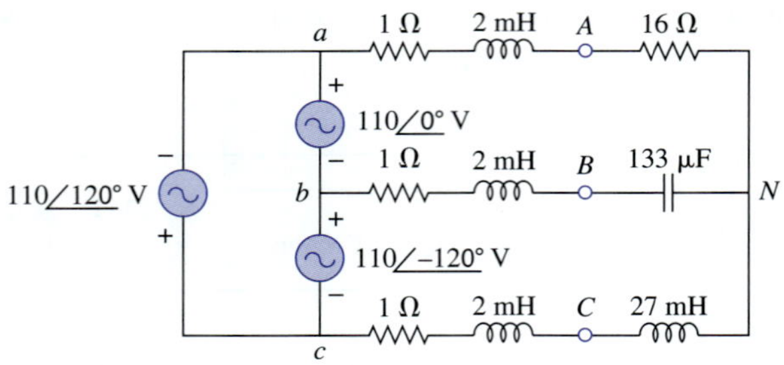

그림 17.59
문제 17.47의 회로

17.11절 응용

17.48 어떤 전문 센터에 평형 3상 전원이 공급되고 있다. 이 센터는 다음과 같은 4가지 3상 부하를 갖는다.

부하 1: 150 kVA, 진상형 전력계수 0.8
부하 2: 100 kVA, 전력계수 1.0
부하 3: 200 kVA, 전력계수 0.6
부하 4: 80 kW, 95 kVAR (유도성)

만일 각 상의 도선임피던스가 $0.02 + j0.05\ \Omega$이고 부하의 선 전압이 480 V라고 할 때 전원 측에서의 선 전압을 구하라.

17.49 240 V로 작동하는 3상 모터에 대해 2 전력계 방식으로 측정한 결과 $P_1 = 1200$ W, $P_2 = -400$이다. 3상 모터 부하는 Y 결선이고 6A의 선 전류가 흐른다고 가정한다. 모터의 전력계수와 상 임피이던스를 계산하라.

17.50 그림 17.60에 보인 회로에서 전력계의 측정치는 얼마인가?

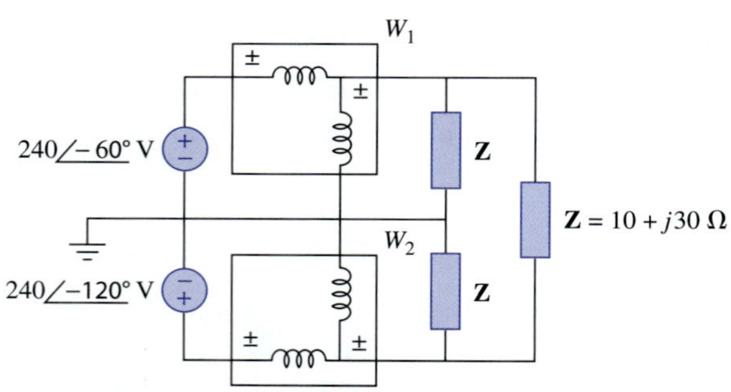

그림 17.60
문제 17.50의 회로

17.51 그림 17.61의 회로에서 전력계의 측정치는 얼마인가?

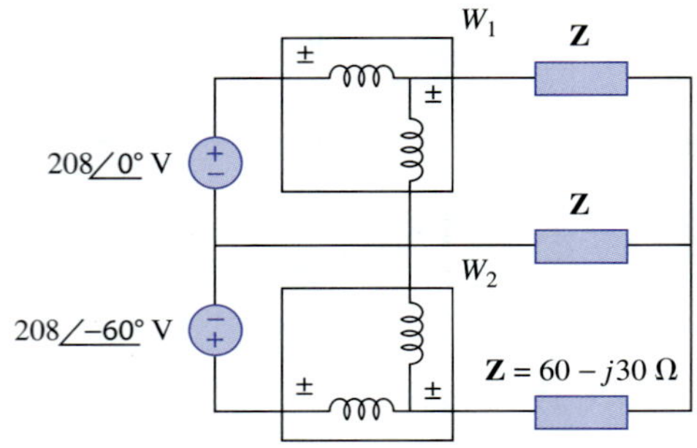

그림 17.61
문제 17.51의 회로

17.52 그림 17.62의 단상 3선식 회로에서 전류 $\mathbf{I}_{aA}$, $\mathbf{I}_{bB}$, $\mathbf{I}_{nN}$를 구하라.

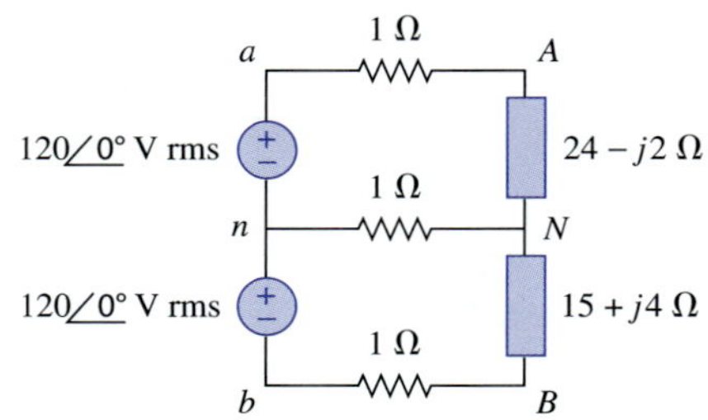

그림 17.62
문제 17.52의 회로

17.53 480-V의 전원이 사용되는 3상 산업용 공장에서 160 kVA가 지상 전력계수 0.8로 소비되고있을 때 다음을 구하라.
(a) 각 도선의 전류
(b) 전달되는 전체 전력
(c) 부하의 전체 무효 전력

CHAPTER 18

변압기와 결합 회로

"배움을 계속하지 않는 자는 지식이 줄어든다."

— 탈무드

경력 향상

제어 시스템 분야 경력

전신주에 설치된 변압기

회로 분석은 제어 시스템 영역에서도 중요하다. 제어 시스템은 하나 또는 그 이상의 변수의 동작을 어떤 원하는 방식으로 조절하도록 설계되어 있다. 다수의 제어 시스템은 센서를 기반으로 구성된다. 제어 시스템은 우리의 일상 생활에서 중요한 역할을 한다. 예를 들어 냉난방 시스템, 스위치 제어 방식의 온도 조절기, 세탁기 및 건조기, 자동차의 주행 조절장치, 엘리베이터, 교통 신호등, 제조 공장 및 내비게이션과 같은 가전 제품은 모두 제어 시스템을 사용한다. 제어 시스템은 다양한 분야에 사용된다. 예를 들어 항공우주 영역에서 우주 탐사선의 정밀 유도, 우주 왕복선의 다양한 동작 모드 및 지상에서 원격으로 우주선을 기동 하는 기능 등 모두 제어 시스템에 대한 지식을 필요로 한다. 제조 부문에서 반복적인 생산 라인의 작업은 프로그래밍이 가능한 제어 시스템인 로봇에 의해 장악되고 있는데, 이들 로봇은 인간을 모방하도록 그리고 수시간 동안 지치지 않고 작동하도록 설계되어 있다. 현대의 농산업에서 하수 처리, 지하철에서 스카이웨이에 이르기까지 현대적인 어떤 영역에서도 제어 시스템에 일정 부분 의존 하지 않고서는 작동하지 않는다.

제어공학 기술은 회로 이론, 통신 이론을 통합한다. 이는 어떤 특정 공학분야에 한정되는 것이 아니라, 환경, 화학, 항공, 기계, 토목, 전기 공학 등을 포함할 수 있다. 예를 들어 제어 시스템 기술자에게 주어진 어떤 전형적인 업무로 CD의 속도 조절장치 설계가 될 수 있다. 또 다른 업무로는 사람 또는 포장 속에 숨겨져 있는 의심스러운 물체를 원격으로 식별하고 폭발물과 마약을 스펙트럼으로 파악할 수 있는 테라헤르츠(THz) 센서 시스템 개발이 될 수 있다(이 시스템은 연속파 THz 기술이 기반이 될 것이다).

제어 시스템 기술의 철저한 이해는 전기 기술에 있어서 필수적이며, 제어 시스템이 원하는 작업을 수행하도록 설계하는데 있어서 매우 중요하다.

18.1 소개

우리가 지금까지 살펴본 회로는 도선에 흐르는 전류에 의해 하나의 망로가 접해 있는 망로에 영향을 주기 때문에 전도 결합으로 간주할 수 있다. 이들 망로 사이의 접촉 유무에 관계 없이 두 개의 망로 중 어느 하나에 의해 생성되는 자기장을 통해 서로에 영향을 미칠 때, 그들은 **자기 결합**되었다고 표현한다.

변압기는 자기 결합 원리를 활용한 전기 장치이다. 이는 도선 연결 없이 하나의 회로에서 다른 회로에 에너지를 전달하기 위해 자기 결합된 코일을 사용한다. 변압기는 중요한 회로 요소로 전원 시스템에서 교류 전압이나 전류를 키우거나 줄이는 용도로 사용된다. 그들은 교류 전압과 전류의 승압과 강압뿐 아니라 라디오나 TV 수신기에서와 같은 전자 회로에서 임피던스 정합이나 회로의 한 부분을 전기적으로 분리하는 등의 목적에 사용된다.

상호 인덕턴스의 개념에서 출발하여 유도 결합 부품의 전압 극성을 결정하는 데 사용되는 점표시 규칙(dot convention)을 소개할 것이다. 이어서 선형 변압기, 이상 변압기, 그리고 이상적인 단권 변압기를 살펴볼 것이다. 마지막으로 변압기의 중요한 응용으로 절연 및 정합 부품으로서의 변압기와 전력 송전에서의 용도에 대해 살펴볼 것이다.

18.2 상호 인덕턴스

두 개의 코일이 서로 가까이 있을 때, 한 코일의 전류 변화는 두 번째 코일에서의 전류와 전압에 영향을 미친다. 이 특성은 **상호 인덕턴스**(*mutual inductance*)라는 속성에 의해 계량화된다. 두 회로의 상호 인덕턴스는 이들 회로의 기하학적 배치에 따라 달라진다.

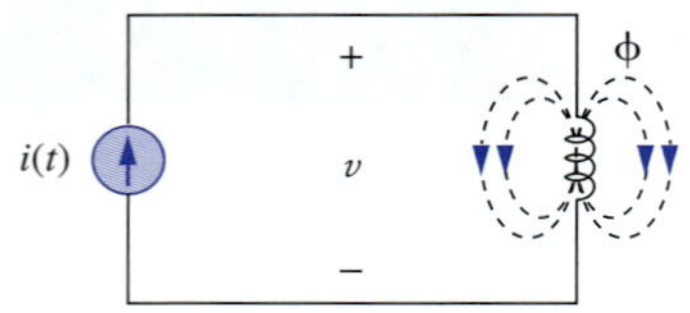

그림 18.1
권선수 N인 단일 코일에 의해 형성되는 자속

먼저 권선수 N인 코일 인덕터를 살펴보자. 그림 18.1에 도시된 바와 같이 코일을 통해 전류 i가 흐르는 경우 전류, 자속 ϕ가 코일 주위에 생성된다. 패러데이의 법칙(Faraday's law)에 따라 코일에 유도된 전압 v는 권선수 N과 자속 ϕ의 시간 변화율에 비례한다. 즉,

$$v = N\frac{d\phi}{dt} \tag{18.1}$$

그러나 자속 ϕ는 전류 i에 의해 형성되기 때문에 자속의 변화는 전류의 변화에 기인한 것이다. 따라서 식 (18.1)은 다음과 같이 쓸 수 있다.

$$v = N\frac{d\phi}{di}\frac{di}{dt} = L\frac{di}{dt} \tag{18.2}$$

여기서 $L = N(d\phi/dt)$은 인덕터의 인덕턴스이다. 식 (18.2)는 인덕터의 전압 전류 관계식이다. 인덕턴스 L은 보통 **자기 인덕턴스**(*self-inductance*)라고 불

리는데, 이에 의해 코일의 유도 전압이 동일한 코일에 흐르는 시변 전류(time varying current)와 연관되기 때문이다.

> **자기 인덕턴스**란 한 도선에서 그 자체에 전압을 유도하는 능력으로 단위는 헨리(H)이다.

이제 그림 18.2와 같이 자기 인덕턴스가 L_1, L_2인 두 개의 코일이 서로 근접해 있는 경우를 살펴보자. 코일 1은 권선수가 N_1이고 코일 2는 N_2이다. 문제를 단순화하기 위해 두 번째 인덕터에는 전류가 흐르지 않는다고 가정한다. 코일 1에서 유출되는 자속 ϕ_1은 2가지 성분을 갖고 있다. 첫 번째 성분 ϕ_{11}는 코일 1과만 쇄교(link)하고, 다른 성분 ϕ_{12}는 두 코일 모두를 쇄교한다. 그러므로

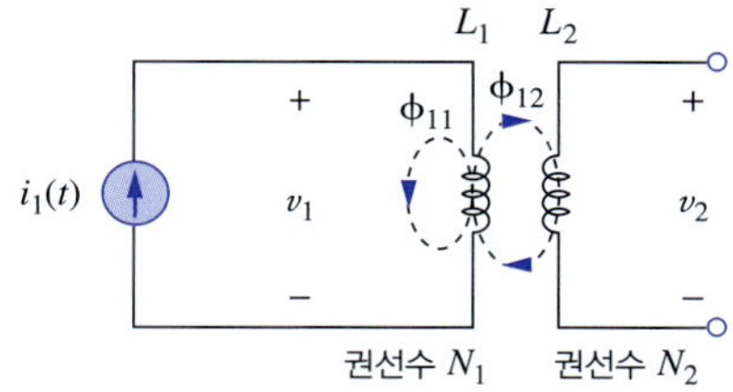

그림 18.2
코일 1에 대한 코일 2의 상호인덕턴스 M_{21}

$$\phi_1 = \phi_{11} + \phi_{12} \tag{18.3}$$

비록 두 코일이 물리적으로 분리되어 있지만 이들은 서로 자기적으로 결합되어 있다고 표현한다. 전체 자속 ϕ_1는 코일 1을 쇄교하기 때문에 코일 1에 유기되는 전압은 다음과 같다.

$$v_1 = N_1\frac{d\phi_1}{dt} = N_1\frac{d\phi_1}{di_1}\frac{di_1}{dt} = L_1\frac{di_1}{dt} \tag{18.4}$$

여기서 $L_1 = N_1 d\phi_1/di_1$은 코일 1의 자기 인덕턴스이다. 자속 ϕ_{12}만 코일 2를 쇄교하기 때문에 코일 2에 유도되는 전압은 다음과 같다.

$$v_2 = N_2\frac{d\phi_{12}}{dt} = N_2\frac{d\phi_{12}}{di_1}\frac{di_1}{dt} = M_{21}\frac{di_1}{dt} \tag{18.5}$$

여기서 $M_{21} = N_2(d\phi_{12}/di_1)$이 코일 1에 대한 코일2의 **상호 인덕턴스**(*mutual inductance*)로 알려져 있다. 아래첨자 21은 인덕턴스 M_{21}이 코일 2에 유기되는 전압이 코일 1에 흐르는 전류에 관련되어 있음을 나타낸다. 따라서 코일 2의 개방회로 **상호 전압**(혹은 유도전압)은 다음과 같다.

$$\boxed{v_2 = M_{21}\frac{di_1}{dt}} \tag{18.6}$$

이제 그림 18.3과 같이 코일 1은 전류가 흐르지 않고 코일 2에 전류 i_2가 흐른다고 가정하자. 코일 2에서 유출되는 자속 ϕ_2은 코일2만 쇄교하는 자속 ϕ_{22}와 두 코일 모두를 쇄교하는 자속 ϕ_{21}로 구성된다. 따라서

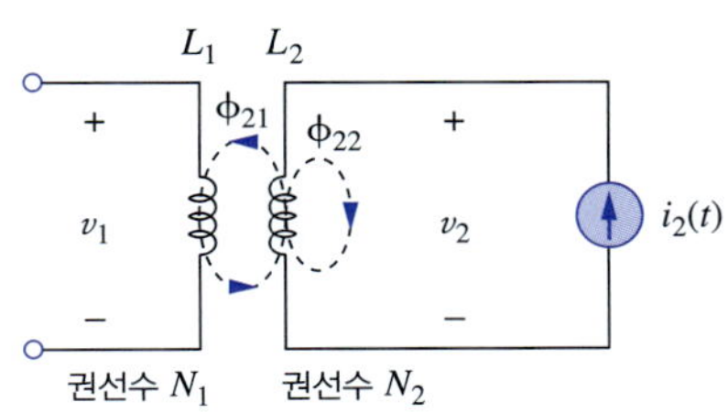

그림 18.3
코일 2에 대한 코일 1의 상호인덕턴스 M_{12}

$$\phi_2 = \phi_{21} + \phi_{22} \tag{18.7}$$

전체 자속 ϕ_2는 코일2를 쇄교하기 때문에 코일 2에 유도되는 전압은 다음과 같다.

$$v_2 = N_2\frac{d\phi_2}{dt} = N_2\frac{d\phi_2}{di_2}\frac{di_2}{dt} = L_2\frac{di_2}{dt} \tag{18.8}$$

여기서 $L_2 = N_2(d\phi_2/di_2)$는 코일 2의 자기 인덕턴스이다. 자속 ϕ_{21}만 코일 1을 쇄교하기 때문에 때문에 코일 1에 유도되는 전압은 다음과 같다.

$$v_1 = N_1 \frac{d\phi_{21}}{dt} = N_1 \frac{d\phi_{21}}{di_2} \frac{di_2}{dt} = M_{12} \frac{di_2}{dt} \tag{18.9}$$

여기서 $M_{12} = N_1(d\phi_{21}/di_2)$은 코일 2에 대한 코일 1의 **상호 인덕턴스**이다. 따라서 코일 1의 개방회로 **유도 전압**은 다음과 같다.

$$\boxed{v_1 = M_{12} \frac{di_2}{dt}}$$

M_{12}과 M_{21}가 같음을 입증할 수 있다. 즉

$$M_{12} = M_{21} = M \tag{18.11}$$

M을 두 코일 사이의 상호 인덕턴스라고 부른다. 자기 인덕턴스 L과 마찬가지로 상호 인덕턴스 M의 단위도 헨리(H)이다. 상호 결합은 인덕터나 코일이 상대적으로 근접해 있을 때 그리고 시변 전원으로 구동될 때만 존재한다는 점을 기억하라. 인덕터는 직류에서는 단락회로처럼 동작한다는 점을 상기하라.

그림 18.2와 18.3에 보인 두 경우로부터 다른 회로에서의 시변전류에 의해 전압이 유도되는 경우 상호 전압이 발생한다고 결론 내릴 수 있다. 상호 인덕턴스란 부근에 위치한 다른 인덕터에 흐르는 시변 전류에 의한 영향으로 전압을 유도하는 인덕터의 특성이다. 즉

> **상호 인덕턴스**란 한 인덕터가 인접한 인덕터에 전압을 유도하는 능력으로 단위는 헨리(H)이다.

비록 상호 인덕턴스 M이 항상 양수이긴 하지만, 상호 전압 $M(di/dt)$는 자기 유도 전압 $L(di/dt)$처럼 음수나 양수가 될 수 있다. 그러나 극성이 전류 기준 방향과 전압 기준 극성(수동 부호 규칙에 따른)에 의해 결정되는 자기 유도 전압 $L(di/dt)$과 달리, 상호 전압 $M(di/dt)$의 극성은 4단자가 관여하기 때문에 결정이 쉽지 않다. $M(di/dt)$에 대한 정확한 극성의 선택은 두 코일의 방향이나 물리적으로 감겨 있는 특별한 방식을 확인하고 오른손 법칙과 연계한 렌쯔의 법칙(Lenz's law)을 적용해야 된다. 회로도에서 권선의 세부 구성을 표시하기가 간단하지 않기 때문에, 회로 해석에서 **점표시 규칙**(*dot convention*)을 사용한다. 이 규칙에서 점은 자기적으로 결합된 두 코일의 한쪽 끝단에 표기 함으로써, 한 코일의 점 표시 단자로 전류가 흘러들어갈 때 자속의 방향을 나타낸다. 그림 18.4는 이 내용을 설명한 것이다. 실제 변압기에는 점이 표기되어 있다. 주어진 회로에서 항상 코일 옆에 점을 표시함으로서 이들을 어떻게 배치해야 할 지 고민하지 않아도 된다. 이 기준에 의해 표기된 점들은 상호 전압의 극성을 결정한다. 점 표시 규칙에 대해선 다음과 같이 기술할 수 있다.

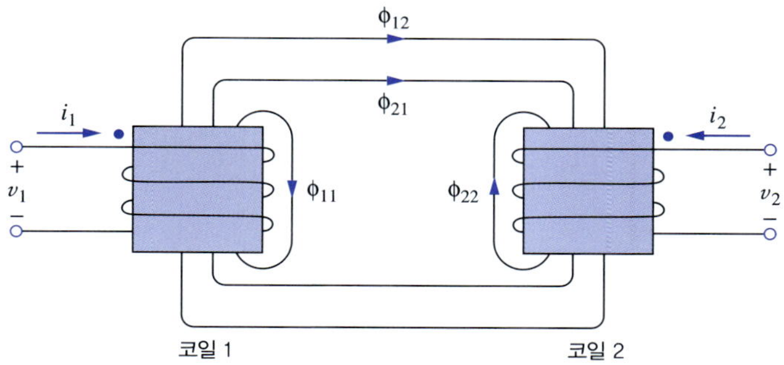

그림 18.4
점 표시 규칙에 대한 설명

> 한 코일에서 점이 표기된 단자에 전류가 **유입**될 때, 2차 코일 상호전압의 기준 극성은 2차 코일에서 점이 찍힌 단자가 **양의** 극성이 된다.

다른 방식으로 표현하면

> 한 코일에서 점이 표기된 단자로 전류가 **유출**될 때, 2차 코일 상호전압의 기준 극성은 2차 코일에서 점이 찍힌 단자가 **음의** 극성이 된다.

따라서 상호 전압의 기준 극성은 유도 전류의 기준 방향과 결합된 코일의 점에 의해 결정된다. 그림 18.5에서 점 표시 규칙에 대한 적용으로 4쌍의 상호 결합 코일에 대해 설명하였다. 그림 18.5(a)의 상호 결합 코일에서 상호 전압 v_2의 극성은 v_2의 기준 극성과 전류 i_1의 방향에 따라 결정된다. i_1이 코일 1의 점 표시 단자로 유입되고 코일 2의 점 표시 단자에서 v_2가 양이기 때문에 상호 전압은 $+M(di/dt)$가 된다. 그림 18.5(b)의 경우, i_1 이 코일의 점 표시 단자로 유입되고 코일 2의 점 표시 단자에서 v_2가 음이다. 따라서 상호전압은 $-M(di/dt)$이다. 그림 18.5(c)와 18.5(d)에도 같은 이유가 적용된다. 그림 18.6은 직렬 연결된 상호결합 코일의 점 표시 규칙을 보이고 있다.그림 18.6(a)에서 전체 인덕턴스는 다음과 같다.

$$L = L_1 + L_2 + 2M \quad \text{(직렬 가산 결선)} \tag{18.12}$$

그림 18.6(b)의 코일에 대해선

$$L = L_1 + L_2 - 2M \quad \text{(직렬 반대 결선)} \tag{18.13}$$

직렬 가산 결선에서 한 코일에 의한 자속은 다른 코일의 자속을 증가시키는 방향으로 작용하기 때문에 결합이 더해진다. 직렬 반대 결선의 경우 한 코일의 자속은 다른 코일의 자속을 줄이기 때문에 결합은 감소하는 방향이다.

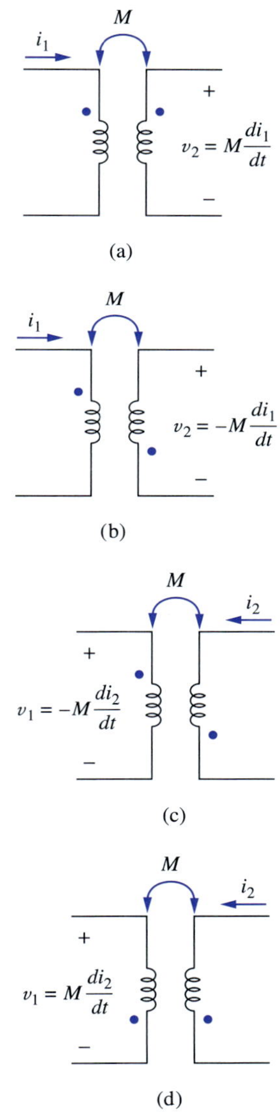

그림 18.5
점 표시 규칙 적용 방법 설명 예

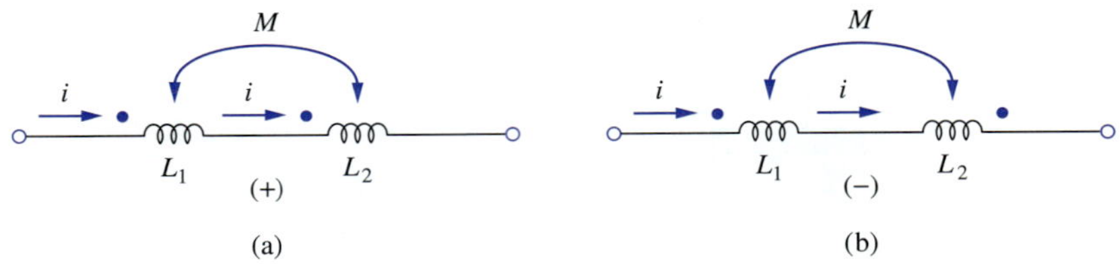

그림 18.6
직렬연결된 코일의 점 표시 규칙, 부호는 상호 전압의 극성을 표시한다: (a) 직렬 가산 결선, (b) 직렬 반대 결선

이제 상호 전압의 극성을 결정하는 방법을 알기 때문에 상호 인덕턴스가 작용하는 회로를 해석할 준비가 되었다. 첫번째 예로 그림 18.7의 회로를 살펴보자. 코일 1에 KVL을 적용하면

$$v_1 = i_1R_1 + L_1\frac{di_1}{dt} + M\frac{di_2}{dt} \tag{18.14a}$$

코일 2에 KVL을 적용하면

$$v_2 = i_2R_2 + L_2\frac{di_2}{dt} + M\frac{di_1}{dt} \tag{18.14b}$$

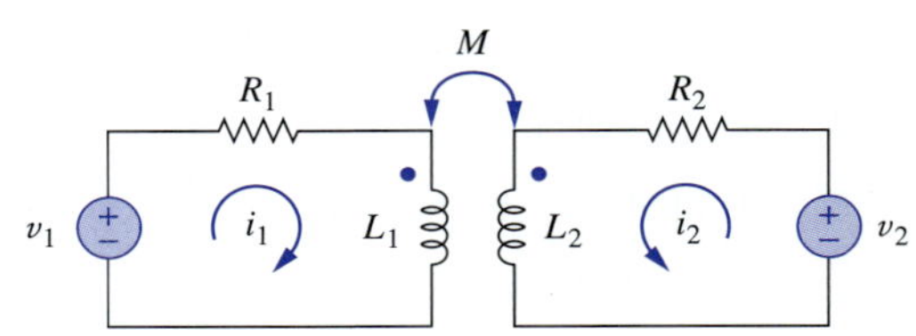

그림 18.7
결합 코일을 포함된 회로의 시간 영역 해석

식 (18.14)는 주파수 영역에서 다음과 같이 기술할 수 있다.

$$\mathbf{V}_1 = (R_1 + j\omega L_1)\mathbf{I}_1 + j\omega M\mathbf{I}_2 \tag{18.15a}$$

$$\mathbf{V}_2 = j\omega M\mathbf{I}_1 + (R_2 + j\omega L_2)\mathbf{I}_2 \tag{18.15b}$$

두 번째 예로 그림 18.8의 회로를 살펴보자. 이 회로를 주파수 영역에서 해석해본다. 코일 1에 KVL을 적용하면 다음 결과를 얻는다.

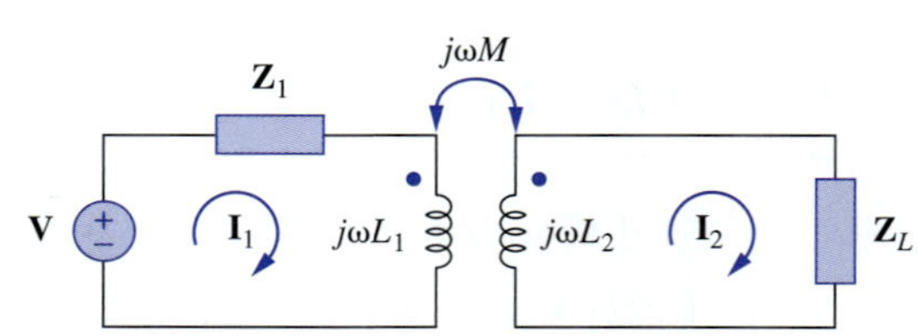

그림 18.8
결합 코일이 포함된 회로의 주파수 영역해석

$$\mathbf{V} = (\mathbf{Z}_1 + j\omega L_1)\mathbf{I}_1 - j\omega M\mathbf{I}_2 \quad \textbf{(18.16a)}$$

코일 2에 KVL을 적용하면 다음과 같다.

$$0 = -j\omega M\mathbf{I}_1 + (Z_L + j\omega L_2)\mathbf{I}_2 \quad \textbf{(18.16b)}$$

식 (18.15)와 (18.16)를 통상의 방법으로 풀면 전류를 구할 수 있다.

이 절에 대한 결론을 짓기 위해, 이런 기초적인 수준에서 코일의 상호 인덕턴스와 이들에 대한 점 표시 위치를 고려하지 않았음을 알아야 한다. *R*, *L*, *C*와 같이 *M*의 계산에는 코일의 실제적인 물리적 특성어 대해 전자기파 이론 적용이 포함되어야 한다. 이 책에서, 상호 인덕턴스와 점 표시는 다른 *R*, *L*, *C* 회로와 마찬가지로 회로 문제에서 주어지는 것으로 가정한다.

예제 18.1

그림 18.9의 회로에서 상 전류 $\mathbf{I}_1$과 $\mathbf{I}_2$를 계산하라.

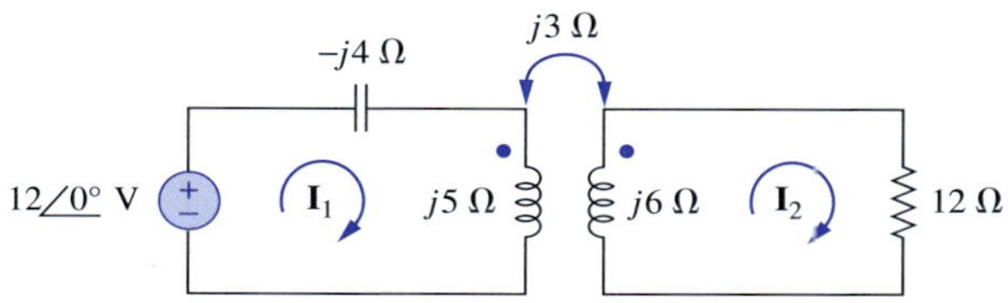

그림 18.9

예제 18.1, 연습문제 18.6, 18.20의 회로

풀이

코일 1에 KVL을 적용하면

$$-12 + (-j4 + j5)\mathbf{I}_1 - j3\mathbf{I}_2 = 0$$

또는

$$j\mathbf{I}_1 - j3\mathbf{I}_2 = 12 \quad \textbf{(18.1.1)}$$

코일 2에 KVL을 적용하면

$$-j3\mathbf{I}_1 + (12 + j6)\mathbf{I}_2 = 0$$

또는

$$\mathbf{I}_1 = (12 + j6)\mathbf{I}_2/j3 = (2 - j4)\mathbf{I}_2 \quad \textbf{(18.1.2)}$$

이를 식 (18.1.1)에 대입하면 다음 결과를 얻는다.

$$(j2 + 4 - j3)\mathbf{I}_2 = (4 - j)\mathbf{I}_2 = 12$$

혹은

$$\mathbf{I}_2 = \frac{12}{4 - j} = 2.91\underline{/14.04°}\ \text{A} \quad \textbf{(18.1.3)}$$

식 (18.1.2)와 (18.1.3)으로부터

$$\mathbf{I}_1 = (2 - j4)\mathbf{I}_2 = (4.472\underline{/-63.43°})(2.91\underline{/14.04°}) = 13\underline{/-49.4°}\text{ A}$$

연습문제 18.1

그림 18.10의 회로에서 전압 $\mathbf{V}_o$를 구하라.

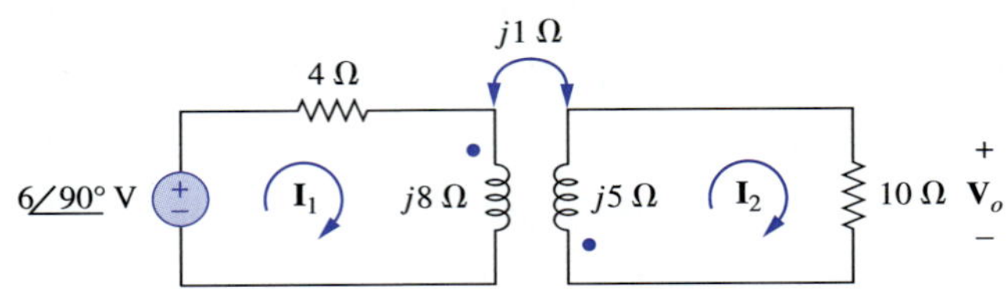

그림 18.10
연습문제 18.1의 회로

해답 $0.6\underline{/-90°}$ V

예제 18.2

그림 18.11에 보인 회로에서 망 전류를 계산하라.

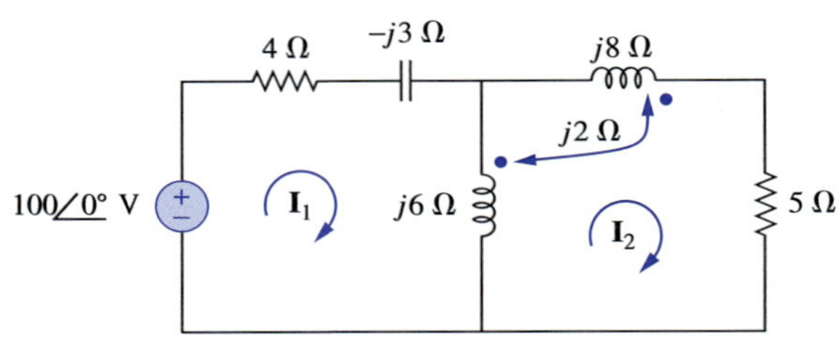

그림 18.11
예제 18.2의 회로

풀이

자기 결합회로를 해석하는 데 있어서 핵심은 상호 전압의 극성을 아는 것이다. 앞에서 기술한 점 표시 규칙을 적용할 필요가 있다. 그림 18.11에서 코일 1은 리액턴스가 6 Ω이고 코일 2는 8 Ω이라고 하자. $\mathbf{I}_2$에 의해 코일 2에 유도되는 전압의 극성을 파악하기 위해 $\mathbf{I}_2$가 코일 2의 점 표시 단자에서 유출됨을 확인한다. 시계방향으로 KVL을 적용하기 때문에 코일 1에서의 상호전압 기준 극성은 해당 코일의 점 표시 단자에서 양임을 의미한다. 따라서 상호전압은 점표시 규칙에 의해 음의 값이 되어 결국 $-j2\mathbf{I}_2$가 된다.

다른 방법으로 회로의 관련 부분에 대해 그림 18.12(a)와 같이 다시 그려서 상호전압을 구하는 것이 어쩌면 최상일 수도 있는데, 이렇게 하면 상호 전압은 앞에서 구한 것과 같이 $\mathbf{V}_1 = -2j\mathbf{I}_2$임이 명백해진다.

따라서 망로1에 대해 KVL을 적용하면

$$-100 + \mathbf{I}_1(4 - j3 + j6) - j6\mathbf{I}_2 - j2\mathbf{I}_2 = 0$$

혹은

$$100 = (4 + j3)\mathbf{I}_1 - j8\mathbf{I}_2 \qquad \textbf{(18.2.1)}$$

유사한 방법으로, $\mathbf{I}_1$에 의해 코일 2에 유도되는 전압을 구하기 위해 그림 18.12(b)와 같이 관련된 부분을 살펴보자. 점표시 규칙을 이용하면 상호전압은 $\mathbf{V}_2 = -2j\mathbf{I}_1$가 된다. 또한 전류 $\mathbf{I}_2$는 그림 18.11에서 직렬 연결된 2개의 결합 코일에 흐른다. 이 두 코일 모두 점 표시 단자에서 전류가 유출되므로 식 (18.18)을 적용하기 때문이다. 따라서 망 2에서 KVL을 적용하면

$$0 = -2j\mathbf{I}_1 - j6\mathbf{I}_1 + (j6 + j8 + j2 \times 2 + 5)\mathbf{I}_2$$

혹은

$$0 = -j8\mathbf{I}_1 + (5 + j18)\mathbf{I}_2 \qquad \textbf{(18.2.2)}$$

식 (18.2.1)과 (18.2.2)를 행렬로 정리하면 다음과 같다.

$$\begin{bmatrix} 100 \\ 0 \end{bmatrix} = \begin{bmatrix} 4+j3 & -j8 \\ -j8 & 5+j18 \end{bmatrix} \begin{bmatrix} I_1 \\ I_2 \end{bmatrix}$$

행렬식은

$$\Delta = \begin{vmatrix} 4+j3 & -j8 \\ -j8 & 5+j18 \end{vmatrix} = 30 + j87$$

$$\Delta_1 = \begin{vmatrix} 100 & -j8 \\ 0 & 5+j18 \end{vmatrix} = 100(5+j18)$$

$$\Delta_2 = \begin{vmatrix} 4+j3 & 100 \\ -j8 & 0 \end{vmatrix} = j800$$

따라서 망로전류는 다음과 같다.

$$\mathbf{I}_1 = \frac{\Delta_1}{\Delta} = \frac{100(5+j18)}{30+j87} = \frac{1{,}868.2\underline{/74.5^\circ}}{92.03\underline{/71^\circ}} = 20.3\underline{/3.5^\circ}\text{ A}$$

$$\mathbf{I}_2 = \frac{\Delta_2}{\Delta} = \frac{j800}{30+j87} = \frac{800\underline{/90^\circ}}{92.03\underline{/71^\circ}} = 8.693\underline{/19^\circ}\text{ A}$$

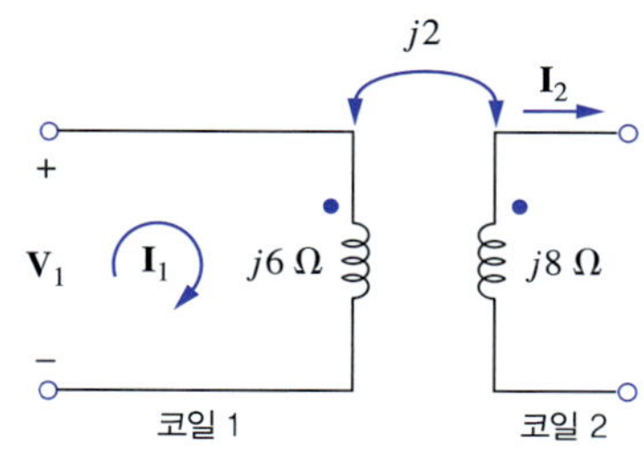

(a) $\mathbf{V}_1 = -2j\mathbf{I}_2$

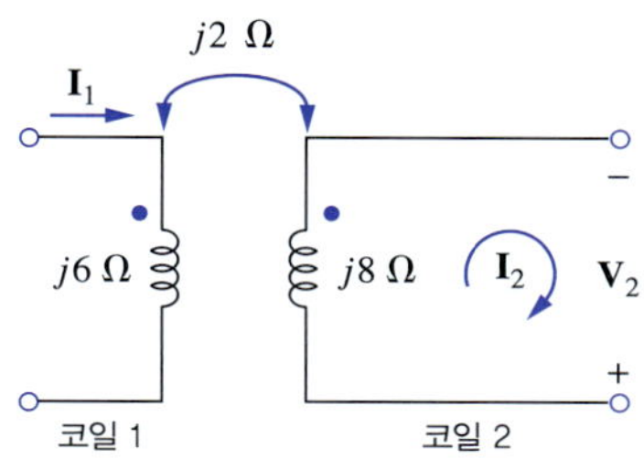

(b) $\mathbf{V}_2 = -2j\mathbf{I}_1$

그림 18.12

예제 18.2의 회로. 그림 18.11의 회로에서 점 표시 규칙에 따라 상호 전압을 구하기 위해 관련부분을 다시 그린 것

연습문제 18.2

그림 18.13의 회로에서 상 전류 $\mathbf{I}_1$과 $\mathbf{I}_2$을 구하라.

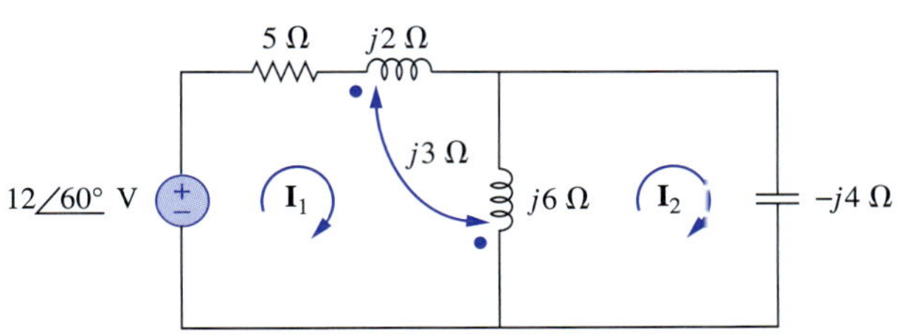

그림 18.13

연습문제 18.13의 회로

해답 $2.15\angle 86.56^\circ$, $3.23\angle 86.56^\circ$ A

18.3 결합회로의 에너지

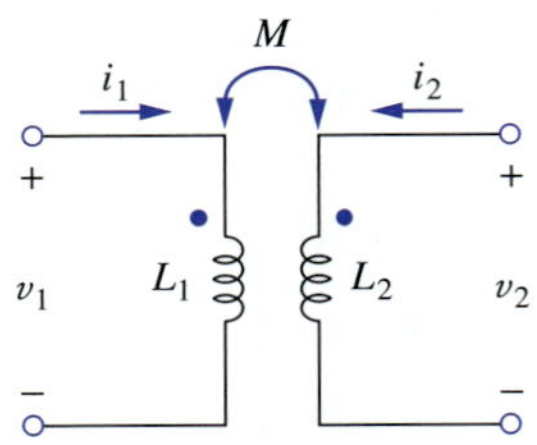

그림 18.14
결합회로에서 저장된 에너지를 추론하기 위한 회로

10장에서 인덕터에 저장되는 에너지는 다음과 같음을 보였다.

$$w = \frac{1}{2}Li^2 \tag{18.17}$$

여기서 L은 자기 인덕턴스이고 i는 순시 전류이다. 자기 결합된 코일에 저장되는 에너지를 구하기 위해 그림 18.14의 회로를 살펴보자. 회로에 저장되는 순시 에너지는 다음과 같다.

$$w = \frac{1}{2}L_1 i_1^2 + \frac{1}{2}L_2 i_2^2 \pm M i_1 i_2 \tag{18.18}$$

코일의 점 표시 단자에서 두 전류 모두 유입되거나 유출된다면 양의 부호를 선택한다. 다른 경우는 음의 부호를 선택한다.

상호 인덕턴스는 두 코일의 자기 인덕턴스의 기하 평균보다 클 수 없다. 즉

$$M \le \sqrt{L_1 L_2} \tag{18.19}$$

상호 인덕턴스 M이 상한 값에 접근하는 정도는 **결합 상수** k로 명시한다.

$$k = \frac{M}{\sqrt{L_1 L_2}} \tag{18.20}$$

혹은

$$\boxed{M = k\sqrt{L_1 L_2}} \tag{18.21}$$

여기서 $0 \le k \le 1$ 혹은 다르게 표현하면 $0 \le M \le \sqrt{L_1 L_2}$이다. 결합 상수는 하나의 코일에서 방출되는 전체 자속이 다른 코일과 쇄교하는 비율이다. 예를 들어 그림 18.2에서

$$k = \frac{\phi_{12}}{\phi_1} = \frac{\phi_{12}}{\phi_{11} + \phi_{12}} \tag{18.22}$$

또, 그림 18.3에서

$$k = \frac{\phi_{21}}{\phi_2} = \frac{\phi_{21}}{\phi_{21} + \phi_{22}} \tag{18.23}$$

만일 하나의 코일에서 형성되는 자속 전부가 다른 코일과 쇄교한다면, $k = 1$이고 100%의 결합 혹은 **완전 결합**(*perfectly coupled*) 상태라고 말한다. 따라서

결합상수 k는 두 코일 사이에 자속 결합 정도를 나타낸다, $0 < k < 1$

$k < 0.5$라면 코일은 소결합(*loosely coupled*)되어 있다고 하고, $k > 0.5$이면 밀결합(*tightly coupled*)되었다고 표현한다.

k는 두 코일의 근접성, 코어, 상호간의 상대적인 방향 그리고 권선수에 따라 달라질 것이다. 그림 18.15는 소결합된 권선과 밀결합된 권선을 보이고 있다. 또한 무선회로에 사용하는 공심 변압기(air-core transformer)는 소결합인 반면, 전력시스템용 철심 변압기는 밀결합이다. 18.4절에서 논의할 선형 변압기(linear transformer)는 대부분 공심 코어를 사용하며, 18.5절과 18.6절에서 논의할 이상 변압기(ideal transformer)는 원칙적으로 철심 코어를 사용한다.

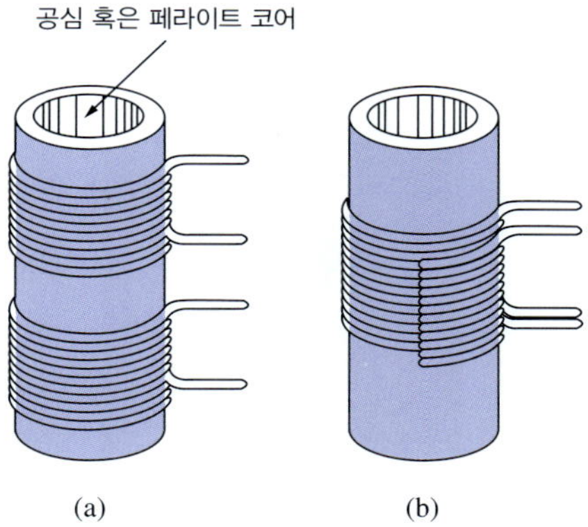

그림 18.15

권선: (a) 소결합, (b) 밀결합

예제 18.3

그림 18.16의 회로를 살펴보자. $v = 60\cos(4t + 30°)$ V라고 할 때 $t = 1$인 순간 결합 인덕터에 저장된 에너지를 계산하라.

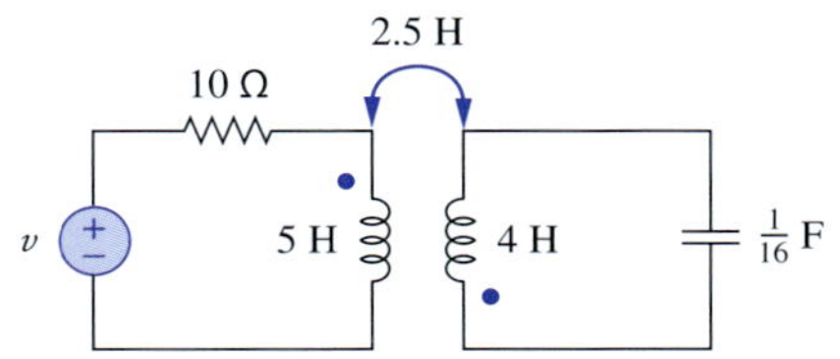

그림 18.16

예제 18.3의 회로

풀이

결합계수는 아래와 같아서 인덕터가 밀결합되어 있음을 알 수 있다.

$$k = \frac{M}{\sqrt{L_1 L_2}} = \frac{2.5}{\sqrt{20}} = 0.56$$

저장된 에너지를 계산하는 데 필요한 전류를 구하기 위해 주파수 영역에서의 등가 회로를 구할 필요가 있다.

$$\begin{aligned} 60\cos(4t + 30°) \quad &\Rightarrow \quad 60\angle 30°, \quad \omega = 4 \text{ rad/s} \\ 5 \text{ H} \quad &\Rightarrow \quad j\omega L_1 = j20\ \Omega \\ 2.5 \text{ H} \quad &\Rightarrow \quad j\omega M = j10\ \Omega \\ 4 \text{ H} \quad &\Rightarrow \quad j\omega L_2 = j16\ \Omega \\ \frac{1}{16} \text{ F} \quad &\Rightarrow \quad \frac{1}{j\omega C} = -j4\ \Omega \end{aligned}$$

그림 18.17은 주파수 영역에서의 등가회로를 보인 것이다. 이제는 망로해석법을 적용할 수 있다. 1번째 망로에서

$$(10 + j20)\mathbf{I}_1 + j10\mathbf{I}_2 = 60\angle 30° \tag{18.3.1}$$

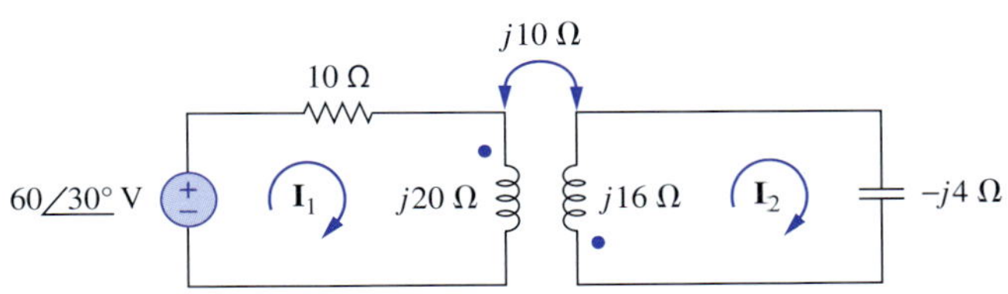

그림 18.17

그림18.16의 회로에 대한 주파수 영역 등가회로

2번째 망로에서는

$$j10\mathbf{I}_1 + (j16 - j4)\mathbf{I}_2 = 0$$

혹은

$$\mathbf{I}_1 = -1.2\mathbf{I}_2 \qquad \textbf{(18.3.2)}$$

이 결과를 식 (18.3.1)에 대입하면 다음과 같다.

$$\mathbf{I}_2(-12 - j14) = 60\underline{/30^\circ} \quad \Rightarrow \quad \mathbf{I}_2 = 3.254\underline{/-199.4^\circ}$$

이고

$$\mathbf{I}_1 = -1.2\mathbf{I}_2 = 3.905\underline{/-19.4^\circ} \text{ A}$$

시간 영역에서는

$$i_1(t) = 3.905\cos(4t - 19.4^\circ), \quad i_2(t) = 3.254\cos(4t - 199.4^\circ)$$

$t = 1$ s에서 $4t = 4$ rad $= 229.2^\circ$이고

$$i_1 = 3.905\cos(229.2^\circ - 19.4^\circ) = -3.389 \text{ A}$$
$$i_2 = 3.254\cos(229.2^\circ - 199.4^\circ) = 2.824 \text{ A}$$

결합된 인덕터에 저장된 전체 에너지는

$$\begin{aligned} w &= \frac{1}{2}L_1 i_1^2 + \frac{1}{2}L_2 i_2^2 + M i_1 i_2 \\ &= \frac{1}{2}(5)(-3.389)^2 + \frac{1}{2}(4)(2.824)^2 + 2.5(-3.389)(2.824) = 20.73 \text{ J} \end{aligned}$$

연습문제 18.3

그림 18.18의 회로에서 결합계수와 $t = 1.5$ s에 결합 인덕터에 저장된 에너지를 구하라.

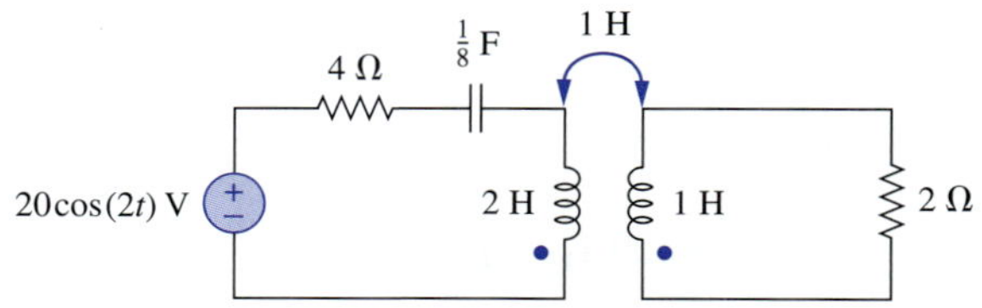

그림 18.18
연습문제 18.3의 회로

해답 0.7071, 9.85 J

18.4 선형 변압기

그림 18.19에 보인 것처럼 전압원에 직접 결선된 코일을 **1차 권선**(*primary winding*)이라고 부른다. 부하에 연결된 코일은 **2차 권선**(*secondary winding*)이라고 부른다. 저항 R_1과 R_2는 코일에서의 손실(전력 소비)를 반영하기 위해 포함되었다. 코일이 자기적으로 선형인 물질(자기 투자율이 상수)에 감겨 있는 경우 변압기를 **선형**(*linear*)이라고 칭한다. 공기, 플라스틱, 베크라이트, 나무 등이 이런 물질에 해당한다. 실상 대부분의 물질이 자기적으로 선형이다(비선형 물질로는 철이나 강철류가 포함된다). 선형 변압기는 비록 반드시 공심(air core)이 아니더라도 종종 **공심변압기**(*air core transformer*)라고 부른다. 이들은 라디오나 TV 수상기에서 사용되는 것을 볼 수 있다. 그림 18.20은 다양한 형태의 변압기를 보인 것이다.

> **변압기**란 일반적으로 4단지 소자로 2개(혹은 그 이상)의 자기적으로 결합된 코일을 사용하여 전압을 승압하거나 강압하는데 사용된다.

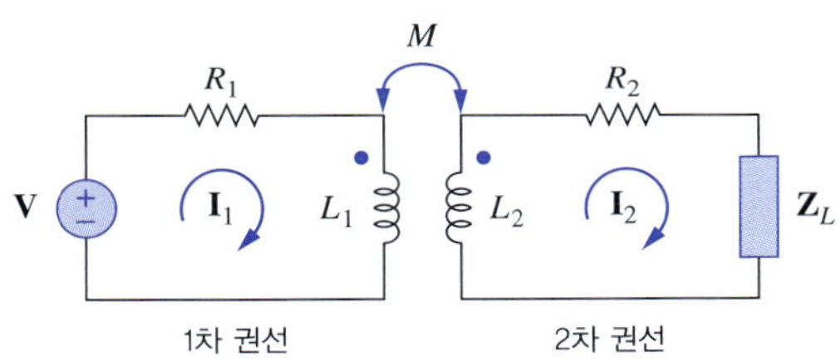

그림 18.19
선형 변압기

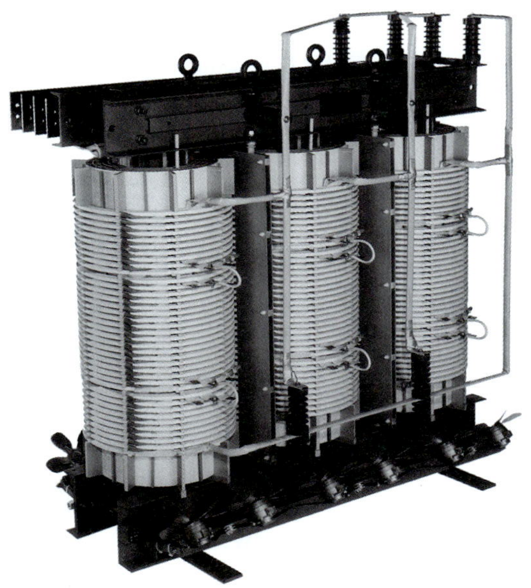
(a)

(b)

그림 18.20
다양한 종류의 변압기: (a) 구리권선 건식 변압기, (b) 오디오용 변압기

전원측에서 보이는 입력 임피던스 $\mathbf{Z}_{in}$을 구하고 싶은데, 이 $\mathbf{Z}_{in}$이 1차 회로측의 거동을 결정하기 때문이다. 그림 18.19의 두 망로에 KVL을 적용하면 다음 결과를 얻는다.

$$\mathbf{V} = (R_1 + j\omega L_1)\mathbf{I}_1 - j\omega M\mathbf{I}_2 \tag{18.24a}$$

$$0 = -j\omega M\mathbf{I}_1 + (R_2 + j\omega L_2 + \mathbf{Z}_L)\mathbf{I}_2 \tag{18.24b}$$

식 (18.24b)에서 $\mathbf{I}_2$를 $\mathbf{I}_1$으로 정리하고 이를 식 (18.24a)에 대입하면 입력 임피던스는 아래와 같이 구해진다.

$$\mathbf{Z}_{in} = \mathbf{V}/\mathbf{I}_1 = R_1 + j\omega L_1 + \frac{\omega^2 M^2}{R_2 + j\omega L_2 + Z_L} \tag{18.25}$$

입력 임피던스가 2개의 항으로 구성됨에 주목하라. 첫 번째 $(R_1 + j\omega L_1)$항은 1차측 임피던스이다. 두번째 항은 1차측과 2차측 권선간의 결합에 의한 것이다. 이 임피던스는 1차측에 반사된 것이긴 하다. 따라서 이는 **반사 임피던스**[1] (*reflected impedance*) $\mathbf{Z}_R$로 알려져 있다. 즉

$$\mathbf{Z}_R = \frac{\omega^2 M^2}{R_2 + j\omega L_2 + Z_L} \tag{18.26}$$

변압기는 2차측 회로의 임피던스를 1차측으로 "반사"한다고 흔히 얘기한다. 저항은 저항으로 반사되고, 커패시터는 인덕터로 그리고 인덕터는 커패시터로 반사됨에 주목하라. 식 (18.25)나 (18.26)의 결과는 M을 $-M$으로 대체해도 동일한 결과이기 때문에 변압기 상의 점표시에 영향을 받지 않는다는 사실 또한 주목해야 한다.

18.2절과 18.3절 자기 결합 회로 해석에서 얻은 약간의 경험에 비추어 보면, 이러한 회로 해석은 쉽지 않다는 사실을 누구라도 알 수 있다. 이러한 이유로, 자기 결합회로를 자기결합이 배제된 등가회로로 대체하는 것이 편할 때가 있다. 그림 18.21의 선형 변압기를 상호 인덕턴스가 없는 등가 T나 Π 회로로 변환하고자 한다.

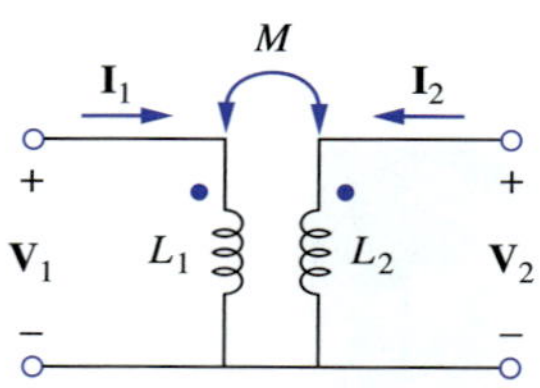

그림 18.21
선형 변압기의 등가 회로 결정

1차와 2차 코일에 대한 전압 전류 관계식은 다음 행렬식으로 표현할 수 있다.

$$\begin{bmatrix} V_1 \\ V_2 \end{bmatrix} = \begin{bmatrix} j\omega L_1 & j\omega M \\ j\omega M & j\omega L_2 \end{bmatrix} \begin{bmatrix} I_1 \\ I_2 \end{bmatrix} \tag{18.27}$$

행렬의 역변환(부록 A 참조)에 의해 식 (18.27)은 다음과 같이 기술할 수 있다.

$$\begin{bmatrix} I_1 \\ I_2 \end{bmatrix} = \begin{bmatrix} \dfrac{L_2}{j\omega(L_1L_2 - M^2)} & \dfrac{-M}{j\omega(L_1L_2 - M^2)} \\ \dfrac{-M}{j\omega(L_1L_2 - M^2)} & \dfrac{L_1}{j\omega(L_1L_2 - M^2)} \end{bmatrix} \begin{bmatrix} V_1 \\ V_2 \end{bmatrix} \tag{18.28}$$

1 주: 일부 저자들은 이를 **결합 임피던스**(*coupled impedance*)라고 칭한다.

우리의 목표는 식 (18.27)과 (18.28)을 이에 해당하는 T나 Π 회로의 수식으로 맞추는 것이다. 그림 18.22의 T회로(혹은 Y회로)에서 망로 해석을 하면 단자 수식은 다음과 같다.

$$\begin{bmatrix} V_1 \\ V_2 \end{bmatrix} = \begin{bmatrix} j\omega(L_a + L_c) & j\omega L_c \\ j\omega L_c & j\omega(L_b + L_c) \end{bmatrix} \begin{bmatrix} I_1 \\ I_2 \end{bmatrix} \tag{18.29}$$

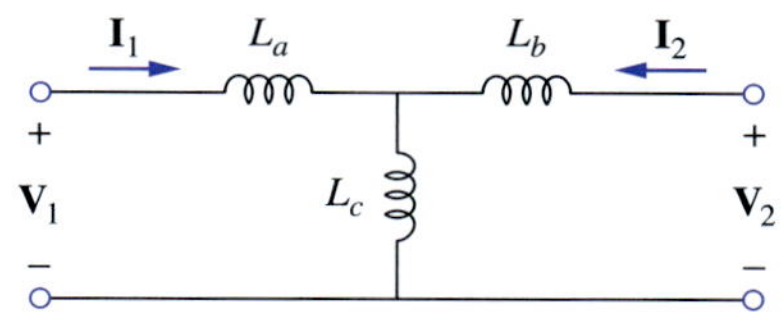

그림 18.22
등가 T회로

그림 18.21과 18.22의 회로가 등가라면, 식 (18.27)과 (18.29)는 같아야 한다. 식 (18.27)과 (18.29)의 임피던스 행렬에서 각 항을 계산하면 다음 결과를 얻는다.

$$\boxed{L_a = L_1 - M, \qquad L_b = L_2 - M, \qquad L_c = M} \tag{18.30}$$

그림 18.23의 Π회로(혹은 Δ회로)에서 절점 해석을 하면 단자 수식은 다음과 같다.

$$\begin{bmatrix} I_1 \\ I_2 \end{bmatrix} = \begin{bmatrix} \dfrac{1}{j\omega L_A} + \dfrac{1}{j\omega L_C} & -\dfrac{1}{j\omega L_C} \\ -\dfrac{1}{j\omega L_C} & \dfrac{1}{j\omega L_B} + \dfrac{1}{j\omega L_C} \end{bmatrix} \begin{bmatrix} V_1 \\ V_2 \end{bmatrix} \tag{18.31}$$

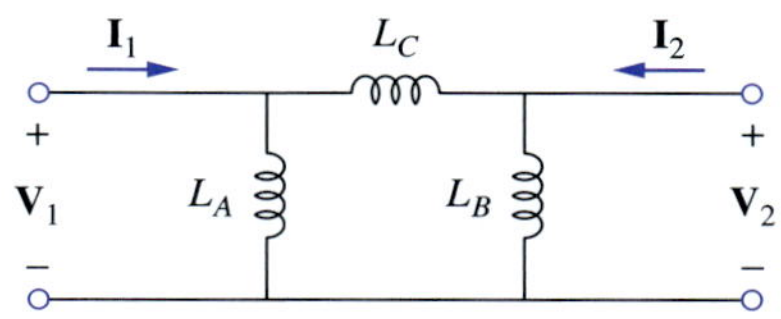

그림 18.23
등가 Π회로

식 (18.28)과 (18.31)의 어드미턴스 행렬에서 각 항을 계산하면 다음 결과를 얻는다.

$$\boxed{\begin{gathered} L_A = \frac{L_1L_2 - M^2}{L_2 - M}, \qquad L_B = \frac{L_1L_2 - M^2}{L_1 - M}, \\ L_C = \frac{L_1L_2 - M^2}{M} \end{gathered}} \tag{18.32}$$

그림 18.22와 18.23에서의 인덕터들은 자기적으로 결합된 상태가 아님에 주목하라. 또한 그림 18.21에서 점표시 위치를 바꾸면 M이 $-M$이 된다는 사실도 유의해야 한다. 예제 18.6에서 설명하는 음의 값을 갖는 M은 물리적으로는 구현할 수는 없지만, 등가 모델은 수학적으로는 성립이 된다.

예제 18.4

그림 18.24의 회로에서 입력 임피던스와 전류 $\mathbf{I}_1$을 구하라. 이때 $\mathbf{Z}_1 = 60 - j100\ \Omega$, $\mathbf{Z}_2 = 30 + j40\ \Omega$, $\mathbf{Z}_L = 80 + j60\ \Omega$이다.

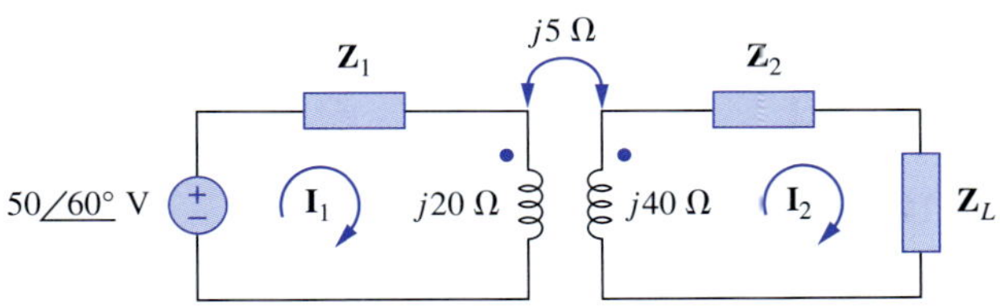

그림 18.24
예제 18.4의 회로

풀이

식 (18.25)로부터

$$\begin{aligned}\mathbf{Z}_{\text{in}} &= \mathbf{Z}_1 + j20 + \frac{(5)^2}{j40 + Z_2 + Z_L} \\ &= 60 - j100 + j20 + \frac{25}{110 + j140} \\ &= 60 - j80 + 0.14\angle{-51.84^\circ} = 60.09 - j80.11 \\ &= 100.14\angle{-53.1^\circ}\ \Omega\end{aligned}$$

따라서

$$\mathbf{I}_1 = \mathbf{V}/\mathbf{Z}_{\text{in}} = \frac{50\angle 60^\circ}{100.14\angle{-53.1^\circ}} = 0.5\angle 113.1^\circ \text{ A}$$

연습문제 18.4

그림 18.25의 회로에서 입력 임피던스와 전압원에서의 전류를 구하라.

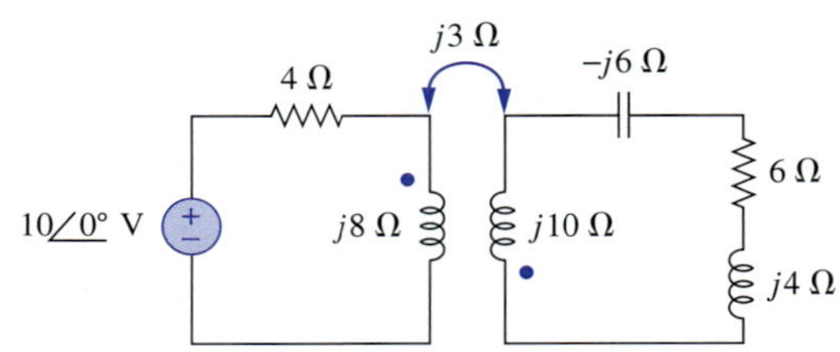

그림 18.25
연습문제 18.4의 회로

해답 $8.58\angle 58.05^\circ\ \Omega$, $1.165\angle{-58.05^\circ}$ A

예제 18.5

그림 18.26(a) 선형 변압기 회로의 T 등가회로를 구하라.

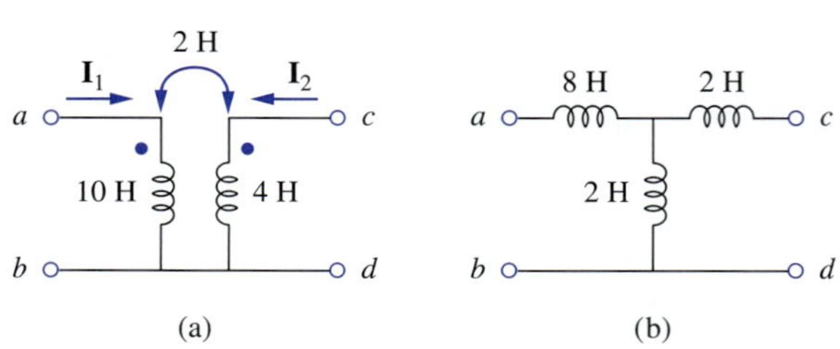

그림 18.26
예제 18.5와 연습문제 18.5의 회로: (a)선형 변압기, (b) T 등가회로

풀이

주어진 $L_1 = 10$ H, $L_2 = 4$ H, $M = 2$ H로부터, T 등가회로는 다음 값을 갖는다.

$$L_a = L_1 - M = 10 - 2 = 8 \text{ H}$$
$$L_b = L_2 - \text{M} = 4 - 2 = 2 \text{ H}$$
$$L_c = M = 2 \text{ H}$$

따라서 T 등가회로는 그림 18.26(b)와 같다. 1차측과 2차측 권선에서의 전류 기준방향과 전압 극성은 그림 18.21의 결과와 일치한다고 가정했다. 그렇지 않다면 다음 예제 18.6에서 설명하는 바와 같이 M을 $-M$으로 바꿔야 할 수도 있다.

연습문제 18.5

그림 18.26(a)의 선형 변압기에 대해 Π 등가 회로를 구하라.

해답 $L_A = 18 \text{ H}, L_B = 4.5 \text{ H}, L_C = 18 \text{ H}$

예제 18.6

그림 18.27(연습문제 18.1과 동일한 회로)에서 $\mathbf{I}_1$, $\mathbf{I}_2$, $\mathbf{V}_o$를 구하라.

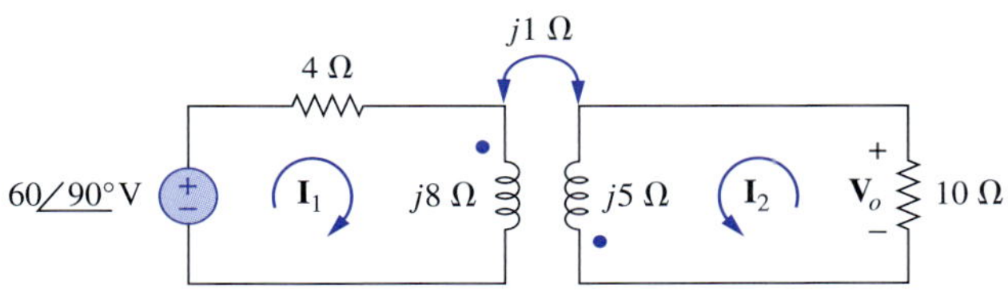

그림 18.27
예제 18.6의 회로

풀이

그림 18.27의 회로는 그림 18.10과 동일한데 전류 $\mathbf{I}_2$의 기준 방향만 반대로 되어서, 자기 결합 코일에서의 전류기준 방향이 그림 18.21에 일치하게 되어 있음에 유의하라.

자기 결합 코일을 T 등가회로로 변환하려고 한다. 그림 18.27의 회로에서 관련된 부분을 그림 18.28(a)에 보였다. 그림 18.28(a)와 그림 18.21을 비교하면 두가지 차이점이 있다. 먼저 전류 기준방향과 전압 극성에 의해 M을 $-M$으로 바꿔야 그림 18.28(a)가 그림 18.21에 합치한다. 둘째 그림 18.21의 회로는 시간 영역이지만 그림 18.28(a)는 주파수 영역이다. 이 차이는 $j\omega$항, 즉 그림 18.21의 L이 $j\omega L$로 그리고 M은 $j\omega$M으로 대체되었다. ω는 명시된 값이 아니므로 $\omega = 1$ 또는 임의의 값으로 가정할 수 있다. 이는 전혀 문제가 되지 않는다. 이 두 가지 차이점을 염두에 두고 정리하면

$$L_a = L_1 - (-M) = 8 + 1 = 9 \text{ H}$$
$$L_b = L_2 - (-M) = 5 + 1 = 6 \text{ H}$$
$$L_c = -M = -1 \text{ H}$$

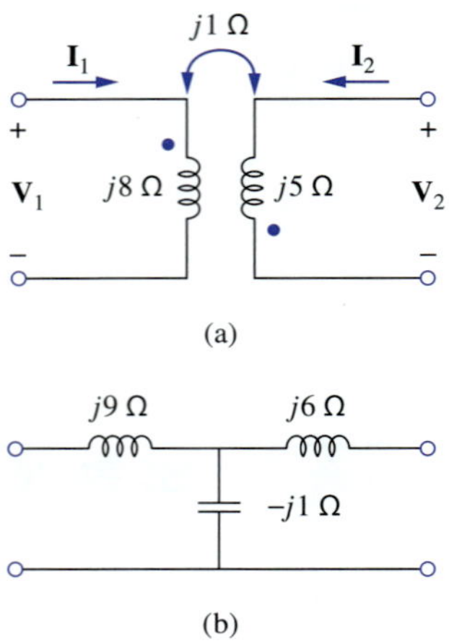

그림 18.28

예제 18.6에서 (a) 그림 18.27의 결합 코일 회로, (b) T 등가 회로

따라서 결합 코일의 T 등가회로는 그림 18.28(b)와 같다. 그림 18.27의 두 코일을 대신해서 그림 18.28(b)의 T 등가회로를 삽입하면 그림 18.29의 등가회로가 되는데, 이는 절점 해석이나 망로 해석으로 풀 수 있다. 망로 해석을 적용하면 다음 결과를 얻는다.

$$j6 = \mathbf{I}_1(4 + j9 - j1) + \mathbf{I}_2(-j1) \qquad \textbf{(18.6.1)}$$

이고

$$0 = \mathbf{I}_1(-j1) + \mathbf{I}_2(10 + j6 - j1) \qquad \textbf{(18.6.2)}$$

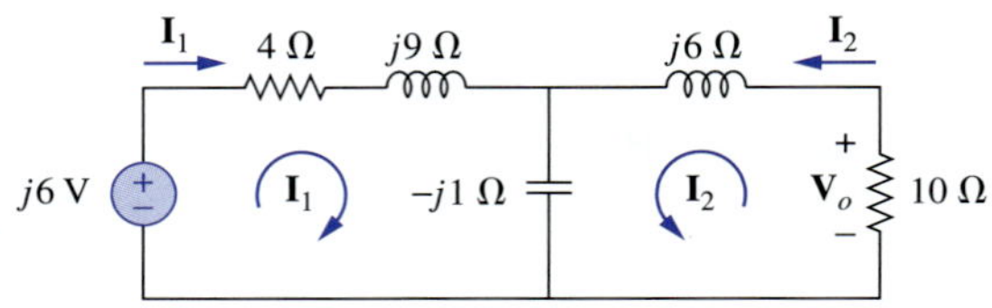

그림 18.29

예제 18.6의 회로

식 (18.6.2)로부터

$$\mathbf{I}_1 = \frac{(10 + j5)}{j}\mathbf{I}_2 = (5 - j10)\mathbf{I}_2 \qquad \textbf{(18.6.3)}$$

식 (18.6.3)을 식 (18.6.1)에 대입하면

$$\begin{aligned} j6 &= (4 + j8)(5 - j10)\mathbf{I}_2 - j\mathbf{I}_2 \\ &= (100 - j)\mathbf{I}_2 \cong 100\mathbf{I}_2 \end{aligned}$$

100은 1에 비해 매우 크므로 $(100 - j)$의 허수부를 무시하면 $100 - j \cong 100$이다. 따라서

$$\mathbf{I}_2 = \frac{j6}{100} = j0.06 = 0.06\underline{/90^\circ} \text{ A}$$

식 (18.6.3)으로부터

$$\mathbf{I}_1 = (5 - j10)j0.06 = 0.6 + j0.3 \text{ A}$$

이고

$$\mathbf{V}_o = -10\mathbf{I}_2 = -j0.6 = 0.6\underline{/-90^\circ} \text{ V}$$

이는 연습문제 18.1의 결과와 일치한다. 물론 그림 18.10에서 $\mathbf{I}_2$의 방향은 그림 18.27의 경우와 반대이다. 이는 $\mathbf{V}_o$에는 영향을 주지 않지만, 이 예제에서 $\mathbf{I}_2$의 크기는 연습문제 18.1에서의 $\mathbf{I}_2$와 반대이다. 자기 결합 코일에 대해 T 등가 모델을 사용하는 장점은 그림 18.29에 보인 것처럼 결합 코일의 점 표시에 대해 신경 쓸 필요가 없다는 것이다.

연습문제 18.6

예제 18.1(그림 18.9 참조)의 문제를 자기 결합 코일의 T 등가 모델을 이용하여 풀어라.

해답 $13\underline{/-49.4^\circ}$ A, $2.91\underline{/14.04^\circ}$ A

18.5 이상 변압기

변압기가 아래의 특성을 가진 경우 이상 변압기라고 부른다.

1. 코일의 리액턴스가 매우 큰 값 이다. — 즉, $L_1, L_2, M \to \infty$
2. 결합 계수가 1에 가깝다. — 즉, $k = 1$
3. 1차측과 2차측 코일의 손실이 없다. — 즉, $R_1 = 0 = R_2$

> **이상 변압기**란 완전 결합된, 손실이 없는 변압기로 1차측과 2차측 코일의 자기 인덕턴스 크기가 무한대이다.

이상 변압기는 완전 결합($k = 1$)된 변압기이다. 이는 투자율이 높은 공통 코어에 높은 권선수로 감겨 있는 2개(혹은 그 이상)의 코일로 구성된다. 코어의 투자율이 높기 때문에 양측 코일의 모든 권선에 자속이 쇄교하며 이에 의해 완전 결합이 된다.

이상 변압기가 두 개의 결합 인덕터에서 인덕턴스가 무한대에 근접하고 결합이 완벽한 극한의 경우인지를 이해하기 위해 그림 18.14의 회로를 다시 해석해보자. 주파수 영역에서

$$\mathbf{V}_1 = j\omega L_1\mathbf{I}_1 + j\omega M\mathbf{I}_2 \tag{18.33a}$$

$$\mathbf{V}_2 = j\omega M\mathbf{I}_1 + j\omega L_2\mathbf{I}_2 \tag{18.33b}$$

식 (18.33a)에서 $\mathbf{I}_1 = (\mathbf{V}_1 - j\omega M\mathbf{I}_2)/j\omega L_1$이다. 이를 식 (18.33b)에 대입하면

$$\mathbf{V}_2 = j\omega L_2\mathbf{I}_2 + \frac{M\mathbf{V}_1}{L_1} - \frac{j\omega M^2\mathbf{I}_2}{L_1} \tag{18.34}$$

그런데 완전 결합($k = 1$)의 경우 $M = \sqrt{L_1L_2}$이다. 따라서

$$\mathbf{V}_2 = j\omega L_2\mathbf{I}_2 + \frac{\sqrt{L_1L_2}\mathbf{V}_1}{L_1} - \frac{j\omega L_1L_2\mathbf{I}_2}{L_1} = \sqrt{\frac{L_2}{L_1}}\mathbf{V}_1 = n\mathbf{V}_1 \tag{18.35}$$

여기서 $n = \sqrt{L_2/L_1}$이고 **권선비**(*turn ratio*)라고 부른다. n이 일정한 상태에서 $L_1, L_2, M \to \infty$이면 결합 코일은 이상 변압기가 된다. 이상 변압기에서는 1차측 코일에서의 저항성 열손실을 무시하고, 2차측 코일에서 이상적인 결합을

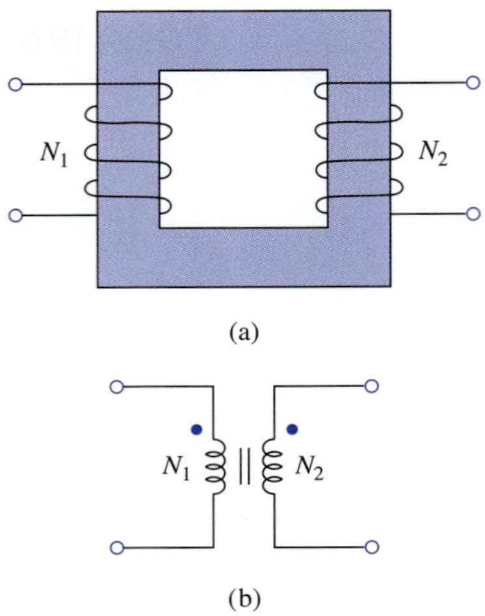

그림 18.30
(a) 이상 변압기, (b) 이상 변압기의 회로 기호

가정한다(즉, 자기 손실이 없다).

철심 변압기는 이상 변압기에 매우 가깝다. 이들 변압기는 주로 전력 시스템에 사용되며 전자기기에도 사용된다.

그림 18.30(a)는 전형적인 이상 변압기를 보인 것이다. 이상 변압기에 대한 회로 기호는 그림 18.30(b)에 보인 것과 같다. 선형 변압기에 사용되는 공심 코어와 달리, 코일 사이의 수직선은 철심을 나타낸다. 1차 권선수가 N_1이고, 2차 권선수는 N_2이다.

그림 18.31에 보인 같이 1차 코일에 정현 전압이 가해지면 동일한 자속 ϕ가 양측 코일을 통과한다. 패러데이의 법칙에 따라, 1차측 코일 양단의 전압은

$$v_1 = N_1 \frac{d\phi}{dt} \tag{18.36}$$

이때 2차 코일 양단의 전압은

$$v_2 = N_2 \frac{d\phi}{dt} \tag{18.37}$$

식 (18.37)을 (18.36)으로 나누면 다음 결과를 얻는다.

$$\frac{v_2}{v_1} = \frac{N_2}{N_1} = n \tag{18.38}$$

여기서 n은 **권선비**(*turn ratio*) 혹은 **변압비**(*transformation ratio*)이다. 순시 전압 v_1, v_2대신 상전압 $\mathbf{V}_1$, $\mathbf{V}_2$를 사용할 수 있다. 따라서 식 (18.38)은 아래와 같이 기술할 수 있다.

$$\boxed{\frac{\mathbf{V}_2}{\mathbf{V}_1} = \frac{N_2}{N_1} = n} \tag{18.39}$$

이상 변압기에서 전력 손실은 없으므로 전력 보존의 법칙에 의해, 1차측에 공급되는 에너지는 2차측에서 소비하는 에너지와 같아야 한다. 이는 다음과 같은 의미이다.

$$v_1 i_1 = v_2 i_2 \tag{18.40}$$

식 (18.40)을 식 (18.39)와 연동하여 페이저 형태로 표현하면 다음과 같은데

$$\frac{\mathbf{I}_1}{\mathbf{I}_2} = \frac{\mathbf{V}_2}{\mathbf{V}_1} = n \tag{18.41}$$

이는 1차측과 2차측 전류는 권선비와 관련이 있고, 전압 관계의 역수이다. 즉

$$\boxed{\frac{\mathbf{I}_2}{\mathbf{I}_1} = \frac{N_1}{N_2} = \frac{1}{n}} \tag{18.42}$$

$n = 1$이면 통상 절연 변압기(*isolation transformer*)라고 부른다. 이에 대한 이유는 18.9.1절에서 밝혀진다. 만일 $n > 1$이면 1차측에 비해 2차측의 전압이 증가($\mathbf{V}_2 > \mathbf{V}_1$)하기 때문에 승압(*step-up*) 변압기라고 부른다. 반대로 $n < 1$이면 1차측에 비해 2차측의 전압이 감소($\mathbf{V}_2 < \mathbf{V}_1$)하기 때문에 강압(*step-down*) 변압기라고 부른다. 즉

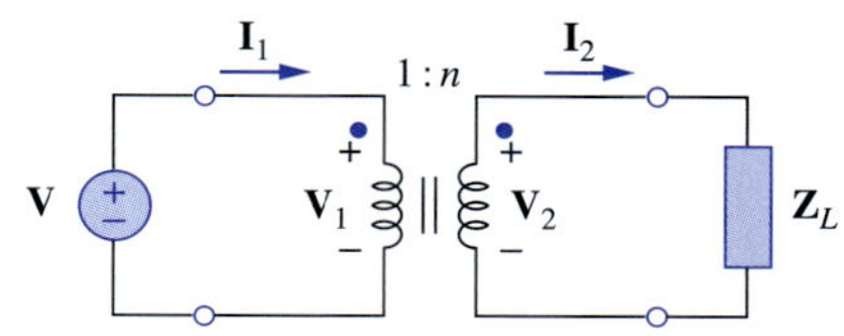

그림 18.31
이상 변압기에서 1차측과 2차측의 관계

> **강압 변압기**란 2차측 전압이 1차측 전압보다 작다.
> **승압 변압기**란 2차측 전압이 1차측 전압보다 크다.

변압기의 정격은 보통 V_1/V_2 로 명기한다. 정격 2400/120 V인 변압기는 1차측에 1200 V, 2차측에 120 V— 즉 강압 변압기이다. 전압 정격은 rms 값임에 유의하라.

전력 회사는 어떤 알맞은 전압으로 전기를 생성하고 승압 변압기로 전압을 증폭시켜서 매우 높은 전압과 작은 전류로 송전선을 통해 전력이 전송되도록 함으로서 상당한 비용을 절감한다. 이 비용 절감은 송전선에서의 저항성 손실로 인한 전력 소비를 줄이기 때문에 생기는 것이다. 주거지 인접 지역에서 강압 변압기로 전압을 120 V로 내린다는 것을 전제로 한다. 18.8.3절에서 이에 대해 자세히 설명할 것이다.

그림 18.31의 변압기에 대해 적절한 극성의 전압과 전류의 방향을 찾아내는 방법을 아는 것이 중요하다. 만일 $\mathbf{V}_1$, $\mathbf{V}_2$의 극성이나 $\mathbf{I}_1$, $\mathbf{I}_2$의 방향이 바뀐다면, 식 (18.38)에서 (18.42)까지의 수식에서 n은 $-n$으로 변경되어야 할 것이다. 이를 위한 2가지 원칙은 아래와 같다.

1. 만일 점 표시 단자에서 $\mathbf{V}_1$, $\mathbf{V}_2$가 모두 양수이거나 둘 다 음수이면 식 (18.39)에서 $+n$을 사용한다. 이외의 경우는 $-n$을 사용한다.
2. 만일 점 표시 단자에서 $\mathbf{I}_1$, $\mathbf{I}_2$가 모두 유입되거나 둘 다 유출되면 식 (18.42)에서 $-n$을 사용한다. 이외의 경우는 $+n$을 사용한다.

이 법칙에 대해 그림 18.32의 4가지 회로로 설명하였다.

식 (18.39)와 (18.42)를 이용하면 항상 $\mathbf{V}_1$을 $\mathbf{V}_2$의 함수로, 또 $\mathbf{I}_1$을 $\mathbf{I}_2$의 함수로 혹은 그 반대로 표현할 수 있다. 즉

$$\mathbf{V}_1 = \mathbf{V}_2/n \quad \text{혹은} \quad \mathbf{V}_2 = n\mathbf{V}_1 \tag{18.43}$$

$$\mathbf{I}_1 = n\mathbf{I}_2 \quad \text{혹은} \quad \mathbf{I}_2 = \mathbf{I}_1/n \tag{18.44}$$

1차 권선에서의 복소 전력은

$$\mathbf{S}_1 = \mathbf{V}_1\mathbf{I}_1^* = (\mathbf{V}_2/n)(n\mathbf{I}_2)^* = \mathbf{V}_2\mathbf{I}_2^* = \mathbf{S}_2 \tag{18.45}$$

이는 1차측에서 공급되는 복소 전력이 손실없이 2차측에 전달된다는 것을 보여준다. 변압기는 전력을 소비하지 않는다. 물론 이는 이상 변압기가 손실이

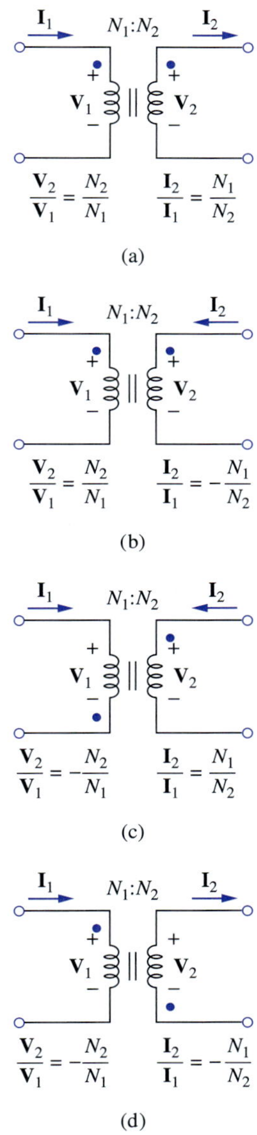

그림 18.32
이상 변압기에서 적절한 전압 극성과 전류 방향을 설명하는 회로

없다는 사실로부터 예측할 수 있는 부분이다. 그림 18.31의 전원에서 보이는 입력 임피던스는 식 (18.43)과 (18.44)로부터 다음과 같음을 확인할 수 있다.

$$\mathbf{Z}_{\text{in}} = \frac{\mathbf{V}_1}{\mathbf{I}_1} = \frac{1}{n^2}\frac{\mathbf{V}_2}{\mathbf{I}_2} \tag{18.46}$$

그림 18.31에서 $\mathbf{V}_2/\mathbf{I}_2 = \mathbf{Z}_L$임이 명백하다. 따라서

$$\boxed{\mathbf{Z}_{\text{in}} = \frac{\mathbf{Z}_L}{n^2}} \tag{18.47}$$

입력 임피던스는 **반사 임피던스**(*reflected impedance*)로 불리기도 하는데 부하 임피던스가 1차측에 반사되는 것처럼 나타나기 때문이다.[2] 주어진 임피던스를 다른 임피던스로 변환하는 변압기의 이러한 능력은 최대 전력 전송을 위한 **임피던스 정합**(*impedance matching*)의 수단을 제공해준다. 임피던스 정합의 아이디어는 실제로 매우 유용하며 18.8.2절에서 더 자세히 논의할 것이다.

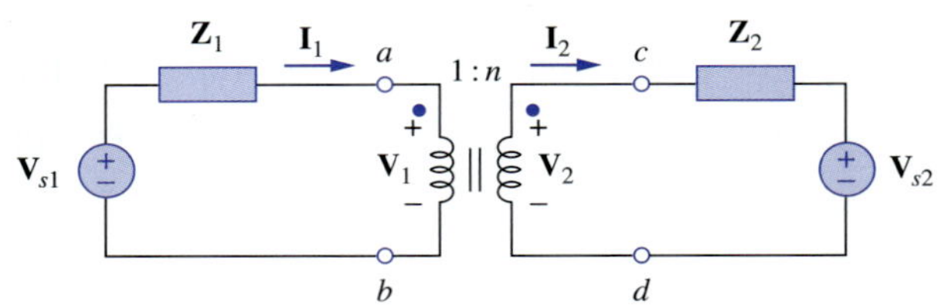

그림 18.33
등가 회로를 구하기 위한 이상 변압기 회로

이상 변압기를 포함하는 회로 해석에서 임피던스와 전원을 변압기의 한 쪽에서 다른 쪽으로 반사시켜서 변압기를 제거하는 것이 일반적인 수단이다. 그림 18.33의 회로에서 회로의 2차측을 1차측으로 반사시킨다고 해보자. *a-b* 단자의 우측에 테브난 등가회로를 구한다. 그림 18.34(a)에 보인 것처럼 *a-b* 단자의 개방 전압으로 V_{Th}를 구한다. *a-b* 단자가 개방 상태이므로 $\mathbf{I}_1 = 0 = \mathbf{I}_2$이라서 $\mathbf{V}_2 = \mathbf{V}_{s2}$이다. 따라서 식 (18.43)으로부터

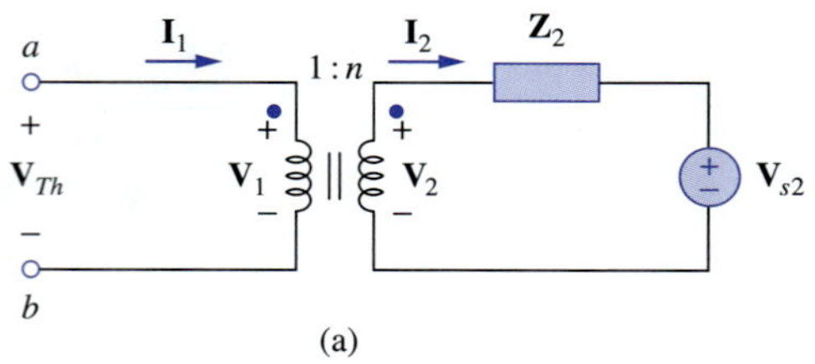

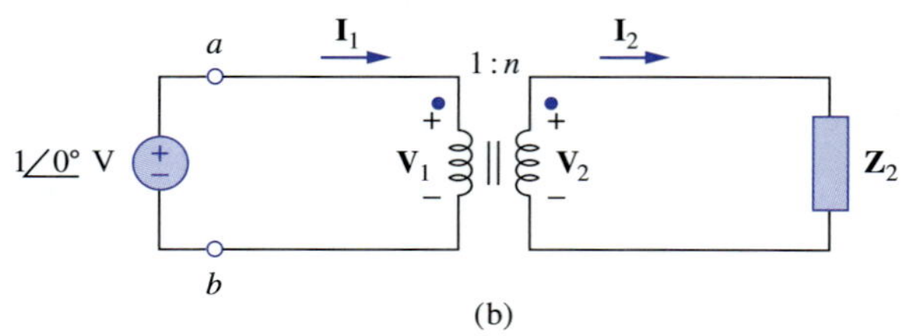

그림 18.34
(a) 그림 18.33의 회로에서 $\mathbf{V}_{Th}$, (b) 그림 18.33의 회로에서 $\mathbf{Z}_{Th}$

2 주의: 이상 변압기는 임피던스를 권선비의 제곱으로 반사함에 유의

$$\mathbf{V}_{Th} = \mathbf{V}_1 = \frac{\mathbf{V}_2}{n} = \frac{\mathbf{V}_{s2}}{n} \tag{18.48}$$

$\mathbf{Z}_{Th}$를 구하기 위해 그림 18.34(b)와 같이 1차 권선에서 전원을 제거하고 a-b 단자에 단위전압을 삽입한다. 식 (18.47)로부터 $\mathbf{I}_1 = n\mathbf{I}_2$이고 $\mathbf{V}_1 = \mathbf{V}_2/n$이므로

$$\mathbf{Z}_{Th} = \mathbf{V}_1/\mathbf{I}_1 = \frac{\mathbf{V}_2/n}{nI_2} = \frac{\mathbf{Z}_2}{n^2}, \quad \text{여기서} \quad \mathbf{V}_2 = \mathbf{Z}_2\mathbf{I}_2 \tag{18.49}$$

이는 식 (18.47)로부터 예상한 바와 같다. $\mathbf{V}_{Th}$와 $\mathbf{Z}_{Th}$가 구해지면, 그림 18.33의 회로에서 a-b 단자 우측에 테브난 등가회로를 삽입한다. 이 결과는 그림 3.55에 표시하였다. 또한 그림 18.33 회로의 1차측을 2차측에 반사시킬 수 있다. 등가회로는 그림 18.36과 같다.

변압기를 제거하고 2차측 회로를 1차측에 반사시키는 일반적인 규칙: 2차측 임피던드를 n^2으로 나누고, 2차측 전압은 n으로 나누며, 2차측 전류를 n으로 곱한다.

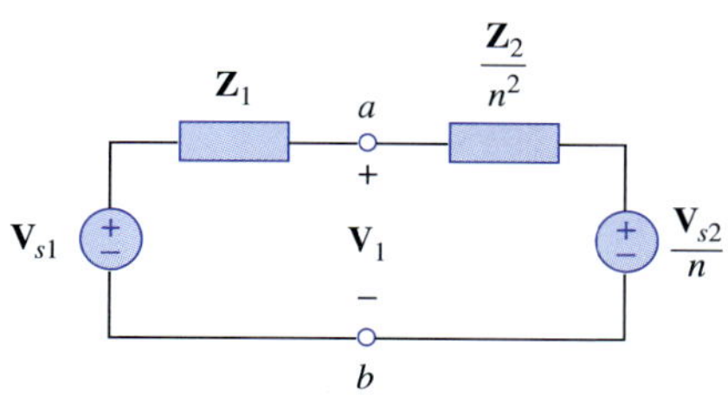

그림 18.35

그림 18.33에 대해 2차측을 1차측으로 반사시켜 구한 등가 회로

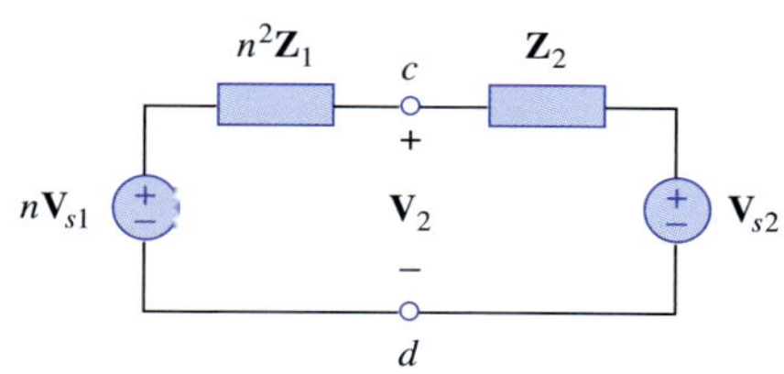

그림 18.36

그림 18.33에 대해 1차측을 2차측으로 반사시켜 구한 등가 회로

> 변압기를 제거하고 1차측을 2차측으로 반사시키는 규칙은 1차측 임피던스에 n^2을 곱하고, 1차측 전압에 n을 곱하고, 1차측 전류를 n으로 나눈다.

식 (18.45)로부터 전력은 1차측이나 2차측에서 계산하더라도 동일해야 한다. 이처럼 반사시키는 접근은 1, 2차 권선 사이에 아무런 외부 결선이 없을 때만 적용 가능하다는 점에 주의해야 한다. 1, 2차 권선 사이에 외부 결선이 있는 경우에는 단순히 통상적인 망로 해석이나 절점 해석을 적용한다. 그림 18.39와 18.40은 1, 2차 권선 사이에 외부 결선이 존재하는 회로의 예를 보인 것이다. 마찬가지로 그림 18.33에서 점 표시 위치가 달라진다면 앞서 기술한 그림 18.32에서 설명한 것처럼 점 표시 규칙에 맞게 n을 $-n$으로 바꾸어야 할 수도 있다는 점에 유의해야 한다.

예제 18.7

정격이 2,400/120 V, 9.6 kVA인 변압기의 2차측에 권선수가 50이라고 할 때 다음을 계산하라.

(a) 권선비

(b) 1차측 권선수

(c) 1, 2차측의 전류 정격

풀이

(a) $V_1 = 2{,}400\ \text{V} > V_2 = 120\ \text{V}$이므로 강압 변압기이다.

$$n = \frac{V_2}{V_1} = \frac{120}{2{,}400} = 0.05$$

(b) $n = \dfrac{N_2}{N_1} \quad \Rightarrow \quad 0.05 = \dfrac{50}{N_1}$

혹은

$$N_1 = \frac{50}{0.05} = 1{,}000\ \text{turns}$$

(c) $S = V_1 I_1 = V_2 I_2 = 9.6\ \text{kVA}$

따라서

$$I_1 = \frac{9{,}600}{V_1} = \frac{9{,}600}{2{,}400} = 4\ \text{A}$$

$$I_2 = \frac{9{,}600}{V_2} = \frac{9{,}600}{120} = 80\ \text{A}$$

혹은

$$I_2 = \frac{I_1}{n} = \frac{4}{0.05} = 80\ \text{A}$$

연습문제 18.7

정격이 3,300/110 V인 변압기의 1차측 전류가 3 A라고 할 때 다음을 계산하라.

(a) 권선비, (b) kVA 정격, (c) 2차측 전류

해답 (a) 1/30, (b) 9.9 kVA, (c)90 A

예제 18.8

그림 18.37의 회로에서 다음을 구하라.

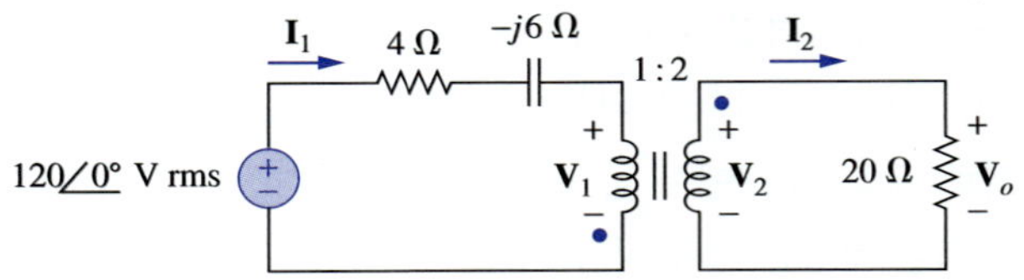

그림 18.37

예제 18.8의 회로

(a) 전원 전류, $\mathbf{I}_1$

(b) 출력 전압, $\mathbf{V}_o$

(c) 전원에서 공급되는 복소전력

풀이

(a) 20 Ω 임피던스를 1차측으로 반사시키면 다음과 같다.

$$\mathbf{Z}_R = \frac{20}{n^2} = \frac{20}{4} = 5\ \Omega$$

따라서

$$\mathbf{Z}_{\text{in}} = 4 - j6 + \mathbf{Z}_R = 9 - j6 = 10.82\underline{/-33.69^\circ}\ \Omega$$

$$\mathbf{I}_1 = \frac{120\underline{/0^\circ}}{\mathbf{Z}_{\text{in}}} = \frac{120\underline{/0^\circ}}{10.82\underline{/-33.69^\circ}} = 11.09\underline{/33.69^\circ}\ \text{A}$$

(b) $\mathbf{I}_1$과 $\mathbf{I}_2$는 둘 다 점표시 단자에서 유출되므로

$$\mathbf{I}_2 = -\frac{1}{n}\mathbf{I}_1 = -5.545\underline{/33.69^\circ}\ \text{A}$$

$$\mathbf{V}_o = 20\mathbf{I}_2 = 110.9\underline{/213.69^\circ}$$

(c) 복소 전력은

$$\mathbf{S} = \mathbf{V}_s\mathbf{I}_1^* = (120\underline{/0^\circ})(11.09\underline{/-33.69^\circ}) = 1{,}330.8\underline{/-33.69^\circ}\ \text{VA}$$

연습문제 18.8

그림 18.38의 이상 변압기 회로에서 $\mathbf{V}_o$와 전원에서 공급하는 복소 전력을 구하라.

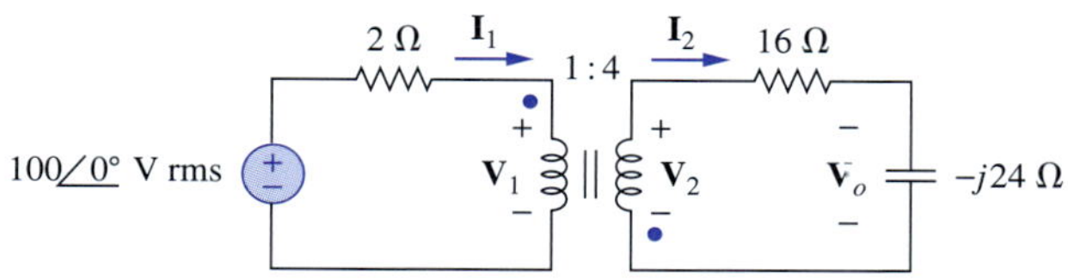

그림 18.38
연습문제 18.8의 회로

해답 $178.9\underline{/116.56^\circ}$ V, $2{,}981.5\underline{/-26.56^\circ}$ VA

예제 18.9

그림 18.39의 이상 변압기 회로에서 10-Ω 저항에 공급되는 전력을 구하라.

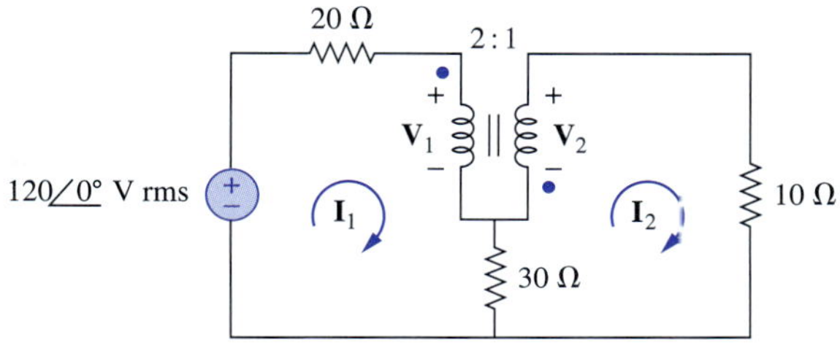

그림 18.39
예제 18.9의 회로

풀이

이 회로는 1차측과 2차측 사이가 30-Ω 저항이 직결되어 있기 때문에 2차측이나 1차측을 반사시키는 방법을 적용할 수 없다. 여기에는 망로 해석을 적용한다. 망로 1에서

$$-120 + (20 + 30)\mathbf{I}_1 - 30\mathbf{I}_2 + \mathbf{V}_1 = 0$$

혹은

$$50\mathbf{I}_1 - 30\mathbf{I}_2 + \mathbf{V}_1 = 120 \tag{18.9.1}$$

망로 2에서

$$-\mathbf{V}_2 + (10 + 30)\mathbf{I}_2 - 30\mathbf{I}_1 = 0$$

혹은

$$-30\mathbf{I}_1 + 40\mathbf{I}_2 - \mathbf{V}_2 = 0 \tag{18.9.2}$$

변압기 단자에서

$$\mathbf{V}_2 = -\frac{1}{2}\mathbf{V}_1 \tag{18.9.3}$$

$$\mathbf{I}_2 = -2\mathbf{I}_1 \tag{18.9.4}$$

($n = 1/2$임에 유의) 이제 4개의 미지수에 대한 방정식 4개가 만들어졌는데 우리의 목표는 $\mathbf{I}_2$를 찾는 것이다. 따라서 식 (18.9.1)과 (18.9.2)의 $\mathbf{V}_1$과 $\mathbf{I}_1$을 $\mathbf{V}_2$와 $\mathbf{I}_2$의 항으로 대입한다. 식 (18.9.1)은

$$-55\mathbf{I}_2 - 2\mathbf{V}_2 = 120 \tag{18.9.5}$$

이 되고 식 (18.9.2)는

$$15\mathbf{I}_2 + 40\mathbf{I}_2 - \mathbf{V}_2 = 0 \quad \Rightarrow \quad \mathbf{V}_2 = 55\mathbf{I}_2 \tag{18.9.6}$$

식 (18.9.6)을 (18.9.5)에 대입하면

$$-165\mathbf{I}_2 = 120 \quad \Rightarrow \quad \mathbf{I}_2 = -\frac{120}{165} = -0.7272 \text{ A}$$

10 Ω 저항에서 사용되는 전력은

$$P = (-0.7272)^2(10) = 5.3 \text{ W}$$

연습문제 18.9

그림 18.40의 회로에서 $\mathbf{V}_o$를 구하라.

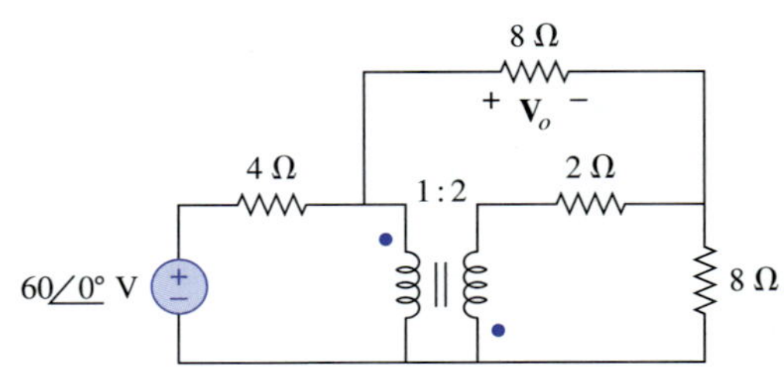

그림 18.40

연습문제 18.9의 회로

해답 24 V

18.6 이상 단권 변압기

지금까지 우리가 다룬 일반적인 2개 권선을 가진 변압기와 달리, **단권 변압기**(*autotransformer*)는 1차측과 2차측 사이에 **탭**(*tap*)이라 불리는 연결 부위를 갖는 연속된 단일 권선으로 구성된다. 탭은 종종 조정가능해서 원하는 권선비가 되도록 전압을 승압하거나 강압할 수 있다. 이 방법으로 단권변압기에 연결된 부하에 가변전압을 공급한다. 단권 변압기는 가변 교류 전원을 만들 때 사용된다. 즉

그림 18.41
전형적인 단권 변압기

> **단권 변압기**란 1차와 2차 권선이 단일 권선으로 이루어진 변압기이다.

전형적인 단권 변압기는 그림 18.41과 같다. 그림 18.42에 보인 것처럼 단권 변압기는 승압이나 강압 모드로 작동할 수 있다. 단권 변압기는 전력 변압기의 한 종류이다. 2권선형 변압기 대비 주된 장점으로 더 큰 피상전력(apparent power)을 전달할 수 있다. 이는 예제 18.10에서 증명할 것이다. 또 다른 장점으로 단권 변압기는 등가의 2권선형 변압기에 비해 더 작고 가볍다. 그러나 1, 2차 권선이 단일 권선이기 때문에 전기적 절연(직접적인 전기적 결선이 배제) 특성을 잃는다(18.8.1절에서 통상의 변압기에서 전기적 절연 특성이 실제로 어떻게 적용되는 지 살펴볼 것이다). 1, 2차 권선 사이에 전기적 절연이 안 되는 것이 단권변압기의 가장 큰 단점이다.

이상 변압기에서 유도한 수식의 일부는 단권 변압기에서도 적용된다. 그림 18.42(a)의 강압형 단권 변압기 회로에서, 식 (18.39)는

$$\frac{\mathbf{V}_1}{\mathbf{V}_2} = \frac{N_1 + N_2}{N_2} = 1 + \frac{N_1}{N_2} \tag{18.50}$$

이상 단권 변압기는 손실이 없기 때문에 1차측과 2차측 권선에서의 복소 전력이 동일하다.

$$\mathbf{S}_1 = \mathbf{V}_1\mathbf{I}_1^* = \mathbf{S}_2 = \mathbf{V}_2\mathbf{I}_2^* \tag{18.51}$$

식 (18.51)은 rms 값으로 아래와 같이 표현할 수 있다.

$$V_1 I_1 = V_2 I_2$$

혹은

$$\frac{V_2}{V_1} = \frac{I_1}{I_2} \tag{18.52}$$

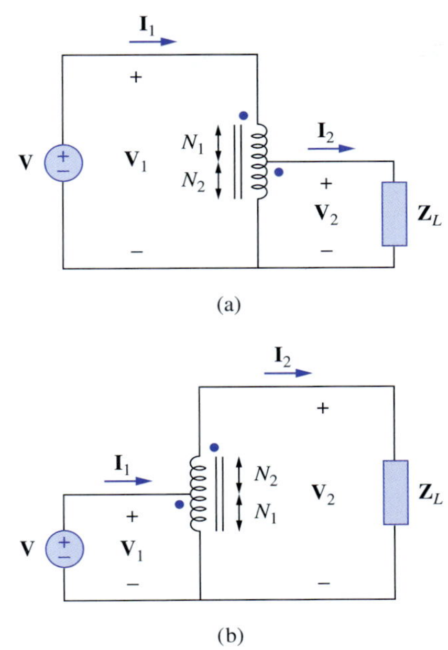

그림 18.42
(a) 강압형 단권 변압기, (b) 승압형 단권 변압기

따라서, 전류 관계식은

$$\frac{\mathbf{I}_1}{\mathbf{I}_2} = \frac{N_2}{N_1 + N_2} \tag{18.53}$$

그림 18.42(b)의 승압형 단권 변압기 회로에서

$$\frac{\mathbf{V}_1}{N_1} = \frac{\mathbf{V}_2}{N_1 + N_2}$$

혹은

$$\boxed{\frac{\mathbf{V}_1}{\mathbf{V}_2} = \frac{N_1}{N_1 + N_2}} \tag{18.54}$$

식 (18.51)로 주어진 복소 전력 또한 승압형 단권 변압기에 적용할 수 있으므로 식 (18.52)을 다시 적용한다. 따라서 전류 관계식은

$$\frac{\mathbf{I}_1}{\mathbf{I}_2} = \frac{N_1 + N_2}{N_1} = 1 + \frac{N_2}{N_1} \tag{18.55}$$

일반적인 변압기와 단권 변압기의 주 차이점은 단권 변압기의 1차측과 2차측이 자기적으로 결합될 뿐 아니라 전기적으로도 결합된다는 것이다. 단권 변압기는 일반 변압기 중 전기적 절연이 필요치 않은 부위에 사용될 수 있다.

권선비가 클수록 단권 변압기는 비경제적이다. 따라서 권선비가 2를 넘는 단권 변압기는 거의 사용되지 않는다. 대형 단권 변압기는 고압 전력 시스템의 결선부에 사용된다. 모터의 기동에는 소형이 사용된다. 또한 음성이나 소리를 전송할 때도 사용된다.

예제 18.10

그림 18.43(a)의 2 권선형 변압기와 그림 18.43(b)의 단권 변압기의 전력 정격을 비교하라.

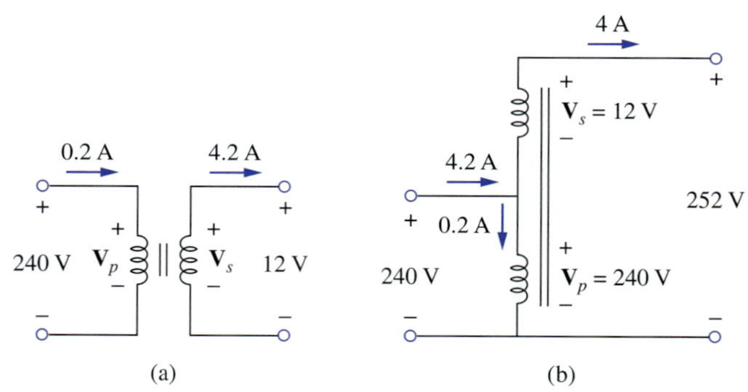

그림 18.43
예제 18.10의 회로

풀이

단권 변압기의 1, 2차 권선은 하나의 연속 권선으로 되어 있지만 그림 18.43(b)

에서 명확히 하기 위해 분리했다. 그림 18.43(b)의 단권 변압기에서 각 권선에서의 전압과 전류는 그림 18.43(a)의 2 권선형 변압기의 경우와 동일함에 유의하라. 이것이 전력 정격을 비교하는 기초이다.

2권선형 변압기에서 전력 정격

$$S_1 = 0.2(240) = 48 \text{ VA}$$

혹은

$$S_2 = 4(12) = 48 \text{ VA}$$

단권 변압기에서 전력 정격은

$$S_1 = 4.2(240) = 1{,}008 \text{ VA}$$

혹은

$$S_2 = 4(252) = 1{,}008 \text{ VA}$$

로 2 권선형에 비해 전력 정격이 21배 크다.

연습문제 18.10

그림 18.43을 참조하라. 2권선형 변압기가 60-VA, 120/10-V변압기라면 단권 변압기의 전력 정격은 얼마인가?

해답 780 VA

예제 18.11

그림 18.44 단권 변압기 회로를 참조하여 다음을 계산하라.

(a) $\mathbf{Z}_L = 8 + j6\ \Omega$이 일 때 $\mathbf{I}_1, \mathbf{I}_2, \mathbf{I}_o$

(b) 부하에 공급되는 복소 전력

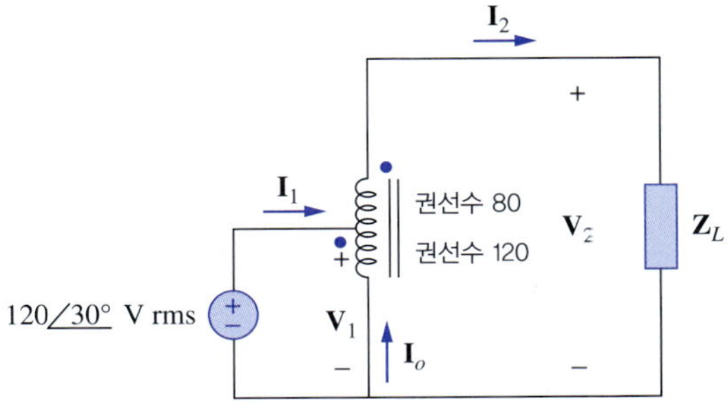

그림 18.44
예제 18.11의 회로

풀이

(a) 이는 $N_1 = 80$, $N_2 = 120$, $\mathbf{V}_1 = 120\underline{/30^\circ}$ V인 승압형 단권 변압기이므로 식 (18.54)를 이용하여 $\mathbf{V}_2$를 찾을 수 있다.

$$\frac{\mathbf{V}_1}{\mathbf{V}_2} = \frac{N_1}{N_1 + N_2} = \frac{80}{200}$$

혹은

$$\mathbf{V}_2 = \frac{200}{80}\mathbf{V}_1 = \frac{200}{80}(120\underline{/30°}) = 300\underline{/30°}\text{ V}$$

$$\mathbf{I}_2 = \mathbf{V}_2/\mathbf{Z}_L = \frac{300\underline{/30°}}{8 + j6} = \frac{300\underline{/30°}}{10\underline{/36.87°}} = 30\underline{/-6.87°}\text{ A}$$

그런데

$$\mathbf{I}_1/\mathbf{I}_2 = \frac{N_1 + N_2}{N_1} = \frac{200}{80}$$

혹은

$$\mathbf{I}_1 = \frac{200}{80}\mathbf{I}_2 = \frac{200}{80}(30\underline{/-6.87°}) = 75\underline{/-6.87°}\text{ V}$$

탭에서 KCL을 적용하면

$$\mathbf{I}_1 + \mathbf{I}_o = \mathbf{I}_2$$

혹은

$$\mathbf{I}_o = \mathbf{I}_2 - \mathbf{I}_1 = 30\underline{/-6.87°} - 75\underline{/-6.87°} = 45\underline{/173.13°}\text{ A}$$

(b) 부하에 공급되는 복소 전력은

$$\mathbf{S}_2 = \mathbf{V}_2\mathbf{I}_2^* = |\mathbf{I}_2|^2\mathbf{Z}_L = (30)^2(10\underline{/36.87°}) = 9\underline{/36.87°}\text{ kVA}$$

연습문제 18.11

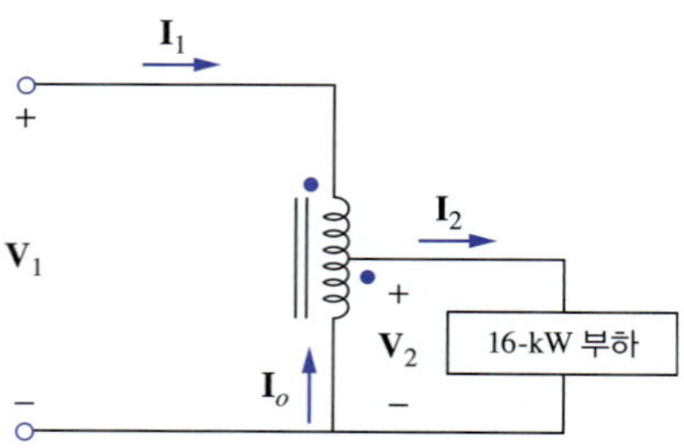

그림 18.45
연습문제 18.11의 회로

그림 18.45의 단권 변압기 회로에서 전류 $\mathbf{I}_1$, $\mathbf{I}_2$, $\mathbf{I}_o$를 구하라. 단 $\mathbf{V}_1$ = 1,250 V, $\mathbf{V}_2$ = 800 V이다.

해답 12.8 A, 20 A, 7.2 A

18.7 컴퓨터 해석

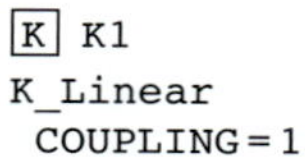

그림 18.46
결합 정의를 위한 K_Linear

PSpice는 자기 결합회로를 인덕터 회로처럼 해석하는데, 다만 점 표시 규칙에 따른다는 점만 차이가 있다. PSpice 도면에서 점(표시되지 않음)은 항상 1번 핀 옆인데, 이는 도면상에 부품명 L인 인덕터를 회전시키지 않은 상태(수평)로 배치할 때 좌측 단자이다. 따라서 부품회전은 항상 1번 핀 주위로 이루어 지므로 90°반시계 방향으로 회전시키면 점 혹은 1번 핀은 아래에 위치한다. 자기 결합 인덕터에서 점 표식이 존재한다는 점을 잊지 말고, 크기는 헨리 단위로 설정한 상태에서 결합 기호 KBREAK로 결합을 정의한다. 결합된 인덕터 쌍에 대해 다음 절차를 따른다.

1. **Place/Part**을 선택하고 K_LINEAR를 입력한다.
2. 그림 18.46에 보인 것처럼 **DCLICK**과 도면에 K_LINEAR 기호를 배치한다(K_LINEAR는 부품이 아니기 때문에 핀이 없음에 유의).
3. COUPING에 **DCLICKL**을 하고 결합 계수 k의 값을 설정한다.
4. 박스 쳐진 K(결합 기호)에 **DCLICKL**하고 결합 인덕터에 대해 부품 번호 이름을 Li, i = 1, 2, ⋯ 6의 값으로 입력한다. 예를 들어 인덕터 L20과 L23이 결합된다면, L1 = L20, L2 = L23으로 설정한다. L1과 적어도 다른 Li 하나는 반드시 할당된 값이어야 한다. 다른 Li 값은 공란으로 둬도 된다. 4번째 단계에서 동일한 결합에 인덕터 6개까지 명시할 수 있다.

공심 변압기에 대한 부품명은 XFRM_LINEAR이다. 이는 **Place/Part**를 선택하고 부품명을 입력하거나 analog.slb 라이브러리에서 부품명을 선택하여 회로에 삽입할 수 있다. 그림 18.47(a)에 전형적인 경우를 보인 것처럼 선형 변압기의 주 속성은 결합계수 k와 헨리 단위의 인덕턴스 값 L1과 L2이다. 만일 상호 인덕턴스 M을 명시하려면, 이 값은 L1과 L2에 따라 k를 계산해서 사용해야 한다. k는 0과 1사이의 값을 가져야 함에 유의해야 한다.

이상 변압기에 대한 부품명은 XFRM_NONLINEAR이고 ANALOG라이브러리에 있다. 이는 **Place/Part**를 클릭하고 부품명을 입력하면 선택할 수 있다. 그림 18.47(b)에 보인 것처럼 이의 속성은 결합계수와 L1과 L2에 연관된 권선수이다. 상호 결합 계수의 크기는 0과 1 사이의 값을 가져야 한다. 비록 18.5절에서 이상 변압기는 k = 1로 언급했지만 PSpice는 k값이 0에서 1사이의 변화만을 허용한다.

PSpice에 몇가지 추가적인 변압기 구성이 있는데, 여기서 설명은 생략한다.

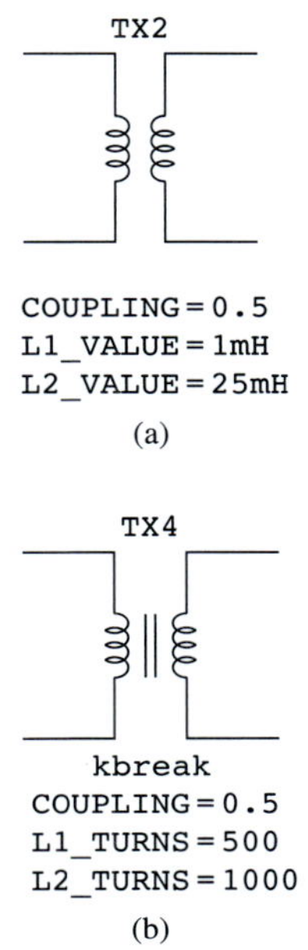

그림 18.47
(a) 선형 변압기 XFRM_LINEAR (b)이상 변압기 XFRM_NONLINEAR

예제 18.12

그림 18.48의 회로에 대해 PSpice를 이용하여 i_1, i_2, i_3를 구하라.

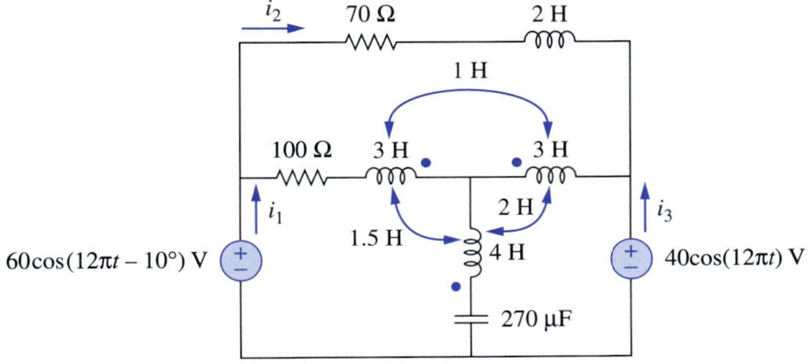

그림 18.48
예제 18.12의 회로

풀이

3개의 결합 인덕터에 대한 결합 계수는 다음과 같이 정해진다.

$$k_{12} = \frac{M_{12}}{\sqrt{L_1 L_2}} = \frac{1}{\sqrt{3 \times 3}} = 0.3333$$

$$k_{13} = \frac{M_{13}}{\sqrt{L_1 L_3}} = \frac{1.5}{\sqrt{3 \times 4}} = 0.433$$

$$k_{23} = \frac{M_{23}}{\sqrt{L_2 L_3}} = \frac{2}{\sqrt{3 \times 4}} = 0.5774$$

그림 18.48에서 동작 주파수 f는 다음과 같다.

$$\omega = 12\pi = 2\pi f \qquad \Rightarrow \qquad f = 6 \text{ Hz.}$$

회로의 개략도는 그림 18.49에 묘사한 바와 같다. 3개의 IPRINT 가상부품은 필요한 전류 i_1, i_2, i_3를 구하기 위해 해당하는 가지에 삽입되어 있다. 점 표시 규칙이 어떻게 적용되는지 주목하라. L2에서 점은 1번 핀(좌측 단자)라서 회전하지 않은 상태로 삽입하였다. L1의 경우 점이 인덕터의 우측 단자에 붙어야 하기 때문에 인덕터를 180° 회전시켜야만 했다. L3에 대해선 인덕터를 90° 회전시켜서 점이 아래에 위치하게 해야한다. 2-H인덕터(L4)는 결합되지 않았음에 주의하라.

회로를 그림 18.49와 같이 그리고 나서 exam1812.dsn으로 저장한 다음, **PSpice/New Simulation Profile**을 선택한다. 이렇게 하면 New Simulation이라는 대화 상자가 나타난다. 파일명에 "exam1812"를 입력하고 Create를 클릭한다. 이렇게 하면 Simulation Setting이라는 대화상자가 나타난다. Simulation

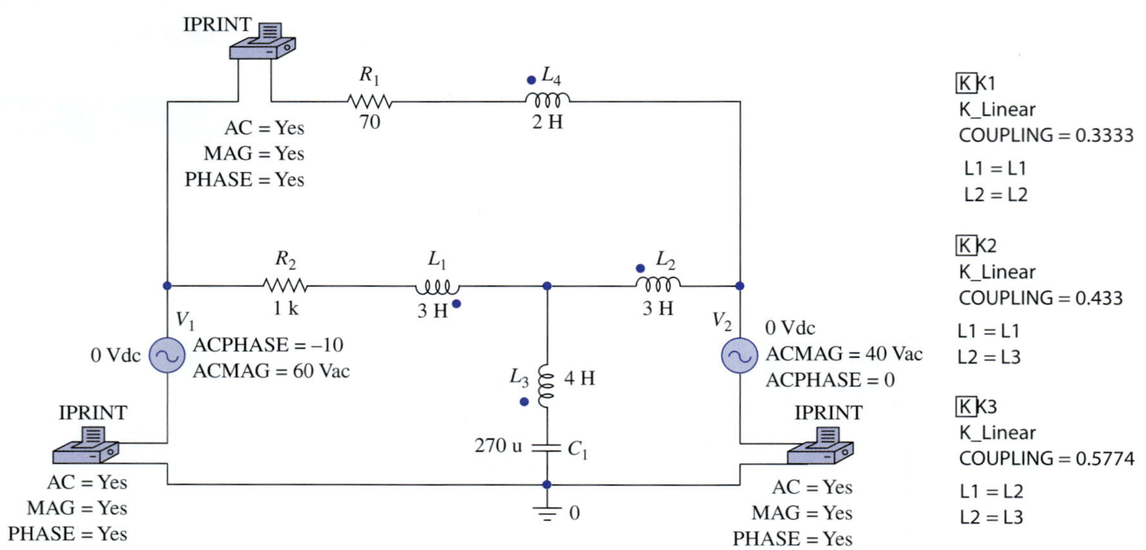

그림 18.49

그림 18.48의 회로에 대한 개략도

Setting 대화 상자에서 Analysis Type 아래 *AC Sweep/Noise*를 선택하고, *AC Sweep Type*아래 Linear를 선택한다. *Start Freq*에 6, *Final Freq*에 6 그리고 *Total Points*에 1을 입력한다.

PSpice/Run을 선택하여 회로를 시뮬레이션한다. 출력 파일은 **PSpice/View Output file**을 선택하면 얻을 수 있다. 출력 파일에는 다음 내용이 포함되어 있다.

```
FREQ          IM(V_PRINT3)    IP(V_PRINT3)
6.000E+00     2.335E-01       -6.962E+01
FREQ          IM(V_PRINT1)    IP(V_PRINT1)
6.000E+00     2.114E-01       -7.575E+01
FREQ          IM(V_PRINT2)    IP(V_PRINT2)
6.000E+00     1.143E-01       -5.058E+01
```

이로부터 다음 결과를 얻는다.

$$\mathbf{I}_1 = 0.2335\underline{/-69.62^\circ}$$
$$\mathbf{I}_2 = 0.2114\underline{/-75.75^\circ}$$
$$\mathbf{I}_3 = 0.1143\underline{/-50.58^\circ}$$

따라서

$$i_1 = 0.2335 \cos(12\pi t - 69.62^\circ) \text{ A}$$
$$i_2 = 0.2114 \cos(12\pi t - 75.75^\circ) \text{ A}$$
$$i_3 = 0.1143 \cos(12\pi t - 50.58^\circ) \text{ A}$$

연습문제 18.12

그림 18.50의 회로에 대해 PSpice를 이용하여 i_o를 구하라.

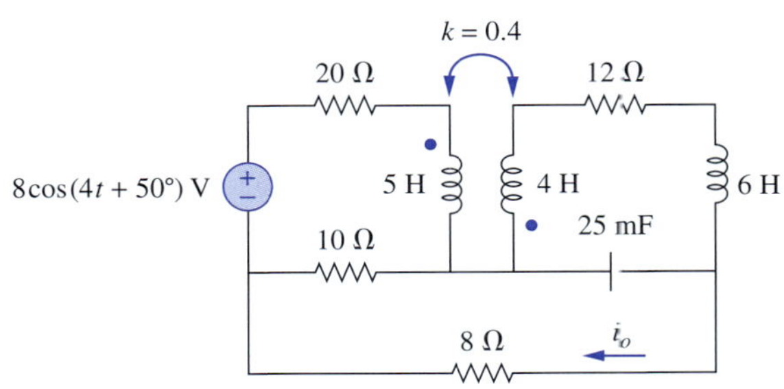

그림 18.50
연습문제 18.12의 회로

해답 $0.1006 \cos(4t + 68.52^\circ)$ A

예제 18.13

그림 18.51의 회로에 대해 PSpice를 이용하여 $\mathbf{V}_1$, $\mathbf{V}_2$를 구하라.

풀이

보통 $\omega = 1$로 가정하고 각 부품의 해당되는 커패시턴스와 인덕턴스의 값을 구한다.

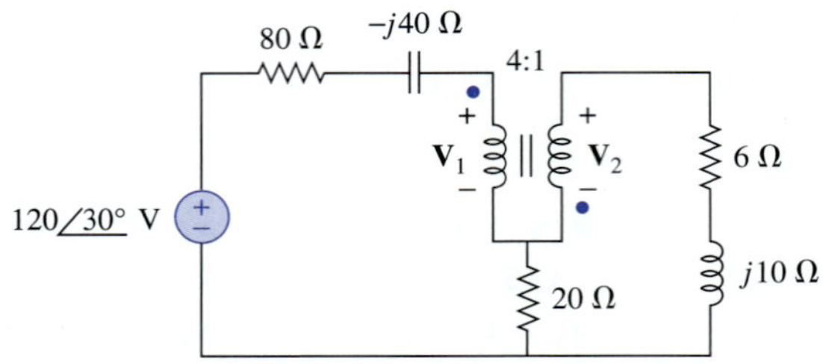

그림 18.51

예제 18.13의 회로

$$j10 = j\omega L \quad \Rightarrow \quad L = 10\text{ H}$$

$$-j40 = \frac{1}{j\omega C} \quad \Rightarrow \quad C = 25\text{ mF}$$

그림 18.52는 개략도를 보인 것이다. 이상 변압기에 대해 결합 계수는 0.999로 권선수는 400,000과 100,000으로 설정한다.[3] $\mathbf{V}_1$과 $\mathbf{V}_2$를 구하기 위해 2개의 VPRINT2 가상부품이 변압기 단자 양단에 연결되어있다.

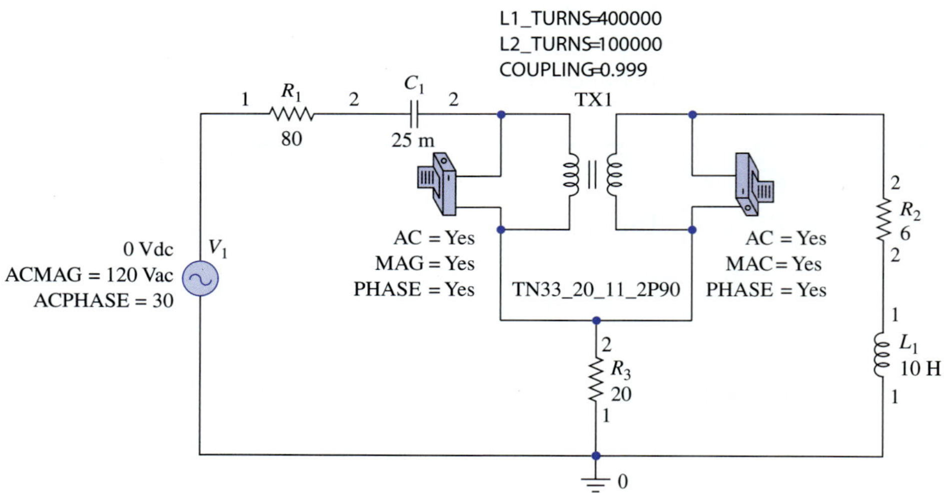

그림 18.52

그림 18.51의 회로에 대한 개략도

회로를 그림 18.52와 같이 그리고 나서 exam1813.dsn으로 저장한 다음, **PSpice/New Simulation Profile**을 선택한다. 이렇게 하면 New Simulation이라는 대화 상자가 나타난다. 파일명에 "exam1813"을 입력하고 Create를 클릭한다. 이렇게 하면 Simulation Setting이라는 대화상자가 나타난다. Simulation

3 주의: 이상 변압기의 경우 1차측과 2차측 권선의 인덕턴스는 무한히 크다는 사실에 유념

Setting 대화 상자에서 Analysis Type아래 *AC Sweep/Noise*를 선택하고, *AC Sweep Type*아래 Linear를 선택한다. *Start Freq*에 0.1592, *Final Freq*에 0.1592, 그리고 *Total Points*에 1을 입력한다.

PSpice/Run을 선택하여 회로를 시뮬레이션한다. 출력 파일은 **PSpice/View Output file**을 선택하면 얻을 수 있다. 출력 파일에는 다음 내용이 포함되어 있다.

```
FREQ          VM(C,A)       VP(C,A)
1.592E-01     1.212E+02     -1.435E+02
FREQ          VM(B,C)       VP(B,C)
1.592E-01     2.775E+02     2.789E+01
```

이로부터 다음 결과를 얻는다.

$$\mathbf{V}_1 = -V(C, A) = 121.2\underline{/36.5^\circ}\ \text{V}$$
$$\mathbf{V}_2 = V(B, C) = 277.5\underline{/27.89^\circ}\ \text{V}$$

연습문제 18.13

그림 18.53의 회로에 대해 PSpice를 이용하여 $\mathbf{V}_1$, $\mathbf{V}_2$를 구하라.

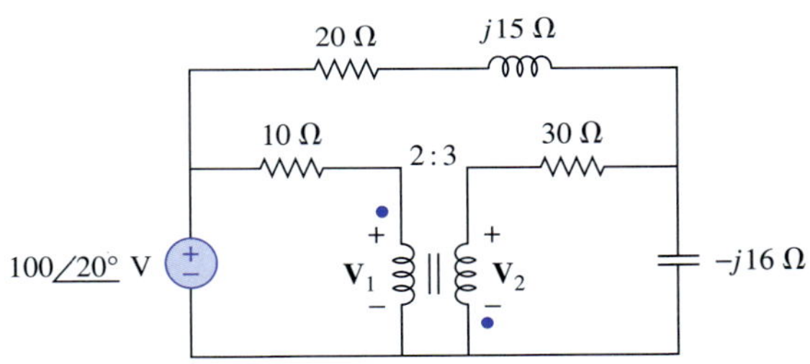

그림 18.53
연습문제 18.13의 회로

해답 $63.1\underline{/28.65^\circ}$ V; $94.64\underline{/-151.4^\circ}$ V

18.8 †응용

변압기는 회로 부품 중에서 가장 크고, 무겁고 그리고 종종 가장 비싼 부품이다. 그럼에도 불구하고 전기회로에서 필수 불가결한 수동 부품이다. 이들은 가장 효율적인 기기로 95% 효율이 보통이고 99%까지도 가능하다. 이들은 다양한 응용분야에서 발견된다. 예를 들면

- 전력송전과 배전에 유용하도록 전압이나 전류를 키우거나 줄일 때
- 회로의 어느 한 부분을 다른 쪽으로부터 절연시킬 때, 즉 도선에 의한 전기적 연결 없이 전력을 전송하기 위해
- 최대 전력 전송을 위한 임피이던스 정합 부품으로

- 인덕턴스의 응답에 따라 동작이 달라지는 주파수 선택 회로에서

이처럼 변압기의 다양한 용도 때문에 변압기에는 다수의 특수한 설계(전압 변압기, 전류 변압기, 배전 변압기, 임피던스 정합 변압기, 오디오 변압기, 단상 변압기, 3상 변압기, 정류 변압기, 인버터 변압기 등과 같이)가 존재하는데 이 중 일부만 이 장에서 논의한다.[4] 이 장에서 변압기의 3가지 중요한 응용(절연 소자, 정합소자, 전력 배전 시스템)에 대해 살펴볼 것이다.

18.8.1 절연 소자로서의 변압기

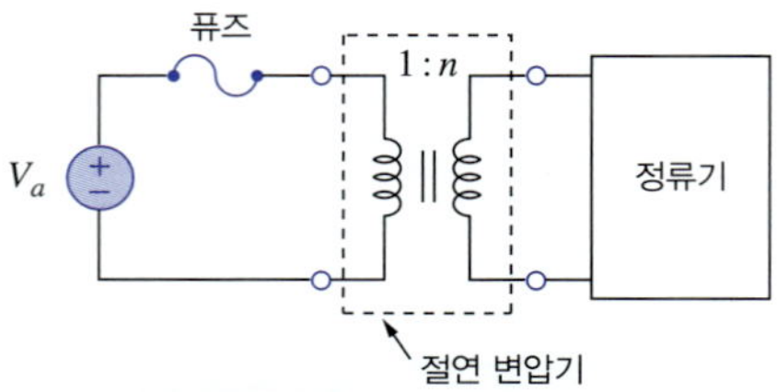

그림 18.54
정류기에 교류 전원장치를 절연하기 위한 용도의 변압기

두 소자 사이의 전기적 절연이 되어 있다는 것은 이들 사이에 도선에 의한 전기적 결선이 없는 상태를 말한다. 변압기에서 전력은 1, 2차 회로 사이에 전기적 결선 없이 자기 결합에 의해 전달된다. 지금부터는 3가지 간단한 실제 예로부터 이러한 특성의 장점을 어떻게 이용하는 지 알아본다.

그림 18.54의 회로를 살펴보자. 정류기는 교류 전압을 직류 전압으로 변환하는 전자 회로이다. 변압기는 종종 정류기에 교류 전압을 연결하기 위해 사용된다. 변압기는 2가지 기능을 한다. 먼저 전압을 승압하거나 강압한다. 둘째 교류 전원 공급부와 정류기 사이를 절연하여 전자 소자를 다룰 때 감전의 위험을 줄여준다.

두번째 예로, 변압기는 2단으로 구성되는 증폭기를 결합하여, 한 단에서의 직류전압이 다음 단의 직류 바이어스에 영향을 주는 것을 방지시킨다. 바이어스를 가하는 것은 트랜지스터 증폭기나 다른 전자회로에 적절한 직류 전압을 인가해서 원하는 동작을 하게 만드는 것이다. 각각의 증폭단은 독립적으로 바이어스가 가해져서 특정한 모드로 동작한다. 직류 절연을 위한 변압기가 없는 경우 원하는 동작 모드는 적당한 수준에서 절충될 수 있다. 그림 18.55에 보인 바와 같이 변압기에 의해 교류 신호만 하나의 단에서 다음 단으로 결합된다. 자기 결합은 직류 전압원에 의해선 존재하지 않음을 상기하라. 변압기는 라디오나 TV 수신기에서 고주파 증폭기를 결합하는데 사용된다. 권선비 n이 1인 변압기의 유일한 목적은 절연을 제공하는 것이다. 따라서 절연 변압기는 $n = 1$ 이다.

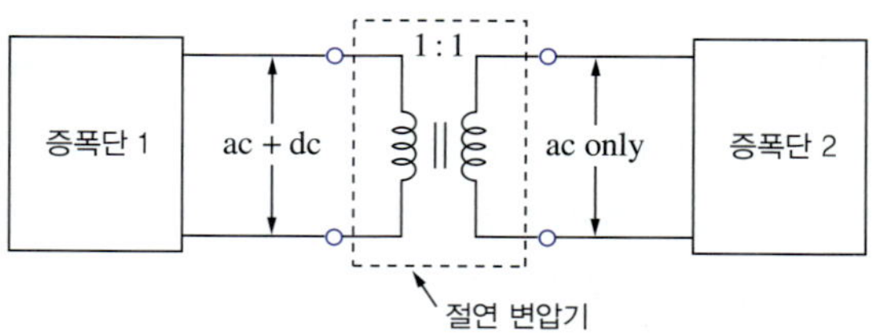

그림 18.55
두 증폭단 사이의 직류 절연을 제공하는 변압기

4 주의: 다양한 종류의 변압기에 대한 더 많은 정보를 위한 좋은 교재로는 W.M,.Flanagan저 *Handbook of Transformer Design and Applications*, 2nd rd., New York: McGraw-Hill, 1993

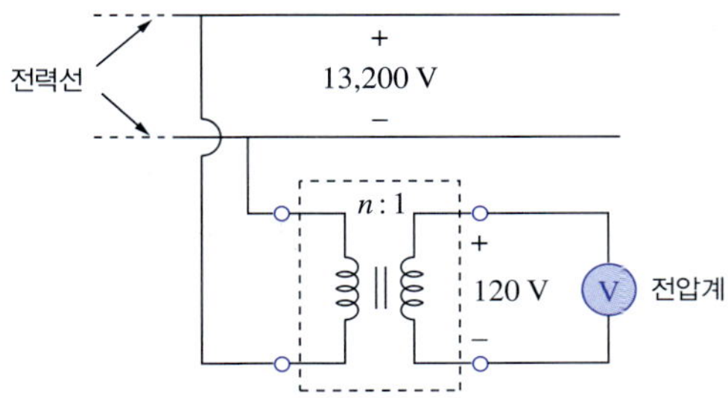

그림 18.56
전력선과 전압계 사이를 절연하는 변압기

세 번째 예로 13.2 kV의 선간 전압 측정을 생각해 보자. 이런 고압 선로에 전압계를 직접 연결하는 것은 분명히 안전하지 않다. 그림 18.56에 보인 것과 같이 변압기는 전압계를 전력선으로부터 전기적으로 절연시키고, 이 전압을 안전한 수준으로 강압하는 용도 모두에 사용된다. 전압계를 사용하여 2차 전압을 측정하면, 권선비는 1차측 선 전압을 계산하는 데 사용된다.

예제 18.14

그림 18.57에서 부하 양단의 전압을 구하라.

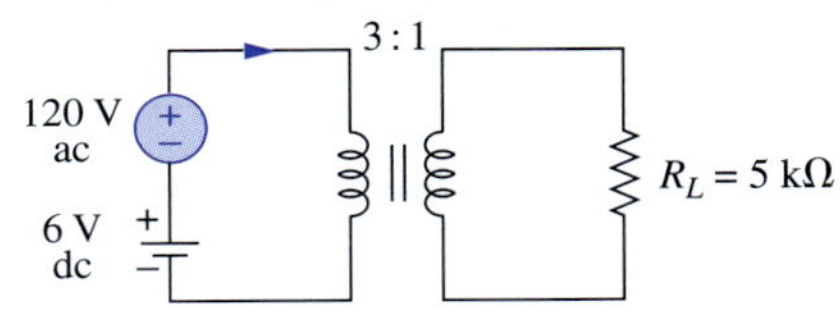

그림 18.57
예제 18.14의 회로

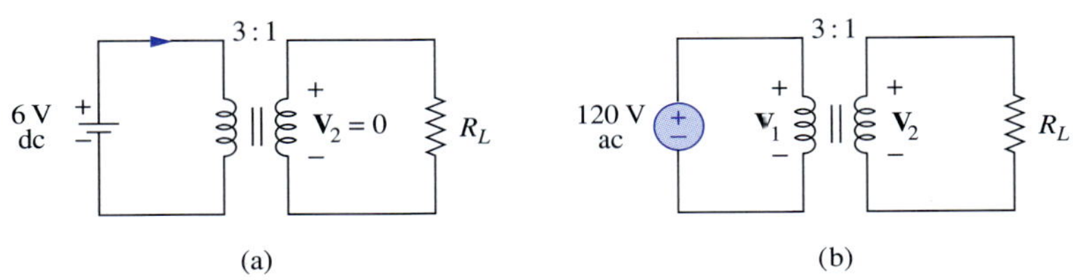

그림 18.58
예제 18.14에서 (a) 직류 전원, (b) 교류 전원

풀이

부하전압을 구하기 위해 중첩의 원리를 적용할 수 있다. $v_L = v_{L1} + v_{L2}$로 두고 이때 v_{L1}은 직류 전원에 의한 것이고 v_{L2}는 교류 전원에 의한 것이다. 그림 18.58에 보인 것처럼 직류 전원과 교류 전원을 분리해서 생각한다. 2차측 회로에 전압을 유도하기 위해선 1차측 회로에 시변 전압이 필요하기 때문에 직류 전원에 의한 부하전압은 0이다. 따라서 $v_{L1} = 0$. 교류 전압에 대해선

$$\mathbf{V}_2/\mathbf{V}_1 = \mathbf{V}_2/120 = 1/3$$

혹은

$$\mathbf{V}_2 = 120/3 = 40 \text{ V}$$

따라서 교류 전압에 의한 부하 전압은 $\mathbf{V}_{L2} = 40$ Vac 혹은 $v_{L2} = 40 \cos(\omega t)$이다. 즉 변압기에 의해 교류 전압만이 부하로 전달된다. 이 예제는 변압기가

어떻게 직류를 차단하는 지 보여준다.

연습문제 18.14

그림 18.56을 참조하라. 18.2 kV의 선 전압을 안전한 수준인 120 V로 강압하기 위한 권선비를 계산하라.

해답 110

18.8.2 정합 소자로서의 변압기

최대 전력 전송을 위해선 부하저항 R_L이 전원 저항 R_S와 같아야 함을 상기하라. 대부분의 경우 이 두 저항은 일치하지 않는다. 둘 다 고정값이고 조정할 수 없다. 그러나 철심 변압기를 사용하여 부하저항을 전원 저항과 같게 만들 수 있다. 이를 **임피던스 정합**(*impedance matching*)이라고 부른다. 예를 들어 대형 스피커를 오디오 파워 앰프에 연결할 때, 스피커의 저항은 수 Ω에 불과한 반면 앰프의 내부저항은 수천 Ω이기 때문에 변압기가 필요하다.

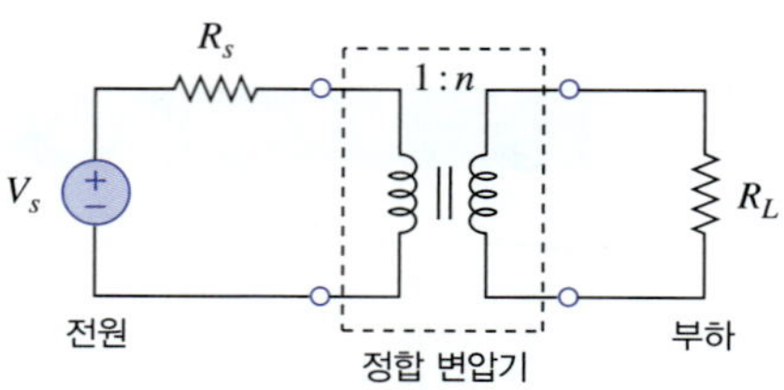

그림 18.59
정합 소자로 사용되는 변압기

그림 18.59의 회로를 살펴보자(그림 18.59에서 V_s와 R_s는 필요하면 테브난 등가회로로 대체해도 된다). 식 (18.47)에서 이상 변압기는 부하를 1차측에 n^2의 비율로 반사시킴을 상기하라.이렇게 반사된 부하 R_L/n^2를 전원 저항 R_s와 정합시키기 위해선 이들을 같게 설정한다. 즉

$$R_s = \frac{R_L}{n^2} \tag{18.56}$$

적절한 권선비 n을 선택하면 식 (18.56)은 만족된다. 식 (18.56)으로부터 $R_s > R_L$인 경우 정합을 위해선 강압형 변압기($n < 1$)가 필요하고, $R_s < R_L$인 경우는 승압형($n > 1$)이 필요함을 알 수 있다.

예제 18.15

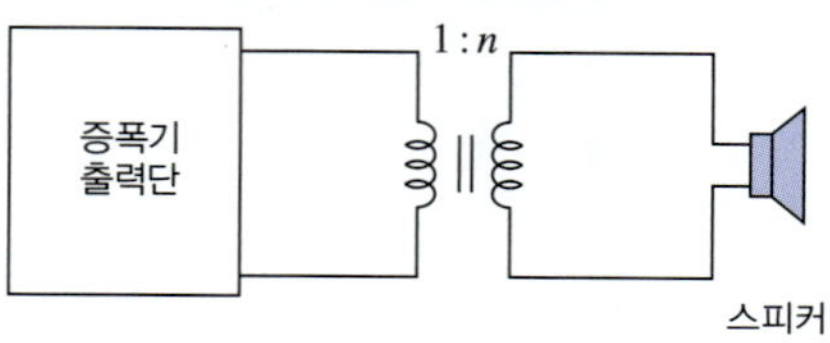

그림 18.60
스피커를 증폭기에 정합시키기 위한 이상 변압기 사용, 예제 18.15의 회로

그림 18.60의 이상 변압기는 증폭회로와 대형 스피커를 정합하여 최대 전력 전달이 되도록 사용한다. 증폭기의 테브난(혹은 출력) 임피던스는 128 Ω이고, 스피커의 내부 임피던스는 8 Ω이다. 필요한 권선비를 구하라.

풀이

증복기를 테브난 등가회로로 치환하고 스피커의 임피던스 Z_L = 12 Ω을 이상 변압기의 1차측으로 반사시킨다. 그림 18.61은 결과를 보인 것이다. 최대 전력 전송을 위해

$$Z_{Th} = \frac{Z_L}{n^2}$$

혹은

$$n^2 = \frac{Z_L}{Z_{Th}} = \frac{8}{128} = \frac{1}{16}$$

따라서 권선비 $n = 1/4 = 0.25$이다.

$P = I^2R$을 이용하여, 실제로 스피커에 전달되는 전력이 이상 변압기가 없을 경우보다 훨씬 큰 것을 확인할 수 있다. 이상 변압기가 없을 경우, 증폭기는 스피커에 직접 연결되어 있다. 스피커에 전달되는 전력은

$$P_L = \left(\frac{V_{Th}}{Z_{Th} + Z_L}\right)^2 Z_L = 432.5V_{Th}^2\ \mu\text{W}$$

변압기가 삽입되면, 1차측과 2차측의 전류는

$$I_p = \frac{V_{Th}}{Z_{Th} + Z_L/n^2}, \qquad I_s = \frac{I_p}{n}$$

따라서

$$P_L = I_s^2 Z_L = \left(\frac{V_{Th}/n}{Z_{Th} + Z_L/n^2}\right)^2 Z_L = \left(\frac{nV_{Th}}{n^2 Z_{Th} + Z_L}\right)^2 Z_L$$
$$= 1{,}953V_{Th}^2\ \mu\text{W}$$

로 앞에서 언급한 내용이 입증된다.

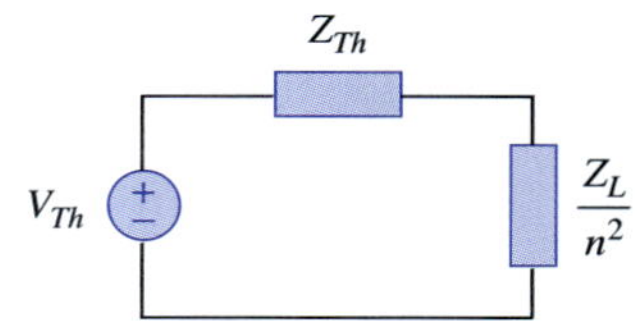

그림 18.61
그림 18.60 회로의 등가회로, 예제 18.15의 회로

연습문제 18.15

1 kΩ부하를 내부 임피던스가 25 kΩ 인 전원에 정합시키기 위한 이상 변압기의 권선비를 계산하라. 전원 전압이 30 V일 때 부하 전압을 구하라.

해답 0.2, 3 V

18.8.3 전력 배전

전력 시스템은 기본적으로 3가지 부분(발전, 송전, 배전)으로 구성된다. 전력회사는 수백 메가볼트암페아(MVA)를 통상 18 kV에서 발전하는 설비를 운영한다. 그림 18.62에서 설명한 것처럼 3상 승압 변압기를 사용하여 발전 전력을 송전선로에 공급한다.

왜 변압기를 사용해야 하는가? 100,000 VA를 50 km 떨어진 지점에 송전한다고 가정해보자. $S = VI$이기 때문에 1,000 V의 선 전압을 사용한다면 송전선로가 100 A를 흘려야 한다는 것이고, 이는 송전 선로의 직경이 커야 한다는 의미이다. 반대로 만일 10,000 V의 선 전압을 사용한다면, 전류는 겨우 10 A면 될 것이다. 더 적은 전류는 I^2R 손실을 줄일 뿐 아니라 필요한 도선의 크기를 줄이게 되어 상당한 절감효과를 만들어 낸다. 손실을 줄이기 위해선 승

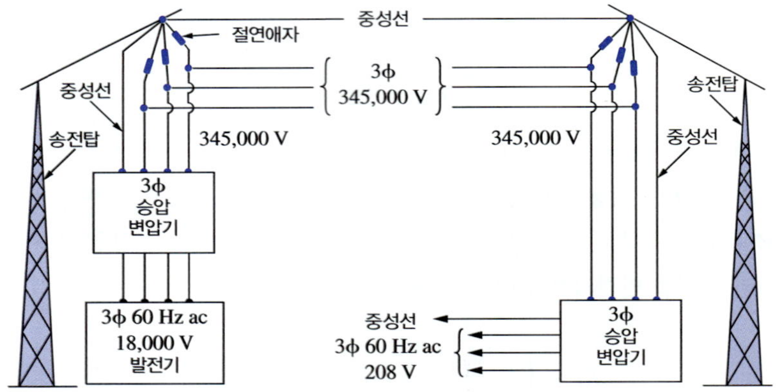

그림 18.62

전형적인 전력 송배전 시스템

압 변압기가 필요하다.[5] 변압기가 없으면 발전 전력의 대부분은 송전선에서 손실될 것이다. 전압을 승압 또는 강압하고 전력을 경제적으로 송전하는 변압기의 기능은 직류 대신 교류로 발전하는 주요 이유중의 하나이다. 따라서 주어진 전력에서 고전압일수록 더 유리하다. 현재 1 MV가 최대 사용 전압인데 연구와 실험 결과에 따라 더 높아질 수도 있다.

발전소를 지나서 전력은 **전력망**(*power grid*)이라 불리는 전기 네트워크를 통해 수백 마일까지 송전된다. 전력망에서 3상 전력은 다양한 크기와 형태의 철탑에 걸려있는 송전선을 통해 보내진다. 강심알루미늄연선(aluminum-conductor, steel-reinforced)은 통상 전체 직경이 40 mm에 이르고 최대 1,380 A의 전류를 흘릴 수 있다.

변전소에서는 배전 변압기를 사용하여 전압을 강압시킨다. 강압 과정은 여러 단을 거치면서 행해진다. 전력은 지상 혹은 지중 케이블에 의해 해당 지역에 배전된다. 변전소에서는 전력을 가정용, 상업용 그리고 산업용 사용자에게 배전한다. 수신 종단에서 옥내 거주자는 최종적으로 120/240 V를 공급받는 반면, 산업용 혹은 상업용 사용자에게는 460/208 V처럼 더 높은 전압으로 공급된다. 옥내 거주자는 보통 전력회사에서 설치한 전봇대에 설치되어 있거나 지중에 위치한 배전 변압기를 통해 공급받는다. 직류가 필요한 경우는 전자식으로 교류를 직류로 변환한다.

예제 18.16

그림 18.63에 보인 것처럼 가정에 공급하기 위해 배전 변압기가 사용된다. 부하는 8개의 100-W전구와 350-W TV 그리고 15-kW의 부엌용 전자레인지로

5 주의: 누군가 이렇게 질문할 수 있다. "전류를 키우지 않고 어떻게 전압을 증가시키나, 결국 I^2R 손실이 증가하는 것 아닌가?" $IV_\ell = V_\ell^2/R$임에 주목하라. 여기서 V_ℓ은 송전선에서 송전측과 수전측 양단의 전위차이다. 송전측에서 승압된 전압은 V지 V_ℓ이 아니다. 수신측이 V_R이라면 $V_\ell = V - V_R$이다. V와 V_R이 서로 비슷하기 때문에 V를 승압하면 V_ℓ은 작아진다.

구성되어 있다. 변압기의 2차측 권선수가 72일 때, 다음을 계산하라.

(a) 1차측 권선의 권선수

(b) 1차 권선의 전류 I_p

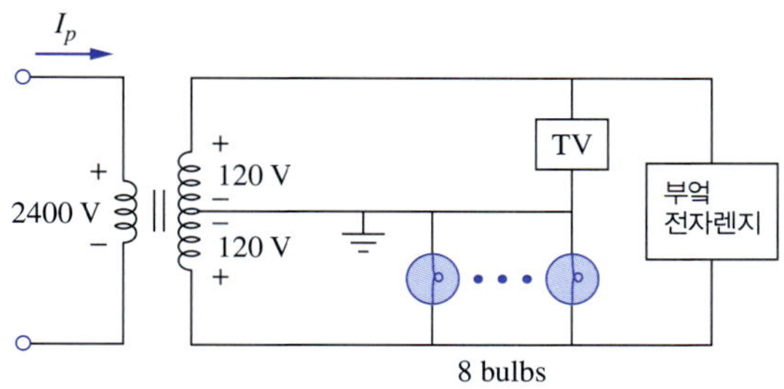

그림 18.63

예제 18.16과 연습문제 18.16의 회로

풀이

(a) 관련된 변수의 크기에만 관심이 있기 때문에 권선의 점 표시는 중요하지 않다.

$$\frac{N_p}{N_s} = \frac{V_p}{V_s}$$

이므로 다음 결과를 얻는다.

$$N_p = N_s\frac{V_p}{V_s} = 72 \times \frac{2{,}400}{240} = 720 \text{ turns}$$

(b) 부하에서사용되는 전체 전력은

$$S = 8 \times 100 + 350 + 15{,}000 = 16.15 \text{ kW}$$

그러나

$$S = V_pI_p = V_sI_s$$

따라서

$$I_p = \frac{S}{V_p} = \frac{16{,}150}{2{,}400} = 6.729 \text{ A}$$

예제 18.16

예제 18.16에서 8개의 100-W 전구를 12개의 60-W전구로 그리고 부엌용 전자레인지를 4.5-kW의 에어컨으로 대체했다고 할 때 다음을 구하라. (a) 전체 공급 전력 (b) 1차 권선의 전류 I_p

해답 (a) 5.57 kW, (b) 2.321 A

18.9 요약

1. 두 개의 코일 중 어느 하나의 코일에서 발산된 자속이 다른 코일을 통과하면 이들은 상호 결합되었다고 말한다. 두 코일간의 상호 인덕턴스는

$$M = k\sqrt{L_1 L_2}$$

이고 여기서 k는 결합상수이며, $0 < k < 1$

2. 코일 1에 대한 전압과 전류를 v_1, i_1이라고 할 때, 코일 2에 대한 전압과 전류 v_2, i_2는

$$v_1 = L_1\frac{di_1}{dt} + M\frac{di_2}{dt}$$

$$v_2 = L_2\frac{di_2}{dt} + M\frac{di_1}{dt}$$

따라서, 결합 코일에 유도되는 전압은 자기 유도 전압과 상호 전압으로 구성된다.

3. 상호유도 전압의 극성은 점 표시 규칙으로 결정된다.
4. 두 개의 결합 코일에 저장되는 에너지는

$$\frac{1}{2}L_1 i_1^2 + \frac{1}{2}L_2 i_2^2 \pm M i_1 i_2$$

5. 변압기란 4 단자 소자로 둘 혹은 그 이상의 자기적으로 결합된 코일을 갖고 있다. 이는 회로내에서 전류나 전압, 임피던스 크기를 변화시킬 때 사용한다.
6. 선형(혹은 약하게 결합된) 변압기란 자기적으로 선형인 물질에 권선이 감겨있는 코일로 구성된다. 이를 해석하기 위한 목적으로 등가 T나 Π모델로 대체될 수 있다.
7. 이상(철심 코어) 변압기란 무손실($R_1 = R_2 = 0$)의 변압기로 결합계수가 1이고($k = 1$)이고 무한대의 인덕턴스(L_1, L_2, $M \to \infty$)를 갖는다.
8. 이상 변압기에서

$$\mathbf{V}_2 = n\mathbf{V}_1, \qquad \mathbf{I}_2 = \mathbf{I}_1/n, \qquad \mathbf{S}_1 = \mathbf{S}_2,\ \mathbf{Z}_R = \frac{Z_L}{n^2}$$

여기서 $n = N_2/N_1$은 권선비, N_1은 1차 권선수, N_2는 2차 권선수이다. $n > 1$일 때 변압기는 1차측 전압을 승압하고, $n < 1$이면 강압하며, $n = 1$일 때는 절연 변압기로 작동한다.

9. 단권 변압기는 1차측과 2차측 둘 다 하나의 권선으로 이루어진 변압기이다.
10. PSpice는 자기 결합회로를 해석하는데 유용한 수단이다.
11. 변압기는 전력 배전시스템의 모든 단계에 필요하다.
12. 전자회로에서 변압기의 중요한 응용은 전기 절연 장치와 임피던스 정합 장치이다.

복습문제

18.1 그림 18.64(a)의 두 가지 자기 결합회로를 참조하라. 상호 전압의 극성은?
(a)양 (b) 음

18.2 그림 18.64(b)의 두 가지 자기 결합회로에 대해 상호 전압의 극성은?
(a)양 (b) 음

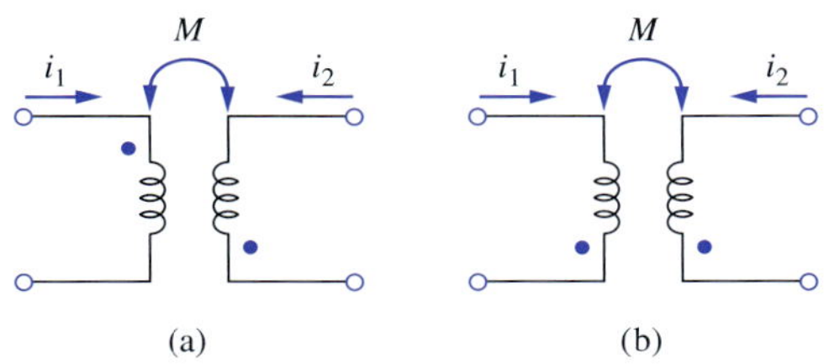

그림 18.64
복습문제 18.1과 18.2의 회로

18.3 $L_1 = 2$ H, $L_2 = 8$ H, $M = 3$ H인 두 코일의 결합 상수는?
(a)0.1875 (b)0.75 (c)1.333 (d)5.333

18.4 변압기란 다음의 승압 혹은 강압에 사용된다.
(a)직류 전압 (b)교류 전압
(c)직류와 교류 전압 모두

18.5 권선비가 10인 변압기의 2차측에 10 kΩ의 저항이 연결되었을 때, 전원에서 보이는 반사 부하는?
(a) 10 kΩ (b) 1 kΩ
(c) 100 Ω (d) 10 Ω

18.6 그림 18.65(a)의 이상 변압기에서 $N_2/N_1 = 10$이다. $\mathbf{V}_2/\mathbf{V}_1$ 비는 얼마인가?
(a) 10 (b) 0.1 (c) −0.1 (d) −10

18.7 그림 18.65(b)의 이상 변압기에서 $N_2/N_1 = 10$이다. I_2/I_1 비는 얼마인가?
(a) 10 (b) 0.1 (c) −0.1 (d) −10

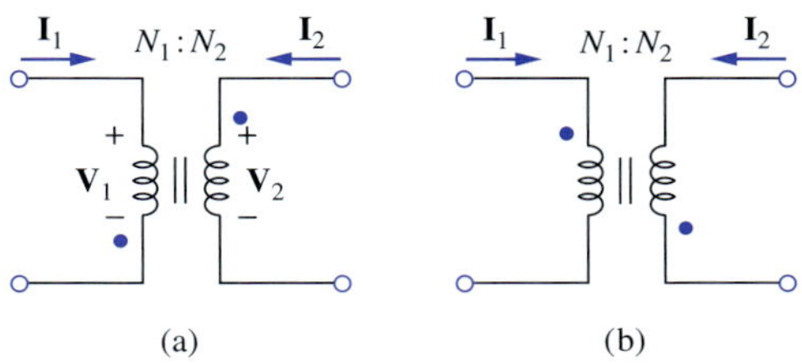

그림 18.65
복습문제 18.6과 18.7의 회로

18.8 이상 변압기의 정격이 25000/240 V이다. 이 변압기의 종류는?
(a)승압 (b)강압 (c)절연

18.9 내부 임피던스 500 Ω인 전원을 15-Ω의 부하에 정합시키려고 할 때 필요한 것은?
(a) 승압 선형 변압기
(b) 강압 선형 변압기
(c) 승압 이상 변압기
(d) 강압 이상 변압기
(e) 단권 변압기

18.10 다음 변압기 중 절연 장치로 사용될 수 있는 것은?
(a) 선형 변압기 (b) 이상 변압기
(c) 단권 변압기 (d) 나머지 모두

해답 18.1 b, 18.2 a, 18.3 b, 18.4 b, 18.5 c, 18.6 d, 18.7 b, 18.8 b, 18.9 d, 18.10 b

문제

18.2절 상호 인덕턴스

18.1 그림 18.66에서 세 개의 결합 코일에서 전체 인덕턴스의 크기를 계산하라.

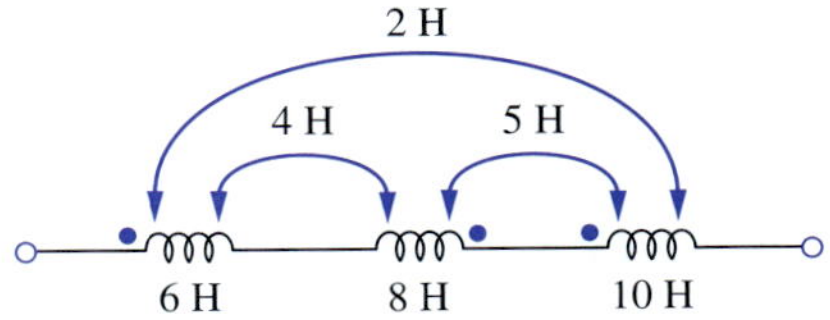

그림 18.66
문제 18.1의 회로

18.2 그림 18.67의 세 개의 직결 코일의 전체 인덕턴스의 크기를 계산하라.

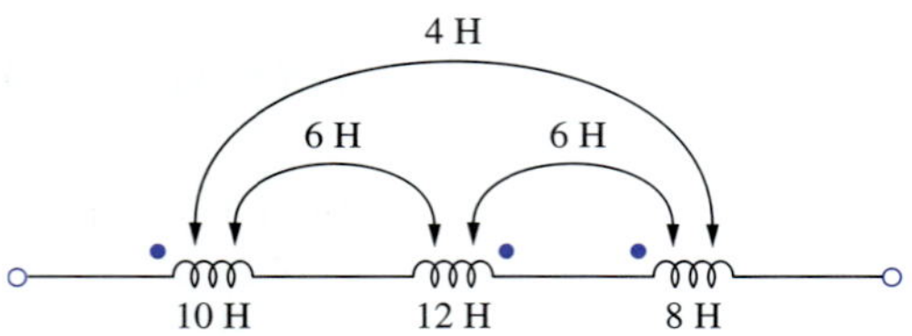

그림 18.67
문제 18.2의 회로

18.3 두 개의 코일이 인덕턴스가 증가하는 방향으로 직결되어 전체 인덕턴스가 250 mH이다. 인덕턴스를 감소시키는 방향으로 직결하면 전체 인덕턴스는 150 mH가 된다. 하나의 코일(L_1)의 인덕턴스가 다른 코일보다 3배라고 할 때 L_1, L_2, M을 구하라. 결합 계수는 얼마인가?

18.4 $L_1 = 25$ mH, $L_2 = 60$ mH, $k = 0.5$인 두 코일이 상호 결합되어 있다. 다음 경우에 대해 최대 가능한 등가 인덕턴스를 구하라.
(a) 두 코일이 직렬로 연결
(b) 두 코일이 병렬로 연결

18.5 그림 18.68의 회로에서 $\mathbf{V}_1$, $\mathbf{V}_2$를 $\mathbf{I}_1$, $\mathbf{I}_2$의 함수로 표현하라.

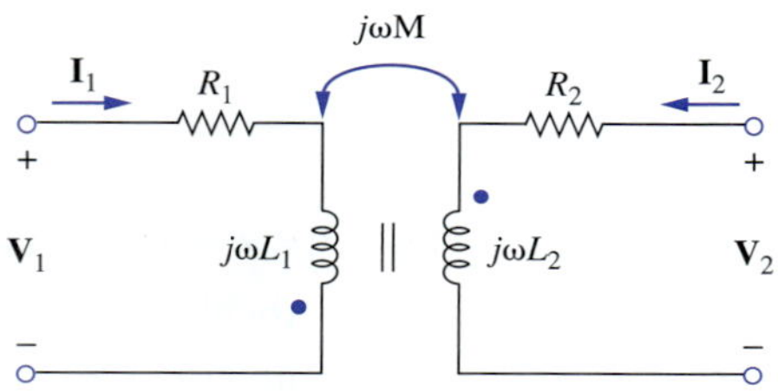

그림 18.68
문제 18.5의 회로

18.6 그림 18.69의 회로에서 $\mathbf{V}_o$를 구하라.

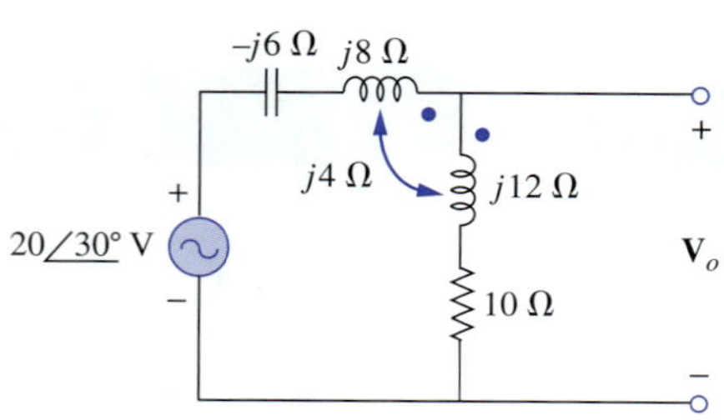

그림 18.69
문제 18.6의 회로

18.7 그림 18.70의 회로에서 $\mathbf{V}_o$를 구하라.

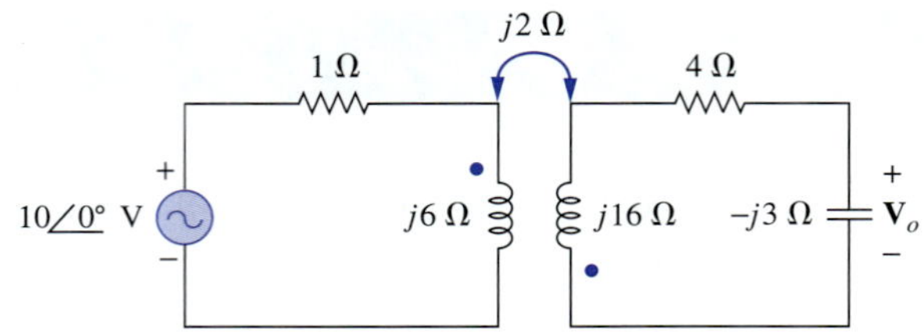

그림 18.70
문제 18.7의 회로

18.8 그림 18.71에 보인 네트워크에서 $\mathbf{V}_x$를 구하라.

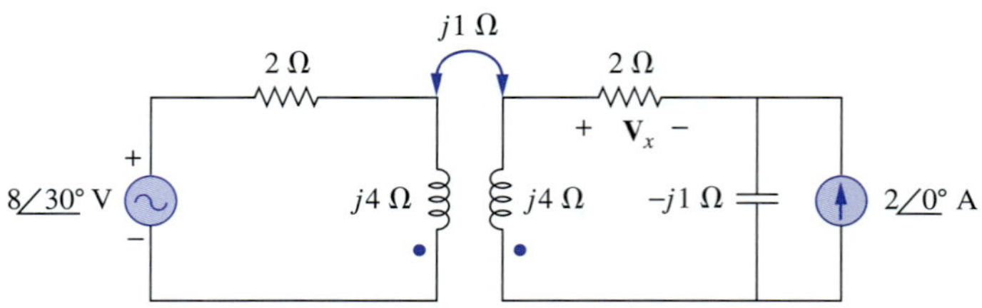

그림 18.71
문제 18.8의 회로

18.9 그림 18.72의 회로에서 등가 임피던스를 계산하라.

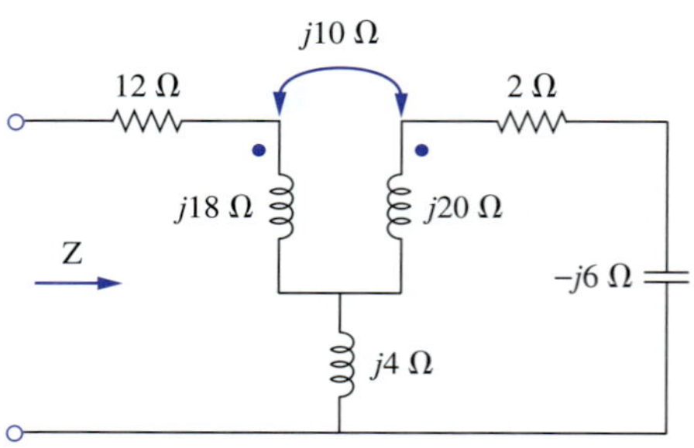

그림 18.72
문제 18.9의 회로

18.10 그림 18.73에 보인 회로의 단자 a-b에서 입력 임피던스를 구하라.

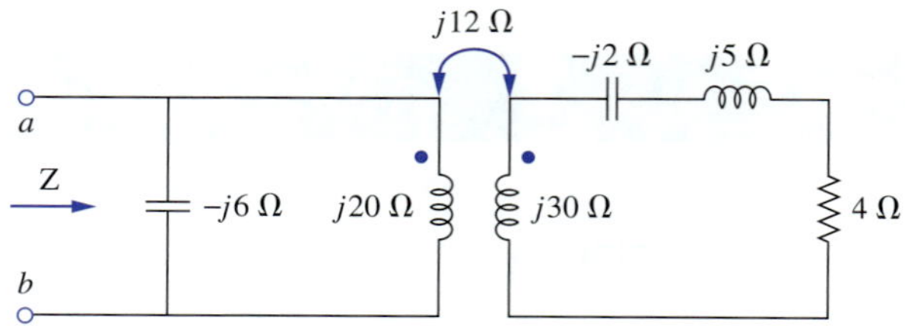

그림 18.73
문제 18.10의 회로

18.11 그림 18.74의 변압기를 대체할 수 있는 등가 T 회로를 구하라.

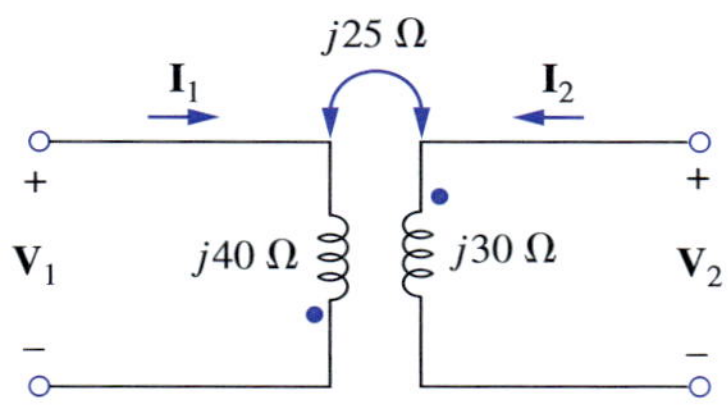

그림 18.74
문제 18.11의 회로

18.12 그림 18.75의 회로에서 망로해석법을 이용하여 $\mathbf{I}_1$과 $\mathbf{I}_2$를 구하라.

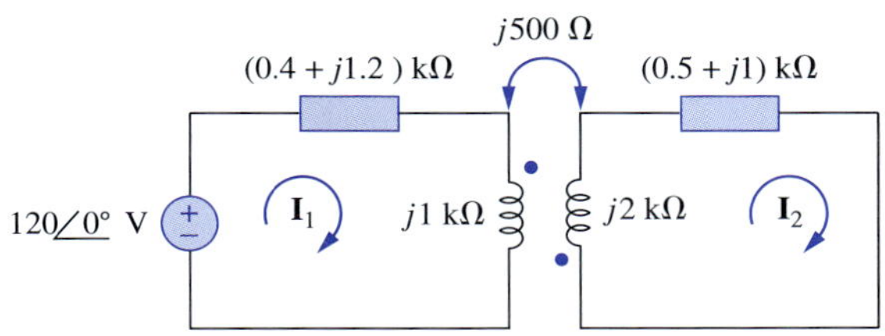

그림 18.75
문제 18.12의 회로

18.13 그림 18.76의 회로에서 $\mathbf{I}_1$, $\mathbf{I}_2$, $\mathbf{V}_o$를 구하라.

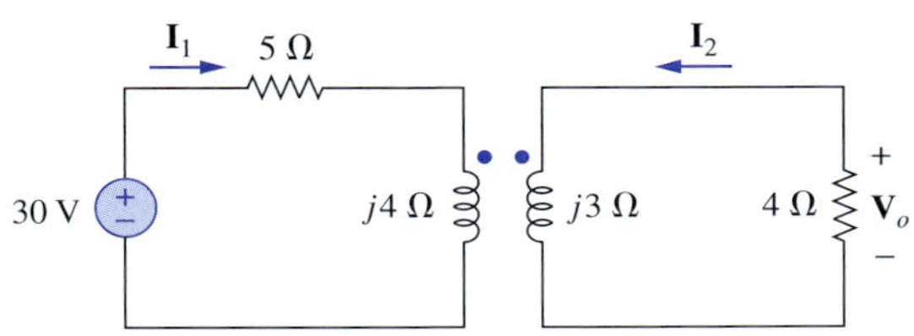

그림 18.76
문제 18.13의 회로

18.3절 결합 회로의 에너지

18.14 그림 18.77의 회로에서 $\mathbf{I}_1$, $\mathbf{I}_2$, $\mathbf{I}_3$를 구하라. t = 2 ms에서 결합 코일에 저장된 에너지를 구하라. 단 ω = 1,000 rad/s이다.

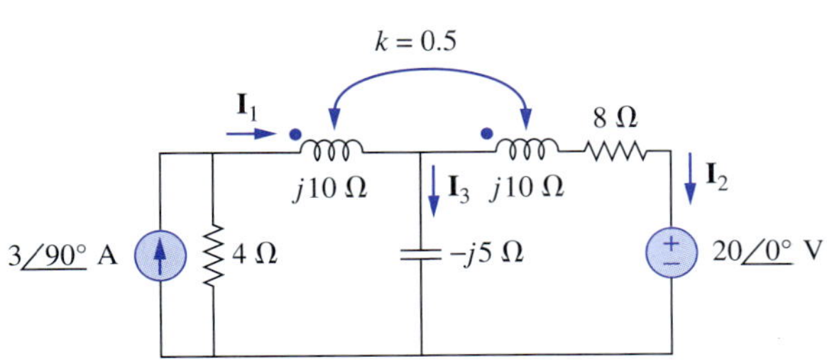

그림 18.77
문제 18.14의 회로

18.15 그림 18.78의 회로에서 $\mathbf{I}_1$, $\mathbf{I}_2$를 구하라. 4-Ω 저항에서 사용되는 전력을 계산하라.

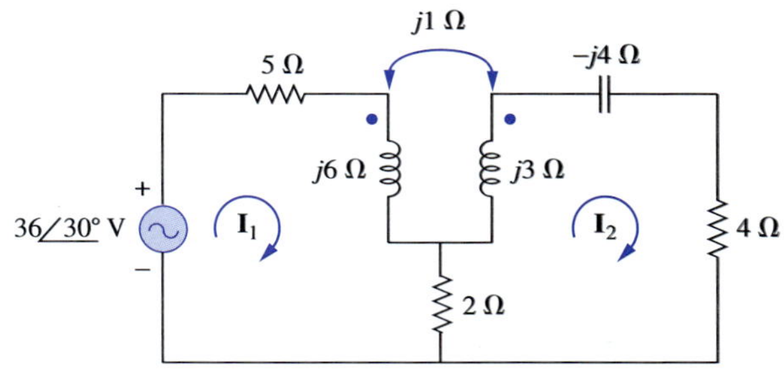

그림 18.78
문제 18.15와 18.49의 회로

18.16 그림 18.79의 회로에서 M = 0.2 H이고 $v_s = 12\cos(10t)$ V 라고 할 때 i_1, i_2를 구하라. t = 15 ms에서 결합 코일에 저장되는 에너지를 계산하라.

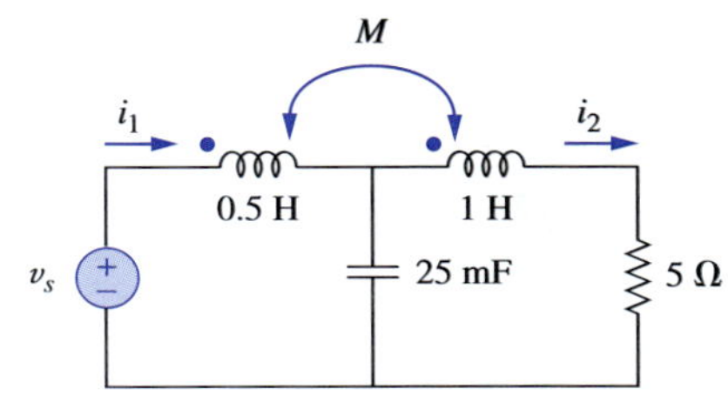

그림 18.79
문제 18.16의 회로

18.17 그림 18.80의 회로에서
(a) 결합 계수를 구하라.
(b) v_o를 계산하라.
(c) t = 2s에서 결합 코일에 저장된 에너지를 구하라.

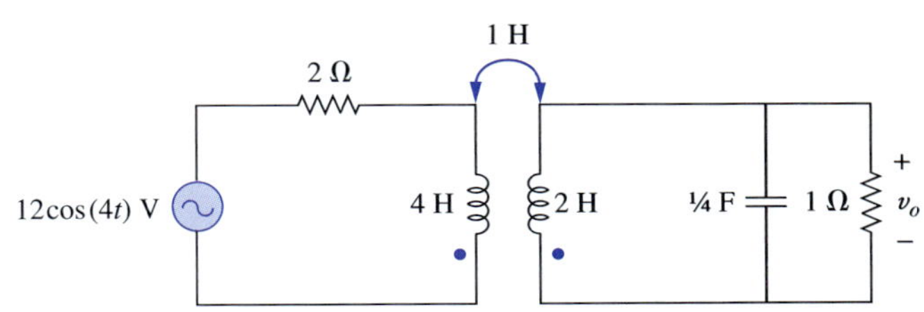

그림 18.80
문제 18.17의 회로

18.18 그림 18.81의 회로에서 $\mathbf{I}_o$를구하라. 우측 권선의 점 표시 위치를 바꾸고 $\mathbf{I}_o$에 대해 다시 계산하라.

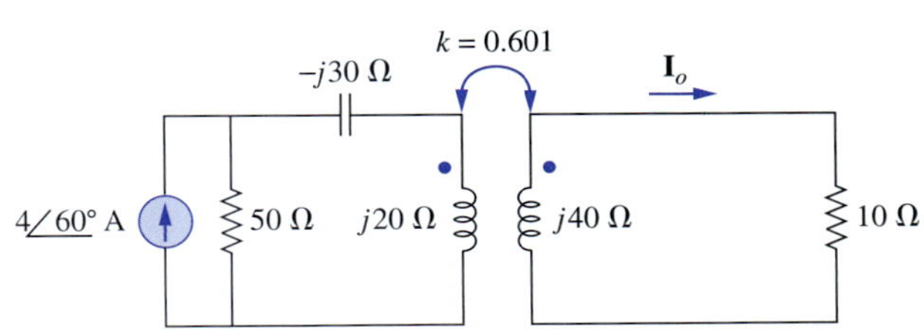

그림 18.81
문제 18.18의 회로

18.19 $L_1 = 5$ mH, $L_2 = 2.4$ mH, $M = 3.2$ mH인 두 코일의 결합 계수를 구하라.

18.4절 선형 변압기

18.20 반사 임피던스 개념을 이용하여 예제 18.1을 다시 수행하라.

18.21 그림 18.82의 회로에서 10-Ω 저항이 320 W를 소모하게 되도록 하는 결합 계수 k를 구하라. 이 k값에 대해 $t = 1.5$ ms에서 결합 코일에 저장된 에너지를 구하라.

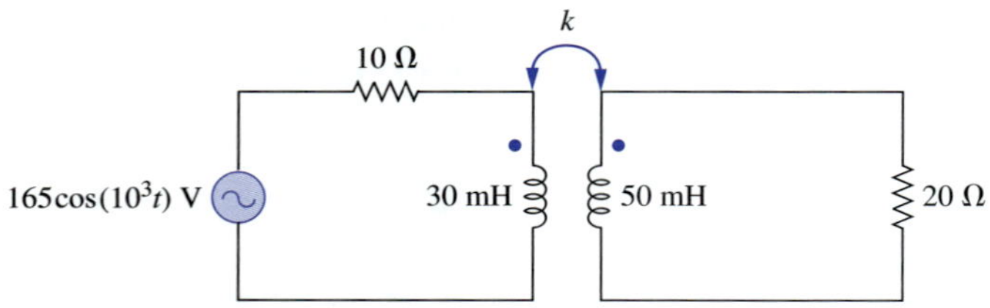

그림 18.82
문제 18.21의 회로

18.22 (a) 그림 18.83의 회로에서 반사 임피던스 개념을 이용하여 입력 임피던스를 구하라.
(b) 선형 변압기를 등가 T 회로로 대체하여 입력 임피던스를 구하라.

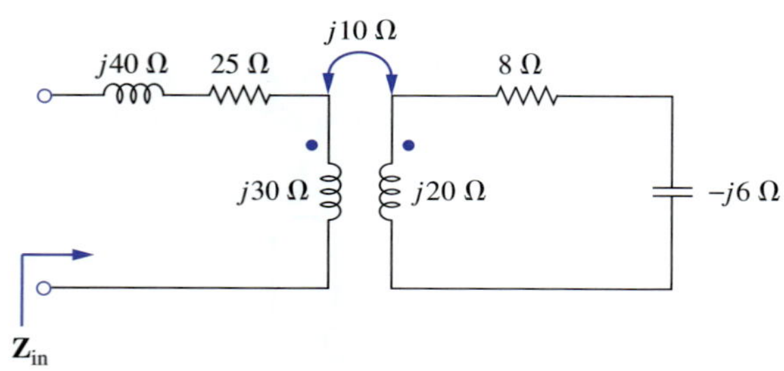

그림 18.83
문제 18.22의 회로

18.23 그림 18.84의 회로에 대해 다음을 구하라.
(a) T 등가회로
(b) Π 등가 회로

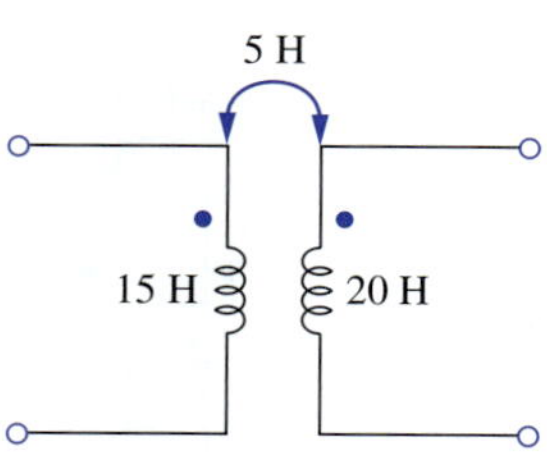

그림 18.84
문제 18.23의 회로

18.24 그림 18.85의 공심 변압기 회로의 입력 임피던스를 구하라.

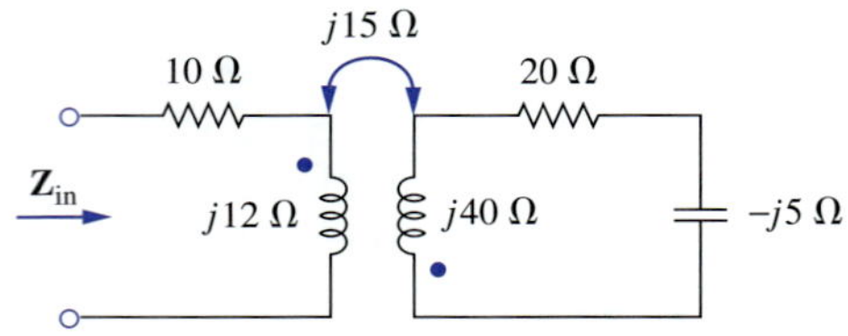

그림 18.85
문제 18.24의 회로

18.25 그림 18.86의 회로에서 입력 임피던스를 구하라.

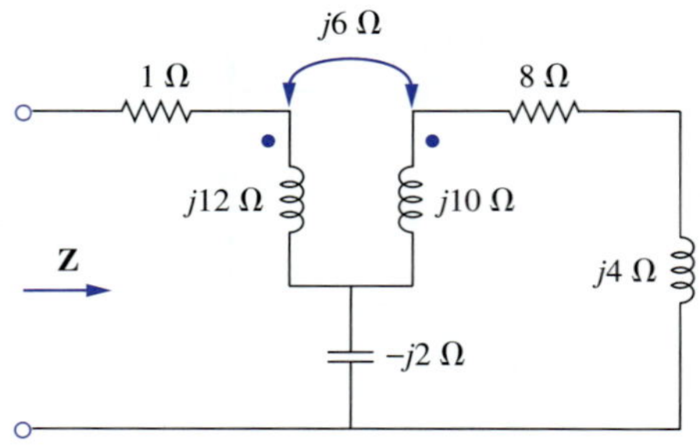

그림 18.86
문제 18.25의 회로

18.5절 이상 변압기

18.26 그림 18.87의 이상 변압기 회로에 대해 각각 그림 18.32와 같이 단자 전압과 단자 전류 사이의 관계를 제시하라.

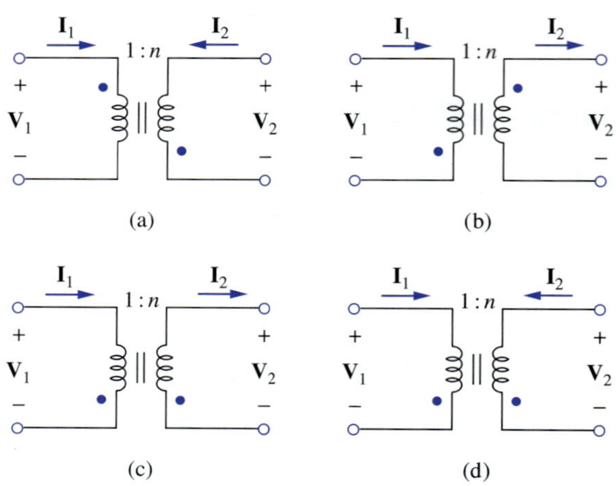

그림 18.87
문제 18.26의 회로

18.27 변압기의 1차 전압이 210 V, 1차 전류가 1.6 A이고 권선비가 2이다. 2차 전압과 전류를 계산하라.

18.28 어떤 강압형 변압기의 1차 전압이 120 V, 2차 전압이 8 V 이다. 2차의 정격이 2 A일 때 1차측의 정격을 구하라.

18.29 4-kVA, 2,300/230-V rms 변압기의 1차측 등가 임피던스가 $2\angle 10^\circ\ \Omega$이다. 변압기가 역률이 지상 0.6인 부하에 연결될 때 입력 임피던스를 구하라.

18.30 1,200/240-V rms 변압기의 고압측 임피던스가 $60\angle -30^\circ\ \Omega$이다. 변압기 저압측에 $0.8\angle 10^\circ$-Ω 부하가 연결될 때, 1차측과 2차측 전류를 구하라.

18.31 그림 18.88의 회로에서 $\mathbf{I}_1$, $\mathbf{I}_2$를 구하라.

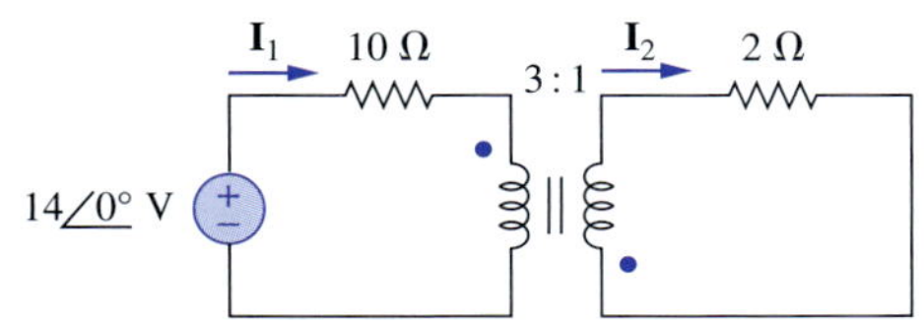

그림 18.88
문제 18.31의 회로

18.32 그림 18.89의 이상 변압기 회로에서 $\mathbf{V}_1$, $\mathbf{V}_2$를 구하라.

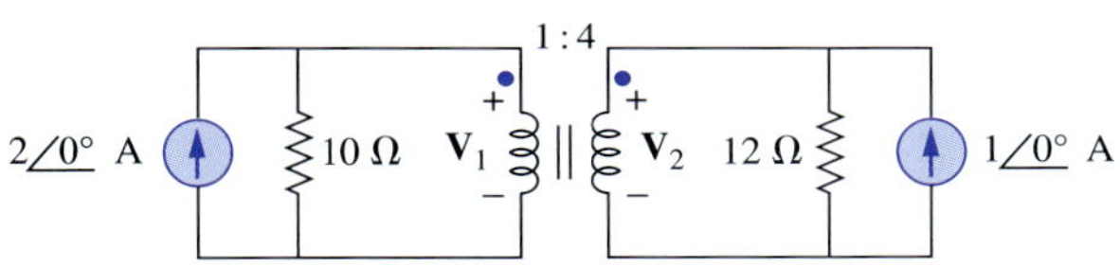

그림 18.89
문제 18.32의 회로

18.33 그림 18.90의 회로에서 8 Ω 저항에서 흡수되는 전력을 구하라.

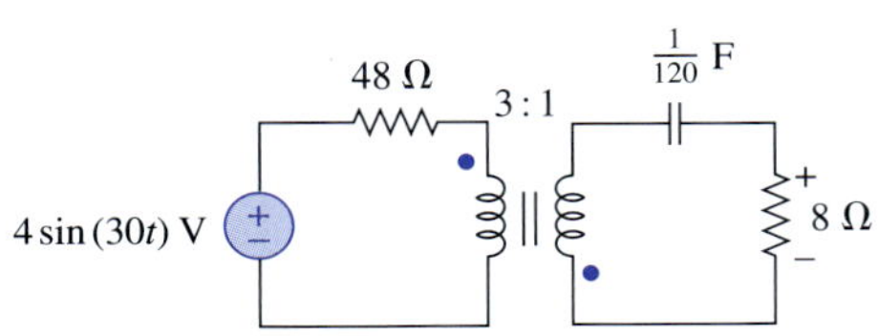

그림 18.90
문제 18.33의 회로

18.34 그림 18.91의 회로에서 $\mathbf{V}_o$를 구하라. 2차측의 점 표시 위치를 바꾸고 $\mathbf{V}_o$를 다시 구하라.

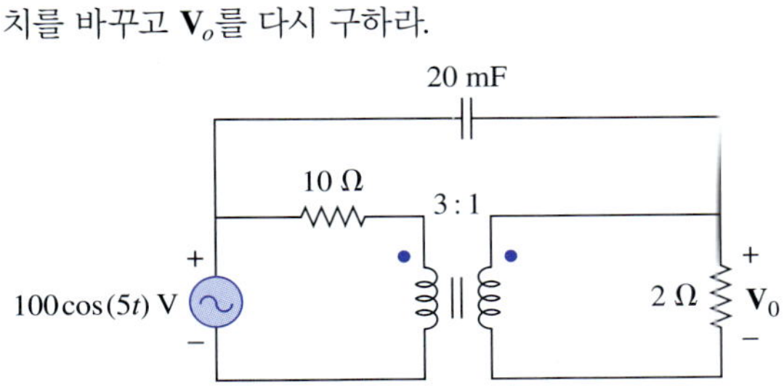

그림 18.91
문제 18.34의 회로

18.35 그림 18.92의 이상 변압기 회로에서 $\mathbf{I}_x$를 구하라.

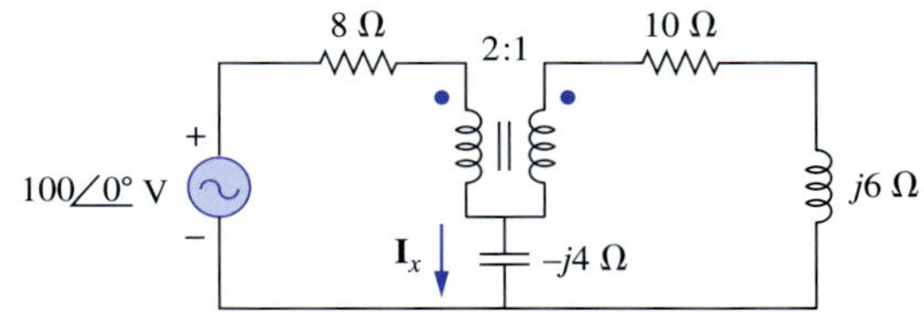

그림 18.92
문제 18.35의 회로

18.36 그림 18.93의 회로에서 부하에 최대 전력전송을 가능하게 만드는 권선비를 결정하라. 최대 평균 전력을 계산하라.

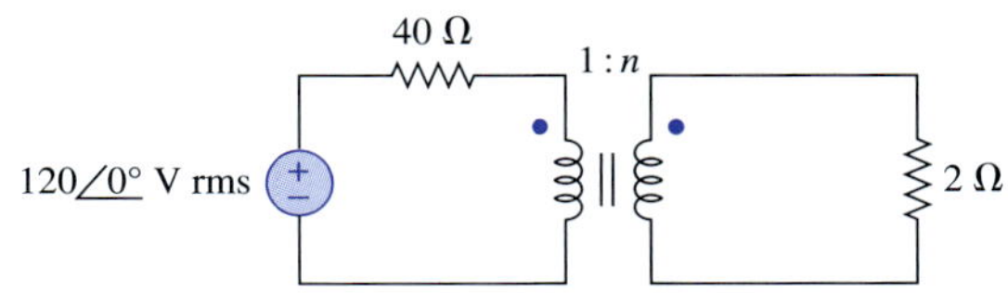

그림 18.93
문제 18.36의 회로

18.37 그림 18.94의 회로를 참조하라.

(a) 200-Ω부하에 최대 전력전송을 위한 n을 구하라.

(b) 200-Ω부하에 $n = 10$일 때 전력을 구하라.

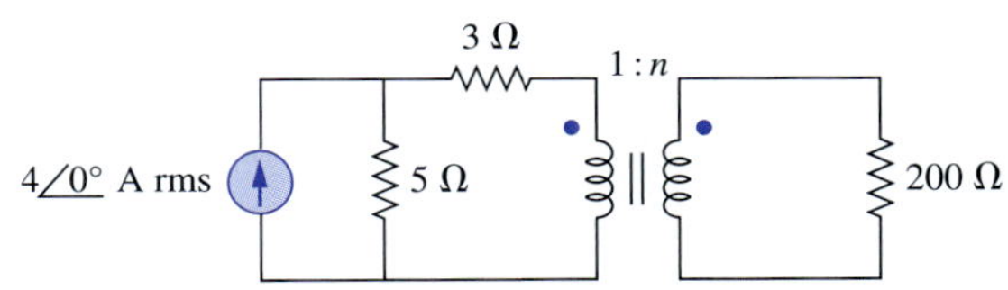

그림 18.94
문제 18.37의 회로

18.38 그림 18.95에 보인 바와 같이 증폭기를 8 Ω 부하에 정합시키기 위해 변압기를 사용했다. 증폭기의 테브난 등가치는 다음과 같다. $\mathbf{V}_{Th} = 10$ V, $\mathbf{Z}_{Th} = 128\ \Omega$이다.

(a) 최대 에너지 전력전송을 위한 권선비를구하라.

(b) 1차측과 2차측의 전류를 구하라.

(c) 1차측과 2차측의 전압을 구하라.

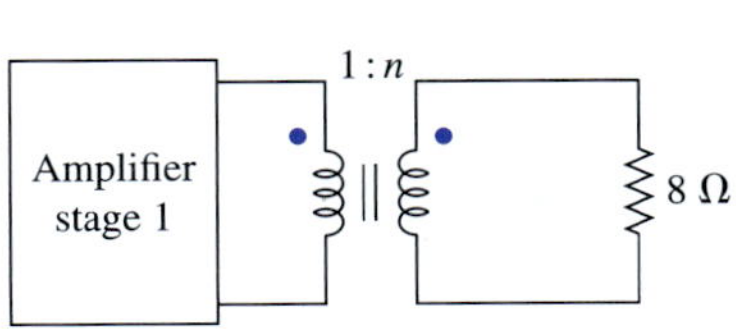

그림 18.95
문제 18.38의 회로

18.39 그림 18.96의 회로에서 $\mathbf{Z}_s$에 전달되는 평균 전력을 계산하라.

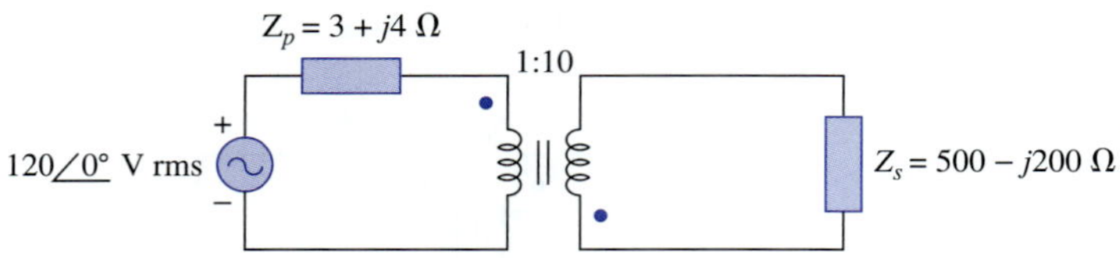

그림 18.96
문제 18.39의 회로

18.40 그림 18.97의 이상 변압기 회로에서 10 Ω 저항에서소비되는 전력을 계산하라.

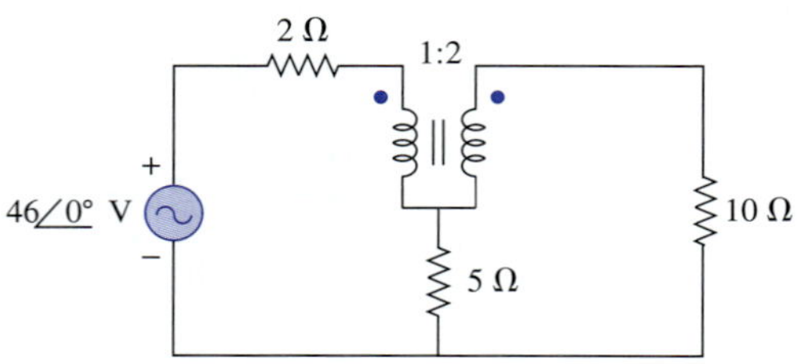

그림 18.97
문제 18.40의 회로

18.41 내부 저항이 96 Ω인 전원에 8-Ω 부하를 정합시키기 위해 이상 변압기를 사용한다.
(a) 권선비를 구하라.
(b) 전원 전압이 6 V일 때 부하 전압은 얼마인가?

18.42 어떤 벨 변압기의 1차측 권선수가 200이고 2차측 권선수는 35이다. 벨이 120-V전원선에서 0.2 A를사용한다고 할 때 다음을 결정하라.
(a) 2차측 전류
(b) 2차측 전압
(c) 2차측에 전달되는 전력

18.43 그림 18.98의 회로에서 부하 전류 I를 구하라.

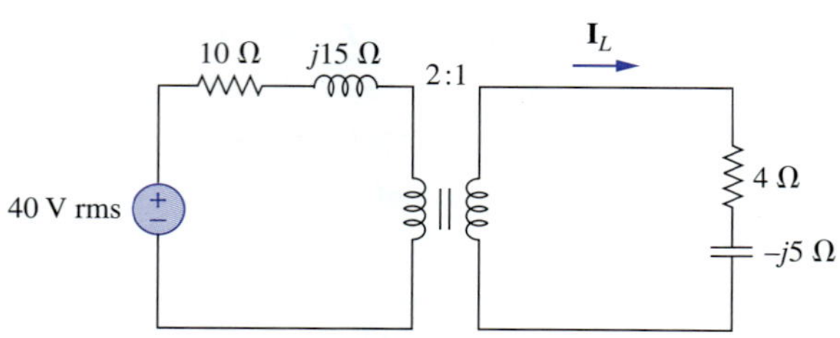

그림 18.98
문제 18.43의 회로

18.6절 이상 단권 변압기

18.44 1:4 승압권선비를 갖는 이상 단권변압기의 2차측에는 120-Ω의 부하가, 1차측에는 420-V의 전원이 연결되어 있다. 1차측 전류를 구하라.

18.45 40% 탭을 갖는 단권변압기에 400-V, 60-Hz의 전원이 공급되고 강압용으로 사용된다. 2차측 단자에는 역률 1인 5-kVA부하가 연결되어 있다. 다음을 구하라.
(a) 2차측 전압
(b) 2차측 전류
(c) 1차측 전류

18.46 그림 18.99의 이상 변압기 회로에서 $\mathbf{I}_1$, $\mathbf{I}_2$, $\mathbf{I}_o$를 구하라. 부하에 전달되는 평균 전력을 구하라.

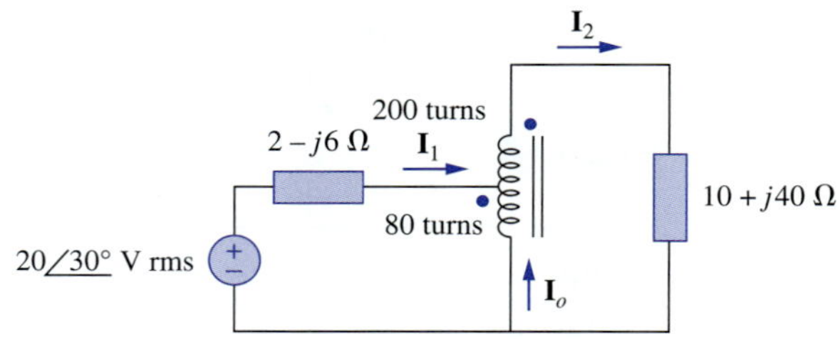

그림 18.99
문제 18.46의 회로

18.47 그림 18.100의 회로에서 $\mathbf{Z}_L$에 최대 평균 전력이 전달되도록 $\mathbf{Z}_L$을 조정한다.최대 평균 전력이 전달되기 위한 $\mathbf{Z}_L$을 구하라. 단 권선수 $N_1 = 600$이고 $N_2 = 200$이다.

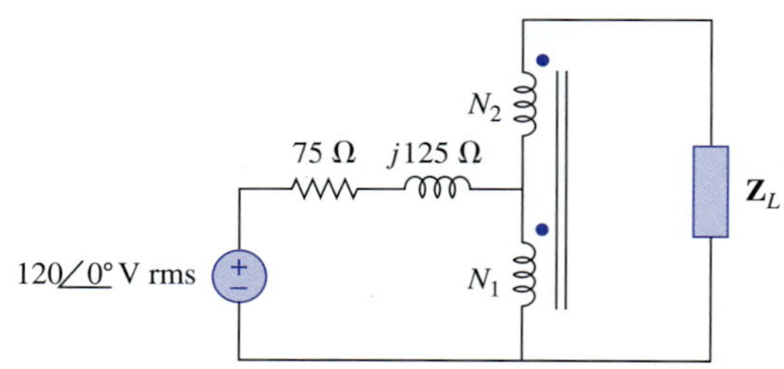

그림 18.100
문제 18.47의 회로

18.48 그림 18.101에 보인 이상 변압기 회로에서 부하에 전달되는 평균 전력을 구하라.

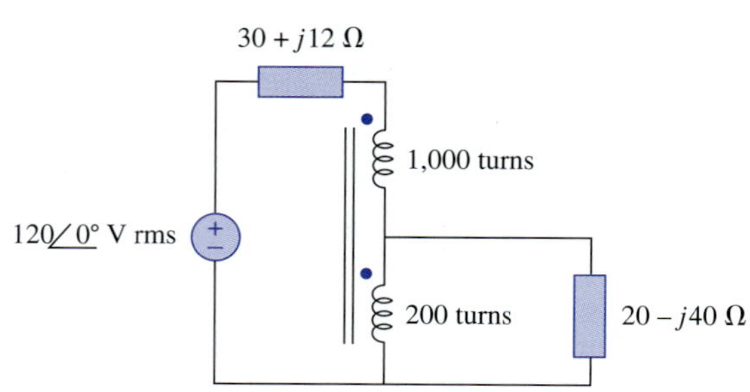

그림 18.101
문제 18.48의 회로

18.7절 컴퓨터 해석

18.49 PSpice를 이용하여 문제 18.15를 다시 풀어라.

18.50 그림 18.102의 회로에 대해 PSpice를 이용하여 $\mathbf{I}_1$, $\mathbf{I}_2$, $\mathbf{I}_3$를 구하라.

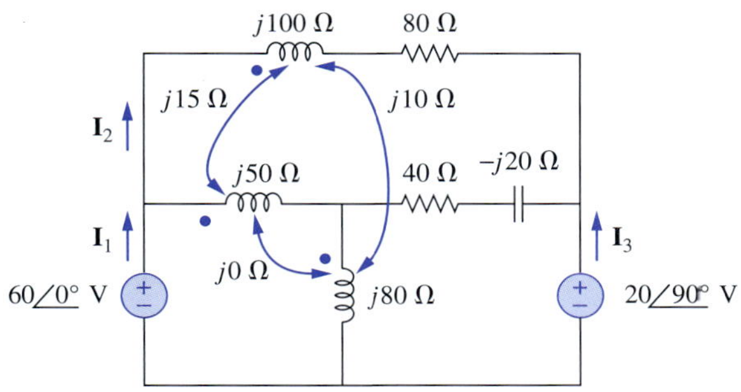

그림 18.102
문제 18.50의 회로

18.51 그림 18.103의 회로에 대해 PSpice를 이용하여 $\mathbf{I}_1$, $\mathbf{I}_2$, $\mathbf{I}_3$를 구하라.

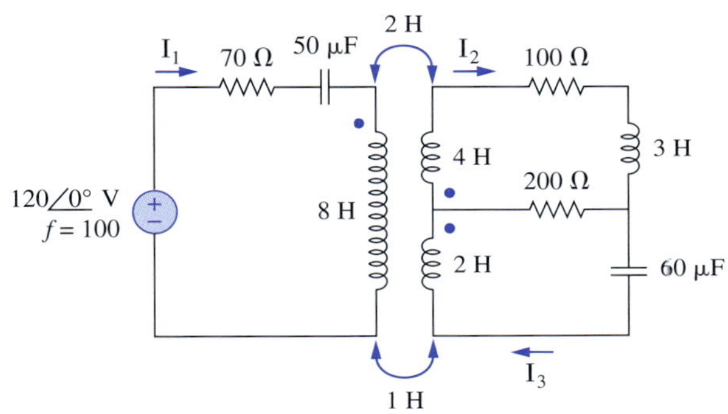

그림 18.103
문제 18.51의 회로

18.52 그림 18.104의 회로에 대해 PSpice를 이용하여 $\mathbf{V}_1$, $\mathbf{V}_2$, $\mathbf{V}_o$를 구하라.

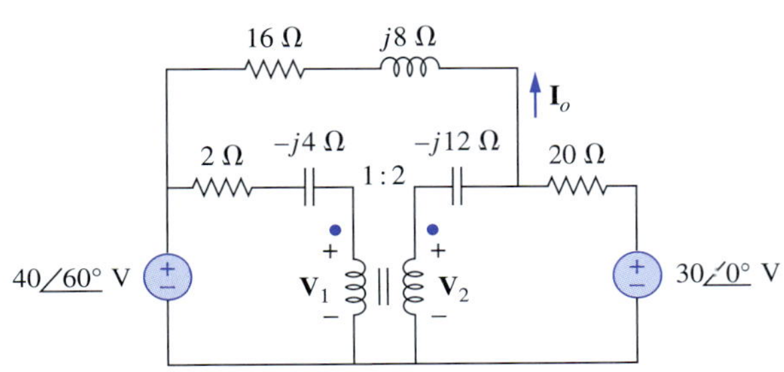

그림 18.104
문제 18.52의 회로

18.8절 응용

18.53 출력 임피던스가 7.2 kΩ인 스테레오 앰프 회로를 1차권선수 3,000인 변압기를 이용하여 입력 임피던스가 8 Ω인 스피커에 정합시키려고 한다. 2차측에 필요한 권선수를 구하라.

18.54 1차측 권선수가 2,400이고 2차측이 48인 변압기를 임피던스 정합용 소자로 사용하려고 한다. 2차측에 연결된 3 Ω 부하의 반사 값은 얼마인가?

18.55 라디오 수신기의 입력 임피던스가 300 Ω이다. 특성 임피던스가 75 Ω인 안테나 시스템에 직결하면 임피던스 비정합이 발생한다. 수신기 전단에 임피던스 정합용 변압기를 삽입하면 최대 전력을 구현할 수 있다. 필요한 권선비를 계산하라.

18.56 권선비 $n = 0.1$인 강압용 변압기가 저항성 부하에 12.6 Vrms를 공급한다. 1차측 전류가 2.5 A rms일 때 부하에 전달되는 최대 전력은 얼마인가?

18.57 240/120-Vrms전력 변압기의 정격이 10 kVA이다. 권선비, 1차측 전류, 2차측 전류를 구하라.

18.58 4-kVA, 2400/240-V rms 변압기의 1차측 권선수는 250이다. 다음을 계산하라.
(a) 권선비
(b) 2차측 권선수
(c) 1차측과 2차측의 전류

18.59 25000/240-V rms 배전용 변압기의 1차측 전류 정격이 75 A이다.
(a) 변압기의 kVA정격을 구하라.
(b) 2차측 전류를 계산하라.

18.60 4,800-V rms 송전 선로를 통해 1차측 권선수 1,200 2차측 권선수 28인 배전용 변압기가 연결되어 있다. 10 Ω부하가 2차측에 연결되었다고 할 때 다음을 구하라.
(a) 2차측 전압
(b) 1차측과 2차측의 전류
(c) 부하에 전달되는 전력

18.61 그림 18.105와 같이 7200/120-V 변압기로 전등 10개를 구동하고 있고, 이 때 전구는 144-Ω의 저항으로 모델링할 수 있다. 다음을 구하라.
(a) 권선비 n
(b) 1차측 권선에 흐르는 전류

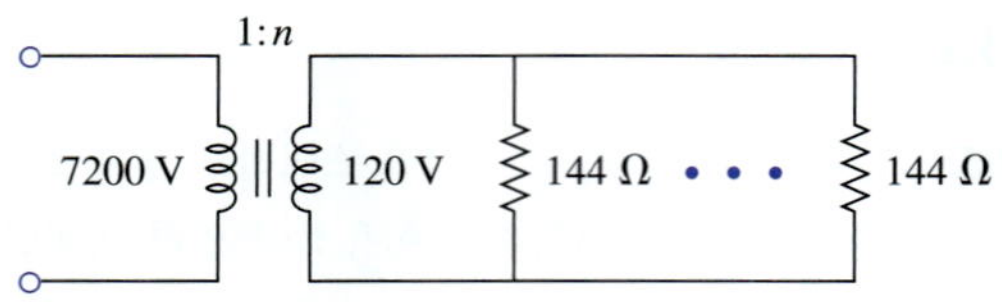

그림 18.105
문제 18.61의 회로

18.62 출력 임피던스가 5-kΩ 인 전자식 증폭기를 8-Ω 부하에 정합시키려고 한다. 2차측 권선수가 80일 때 1차측 권선수는 얼마여야 하는가?

18.63 유럽산 커피메이커는 240-V rms 전원에서 동작하여 940 W 출력을 낸다.

(a) 120-V rms 전원인 미국에서 커피메이커를 어떻게 동작시킬 것인가?

(b) 120-V rms 전원에서 얻어지는 전류를 구하라.

CHAPTER 19

2-포트 네트워크

"교육은 배운 것을 잊어버렸을 때 남아있는 것이다."

— Burrs F. Skinner

경력 향상

통신시스템에서의 사회생활

통신시스템은 회로 해석의 원리를 적용한다. 통신시스템은 채널(전파 매개체)을 통하여 정보를 원천(송신기)으로부터 목적지(수신기)로 이동시키도록 설계된다. 통신기술자는 정보를 보내고 받는 시스템을 설계한다. 정보는 소리, 데이터, 또는 영상의 형태이다.

Photo by James Watson
© Chuck Alexander

우리는 정보 시대에 살고 있다—뉴스, 날씨, 스포츠, 쇼핑, 재정, 재고 목록, 그리고 다른 소스들이 통신시스템을 통하여 우리에게 유용한 정보를 만든다. 통신시스템의 명백한 예는 인터넷, 전화 네트워크, 휴대전화, 라디오, 케이블 TV, 위성 TV, 팩스 그리고 레이더이다. 경찰과 소방서, 비행기, 그리고 다른 여러 사업에서 사용되는 이동 라디오는 또 하나의 예이다.

통신분야는 아마도 전기공학기술에서 가장 빨리 성장하는 분야이다, 최근의 통신분야와 컴퓨터공학기술과의 융합은 근거리통신망, 대도시통신망, 광대역종합정보통신망과 같은 디지털 데이터 통신 네트워크를 만들었다. 예를 들면 인터넷("정보 고속도로")은 교육자나 사업가, 그리고 다른 사람들이 전자 우편을 그들의 컴퓨터로부터 전 세계로 보낼 수 있도록 하고, 외부에서 데이터베이스에 접속 가능하도록 해 주며, 파일을 이동할 수 있도록 해 준다. 인터넷은 해일과 같이 세상을 때렸고, 사람들이 사업을 하고 통신하고, 정보를 얻는 방법을 크게 변화시켰다. 이 추세는 계속 될 것이다.

통신기술자는 양질의 정보 서비스를 공급하는 시스템을 설계하고 유지한다. 시스템은 정보신호를 발생시키고, 전달하고, 받는 하드웨어를 포함한다. 통신기술자들은 수많은 통신 회사와 통신시스템이 일상적으로 사용되는 곳에 취업이 된다. 더욱더 많은 정부 부처, 대학의 학과들, 그리고 사업들이 더 빠르고 더 정확한 정보의 전달을 요구하고 있다. 이러한 요구를 만족시키기 위하여 정보기술자들의 수요가 많다.

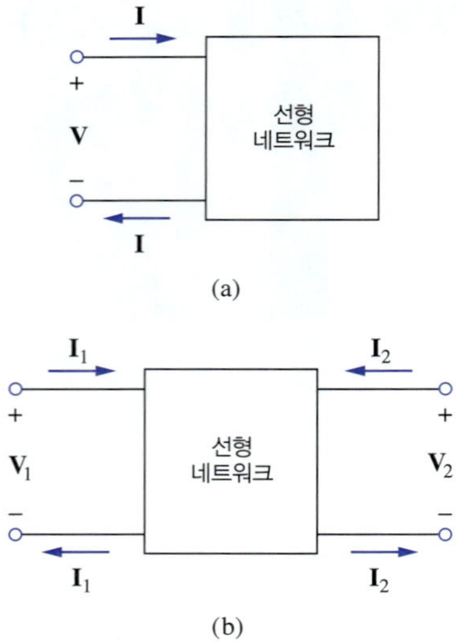

그림 19.1
(a) 1-포트 네트워크, (b) 2-포트 네트워크

19.1 서론

전류가 네트워크로 흘러 들어가거나 흘러 나가는 한 쌍의 단자를 **포트**라고 한다. 두 단자 장치나 소자(저항, 커패시터, 인덕터 같은)는 1-포트 네트워크이다. 현재까지 우리가 다룬 대부분의 회로는 그림 19.1(a)에 보이는 두 단자 또는 1-포트 회로이다. 이 회로는 입력에서 전력을 흡수하는 수동 선형 네트워크이거나 또는 독립 원을 포함하고 출력에서 전력을 공급하는 선형 네트워크이다. 한 쌍의 단자 사이의 전압이나 단자를 통하여 흐르는 전류를 생각한다—저항, 커패시터, 또는 인덕터의 의 두 단자 같이. 우리는 또한 그림 19.1(b)에 보이는 바와 같이 트랜지스터와 변압기를 포함하는 4-단자 또는 2-단자 회로를 공부했다. 일반적으로 네트워크는 *n*포트를 가질 수 있다. 포트는 네트워크에 접근할 수 있도록 하며 한 쌍의 단자로 구성된다. 포트로 들어간 총 전류량이 0이 되도록 하나의 단자로 들어간 전류는 다른 단자를 통하여 나온다.

이 장에서는 주로 2-포트 네트워크 또는 간단히 2-포트에 대하여 주로 다룬다. 그러므로 2-포트 네트워크는 접속점으로 2쌍의 터미널을 갖는다. 그림 19.1(b)에 보이는바와 같이 한 쌍의 단자로 들어간 전류는 다른 한 쌍의 단자로 나온다.[1] 트랜지스터와 같은 3-단자 소자는 2-포트 네트워크로 구성될 수 있다.

> **2-포트 네트워크**는 입력과 출력 두 개의 분리된 포트를 갖는 전기 네트워크이다.

2-포트 네트워크는 적어도 두 가지 이유에서 중요하다. 첫째로 2-포트 네트워크는 통신, 제어시스템, 전력시스템 그리고 전자공학에서 유용하다. 예를 들면 2-포트 네트워크는 전자공학에서 트랜지스터를 모델링하고 캐스케이드 디자인을 가능하게 한다. 또한 필터 디자인에도 사용된다. 둘째로 2-포트 네트워크의 파라미터를 알면 커다란 네트워크 안에 포함되어 있을 때 "암상자"로 취급할 수 있다.

2-포트 네트워크를 분석하기 위하여 그림 19.1(b)에서 단자를 두 개의 독립적인 $\mathbf{V}_1$, $\mathbf{V}_2$, $\mathbf{I}_1$ 그리고 $\mathbf{I}_2$로 표시한다. 이 전압과 전류와 관계되는 기호를 파라미터라고 부른다. 이 장의 목적은 이러한 파라미터들의 세 개의 세트를 유도하는 것이다. 이 파라미터들과 2-포트 네트워크가 어떻게 직렬, 병렬 또는 캐스케이드로 연결될 수 있는지의 관계에 대하여 보여준다. 마지막으로 이 장에서 개발된 몇몇의 개념을 트랜지스터 해석에 적용한다.

---

1 주의: 2-포트 네트워크는 중요한 특성이 있다. 1-포트로 들어가는 전류(입력 또는 출력)는 다른 포트로 나오는 전류와 같다.

19.2 임피던스 파라미터

임피던스와 어드미턴스 파라미터는 일반적으로 필터 합성에 사용된다. 이 파라미터들은 또한 임피던스 정합 네트워크와 전력 분포 네트워크의 설계와 해석에 사용된다. 임피던스 파라미터는 이 장에서 논의한다. 어드미턴스 파라미터는 다음 장에서 논의한다.

2-포트 네트워크는 그림 19.2(a)에 보이는 바와 같이 전압 구동이거나 그림 19.2(b)에 보이듯이 전류 구동이다. 그림 19.2(a)나 (b) 같이 단자 전압은 단자 전류와 아래와 같이 관계된다.

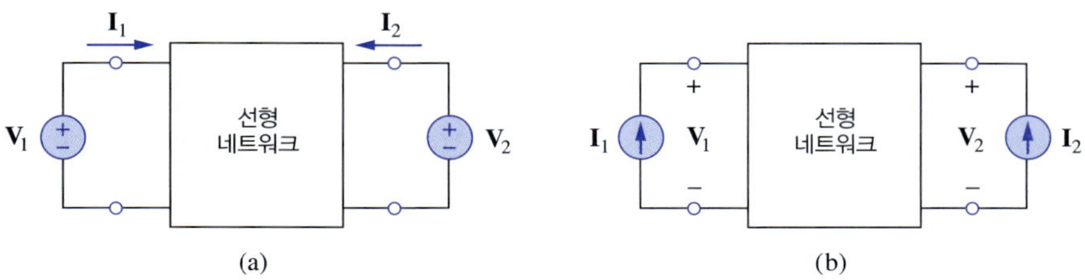

그림 19.2
선형 2-포트 네트워크: (a) 전압원 구동, (b) 전류원 구동

$$\begin{aligned} \mathbf{V}_1 &= \mathbf{z}_{11}\mathbf{I}_1 + \mathbf{z}_{12}\mathbf{I}_2 \\ \mathbf{V}_2 &= \mathbf{z}_{21}\mathbf{I}_1 + \mathbf{z}_{22}\mathbf{I}_2 \end{aligned} \tag{19.1}$$

또는 행렬 형식으로 아래와 같다.[2]

$$\begin{bmatrix} \mathbf{V}_1 \\ \mathbf{V}_2 \end{bmatrix} = \begin{bmatrix} \mathbf{z}_{11} & \mathbf{z}_{12} \\ \mathbf{z}_{21} & \mathbf{z}_{22} \end{bmatrix} \begin{bmatrix} \mathbf{I}_1 \\ \mathbf{I}_2 \end{bmatrix} = [\mathbf{z}] \begin{bmatrix} \mathbf{I}_1 \\ \mathbf{I}_2 \end{bmatrix} \tag{19.2}$$

여기서 **z**는 임피던스 파라미터 또는 간단히 z 파라미터라고 불리고 옴의 단위를 갖는다.

파라미터들의 값들은 $\mathbf{I}_1 = 0$(입력포트 개방회로) 또는 $\mathbf{I}_2 = 0$(출력포트 개방회로)로 놓음으로써 계산될 수 있다. 그러므로

$$\mathbf{z}_{11} = \left.\frac{\mathbf{V}_1}{\mathbf{I}_1}\right|_{\mathbf{I}_2=0} \tag{19.3a}$$

$$\mathbf{z}_{12} = \left.\frac{\mathbf{V}_1}{\mathbf{I}_2}\right|_{\mathbf{I}_1=0} \tag{19.3b}$$

$$\mathbf{z}_{21} = \left.\frac{\mathbf{V}_2}{\mathbf{I}_1}\right|_{\mathbf{I}_2=0} \tag{19.3c}$$

$$\mathbf{z}_{22} = \left.\frac{\mathbf{V}_2}{\mathbf{I}_2}\right|_{\mathbf{I}_1=0} \tag{19.3d}$$

2 Reminder: 4개의 변수($\mathbf{V}_1$, $\mathbf{V}_2$, $\mathbf{I}_1$ 그리고 $\mathbf{I}_2$)중 오직 2개의 변수만 독립 변수이다. 나머지 두 개의 변수는 식 (19.1)을 이용하여 구할 수 있다.

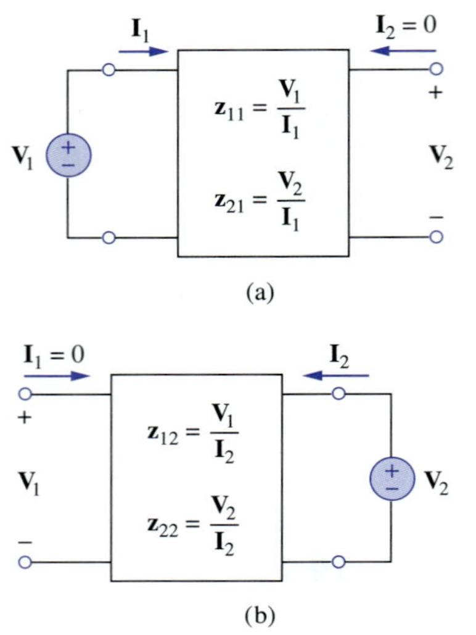

그림 19.3

z 파라미터의 계산: (a) $\mathbf{z}_{11}$과 $\mathbf{z}_{21}$ 구하기, (b) $\mathbf{z}_{12}$와 $\mathbf{z}_{22}$ 구하기

입력 포트나 출력 포트를 개방함으로써 z 파라미터가 얻어지므로, z 파라미터는 또한 **개방회로 임피던스 파라미터**라고 불린다. 특별히,

$$\mathbf{z}_{11} = \text{개방회로 입력 임피던스} \quad \textbf{(19.4a)}$$

$$\mathbf{z}_{12} = \text{개방회로 전달 임피던스} \quad \textbf{(19.4b)}$$

$$\mathbf{z}_{21} = \text{개방회로 전달 임피던스} \quad \textbf{(19.4c)}$$

$$\mathbf{z}_{22} = \text{개방회로 출력 임피던스} \quad \textbf{(19.4d)}$$

식 (19.3)에 따르면, $\mathbf{z}_{11}$과 $\mathbf{z}_{21}$은 그림 19.3(a)에서와 같이 전압 전원 $\mathbf{V}_1$(혹은 전류전원 $\mathbf{I}_1$)을 포트1에 연결하고 포트2를 개방하고 $\mathbf{I}_2$과 $\mathbf{V}_1$를 계산함으로써 얻을 수 있다. 계산결과는 다음과 같다.

$$\mathbf{z}_{11} = \mathbf{V}_1/\mathbf{I}_1, \qquad \mathbf{z}_{21} = \mathbf{V}_2/\mathbf{I}_1 \quad \textbf{(19.5)}$$

유사하게 $\mathbf{z}_{12}$와 $\mathbf{z}_{22}$는 그림 19.3(b)에서와 같이 전압 전원 $\mathbf{V}_2$(또는 전류 전원 $\mathbf{I}_2$)를 포트 2에 연결하고 포트 1을 개방하고 $\mathbf{I}_2$와 $\mathbf{V}_1$을 계산함으로써 얻을 수 있다. 계산결과는 다음과 같다.

$$\mathbf{z}_{12} = \mathbf{V}_1/\mathbf{I}_2, \qquad \mathbf{z}_{22} = \mathbf{V}_2/\mathbf{I}_2 \quad \textbf{(19.6)}$$

이 과정은 우리에게 z 파라미터를 계산하고 측정할 수 있는 방법을 제공한다.

$\mathbf{z}_{11} = \mathbf{z}_{22}$일 때, 2-포트 네트워크는 **대칭적**이라고 불린다. 이것은 네트워크가 어떤 중심선을 기준으로 거울과 같은 대칭을 갖는 것을 의미한다. 즉 네트워크를 비슷한 두 개로 나누는 선을 찾을 수 있다.

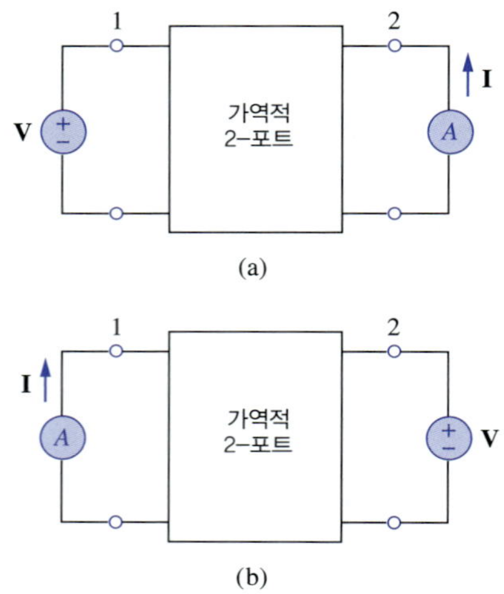

그림 19.4

한 쪽 포트의 전압원을 다른 쪽 포트의 이상적인 전류계로 바꾸면 가역적인 2-포트 네트워크에서 같은 값을 얻는다.

2-포트 네트워크가 선형이고 독립 소스를 가지고 있지 않을 때 전달 임피던스는 같으며($\mathbf{z}_{12} = \mathbf{z}_{21}$) 2-포트 네트워크는 **가역적**이라고 불린다. 이것은 여기와 응답점이 바뀌면 전달 임피던스는 같은 값으로 남아있는 것을 뜻한다. 그림 19.4에 설명되었듯이 1-포트의 이상적인 전압 소스와 다른 포트의 전류측정기를 서로 바꾸었을 때 같은 전류 측정값이 나오면 2-포트 네트워크는 가역적이다. 가역적인 네트워크는 그림 19.4(a)와 같이 연결되었을 때 식 (19.1)에 따르면 $\mathbf{V} = \mathbf{z}_{12}\mathbf{I}$를 준다. 그러나 그림 19.4(b)와 같이 연결되면 $\mathbf{V} = \mathbf{z}_{21}\mathbf{I}$이다. 이것은 오직 $\mathbf{z}_{12} = \mathbf{z}_{21}$일 때만 가능하다. 저항, 커패시터, 인덕터, 그리고 변압기로만 이루어진 어떤 2-포트 네트워크도 가역적이다. 가역적 네트워크에 대하여 그림 19.5(a)의 T 등가회로가 사용될 수 있다. 네트워크가 가역적이 않으면, 더 일반적인 등가 회로가 그림 19.5(b)에 보인다. 그림 19.5(b)는 식 (19.1)에서 직접 유도된다.

일부 2-포트 네트워크는 식 (19.1)로 서술되지 않으므로 z 파라미터는 존재하지 않는다. 한 예로 그림 19.6의 이상적 변압기를 생각하자. 2-포트 회로의 수식은 다음과 같다.

$$\mathbf{V}_1 = \frac{1}{n}\mathbf{V}_2, \qquad \mathbf{I}_1 = -n\mathbf{I}_2 \quad \textbf{(19.7)}$$

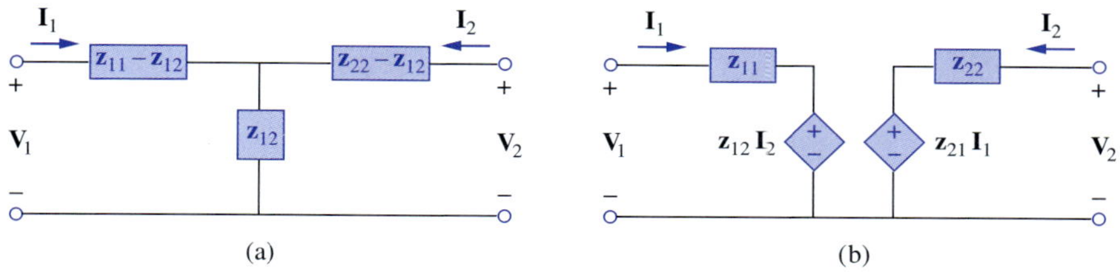

그림 19.5

(a) T-등가 회로(가역 회로에만 적용), (b) 일반적인 등가 회로.

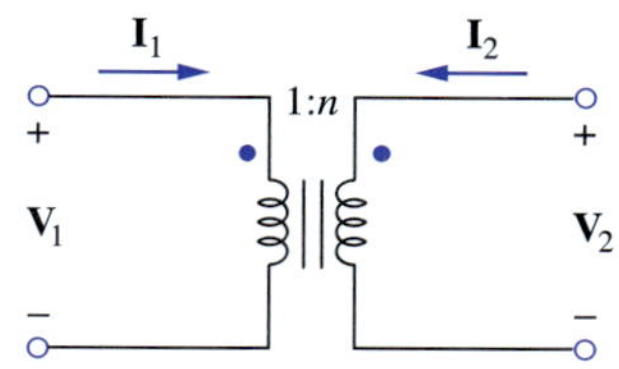

그림 19.6

이상적인 변압기는 z 파라미터를 갖지 않는다.

식 (19.1)이 요구하듯이 전압을 전류의 항으로 표현할 수 없고 그 역으로도 표현할 수 없음을 주목한다. 그러므로 이상적 변압기는 z 파라미터를 갖지 않는다. 그러나 이상적 변압기는 19.4절에 보이는 하이브리드 파라미터를 갖는다.

예제 19.1

그림 19.7에 보이는 회로의 z 파라미터를 구하라.

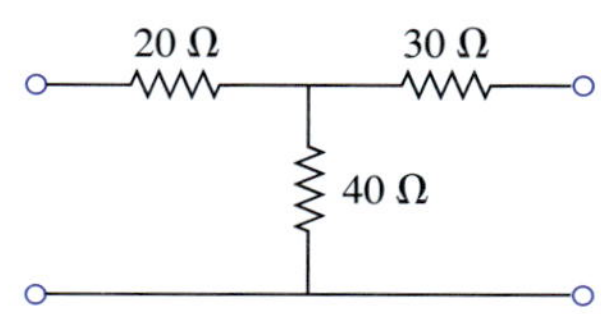

그림 19.7

예제 19.1의 회로

풀이

■ **방법 1** $\mathbf{z}_{11}$과 $\mathbf{z}_{21}$을 구하기 위하여, 그림 19.8(a)와 같이 전압 전원 $\mathbf{V}_1$을 입력 포트에 가하고 출력 포트는 개방회로로 놔둔다.

$$\mathbf{z}_{11} = \frac{\mathbf{V}_1}{\mathbf{I}_1} = \frac{(20 + 40)\mathbf{I}_1}{\mathbf{I}_1} = 60\ \Omega$$

즉, $\mathbf{z}_{11}$은 포트1에서 입력 임피던스이다.

$$\mathbf{z}_{21} = \frac{\mathbf{V}_2}{\mathbf{I}_1} = \frac{40\mathbf{I}_1}{\mathbf{I}_1} = 40\ \Omega$$

$\mathbf{z}_{12}$와 $\mathbf{z}_{22}$를 구하기 위하여, 그림 19.8(b)와 같이 전압소스 $\mathbf{V}_2$를 출력 포트에 가하고 입력 포트를 개방으로 놔둔다.

$$\mathbf{z}_{12} = \frac{\mathbf{V}_1}{\mathbf{I}_2} = \frac{40\mathbf{I}_2}{\mathbf{I}_2} = 40\ \Omega, \qquad \mathbf{z}_{22} = \frac{\mathbf{V}_2}{\mathbf{I}_2} = \frac{(30 + 40)\mathbf{I}_2}{\mathbf{I}_2} = 70\ \Omega$$

즉, $\mathbf{z}_{22}$는 포트2에서 출력 임피던스이다. 그러므로

$$[\mathbf{z}] = \begin{bmatrix} 60\ \Omega & 40\ \Omega \\ 40\ \Omega & 70\ \Omega \end{bmatrix}$$

■ **방법 2** 또 하나의 방법으로 주어진 회로에 종속 전원이 없으므로, $\mathbf{z}_{12} = \mathbf{z}_{21}$이고 그림 19.5(a)를 사용할 수 있다. 그림 19.7을 그림 19.5(a)와 비교하여, 다음을 얻는다.

$$\begin{aligned} \mathbf{z}_{12} &= 40\ \Omega = \mathbf{z}_{21} \\ \mathbf{z}_{11} - \mathbf{z}_{12} &= 20 \quad \Rightarrow \quad \mathbf{z}_{11} = 20 + \mathbf{z}_{12} = 60\ \Omega \\ \mathbf{z}_{22} - \mathbf{z}_{12} &= 30 \quad \Rightarrow \quad \mathbf{z}_{22} = 30 + \mathbf{z}_{12} = 70\ \Omega \end{aligned}$$

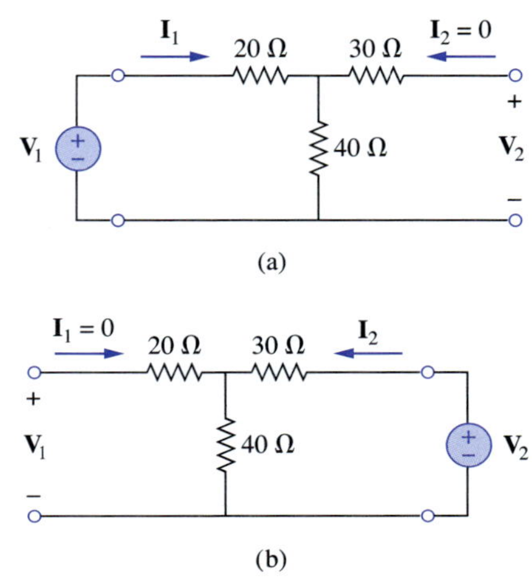

그림 19.8

예제 19.1의 회로: (a) $\mathbf{z}_{11}$과 $\mathbf{z}_{21}$ 구하기, (b) $\mathbf{z}_{12}$와 $\mathbf{z}_{22}$ 구하기

연습문제 19.1

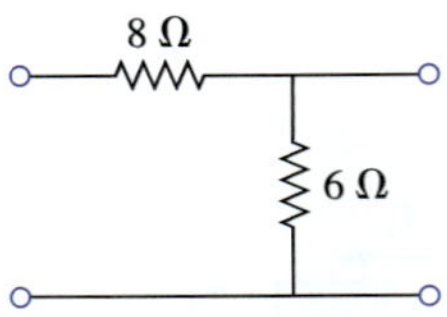

그림 19.9
연습문제 19.1의 회로

그림 19.9에서 2-포트 네트워크의 z 파라미터를 구하라.

해답 $\mathbf{z}_{11} = 14\ \Omega,\ \mathbf{z}_{12} = \mathbf{z}_{21} = \mathbf{z}_{22} = 6\ \Omega$

예제 19.2

그림 19.10의 회로에서 $\mathbf{I}_1$과 $\mathbf{I}_2$를 구하라.

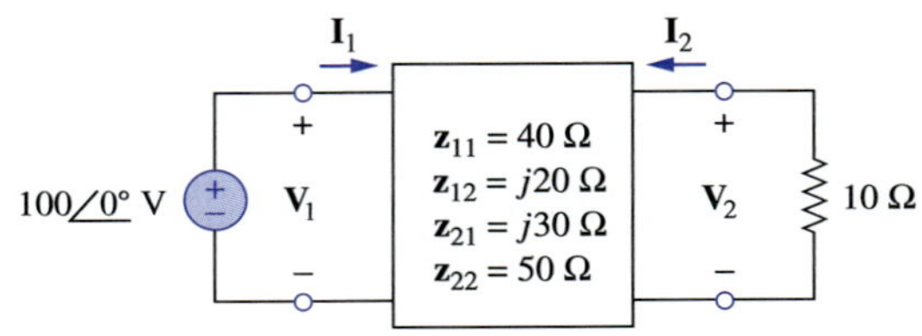

그림 19.10
예제 19.2의 회로

풀이

$\mathbf{z}_{12}$가 $\mathbf{z}_{21}$과 같지 않으므로 이 회로는 가역적 네트워크가 아니다. 그림 19.5(b)의 등가 회로를 사용하거나 식 (19.1)을 직접 사용할 수 있다. 주어진 z 파라미터를 식 (19.1)에 대입하면, 다음을 얻는다.

$$\mathbf{V}_1 = 40\mathbf{I}_1 + j20\mathbf{I}_2 \tag{19.2.1}$$

$$\mathbf{V}_2 = j30\mathbf{I}_1 + 50\mathbf{I}_2 \tag{19.2.2}$$

$\mathbf{I}_1$과 $\mathbf{I}_2$를 구하여야 하므로

$$\mathbf{V}_1 = 100\underline{/0^\circ}, \qquad \mathbf{V}_2 = -10\mathbf{I}_2$$

를 식 (19.2.1)과 식 (19.2.2)에 대입하면, 다음의 식을 얻는다.

$$100 = 40\mathbf{I}_1 + j20\mathbf{I}_2 \tag{19.2.3}$$

$$-10\,\mathbf{I}_2 = j30\mathbf{I}_1 + 50\mathbf{I}_2 \quad \Rightarrow \quad \mathbf{I}_1 = j2\mathbf{I}_2 \tag{19.2.4}$$

식 (19.2.4)를 식 (19.2.3)에 대입하면, 다음의 식을 얻는다.

$$100 = j80\mathbf{I}_2 + j20\mathbf{I}_2 \quad \Rightarrow \quad \mathbf{I}_2 = \frac{100}{j100} = -j$$

식 (19.2.4)로부터

$$\mathbf{I}_1 = j2(-j) = 2$$

그러므로

$$\mathbf{I}_1 = 2\angle 0^\circ \text{ A}, \qquad \mathbf{I}_2 = 1\angle -90^\circ \text{ A}$$

연습문제 19.2

그림 19.11의 2-포트 네트워크에서 $\mathbf{I}_1$과 $\mathbf{I}_2$를 계산하라.

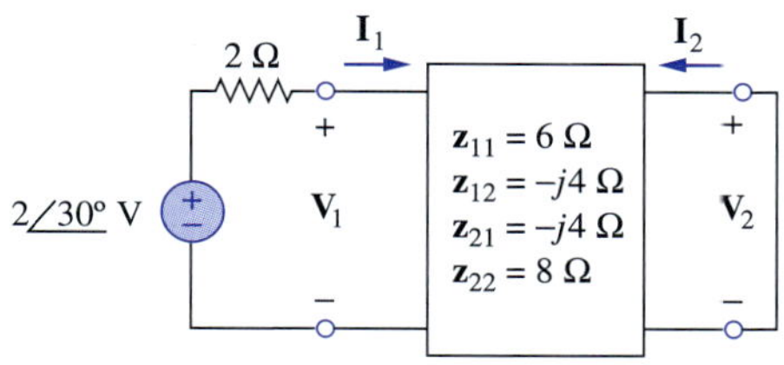

그림 19.11
연습문제 19.2의 회로

해답 $2\angle 20^\circ$ A, $1\angle -60^\circ$ A

19.3 어드미턴스 파라미터

파라미터의 두 번째 세트는 단자 전류를 단자 전압으로 표현함으로써 얻는다. 그림 19.2(a) 또는 (b)에서 단자 전류는 아래와 같이 단자 전압으로 표시된다.

$$\begin{aligned}\mathbf{I}_1 &= \mathbf{y}_{11}\mathbf{V}_1 + \mathbf{y}_{12}\mathbf{V}_2 \\ \mathbf{I}_2 &= \mathbf{y}_{21}\mathbf{V}_1 + \mathbf{y}_{22}\mathbf{V}_2\end{aligned} \tag{19.8}$$

또는 행렬식 형태로 아래와 같이 표시된다.

$$\begin{bmatrix}\mathbf{I}_1 \\ \mathbf{I}_2\end{bmatrix} = \begin{bmatrix}\mathbf{y}_{11} & \mathbf{y}_{12} \\ \mathbf{y}_{21} & \mathbf{y}_{22}\end{bmatrix}\begin{bmatrix}\mathbf{V}_1 \\ \mathbf{V}_2\end{bmatrix} = [\mathbf{y}]\begin{bmatrix}\mathbf{V}_1 \\ \mathbf{V}_2\end{bmatrix} \tag{19.9}$$

용어 $\mathbf{y}$는 어드미턴스 파라미터 또는 간단히 y 파라미터로 알려져 있으며 단위는 시멘스이다.

파라미터의 값은 $\mathbf{V}_1 = 0$(입력포트 단락회로) 또는 $\mathbf{V}_2 = 0$ (출력포트 단락회로)으로 놓음으로 결정될 수 있다. 그러므로

$$\begin{aligned}\mathbf{y}_{11} &= \left.\frac{\mathbf{I}_1}{\mathbf{V}_1}\right|_{\mathbf{V}_2=0}, \qquad \mathbf{y}_{12} = \left.\frac{\mathbf{I}_1}{\mathbf{V}_2}\right|_{\mathbf{V}_1=0} \\ \mathbf{y}_{21} &= \left.\frac{\mathbf{I}_2}{\mathbf{V}_1}\right|_{\mathbf{V}_2=0}, \qquad \mathbf{y}_{22} = \left.\frac{\mathbf{I}_2}{\mathbf{V}_2}\right|_{\mathbf{V}_1=0}\end{aligned} \tag{19.10}$$

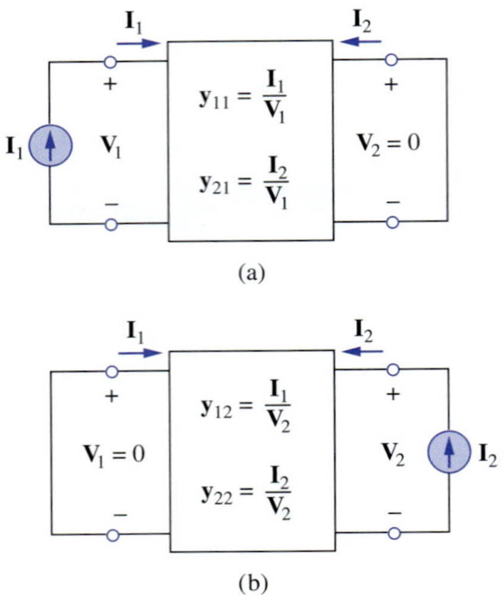

그림 19.12
y 파라미터의 계산:
(a) $\mathbf{y}_{11}$과 $\mathbf{y}_{21}$ 구하기, (b) $\mathbf{y}_{12}$와 $\mathbf{y}_{22}$ 구하기

y 파라미터는 입력 포트나 출력 포트를 단락하여 얻음으로, y 파라미터는 또한 **단락회로 어드미턴스 파라미터**라고 불린다. 그러므로

$$\mathbf{y}_{11} = \text{단락회로 입력 어드미턴스} \tag{19.11a}$$

$$\mathbf{y}_{12} = \text{포트2에서 포트1의 단락회로 전달 어드미턴스} \tag{19.11b}$$

$$\mathbf{y}_{21} = \text{포트1에서 포트2의 단락회로 전달 어드미턴스} \tag{19.11c}$$

$$\mathbf{y}_{22} = \text{단락회로 출력 어드미턴스} \tag{19.11d}$$

식 (19.10)에 따르면 $\mathbf{y}_{11}$과 $\mathbf{y}_{21}$은 그림 19.12(a)에 보이듯이 전류전원 $\mathbf{I}_1$을 포트 1에 연결하고 포트 2를 단락함으로써 얻을 수 있다. $\mathbf{V}_1$과 $\mathbf{I}_2$를 구하고 계산하면

$$\mathbf{y}_{11} = \mathbf{I}_1/\mathbf{V}_1, \qquad \mathbf{y}_{21} = \mathbf{I}_2/\mathbf{V}_1 \tag{19.12}$$

유사하게 $\mathbf{y}_{12}$와 $\mathbf{y}_{22}$는 그림 19.12(b)에서와 같이 전류전원 $\mathbf{I}_2$를 포트 2에 연결하고 포트 1을 단락시킴으로써 얻는다. $\mathbf{I}_1$과 $\mathbf{V}_2$를 구하면 다음을 얻는다.

$$\mathbf{y}_{12} = \mathbf{I}_1/\mathbf{V}_2, \qquad \mathbf{y}_{22} = \mathbf{I}_2/\mathbf{V}_2 \tag{19.13}$$

이 과정은 y 파라미터를 계산하거나 측정하는 방법을 제공한다. 임피던스 파라미터와 어드미턴스 파라미터는 총괄하여 **임미턴스 파라미터**라고 불린다.

선형이며 종속 전원을 갖지 않는 2-포트 네트워크에 대하여 전달 어드미턴스는 같다($\mathbf{y}_{12} = \mathbf{y}_{21}$). 이것은 z 파라미터에서와 같이 증명될 수 있다. 가역적 네트워크($\mathbf{y}_{12} = \mathbf{y}_{21}$)는 그림 19.13(a)에서처럼 Π 등가회로로 모델링할 수 있다. 네트워크가 가역적이 아니면 그림 19.13(b)에 더 일반적인 네트워크가 보인다.

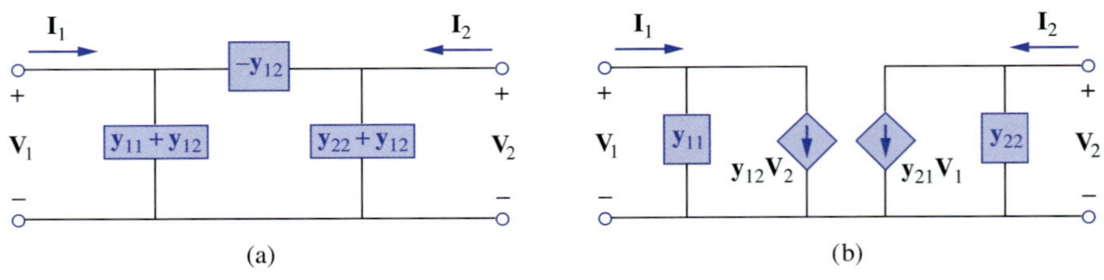

그림 19.13
(a) Π-등가 회로(가역 회로에만 적용), (b) 일반적인 등가 회로

예제 19.3

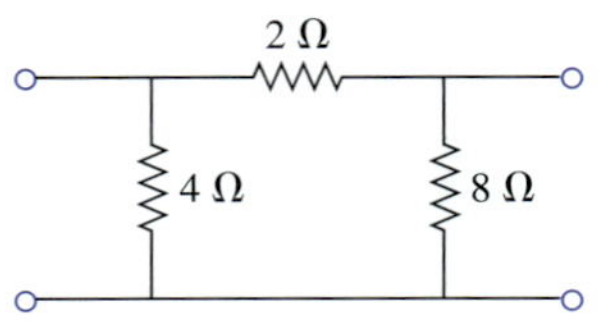

그림 19.14
예제 19.3의 회로

그림 19.14에 보인 Π 네트워크에 대하여 y 파라미터를 구하라.

풀이

■ **방법 1** $\mathbf{y}_{11}$과 $\mathbf{y}_{21}$을 구하기 위하여, 그림 19.15(a)와 같이 출력 포트를 단락시키고 전류전원을 입력 포트 $\mathbf{I}_1$에 연결한다. 8-Ω 저항이 단락되었으므로, 2-Ω 저항은 4-Ω 저항과 병렬이다. 그러므로

$$\mathbf{V}_1 = \mathbf{I}_1(4 \parallel 2) = \frac{4}{3}\mathbf{I}_1, \qquad \mathbf{y}_{11} = \frac{\mathbf{I}_1}{\mathbf{V}_1} = \frac{\mathbf{I}_1}{\frac{4}{3}\mathbf{I}_1} = 0.75\ \text{S}$$

전류분배법칙에 의하여

$$-\mathbf{I}_2 = \frac{4}{4+2}\mathbf{I}_1 = \frac{2}{3}\mathbf{I}_1, \qquad \mathbf{y}_{21} = \frac{\mathbf{I}_2}{\mathbf{V}_1} = \frac{-\frac{2}{3}\mathbf{I}_1}{\frac{4}{3}\mathbf{I}_1} = -0.5\ \text{S}$$

$\mathbf{y}_{12}$와 $\mathbf{y}_{22}$를 구하기 위하여, 입력 포트를 단락시키고 전류전원 $\mathbf{I}_2$를 그림 19.15(b)처럼 출력 포트에 연결한다. 4-Ω 저항이 단락되었으므로 2-Ω과 8-Ω 저항은 병렬연결 되어있다.

$$\mathbf{V}_2 = \mathbf{I}_2(8 \parallel 2) = \frac{8}{5}\mathbf{I}_2, \qquad \mathbf{y}_{22} = \frac{\mathbf{I}_2}{\mathbf{V}_2} = \frac{\mathbf{I}_2}{\frac{8}{5}\mathbf{I}_2} = \frac{5}{8} = 0.625\ \text{S}$$

전류분배법칙에 의하여

$$-\mathbf{I}_1 = \frac{8}{8+2}\mathbf{I}_2 = \frac{4}{5}\mathbf{I}_2, \qquad \mathbf{y}_{12} = \frac{\mathbf{I}_1}{\mathbf{V}_2} = \frac{-\frac{4}{5}\mathbf{I}_2}{\frac{8}{5}\mathbf{I}_2} = -0.5\ \text{S}$$

■ **방법 2** 또 다른 방법은, 식 19.14를 그림 19.13(a)와 비교하여, 앞에서 얻어진 값과 같은 값을 얻을 수 있다.

$$\mathbf{y}_{12} = -\frac{1}{2}\ \text{S} = \mathbf{y}_{21}$$

$$\mathbf{y}_{11} + \mathbf{y}_{12} = \frac{1}{4} \quad \Rightarrow \quad \mathbf{y}_{11} = 0.5 - \mathbf{y}_{12} = 0.75\ \text{S}$$

$$\mathbf{y}_{22} + \mathbf{y}_{12} = \frac{1}{8} \quad \Rightarrow \quad \mathbf{y}_{22} = \frac{1}{8} - \mathbf{y}_{12} = 0.625\ \text{S}$$

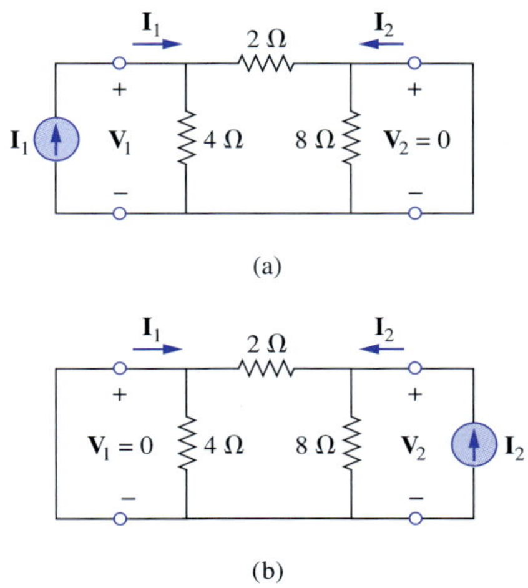

그림 19.15
예제 19.3의 회로:
(a) $\mathbf{y}_{11}$과 $\mathbf{y}_{21}$ 구하기, (b) $\mathbf{y}_{12}$와 $\mathbf{y}_{22}$ 구하기

연습문제 19.3

그림 19.16에 보이는 T 네트워크에 대하여 y 파라미터를 구하라.

해답 $\mathbf{y}_{11} = 0.2273$ S, $\mathbf{y}_{12} = \mathbf{y}_{21} = -0.0909$ S, $\mathbf{y}_{22} = 0.1364$ S

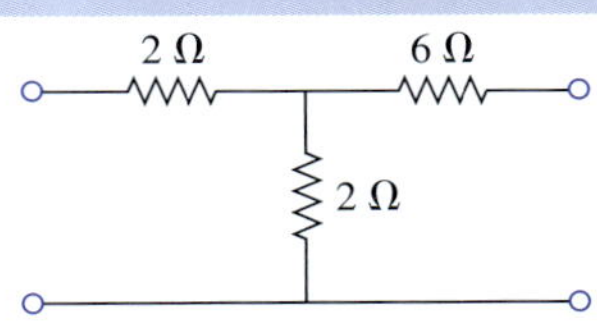

그림 19.16
연습문제 19.3의 회로

예제 19.4

그림 19.17에 보이는 2-포트에 대하여 y 파라미터를 $s(s = j\omega)$의 함수로 구하라.

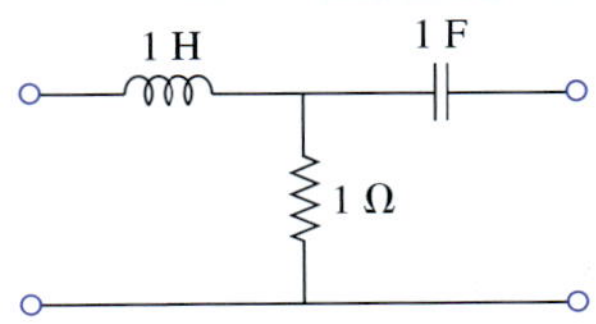

그림 19.17
예제 19.4의 회로

풀이

앞의 예제와 같은 과정을 사용하여 문제를 푼다. 그러나 먼저 회로를 주파수 영역으로 바꾸어야 한다.

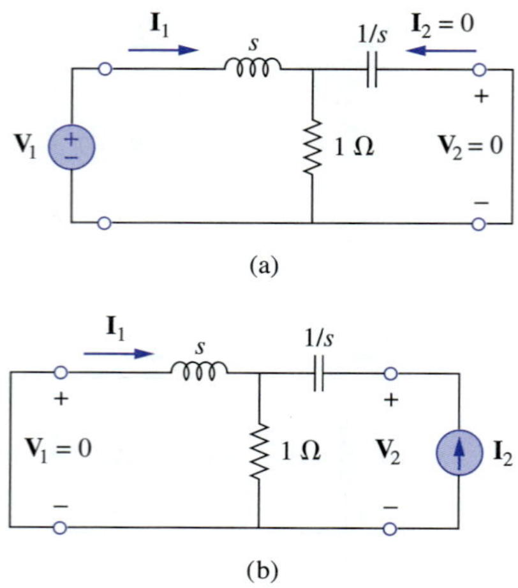

그림 19.18
예제 19.4의 해:
(a) $\mathbf{y}_{11}$과 $\mathbf{y}_{21}$ 구하기, (b) $\mathbf{y}_{12}$와 $\mathbf{y}_{22}$ 구하기

$$1\text{ H} \quad \Rightarrow \quad j\omega L = sL = s$$
$$1\text{ F} \quad \Rightarrow \quad \frac{1}{j\omega C} = \frac{1}{sC} = \frac{1}{s}$$

$\mathbf{y}_{11}$과 $\mathbf{y}_{21}$을 얻기 위하여, 그림 19.18(a)의 회로를 사용한다. 여기서 포트 2는 단락되고 전류원이 포트 1에 연결된다.

$$\mathbf{V}_1 = \mathbf{I}_1\left(s + 1 \parallel \frac{1}{s}\right) = \mathbf{I}_1\left(s + \frac{1}{s+1}\right) = \mathbf{I}_1\left(\frac{s^2+s+1}{s+1}\right)$$
$$\mathbf{y}_{11} = \frac{\mathbf{I}_1}{\mathbf{V}_1} = \frac{s+1}{s^2+s+1}$$

전류분배규칙에 의하여

$$\mathbf{I}_2 = -\frac{1}{1+1/s}\mathbf{I}_1 = -\frac{s}{s+1}\mathbf{I}_1$$
$$\mathbf{y}_{21} = \frac{\mathbf{I}_2}{\mathbf{V}_1} = -\frac{s}{s^2+s+1}$$

유사하게 $\mathbf{y}_{12}$와 $\mathbf{y}_{22}$는 그림 19.18(b)를 이용하여 얻는다.

$$\mathbf{V}_2 = \mathbf{I}_2\left(\frac{1}{s} + 1 \parallel s\right) = I_2\left(\frac{1}{s} + \frac{s}{s+1}\right) = \frac{s^2+s+1}{s(s+1)}\mathbf{I}_2$$
$$\mathbf{y}_{22} = \frac{\mathbf{I}_2}{\mathbf{V}_2} = \frac{s(s+1)}{s^2+s+1}$$

전류분배규칙에 의하여

$$\mathbf{I}_1 = -\mathbf{I}_2\frac{1}{s+1}$$
$$\mathbf{y}_{12} = \frac{\mathbf{I}_1}{\mathbf{V}_2} = -\frac{1}{s+1}\frac{s(s+1)}{s^2+s+1} = -\frac{s}{s^2+s+1}$$

그러므로

$$[\mathbf{y}] = \begin{bmatrix} \dfrac{s+1}{s^2+s+1} & -\dfrac{s}{s^2+s+1} \\ -\dfrac{s}{s^2+s+1} & \dfrac{s(s+1)}{s^2+s+1} \end{bmatrix}$$

연습문제 19.4

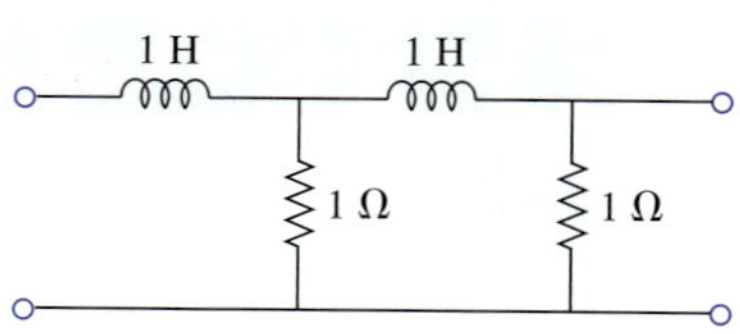

그림 19.19
연습문제 19.4의 회로

그림 19.19의 레더 네트워크에 대하여 s의 함수로 y 파라미터를 구하라.

해답

$$[\mathbf{y}] = \begin{bmatrix} \dfrac{s+1}{s(s+2)} & \dfrac{-1}{s(s+2)} \\ \dfrac{-1}{s(s+2)} & \dfrac{s^2+3s+1}{s(s+2)} \end{bmatrix}$$

19.4 하이브리드 파라미터

파라미터의 세 번째 세트는 $\mathbf{V}_1$과 $\mathbf{I}_2$를 종속변수로 함으로써 얻어진다.

$$\begin{aligned} \mathbf{V}_1 &= \mathbf{h}_{11}\mathbf{I}_1 + \mathbf{h}_{12}\mathbf{V}_2 \\ \mathbf{I}_2 &= \mathbf{h}_{21}\mathbf{I}_1 + \mathbf{h}_{22}\mathbf{V}_2 \end{aligned} \tag{19.14}$$

또는 행렬식 형식으로

$$\begin{bmatrix} \mathbf{V}_1 \\ \mathbf{I}_2 \end{bmatrix} = \begin{bmatrix} \mathbf{h}_{11} & \mathbf{h}_{12} \\ \mathbf{h}_{21} & \mathbf{h}_{22} \end{bmatrix} \begin{bmatrix} \mathbf{I}_1 \\ \mathbf{V}_2 \end{bmatrix} = [\mathbf{h}] \begin{bmatrix} \mathbf{I}_1 \\ \mathbf{V}_2 \end{bmatrix} \tag{19.15}$$

용어 **h**는 비의 복합 조합으로 이루어져 있으므로 하이브리드 파라미터 또는 간단히 h 파라미터로 알려져 있다. 트랜지스터와 같은 소자의 h 파라미터를 측정하는 것이 z나 y파라미터를 측정하는 것보다 매우 쉽기 때문에 이 파라미터는 트랜지스터(19.18절 참조)와 같은 전자 소자를 서술하는데 매우 유용하다. 사실 식 (19.7)로 서술되는, 그림 19.6의 이상적 변압기는 z 파라미터를 갖지 않는다. 식 (19.7)을 식 (19.14)에 대입하면 이상적 변압기는 하이브리드 파라미터로 서술될 수 있다.

파라미터의 값들은 아래와 같이 결정된다.

$$\mathbf{h}_{11} = \left.\frac{\mathbf{V}_1}{\mathbf{I}_1}\right|_{\mathbf{V}_2=0}, \qquad \mathbf{h}_{12} = \left.\frac{\mathbf{V}_1}{\mathbf{V}_2}\right|_{\mathbf{I}_1=0}$$
$$\mathbf{h}_{21} = \left.\frac{\mathbf{I}_2}{\mathbf{I}_1}\right|_{\mathbf{V}_2=0}, \qquad \mathbf{h}_{22} = \left.\frac{\mathbf{I}_2}{\mathbf{V}_2}\right|_{\mathbf{I}_1=0} \tag{19.16}$$

파라미터 $\mathbf{h}_{11}$, $\mathbf{h}_{12}$, $\mathbf{h}_{21}$, 그리고 $\mathbf{h}_{22}$는 각각 임피던스, 전압 이득, 전류 이득, 그리고 어드미턴스를 명확히 나타낸다. 그리고 이것이 하이브리드 파라미터라고 불리는 이유이다. 특별히

$$\begin{aligned} \mathbf{h}_{11} &= \text{단락회로 입력 임피던스} \\ \mathbf{h}_{12} &= \text{개방회로 역 전압이득} \\ \mathbf{h}_{21} &= \text{단락회로 순 전류이득} \\ \mathbf{h}_{22} &= \text{개방회로 출력 어드미턴스} \end{aligned} \tag{19.17}$$

h 파라미터를 계산하는 과정은 z나 y 파라미터를 계산하는데 사용된 과정과 비슷하다. 전압이나 전류 원을 적절한 포트에 가한다. 그리고 다른 쪽 포트는 구하려는 파라미터에 따라서 단락하거나 개방한다. 그리고 일반적인 회로 계산을 수행한다. 가역적인 네트워크에서는 $\mathbf{h}_{12} = -\mathbf{h}_{21}$이다. 이것은 $\mathbf{z}_{12} = \mathbf{z}_{21}$을 증명한 것과 같은 방법으로 증명될 수 있다. 2-포트 네트워크의 하이브리드 모델이 그림 19.20에 보인다.

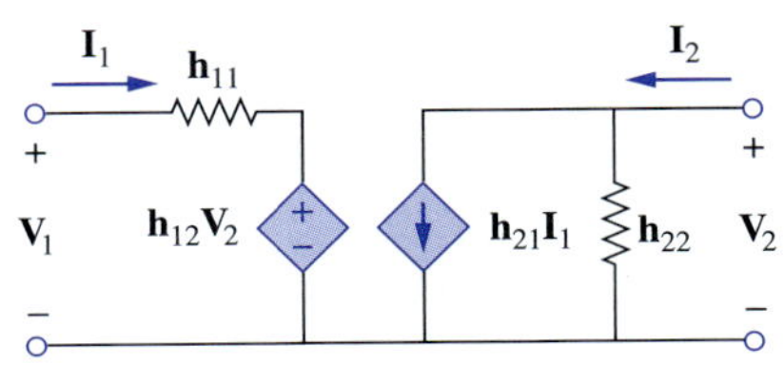

그림 19.20
2-포트 네트워크의 h 파라미터 등가 네트워크.

예제 19.5

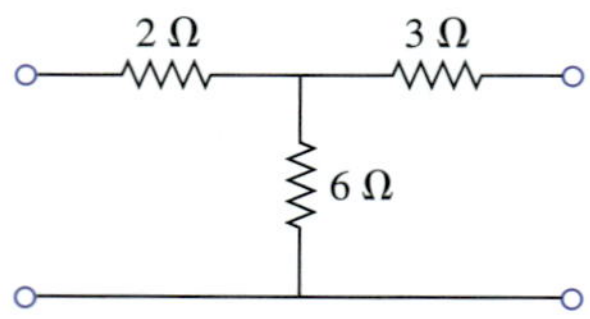

그림 19.21
예제 19.5의 회로

그림 19.21의 2-포트 네트워크에 대하여 하이브리드 파라미터를 구하라.

풀이

$\mathbf{h}_{11}$과 $\mathbf{h}_{21}$을 구하기 위하여 그림 19.22(a)에 보이는 것처럼 출력 포트를 단락시키고 전류전원 $\mathbf{I}_1$을 입력 포트에 연결한다. 그림 19.22(a)로부터

$$\mathbf{V}_1 = \mathbf{I}_1 (2 + 3 \| 6) = 4\mathbf{I}_1$$

그러므로

$$\mathbf{h}_{11} = \mathbf{V}_1/\mathbf{I}_1 = 4 \ \Omega$$

또한, 그림 19.22(a)로부터 전류분배규칙에 의하여,

$$-\mathbf{I}_2 = \frac{6}{6+3}\mathbf{I}_1 = \frac{2}{3}\mathbf{I}_1$$

그러므로

$$\mathbf{h}_{21} = \frac{\mathbf{I}_2}{\mathbf{I}_1} = -\frac{2}{3}$$

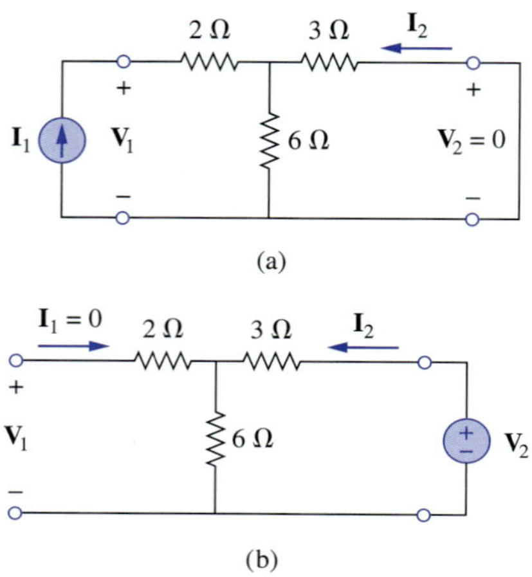

그림 19.22
예제 19.5의 회로:
(a) $\mathbf{h}_{11}$과 $\mathbf{h}_{21}$ 계산, (b) $\mathbf{h}_{12}$와 $\mathbf{h}_{22}$ 계산

$\mathbf{h}_{12}$와 $\mathbf{h}_{22}$를 얻기 위하여 그림 19.22(b)와 같이 입력 포트를 개방하고 전압 전원 를 출력 포트에 연결한다. 전압분배규칙에 의하여

$$\mathbf{V}_1 = \frac{6}{6+3}\mathbf{V}_2 = \frac{2}{3}\mathbf{V}_2$$

그러므로

$$\mathbf{h}_{12} = \mathbf{V}_1/\mathbf{V}_2 = \frac{2}{3}$$

또한

$$\mathbf{V}_2 = (3 + 6)\mathbf{I}_2 = 9\mathbf{I}_2$$

그러므로

$$\mathbf{h}_{22} = \frac{\mathbf{I}_2}{\mathbf{V}_2} = \frac{1}{9} \text{ S}$$

연습문제 19.5

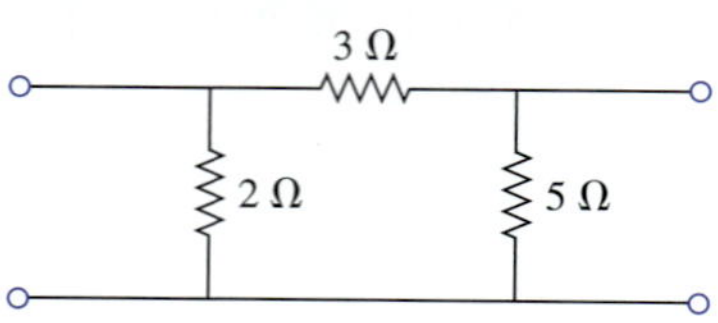

그림 19.23
연습문제 19.5의 회로

그림 19.23의 회로에 대하여 h 파라미터를 구하라.

해답 $\mathbf{h}_{11} = 1.2 \ \Omega$, $\mathbf{h}_{12} = 0.4$, $\mathbf{h}_{21} = -0.4$, $\mathbf{h}_{22} = 0.4 \text{ S}$

예제 19.6

그림 19.24에 보이는 회로의 출력 포트에서 데브난 등가회로를 구하라.

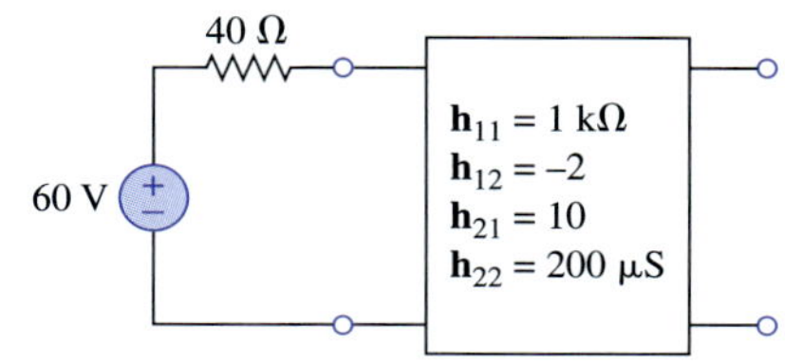

그림 19.24
예제 19.6의 회로

풀이

$\mathbf{Z}_{Th}$와 $\mathbf{V}_{Th}$를 구하기 위하여, *h* 모델의 입력과 출력 포트에 관련된 공식을 기억하면서, 일반적인 과정을 적용한다. $\mathbf{Z}_{Th}$를 구하기 위하여, 그림 19.25(a)에 보이듯이 입력 포트에서 60-V 전압 전원을 제거하고 출력 포트에 1-V 전압 전원을 연결한다. 식 (19.14)로부터

$$\mathbf{V}_1 = \mathbf{h}_{11}\mathbf{I}_1 + \mathbf{h}_{12}\mathbf{V}_2 \tag{19.6.1}$$

$$\mathbf{I}_2 = \mathbf{h}_{21}\mathbf{I}_1 + \mathbf{h}_{22}\mathbf{V}_2 \tag{19.6.2}$$

그러나

$$\mathbf{V}_2 = 1, \qquad \mathbf{V}_1 = -40\ \mathbf{I}_1$$

이 값을 식 (19.6.1)과 식 (19.6.2)에 대입하면, 다음을 얻는다.

$$-40\mathbf{I}_1 = \mathbf{h}_{11}\mathbf{I}_1 + \mathbf{h}_{12} \qquad \Rightarrow \qquad \mathbf{I}_1 = -\frac{\mathbf{h}_{12}}{40 + \mathbf{h}_{11}} \tag{19.6.3}$$

$$\mathbf{I}_2 = \mathbf{h}_{21}\mathbf{I}_1 + \mathbf{h}_{22} \tag{19.6.4}$$

식 (19.6.3)을 식 (19.6.4)에 대입하면

$$\mathbf{I}_2 = \mathbf{h}_{22} - \frac{\mathbf{h}_{21}\mathbf{h}_{12}}{\mathbf{h}_{11} + 40} = \frac{\mathbf{h}_{11}\mathbf{h}_{22} - \mathbf{h}_{21}\mathbf{h}_{12} + \mathbf{h}_{22}40}{\mathbf{h}_{11} + 40}$$

그러므로

$$\mathbf{Z}_{Th} = \mathbf{V}_2/\mathbf{I}_2 = 1/\mathbf{I}_2 = \frac{\mathbf{h}_{11} + 40}{\mathbf{h}_{11}\mathbf{h}_{22} - \mathbf{h}_{21}\mathbf{h}_{12} + \mathbf{h}_{22}40}$$

h 파라미터의 값을 대입하면

$$\mathbf{Z}_{Th} = \frac{1{,}000 + 40}{10^3 \times 200 \times 10^{-6} + 20 + 40 \times 200 \times 10^{-6}} = \frac{1{,}040}{20.21}$$
$$= 51\ 46\ \Omega$$

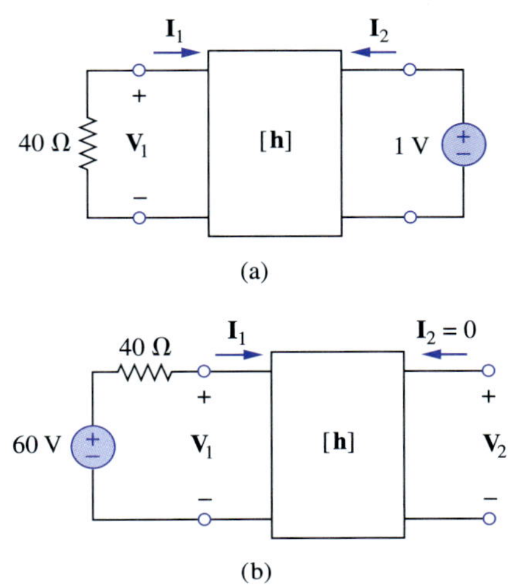

그림 19.25
예제 19.6의 회로:
(a) $\mathbf{Z}_{Th}$ 구하기, (b) $\mathbf{V}_{Th}$ 구하기

$\mathbf{V}_{Th}$를 구하기 위하여, 그림 19.25(b)에서 개방 회로 전압 $\mathbf{V}_2$를 구한다. 입력 포트에서

$$-60 + 40\mathbf{I}_1 + \mathbf{V}_1 = 0 \qquad \Rightarrow \qquad \mathbf{V}_1 = 60 - 40\mathbf{I}_1 \tag{19.6.5}$$

출력 포트에서

$$\mathbf{I}_2 = 0 \tag{19.6.6}$$

식 (19.6.5)와 식 (19.6.6)을 식 (19.6.1)과 식 (19.6.2)에 대입하면

$$60 - 40\mathbf{I}_1 = \mathbf{h}_{11}\mathbf{I}_1 + \mathbf{h}_{12}\mathbf{V}_2$$

또는

$$60 = (\mathbf{h}_{11} + 40)\mathbf{I}_1 + \mathbf{h}_{12}\mathbf{V}_2 \tag{19.6.7}$$

그리고

$$0 = \mathbf{h}_{21}\mathbf{I}_1 + \mathbf{h}_{22}\mathbf{V}_2 \quad \Rightarrow \quad \mathbf{I}_1 = -\frac{\mathbf{h}_{22}}{\mathbf{h}_{21}}\mathbf{V}_2 \tag{19.6.8}$$

식 (19.6.8)을 식 (19.6.7)에 대입하면

$$60 = \left[-(\mathbf{h}_{11} + 40)\frac{\mathbf{h}_{22}}{\mathbf{h}_{21}} + \mathbf{h}_{12}\right]\mathbf{V}_2$$

또는

$$\mathbf{V}_{Th} = \mathbf{V}_2 = \frac{60}{-(\mathbf{h}_{11} + 40)\mathbf{h}_{22}/\mathbf{h}_{21} + \mathbf{h}_{12}} = \frac{60\mathbf{h}_{21}}{\mathbf{h}_{12}\mathbf{h}_{21} - \mathbf{h}_{11}\mathbf{h}_{22} - 40\mathbf{h}_{22}}$$

h 파라미터 값을 대입하면

$$\mathbf{V}_{Th} = \frac{60 \times 10}{-20.21} = -29.69 \text{ V}$$

연습문제 19.6

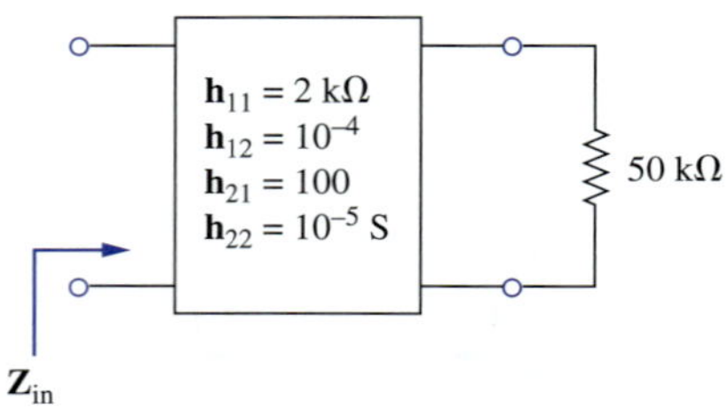

그림 19.26
연습문제 19.6의 회로

그림 19.26의 회로의 입력 포트에서 임피던스를 계산하라.

해답 1667 Ω

19.5 †파라미터들 간의 관계

파라미터들의 세 세트는 같은 2-포트 네트워크의 같은 입력과 출력 터미널 변수에 관계하므로, 파라미터들은 서로 관계가 있다. 두 세트의 파라미터가 있으면 한 세트를 다른 세트에 관계시킬 수 있다. 두 개의 예제로 이 관계를 설명한다.

주어진 z 파라미터에 대하여 y 파라미터를 구한다. 식 (19.2)로부터

$$\begin{bmatrix}\mathbf{V}_1\\ \mathbf{V}_2\end{bmatrix} = \begin{bmatrix}\mathbf{z}_{11} & \mathbf{z}_{12}\\ \mathbf{z}_{21} & \mathbf{z}_{22}\end{bmatrix}\begin{bmatrix}\mathbf{I}_1\\ \mathbf{I}_2\end{bmatrix} = [\mathbf{z}]\begin{bmatrix}\mathbf{I}_1\\ \mathbf{I}_2\end{bmatrix} \tag{19.18}$$

또는

$$\begin{bmatrix}\mathbf{I}_1\\ \mathbf{I}_2\end{bmatrix} = [\mathbf{z}]^{-1}\begin{bmatrix}\mathbf{V}_1\\ \mathbf{V}_2\end{bmatrix} \tag{19.19}$$

또한, 식 (19.9)로부터

$$\begin{bmatrix} \mathbf{I}_1 \\ \mathbf{I}_2 \end{bmatrix} = \begin{bmatrix} \mathbf{y}_{11} & \mathbf{y}_{12} \\ \mathbf{y}_{21} & \mathbf{y}_{22} \end{bmatrix} \begin{bmatrix} \mathbf{V}_1 \\ \mathbf{V}_2 \end{bmatrix} = [\mathbf{y}] \begin{bmatrix} \mathbf{V}_1 \\ \mathbf{V}_2 \end{bmatrix} \tag{19.20}$$

식 (19.19)와 식 (19.20)을 비교하여, 다음의 수식을 얻는다.

$$[\mathbf{y}] = [\mathbf{z}]^{-1} \tag{19.21}$$

$[\mathbf{z}]$행렬의 수반 행렬은

$$\begin{bmatrix} \mathbf{z}_{22} & -\mathbf{z}_{12} \\ -\mathbf{z}_{21} & \mathbf{z}_{11} \end{bmatrix} \tag{19.22}$$

그리고 이것의 디터미넌트는

$$\Delta_z = \mathbf{z}_{11}\mathbf{z}_{22} - \mathbf{z}_{12}\mathbf{z}_{21}$$

이 값을 식 (19.21)에 대입하면, 다음을 얻는다.

$$\begin{bmatrix} \mathbf{y}_{11} & \mathbf{y}_{12} \\ \mathbf{y}_{21} & \mathbf{y}_{22} \end{bmatrix} = \frac{\begin{bmatrix} \mathbf{z}_{22} & -\mathbf{z}_{12} \\ -\mathbf{z}_{21} & \mathbf{z}_{11} \end{bmatrix}}{\Delta_z} \tag{19.23}$$

각 항을 계산하면

$$\mathbf{y}_{11} = \frac{\mathbf{z}_{22}}{\Delta_z}, \qquad \mathbf{y}_{12} = -\frac{\mathbf{z}_{12}}{\Delta_z}, \qquad \mathbf{y}_{21} = -\frac{\mathbf{z}_{21}}{\Delta_z}, \qquad \mathbf{y}_{22} = \frac{\mathbf{z}_{11}}{\Delta_z} \tag{19.24}$$

두 번째 예로 z 파라미터로부터 h 파라미터를 구해본다. 식 (19.1)로부터

$$\mathbf{V}_1 = \mathbf{z}_{11}\mathbf{I}_1 + \mathbf{z}_{12}\mathbf{I}_2 \tag{19.25a}$$

$$\mathbf{V}_2 = \mathbf{z}_{21}\mathbf{I}_1 + \mathbf{z}_{22}\mathbf{I}_2 \tag{19.25b}$$

식 (19.25b)에서 $\mathbf{I}_2$를 구하면,

$$\mathbf{I}_2 = -\frac{\mathbf{z}_{21}}{\mathbf{z}_{22}}\mathbf{I}_1 + \frac{1}{\mathbf{z}_{22}}\mathbf{V}_2 \tag{19.26}$$

이것을 식 (19.25a)에 대입하면

$$\mathbf{V}_1 = \frac{\mathbf{z}_{11}\mathbf{z}_{22} - \mathbf{z}_{12}\mathbf{z}_{21}}{\mathbf{z}_{22}}\mathbf{I}_1 + \frac{\mathbf{z}_{12}}{\mathbf{z}_{22}}\mathbf{V}_2 \tag{19.27}$$

식 (19.26)과 식 (19.27)을 행렬식으로 쓰면,

$$\begin{bmatrix} \mathbf{V}_1 \\ \mathbf{I}_2 \end{bmatrix} = \begin{bmatrix} \dfrac{\Delta_Z}{\mathbf{z}_{22}} & \dfrac{\mathbf{z}_{12}}{\mathbf{z}_{22}} \\ -\dfrac{\mathbf{z}_{21}}{\mathbf{z}_{22}} & \dfrac{1}{\mathbf{z}_{22}} \end{bmatrix} \begin{bmatrix} \mathbf{I}_1 \\ \mathbf{V}_2 \end{bmatrix} \tag{19.28}$$

식 (19.15)로부터

$$\begin{bmatrix} \mathbf{V}_1 \\ \mathbf{I}_2 \end{bmatrix} = \begin{bmatrix} \mathbf{h}_{11} & \mathbf{h}_{12} \\ \mathbf{h}_{21} & \mathbf{h}_{22} \end{bmatrix} \begin{bmatrix} \mathbf{I}_1 \\ \mathbf{V}_2 \end{bmatrix} = [\mathbf{h}] \begin{bmatrix} \mathbf{I}_1 \\ \mathbf{V}_2 \end{bmatrix} \tag{19.29}$$

식 (19.28)과 식 (19.29)를 비교하여, 다음의 수식을 얻는다.

$$\mathbf{h}_{11} = \frac{\Delta_z}{\mathbf{z}_{22}}, \qquad \mathbf{h}_{12} = \frac{\mathbf{z}_{12}}{\mathbf{z}_{22}}, \qquad \mathbf{h}_{21} = -\frac{\mathbf{z}_{21}}{\mathbf{z}_{22}}, \qquad \mathbf{h}_{22} = \frac{1}{\mathbf{z}_{22}} \tag{19.30}$$

표 19.1은 2-포트 파라미터의 세 세트에 대한 변환공식을 보여준다. 주어진 한 세트의 파라미터에 대하여, 표 19.1은 다른 두 개의 파라미터 세트를 구하는데 사용된다. 예로서, 주어진 h파라미터에 대하여 세 번째 열의 두 번째 행에서 대응하는 y 파라미터를 찾을 수 있다. 또한 가역적 네트워크에서 $\mathbf{z}_{21} = \mathbf{z}_{12}$이면, 이 표는 다른 파라미터의 항으로 이 조건을 표현하는데 사용될 수 있다.

표 9.1

2-포트 파라미터의 변환

	z	y	h
z	$\begin{matrix} \mathbf{z}_{11} & \mathbf{z}_{12} \\ \mathbf{z}_{21} & \mathbf{z}_{22} \end{matrix}$	$\begin{matrix} \frac{\mathbf{y}_{22}}{\Delta_y} & -\frac{\mathbf{y}_{12}}{\Delta_y} \\ -\frac{\mathbf{y}_{21}}{\Delta_y} & \frac{\mathbf{y}_{11}}{\Delta_y} \end{matrix}$	$\begin{matrix} \frac{\Delta_h}{\mathbf{h}_{22}} & \frac{\mathbf{h}_{12}}{\mathbf{h}_{22}} \\ -\frac{\mathbf{h}_{21}}{\mathbf{h}_{22}} & \frac{1}{\mathbf{h}_{22}} \end{matrix}$
y	$\begin{matrix} \frac{\mathbf{z}_{22}}{\Delta_z} & -\frac{\mathbf{z}_{12}}{\Delta_z} \\ -\frac{\mathbf{z}_{21}}{\Delta_z} & \frac{\mathbf{z}_{11}}{\Delta_z} \end{matrix}$	$\begin{matrix} \mathbf{y}_{11} & \mathbf{y}_{12} \\ \mathbf{y}_{21} & \mathbf{y}_{22} \end{matrix}$	$\begin{matrix} \frac{1}{\mathbf{h}_{11}} & -\frac{\mathbf{h}_{12}}{\mathbf{h}_{11}} \\ \frac{\mathbf{h}_{21}}{\mathbf{h}_{11}} & \frac{\Delta_h}{\mathbf{h}_{11}} \end{matrix}$
z	$\begin{matrix} \frac{\Delta_z}{\mathbf{z}_{22}} & \frac{\mathbf{z}_{12}}{\mathbf{z}_{22}} \\ -\frac{\mathbf{z}_{21}}{\mathbf{z}_{22}} & \frac{1}{\mathbf{z}_{22}} \end{matrix}$	$\begin{matrix} \frac{1}{\mathbf{y}_{11}} & -\frac{\mathbf{y}_{12}}{\mathbf{y}_{11}} \\ \frac{\mathbf{y}_{21}}{\mathbf{y}_{11}} & \frac{\Delta_y}{\mathbf{y}_{11}} \end{matrix}$	$\begin{matrix} \mathbf{h}_{11} & \mathbf{h}_{12} \\ \mathbf{h}_{21} & \mathbf{h}_{22} \end{matrix}$

where $\Delta_z = \mathbf{z}_{11}\mathbf{z}_{22} - \mathbf{z}_{12}\mathbf{z}_{21}$

$\Delta_y = \mathbf{y}_{11}\mathbf{y}_{22} - \mathbf{y}_{12}\mathbf{y}_{21}$

$\Delta_h = \mathbf{h}_{11}\mathbf{h}_{22} - \mathbf{h}_{12}\mathbf{h}_{21}$

예제 19.7

2-포트 네트워크에서 $[\mathbf{h}] = \begin{bmatrix} 20\ \Omega & 3 \\ -2 & 0.01\ S \end{bmatrix}$일 때 $[\mathbf{z}]$를 구하라.

풀이

$[\mathbf{h}]$로부터 다음과 같이 디터미넌트를 구한다.

$$\Delta_h = 20 \times 0.01 - (3)(-2) = 6.2$$

그러므로 표 19.1로부터

$$[\mathbf{z}] = \begin{bmatrix} \frac{\Delta_h}{\mathbf{h}_{22}} & \frac{\mathbf{h}_{12}}{\mathbf{h}_{22}} \\ -\frac{\mathbf{h}_{21}}{\mathbf{h}_{22}} & \frac{1}{\mathbf{h}_{22}} \end{bmatrix} = \begin{bmatrix} \frac{6.2}{0.01} & \frac{3}{0.01} \\ \frac{2}{0.01} & \frac{1}{0.01} \end{bmatrix} = \begin{bmatrix} 620 & 300 \\ 200 & 100 \end{bmatrix}$$

그러므로

$$\mathbf{z}_{11} = 620, \qquad \mathbf{z}_{12} = 300, \qquad \mathbf{z}_{21} = 200, \qquad \mathbf{z}_{22} = 100\ \Omega$$

연습문제 19.7

z파라미터가 아래와 같은 2-포트 네트워크의 [**y**]를 구하라.

$$[\mathbf{z}] = \begin{bmatrix} 6 & 4 \\ 4 & 6 \end{bmatrix} \Omega$$

해답 $[\mathbf{y}] = \begin{bmatrix} 0.3 & -0.2 \\ -0.2 & 0.3 \end{bmatrix} \mathrm{S}$

19.6 네트워크의 상호연결

크고, 복잡한 네트워크는 해석과 설계 목적으로 작은 네트워크로 나눌 수 있다. 나누어진 작은 네트워크는 2-포트 네트워크로 모델 되고 원래의 네트워크를 형성하기 위하여 상호연결 된다. 그러므로 2-포트 네트워크는 복잡한 네트워크를 형성하기 위하여 상호연결 되는 빌딩 블록으르 간주된다. 상호연결은 직렬연결, 병렬연결, 캐스캐이드연결일 수 있다. 상호 연결된 네트워크가 이 장에서 언급된 세 파라미터 세트의 어느 한 세트로 서술될 수 있다 하더라도 어떤 한 세트가 장점을 가질 수 있다. 예로서, 네트워크가 직렬연결인 경우 커다란 네트워크의 z 파라미터는 각각의 네트워크의 z 파라미터를 더하여 얻는다.

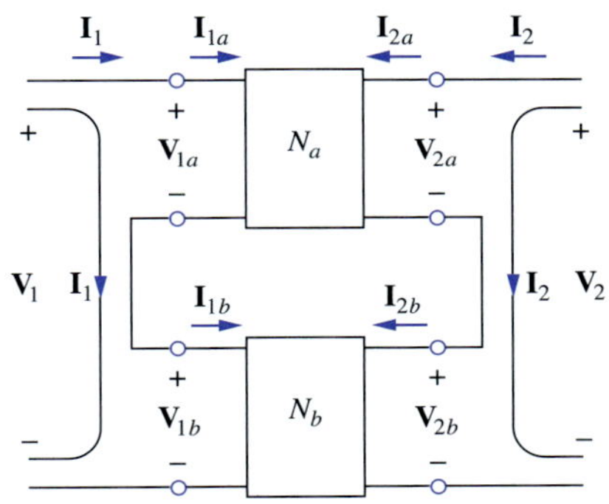

그림 19.27
2-포트 네트워크의 직렬 연결

그림 19.27에 보이는 2-포트 네트워크의 직렬연결을 생각해 보자. 입력 전류가 같고 전압이 더해지므로 네트워크는 직렬연결로 간주된다. 네트워크 N_a에 대하여

$$\begin{aligned} \mathbf{V}_{1a} &= \mathbf{z}_{11a}\mathbf{I}_{1a} + \mathbf{z}_{12a}\mathbf{I}_{2a} \\ \mathbf{V}_{2a} &= \mathbf{z}_{21a}\mathbf{I}_{1a} + \mathbf{z}_{22a}\mathbf{I}_{2a} \end{aligned} \tag{19.31}$$

그리고 네트워크 N_b에 대하여

$$\begin{aligned} \mathbf{V}_{1b} &= \mathbf{z}_{11b}\mathbf{I}_{1b} + \mathbf{z}_{12b}\mathbf{I}_{2b} \\ \mathbf{V}_{2b} &= \mathbf{z}_{21b}\mathbf{I}_{1b} + \mathbf{z}_{22b}\mathbf{I}_{2b} \end{aligned} \tag{19.32}$$

그림 19.27로부터 다음을 알 수 있다.

$$\mathbf{I}_1 = \mathbf{I}_{1a} = \mathbf{I}_{1b} \tag{19.33a}$$

$$\mathbf{I}_2 = \mathbf{I}_{2a} = \mathbf{I}_{2b} \tag{19.33b}$$

그리고

$$\begin{aligned} \mathbf{V}_1 &= \mathbf{V}_{1a} + \mathbf{V}_{1b} = (\mathbf{z}_{11a} + \mathbf{z}_{11b})\mathbf{I}_1 + (\mathbf{z}_{12a} + \mathbf{z}_{12b})\mathbf{I}_2 \\ \mathbf{V}_2 &= \mathbf{V}_{2a} + \mathbf{V}_{2b} = (\mathbf{z}_{21a} + \mathbf{z}_{21b})\mathbf{I}_1 + (\mathbf{z}_{22a} + \mathbf{z}_{22b})\mathbf{I}_2 \end{aligned} \tag{19.34}$$

그러므로 전체 네트워크의 z 파라미터는 다음과 같다.

$$\begin{bmatrix} \mathbf{z}_{11} & \mathbf{z}_{12} \\ \mathbf{z}_{21} & \mathbf{z}_{22} \end{bmatrix} = \begin{bmatrix} \mathbf{z}_{11a} + \mathbf{z}_{11b} & \mathbf{z}_{12a} + \mathbf{z}_{12b} \\ \mathbf{z}_{21a} + \mathbf{z}_{21b} & \mathbf{z}_{22a} + \mathbf{z}_{22b} \end{bmatrix} \tag{19.35}$$

또는

$$[\mathbf{z}] = [\mathbf{z}_a] + [\mathbf{z}_b] \tag{19.36}$$

전체 네트워크의 z 파라미터는 각각 네트워크의 z 파라미터의 합임을 보여준다. 이것은 직렬연결의 n 포트 네트워크로 확장될 수 있다. 예로서 **[h]**모델의 2-포트 네트워크가 직렬로 연결되어 있다면 **h**를 z로 바꾸기 위하여 표 19.1을 사용하고 식 (19.36)을 적용한다. 마지막으로 표 19.1을 이용하여 결과를 **h**로 바꾼다.

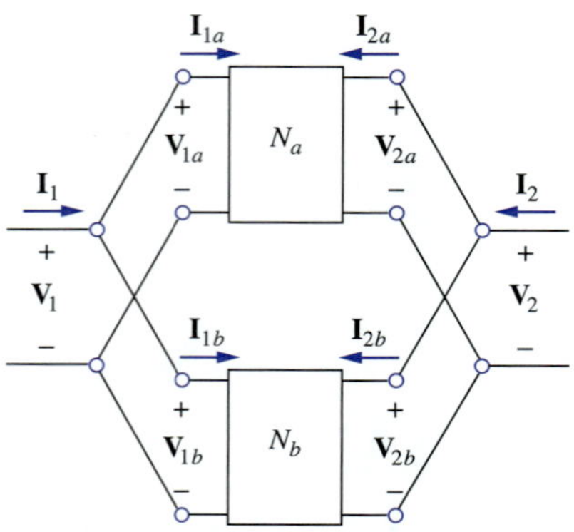

그림 19.28
2-포트 네트워크의 병렬 연결

두 개의 포트 전압이 같고 커다란 네트워크의 포트 전류가 각각의 포트 전류의 합일 때 두 개의 2-포트 네트워크는 병렬연결이다. 추가로 각 회로는 공통 기준을 가지고 있어야 한다. 그리고 네트워크이 서로 연결될 때 네트워크들은 공통 기준선이 서로 묶여 있어야 한다. 2-포트 네트워크의 병렬연결이 그림 19.28에 보인다. 직렬연결에 대하여 했던 것과 같이 전체 네트워크에 대하여 y 파라미터가 다음과 같음을 보일 수 있다.

$$\begin{bmatrix} \mathbf{y}_{11} & \mathbf{y}_{12} \\ \mathbf{y}_{21} & \mathbf{y}_{22} \end{bmatrix} = \begin{bmatrix} \mathbf{y}_{11a} + \mathbf{y}_{11b} & \mathbf{y}_{12a} + \mathbf{y}_{12b} \\ \mathbf{y}_{21a} + \mathbf{y}_{21b} & \mathbf{y}_{22a} + \mathbf{y}_{22b} \end{bmatrix} \tag{19.37}$$

또는

$$[\mathbf{y}] = [\mathbf{y}_a] + [\mathbf{y}_b] \tag{19.38}$$

위 수식은 전체 네트워크의 y 파라미터가 각 네트워크의 y 파라미터의 합임을 보여준다. 결과는 병렬구조의 n 포트 네트워크로 확장될 수 있다.

1-포트의 출력이 다른 포트의 입력일 때 두 네트워크는 캐스캐이드 라고 불린다. 캐스캐이드 구조의 2-포트 연결이 그림 19.29에 보인다. 캐스캐이드 연결의 해석은 전달 파라미터 사용을 포함하며, 이 영역은 이 책의 범위를 벗어난 분야이다.

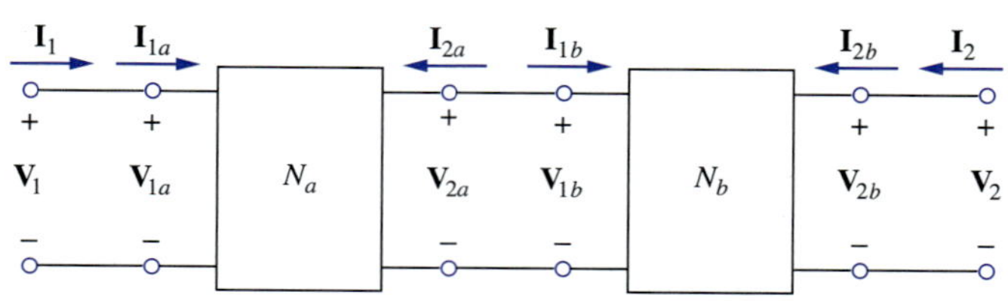

그림 19.29
2-포트 네트워크의 캐스캐이드 연결

예제 19.8

그림 19.30의 회로에서 $\mathbf{V}_2/\mathbf{V}_s$를 계산하라.

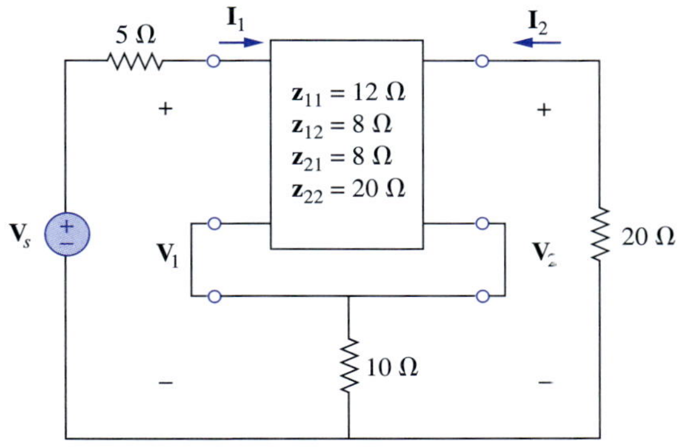

그림 19.30

예제 19.8의 회로

풀이

이것은 2-포트가 직렬연결인 것으로 간주할 수 있다. N_b에 대하여

$$\mathbf{z}_{12b} = \mathbf{z}_{21b} = 10 = \mathbf{z}_{11b} = \mathbf{z}_{22b}$$

그러므로

$$[\mathbf{z}] = [\mathbf{z}_a] + [\mathbf{z}_b] = \begin{bmatrix} 12 & 8 \\ 8 & 20 \end{bmatrix} + \begin{bmatrix} 10 & 10 \\ 10 & 10 \end{bmatrix} = \begin{bmatrix} 22 & 18 \\ 18 & 30 \end{bmatrix}$$

그러나

$$\mathbf{V}_1 = \mathbf{z}_{11}\mathbf{I}_1 + \mathbf{z}_{12}\mathbf{I}_2 = 22\mathbf{I}_1 + 18\mathbf{I}_2 \tag{19.8.1}$$

$$\mathbf{V}_2 = \mathbf{z}_{21}\mathbf{I}_1 + \mathbf{z}_{22}\mathbf{I}_2 = 18\mathbf{I}_1 + 30\mathbf{I}_2 \tag{19.8.2}$$

또한 입력 포트에서

$$\mathbf{V}_1 = \mathbf{V}_s - 5\mathbf{I}_1 \tag{19.8.3}$$

그리고 출력 포트에서

$$\mathbf{V}_2 = -20\mathbf{I}_2 \quad \Rightarrow \quad \mathbf{I}_2 = -\mathbf{V}_2/20 \tag{19.8.4}$$

식 (19.8.3)과 식 (19.8.4)를 식 (19.8.1)에 대입하면

$$\mathbf{V}_s - 5\mathbf{I}_1 = 22\mathbf{I}_1 - \frac{18}{20}\mathbf{V}_2 \quad \Rightarrow \quad \mathbf{V}_s = 27\mathbf{I}_1 - 0.9\ \mathbf{V}_2 \tag{19.8.5}$$

반면에 식 (19.8.4)를 식 (19.8.2)에 대입하면 다음을 얻는다.

$$\mathbf{V}_2 = 18\mathbf{I}_1 - \frac{30}{20}\mathbf{V}_2 \quad \Rightarrow \quad \mathbf{I}_1 = \frac{2.5}{18}\mathbf{V}_2 \tag{19.8.6}$$

식 (19.8.6)을 식 (19.8.5)에 대입하여 다음을 얻는다.

$$\mathbf{V}_s = 27 \times \frac{2.5}{18}\mathbf{V}_2 - 0.9\mathbf{V}_2 = 2.85\mathbf{V}_2$$

그러므로

$$\frac{\mathbf{V}_2}{\mathbf{V}_s} = \frac{1}{2.85} = 0.3509$$

연습문제 19.8

그림 19.31 회로에서 $\mathbf{V}_2/\mathbf{V}_s$를 구하라.

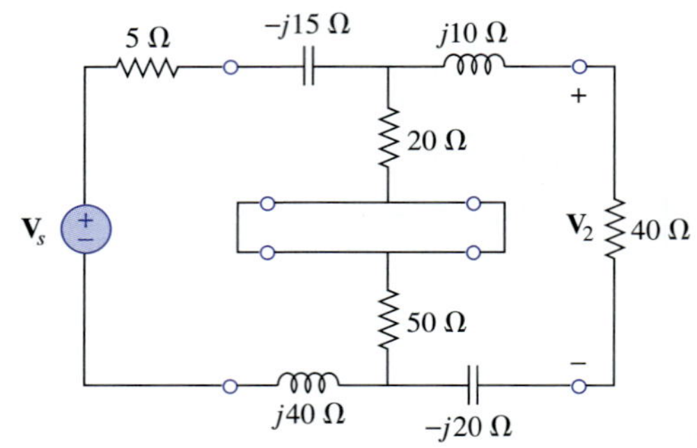

그림 19.31
연습문제 19.8의 회로

해답 $0.58 \angle 40°$

예제 19.9

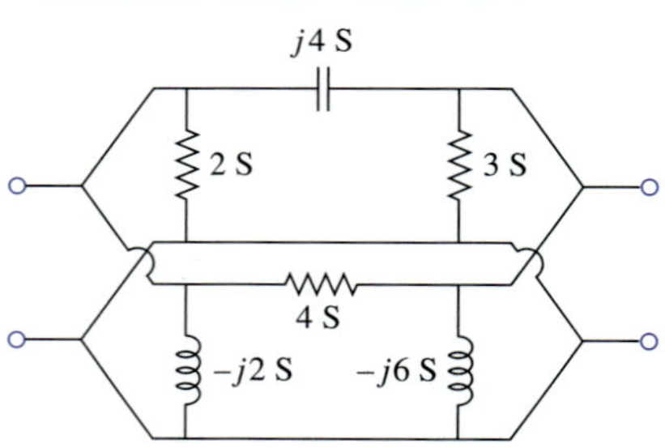

그림 19.32
예제 19.9의 회로

그림 19.32에 보이는 2-포트의 y 파라미터를 구하라.

풀이

위쪽 네트워크를 N_a 아래쪽 네트워크를 N_b로 놓는다. 두 네트워크는 병렬로 연결되어있다. N_a와 N_b를 그림 19.13(a)의 회로와 비교하여 다음을 얻는다.

$$\mathbf{y}_{12\mathrm{a}} = -j4 = \mathbf{y}_{21a}, \qquad \mathbf{y}_{11a} = 2 + j4, \qquad \mathbf{y}_{22a} = 3 + j4$$

또는

$$[\mathbf{y}_a] = \begin{bmatrix} 2+j4 & -j4 \\ -j4 & 3+j4 \end{bmatrix} \mathrm{S}$$

$$\mathbf{y}_{12b} = -4 = \mathbf{y}_{21b}, \qquad \mathbf{y}_{11b} = 4 - j2, \qquad \mathbf{y}_{22b} = 4 - j6$$

또는

$$[\mathbf{y}_b] = \begin{bmatrix} 4-j2 & -4 \\ -4 & 4-j6 \end{bmatrix} \mathrm{S}$$

전체 y 파라미터는 다음과 같다.

$$[\mathbf{y}] = [\mathbf{y}_a] + [\mathbf{y}_b] = \begin{bmatrix} 6+j2 & -4-j4 \\ -4-j4 & 7-j2 \end{bmatrix} \mathrm{S}$$

연습문제 19.9

그림 19.33의 회로에서 y 파라미터를 구하라.

해답 $\begin{bmatrix} 27 - j15 & -25 + j10 \\ -25 + j10 & 27 - j5 \end{bmatrix}$S

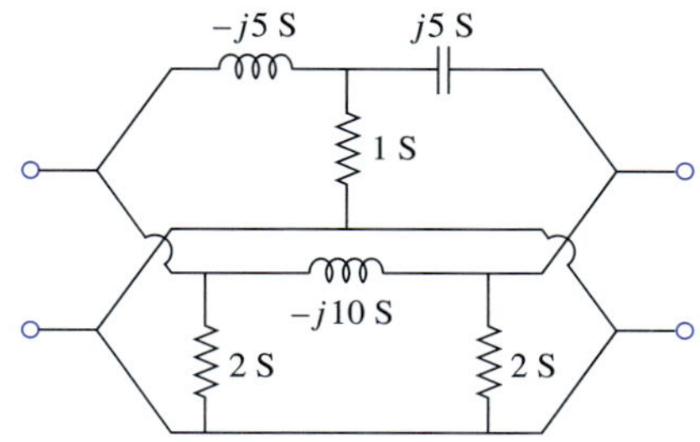

그림 19.33
연습문제 19.9의 회로

19.7 컴퓨터 해석

2-포트가 복잡할 때 2-포트 파라미터를 손으로 계산하는 것은 어려울 수 있다. 그러한 경우에 PSpice를 이용할 수 있다. 만약 회로가 순전히 저항만으로 되어있으면, PSpice 직류 해석이 사용될 수 있다. 그렇지 않으면, 한 특정 주파수의 PSpice 교류 해석을 이용한다. 특별한 2-포트 파라미터를 계산하는데 PSpice를 사용하는 열쇠는 그 파라미터가 어떻게 정의되었는지 기억하고, 또 다른 필요한 제약으로서 개방 또는 단락 회로를 만드는 반면에 적절한 포트에 1-A 또는 1-V 전원을 가하는 것이다. 다음의 두 예가 이 아이디어를 설명한다.

예제 19.10

PSpice를 이용하여 그림 19.34의 네트워크의 h 파라미터를 구하라.

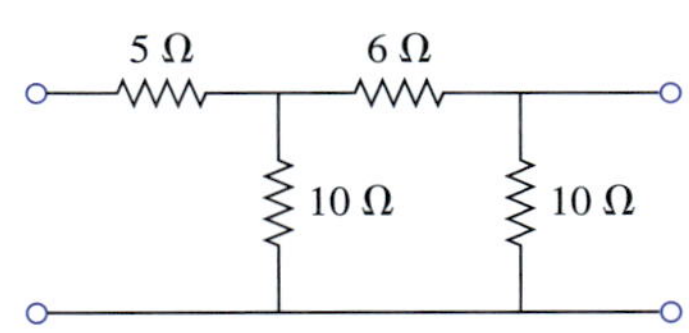

그림 19.34
예제 19.10의 회로

풀이

식 (19.16)으로부터

$$\mathbf{h}_{11} = \frac{\mathbf{V}_1}{\mathbf{I}_1}\bigg|_{\mathbf{V}_2=0}, \qquad \mathbf{h}_{21} = \frac{\mathbf{I}_2}{\mathbf{I}_1}\bigg|_{\mathbf{V}_2=0}$$

$\mathbf{h}_{11}$과 $\mathbf{h}_{21}$은 $\mathbf{V}_2 = 0$으로 놓음으로써 구할 수 있다. 또한 $\mathbf{I}_1 = 1$, A로 놓음으로써 $\mathbf{h}_{11}$은 $\mathbf{V}_1/1$이 되고, 반면에 $\mathbf{h}_{21}$은 $\mathbf{I}_2/1$이 된다. 이것을 생각하면서, 그림 19.35(a)와 같은 회로도를 그린다. $\mathbf{I}_1 = 1$ A로 하기 위하여 1-A 직류 전류전원 IDC를 삽입한다. 출력은 단락되어 있다고 가정하였으므로 작은 저항 값의 $\mathbf{R}_5$를 단락회로로 사용한다.

그림 19.35(a)의 회로를 그린 후에 exam1910a.dsn으로 저장한다. **PSpice/New Simulation Profile**을 선택한다. New Simulation 다이얼로그 박스를 연다. 파일 이름으로 “exam1910a”를 입력하고 Create를 클릭한다. Simulation Settings 다이얼로그 박스를 열고 Simulation Settings 다이얼로그 박스에서, *Analysis Type*으로 Bias Point를 선택하고, OK를 클릭한다. **PSpice/Run**을 선택하여 회로를 시뮬레이션 한다(Help 아래의). 아이콘 **I**나 **V**를 누름으로써 마디의 전압이나 가지를 흐르는 전류를 보일 수 있다. **V**를 누름으로써, $\mathbf{R}_3$양단의 전압이 3.75인 것을 화면에서 볼 수 있다. 그러므로 $\mathbf{I}_1$에서의 전압 $\mathbf{V}_1$은

3.75 + 5(1) = 8.75 V이다. **I**를 누름으로써, $\mathbf{R}_5$에 흐르는 전류가 624.9 mA임을 화면에서 볼 수 있다.

$$\mathbf{h}_{11} = \frac{\mathbf{V}_1}{1} = 8.75\ \Omega, \qquad \mathbf{h}_{21} = \frac{\mathbf{I}_2}{1} = 0.625$$

유사하게 식 (19.16)으로부터

$$\mathbf{h}_{12} = \left.\frac{\mathbf{V}_1}{\mathbf{V}_2}\right|_{\mathbf{I}_1=0}, \qquad \mathbf{h}_{22} = \left.\frac{\mathbf{I}_2}{\mathbf{V}_2}\right|_{\mathbf{I}_1=0}$$

입력 포트를 개방함으로써($\mathbf{I}_1 = 0$) $\mathbf{h}_{12}$와 $\mathbf{h}_{22}$를 얻는다. $\mathbf{V}_2 = 1$ V로 함으로써 $\mathbf{h}_{12}$는 $\mathbf{V}_1/1$이 되고, 반면에 $\mathbf{h}_{22}$는 $\mathbf{I}_2/1$이 된다. 그러므로 $\mathbf{V}_2 = 1$ V를 만들기 위해 출력단자에 삽입된 1-V 직류 전압전원 VDC가 있는 그림 19.35(b)의 회로도를 사용한다. [입력 포트가 개방되고 PSpice는 매달려 있는 5-Ω 저항은 부품으로 받아들이지 않으므로 5-Ω 저항이 무시되었음을 그림 19.35(b)에서 주목하라. 개방회로가 매우 큰 저항, 말하자면 10 MΩ으로 대치된다면 5-Ω 저항을 포함할 수도 있다.]

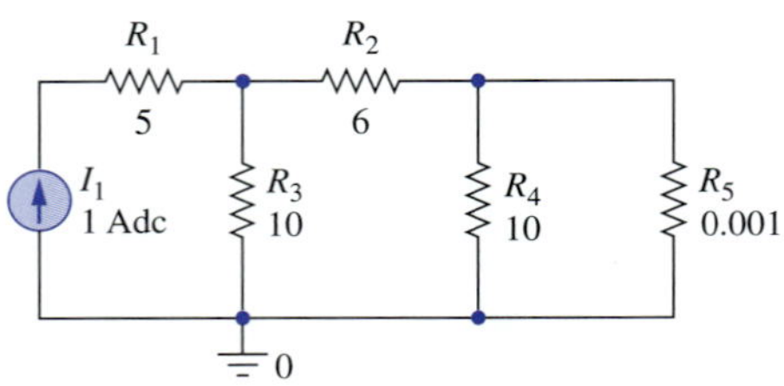

(a)

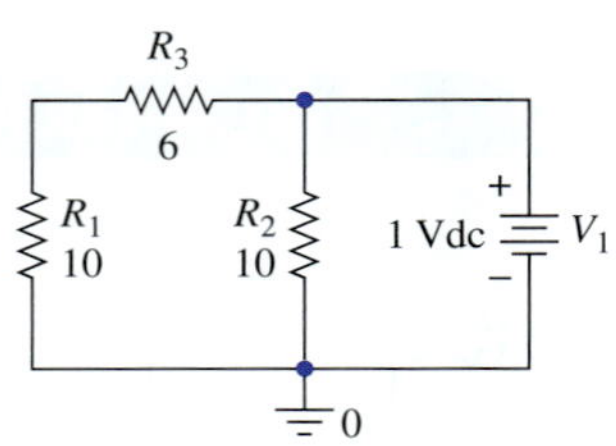

(b)

그림 19.35
예제 19.10의 회로도:
(a) $\mathbf{h}_{11}$과 $\mathbf{h}_{21}$ 계산, (b) $\mathbf{h}_{12}$와 $\mathbf{h}_{22}$ 계산

그림 19.35(b)의 회로를 그림 후에 exam1910b.dsn으로 저장하고, **PSpice/New Simulation Profile**을 선택한다. New Simulation 다이얼로그 박스를 연다. 파일 이름으로"exam1910b"를 입력하고 Creat를 클릭한다. Simulation Settings 다이얼로그 박스를 연다. Simulation Settings 다이얼로그 박스에서, *Analysis Type*으로 Bias Point를 선택하고, OK를 클릭한다. **PSpice/Run**을 선택하여 회로를 시뮬레이션 한다. (Help 아래의) 아이콘 **I**나 **V**를 누름으로써 마디의 전압이나 가지를 흐르는 전류를 보일 수 있다. **V**를 누름으로써, $\mathbf{R}_1$양단의 전압이 625 mV로 $\mathbf{V}_1 = 0.625$ V인 것을 화면에서 볼 수 있다. **I**를 누름으로써, $\mathbf{I}_2 = 162.5$ mA로 $\mathbf{V}_1$에 흐르는 전류를 화면에서 볼 수 있다.

$$\mathbf{h}_{12} = \frac{\mathbf{V}_1}{1} = 0.625, \qquad \mathbf{h}_{22} = \frac{\mathbf{I}_2}{1} = 0.1625\ \mathrm{S}$$

연습문제 19.10

PSpice를 이용하여 그림 19.36의 네트워크에서 h 파라미터를 구하라.

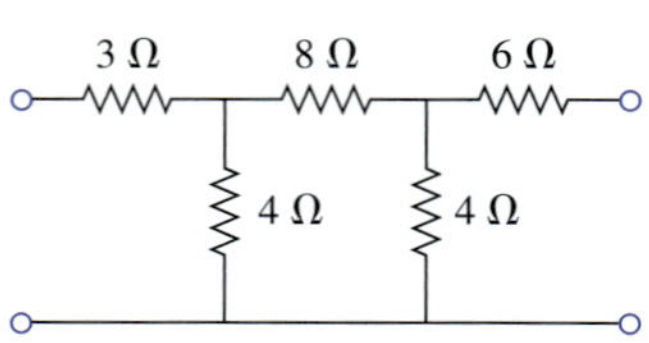

그림 19.36
연습문제 19.10의 회로

해답 $[\mathbf{h}] = \begin{bmatrix} 5.899\ \Omega & 0.1111 \\ 0.1111 & 0.1111\ \mathrm{S} \end{bmatrix}$

예제 19.11

그림 19.37에서 $\omega = 10^6$ rad/s일 때 z 파라미터를 구하라.

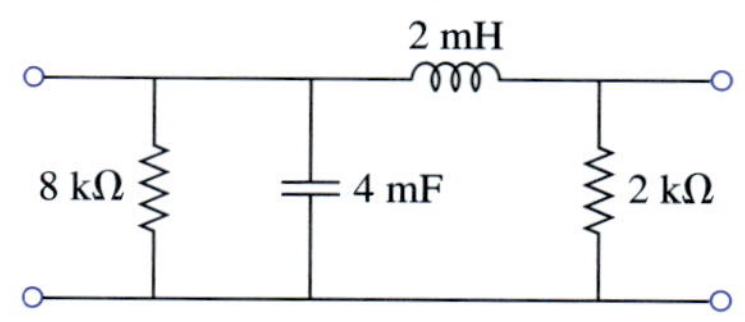

그림 19.37
예제 19.11의 회로

풀이

그림 19.34의 회로가 순수 저항만 있으므로 예제 19.10에서 직류 해석이 사용되었음을 주목한다. 여기서는, L과 C가 주파수에 의존하므로 $f = \omega/2\pi = 0.15915$ MHz에서 교류해석이 사용된다.

식 (19.3)에서, z파라미터를 다음과 같이 정의했다.

$$\mathbf{z}_{11} = \left.\frac{\mathbf{V}_1}{\mathbf{I}_1}\right|_{\mathbf{I}_2=0}, \qquad \mathbf{z}_{21} = \left.\frac{\mathbf{V}_2}{\mathbf{I}_1}\right|_{\mathbf{I}_2=0}$$

이것은 $\mathbf{I}_1 = 1$ A로 하고 출력 포트를 개방회로로 하기 위해 $\mathbf{I}_2 = 0$으로 하면 다음을 얻는다는 것을 보여준다.

$$\mathbf{z}_{11} = \frac{\mathbf{V}_1}{1}, \qquad \mathbf{z}_{21} = \frac{\mathbf{V}_2}{1}$$

이것은 그림 19.38(a)의 회로도로 실현된다. 회로의 입력단자에 1-A 교류 전류 전원 IAC와 $\mathbf{V}_1$과 $\mathbf{V}_2$를 얻기 위하여 두 개의 pseudocomponent VPRINT1을 삽입한다. 각 VPRINT1의 속성은 전압의 크기와 위상 값을 프린트하기 위하

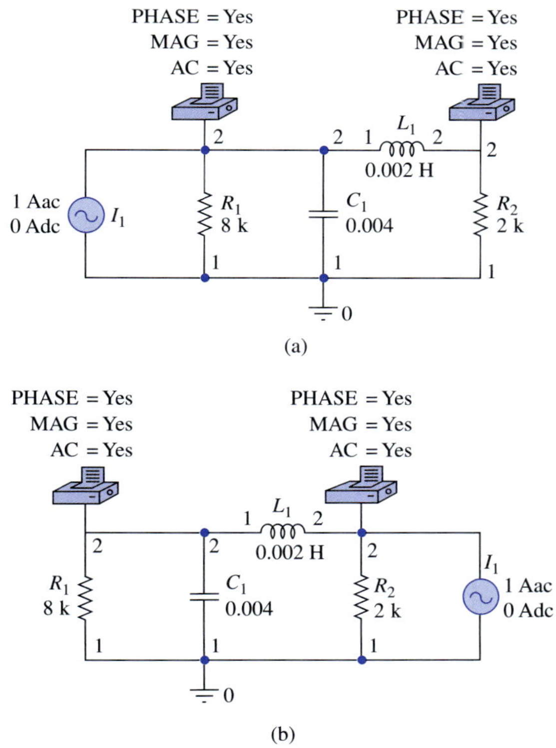

그림 19.38
예제 19.11의 회로도: (a) $\mathbf{z}_{11}$과 $\mathbf{z}_{21}$ 계산, (b) $\mathbf{z}_{12}$와 $\mathbf{z}_{22}$ 계산

여 AC = yes, MAG = yes, 그리고 PHASE = yes로 놓는다.

그림 19.38(a)의 회로를 그림 후에 exam1911a.dsn으로 저장하고, **PSpice/New Simulation Profile**을 선택한다. 이것은 New Simulation 다이얼로그 박스를 연다. 파일 이름으로 "exam1911a"를 입력하고 Creat를 클릭한다. Simulation Settings 다이얼로그 박스를 열고 Simulation Settings 다이얼로그 박스에서, *Analysis Type*으로 AC Sweep/Noise를 선택하고, AC Sweep Type으로 Linear를 선택한다. *Start Freq*로 0.1519MEG, *Final Freq*로 0.1519MEG, *Total Point*로 1을 입력한다.

PSpice/Run을 선택하여 회로를 시뮬레이션 한다. **PSpice/View Output file**을 선택하여 출력 파일을 얻는다. 출력 파일은 다음을 포함한다.

```
FREQ            VM(N00139)      VP(N00139)
1.519E+05       2.619E-04       9.000E+01
FREQ            VM(N00159)      VP(N00159)
1.519E+05       1.895E-04       4.634E+01
```

이것으로부터, $\mathbf{V}_1$과 $\mathbf{V}_2$를 얻는다. 그러므로,

$$\mathbf{z}_{11} = \frac{\mathbf{V}_1}{1} = 261.9\underline{/90^\circ}\ \mu\Omega$$

$$\mathbf{z}_{21} = \frac{\mathbf{V}_2}{1} = 189.5\underline{/46.34^\circ}\ \mu\Omega$$

비슷한 방법으로, 식 (19.3)으로부터,

$$\mathbf{z}_{12} = \left.\frac{\mathbf{V}_1}{\mathbf{I}_2}\right|_{\mathbf{I}_1=0}, \qquad \mathbf{z}_{22} = \left.\frac{\mathbf{V}_2}{\mathbf{I}_2}\right|_{\mathbf{I}_1=0}$$

$\mathbf{I}_2 = 1$ A로 하고 입력 포트를 개방하면, $\mathbf{z}_{12} = \mathbf{V}_1/1$이고 $\mathbf{z}_{22} = \mathbf{V}_2/1$임을 보여준다. 이것은 그림 19.38(b)의 회로도와 같다. 이 회로도와 그림 19.38(a)의 회로도와의 차이는 1-A 교류 전류전원 IAC가 출력 단자에 있는 것뿐이다. 그림 19.38(b)의 회로도를 시뮬레이션하고 다음과 같은 추력 파일을 얻는다.

```
FREQ            VM(N00163)      VP(N00163)
1.519E+05       1.895E-04       4.634E+01
FREQ            VM(N00139)      VP(N00139)
1.519E+05       1.381E+03       -1.337E+02
```

그러므로

$$\mathbf{z}_{12} = \frac{\mathbf{V}_1}{1} = 189.5\underline{/46.34^\circ}\ \mu\Omega$$

$$\mathbf{z}_{22} = \frac{\mathbf{V}_2}{1} = 1381\underline{/-133.7^\circ}\ \Omega$$

연습문제 19.11

PSpice를 이용하여 $f = 60$ Hz에서 그림 19.39 회로의 z 파라미터를 구하라.

해답 $[\mathbf{z}] = \begin{bmatrix} 11.89\underline{/-177.2^\circ} & 0.2629\underline{/99.07^\circ} \\ 0.2629\underline{/99.07^\circ} & 0.2662\underline{/90.03^\circ} \end{bmatrix} \Omega$

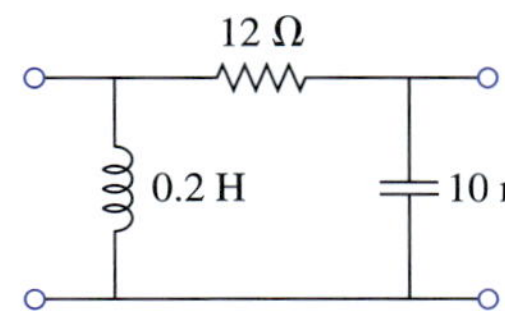

그림 19.39
연습문제 19.11의 회로

19.8 †응용

2-포트 네트워크를 분석하기 위하여 네트워크 파라미터의 세 세트가 어떻게 사용되는지 보았다. 커다란 네트워크를 구성하기 위하여 2-포트들이 어떻게 연결되어 있는가에 따라, 19.5절에서 보았듯이, 어떤 파라미터 세트는 다른 파라미터 세트에 비하여 해석에 유용하다. 앞으로 2-포트 파라미터의 중요한 응용에 대하여 생각해보자. 트랜지스터 회로.

2-포트 네트워크는 때때로 부하를 회로의 여기부로부터 분리하기 위하여 사용된다. 예로서, 그림 19.40의 2-포트는 증폭기, 필터, 또는 다른 네트워크를 나타낼 수 있다. 2-포트가 증폭기를 나타낼 때 전압이득 A_v, 전류이득 A_i, 입력임피던스 Z_{in}, 그리고 출력임피던스 Z_{out}에 대한 표현이 쉽게 유도될 수 있다. 이 값들은 다음과 같이 정의된다.

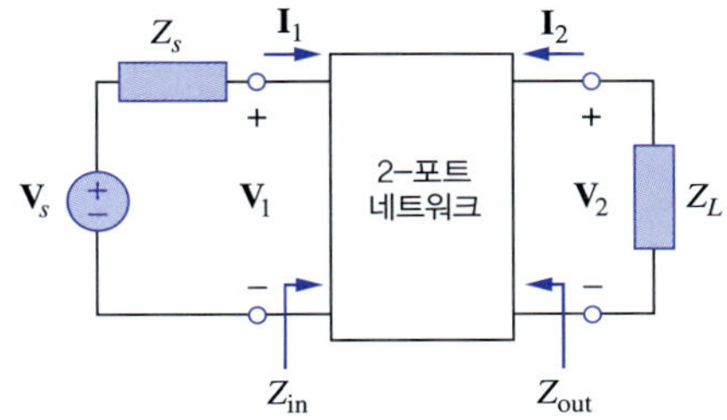

그림 19.40
전원과 부하를 분리하는 2-포트 네트워크

$$A_v = \frac{\mathbf{V}_2(s)}{\mathbf{V}_1(s)} \tag{19.39}$$

$$A_i = \frac{\mathbf{I}_2(s)}{\mathbf{I}_1(s)} \tag{19.40}$$

$$Z_{\text{in}} = \frac{\mathbf{V}_1(s)}{\mathbf{I}_1(s)} \tag{19.41}$$

$$Z_{\text{out}} = \left.\frac{\mathbf{V}_2(s)}{\mathbf{I}_2(s)}\right|_{V_s=0} \tag{19.42}$$

2-포트 파라미터의 세 세트 중 어느 세트도 식 (19.39)부터 식 (19.42)까지 유도하는데 사용될 수 있다. 여기서 우리는 특별히 트랜지스터 증폭기에 대하여 그 수식들을 얻기 위하여 하이브리드 파라미터를 이용할 것이다.

하이브리드 파라미터는 쉽게 측정되고, 때때로 트랜지스터에 대한 제조자의 데이터나 사양으로 제공되기 때문에 하이브리드(h) 파라미터는 트랜지스터에 가장 유용하다. h 파라미터는 트랜지스터 회로의 성능을 빠르게 유추해 볼 수 있도록 한다. 이 파라미터는 트랜지스터의 정확한 전압이득, 입력 임피던스, 그리고 출력 임피던스를 찾는데 사용된다.

트랜지스터의 h 파라미터는 첨자로 표시될 때 특별한 의미를 갖는다. 파라미터들은 첫 번째 첨자로 표현되며 일반적인 h 파라미터와 다음과 같이 관계된다.

$$h_i = h_{11}, \qquad h_r = h_{12}, \qquad h_f = h_{21}, \qquad h_o = h_{22} \tag{19.43}$$

여기서 첨자 i, r, f, 그리고 o는 각각 입력, 역, 순, 그리고 출력을 나타낸다. 두 번째 첨자는 사용된 트랜지스터의 연결 형태를 나타낸다. e는 공통 에미터(CE), c는 공통 컬렉터(CC), 그리고 b는 공통 베이스(CB)를 나타낸다. 여기서 우리는 주로 공통 에미터 구조에 관심을 갖는다. 그러므로 공통-에미터 증폭기의 네 개의 h파라미터는 다음과 같다.

$$\begin{aligned} h_{ie} &= \text{베이스 입력 임피던스} \\ h_{re} &= \text{역 전압 귀환 비} \\ h_{fe} &= \text{베이스-컬렉터 전류 이득} \\ h_{oe} &= \text{출력 어드미턴스} \end{aligned} \tag{19.44}$$

이것들은 일반적인 h 파라미터와 같은 방법으로 계산되거나 측정된다. 대표적인 값은 $h_{ie} = 6\ \text{k}\Omega$, $h_{re} = 1.5 \times 10^{-4}$, $h_{fe} = 200$, 그리고 $h_{oe} = 8\ \mu\text{S}$이다.

이러한 값들은 특정한 조건 아래에서 측정된, 트랜지스터의 교류 특성을 나타낸다는 것을 기억해야 한다.

공통 에미터 증폭기의 회로도와 등가 하이브리드 모델이 그림 19.41에 보인다. 그림 19.41로부터 다음을 알 수 있다.

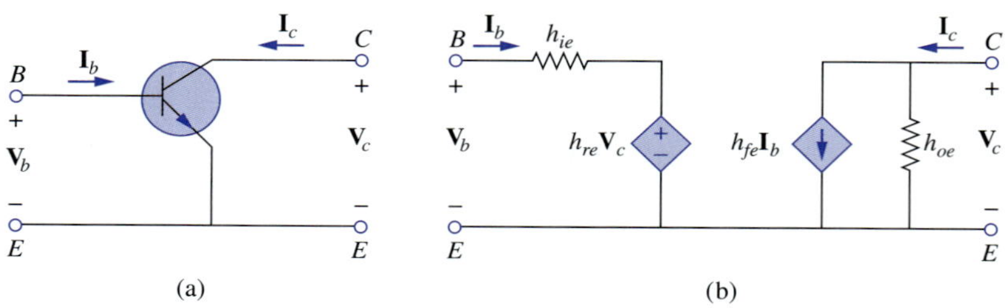

그림 19.41
공통 이미터 중폭기: (a) 회로도, (b) 하이브리드 모델

$$\mathbf{V}_b = h_{ie}\mathbf{I}_b + h_{re}\mathbf{V}_c \tag{19.45a}$$

$$\mathbf{I}_c = h_{fe}\mathbf{I}_b + h_{oe}\mathbf{V}_c \tag{19.45b}$$

그림 19.42에 보이는 것과 같이 교류 전원과 부하가 연결된 트랜지스터 증폭기를 생각하자. 이것은 커다란 네트워크에 삽입된 2-포트 네트워크의 예이다. 식 (19.45)로 그동안 해온 것과 같이 하이브리드 등가 회로를 해석할 수 있다. 그림 19.42에서 $\mathbf{V}_c = -R_L\mathbf{I}_c$임을 알고 이 값을 식 (19.45b)에 대입하면 다음을 얻는다.

$$\mathbf{I}_c = h_{fe}\mathbf{I}_b - h_{oe}R_L\mathbf{I}_c$$

또는

$$(1 + h_{oe}R_L)\mathbf{I}_c = h_{fe}\mathbf{I}_b \tag{19.46}$$

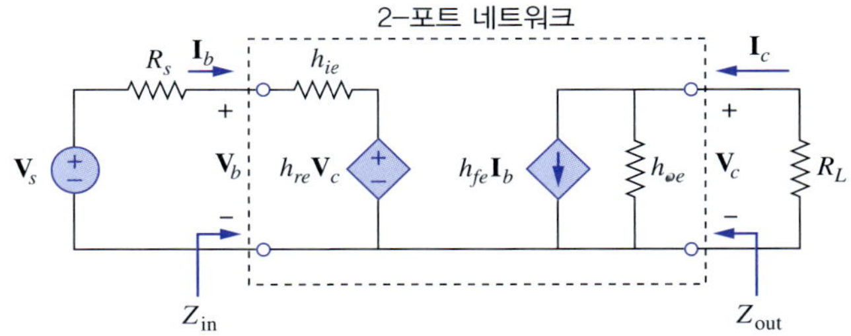

그림 19.42

전원과 부하 저항이 있는 트랜지스터 증폭기

이것으로부터 전류이득을 얻는다.

$$A_i = \frac{\mathbf{I}_c}{\mathbf{I}_b} = \frac{h_{fe}}{1 + h_{oe}R_L} \tag{19.47}$$

식 (19.45b)와 식 (19.46)으로부터 $\mathbf{I}_b$를 $\mathbf{V}_c$로 표현할 수 있다.

$$\mathbf{I}_c = \frac{h_{fe}}{1 + h_{oe}R_L}\mathbf{I}_b = h_{fe}\mathbf{I}_b + h_{oe}\mathbf{V}_c$$

또는

$$\mathbf{I}_b = \frac{h_{oe}}{\dfrac{h_{fe}}{1 + h_{oe}R_L} - h_{fe}}\mathbf{V}_c \tag{19.48}$$

식 (19.48)을 식 (19.45a)에 대입하고 $\mathbf{V}_c$로 나누면

$$\frac{\mathbf{V}_b}{\mathbf{V}_c} = \frac{h_{oe}h_{ie}}{\dfrac{h_{fe}}{1 + h_{oe}R_L} - h_{fe}} + h_{re} = \frac{h_{ie} + h_{ie}h_{oe}R_L - h_{re}h_{fe}R_L}{-h_{fe}R_L} \tag{19.49}$$

그러므로 전압이득은

$$A_v = \frac{\mathbf{V}_c}{\mathbf{V}_b} = \frac{-h_{fe}R_L}{h_{ie} + (h_{ie}h_{oe} - h_{re}h_{fe})R_L} \tag{19.50}$$

$\mathbf{V}_c = -R_L\mathbf{I}_c$를 식 (19.45a)에 대입하면

$$\mathbf{V}_b = h_{ie}\mathbf{I}_b - h_{re}R_L\mathbf{I}_c$$

또는

$$\frac{\mathbf{V}_b}{\mathbf{I}_b} = h_{ie} - h_{re}R_L\frac{\mathbf{I}_c}{\mathbf{I}_b} \tag{19.51}$$

$\mathbf{I}_c/\mathbf{I}_b$를 식 (19.47)의 전류이득으로 대치하면 입력임피던스를 얻는다.

$$Z_{\text{in}} = \frac{\mathbf{V}_b}{\mathbf{I}_b} = h_{ie} - \frac{h_{re}h_{fe}R_L}{1 + h_{oe}R_L} \tag{19.52}$$

출력 임피던스 Z_{out}은 출력 단자에서 데브난 등가회로와 같다. 전압전원을 제거하고 1-V 전원을 출력 포트에 연결함으로써 그림 19.43의 회로를 얻는다. 회로로부터 Z_{out} 은 $1/\mathbf{I}_c$로 결정된다. $\mathbf{V}_c = 1$ V이므로 입력 망은 다음의 수식을 준다.

$$h_{re}(1) = -\mathbf{I}_b(R_s + h_{ie}) \qquad \Rightarrow \qquad \mathbf{I}_b = -\frac{h_{re}}{R_s + h_{ie}} \tag{19.53}$$

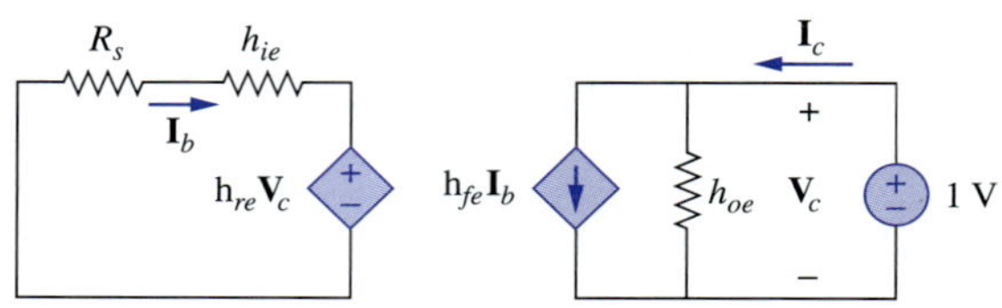

그림 19.43

그림 19.42의 증폭기 회로의 출력 임피던스 구하기

출력 망에 대하여

$$\mathbf{I}_c = h_{oe}(1) + h_{fe}\mathbf{I}_b \tag{19.54}$$

식 (19.53)을 식 (19.54)에 대입하면

$$\mathbf{I}_c = \frac{(R_s + h_{ie})h_{oe} - h_{re}h_{fe}}{R_s + h_{ie}} \tag{19.55}$$

이것으로부터 $1/\mathbf{I}_c$인 출력임피던스 Z_{out}을 얻는다. 즉,

$$Z_{\text{out}} = \frac{R_s + h_{ie}}{(R_s + h_{ie})h_{oe} - h_{re}h_{fe}} \tag{19.56}$$

예제 19.12

그림 19.44의 공통-에미터 증폭기를 생각하자.

(a) 다음의 h 파라미터를 이용하여 전압이득, 전류이득, 입력 임피던스, 그리고 출력 임피던스를 계산하라.

$$h_{ie} = 1\ \text{k}\Omega, \qquad h_{re} = 2.5 \times 10^{-4}, \qquad h_{fe} = 50, \qquad h_{oe} = 20\ \mu\text{S}$$

(b) 출력전압 $\mathbf{V}_o$를 구하라.

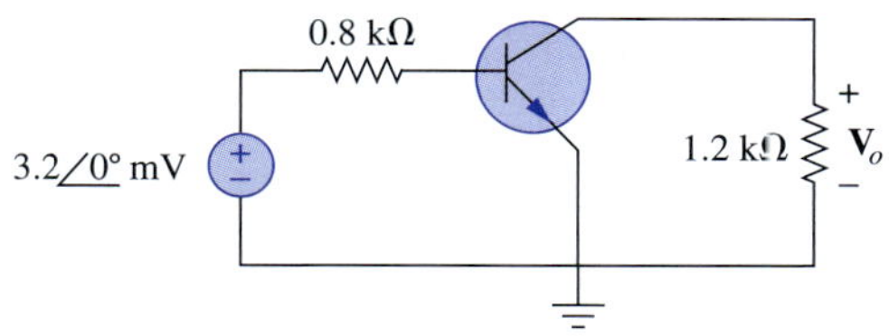

그림 19.44

예제 19.12의 회로

풀이

(a) $R_s = 0.8$ kΩ이고 $R_L = 1.2$ kΩ이다. 그림 19.44의 트랜지스터를 2-포트 네트워크로 취급하고 식 (19.47)부터 식 (19.56)을 적용한다.

$$h_{ie}h_{oe} - h_{re}h_{fe} = 10^3 \times 20 \times 10^{-6} - 2.5 \times 10^{-4} \times 50 = 7.5 \times 10^{-3}$$

$$A_v = \frac{-h_{fe}R_L}{h_{ie} + (h_{ie}h_{oe} - h_{re}h_{fe})R_L} = \frac{-50 \times 1{,}200}{1{,}000 + 7.5 \times 10^{-3} \times 1{,}200} = -59.46$$

$$A_i = \frac{h_{fe}}{1 + h_{oe}R_L} = \frac{50}{1 + 20 \times 10^{-6} \times 1{,}200} = 48.83$$

$$Z_{in} = h_{ie} - \frac{h_{re}h_{fe}R_L}{1 + h_{oe}R_L} = 1{,}000 - \frac{2.5 \times 10^{-4} \times 50 \times 1{,}200}{1 + 20 \times 10^{-6} \times 1{,}200} = 985.4\ \Omega$$

$$(R_s + h_{ie})h_{oe} - h_{re}h_{fe} = (800 + 1{,}000) \times 20 \times 10^{-6} - 2.5 \times 10^{-4} \times 50 = 23.5 \times 10^{-3}$$

$$Z_{\text{out}} = \frac{R_s + h_{ie}}{(R_s + h_{ie})h_{oe} - h_{re}h_{fe}} = \frac{800 + 1{,}000}{23.5 \times 10^{-3}} = 76.6\ \text{k}\Omega$$

(b) 출력전압은

$$\mathbf{V}_o = A_V\mathbf{V}_s = -59.46(3.2\underline{/0^\circ})\ \text{mV} = 0.19\underline{/180^\circ}\ \text{V}$$

연습문제 19.12

그림19.45의 트랜지스터 증폭기에 대하여, 전압이득, 전류이득, 입력 임피던스, 그리고 출력 임피던스를 구하라. 다음을 가정한다.

$$h_{ie} = 6\ \text{k}\Omega, \quad h_{re} = 1.5 \times 10^{-4}, \quad h_{fe} = 200, \quad h_{oe} = 8\ \mu\text{S}$$

해답 −123.61, 194.17, 6 kΩ, 128.08 kΩ

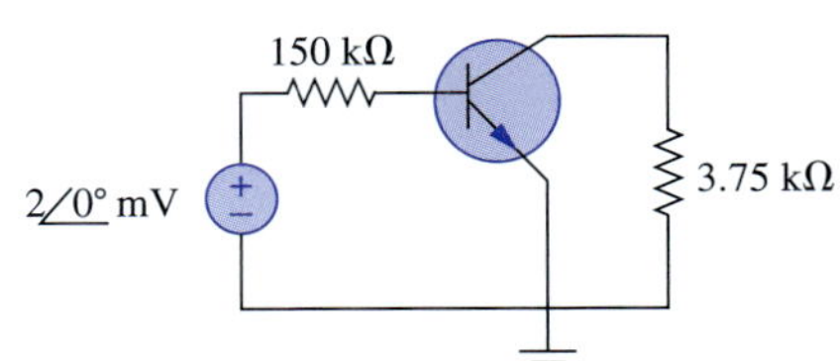

그림 19.45

연습문제 19.12의 회로

19.9 요약

1. 2-포트 네트워크는 입력 포트와 출력 포트로 알려진 두 개의 포트(또는 네 쌍의 단자)를 가진 네트워크이다.

2. 2-포트 네트워크를 모델링하는데 사용된 세 파라미터는 임피던스 **[z]**, 어드미턴스 **[y]**, 그리고 하이브리드 **[h]**이다.
3. 파라미터들은 입력과 출력 포트 변수를 다음과 같은 수식으로 관계한다.

$$\begin{bmatrix} \mathbf{V}_1 \\ \mathbf{V}_2 \end{bmatrix} = [\mathbf{z}]\begin{bmatrix} \mathbf{I}_1 \\ \mathbf{I}_2 \end{bmatrix}, \quad \begin{bmatrix} \mathbf{I}_1 \\ \mathbf{I}_2 \end{bmatrix} = [\mathbf{y}]\begin{bmatrix} \mathbf{V}_1 \\ \mathbf{V}_2 \end{bmatrix}, \quad \begin{bmatrix} \mathbf{V}_1 \\ \mathbf{I}_2 \end{bmatrix} = [\mathbf{h}]\begin{bmatrix} \mathbf{I}_1 \\ \mathbf{V}_2 \end{bmatrix}$$

4. 파라미터들은 입력 포트나 출력 포트를 적절히 단락하거나 개방함으로써 계산되거나 측정될 수 있다.
5. $\mathbf{z}_{12} = \mathbf{z}_{21}$, $\mathbf{y}_{12} = \mathbf{y}_{21}$, 그리고 $\mathbf{h}_{12} = -\mathbf{h}_{21}$이면, 2-포트 네트워크는 가역적이다.
6. 세 파라미터 세트들 간의 관계는 표 19.1에 있다.
7. 2-포트 네트워크는 직렬이나 병렬로 연결될 수 있다. 직렬연결의 경우 z 파라미터는 더해진다. 병렬연결인 경우 *y* 파라미터가 더해진다.
8. 적절한 포트의 변수 값을 1-A나 1-V 전원으로 하고 다른 필요한 조건인 개방 또는 단락회로를 이용함으로써 2-포트 파라미터를 계산하기위하여 PSpice가 사용될 수 있다.
9. 하이브리드(*h*) 파라미터는 특별히 트랜지스터 회로의 해석에 사용된다.

복습문제

19.1 그림 19.46(a)에 보이는 한 소자 2-포트 네트워크에서, $\mathbf{z}_{11}$은?

(a) 0 (b) 5 (c) 10 (d) 20 (e) 존재하지 않음

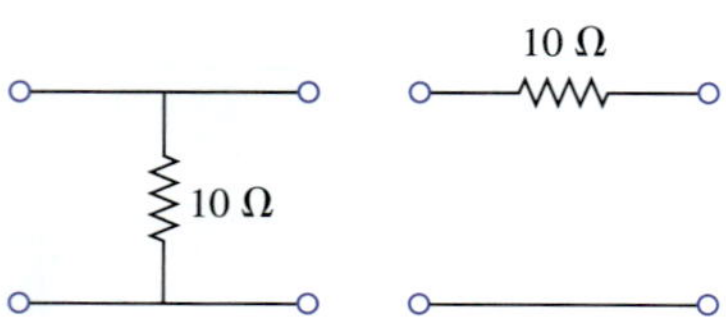

그림 19.46
복습문제 그림

19.2 그림 19.46(b)에 보이는 한 소자 2-포트 네트워크에서, $\mathbf{z}_{11}$은?

(a) 0 (b) 5 (c) 10 (d) 20 (e) 존재하지 않음

19.3 그림 19.46(a)에 보이는 한 소자 2-포트 네트워크에서, $\mathbf{y}_{11}$은?

(a) 0 (b) 5 (c) 10 (d) 20 (e) 존재하지 않음

19.4 그림 19.46(b)에 보이는 한 소자 2-포트 네트워크에서, $\mathbf{h}_{21}$은?

(a) −0.1 (b) −1 (c) 0
(d) 10 (e) 존재하지 않음

19.5 2-포트 회로의 포트1이 단락되었을 때, $\mathbf{I}_1 = 4\mathbf{I}_2$이고 $\mathbf{V}_2 = 0.25\mathbf{I}_2$이다. 다음 중 옳은 것은?

(a) $\mathbf{y}_{11} = 4$ (b) $\mathbf{y}_{12} = 16$
(c) $\mathbf{y}_{21} = 16$ (d) $\mathbf{y}_{22} = 0.25$

19.6 다음 중 어느 것이 사실이 아닌가? 2-포트는 다음의 수식으로 묘사된다.

$$\mathbf{V}_1 = 50\mathbf{I}_1 + 10\mathbf{I}_2$$
$$\mathbf{V}_2 = 30\mathbf{I}_1 + 20\mathbf{I}_2$$

(a) $\mathbf{z}_{12} = 10$ (b) $\mathbf{y}_{12} = -0.0143$
(c) $\mathbf{h}_{12} = 0.5$ (d) $\mathbf{h}_{21} = 0.5$

19.7 2-포트가 가역적이면, 다음 중 어느 것이 사실이 아닌가?

(a) $\mathbf{z}_{21} = \mathbf{z}_{12}$ (b) $\mathbf{y}_{21} = \mathbf{y}_{12}$
(c) $\mathbf{h}_{21} = \mathbf{h}_{12}$ (d) $\mathbf{h}_{21} = -\mathbf{h}_{12}$

19.8 주어진 다음의 z 파라미터에서

$$[\mathbf{z}] = \begin{bmatrix} 4 & 3 \\ 2 & 5 \end{bmatrix} \Omega$$

관계되는 $\mathbf{y}_{11}$은?

(a) $-3/14$ (b) $-2/14$ (c) $4/14$ (d) $5/14$

19.9 앞의 문제의 z 파라미터에서 관계되는 $\mathbf{h}_{11}$은?

(a) $14/5$ (b) $4/5$ (c) $3/5$ (d) $1/5$

19.10 그림 19.46의 두 개의 한 소자 2-포트 네트워크가 직렬로 연결되었다면, $\mathbf{z}_{11}$은?

(a) 0 (b) 0.1 (c) 2

(d) 10 (e) 존재하지 않음

해답 19.1c, 19.2e, 19.3e, 19.4b, 19.5b, 19.6d, 19.7c, 19.8d, 19.9a, 19.10e

문제

19.2절 임피던스 파라미터

19.1 그림 19.47의 네트워크에서 z 파라미터를 구하시오.

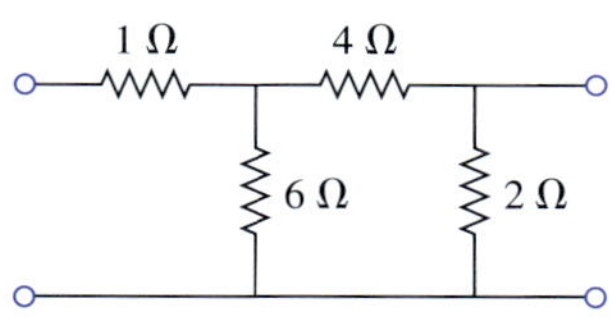

그림 19.47
문제 19.1의 회로

19.2 그림 19.48에 보이는 2-포트 네트워크의 z 파라미터를 결정하시오.

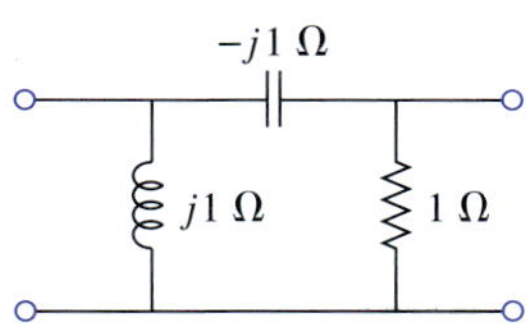

그림 19.48
문제 19.2의 회로

19.3 그림 19.49의 회로에서 z 파라미터를 계산하시오.

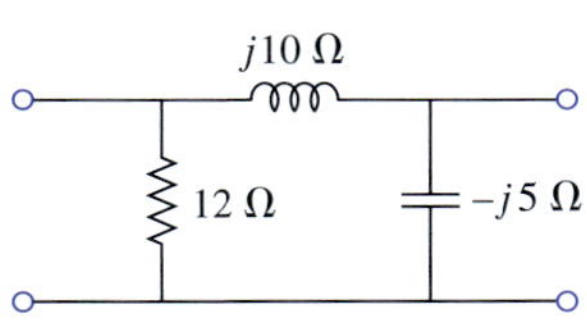

그림 19.49
문제 19.3의 회로

19.4 그림 19.50의 네트워크에서 z 파라미터를 s의 함수로 구하시오.

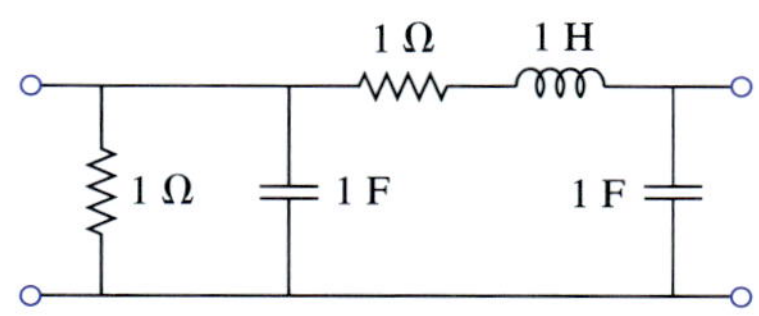

그림 19.50
문제 19.4의 회로

19.5 아래의 z 파라미터를 구현하는 2-포트 네트워크를 설계하시오.

$$[\mathbf{z}] = \begin{bmatrix} 10 & 4 \\ 4 & 6 \end{bmatrix} \Omega$$

19.6 아래의 z 파라미터로 표현되는 2-포트 네트워크를 결정하시오.

$$[\mathbf{z}] = \begin{bmatrix} 6 + j3 & 5 - j2 \\ 5 - j2 & 8 - j \end{bmatrix} \Omega$$

19.7 그림 19.51에 보이는 2-포트 네트워크에 대하여

$$[\mathbf{z}] = \begin{bmatrix} 40 & 60 \\ 80 & 120 \end{bmatrix} \Omega$$

(a) 최대전력전달을 위한 $\mathbf{Z}_L$을 구하시오.

(b) 부하에 전달되는 최대 전력을 계산하시오.

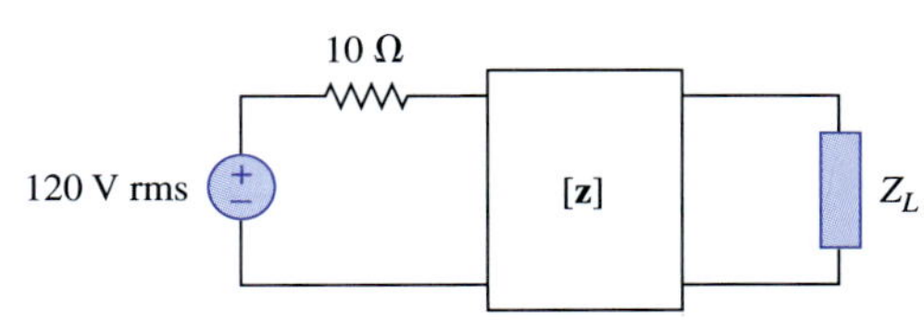

그림 19.51
문제 19.7의 회로

19.8 그림 19.52의 회로에서 z 파라미터를 구하시오.

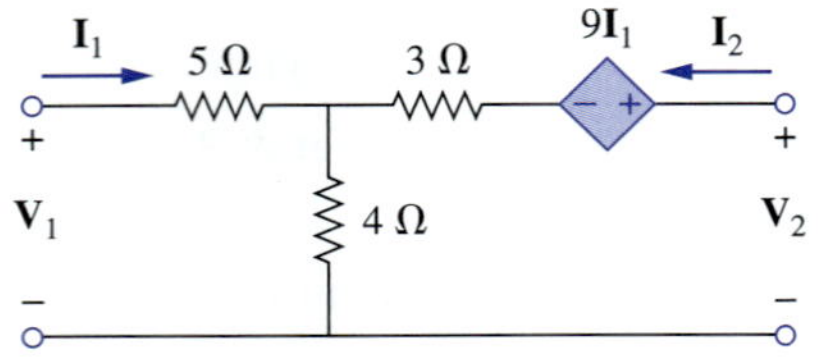

그림 19.52
문제 19.8의 회로

19.9 그림 19.53의 2-포트 회로에서 z 파라미터를 결정하시오.

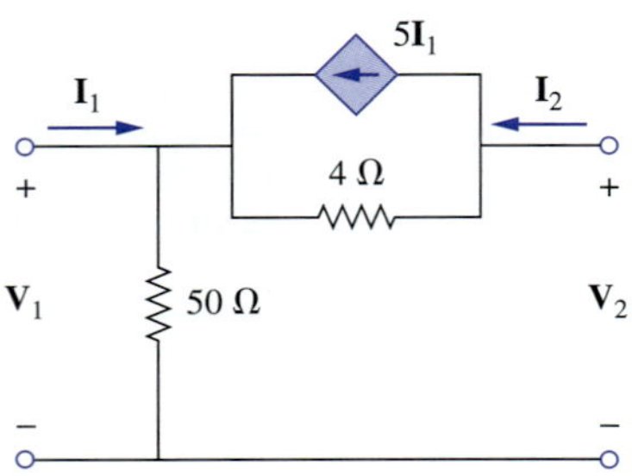

그림 19.53
문제 19.9의 회로

19.3절 어드미턴스 파라미터

19.10 그림 19.54의 2-포트 네트워크에서 y 파라미터를 계산하시오.

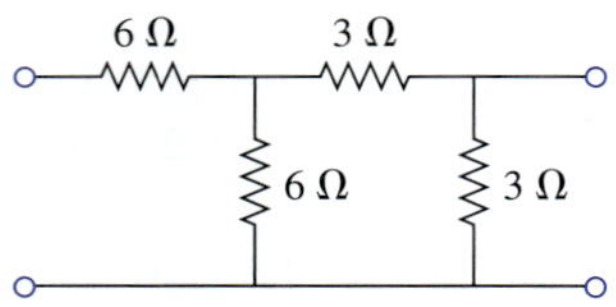

그림 19.54
문제 19.10의 회로

19.11 그림 19.55의 2-포트 네트워크에서 y 파라미터를 s의 함수로 구하시오.

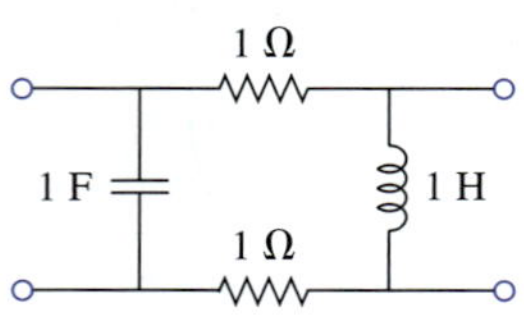

그림 19.55
문제 19.11의 회로

19.12 그림 19.56의 2-포트 네트워크에서 y 파라미터를 결정하시오.

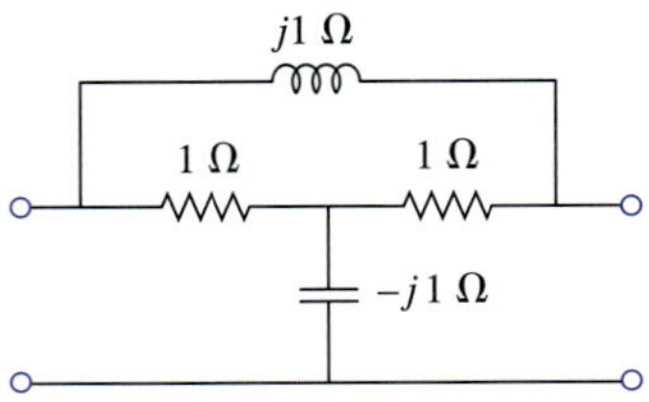

그림 19.56
문제 19.12의 회로

19.13 아래의 y 파라미터를 나타내는 저항 회로를 구하시오.

$$[\mathbf{y}] = \begin{bmatrix} \frac{1}{2} & -\frac{1}{4} \\ -\frac{1}{4} & \frac{3}{8} \end{bmatrix} \text{S}$$

19.14 아래의 y 파라미터를 가지는 2-포트 네트워크를 그리시오.

$$[\mathbf{y}] = \begin{bmatrix} 1 & -0.5 \\ -0.5 & 1.5 \end{bmatrix} \text{S}$$

19.15 그림 19.57의 브리지회로에서, $\mathbf{I}_1 = 10$이고 $\mathbf{I}_2 = -4$ A이다.

(a) y 파라미터를 이용하여 $\mathbf{V}_1$과 $\mathbf{V}_2$를 구하시오.

(b) 회로를 직접 해석하여 (a)문제의 결과를 확인하시오.

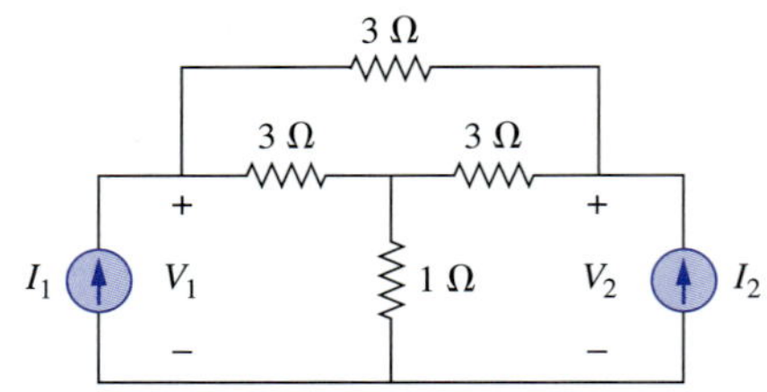

그림 19.57
문제 19.15의 회로

19.16 그림 19.58의 2-포트 네트워크에서 y 파라미터를 결정하시오.

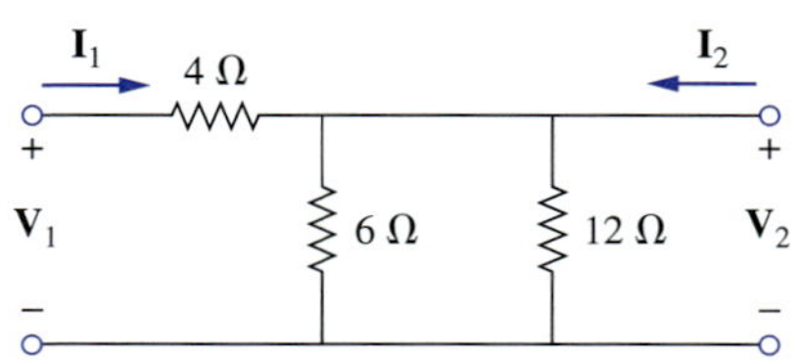

그림 19.58
문제 19.16과 19.24의 회로

19.17 그림 19.59에 보이는 회로의 y 파라미터를 구하시오.

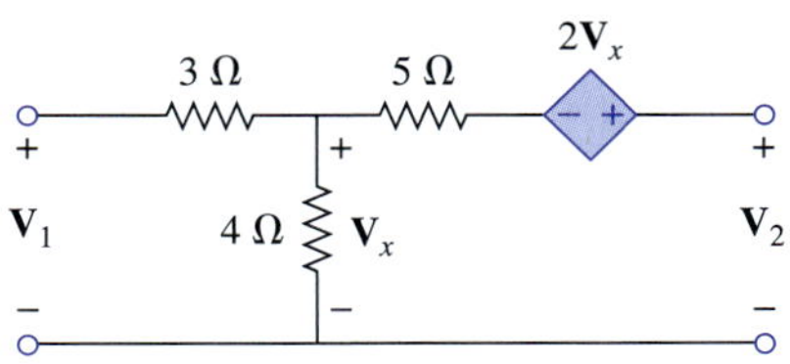

그림 19.59
문제 19.17의 회로

19.4절 하이브리드 파라미터

19.18 그림 19.60의 네트워크에서 h 파라미터를 구하시오.

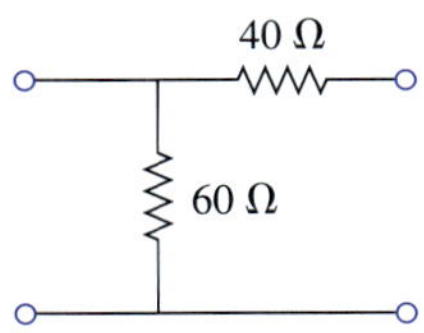

그림 19.60
문제 19.18의 회로

19.19 그림 19.61의 네트워크에서 h 파라미터를 결정하시오.

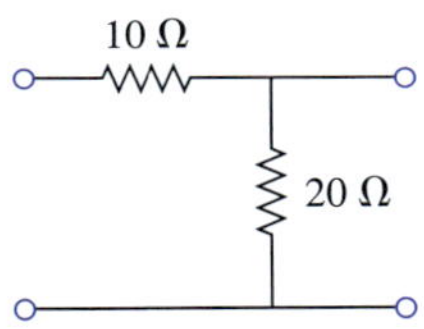

그림 19.61
문제 19.19의 회로

19.20 그림 19.62의 2-포트 네트워크에서 y 파라미터를 s의 함수로 구하시오.

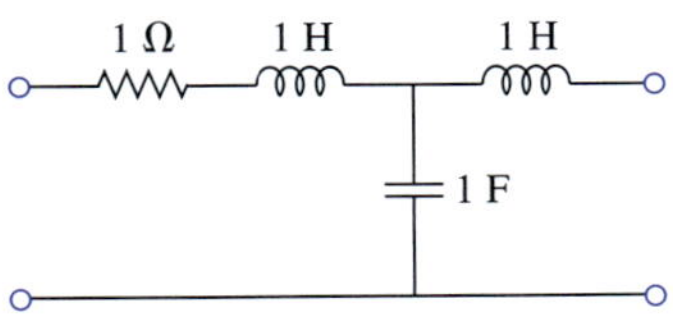

그림 19.62
문제 19.20의 회로

19.21 그림 19.63의 2-포트 네트워크에서 h 파라미터를 구하시오.

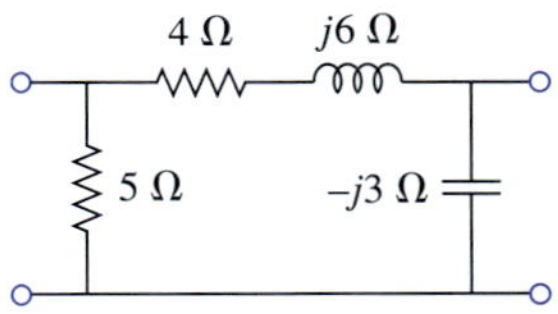

그림 19.63
문제 19.21의 회로

19.22 그림 19.64의 2-포트 네트워크에서 h 파라미터를 결정하시오.

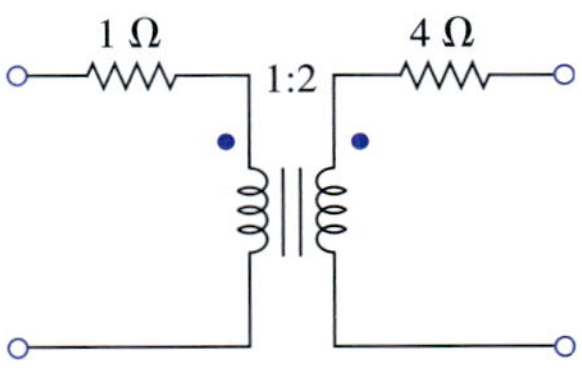

그림 19.64
문제 19.22의 회로

19.23 그림 19.65의 2-포트 네트워크에서,

$$[\mathbf{h}] = \begin{bmatrix} 16\ \Omega & 3 \\ -2 & 0.01\ \text{S} \end{bmatrix}$$

(a) $\mathbf{V}_2/\mathbf{V}_1$, (b) $\mathbf{I}_2/\mathbf{I}_1$. (c) $\mathbf{I}_1/\mathbf{V}_1$, (d) $\mathbf{V}_2/\mathbf{I}_1$을 구하시오.

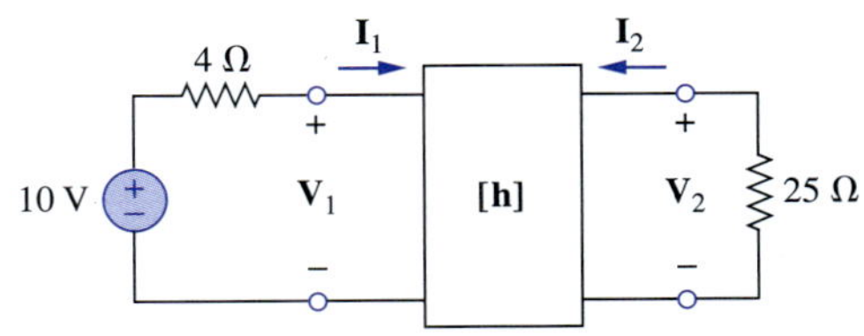

그림 19.65
문제 19.23의 회로

19.24 그림 19.58(문제 19.16)의 네트워크에서, h 파라미터를 구하시오.

19.25 그림 19.66의 T 네트워크에서 h 파라미터가 아래와 같음을 보이시오.

$$\mathbf{h}_{11} = \mathbf{R}_1 + \frac{\mathbf{R}_2\mathbf{R}_3}{\mathbf{R}_2 + \mathbf{R}_3}, \qquad \mathbf{h}_{12} = \frac{\mathbf{R}_2}{\mathbf{R}_2 + \mathbf{R}_3},$$

$$\mathbf{h}_{21} = -\frac{\mathbf{R}_2}{\mathbf{R}_2 + \mathbf{R}_3}, \qquad \mathbf{h}_{22} = \frac{1}{\mathbf{R}_2 + \mathbf{R}_3}.$$

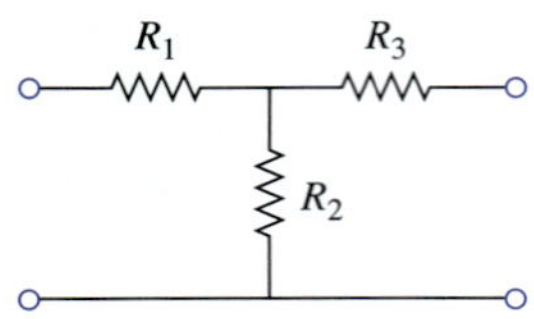

그림 19.66
문제 19.25의 회로

19.26 그림 19.67의 회로에서 h 파라미터를 구하시오.

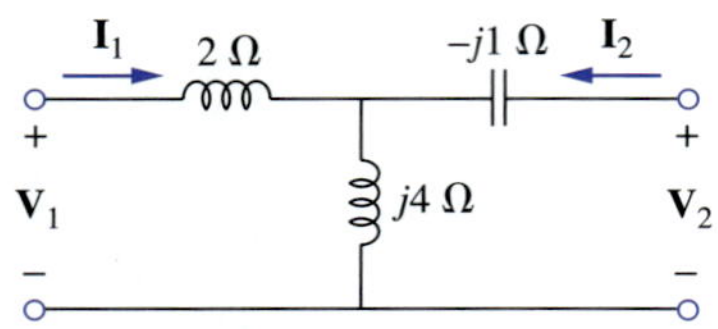

그림 19.67
문제 19.26의 회로

19.5절 파라미터들간의 관계

19.27 만약 $[\mathbf{z}] = \begin{bmatrix} 2+j & j4 \\ -1 & 3-j \end{bmatrix}$Ω이면, (a) $[\mathbf{y}]$, (b) $[\mathbf{h}]$를 구하시오.

19.28 그림 19.68의 브리지회로에서, (a) z 파라미터, (b) h 파라미터를 구하시오.

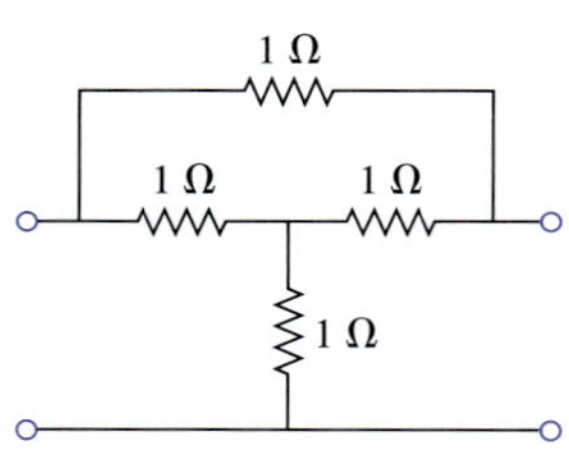

그림 19.68
문제 19.28의 회로

19.29 2-포트가 아래의 수식으로 서술된다.

$$\mathbf{V}_1 = \mathbf{I}_1 + 2\mathbf{V}_2$$
$$\mathbf{I}_2 = -2\mathbf{I}_1 + 0.4\mathbf{V}_2$$

(a) z 파리미터, (b) y 파라미터를 구하시오.

19.30
$$[\mathbf{y}] = \begin{bmatrix} 0.6 & -0.2 \\ -0.1 & 0.5 \end{bmatrix} \text{S}$$

일 때 (a) $[\mathbf{z}]$, (b) $[\mathbf{h}]$를 구하시오.

19.31 2-포트 네트워크에서, z 파라미터는 아래와 같다.

$\mathbf{z}_{11} = 5\ \text{k}\Omega$, $\mathbf{z}_{12} = \mathbf{z}_{21} = 2\ \text{k}\Omega$, and $\mathbf{z}_{22} = 10\ \text{k}\Omega$.

(a) y 파라미터를 구하시오.
(b) h 파라미터를 결정하시오.

19.32 2-포트 네트워크의 h 파라미터가 아래와 같이 주어진다.

$$\begin{bmatrix} \mathbf{h}_{11} & \mathbf{h}_{12} \\ \mathbf{h}_{21} & \mathbf{h}_{22} \end{bmatrix} = \begin{bmatrix} 10\ \Omega & 1 \\ 12 & 0.4\ \text{S} \end{bmatrix}$$

z 파라미터를 구하시오.

19.33 그림 19.69에 보이는 회로에서, z, y 그리고 h 파라미터를 구하시오.

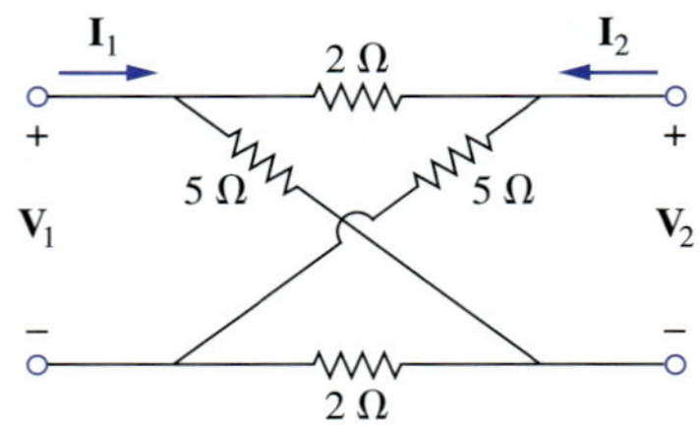

그림 19.69
문제 19.33의 회로

19.6절 네트워트의 상호연결

19.34 그림 19.70의 회로의 y 파라미터 표현은 무엇인가?

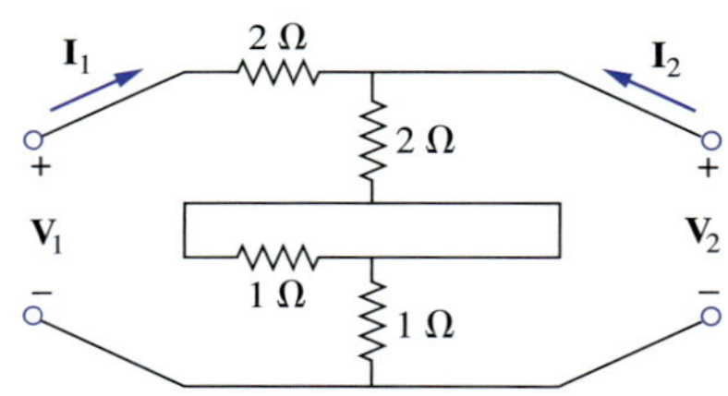

그림 19.70
문제 19.34의 회로

19.35 그림 19.71의 2-포트 네트워크에서, $\mathbf{y}_{12} = \mathbf{y}_{21} = 0$, $\mathbf{y}_{11} = 2$ mS, 그리고 $\mathbf{y}_{22} = 10$ mS이다. $\mathbf{V}_o/\mathbf{V}_s$를 구하시오.

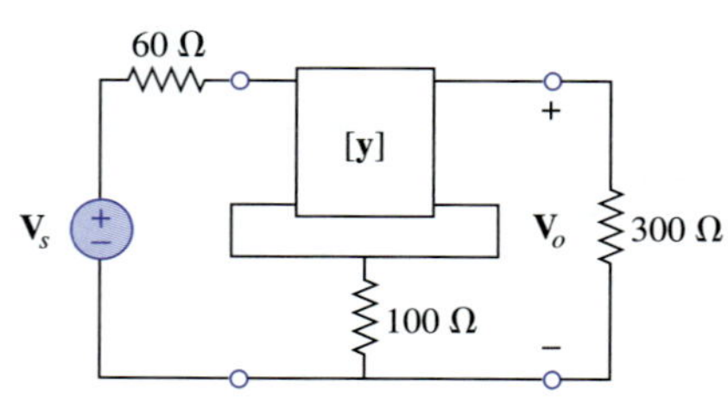

그림 19.71
문제 19.35의 회로

19.36 그림 19.72는 두 개의 2-포트가 직렬로 연결됨을 보여준다. z 파라미터를 구하시오.

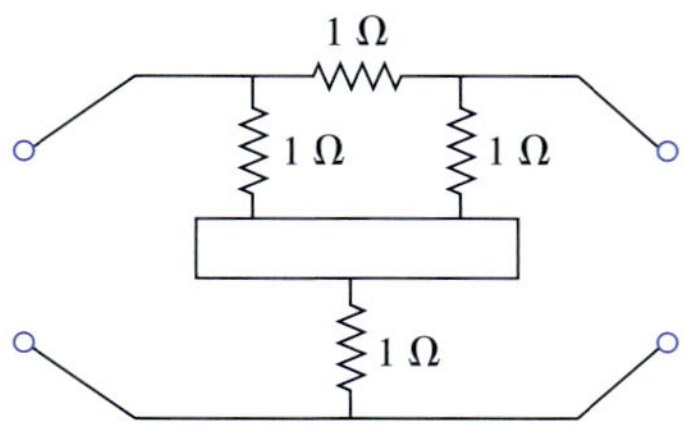

그림 19.72
문제 19.36의 회로

19.37 그림 19.73의 네트워크에서, h 파라미터를 구하시오.

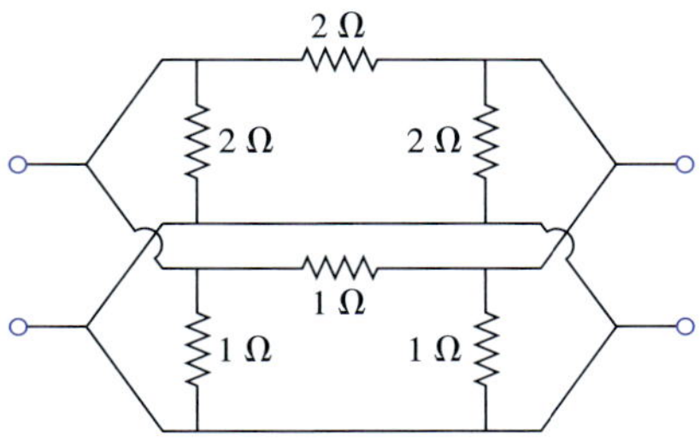

그림 19.73
문제 19.37의 회로

19.7절 컴퓨터 해석

19.38 그림 19.74의 회로에서 z 파라미터를 계산하기위하여 PSpice를 사용하시오.

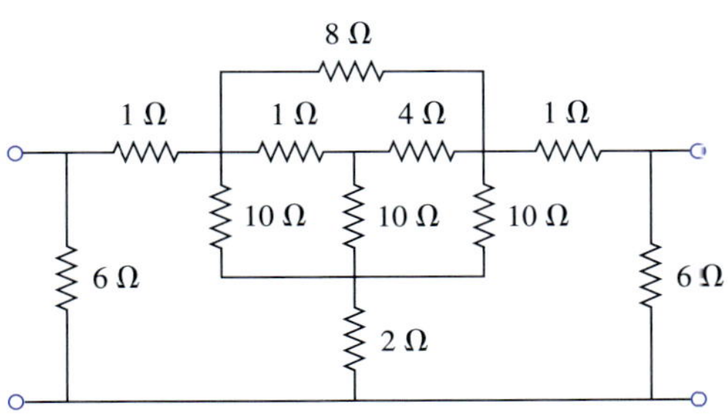

그림 19.74
문제 19.38의 회로

19.39 PSpice를 사용하여, 그림 19.75의 네트워크에서 h 파라미터를 구하시오. ω =1 ras/s 이다.

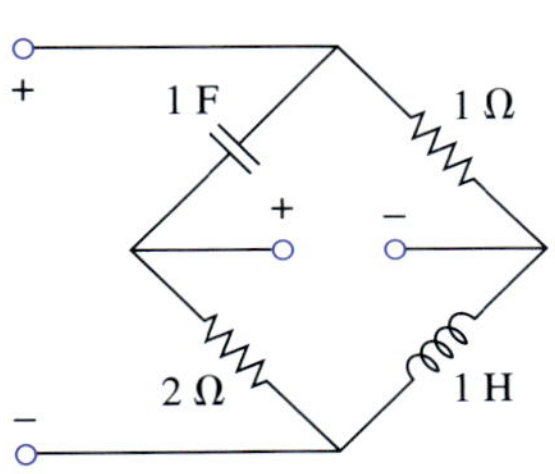

그림 19.75
문제 19.39의 회로

19.40 PSpice를 사용하여 ω =4 ras/s에서 그림 19.76의 회로의 h 파라미터를 구하시오.

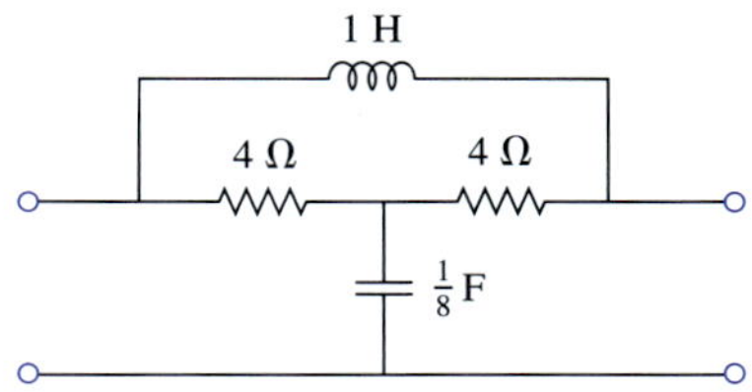

그림 19.76
문제 19.40의 회로

19.41 그림 19.77의 회로에서 z 파라미터를 결정하기 위하여 PSpice를 사용하시오. ω = 2 ras/s이다.

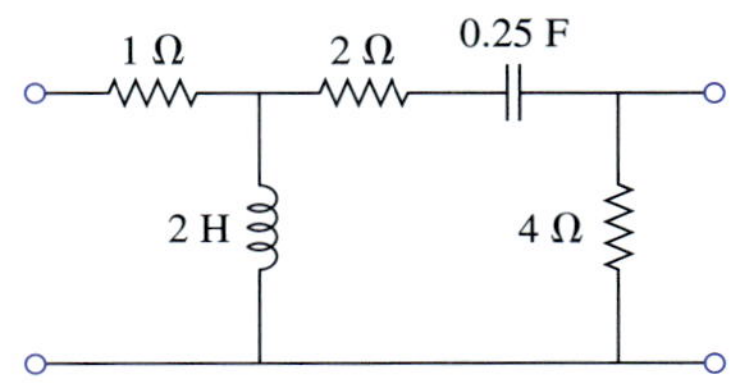

그림 19.77
문제 19.41의 회로

19.42 ω =1 ras/s에서, 그림 19.78의 회로에서 PSpice를 이용하여 z 파라미터를 구하시오.

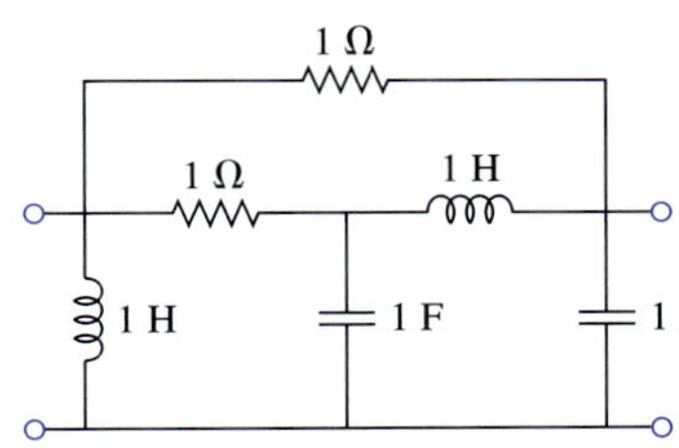

그림 19.78
문제 19.42의 회로

19.8장 응용

19.43 공통 이미터 회로의 트랜지스터가 아래의 파라미터를 갖는다.

$$h_{ie} = 2640\ \Omega,\ h_{re} = 2.6 \times 10^{-4},\ h_{fe} = 72,$$
$$h_{oe} = 16\ \mu S,\ R_L = 100\ k\Omega$$

트랜지스터의 전압 증폭은 얼마인가?
여기서 이득은 데시벨 값으로 얼마인가?

19.44 아래의 파라미터를 갖는 트랜지스터가 입력 저항이 1.5 kΩ인 CE 증폭기에 사용되었다.

$$h_{fe} = 120,\ h_{ie} = 2\ \text{k}\Omega,\ h_{re} = 10^{-4},\ h_{oe} = 20\ \mu\text{S}$$

(a) 필요한 부하저항 R_L를 결정하시오.
(b) 증폭기가 600 Ω의 내부 저항을 갖는 4-mV 전원으로 구동 될 때 A_v, A_i, Zout를 계산하시오.
(c) 부하에 걸리는 전압을 구하시오.

***19.45** 그림 19.79의 트랜지스터 네트워크에서,

$$h_{fe} = 80,\ h_{ie} = 1.2\ \text{k}\Omega,\ h_{re} = 1.5 \times 10^{-4},\ h_{oe} = 20\ \mu\text{S}$$

이다.
다음을 결정하시오.
(a) 전압 이득 $A_v = V_o/V_s$
(b) 전류 이득 $A_i = I_o/I_i$
(c) 입력 저항 Z_{in}
(d) 출력 저항 Z_{out}

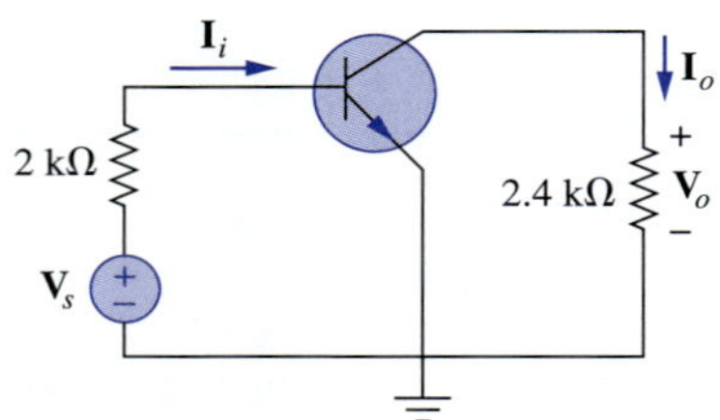

그림 19.79
문제 19.45의 회로

***19.46** 그림 19.80에 보이는 증폭기에 대하여 A_v, A_i, Z_{in}, Z_{out}을 결정하시오.

$$h_{ie} = 4\ \text{k}\Omega,\ h_{re} = 10^{-4},\ h_{fe} = 100,\ h_{oe} = 30\ \mu\text{S}$$

을 가정한다.

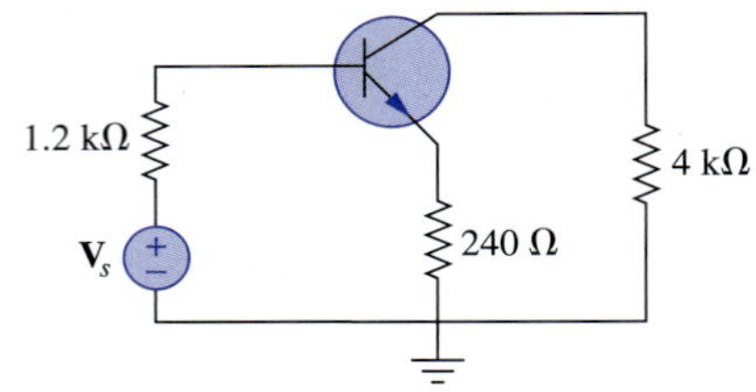

그림 19.80
문제 19.46의 회로

***19.47** 그림 19.81의 트랜지스터 네트워크에서 A_v, A_i, Z_{in}, Z_{out}을 계산하시오.

$$h_{ie} = 2\ \text{k}\Omega,\ h_{re} = 2.5 \times 10^{-4},\ h_{fe} = 150,\ h_{oe} = 10\ \mu\text{S}$$

을 가정한다.

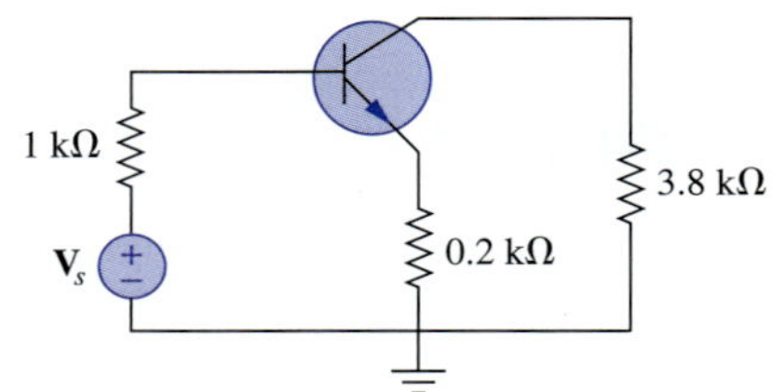

그림 19.81
문제 19.47의 회로

부록 A

연립방정식과 역행렬

회로 해석 시 우리는 종종 다음과 같은 형식의 연립방정식을 본다.

$$\begin{aligned} a_{11}x_1 + a_{12}x_2 + \cdots + a_{1n}x_n &= b_1 \\ a_{21}x_1 + a_{22}x_2 + \cdots + a_{2n}x_n &= b_2 \\ \vdots \qquad\quad \vdots \qquad\quad \vdots \\ a_{n1}x_1 + a_{n2}x_2 + \cdots + a_{nn}x_n &= b_n \end{aligned} \tag{A.1}$$

여기서 $x_1, x_2, \ldots, x_n$은 결정되어야 할 n개의 미지수이다. 식 (A.1)은 행렬식으로 아래와 같이 쓸 수 있다.

$$\begin{bmatrix} a_{11} & a_{12} & \ldots & a_{1n} \\ a_{21} & a_{22} & \ldots & a_{2n} \\ \vdots & \vdots & \ldots & \vdots \\ a_{n1} & a_{n2} & \ldots & a_{nn} \end{bmatrix} \begin{bmatrix} x_1 \\ x_2 \\ \vdots \\ x_n \end{bmatrix} = \begin{bmatrix} b_2 \\ b_2 \\ \vdots \\ b_n \end{bmatrix} \tag{A.2}$$

이 행렬식은 간결한 형태로 아래와 같이 표현된다.

$$\mathbf{AX} = \mathbf{B} \tag{A.3}$$

여기서

$$\mathbf{A} = \begin{bmatrix} a_{11} & a_{12} & \ldots & a_{1n} \\ a_{21} & a_{22} & \ldots & a_{2n} \\ \vdots & \vdots & \ldots & \vdots \\ a_{n1} & a_{n2} & \ldots & a_{nn} \end{bmatrix}, \qquad \mathbf{X} = \begin{bmatrix} x_1 \\ x_2 \\ \vdots \\ x_n \end{bmatrix}, \qquad \mathbf{B} = \begin{bmatrix} b_1 \\ b_2 \\ \vdots \\ b_n \end{bmatrix} \tag{A.4}$$

A는 정방 행렬 ($n \times n$)이고, **X**와 **B**는 열 행렬이다.

식 (A.1)또는 (A.3)을 푸는 여러 방법이 있다. 이러한 방법들은 치환, 가우스 소거법, 크래머 법칙, 행렬 역변환 그리고 수치해석이다.

A.1 크래머 법칙

많은 경우에, 크래머 법칙은 회로 해석에서 보는 연립방정식을 푸는데 사용된다. 크래머 법칙은 식 (A.1) 또는 식 (A.3)의 해가 다음과 같다고 보여준다.

$$\boxed{\begin{aligned} x_1 &= \frac{\Delta_1}{\Delta} \\ x_2 &= \frac{\Delta_2}{\Delta} \\ &\vdots \\ x_n &= \frac{\Delta_n}{\Delta} \end{aligned}} \tag{A.5}$$

여기서 Δ는 식 (A.6)로 주어지는 디터미넌트이다.

$$\begin{aligned} \Delta &= \begin{vmatrix} a_{11} & a_{12} & \cdots & a_{1n} \\ a_{21} & a_{22} & \cdots & a_{2n} \\ \vdots & \vdots & \cdots & \vdots \\ a_{n1} & a_{n2} & \cdots & a_{nn} \end{vmatrix}, \qquad \Delta_1 = \begin{vmatrix} b_1 & a_{12} & \cdots & a_{1n} \\ b_2 & a_{22} & \cdots & a_{2n} \\ \vdots & \vdots & \cdots & \vdots \\ b_n & a_{n2} & \cdots & a_{nn} \end{vmatrix} \\ &\vdots \\ \Delta_2 &= \begin{vmatrix} a_{11} & b_1 & \cdots & a_{1n} \\ a_{21} & b_2 & \cdots & a_{2n} \\ \vdots & \vdots & \cdots & \vdots \\ a_{n1} & b_n & \cdots & a_{nn} \end{vmatrix}, \ldots, \Delta_n = \begin{vmatrix} a_{11} & a_{12} & \cdots & b_1 \\ a_{21} & a_{22} & \cdots & b_2 \\ \vdots & \vdots & \cdots & \vdots \\ a_{n1} & a_{n2} & \cdots & b_n \end{vmatrix} \end{aligned} \tag{A.6}$$

Δ는 행렬 **A**의 디터미넌트이고 Δ_k는 **A**의 k번째 행을 **B**로 대치하여 형성된 행렬의 디터미넌트이다. 크래머 법칙은 $\Delta \neq 0$일 때 적용된다는 것은 식 (A.5)로부터 명확하다. $\Delta = 0$이면 방정식이 일차종속이므로 방정식은 유일해를 갖지 않는다.

예로서, 디터미넌트 Δ의 값은 첫 번째 열을 확장함으로써 얻을 수 있다:

$$\begin{aligned} \Delta &= \begin{vmatrix} a_{11} & a_{12} & a_{13} & \cdots & a_{1n} \\ a_{21} & a_{22} & a_{23} & \cdots & a_{2n} \\ a_{31} & a_{32} & a_{33} & \cdots & a_{3n} \\ \vdots & \vdots & \vdots & \cdots & \vdots \\ a_{n1} & a_{n2} & a_{n3} & \cdots & a_{nn} \end{vmatrix} \\ &= a_{11}M_{11} - a_{12}M_{12} + a_{13}M_{13} + \cdots + (-1)^{1+n}a_{1n}M_{1n} \end{aligned} \tag{A.7}$$

여기서, M_{ij}는 i열과 j행을 제외하고 형성된 행렬의 $(n-1) \times (n-1)$ 디터미넌트이다. Δ의 값은 또한 첫 행을 확장하여 얻을 수도 있다.

$$\Delta = a_{11}M_{11} - a_{21}M_{21} + a_{31}M_{31} + \cdots + (-1)^{n+1}a_{n1}M_{n1} \tag{A.8}$$

이 책에서 자주 나오게 되는 2×2와 3×3 행렬의 디터미넌트를 계산하는 공식을 전개하고자 한다. 2×2 행렬에 대하여

$$\Delta = \begin{vmatrix} a_{11} & a_{12} \\ a_{21} & a_{22} \end{vmatrix} = a_{11}a_{22} - a_{12}a_{21} \tag{A.9}$$

3×3 행렬에 대하여

$$\Delta = \begin{vmatrix} a_{11} & a_{12} & a_{13} \\ a_{21} & a_{22} & a_{23} \\ a_{31} & a_{32} & a_{33} \end{vmatrix} = a_{11}(-1)^2 \begin{vmatrix} a_{22} & a_{23} \\ a_{32} & a_{33} \end{vmatrix} + a_{21}(-1)^3 \begin{vmatrix} a_{12} & a_{13} \\ a_{32} & a_{33} \end{vmatrix}$$

$$+ a_{31}(-1)^4 \begin{vmatrix} a_{12} & a_{13} \\ a_{22} & a_{23} \end{vmatrix}$$

$$= a_{11}(a_{22}a_{33} - a_{32}a_{23}) - a_{21}(a_{12}a_{33} - a_{32}a_{13}) + a_{31}(a_{12}a_{23} - a_{22}a_{13}) \qquad \textbf{(A.10)}$$

3 × 3 행렬의 디터미넌트를 얻는 또 다른 방법은 다음에 보이는 것과 같이 처음 두 열을 반복한 후 각 항을 대각선으로 곱하는 것이다.

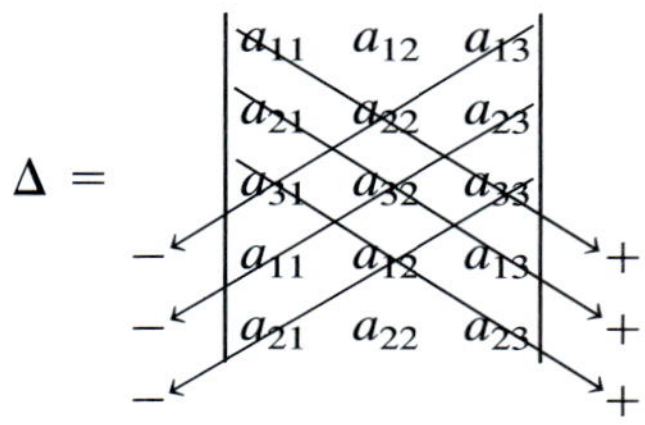

$$= a_{11}a_{22}a_{33} + a_{21}a_{32}a_{13} + a_{31}a_{12}a_{23} - a_{13}a_{22}a_{31} - a_{23}a_{32}a_{11} - a_{33}a_{12}a_{21} \qquad \textbf{(A.11)}$$

요약:

> 크래머 법칙에 의한 선형연립방정식의 해는 식 (A.12)를 찾는 것이다.
>
> $$x_k = \frac{\Delta_k}{\Delta}, \qquad k = 1, 2, \ldots, n \qquad \textbf{(1.12)}$$
>
> 여기서, Δ는 행렬 **A**의 디터미넌트이고 Δ_k는 **A**의 k번째 형을 **B**로 대치하여 형성된 행렬의 디터미넌트이다.

계산기와 컴퓨터, 그리고 *MATLAB*과 같은 소프트웨어 패키지를 사용할 수 있다는 면에서 볼 때 이 부록에서 서술된 크래머 법칙을 사용하는 것은 많은 필요성을 못 느낄지도 모른다. 그러나 손으로 수식을 풀어야 할 경우에는 이 부록에서 언급된 내용들이 유용하게 된다. 어쨌든, 계산기와 소프트웨어 패키지의 수학적 기초를 아는 것은 중요하다.

역 행렬과 제거같은 다른 방법을 사용할 수도 있다. 오직 크래머 법칙만 여기서 다루는 이유는, 크래머 법칙의 간단함과 또한 강력한 계산기를 사용할 수 있기 때문이다.

예제 A.1

연립방정식을 풀어라.

$$4x_1 - 3x_2 = 17, \qquad -3x_1 + 5x_2 = -21$$

풀이

주어진 수식은 행렬형식으로 다음과 같이 써진다.

$$\begin{bmatrix} 4 & -3 \\ -3 & 5 \end{bmatrix} \begin{bmatrix} x_1 \\ x_2 \end{bmatrix} = \begin{bmatrix} 17 \\ -21 \end{bmatrix}$$

디터미넌트는 다음과 같다.

$$\Delta = \begin{vmatrix} 4 & -3 \\ -3 & 5 \end{vmatrix} = 4 \times 5 - (-3)(-3) = 11$$

$$\Delta_1 = \begin{vmatrix} 17 & -3 \\ -21 & 5 \end{vmatrix} = 17 \times 5 - (-3)(-21) = 22$$

$$\Delta_2 = \begin{vmatrix} 4 & 17 \\ -3 & -21 \end{vmatrix} = 4 \times (-21) - 17 \times (-3) = -33$$

그러므로

$$x_1 = \frac{\Delta_1}{\Delta} = \frac{22}{11} = 2, \qquad x_2 = \frac{\Delta_2}{\Delta} = \frac{-33}{11} = -3$$

연습문제 A.1

다음 연립방정식의 해를 구하라.

$$3x_1 - x_2 = 4, \qquad -6x_1 + 18x_2 = 16$$

해답 $x_1 = 1.833, x_2 = 1.5$

예제 A.2

다음 연립방정식의 x_1, x_2, 그리고 x_3를 구하라.

$$\begin{aligned} 25x_1 - 5x_2 - 20x_3 &= 50 \\ -5x_1 + 10x_2 - 4x_3 &= 0 \\ -5x_1 - 4x_2 + 9x_3 &= 0 \end{aligned}$$

풀이

행렬 형식으로, 방정식은 다음과 같이 표현된다.

$$\begin{bmatrix} 25 & -5 & -20 \\ -5 & 10 & -4 \\ -5 & -4 & 9 \end{bmatrix} \begin{bmatrix} x_1 \\ x_2 \\ x_3 \end{bmatrix} = \begin{bmatrix} 50 \\ 0 \\ 0 \end{bmatrix}$$

디터미넌트를 구하기 위하여 식 (A.11)을 적용한다. 행렬의 처음 두 열을 반복한다. 그러면,

$$\Delta = \begin{vmatrix} 25 & -5 & -20 \\ -5 & 10 & -4 \\ -5 & -4 & 9 \end{vmatrix} = \begin{array}{c|ccc|c} & 25 & -5 & -20 & \\ & -5 & 10 & -4 & \\ & -5 & -4 & 9 & \\ - & 25 & -5 & -20 & + \\ - & -5 & 10 & -4 & + \\ - & & & & + \end{array}$$

$$\begin{aligned} &= 25(10)9 + (-5)(-4)(-20) + (-5)(-5)(-4) \\ &\quad - (-20)(10)(-5) - (-4)(-4)25 - 9(-5)(-5) \\ &= 2{,}250 - 400 - 100 - 1{,}000 - 400 - 225 = 125 \end{aligned}$$

유사하게

$$\Delta_1 = \begin{vmatrix} 50 & -5 & -20 \\ 0 & 10 & -4 \\ 0 & -4 & 9 \end{vmatrix} = \begin{vmatrix} 50 & -5 & -20 \\ 0 & 10 & -4 \\ 0 & -4 & 9 \\ 50 & -5 & -20 \\ 0 & 10 & -4 \end{vmatrix}$$

$$= 4{,}500 + 0 + 0 - 0 - 800 - 0 = 3{,}700$$

$$\Delta_2 = \begin{vmatrix} 25 & 50 & -20 \\ -5 & 0 & -4 \\ -5 & 0 & 9 \end{vmatrix} = \begin{vmatrix} 25 & 50 & -20 \\ -5 & 0 & -4 \\ -5 & 0 & 9 \\ 25 & 50 & -20 \\ -5 & 0 & -4 \end{vmatrix}$$

$$= 0 + 0 + 1{,}000 - 0 - 0 + 2{,}250 = 3{,}250$$

$$\Delta_3 = \begin{vmatrix} 25 & -5 & 50 \\ -5 & 10 & 0 \\ -5 & -4 & 0 \end{vmatrix} = \begin{vmatrix} 25 & -5 & 50 \\ -5 & 10 & 0 \\ -5 & -4 & 0 \\ 25 & -5 & 50 \\ -5 & 10 & 0 \end{vmatrix}$$

$$= 0 + 1{,}000 + 0 + 2{,}500 - 0 - 0 = 3{,}500$$

그러므로 답은

$$x_1 = \frac{\Delta_1}{\Delta} = \frac{3{,}700}{125} = 29.6$$

$$x_2 = \frac{\Delta_2}{\Delta} = \frac{3{,}250}{125} = 26$$

$$x_3 = \frac{\Delta_2}{\Delta} = \frac{3{,}500}{125} = 28$$

연습문제 A.2

다음 연립방정식의 해를 구하라.

$$\begin{aligned} 3x_1 - x_2 - 2x_3 &= 1 \\ -x_1 + 6x_2 - 3x_3 &= 0 \\ -2x_1 - 3x_2 + 6x_3 &= 6 \end{aligned}$$

해답 $x_1 = 3 = x_3, x_2 = 2$

A.2 행렬 역변환

식 (A.3)에서 수식의 선형 시스템은 행렬 역변환으로 풀 수 있다. 행렬식 $\mathbf{AX} = \mathbf{B}$에서, $\mathbf{X}$를 얻기 위하여 $\mathbf{A}$의 역을 구한다. 즉,

$$\mathbf{X} = \mathbf{A}^{-1}\mathbf{B} \tag{A.13}$$

여기서 $\mathbf{A}^{-1}$은 $\mathbf{A}$의 역이다. 행렬 역변환은 방정식을 푸는 것 외의 다른 응용에서도 필요하다.

정의에 의해, 행렬 $\mathbf{A}$의 역은 다음을 만족한다.

$$\mathbf{A}^{-1}\mathbf{A} = \mathbf{A}\mathbf{A}^{-1} = \mathbf{I} \tag{A.14}$$

여기서 $\mathbf{I}$는 단위행렬이다. $\mathbf{A}^{-1}$는 다음으로 주어진다.

$$\mathbf{A}^{-1} = \frac{\text{adj } \mathbf{A}}{\det \mathbf{A}} \tag{A.15}$$

여기서 adj $\mathbf{A}$는 A의 수반행렬이고 $\mathbf{A} = |\mathbf{A}|$는 A의 디터미넌트이다. $\mathbf{A}$의 수반행렬은 $\mathbf{A}$의 여인자의 역이다. $n \times n$행렬 $\mathbf{A}$에 대하여

$$\mathbf{A} = \begin{bmatrix} a_{11} & a_{12} & \cdots & a_{1n} \\ a_{21} & a_{22} & \cdots & a_{2n} \\ \vdots & & & \\ a_{n1} & a_{n2} & \cdots & a_{nn} \end{bmatrix} \tag{A.16}$$

$\mathbf{A}$의 여인자는 다음과 같이 정의된다.

$$\mathbf{C} = \text{cof}\,(\mathbf{A}) = \begin{bmatrix} c_{11} & c_{12} & \cdots & c_{1n} \\ c_{21} & c_{22} & \cdots & c_{2n} \\ \vdots & & & \\ c_{n1} & c_{n2} & \cdots & c_{nn} \end{bmatrix} \tag{A.17}$$

여기서 여인자 c_{ij}는 $(-1)^{i+j}$의 곱이고 부분행렬 $(n-1) \times (n-1)$의 디터미넌트는 $\mathbf{A}$에서 i열과 j행을 제외하고 구해진다. 예로서, 식 (A.16)에서 $\mathbf{A}$의 첫 번째 열과 첫 번째 행을 제외하면 여인자 c_{11}을 다음과 같이 얻는다.

$$c_{11} = (-1)^2 \begin{vmatrix} a_{22} & a_{23} & \cdots & a_{2n} \\ a_{32} & a_{33} & \cdots & a_{3n} \\ \vdots & & & \\ a_{n2} & a_{n3} & \cdots & a_{nn} \end{vmatrix} \tag{A.18}$$

여인자가 구해지면, $\mathbf{A}$의 수반행렬은 다음과 같이 얻어진다.

$$\text{adj}\,(\mathbf{A}) = \begin{bmatrix} c_{11} & c_{12} & \cdots & c_{1n} \\ c_{21} & c_{22} & \cdots & c_{2n} \\ \vdots & & & \\ c_{n1} & c_{n2} & \cdots & c_{nn} \end{bmatrix}^T = \mathbf{C}^T \tag{A.19}$$

여기서 T는 역(transpose)을 의미한다.

A의 수반행렬을 구하기 위하여 여인자를 사용할 뿐 아니라, 여인자는 A의 디터미넌트를 찾는데도 사용된다.

$$|\mathbf{A}| = \sum_{j=1}^{n} a_{ij} c_{ij} \tag{A.20}$$

여기서 i는 1부터 n 사이의 수이다. 식 (A.19)와 식 (A.20)을 식 (A.15)에 대입

함으로써, **A**의 역을 다음과 같이 얻는다.

$$\mathbf{A}^{-1} = \frac{\mathbf{C}^T}{|\mathbf{A}|} \tag{A.21}$$

2 × 2행렬에 대하여, 행렬 A가 아래와 같으면

$$\mathbf{A} = \begin{bmatrix} a & b \\ c & d \end{bmatrix} \tag{A.22}$$

그것의 역은

$$\mathbf{A}^{-1} = \frac{1}{|\mathbf{A}|}\begin{bmatrix} d & -b \\ -c & a \end{bmatrix} = \frac{1}{ad - bc}\begin{bmatrix} d & -b \\ -c & a \end{bmatrix} \tag{A.23}$$

3 × 3 행렬에 대하여, 행렬 **A**가 아래와 같으면

$$\mathbf{A} = \begin{bmatrix} a_{11} & a_{12} & a_{13} \\ a_{21} & a_{22} & a_{23} \\ a_{31} & a_{32} & a_{33} \end{bmatrix} \tag{A.24}$$

먼저 여인자를 아래와 같이 구한다.

$$\mathbf{C} = \begin{bmatrix} c_{11} & c_{12} & c_{13} \\ c_{21} & c_{22} & c_{23} \\ c_{31} & c_{32} & c_{33} \end{bmatrix} \tag{A.25}$$

여기서,

$$\begin{aligned}
c_{11} &= \begin{vmatrix} a_{22} & a_{23} \\ a_{32} & a_{33} \end{vmatrix}, & c_{12} &= -\begin{vmatrix} a_{21} & a_{23} \\ a_{31} & a_{33} \end{vmatrix}, & c_{13} &= \begin{vmatrix} a_{21} & a_{22} \\ a_{31} & a_{32} \end{vmatrix}, \\
c_{21} &= -\begin{vmatrix} a_{12} & a_{13} \\ a_{32} & a_{33} \end{vmatrix}, & c_{22} &= \begin{vmatrix} a_{11} & a_{13} \\ a_{31} & a_{33} \end{vmatrix}, & c_{23} &= -\begin{vmatrix} a_{11} & a_{12} \\ a_{31} & a_{32} \end{vmatrix}, \\
c_{31} &= \begin{vmatrix} a_{12} & a_{13} \\ a_{22} & a_{23} \end{vmatrix}, & c_{32} &= -\begin{vmatrix} a_{11} & a_{13} \\ a_{21} & a_{23} \end{vmatrix}, & c_{33} &= \begin{vmatrix} a_{11} & a_{12} \\ a_{21} & a_{22} \end{vmatrix}
\end{aligned} \tag{A.26}$$

3 × 3 행렬의 디터미넌트는 식 (A.11)을 이용하여 구할 수 있다. 여기서 식 (A.20)을 이용한다. 즉,

$$|\mathbf{A}| = a_{11}c_{11} + a_{12}c_{12} + a_{13}c_{13} \tag{A.27}$$

이 생각은 $n > 3$으로 확장될 수 있다. 그러나 이 책에서는 주로 2 × 2와 3 × 3 행렬을 다룬다.

예제 A.3

다음 연립방정식을 풀기 위하여 행렬 역변환을 이용하라.

$$2x_1 + 10x_2 = 2, \qquad -x_1 + 3x_2 = 7$$

풀이

먼저 연립방정식을 행렬식으로 표현한다.

$$\begin{bmatrix} 2 & 10 \\ -1 & 3 \end{bmatrix} \begin{bmatrix} x_1 \\ x_2 \end{bmatrix} = \begin{bmatrix} 2 \\ 7 \end{bmatrix}$$

또는

$$\mathbf{AX} = \mathbf{B} \longrightarrow \mathbf{X} = \mathbf{A}^{-1}\mathbf{B}$$

여기서

$$\mathbf{A} = \begin{bmatrix} 2 & 10 \\ -1 & 3 \end{bmatrix}, \quad \mathbf{X} = \begin{bmatrix} x_1 \\ x_2 \end{bmatrix}, \quad \mathbf{B} = \begin{bmatrix} 2 \\ 7 \end{bmatrix}$$

A의 디터미넌트는 $|\mathbf{A}| = 2 \times 3 - 10(-1) = 16$이다. 그러므로 A의 역 행렬은

$$\mathbf{A}^{-1} = \frac{1}{16}\begin{bmatrix} 3 & -10 \\ 1 & 2 \end{bmatrix}$$

그러므로

$$\mathbf{X} = \mathbf{A}^{-1}\mathbf{B} = \frac{1}{16}\begin{bmatrix} 3 & -10 \\ 1 & 2 \end{bmatrix}\begin{bmatrix} 2 \\ 7 \end{bmatrix} = \frac{1}{16}\begin{bmatrix} -64 \\ 16 \end{bmatrix} = \begin{bmatrix} -4 \\ 1 \end{bmatrix}$$

즉 $x_1 = -4$ 그리고 $x_2 = 1$이다.

연습문제 A.3

다음 수식을 행렬 역변환으로 구하라.

$$2y_1 - y_2 = 4, \quad y_1 + 3y_2 = 9$$

해답 $y_1 = 3$; $y_2 = 2$

예제 A.4

행렬 역변환을 이용하여 다음 연립방정식의 해 x_1, x_2, x_3를 구하라.

$$\begin{aligned} x_1 + x_2 + x_3 &= 5 \\ -x_1 + 2x_2 &= 9 \\ 4x_1 + x_2 - x_3 &= -2 \end{aligned}$$

풀이

행렬형식으로, 방정식은 다음과 같이 표현된다.

$$\begin{bmatrix} 1 & 1 & 1 \\ -1 & 2 & 0 \\ 4 & 1 & -1 \end{bmatrix}\begin{bmatrix} x_1 \\ x_2 \\ x_3 \end{bmatrix} = \begin{bmatrix} 5 \\ 9 \\ -2 \end{bmatrix}$$

또는

$$\mathbf{AX} = \mathbf{B} \longrightarrow \mathbf{X} = \mathbf{A}^{-1}\mathbf{B}$$

여기서

$$\mathbf{A} = \begin{bmatrix} 1 & 1 & 1 \\ -1 & 2 & 0 \\ 4 & 1 & -1 \end{bmatrix}, \quad \mathbf{X} = \begin{bmatrix} x_1 \\ x_2 \\ x_3 \end{bmatrix}, \quad \mathbf{B} = \begin{bmatrix} 5 \\ 9 \\ -2 \end{bmatrix}$$

여인자는

$$c_{11} = \begin{vmatrix} 2 & 0 \\ 1 & -1 \end{vmatrix} = -2, \quad c_{12} = -\begin{vmatrix} -1 & 0 \\ 4 & -1 \end{vmatrix} = -1, c_{13} = \begin{vmatrix} -1 & 2 \\ 4 & 1 \end{vmatrix} = -9$$

$$c_{21} = -\begin{vmatrix} 1 & 1 \\ 1 & -1 \end{vmatrix} = 2, c_{22} = \begin{vmatrix} 1 & 1 \\ 4 & -1 \end{vmatrix} = -5, \quad c_{23} = -\begin{vmatrix} 1 & 1 \\ 4 & 1 \end{vmatrix} = 3$$

$$c_{31} = \begin{vmatrix} 1 & 1 \\ 2 & 0 \end{vmatrix} = -2, \quad c_{32} = -\begin{vmatrix} 1 & 1 \\ -1 & 0 \end{vmatrix} = -1, \quad c_{33} = \begin{vmatrix} 1 & 1 \\ -1 & 2 \end{vmatrix} = 3$$

행렬 **A**의 수반행렬은

$$\text{adj } \mathbf{A} = \begin{bmatrix} -2 & -1 & -9 \\ 2 & -5 & 3 \\ -2 & -1 & 3 \end{bmatrix}^T = \begin{bmatrix} -2 & 2 & -2 \\ -1 & -5 & -1 \\ -9 & 3 & 3 \end{bmatrix}$$

A의 어떤 열이나 행을 이용하여 **A**의 디터미넌트를 구할 수 있다. 두 번째 열의 한 항이 0이므로, 디터미넌트를 구하기 위하여 이것의 이점을 이용할 수 있다.

$$|\mathbf{A}| = -1c_{21} + 2c_{22} + (0)c_{23} = -1(2) + 2(-5) = -12$$

그러므로, **A**의 역은

$$\mathbf{A}^{-1} = \frac{1}{-12}\begin{bmatrix} -2 & 2 & -2 \\ -1 & -5 & -1 \\ -9 & 3 & 3 \end{bmatrix}$$

$$\mathbf{X} = \mathbf{A}^{-1}\mathbf{B} = \frac{1}{-12}\begin{bmatrix} -2 & 2 & -2 \\ -1 & -5 & -1 \\ -9 & 3 & 3 \end{bmatrix}\begin{bmatrix} 5 \\ 9 \\ -2 \end{bmatrix} = \begin{bmatrix} -1 \\ 4 \\ 2 \end{bmatrix}$$

즉, $x_1 = -1, x_2 = 4, x_3 = 2$

연습문제 A.4

행렬 역변환을 이용하여 다음 방정식을 구하라.

$$\begin{aligned} y_1 - y_3 &= 1 \\ 2y_1 + 3y_2 - y_3 &= 1 \\ y_1 - y_2 - y_3 &= 3 \end{aligned}$$

해답 $y_1 = 6, y_2 = -2, y_3 = 5$

부록 B

복소수

복소수를 다루는 능력은 일반적으로 회로 해석과 전기공학 기술에서 유용하다. 복소수는 특별히 교류 회로 해석에 유용하다. 계산기와 컴퓨터 패키지를 이용하여 복소수를 다룰 수 있다 하더라도 학생들은 손으로 복소수를 계산할 줄 알아야 한다.

B.1 복소수의 표현

복소수는 **직각좌표** 형식으로 다음과 같다.

$$z = x + jy \tag{B.1}$$

여기서 $j = \sqrt{-1}$; x는 z의 **실수부**이고 y는 z의 **허수부**이다. 즉,

$$x = \text{Re}(z), \qquad y = \text{Im}(z) \tag{B.2}$$

복소수 z는 그림 B.1의 복소수 평면에 보인다. $j = \sqrt{-1}$이므로,

복소수는 획이 가는 활자체를 사용하였다 −왜냐하면 복소수는 시간이나 주파수 의 존적이 아니기 때문이다−반면에 페이저는 볼드체를 사용하였다.

$$\begin{aligned} \frac{1}{j} &= -j \\ j^2 &= -1 \\ j^3 &= j \cdot j^2 = -j \\ j^4 &= j^2 \cdot j^2 = 1 \\ j^5 &= j \cdot j^4 = j \\ &\vdots \\ j^{n+4} &= j^n \end{aligned} \tag{B.3}$$

복소수 z를 나타내는 두 번째 방법은 그림 B.1이 보이듯이, 복소수의 크기 r과 실수축과 만들어 내는 각도 θ로 나타내는 것이다. 이것은 **극좌표** 형식으로 알려져 있다. 아래의 수식으로 주어진다.

$$z = |z|\underline{/\theta} = r\underline{/\theta} \tag{B.4}$$

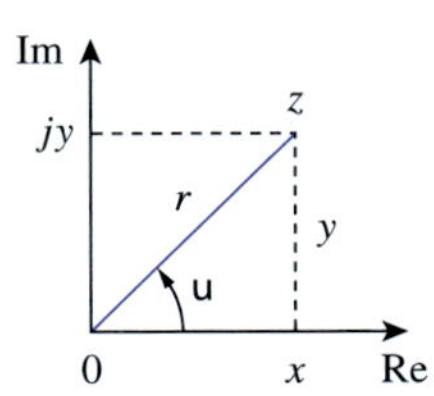

그림 B.1
복소수의 도식적 표현

여기서

$$r = \sqrt{x^2 + y^2}, \qquad \theta = \tan^{-1}\frac{y}{x} \tag{B.5a}$$

또는

$$x = r\cos\theta, \qquad y = r\sin\theta \tag{B.5b}$$

즉,

$$z = x + jy = r\angle\theta = r\cos\theta + jr\sin\theta \tag{B.6}$$

식 (B.5)를 이용하여 직각좌표를 극좌표 형식으로 바꾸는 과정에서 θ의 정확한 값을 찾는데 주의 하여야한다. 그 이유는 아래의 네 가지 가능성 때문이다.

$$\begin{aligned} z &= x + jy, & \theta &= \tan^{-1}\frac{y}{x} & &\text{(1사분면)} \\ z &= -x + jy, & \theta &= 180° - \tan^{-1}\frac{y}{x} & &\text{(2사분면)} \\ z &= -x - jy, & \theta &= 180° + \tan^{-1}\frac{y}{x} & &\text{(3사분면)} \\ z &= x - jy, & \theta &= 360° - \tan^{-1}\frac{y}{x} & &\text{(4사분면)} \end{aligned} \tag{B.7}$$

여기서 x와 y는 양의 값이다.

지수 형식으로, $z = re^{j\theta}$ 이므로 $dz/d\theta = jre^{j\theta} = jz$.

복소수 z를 나타내는 세 번째 방법은 **지수 형식**이다.

$$z = re^{j\theta} \tag{B.8}$$

이것은 같은 크기 r과 각도 θ를 사용하므로 극좌표 형식과 거의 유사하다.

복소수를 나타내는 세 가지 형식은 다음과 같이 정리된다.

$$\begin{aligned} z &= x + jy, & &(x = r\cos\theta, y = r\sin\theta) & &\text{직각좌표 형식} \\ z &= r\angle\theta, & &\left(r = \sqrt{x^2 + y^2}, \theta = \tan^{-1}\frac{y}{x}\right) & &\text{극좌표 형식} \\ z &= re^{j\theta}, & &\left(r = \sqrt{x^2 + y^2}, \theta = \tan^{-1}\frac{y}{x}\right) & &\text{지수 형식} \end{aligned} \tag{B.9}$$

처음 두 형식은 식 (B.5)와 식 (B.6)으로 관계된다. B.3절에서 오일러 공식을 유도할 것이다. 이것은 세 번째 형식 역시 처음 두 개와 같다는 것을 증명한다.

예제 B.1

다음 복소수를 극좌표와 지수형식으로 표현하라.

(a) $z_1 = 6 + j8$ (b) $z_2 = 6 - j8$ (c) $z_3 = -6 + j8$ (d) $z_4 = -6 - j8$

풀이

그림 B.2에 보이듯이 이 복소수가 네 개의 사분면에 있음을 주목한다.

(a) $z_1 = 6 + j8$(1 사분면)에 대하여

$$r_1 = \sqrt{6^2 + 8^2} = 10, \qquad \theta_1 = \tan^{-1}\frac{8}{6} = 53.13°$$

그러므로 극좌표 형식은 $10\angle 53.13°$이고 지수 형식은 $10e^{j53.13°}$이다.

(b) $z_2 = 6 - j8$(4 사분면)에 대하여

$$r_2 = \sqrt{6^2 + (-8)^2} = 10, \qquad \theta_2 = 360° - \tan^{-1}\frac{8}{6} = 306.87°$$

그러므로 극좌표 형식은 $10\angle 306.87°$이고 지수 형식은 $10e^{j306.87°}$이다. 각도 θ_2는 그림 B.2에 보이듯이 $-53.13°$로 쓸 수 있다. 그러므로 극좌표 형식은 $10\angle -53.13°$이고 지수 형식은 $10e^{-j53.13°}$이다.

(c) $z_3 = -6 + j8$(2 사분면)에 대하여

$$r_3 = \sqrt{(-6)^2 + 8^2} = 10, \qquad \theta_3 = 180° - \tan^{-1}\frac{8}{6} = 126.87°$$

그러므로 극좌표 형식은 $10\angle 126.87°$이고 지수 형식은 $10e^{j126.87°}$이다.

(d) $z_4 = -6 - j8$(3 사분면)에 대하여

$$r_4 = \sqrt{(-6)^2 + (-8)^2} = 10, \qquad \theta_4 = 180° + \tan^{-1}\frac{8}{6} = 233.13°$$

그러므로 극좌표 형식은 $10\angle 233.13°$이고 지수 형식은 $10e^{j233.13°}$이다.

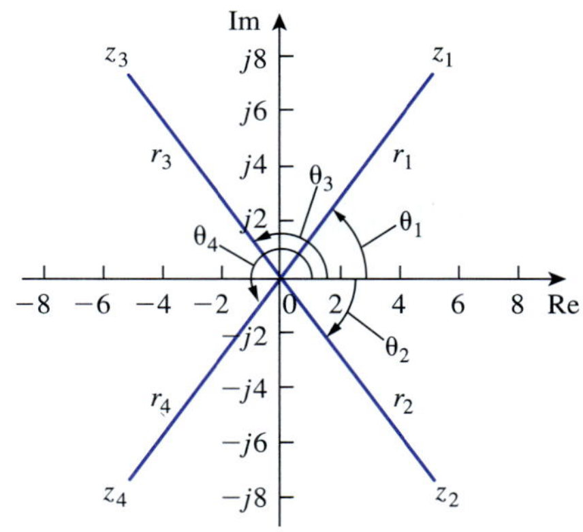

그림 B.2
예제 B.1의 회로

연습문제 B.1

다음 복소수를 극좌표와 지수 형식으로 변환하라.

(a) $z_1 = 3 - j4$, (b) $z_2 = 5 + j12$, (c) $z_3 = -3 - j9$, (d) $z_4 = -7 + j$

해답 (a) $5\angle 306.9°$, $5e^{j306.9°}$, (b) $13\angle 67.38°$, $13e^{j67.38°}$, (c) $9.487\angle 251.6°$, $9.487e^{j251.6°}$, (d) $7.071\angle 171.9°$, $7.071e^{j171.9°}$

예제 B.2

다음 복소수를 극좌표 형식으로 바꾸라.

(a) $12\angle -60°$, (b) $-50\angle 285°$, (c) $8e^{j10°}$, (d) $20e^{-j\pi/3}$

풀이

(a) 식 (B.6)을 이용하여

$$12\angle -60° = 12\cos(-60°) + j12\sin(-60°) = 6 - j10.39$$

$\theta = -60°$은 $\theta = 360° - 60° = 300°$와 같음을 주목하라.

(b) 다음과 같이 쓸 수 있다.

$$-50\angle 285° = -50\cos 285° - j50\sin 285° = -12.94 + j48.3$$

(c) 유사하게

$$8e^{j10°} = 8\cos 10° + j8\sin 10° = 7.873 + j1.389$$

(d) 마지막으로

$$20e^{-j\pi/3} = 20\cos(-\pi/3) + j20\sin(-\pi/3) = 10 - j17.32$$

연습문제 B.2

다음 복소수의 직각좌표 형식을 구하라.
(a) $-8\underline{/210^\circ}$, (b) $40\underline{/305^\circ}$, (c) $10e^{-j30^\circ}$, (d) $50e^{j\pi/2}$

해답 (a) $6.928 + j4$, (b) $22.94 - j32.77$, (c) $8.66 - j5$, (d) $j50$

B.2 수학 연산

복소수는 시간—혹은 주파수—의존이 아니므로 복소수는 가는 활자체를 사용하고, 반면에 페이즈는 굵은 활자체를 사용한다.

두 복소수 $z_1 = x_1 + jy_1$과 $z_2 = x_2 + jy_2$는 복소수의 실수부가 같고 허수부가 같으면 같다.

$$x_1 = x_2, \qquad y_1 = y_2 \tag{B.10}$$

복소수 $z = x + jy$의 공액복소수는

$$z^* = x - jy = r\underline{/-\theta} = re^{-j\theta} \tag{B.11}$$

그러므로 어떤 복소수의 공액복소수는 j를 $-j$로 바꿈으로서 얻어진다.

주어진 두 개의 복소수 $z_1 = x_1 + jy_1 = r_1\underline{/\theta_1}$과 $z_2 = x_2 + jy_2 = r_2\underline{/\theta_2}$에 대하여, 그들의 합은

$$z_1 + z_2 = (x_1 + x_2) + j(y_1 + y_2) \tag{B.12}$$

그리고 차는

$$z_1 - z_2 = (x_1 - x_2) + j(y_1 - y_2) \tag{B.13}$$

합과 차는 극좌표 형식으로 하는 것이 편리한 반면에, 두 복소수의 곱과 나누기는 극좌표나 지수 형식이 편리하다. 곱은

$$z_1z_2 = r_1r_2\underline{/\theta_1 + \theta_2} \tag{B.14}$$

다른 방법으로는, 극좌표 형식으로

$$\begin{aligned} z_1z_2 &= (x_1 + jy_1)(x_2 + jy_2) \\ &= (x_1x_2 - y_1y_2) + j(x_1y_2 + x_2y_1) \end{aligned} \tag{B.15}$$

나눗셈은

$$\frac{z_1}{z_2} = \frac{r_1}{r_2}\underline{/\theta_1 - \theta_2} \tag{B.16}$$

다른 방법으로, 직각좌표 형식을 이용하여

$$\frac{z_1}{z_2} = \frac{x_1 + jy_1}{x_2 + jy_2} \tag{B.17}$$

분모와 분자 모두에 z_2^*를 곱하여 분모를 유리화한다.

$$\frac{z_1}{z_2} = \frac{(x_1 + jy_1)(x_2 - jy_2)}{(x_2 + jy_2)(x_2 - jy_2)} = \frac{x_1x_2 + y_1y_2}{x_2^2 + y_2^2} + j\frac{x_2y_1 - x_1y_2}{x_2^2 + y_2^2} \tag{B.18}$$

예제 B.3

$A = 2 + j5$, $B = 4 - j6$일 때 (a) $A^*(A + B)$, (b) $(A + B)/(A - B)$를 구하라.

풀이

(a) $A = 2 + j5$이면 $A^* = 2 - j5$이고

$$A + B = (2 + 4) + j(5 - 6) = 6 - j$$

그러므로

$$A^*(A + B) = (2 - j5)(6 - j) = 12 - j2 - j30 - 5 = 7 - j32$$

(b) 유사하게

$$A - B = (2 - 4) + j(5 - -6) = -2 + j11$$

그러므로

$$\begin{aligned}\frac{A + B}{A - B} &= \frac{6 - j}{-2 + j11} = \frac{(6 - j)(-2 - j11)}{(-2 + j11)(-2 - j11)} \\ &= \frac{-12 - j66 + j2 - 11}{(-2)^2 + 11^2} = \frac{-23 - j64}{125} = -0.184 - j0.512\end{aligned}$$

연습문제 B.3

주어진 복소수 $C = -3 + j7$ 그리고 $D = 8 + j$에 대하여 계산하라.
(a) $(C - D^*)(C + D^*)$, (b) D^2/C^*, (c) $2CD/(C + D)$

해답 (a) $-103 - j26$, (b) $-5.19 + j6.776$, (c) $6.045 + j11.53$

예제 B.4

계산하라.

(a) $\dfrac{(2 + j5)(8e^{j10°})}{2 + j4 + 2\angle -40°}$ (b) $\dfrac{j(3 - j4)^*}{(-1 + j6)(2 + j)^2}$

풀이

(a) 수식에 극좌표와 지수 형식이 포함되어 있으므로, 모든 항을 극좌표 형식

으로 표현하는 것이 좋다.

$$\begin{aligned}2 + j5 &= \sqrt{2^2 + 5^2}\underline{/\tan^{-1}5/2} = 5.385\underline{/68.2^\circ}\\(2 + j5)(8e^{j10^\circ}) &= (5.385\underline{/68.2^\circ})(8\underline{/10^\circ}) = 43.08\underline{/78.2^\circ}\\2 + j4 + 2\underline{/-40^\circ} &= 2 + j4 + 2\cos(-40^\circ) + j2\sin(-40^\circ)\\&= 3.532 + j2.714 = 4.454\underline{/37.54^\circ}\end{aligned}$$

그러므로,

$$\frac{(2 + j5)(8e^{j10^\circ})}{2 + j4 + 2\underline{/-40^\circ}} = \frac{43.08\underline{/78.2^\circ}}{4.454\underline{/37.54^\circ}} = 9.672\underline{/40.66^\circ}$$

(b) 모든 항이 극좌표 형식이므로 극좌표 형식으로 계산한다.

$$\begin{aligned}j(3 - j4)^* &= j(3 + j4) = -4 + j3\\(2 + j)^2 &= 4 + j4 - 1 = 3 + j4\\(-1 + j6)(2 + j)^2 &= (-1 + j6)(3 + j4) = -3 - 4j + j18 - 24\\&= -27 + j14\end{aligned}$$

그러므로

$$\begin{aligned}\frac{j(3 - j4)^*}{(-1 + j6)(2 + j)^2} &= \frac{-4 + j3}{-27 + j14} = \frac{(-4 + j3)(-27 - j14)}{27^2 + 14^2}\\&= \frac{108 + j56 - j81 + 42}{925} = 0.1622 - j0.027\end{aligned}$$

연습문제 B.4

다음 복분수를 계산하라.

(a) $\dfrac{6\underline{/30^\circ} + j5 - 3}{-1 + j + 2e^{j45^\circ}}$ (b) $\left[\dfrac{(15 - j7)(3 + j2)^*}{(4 + j6)^*(3\underline{/70^\circ})}\right]^*$

해답 (a) $3.387\underline{/-5.615^\circ}$, (b) $2.759\underline{/-287.6^\circ}$

B.3 오일러 공식

오일러 공식은 복소 변수에서 중요한 결과이다. 오일러 공식은 e^x, $\cos\theta$, $\sin\theta$의 테일러 급수전개로부터 유도된다. 우리는 다음을 알고 있다.

$$e^x = 1 + x + \frac{x^2}{2!} + \frac{x^3}{3!} + \frac{x^4}{4!} + \cdots \tag{B.19}$$

x를 $j\theta$로 대치하면

$$e^{j\theta} = 1 + j\theta - \frac{\theta^2}{2!} - j\frac{\theta^3}{3!} + \frac{\theta^4}{4!} + \cdots \tag{B.20}$$

또한,

$$\cos\theta = 1 - \frac{\theta^2}{2!} + \frac{\theta^4}{4!} - \frac{\theta^6}{6!} + \cdots$$
$$\sin\theta = \theta - \frac{\theta^3}{3!} + \frac{\theta^5}{5!} - \frac{\theta^7}{7!} + \cdots \quad \text{(B.21)}$$

그러므로

$$\cos\theta + j\sin\theta = 1 + j\theta - \frac{\theta^2}{2!} - j\frac{\theta^3}{3!} + \frac{\theta^4}{4!} + j\frac{\theta^5}{5!} - \cdots \quad \text{(B.22)}$$

식 (B.20)과 식 (B.22)를 비교하여, 다음과 같은 결론을 얻는다.

$$\boxed{e^{j\theta} = \cos\theta + j\sin\theta} \quad \text{(B.23)}$$

이것은 **오일러 공식**으로 알려져 있다. 식 (B.8)에서와 같이 복소수의 지수형식 표현은 오일러 공식에 기초한다. 식 (B.23)으로부터, 다음을 주목한다.

$$\boxed{\cos\theta = \text{Re}(e^{j\theta}), \qquad \sin\theta = \text{Im}(e^{j\theta})} \quad \text{(B.24)}$$

그리고

$$|e^{j\theta}| = \sqrt{\cos^2\theta + \sin^2\theta} = 1$$

식 (B.23)에서 θ를 $-\theta$로 대치하면

$$e^{-j\theta} = \cos\theta - j\sin\theta \quad \text{(B.25)}$$

식 (B.23)과 식 (B.25)를 더하면

$$\boxed{\cos\theta = \frac{1}{2}(e^{j\theta} + e^{-j\theta})} \quad \text{(B.26)}$$

식 (B.23)에서 식 (B.25)를 뺌으로서 다음을 얻는다.

$$\boxed{\sin\theta = \frac{1}{2j}(e^{j\theta} - e^{-j\theta})} \quad \text{(B.27)}$$

유용한 공식

다음의 공식들은 복소수를 다루는데 유용하다. 만약 $z = x + jy = r\underline{/\theta}$이면,

$$zz^* = x^2 + y^2 = r^2 \quad \text{(B.28)}$$
$$\sqrt{z} = \sqrt{x + jy} = \sqrt{r}e^{j\theta/2} = \sqrt{r}\underline{/9/2} \quad \text{(B.29)}$$
$$z^n = (x + jy)^n = r^n\underline{/n\theta} = r^n e^{jn\theta} = r^n(\cos n\theta + j\sin n\theta) \quad \text{(B.30)}$$
$$z^{1/n} = (x + jy)^{1/n} = r^{1/n}\underline{/\theta/n + 2\pi k/n} \quad \text{(B.31)}$$
$$k = 0, 1, 2, \ldots, n - 1$$
$$\ln(re^{j\theta}) = \ln r + \ln e^{j\theta} = \ln r + j\theta + j2k\pi \quad \text{(B.32)}$$
$$(k = \text{integer})$$

$$\frac{1}{j} = -j$$
$$e^{\pm j\pi} = -1$$
$$e^{\pm j2\pi} = 1 \tag{B.33}$$
$$e^{j\pi/2} = j$$
$$e^{-j\pi/2} = -j$$

$$\text{Re}(e^{(\alpha+j\omega)t}) = \text{Re}(e^{\alpha t}e^{j\omega t}) = e^{\alpha t}\cos\omega t \tag{B.34}$$
$$\text{Im}(e^{(\alpha+j\omega)t}) = \text{Im}(e^{\alpha t}e^{j\omega t}) = e^{\alpha t}\sin\omega t$$

예제 B.5

$A = 6 + j8$일 때 다음을 구하라. (a) $\sqrt{A}$, (b) A^4

풀이

먼저 A를 극좌표 형식으로 바꾼다.

$$r = \sqrt{6^2 + 8^2} = 10, \qquad \theta = \tan^{-1}\frac{8}{6} = 53.13°, \qquad A = 10\angle 53.13°$$

그러므로

$$\sqrt{A} = \sqrt{10}\angle 53.13°/2 = 3.162\angle 26.56°$$

(b) $A = 10\angle 53.13°$이므로

$$A^4 = r^4\angle 4\theta = 10^4\angle 4 \times 53.13° = 10{,}000\angle 212.52°$$

연습문제 B.5

$A = 3 - j4$일 때 다음을 구하라. (a) $A^{1/3}$(3 roots) (b) ln A

해답 (a) $1.71\angle 102.3°$, $1.71\angle 222.3°$, $1.71\angle 342.3°$;
(b) $1.609 + j5.356 + j2n\pi \quad (n = 0, 1, 2, \ldots)$

부록 C

PSpice for Windows

Spice, Multisim, Mathcad, Quattro, MATLAB, 그리고 Maple과 같이 회로 해석에 사용될 수 있는 여러 컴퓨터 소프트웨어 패키지가 있다. 가장 인기 있는 것은 집적회로 시뮬레이션 프로그램으로 사용되는 Spice이다. Spice는 1970년대 메인 프레임 컴퓨터용으로 University of California at Berkeley의 Electrical and Computer Engineering학과에서 개발되었다. 그 이후로 20여 개 이상의 버전이 개발되었다. 개인용 컴퓨터를 위한 Spice 버전인 PSpice는 캘리포니아에 있는 MicroSim사에 의해 1984년도에 개발되었으며, 그 이후로는 OrCAD사와 Cadence사가 개발 하였다. PSpice는 다른 운영체제에서 가능하도록 만들어졌는데, 몇 가지만 예를 들면 DOS, Windows, 그리고 Unix이다. PSpice의 복사 허용본은 인터넷에서 내려 받을 수 있다.

PSpice의 Window 버전은 더욱더 대중적으로 사용되므로, 이 책에서 사용하는 것도 이 버전이다. 특별히 이 책에서 사용하는 것은 Cadence 사의 PSpice/OrCAD 버전 16.3이다.

이 부록의 목적은 IBM PC나 이와 동등한 컴퓨터에서 Window기반의 PSpice사용에 대한 간략한 사용법을 제공하는 것이다.

PSpice는 대략 130개의 부품과 100개의 마디를 해석할 수 있다. 그것은 세 개의 중요한 형태의 회로 해석을 한다. (1) 직류 해석, (2) 과도 해석 그리고, (3) 교류해석. 또한 PSpice는 전달함수 해석, 푸리에 해석, 동작점 해석을 할 수 있다. 회로는 저항, 인덕터, 커패시터, 독립 전압전원, 독립 전류전원, 종속 전압전원, 종속 전류전원, 연산증폭기, 변압기, 전송선 그리고 반도체 소자를 포함할 수 있다.

Microsoft Window 운영체제를 사용하는데 익숙하고 Window용 PSpice가 컴퓨터에 설치되어 있다고 가정한다.

C.1 Design Center for Windows

PSpice의 초기 버전에서, Window용 PSpice는 공식적으로 전기회로를 시뮬레이션하기 위한 컴퓨터 환경인 MicroSim Design Center로 알려졌다. Design Center for Windows는 다음의 프로그램들을 포함한다.

- *Orcad Capture*: 이 프로그램(일반적으로 Schematic으로 알려져 있는)은

화면에서 시뮬레이션 될 회로를 그리는데 사용되는 그래픽 편집기이다. 이 프로그램은 부품을 삽입하고, 회로를 구성하기 위하여 부품을 선으로 연결하고, 수행될 해석의 형식을 정한다.

- *PSpice*: 이 프로그램은 Orcad Capture를 이용하여 생성된 회로를 시뮬레이션 한다. 시뮬레이션은, 회로를 구성하는 부품의 수학적 모델로 회로가 나타내지는 프로그램에서 서술되는 해석의 방법을 의미한다.
- *Probe*: 이 프로그램은 PSpice 프로그램이 만든 출력의 그래픽 표현을 제공한다. 이것은 회로 내의 어떤 전압이나 전류를 보는데 사용된다.

*Orcad Capture*는 회로를 구성하기 위한 컴퓨터 브레드보드로, PSpice는 시뮬레이터로(계산을 수행하는), 그리고 Probe는 오실로스코프로 생각할 수 있다. Orcad Capture를 사용하는 것은 아마도 PSpice를 이용하는 회로 해석의 가장 어려운 부분일 수도 있다. 다음 부분은 *Orcad Capture*를 사용하는데 필요한 필수적인 기술을 다룬다.

C.2 회로 만들기

PSpice로 해석할 회로에 대하여, 3가지 과정을 거친다. (1) 회로 그리기, (2) 시뮬레이션, (3) 결과 프린트 또는 그림 그리기. 이 장에서, schematic 프로그램을 이용하여 어떻게 회로를 그리는지에 대하여 배운다.

Schematic capture를 어떻게 사용하는지 논의하기 전에, 물체를 선택하고 수행하기 위하여 마우스를 어떻게 사용해야 하는지 알아야한다. 마우스는 schematic에서 여러 가지 명령을 수행하기 위하여 키보드와 함께 사용된다. 이 교재를 통하여, 마우스로 행해지는 명령을 표현하기 위하여 다음의 용어를 사용한다.

- **CLICKL**: 아이템을 선택하기 위하여 왼쪽 버튼을 한 번 클릭한다.
- **CLICKR**: 모드를 취소하기 위하여 오른쪽 버튼을 한 번 클릭한다.
- **DCLICKL**: 선택을 수정하거나 모드를 끝내기 위하여 왼쪽 버튼을 두 번 클릭한다.
- **DCLICKR**: 실행을 반복하기 위하여 오른쪽 버튼을 두 번 클릭한다.
- **DCLICKLH**: 왼쪽 버튼을 클릭하고, 누른 상태로 선택된 아이템을 드래그하기 위하여 마우스를 움직인다. 아이템을 위치한 후에 왼쪽 버튼을 푼다.
- **DRAG**: 아이템을 이동하기 위하여 마우스(클릭하지 않고)를 끌고 간다.

용어 "클릭"이 사용될 때는, **왼쪽** 마우스 버튼을 빠르게 눌렀다 놓는것을 의미한다. 아이템을 선택하는 것은 **CLICKL**이고, 반면에 실행을 수행하는 것은 **DCLICKL**이다. 또한 "클릭"을 여러 번 쓰는 것을 피하기 위하여, 클릭된 메뉴는 굵은 글자로 강조된다. 예로서, 클릭 **Place**, 클릭 **Wire**는 **Place/Wire**로 써진다. 물론 어떤 실행도 취소하기 위하여서는 항상 <ESC> 키를 누른다.

Window XP를 사용할 때, 그림 C.1에 보이듯이 pc의 왼쪽 아래 모서리의 시작 아이콘을 클릭하고, 모든 프로그램으로 드래그한 후, Cadence, Orcad 16.3 Demo, 그리고 Orcad Capture CIS Demo로 드래그 함으로써 PSpice를 사용할 수 있다. **File/New/project**를 선택한다.(계층 메뉴의 수준을 나타내기 위하여"/"를 사용한다.) 이 메뉴는 새 프로젝트의 이름을 묻는다. 예로서, "example"을 입력하고 OK를 클릭한다. 이것은 다이얼로그 박스를 연다. "Creat a blank project"를 선택한다. 그리고 OK를 클릭한다. 그림 C.2에서와 같이 위쪽에 Main Menu bar(**File**에서 **Help**까지)가 있는 빈 스크린이 나타난다.

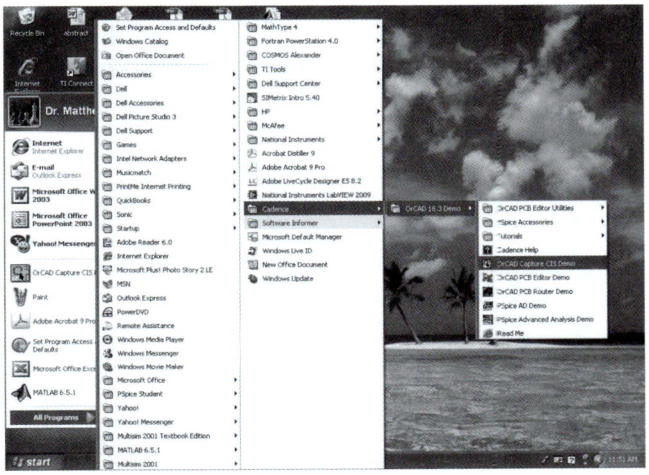

그림 C.1
윈도우에서 PSpice 접근

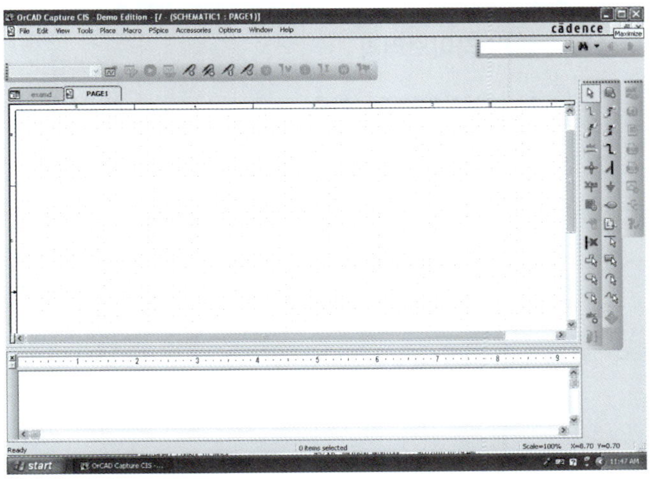

그림 C.2
Orcad Capture 윈도우

Schematic을 이용하여 회로를 만드는 것은 3가지 과정을 거친다. (1) 회로의 부품이나 구성요소 놓기, (2) 회로를 만들기 위하여 부품 연결하기, 그리고 (3) 부품 속성 변경하기.

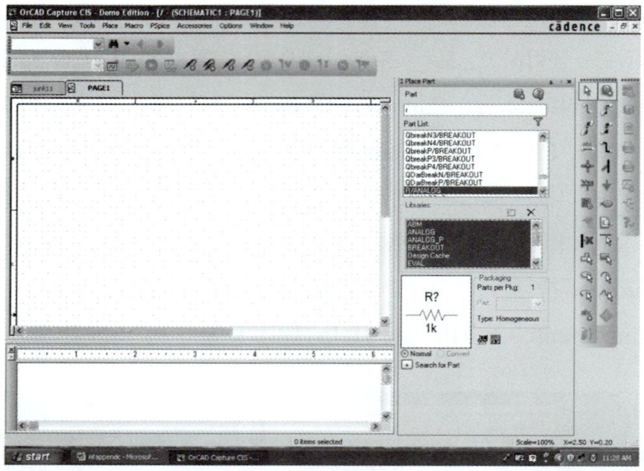

그림 C.3
오른쪽에 부품 다이얼로그 박스 놓기

과정 1: 부품 놓기

회로의 각 부품은 아래의 이 과정으로 검색된다.

- 그림 C.3에 보이듯이 Place Part 다이얼로그 박스를 열기 위하여 **Place/Part**를 선택한다. 예로서, 저항의 경우 박스에 *r*을 입력한다(PSpice는 대문자 소문자를 구분하지 않으므로 R을 입력할 수도 있다). 표 C.1은 일부 구성요소의 이름과 회로 부품의 기호와 독립 전압과 전류 전원과 구성부품이 있는 PSpice 라이브러리를 보여준다.

표 C.1

PSpice 부품과 부품의 라이브러리

기호	설명/PSpice 이름	라이브러리
R_1 1 k	저항/R	ANALOG
L_1 10 uH	인덕터/L	ANALOG
C_1 1 n	커패시터/C	ANALOG
0 Vdc + 2 V_1	DC 전압원/VDC	SOURCE
0 Adc I_1	DC 전류원/IDC	SOURCE
0	접지/0	CAPSYM

- 파란 영역에서 R/ANALOG를 **DCLICKL**하고, 구성요소를 화면의 원하는 위치로 드래그 한다.
- placement 모드를 종료하기 위하여 **DCLICKL**과 End Mode를 클릭한다.

때때로, 부품을 회전 시킬 때가 있다. 예로서, 저항을 회전시키기 위하여 부품 R을 선택하고 R을 입력한다. 부품을 제거하기 위해서는, (붉은 색으로 강조된) 부품을 선택하기 위하여 **CLICK**한 후, Delete를 누른다.

과정 2: 부품 연결

부품을 서로 선으로 연결함으로써 회로를 완성할 수 있다. 선연결 모드로 들어가기 위하여 먼저 **Place/Wire**를 선택한다. 연필 모양의 커서가 화살표 모양의 커서 대신에 나타난다. 커서를 연결하고자 하는 첫 번째 점으로 드래그하고 **CLICKL**한다. 다음에, 커서를 두 번째 점으로 드래그하고 CLICKL한다. CLICKR하고 선연결 모드를 끝내기 위하여 *End Wire*를 클릭한다. 모든 부품이 연결될 때까지 회로 내의 각 연결에 대하여 위의 과정을 반복한다. schematic에서 접지연결(구성요소 AGND)을 할 때까지 선연결은 끝나지 않는다. PSpice는 접지를 연결하지 않으면 동작하지 않는다.

일부 연결은 연결을 나타내는 검은 점을 가지고 있다. 선이 핀에 연결될 때 연결된 부분에 점이 꼭 있어야 되는 것은 아니지만 점은 연결이 있다는 것을 알려준다. 점이 나타나면, 선이 핀에 중첩되어 있음을 알 수 있다.

과정 3: 부품 속성 변경하기

표 C.1에 보이듯이, 각 구성요소는 기호와 함께 속성을 가지고 있다. 속성은 부품들의 라벨이다. 부품은 여러 가지 속성을 가지고 있을 수 있으며, 그 중 몇 개는 기본으로 표시된다. 필요하다면, 표시되는 속성을 더 추가 할 수 있다. 그러나 어수선함을 피하기 위하여 중요하지 않은 속성은 숨겨둔다. 각 속성은 이름과 지정된 값으로 구성된다. 예를 들면 R과 VDC는 각각 저항과 직류 전압 전원의 이름이며, 반면에 2 k와 10 V는 각각 저항과 전압전원의 지정된 값이다.

부품이 화면에 놓일 때, 자동으로 연속되는 숫자로 이름이 할당된다(즉, R1, R2, R3 등). 또한 일부 부품은 미리 지정된 값을 갖는다. 예로서, 모든 저항은 수평으로 놓이며 1 kΩ의 지정된 값을 갖는다. 부품의 속성(이름과 값)을 바꿀 수도 있다. 속성을 바꾸는 여러 가지 방법이 있지만, 간단한 한 가지 방법에 대하여 소개한다.

예로서, R3라는 이름을 RX로 바꾸기 위하여, Display Properties 다이얼로그 박스를 열기위하여 글자 R3를 **DCLICKL**한다. 새로운 이름 RX를 입력하고 변경을 완료하기 위하여 OK를 클릭한다. VDS를 V1 또는 다른 이름으로 변경하기 위하여 같은 과정이 사용된다.

예로서, 값 1 k를 10 Meg로 바꾸려면, Display Properties 다이얼로그 박

표 C.2
스케일 팩타

기호	값	접미사 이름
T	10^{12}	Tera
G	10^{9}	Giga
MEG	10^{6}	Mega
K	10^{3}	Kilo
M	10^{-3}	Milli
U	10^{-6}	Micro
N	10^{-9}	Nano
P	10^{-12}	Pico
F	10^{-15}	Femto

스를 열기 위하여 1 k 속성(기호가 아님)을 **DCLICKL** 한다. 새로운 값 10 Meg를 입력하고(1과 Meg상에 빈칸을 두지 않는다) 변화된 값을 받아들이기 위하여 OK를 클릭한다. 유사하게, 전압전원 VDC에 대하여 기본 값 0 V를 15 kV로 바꾸려면, Display Properties 다이얼로그 박스를 열기 위하여 0 V 기호를 DCLICKL한다. 값 입력 박스에 15 kV를 입력하고 OK를 클릭한다. 편의를 위하여, 숫자는 표 C.2의 scale factor로 표현될 수 있다. 예를 들면 6.6×10^{-8}은 66N 또는 0.066U로 쓸 수 있다.

예제 C.1

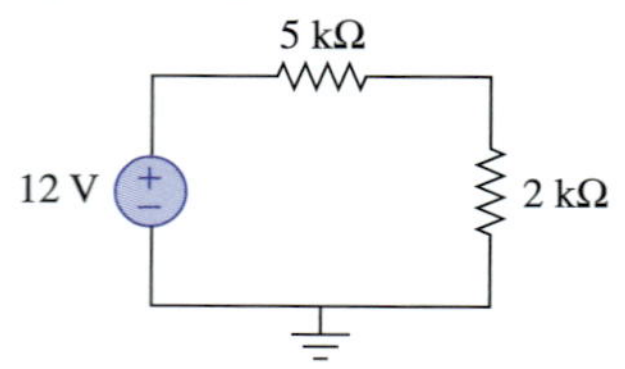

그림 C.4
예제 C.1의 회로

PSpice를 이용하여 그림 C.4의 회로를 그리시오.

풀이

그림 C.2나 그림 C.3과 같은 Schematic화면이 열려있다고 가정한다. 그러므로 우리는 회로를 그릴 수 있는 빈 화면을 가지고 있다. 그림 C.4에 있는 회로를 만들기 위하여 다음의 과정을 거친다.

전압전원을 놓기 위하여,

1. **Place/Part**를 선택한다.
2. Part 박스에 VDS를 입력한다.
3. 파란색의 "VDC/Design Cashes"를 **DCLIDCKL**한다.
4. 부품을 화면의 원하는 위치로 드래그 한다.
5. VDC를 놓기 위하여 **CLICKL**하고 놓기 모드를 종료하기 위하여 **CLICKR** 한다.

여기까지, 그림 C.5(a)에 보이듯이 붉은색으로 강조된 전압전원 V1만이 화면에 보인다. 저항을 놓기 위하여 다음을 수행한다.

1. **Place/Part**를 선택한다(이미 이 모드에 있다면 이 과정은 불필요하다).
2. Part 박스에 R을 입력한다.
3. 파란색의 "R/ANALOG"를 **DCLIDCKL**한다.
4. 구성요소를 화면의 원하는 위치로 드래그 한다.
5. R2를 회전시키기 위하여 R을 누르고 화면의 원하는 위치로 R2를 드래그 한다.
6. 놓기 모드를 종료하기 위하여 **CLICKR**한다.

여기까지, 그림 C.5(a)에 보이듯이 3개의 구성요소가 만들어졌다. 다음과정은 이 구성요소들을 선으로 연결하는 것이다. 이 과정은 다음과 같다.

1. 더하기 기호(+) 커서로 나타나는 선연결 모드에 있기 위하여 **Place/Wire**를 선택한다.
2. V1 위에 선연결을 위하여 커서를 V1 CLICKL 위로 **DRAG**한다.

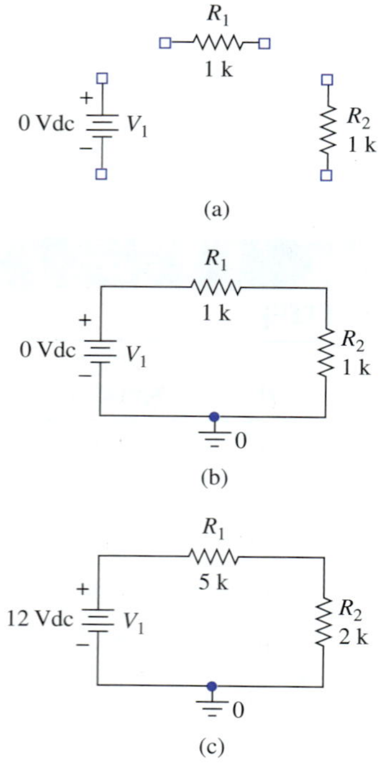

그림 C.5
그림 C.4의 회로 만들기: (a) 부품 놓기, (b) 부품을 선으로 연결하기, (c) 속성 바꾸기

3. 커서를 위쪽 구석으로 드래그하고 R1 왼쪽으로 **DRAG**한다.
4. 놓기 모드를 종료하기 위하여 **CLICKR**한다.

R1과 R2 그리고 V1과 R2를 연결하기 위하여 앞의 과정을 반복한다. 여기까지, 접지신호를 제외한 그림 C.5(b)를 그릴 수 있다. 다음의 과정을 통하여 접지를 삽입한다.

1. Place/Ground를 선택한다.
2. 0/CAPSYM에 **DCLICKL**한다.
3. 구성요소를 화면의 원하는 곳으로 **DRAG**한다.
4. 놓기 모드를 종료하기 위하여 **CLICKR**한다.

마지막으로 해야 하는 것은 속성의 값을 변화하거나 할당하는 것이다. 속성에서 V1에 12 V를 입력하기 위하여 다음 단계를 거친다.

1. *Display Properties* 다이얼로그 박스를 열기 위하여 0Vdc에 **DCLICKL**한다.
2. *Value* 박스에 12Vdc를 입력한다.
3. OK를 클릭한다.

R1에 5k를 입력하기 위하여 다음 단계를 밟는다.

1. *Display Properties* 다이얼로그 박스를 열기 위하여 R1의 속성 1k에 **DCLICKL**한다.
2. *Value* 박스에 5k를 입력한다.
3. OK를 클릭한다.

R2에 2k를 입력하기 위하여 같은 과정이 사용되었다. 최종 회로는 그림 C.5(c)에 보인다.

연습문제 C.1

PSpice Schematic으로 그림 C.6의 회로를 구성하라.

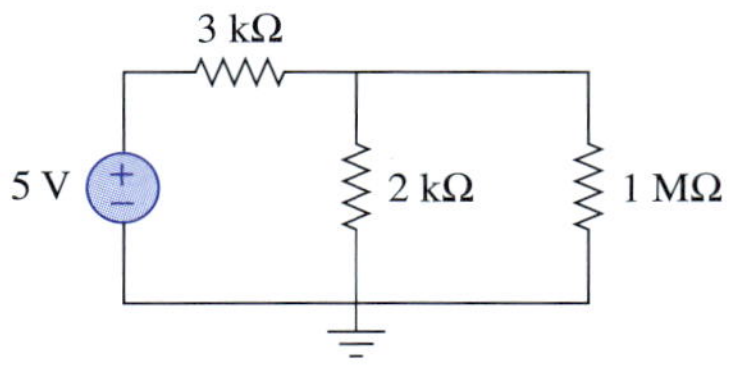

그림 C.6
연습문제 C.1의 회로

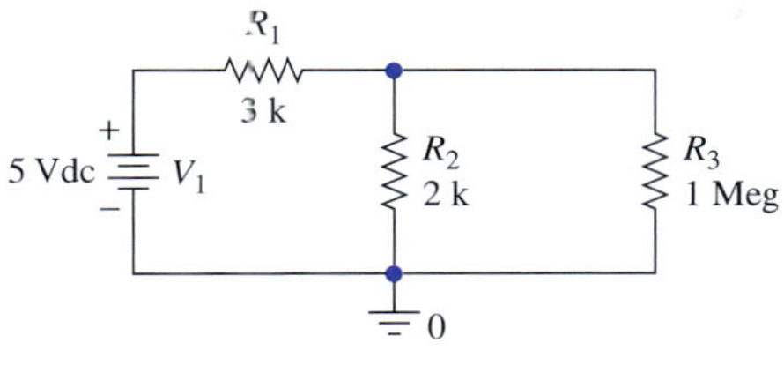

그림 C.7
연습문제 C.1의 회로

해답 그림 C.7을 보라.

C.3 DC 해석

DC 해석은 PSpice를 이용하여 할 수 있는 기본적인 해석 중의 하나이다. 다른 기본 해석은 과도상태, 교류, 그리고 퓨리어 해석을 포함한다. 직류 해석에서 PSpice를 이용하여 실행하는 시뮬레이션에는 두 가지가 있다. (1) 직류 마디 해석과 (2) DC Sweep.

1. DC 마디 해석

PSpice는 직류 전원으로 행해지는 직류 마디 해석이 가능하며 회로의 각 마디에서 직류 전압과 필요하면 직류 가지전류를 공급한다. 설명하기 위하여 그림 C.5의 schematic을 사용한다. 여기서 PSpice는 먼저 실행될 schematic을 저장하지 않고는 실행되지 않으므로 schematic은 저장되어 있어야 한다. PSpice 실행법을 배우기 전에 다음의 사항을 알아야한다.

1. schematic에 기준 마디나 접지 연결이 있어야 하는 것은 중요하다. 어떠한 마디도 접지로 사용될 수 있으며, 다른 마디의 전압은 선택된 접지에 대하여 회전된다.
2. 종속전원은 ANALOG 라이브러리에서 찾을 수 있다. **Place/Part**를 선택하고 부품 이름을 입력함으로써 얻을 수 있다. 그림 C.8에 각 형태와 이득을 가진 구성요소 이름이 보인다, 여기서 E는 이득 E의 전압조정 전압전원이다. F는 이득 F를 갖는 전류조정 전류전원이다. G는 트랜스컨덕턴스 이득 G를 갖는 전압조정 전류전원이다. H는 트랜스리지스턴스 이득 G를 갖는 전류조정 전압전원이다.
3. 관례상 직류 해석에서 모든 커패시터는 개방회로로 그리고 모든 인덕터는 단락회로로 가정된다.

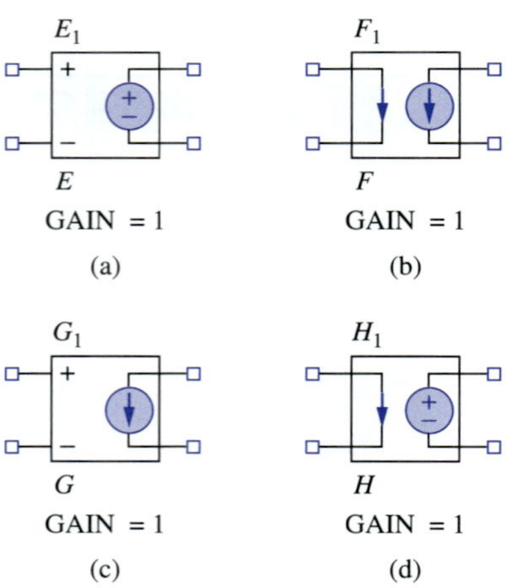

그림 C.8

(a) 전압 제어 전압 전원(VCVS), (b) 전류 제어 전류 전원(CCCS), (c) 전압 제어 전류 전원(VCCS), (d) 전류 제어 전압 전원(CCVS)

PSpice/Run을 선택하여 PSpice를 실행한다. 이것은 netlist를 생성하는 *electric rule check*(ERC)를 불러온다. ERC는 *netlist*를 생성하기 전에 schematic의 연결 확인을 수행한다. Netlist는 회로 내의 각 구성요소의 동작과 연결을 서술하는 목록이다. Netlist의 각 줄은 회로의 한 개의 구성소자를 나타낸다. Netlist는 **PSpice/View Netlist**를 선택함으로써 검사할 수 있다. Schematic에서 error가 발견되면, error 창이 나타난다. PSpice에는 두 종류의 공통 error가 있다. (1) 회로의 선 연결을 포함하는 error 그리고 (2) 시뮬레이션 중에 발생되는 error. Error가 발견되면 Error List에서 나와 Schematic으로 돌아가서 error를 수정한다. error가 발견되지 않으면, 자동적으로 PSpice로 들어가서 시뮬레이션을 수행한다(마디 해석). 해석이 끝나면, 마디 전압이 자동적으로 회로에 표시되고 result/output 파일이 생성된다. 출력 파일을 검사하기 위하여 Schematic에서 **PSpice/View Output File**을 클릭한다. 회로에 표현된 값은 출력파일에 있는 값과 같아야 한다.

2. DC Sweep

DC 마디 해석은 고정된 전압과 전류의 직류 전원에 대한 시뮬레이션을 한다. 전원이 값의 범위로 변화될 때 회로의 마디 전압과 가지 전류의 계산을 하는 DC Sweep은 더 많은 유연성을 공급한다. 예로서, 0에서부터 20 V까지 1-V 씩 증가하면서 그림 C.5(c)의 전압 전원 V1의 DC Sweep을 실행한다고 가정하자. 다음의 과정을 따른다.

1. **PSpice/New Simulation Profile**을 선택한다. 이것은 그림 C.9에 보이는 Simulation Settings 다이얼로그 박스를 연다.
2. *Analysis type*에서, DC Sweep을 선택한다.
3. *Name*에서, V1 입력
4. *Sweep type*에서, Linear 선택
5. *Start Value* 박스에서, 0 입력
6. *End Value* 박스에서, 20 입력
7. *Increment* 박스에서, 1 입력
8. 파라미터들을 저장하기 위하여 OK 클릭

그림 C.9에서 *Sweep Variable*의 초기설정은 *Voltage Source*이다, 반면에 *Sweep type*은 Linear이다. 필요하다면, 적절한 버튼을 클릭함으로써 다른 항목을 선택한다.

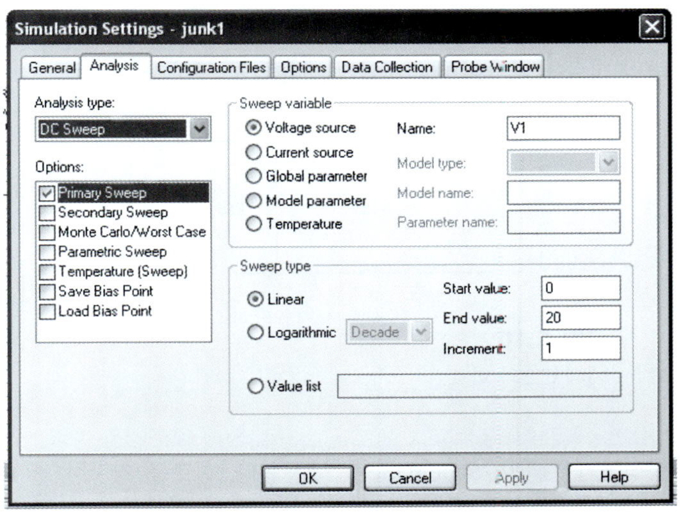

그림 C.9
시뮬레이션 설정 다이얼로그 박스

DC sweep해석을 하기 위하여 **PSpice/Run**을 선택한다. error가 발견되지 않으면 Schematic은 netlist를 생성하고 PSpice를 실행한다.

Error가 발견되지 않으면, PSpice에 의해 생성된 데이터는 Probe로 넘겨진다. Probe창이 나타나고, x축은 DC sweep 변수와 범위에 의하여 정해지는 초기 값이고 y축은 비어있는 그래프를 보여준다. 특정한 그림을 표현하고, *Add*

Trace 다이얼로그 박스를 열기 위하여 Probe 메뉴에서 **Trace/Add Trace**를 선택한다. 박스는 display를 위한 데이터 파일 안에 출력 변수(마디 전압과 가지전류)인 trace를 포함하고 있다. trace를 클릭하거나 입력함으로써 display될 trace를 선택하고 OK를 클릭한다. 선택된 trace는 화면에 그려지고 display된다. 원하는 만큼 많은 trace가 같은 그림이나 또는 다른 윈도우에 추가될 수 있다. trace를 제거하기 위하여, 그림의 범례에서 trace 이름을 클릭하여 강조하고 <Delete>를 누른다.

Trace를 해석하는 법을 이해하는 것은 중요하다. 전압과 전류 변수는 부호 관례에 따라 해석한다. 부품은 schematic에서 처음에 수평으로 위치하므로 왼쪽 단자는 핀 1로 불리고 반면에 오른쪽 단자는 핀2이다. 부품(말하자면, R1)이 반시계방향으로 한번 회전하면, 회전은 핀1을 기준으로 하므로 핀 2가 위쪽으로 간다. 그러므로 만약 전류가 핀 2를 통하여 들어가면, R1을 통하여 흐르는 전류 I(R1)는 음의 값을 갖는다. 다른 말로 하면, 양의 전류는 핀 1을 통하여 들어가는 전류를 의미한다, 반면에 음의 전류는 핀 2를 통하여 들어가는 전류를 의미한다. 전압 변수는 항상 접지에 대한 값을 갖는다. 예로서, V(R1:2)는 저항 R1의 핀 2에서 (접지에 대한)전압이다. V(V1:+)는 전압전원 V1의 양의 단자에서(접지에 대한)전압이다. 그리고 V(E2:1)는 극성에 관계없이 구성요소 E2의 접지에 대한 핀 1에서의 전압이다.

예제 C.2

그림 C.10의 회로에 대하여 마디전압과 전류 i_o를 구하라.

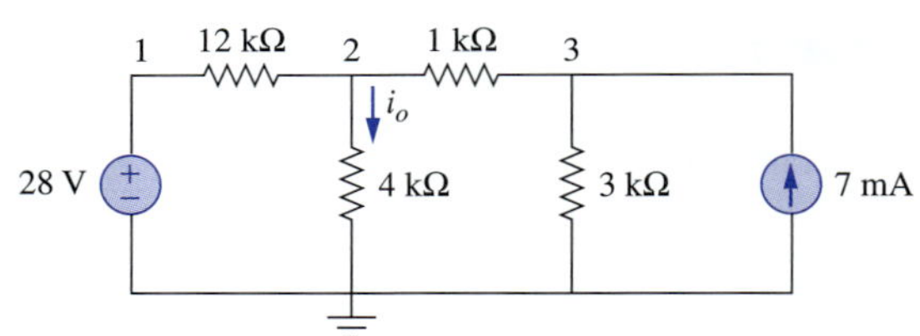

그림 C.10
예제 C.2의 회로

풀이

회로를 생성하기 위하여 Schematic을 사용한다. 회로를 저장한 후 **PSpice/New Simulation Profole**을 선택한다. 파일 이름을 입력하고 Creat를 클릭한다. 이것은 Simulation Setting 다이얼로그 박스를 연다. *Analysis type*에서 Bias Point를 선택하고 OK를 클릭한다. 시뮬레이션하기 위하여 **PSpice/Run**을 선택한다. probe 창을 최소화하고 Schematic 윈도우로 돌아간다. 마디 전압의 값이 그림 C.11에 보이듯이 display된다(display 되지 않을 경우, Help아래의 V 단추를 누른다). Netlist 파일이 그림 C.12에 보인다. Netlist는 회로 내의 각 요소의 이름, 값, 그리고 연결을 포함하고 있는 것을 주목한다. 예로서, 첫 번째 줄은 저항 R2가 마디 N00567과 N00579 사이에 연결되고 그것의 값

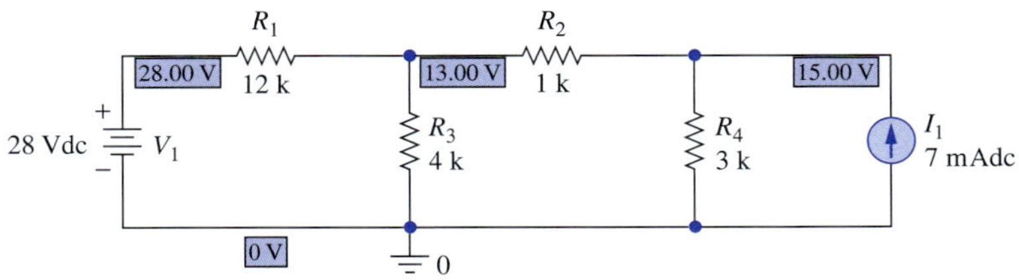

그림 C.11

예제 C.2의 그림: 그림 C.10 회로의 회로도

```
R_R2  N00567 N00579 1k TC=0,0
I_I1  0 N00579 DC 7mAdc
R_R4  0 N00579 3k TC=0,0
V_V1  N00543 0 28Vdc
R_R1  N00543 N00567 12k TC=0,0
R_R3  0 N00567 4k TC=0,0
```

그림 C.12

예제 C.2의 Netlist 파일

```
**** 09/21/10 14:29:04 ******** PSpice Lite (June 2009) ******* ID# 10813 ****

** Profile: "SCHEMATIC1-examc2a" [
C:\OrCAD\OrCAD_16.3_Demo\tools\examc2a-PSpiceFiles\SCHEMATIC1\examc2a.sim ]

**** CIRCUIT DESCRIPTION

******************************************************************************

** Creating circuit file "examc2a.cir"
** WARNING: THIS AUTOMATICALLY GENERATED FILE MAY BE OVERWRITTEN BY SUBSEQUENT SIMULATIONS

* Libraries:
* Profile Libraries :
* Local Libraries :
* From [PSPICE NETLIST] section of
C:\OrCAD\OrCAD_16.3_Demo\tools\PSpice\PSpice.ini file:.lib "nomd.lib"

*Analysis directives:
.PROBE V(alias(*)) I(alias(*)) W(alias(*)) D(alias(*)) NOISE(alias(*))
.INC "..\SCHEMATIC1.net"

**** INCLUDING SCHEMATIC1.net ****
* source EXAMC2A
R_R2       N00567 N00579 1k TC=0,0
I_I1       0 N00579 DC 7mAdc
R_R4       0 N00579 3k TC=0,0
V_V1       N00543 0 28Vdc
R_R1       N00543 N00567 12k TC=0,0
R_R3       0 N00567 4k TC=0,0

**** RESUMING examc2a.cir ****
.END

**** 09/21/10 14:29:04 ******** PSpice Lite (June 2009) ******* ID# 10813 ****

** Profile: "SCHEMATIC1-examc2"
[ C:\OrCAD\OrCAD_16.3_Demo\tools\examc2-PSpiceFiles\SCHEMATIC1\examc2.sim ]

**** SMALL SIGNAL BIAS SOLUTION TEMPERATURE= 27.000 DEG C

******************************************************************************
NODE VOLTAGE          NODE VOLTAGE          NODE VOLTAGE          NODE VOLTAGE

(N00543) 28.0000      (N00567) 13.0000      (N00579) 15.0000

VOLTAGE SOURCE CURRENTS
NAME        CURRENT

V_V1        -1.250E-03
V_V2        3.250E-03

TOTAL POWER DISSIPATION 3.50E-02 WATTS
```

그림 C.13

예제 C.2의 출력 파일(수정 본)

이 1k임을 보여준다. 출력 파일의 수정된 버전이 그림 C.13에 보인다. 출력파일 또한 Netlist 파일을 포함하고 있다. 그러나 그림 C.13에서 이 파일은 제거되었다. 출력 파일로부터 i_o가 3.25 mA임을 얻는다. 또 다른 방법으로 그림 C.11에서 R3 양단의 전압이 13 V이므로, $i_o = 13/4k = 3.25$ mA임을 알 수 있다.

연습문제 C.2

그림 C.14의 회로에서 마디 전압과 전류 i_x를 결정하기 위하여 PSpice를 사용하시오.

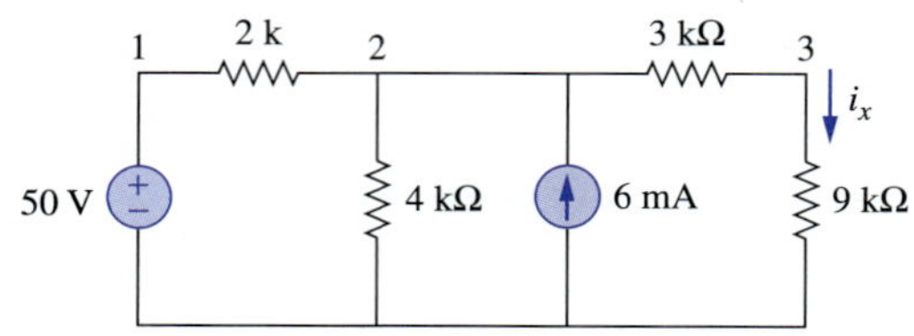

그림 C.14
연습문제 C.2의 회로

해답 $V_1 = 50$, $V_2 = 37.2$, $V_3 = 27.9$, $i_x = 3.1$ mA

예제 C.3

그림 C.15의 전압 전원이 2에서 10 V로 변화할 때 I_1과 I_2를 그리라.

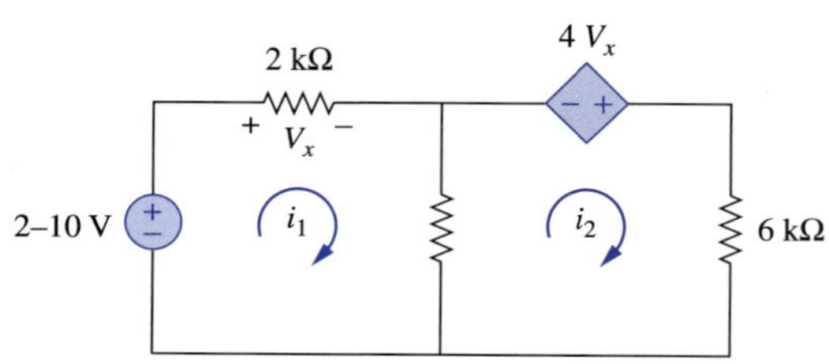

그림 C.15
예제 C.3의 회로

풀이

회로의 schematic을 그리고 그림 C.16에 보이는 것과 같이 속성을 입력한다. 전압 조정 전압 전원 E1이 어떻게 연결되었는지 주의하라. Schematic이 완료되면 저장하고, **PSpice/New Simulation Profile**을 선택한다. New Simulation 다이얼로그 박스에서 파일 이름을 입력하고 Creat를 클릭한다. 이것은 Simulation Setting 다이얼로그 박스를 연다. Anaysis type에서 *DC Sweep*을 선택한다. Sweep Variable에서 Voltage Source를 선택한다. Name에서 V1을 입력한다. 2, 10, 그리고 0.5를 각각 *Start Value*, *End Value*, 그리고 *Increment*로 입력한다. OK를 클릭한다. **PSpice/Run**을 선택한다. 이것은 Probe창을 연다. **Trace/Add Trace**를 선택한다. display할 I(R1)과 −I(R3)

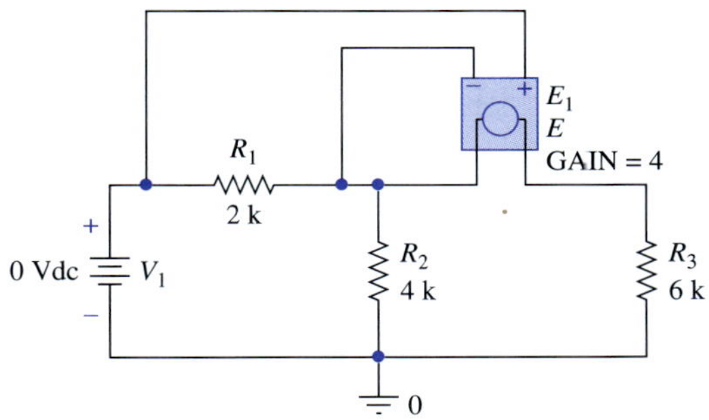

그림 C.16

그림 C.15 회로의 회로도

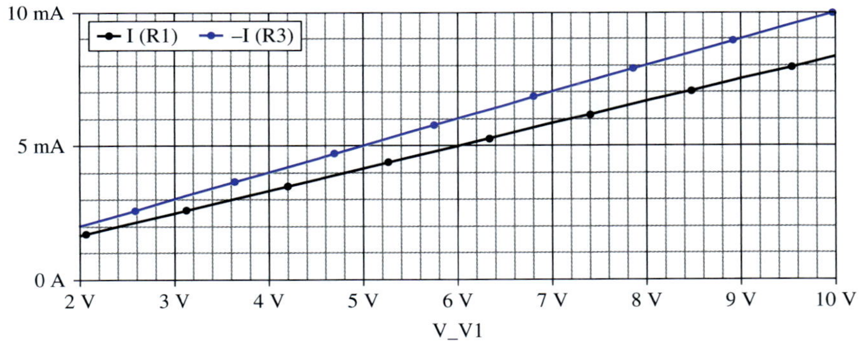

그림 C.17

V1에 대한 I_1, I_2의 회로

을 클릭한다(음의 부호는 R3를 흐르는 전류을 양으로 만들기 위하여 필요하다). 그림 C.17이 결과를 보여준다.

연습문제 C.3

그림 C.18의 직류 전압 전원이 2에서 10 V로 변화할 때 i_x와 i_o를 얻기 위하여 PSpice를 이용하라.

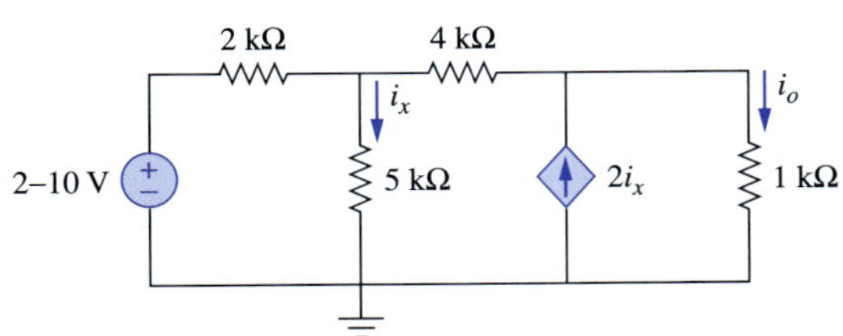

그림 C.18

연습문제 C.3의 회로

풀이

i_x와 i_o의 그림이 그림 C.19에 보인다.

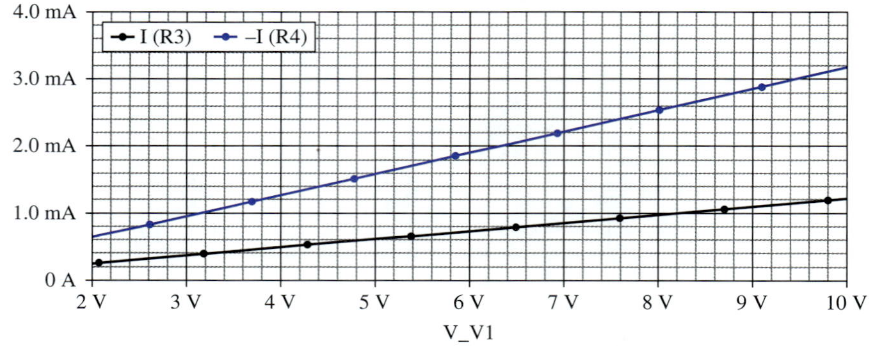

그림 C.19

V1에 대한 i_x, i_o의 회로

C.4 과도 해석

PSpice에서, Transient Analysis는 일반적으로 시간이 변화함에 따라 파형의 동작(전압 또는 전류)을 검사하는데 사용된다(Transient Analysis는 인덕터나 커패시터의 과도 응답을 보기 위하여 사용된다). Transient Analysis는 회로를 서술하기 위하여 미분방정식을 풀고 시간대 전압과 전류 값을 얻는다. Transient Analysis는 또한 퓨리에 해석을 얻기 위하여 사용된다. PSpice를 사용하여 회로에서 Transient Analysis를 수행하는 것은 일반적으로 다음의 단계를 거친다. (1) 회로그리기, (2) 조건 입력 그리고 (3) 회로 시뮬레이션.

1. 회로 그리기

회로에서 과도 응답을 수행하기 위하여, 먼저 회로가 Schematic을 이용하여 생성되어야 하고, 전원이 결정되어야 한다. PSpice는 0이 아닌 입력으로 과도응답 해석의 성능을 강화시켜주는 여러 종류의 시간-변화 함수나 전원을 가지고 있다.

Transient Analysis에 사용되는 전원은 다음을 포함한다.

- VSIN, ISIN: 감쇄형 정현파 전압 또는 전류 전원, 예를 들면, $v(t) = 10e^{-0.2t}$ $\sin(120\pi - 60°)$.
- VPULSE, IPULSE: 펄스 전압 또는 전류
- VEXP, IEXP: 전압 또는 전류의 지수함수 전원, 예를 들면 $i(t) = 6[1 - \exp(0.5t)]$
- VPWL, IPWL: 임의 함수를 만들 수 있는 구분적 선형 전압 또는 전류 함수

이러한 함수를 자세히 검토해야 하는 것은 분명하다.

VSIN은 지수적으로 감쇠하는 정현파 전압 전원이다. 즉,

$$v(t) = V_o + V_m e^{-\alpha(t - t_d)} \sin[2\pi f(t - t_d) + \phi] \qquad \text{(C.1)}$$

VSIN 전원은 다음의 속성을 갖고 그 속성은 그림 C.20에 설명되고 식 (C.1)과 비교되었다.

$$\begin{aligned} \text{VOFF} &= \text{오프셋 전압, } V_o \\ \text{VAMPL} &= \text{전압 크기, } V_m \\ \text{TD} &= \text{초로 표시된 시간 지연, } t_d \\ \text{FREQ} &= \text{Hz로 표시된 주파수, } f \\ \text{DF} &= \text{감쇄 상수(단위 없음), } \alpha \\ \text{PHASE} &= \text{각도로 표시된 위상, } \phi \end{aligned} \tag{C.2}$$

속성 TD, DF, 그리고 PHASE는 0으로 초기값이 정해진다. 그리고 필요하면 다른 값으로 할당될 수 있다. VSIN에 대하여 언급된 것은 ISIN에도 같이 적용된다.

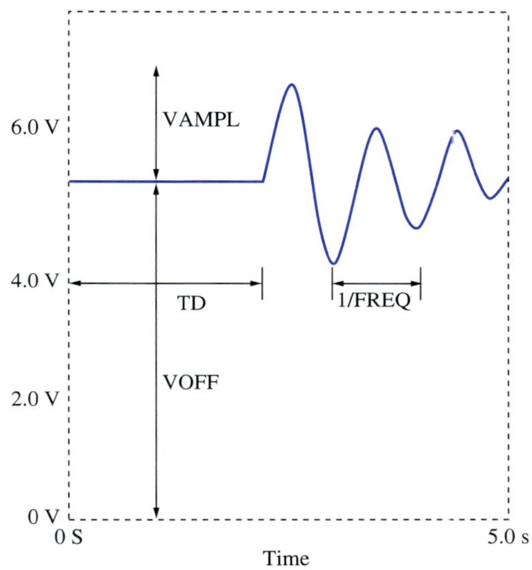

그림 C.20
정현 전압 전원 VSIN

VPULSE 전원은 그림 C.21에 묘사된 다음의 속성을 갖는다.

$$\begin{aligned} \text{V1} &= \text{낮은 전압} \\ \text{V2} &= \text{높은 전압} \\ \text{TD} &= \text{초로 표시된 초기 시간 지연} \\ \text{TR} &= \text{초로 표시된 상승 시간} \\ \text{TF} &= \text{초로 표시된 하강 시간} \\ \text{PW} &= \text{초로 표시된 펄스 폭} \\ \text{PER} &= \text{초로 표시된 주기} \end{aligned} \tag{C.3}$$

속성 V1과 V2는 할당된 값이다. 초기값으로, 속성 TD는 0이 할당된다. TR과 TF는 print step값으로 할당된다. 그리고 PW와 PER은 *final time* 값으로 할당된다. *Print time*과 *final time* 값은 사용자가 과도 해석을 위하여 준비한 입력한 값으로부터 기본 값으로 얻어진다.

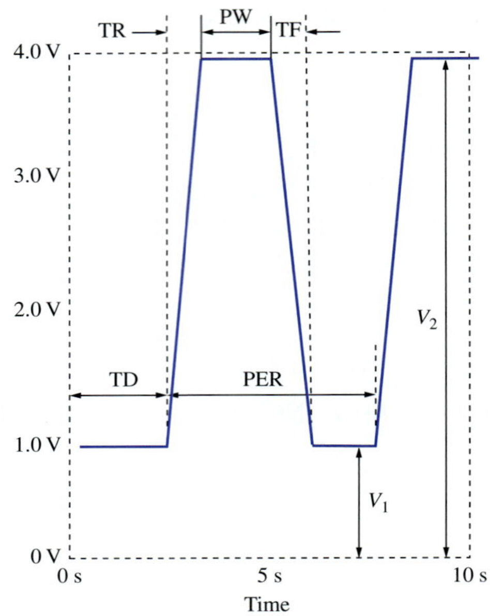

그림 C.21

펄스 전압 전원 VPULSE

지수함수 전압 전원 VEXP는 그림 C.22에 설명된 다음의 속성을 갖는다.

$$\begin{aligned} \text{V1} &= \text{초기 전압} \\ \text{V2} &= \text{최종 전압} \\ \text{TD1} &= \text{초로 표시된 상승 지연} \\ \text{TC1} &= \text{초로 표시된 상승 시간} \\ \text{TD2} &= \text{초로 표시된 하강 지연} \\ \text{TC2} &= \text{초로 표시된 하강 시간} \end{aligned} \tag{C.4}$$

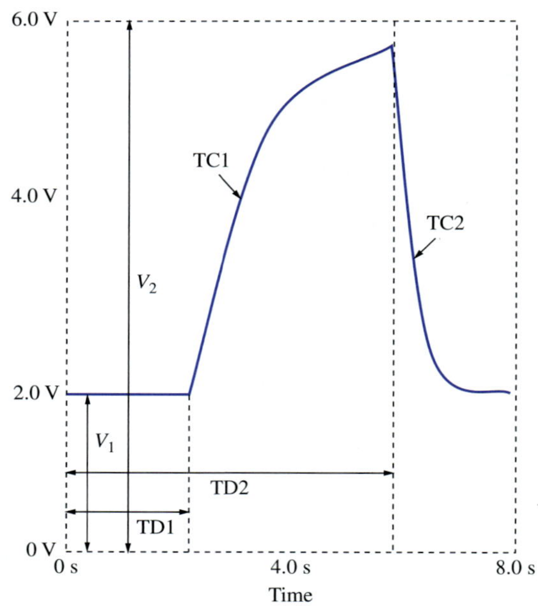

그림 C.22

지수 전압 전원 VEXP

구분적 선형 전압 전원 VPWL은, 그림 C.23에 보이듯이, TN, VN 쌍의 값을 결정해야 한다. 여기서 VN은 $N = 1, 2, \ldots, 10$에 대하여 시간 TN에서 전압이다. 예로서, 그림 C.24의 함수에 대하여, 속성을 정하면,

T1 = 0, V1 = 0, T2 = 2, V2 = 4, T3 = 6, V3 = 4, T4 = 8, V4 = −2

다음의 과정을 통하여 전원이 schematic에 추가된다.

1. **Place/Part**를 선택한다.
2. 전원의 이름을 입력한다.
3. **DCLICKL**하고 기호를 원하는 위치까지 드래그 한다.
4. 모드를 끝내기 위하여 **DCLICKR**한다.
5. 전원 속성을 바꿀 수 있도록 해주는 Property Editor 다이얼로그 박스를 열기 위하여 전원의 기호를 **DCLICKL**한다.

과정 5에서, 속성 값을 입력한 후에 속성이 schematic에서 보이지 않을 수 있다. 속성을 나타내기 위하여, 전원 기호를 **DCLICKL**하여 **Property Editor** 다이얼로그를 다시 연다. 표시하고자 하는 속성을 강조하고 Display를 클릭한다. Display Property 다이얼로그 박스에서 Name과 Value를 선택한다.

과도 해석에서 사용되는 전원 입력 외에, 회로의 커패시터와 인덕터의 초기조건을 입력할 필요가 있다. 그렇게 하기 위해서는 Property Editor 다이얼로그 박스를 열기 위하여 구성요소 기호를 **DCLIDKL**하고, IC를 클릭하고, 초기조건을 입력한다. 또는 Property Editor 다이얼로그 박스에서 New Column을 클릭하고, 이름으로 IC를 입력하고, Value로 초기값을 입력한다. IC 속성은 커패시터나 인덕터의 초기조건을 결정하도록 해준다. IC의 초기값은 0이다. Open/close스위치의 속성(구성요소 이름 Sw-tClose와 Sw-tOpen)은 비슷한 방법으로 변경될 수 있다.

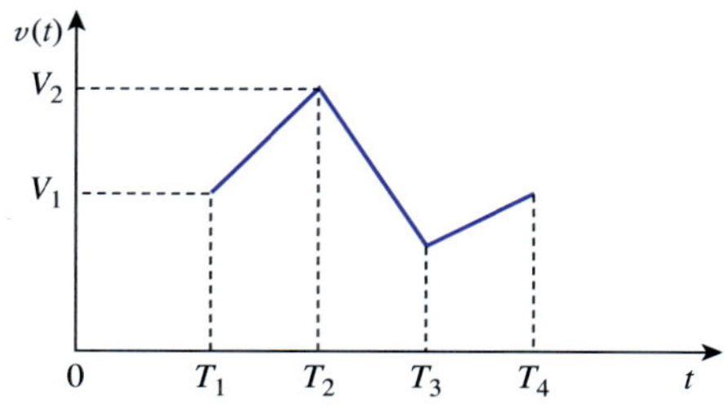

그림 C.23
구분적 선형 전압 전원 VPWL

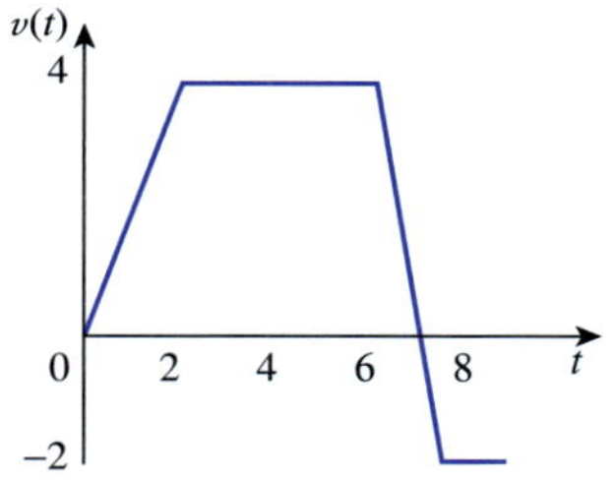

그림 C.24
구분적 선형 전압 전원 VPWL 의 예

2. 조건 입력

회로가 그려지고 전원이 속성값으로 결정된 후 과도 해석을 위하여 몇몇 값을 추가하여야한다. 예로서, 0부터 10 ms까지 해석을 수행하고자 한다. 이 입력값을 다음과 같이 입력한다.

1. *Simulation Setting* 다이얼로그 박스를 열기 위하여 **PSpice/New Simulation Profile**을 선택한다.
2. Run to Time(또는 TSTOP)으로 10 ms를 입력한다.
3. 입력값을 받아들이기 위하여 OK를 클릭한다.

3. 회로 시뮬레이션

회로가 그려지면, 과도해석을 위한 입력값들이 주어지고, 회로가 저장되면 시뮬레이션 할 준비가 되었다. 과도해석을 수행하기 위하여 **PSpice/Run**을 선

택한다. error가 없으면 Probe 창이 자동으로 열린다. 일반적으로 시간 축(또는 x 축)이 그려지고 아직 곡선은 그려지지 않는다. **Trace/Add Trace**를 선택하고 display될 변수를 클릭한다.

결과를 표현하는 또 다른 방법은 *markers*를 사용하는 것이다. 많은 종류의 마커가 있지만, 오직 전압과 전류의 마커만 논의한다. 접지에 기준한 마디 전압을 표현하기 위하여 전압 마커가 사용된다. 반면에 전류마커는 구성요소 핀을 통하여 흐르는 전류를 표현하기 위하여 사용된다. 마커는 schematic에서 적절한 위치에 놓인다. 이것은 두 가지 일이 즉각 일어나도록 한다. 전압 마커는 회로의 일부가 되고, 적절한 마디전압이 Probe에 의해 표현된다. schematic으로 돌아가기 위해서는 <Alt-Esc>를 누른다. 전류 마커는 구성요소의 핀에 놓여야한다. 그렇지 않으면 maker를 놓을 수 없다. 회로에는 많은 전압과 전류 마커가 놓일 수 있다.

예제 C.4

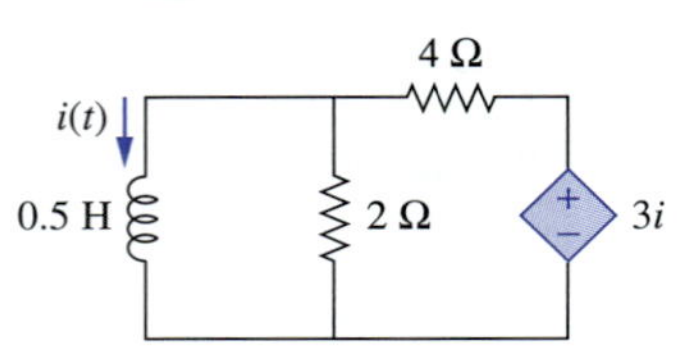

그림 C.25
예제 C.4의 회로

$i(0) = 10$ A를 가정하여, PSpice를 이용하여 그림 C.25의 회로에서 $0 < t < 4$ s에 대하여 $i(t)$의 응답을 그리시오.

풀이

PSpice 해석을 위하여, schematic이 그림 C.26에 주어진다, 여기서 전류조정 전압전원 H1은 그림 C.25에 있는 회로와 같도록 연결되었다. H1의 전압은 인덕터 L1을 흐르는 전류의 3배이다. 그러므로 H1에 대하여, GAIN = 3으로 정하고 인덕터 L1에 대하여, 기호에 **DCLICKL**하고 초기조건 IC = 10을 입력한다. 회로를 그린 후에, **PSpice/New Simulation Profile**을 선택한다. New Simulation 다이얼로그 박스에서 파일 이름을 입력하고 Creat를 클릭한다. 이것은 Simulation Setting 박스를 연다. *Analysis type*에서 Time Domain(Transient)를 선택한다. *Run to time*에 4s를 입력한다. OK를 클릭한다. **PSpice/Run**를 선택한다. 이것은 Probe 창을 연다. **Trace/Add Trace**를 선택하고 I(L1)을 클릭한다. 결과는 그림 C.27에 보인다.

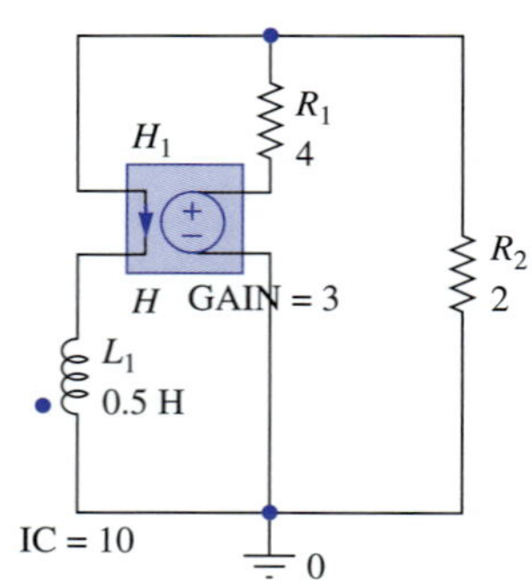

그림 C.26
그림 C.25 회로의 회로도

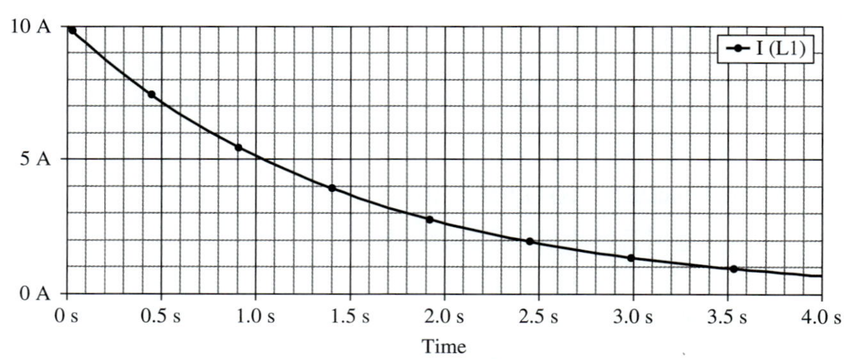

그림 C.27
예제 C.4의 출력 그림

연습문제 C.4

PSpice를 이용하여, 그림 C.28 회로에서 구간 $0 < t < 500$ ms에 대하여 소스와 무관한 응답 $v(t)$를 그리라. $v(0) = 10$ V로 가정한다.

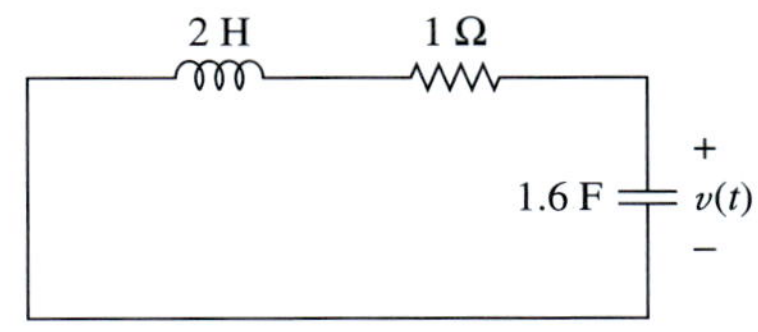

그림 C.28
연습문제 C.4의 회로

풀이

결과는 그림 C.29에 보인다. $v(t) = 10e^{-0.25t}\cos 0.5t + 5e^{-0.25t}\sin 0.5t$ V임을 주목한다.

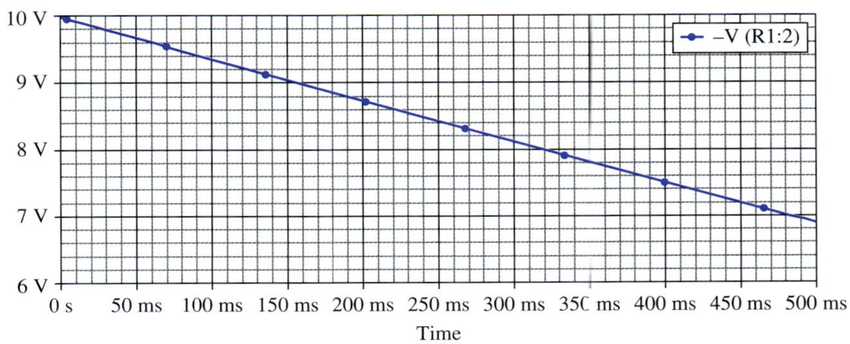

그림 C.29
연습문제 C.4의 출력 그림

예제 C.5

전원 전압이 그림 C.30(b)와 같을 때, 그림 C.30(a)의 회로에서 구간 $0 < t < 5$ s에 대하여 강제응답 $v_o(t)$를 그리라.

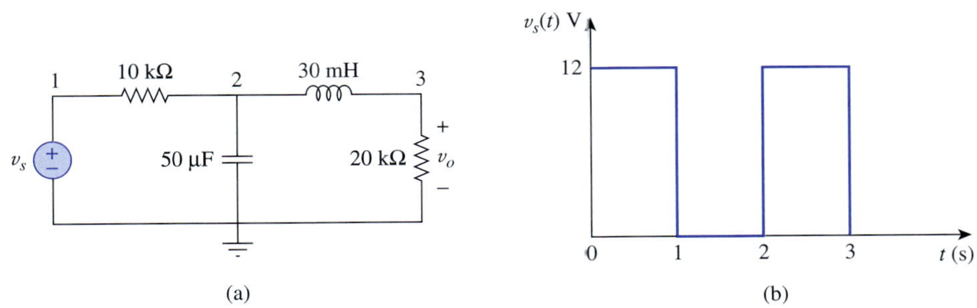

그림 C.30
예제 C.5의 회로

풀이

그림 C.31과 같이 회로를 그리고 속성을 입력한다. 전압전원 V1의 기호를 두 번 클릭함으로써 그림 C.30(b)의 데이터를 입력한다,

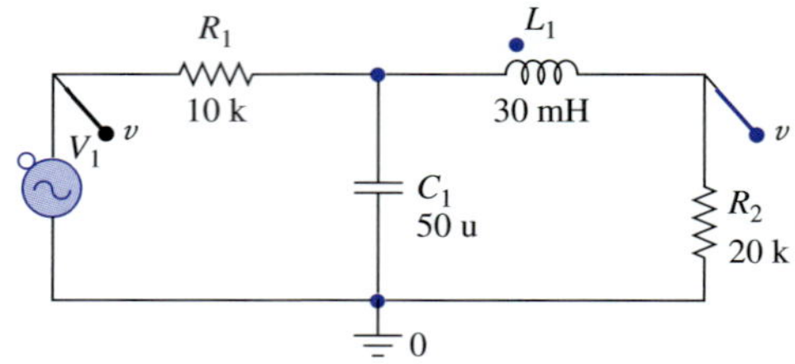

그림 C.31
그림 C.30 회로의 회로도

이것은 구분적 선형 전압전원 VPWL이고 T1 = 0, V1 = 0, T2 = 1ns, V2=12, T3 = 1s, V3 = 12, T4 = 1.001s, V4 = 0, T5 = 2s, V5 = 0, T6 = 2.001s, V6 = 12, T7 = 3s, V7 = 12, T8 = 3.001s, V8 = 0이다. VPWL기호를 두 번 클릭하면, Property Editor로 들어가고 New Column을 클릭한다. Add New Column 다이얼로그 박스에서(그림 C.32에 보이는), 이름(즉, T1)과 매번 각 입력항의 값(즉, 1)을 입력하고 Apply를 누른다. 이렇게 함으로써, V와 T의 모든 이름과 값을 한 번에 입력할 수 있다.

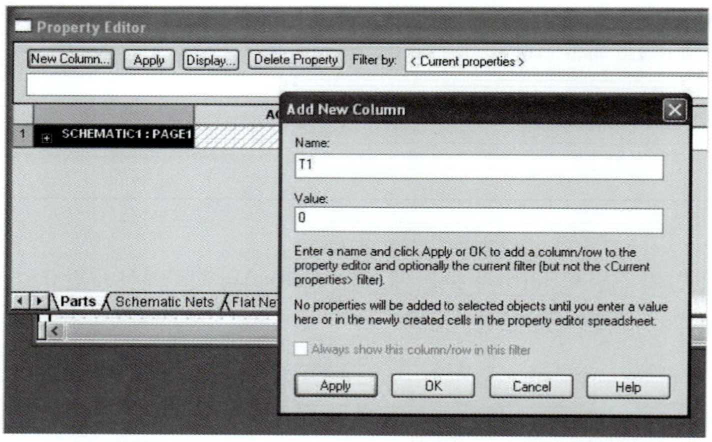

그림 C.32
Add New Column 다이얼로그 박스

회로를 그린 후에, **PSpice/New Simulation Profile**을 선택한다. New Simulation 다이얼로그 박스에서 파일 이름을 입력하고 Creat를 클릭한다. 이것은 새로운 Simulation Setting 다이얼로그 박스를 연다. *Analysis type*에서 Time Domain(Transient)을 선택한다. *Run to time*에 5s를 입력한다. OK를 클릭한다. **PSpice/Run**을 선택한다. 이것은 Probe Window를 연다. 그림 C.32에 보이듯이, **Trace/Add Trace**를 선택하고 V(V1:+)와 V(L2:2)를 클릭한다. 또 다른 방법으로, <Alt+Esc> 키를 누르고 Probe 창에서 빠져나와 Schematic 창으로 간다. **PSpice/Run**을 선택했을 때 입력 VS와 출력 VO를 자동으로 얻

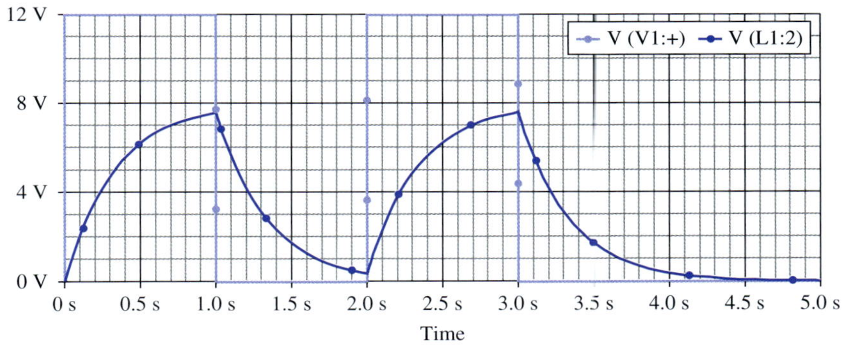

그림 C. 33
예제 C.5의 출력 그림

기 위하여 그림 C.31과 같이 두 개의 전압 마커를 삽입한다. 어느 방법을 사용하든지, 그림 C.33에 보이는 그림을 얻는다.

연습문제 C.5

$i_s(t) = 2e^{-t}\sin 2\pi(5)t$ A일 때, 그림 C.34에서 $0 < t < 0.5$ s에서 $v(t)$의 그림을 그리라.

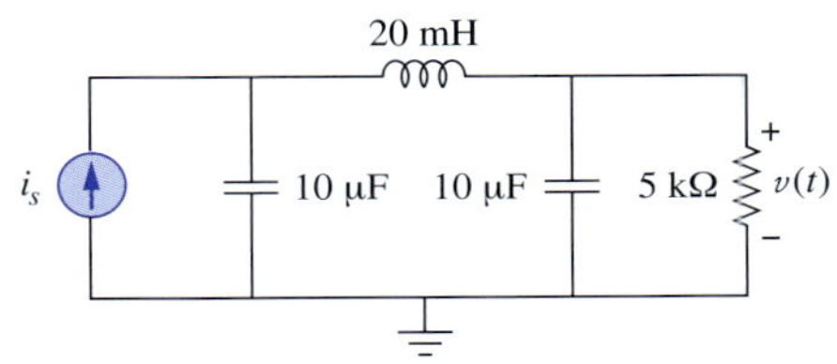

그림 C.34
연습문제 C.5그림

풀이

그림 C.35를 보라.

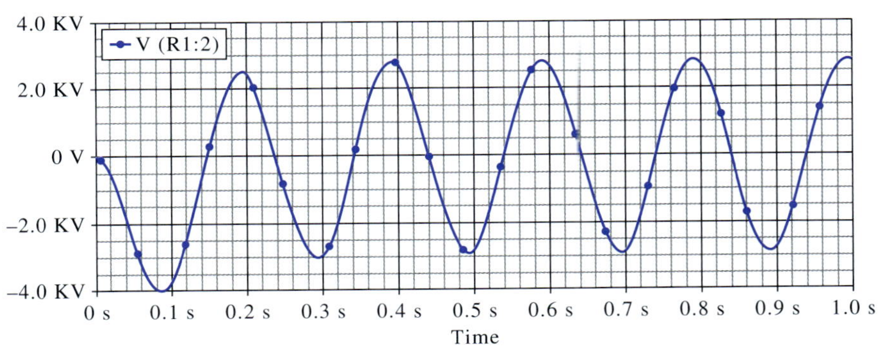

그림 C.35
연습문제 C.5의 출력 그림

C.5 AC 해석/주파수 응답

AC Sweep을 이용하여, PSpice는 한 주파수나 또는 일정 범위의 주파수를 선형으로, 열 배씩, 또는 여덟 배씩 증가시키면서 회로의 교류 해석을 할 수 있다. AC Sweep에서, 한 개 또는 그 이상의 전원이 일정 범위의 주파수에서 스윕되며, 회로 내의 전압과 전류가 계산된다. 그러므로 AC Sweep은 페이저 해석과 주파수응답 해석에 사용된다. AC sweep은 보데 이득과 위상 그림을 출력한다(페이저는 실수부와 허수부나 또는 크기와 위상을 갖는 복소 양인 것을 기억하라).

시간 영역에서 과도해석이 실행되는 반면에, 교류 해석은 주파수 영역에서 실행된다. 예로서, $v_s = 10\cos(377t + 40°)$에 대하여, 과도해석은 v_s를 시간의 함수로 나타내는데 사용되고, 반면에 AC Sweep은 v_s의 크기 10과 위상 40°를 준다. AC Sweep를 실행하는 것은 과도해석에서와 같이 3개의 단계를 거친다: (1) 회로 그리기, (2) 조건 입력, (3) 회로 시뮬레이션.

1. 회로 그리기

먼저 Schematic을 이용하여 회로를 그리고, 전원을 지정한다. AC Sweep에 사용되는 전원은 VAC와 IAC이다. 앞 절에서 서술한과 같이 전원과 속성은 Schematic에서 입력한다. 각 독립전원에 대하여 크기와 위상을 정해야 한다.

2. 조건 입력

회로를 시뮬레션하기 전에, AC Sweep을 위한 조건을 입력해야 한다. **PSpice/New Simulation Profile**을 선택한다. New Simulation 다이얼로그 박스에서, 파일 명을 입력하고 Creat를 클릭한다. 이것은 Simulation Setting 다이얼로그 박스를 연다. 예로서, 50, 100 그리고 150 Hz의 주파수에서 선형 스윕을 하고자 한다. 변수는 다음과 같이 입력한다.

1. Anaysis type에서, AC Sweep/Noise를 클릭한다.
2. AC Sweep Type에서, 선형 해석을 위하여 x-축에서 Linear를 선택한다.
3. Start Freq 박스에서 50을 입력한다.
4. End Freq 박스에서 150을 입력한다.
5. Total Points 박스에서 100을 입력한다.
6. 입력 값을 받아들이기 위해 **CLICKL** OK 한다.

선형 스윕은 시뮬레이션 점이 시작주파수와 종료주파수 사이에 균일하게 분포되어 있다. 0 Hz는 직류 해석이므로 *Start Freq*는 영이 될 수 없다. 한 주파수에서 시뮬레이션을 하고자 하면, 단계 3에서 1을 입력하고 단계 4와 5에서 같은 주파수를 입력한다. 1 Hz에서 10 MHz까지 10배씩 주파수마다 10 점씩 AC Sweep 시뮬레이션을 하고자 하면, x-축을 로그로 만들기 위하여 2 단계에서 *Decade*를 **CLICLKL**하고, 단계 3에서 Total Point 박스에 10을 입력하고, *Start Freq* 박스에 1을 입력하고, 그리고 *End Freq* 박스에 10 Meg를 입력한다. *Decade*는 10배의 뜻을 갖는 것을 기억한다. 이 경우 decade는 1에서 10 Hz, 10에서 100 Hz, 100 Hz에서 1 kHz 등이다.

3. 회로 시뮬레이션

필요한 조건을 입력한 후에 회로를 저장한 후 **PSpice/Run**을 선택하여 AC Sweep을 한다. error가 없으면, 회로가 시뮬레이션된다. 시뮬레이션이 끝나면 출력파일을 만든다. 에러가 없으면, 또한 Probe 프로그램이 자동으로 열린다. 주파수 축(또는 x-축)이 그려지나 아직 출력 곡선은 그려지지 않는다. probe메뉴 바에서 **Trace/Add Trace**를 선택하고, 표현하고자 하는 변수를 선택한다. 또한 앞 절에서 설명한 것 과 같이 출력 곡선을 표현하기 위하여 전류나 전압 마커를 사용할 수도 있다.

이 경우 출력 곡선의 해상도는 충분히 좋지는 않고, 해상도를 보기 위하여 데이터 점을 확인한다. 이것을 하기 위하여, Probe 메뉴에서 **Tools/Options/Mark Data Point/OK**를 선택하면, 데이터 점이 표현된다. 필요하다면, Simulation Setting 다이얼로그 박스에서 *Total Points* 박스의 입력 값을 증가시킴으로써 해상도를 증가시킬 수 있다.

보데 그림을 생성하기 위해서는 AC Sweep과 Probe에서 dB 명령을 사용한다. 보데 그림은 분리된 주파수대 크기와 위상 그림이다. 보데 그림을 얻기 위하여 교류 전원, 말하자면, 1 V 크기와 0 페이즈의 V1을 사용하는 것이 일반적이다. **PSpice/Run**을 선택하고 Probe 프로그램을 수행하면, 앞에서 설명했듯이 크기와 위상 그림을 표시할 수 있다. V(Vo)의 보데 크기 그림을 표시하고자 한다고 가정하자. **Trace/Add Trace**을 선택하고 *Trace Command* 박스에서 dB(V(Vo))를 입력한다. dB(V(Vo))는 20log(V(Vo))와 같으며 V1 혹은 V(R1:1)의 크기가 1이므로 dB(V(Vo))는 실제로 dB(V(vo)/V(R1:1)와 관계한다, 여기서 이것은 이득을 나타낸다. dB(V(Vo))를 추가하는 것은 y축에 dB로 Bode 크기/이득 그림을 준다.

또 다른 접근 방법으로 결과를 출력 파일로 보내기 위하여 *pseudocomponents* 사용으로 Probe 프로그램 실행을 피할 수 있다. Pseudocomponents는 회로 구성 요소와 같이 schematic에 삽입할 수 있는 부품과 같다. 그러나 그것은 회로 부품과 관계하지는 않는다. 초기조건을 결정하거나 출력 조정을 위하여 그것들은 회로에 추가될 수 있다. 중요한 pseudocpmponents와 그것들의 이용이 그림 C.36에 보이고 표 C.3에 실려 있다. Pseudocomponents는 schematic에 더해진다. 그것들은 SPECIAL 라이브러리에서 찾을 수 있다. Pseudocomponents를 추가하기 위하여, Schematic 창에서 **Place/Parts**를 선택하여, 원하는 위치에 놓고, 일반적으로 하듯이 적절한 속성을 추가한다.

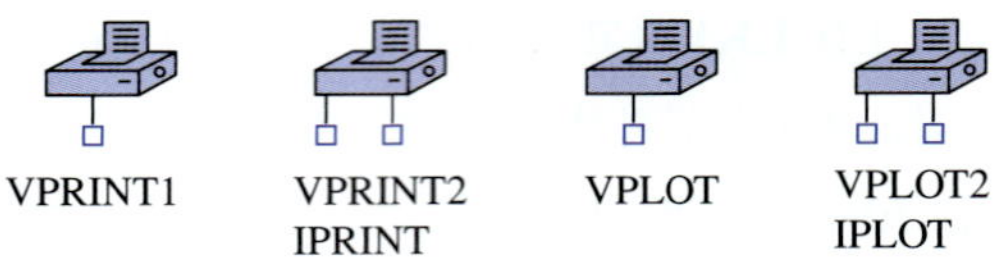

그림 C.36
Print와 Plot 부품

표 C.3

Print 와 Plot 부품

기호	설명
IPLOT	가지 전류를 보여주는 그림: 기호는 직렬로 연결되어야 한다.
IPRINT	가지 전류를 보여주는 표: 기호는 직렬로 연결되어야 한다.
VPLOT1	기호가 연결된 마디의 전압을 보여주는 그림.
VPLOT2	기호가 연결된 두 점의 전압 차를 보여주는 그림.
VPRINT1	기호가 연결된 마디의 전압을 보여주는 표.
VPRINT2	기호가 연결된 두 점의 전압 차를 보여주는 표.

예제 C.6

그림 C.37의 회로에서 전류 i를 구하라.

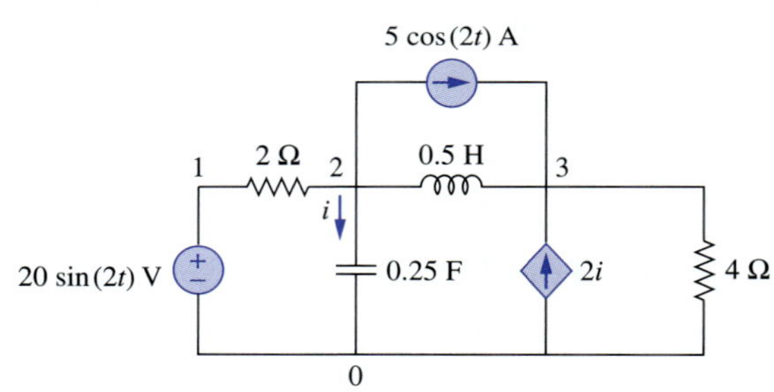

그림 C.37
예제 C.6의 회로

풀이

$20 \sin 2t = 20 \cos(2t - 90°)$ 그리고 $f = \omega/2\pi = 2/2\pi = 0.31831$을 상기한다. Schematic은 그림 C.38에 보인다.

V1의 속성 또는 VAC는 *ACMAG* = 20, *ACPHASE* = −90으로 놓는다. 반면에 IAC의 속성을 ACMAG = 5 그리고 ACPHASE = 0으로 놓는다. 전류제어 전류전원 F1은 그림 C.37에 있는 원회로에서와 같은 방법으로 연결된다. 이득은 2로 놓는다. Pseudocomponents IPRINT의 속성은 *AC* = yes, *MAG* = yes, *PHASE* = ok로 놓는다. 이것은 한 주파수 교류 해석이므로, **PSpice/New Simulation Profile**을 선택한다. Simulation Setting 다이얼로그 박스에서 *Analysis type*으로 AC Sweep/Noise를 선택하고, *AC Sweep Type*으로

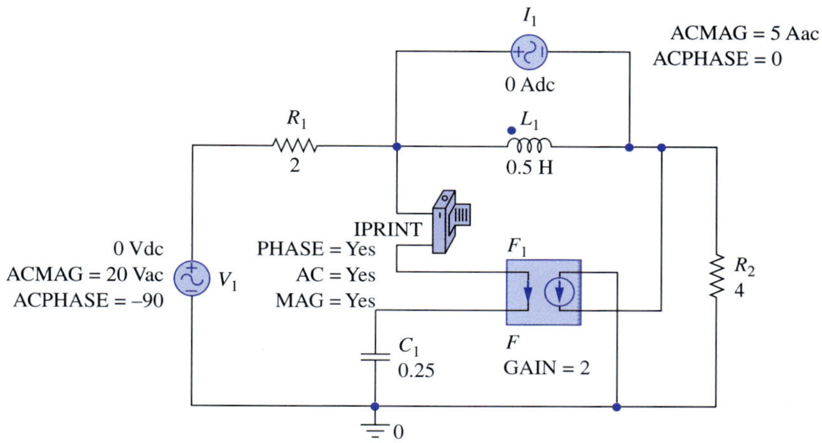

그림 C.38

그림 C.37 회로의 회로도

Linear를 선택한다. Start Frequency = 0.31831, End Frequency = 0.31831, 그리고 Total Points = 1을 입력한다. OK를 클릭한다. **PSpice/Run**을 선택한다. 이것은 Probe Window를 연다. Alt+Esc를 누름으로써 Schematic 창으로 돌아간다. PSpice/View Output File을 선택한다. 이것은 다음을 포함하는 출력 파일을 준다.

```
FREQ          IM(V_PRINT1)       IP(V_PRINT3)
3.183E-01     7.906E+00          4.349E+01
```

출력 파일로부터 다음을 얻는다.

$$I = 7.906\underline{/43.49^\circ} \text{ A} \quad \text{또는} \quad i(t) = 7.906 \cos(2t + 43.49^\circ) \text{ A}$$

이 예는 한 주파수 ac해석의 결과이다. 예 C.7은 일정 범위 주파수에 대한 AC Sweep이다.

연습문제 C.6

그림 C.39의 회로에서 $i_x(t)$를 구하라.

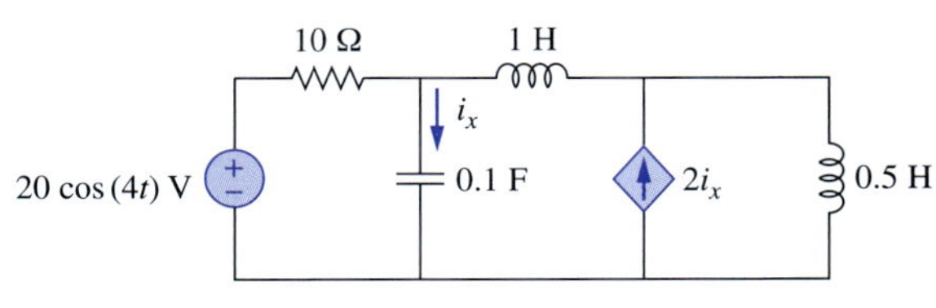

그림 C.39

연습문제 C.6의 회로

풀이

출력 파일로부터

$$i_x(t) = 7.59 \cos(4t + 108.43°) \text{ A}$$

예제 C.7

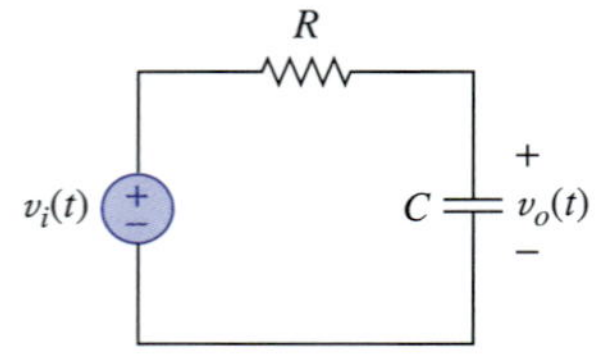

그림 C.40
예제 C.7의 회로

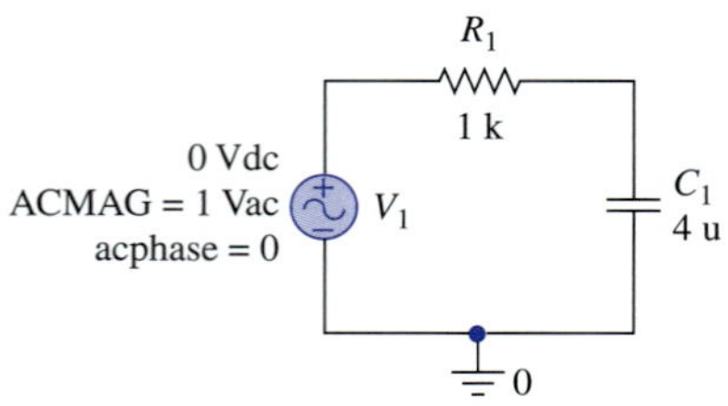

그림 C.41
그림 C.40 회로의 회로도

그림 C.40에 보이는 *RC* 회로에 대하여, 1 Hz에서 10 kHz까지의 주파수에 대하여 출력 전압 v_o의 크기 그림을 얻어라. $R = 1\,\text{k}\Omega$이고 $C = 4\ \mu\text{F}$이다.

풀이

Schematic이 그림 C.41에 보인다. V1의 크기는 1이고 페이즈는 0으로 가정한다. 이 값을 V1의 속성으로 입력한다. AC Sweep을 위하여, **PSpice/New Simulation Profole**을 선택한다. Simulation Setting 다이얼로그 박스에서 *Analysis type*으로 AC Sweep/Noise를 선택하고 AC Sweep Type으로 Logarithmic을 선택한다. Start Frequency = 1, End Frequency=10k, 그리고 Total Point = 10을 입력한다. OK를 클릭한다. 회로를 저장한 후, **PSpice/Run**을 선택한다. 이것은 Probe Window를 연다. **Trace/Add Trace**를 선택하고 V(R1:2)를 선택함으로써 그림 C.42(a)의 그림을 얻는다. 또한 **Trace/Add Trace**를 선택하고 *Trace Command* 박스에 dB(V(R1:2))를 입력함으로써, 그림 C.42(a)의 보데 그림을 얻는다. 회로에 의하여 높은 주파수는 차단되는 반

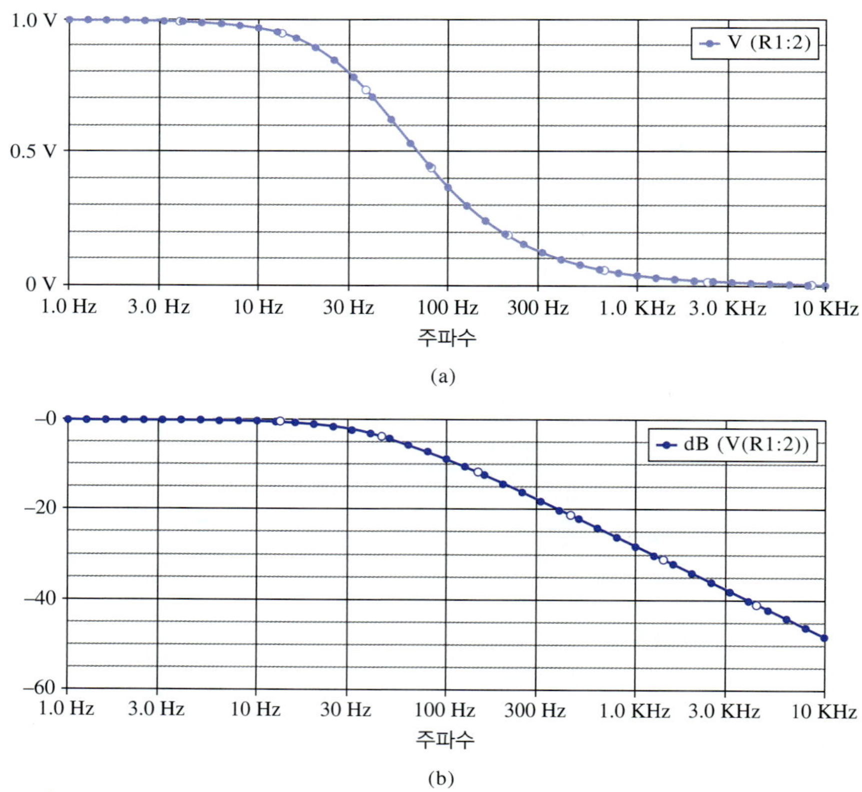

그림 C.42
예제 C.7의 결과: (a) 선형 그림, (b) 보데 그림

면에 낮은 주파수는 통과하므로 그림 C.42의 두 그림은 회로가 저역통과필터임을 보여준다.

연습문제 C.7

그림 C.40의 회로에서 커패시터 C를 $L = 4$ mH의 인덕터로 대치하여 $10 < f < 100$ MHz에 대하여 v_o의 크기 그림(선형과 보데 그림)을 구하라.

풀이

그림 C.43을 보라.

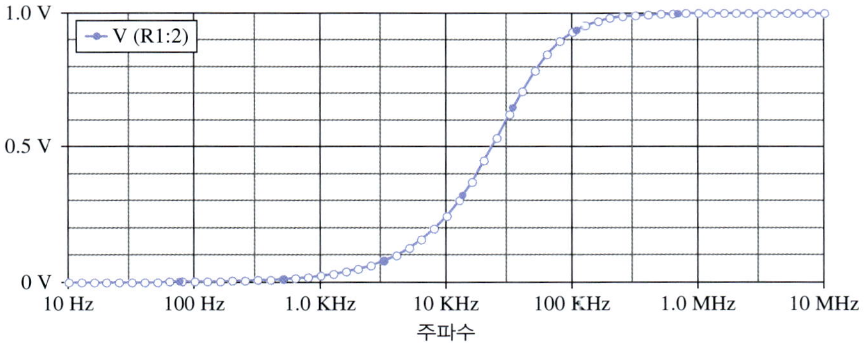

(a)

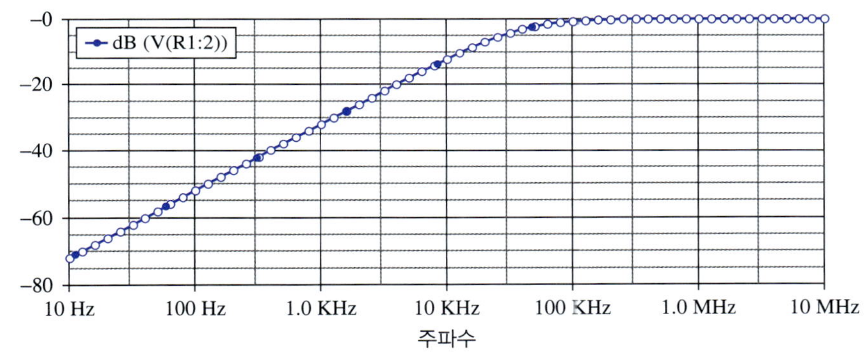

(b)

그림 C.43

연습문제 C.7의 결과: (a) 선형 그림, (b) 보데 그림

부록 D

Multisim

Multisim(Electronic Workbench로 알려짐)은 National Instrument에서 만든 소프트웨어 패키지이다. 이 패키지의 학생 버전은 1-800-263-5552로 전화를 하거나 아래의 주소를 연락을 하면 얻을 수 있다.

National Instruments Electronics Workbench Group
111 Peter Street, Suite 801
Toronto, Ontario, M5V 2H1
Canada
Tel: (416) 977-5550 or 1-800-263-5552
Fax: (416) 977-1818
Web: www.electronicsworkbench.com or www.ni.com/multisim

PSpice와 Multisim은 둘 다 Simulation Program with Integrated Circuit Emphasis의 약자인 SPICE에 기초한다. PSpice는 Multisim보다 더 완벽한 해석 능력을 가지고 있다. Multisim은 디지털 소자를 지원하기 위하여 PSpice를 자체의 혼합신호 확장으로 확장한다. Multisim은 실험실에서 하는 것과 같이 회로 상에서 일을 하도록 한다.

이 부록의 목적은 Multisim의 ABC를 학습하는데 도움을 주고자 하는 것이다. Multisim의 소개내용이 간단하더라도, 제공되는 정보는 이 책에서 Multisim 문제를 다루는데 충분하다. 더 상세한 내용은 Multisim 사용설명서를 참고한다.

D.1 Multisim 화면

컴퓨터 시스템에 이미 Multisim이 실행되고 있다면, **Start > Program > Multisim**을 클릭함으로써 Multisim 프로그램을 열 수 있다. 그림 D.1과 비슷한 화면이 나타난다. 화면이 너무 커서 한 페이지에 다 들어가지 않는다. 화면의 왼쪽편이 그림 D.1(b)에 보인다. 메뉴 아이템과 아이콘을 화면의 위쪽과 옆쪽에 보인다.

Pulldown menus는 모든 기능에 대한 명령어를 포함한다. 명령어들은 File, Edit, Place, MCU, Simulate, Transfer, Tools, Options, Windows, 그리고 Help와 같은 친숙한 Window 명령어를 포함한다.

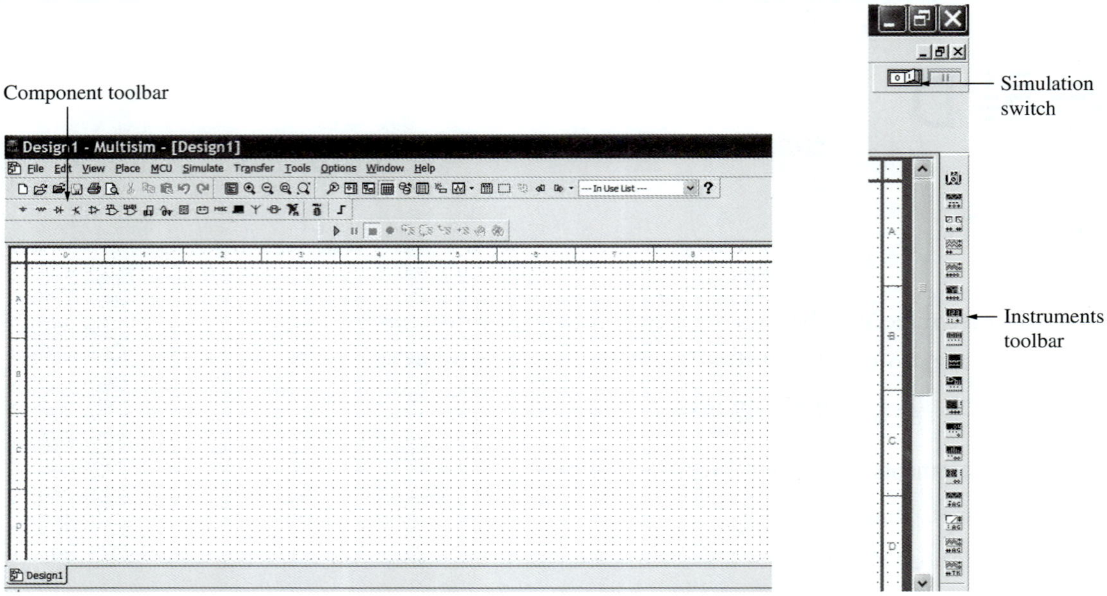

(a) (b)

그림 D.1
Multisim 사용자 인터페이스 화면

Component Toolbar는 부품을 선택할 수 있는 버튼을 포함한다. Multisim은 교류 전압 전원부터 제너 다이오드까지 회로를 구성하기 위해 필요한 모든 것을 가지고 있다. 이 toolbar는 사용하는 것 중 가장 중요한 toolbar이다. 이것은 그림 D.2에 보인다.

Place source는 전력원, 전류/전압원, 그리고 접지를 놓는데 사용된다. **Place basic**은 저항, 커패시터, 인덕터, 스위치, 릴레이, 555 타임머, 그리고 변압기와 같은 기본 부품을 놓는데 사용된다. Place indicator는 전류계, 전압계, 그리고 probe를 놓는 데 사용된다. 부품 toolbar의 다른 아이콘들은 중요하지 않거나 현 단계에서는 사용하지 않는다.

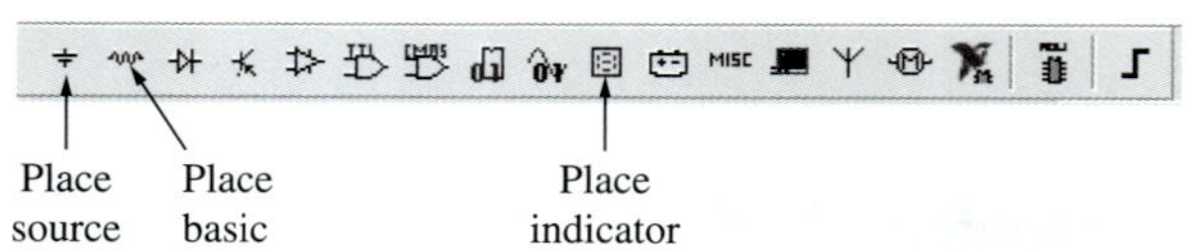

그림 D.2
부품 툴바

Instrument Toolbar는 멀티메터, 함수 발생기, 와트메터, 오실로스코프, 보데 플롯터, 그리고 로직 애널라이저와 같은 다른 장비들을 위한 버튼을 포함하고 있다.

D.2 회로 만들기

Multisim 화면과 친숙해지면, 회로를 만들고 시뮬레이션할 준비가 되었다. 몇 개의 부품을 포함하는 간단한 회로로 시작한다. 회로를 만드는 단계는 부품 선택, 부품의 선 연결, 회로 저장, 그리고 회로 시뮬레이션을 포함한다. 이 책에서는 마우스에 의해 실행되는 동작을 나타내는 다음의 용어를 사용한다.

- **CLICKL**: 아이템을 선택하기 위하여 왼쪽 버튼을 한 번 클릭한다.
- **CLICKR**: 모드를 취소하기 위하여 오른쪽 버튼을 한 번 클릭한다.
- **DCLICKL**: 선택을 수정하기 위하여 왼쪽 버튼을 두 번 클릭한다.
- **DCLICKR**: 실행을 반복하기 위하여 오른쪽 버튼을 두 번 클릭한다.
- **CLICKH**: 선택한 아이템을 드래그하기 위하여 왼쪽 버튼을 클릭하고, 누른 상태로, 마우스를 움직인다. 아이템을 위치한 후 왼쪽 버튼을 놓는다.

명확하게 하기 위하여, 그림 D.3의 간단한 회로를 생각하자. 우리의 목적은 저항에 걸리는 전압과 저항을 통하여 흐르는 전류를 측정하기 위하여 Multisim을 사용하는 것이다.

2 kΩ의 저항을 놓기 위하여, 다음의 과정을 거친다.

1. Component Toolbar에서 "Place basic"을 클릭한다. component의 중간 부분에서 RESISTOR_RATED를 선택한다(이것은 우리가 원하는 어떤 저항 값이라도 선택할 수 있도록 한다). Component 목록에서 RESISTOR_RATED를 볼 수 없으면, 볼 수 있을 때까지 스크롤하여 내려가기 위하여 component 목록의 오른쪽에 있는 수직 스크롤 바를 사용한다. 다른 방법으로, 브라우저의 component 영역에서 부품의 이름(이 경우, resistor)을 입력한다.
2. OK를 누르고 화면의 원하는 위치로 저항을 드래그한다. "Place basic"창을 닫기 위하여 Close를 누른다.
3. 저항 기호를 **DCLICKL**하고 값을 2-kΩ으로 바꾼다.

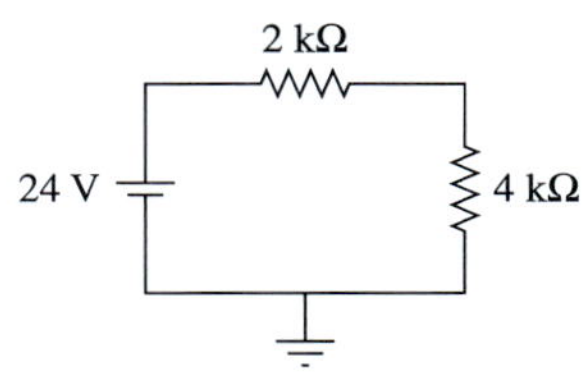

그림 D.3
만들고 시뮬레이션 할 회로

4-kΩ 저항을 놓기 위하여, 다음의 3단계를 따른다. 이 과정에 추가하여, 수직 회전을 하도록 저항을 회전시킨다. 이것을 하기 위하여, 저항 기호를 **DCLICKR**하고 메뉴에서 **90 Clockwise**를 선택한다

배터리를 놓기 위하여, 다음의 과정을 따른다.

1. Component Toolbar에서, "Place source"를 클릭한다. DC_POWER(battery)를 선택한다.
2. OK를 누르고 배터리를 화면의 원하는 위치로 드래그한다.
3. 배터리의 기본값은 12 V이다. 이 값을 바꾸기 위하여 배터리 기호를 **DCLICKL**한다. 다이얼로그 상자가 나타난다. 다이얼로그 상자에서 12 V를 24 V로 바꾸고 OK를 클릭한다.
4. 접지 또한 "Place source"아래에 있으므로 GDGN을 선택하여 화면에 놓

는다. “Place source”창을 닫기 위하여 Close를 누른다.

이제 저항 양단의 전압과 저항을 통하여 흐르는 전류를 측정하기 위하여 두 개의 전압계와 한 개의 전류계를 놓고자 한다. 전압계를 놓기 위하여 다음의 과정을 따른다.

1. Component Toolbar에서, “Place indicator”를 클릭한다.
2. 4-kΩ 저항에 대하여 VOLTMETER_V를 선택하고 2-kΩ 저항에 대하여 VOLTMETER_H를 선택한다.

전류계를 놓기 위하여 같은 단계를 따른다. 이 시점에서 회로는 그림 D.4에 보이는 것과 같다.

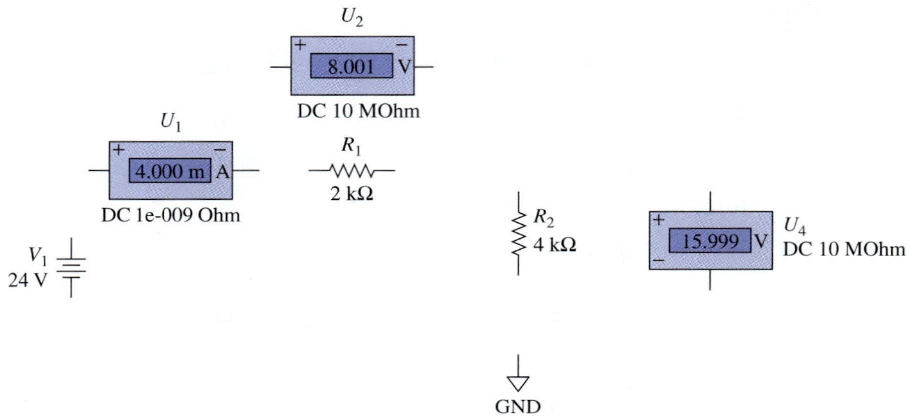

그림 D.4

그림 D.3 회로 만들기

다음 단계는 부품을 모두 연결하는 것이다. 모든 부품은 다른 부품에 연결하는데 사용 가능한 핀을 가지고 있다. 예를 들면 2-kΩ 저항에 전류계를 연결하기 위하여, 전류계의 오른쪽 핀에 커서를 놓는다. 작은 점과 십자선의 나타난다. **CLICKL**을 하고 커서를 저항의 왼쪽 핀으로 옮긴다. 선 연결을 끝내기 위하여 마우스를 풀어준다. 그림 D.5에 보이는 것과 같이 다른 부품들을 연결하기 위하여 이 과정을 반복한다.

마지막으로, Windows에서 하는 것처럼 **File/Save**를 선택하여 회로를 저장한다. 회로가 저장되면, 시뮬레이션 준비가 되었다. 회로를 시뮬레이션 하는데 두가지 방법이 있다. 하나는 **Simulate/Run**을 선택하는 것이다. 다른 하나는 회면의 오른쪽 위 구석에 있는 전력 스위치를 누르는 것이다. 어떤 방법이든, 그림 D.5에 보이듯이 전압계와 전류계의 지시 값이 표시되는 결과를 얻는다.

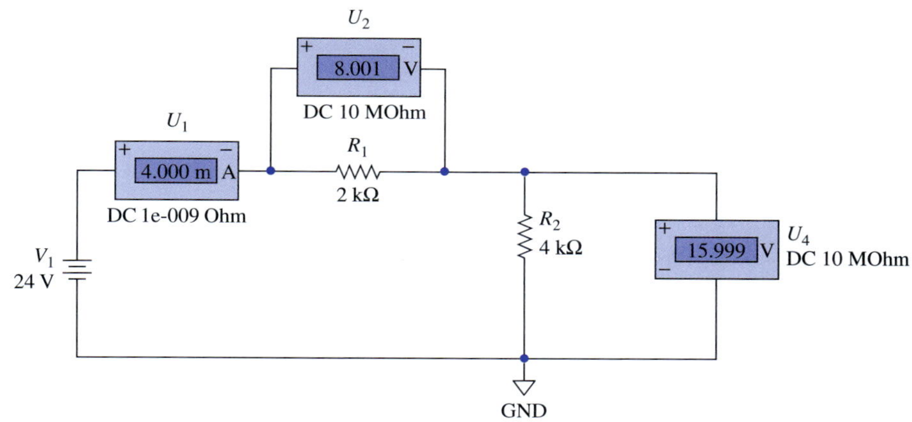

그림 D.5

그림 D.3 회로의 시뮬레이션

D.3 과도 해석

Multisim은 많은 해석을 제공한다. dc 해석, 과도 해석, ac 해석, 퓌리에 해석 등. 앞 장에서 실행된 해석은 dc 해석이다. 이 장에서는 회로의 과도 해석을 위하여 Multisim을 어떻게 사용하여야 하는지에 대하여 알아본다. dc와 ac해석이 정상 상태(시간 영역에서 한 순간) 해석이라면, 과도 해석은 시간 요소를 회로 해석에 덧붙인다. 과도 해석은 시간에 따라 전압과 전류를 보고자 하는 거의 모든 회로에 대해서 사용할 수 있다. Multisim을 이용하여 과도 해석을 하는 것은 일반적으로 세 단계를 거친다. (1) 회로 그리기, (2) 사양 제공, (3) 회로 시뮬레이션과 결과 표현.

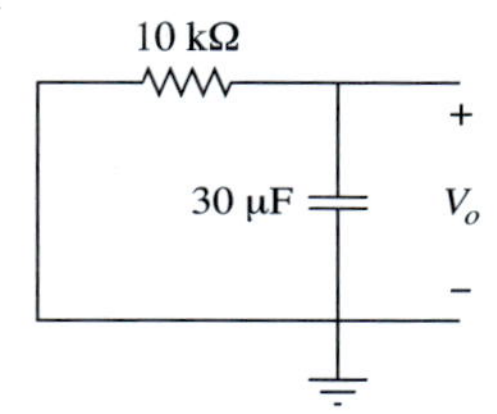

그림 D.6

과도 해석을 위한 회로

설명의 목적으로 그림 D.6에 보이는 회로에 대하여 과도 해석을 하고자 한다, 여기서 커패시터의 초기 전압은 12 V이다. 이것은 기본적으로 방전회로이다. 먼저, Multisim을 이용하여 그림 D.7에 보이는 회로를 그린다. 커패시터 기호를 **DCLICKL**하고 **Initial Condition**을 12 V와 같게 한다. Multisim은 자동적으로 노드의 이름과 번호를 부여한다. 그러나 번호를 자동으로 보여주지는 않는다. 노드 번호를 보기 위하여서는 **Options/Sheet Properties**를 선택한다. *Net Name*에서, "Show all"을 선택한다. 그림 D.7에 보이듯이 이것은 노드에 번호를 부여한다(이 경우 1과 GND).

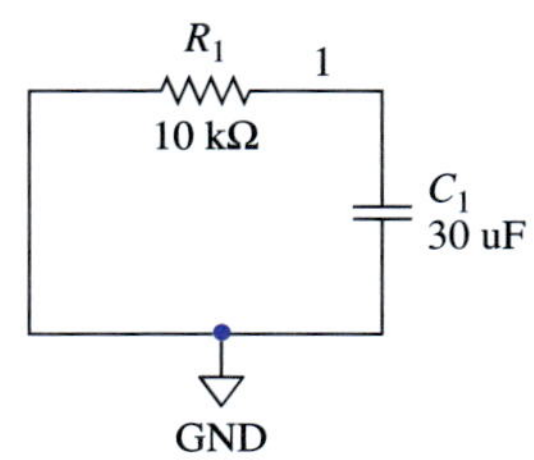

그림 D.7

그림 D.6 회로의 Multisim 시뮬레이션

시뮬레이션에 필요한 몇몇 파라미터를 결정하기 위하여, **Simulate/Analyses/Transient Analysis**를 선택한다. 그림 D.8에 보이는 것과 같은 Transient Analysis 다이얼로그 박스가 열린다. TSTART를 0으로 TSTOP을 1.5s로 선택한다. 1.5s는 회로 시정수의 최소한 5배는 되어야 한다.

$$\tau = RC = 10 \times 10^3 \times 30 \times 10^{-6} = 0.3s, \qquad 5\tau = 1.5s$$

시정수를 결정하기 쉽지 않은 경우에는, TSTOP의 값은 시행착오로 결정할 수 있다. **Initial Condition**에서 *Set to zero*를 선택한다. **Output**을 선

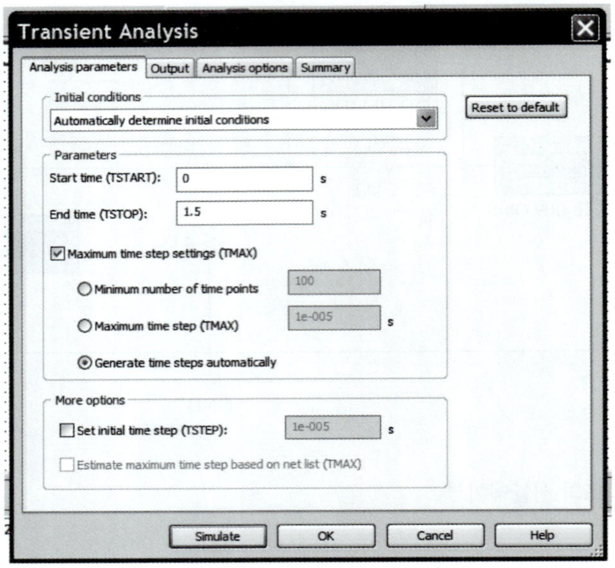

그림 D.8
과도 해석 다이얼로그 박스

택한다. 왼쪽 편에서 회로에 나타나는 변수의 목록을 볼 수 있다. 오른 편으로는 해석을 위해 선택한 변수들의 목록을 볼 수 있다. 두 개의 목록 사이에, **Remove/Add**가 있다. 왼쪽 목록에서 오른쪽 목록으로 변수를 옮기기 위하여 왼쪽 목록에서 변수를 선택하고 **Add**를 선택한다. 변수를 선택하고 **Remove**를 선택함으로써 변수를 또한 오른쪽 목록으로부터 왼쪽 목록으로 이동시킬 수 있다. 우리의 목적을 위하여, 우리는 절점 1의 전압에 관심이 있다. 그러므로 V(1)을 왼쪽 목록으로부터 오른쪽 목록으로 옮긴다. 마지막으로 **Simulate**를 선택하고, 시뮬레이션의 결과는 그림 D.9에 보이는 것과 같이 자동적으로 표시된다. 언제고 시뮬레이션을 멈추기 위해서는 회면의 오른쪽 위에 있는 전원 스위치를 끄면 된다.

다른 예로, 그림 D. 10에 보이는 schematic의 회로를 생각하자. 전원은 0에서 15 V 사이의 구형 전압을 발생시키는 400 kHz의 15 V 펄스 전압 전원이다. 주기는 $T = 1/f = 1/400 \times 10^3 = 2.5\mu s$이고, 이것은 다음과 같다.

$$5\tau\left(\tau = \frac{L}{R} = \frac{10^{-3}}{2 \times 10^3} = 0.5\mu s, \qquad 5\tau = 2.5\mu s\right)$$

회로를 시뮬레이션하기 위하여, **Simulate/Analysis/Transient**를 선택한다. Transient Analysis 다이얼로그 박스에서, 종료 시간 TSTOP = 15 μs을 바꾸고 **Simulate**를 선택한다.

그림 D.11에 결과가 표시된다. 파랑 색깔의 신호는 입력 파형이고, 빨강 색깔의 신호는 출력 파형이며, 인덕터에 걸리는 전압이다.

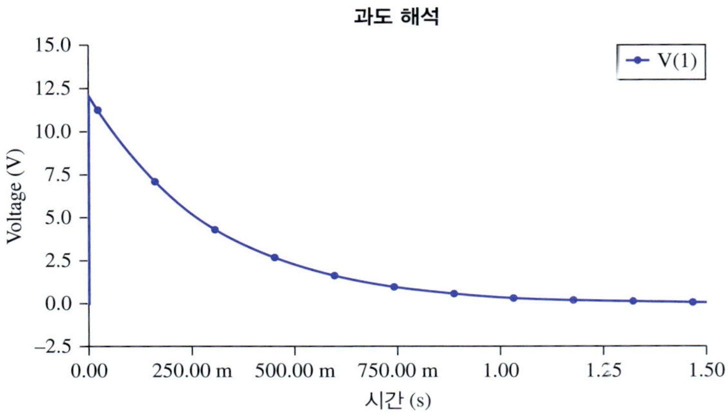

그림 D.9
그림 D.6 회로의 과도 해석

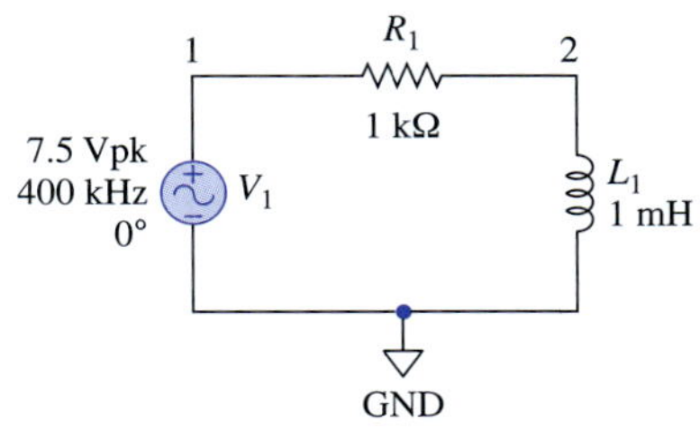

그림 D.10
전원으로서 구형파 전원의 사용

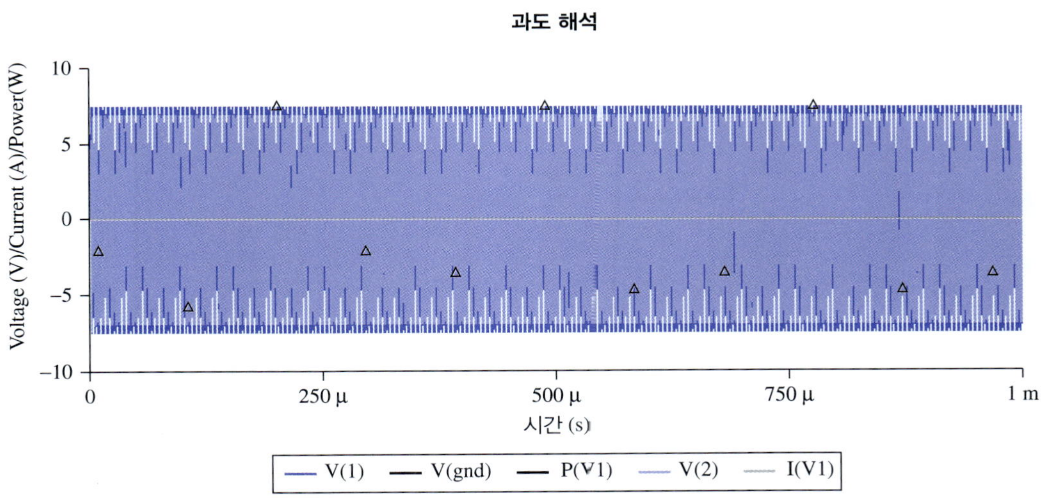

그림 D.11
그림 D.10 회로의 과도 해석

D.4 AC 해석

회로의 주파수 응답을 결정하기 위하여 AC 해석이 사용된다. ac 해석에서, dc 전원은 영의 값으로 할당된다. 반면에 ac 전원, 커패시터 그리고 인덕터는 그것들의 ac 모델로 표현된다. 사실 Mutisim은 자신의 정형파 파형을 입력하므로 ac전원은 문제가 되지 않으며 주파수의 함수로써 ac회로 응답을 결정한다. 회로의 ac 스윕을 실행하기 위해서는 과도 해석에서와 비슷한 세 단계가 필요하다. (1) 회로 그리기, (2) 조건 입력, (3) 회로 시뮬레이션.

설명을 위하여, 그림 D.12의 회로를 생각하자. 1 Hz의 주파수에서 10 kHz까지 주파수 응답(크기와 페이즈)을 얻고자 한다고 가정하자.

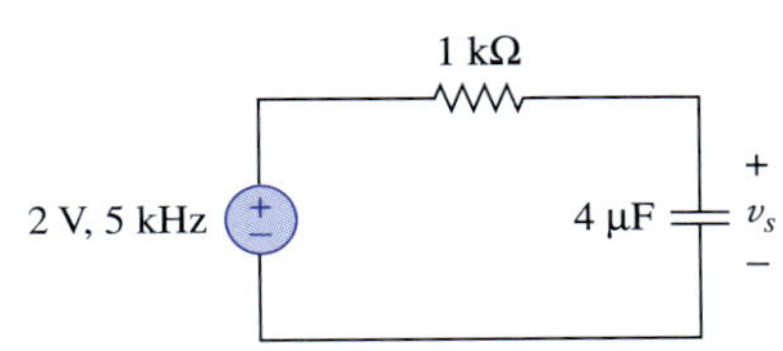

그림 D.12
ac 해석을 위한 회로

먼저 그림 D.13에 보이는 회로를 그린다. 전압 전원 기호를 더블 클릭함으로

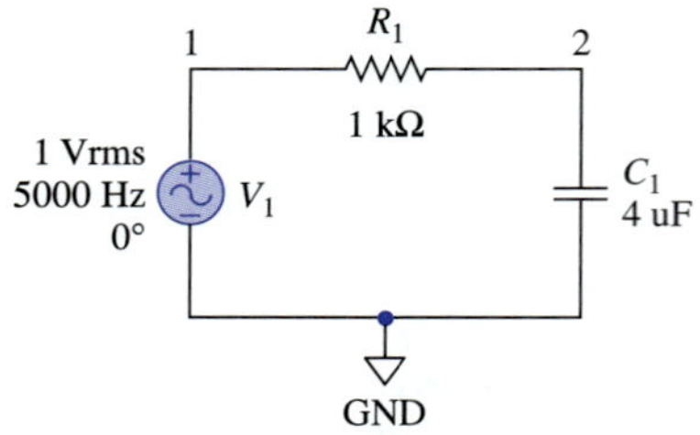

그림 D.13
그림 D.12 회로의 시뮬레이션

써, AC_Power 다이얼로그 박스를 얻는다. 주파수를 5,000 Hz로, AC Analysis Magnitude를 2로, AC Analysis Phase를 0으로 정한다. 이 다이얼로그 박스의 다른 항목들은 다른 시뮬레이션 목적으로 사용된다.

노드 번호를 붙이기 위하여, Option/Sheet Properties를 선택한다. *Net Names*에서, "Show all"을 선택한다. 이것은 그림 D.13에 보이는 것과 같이 절점에 번호를 붙인다. 우리의 응답은 절점 2에서 얻어진다.

이제 시뮬레이션에 요구되는 주파수 범위를 정해야 한다. **Simulate/Analysis/AC Analysis**를 선택한다. AC Analysis 다이얼로그 박스(그림 D.14에 보이는)에서, *FSTART*를 1 Hz, *FSTOP*을 10 kHz, 그리고 *Sweep type*을 Decade로 선택한다. AC Analysis 다이얼로그 박스에서, Output을 선택하고 절점 2의 전압이 표시되도록 V(2)를 왼쪽 목록에서 오른쪽 목록으로 이동한

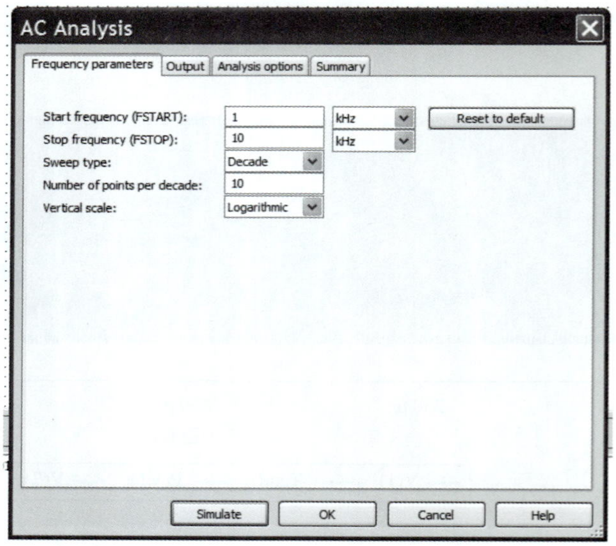

그림 D.14
AC 해석 다이얼로그 박스

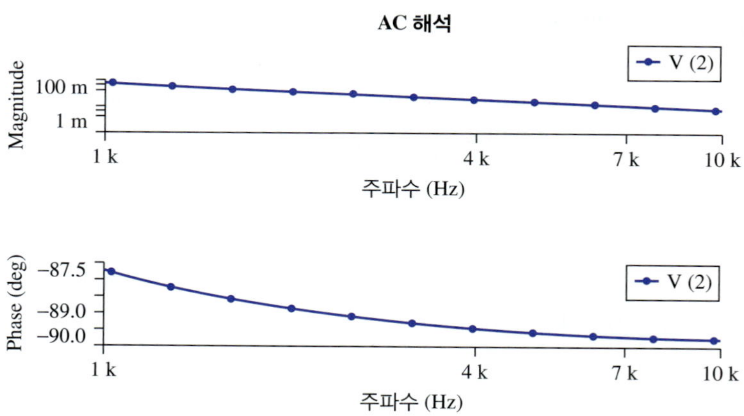

그림 D.15
그림 D.12 회로의 AC 스윕

다. 마지막으로 Simulate를 선택한다. 주파수 영역에서 v_o의 크기와 페이즈의 그림은 그림 D.15에 보인다.

파형을 관찰하는 또 다른 방법은 Multisim 오실로스코프를 사용하는 것이다. 그림 D.16에 보이는 회로를 생각하자, 여기서 v_s는 시간 영역의 값 $\mathbf{V}_s = 10 < 30°$이다. v_s를 $f = \omega/2\pi = 1{,}000$ Hz가 되는 $\omega = 2\pi \times 10^3$ rad/s인 ac 전압 전원으로 놓는다. 우리의 목적은 v_s와 v_o모두를 오실로스코프에서 관찰하는 것이다. 먼저 그림 D.17에 보이는 회로를 그린다. ac 전압은 Component Toolbar에서 선택한다. 전압 기호를 더블 클릭하면, AC_Power 다이얼로그 박스가 열린다. Frequency를 1000 Hz, AC Analysis Magnitude를 10, AC Analysis Phase를 0으로 놓는다.

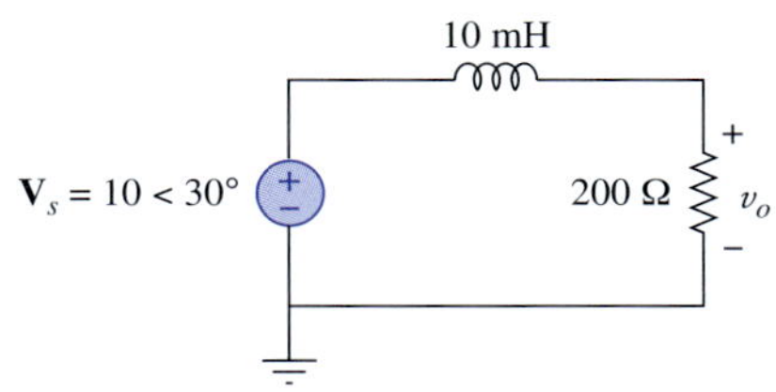

그림 D.16
시뮬레이션 할 ac 회로의 한 가지

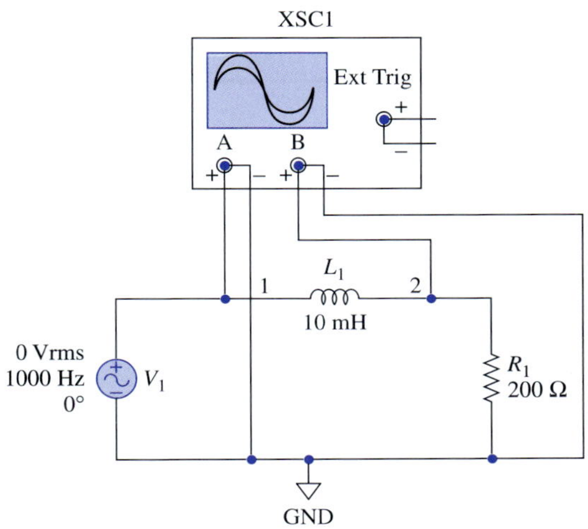

그림 D.17
그림 D.16 회로의 시뮬레이션

오실로스코프(XSCI) 사용을 위하여, 그것을 Instrument Toolbar에서 선택한다. 이것은 실험실의 일반적인 오실로스코프와 같은 기능의 두 채널 오실로스코프이다. v_s를 측정하기 위하여 채널 A를 그리고 v_o를 측정하기 위하여 채널 B를 연결한다. 측정하고자 하는 회로가 접지를 포함하고 있으면, 오실로스코프를 접지하는 것은 필요치 않다. 오실로스코프의 설정을 바꾸기 위하여, 오실로스코프의 기호를 더블 클릭한다. 시간 스케일을 1 μs/Div, 채널 A의 스케일을 2V/Div, 그리고 채널 A의 스케일을 2V/Div으로 바꾼다. 회로를 저장하고 **Simulate/Run**을 선택하여 회로를 시뮬레이션 한다. 결과를 표시하기 위하여, 오실로스코프 기호를 더블 클릭한다. 결과가 그림 D.18에 보인다. 빨강 곡선은 채널 A(혹은 v_s)이며, 파랑 곡선은 채널 B(혹은 v_o)이다. 곡선의 색깔은 선의 색깔과 같다. 예로, 채널 A의 선이 빨간색이면 채널 A의 곡선은 빨간색이다.

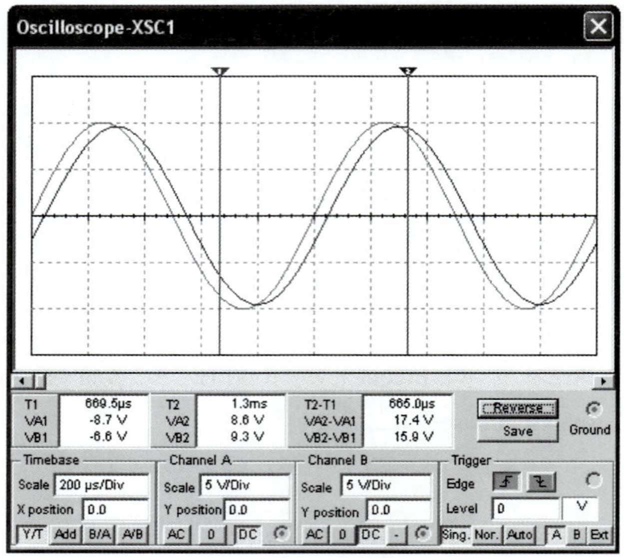

그림 D.18

오실로스코프에서 v_s와 v_o표시

부록 E

MATLAB

MATLAB은 전 세계적으로 기술 전문가의 강력한 도구가 되었다. MATLAB은 MATrix LABoratory의 약자이며, MATLAB이 수치 해석, 시그널 프로세싱, 그리고 과학적인 시각화 과제를 수행하기 위하여 행렬과 벡터(또는 열)를 사용하는 계산 도구임을 의미한다. MATLAB은 기본 구성 블록으로 행렬을 사용하므로 종이에 쓰는 것과 같이 쉽게 행렬을 포함한 수학적 표현을 쓸 수 있다. MATLAB은 Macintosh, Unix, 그리고 Window 시스템에서 사용 가능하다. MATLAB의 학생 버전은 개인용 컴퓨터(PC)에서 사용할 수 있다. MATLAB은 아래로부터 얻을 수 있다.

The Mathwork, Inc.
3 Apple Hill Drive
Natick, MA 0170-2098
Phone: (508) 647-7000
Website: http://www.mathworks.com

이 부록에서는 MATLAB의 간략한 소개를 한다. 소개된 내용은 이 책에 나오는 문제를 풀기에 충분하다. LATLAB의 더 많은 것은 MATLAB 책이나 온라인 도움에서 얻을 수 있다. MATBLAB을 배우는 가장 좋은 방법은 기본을 배운 후 MATLAB을 사용하는 것이다.

E.1 MATLAB 기초

Command 창은 MATLAB을 사용하는 주요 공간이다. 잠시 후에, M-파일을 발생시키는 문서편집기 사용법을 배울 것이다, 문서편집기는 연속적인 명령어의 수행을 허용한다. 지금은, Command 창에서의 작업에 집중한다. 먼저 MATLAB을 계산기로써 어떻게 사용하는지 배운다.

계산기로서 MATLAB의 사용

다음은 MATLAB에서 사용되는 대수학적 연산자이다.

+ 더하기
− 빼기

- * 곱하기
- ^ 누승
- / 오른쪽 나누기(a/b는 $a \div b$를 의미한다)
- \ 왼쪽 나누기(a\b는 $b \div a$를 의미한다)

MATLAB 사용을 시작하기 위하여, 우리는 이 연산자들을 사용한다. Command 창에서 MATLAB prompt ">>"에 명령어를 입력하고(백스페이스로 실수를 수정한다) Enter 키를 누른다. 예를 들면,

```
>>  a = 2; b = 4;c = -6;
>>  dat = b^2 - 4*a*c
dat =
    64
>>  e = sqrt(dat)/10
e =
    0.8000
```

첫 번째 명령은 값 2, 4, 그리고 −6을 변수 a, b, 그리고 c에 각각 할당한다. 이 줄이 콜론으로 끝나므로 MATLAB은 응답하지 않는다. 두 번째 명령은 dat를 $b^2 - 4ac$로 정하고 MATLAB은 답 64를 준다. 마지막으로 세 번째 줄은 e를 dat의 제곱근과 같도록 정하고 10으로 나눈다. MATLAB은 답 0.8을 프린트한다. 표 E.1에 보이는 다른 수학적 함수들은, sqrt함수가 여기서 사용된 것 같이 유사하게 사용될 수 있다. 다른 것은 온라인 도움에서 얻을 수 있다. 도움을 얻기 위해서는 다음을 입력한다.

```
>> help
```

주제의 긴 목록이 나타난다. 특별한 주제를 위해서, 명령어 이름을 입력한다. 예를 들면, "log to base 2"에 대한 도움을 얻기 위하여, 다음을 입력한다.

```
>> help log2
```

log 함수에 대한 도움 메시지가 표시된다. MATLAB이 대문자와 소문자를 구분하는 것에 주목한다. 그러므로 sin(a)는 sin(A)와 같지 않다.

다음의 예를 보자.

```
>> 3^(log10(25.6))
>> y = 2* sin(pi/3)
>> exp(y+4-1)
```

수학적 함수에 추가하여, MATLAB은 벡터와 행렬을 쉽게 계산할 수 있다. 벡터(열)는 한 열이나 한 행의 특별한 행렬이다. 예로서

```
>> a = [1 -3 6 10 -8 11 14];
```

이것은 열 벡터이다. 벡터의 정의와 비슷하게 행렬을 정의한다. 예로, 3 × 3 행

표 E.1

일반적인 기본 수학 함수

함수	설명
abs(x)	절대값 또는 x의 복소수 크기
acos, acosh(x)	코사인의 역, x의 하이퍼볼릭 코사인의 역의 라디안 값
acot, acoth(x)	코탄젠트의 역, x의 하이퍼볼릭 코탄젠트의 역의 라디안 값
angle(x)	복소수 x의 페이즈 각(라디안 값)
asin, asinh(x)	사인의 역, x의 하이퍼볼릭 사인의 역의 라디안 값
atan, atanh(x)	탄젠트의 역, x의 하이퍼볼릭 탄젠트의 역의 라디안 값
conj(x)	x의 공액 복소수
cos, cosh(x)	코사인, x의 하이퍼볼릭 코사인의 라디안 값
cot, coth(x)	코탄젠트, x의 하이퍼볼릭 코탄젠트의 라디안 값
exp(x)	x의 지수
fix	0의 방향으로 버림 또는 올림
imag(x)	복소수 x의 허수부
log(x)	x의 자연 로그
log2(x)	x의 밑이 2인 로그
log10(x)	x의 상용 로그(밑이 10)
real(x)	복소수 x의 실수부
sin, sinh(x)	사인, x의 하이퍼볼릭 사인의 라디안 값
sqrt(x)	x의 제곱근
tan, tanh	탄젠트, x의 하이퍼볼릭 탄젠트의 라디안 값

렬은 다음과 같이 입력된다.

```
>> A = [1 2 3; 4 5 6; 7 8 9]
```

혹은

```
>> A = [ 1 2 3
         4 5 6
         7 8 9]
```

행렬에 사용되는 산술 연산자에 추가하여, 표 E.2의 연산을 사용할 수 있다.

표 E.2의 연산을 이용하여, 다음과 같이 행렬을 계산할 수 있다.

```
>> B = A'
B =
      1   4   7
      2   5   8
      3   6   9
```

표 E.2

행렬 연산자

연산자	설명
A'	행렬 A의 치환
det(A)	행렬 A의 디터미넌트를 계산
inv(A)	행렬 A의 역을 계산
eig(A)	행렬 A의 고유값 결정
diag(A)	행렬 A의 대각 행렬 요소 결정

```
>> C = A + B
C =
      2   6  10
      6  10  14
     10  14  18
>> D = A^3 - B*C
D =
     372   432   492
     948  1131  1314
    1524  1830  2136
>> e = [1 2; 3 4]
e =
   1  2
   3  4
>> f = det(e)
f =
   -2
>> g = inv(e)
g =
   -2.0000   1.0000
    1.5000  -0.5000
>> H = eig(g)
H =
   -2.6861
    0.1861
```

모든 행렬이 다 역수를 구할 수 있는 것은 아니다. 그것의 디터미넌트가 영이 아닌 행렬만 역수를 구할 수 있다. 특별한 행렬, 변수, 그리고 상수가 표 E.3에 있다. 예로서, 3 × 3 단위행렬을 얻기 위해 다음을 입력한다.

표 E.3

특별한 행렬, 변수, 그리고 상수

행렬, 변수, 상수	설명
eye	단위 행렬
ones	1의 배열
zeros	0의 배열
i or j	단위 허수 또는 sqrt(-1)의 제곱근
pi	3.142
NaN	숫자 아님
inf	무한대
eps	매우 작은 수, 2.2e - 16
rand	임의 요소

```
>> eye(3)
ans =
      1 0 0
      0 1 0
      0 0 1
```

그리기

MATLAB를 이용하여 그래프를 그리는 것은 쉽다. 이차원 그래프는 다음과 같이 2개의 argument의 plot 명령어를 사용한다.

```
>> plot(xdata,ydata)
```

여기서 xdata와 ydata는 그래프로 그려질 데이터를 포함한 같은 길이의 벡터이다.

예로, 0에서 5*pi까지 y = 10*sin(2*pi*x)를 그린다고 가정하자. 다음의 명령어로 실행시킨다.

```
>> x = 0:pi/100:5*pi;      % x is a vector, 0 <= x <=
                           5*pi, increments of pi/100
>> y = 10*sin(2*pi*x);     % creates a vector y
>> plot(x,y);              % creates the plot
```

이 명령어로 MATLAB은 그림 E.1의 그래프를 그려준다.

MATLAB으로 여러 개의 그림이 있는 그래프를 그릴 수 있으며 다른 색깔로 그 그림들을 구분할 수 있다. 이것은 plot(xdata, ydata, 'color')의 형식으로 얻어진다, 여기서 색깔은 표 E.4의 옵션 목록으로부터 문자열을 이용하여 지정한다.

예로,

```
>> plot (x1,y1, 'r', x2,y2, 'b', x3,y3, '--');
```

은 data(x1, y1)을 빨간색으로, data(x2, y2)를 파란색으로, 그리고 data(x3, y3)를 쇄선으로 한 그래프 안에 모두 그린다.

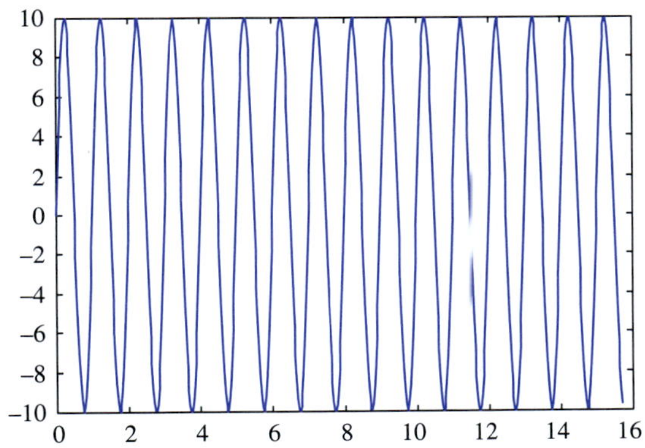

그림 E.1

y = 10*sin(2*pi*x)의 MATLAB 그림

표 E.4

여러 가지 색과 선 형태

y	노랑색	.	점
m	자홍색	o	원
c	청록색	x	x 표시
r	빨강색	+	더하기
g	녹색	-	실선
b	청색	*	스타
w	흰색	:	Dotted
k	검은색	-.	Dashdot
		--	Dashed

MATLAB은 로그 스케일을 제공한다. plot 명령어를 사용하는 대신에, 다음을 사용한다.

```
loglog log(y)  versus  log(x)
semilogx y  versus  log(x)
semilogy   log(y)  versus  x
```

3차원 그림은 mesh와 meshdom (mesh domain) 함수를 사용하여 그린다. 예로, `-1 < x, y < 1`구간에서 `z = x*exp( - x^2 - y^2)`를 그리기 위하여, 다음의 명령어를 입력한다.

```
>> xx = -1:.1:1;
>> yy = xx;
>> [x,y] = meshgrid(xx,yy);
>> z = x.*exp(-x.^2 -y.^2);
>> mesh(z);
```

(`x.y.`에 사용된 점 기호는 요소와 요소간의 곱을 한다.) 결과는 그림 E.2에 보인다.

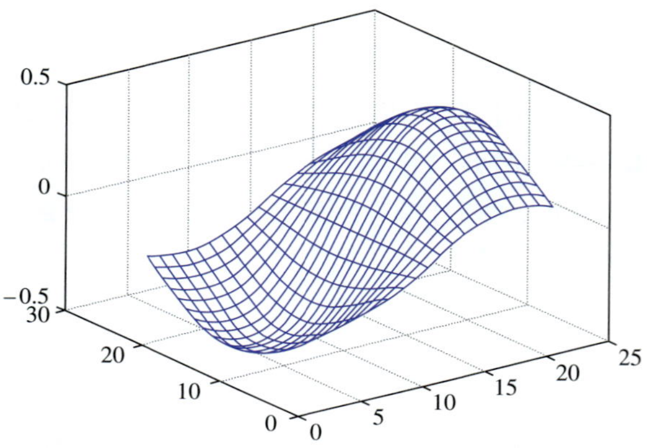

그림 E.2
3차원 그림

MATLAB 프로그램하기

지금가지 MATLAB을 계산기로서 사용했다. MATLAB은 또한 프로그램을 만들기 위해 사용 가능하다. MATLAB에서 실행할 여러 줄이 있으면 명령 줄을 수정하는 것은 불편하다. 이러한 문제를 해결하기 위하여, 실행될 문장의 연속인 프로그램을 생성할 수 있다. 명령 창의 MATLAB Editor/Debugger에서 새 파일을 열거나 또는 간단한 editor 파일을 열기 위하여 **File/New/M-files**를 클릭한다. 프로그램을 입력하고 확장자 `.m`으로 저장한다, 말하자면, `filename.m`이다. 이것이 M-file이라고 불리는 이유이다. 프로그램이 M-file로 저장되면, Debugger창을 나간다. 이제 다시 Command 창에 있다. 결과를 얻기 위하여 확장자 `.m`없이 파일을 입력한다. 예를 들면, 그림 E.2에 있는 그림은 제목과 라벨을 추가하여 개선할 수 있고 `example1.m`으로 불리는 M-file로 입력된다.

```
x = 0:pi/100:5*pi;               % x is a vector, 0 <= x <= 5*pi, increments of pi/100
y = 10*sin(2*pi*x);              % creates a vector y
plot(x,y);                       % create the plot
xlabel('x (in radians)');        % label the x axis
ylabel('10*sin(2*pi*x)');        % label the y axis
title('A sine functions');       % title the plot
grid                             % add grid
```

파일이 `example1.m`으로 저장되면 text editor를 나와서 다음을 입력한다.

```
>> example1
```

Command 창에서 그림 E.3에 보이는 결과를 얻기 위하여 **Enter**를 친다.

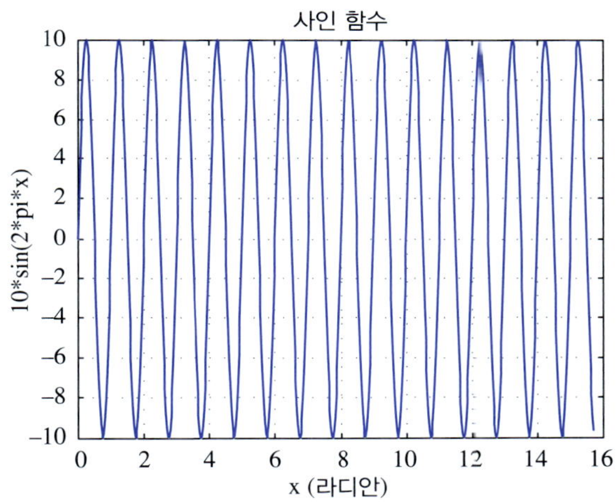

그림 E.3
제목과 라벨을 붙인 `y = 10*sin(2*pi*x)`의 MATLAB 그림

프로그램에서 흐름 제어를 허용하기 위하여, 관계연산자와 논리연산자가 필요하다. 이 연산자들은 표 E.5에 보인다. 아마도 가장 일반적으로 사용되는 흐름 제어문은 `for`와 `if`일 것이다. `for` 문은 루프를 만들거나 반복 수행에 사용되며 다음의 일반적인 형식을 갖는다.

```
for x = array
   [commands]
end
```

`if` 문은 명령이 수행되기 전에 어떤 조건이 만족되어야 할 때 사용된다. `if` 문은 다음의 일반적인 형식을 갖는다.

표 E.5

관계 연산자와 논리 연산자

연산자	설명
<	적음
<=	적거나 같음
>	큼
>=	크거나 같음
==	같음
~=	같지 않음
&	And
|	Or
~	Not

```
if expression
   [commands if expression is True]
else
   [commands if expression is False]
end
```

예로서 배열 y(x)가 있을 때 y의 최소 값과 이 값에 관계되는 x를 결정하고자 한다고 가정하자. 이것은 여기에 보이듯이 M-파일을 작성함으로서 해결된다.

```
% example2.m
% This program finds the minimum y value and
  its corresponding x index
x=[1 2 3 4 5 6 7 8 9 10]; %the nth term in y
y=[3 9 15 8 1 0 -2 4 12 5];
min1=y(1); for k = 1:10
   min2 = y(k);
   if(min2 < min1)
      min1 = min2;
      xo = x(k);
   else
      min1 = min1;
   end
end
diary
min1, xo
diary off
```

for 문과 if 문을 사용했음을 주목하라. 이 프로그램이 example2.m으로 저장되고, Command 창에서 수행되면, 예상과 같이 y의 최소값 -2와 이에 해당되는 x값 7을 얻는다.

```
>> example2
min1 =
  -2
xo =
   7
```

만약 프로그램에 관심이 없다면, 같은 작업을 명령어를 사용하여 할 수 있다.

```
>> min(y)
```

다음의 조언들은 MATLAB으로 효과적인 작업을 하는데 도움이 된다.

- % 문자로 시작하는 줄을 추가함으로써 M-file에 주석을 단다.
- 출력을 내보내지 않기 위하여 모든 명령어를 세미콜론(;)으로 끝낸다. 파일을 디버그할 때 세미콜론을 제거할 수 있다.
- 전에 수행되었던 명령어를 다시 보고자 할 때 위와 아래 화살표 키를 누

른다.

- 문장 표현이 한 줄 안에 다 들어가지 않을 때, 문장 맨 뒤에 ellipse(. . .)를 사용하고 다음 줄에 계속한다. 예를 들면 MATLAB은 다음을 한 문장의 표현으로 인식한다.

```
y = sin(x + log10(2x + 3)) + cos(x + ...
log10(2x + 3));
```

- 변수와 함수의 이름들이 대문자와 소문자를 구분하는 것을 명심한다.

Solving Equations

n개의 수식을 가진 일반적인 시스템을 생각하자.

$$\begin{aligned} a_{11}x_1 + a_{12}x_2 + \cdots + a_{1n}x_n &= b_1 \\ a_{21}x_1 + a_{22}x_2 + \cdots + a_{2n}x_n &= b_2 \\ &\vdots \\ a_{n1}x_1 + a_{n2}x_2 + \cdots + a_{nn}x_n &= b_n \end{aligned}$$

혹은 행렬식으로

$$\mathbf{AX} = \mathbf{B}$$

여기서

$$\mathbf{A} = \begin{bmatrix} a_{11} & a_{12} & \cdots & a_{1n} \\ a_{21} & a_{22} & \cdots & a_{2n} \\ \cdots & \cdots & \cdots & \cdots \\ a_{n1} & a_{n2} & a_{n3} & a_{n4} \end{bmatrix} \qquad \mathbf{X} = \begin{bmatrix} x_1 \\ x_2 \\ \cdots \\ x_n \end{bmatrix} \qquad \mathbf{B} = \begin{bmatrix} b_1 \\ b_2 \\ \cdots \\ b_n \end{bmatrix}$$

A는 정방행렬이며 계수 행렬로 알려져 있다, 반면에 **X**와 **B**는 벡터들이다. **X**는 우리가 얻고자 찾고 있는 벡터 해이다. MATLAB에서 **X**를 푸는 방법은 두 가지가 있다. 먼저, 역 슬래시(\)연산자를 사용할 수 있다.

```
X = A\B
```

두 번째로, 다음과 같이 **X**에 대하여 풀 수 있다.

$$X = A^{-1}B$$

이것은 MATLAB에서 다음과 같다.

```
X = inv(A)*B
```

예제 E.1

부록 A의 예제 A.2를 풀기 위하여 MATLAB를 사용하라.

풀이

예제 A.2에서, 행렬 **A**와 벡터 **B**를 얻고 이것을 MATLAB에 다음과 같이 입력한다.

```
>> A = [25 -5 -20; -5 10 -4; -5 -4 9]
A =
   25  -5  -20
   -5  10   -4
   -5  -4    9
>> B = [50 0 0]'
B =
   50
    0
    0
>> X = inv(A)*B
X =
   29.6000
   26.0000
   28.0000
>> X = A\B
X =
   29.6000
   26.0000
   28.0000
```

그러므로, $x_1 = 29.6$, $x_2 = 26$, 그리고 $x_3 = 28$.

연습문제 E.2

연습문제 A.2를 MATLAB을 이용하여 풀어라.

해답 $x_1 = 3 = x_3;\ x_2 = 2$

E.2 DC 회로 해석

dc 저항 회로에 MATLAB을 사용하는 것에 특별한 무엇이 있지는 않다. E.1 장에서 서술한 것과 같이 MATLAB을 이용하여 보통의 망로해석과 절정해석을 적용하여 얻는 연립방정식을 푼다. 예제 E.2에서 E.5를 이용하여 설명한다.

예제 E.2

그림 E.4의 회로에서 절점해석을 이용하여 절점 전압을 구하라.

풀이

절점 1에서,

$$2 = \frac{V_1 - V_2}{4} + \frac{V_1 - 0}{8} \rightarrow 16 = 3V_1 - 2V_2 \qquad \textbf{(E.2.1)}$$

절점 2에서,

$$3I_x = \frac{V_2 - V_1}{4} + \frac{V_2 - V_3}{2} + \frac{V_2 - V_4}{2}$$

그러나

$$I_x = \frac{V_4 - V_3}{4}$$

그러므로

$$3\left(\frac{V_4 - V_3}{4}\right) = \frac{V_2 - V_1}{4} + \frac{V_2 - V_3}{2} + \frac{V_2 - V_4}{2} \rightarrow$$
$$0 = -V_1 + 5V_2 + V_3 - 5V_4 \qquad \textbf{(E.2.2)}$$

절점 3에서,

$$3 = \frac{V_3 - V_2}{2} + \frac{V_3 - V_4}{4} \rightarrow 12 = -2V_2 + 3V_3 - V_4 \qquad \textbf{(E.2.3)}$$

절점 4에서,

$$0 = 2 + \frac{V_4 - V_2}{2} + \frac{V_4 - V_3}{4} \rightarrow -8 = -2V_2 - V_3 + 3V_4 \qquad \textbf{(E.2.4)}$$

식 (E.2.1)에서 식 (E.2.4)는 다음과 같이 표현된다.

$$\begin{bmatrix} 3 & -2 & 0 & 0 \\ -1 & 5 & 1 & -5 \\ 0 & -2 & 3 & -1 \\ 0 & -2 & -1 & 3 \end{bmatrix} \begin{bmatrix} V_1 \\ V_2 \\ V_3 \\ V_4 \end{bmatrix} = \begin{bmatrix} 16 \\ 0 \\ 12 \\ -8 \end{bmatrix}$$

혹은

$$\mathbf{AV} = \mathbf{B}$$

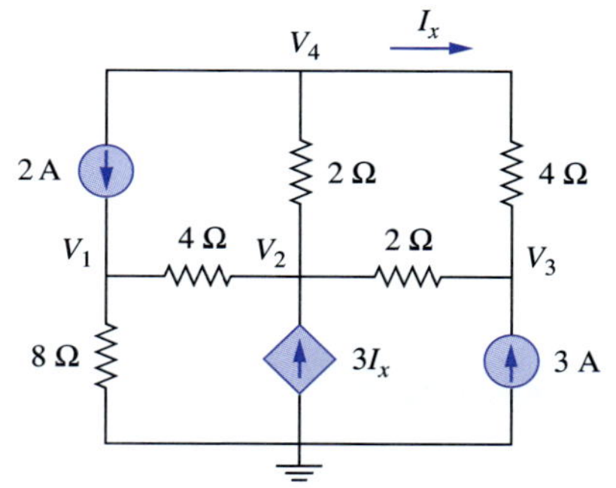

그림 E.4
예제 E.2의 회로

이제 우리는 벡터 **V**에 포함되어 있는 절점 전압을 결정하기 위하여 MATLAB을 사용한다.

```
>> A = [ 3 -2  0  0;
        -1  5  1 -5;
         0 -2  3 -1;
         0 -2 -1  3];
>> B = [16  0 12 -8]';
>> V = inv(A)*B
V =
```

```
 -6.0000
-17.0000
-13.5000
-18.5000
```

그러므로, $V_1 = -6.0$, $V_2 = -17$, $V_3 = -13.5$ 그리고 $V_4 = -18.5$ V

연습문제 E.2

MATLAB을 이용하여 그림 E.5의 회로에서 마디전압을 구하라.

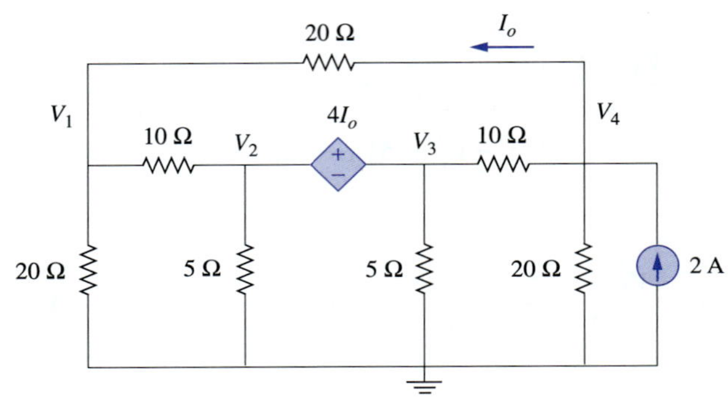

그림 E.5
연습문제 E.2의 회로

해답 $V_1 = 14.55$, $V_2 = 38.18$, $V_3 = -34.55$, $V_4 = -3.636$ V

예제 E.3

그림 E.6의 회로에서 MATLAB을 이용하여 망로전류를 구하라.

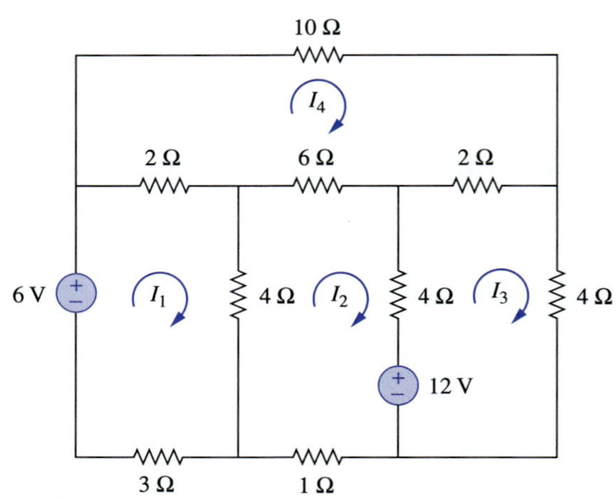

그림 E.6
예제 E.3의 그림

풀이

4개의 망에 대하여

$$-6 + 9I_1 - 4I_2 - 2I_4 = 0 \longrightarrow 6 = 9I_1 - 4I_2 - 2I_4 \qquad \textbf{(E.3.1)}$$

$$12 + 15I_2 - 4I_1 - 4I_3 - 6I_4 = 0 \longrightarrow$$
$$-12 = -4I_1 + 15I_2 - 4I_3 - 6I_4 \qquad \textbf{(E.3.2)}$$

$$-12 + 10I_3 - 4I_2 - 2I_4 = 0 \longrightarrow 12 = -4I_2 + 10I_3 - 2I_4 \qquad \textbf{(E.3.3)}$$

$$20I_4 - 2I_1 - 6I_2 - 2I_3 = 0 \longrightarrow 0 = -2I_1 - 6I_2 - 2I_3 + 20I_4 \quad \textbf{(E.3.4)}$$

식 (E.3.1)에서 식 (E.3.4)까지 모두를 행렬식으로 나타내면, 다음을 얻는다.

$$\begin{bmatrix} 9 & -4 & 0 & -2 \\ -4 & 15 & -4 & -6 \\ 0 & -4 & 10 & -2 \\ -2 & -6 & -2 & 20 \end{bmatrix} \begin{bmatrix} I_1 \\ I_2 \\ I_3 \\ I_4 \end{bmatrix} = \begin{bmatrix} 6 \\ -12 \\ 12 \\ 0 \end{bmatrix}$$

혹은 **AI** = **B**, 여기서 벡터 **I**는 미지의 망로 전류이다.

```
>> A = [9 -4  0 -2; -4 15 -4 -6;
        0 -4 10 -2;  -2 -6 -2 20]
A =
     9  -4   0  -2
    -4  15  -4  -6
     0  -4  10  -2
    -2  -6  -2  20
>> B = [6 -12 12 0]'
B =
     6
   -12
    12
     0
>> I = inv(A)*B
I =
     0.5203
    -0.3555
     1.0682
     0.0522
```

그러므로, $I_1 = 0.5203$, $I_2 = -0.3555$, $I_3 = 1.0682$, 그리고 $I_4 = 0.0522$ A.

연습문제 E.3

그림 E.7의 회로에서 MATLAB을 사용하여 망로 전류를 구하라.

해답 $I_1 = 0.2222$, $I_2 = -0.6222$, $I_3 = 1.1778$, $I_4 = 0.2222$ A

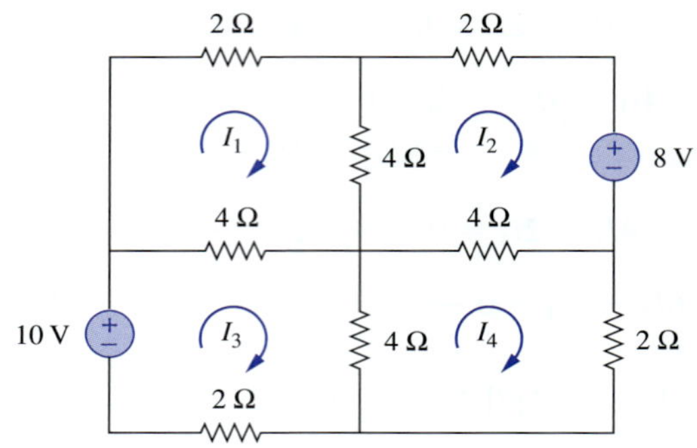

그림 E.7
연습문제 E.3의 회로

E.3 AC 회로 해석

ac 회로 해석에서 MATLAB을 사용하는 것은 dc 회로 해석에 MATLAB을 어떻게 사용했는가와 비슷하다. 먼저 회로에 절점 해석이나 망로 해석을 적용하고 다음에 세워진 연립방정식을 풀기 위하여 MATLAB을 사용한다. 그러나, 회로는 주파수 영역에 있으며, 페이저와 복소수를 다루어야 한다. 그러므로 E.2장에서 배운 것에 더하여, MATLAB으로 어떻게 복소수를 계산해야 하는지를 이해하여야 한다.

허수부가 $\sqrt{-1}$을 나타내는 j 또는 i로 표시되는 것을 제외하면, MATLAB은 복소수를 일반적인 방식으로 표현한다. 그러므로 $3 - j4$는 MATLAB에서 `3 - j4`, `3 - j*4`, `3 - i4`, 혹은 `3 - i*4`로 쓰일 수 있다. 여기에 다른 복소 함수들이 있다.

`abs(A)`	A의 크기의 절대값
`angle(A)`	라디안으로 나타낸 A의 각도
`conj(A)`	A의 켤레 복소수
`imag(A)`	A의 허수부
`real(A)`	A의 실수부

라디안으로 나타낸 각은 각도로 바꾸기 위하여 $180/\pi$를 곱하여야 하는 것을 명심하고, 그 역도 명심한다. 또한 트랜스포즈 연산자(′)는 복소컨주게이트트랜스포즈를 한다, 반면에 dot-transpose(.′)는 컨주게이트 없이 열을 트랜스포즈한다.

예제 E.4

그림 E.8의 회로에서, $v = 4\cos(5t - 30°)$ V이고 $i = 0.8\cos(5t)$ A이다. v_1과 v_2를 구하라.

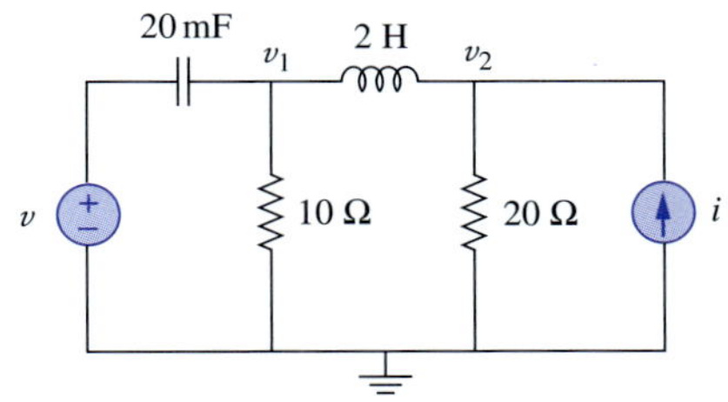

그림 E.8
예제 E.4의 회로

풀이

평소처럼, 시간 영역의 회로를 주파수 영역의 등가 회로로 바꾼다.

$$v = 4\cos(5t - 30°) \longrightarrow \mathbf{V} = 4\angle -30°, \quad \omega = 5$$
$$i = 0.8\cos(5t) \longrightarrow \mathbf{I} = 8\angle 0°$$
$$2\text{ H} \longrightarrow j\omega L = j5 \times 2 = j10$$
$$20\text{ mF} \longrightarrow \frac{1}{j\omega C} = \frac{1}{j10\,\Omega \times 10^{-3}} = -j10$$

그러므로 그림 E.9에 주파수 영역의 등가회로가 보인다. 이제 이 회로에 절점 해석을 적용한다.

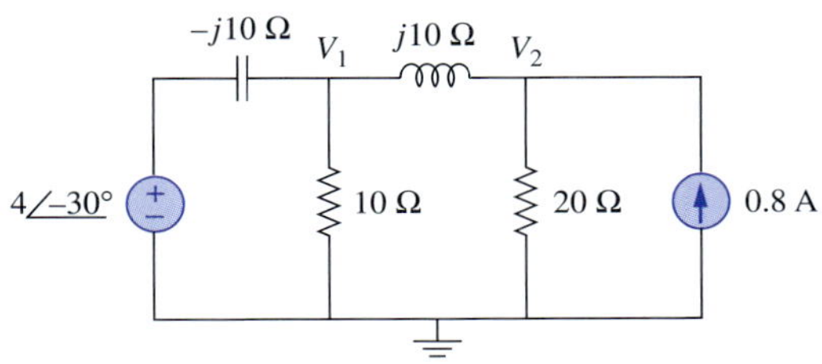

그림 E.9
그림 E.8 회로의 주파수 영역 등가 회로

절점 1에서,

$$\frac{4\angle -30° - V_1}{-j10} = \frac{V_1}{10} + \frac{V_1 - V_2}{j10} \longrightarrow 4\angle -30° = 3.468 - j2 = -jV_1 + V_2 \qquad \textbf{(E.4.1)}$$

절점 2에서

$$0.8 = \frac{V_2}{20} + \frac{V_2 - V_1}{j10} \longrightarrow j16 = -2V_1 + (2 + j)V_2 \qquad \textbf{(E.4.2)}$$

식 (E.4.1)과 식 (E.4.2)은 다음과 같이 행렬식으로 표현된다.

$$\begin{bmatrix} -j & 1 \\ -2 & (2+j) \end{bmatrix} \begin{bmatrix} V_1 \\ V_2 \end{bmatrix} = \begin{bmatrix} 3.468 - j2 \\ j16 \end{bmatrix}$$

혹은 **AV** = **B**. **A**의 역을 구하기 위하여 MATLAB을 이용하고 구한 역에 **B**를 곱하여 **V**를 얻는다.

```
>> A = [-j 1; -2 (2+j)]
A =
   0 - 1.0000i 1.000
  -2.0000 2.0000 + 1.000 i
>> B = [(3.468-2j) 16j].' %note the dot-transpose
```

```
B =
    3.4680 - 2.0000i
    0 + 16.0000i
>> V = inv(A)*B
V  =
    4.6055 - 2.4403i
    5.9083 + 2.6055i
>> abs(V(1))
ans =
    5.2121
>> angle(V(1))*180/pi  %converts  angle  from
   radians  to  degrees
ans  =
   -27.9175
>> abs(V(2))
ans  =
   6.4573
>> angle(V(2))*180/pi
ans  =
   23.7973
```

따라서

$$V_1 = 4.6055 - j2.4403 = 5.212\underline{/-27.92^\circ}$$
$$V_2 = 5.908 + j2.605 = 6.457\underline{/23.8^\circ}$$

시간 영역에서,

$$v_1 = 4.605\cos(5t - 27.92^\circ)\text{ V}, \qquad v_2 = 6.457\cos(5t + 23.8^\circ)\text{ V}$$

연습문제 E.4

그림 E.10의 회로에서 주어진 $i = 4\cos(10t + 40^\circ)$ A와 $v = 12\cos(10t)$ V에 대하여 v_1과 v_2를 계산하라.

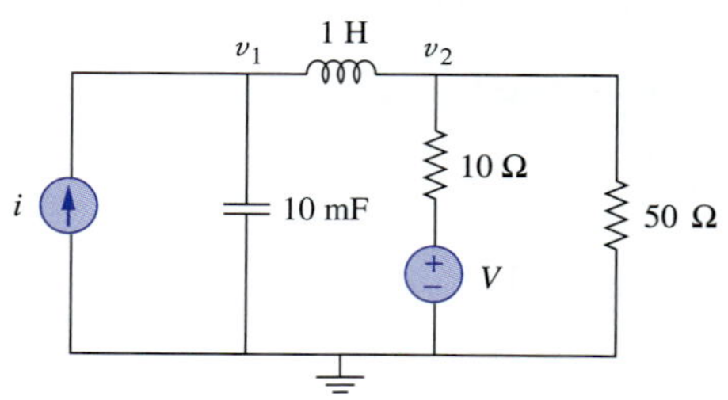

그림 E.10

연습문제 E.4의 회로

해답 $63.58\cos(10t - 10.68^\circ)$ V, $40\cos(10t - 50^\circ)$ V

예제 E.5

그림 E.11에 보이는 불평형 삼상 시스템에서, I_1, I_2, I_3, 그리고 I_{Bb}를 구하라. $Z_A = 12 + j10\ \Omega$, $Z_B = 10 - j8\ \Omega$, $Z_C = 15 + j6\ \Omega$이다.

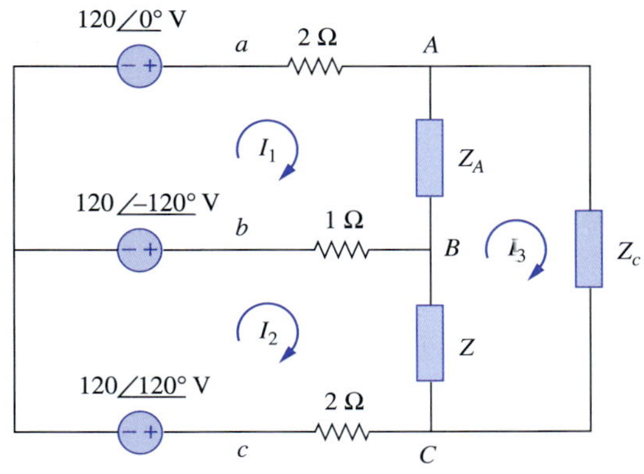

그림 E.11
예제 E.5의 회로

풀이

망로 1에서,

$$120\underline{/-120^\circ} - 120\underline{/0^\circ} + I_1(2 + 1 + 12 + j10) - I_2 - I_3(12 + j10) = 0$$

혹은

$$I_1(15 + j10) - I_2 - I_3(12 + j10) = 120\underline{/0^\circ} - 120\underline{/-120^\circ} \quad \textbf{(E.5.1)}$$

망로 2에서,

$$120\underline{/120^\circ} - 120\underline{/-120^\circ} + I_2(2 + 1 + 10 - j8) - I_1 - I_3(10 - j8) = 0$$

혹은

$$-I_1 + I_2(13 - j8) - I_3(10 - j8) = 120\underline{/-120^\circ} - 120\underline{/120^\circ} \quad \textbf{(E.5.2)}$$

망로 3에서,

$$I_3(12 + j10 + 10 - j8 + 15 + j6) - I_1(12 + j10) - I_2(10 - j8) = 0$$

혹은

$$-I_1(12 + j10) - I_2(10 - j8) - I_3(37 + j8) = 0 \quad \textbf{(E.5.3)}$$

행렬 형식으로, 식 (E.5.1), 식 (E.5.2), 그리고 식 (E.5.3)을 다음과 같이 표현할 수 있다.

$$\begin{bmatrix} 15+j10 & -1 & -12-j10 \\ -1 & 13-j8 & -10+j8 \\ -12-j10 & -10+j8 & 37+j8 \end{bmatrix} \begin{bmatrix} I_1 \\ I_2 \\ I_3 \end{bmatrix} = \begin{bmatrix} 120\underline{/0^\circ} - 120\underline{/-120^\circ} \\ 120\underline{/-120^\circ} - 120\underline{/120^\circ} \\ 0 \end{bmatrix}$$

혹은

$$\mathbf{ZI} = \mathbf{V}$$

I를 얻기 위하여 행렬 **Z**와 **V**를 MATLAB에 입력한다.

```
>> z = [(15 + 10j) -1 (-12 - 10j);
        -1 (13 - 8j) (-10 + 8j);
        (-12 - 10j) (-10 + 8j) (37 + 8j)];
>> c1=120*exp(j*pi*(-120)/180);
>> c2=120*exp(j*pi*(120)/180);
>> a1=120 - c1; a2=c1 - c2;
>> V = [a1; a2; 0]
>> I = inv(z)*V
I=
  16.9910 - 6.5953i
  12.4023 - 16.9993i
   5.6621 - 6.0471i
>> IbB = I(2) - I(1)
IbB =
  -4.5887 - 10.4039i
>> abs(I(1))
ans =
   18.2261
>> angle(I(1))*180/pi
ans =
  -21.2146
>> abs (I(2))
ans =
   21.0426
>> angle(I(2))*180/pi
ans =
  -53.8864
>> abs(I(3))
ans =
   8.2841
>> angle(I(3))*180/pi
ans =
  -46.8833
```

```
>> abs(IbB)
ans =
  11.3709
>> angle(IbB)*180/pi
ans =
  -113.8001
```

그러므로, $I_1 = 18.23\underline{/-21.21°}$, $I_2 = 21.04\underline{/-58.89°}$, $I_3 = 8.284\underline{/-46.88°}$, and $I_{bB} = 11.37\underline{/-113.8°}$A

연습문제 E.5

그림 E.12의 불평형 와이-와이 삼상시스템에서, 선전류 I_1, I_2, 그리고 I_3와 상전압 V_{CN}을 구하라.

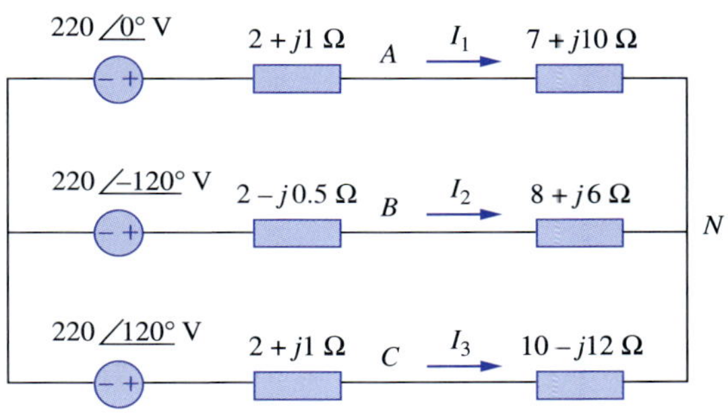

그림 E.12
연습문제 E.5의 회로

해답 $22.66\underline{/-26.54°}$ A, $6.036\underline{/-150.48°}$ A, $19.93\underline{/138.9°}$ A, $94.29\underline{/159.3°}$ V

E.4 주파수 응답

주파수 응답은 전달함수 $H(s) = D(s)/N(s)$의 크기와 위상 그림을 그리거나 $H(s)$의 보데 크기와 위상 그림을 얻는 것을 포함한다. 그림을 얻는 어려운 한 방법은 주어진 ω 영역에서 $s = j\omega$의 각 값에서 `for` 루프를 이용하여 데이터를 만드는 것이다. 그리고 E.1장에서 했던 것처럼 데이터 그림을 그린다. 그러나 두 개의 MATLAB 명령어 중 하나를 사용하는 쉬운 방법이 있다: `freqs`와 `bode`. 각 명령어에 대하여, `num`과 `den`으로 $H(s)$를 정의해야 한다, 여기서 `num`과 `den`은 높은 차수부터 상수항까지 분자 `N(s)`와 분모 `D(s)`의 s의 내림차수의 계수의 벡터이다. `bode` 함수의 일반적인 형식은 다음과 같다.

```
bode(num, den, range);
```

여기서 range는 그림의 주파수 영역이다. 만약 range가 생략되면, MATLAB은 주파수 영역을 자동으로 선택한다. range는 선형이거나 로그스케일일 수 있다. 예로, 50개 그림 점이 있는 선형 range $1 < \omega < 1{,}000$ ras/s에 대하여, 다음과 같이 쓸 수 있다.

```
range = linspace(1,1000,50);
```

100개 그림 점이 있는 로그 스케일 range $10^{-2} < \omega < 10^{4}$ rad/s에 대하여 다음과 같이 쓸 수 있다

```
range = logspace(-2,4,100);
```

freqs 함수에 대하여, 일반적인 형식은 다음과 같다.

```
hs = freqs(num, den, range);
```

여기서 hs는 주파수 응답(일반적으로 복소수)이다. 크기는 다음과 같이 데시벨로 계산된다.

```
mag = 20*log 10(abs(hs))
```

그리고 페이즈는 각도로 다음과 같다.

```
phase = angle(hs)*180/pi
```

그리고 그림을 그린다. 하지만 bode함수는 이 모든 것을 한 번에 한다. 다음의 예제로 설명한다.

예제 E.6

다음 함수의 보데 그림을 그리기 위하여 MATLAB을 이용하시오.

$$G(s) = \frac{s^3}{s^3 + 14.8s^2 + 38.1s + 2554}$$

풀이

앞에서 설명한 것과 같이, MATLAB 코드를 다음과 같이 쓴다.

```
% for example e.6
num=[1 0 0 0];
den = [1 14.8 38.1 2554];
w = logspace(-1,3);
bode(num, den, w);
title('Bode plot for a highpass filter')
```

프로그램을 수행하면 그림 E.13의 보데 그림을 얻는다. $G(s)$가 고역통과 필터를 나타낸다는 것은 크기 그림으로부터 명확하다.

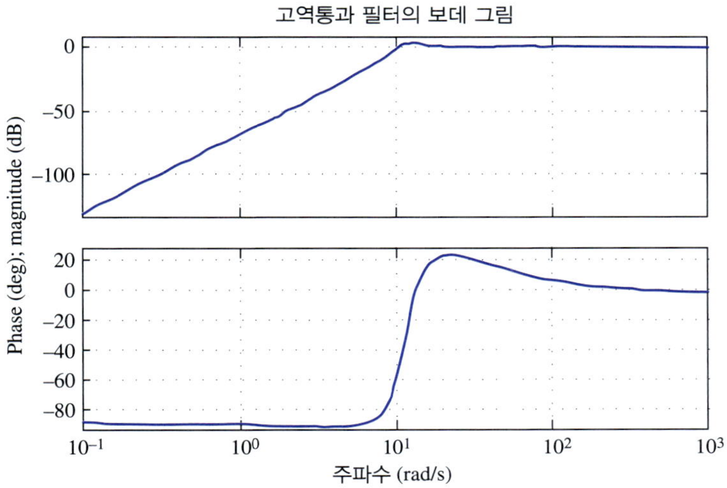

그림 E.13
예제 E.6의 회로

연습문제 E.6

다음 수식의 주파수 응답을 구하기 위해 MATLAB을 사용하라.

$$H(s) = \frac{10(s + 1)}{s^2 + 6s + 100}$$

해답

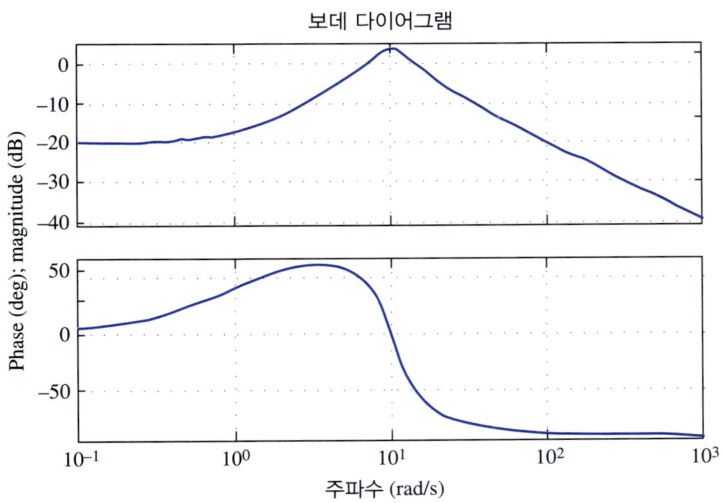

그림 E.14
연습문제 E.6의 회로

부록 F

TI–89 Titanium Calculators

F.1 Batteries

Use four AAA batteries for the TI-89 Titanium calculator, and make sure you arrange the batteries in the battery compartment according to the polarity (+ and −).

F.2 Power

To turn on the power for the TI-89 Titanium calculator, simply press [ON] which is located in the bottom-left corner on the keyboard. Figure F.1 shows the screen when it is starting.

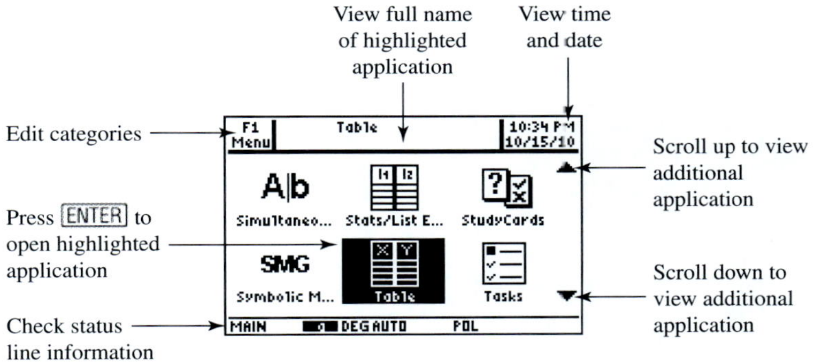

Figure F.1

You can use either of the following keys to turn off the TI-89 Titanium calculator. First, press [2ND] (the blue key) and then press the [ON] key (OFF is written in blue type above the ON key), but you cannot use this method if an error message is displayed; when you turn it on again, it displays the calculator screen regardless of the last application you used.

Second, by pressing [♦] (the green key) and then press [ON], it is similar to the first method, except you can use it if an error message is displayed; when you turn it on again, it will be exactly as you left it. If no keys are pressed for several minutes, the calculator will shut off automatically.

View on the keyboard of the calculator

F.3 Screen Contrast

To darken the display, press and hold [♦] and tap [+]. To lighten the display, press and hold [♦] and tap [+].

F.4 TI–89 Titanium Keys

Mode Settings

Modes control how the calculator displays and interprets information. To view the calculator mode settings:

1. Press [MODE]. Page 1 of the MODE dialog box appears.

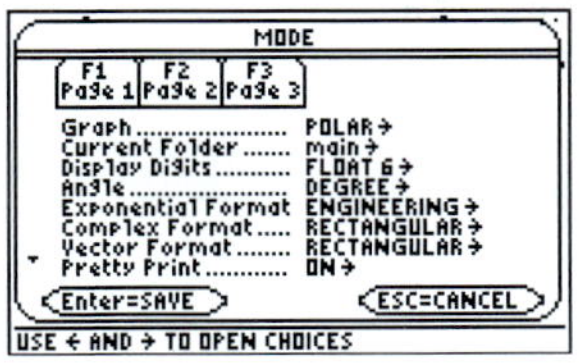

2. Press F2 or F3 to display the modes listed on Page 2 or Page 3.

Pressing F2

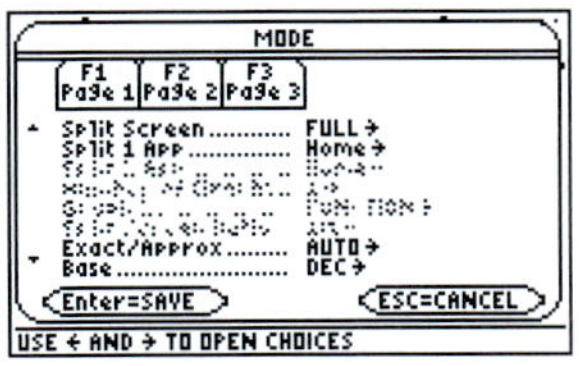

Pressing F3

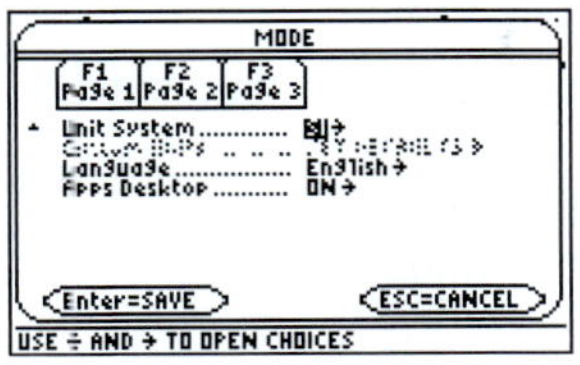

Modes that are grayed out are available only if other required mode settings are selected.

Example of Changing Mode settings:

Press MODE

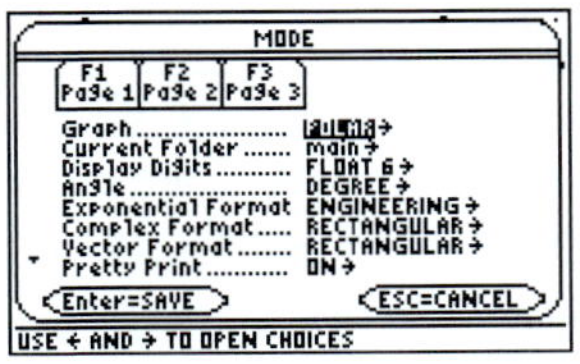

Press F3

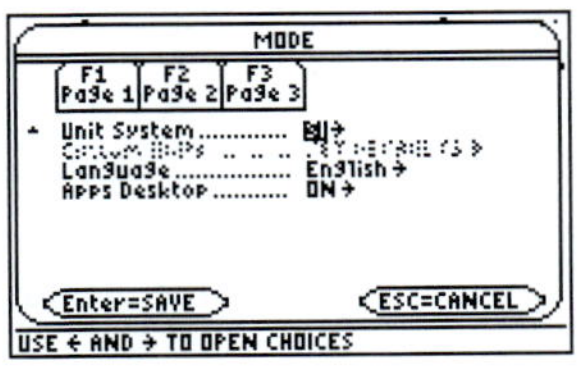

Scroll down to the language field (▼), to select the language and then Press (▶), to choose the language such as English, and then press ENTER to save it.

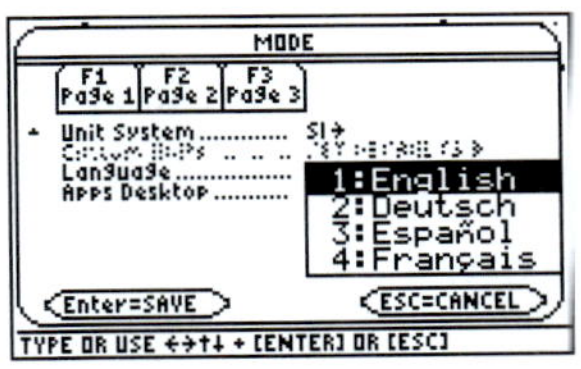

Press ENTER.

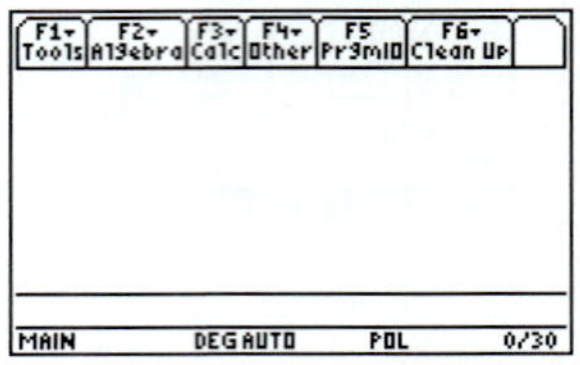

Using the Catalog to Access Commands

The Catalog is used to access a list of the calculator commands, including functions, instructions, and user-defined programs. Commands are listed alphabetically. The Catalog Help application includes details about each command.

Using Menus

To select menus, press the function keys corresponding to the toolbars at the top of the calculator Home screen and most application screens. Other menus can be selected by using key commands as in the following table.

Key	Description
2nd [CHAR]	To display CHAR menu. Lists characters not available on the keyboard; characters are organized by category (Greek, math, punctuation, special, and international).
2nd [MATH]	To display MATH menu. Lists math operations by category.
APPS	To display APPLICATIONS menu. Lists the installed applications. (Menu is available only when the Applications desktop is turned off; applications are normally accessed from the Applications desktop.)
◆ APPS	To display FLASH APPLICATIONS menu. Lists the installed Flash applications. (Menu is available only when Applications desktop is turned off; Flash applications are normally accessed from the Applications desktop.)

Special Characters

To enter special characters, use CHAR Menu and key commands. The CHAR menu lets you access Greek, math, international, and other special characters.

To select characters from the CHAR menu:

1. Press 2nd [CHAR]. The CHAR menu appears.
2. Use the cursor keys to select a category where a submenu lists the characters in the category.
3. Use the cursor keys to select a character, and press ENTER.

To open the keyboard map, press ◆ [KEY].

To type most characters, press ◆ and the corresponding key. Press ESC to close the map.

Modifiers Keys

These keys add features by increasing the number of keyboard operators at your fingertips. To access a modifier function, press a modifier key and then press the key for the corresponding operation. Table F.1 shows the most important keys.

TABLE F.1

Important Keys

Key	Dexcription
2nd (Second)	To access applications, menu options, and other operations. Second functions are printed above their corresponding keys in the same color as the 2nd key.
◆ (Diamond)	To access applications, menu options, and other operations. Diamond functions are printed above their corresponding keys in the same color as the ◆ key.
alpha (Alpha)	To type alphabetic characters without a QWERTY keypad. Alpha characters are printed above their corresponding keys in the same color as the alpha key.
↑ (Shift)	To type an uppercase character for the next letter key you press it. Also, used with ◀ and ▶ to highlight characters when editing.
ESC	It is equivalent of the Escape key on a computer. It gets you out of whatever you are doing.
ENTER	To execute commands and to evaluate expressions.
CLEAR	This is the erase key. If you are entering something into the calculator and you change your mind, press it two times.
◆ [Y=]	To display the Y= Editor.
◆ [WINDOW]	To display the Window Editor.
◆ [GRAPH]	To display the graph screen.
◆ [TBLSET]	To set parameters for the Table screen.
◆ [TABLE]	To display the table screen.
◆ [CUT] ◆ [COPY] ◆ [PASTE]	All these keys used to edit entered information by performing a cut, copy, or paste operation, respectively.
APPS	To display the Applications desktop.
◆ APPS	With the Applications desktop off, to display the FLASH APPLICATIONS menu.
2nd [↔]	To switch between the last two chosen applications.
2nd [CUSTOM]	To turn the custom menu on and off
2nd [▶]	To convert measurement units.

TABLE F.1 Continued

Key	Description
◆ [_]	To designate a measurement unit.
←	To delete the character to the left of the cursor (backspace).
◆ [DEL]	To delete the character to the right of the cursor.
2nd [INS]	To switch between insert and overwrite modes.
2nd [MEM]	To display the MEMORY screen.
CATALOG	To display a list of commands.
2nd [RCL]	To recall the contents of a variable.
STO▶	To store a value to a variable.
2nd [CHAR]	To display the CHAR menu, which lets you select Greek letters, international accented characters, and other special characters.
2nd [QUIT]	• In full-screen mode, to display the Applications desktop. • In split-screen mode, to display the full-screen view of the active application. • With the Applications desktop off, to display the calculator Home screen.

Numeric Keypad

We use the numeric keypad to enter positive and negative numbers. To enter a negative number, Press (−) before typing the number. Do not use the subtraction key − to represent the negative.

Do the following to enter a number in scientific notation:

1. Type the numbers that precede the exponent.
2. Press EE. The exponent symbol (E) follows the numbers you entered.
3. Type the exponent as an integer with up to three digits.

Example F.1

Enter 0.00786 using scientific notation.

Solution:

1. Press 7 . 8 6
2. Press EE. Then (−) 3.

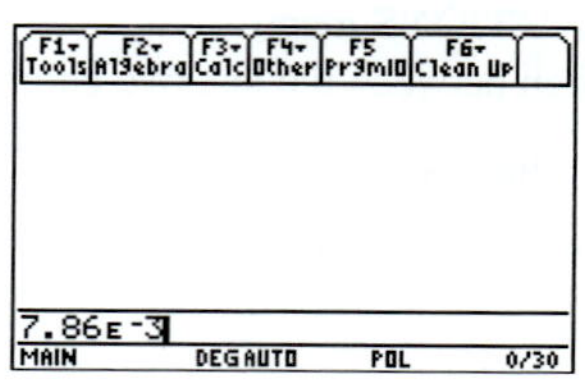

3. Press [ENTER].

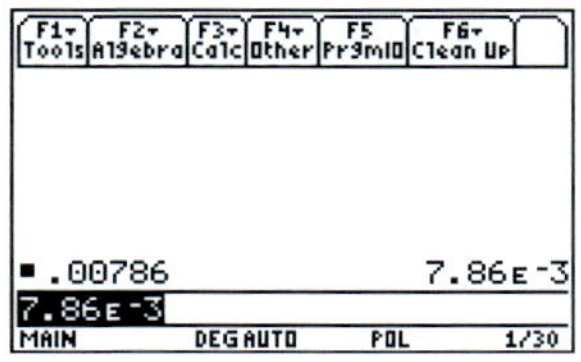

F.5 Calculator Home Screen

The calculator Home screen is the starting point for math operations, including executing instructions, evaluating expressions, and viewing results. You can display the calculator Home screen by two ways:

1. Press [HOME].
2. From the Applications desktop by highlighting the Home icon and pressing [ENTER].

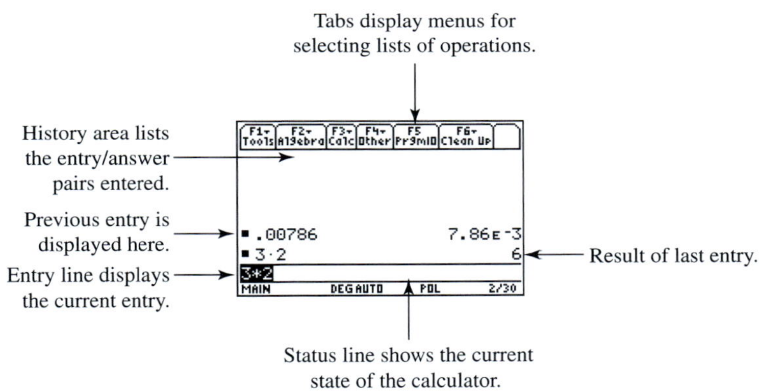

To return to the Applications desktop from the calculator Home screen, press [APPS].

F.6 Performing Computations

Before performing any activity, always clear the history area in each screen by pressing [F1] and selecting **8: Clear Home**.

Example F.2

Compute $\cos(\pi/3)$ and display the result in symbolic and numeric format.

Solution:

First make sure you choose radian for angle by pressing MODE and selecting radian for angle.

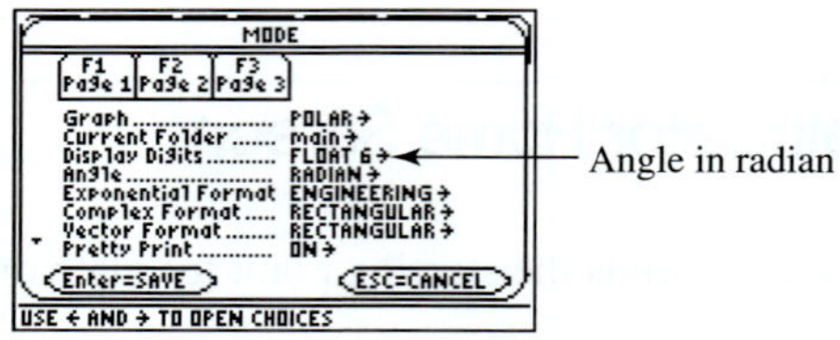

Then, press HOME, then

2nd [cos] 2nd [p] ÷ 3) ENTER ◆ [≈]

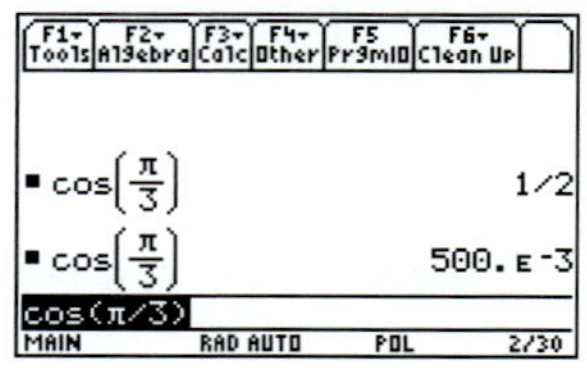

Example F.3

Compute the factorial of 6 (6!).

Solution:

Press HOME, type 6, Press 2nd [MATH], select **7: Probability**, and then select **1:!**.

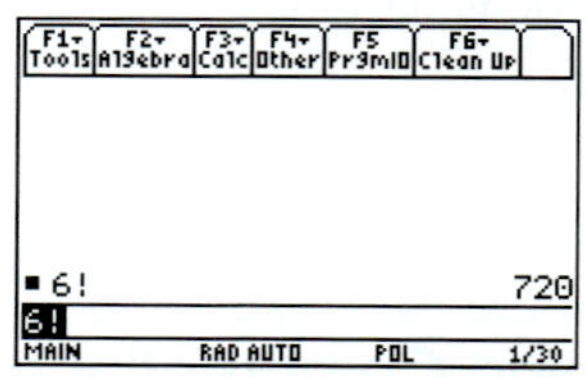

Example F.4

Compute the complex number $(5 + 7i)^3$.

Solution:

Press 2nd and then 1 ; enter 20) and press ENTER .

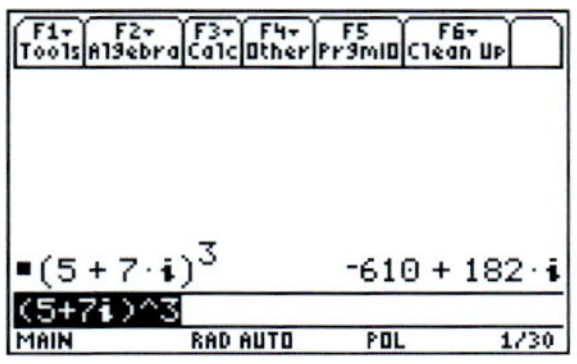

Example F.5

Compute the square root of 20 ($\sqrt{20}$).

Solution:

Press [2nd] and then [√]; enter 20 [)] and press [ENTER].

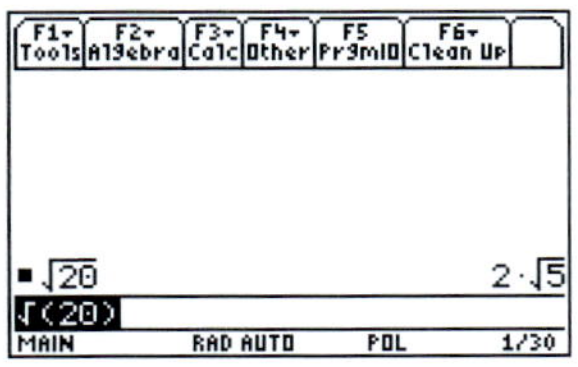

Example F.6

Store the variable **a** as 15, then compute 5**a**.

Solution:

Press [HOME], type 15, press [STO▶], press [alpha], then a, then [ENTER], type 5 [×], [STO▶], press [alpha], **a**, [ENTER].

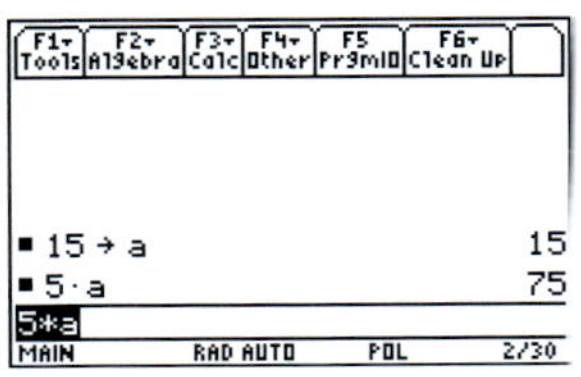

Use Press [2nd] [F1], **1: Clear a-z**, to delete the variable.

F.7 Matrices

A matrix is a rectangular array of elements arranged in rows and columns. The calculator can define a matrix in two ways; on the Home screen or in the Data/Matrix editor.

Define a Matrix on the Home Screen

You need to do the following:

- Enclose the elements of the matrix in square bracket, press 2nd ,, and 2nd ÷.
- The elements in the rows of the matrix are separated by commas, ,.
- The rows are delineated by semicolons, 2nd 9.

Example F.7

Let $a = \begin{bmatrix} 2 & 4 \\ 6 & 8 \end{bmatrix}, b = \begin{bmatrix} 0 & 3 \\ 5 & 1 \end{bmatrix}$ and $c = \begin{bmatrix} 1 & 3 & 5 \\ 7 & 9 & 11 \end{bmatrix}$

Evaluate the following:

1. $2a$
2. $a - b$
3. $a \times c$
4. determinant of a

Solution:

1. Press 2nd , 2 , 4 2nd 9 6 , 8 2nd ÷ STO▶ alpha a ENTER. Then 2 × a.

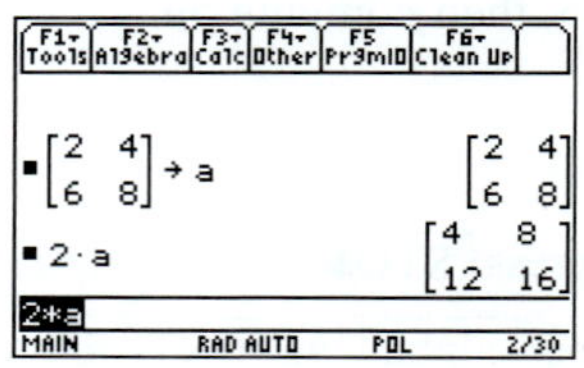

2. Press 2nd , 0 , 3 2nd 9 5 , 1 2nd ÷ STO▶ alpha b ENTER. Then a − b.

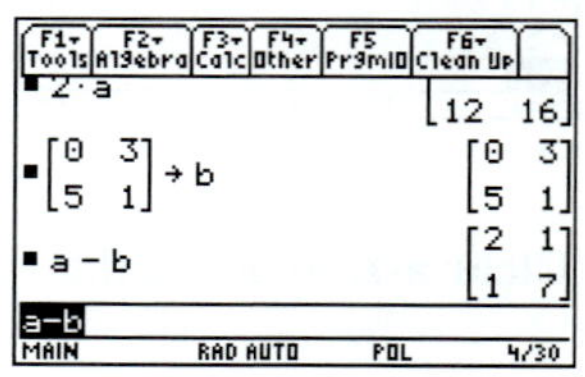

3. Press 2nd , 1 , 3 , 5 2nd 9 7 , 9 , 11 2nd ÷ STO▶ alpha c ENTER. Then a × c.

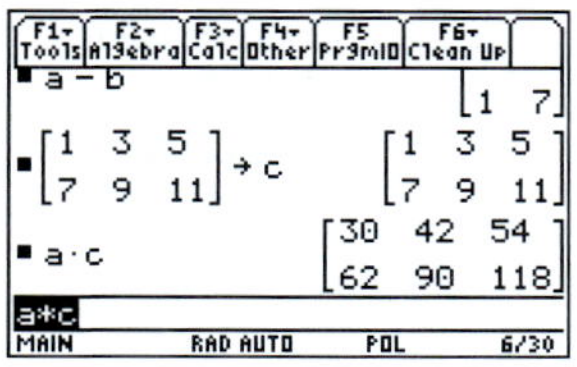

4. Press [2nd] 5 **4: Matrix** ▶, **2: det(** [ENTER] [alpha] a [)] [ENTER]

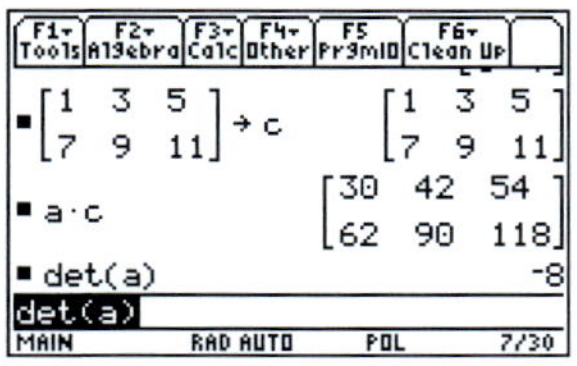

Define and Edit a Matrix in the Data/Matrix Editor

The Data/Matrix editor is a useful place to define and edit matrices, especially for several large matrices.

Example F.8

Define $d = \begin{bmatrix} 1 & 2 \\ 3 & 4 \end{bmatrix}$ in Data/Matrix editor, and then find $5d$.

Solution:

Press [APPS], then select Data/Matrix

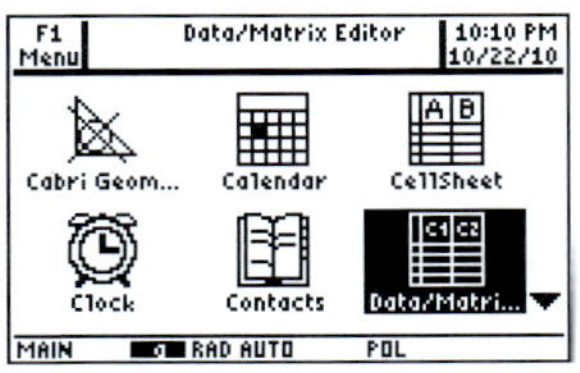

Press [ENTER]

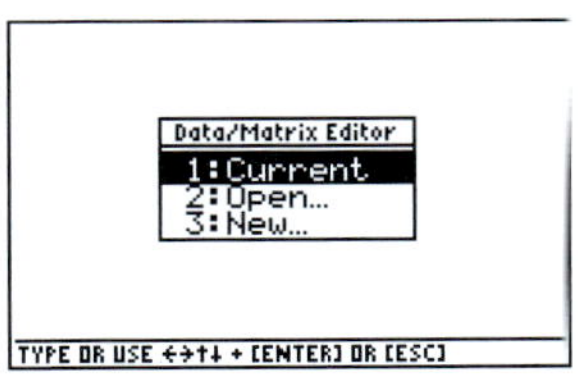

Press [ENTER], and select **2: Matrix** in type.

Type in variable d, row dimension 2, col dimension 2.

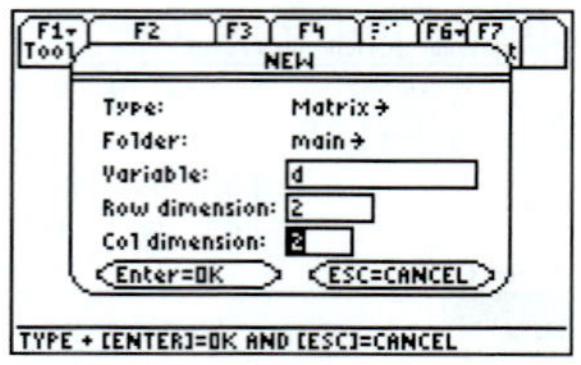

Press ENTER, and type the elements.

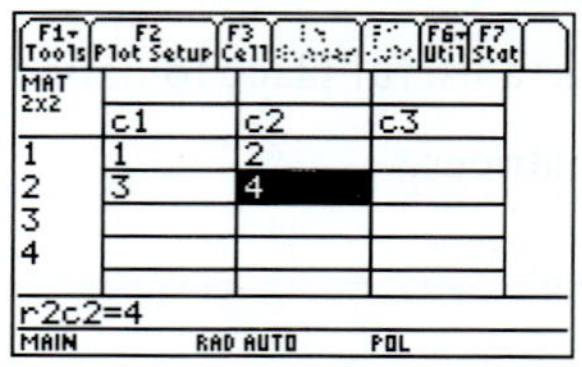

Press HOME and type 5 × d.

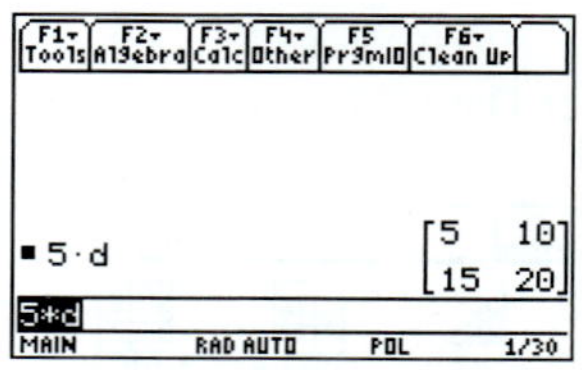

F.8 Solving Equations and Systems of Linear Equations

Example F.9

Solve the equation $x^2 - 4x + 2 = 0$, with respect to x.

Solution:

Press HOME, press F2, select 1: solve(, then ENTER, type 1 × ^ 2 − 4 × + 2 = 0 , ×) ENTER

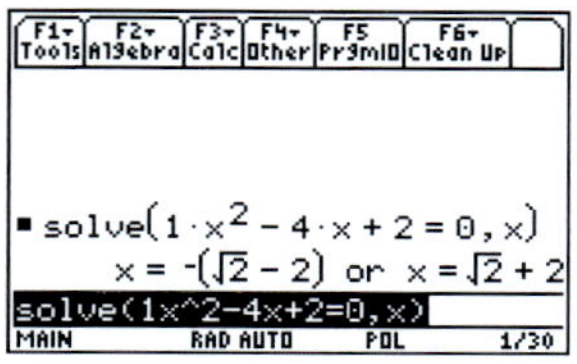

Example F.10

Solve $\sin(\theta) = 1/2$

Solution:

press HOME, press F2, select **1: solve(,** then ENTER, press 2nd y, then press ◆ ^) = 1/2 then , ◆ ^) ENTER

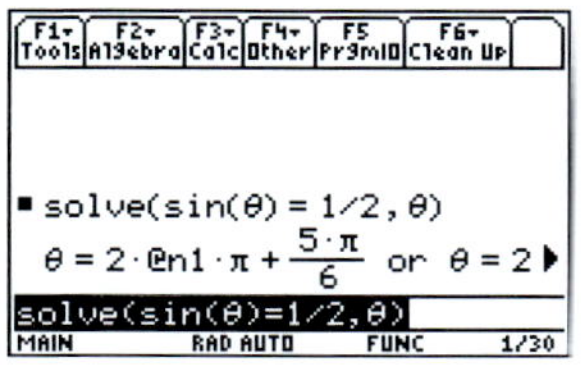

where n1 is an arbitrary integer.

Example F.11

Find the zeros of the equation $2x^3 - 3x^2 - 7x = -5$

Solution:

The solution using **zeros** function as:

Press HOME, press F2, select 4: zeros(, then press ENTER type 2x ^ 3 − 3x ^ 2 − 7x + 5, then , type x, then press) ENTER

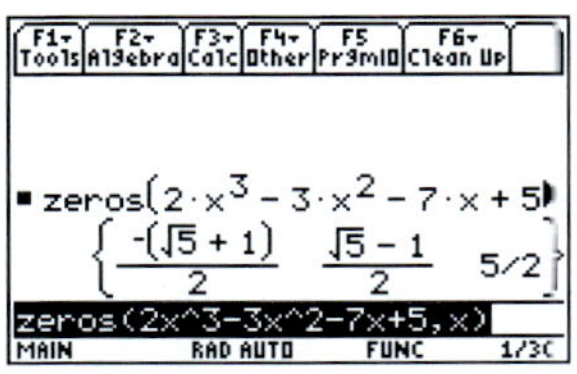

So the solution is $\left\{ \dfrac{-(\sqrt{5}+1)}{2}, \dfrac{\sqrt{5}-1}{2}, \dfrac{5}{2} \right\}$

Example F.12

Find the zeros of the equation $\sin(2x) - 5\cos(x) = 0$, over the interval $0 \le x \le 2\pi$.

Solution:

The solution using **zeros** function as:

Press [HOME], press [F2], select **4: zeros(,** then press [ENTER] type $\sin(2x) - 5\cos(x)$ press [,] x [)] press [|] type 0 then press [2nd] 5 8 to get ≤, press [2nd] 8 8 (to get and), press [2nd] 5 8 to get ≤, then type 2 [2nd] [^] [ENTER]

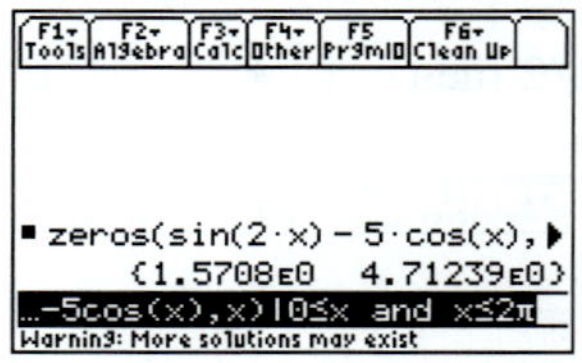

Example F.13

Solve the system of equations $\begin{cases} 3x - 6y = 24 \\ 5x + 4y = 12 \end{cases}$

Solution:

■ **METHOD 1** Here we use the reduced row echelon form using the **rref** function.

Press [HOME], press [2nd] 5, **4: Matrix** (▶), **4: rref(,** press [ENTER], type [3, –6, 24; 5, 4, 12], then press [)] [ENTER]

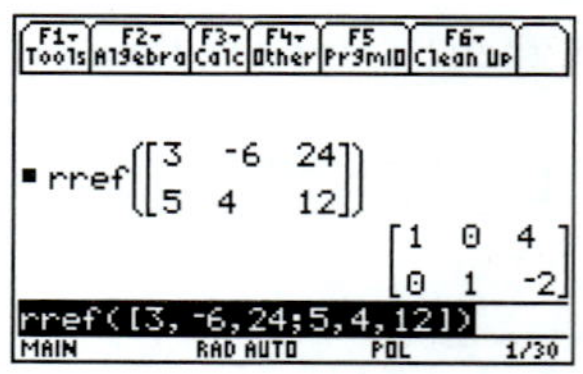

Reduced row echelon form $= \begin{bmatrix} 1 & 0 & 4 \\ 0 & 1 & -2 \end{bmatrix}$, the solution of the system $x = 4$, $y = -2$.

■ **METHOD 2** Here we use the **simult** function.

Press [HOME], press [2nd] 5, **4: Matrix** (▶), **5: simult(**, press [ENTER], type [3, –6; 5, 4] [,] [24; 12] then press [)] [ENTER]

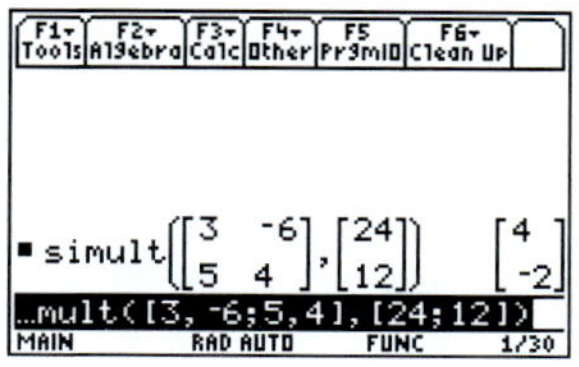

The solution of the system $x = 4$, $y = -2$.

■ **METHOD 3** You can find the solution using the **solve** function.

Press HOME, press F2, select **1: solve(,** then type 3x 6y − 24, then press 2nd [MATH] 8 8 (to make and) type $5x + 4y = 12$, then , 2nd [{] × , Y 2nd [}]) ENTER

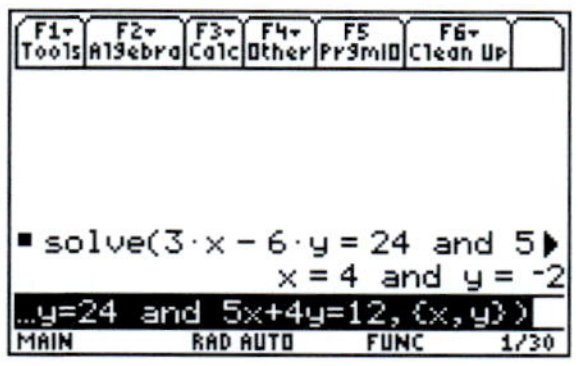

■ **METHOD 4** Here, we use the substitution method:

Solve the following equations $\begin{cases} 3x - 6y = 24 \\ 5x + 4y = 12 \end{cases}$

Solution:

Press HOME, Press F2, select **1: Solve(,** press ENTER, type $3x - 6y = 24$, x then press) ENTER.

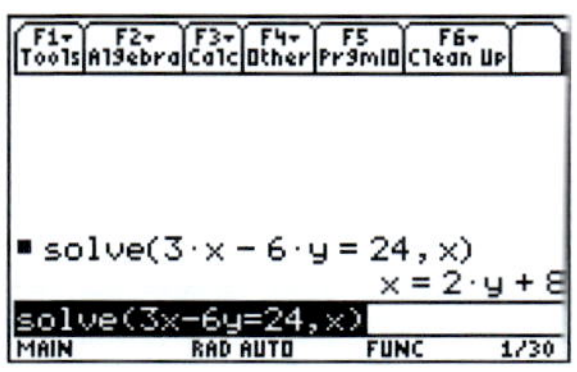

Press F2, select **1: Solve(,** press ENTER, type $5x + 4y = 12$, y then press) ENTER.

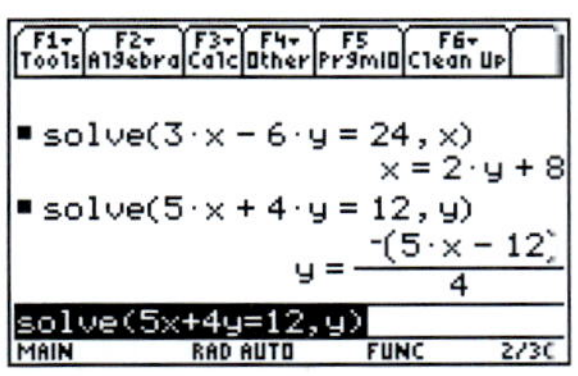

Press ▶ to remove the highlight on Solve, then press | to substitute the expression for x by copying the $x = 2y + 8$ using the up arrow key ▲ to

highlight $x = 5y + 2$, then press ENTER to paste it after |, then press again ENTER, now we have the value of $y = -2$.

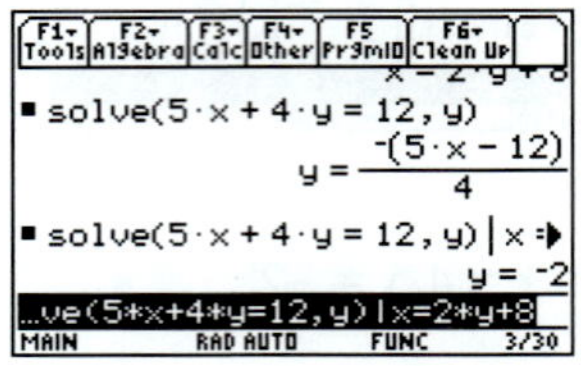

Now, press the up arrow key (▲), to highlight the $x = 2y + 8$, and press ENTER, then press | again and press the up arrow key (▲), to highlight the $y = 6/17$, press ENTER to paste it after |, then press again ENTER, this will give the value of $x = 4$.

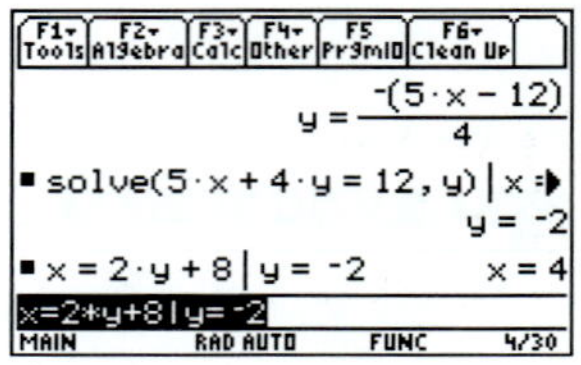

Example F.14

Solve the following equations $\begin{cases} x + y - z = 6 \\ 3x - 2y + z = -5. \\ x + 3y - 2z = 14 \end{cases}$

Solution:

Press HOME, Press 2nd 5, **4: Matrix** (▶), **5: simult(** , press ENTER , type [1, 1, –1; 3, –2, 1; 1, 3, –2] , [6; –5; 14] then press) ENTER the solution of the system $x = 1$, $y = 3$, $z = -2$.

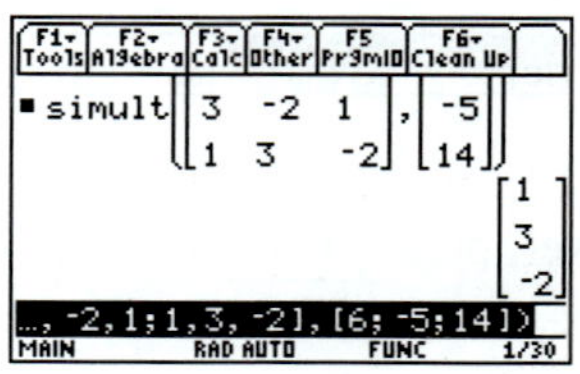

F.9 Plotting

To graph a function in the calculator you need to perform the following:

1. Press MODE and select **function** for graph, then press ENTER. Put **Radian** for angle when plotting Trig functions.

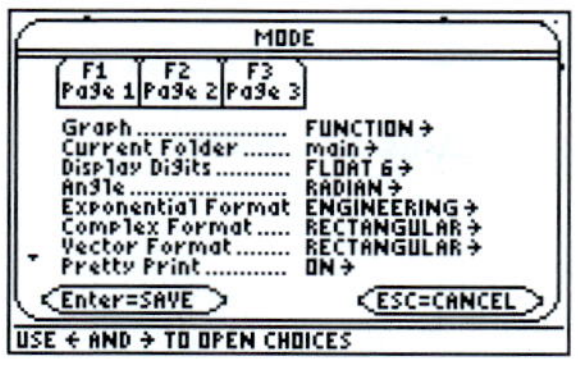

2. Press ♦ F1 to access the Y = editor and to enter the functions.

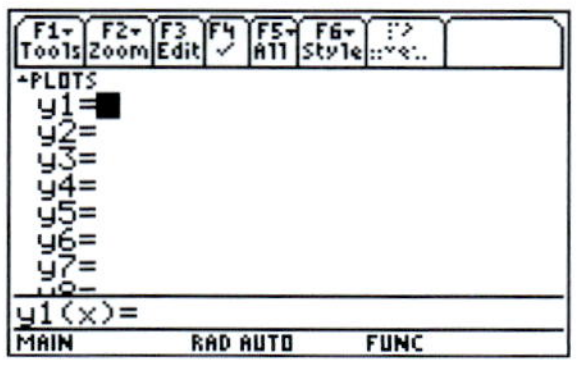

3. Press F1 9 to access the graph formats menu.

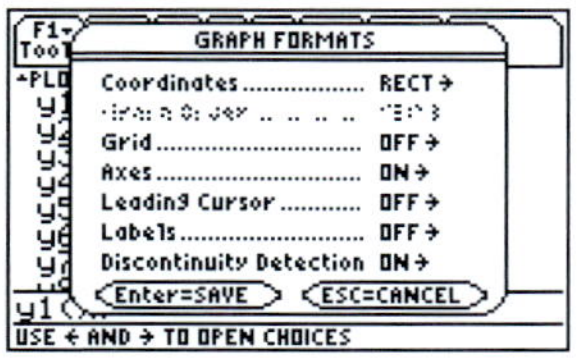

4. Press ♦ F2 to access the Window editor.

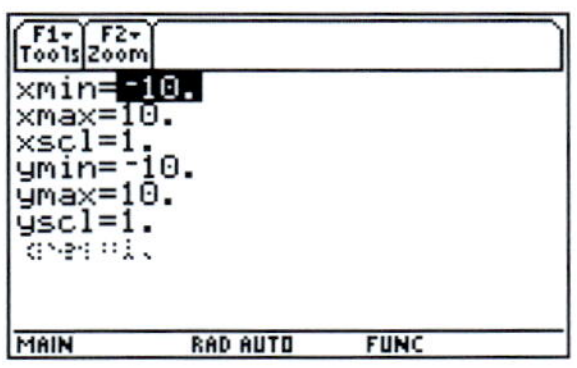

5. Press F2 then **A** to invoke the **ZoomFit** command; it uses the **xmin** and **xmax** setting to determine the appropriate setting for **ymin** and **ymax** and then automatically draws the graph.

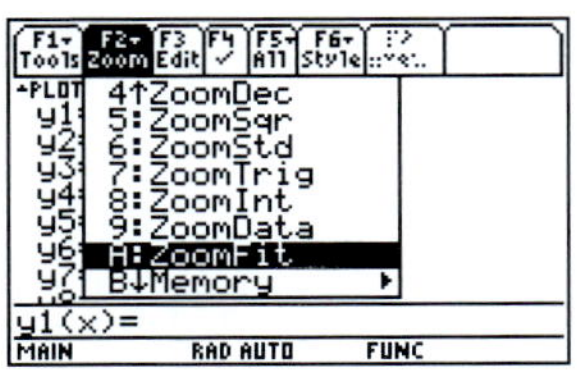

6. Press F2 then **6** to invoke the **ZoomStd** command; it automatically graphs the functions in the standard viewing window.

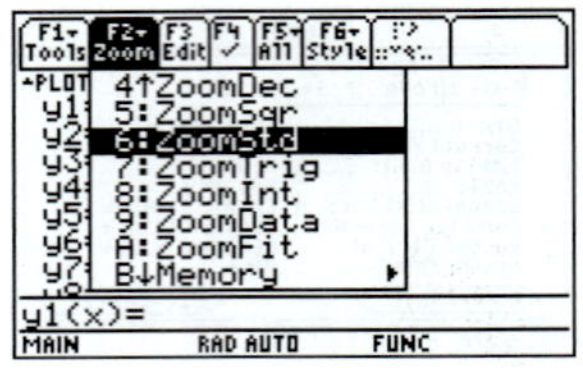

7. Press F2 **7** to invoke **ZoomTrig** command to graph the Trig function.

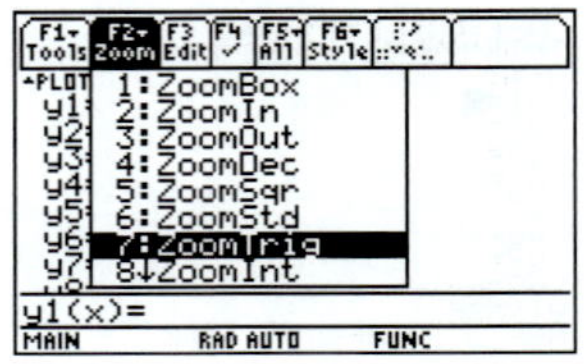

8. Press ◆ [GRAPH] to execute the graph.

Example F.15

Graph the function $y = 5x - x^3$.

Solution:

Press ◆ F1 to access the Y = editor and type in $y_1 = 5x - x^3$,

press ENTER

Press F2 then **A: ZoomFit** command, press ENTER.

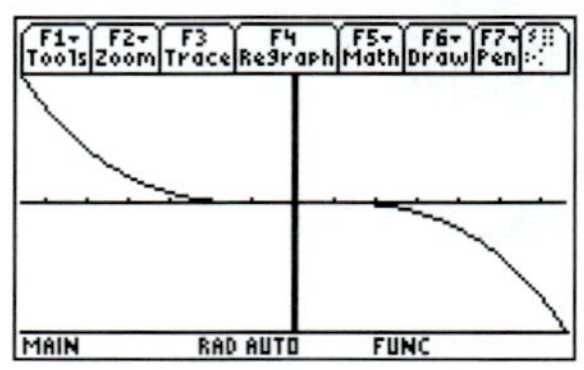

Example F.16

Graph the function $y = -3 \sin(x)$.

Solution:

Press ◆ F1, $-3 \sin(x)$, then press ENTER.

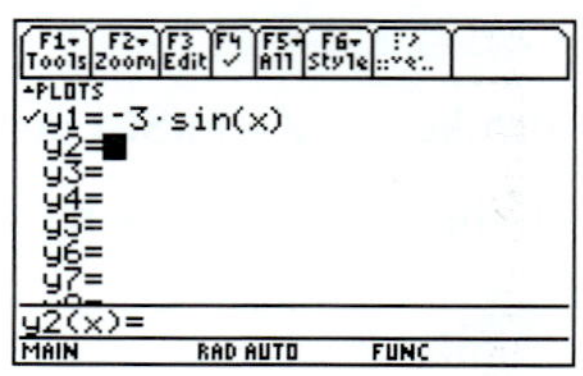

Press F2 then **7: ZoomTrig** command,

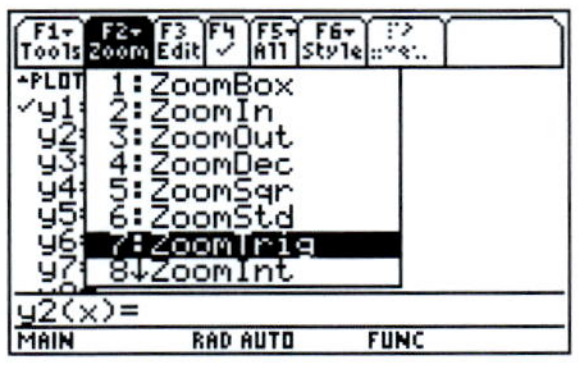

Press ENTER .

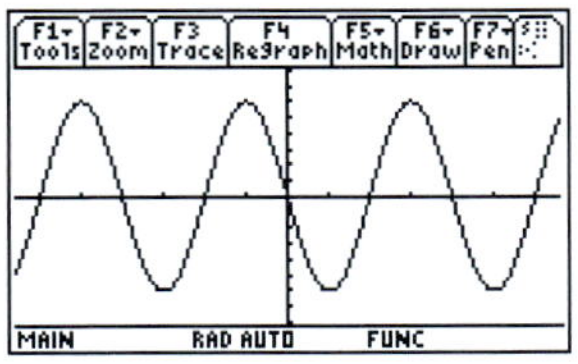

부록 G

홀수 문제의 답

Chapter 1

1.1 (a) 13.716 m, (b) 3.658 m, (c) 5148.8 m, (d) 0.010668 m

1.3 23.872 kW

1.5 (a) 4.5×10^{-3}, (b) 9.26×10^{-3}, (c) 7.421×10^{-3}, (d) 26.356×10^{6}

1.7 (a) 1.26×10^{-4}, (b) 9.8×10^{4}, (c) 5.0×10^{-7}

1.9 (a) 1.2×10^{10}, (b) 2.24×10^{-8}, (c) 5.625×10^{11}, (d) 1.25×10^{5}

1.11 (a) 24, (b) 0.8411 rad or 48.19°

1.13 (a) 0.99, (b) 9666.8

1.15 (a) −0.10384 C, (b) −0.19865 C, (c) −3.941 C, (d) −26.08 C

1.17 16.02 C

1.19 3.6 A

1.21 2.0833 ms

1.23 162.5 ms

1.25 $V_{ab} = -3$ V
$V_{bc} = 8$ V
$V_{ac} = 5$ V
$V_{ba} = 3$ V

1.27 0.333 A

1.29 10.8 V

1.31 0.333 A

1.33 0.375 A

1.35 (a) 15 V, (b) 5 V

1.37 4.56 kW

1.39 3 mC

1.41 500 C, 6 kJ

1.43 아래의 답은 대표적인 답이다.

(a) Light bulb	60 W, 100 W
(b) Radio set	4 W
(c) TV set	110 W
(d) Refrigerator	700 W
(e) PC	120 W
(f) PC printer	18 W
(g) Microwave oven	1000 W
(h) Blender	350 W

1.45 21.6 cents

1.47 (a) 0.1667 A, (b) 175.2 kWh, $21.02

1.49 $0.1355

1.51 0.96 kWh, 8.16 cents

1.53 14,000 ft-lb/s, 25.45 hp

1.55 (a) 14.11 MJ, (b) $1.18

1.57 6 C

1.59 −961.2 J

1.61 16.667 A

1.63 1.728 MJ

1.65 (a) 0.54 C, (b) 2.16 J

Chapter 2

2.1 1.131 Ω

2.3 8.13 $\mu\Omega$

2.5 3.427 m

2.7 6.6×10^{-6} Ωm

2.9 도체의 길이를 짧게 하면, 저항과 길이의 선형 관계로 인하여 도체의 저항은 감소한다.

2.11 0.61

2.13 (c)의 그래프는 옴의 법칙을 나타낸다.

2.15 3.2 mA

2.17 40 A

2.19 162 V

2.21 428.57 Ω

2.23 For V = 10, 4 A
For V = 20, 16 A
For V = 50, 100 A

2.25 (a) 40V, 저항의 위쪽 단자가 양이다.
(b) 0.2V, 저항의 아래쪽 단자가 양이다.
(c) 12mV, 저항의 위쪽 단자가 양이다.

2.27 (a) 0.4 S, (b) 25 μS, (c) 83.33 nS

2.29 20.83 μS

2.31 0.8 V

2.33 AWG #이 적절함.

2.35 (a)144 CM,
(b)78,540 CM

2.37 (a) 0.62 MΩ ± 10%,
(b) 50 kΩ ± 5%

2.39 (a) 녹색, 빨강색, 검정색
(b) 오렌지색, 빨강색, 갈색
(c) 파랑색, 회색, 빨강색
(d) 오렌지색, 빨강색, 녹색

2.41 (a) 최대값 0.682 MΩ과 최소값 0.558 MΩ
(b) 최대값 52.5 kΩ과 최소값 47.5 kΩ

2.43 0.25 V

2.45 전구의 단자를 저항계에 연결한다. 저항계가 무한대 옴을 지시하면, 그것은 회로가 개방 되었다는 의미이며 전구는 타 버린 것이다.

2.47 전압계는 그림 G.1에서와 같이 저항 R_1 양단에 연결된다.

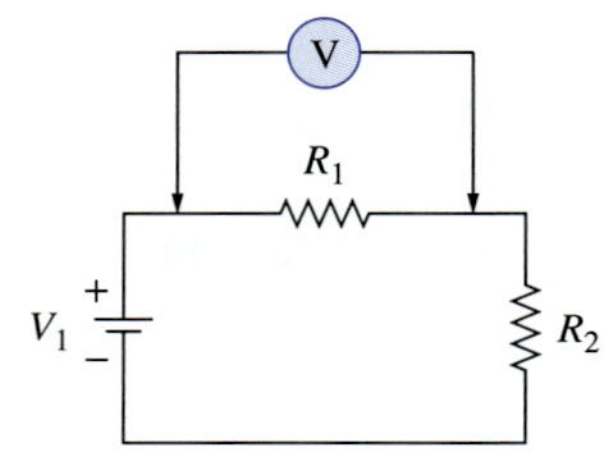

그림 G.1
문제 2.47의 회로

2.49 저항계는 그림 G.2에서와 같이 연결된다.

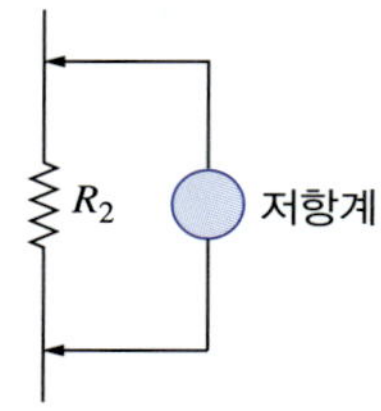

그림 G.2
문제 2.49의 회로

2.51 전기 충격은 몸체를 흐르는 전류에 의하여 생긴다.

Chapter 3

3.1 0.3611 W

3.3 40 s

3.5 60.48 kWh

3.7 (a) 0.0031 kWh, (b) 0.36 kWh, (c) 160 kWh

3.9 18.75 s

3.11 1.682 A

3.13 116.071 V

3.15 86.4 Ah

3.17 (a) 30 A, (b) 3.6 kW, (c) 204.84 Btu/min

3.19 10 W

3.21 1.55 A

3.23 $P_{10} = 40$ W
$P_{12} = 48$ W
$P_{20} = 80$ W

3.25 2.828 mA, 141.42 V

3.27 5.801 MJ

3.29 전력은 원래 값의 8배로 증가하였다.

3.31 For R_1, 162 W
For R_2, 259.2 W

3.33 (a) 120 W, (b) −60 W

3.35 22.36 mA

3.37 (a) 14.23 W—손상 가능성 있음
(b) 8 μW—정상
(c) 32 W—손상 가능성 있음

3.39 105.83 V

3.41 $38.25

3.43 93.83%

3.45 56.82%

3.47 1.802 hp

3.49 13.33%

3.51 $36.86

3.53 56%

3.55 (a) 80%,
(b) 6 kJ,
(c) 대부분은 열 에너지로 변환된다.

3.57 (a) 52.22%, (b) 1,433.4 W

3.59 (a) 2400 W, (b) 1119 W, (c) 46.6%, (d) 1281 W,
(e) 72/89 Btu/min

Chapter 4

4.1 6 branches, 6 nodes, and 1 loop.

4.3 9 nodes, 7 loops, and 14 branches.

4.5 350 Ω

4.7 2.2 kΩ

4.9 235 kΩ

4.11 7.136 MΩ

4.13 $R_1 = 5.333\ \Omega$
$R_2 = 2.667\ \Omega$

4.15 4 Ω or 16 Ω

4.17 15 mA

4.19 $I_x = 0.5$ mA
$P_8 = 2$ mW
$P_{10} = 2.5$ mW
$P_{12} = 3$ mW

4.21 20 V

4.23 20 V, 20 Ω

4.25 0.1143 mA, 2.286 V

4.27 0.2286 A

4.29 1.8 mA, 7 V

4.31 (a) 1.667 A, (b) 1.63 V, (c) *y*

4.33 −10 V

4.35 8

4.37 The simplified circuit is shown in Figure G.3.

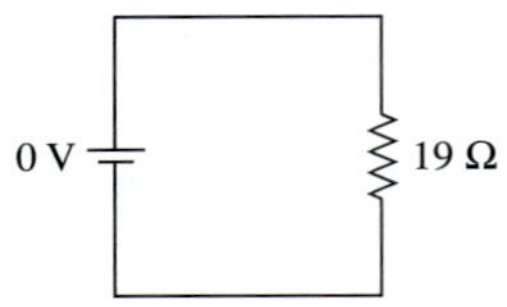

그림 G.3
문제 4.37의 회로

4.39 4 V

4.41 9.333 kΩ

4.43 (a) For minimum value, 41.74 V
For maximum value, 67.83 V,
(b) The minimum value is 0 V
The maximum value is 40 V

4.45 9.202 V

4.47 V_1 = 16.32, V_2 = 12.48, V_3 = 0.98 V

4.49 V_1 = 1.74 V, V_2 = 21.74 V

4.51 62.442 V

4.53 4 V

4.55 1.2 A

4.57 10 Ω

4.59 At position 1, 3 mA
At position 2, 3.593 mA
At position 3, 5 mA

4.61 (a) 0.2 A, (b) 112 V, (c) 22.4 W

4.63 (a) 1 A, (b) 0.3 V, (c) 11.7 V, (d) 0.3 W,
(e) 11.7 W, (f) 97.5%

Chapter 5

5.1 4 A

5.3 I_1 = 6 A, I_2 = 14 A, I_3 = 4 A

5.5 I_1 = 7 A, I_2 = −5 A

5.7 3 A

5.9 8 mA

5.11 10 Ω

5.13 (a) 33.275 Ω, (b) 8.0385 kΩ, (c) 0.4028 MΩ

5.15 2.12 S

5.17 31.58 Ω

5.19 8 Ω

5.21 5 kΩ

5.23 100 Ω

5.25 A1 reads: 138 mA
A2 reads: 130 mA

5.27 For R_1, 1.915 mA, 17.235 mW
For R_2, 4.091 mA, 36.82 mW
For R_3, 5 mA, 45 mW
For R_4, 2.727 mA, 24.545 mW

5.29 (a) 2.1 A, (b) 120 V, (c) 252 W

5.31 (a) 6 V, (b) 3 W, (c) 3 W

5.33 4.033 Ω, 12.1 V

5.35 I_1 = 7.5 A
I_2 = 2.5 A

5.37 I_1 = 1.0527 A
I_2 = 1.3157 A
I_3 = 2.6314 A

5.39 I_{100} = 25 mA
I_{300} = 75 mA

$I_{600} = 150$ mA

5.41 (a) 55.1 mS,
(b) 18.15 Ω, 6.614 A, 300 W

5.43 $I_1 = 5.555$ mA
$I_2 = 8.333$ mA
$I_3 = 11.111$ mA

5.45 (a) 4.396 Ω,
(b) 0.2275 S,
(c) $I_T = 27.3$ A, $I_x = 15$ A

5.47 $I_1 = 6.857$ A
$I_2 = 3.428$ A
$I_3 = 1.714$ A

5.49 8.4 A

5.51 $I_1 = 5$ A 그리고 $I_2 = 4$ A.

5.53 $I_{12} = 4$ A, $I_8 = 6$ A, $I_4 = 12$ A, $I_2 = 24$ A

5.55 $V_1 = 20$ V
$V_2 = 30$ V
$V_3 = 0$ V
$V_4 = 10$ V

5.57 (a) R_2는 개방 회로
(b) R_1은 개방 회로
(c) R_3는 개방 회로

5.59 정상 동작 하에서, 0.2857 A
비정상 동작 하에서, 0 A

5.61 195 W

5.63 $I_1 = 1.29$ A
$I_2 = 1.5$ A
$I_3 = 1.8$ A
$I_T = 4.6$ A

5.65 $P_{max} = 2.469$ kW
$P_{min} = 600$ W

Chapter 6

6.1 R1과 R2는 병렬
R3와 R4는 직렬
R5와 R6는 병렬

6.3 34.5 Ω

6.5 50 Ω

6.7 20 Ω

6.9 13.94 Ω

6.11 0.1 A

6.13 3 A

6.15 8 V

6.17 $V_2 = 4$ V
$V_{10} = 20$ V
$V_4 = 6$ V
$V_7 = 3.5$ V
$V_5 = 2.5$ V

6.19 $V_{10} = 20$ V
$V_3 = 4$ V
$V_{12} = 16$ V

6.21 0.133 mA

6.23 (a) 0 Ω, (b) 1.429 Ω

6.25 4 V

6.27 52.976 kΩ

6.29 (a) 14.17 Ω,
(b) 16.94 A

6.31 $I_7 = I_{50} = 0.15$ A
$I_{46} = 0.075$ A
$I_{15} = 0.075$ A
$I_{20} = 0.06$ A
$I_{30} = I_{10} = I_{40} = 0.015$ A

6.33 0.5 V

6.35 $I_1 = I_2 = \frac{1}{2}I_0$

$I_3 = I_4 = \frac{1}{4}I_0$

$I_6 = I_5 = \frac{1}{8}I_0$

6.37 2 V, $\frac{1}{3}\Omega$

6.39 −4.8 A

6.41 6 mV

6.43 (a) 24 V, (b) 18 V

6.45 (a) 10.4 V, (b) 12 V, (c) 13.08%

6.47 68 V

6.49 $V_1 = 25.71$ V, $V_2 = 5.153$ V, $V_3 = 3.857$ V

6.51 990.8 mA

6.53 14.47 V

6.55 14.472 V

6.57 (a) 4.949 kΩ,
(b) $I_1 = 5.365$ mA, $I_2 = 1.247$ mA.

6.59 2 kΩ

6.61 6.667 V

6.63 At no load, 83.33
Under load, 83.54

Chapter 7

7.1 (a) 62, (b) −306

7.3 $I_1 = 1.2143$ A, $I_2 = -1.5714$ A

7.5 1.5 A

7.7 $i_1 = -0.4286$ A, $i_2 = 0.4286$ A

7.9 1.188 A

7.11 $i_1 = 5.25$ mA, $i_2 = 8.5$ mA, $i_3 = 10.25$ mA

7.13 $I_a = 530$ mA
$I_b = 90$ mA
$I_c = 0.170$ mA

7.15 $I_1 = 2.462$ A, $I_2 = 0.1538$ A

7.17 $29I_1 - 8I_2 - 7I_3 = 10$
$-4I_2 + 10I_4 = -12$
$-3I_2 - I_3 + 4I_5 = 12$

7.19 33.78 V, 10.667 A

7.21 $i_1 = 3.5$ A, $i_2 = -0.5$ A, $i_3 = 2.5$ A

7.23 −2.286 V

7.25 $V_1 = 24$, $V_2 = 8$ V, $V_3 = 0$ V

7.27 20 V

7.29 571 mA

7.31 $V_1 = 18$ V, $V_2 = 26$ V

7.33 37 V

7.35 $V_1 = 5.9296$ V, $V_2 = 7.5377$ V

7.37 $V_1 = 10$ V
$V_4 = 5$ V
$V_3 = 4.884$ V
$V_2 = 6.628$ V

7.39 $V = 2.004$ V
$I = 3.6673$ A

7.41 $V_1 = 9.143$ V, $V_2 = -10.286$ V
$P_{8\Omega} = 10.45$ W
$P_{4\Omega} = 94.37$ W
$P_{2\Omega} = 52.9$ W

7.43 39.67 mA

7.45 $$\begin{bmatrix} 1050 & -150 & -800 \\ -150 & 990 & -600 \\ -800 & -600 & 2150 \end{bmatrix}\begin{bmatrix} i_1 \\ i_2 \\ i_3 \end{bmatrix} = \begin{bmatrix} 24 \\ -10 \\ 10 \end{bmatrix}$$

$P_{8\Omega} = 2.73$ W

7.47 $\begin{bmatrix} 1050 & -150 & -800 \\ -150 & 990 & -600 \\ -800 & -600 & 2150 \end{bmatrix} \begin{bmatrix} i_1 \\ i_2 \\ i_3 \end{bmatrix} = \begin{bmatrix} 24 \\ -10 \\ 10 \end{bmatrix}$

7.49 $V_1 = 2.333$ volts, $V_2 = 3.275$ volts
$V_3 = 2.745$ volts

7.51 $\begin{bmatrix} 0.6 & -0.5 & 0 & 0 \\ -0.5 & 1 & -0.25 & -0.25 \\ 0 & -0.25 & 0.25 & 0 \\ 0 & -0.25 & 0 & 1.25 \end{bmatrix} \begin{bmatrix} V_1 \\ V_2 \\ V_3 \\ V_4 \end{bmatrix} = \begin{bmatrix} 3 \\ 2 \\ -1 \\ -5 \end{bmatrix}$

7.53 (a) R1 = R2 = R3 = 4 Ω,
(b) R1 = 18 Ω, R2 = 6 Ω, R3 = 3Ω

7.55 (a) 142.32 Ω, (b) 33.33 Ω

7.57 0.9974 A

7.59 −0.8095 A

7.61 $i_1 = 99.61$ mA, $i_2 = 31.84$ mA, $i_3 = 42.3$ mA

7.63 $V_1 = 12.35$ V, $V_2 = 8.824$ V, $V_3 = 4.824$
그리고 $V_4 = -2.235$ V.

7.65 20 V

7.67 10.69 V

7.69 1.5 V

7.71 $I_B = 0.61\ \mu$A
$V_O = 49$ mV
$V_{CE} = 8.341$ V

Chapter 8

8.1 0.1 A, 1 A

8.3 1.5 A

8.5 5 A

8.7 3 A

8.9 5.8876 mA

8.11 3.875 A, 45.05 W

8.13 −8.48 V

8.15 15.2 V

8.17 3 A

8.19 555.5 mA

8.21 −125 mV

8.23 3 V

8.25 1.6 A

8.27 28 ohms, 92 V

8.29 500 mA

8.31 $R_{Th} = 28$ ohms, $V_{Th} = -160$ volts, $V_x = -48$ V

8.33 $R_{Th} = 10$ ohms, $V_{Th} = 0$ volts, $I_x = 0$ A

8.35 $R_N = 3$ ohms, $I_N = 2$ A

8.37 $R_N = 10$ ohms, $I_N = -0.4$ A, $I = 2.4$ A

8.39 $R_{Th} = 21.667\ \Omega$
$V_{Th} = 1.5$ V
$R_N = 21.667\ \Omega$
$I_N = 69.23$ mA

8.41 (a) $R_{Th} = 3.636\ \Omega$
$V_{Th} = 60$ V
$I_N = 16.501$ A
$R_N = 3.636\ \Omega$,
(b) $R_{Th} = 195.35\ \Omega$
$V_{Th} = 398.15$ V
$R_N =$ RTh 195.35 Ω
$I_N = 2.04$ A

8.43 V_L ranges from 1.445 V to 2.399 V

8.45 $V_{Th} = 9.45$ V
$R_{Th} = R_{norton} = 1.31\ \Omega$
$I_{norton} = 7.21$ A

8.47 $R_{Th} = 2$ k ohms
$V_{Th} = -160$ V

8.49 $R_{Th} = 10$ ohms
$V_{Th} = 166.67$ V
$I_N = 16.667$ A
$R_N = 10$ ohms

8.51 625 mW

8.53 (a) $R_{Th} = 12$ ohms
$V_{Th} = 40$ V,
(b) 2 A,
(c) 12 ohms,
(d) 33.33 watts

8.55 10 V

8.57 6.469 V

8.59 0.1793 A

8.61 10.4 mA

8.63 0.2 A

8.65 0.1667 A

8.67 (a) 2.4 A, (b) 2.4 A, (c) Yes

8.69 $V_{Th} = 6$ V, $R_{Th} = 13\ \Omega$
$I_N = 68$ mA, $G_N = 44$ mS

8.71 (a) $V = 60$ V,
(b) $V = 60$ V, confirming the reciprocity theorem

8.73 $V_{Th} = 8$ V, $R_{Th} = 9.5\ \Omega$

8.75 $R_{Th} = 28\ \Omega$
$V_{Th} = 92$ V

8.77 $R_{Th} = R_N = 13.333\ \Omega$
$V_{Th} = 34$ V
$I_N = 2.55$ A

8.79 $V_{Th} = 12$ V, $R_{Th} = 8$ ohms

8.81 (a) $V_{Th} = 24$ V, $R_{Th} = 30\ \text{k}\Omega$
(b) 9.6 V

Chapter 9

9.1 (a) 0.000268 μF, (b) 45,000 pF, (c) 2.4 pF

9.3 22.5 V

9.5 15 μF

9.7 The second capacitor (C_2) has 25 times the stored energy of the first capacitor (C_1).

9.9 106.1 nF

9.11 (a) 88.42 pF, (b) 12 kV/m, (c) 10.61 nC

9.13 375 kV/m

9.15 3

9.17 $C_2 = 6C_1$

9.19 (a) 120 mF, (b) 7.5 mF

9.21 20 μF

9.23 10 μF

9.25 4 mF

9.27 (a) 35 μF,
(b) $Q_1 = 0.75$ mC
$Q_2 = 1.5$ mC
$Q_3 = 3$ mC,
(c) 393.8 mJ

9.29 (a) 200 μF, (b) 10 mC, (c) 200 V

9.31 $C_1 = 5.52$ nF, $C_2 = 2.76$ nF, $C_3 = 55.2$ nF

9.33 5.455 μF

9.35 1.15 MF

9.37 480 mA

9.39 $I_1 = 5/3$ A
$I_2 = 10/3$ A

9.41 $i(t) = \begin{cases} 32 \text{ A}, & 0 < t < 1 \text{ ms} \\ 0, & 1 < t < 3 \text{ ms} \\ -32 \text{ A}, & 3 < t < 4 \text{ ms} \end{cases}$

9.43 $i(t) = \begin{cases} 800 \ \mu\text{A}, & 0 < t < 1 \\ 0, & 1 < t < 2 \\ -800 \ \mu\text{A}, & 2 < t < 3 \end{cases}$

9.45 (a) 10 ms, (b) 6 s

9.47 $4e^{-12.5t}$ V

9.49 $20e^{-t/2}$ V

9.51 $12 - 12e^{-t/0.6}$ V, $0.3e^{-t/0.6}$ mA

9.53 $v_c(t) = 15(1 - e^{-t/\tau})$ V, $t = 5.333$ ms

9.55 5.545 s

9.57 10.75 ms

9.59 (a) 1.2 μF, (b) $V_1 = 7.2$ V, $V_2 = 4.8$ V, (c) 0.83 μs

9.61 200 ms

9.63 저항 R_1 양단의 전압 $v(t)$는 그림 G.4에 보인다.

9.65 커패시터 양단의 전압 $v(t)$는 그림 G.5에 보인다.

9.67 커패시터 양단의 전압 $v(t)$는 그림 G.6에 보인다.

그림 G.4
문제 9.63 그림

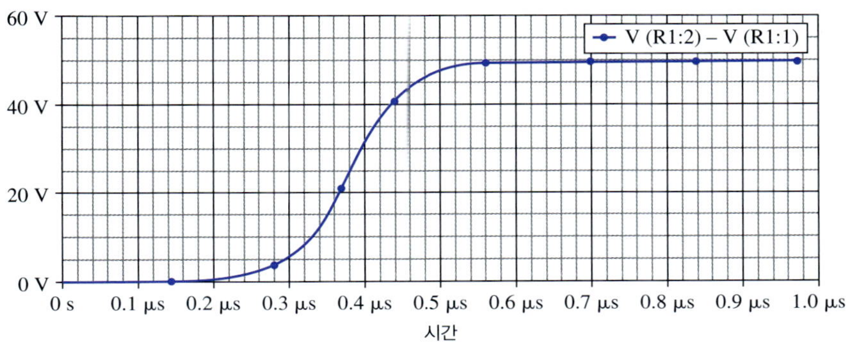

그림 G.5
문제 9.65 그림

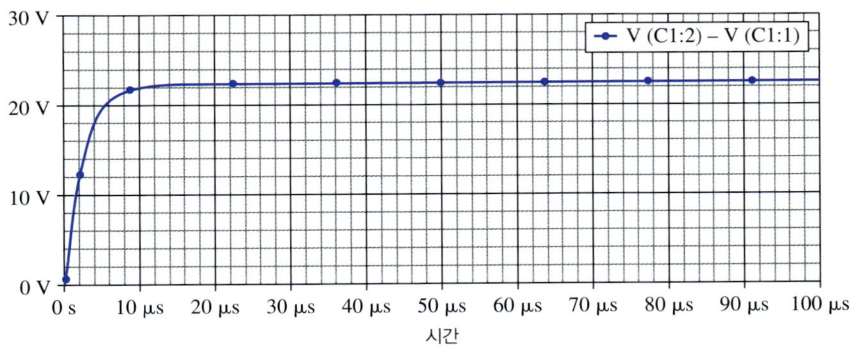

그림 G.6
문제 9.67 그림

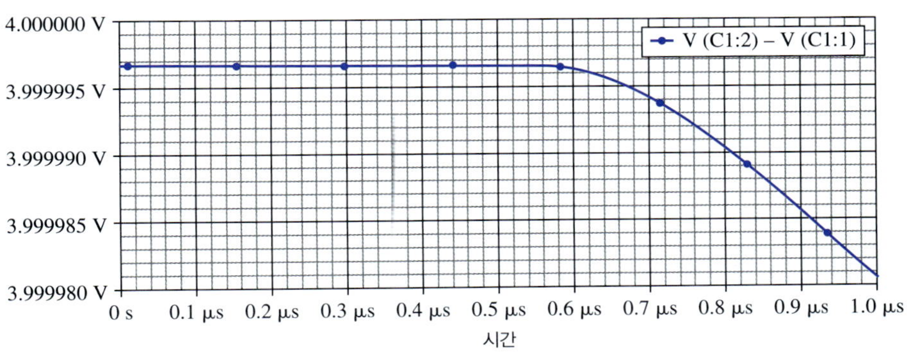

그림 G.6
문제 9.67 그림

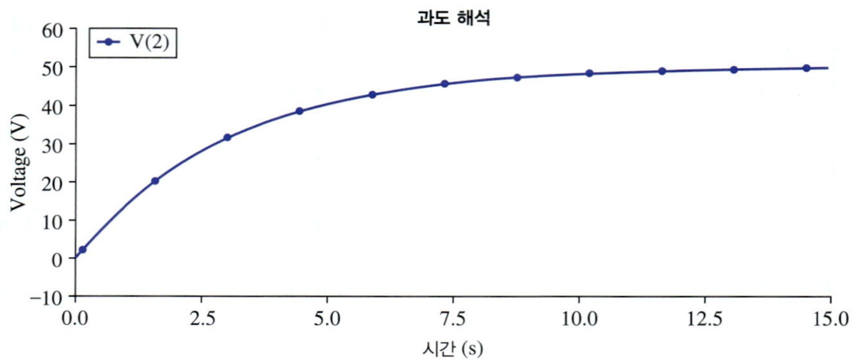

9.69 $v(t)$ = V(2)는 그림 G.7에 그렸다.

9.71 커패시터는 단락회로.

9.73 각 그룹과 병렬로 된 8 그룹은 2개의 커패시터와 직렬이다.

9.75 (a) 1250 μF, (b) 400 J

Chapter 10

10.1 30 mV

10.3 50 turns

10.5 2.4 V

10.7 그림 G.8에 그렸음.

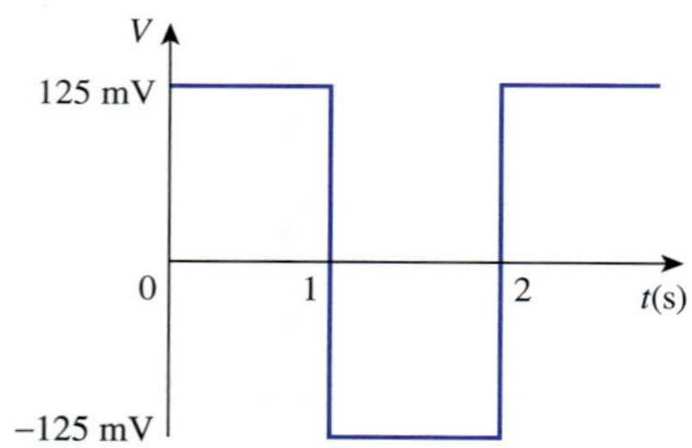

그림 G.8
문제 10.7 그림

10.9 160 mH

10.11 30 H

10.13 48 mV

10.15 3.25 mH

10.17 142

10.19 903

10.21 0.625 A/s

10.23 1.118 A

10.25 $v = 6$ V
$i_1 = i_2 = 2$ A

10.27 $i_{L_1} = i_{L_2} = 3$ A
$v_{C_1} = 18$ V
$v_{C_2} = 0$ V

10.29 160 μH

10.31 12.5 mH

10.33 0.8 H

10.35 $\frac{5}{8}L$

10.37 (a) 0.8187, (b) 0.8187, (c) 0.1355

10.39 $4\,e^{-2t}$ A

10.41 3.14 ms

10.43 $-2\,e^{-16t}$ V

10.45 (a) 20 ms, (b) 80 mH, 4 Ω

10.47 $v_o = 2\,e^{-4t}$ V, $t > 0$
$v_x = 0.5\,e^{-4t}$ V, $t > 0$

10.49 6.52 μs

10.51 (a) 50 mA, (b) 45.6 mH, (c) 380 μs

10.53 $i(t)$는 그림 G.9에 보인다.

10.55 커패시터 전압 $v(t)$는 그림 G.10에 보인다.

10.57 인덕터 전류 $i_o(t)$는 그림 G.11에 보인다.

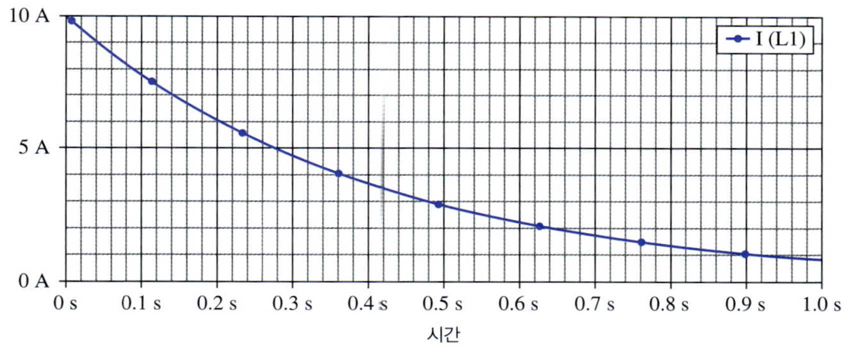

그림 G.9
문제 10.53 그림

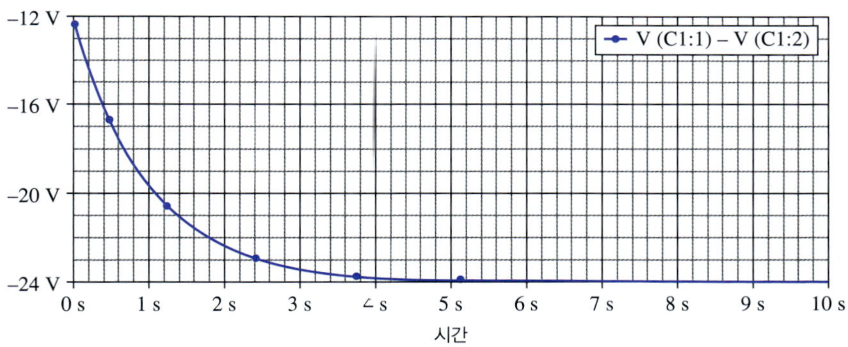

그림 G.10
문제 10.55 그림

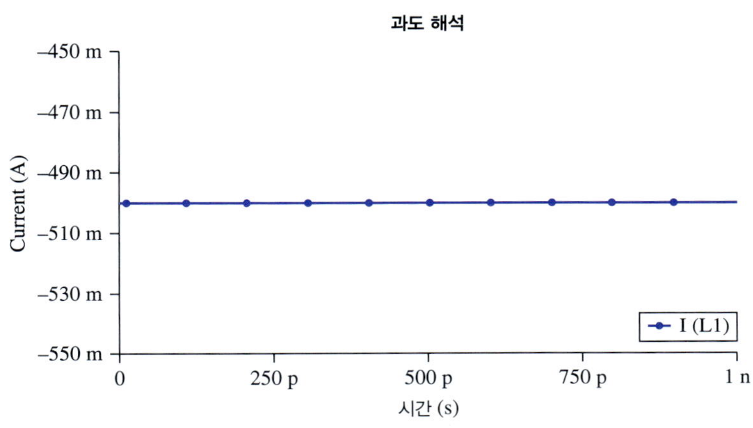

그림 G.11
문제 10.57 그림

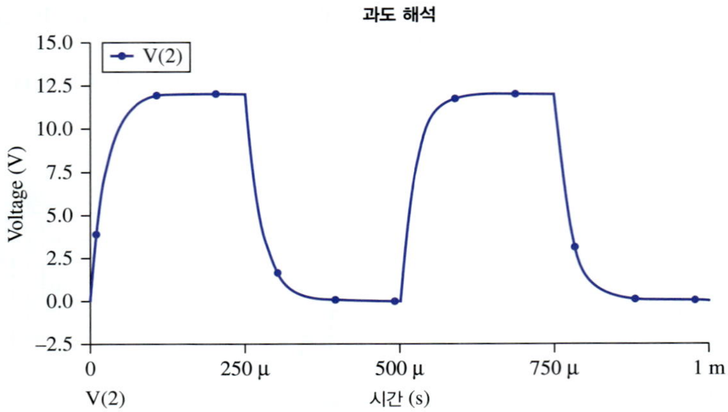

그림 G.12
문제 10.59 그림

10.59 The $v_o(t)$ is shown in Figure G.12.

10.61 0.441 A

10.63 1.271 Ω

Chapter 11

11.1 2.4 V

11.3 $i(0) = 24$ mA
$i(10 \text{ ms}) = -19.415$ mA
$i(40 \text{ ms}) = -19.421$ mA

11.5 At $t = 2$ ms, 6.846 V
At $t = 14.5$ ms, −7.289 V
At $t = 25.2$ ms, −0.7515 V

11.7 (a) 36°,
(b) 154.29°,
(c) 135.68°,
(d) 257.83°

11.9 (a) 2.5 Hz,
(b) 500 Hz,
(c) 33.33 kHz

11.11 (a) 10 s,
(b) 0.1 Hz,
(c) 3

11.13 50 Hz

11.15 12.5 Hz

11.17 1570.8 rad/s

11.19 (a) 10^3 rad/s, (b) 159.2 Hz, (c) 6.283 ms,
(d) 2.65 V

11.21 (a) $4 \cos(\omega t - 120^\circ)$,
(b) $-2 \cos(6t + 90^\circ)$,
(c) $-10 \cos(\omega t + 110^\circ)$

11.23 (a) $8 \sin(7t + 105^\circ)$,
(b) $10 \cos(3t + 5^\circ)$

11.25 (a) 200,
(b) 82.92 Hz,
(c) 12.06 ms,
(d) 25°

11.27 (a) $i(t)$ leads $v(t)$ by 20°.
(b) $v_2(t)$ leads $v_1(t)$ by 170°.
(c) $y(t)$ leads $x(t)$ by 9.24°.

11.29 3.535 V

11.31 (a) 7.071 V,
(b) 1.414 mA

11.33 $V_{ave} = 8.333$ V
$V_{rms} = 9.574$ V

11.35 3.266 V

11.37 (a) 9 Ω,
(b) 13.3 A

11.39 오실로스코프는 전압/칸을 수직 눈금에 조정하고 초/칸을 수평 누금에 조정한다. 전압은 수직 눈금에서 직접 읽는다. 주파수를 측정하기 위하여, 수평축에서 주기를 읽는다. 주기는 아래와 같이 계산 된다.
T = (칸/사이클) × (시간/칸) 그리고 $f = 1/T$

Chapter 12

12.1 (a) $3 + j9$,
(b) $39 + j43$,
(c) $10.250 + j2.929$,
(d) $2.759 + j1.038$

12.3 (a) $-0.4243 + j4.97$,
(b) $0.4151 - j0.6281$,
(c) $109.25 - j31.07$

12.5 (a) $-56 + j33$,
(b) $-0.3314 + j0.1953$,
(c) $-0.6372 - j0.5575$

12.7 (a) $-1.2749 + j0.1520$,
(b) -2.0833,
(c) $35 + j14$

12.9 (a) $40\cos(\omega t - 60^\circ)$,
(b) $38.36\cos(\omega t + 96.8^\circ)$,
(c) $6\cos(\omega t + 80^\circ)$,
(d) $11.5\cos(\omega t - 52.06^\circ)$

12.11 (a) $20\angle -60^\circ$,
(b) $5\angle 340^\circ$

12.13 $13.75\cos(377t)$ A

12.15 15.08 Ω, 7.295 A

12.17 $v(t) = 2\sin(10^6 t - 65^\circ)$ V

12.19 The element is a resistor with $R = 6.5\ \Omega$.

12.21 69.82 V

12.23 $i(t) = 2.1466\sin(1000t + 66.56^\circ)$ A

12.25 $i(t) = 4.472\cos(3t - 18.43^\circ)$ A,
$v(t) = 17.89\cos(3t - 18.43^\circ)$ V

12.27 $i_o(t) = 3.328\cos(2t + 33.69^\circ)$ A

12.29 $i_s(t) = 25\cos(2t - 53.13^\circ)$ A

12.31 263.9 mA

12.33 $54.18\angle -67.19^\circ\ \Omega$

12.35 $0.3171 - j0.1463$ S

12.37 $1 + j0.5\ \Omega$

12.39 $19 - j5\ \Omega$, $1.527\angle 104.7^\circ$ A

12.41 $0.4724 + j0.219$ S

12.43 $7.567 + j0.5946\ \Omega$

12.45 $8.137\angle -44.69^\circ\ \Omega$

12.47 (a) $14.19\angle -5.95^\circ\ \Omega$,
(b) $7.05\angle 5.95^\circ$ A

12.49 전류 $i(t)$는 그림 G.13에 보인다.

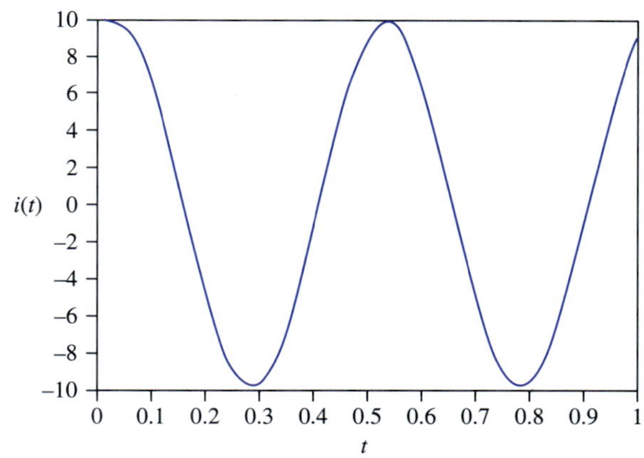

그림 G.13
문제 12.49 그림

12.51 $-1.2832 + 8.0232i$

12.53 $v_o\,(t)\ -5\cos(2t)$ V

12.55 $i_x(t) = 2.12 \sin(5t + 32^\circ)$ A

12.57 이것은 그림 G.14에 보이는 *RL* 회로로부터 얻어진다.

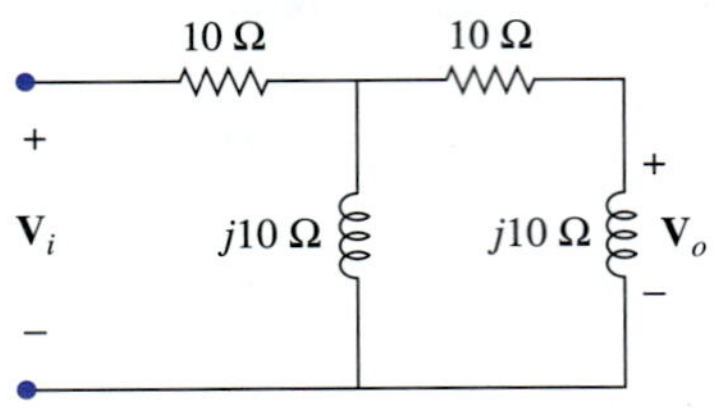

그림 G.14.
문제 12.57의 회로

12.59 (a) 위상 변위는 51.49° 지상,
(b) 1.5915 MHz

12.61 0.1 μF

12.63 104.17 mH

12.65 (a) $471.4\angle 13.5^\circ$ Ω,
(b) $0.2121\angle 61.5^\circ$

Chapter 13

13.1 $i_o(t) = 1.414 \cos(2t + 45^\circ)$ A

13.3 $\mathbf{I}_1 = 4.67\angle -20.17^\circ$ A
$\mathbf{I}_2 = 1.79\angle 37.35^\circ$ A

13.5 $I_1 = 0.3814\angle 109.6^\circ$ A
$I_2 = 0.3443\angle 124.4^\circ$ A
$I_3 = 0.1455\angle -60.42^\circ$ A
$I_x = 0.1005\angle 48.5^\circ$ A

13.7 $39.5 \cos(10^3 t - 18.43^\circ)$ mA

13.9 $I_1 = 4.547\angle -50.06^\circ$ A
$I_2 = 2.206\angle -36.03^\circ$ A

13.11 $14.377\angle -57.77^\circ$ A

13.13 $124.08\angle -154^\circ$ V

13.15 $29.36\angle 62.88^\circ$ A

13.17 $\mathbf{V}_1 = 22.87\angle 132.27^\circ$ V
$\mathbf{V}_2 = 27.87\angle 140.6^\circ$ V

13.19 $13.775\angle 99.94^\circ$ V

13.21 $3.632\angle 77.45^\circ$ A

13.23 $V_0 = 27.27\angle 2.882^\circ$ V
$I_1 = 695\angle -27.88^\circ$ mA
$I_2 = 33.3\angle 36.38^\circ$ mA

13.25 $8 + 1.5811 \cos(4t - 71.57^\circ)$ A

13.27 $9.902 \cos(2t - 129.17^\circ)$ A

13.29 $10 + 21.47 \sin(2t + 26.56^\circ) +$
$10.73 \cos(3t - 26.56^\circ)$ V

13.31 $0.7911 \cos(10t + 21.47^\circ) +$
$0.2995 \sin(4t + 176.6^\circ)$ A

13.33 $9.37\angle -128.66^\circ$ V

13.35 $3.615 \cos(10^5 t - 40.6^\circ)$ V

13.37 $(3.529 - j5.883)$ V

13.39 $4.98 \cos(4t - 175.25^\circ)$ V

13.41 $\mathbf{Z}_N = \mathbf{Z}_{Th} = 5.423\angle -77.47^\circ$ Ω
$\mathbf{I}_N = 3.578\angle 18.43^\circ$ A
$\mathbf{V}_{Th} = 19.4\angle -59^\circ$ V

13.43 $\mathbf{Z}_{Th} = 11.18\angle 26.56^\circ$ Ω
$\mathbf{V}_{Th} = 55.9\angle 71.56^\circ$ V

13.45 $\mathbf{Z}_N = 44.72\angle 63.43^\circ$ Ω
$\mathbf{I}_N = 3\angle 60^\circ$ A

13.47 $Z_N = Z_{Th} = 11.243 + j1.079$ Ω
$V_{Th} = 4.945\angle -69.76^\circ$ V,
$I_N = 0.4378\angle -75.24^\circ$ A

13.49 $\mathbf{Z}_N = \mathbf{Z}_{Th} = 0.67\angle 129.56^\circ$ Ω
$\mathbf{V}_{Th} = 29.79\angle -3.6^\circ$ V
$\mathbf{I}_N = 44.46\angle -133.16^\circ$ A

13.51 $9.8686\angle -19.84^\circ$ V

13.53 $\mathbf{V}_1 = 28.91\angle 135.4^\circ$ V
$\mathbf{V}_2 = 49.18\angle 124.1^\circ$ V

13.55 $6.639 \cos(10^3 t - 160^\circ)$ V

13.57 $\mathbf{V}_1 = 15.91\angle 169.6^\circ$ V, $\mathbf{V}_2 = 5.172\angle -138.6^\circ$ V,
$\mathbf{V}_3 = 2.27\angle -152.4^\circ$ V

Chapter 14

14.1 $p(t) = 800 + 1600\cos(100t + 60°)$ W, $P = 800$ W

14.3 전원에 의하여 흡수된 평균 전력 = −7.5 W
4-Ω 저항에서, 흡수된 평균 전력은 5 W
인덕터에 흡수된 평균 전력 = 0 W
4-Ω 저항에서, 흡수된 평균전력은 2.5 W
커패시터에 흡수된 평균전력 = 0 W

14.5 $P_{1\Omega} = 1.4159$ W
$P_{3H} = P_{0.25F} = 0$
$P_{2\Omega} = 5.097$ W

14.7 (a) $12.798 + j49.6\ \Omega$,
(b) 90.08 W

14.9 $Z_L = 20\ \Omega$, $P_{max} = 31.25$ W

14.11 피상전력 = 275.6 VA
pf = 0.1876(지상)

14.13 (a) $P_{j30\Omega} = 0 = P_{-j40\Omega}$
$P_{10\Omega} = 8.665$ W
$P_{50\Omega} = 46.03$ W
$P_{20\Omega} = 87.86$ W,
(b) 177.8 VA,
(c) pf = 0.8015(진상)

14.15 유효전력 = 1320 W
무효전력 = 900 VAR
피상전력 = 1597.6 VA

14.17 $8.158\angle 78.23°$ VA

14.19 (a) 3600 VA, (b) 0.8233, (c) 2353 VAR

14.21 평균전력 = 32.5 kW
무효전력 = 38 kVAR

14.23 (a) 복소전력 = $112 + j194$ VA
평균전력 = 112 W
무효전력 = 194 VAR
(b) 복소전력 = $226.3 - j226.3$ VA
평균전력 = 226.3 W
무효전력 = −226.3 VAR
(c) 복소전력 = $110.85 + j64$ VA
평균전력 = 110.85 W
무효전력 = 64 VAR
(d) 복소전력 = $7.071 + j7.071$ kVA
평균전력 = 7.071 kW
무효전력 = 7.071 kVAR

14.25 (a) $30.98 - j23.23\ \Omega$, (b) $10.42 + j13.89\ \Omega$,
(c) $0.8 + j1.386\ \Omega$

14.27 (a) 0.9845 leading,
(b) $35.55\angle 55.11°$ A.

14.29 (a) 1600 VA,
(b) 1.1314 KW,
(c) 1.1314 KVAR,
(d) 전력삼각도는 그림 G.15에 보인다.

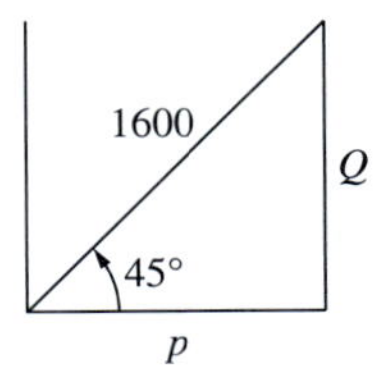

그림 G.15
문제 14.29 그림

14.31 $6.167 + j3.561\ \Omega$

14.33 (a) $0.4429 + j0$ VA, (b) 0.98 W, (c) $2000 - j5\ \Omega$

14.35 40 V 전원에 대하여, $140 - j20$ VA
커패시터에 대하여, $-j250$ VA
저항에 대하여, 290 VA
인덕터에 대하여, $j130$ VA
$j50$-V 전원에 대하여, $-150 + j100$ VA

14.37 $7.098\angle 32.29°$, 0.8454 (lagging)

14.39 (a) 0.6402(지상), (b) 295.1 W, (c) 130.4 μF

14.41 10.33 μF

14.43 (a) 12.21 kVA,
(b) $50.86\angle -35°$ A,
(c) 4.083 kVAR, 188.03 μF,
(d) $43.4\angle -16.26°$ A

14.45 172.8 W

14.47 $76.26

14.49 (a) $120,000, (b) $0.10 per kWh

14.51 (a) 피상전력 = 12 kVA
복소전력 = $9.36 + j7.51$ kVA,
(b) $2.866 + j2.3\ \Omega$

14.53 547.3 W

Chapter 15

15.1 $\mathbf{Z}(\omega_0) = 2\ \text{k}\Omega$
$\mathbf{Z}(\omega_0/4) = 2 - j0.75\ \text{k}\Omega$
$\mathbf{Z}(\omega_0/2) = 2 - j0.3\ \text{k}\Omega$
$\mathbf{Z}(2\omega_0) = 2 + j0.3\ \text{k}\Omega$
$\mathbf{Z}(4\omega_0) = 2 + j0.75\ \text{k}\Omega$

15.3 $R = 10\ \Omega, L = 16\ \text{H}, C = 25\ \mu\text{F}, BW = 0.625\ \text{rad/s}$

15.5 0.7861 rad/s

15.7 (a) 2.513 krad/s,
(b) $\omega_1 = 48$ krad/s
$\omega_2 = 51.51$ krad/s,
(c) $200\ \Omega$

15.9 251.3 rad/s, 8.66

15.11 78.18 nF

15.13 (a) $25\ \mu$F, (b) 1, (c) 2 krad/s

15.15 8.796×10^6 rad/s

15.17 56.84 pF, $14.21\ \mu$H

15.19 $R = 40\ \Omega$
$C = 10\ \mu\text{F}$
$L = 2.5\ \mu\text{H}$
$BW = 2.5$ krad/s
$\omega_1 = 198.75$ krad/s
$\omega_2 = 201.25$ krad/s

15.21 4841 rad/s

15.23 (a) $\omega_0 = 1.5811$ rad/s
$Q = 0.1976$
$BW = 8$ rad/s,
(b) $\omega_0 = 5$ krad/s
$Q = 20$
$BW = 250$ rad/s

15.25 $298.4\ \mu$H, 21.22 pF

15.27 8.443 mH

15.29 회로도는 그림 G.16에 보인다.

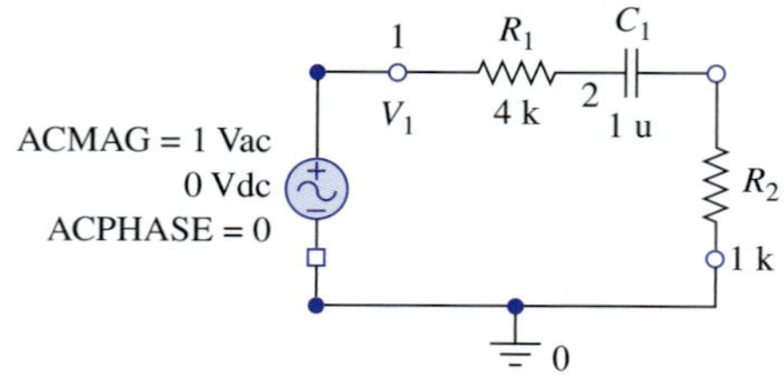

그림 G.16
문제 15.29의 회로

15.31 회로도는 그림 G.17에 보인다.

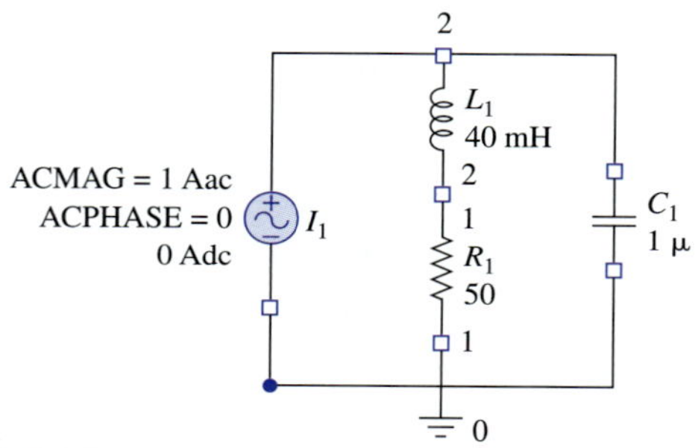

그림 G.17
문제 15.31의 회로

15.33 주파수 응답(크기와 위상)은 그림 G.18에 보인다.

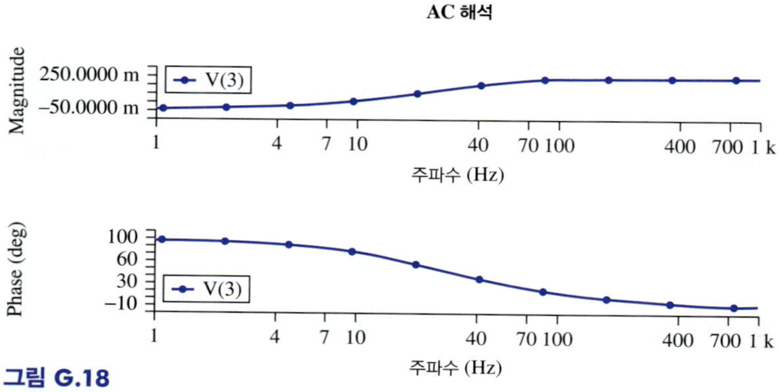

그림 G.18
문제 15.33 그림

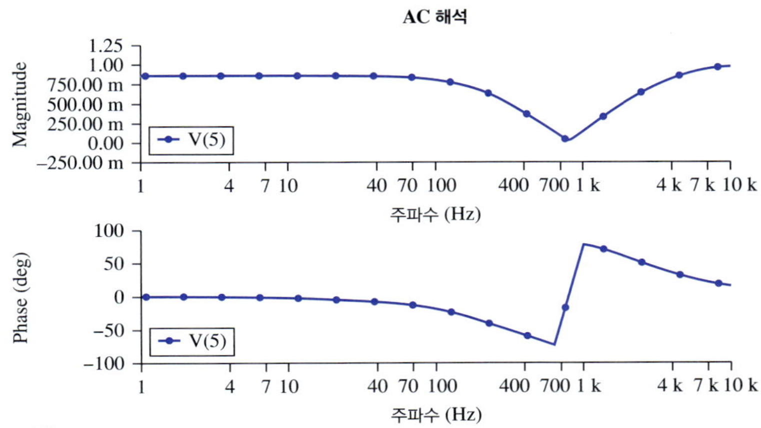

그림 G.19
문제 15.35 그림

15.35 크기와 위상 그림은 그림 G.19에 보인다.

15.37 (a) 0.541 MHz $< f_0 <$ 1.624 MHz,
(b) At f_0 = 0.541 MHz, Q = 67.98
At f_0 = 1.624 MHz, Q = 204.1

15.39 8.165 MHz, 4.188×10^6 rad/s

Chapter 16

16.1 (a) −4, (b) 4.663, (c) 8, (d) −0.6749

16.3 (a) 12.218 dB, (b) 1,000 dB, (c) 37.781 dB, (d) 88.52 dB

16.5 (a) 1.005773, (b) 0.4898, (c) 1.718×10^5

16.7 43.8 dB

16.9 0.3162 mW, 3.981 mW, 10 W

16.11 11.4×10^{-9} nW, 29.4 dB

16.13 −13.98 dB

16.15 $\mathbf{H}(\omega) = \dfrac{j\omega/\omega_0}{1 + j\omega/\omega_0}$, where $\omega_0 = \dfrac{1}{RC}$

16.17 $\mathbf{H}(s) = \dfrac{1}{s^2R^2C^2 + 3sRC + 1}$

16.19 $\mathbf{H}(\omega) = \dfrac{-\omega^2LC + j\omega RC}{1 - \omega^2LC + j\omega RC}$

16.21 $\mathbf{H}(\omega) = \dfrac{j\omega L - \omega^2RLC}{R + j\omega L - \omega^2RLC}$

16.23 크기와 위상 그림은 그림 G.20에 보인다.

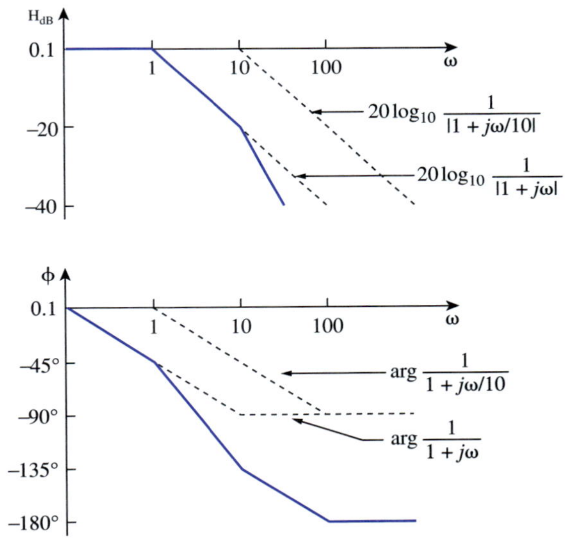

그림 G.20
문제 16.23 그림

16.25 크기와 위상 그림은 그림 G.21에 보인다.

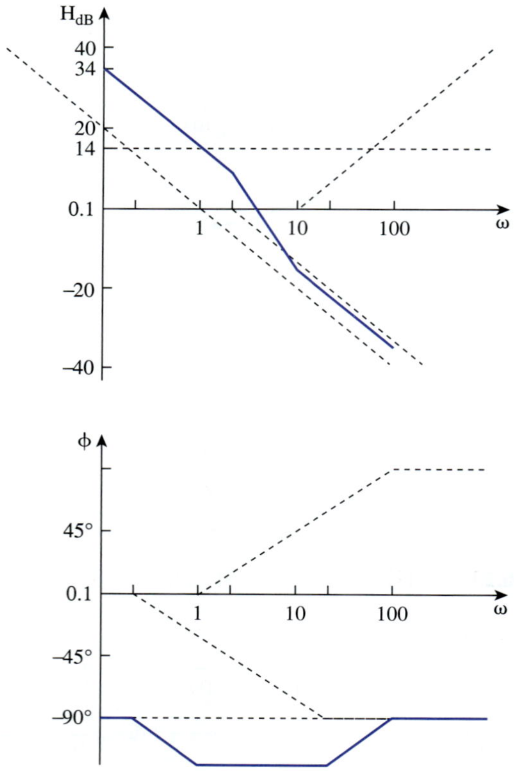

그림 G.21
문제 16.25 그림

16.27 크기와 위상 그림은 그림 G.22에 보인다.

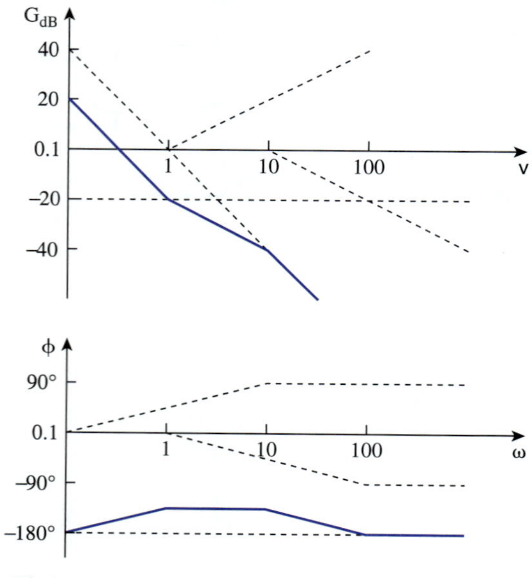

그림 G.22
문제 16.27 그림

16.29 크기와 위상 그림은 그림 G.23에 보인다.

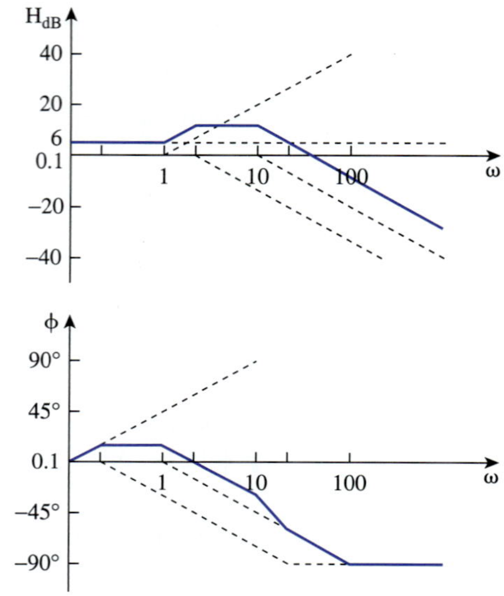

그림 G.23
문제 16.29 그림

16.31 크기와 위상 그림은 그림 G.24에 보인다.

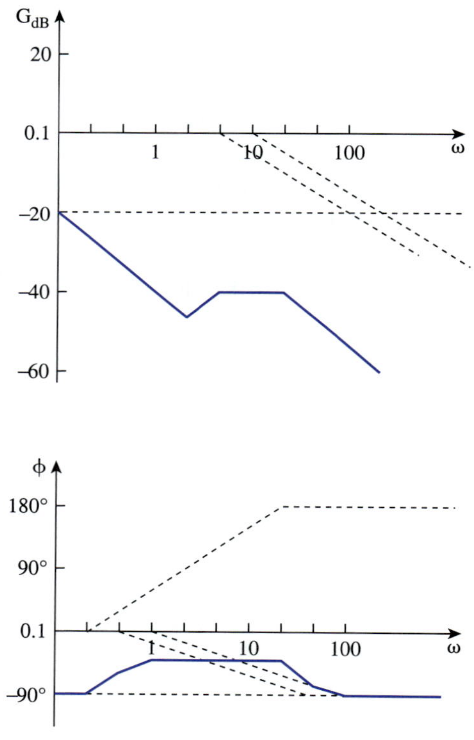

그림 G.24
문제 16.31 그림

16.33 (a) 보데 플롯은 그림 G.25(a)에 보인다.

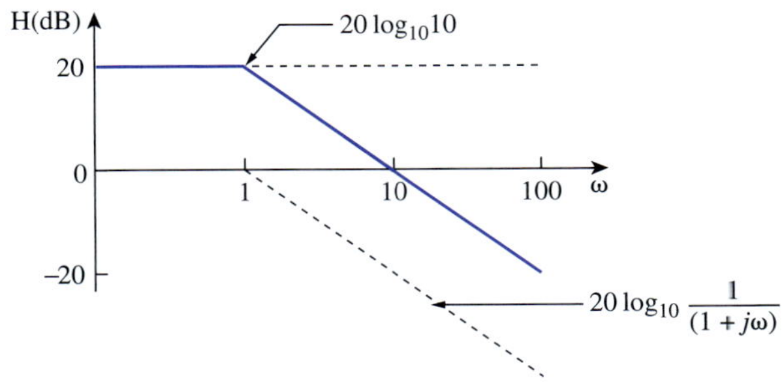

그림 G.25(a)
문제 16.33(a) 그림

(b) 보데 플롯은 그림 G.25(b)에 보인다.

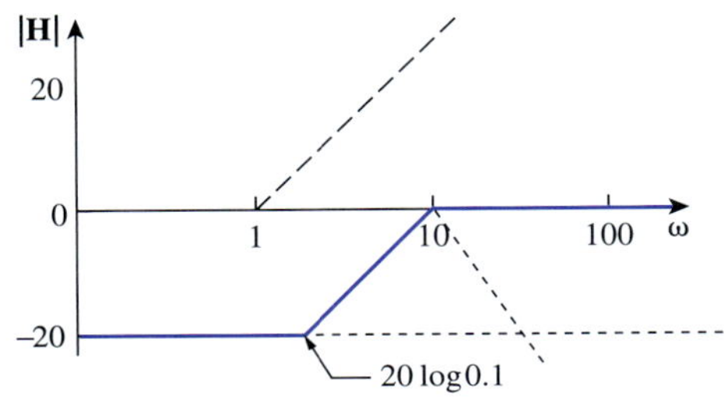

그림 G.25(b)
문제 16.33(b) 그림

16.35 $\mathbf{H}(\omega) = \dfrac{\mathbf{V}_o}{\mathbf{V}_i} = \dfrac{R}{R + j\omega L - \omega^2 RLC}$

H(0) = 1과 H(∞) = 0은 이 회로가 저역통과필터임을 보여준다.

16.37 이 회로는 고역통과필터이다, 318.3 Hz

16.39 25.13 kΩ

16.41 265.3 kΩ

16.43 (a) 0.5×10^6 rad/s,
(b) $\omega_1 = 490$ krad/s,
$\omega_2 = 510$ krad/s,
(c) 25

16.45 111.8 krad/s. 이것은 대역통과필터이다.

16.47 10.22×10^6 rad/s

16.49 −28.0 dB

16.51 크기와 위상 그림 모두 그림 G.26에 보인다.

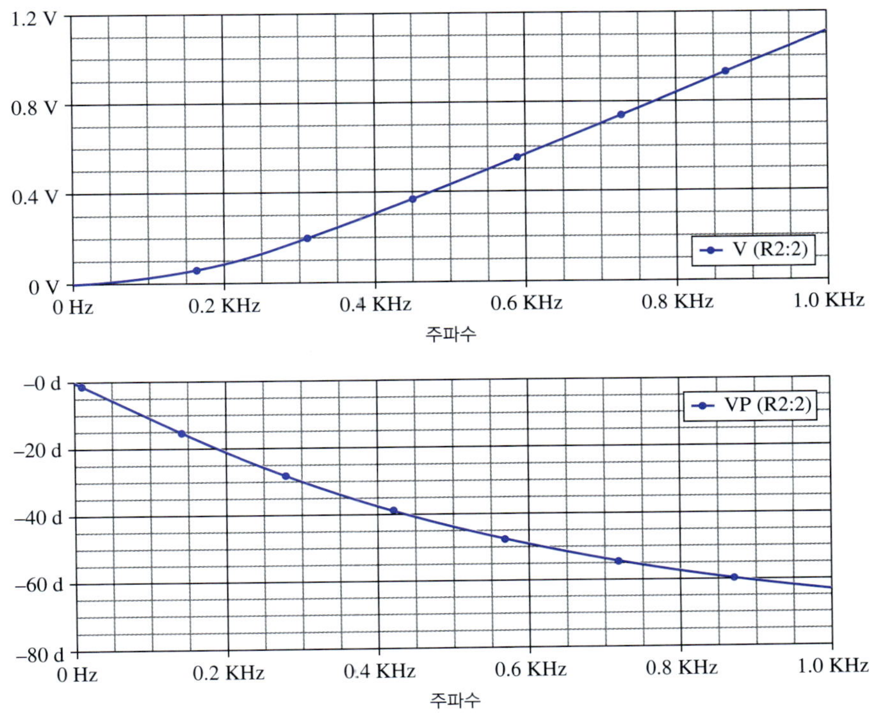

그림 G.26
문제 16.51 그림

16.53 크기와 위상 그림 모두 그림 G.27에 보인다.

16.55 주파수응답의 크기는 그림 G.28에 보인다.

16.57 크기 그림은 그림 G.29에 보인다.

16.59 114.55×10^6 rad/s

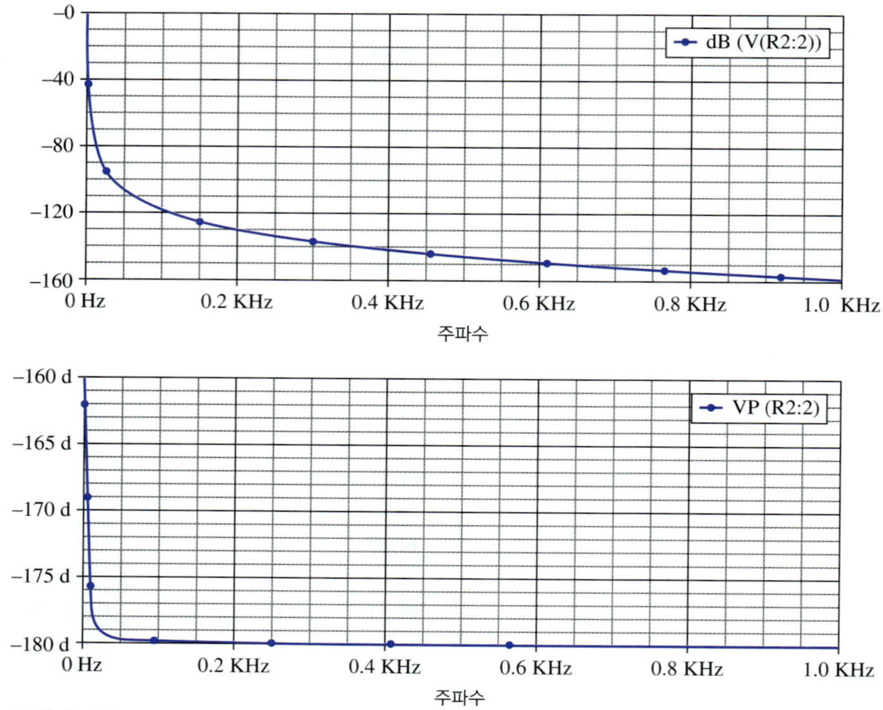

그림 G.27
문제 16.53 그림

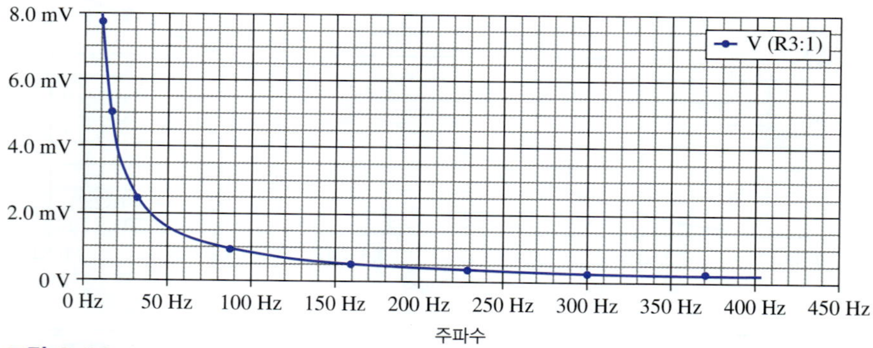

그림 G.28
문제 16.55 그림

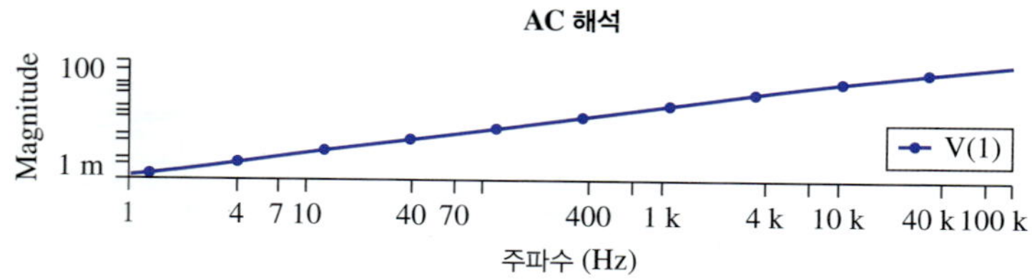

그림 G.29
문제 16.57 그림

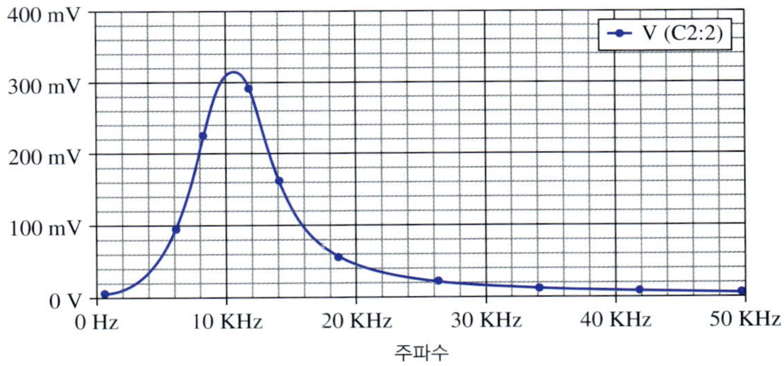

그림 G.30
문제 16.65 그림

16.61 $\mathbf{H}(\omega) = \dfrac{s^3 L R_L C_1 C_2}{(sR_i C_1 + 1)(s^2 L C_2 + sR_L C_2 + 1) + s^2 L C_1 (sR_L C_2 + 1)}$

where $s = j\omega$.

16.63 1.061 kΩ

16.65 V_o의 크기 그림은 그림 G.30에 보인다.

Chapter 17

17.1 (a) $\mathbf{V}_{an} = 231\angle{-30°}$ V
$\mathbf{V}_{bn} = 231\angle{-150°}$ V
$\mathbf{V}_{cn} = 231\angle{-270°}$ V,
(b) $\mathbf{V}_{an} = 231\angle{30°}$ V
$\mathbf{V}_{bn} = 231\angle{150°}$ V
$\mathbf{V}_{cn} = 231\angle{-90°}$ V

17.3 An abc sequence, $208\angle{250°}$ V

17.5 $440\angle{210°}$ V

17.7 254.03 V

17.9 (a) $\mathbf{V}_{BN} = 230\angle{-105°}$ V
$\mathbf{V}_{CN} = 230\angle{135°}$ V,
(b) $\mathbf{V}_{AB} = 398.37\angle{45°}$ V
$\mathbf{V}_{BC} = 398.37\angle{-75°}$ V
$\mathbf{V}_{CA} = 398.37\angle{165°}$ V

17.11 $\mathbf{I}_a = 44\angle{53.13°}$ A
$\mathbf{I}_b = 44\angle{-66.87°}$ A
$\mathbf{I}_c = 44\angle{173.13°}$ A

17.13 $\mathbf{I}_a = 4.8\angle{-36.87°}$ A
$\mathbf{I}_b = 4.8\angle{-156.87°}$ A
$\mathbf{I}_c = 4.8\angle{83.13°}$ A
$\mathbf{I}_n = 0$ A

17.15 $\mathbf{V}_{an} = 127\angle{100°}$ V
$\mathbf{V}_{AB} = 220\angle{130°}$ V
$\mathbf{I}_{AC} = 17.32\angle{150°}$ A
$\mathbf{Z} = 12.7\angle{-80°}$ Ω

17.17 13.66 A

17.19 (a) 75 A(rms), (b) 43.3 A, (c) $5.54\angle{36.9°}$ Ω

17.21 $\mathbf{I}_{AB} = 14\angle{-36.87°}$ A
$\mathbf{I}_{BC} = 14\angle{-156.87°}$ A
$\mathbf{I}_{CA} = 14\angle{83.13°}$ A
$\mathbf{I}_a = 24.25\angle{-66.87°}$ A
$\mathbf{I}_b = 24.25\angle{-186.87°}$ A
$\mathbf{I}_c = 24.25\angle{53.13°}$ A

17.23 $\mathbf{I}_a = 11.24\angle{-31°}$ A
$\mathbf{I}_b = 11.24\angle{-151°}$ A
$\mathbf{I}_c = 11.24\angle{89°}$ A
$\mathbf{I}_{AB} = 6.489\angle{-1°}$ A
$\mathbf{I}_{BC} = 6.489\angle{-121°}$ A
$\mathbf{I}_{CA} = 6.489\angle{119°}$ A

17.25 $\mathbf{I}_a = 17.74\angle{4.78°}$ A
$\mathbf{I}_b = 17.74\angle{-115.22°}$ A
$\mathbf{I}_c = 17.74\angle{124.78°}$ A

17.27 $\mathbf{I}_a = 5.081\angle{-46.87°}$ A
$\mathbf{I}_b = 5.081\angle{-166.87°}$ A
$\mathbf{I}_c = 5.081\angle{73.13°}$ A

17.29 13.856 A

17.31 12 kW

17.33 65.61 A, $2.323 + j3.098$ Ω

17.35 6.732 A, $1359.2 - j2175$ VA

17.37 39.19 A, 0.9982 (lagging)

17.39 $\mathbf{I}_{AB} = 3.464\angle 30^\circ$ A
$\mathbf{I}_{BC} = 3.464\angle 0^\circ$ A
$\mathbf{I}_{CA} = 3.464\angle 60^\circ$ A

17.41 $I_a = 1.9585\angle -18.1^\circ$ A, $I_b = 1.4656\angle -130.55^\circ$ A,
$I_c = 1.947\angle 117.8^\circ$ A

17.43 $I_{aA} = 1.9\angle -71.6^\circ$ A rms
$I_{bB} = 4\angle -210^\circ$ A rms
$I_{cC} = 1.5\angle 106^\circ$ A rms
The total complex power $= -111.5 + j563.2$ VA

17.45 $\mathbf{V}_{AN} = 150\angle 50^\circ$, $\mathbf{V}_{CN} = 54.33\angle -148.6^\circ$,
$\mathbf{V}_{BN} = 206.8\angle 77.04^\circ$

17.47 $\mathbf{I}_{ab} = 3.667 \times 10^7\angle 60^\circ$ A, $\mathbf{I}_{bB} = 8.822\angle -67.61^\circ$ A

17.49 0.4472 (leading), $40\angle -63.43^\circ\ \Omega$

17.51 206.06 W, 371.65 W

17.53 (a) 192.45 A, (b) 128 kW, (c) 96 kVAR

Chapter 18

18.1 10 H

18.3 $L_1 = 150$ mH
$L_2 = 50$ mH
$M = 25$ mH
$k = 0.2887$

18.5 $\mathbf{V}_1 = (R_1 + j\omega L_1)I_1 - j\omega MI_2$
$\mathbf{V}_2 = -j\omega MI_1 + (R_2 + j\omega L_2)I_2$

18.7 $2.392\angle 94.57^\circ$

18.9 $13.195 + j11.244\ \Omega$

18.11 T 회로가 그림 G.31에 보인다.

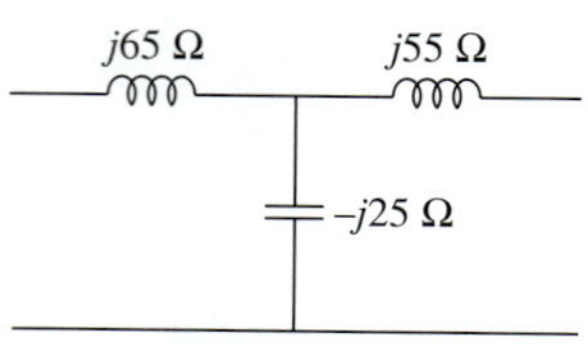

그림 G.31
문제 18.11 그림

18.13 $\mathbf{I}_1 = 4.512\angle -31.97^\circ$ A
$\mathbf{I}_2 = 1.805\angle 21.16^\circ$ A
$\mathbf{V}_o = 7.22\angle 201.16^\circ$ V

18.15 $I_1 = 4.254\angle -8.51^\circ$ A, $I_2 = 1.5637\angle 27.52^\circ$ A
4옴 저항에 흡수된 전력은 4.89 와트.

18.17 (a) 0.3535, (b) $321.7\cos(4t + 57.6^\circ)$ mV, (c) 1.168 J

18.19 0.9238

18.21 0.984, 112.35 mJ

18.23 (a) $L_a = 10$ H
$L_b = 15$ H
$L_c = 5$ H,
(b) $L_A = 18.33$ H
$L_B = 27.5$ H
$L_C = 55$ H

18.25 $9.219\angle 79.91^\circ\ \Omega$

18.27 420 V, 0.8 A

18.29 $1.324\angle -53.05^\circ$ k ohms

18.31 $I_1 = 0.5$ A and $I_2 = -1.5$ A

18.33 36.71 mW

18.35 $1.923\angle 157.4^\circ$ A

18.37 (a) 5, (b) 8 watts

18.39 1059 watts

18.41 (a) 0.2887, (b) 1.732 V

18.43 $4.28\angle 10.89^\circ$ A

18.45 (a) 160 V, (b) 31.25 A, (c) 12.5 A

18.47 $(1.2 - j2)$ kΩ, 5.333 watts

18.49 $\mathbf{I}_1 = 4.253\angle -8.53^\circ$, $\mathbf{I}_2 = 1.564\angle 27.49^\circ$
The power absorbed by the 4-ohm resistor = 4.892 W

18.51 $\mathbf{I}_1 = 6\angle 89.8$ mA, $\mathbf{I}_2 = 4.003 \times 10^{-5}\angle -1.42^\circ$ A,
$\mathbf{I}_3 = 1.204 \times 10^{-7}\angle -95.78^\circ$ A

18.53 100 turns

18.55 0.5

18.57 $n = 0.5$
일차측 전류 = 41.67 A
이차측 전류 = 83.33 A

18.59 (a) 1875 kVA, (b) 7812 A

18.61 (a) 1/60, (b) 139 mA

18.63 (a) 2, (b) $I_1 = 7.83$ A
이차측 전류 = $I_2 = 3.92$ A

Chapter 19

19.1 $[\mathbf{z}] = \begin{bmatrix} 4 & 1 \\ 1 & 1.667 \end{bmatrix} \Omega$

19.3 $[\mathbf{z}] = \begin{bmatrix} 1.775 + j4.26 & -1.775 - j4.26 \\ -1.775 - j4.26 & 1.775 - j5.739 \end{bmatrix} \Omega$

19.5 z 파라미터를 구현하는데 T 네트워크가 적절하다.
$R_1 = 6\ \Omega$
$R_2 = 2\ \Omega$
$R_3 = 4\ \Omega$

19.7 (a) 24 Ω, (b) 192 W

19.9 $[z] = \begin{bmatrix} 50 & 50 \\ 30 & 54 \end{bmatrix} \Omega$

19.11 $[\mathbf{y}] = \begin{bmatrix} s + 0.5 & -0.5 \\ -0.5 & 0.5 + 1/s \end{bmatrix} \text{S}$

19.13 아래에 보인바와 같이 네트워크는 적절하다.
$\mathbf{Z}_1 = 4\ \Omega, \mathbf{Z}_2 = 4\ \Omega, 8\ \Omega$

19.15 (a) $\mathbf{V}_1 = 22$ V
$\mathbf{V}_2 = 8$ V,
(b) $\mathbf{V}_1 = 22$ V
$\mathbf{V}_2 = 8$ V

19.17 $[y] = \begin{bmatrix} 0.24 & -0.17 \\ -0.6 & 1.05 \end{bmatrix} \text{S}$

19.19 $[\mathbf{h}] = \begin{bmatrix} 10\ \Omega & 1 \\ -1 & 0.05\ \text{S} \end{bmatrix}$

19.21 $[h] = \begin{bmatrix} 3.0769 + j1.2821 & 0.3846 - j0.2564 \\ -0.3846 + j0.2564 & 0.0769 + j0.2821 \end{bmatrix}$

19.23 (a) 0.2941, (b) −1.6, (c) 7.353 mS, (d) 40 Ω

19.25 $[\mathbf{z}] = \begin{bmatrix} R_1 + R_2 & R_2 \\ R_2 & R_2 + R_3 \end{bmatrix}$

$$\Delta_z = (R_1 + R_2)(R_2 + R_3) - R_2^2 = R_1R_2 + R_2R_3 + R_3R_1$$

$$[\mathbf{h}] = \begin{bmatrix} \dfrac{\Delta_z}{\mathbf{z}_{22}} & \dfrac{\mathbf{z}_{12}}{\mathbf{z}_{22}} \\ \dfrac{-\mathbf{z}_{21}}{\mathbf{z}_{22}} & \dfrac{1}{\mathbf{z}_{22}} \end{bmatrix} = \begin{bmatrix} \dfrac{R_1R_2 + R_2R_3 + R_3R_1}{R_2 + R_3} & \dfrac{R_2}{R_2 + R_3} \\ \dfrac{-R_2}{R_2 + R_3} & \dfrac{1}{R_2 + R_3} \end{bmatrix}$$

Thus,

$$h_{11} = R_1 + \frac{R_2R_3}{R_2 + R_3}, \qquad h_{12} = \frac{R_2}{R_2 + R_3} = h_{21},$$

$$h_{22} = \frac{1}{R_2 + R_3}$$

as required.

19.27 (a) $[y] = \begin{bmatrix} (0.4 + j0.2) & (0.4 - j0.4) \\ (0.1 + j0.1) & (0.1 + j0.3) \end{bmatrix}$,

(b) $[h] = \begin{bmatrix} (2 - j) & (-0.4 + j1.2) \\ (0.3 + j0.1) & (0.3 + j0.1) \end{bmatrix}$

19.29 (a) $[z] = \begin{bmatrix} 11 & 5 \\ -5 & 2.5 \end{bmatrix} \Omega$,

(b) $[\mathbf{y}] = \begin{bmatrix} 1 & -2 \\ -2 & 4.4 \end{bmatrix} \text{S}$

19.31 (a) $[y] = \begin{bmatrix} \dfrac{10}{46} & \dfrac{-2}{46} \\ \dfrac{-2}{46} & \dfrac{5}{46} \end{bmatrix}$,

(b) $[h] = \begin{bmatrix} \dfrac{46}{10} & \dfrac{2}{10} \\ \dfrac{-2}{10} & \dfrac{1}{10} \end{bmatrix}$

19.33 $[z] = \begin{bmatrix} 3.5 & 1.5 \\ 1.5 & 3.5 \end{bmatrix} \Omega$

$[y] = \begin{bmatrix} 0.35 & -0.15 \\ -0.15 & 0.35 \end{bmatrix} \text{S}$

$[h] = \begin{bmatrix} 2.86 & 0.43 \\ -0.43 & 0.29 \end{bmatrix}$

19.35 0.09375

19.37 $[\mathbf{h}] = \begin{bmatrix} \frac{1}{6}\,\Omega & \frac{1}{2} \\ -\frac{1}{2} & \frac{9}{2}\,\text{S} \end{bmatrix}$

19.39 $[h] = \begin{bmatrix} 0.9488\angle -161.6^\circ & 0.3163\angle 18.42^\circ \\ 0.3163\angle -161.6^\circ & 0.9488\angle -161.6^\circ \end{bmatrix}$

19.41 $[z] = \begin{bmatrix} 4.669\angle -136.7^\circ & 2.53\angle -108.4^\circ \\ 2.53\angle -108.4^\circ & 1.789\angle -153.4^\circ \end{bmatrix}$

19.43 −1442, 63.18 dB

19.45 (a) −156.2, (b) 76.3, (c) ≅1.2 kΩ, (d) 114.3 kΩ

19.47 $A_v = -17.74$
$A_i = 144.5$
$Z_{\text{in}} = 31.17\ \text{k}\Omega$
$Z_{\text{out}} = -6.148\ \text{M}\Omega$

찾아보기

ㅇ

ㅈ

ㅊ

ㅋ

ㅌ

ㅍ

ㅎ

A

B

C

D

E

G

H

J

L

M

N

P

Q

S

T

Y

Z

기타